AutoCAD 电气设计与天正电气TElec工程实践

2012中文版

王磊　编著

清华大学出版社
北　京

内 容 简 介

本书从 CAD 电气制图技术与行业应用出发，以 AutoCAD 2012 中文版和天正电气 2013 软件为工具，全方位介绍 CAD 制图技术和各类电气图的绘制方法、流程与技巧。全书内容共分 14 章，第 1 章～第 6 章以常用电气图块为范例，详解 AutoCAD 的各种基本操作及其电气制图应用；第 7 章～第 8 章介绍电气制图标准以及各类电气图纸的内容要求与绘制方法，并给出常用图例；第 9 章～第 13 章按电气行业的制图分类，介绍建筑电气工程图、工厂电气工程图、变电与输电电气工程图、机床电气工程图和家用电器电气工程图等 5 类图的绘制内容、方法和步骤，并给出应用范例；第 14 章用一个贯穿始终的综合范例介绍天正电气与 AutoCAD 结合起来绘制电气工程图的技术和方法。随书光盘中收录了本书所有范例的源文件，并提供多媒体语音教学视频。

本书是针对电气行业的 AutoCAD 初、中级用户开发的实践型教材，适合作培训和自学的参考资料。

图书在版编目（CIP）数据

AutoCAD 电气设计与天正电气 TElec 工程实践:2012 中文版/王磊编著. -- 北京:清华大学出版社,2013（2018.1 重印）

ISBN 978-7-302-33512-2

Ⅰ.①A…　Ⅱ.①王…　Ⅲ.①电气设备－计算机辅助设计－AutoCAD 软件　Ⅳ.①TM02-39

中国版本图书馆 CIP 数据核字（2013）第 189086 号

责任编辑：夏非彼
封面设计：王　翔
责任校对：闫秀华
责任印制：刘海龙

出版发行：清华大学出版社
　网　　址：http://www.tup.com.cn，http://www.wqboOK 按钮.com
　地　　址：北京清华大学学研大厦 A 座　　**邮　　编**：100084
　社 总 机：010-62770175　　**邮　　购**：010-62786544
　投稿与读者服务：010-62776969，c-service@tup.tsinghua.edu.cn
　质量反馈：010-62772015，zhiliang@tup.tsinghua.edu.cn
印 装 者：北京中献拓方科技发展有限公司
经　　销：全国新华书店
开　　本：190mm×260mm　　**印　张**：31　　**字　数**：794 千字
（附光盘 1 张）
版　　次：2013 年 11 月第 1 版　　**印　次**：2018 年 1 月第 3 次印刷
印　　数：4501~4800
定　　价：69.00 元

产品编号：047396-01

前言

AutoCAD 是由美国 Autodesk 公司于 20 世纪 80 年代初为微机上应用 CAD 技术而开发的绘图程序软件包，经过多次版本升级，目前在电气制图领域已有广泛的应用。

天正电气 TElec 是天正公司在 AutoCAD 平台上开发的专用电气绘图软件，由于它把电气行业标准、常见电气制图符号，以及各种结构的形式等作了预先的规定，可大大提高制图效率。在实际的制图中，大多数人都是采用 AutoCAD 和天正电气相结合来制图的。

本书内容

本书根据电气制图的实际需要，结合真实工程范例，从零起步，循序渐进地对 CAD 电气制图技术、电气制图标准、电气专业知识、各类电气图绘制进行介绍。全书共分 4 部分，内容分别如下：

- 第一部分（第 1~6 章）“CAD 制图技术篇”：以绘制常用电气图块为例，详细介绍 AutoCAD 中与电气制图相关的各种基本操作及其电气制图应用，有 CAD 操作基础的用户，可以跳过，直接阅读第二部分。
- 第二部分（第 7~8 章）“电气制图规范篇”：介绍电气制图标准以及各类电气图纸的内容要求与绘制方法，并给出常用图例，方便查阅。有电气专业基础了解制图规范的读者，可以跳过这部分内容，在需要的时候翻查即可。
- 第三部分（第 9~13 章）“行业应用篇”：分专题介绍建筑电气工程图、工厂电气工程图、变电输电电气工程图、机床电气工程图和家用电器电气工程图等 5 类电气图的绘制内容、方法和步骤。
- 第四部分（第 14 章）“天正电气篇”：用一个贯穿始终的综合范例介绍天正电气与 AutoCAD 相结合绘制电气工程图的技巧和方法，是提高制图效率的关键。

本书特点

- 内容全面。囊括了电气设计专业知识、国家标准、CAD 制图技术以及各类常用电气图纸的绘制，适合作为案头手册随时查阅。
- 范例专业。书中所有范例均精心挑选自实际工程项目。通过对这些范例的研读、练习，可以让读者真正体验到项目的真实制作方法、技术和过程，能够保证学习的技能都是工作中实用的。
- 突出实用性。本书不求面面俱到，但强调实用性，所有内容围绕电气制图需要进行讲解，并通过工程范例强化应用，加深理解，让读者能看得懂，学得会。

目标读者

- 大专院校电气设计相关专业师生
- 电气制图培训班师生
- 没有 AutoCAD 操作基础的电气行业从业人员
- 没有电气专业知识的 CAD 制图人员
- 既无电气专业知识又没有 AutoCAD 基础但想跨入电气制图行业的新人

光盘内容

为了帮助读者更加直观地学习本书，我们将书中实例和上机题所涉及的全部操作文件都收录到本书的配套光盘中。主要内容包括两大部分，即 sample 文件夹和 video 文件夹。前者包含本书所有源文件和结果文件，内容是按照书中章节来组织的；后者收录了 51 个本书范例的教学视频文件，共 570 分钟。

本书由王磊编写，另外，陈小亮、张国栋、张国华、李华、王林、李志国、陈晨、冯慧、徐红、吴文林、周建国、张建、刘海涛、张琴、高梅、吴晓、朱维、陈浩、汪梅、姚琳、何武和许小荣等也参加了本书的编写，在此，编者对他们表示衷心的感谢。

作者力图使本书的知识性和实用性相得益彰，但由于水平有限，书中错误、纰漏之处难免，欢迎广大读者、同仁批评斧正。

编者

2013.5

目　　录

第 1 章　AutoCAD 制图基础

AutoCAD（Auto Computer Aided Design，计算机辅助设计）是由美国 Autodesk 公司于 20 世纪 80 年代初为微机上应用 CAD 技术而开发的一种通用计算机辅助设计绘图程序软件包，是国际上最流行的绘图工具。AutoCAD 应用非常广泛，遍及各个工程领域，包括机械、建筑、造船、航空航天、土木和电气等。AutoCAD 2012 版本在界面设计、三维建模和渲染等方面进行了加强，可以帮助用户更好地从事图形设计。

本章将要给读者介绍 AutoCAD 2012 版的界面组成、命令输入方式、绘图环境的设置、图形编辑的基础知识、图形的显示控制以及一些基本的文件操作方法等，通过本章的学习，希望用户掌握 AutoCAD 2012 最常用的、最基本的操作方法，为后面章节学习其他知识打下坚实的基础。

1.1　AutoCAD 2012的启动

选择“开始”｜“程序”|Autodesk|AutoCAD 2012-Simplified Chinese|AutoCAD 2012 命令，或者单击桌面上的快捷图标，均可启动 AutoCAD 软件。如果是第一次启动 AutoCAD 2012，会初始化界面，这可能需要一段时间，请用户耐心等待。初始化完毕后，弹出如图 1-1 所示的 Autodesk Exchange 对话框，Autodesk Exchange 是新的集中门户，它直接提供了基于 Web 的使用体验，包含主页、帮助和应用程序等信息卡，用户可以获得视频、学习文档、各种应用程序，以及 AutoCAD 的各种帮助。

图 1-1　Autodesk Exchange 对话框

关闭 Autodesk Exchange 对话框进入 AutoCAD 2012 的“草图与注释”工作空间的绘图工作界面，效果如图 1-2 所示。

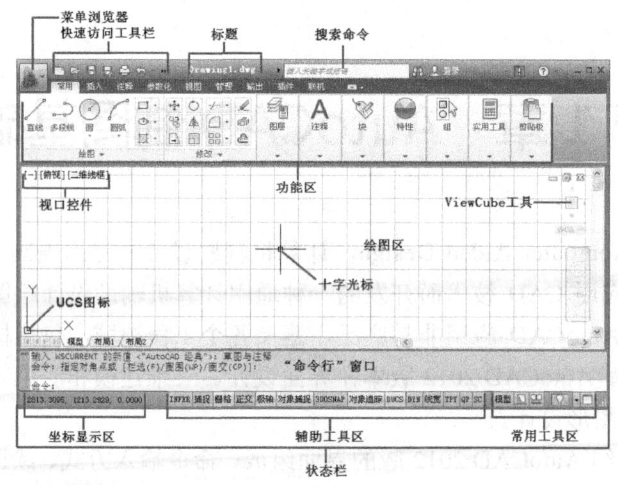

图 1-2　AutoCAD 2012 “草图与注释” 工作空间

1.2　AutoCAD 2012的工作界面

AutoCAD 2012 初始界面的绘图区是黑色的，这不太符合一般人的习惯。选择“工具”|“选项”命令，弹出“选项”对话框。打开“显示”选项卡，单击“颜色”按钮，弹出“图形窗口颜色”对话框。在“颜色”下拉列表框中选择“白”选项，如图 1-3 所示。

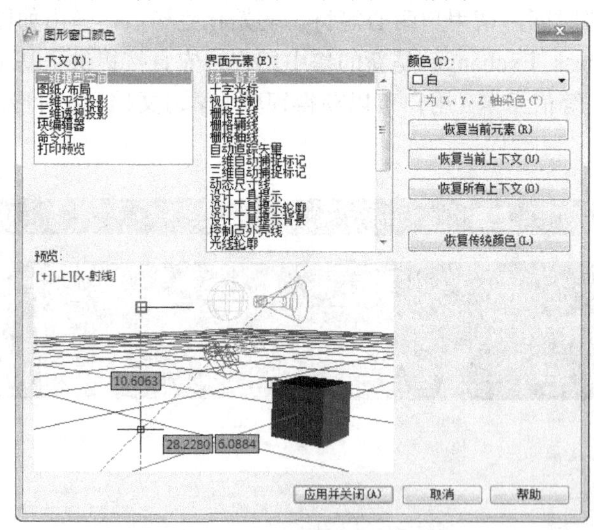

图 1-3　设置绘图区颜色

单击“应用并关闭”按钮回到“选项”对话框，单击“确定”按钮，完成绘图区颜色的设置。

系统给用户提供了“草图与注释”、“AutoCAD 经典”、“三维基础”和“三维建模”4 种工作空间。用户第一次打开 AutoCAD 时，系统自动显示“草图与注释”工作空间，该工作空间仅包含与草图和注释相关的工具栏、菜单和选项板。

对于常用用户来说，如果习惯以往版本的界面，可以单击状态栏中的“切换工作空间”按钮⚙，在打开的快捷菜单中选择“AutoCAD 经典”命令，将切换到如图 1-2 所示的“AutoCAD 经典”工作空间的工作界面。

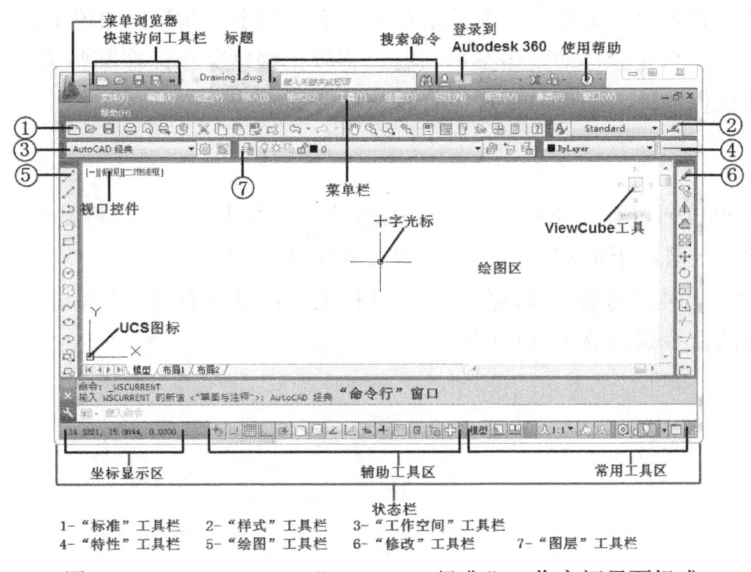

图 1-4　AutoCAD 2012"AutoCAD 经典"工作空间界面组成

AutoCAD 2012 的工作界面主要包括以下内容：标题栏、菜单栏、工具栏、状态栏、命令行提示区、绘图区，以及面板控制台等。下面分别介绍各个组成部分的含义和功能。

1. 标题栏

标题栏位于软件主窗口最上方，在 2012 版本中由菜单浏览器、快速访问工具栏、标题、信息中心和最小化按钮、最大化(还原)按钮、关闭按钮组成。

菜单浏览器集中了一些常用的菜单选项，用户可以在菜单浏览器中查看最近使用过的文件和菜单命令，还可以查看打开文件的列表。

快速访问工具栏定义了一系列经常使用的工具，单击相应的按钮即可执行相应的操作，用户可以自定义快速访问工具，系统默认提供工作空间、新建、打开、保存、另存为、打印、放弃和重做等 8 个快速访问工具，用户将光标移动到相应按钮上，会弹出功能提示。

信息中心可以帮助用户同时搜索多个源(例如，帮助、新功能专题研习、网址和指定的文件)，也可以搜索单个文件或位置。

标题显示了当前文档的名称，最小化按钮、最大化(还原)按钮、关闭按钮控制了应用程序和当前图形文件的最小化、最大化和关闭，效果如图 1-5 所示。

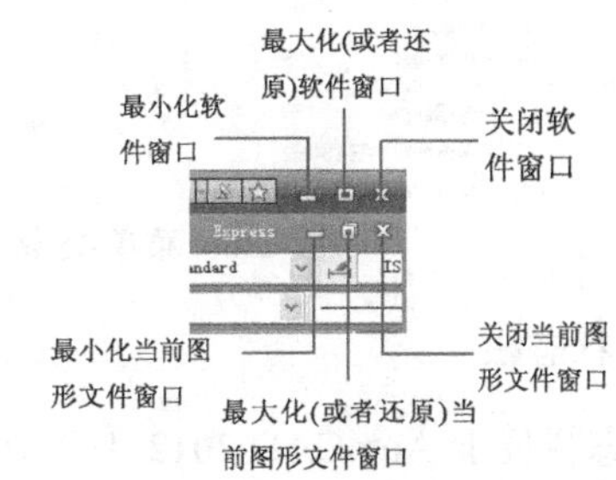

图 1-5　控制软件和图形文件的最大最小化

2. 菜单栏

如图 1-4 所示，菜单栏位于标题栏之下，系统默认有 12 个菜单项，选择其中任意一个菜单命令，则会弹出一个下拉菜单，用户从中选择相应的命令进行操作即可。

如果下拉菜单中的菜单项后不带任何标记，表示执行该菜单命令后，将执行某个动作或者达到某个效果；如果菜单项后跟有省略符号“…”，则表示选择该菜单命令后将弹出对话框，以供用户进一步地选择和设置参数。如果菜单项后跟有一个实心的小三角形，如图 1-6 所示，则表明该菜单项还有若干子菜单，将光标移动到该菜单项时，将弹出级联菜单；在某些菜单命令后有组合键，表示用户除了使用鼠标以外，还可以使用组合键来执行该命令。

3. 工具栏

有些命令除了可以通过菜单执行外，还可以通过工具栏执行。工具栏是由一些图标组成的工具按钮的长条，单击工具栏上的相应按钮就能执行其所代表的命令。

当用户要执行某一类别的命令时，在任意工具栏上单击鼠标右键，在弹出的如图 1-7 所示的快捷菜单中选择相应的命令调出该工具栏即可。

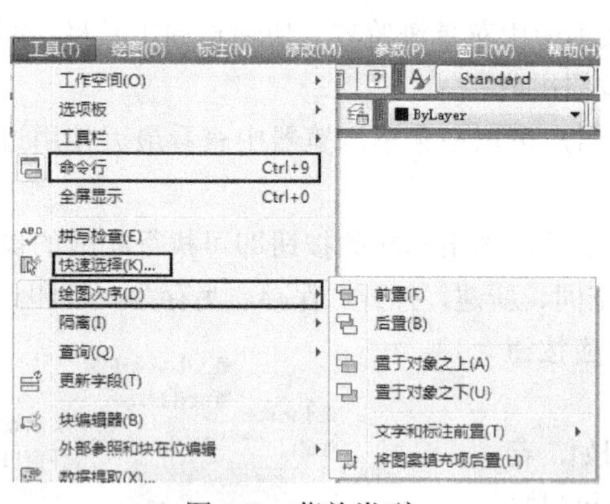

图 1-6　菜单类型

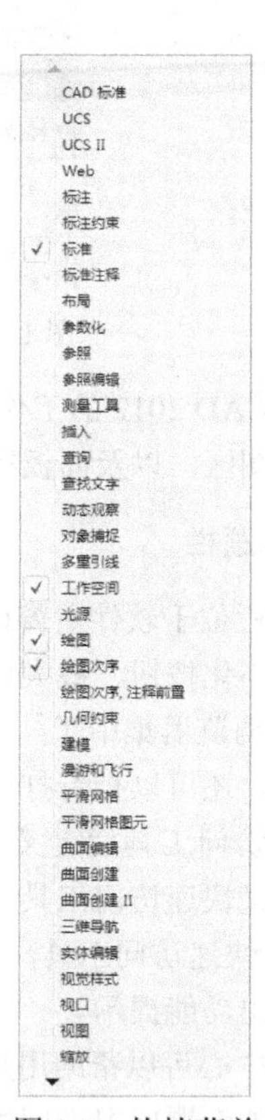

图 1-7　快捷菜单

4. 状态栏

状态栏位于 AutoCAD 2012 工作界面的最底部，如图 1-4 所示。状态栏左侧显示十字光标当前的坐标位置，右侧显示辅助绘图的几个功能按钮。

5. 命令行提示区

命令行提示区用于接收用户命令以及显示各种提示信息，如图 1-4 所示。用户通过菜单或者工具栏执行命令的过程将在命令行提示区中显示，用户也可以直接在命令行提示区输入命令。

6. 绘图区

绘图区是屏幕上的一大片空白区域，如图 1-4 所示，用户所进行的操作过程以及绘制完成的图形都会直观地反映在绘图区中。

7. 十字光标

十字光标用于定位点、选择和绘制对象，由定点设备如鼠标和光笔等控制。当移动定点设备时，十字光标的位置会作相应地移动，就像手工绘图中的笔一样方便。

8. 功能区

功能区为当前工作空间相关的操作提供了一个单一的放置区域。使用功能区时无须显示多个工具栏，这使得应用程序窗口变得简洁有序。功能区可以理解为集成的工具栏，它由选项卡组成，不同的选项卡下又集成了多个面板，不同的面板上放置了大量的某一类工具。在“AutoCAD 经典”工作空间下，功能区默认是不出现在界面上的，用户可以选择“工具”|“选项板”|“功能区”命令控制功能区的关闭。在其他三种工作空间里，功能区默认情况下都会出现，但是根据工作空间的不同，功能区显示的内容也不完全相同。

1.3　AutoCAD的命令输入方式

在 AutoCAD 2012 中，用户通常结合键盘和鼠标来进行命令的输入和执行，主要利用键盘输入命令和参数，利用鼠标执行工具栏中的命令、选择对象、捕捉关键点以及拾取点等。

在 AutoCAD 中，用户可以通过按钮、菜单和命令行三种形式来执行 AutoCAD 命令：

- 按钮命令是指用户通过单击工具栏中的相应按钮来执行命令；
- 菜单命令是指选择菜单栏中的下拉菜单命令执行操作；
- 命令行执行命令是指在 AutoCAD 中，大部分命令都具有别名，用户可以直接在命令行中输入别名并按下 Enter 键来执行命令；
- 以 AutoCAD 中常用的“直线”命令为例，用户可以单击标准工具栏中的“直线”按钮／，也可选择“绘图”|“直线”命令，或者在命令行里输入 LINE(L)都可以执行该命令。

1.4　绘图环境基本设置

用户通常都是在系统默认的环境下工作的。安装好 AutoCAD 后，就可以在其默认的设置下绘制图形，但是有时为了使用特殊的定点设备、打印机或为了提高绘图效率，需要在绘制图形前先对系统参数、绘图环境等做必要的设置。下面将介绍一下 AutoCAD 2012 的绘图环境的设置。

1.4.1　设置系统参数

设置系统参数，是通过“选项”对话框进行的，如图 1-8 所示。有两种方式可以打开“选项”

对话框：

- 依次选择“工具”|“选项”命令；
- 在命令行中输入 OPTIONS。

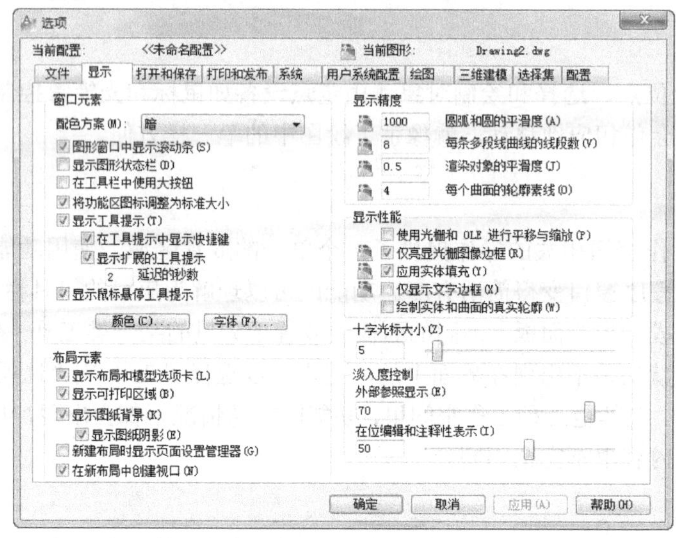

图 1-8 “选项”对话框

该对话框由“文件”、“显示”、“打开和保存”、“打印和发布”、“系统”、“用户系统设置”、“绘图”、“三维建模”、“选择集”和“配置”10 个选项卡组成，各个选项卡的主要功能如下。

- “文件”选项卡：指定一个文件夹，以供 AutoCAD 在其中查找在当前文件夹中所不存在的文字字体、自定义文件、插件、要插入的图形、线型和填充方案；
- “显示”选项卡：用于设置窗口元素、布局元素、显示精度、显示性能、十字光标大小和参照编辑的褪色度等显示属性；
- “打开和保存”选项卡：用于设置默认情况下文件保存的格式、是否自动保存文件以及自动保存文件的时间间隔、是否保存日志、是否加载外部参照等属性；
- “打印和发布”选项卡：用于设置 AutoCAD 的输出设备。默认情况下，输出设备为 Windows 打印机。但是很多情况下，为了输出较大幅面的图形，用户需要添加或配置绘图仪；
- “系统”选项卡：用于设置当前三维图形的显示特性，设置定点设备、是否显示 OLE 特性对话框、是否显示所有警告信息、是否检查网络连接、是否显示启动对话框、是否允许长符号名等；
- “用户系统设置”选项卡：用于设置是否使用快捷菜单、插入比例、坐标输入的优先级、字段、关联标注、超链接等属性；
- “绘图”选项卡：用于设置自动捕捉、自动追踪、对齐点获取、自动捕捉标记框颜色和大小、靶框大小等属性；
- “三维建模选项卡”：是 AutoCAD 新增功能，用于设置三维十字光标、显示 UCS 图标、动态输入、三维对象和三维导航等属性；
- “选择集”选项卡：用于设置选择集模式、拾取框大小以及夹点颜色和大小等属性；

- “配置”选项卡：用于实现系统配置文件的新建、重命名、输入、输出以及删除等操作。

一般情况下，用户不需要对这些设置进行修改。在此，不进行详细的介绍，在具体用到的地方再详细介绍。

1.4.2　设置绘图界限

绘图界限是在绘图空间中的一个假想的矩形绘图区域，显示为可见栅格指示的区域。当打开图形界限边界检验功能时，一旦绘制的图形超出了绘图界限，系统将发出提示。国家机械制图标准对图纸幅面和图框格式也有相应的规定。

一般来说，如果用户不作任何设置，AutoCAD 系统对作图范围是没有限制的。用户可以将绘图区看作是一幅无穷大的图纸，但所绘图形的大小是有限的。因此，为了更好地绘图，需要设定作图的有效区域。

选择“格式”|“图形界限”命令，或在命令行中输入 LIMITS，命令行提示如下：

```
命令:LIMITS                                          //执行命令
重新设置模型空间界限:                                  //系统提示信息
指定左下角点或 [开(ON)/关(OFF)] <0.0000,0.0000>:
                              //用鼠标单击或者输入坐标值的方式定位左下角点
指定右上角点 <420.0000,297.0000>:   //用鼠标单击或者输入坐标值的方式定位右上角点
```

LIMITS 命令中的“开”参数表示打开绘图界限检查，如果所绘图形超出了绘图界限，则系统不绘制出此图形并给出提示信息，从而保证了绘图的正确性；“关”参数表示关闭绘图界限检查。可以直接输入左下角点坐标后按 Enter 键，也可以直接按 Enter 键设置左下角点坐标为<0.0000，0.0000>。按 Enter 键后，命令行提示如下：

```
指定右上角点 <420.0000,297.0000>:
```

此时，可以直接输入右上角点坐标，然后按 Enter 键；也可以直接按 Enter 键，设置右上角点坐标为<420.0000，297.0000>。最后按 Enter 键完成绘图界限设置。

下面具体设置一个绘图界限：

```
命令: LIMITS
重新设置模型空间界限:                                     //设置模型空间极限
指定左下角点或 [开(ON)/关(OFF)] <0.0000,0.0000>: 10.00,10.00
// 指定模型空间左下角坐标
指定右上角点 <420.0000,297.0000>: 200.0,200.0
// 指定模型空间右上角坐标
```

这样就设置完一个绘图界限，如图 1-9 所示。

如此设置之后，用户只能在所设坐标范围内绘制图形，超出绘图范围，系统将拒绝绘图，并提示超出界限。

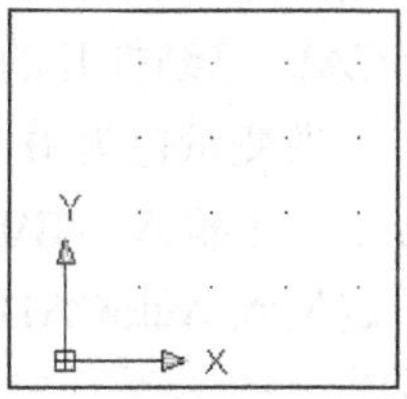

图 1-9　设置绘图界限

1.4.3　设置绘图单位

选择“格式”|“单位”命令，或在命令行中输入 DDUNITS 命令，均弹出如图 1-10 所示的“图

形单位”对话框，在该对话框中可以对图形单位进行设置。

在“图形单位”对话框中，“长度”选项组里的“类型”下拉列表框用于设置长度单位的格式类型；“精度”下拉列表框用于设置长度单位的显示精度。“角度”选项组中的“类型”下拉列表框用于设置角度单位的格式类型；“精度”下拉列表框用于设置角度单位的显示精度；选中“顺时针”复选框，表明角度测量方向是顺时针方向，不选中此复选框则角度测量方向为逆时针方向。“光源”选项组用于设置当前图形中光源强度的测量单位，其下拉列表框中提供了“国际”、“美国”和“常规”三种测量单位。

单击“方向”按钮，弹出如图 1-11 所示的“方向控制”对话框，在该对话框中可以设置基准角度（0B）的方向。在 AutoCAD 的默认设置中，0B 方向是指向右（即正东）的方向，逆时针方向为角度增加的正方向。在对话框中可以选中 5 个单选按钮中的任意一个来改变角度测量的起始位置，也可以通过选中“其他”单选按钮，并单击“拾取”按钮，在图形窗口中拾取两个点来确定在 AutoCAD 中 0B 的方向。

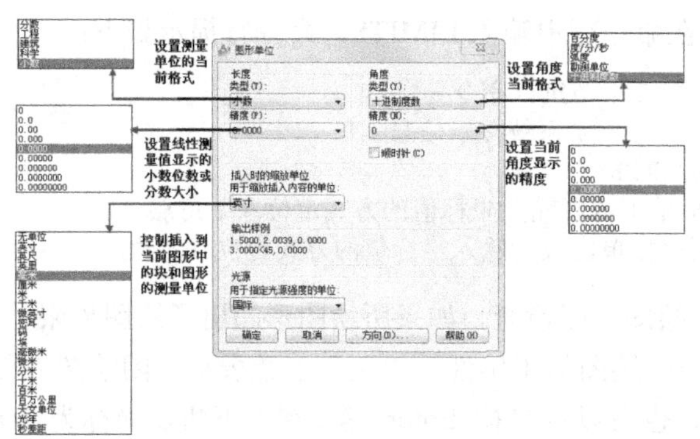

图 1-10 “图形单位”对话框

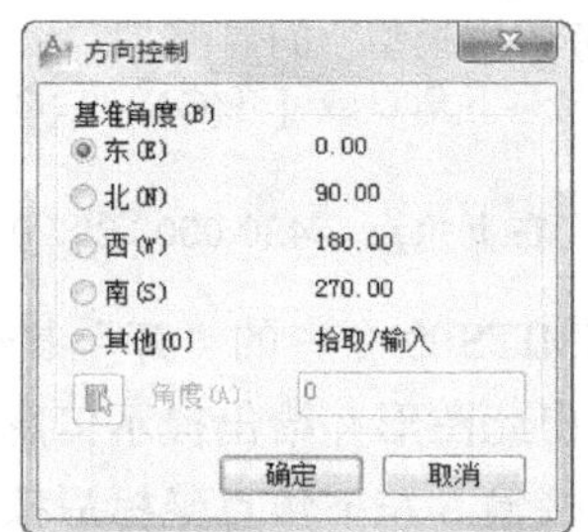

图 1-11 “方向控制”对话框

1.5 图形文件的管理

与其他软件一样，在 AutoCAD 中也提供了各种文件操作的命令，以帮助用户快速方便地新建、保存和关闭文件。

1.5.1 新建 AutoCAD 文件

用户第一次打开 AutoCAD 就自动创建了一个新文件，系统自动显示为 Drawing1.dwg。如果在 AutoCAD 已经打开的状态下创建新文件，对于新建文件来说，创建的方式由 STARTUP 系统变量确定，当变量值为 0 时，选择“文件”|“新建”命令、单击标准工具栏中的“新建”按钮□，或在命令行中输入 NEW 命令，显示如图 1-12 所示的“选择样板”对话框。打开该对话框后，系统自动定位到 AutoCAD 安装目录的样板文件夹中，用户可以选择使用样板和选择不使用样板创建新图形。

单击“打开”按钮右侧的下三角按钮，弹出附加菜单，用户可以采用“英制”或者“公制”的无样板菜单创建新图形。执行“无样板打开”命令后，新建的图形不以任何样板为基础。

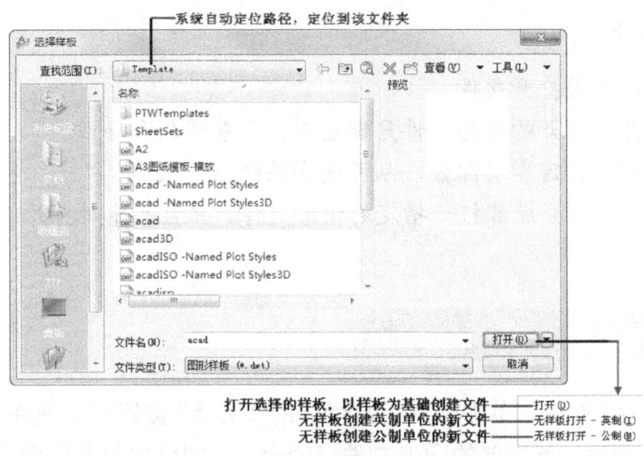

图 1-12　“选择样板”对话框

当 STARTUP 为 1 时，新建文件时弹出“创建新图形”对话框。系统提供了“从草图开始”、“使用样板”和“使用向导”3 种方式创建新图形。

1.5.2　打开 AutoCAD 文件

选择“文件”|“打开”命令、单击标准工具栏中的“打开”按钮，或在命令行中输入 OPEN，都可以打开如图 1-13 所示的“选择文件”对话框，该对话框用于打开已经存在的 AutoCAD 图形文件。

在此对话框中，用户可以在“搜索”下拉列表框中选择文件所在的位置，然后在文件列表中选择文件，单击“打开”按钮即可打开文件。

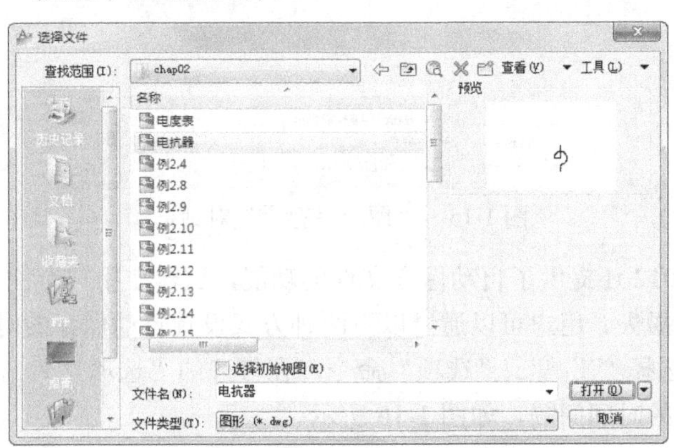

图 1-13　“选择文件”对话框

单击“打开”按钮右边的下拉按钮，在弹出的下拉菜单中有 4 个选项，如图 1-14 所示。这些选项规定了文件的打开方式。

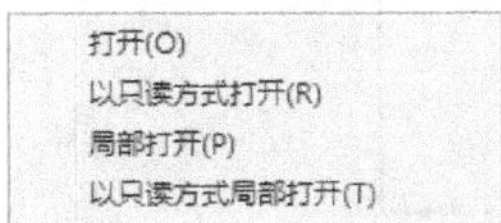

图 1-14　文件的打开方式

各个选项的作用如下：

- 打开：以正常的方式打开文件；
- 以只读方式打开：打开的图形文件只能查看，不能编辑和修改；
- 局部打开：只打开指定图层部分，从而提高系统运行效率；
- 以只读方式局部打开：局部打开指定的图形文件，并且不能对打开的图形文件进行编辑和修改。

1.5.3 保存 AutoCAD 文件

选择“文件”|“保存”命令、单击标准工具栏中的“保存”按钮，或在命令行中输入 SAVE，都可以对图形文件进行保存。若当前的图形文件已经命名，则可按此名称保存文件。如果当前图形文件尚未命名，则弹出如图 1-15 所示的“图形另存为”对话框，该对话框用于保存已经创建但尚未命名的图形文件。

在“图形另存为”对话框中，“保存于”下拉列表框用于设置图形文件保存的路径；“文件名”下拉列表框用于输入图形文件的名称；“文件类型”下拉列表框用于选择文件保存的格式，在“文件类型”下拉列表框中，.dwg 是 AutoCAD 的图形文件，.dwt 是 AutoCAD 的样板文件，这两种格式的文件最常用。

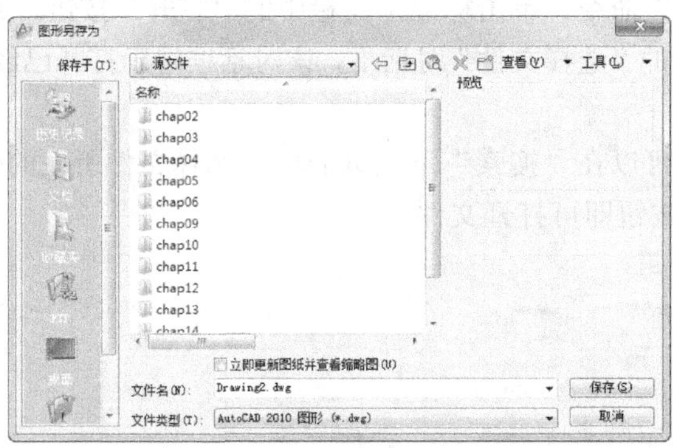

图 1-15 “图形另存为”对话框

此外，AutoCAD 2012 还提供了自动保存文件的功能，这样在用户专注于设计时，可以避免未能及时保存文件带来的损失。用户可以通过以下两种方式设置自动保存的时间间隔。

（1）在菜单栏中选择“工具”|“选项”命令，在打开的“选项”对话框中的“打开和保存”选项卡中设置自动保存的时间间隔，如图 1-16 所示。

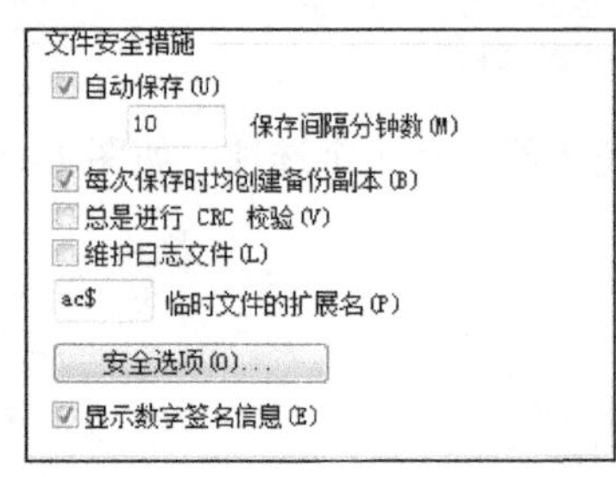

图 1-16 设置自动保存时间间隔

图 1-17 使用命令行设置时间间隔

（2）在命令行中输入 savetime，系统提示输出新的保存间隔，默认值为 10，单位是分钟。如图 1-17 所示。

1.5.4　输入和输出 AutoCAD 文件

在 AutoCAD 2012 软件中可以输入各种类型的文件，也可以输出多种类型的文件，一个软件可以兼容的文件类型的多少反映了该软件的功能强弱、处理能力、适用范围。

1. 输入 AutoCAD 文件

AutoCAD 提供三种方式来输入图形文件：

- 菜单栏　选择“文件”|“输入”命令；
- 工具栏　在“插入点”工具栏上单击按钮；
- 命令行　输入 import 命令。

执行上述操作都会打开“输入文件”对话框。如图 1-18 所示。在其中的“文件类型”下拉列表框中可以选择输入文件的类型。

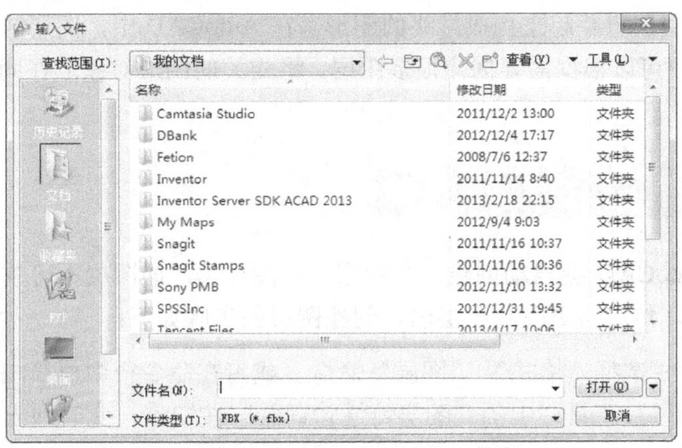

图 1-18　“输入文件”对话框

2. 输出 AutoCAD 文件

AutoCAD 提供两种方式来输出图形文件：

- 菜单栏　单击“文件”|“输出”命令；
- 命令行　输入 export 命令。

执行上述操作都会打开“输出数据”对话框。如图 1-19 所示。在其中的“文件类型”下拉列表框中可以选择输出数据的类型。

图 1-19 “输出数据”对话框

1.6 图层的创建与管理

为了方便管理图形，在 AutoCAD 中提供了图层工具。图层相当于一层“透明纸”，可以在上面绘制图形，将纸一层层重叠起来构成最终的图形。在 AutoCAD 中，图层的功能和用途要比“透明纸”强大得多，用户可以根据需要创建很多图层，将相关的图形对象放在同一层上，以此来管理图形对象。

1.6.1 图层的创建

默认情况下，AutoCAD 会自动创建一个图层——图层 0，该图层不可重命名，用户可以根据需要来创建新的图层，然后再更改其图层名。创建图层的步骤如下：

步骤 01 在菜单栏选择“格式”|“图层”命令，或者在命令行中执行 LAYER 命令，或者单击“图层”工具栏中的“图层特性管理器”按钮，此时弹出“图层特性管理器”对话框，如图 1-20 所示。

步骤 02 用户可以在此对话框中进行图层的基本操作和管理。在“图层特性管理器”对话框中，单击“新建图层”按钮，即可添加一个新的图层，如图 1-21 所示，可以在文本框中输入新的图层名。

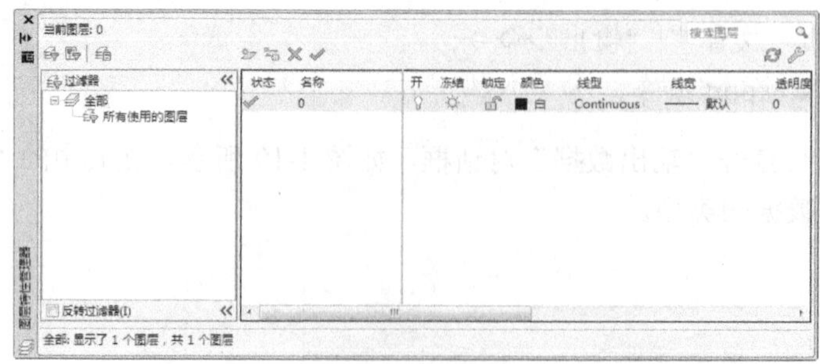

图 1-20 “图层特性管理器”对话框

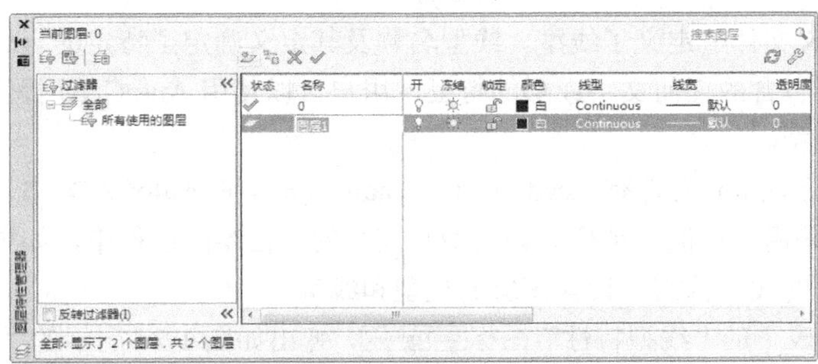

图 1-21　创建新图层

1.6.2　图层颜色的设置

每个图层都具有一定的颜色。所谓图层的颜色，是指该图层上面的实体颜色。在建立图层的时候，图层的颜色承接上一个图层的颜色，对于图层 0 系统默认的是 7 号颜色，该颜色相对于黑色的背景显示白色，相对于白色的背景显示黑色（仅该色例外，其他色不论背景为何种颜色，显示颜色都不变）。

在绘图过程中，需要对各个层的对象进行区分，若改变该层的颜色，默认状态下该层的所有对象的颜色都将随之改变。单击“颜色”列表下的“颜色特性”图标■白色，弹出如图 1-22 所示的“选择颜色”对话框，在该对话框中用户可以对图层颜色进行设置。

在“索引颜色”选项卡中，用户可以直接单击需要的颜色，也可以在“颜色”文本框中输入颜色号；在“真彩色”选项卡中，用户可以在 RGB 和 HSL 两种模式下选择颜色，如图 1-23 所示。使用这两种模式确定颜色都需要三个参数，具体参数的含义请参考有关图像设计的书籍；在“配色系统”选项卡中，用户可以从系统提供的颜色表中选择一个标准表，然后从色带滑块中选择所需要的颜色。

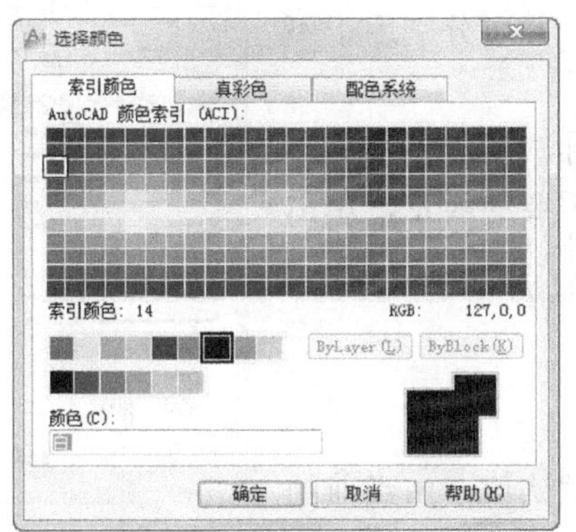

图 1-22　“索引颜色”选项卡

图 1-23　“真彩色”选项卡

1.6.3　图层线型的设置

图层的线型是指在图层中绘图时所用的线型，每一层都应有一个相应线型。不同的图层可以设置为不同的线型，也可以设置为相同的线型。AutoCAD 提供了标准的线型库，在一个或多个扩展名为.lin 的线型定义文件中定义了线型。线型名称及其定义确定了特定的点划线序列、划线和空移的相对长度以及所包含的任何文字或形的特征。用户可以使用 AutoCAD 提供的任意标准线型，也可以创建自己的线型。

AutoCAD 中包含的.lin 文件有 acad.lin 和 acadiso.lin。在 AutoCAD 中，系统默认的线型是 Continuous，线宽也采用默认值 0 单位，该线型是连续的。在绘图过程中，如果用户希望绘制点画线、虚线等其他种类的线，就需要设置图层的线型和线宽。

单击"线型"列表下的"线型特性"图标Continuous，弹出如图 1-24 所示的"选择线型"对话框。默认状态下，"选择线型"对话框中只有 Continuous 一种线型。单击"加载"按钮，弹出如图 1-25 所示的"加载或重载线型"对话框，用户可以在"可用线型"列表框中选择所需要的线型，单击"确定"按钮返回"选择线型"对话框完成线型加载，选择需要的线型后单击"确定"按钮回到"图层特性管理器"对话框，完成线型的设定。

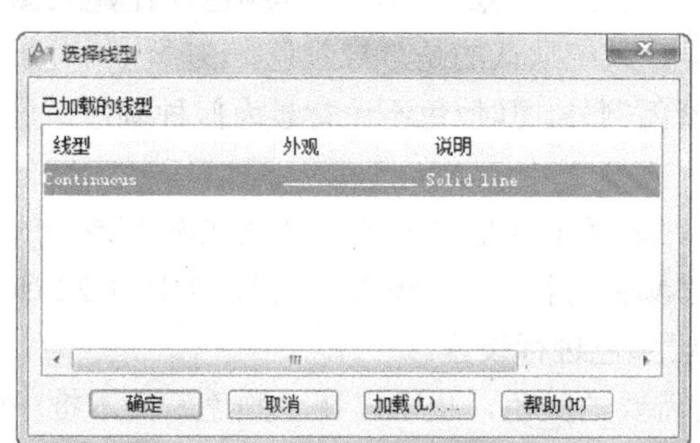

图 1-24 "选择线型"对话框

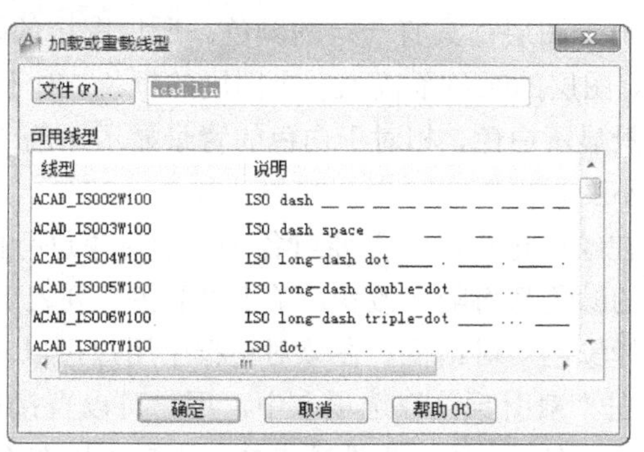

图 1-25 "加载或重载线型"对话框

1.6.4 图层线宽的设置

使用线宽特性可以创建粗细（宽度）不一的线，并可分别用于不同的地方，这样就可图形化地表示对象和信息。

单击"线宽"列表下的"线宽特性"图标——默认，弹出如图 1-26 所示的"线宽"对话框，在"线宽"列表框中选择需要的线宽，单击"确定"按钮完成设置线宽操作。

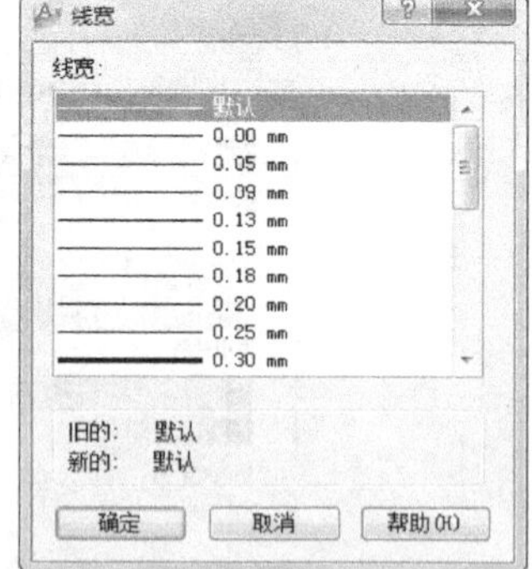

图 1-26 "线宽"对话框

1.6.5 图层特性的设置

用户在绘制图形时，各种特性都是随层设置的默认值，由当前的默认设置来确定的。用户可以根据需要对图层的各种特性进行修改。图层的特性包括图层的名称、线型、颜色、开关状态、冻结状态、线宽、锁定状态和打印样式等。

用户可以通过以下方式进行图层特性的设置。

1. 通过图层特性管理器进行设置

在菜单栏中，选择"格式"|"图层"命令打开"图层特性管理器"对话框。在该对话框中可

以新建图层，并对每一图层进行设置，如状态、名称、打开/关闭、冻结/解冻、锁定/解锁、线型、颜色、线宽以及打印特性等特性。

下面对该对话框中显示的各个图形特性进行简要介绍。

- 状态：显示图层和过滤器的状态，添加的图层以一块板面表示，删除的图层以表示，当前图层以表示，如图 1-27 所示；
- 名称：系统启动之后，默认的图层为图层 0，添加的图层名称默认为“图层 1”、“图层 2”，并依次往下递增。可以单击某图层在弹出的快捷菜单中选择“重命名图层”或直接按 F2 键来对图层重命名；
- 打开/关闭：在对话框中以灯泡的颜色来表示图层的开关。默认情况下，图层都是打开的，灯泡显示为黄色，表示图层可以使用和输出；单击灯泡可以切换图层的开关，此时灯泡变成灰色，表明图层关闭，不可以使用和输出；
- 冻结/解冻：打开图层时，系统默认以解冻的状态显示，以太阳图标表示，此时的图层可以显示、打印输入和在该图层上对图形进行编辑。单击太阳图标可以冻结图层，此时以雪花图标表示，该图层上的图形不能显示、无法打印输出、不能编辑该图层上的图形。当前图层不能冻结；
- 锁定/解锁：在绘制完一个图层时，为了在绘制其他图形时不影响该图层，通常可以把图层锁定。图层锁定以来表示，单击图标可以将图层解锁，以图标表示。新建的图层默认都是解锁状态。锁定图层不会影响该图层上图形的显示；
- 颜色：设置图层显示的颜色；
- 线型：用于设置绘图时所使用的线型；
- 线宽：用于设置绘图时使用的线宽；
- 打印样式：用来确定图层的打印样式。如果使用的是彩色的图层，则无法更改样式；
- 打印：用来设置哪些图层可以打印，可以打印的图层以显示，单击该图标可以设置图层不能打印，以图标表示。打印功能只能对可见图层、没有被冻结、没有锁定和没有关闭的图层起作用；
- 透明度：用来设置新建图层的透明度；
- 冻结新视口：在新布局视口中冻结选定图层；
- 说明：（可选）描述图层或图层过滤器。

2. 通过“图层”工具栏和“特性”工具栏进行设置

在工具栏空白处，单击鼠标右键，在弹出的快捷菜单中选择“ACAD”|“图层”打开“图层”工具栏，如图 1-27 所示；选择“ACAD”|“特性”打开“特性”工具栏，如图 1-28 所示。默认情况下，这两个工具栏在 AutoCAD2012 中都是关闭的。可通过这两个工具栏对图层的特性进行设置和管理，其设置方法与在“图层特性管理器”对话框中的设置类似。

图 1-27　“图层”工具栏

图 1-28　“特性”工具栏

1.6.6 切换到当前图层

在 AutoCAD 2012 中，将图层切换到当前图层主要利用下面 4 种方法：

- 在“对象特性”工具栏中，利用图层控制下拉列表来切换图层；
- 在“图层”工具栏中，单击按钮切换对象所在图层为当前图层；
- 在“图层特性管理器”对话框中的图层列表中，选择某个图层，然后单击置为当前按钮来切换到当前图层。

1.6.7 保存与恢复图层状态

在“图层特性管理器”对话框中或在“图层”工具栏中，单击按钮弹出“图层状态管理器”对话框，如图 1-29 所示。图层的保存与恢复就是在该对话框中进行设置的。

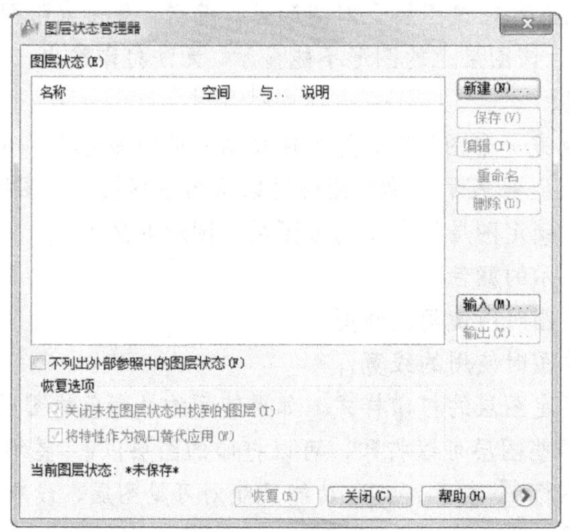

图 1-29 “图层状态管理器”对话框

在“图层状态”列表中，选择某个图层，然后单击右边的保存(V)按钮，对图层进行保存。图层的状态可以恢复到之前保存的状态，在“图层状态”列表中，选择某个图层，然后单击下方的恢复(R)按钮，可以对图层状态进行恢复。

1.6.8 过滤图层

在实际绘图时，当图层很多时候如何快速查找图层是一个很重要的问题，这时候就需要用到图层过滤。AutoCAD 2012 中文版提供了“图层过滤器特性”来管理图层过滤。在“图层特性管理器”对话框中单击“新特性过滤器”按钮，打开“图层过滤器特性”对话框，如图 1-30 所示。通过“图层过滤器特性”对话框来进行设置图层过滤。

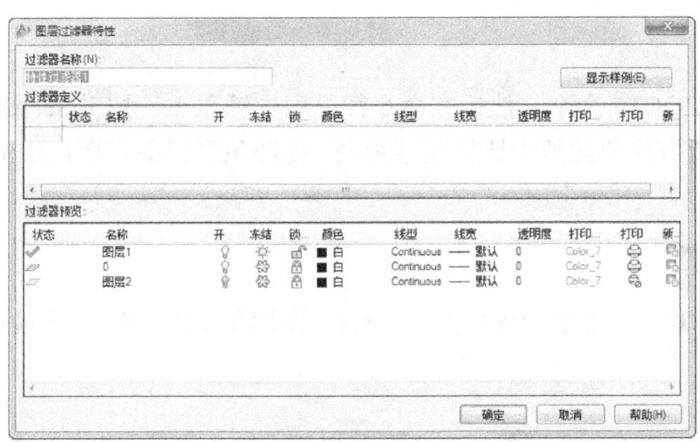

图 1-30 “图层过滤器特性”对话框

在“图层过滤器特性”对话框的“过滤器名称”文本框中输入过滤器的名称，过滤器名称中不能包含“<>”、“；”、“：”、“？”、“*”、“=”等字符。在“过滤器定义”列表中，可以设置过滤条件，包括图层名称、颜色、状态等。当指定过滤器的图层名称时，“？”可以代替任何一个字符。

1.7 二维视图操作

如果要使整个视图显示在屏幕内，就要缩小视图；如果要在屏幕中显示一个局部对象，就要放大视图，这是视图的缩放操作。要在屏幕中显示当前视图不同区域的对象，就需要移动视图，这是视图的平移操作。AutoCAD 提供了视图缩放和视图平移功能，以方便用户观察和编辑图形对象。

1.7.1 缩放

选择“视图”|“缩放”命令，在弹出的级联菜单中选择合适的命令，或单击如图 1-31 所示的“缩放”工具栏中合适的按钮，或者在命令行中输入 ZOOM 命令，都可以执行相应的视图缩放操作。

图 1-31 “缩放”工具栏

在命令行中输入 ZOOM 命令，命令行提示如下：

```
命令: ZOOM
指定窗口的角点，输入比例因子 (nX 或 nXP)，或者
[全部(A)/中心(C)/动态(D)/范围(E)/上一个(P)/比例(S)/窗口(W)/对象(O)] <实时>:
```

命令行中不同的选项代表了不同的缩放方法。

下面以命令行输入方式分别介绍几种常用的缩放方式。

1. 全部缩放

在命令行中输入 ZOOM 命令，然后在命令行提示中输入 A，按 Enter 键，则在视图中将显示整个图形，并显示用户定义的图形界限和图形范围。

2. 范围缩放

在命令行中输入 ZOOM 命令，然后在命令行提示中输入 E，按 Enter 键，则在视图中将尽可能大地以包含图形中所有对象的放大比例显示视图。视图包含已关闭图层上的对象，但不包含冻结图层上的对象。

3. 显示前一个视图

在命令行中输入 ZOOM 命令，然后在命令行提示中输入 P，按 Enter 键，则显示上一个视图。

4. 比例缩放

在命令行中输入 ZOOM 命令，然后在命令行提示中输入 S，按 Enter 键，命令行提示如下：

```
命令: ZOOM
指定窗口的角点，输入比例因子 (nX 或 nXP)，或者
[全部(A)/中心(C)/动态(D)/范围(E)/上一个(P)/比例(S)/窗口(W)/对象(O)] <实时>: s
输入比例因子(nX 或 nXP):
```

这种缩放方式能够按照精确的比例缩放视图，按照要求输入比例后，系统将以当前视图中心为中心点进行比例缩放。系统提供了三种缩放方式，第一种是相对于图形界限的比例进行缩放，很少用；第二种是相对于当前视图的比例进行缩放，输入方式为 nX；第三种是相对于图纸空间单位的比例进行缩放，输入方式为 nXP。

5. 窗口缩放

窗口缩放方式用于缩放一个由两个对角点所确定的矩形区域，在图形中指定一个缩放区域，AutoCAD 将快速地放大包含在区域中的图形。窗口缩放使用非常频繁，但是仅能用来放大图形对象，不能缩小图形对象，而且窗口缩放是一种近似的操作，在图形复杂时可能要多次操作才能得到所要的效果。

6. 实时缩放

实时缩放开启后，视图会随着鼠标左键的操作同时进行缩放。当执行实时缩放后，光标将变成一个放大镜形状，按住鼠标左键向上移动将放大视图，向下移动将缩小视图。如果鼠标移动到窗口的尽头，可以松开鼠标左键，将鼠标移回到绘图区域，然后再按住鼠标左键拖动光标继续缩放。视图缩放完成后按 Esc 键或按 Enter 键完成视图的缩放。

在命令行中输入 ZOOM 命令，然后在命令行提示中直接按 Enter 键，或者单击“标准”工具栏中的“实时缩放”按钮，即可对图形进行实时缩放。

1.7.2 平移

当在图形窗口中不能显示所有的图形时，就需要进行平移操作，以便用户查看图形的其他部分。

单击“标准”工具栏中的“实时平移”按钮，或选择“视图”|“平移”|“实时”命令，或在命令行中输入 PAN，然后按 Enter 键，光标都将变成手形，用户可以对图形对象进行实时平移。

当然，选择“视图”|“平移”命令，在弹出的级联菜单中还有其他平移菜单命令，同样可以进行平移的操作，不过不太常用。

1.8　通过状态栏辅助绘图

在 AutoCAD 中，为了方便用户进行各种图形的绘制，状态栏提供了多种辅助工具，以帮助用户能够快速准确地绘图，单击相应的功能按钮，对应的功能便能发挥作用，如图 1-32 所示。

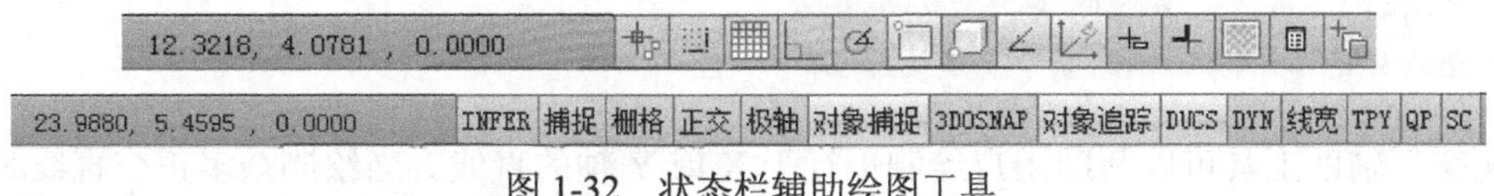

图 1-32　状态栏辅助绘图工具

1.8.1　设置捕捉和栅格

在绘图中，使用栅格和捕捉功能有助于创建和对齐图形中的对象。栅格是按照设置的间距显示在图形区域中的点，它能提供直观的距离和位置的参照，起到类似于坐标纸中的方格的作用，栅格只在图形界限以内显示。

捕捉使光标只停留在图形中指定的点上，这样就可以很方便地将图形放置在特殊点上，便于以后的编辑工作。栅格和捕捉这两个辅助绘图工具之间有着很多联系，尤其是两者间距的设置。有时为了方便绘图，可将栅格间距设置为与捕捉间距相同，或者使栅格间距为捕捉间距的倍数。

在状态栏的“捕捉”按钮捕捉或者“栅格”按钮栅格上单击鼠标右键，在弹出的快捷菜单中选择“设置”命令，弹出如图 1-33 所示的“草图设置”对话框，当前显示的是“捕捉和栅格”选项卡。

在“捕捉和栅格”选项卡中，选中“启用捕捉”和“启用栅格”复选框则可分别启动控制捕捉和栅格功能，用户也可以通过单击状态栏上的相应按钮来控制开启。

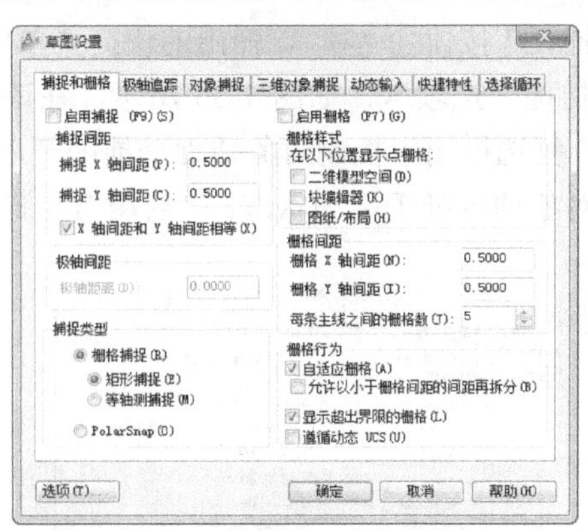

图 1-33　“草图设置”对话框

在“捕捉类型”选项组中，提供了“栅格捕捉”和“PolarSnap(极轴捕捉)”两种模式供用户选择。“栅格捕捉”模式中包含了“矩形捕捉”和“等轴测捕捉”两种样式，在二维图形绘制中，通常使用的是矩形捕捉，这也是系统的默认模式。“极轴捕捉”模式是一种相对捕捉，也就是相对于上一点的捕捉。如果当前未执行绘图命令，光标就能够在图形中自由移动，不受任何限制。当执行某一种绘图命令后，光标就只能在特定的极轴角度上，并且定位在距离为间距倍数的点上。

在“捕捉间距”选项组和“栅格间距”选项组中，用户可以设置捕捉和栅格的距离。“捕捉间距”选项组中的“捕捉 X 轴间距”和“捕捉 Y 轴间距”文本框可以分别设置捕捉在 X 方向和 Y 方向的单位间距，“X 和 Y 间距相等”复选框可以设置 X 和 Y 方向的间距是否相等。“栅格间距”选项组中的“栅格 X 轴间距”和“栅格 Y 轴间距”文本框可以分别设置栅格在 X 方向和 Y 方向的单位间距。

1.8.2 设置正交

“正交”辅助工具可以帮助用户绘制平行于 X 或 Y 轴的直线。当绘制众多正交直线时，通常要打开“正交”辅助工具。在状态工具栏中，单击“正交”按钮正交，即可打开“正交”辅助工具。

在打开“正交”辅助工具后，就只能在平面内平行于两个正交坐标轴的方向上绘制直线，并指定点的位置，而不用考虑屏幕上光标的位置。绘图的方向是由当前光标在平行其中一条坐标轴（如 X 轴）方向上的距离值与在平行于另一条坐标轴（如 Y 轴）方向的距离值相比来确定的，如果沿 X 轴方向的距离大于沿 Y 轴方向的距离，AutoCAD 将绘制水平线；相反，如果沿 Y 轴方向的距离大于沿 X 轴方向的距离，那么只能绘制竖直的线。同时，“正交”辅助工具并不影响从键盘上输入点。

1.8.3 设置对象捕捉

所谓对象捕捉，就是利用已经绘制的图形上的几何特征点定位新的点。在绘图区任意工具栏上，单击鼠标右键，在弹出的快捷菜单中选择“对象捕捉”命令，弹出如图 1-34 所示的“对象捕捉”工具栏。用户可以在工具栏中单击相应的按钮，以选择合适的对象捕捉模式。

图 1-34 “对象捕捉”工具栏

右键单击状态栏上“对象捕捉”按钮对象捕捉，在弹出的快捷菜单中选择“设置”命令，弹出“草图设置”对话框，打开“对象捕捉”选项卡，如图 1-35 所示，在该选项卡中也可以设置相关的对象捕捉模式。“启用对象捕捉”复选框用于控制对象捕捉功能的开启。当对象捕捉打开时，在“对象捕捉模式”选项组中选定的对象捕捉处于活动状态。“启用对象捕捉追踪”复选框用于控制对象捕捉追踪的开启。

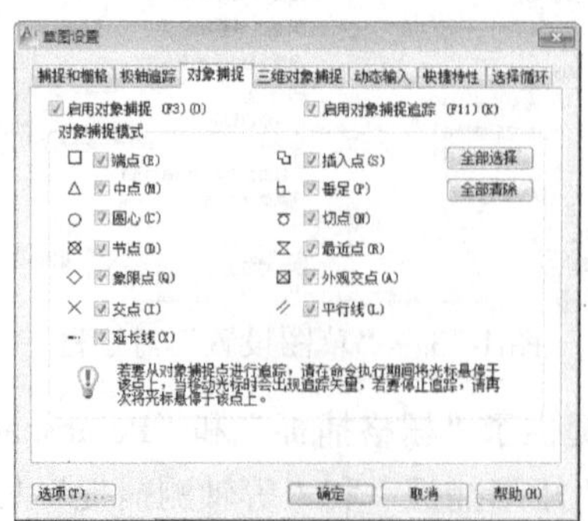

图 1-35 “对象捕捉”选项卡

在“对象捕捉模式”选项组中，提供了 13 种捕捉模式，不同捕捉模式的意义如下。

- 端点：捕捉直线、圆弧、椭圆弧、多线、多段线线段的最近端点，以及捕捉填充直线、图形或三维面域最近的封闭角点。
- 中点：捕捉直线、圆弧、椭圆弧、多线、多段线线段、参照线、图形或样条曲线的中点。
- 圆心：捕捉圆弧、圆、椭圆或椭圆弧的圆心。
- 节点：捕捉点对象。
- 象限点：捕捉圆、圆弧、椭圆或椭圆弧的象限点。象限点分别位于从圆或圆弧的圆心到 0°、90°、180°、270° 圆上的点。象限点的零度方向是由当前坐标系的 0° 方向确定的。
- 交点：捕捉两个对象的交点，包括圆弧、圆、椭圆、椭圆弧、直线、多线、多段线、射线、样条曲线或参照线。
- 延长线：在光标从一个对象的端点移出时，系统将显示并捕捉沿对象轨迹延伸出来的虚拟点。
- 插入点：捕捉插入图形文件中的块、文本、属性及图形的插入点，即它们插入时的原点。
- 垂足：捕捉直线、圆弧、圆、椭圆弧、多线、多段线、射线、图形、样条曲线或参照线上的一点，而该点与用户指定的上一点形成一条直线，此直线与用户当前选择的对象正交(垂直)。但该点不一定在对象上，而有可能在对象的延长线上。
- 切点：捕捉圆弧、圆、椭圆或椭圆弧的切点。此切点与用户所指定的上一点形成一条直线，这条直线将与用户当前所选择的圆弧、圆、椭圆或椭圆弧相切。
- 最近点：捕捉对象上最近的一点，一般是端点、垂足或交点。
- 外观交点：捕捉 3D 空间中两个对象的视图交点（这两个对象实际上不一定相交，但看上去相交）。在 2D 空间中，外观交点捕捉模式与交点捕捉模式是等效的。
- 平行线：绘制平行于另一对象的直线。首先是在指定直线的第一点后，用光标选定一个对象（此时不用单击鼠标指定，AutoCAD 将自动帮助用户指定，并且可以选取多个对象），之后再移动光标，这时经过第一点且与选定的对象平行的方向上将出现一条参照线，这条参照线是可见的。在此方向上指定一点，那么该直线将平行于选定的对象。

1.8.4 设置极轴追踪

当自动追踪打开时，在绘图区将出现追踪线（追踪线可以是水平的或垂直的，也可以有一定的角度），它可帮助用户精确确定位置和角度，从而创建对象。AutoCAD 提供了极轴追踪和对象捕捉追踪两种追踪模式。

单击状态栏上的“极轴”按钮极轴可打开极轴追踪功能。在“极轴”按钮上单击鼠标右键，在弹出的快捷菜单中选择“设置”命令，弹出“草图设置”对话框，打开“极轴追踪”选项卡，如图 1-36 所示，可以进行极轴追踪模式的参数设置，追踪线由相对于起点和端点的极轴角定义。

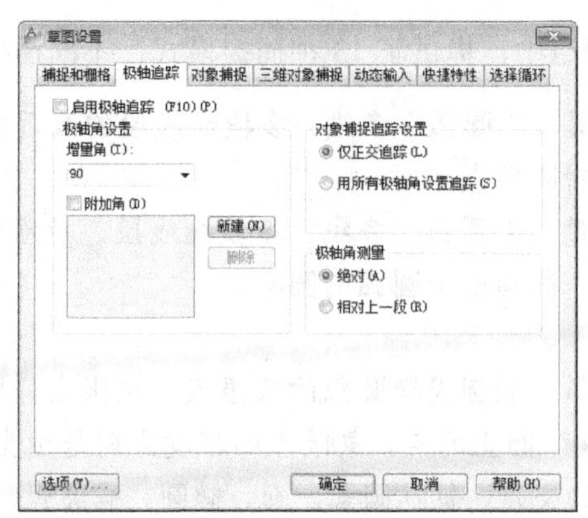

图 1-36　“极轴追踪”选项卡

“极轴追踪”选项卡各选项的含义如下。

- 增量角：设置极轴角度增量的模数，绘图过程中所追踪到的极轴角度将为此模数的倍数。
- 附加角：在设置角度增量后，仍有一些角度不等于增量值的倍数。对于这些特定的角度值，用户可以单击“新建”按钮添加新的角度，使追踪的极轴角度更加全面（最多只能添加 10 个附加角度）。
- 绝对：极轴角度绝对测量模式。选择此模式后，系统将以当前坐标系下的 X 轴为起始轴计算出所追踪到的角度。
- 相对上一段：极轴角度相对测量模式。选择此模式后，系统将以上一个创建的对象为起始轴计算出所追踪到的相对于此对象的角度。

单击状态栏中的“对象追踪”按钮对象追踪可以打开对象追踪功能，通过使用对象捕捉追踪可以使对象的某些特征点成为追踪的基准点，根据此基准点沿正交方向或极轴方向形成追踪线，进行追踪。

在“草图设置”对话框里打开“极轴追踪”选项卡，在“对象捕捉追踪设置”选项组中可对对象捕捉追踪进行设置。各参数含义如下。

- 仅正交追踪：表示仅在水平和垂直方向（即 X 轴和 Y 轴方向）对捕捉点进行追踪（但切线追踪、延长线追踪等不受影响）。
- 用所有极轴角设置追踪：表示可按极轴设置的角度进行追踪。

1.9　对象特性修改

在 AutoCAD 中，用户绘制完图形后，还需要对各种图形进行特性和参数的设置，以便对图形进行完善和修正，从而满足工程制图的要求，我们一般通过“样式”、“图层”和“特性”工具栏对对象特性进行设置。

1.9.1　“样式”工具栏

图 1-37 所示的“样式”工具栏中，单击按钮 1，弹出“文字样式”对话框，单击按钮 3，弹出

"标注样式管理器"对话框，单击按钮 5，弹出"表格样式"对话框，单击按钮 7，弹出"多重引线样式管理器"对话框。

下拉列表 2 显示文字样式下拉列表，下拉列表 4 显示标注样式下拉列表，下拉列表 6 显示表格样式下拉列表，下拉列表 8 显示多重引线样式下拉列表，用户选择下拉列表中的选项，可以在不同样式列表中选中某个样式为当前样式，或者选择绘图区中的某个图形对象，在样式列表中选择需要应用的样式，则该图形对象使用该样式。

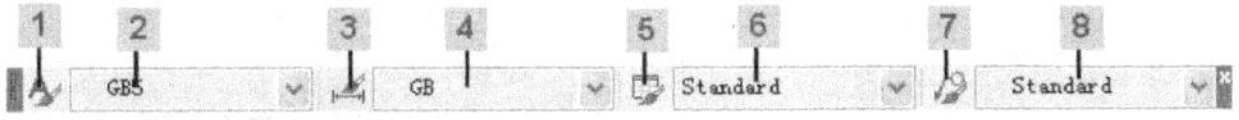

图 1-37　"样式"工具栏

1.9.2　"图层"工具栏

如图 1-38 所示的"图层"工具栏中，单击"图层特性管理器"按钮 1，弹出"图层特性管理器"对话框。工具栏中的 2 部分为图层列表，用户可以使用图层列表执行以下操作：

- 在图层列表中选中某个图层为当前图层。
- 选择绘图区中的某个图形对象，在图层列表中选择需要放置该对象的图层，则该图形对象放入所选的图层中。
- 在图层列表中单击某个图层的状态图标，对该图层进行状态管理。

"图层"工具栏中的第三部分为"上一个图层"按钮，单击该按钮，回到上一个图层为当前图层。

图 1-38　"图层"工具栏

1.9.3　"特性"工具栏

如图 1-39 所示的"特性"工具栏中，下拉列表 1 可以为图形对象设置相应的颜色，需要绘制的图形对象将显示设置的颜色。下拉列表 2 可以为图形对象设置相应的线型，需要绘制的图形对象将显示设置的线型，如果没有合适的线型，可以选择"其他"命令，加载线型。下拉列表 3 可以为图形对象设置相应的线宽，需要绘制的图形对象将显示设置的线宽。

图 1-39　"特性"工具栏

1.10　夹点的编辑

当物体处于选择状态时，会出现若干个带颜色的小方框，这些小方框代表的是所选实体的特征点，被称为夹点。

夹点有三种状态：冷态、温态和热态。当夹点被激活时，处于热态，默认为“颜色 12”，可以对图形对象进行编辑；当夹点未被激活时，处于冷态，默认为“颜色 150”；当光标移动到某个夹点上时，该点处于温态，系统默认为“颜色 11”，单击夹点后，该点处于热态。

当图形对象处于选中状态时，图形显示表示特征的夹点，当光标移动到某夹点时，夹点变为温态，显示与此夹点相关的参数，如图 1-40 所示。当单击夹点时，夹点处于热态，用户可以在工具栏提示中修改相应的参数，修改后，图形对象随之变化，如图 1-41 所示。

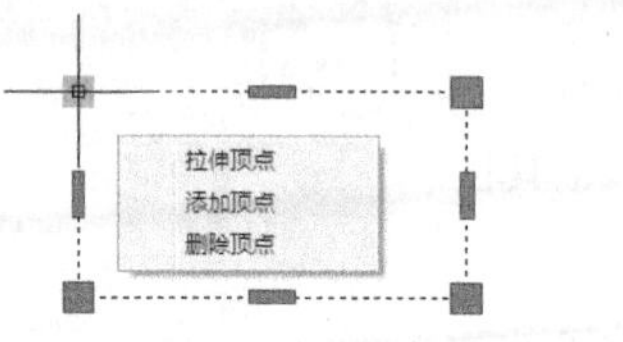

图 1-40　温态夹点提示

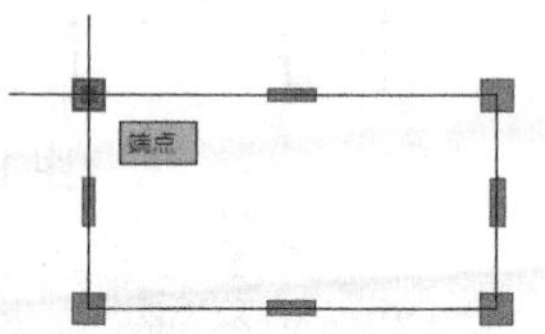

图 1-41　热态夹点提示

选择“工具”|“选项”命令，打开“选项”对话框，在“选择集”选项卡中可以对夹点进行编辑，如图 1-42 所示。

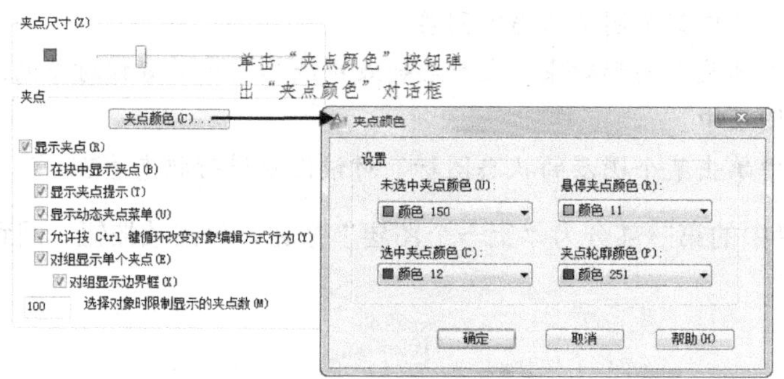

图 1-42　夹点选项设置

第 2 章　电气制图中的基本绘图

AutoCAD 为用户提供了常见的基本图形，例如直线、圆、圆弧、矩形等的绘制方法，使用这些方法用户就可以快速、方便地绘制出基本图形和比较简单的组合图形，并能进一步绘制建筑电气图样、机床电气图样等。

本章将给读者讲解常见基本二维图形的绘制方法，通过本章的学习，读者需要掌握各种基本图形的绘制方法和技巧，并能够熟悉基本图形的使用场合和相应的绘图方式。

2.1　平面绘图

使用最方便的绘制平面图形的命令是图标按钮，绘制平面图形命令的图标按钮集中在绘图工具栏，如图 2-1 所示。使用这些命令可以绘制直线、曲线、填充、表格等图形，下面对其进行详细介绍。

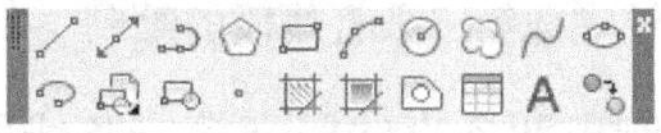

图 2-1　“绘图”工具栏

2.1.1　直线命令（LINE）

使用直线命令可以绘制一条直线段，也可以绘制一系列连续的多段连接的直线段。

1. 执行方式

- 选择“绘图”|“直线”命令；
- 单击“绘图”工具栏中的“直线”按钮；
- 在命令行中输入命令 LINE。

2. 命令提示

```
命令：line
指定第一点：//输入第一点
指定下一点或[放弃(U)]：　//输入第二点或按 Enter 键
......
指定下一点或[闭合(C)/放弃(U)]：//输入第 N 点或输入 C、U 之一后按 Enter 键
```

3. 参数说明

通常绘制直线都必须先确定第一点，第一点可以通过输入坐标值或者在绘图区中使用光标直接拾取获得。第一点的坐标值只能使用绝对坐标表示，不能使用相对坐标表示。

当指定完第一点后，系统要求用户指定下一点，此时用户可以采用多种方式输入下一点：绘图区光标拾取、相对坐标、绝对坐标、极坐标和极轴捕捉配合距离等。

4. 应用举例

在 AutoCAD 2012 里，绘制直线的方法有多种，下面通过实例介绍说明。

例 2-1 绝对坐标输入线段端点的坐标值的方式绘制直线段。

```
命令：line
指定第一点: 0,0    //按绝对坐标输入直线段的起点
指定下一点或[放弃(U)]：50,50    //按绝对坐标输入直线段的终点
指定下一点或[放弃(U)]: //按 Enter 键完成线段的绘制
```

完成以上操作，则在绘图区绘制出起点在坐标原点，横向距离△x=50，纵向距离△y=50,角度为 45° 的直线段，如图 2-2 所示。

例 2-2 用相对坐标输入线段端点的坐标值的方式绘制直线段。

```
命令：line
指定第一点: 0,20    //按绝对坐标输入直线段的起点
指定下一点或[放弃(U)]：@50,50    //按相对坐标输入直线段的终点
指定下一点或[放弃(U)]: //按 Enter 键完成第一条直线段的绘制
命令：line
指定第一点: 0,20    //按绝对坐标输入直线段的起点
指定下一点或[放弃(U)]: 50,50    //按绝对坐标输入直线段的终点
指定下一点或[放弃(U)]: //按 Enter 键完成第二条直线段的绘制
```

完成以上操作，则在绘图区绘制出两条直线段（第三条线段为例 2-1 所画），如图 2-3 所示。

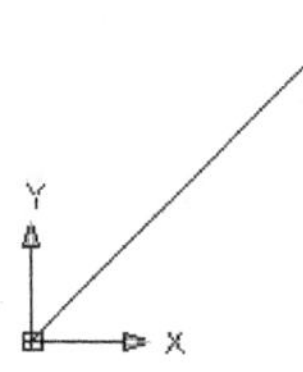

图 2-2　绝对坐标方式绘制直线

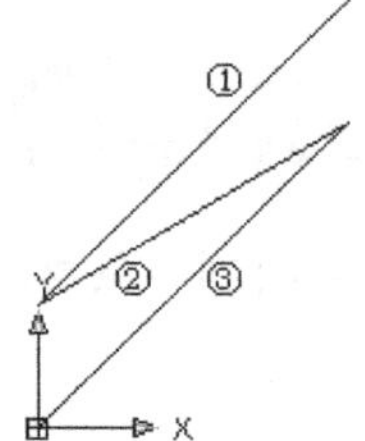

图 2-3　相对坐标方式绘制直线

第一条直线段是按照相对坐标方式绘制的起点在点(0, 20)，横向距离△x=50，纵向距离△y=50，角度为 45° 的直线段，与例 2-1 中所画的直线段平行；第二条直线段是按照绝对坐标方式绘制的，其起点也在点(0，20)，终点则在点(50，50)，与例 2-1 中所画的直线段相交于点(50，50)。

例 2-3 用极坐标输入直线段长度和角度的方法绘制直线段。

```
命令：line
指定第一点: 0,0    //按绝对坐标输入直线段的起点
指定下一点或[放弃(U)]：@90<90    //按极坐标输入直线段的终点
指定下一点或[放弃(U)]: //按 Enter 键完成第一条直线段的输入
命令：line
指定第一点: 0,0    //按绝对坐标输入直线段的起点
指定下一点或[放弃(U)]: @90,90    //按相对坐标输入直线段的终点
指定下一点或[放弃(U)]: //按 Enter 键完成第二条斜线段的输入
```

完成以上操作，在绘图区绘制出两条直线段，如图 2-4 所示。第一条直线段是按照极坐标方式绘制的，其起点在点(0，0)，长度为 90，角度是 90°；第二条直线是按照相对坐标方式绘制的，

其起点也在点(0，0)，终点则在点(90，90)，长度约为 127.26，角度为 45°。

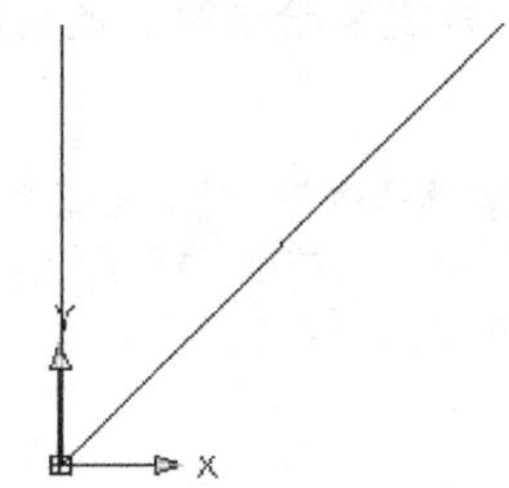

图 2-4　极坐标方式绘制直线

例 2-4　绘制扬声器符号。

步骤 01　单击“绘图”工具栏中的“直线”按钮，绘制水平直线段：

```
命令：line
指定第一点: 100,100      //按绝对坐标输入直线段的起点
指定下一点或[放弃(U)]：@5，0     //按相对坐标输入直线段的终点，绘制出长度为 5 的水平直线段，如图 2-5 所示
```

步骤 02　在上一步绘制完水平直线段后，不要按 Enter 键确认，可以继续画第二条竖起线段：

```
指定下一点或[放弃(U)]：@0，-10     //按相对坐标输入直线段的终点，按 Enter 键，效果如图 2-6 所示。
```

图 2-5　第一条水平直线段图　　　　图 2-6　第二条竖直直线段图

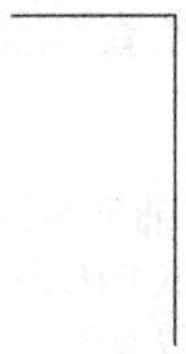

步骤 03　在上一步绘制完竖直直线段后，继续画第三条水平直线段：

```
指定下一点或[放弃(U)]：@-5，0
//按相对坐标输入直线段的终点，绘制出长度为 5 的水平直线段，如图 2-7 所示
```

步骤 04　在上一步绘制完水平直线段后，继续画第四条竖直直线段，由于第四条直线段与第一条直线段首尾相接，故可选择封闭命令如下：

```
指定下一点或[放弃(U)]：C
//画一直线段，使以上直线段封闭,绘制出长度为 10 的竖直直线段如图 2-8 所示
```

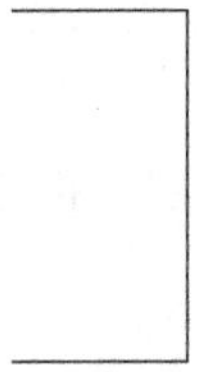

图 2-7　第三条水平直线段图 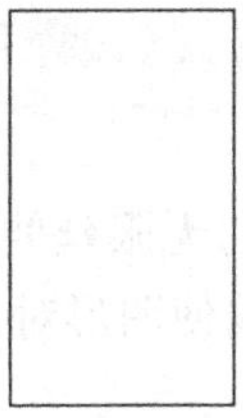　　　　图 2-8　第四条竖直直线段图

步骤05 以上 4 步绘制完成扬声器的一部分。使用对象捕捉来确定第五条直线段的起点，如图 2-9 所示。使用极坐标方式来绘制第五条直线段：

```
命令：line
指定第一点： //使用捕捉确定直线段的第一点，捕捉图 2-9 所示的端点
指定下一点或[放弃(U)]：@10<45  //按极坐标方式输入直线段的终点，绘制出长度为 10，角度为 45° 的上斜直线段，如图 2-10 所示。
```

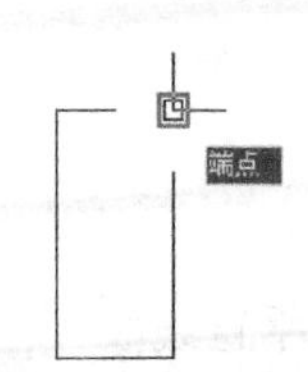

图 2-9 端点捕捉

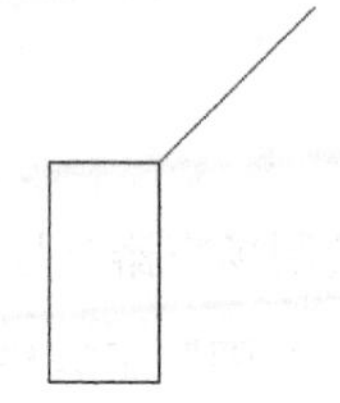

图 2-10 第五条上斜直线段图

步骤06 使用捕捉来确定第六条直线段的起点，使用极坐标方式来绘制第六条下斜线段：

```
命令：line
指定第一点： //使用捕捉确定矩形右下点
指定下一点或[放弃(U)]：@10<-45  //按极坐标方式输入直线段的终点，绘制出长度为 10，角度为-45° 的下斜直线段，如图 2-11 所示。
```

步骤07 使用捕捉来确定第七条直线段的起点，并且使用捕捉来确定第七条直线段的终点，以绘制第七条直线段：

```
命令：line
指定第一点： //捕捉步骤 5 绘制的直线的终点为第七条直线段的起点
指定下一点或[放弃(U)]：  //捕捉步骤 6 绘制的直线的终点为第七条直线段的终点
指定下一点或[放弃(U)]：  //按 Enter 键完成直线绘制，绘制出第七条直线段，连接第五、六条直线段，
完成扬声器的绘制，如图 2-12 所示。
```

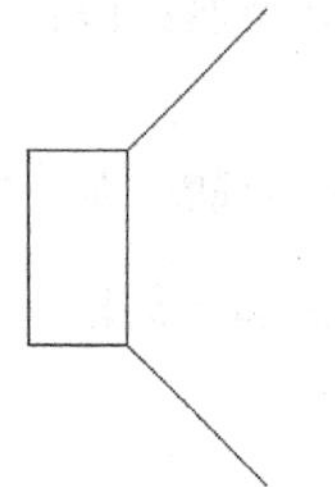

图 2-11 第六条下斜直线段图

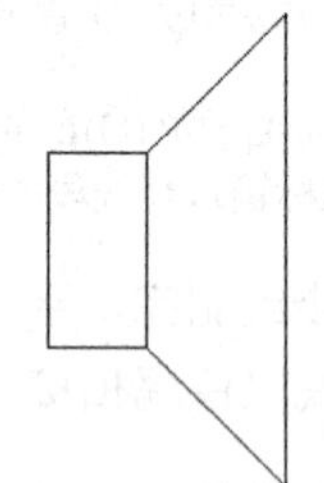

图 2-12 第七条竖直直线段图

2.1.2 构造线命令（XLINE）

构造线是向两个方向无限延伸的直线，可用作其他对象的参照。构造线不会改变图形的总面积，主要用来作为辅助线使图形对齐。

1. 执行方式

- 选择"绘图"|"构造线"命令;
- 单击"绘图"工具栏中的"构造线"按钮;
- 在命令行中输入命令 XLINE。

2. 命令提示

```
命令：xline
指定点或[水平(H)/竖直(V)/角度(A)/二等分(B)/偏移(O)]:  //输入构造线第一点或其他
指定通过点：   //输入构造线通过的第二点，确定一条构造线
......
指定通过点：   //按 Enter 键完成绘制
```

3. 参数说明

命令行给出了 5 种绘制构造线的方式，"水平（H）"和"竖直（V）"方式能够创建一条经过指定点并且与当前 UCS 的 X 轴或 Y 轴平行的构造线；"角度（A）"方式可以创建一条与参照线或水平轴成指定角度，并经过指定点的构造线；"二等分（B）"方式可以创建一条等分某一角度的构造线；"偏移（O）"方式可以创建平行于一条基线一定距离的构造线。

4. 应用举例

例 2-5 使用确定角度的方式来绘制构造线。

```
命令：xline
指定点或[水平(H)/竖直(V)/角度(A)/二等分(B)/偏移(O)]：A   //选择角度方式
输入构造线的角度(0)或[参照(R)]：45    //输入构造线的角度
指定通过点：   //通过鼠标拾取输入构造线通过的点，确定第一条构造线
指定通过点：   //通过鼠标拾取输入构造线通过的点，确定第二条构造线
指定通过点：   //通过鼠标拾取输入构造线通过的点，确定第三条构造线
指定通过点：  //按 Enter 键完成绘制，在绘图区绘制出通过拾取点的，角度为 45°的构造线，如图 2-13 所示。
```

构造线的角度是构造线与参考方向（默认模式下为水平方向）之间的夹角。构造线命令的选项，如水平(H)或竖直(V)，为角度选项的特殊形式，即当输入角度为 0°时，相当于水平选项，当输入角度为 90°时，相当于竖直选项。

例 2-6 使用角平分线的方式来绘制构造线。

```
命令：xline
指定点或[水平(H)/竖直(V)/角度(A)/二等分(B)/偏移(O)]：B   //选择角平分线方式
指定角的顶点：100，100
指定角的起点：200，100
指定角的端点：100，200
指定通过点：   //按 Enter 键完成绘制，在绘图区绘制出通过点（100，100）的，角度为 45°的构造线，如图 2-14 所示。
```

角可以由顶点、起点、端点确定，以上操作确定了三个点，构成了 90°的角，角度为 45°的构造线则通过该角的顶点(100，100)。

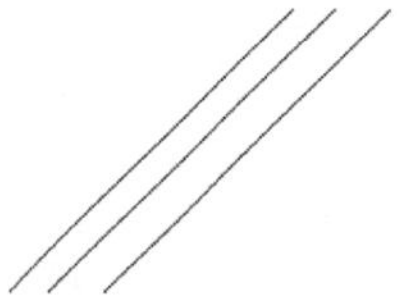

图 2-13　角度方式绘制构造线

图 2-14　角平分线方式绘制构造线

例 2-7 已知参考对象，使用偏移参考对象的方式来绘制构造线。

```
命令：xline
指定点或[水平(H)/竖直(V)/角度(A)/二等分(B)/偏移(O)]：O　//选择偏移方式
指定偏移距离或[通过]：100　　//输入偏移距离
选择直线对象：　　//使用鼠标拾取参考对象①
指定向哪侧偏移：　//使用鼠标确定偏移方向②
选择直线对象：　//按 Enter 键完成绘制，在绘图区绘制出与参考直线段平行，偏移距离为 100 的构造线③，如图 2-15 所示。
```

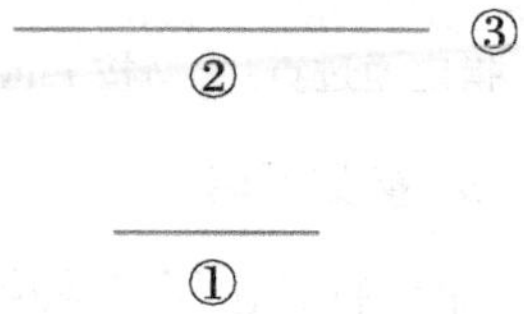

③

②

①

图 2-15　偏移方式绘制构造线

使用偏移方式，首先要确定的是所要绘制的构造线与参考直线段的距离，即偏移距离，可以使用键盘直接输入距离也可以用鼠标拾取两点确定偏移距离。

2.1.3　多段线命令（PLINE）

多段线是作为单个对象创建的相互连接的序列线段。多段线命令可以创建直线段、弧线段或两者的组合线段。

1. 执行方式

- 选择“绘图”|“多段线”命令；
- 单击“绘图”工具栏中的“多段线”按钮 ；
- 在命令行中输入命令 PLINE。

2. 命令提示

```
命令：pline
指定起点：　　//输入第一点
当前线宽为 0.0000
指定下一点或[圆弧(A)/半宽(H)/长度(L)/放弃(U)/宽度(W)]：　//输入第二点或其他
......
指定下一点或[圆弧(A)/闭合(C)/半宽(H)/长度(L)/放弃(U)/宽度(W)]：　//输入第 N 点或其他
指定下一点或[圆弧(A)/闭合(C)/半宽(H)/长度(L)/放弃(U)/宽度(W)]：　//按 Enter 键完成绘制
```

3. 参数说明

绘制多段线，可以绘制直线段、弧线段，并能设定构造线的宽度等，在绘制多段线过程中出现的选项参数如下。

- “圆弧(A)”：将弧线段添加到多段线中。用户在命令行提示后，输入 A，其中的“直线(L)”选项用于将直线添加到多段线中，实现弧线到直线的绘制切换。命令行提示如下：

```
指定下一点或 [圆弧(A)/闭合(C)/半宽(H)/长度(L)/放弃(U)/宽度(W)]:
指定圆弧的端点或
[角度(A)/圆心(C)/方向(D)/半宽(H)/直线(L)/半径(R)/第二个点(S)/放弃(U)/宽度(W)]:
```

- "半宽(H)"：该选项用于指定从多段线线段的中心到其一边的宽度。起点半宽将成为默认的端点半宽。端点半宽在再次修改半宽之前将作为所有后续线段的统一半宽。宽线线段的起点和端点位于宽线的中心。用户在命令行提示后，输入 H，命令行提示如下：

```
指定下一点或 [圆弧(A)/闭合(C)/半宽(H)/长度(L)/放弃(U)/宽度(W)]: H
指定起点半宽 <0.0000>:
指定端点半宽 <0.0000>:
```

- "长度(L)"：该选项用于在与前一线段相同的角度方向上绘制指定长度的直线段。如果前一线段是圆弧，程序将绘制与该弧线段相切的新直线段。用户在命令行提示后，输入 L，命令行提示如下：

```
指定下一点或 [圆弧(A)/闭合(C)/半宽(H)/长度(L)/放弃(U)/宽度(W)]: L
指定直线的长度:          //输入沿前一直线方向或前一圆弧相切直线方向的距离
```

- "线宽(W)"：该选项用于设置下一条直线段或者弧线的宽度。用户在命令行中输入 W，则命令行提示如下：

```
指定下一点或 [圆弧(A)/闭合(C) /半宽(H)/长度(L)/放弃(U)/宽度(W)]:
指定起点宽度 <0.0000>:          //设置即将绘制的多段线的起点的宽度
指定端点宽度 <0.0000>:          //设置即将绘制的多段线的端点的宽度
```

- "闭合(C)"：该选项从指定的最后一点到起点绘制直线段或者弧线，从而创建闭合的多段线，必须至少指定两个点才能使用该选项。
- "放弃(U)"：该选项用于删除最近一次添加到多段线上的直线段或者弧线。

对于"半宽(H)"和"线宽(W)"两个选项而言，设置的是弧线还是直线的线宽、由下一步所要绘制的是弧线还是直线来决定，对于"闭合(C)"和"放弃(U)"两个选项而言，如果上一步绘制的是弧线，则以弧线闭合多段线，或者放弃弧线的绘制；如果上一步绘制的是直线，则以直线段闭合多段线，或者放弃直线的绘制。

4. 应用举例

例 2-8 绘制不同宽度的直线段组合。

```
命令：pline
指定起点：100，100          //输入第一点
当前线宽为 0.0000
指定下一点或[圆弧(A)/半宽(H)/长度(L)/放弃(U)/宽度(W)]：@10,0   //输入第二点
指定下一点或[圆弧(A)/半宽(H)/长度(L)/放弃(U)/宽度(W)]：h   //指定下一线段的半宽度
指定起点半宽<0.0000>：20          //指定起点半宽为 20
指定端点半宽<20.0000>：20        //指定端点半宽为 20
指定下一点或[圆弧(A)/半宽(H)/长度(L)/放弃(U)/宽度(W)]：@50，0   //输入第三点
指定下一点或[圆弧(A)/闭合(C)/半宽(H)/长度(L)/放弃(U)/宽度(W)]：  w //指定下一线段的宽度
指定起点宽度<40.0000>：40        //指定起点宽度为 40
指定端点宽度<40.0000>：70        //指定端点宽度为 70
```

```
指定下一点或[圆弧(A)/ 闭合(C)/半宽(H)/长度(L)/放弃(U)/宽度(W)]：@50，0 //输入第四点
指定下一点或[圆弧(A)/闭合(C)/半宽(H)/长度(L)/放弃(U)/宽度(W)]：  //按 Enter 键完成绘制
```

完成以上操作，则在绘图区绘制出三段不同宽度的直线段组合，如图 2-16 所示。其中直线段①是宽度为 0 的多段线；直线段②的宽度为 40；直线段③为变宽的锥形多段线。

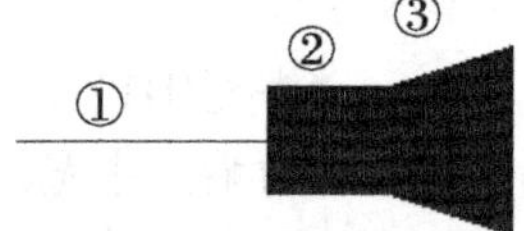

图 2-16 不同宽度的多段线

例 2-9 绘制直线段及弧线段组合。

```
命令：pline
指定起点：100，100        //输入第一点①
当前线宽为 0.0000
指定下一点或[圆弧(A)/闭合(C)/半宽(H)/长度(L)/放弃(U)/宽度(W)]：@100,0  //输入第二点②
指定下一点或[圆弧(A)/半宽(H)/长度(L)/放弃(U)/宽度(W)]：a  //选择绘制圆弧
指定圆弧的端点或
[角度(A)/圆心(CE)/方向(D)/半宽(H)/直线(L)/半径(R)/第二个点(S)/放弃(U)/宽度(W)]：  @0,50
// 输入弧线段的端点③
指定圆弧的端点或
[角度(A)/圆心(CE)/方向(D)/半宽(H)/直线(L)/半径(R)/第二个点(S)/放弃(U)/宽度(W)]：  100,100
//  输入弧线段的端点③
指定圆弧的端点或
[角度(A)/圆心(CE)/方向(D)/半宽(H)/直线(L)/半径(R)/第二个点(S)/放
弃(U)/宽度(W)]：
//按 Enter 键完成绘制，在绘图区绘制出直线段及弧线段的组合，如
图 2-17 所示。
```

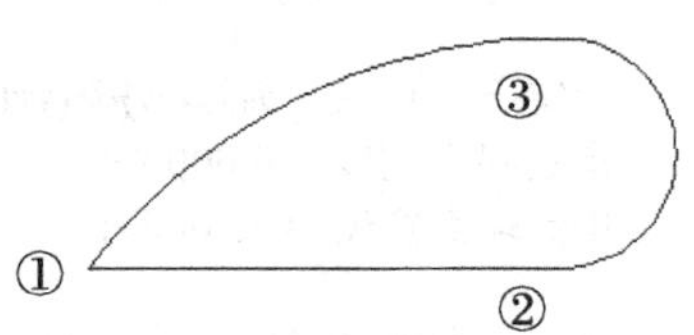

图 2-17 直线段及弧线段的组合

使用多段线绘制弧线段时，默认选项是指定圆弧的端点，以上一段多段线的端点为起点，指定的点为圆弧终点，并用与前段相切的方法绘制弧线段。

例 2-10 绘制可调电阻器符号。

步骤 01 单击“绘图”工具栏中的“多段线”按钮，绘制矩形，则绘制出长度为 10，宽为 5 的矩形，如图 2-18 所示。其命令行提示如下：

```
命令：pline
指定第一点: 100,100   //按绝对坐标输入矩形的第一点①
当前线宽为 0.0000
指定下一点或[圆弧(A)/半宽(H)/长度(L)/放弃(U)/宽度(W)]：@10，0 //输入第一条线段端点②
指定下一点或[圆弧(A)/闭合(C)/半宽(H)/长度(L)/放弃(U)/宽度(W)]：@0，5//输入第二条线段端
点③
指定下一点或[圆弧(A)/闭合(C)/半宽(H)/长度(L)/放弃(U)/宽度(W)]：@-10，0//输入第三条线段
端点④
指定下一点或[圆弧(A)/闭合(C)/半宽(H)/长度(L)/放弃(U)/宽度(W)]：C //封闭成矩形
```

步骤 02 单击“绘图”工具栏中的“多段线”按钮，捕捉矩形左边线的中点，作为水平直线段的起点，绘制长为 8 的直线段，如图 2-19 所示。

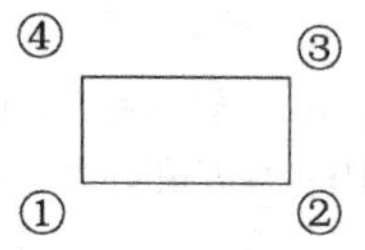

图 2-18 绘制矩形

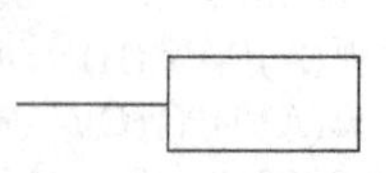

图 2-19 绘制直线段

步骤 03　单击“绘图”工具栏中的“多段线”按钮，捕捉矩形右边线的中点，作为水平直线段的起点，绘制长为 8 的直线段，如图 2-20 所示。

步骤 04　单击“绘图”工具栏中的“多段线”按钮，绘制多段线，则在绘图区绘制出带箭头的直线段组合，如图 2-21 所示，完成可调电阻器的绘制。其命令行提示如下：

```
命令：pline
指定第一点: 100.5,98    //按绝对坐标输入多段线的第一点
当前线宽为 0.0000
指定下一点或[圆弧(A)/半宽(H)/长度(L)/放弃(U)/宽度(W)]：@8，8  //输入多段线的第二点
指定下一点或[圆弧(A)/闭合(C)/半宽(H)/长度(L)/放弃(U)/宽度(W)]：w  //指定线宽
指定起点宽度 <0.0000>：2    //指定箭头底部宽度
指定端点宽度 <2.0000>：0    //指定箭头顶部宽度
指定下一点或[圆弧(A)/闭合(C)/半宽(H)/长度(L)/放弃(U)/宽度(W)]：@3，45//指定箭头长度
指定下一点或[圆弧(A)/闭合(C)/半宽(H)/长度(L)/放弃(U)/宽度(W)]：  //按 Enter 键完成绘制
```

图 2-20　绘制直线段二　　　图 2-21　绘制直线段及箭头

2.1.4　正多边形命令（POLYGON）

正多边形命令是快速绘制等边三角形、正方形、五边形、六边形等规则多边形的简单方法。

1. 执行方式

- 选择“绘图”|“正多边形”命令；
- 单击“绘图”工具栏中的“正多边形”按钮；
- 在命令行中输入命令 POLYGON。

2. 命令提示

```
命令：polygon
输入侧面数<4>:  //输入多边形的边数
指定正多边形的中心或[边(E)]:    //输入多边形的中心点
输入选项 [内接于圆(I)/外切于圆(C)] <I>:   //输入绘制正多边形的方式
指定圆的半径:    //输入内接圆或外切圆的半径，完成正多边形的绘制
```

3. 参数说明

系统提供了 3 种绘制正多边形的方法。

- 内接圆法：多边形的顶点均位于假设圆的弧上，需要指定边数和半径。
- 外切圆法：多边形的各边与假设圆相切，需要指定边数和半径。
- 边长方式：上面两种方式是以假设圆的大小确定多边形的边长，而边长方式则直接给出多边形边长的大小和方向。

4. 应用举例

例 2-11 利用指定中心的方式绘制正三角形。

```
命令：polygon
输入侧面数<4>: （3） //输入边数
指定正多边形的中心或[边(E)]：100，100 //指定正三角形的中心点
输入选项 [内接于圆(I)/外切于圆(C)] <I>： c //输入绘制正三角形的方式
指定圆的半径： 10 //输入内接圆的半径，确定正三角形的大小，完成绘制
```

完成以上操作，则在绘图区绘制出一个正三角形，如图 2-22 所示。

例 2-12 利用指定边的方式绘制正六边形。

```
命令：polygon
输入侧面数<4>: 6 //输入正多边形的边数
指定正多边形的中心或[边(E)]：e //指定边的方式
指定边的第一个端点：100，100 //输入边的第一个端点
指定边的第二个端点： @10,0 //输入边的第二个端点，确定正六边形的大小，完成绘制
```

完成以上操作，则在绘图区绘制出一个正六边形，如图 2-23 所示。

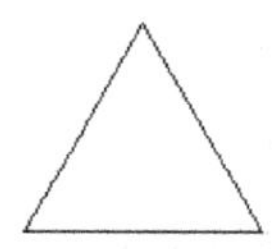

图 2-22　绘制正三角形

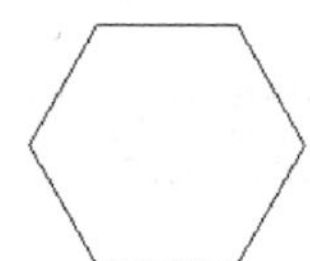

图 2-23　绘制正六边形

例 2-13 绘制二极管符号。

步骤 01 单击“绘图”工具栏中的“正多边形”按钮，绘制正三角形：

```
命令：polygon
输入侧面数<4>: 3//输入正多边形的边数
指定正多边形的中心或[边(E)]：100，100 //指定正三角形的中心点
输入选项 [内接于圆(I)/外切于圆(C)] <I>： I //输入绘制正三角形的方式
指定圆的半径： @5<0 //输入外切圆的半径，确定正三角形的大小及方向
```

则绘制出一个正三角形，如图 2-24 所示。请注意与例 2-22 绘制的三角形的不同之处。

步骤 02 单击“绘图”工具栏中的“直线”按钮，捕捉正三角形一个顶点，如图 2-25 所示，向左绘制一条长为 15 的水平直线段，如图 2-26 所示。

步骤 03 单击“绘图”工具栏中的“直线”按钮，捕捉与上步相同的正三角形一个顶点，向右绘制一条长为 5 的水平直线段，如图 2-27 所示。

步骤 04 单击“绘图”工具栏中的“直线”按钮，捕捉与上步相同的正三角形一个顶点，向上绘制一条长为 6 的竖直直线段；重复以上操作，向下绘制一条长为 6 的竖直直线段，如图 2-28 所示。

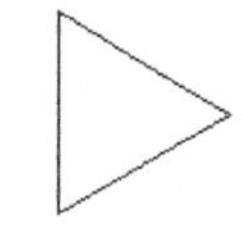

图 2-24　绘制正三角形

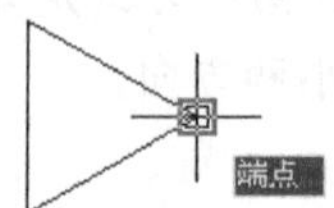

图 2-25　捕捉三角形顶点

完成以上操作，则在绘图区绘制出二极管符号。

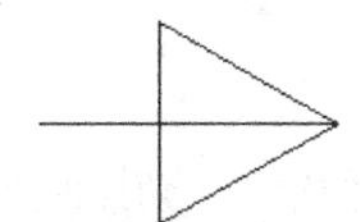

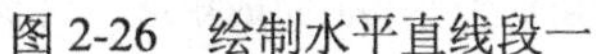

图 2-26 绘制水平直线段一

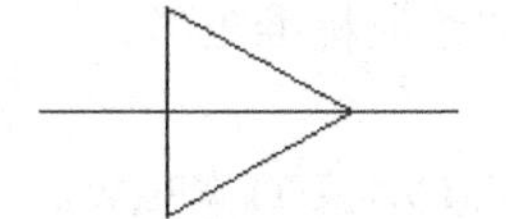

图 2-27 绘制水平直线段二

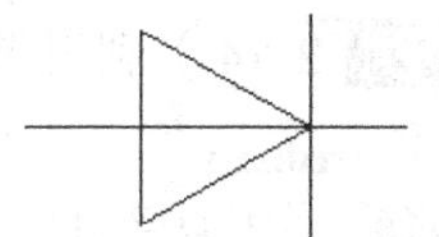

图 2-28 绘制竖直直线段

2.1.5 矩形命令（RECTANG）

使用矩形命令可以快速绘制矩形形状，也可以创建矩形形状的闭合多段线，可以指定长度、宽度、面积和旋转参数，还可以控制矩形上角点的类型（圆角、倒角或直角）。

1. 执行方式

- 选择“绘图”|“矩形”命令；
- 单击“绘图”工具栏中的“矩形”按钮▭；
- 在命令行中输入命令 RECTANG。

2. 命令提示

```
命令：rectang
指定第一个角点或 [倒角(C)/标高(E)/圆角(F)/厚度(T)/宽度(W)]：//输入矩形的第一个角点
指定另一个角点或 [面积(A)/尺寸(D)/旋转(R)]：//输入矩形的第二个角点，完成矩形的绘制
```

3. 参数说明

对于命令提示“指定第一个角点或 [倒角(C)/标高(E)/圆角(F)/厚度(T)/宽度(W)]”，用户可以指定矩形的第一个角点坐标，或者选择其他选项；其他选项的含义如下。

- “倒角(C)”：用来设置矩形的倒角距离，设置完毕后，仍然继续执行矩形绘制命令，此时绘制的矩形每个角都会出现倒角；
- “标高(E)”：用来设置矩形的标高；
- “圆角(F)”：用来指定矩形的圆角半径；
- “厚度(T)”：用来指定矩形的厚度；
- “宽度(W)”：为要绘制的矩形指定多段线的宽度。

对于命令提示“指定另一个角点或[面积(A)/尺寸(D)/旋转(R)]”，用户需要选择绘制矩形的方式。一般情况下，只要再指定第二个角点就可以确定矩形了；也可以选择其他选项：

- “面积(A)”：使用面积与长度或宽度创建矩形。如果“倒角”或“圆角”选项被激活，则区域将包括倒角或圆角在矩形角点上产生的效果；
- “尺寸(D)”：使用长和宽创建矩形；
- “旋转(R)”：按指定的旋转角度创建矩形。

4. 应用举例

例 2-14 利用指定角点的方式绘制标准矩形。

```
命令：rectang
指定第一个角点或 [倒角(C)/标高(E)/圆角(F)/厚度(T)/宽度(W)]：100,100//输入矩形的第一个角点的坐标①
指定另一个角点或 [面积(A)/尺寸(D)/旋转(R)]：110,105 //输入矩形的第二个角点坐标②，完成矩形的绘制
```

完成以上操作后，则绘制出一个长为 10，宽为 5 的矩形，如图 2-29 所示。

例 2-15 利用指定角点和面积的方式绘制有倒角的矩形。

```
命令：rectang
指定第一个角点或 [倒角(C)/标高(E)/圆角(F)/厚度(T)/宽度(W)]：c //选择设置倒角
指定矩形的第一个倒角距离 <0.0000>： 0.5 //设置第一个倒角距离为 0.5
指定矩形的第二个倒角距离 <0.5000>: 按 Enter 键 //设置第二个倒角距离为 0.5
指定第一个角点或 [倒角(C)/标高(E)/圆角(F)/厚度(T)/宽度(W)]：100,100//输入矩形的第一个角点的坐标
指定另一个角点或 [面积(A)/尺寸(D)/旋转(R)]：a //选择使用面积来绘制矩形
输入以当前单位计算的矩形面积 <100.0000>： 50 //输入矩形的面积大小
计算矩形标注时依据 [长度(L)/宽度(W)]: L //选择长度方式
输入矩形长度 <10.0000>： 10 //输入矩形的长度，完成矩形的绘制
```

完成以上操作后，则绘制出一个长为 10、宽为 5，倒角为 0.5×0.5 的矩形，如图 2-30 所示。

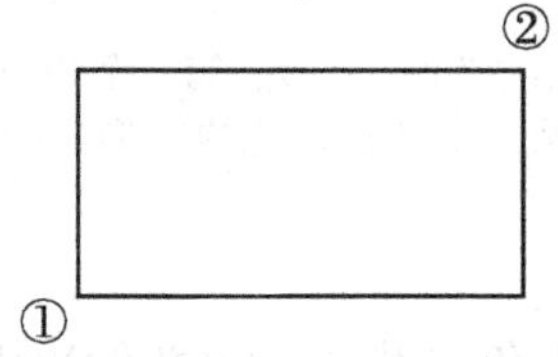

图 2-29 标准矩形

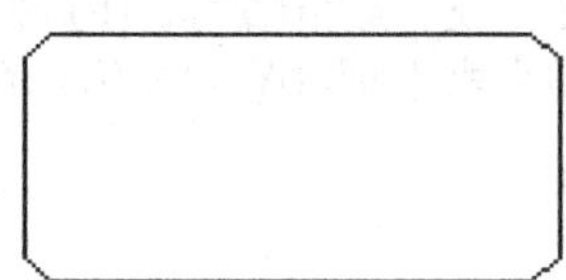

图 2-30 有倒角的矩形

例 2-16 利用指定角点和旋转的方式绘制有圆角的矩形。

```
命令：rectang
指定第一个角点或 [倒角(C)/标高(E)/圆角(F)/厚度(T)/宽度(W)]：F //选择设置圆角
指定矩形的圆角半径 <0.0000>： 0.5 //设置圆角半径为 0.5
指定第一个角点或 [倒角(C)/标高(E)/圆角(F)/厚度(T)/宽度(W)]：100,100//输入矩形的第一个角点的坐标①
指定另一个角点或 [面积(A)/尺寸(D)/旋转(R)]：r//选择使用旋转方式来绘制矩形
指定旋转角度或 [拾取点(P)] <45>： 90 //指定旋转的角度
指定另一个角点或 [面积(A)/尺寸(D)/旋转(R)]: @5,10 //输入另一个角点②的坐标，完成矩形的绘制
```

完成以上操作后，则绘制出一个长为 10，宽为 5（长度方向与 y 轴方向相同），圆角半径为 0.5 的矩形，如图 2-31 所示。

例 2-17 绘制电阻箱符号。

步骤 01 单击“绘图”工具栏中的“矩形”按钮，绘制矩形，则绘制出一个长为 10，宽为 5 的矩形，如图 2-32 所示。其命令行提示如下：

```
命令：rectang
指定第一个角点或 [倒角(C)/标高(E)/圆角(F)/厚度(T)/宽度(W)]：100,100//输入矩形的第一个角点的坐标
指定另一个角点或 [面积(A)/尺寸(D)/旋转(R)]：110,105 //输入矩形的第二个角点坐标①，完成矩形
```

的绘制

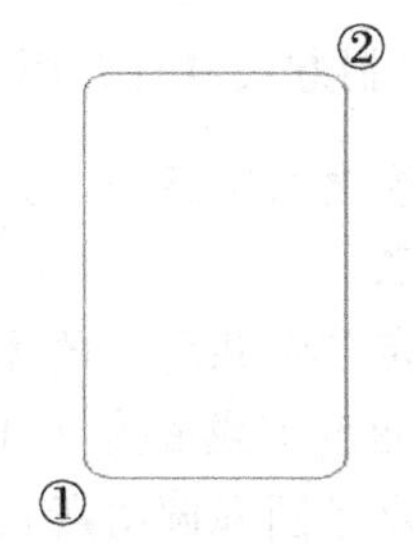

图 2-31　有圆角的矩形

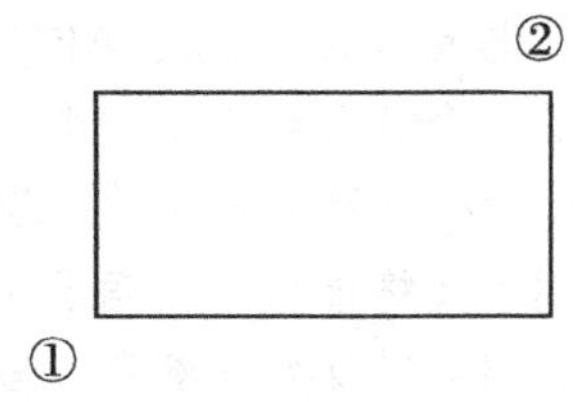

图 2-32　小矩形

步骤 02　单击“绘图”工具栏中的“矩形”按钮，绘制矩形，则绘制出一个长为 20，宽为 11 的矩形，如图 2-33 所示。其命令提示如下：

命令：rectang
指定第一个角点或 [倒角(C)/标高(E)/圆角(F)/厚度(T)/宽度(W)]：95,97//输入矩形的第一个角点的坐标③
指定另一个角点或 [面积(A)/尺寸(D)/旋转(R)]：115,108 //输入矩形的第二个角点坐标④，完成矩形的绘制

步骤 03　单击“绘图”工具栏中的“直线”按钮，捕捉大矩形左边宽线的中点，向右绘制一条长为 5 的水平直线段，相交于小矩形左边宽线的中点，如图 2-34 所示。

步骤 04　单击“绘图”工具栏中的“直线”按钮，捕捉大矩形右边宽线的中点，向左绘制一条长为 5 的水平直线段，相交于小矩形右边宽线的中点，如图 2-35 所示。

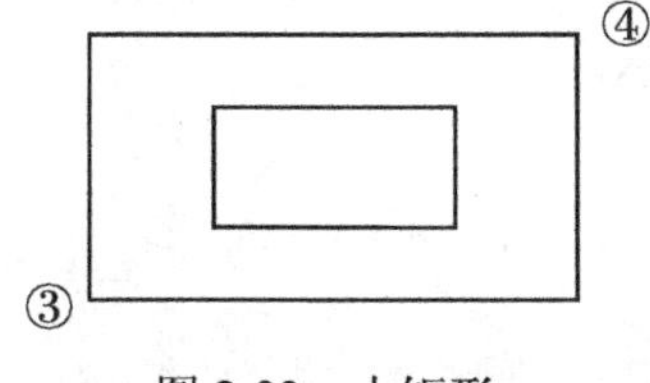

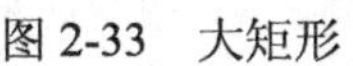

图 2-33　大矩形

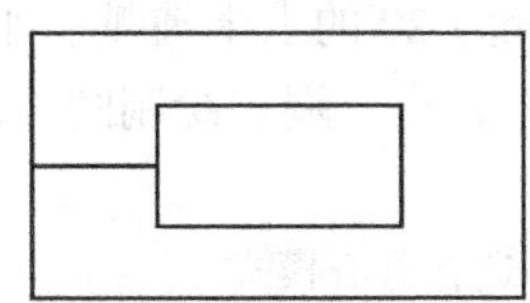

图 2-34　左边直线段

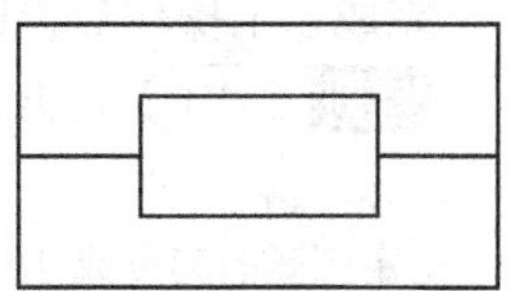

图 2-35　右边直线段

2.1.6　圆弧命令（ARC）

圆弧是圆的一部分，在 AutoCAD 中，绘制圆弧的方法很多。

1. 执行方式

- 选择“绘图”|“圆弧”命令；
- 单击“绘图”工具栏中的“圆弧”按钮；
- 在命令行中输入命令 ARC。

2. 命令提示

命令：arc
指定圆弧的起点或 [圆心(C)]：　//输入圆弧的起点坐标，或输入圆弧的圆心坐标
指定圆弧的第二个点或 [圆心(C)/端点(E)]：　//输入圆弧的第二个点坐标，或其他
指定圆弧的端点：　//输入圆弧的端点，完成绘制

3. 参数说明

系统为用户提供了多种绘制圆弧的方式，下面将对 5 种绘制方式进行介绍。

- 指定 3 点：指定 3 点方式是 ARC 命令的默认方式，依次指定三个不共线的点，绘制的圆弧为通过这三个点且起于第一个点止于第三个点的圆弧。
- 指定起点、圆心以及另一参数：圆弧的起点和圆心决定了圆弧所在的圆。第三个参数可以是圆弧的端点（终止点）、角度（起点到终点的圆弧角度）或长度（圆弧的弦长）。
- 指定起点、端点以及另一参数：圆弧的起点和端点决定了圆弧圆心所在的直线，第三个参数可以是圆弧的角度、圆弧在起点处的切线方向或圆弧的半径。
- 指定圆心、起点以及另一参数：该方式与第二种绘制方式没有太大的区别，这里不再赘述。
- 继续：该方法绘制的弧线将从上一次绘制的圆弧或直线的端点处开始绘制，同时新的圆弧与上一次绘制的直线或圆弧相切。在执行 arc 命令后的第一个提示下直接按下 Enter 键，系统便采用此种方式绘制弧。

4. 应用举例

根据不同的绘制条件，用户可以根据具体的绘图需要自行选择。

例 2-18 通过指定三点绘制圆弧。

```
命令：arc
指定圆弧的起点或 [圆心(C)]： 100，100    //输入圆弧的起点坐标
指定圆弧的第二个点或 [圆心(C)/端点(E)]： @20,20    //输入圆弧的第二个点坐标
指定圆弧的端点：@20,-20 //输入圆弧的端点，完成绘制
```

完成以上操作后，则绘制出半径为 20 的上半圆弧，如图 2-36 所示。

例 2-19 根据圆弧的圆心、起点、端点绘制圆弧。

```
命令：arc
指定圆弧的起点或 [圆心(C)]：c  //选择圆心模式
指定圆弧的圆心：100，100  //输入圆弧的圆心的坐标
指定圆弧的起点：@10,0   //输入圆弧的起点的坐标
指定圆弧的第二个点或 [圆心(C)/端点(E)]： @20,20    //输入圆弧的第二个点坐标
指定圆弧的端点：@20,-20 //输入圆弧的端点，完成绘制
```

完成以上操作后，则绘制出半径为 10 的下半圆弧，如图 2-37 所示。

图 2-36 上半圆弧

图 2-37 下半圆弧

例 2-20 根据圆弧的起点、圆心和角度绘制圆弧。

```
命令：arc
指定圆弧的起点或 [圆心(C)]：100，100  //输入圆弧的起点坐标
指定圆弧的第二个点或 [圆心(C)/端点(E)]： c  //选择圆心模式
指定圆弧的圆心：@10，0  //输入圆弧的圆心的坐标
```

```
指定圆弧的端点或 [角度(A)/弦长(L)]: a  //选择角度模式
指定包含角: 270  //输入角度值，完成绘制
```

完成以上操作后，则绘制出半径为 10 的 3/4 圆弧，如图 2-38 所示。

例 2-21 绘制接触器符号。

步骤 01　单击“绘图”工具栏中的“直线”按钮，绘制起点在(100,100)，长为 5 的水平直线段，如图 2-39 所示。

图 2-38　3/4 圆弧

图 2-39　绘制直线

步骤 02　单击“绘图”工具栏中的“圆弧”按钮，绘制半圆弧，完成操作后，则绘制出半径为 10 的下半圆弧，如图 2-40 所示。其命行提示如下：

```
命令：arc
指定圆弧的起点或 [圆心(C)]：105，100  //输入圆弧的起点坐标
指定圆弧的第二个点或 [圆心(C)/端点(E)]：c  //选择圆心模式
指定圆弧的圆心：@-1，0  //输入圆弧的圆心的坐标
指定圆弧的端点或 [角度(A)/弦长(L)]: a  //选择角度模式
指定包含角:-180 //输入角度值，完成绘制
```

步骤 03　单击“绘图”工具栏中的“直线”按钮，绘制起点在(113,100)，终点在(108,100)，长为 5 的水平直线段，并连续绘制长度为 5，角度为-150° 的斜线段，完成接触器的绘制，如图 2-41 所示。

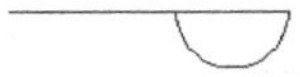

图 2-40　绘制下半圆弧

图 2-41　绘制接触器

2.1.7　圆命令（CIRCLE）

圆是构成图形的基本元素，在 AutoCAD 中，绘制圆的方式很多。

1. 执行方式

- 选择“绘图”|“圆”命令；
- 单击“绘图”工具栏中的“圆”按钮；
- 在命令行中输入命令 CIRCLE。

2. 命令提示

```
命令：circle
指定圆的圆心或 [三点(3P)/两点(2P)/ 切点、切点、半径(T)]：  //输入圆心的坐标，或其他
指定圆的半径或 [直径(D)]：  //输入圆的半径或直径，完成绘制
```

3. 参数说明

系统提供了指定圆心和半径、指定圆心和直径、两点定义直径、三点定义圆周、两个切点加一个半径以及三个切点等 6 种绘制圆的方式。下面分别讲解 6 种方法以及命令行提示。

（1）圆心半径：在已知所要绘制的目标圆的圆心和半径时可采用此法，该法也是系统的默认方法，执行“圆”命令后，系统提示如下：

```
命令: _CIRCLE
指定圆的圆心或 [三点(3P)/两点(2P)/ 切点、切点、半径(T)]://指定圆的圆心坐标
指定圆的半径或 [直径(D)] <93>://输入圆的半径
```

（2）圆心直径：此方法与圆心半径法大同小异，执行“圆”命令后，系统提示如下：

```
命令: _CIRCLE
指定圆的圆心或 [三点(3P)/两点(2P)/ 切点、切点、半径(T)]://指定圆的圆心坐标
指定圆的半径或 [直径(D)] <187>: d//输入 d，要求输入直径
指定圆的直径 <374>://输入圆的直径
```

（3）三点画圆：不在同一条直线上的三点确定一个圆，使用该法绘制圆时，命令行提示如下：

```
命令: _CIRCLE
指定圆的圆心或 [三点(3P)/两点(2P)/ 切点、切点、半径(T)]:3p//选择三点画圆
指定圆上的第一个点: //拾取第一点或输入坐标
指定圆上的第二个点: //拾取第二点或输入坐标
指定圆上的第三个点: //拾取第三点或输入坐标
```

（4）两点画圆：选择两点，即圆直径的两端点，圆心就落在两点连线的中点上，这样便完成圆的绘制，命令行提示如下：

```
命令: _CIRCLE
指定圆的圆心或 [三点(3P)/两点(2P)/ 切点、切点、半径(T)]: 2p//选择两点画圆
指定圆直径的第一个端点: //拾取圆直径的第一个端点或输入坐标
指定圆直径的第二个端点: //拾取圆直径的第二个端点或输入坐标
```

（5）半径切点法画圆：选择两个圆、直线或圆弧的切点，输入要绘制圆的半径，这样便完成圆的绘制，命令行提示如下：

```
命令: _CIRCLE
指定圆的圆心或 [三点(3P)/两点(2P)/ 切点、切点、半径(T)]: T //选择半径切点法
指定对象与圆的第一个切点: //拾取第一个切点
指定对象与圆的第二个切点: //拾取第二个切点
指定圆的半径 <134.3005>: 200 //输入圆的半径
```

（6）三切点画圆：该方法只能通过菜单命令执行，是三点画圆的一种特殊情况，选择“绘图”|“圆”|“相切、相切、相切”命令，命令行提示如下：

```
命令: _CIRCLE
指定圆的圆心或 [三点(3P)/两点(2P)/ 切点、切点、半径(T)]: _3P //系统提示
指定圆上的第一个点: _TAN 到 //捕捉第一个切点
指定圆上的第二个点: _TAN 到 //捕捉第二个切点
```

```
指定圆上的第三个点: _TAN 到 //捕捉第三个切点
```

4. 应用举例

根据不同的绘制条件，用户可以选用不同的绘圆方法，下面举例说明。

例 2-22 通过指定圆心和半径来绘制圆。

```
命令：circle
指定圆的圆心或 [三点(3P)/两点(2P)/ 切点、切点、半径(T)]：100,100 //输入圆心的坐标
指定圆的半径或 [直径(D)]：10 //输入圆的半径，完成绘制
```

完成以上操作后，则绘制出半径为 10 的圆，如图 2-42 所示。

例 2-23 通过三点绘制圆。

```
命令：circle
指定圆的圆心或 [三点(3P)/两点(2P)/ 切点、切点、半径(T)]：3p //输入绘制圆的方式
指定圆上的第一个点: 100,100    //输入圆周上的第一点坐标
指定圆上的第二个点: @10,10    //输入圆周上的第二点坐标
指定圆上的第三个点: @10,-10 //输入圆周上的第三点坐标，完成绘制
```

完成以上操作后，则绘制出半径为 10 的圆，与例 2-22 所绘制的圆对比，该圆向右偏移了 10，如图 2-43 所示。

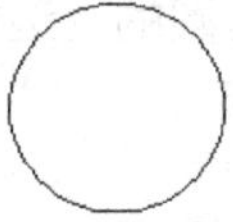

图 2-42　利用圆心和半径绘制圆

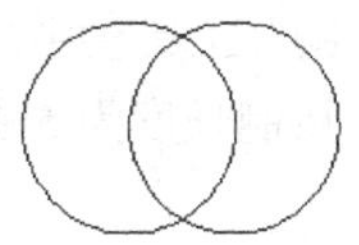

图 2-43　利用三点绘制圆

例 2-24 通过相切、相切、半径来绘制圆。

```
命令：circle
指定圆的圆心或 [三点(3P)/两点(2P)/ 切点、切点、半径(T)]：t  //输入绘制圆的方式
指定圆上的第一个点:  //捕捉第一条直线段的切线，如图 2-44 所示
指定圆上的第二个点:  //捕捉第二条直线段的切线，如图 2-45 所示
指定圆的半径: 5  //指定圆的半径，完成绘制
```

完成以上操作后，则绘制出半径为 5 的圆，如图 2-46 所示。

图 2-44　捕捉第一条切线

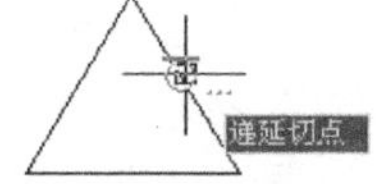

图 2-45　捕捉第二条切线

图 2-46　利用相切和半径绘制圆

例 2-25 绘制三绕组变压器符号。

步骤 01　单击“绘图”工具栏中的“圆”按钮，绘制圆心在(100,100)，半径为 5 的圆。完成操作后，则绘制出半径为 5 的圆，如图 2-47 所示，其命令行提示如下：

```
命令：circle
指定圆的圆心或 [三点(3P)/两点(2P)/ 切点、切点、半径(T))]：100，100 //输入圆的圆心坐标
指定圆的半径: 5  //指定圆的半径，完成绘制
```

步骤 02 单击"绘图"工具栏中的"圆"按钮⊙，绘制半径为 5 的圆，则绘制出半径为 5 的圆，如图 2-48 所示。其命令提示如下：

```
命令：circle
指定圆的圆心或[三点(3P)/两点(2P)/ 切点、切点、半径(T)]：@8<-120//输入左边圆的圆心坐标
指定圆的半径: 5  //指定圆的半径，完成绘制
```

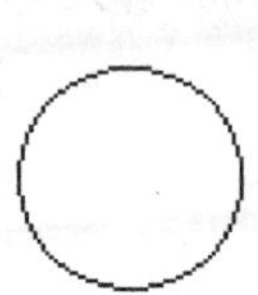

图 2-47　上边圆

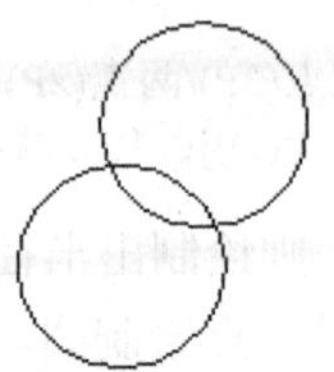

图 2-48　左边圆

步骤 03 单击"绘图"工具栏中的"圆"按钮⊙，绘制半径为 5 的圆，则绘制出半径为 5 的圆，如图 2-49 所示。其命令提示如下：

```
命令：circle
指定圆的圆心或[三点(3P)/两点(2P)/ 切点、切点、半径(T))]：@8,0//输入右边圆的圆心坐标
指定圆的半径: 5  //指定圆的半径，完成绘制
```

步骤 04 单击"绘图"工具栏中的"直线"按钮╱，捕捉上边圆的上边象限点，如图 2-50 所示；向上绘制长度为 5 的竖直直线段，如图 2-51 所示。

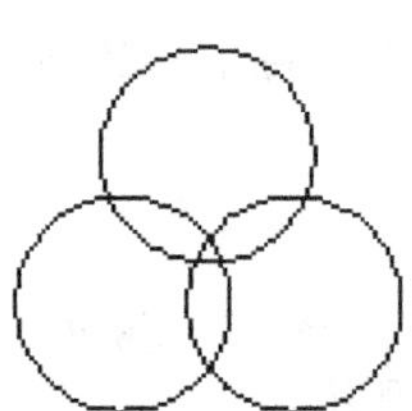

图 2-49　右边圆

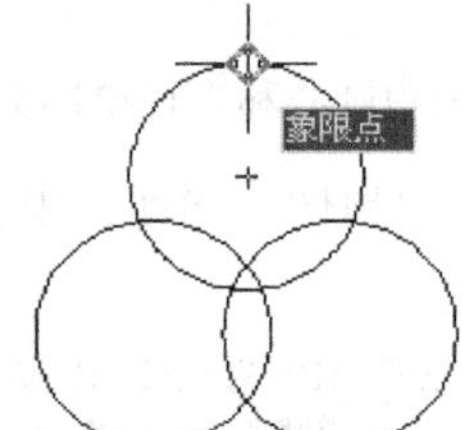

图 2-50　捕捉上边圆象限点

步骤 05 单击"绘图"工具栏中的"直线"按钮╱，捕捉左边圆的下边象限点，如图 2-52 所示；向下绘制长度为 5 的竖直直线段，如图 2-53 所示。

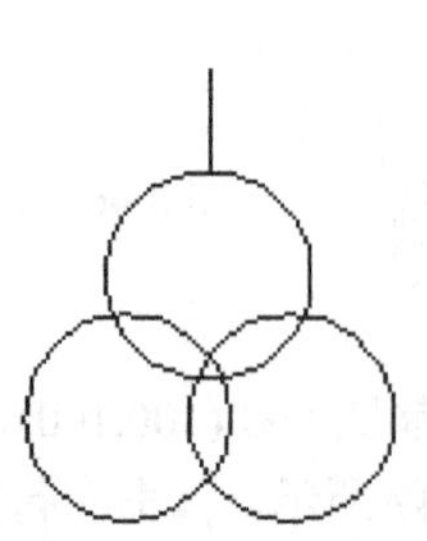

图 2-51　绘制上直线段

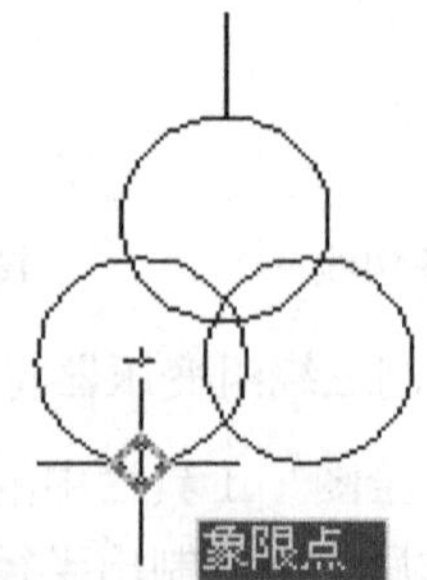

图 2-52　捕捉左边圆象限点

步骤 06 单击"绘图"工具栏中的"直线"按钮╱，捕捉右边圆的下边象限点，向下绘制长度为 5 的竖直直线段，完成接触器的绘制，如图 2-54 所示。

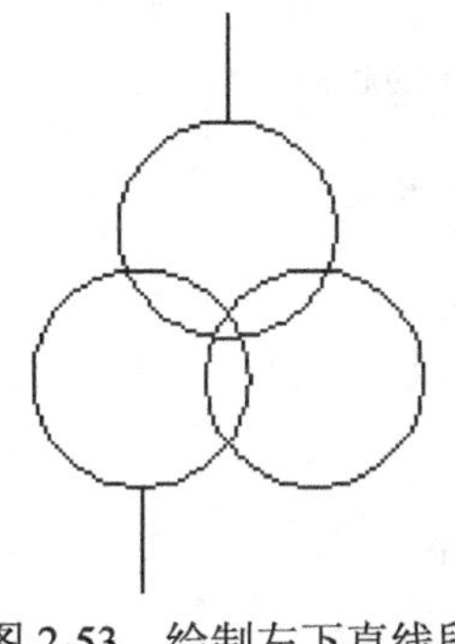
图 2-53　绘制左下直线段

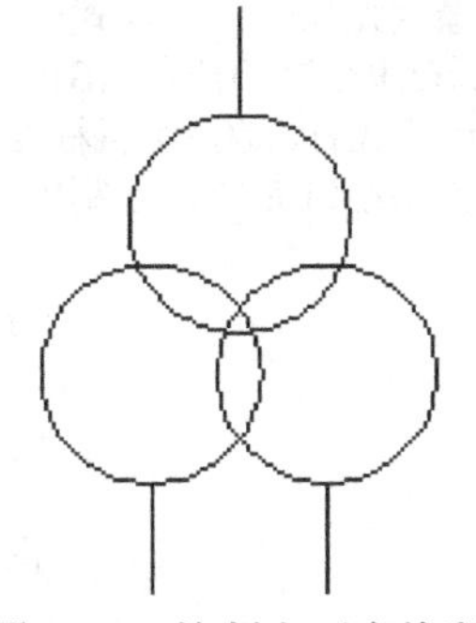
图 2-54　绘制右下直线段

2.1.8　修订云线命令（REVCLOUD）

修订云线是创建由连续圆弧组成的多段线以构成云形线。在实际中，例如检查图形，可以用红色修订云线圈阅，以使标记明显。

1. 执行方式

- 选择“绘图”|“修订云线”命令；
- 单击“绘图”工具栏中的“修订云线”按钮；
- 在命令行中输入命令 REVCLOUD。

2. 命令提示

```
命令：revcloud
最小弧长: 15　　最大弧长: 15　　样式: 普通
指定起点或 [弧长(A)/对象(O)/样式(S)] <对象>:　　//指定云线的起点，或设置云线选项
沿云线路径引导十字光标... //使用鼠标绘制云线
修订云线完成。　　//绘制完成
```

3. 参数说明

对于命令提示“指定起点或 [弧长(A)/对象(O)/样式(S)] <对象>”，用户可以指定起点，或者指定云线的模式。

- “弧长(A)”：指定云线中弧线的长度，包括指定云线的最小弧长和最大弧长，且最大弧长不能大于最小弧长的三倍；
- “对象(O)”：用来指定转换为云线的对象，包括直线、圆、圆弧、椭圆等；
- “样式(S)”：用来选择修订云线的样式，可以使用“普通”或“手绘”方式。

在指定起点后，则会出现命令提示“沿云线路径引导十字光标”，使用鼠标确定中间点及终点，完成绘制。

4. 应用举例

例 2-26　绘制修订云线。

```
命令：revcloud
```

```
最小弧长: 15    最大弧长: 15    样式: 普通
指定起点或 [弧长(A)/对象(O)/样式(S)] <对象>:    //指定云线的起点
沿云线路径引导十字光标... //使用鼠标绘制云线
修订云线完成。    //绘制完成，绘制出修订云线，如图 2-55 所示
```

图 2-55　绘制修订云线

2.1.9　样条曲线命令（SPLINE）

样条曲线是经过或接近一系列给定点的光滑曲线，可以通过指定点来创建样条曲线，也可以封闭样条曲线，使起点和端点重合。样条曲线常用来绘制曲线，例如工程图中的波浪线等。

1. 执行方式

- 选择“绘图”|“样条曲线”命令；
- 单击“绘图”工具栏中的“样条曲线”按钮～；
- 在命令行中输入命令 SPLINE。

2. 命令提示

```
命令: _spline
当前设置: 方式=拟合    节点=弦
指定第一个点或 [方式(M)/节点(K)/对象(O)]: //输入样条曲线的起点坐标，或设置对象
输入下一个点或 [起点切向(T)/公差(L)]: //输入样条曲线的第二个点的坐标
输入下一个点或 [端点相切(T)/公差(L)/放弃(U)]: //输入下一点的坐标或其他选项
……
输入下一个点或 [端点相切(T)/公差(L)/放弃(U)/闭合(C)]: //输入下一点的坐标或其他选项
```

3. 参数说明

对于命令提示“输入下一个点或 [端点相切(T)/公差(L)/放弃(U)/闭合(C)]”，用户可以指定样条曲线的下一点，或选择其他选项。

- “方式(M)”：控制是使用拟合点还是使用控制点来创建样条曲线；
- “起点切向(T)”：指定在样条曲线起点的相切条件；
- “端点相切(T)”：指定在样条曲线终点的相切条件；
- “闭合(C)”：将最后一点定义为与第一点一致并使它在连接处相切，这样可以闭合样条曲线；
- “拟合公差(F)”：修改拟合当前样条曲线的公差。根据新公差以现有点重新定义样条曲线。可以重复更改拟合公差，但这样做会更改所有控制点的公差，不管选定的是哪个控制点。

2.1.10　椭圆命令（ELLIPSE）

椭圆或椭圆弧由定义其长度和宽度的两条轴决定。较长的轴称为长轴，较短的轴称为短轴。

1. 执行方式

- 选择“绘图”|“椭圆”或“椭圆弧”命令；
- 单击“绘图”工具栏中的“椭圆”按钮或“椭圆弧”按钮；
- 在命令行中输入命令 ELLIPSE。

2. 命令提示

```
命令：ellipse
指定椭圆的轴端点或 [圆弧(A)/中心点(C)] ： //输入椭圆的轴端点坐标，或选择其他选项
指定轴的另一个端点： //指定椭圆轴的另一个端点坐标
指定另一条半轴长度或 [旋转(R)] ： //指定另一条半轴长度，即可完成绘制
```

3. 参数说明

系统提供了以下 3 种方式用于绘制精确的椭圆。

（1）一条轴的两个端点和另一条轴半径。单击“椭圆”按钮，按照默认的顺序就可以依次指定长轴的两个端点和另一条半轴的长度，其中长轴是通过两个端点来确定的，已经限定了两个自由度，只需要给出另外一个轴的长度就可以确定椭圆。命令提示如下：

```
命令: _ELLIPSE
指定椭圆的轴端点或 [圆弧(A)/中心点(C)]:  //拾取点或输入坐标确定椭圆一条轴的端点
指定轴的另一个端点:                     //拾取点或输入坐标确定椭圆一条轴的另一端点
指定另一条半轴长度或 [旋转(R)]:          //输入长度或者用光标选择另一条半轴长度
```

（2）一条轴的两个端点和旋转角度。这种方式相当于将一个圆在空间上绕长轴转动一个角度后投影在二维平面上。命令行提示如下：

```
命令: _ELLIPSE
指定椭圆的轴端点或 [圆弧(A)/中心点(C)]:  //拾取点或输入坐标确定椭圆一条轴的端点
指定轴的另一个端点:                     //拾取点或输入坐标确定椭圆一条轴的另一端点
指定另一条半轴长度或 [旋转(R)]: R        //输入 R，表示采用旋转方式绘制
指定绕长轴旋转的角度: 60°                //输入旋转角度
```

（3）中心点、一条轴端点和另一条轴半径。这种方式需要依次指定椭圆的中心点、一条轴的端点以及另外一条轴的半径，命令行提示如下：

```
命令: _ELLIPSE
指定椭圆的轴端点或 [圆弧(A)/中心点(C)]: C  //采用中心点方式绘制椭圆
指定椭圆的中心点:                        //拾取点或输入坐标确定椭圆中心点
指定轴的端点:                            //拾取点或输入坐标确定椭圆一条轴端点
指定另一条半轴长度或 [旋转(R)]:           //输入椭圆另一条轴的半径，或者旋转的角度
```

4. 应用举例

椭圆绘制和椭圆弧绘制的方法基本相同，只是由于椭圆弧是椭圆的一部分，故绘制的参数要

求要比椭圆绘制多些。下面以椭圆弧的绘制为例进行说明。

例 2-27 绘制椭圆弧。

```
命令：ellipse
指定椭圆的轴端点或 [圆弧(A)/中心点(C)]:   a   //选择绘制圆弧
指定椭圆弧的轴端点或 [中心点(C)]: 100,100 //输入椭圆轴的一个端点坐标
指定轴的另一个端点: @20,0 //输入椭圆轴的另一个端点坐标
指定另一条半轴长度或 [旋转(R)]: r //指定旋转方式来绘制
指定绕长轴旋转的角度: 60   //指定长轴投影的轴线与长轴之间的角度，以确定另一轴
指定起始角度或 [参数(P)]: 0 //指定椭圆弧的起始角度
指定终止角度或 [参数(P)/包含角度(I)]: 270 //指定椭圆弧的终止角度，完成绘制
```

完成以上操作后，则绘制成椭圆弧，如图 2-56 所示。

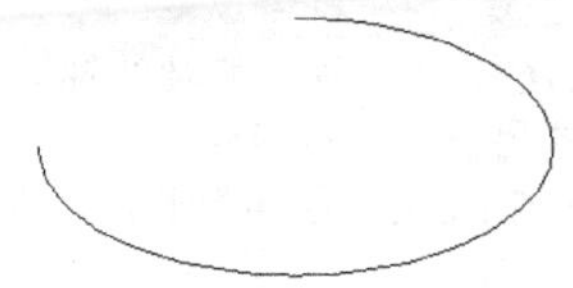

图 2-56　绘制椭圆弧

2.1.11　点命令（POINT）

点的主要用途是用作标记位置或作为参考点。如标志圆心、端点位置，作为一些编辑命令的参考点等。用户可以通过点命令绘制单点、多点、等分点和测量点。

1. 执行方式

- 选择“绘图”|“点”命令;
- 单击“绘图”工具栏中的“点”按钮 ·;
- 在命令行中输入命令 POINT。

2. 命令提示

```
命令：point
当前点模式:   PDMODE=0   PDSIZE=0.0000   //显示点的模式
指定点:   // 指定点的坐标
......
指定点:   // 指定 n 个点，完成绘制
```

3. 参数说明

为了使图形中的点有很好的可见性，用户可以相对于屏幕按绝对单位设置点的样式和大小。

选择“格式”|“点样式”命令，弹出如图 2-57 所示的“点样式”对话框，在该对话框中可以设置点的样式和点大小，系统提供了 20 种点的样式供用户选择。

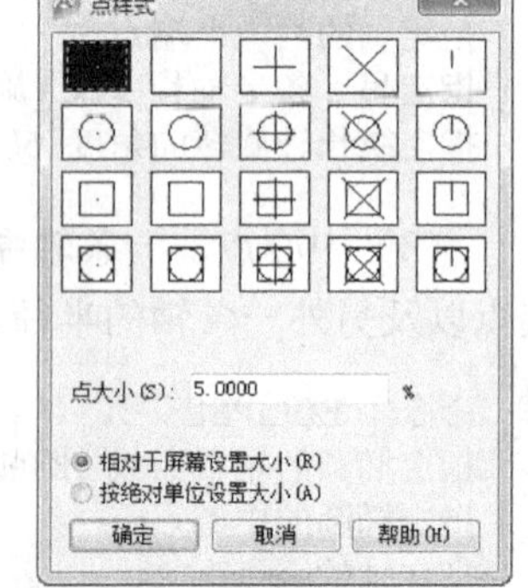

图 2-57　“点样式”对话框

在对话框中，“相对于屏幕设置大小”单选按钮用于按屏幕尺寸的百分比设置点的显示大小。当进行缩放时，点的显示大小并不改变，“点大小”文本框变成点大小(S): 5.0000 %，可以输入百分

比。“按绝对单位设置大小”单选按钮用于按指定的实际单位设置点显示的大小。当进行缩放时，AutoCAD 显示的点的大小也随之改变，“点大小”文本框变成点大小(S): 5.0000 单位，可以输入点大小的实际值。

4. 应用说明

在工程绘图中，还会遇到定数等分点和定距等分点，下面作简单介绍。

所谓定数等分点，是按相同的间距在某个图形对象上标识出多个特殊点的位置，各个等分点之间的间距由对象的长度和等分点的个数来决定。使用定数等分点，可以按指定等分段数等分线、圆弧、样条曲线、圆、椭圆和多段线等。

选择“绘图”|“点”|“定数等分”命令，或在命令行中输入 DIVIDE 命令，即可执行“定数等分”命令。

所谓定距等分，就是按照某个特定的长度对图形对象进行标记，这里的特定长度可以由用户在命令执行的过程中指定。使用等分命令时，不仅可以使用点作为图形对象的标识符号，还能够使用图块来标识。

选择“绘图”|“点”|“定距等分”命令，或在命令行中输入 MEASURE 命令，即可执行“定距等分”命令。

2.1.12　图案填充命令（HATCH）

AutoCAD 的图案填充功能可在封闭区域或定义的边界内绘制剖面线或剖面图案、表现表面纹理或涂色；也可以实现渐变填充。

1. 执行方式

- 选择“绘图”|“图案填充”命令；
- 单击“绘图”工具栏中的“图案填充”按钮；
- 在命令行中输入命令 HATCH 或 BHATCH。

2. 参数说明

执行以上命令后，弹出“图案填充和渐变色”对话框，如图 2-58 所示。

图 2-58　“图案填充和渐变色”对话框

图案填充和渐变色”对话框有“图案填充”和“渐变色”两个选项卡及其他一些选项按钮等。使用“图案填充”选项卡可以处理填充图案并快速地进行图案填充；使用“渐变色”选项卡，可实现渐变色填充。下面对图案填充选项卡进行介绍。

（1）“类型和图案”栏

该栏指定图案填充的类型和图案。

- “类型”下拉列表框：下拉列表框中有三个选项：“预定义”、“用户定义”、“自定义”。“预定义”中的图案是AutoCAD中已经预先定义好的填充图案；“用户定义”选项让用户使用当前线型定义一个简单的图案，并且可以控制用户定义图案中直线的角度和间距；“自定义”选项可以让用户控制自定义填充图案的比例系数和旋转角度。
- “图案”下拉列表框：用户可以选择填充图案。“图案”下拉列表框只有在“类型”下拉列表框中选择了“预定义”时才可用。在“图案”下拉列表中，列出了所有可用的“预定义”类图案，如图2-59所示。用户还可以单击“图案”下拉表框右边的按钮，弹出“填充图案选项板”对话框，如图2-60所示这个对话框中共有4个选项卡。
  - ANSI：显示所有AutoCAD中名字带有ANSI的图案；
  - ISO：显示所有AutoCAD中名字带有ISO的图案；
  - 其他预定义：显示所有AutoCAD中除ANSI和ISO外的图案；
  - 自定义：显示所有用户添加到AutoCAD中的可用图案。
- “颜色”下拉列表框：为当前填充图案设置颜色，还可以为填充图案的背景设置颜色。
- “样例”框：显示了所选中填充图案的预览图片。单击此框也可显示如图2-59所示的“填充图案选项板”对话框，用户可以选择填充图案。
- “自定义图案”下拉列表框：只有在“类型”下拉列表框中选择了“自定义时才可用，否则该选项不可用。

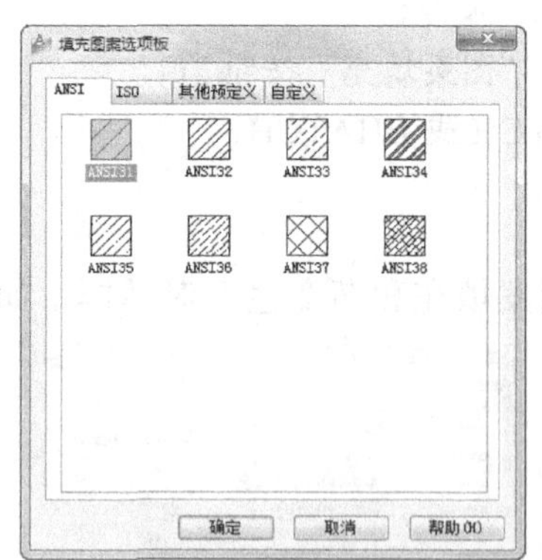

图2-59 “填充图案选项板”对话框

（2）“角度和比例”栏

该栏指定选定填充图案的角度和比例。

- “角度”下拉列表框：可以让用户指定填充图案相对于当前用户坐标系的X轴的旋转角度。
- “比例”下拉列表框：只有在“类型”下拉列表框中选择“预定义”或“自定义”时才有效。“比例”下拉列表框用于设置填充图案的比例因子，以使图案的外观更稀疏或更稠密。

- “双向”复选框：选中“双向”复选框，将在使用用户定义图案时，与原始线垂直方向画第二组线，从而创建一个相交叉的填充图案。此选项只有在“图案填充”选项卡的“类型”下拉表框中选择了“用户定义”时才可使用。
- “相对图纸空间”复选框：用于设置填充图案按图纸空间单位比例缩放。该选项只有在布局视图中才有效。
- “间距”文本框：只有在“类型”下拉列表框中选择了“用户定义”时才有效。“间距”选项用于设置用户定义图案时填充线的间距。
- “ISO 笔宽”下拉列表框：用于设置“预定义”的 ISO 图案的笔宽。

（3）图案填充原点”栏

该栏控制填充图案生成的起始位置。

- “使用当前原点”单选按钮：使用当前坐标系的原点作为填充图案生成的起始位置。
- “默认为边界范围”复选框：基于图案填充的矩形范围计算出新原点。选中该复选框，其下拉列表可用，可以从该下拉列表中选择该范围的 4 个角点或中心之一作为新原点。
- “存储为默认原点”复选框：将新图案填充原点的值存储，作为下一次图案填充的默认原点。
- “原点预览”：显示原点的当前位置。

（4）“边界”栏

该栏确定填充边界。

- “添加：拾取点”按钮：单击“添加：选择对象”按钮将暂时关闭“图案填充和渐变色”对话框，在命令行出现主提示，提示在填充区域的内部拾取一点，AutoCAD 将通过拾取点自动选择相应的填充区域。
- “添加：选择对象”按钮：单击“添加：拾取点”按钮，将通过选择特定的对象作为边界来进行图案填充。
- “删除边界”按钮：该按钮是在已经确定了一些边界后才可用，用于从已经确定的填充区域边界中去掉某些边界。
- “重新创建边界”按钮：此按钮在创建图案填充时不可用，而在编辑图案填充时可用。
- “查看选择集”按钮：暂时关闭对话框，并以上一次预览的填充位置显示当前定义的边界。在没有选取边界对象或没有拾取内部点以定义边界时，此选项不可用。

（5）“选项”栏

该栏确定填充边界及图案与边界之间的关系。

- “关联”复选框：“关联”复选框被选中时为关联，未被选中时为非关联。关联是指随着填充边界的改变，图案填充也随着变化；非关联是指图案填充相对于它的边界是独立的，边界的修改不影响填充对象的改变。
- “创建独立的图案填充”复选框：控制当指定了几个独立的闭合边界时，是创建单个图案填充对象，还是创建多个独立的图案填充对象。当选中该框时，创建的是多个独立的图案填充对象；而当不选中该框时，多个独立的闭合边界内的图案填充对象将作为一个整体。

- “绘图次序”下拉列表框：为图案填充指定绘图次序。
- “图层”下拉列表：用于设置填充图案所在的图层。
- “透明度”文本框：用于设置填充图案透明度的类型和大小。

3. 应用举例

例 2-28 绘制热水器（示出引线）符号。

步骤01 单击“绘图”工具栏中的“圆”按钮，绘制圆心在(100,100)，半径为5的圆。

步骤02 单击“绘图”工具栏中的“直线”按钮，捕捉圆的左边象限点，向左绘制长度为10的水平直线段，如图2-60所示。

步骤03 单击“绘图”工具栏中的“图案填充”按钮，弹出如图2-58所示的“图案填充和渐变色”对话框。

步骤04 单击“图案”下拉列表框右边的按钮，弹出“填充图案选项板” 对话框，如图2-59所示。

步骤05 在“填充图案选项板”对话框中，选择ANSI31图案，单击“确定”按钮，则返回到“图案填充和渐变色”对话框。而在“类型和图案”选项卡中的“图案”下拉列表框中显示为ANSI31，“样例”框中显示为，如图2-61所示。

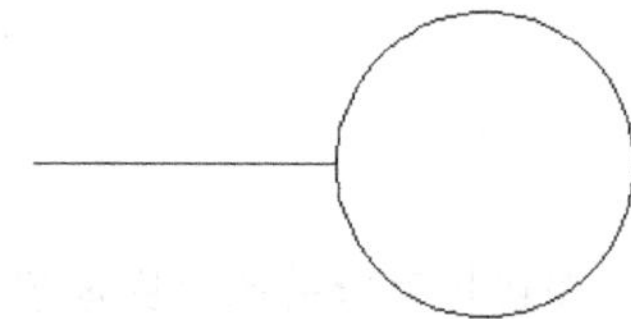
图2-60 绘制圆和直线

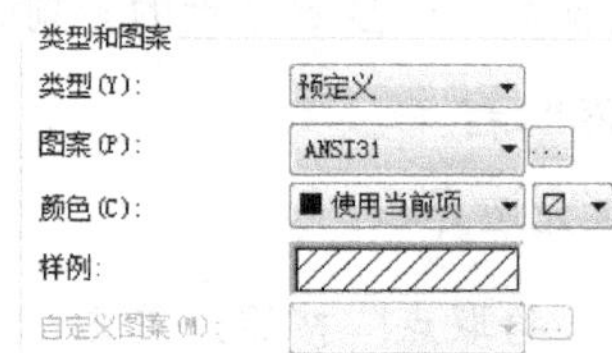

图2-61 设置图案

步骤06 在“图案填充和渐变色”对话框中，从“角度和比例”选项卡中的“角度”下拉列表框选择45，即将ANSI31图案旋转45°；再从“比例”下拉列表框选择0.5，即使图案的稀疏程度变为初始的1/2，如图2-62所示。

步骤07 在“图案填充和渐变色”对话框中，单击“边界”选项卡中的“添加：拾取点”按钮 添加:拾取点 ，则返回绘图区，如图2-63所示。

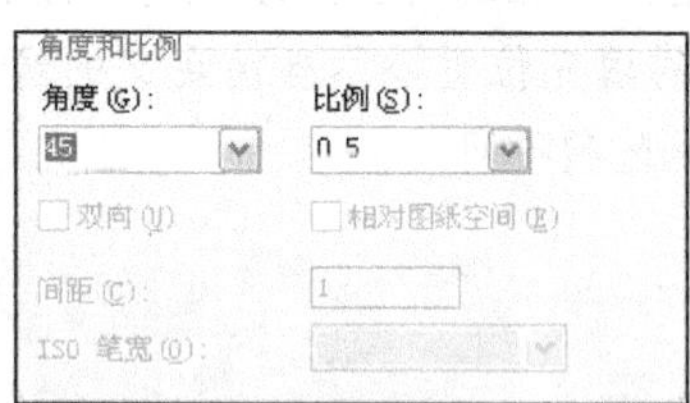

图2-62 设置角度和比例

图2-63 拾取内部点

步骤08 在圆内单击左键，则圆周线变为虚线，表示该圆被选取，如图2-64所示。

步骤09 选取要填充的圆后，单击鼠标右键出现快捷菜单，选择“确认”命令，如图2-65所示。

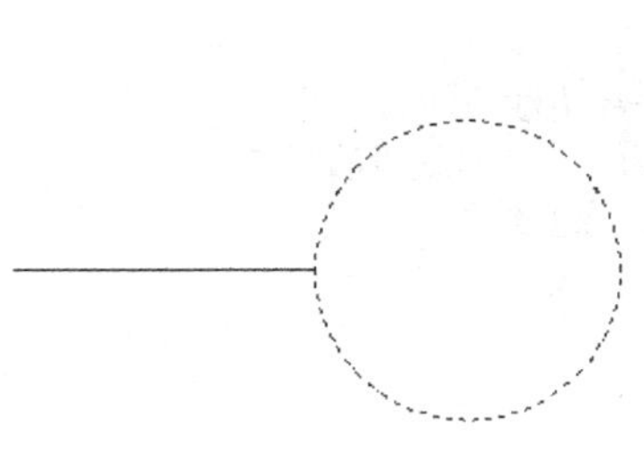

图 2-64　选取圆

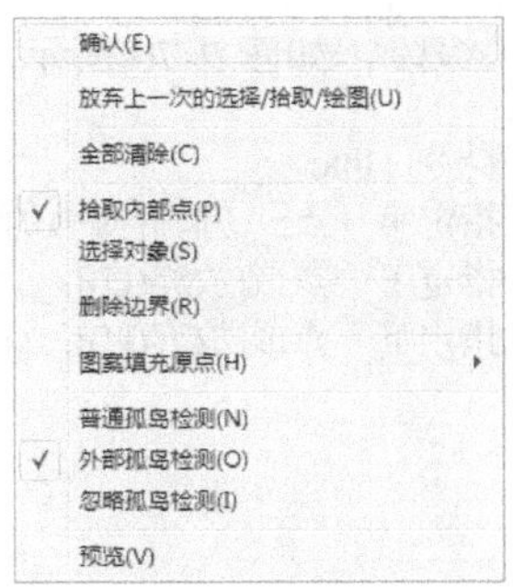

图 2-65　右键菜单

步骤 10　选择“确认”命令后，返回“图案填充和渐变色”对话框，单击 预览 按钮，返回绘图区，显示图形填充效果，如图 2-66 所示。

步骤 11　在命令行窗口出现以下命令提示，则单击右键接受图案填充，完成热水器（示出引线）符号的绘制，如图 2-67 所示：

```
拾取或按 Esc 键返回到对话框或 <单击右键接受图案填充>:
```

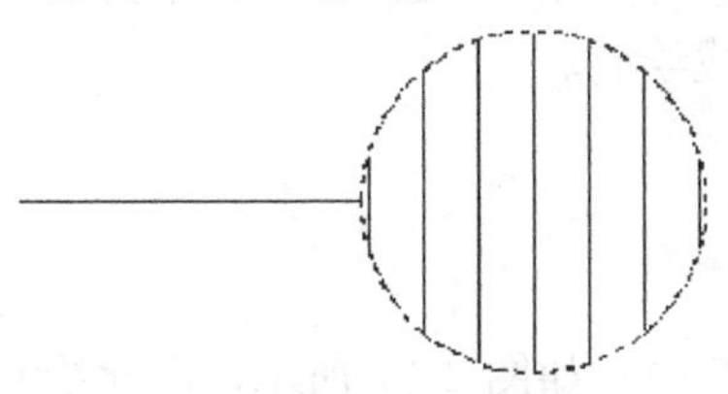

图 2-66　预览填充效果

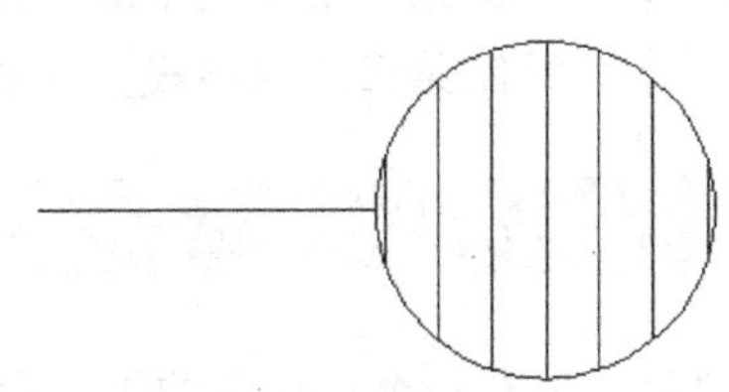

图 2-67　完成图案填充

2.2　电气零件常用符号的绘制

电气图用图形符号是构成电气图的基本单元，正确、熟练地绘制各种电气图形符号是电气制图的基本功。下面使用本章所述的基本绘图方法来绘制一些电气零件常用符号。

2.2.1　电抗器符号的绘制

电抗器符号由一个 3/4 圆弧和三根直线段组成，如图 2-68 所示，因此绘制电抗器符号需要使用圆弧命令和直线命令。

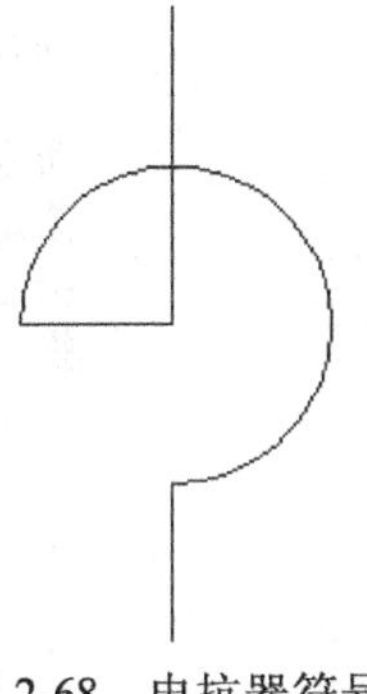

图 2-68　电抗器符号

步骤 01　单击“绘图”工具栏中的“圆弧”按钮，绘制 3/4 圆弧，则绘制出 3/4 圆弧，如图 2-69 所示。其命令提示行如下：

```
命令：arc
指定圆弧的起点或 [圆心(C)]：100,100　//输入圆弧的起点坐标
指定圆弧的第二个点或 [圆心(C)/端点(E)]：110,100　//输入圆弧的第二点坐标
指定圆弧的端点: 105,95　//输入圆弧的第三点坐标
```

步骤 02　单击“绘图”工具栏中的“直线”按钮，连续绘制两条直线段，则绘制出两条直

线段，如图 2-70 所示。其命令提示行如下：

```
命令：line
指定第一点：//捕捉圆弧的水平端点，确定第一条直线段的第一点
指定下一点或[放弃(U)]:      //使捕捉圆弧圆心为第一条直线段的第二点
指定下一点或[放弃(U)]: @0,10  //竖直绘制第二条直线段
```

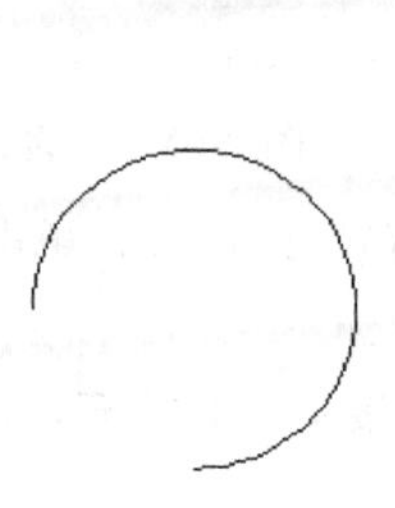

图 2-69　绘制 3/4 圆弧

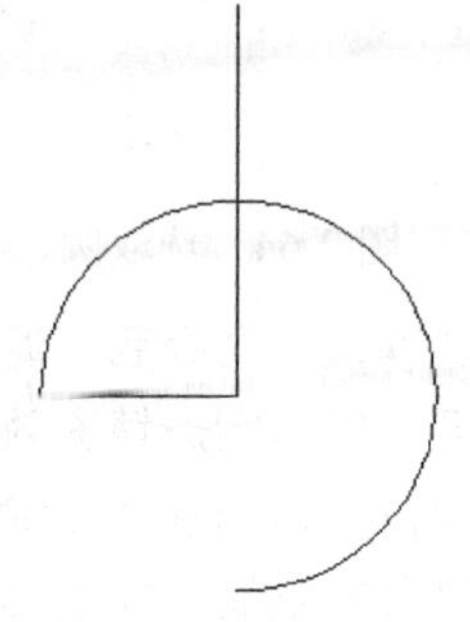

图 2-70　绘制两条直线段

步骤 03 单击“绘图”工具栏中的“直线”按钮，起点捕捉为圆弧的下方端点，沿竖直方向，绘制第三条直线段，长度为 5，完成绘制。

2.2.2 电度表符号的绘制

电度表符号由加有一个直线段的矩形和文字符号组成，如图 2-71 所示，因此绘制此电度表符号需要使用矩形命令、直线命令和多行文字命令。多行文字命令将在以后章节中详细介绍。

步骤 01 单击“绘图”工具栏中的“矩形”按钮，绘制一个矩形，则绘制出一个长为 15，宽为 10 的矩形，如图 2-72 所示。其命令提示行如下：

```
命令：rectang
指定第一个角点或 [倒角(C)/标高(E)/圆角(F)/厚度(T)/宽度(W)]：100，100  //输入矩形的第一个角点
指定另一个角点或 [面积(A)/尺寸(D)/旋转(R)]：110，115//输入矩形的第二个角点
```

步骤 02 单击“绘图”工具栏中的“直线”按钮在矩形中绘制一条直线段，则绘制出一条沿水平方向长为 10 的直线段，如图 2-73 所示，其命令行代码如下：

```
命令：line
指定第一点: 100，112     //输入直线段的起点
指定下一点或[放弃(U)]：110,112    //输入直线段的终点
指定下一点或[放弃(U)]：     //按 Enter 键完成输入绘制
```

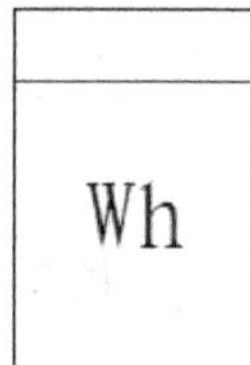

图 2-71　电度表符号

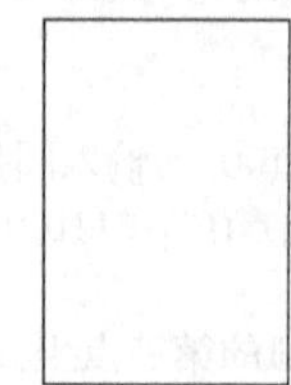

图 2-72　绘制矩形

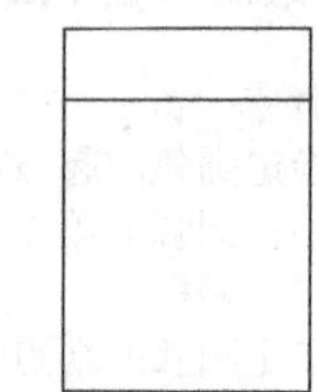

图 2-73　绘制水平直线段

步骤 03　单击“绘图”工具栏中的“多行文字”按钮 A，设置字体为“仿宋”，字高为 3，撰写文字符号，单击“确定”按钮，完成电度表的绘制。（文字撰写部分可参考后面章节的单行文字或者多行文字的创建）

第 3 章　电气制图中的图形编辑

在 AutoCAD 中，一些简单的图形可以通过基本的二维绘图命令进行绘制，而遇到比较复杂的图形，或者具有重复性、继承性的图形时，用户就需要使用各种各样的编辑命令来对基本图形进行编辑或者对编辑后的图形进行再编辑，这也是计算机制图相对于手工制图的优势所在。

本章将讲解删除、复制、镜像、偏移、移动等基本的二维图形编辑方法，通过本章的学习，用户应该能够熟练掌握二维制图中出现的不同编辑方法及其使用场合，并能够正确、灵活地使用编辑方法。

3.1　编辑修改

使用最方便的平面图形编辑命令是图标按钮格式，平面图形编辑命令的图标按钮集中在修改工具栏，如图 3-1 所示。使用这些命令可以进行以下编辑方法：删除、复制、镜像、移动等，下面对其进行详细介绍。

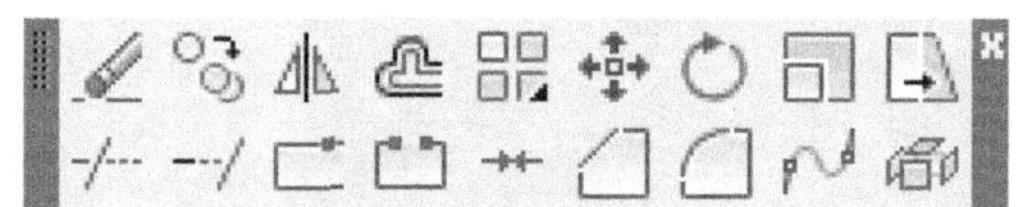

图 3-1　“修改”工具栏

3.1.1　选择对象（SELECT）

在 AutoCAD 中，用户可以先输入命令，然后选择要编辑的对象；也可以先选择对象，然后进行编辑，用户可以结合自己的习惯和工作命令要求灵活使用这两种方法。

为了编辑方便，可将一些对象组成一组，这些对象可以是一个，也可以是多个，称之为选择集。用户在进行复制、粘贴等编辑操作时，都需要选择对象，也就是构造选择集。建立一个选择集后，可以将这一组对象作为一个整体进行操作。

需要选择对象时，在命令行中将出现提示，例如“选择对象:”。根据命令的要求，用户可选取线段、圆弧等对象，以进行后面的操作。

用户可以通过 3 种方式构造选择集：单击对象直接选择、窗口选择（左选）和交叉窗口选择（右选）。

1. 单击对象直接选择

当命令行提示“选择对象:”时，绘图区将出现拾取框光标，将光标移动到某个图形对象上，单击鼠标左键，则可选择与光标有公共点的图形对象，被选中的对象呈高亮显示。

单击对象直接选择方式适用于构造对象较少的选择集的情况，对于构造对象较多的选择集的情况就需要使用另外两种选择方式了。

2. 窗口选择（左选）

当需要选择的对象较多时，可以使用窗口选择方式，这种选择方式与 Windows 的窗口选择类似。首先单击鼠标左键，将光标沿右下方拖动，再次单击鼠标左键，形成选择框，选择框呈实线显示，被选择框完全包容的对象将被选择。

3. 交叉窗口选择（右选）

交叉窗口选择（右选）与窗口选择（左选）方式类似，所不同的是光标往左上方移动形成选择框，选择框呈虚线，只要与交叉窗口相交或者被交叉窗口包容的对象，都将被选择。

选择对象的方法有很多种，当对象处于被选择状态时，该对象呈高亮显示。如果是先选择后编辑，则被选择的对象上还将出现控制点。

4. 操作选择对象

在选择完图形对象后，用户可能还需要在选择集中添加或删除对象。需要添加图形对象时，可以采用如下方法：

- 按 Shift 键，单击要添加的图形对象；
- 使用直接单击对象的选择方式选取要添加的图形对象；
- 在命令行中输入 A 命令，然后选择要添加的对象。

需要删除对象时，可以采用如下方法：

- 按 Shift 键，单击要删除的图形对象；
- 在命令行中输入 R 命令，然后选择要删除的对象。

3.1.2　删除命令（ERASE）

删除命令是图形编辑中最常用的命令之一，其功能是从图形中删除对象。

1. 执行方式

- 选择“修改”|“删除”命令；
- 单击“修改”工具栏中的“删除”按钮；
- 在命令行中输入命令 ERASE。

2. 命令提示

```
命令:     erase
选择对象:        //在绘图区选择需要删除的对象（构造删除对象集）
选择对象:        //按 Enter 键完成对象选择，并同时完成对象删除
```

对于提示“选择对象”，用户可以使用上一节所介绍的选择对象的方法，来选择编辑对象。选择对象完毕后，按 Enter 键确认完成对象的删除操作。

3. 应用举例

例 3-1　删除如图 3-2 所示的二维平面图形圆。

步骤01 选择要删除的圆，如图 3-3 所示。

步骤02 单击“修改”工具栏中的删除按钮，在命令行窗口出现以下命令提示：

```
命令：_erase 找到 1 个
```

步骤03 则完成删除操作，如图 3-4 所示。

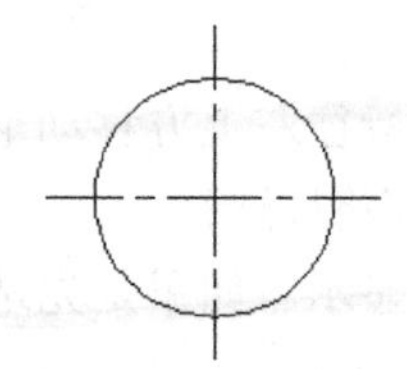

图 3-2 删除前的图形

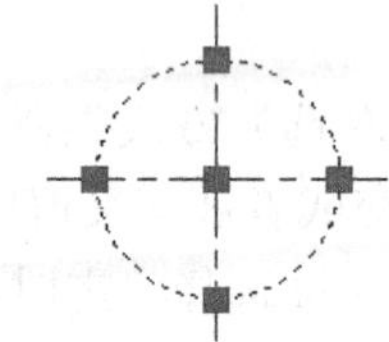

图 3-3 选择要删除的图形

图 3-4 删除后的图形

3.1.3 复制命令（COPY）

复制可以从原对象以指定的角度和方向创建对象的副本。

1. 执行方式

- 选择“修改”|“复制”命令；
- 单击“修改”工具栏中的 “复制”按钮；
- 在命令行中输入命令 COPY。

2. 命令提示

“复制”命令提供了“模式”选项来控制将对象复制一次还是多次，下面将分别讲解。

（1）单个复制。执行“复制”命令，命令行提示如下：

```
命令: _COPY
选择对象: 找到 1 个//在绘图区选择需要复制的对象
选择对象: //按 Enter 键，完成对象选择
当前设置:  复制模式 = 单个
指定基点或 [位移(D)/模式(O)] <位移>: O//输入 O，表示选择复制模式
输入复制模式选项 [单个(S)/多个(M)] <多个>: S//输入 S，表示复制一个对象
指定基点或 [位移(D)/模式(O)/多个(M)] <位移>:
//在绘图区拾取或输入坐标确认复制对象的基点
指定第二个点或 [阵列(A)] <使用第一个点作为位移>://在绘图区拾取或输入坐标确定位移点
```

（2）多个复制。执行“复制”命令，命令行提示如下：

```
命令: _COPY
选择对象: 找到 1 个//在绘图区选择需要复制的对象
选择对象: //按 Enter 键，完成对象选择
当前设置:  复制模式 = 单个
指定基点或 [位移(D)/模式(O)/多个(M)] <位移>: M //输入 M，表示选择多个复制模式
指定基点或 [位移(D)/模式(O)/多个(M)] <位移>:
//在绘图区拾取或输入坐标确认复制对象基点
指定第二个点或 [阵列(A)] <使用第一个点作为位移>://在绘图区拾取或输入坐标确定位移点
```

```
指定第二个点或 [阵列(A)/退出(E)/放弃(U)] <退出>://在绘图区拾取或输入坐标确定位移点
指定第二个点或 [阵列(A)/退出(E)/放弃(U)] <退出>:
```

3. 应用举例

例 3-2 绘制电感器符号。

步骤 01 单击“绘图”工具栏中的“直线”按钮，绘制长度为 6 的竖直直线段；单击“绘图”工具栏中的“圆弧”按钮，绘制半径为 1、角度为 180° 的半圆弧，如图 3-5 所示。

步骤 02 选择半圆弧作为复制对象，选择后，如图 3-6 所示。

图 3-5　绘制直线和半圆弧　　图 3-6　选择半圆弧

步骤 03 单击“修改”工具栏中的“复制”按钮，进行半圆弧复制：

```
命令: copy 找到 1 个
当前设置:  复制模式 = 单个
指定基点或 [位移(D)/模式(O)] <位移>: 0  //选择模式
输入复制模式选项 [单个(S)/多个(M)] <单个>: M  //设置为多个连续复制模式
指定基点或 [位移(D)/模式(O)] <位移>:   //拾取直线和半圆弧的交点为复制对象的基点
指定第二个点或 [阵列(A)] <使用第一个点作为位移>: //拾取半圆弧的端点为第二个点
......
指定第二个点或 [阵列(A)/退出(E)/放弃(U)] <退出>: //依次拾取到第五个点后，按 Enter 键完成复制，
如图 3-7 和图 3-8 所示。
```

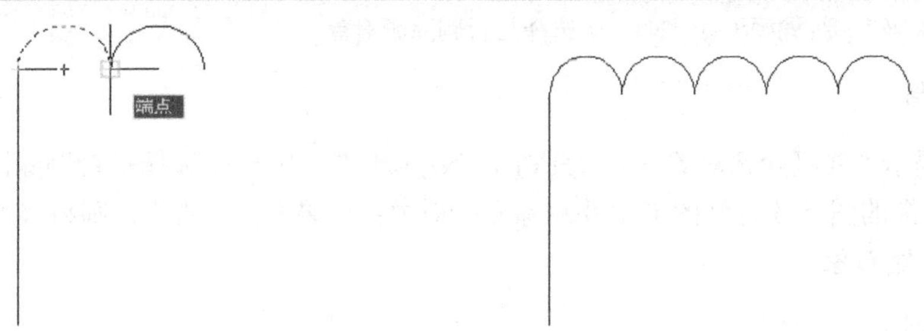

图 3-7　复制第一个半圆弧　　图 3-8　复制出 4 个半圆弧

步骤 04 选择直线段，单击“修改”工具栏中的“复制”按钮，进行直线段复制：

```
命令: copy 找到 1 个
当前设置:  复制模式 = 多个
指定基点或 [位移(D)/模式(O)] <位移>:   //拾取直线和半圆弧的交点为复制对象的基点
```

指定第二个点或 [阵列(A)] <使用第一个点作为位移>://拾取第五个半圆弧的端点为第二个点
指定第二个点或 [阵列(A)/退出(E)/放弃(U)] <退出>: //按 Enter 键完成复制，如图 3-9 和图 3-10 所示，
至此完成电感器符号的绘制。

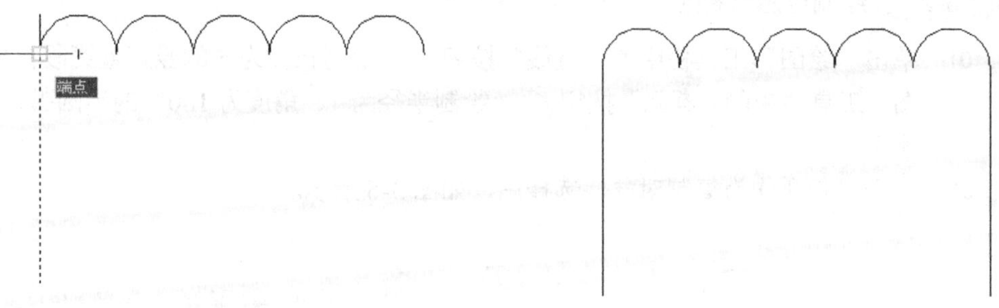

图 3-9　选择复制基点　　　　图 3-10　复制直线段

3.1.4 镜像命令（MIRROR）

镜像以指定轴为对称轴，使图形绕对称轴翻转，创建对称的图像。镜像对创建对称的对象非常有用，因为可以快速地绘制半个对象，然后将其镜像，而不必绘制整个对象。

1. 执行方式

- 选择“修改”|“镜像”命令；
- 单击“修改”工具栏中的 “镜像”按钮；
- 在命令行中输入命令 MIRROR。

2. 命令提示

命令：mirror
选择对象:　//在绘图区选择需要复制的对象
选择对象:　//按 Enter 键，完成对象选择
指定镜像线的第一点:　//指定镜像线，即对称轴的第一个点
指定镜像线的第二点:　//指定镜像线的第二个点
要删除源对象吗？[是(Y)/否(N)] <N>:　//选择是否删除源对象

3. 参数说明

对于命令提示“要删除源对象吗？[是(Y)/否(N)] <N>”，用户要选择是否删除源对象。如果选择“是”，则镜像的图像放置到图形中并删除原始对象；如果选择“否”，则将镜像的图像放置到图形中并保留原始对象。

4. 应用举例

例 3-3 绘制电流互感器符号。

步骤 01 单击“绘图”工具栏中的“圆弧”按钮，绘制半径为 5，开口向右的半圆弧。

步骤 02 单击“绘图”工具栏中的“直线”按钮，捕捉半圆弧的上端点为起点，沿水平方向向右，绘制长度为 10 的直线段。

步骤 03　单击“绘图”工具栏中的“直线”按钮，捕捉半圆弧的下端点为起点，沿竖直方向向上，绘制长度为 20 的直线段，如图 3-11 所示。

步骤 04　选择以上所有的图形为镜像源对象，单击“修改”工具栏中的“镜像”按钮，执行镜像命令：

```
命令: _mirror 找到　3 个
指定镜像线的第一点:　//捕捉半圆弧的下端点为镜像线的第一点，如图 3-12 所示
指定镜像线的第二点: <正交 开> //单击状态栏中的“正交”按钮正交，打开正交模式，然后将鼠标移放在右侧，单击鼠标左键，选择在水平方向上的任一点为镜像线的第二点，如图 3-13 所示
要删除源对象吗？[是(Y)/否(N)] <N>: N　//选择不删除源对象，保留源对象，则完成电流互感器的绘制，如图 3-14 所示
```

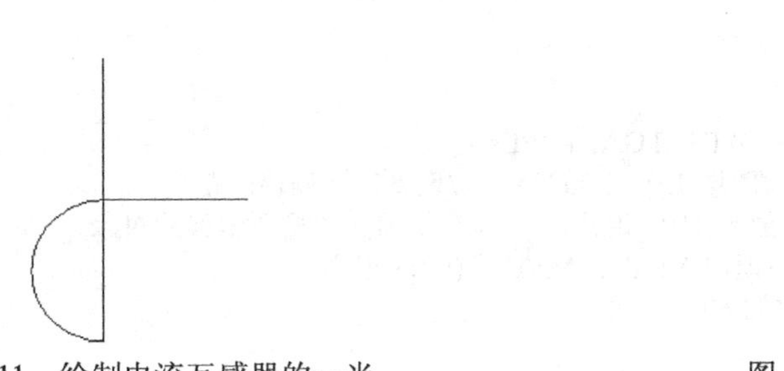

图 3-11　绘制电流互感器的一半

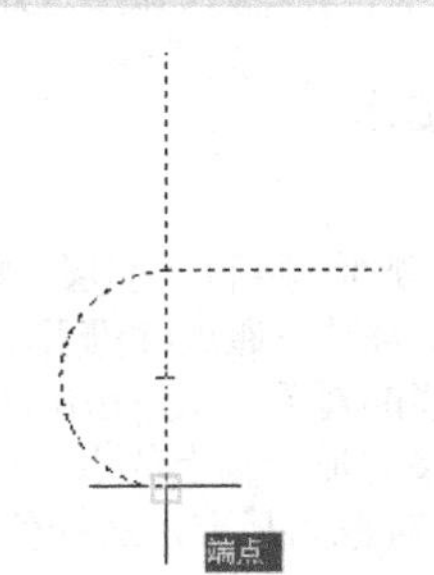

图 3-12　选择镜像线的第一点

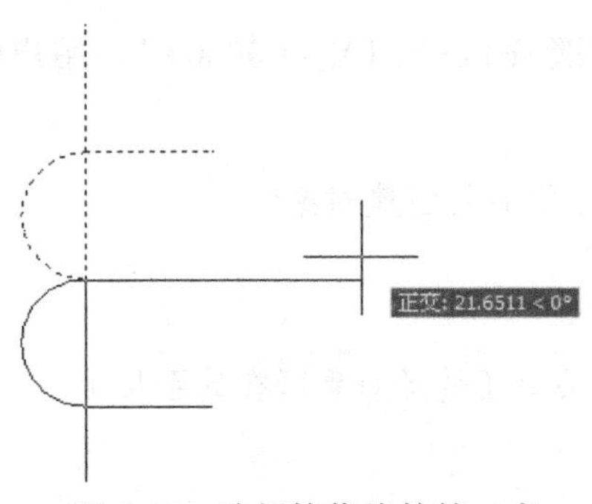

图 3-13　选择镜像线的第二点

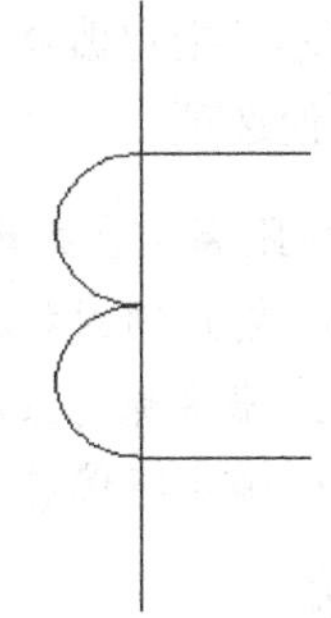

图 3-14　保留镜像源对象

应该注意的是：默认情况下，镜像文字对象时，不更改文字的方向。如果确实要反转文字，可以将 MIRRTEXT 系统变量设置为 1，例 3-4 将进行介绍。

例 3-4　镜像如图 3-15 所示的部分电路。

步骤 01　当系统变量 mirrtext 为 0 时，镜像以上电路，则不更改文字的方向，如图 3-16 所示；

步骤 02　设置系统变量 mirrtext 为 1 时，镜像以上电路，则更改文字的方向，如图 3-17 所示。

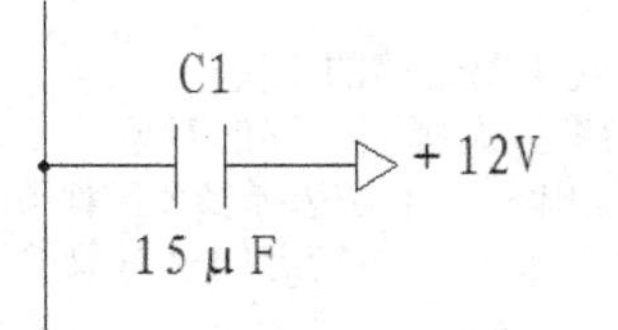

图 3-15　已知部分电路

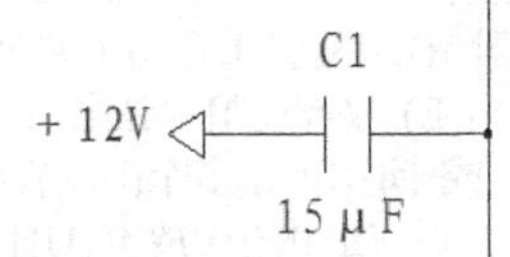

图 3-16　文字方向不变的镜像

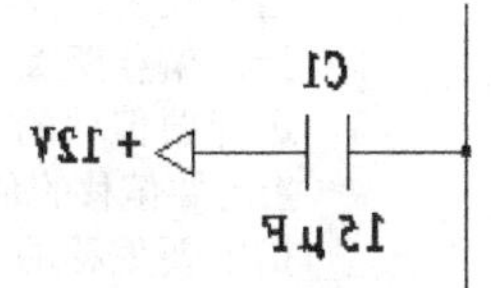

图 3-17　文字方向改变的镜像

3.1.5 偏移命令（OFFSET）

偏移命令可以根据指定距离或通过点创建一个与原有图形对象平行或具有同心结构的形体，偏移的对象可以是直线段、射线、圆弧、圆、椭圆弧、椭圆、二维多段线和平面上的样条曲线等，也可以是直线、样条曲线、圆、圆弧和正多边形等。

1. 执行方式

- 选择“修改”|“偏移”命令；
- 单击“修改”工具栏中的“偏移”按钮；
- 在命令行中输入命令OFFSET。

2. 命令提示

```
命令：offset
当前设置: 删除源=否  图层=源  OFFSETGAPTYPE=0
指定偏移距离或 [通过(T)/删除(E)/图层(L)] <1.0000>：  //设置需要偏移的距离
选择要偏移的对象，或 [退出(E)/放弃(U)] <退出>：    //在绘图区选择要偏移的对象
指定要偏移的那一侧上的点，或 [退出(E)/多个(M)/放弃(U)] <退出>：
  //以偏移对象为基准，选择偏移的方向
```

3. 参数说明

对于命令提示“指定偏移距离或 [通过(T)/删除(E)/图层(L)] <1.0000>”，用户可以指定偏移的方式以及设置其他选项：

- 指定偏移距离：在距现有对象的指定偏移距离处创建对象；
- 通过(T)：创建通过指定点的对象；
- 删除(E)：偏移源对象后将其删除；
- 图层(L)：确定将偏移对象创建在当前图层上还是源对象所在的图层上。

4. 应用举例

例 3-5 绘制三极开关符号。

步骤01 单击“绘图”工具栏中的“直线”按钮，绘制一条沿30°角方向，长度为6的直线段，继续绘制一条沿-60°角方向，长度为1的直线段，如图3-18所示；

步骤02 单击“修改”工具栏中的“偏移”按钮进行偏移操作，偏移执行后，绘图结果如图3-20所示。其命令行如下：

```
命令：offset
当前设置: 删除源=否  图层=源  OFFSETGAPTYPE=0
指定偏移距离或 [通过(T)/删除(E)/图层(L)] <1.0000>：1//设置需要偏移的距离
选择要偏移的对象，或 [退出(E)/放弃(U)] <退出>：    //在绘图区选择要偏移的对象
指定要偏移的那一侧上的点，或 [退出(E)/多个(M)/放弃(U)] <退出>： m  //选择多个偏移方式
指定要偏移的那一侧上的点，或 [退出(E)/放弃(U)] <下一个对象>：    //指定偏移对象的下方
为偏移方向（见图3-19）
指定要偏移的那一侧上的点，或 [退出(E)/放弃(U)] <下一个对象>：   //指定偏移对象的下方
```

```
为偏移方向
指定要偏移的那一侧上的点，或 [退出(E)/放弃(U)] <下一个对象>: e // 完成偏移操作
```

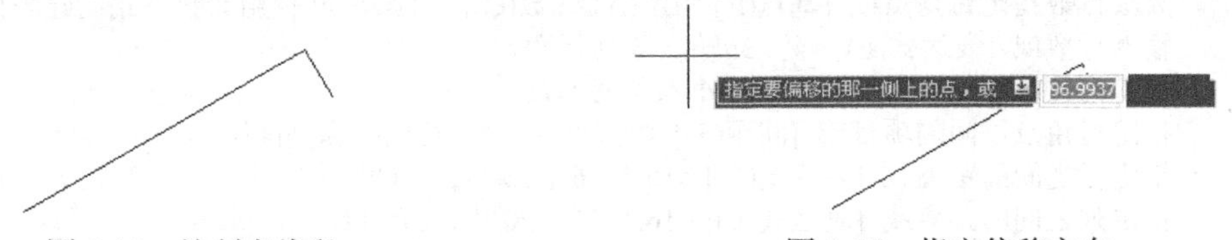

图 3-18　绘制直线段　　　　图 3-19　指定偏移方向

步骤 03　单击“绘图”工具栏中的“圆”按钮绘制圆，绘制圆后如图 3-21 所示，完成三极开关的绘制。其命令行如下：

```
命令: _circle
指定圆的圆心或 [三点(3P)/两点(2P)/切点、切点、半径(T)]: 2p //选择两点绘制圆模式
指定圆直径的第一个端点: //捕捉直线段的端点为圆的第一个端点
指定圆直径的第二个端点: @2<-150 //输入圆直径的第二个端点，完成圆的绘制
```

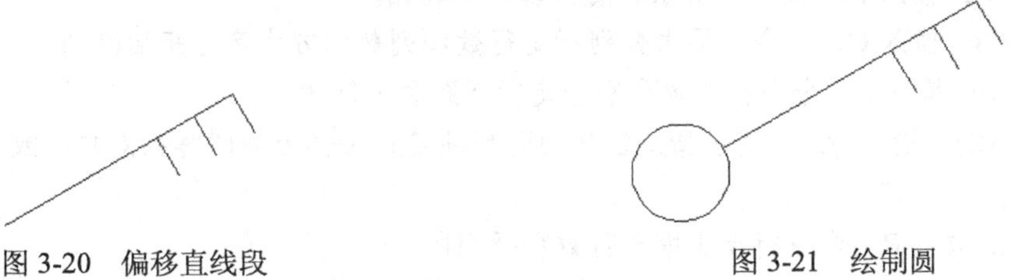

图 3-20　偏移直线段　　　　图 3-21　绘制圆

3.1.6　阵列命令（ARRAY）

阵列命令可以在矩形、环形（圆形）或者线性阵列中创建对象的副本。对于矩形阵列，可以控制行和列的数目以及它们之间的距离；对于环形阵列，可以控制对象副本的数目并决定是否旋转副本；对于线性阵列，可以沿路径或部分路径均匀分布对象副本。对于创建多个定间距的对象，阵列比复制要快。

1. 执行方式

- 选择“修改”|“阵列”|“矩形阵列”、“环形阵列”或“线性阵列”命令；
- 单击“修改”工具栏中的“矩形阵列”按钮、“环形阵列”按钮或“路径阵列”按钮；
- 在命令行中输入命令 ARRAY。

2. 参数说明

下面根据阵列类型对各阵列操作进行介绍。

（1）矩形阵列

执行“矩形阵列”命令，命令行提示如下：

```
命令: _arrayrect
选择对象: 指定对角点: 找到 1 个//选择需要阵列的对象
```

```
选择对象://按 Enter 键，完成选中
类型 = 矩形  关联 = 是
为项目数指定对角点或 [基点(B)/角度(A)/计数(C)] <计数>: c//使用计数方式创建阵列
输入行数或 [表达式(E)] <4>: 3//输入阵列行数
输入列数或 [表达式(E)] <4>: 4//输入阵列列数
指定对角点以间隔项目或 [间距(S)] <间距>: s//设置行间距和列间距
指定行之间的距离或 [表达式(E)] <16.4336>: 15//输入行间距
指定列之间的距离或 [表达式(E)] <16.4336>: 20//输入列间距
按 Enter 键接受或 [关联(AS)/基点(B)/行(R)/列(C)/层(L)/退出(X)] <退出>://按 Enter 键，完成阵列
```

当使用矩形阵列时，需要指定行数、列数、行间距和列间距（行间距和列间距可以不同），整个矩形可以按照某个角度旋转。

命令行中其他选项的含义如下。

- 基点(B)：表示指定阵列的基点。
- 角度(A)：输入 A，命令行要求指定行轴的旋转角度。
- 计数(C)：输入 C，命令行要求分别指定行数和列数的方式产生矩形阵列。
- 间距(S)：输入 S，命令行要求分别指定行间距和列间距。
- 关联(AS)：输入 AS，用于指定创建的阵列项目是否作为关联阵列对象，或是作为多个独立对象。
- 行(R)：输入 R，命令行要求编辑行数和行间距。
- 列(C)：输入 C，命令行要求编辑列数和列间距。
- 层(L)：输入 L，命令行要求指定在 Z 轴方向上的层数和层间距。

（2）环形阵列

执行“环形阵列”命令，命令行提示如下：

```
命令: _arraypolar
选择对象: 指定对角点: 找到 3 个//选择需要阵列的对象
选择对象://按 Enter 键，完成选择
类型 = 极轴  关联 = 是
指定阵列的中心点或 [基点(B)/旋转轴(A)]://拾取阵列中心点
输入项目数或 [项目间角度(A)/表达式(E)] <4>: 6//输入项目数
指定填充角度(+=逆时针、-=顺时针)或 [表达式(EX)] <360>://直接按 Enter 键，表示填充角度为 360°
按 Enter 键接受或 [关联(AS)/基点(B)/项目(I)/项目间角度(A)/填充角度(F)/行(ROW)/层(L)/旋转项目(ROT)/退出(X)] <退出>://按 Enter 键，完成环形阵列
```

在 2012 版本中，“旋转轴”表示指定由两个指定点定义的自定义旋转轴，对象绕旋转轴阵列。“基点”选项用于指定阵列的基点，“行数”选项用于编辑阵列中的行数和行间距，以及它们之间的增量标高，“旋转项目”选项用于控制在排列项目时是否旋转项目。

（3）线性阵列

执行“线性阵列”命令，命令行提示如下：

```
命令: _arraypath
选择对象: 找到 1 个//选择需要阵列的对象
```

选择对象://按 Enter 键，完成选择
类型 = 路径 关联 = 是
选择路径曲线://选择路径曲线
输入沿路径的项数或 [方向(O)/表达式(E)] <方向>: o//输入 o，用于设置选定对象是否需要相对于路径起始方向重新定向
指定基点或 [关键点(K)] <路径曲线的终点>://拾取基点，阵列时，基点将与路径曲线的起点重合
指定与路径一致的方向或 [两点(2P)/法线(NOR)] <当前>://按 Enter 键，表示按当前方向阵列，“两点”表示指定两个点来定义与路径的起始方向一致的方向，“法线”表示对象对齐垂直于路径的起始方向。
输入沿路径的项目数或 [表达式(E)] <4>: 8//输入阵列的项目数
指定沿路径的项目之间的距离或 [定数等分(D)/总距离(T)/表达式(E)] <沿路径平均定数等分(D)>: d//输入 d，表示在路径曲线上定数等分对象副本
按 Enter 键接受或 [关联(AS)/基点(B)/项目(I)/行(R)/层(L)/对齐项目(A)/Z 方向(Z)/退出(X)] <退出>://按 Enter 键，完成路径阵列

3. 应用举例

例 3-6 使用矩形阵列方法绘制多极开关符号。

步骤 01 单击“绘图”工具栏中的“直线”按钮，绘制一条沿竖直方向，长度为 5 的直线段，继续绘制一条沿 135° 角方向，长度为 5 的直线段，如图 3-22 所示。

步骤 02 单击“修改”工具栏中的“复制”按钮，执行复制命令，命令行提示如下：

当前设置: 复制模式 = 多个
指定基点或 [位移(D)/模式(O)] <位移>: //捕捉竖直直线段的起始点为复制基点
指定第二个点或 [阵列(A)] <使用第一个点作为位移>:9 <正交 开> //沿竖直方向，在与原线段距离为 9
的位置进行复制
指定第二个点或 [阵列(A)/退出(E)/放弃(U)] <退出>: //按 Enter 键完成复制，如图 3-23 所示

图 3-22 绘制直线段

图 3-23 复制直线段

步骤 03 单击“修改”工具栏中的“矩形阵列”按钮，弹出“阵列”对话框。

命令: _arrayrect
选择对象: 指定对角点: 找到 3 个//选择图 3-24 所示的图形为阵列对象
选择对象://按 Enter 键，完成对象选择
类型 = 矩形 关联 = 是
为项目数指定对角点或 [基点(B)/角度(A)/计数(C)] <计数>: c//输入 c，设置行数和列数
输入行数或 [表达式(E)] <4>: 1//设置行数为 1
输入列数或 [表达式(E)] <4>: 3//设置列数为 3
指定对角点以间隔项目或 [间距(S)] <间距>: s//输入 s，设置行间距和列间距
指定列之间的距离或 [表达式(E)] <3.7043>: 5//输入列间距为 5
按 Enter 键接受或 [关联(AS)/基点(B)/行(R)/列(C)/层(L)/退出(X)] <退出>://按 Enter 键，完成阵列，效果如图 3-25 所示。

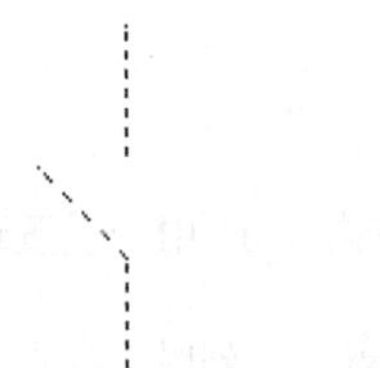

图 3-24　选择阵列对象

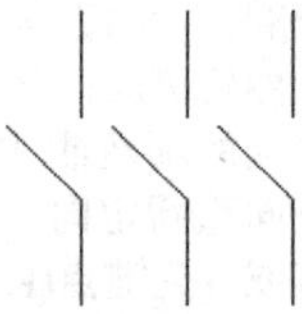

图 3-25　矩形阵列线段

步骤 04　单击“绘图”工具栏中的“直线”按钮，捕捉最左边斜线段的中点作为下一直线段的起点，捕捉最右边斜线段的中点作为下一直线段的终点，沿水平方向绘制一条虚线直线段，虚线线型设置为 DASHEDX2，线型比例为 0.1（线型设置在以后章节中讲述），如图 3-26 所示，完成多极开关的绘制。

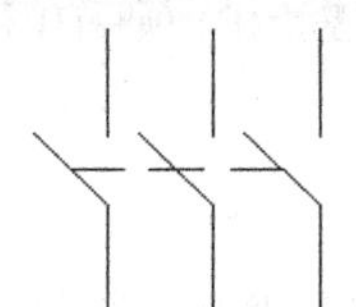

图 3-26　绘制虚线

例 3-7　使用环形阵列方法绘制三绕组变压器符号。

步骤 01　单击“绘图”工具栏中的“圆”按钮，以点（100,100）为圆心，绘制一个半径为 5 的圆。

步骤 02　单击“修改”工具栏中的“环形阵列”按钮，命令行提示如下：

```
命令: _arraypolar
选择对象: 找到 1 个//选择步骤 1 绘制的圆为阵列对象
选择对象://按 Enter 键，完成对象选择
类型 = 极轴  关联 = 是
指定阵列的中心点或 [基点(B)/旋转轴(A)]: 100,96//输入阵列的中心点
输入项目数或 [项目间角度(A)/表达式(E)] <4>: 3//输入阵列的项目数为 3
指定填充角度(+=逆时针、-=顺时针)或 [表达式(EX)] <360>://输入填充的角度，使用默认值
按 Enter 键接受或 [关联(AS)/基点(B)/项目(I)/项目间角度(A)/填充角度(F)/行(ROW)/层(L)/旋转项目(ROT)/退出(X)] <退出>://按 Enter 键，完成阵列，效果如图 3-27 所示
```

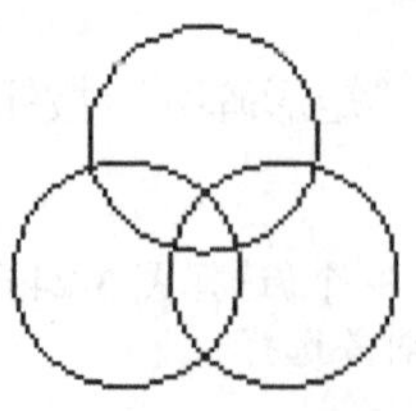

图 3-27　环形阵列圆

步骤 03　单击“绘图”工具栏中的“直线”按钮，捕捉上边圆的上象限点作为直线段的起点，沿竖直方向向上，绘制长为 5 的直线段，如图 3-28 所示。

步骤 04　单击“绘图”工具栏中的“直线”按钮，捕捉左边圆的下象限点作为直线段的起点，沿竖直方向向下，绘制长为 5 的直线段。

步骤 05　单击“绘图”工具栏中的“直线”按钮，捕捉右边圆的下象限点作为直线段的起点，沿竖直方向向下，绘制长为 5 的直线段，如图 3-29 所示，则三绕组变压器符号绘制完成。

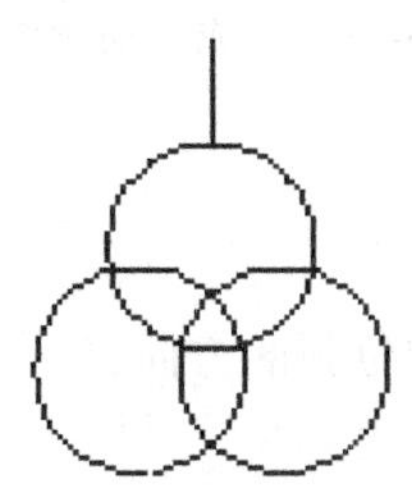

图 3-28　绘制第一条直线

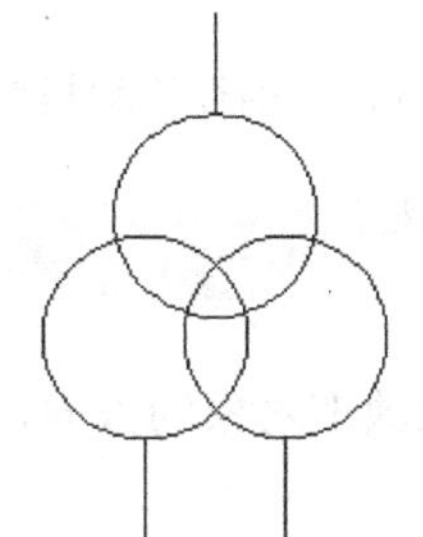

图 3-29　绘制第二、三条直线

3.1.7　移动命令（MOVE）

移动命令可以以指定的角度和方向移动对象。

1. 执行方式

- 选择“修改”|“移动”命令；
- 单击“修改”工具栏中的“移动”按钮；
- 在命令行中输入命令 MOVE。

2. 命令提示

```
命令：move
选择对象:      //在绘图区选择需要复制的对象
选择对象:    //按 Enter 键，完成对象选择
指定基点或 [位移(D)] <位移>:  //拾取或输入坐标确认移动对象的基点，或选择位移模式
指定第二个点或 <使用第一个点作为位移>: //在绘图区拾取或输入坐标确定位移点
```

3. 参数说明

对于命令提示“指定基点或 [位移(D)] <位移>”，用户可以指定移动对象的基点，或选择“位移”，通过指定矢量位移来确定移动方向和位置。

4. 应用举例

例 3-8　移动如图 3-2 所示的二维平面图形圆。

步骤 01　选择要移动的圆，如图 3-30 所示。

步骤 02　单击“修改”工具栏中的“移动”按钮，在命令行窗口出现以下命令提示，完成移动操作，如图 3-31 所示。其命令行提示如下：

```
命令：move
指定基点或 [位移(D)] <位移>:  //拾取圆心为移动基点，或选择位移模式
指定第二个点或 <使用第一个点作为位移>: //在绘图区拾取或输入坐标确定位移点
```

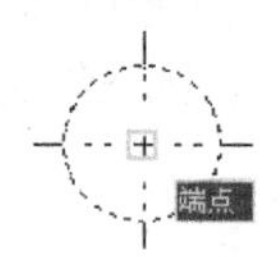

图 3-30　捕捉移动基点

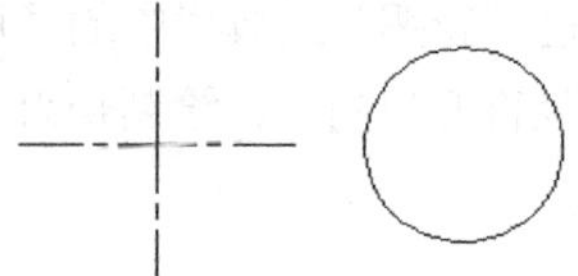

图 3-31　完成移动操作

3.1.8 旋转命令（ROTATE）

旋转命令可以改变对象的方向，并按指定的基点和角度定位新的方向。

1. 执行方式

- 选择“修改”|“旋转”命令;
- 单击“修改”工具栏中的“旋转”按钮;
- 在命令行中输入命令 ROTATE。

2. 命令提示

```
命令：rotate
选择对象:　　//在绘图区选择需要复制的对象
选择对象:　　//按 Enter 键，完成对象选择
指定基点:　//拾取或输入坐标确认旋转对象的基点
指定旋转角度，或 [复制(C)/参照(R)] <0>: //指定旋转的角度，或其他选项
```

3. 参数说明

对于命令提示“指定旋转角度，或 [复制(C)/参照(R)] <0>”，用户可以输入决定对象绕基点旋转的角度，或者选择其他选项：

- 复制(C): 创建要旋转的选定对象的副本;
- 参照(R): 将对象从指定的角度旋转到新的绝对角度。

4. 应用举例

例 3-9　使用旋转方法绘制两电阻电路符号。

步骤 01　单击“绘图”工具栏中的“矩形”按钮，绘制一个长为 10、宽为 5 的矩形。

步骤 02　单击“绘图”工具栏中的“直线”按钮，捕捉矩形左边线中点为起点，沿水平方向向左，绘制长度为 10 的水平直线段；单击“绘图”工具栏中的“直线”按钮，捕捉矩形右边线中点为起点，沿水平方向向右，绘制长度为 5 的水平直线段，如图 3-32 所示。

步骤 03　单击“修改”工具栏中的“旋转”按钮进行旋转操作，旋转后，完成绘制，如图 3-33 所示。其命令行如下：

```
命制(C)/参照(R)] <0>: //选择复制模式
旋转一组选定对象　//提令：rotate
选择对象:　　//在绘图区选择需要复制的对象
```

```
选择对象:    //按 Enter 键，完成对象选择
指定基点:  //拾取或输入坐标确认旋转对象的基点
指定旋转角度，或 [复示已选定对象
指定旋转角度，或 [复制(C)/参照(R)] <0>: 90 // 将选定对象旋转 90°
```

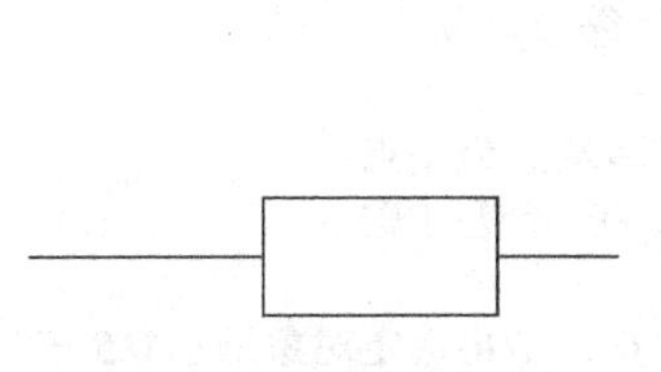
图 3-32　绘制矩形和直线

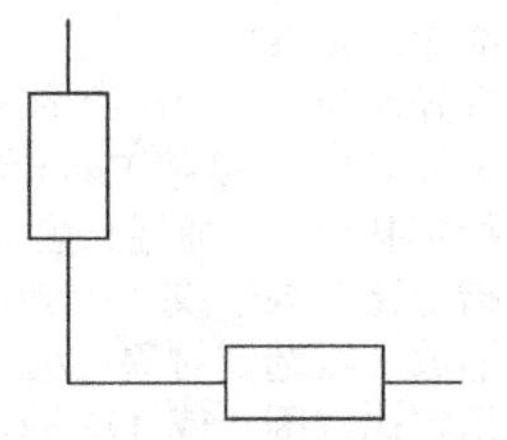
图 3-33　完成旋转操作

3.1.9　缩放命令（SCALE）

缩放命令是指将选择的图形对象按比例均匀地放大或缩小，可以通过指定基点和长度（被用做基于当前图形单位的比例因子）或输入比例因子来缩放对象，也可以为对象指定当前长度和新长度。大于 1 的比例因子使对象放大，介于 0～1 之间的比例因子使对象缩小。

1. 执行方式

- 选择“修改”|“缩放”命令；
- 单击“修改”工具栏中的 “缩放”按钮；
- 在命令行中输入命令 SCALE。

2. 命令提示

```
命令:  scale
选择对象:     //在绘图区选择需要复制的对象
选择对象:   //按 Enter 键，完成对象选择
指定基点:  //拾取或输入坐标确认旋转对象的基点
指定比例因子或 [复制(C)/参照(R)] <1.0000>:    //输入缩放比例
```

3. 参数说明

对于命令提示“指定比例因子或 [复制(C)/参照(R)] <1.0000>”，用户可以输入指定比例因子，或者选择其他选项：

- 复制(C)：创建要缩放的选定对象的副本；
- 参照(R)：指定参照长度和一个新长度，以这两个长度的比值为比例因子，来缩放所选对象。

4. 应用举例

例 3-10 使用缩放方法绘制两个大小不同的电阻电路符号。

步骤 01 单击“绘图”工具栏中的“矩形”按钮，绘制一个长为 10，宽为 5 的矩形。

步骤 02 单击“绘图”工具栏中的“直线”按钮，捕捉矩形左边线中点为起点，沿水平方向向左，绘制长度为 10 的水平直线段；单击“绘图”工具栏中的“直线”按钮，捕捉矩形右边线中点为起点，沿水平方向向右，绘制长度为 5 的水平直线段，如图 3-32 所

示。

步骤03 单击“修改”工具栏中的缩放命令 进行缩放操作，缩放后完成绘制，如图3-34（a）所示。其命令行如下：

```
命令：scale
选择对象：    //在绘图区选择以上绘制的图形为缩放对象
选择对象：  //按 Enter 键，完成对象选择
指定基点：  //捕捉长度为 10 的水平直线段的左边端点为基点
指定比例因子或 [复制(C)/参照(R)] <1.0000>: c //选择复制模式
缩放一组选定对象  //提示已选定对象
指定比例因子或 [复制(C)/参照(R)] <1.0000>:  0.5  //将选定对象缩小 0.5 倍
```

步骤04 单击“修改”工具栏中的“移动”按钮 ，在命令行窗口出现以下命令提示：

```
命令：move
选择对象：    //在绘图区选择步骤（3）缩放对象得到的缩小图形为移动对象
选择对象：  //按 Enter 键，完成对象选择
指定基点或 [位移(D)] <位移>:  //捕捉长度为 10 的水平直线段的左边端点为基点
指定第二个点或 <使用第一个点作为位移>: <正交 开>  10 //单击状态栏中的“正交”按钮正交，
打开正交模式，沿竖直方向，移动至与第一点距离为 10 的位置，绘制结果如图 3-34（b）所示
```

（a）缩放操作　　　　（b）移动操作

图3-34　缩放、移动电阻电路符号

3.1.10　修剪命令（TRIM）

修剪命令可以将选定对象在指定边界一侧的部分剪切掉，修剪对象包括直线、射线、圆弧、椭圆弧、二维或三维多段线、构造线及样条曲线等。有效的边界包括直线、射线、圆弧、椭圆弧、二维或三维多段线、构造线和填充区域等。

1. 执行方式

- 选择“修改”|“修剪”命令；
- 或单击“修改”工具栏中的 “修剪”按钮 ；
- 在命令行中输入命令 TRIM。

2. 命令提示

```
命令：  trim
当前设置:投影=UCS，边=无
选择剪切边...
选择对象或 <全部选择>:      //在绘图区选择修剪的参考对象
选择对象：  //按 Enter 键，完成对象选择
```

```
选择要修剪的对象，或按住 Shift 键选择要延伸的对象，或
[栏选(F)/窗交(C)/投影(P)/边(E)/删除(R)/放弃(U)]：  //选择要修剪的对象，或其他选项
选择要修剪的对象，或按住 Shift 键选择要延伸的对象，或
[栏选(F)/窗交(C)/投影(P)/边(E)/删除(R)/放弃(U)]：//按 Enter 键，完成对象修剪
```

3. 参数说明

对于命令提示“选择要修剪的对象，或按住 Shift 键选择要延伸的对象，或[栏选(F)/窗交(C)/投影(P)/边(E)/删除(R)/放弃(U)]”，用户可以指定修剪对象。选择修剪对象后提示将会重复，因此可以选择多个修剪对象，按 Enter 键退出命令；或按住 Shift 键，延伸选定对象而不是修剪它们，此选项提供了一种在修剪和延伸之间切换的简便方法；其他几个选项意义如下：

- 栏选(F)：选择与选择栏相交的所有对象；选择栏是一系列临时线段，它们是由两个或多个栏选点指定的；选择栏不构成闭合环；
- 窗交(C)：选择矩形区域（由两点确定）内部或与之相交的对象；
- 投影(P)：指定修剪对象时使用的投影方式；
- 边(E)：确定对象是在另一对象的延长边处进行修剪，还是仅在与该对象相交处进行修剪；
- 删除(R)：删除选定的对象。此选项提供了一种用来删除不需要对象的简便方式，而无需退出 TRIM 命令；
- 放弃(U)：撤消由 TRIM 命令所做的最近一次修改。

4. 应用举例

例 3-11 使用修剪方法绘制带接地插孔的三相插座符号。

步骤 01 单击“绘图”工具栏中的“圆弧”按钮，绘制半径为 5，开口向下的 1/4 圆弧。

步骤 02 单击“绘图”工具栏中的“直线”按钮，捕捉半圆弧的左端点为起点，沿竖直方向向下，绘制长度为 3 的直线段。

步骤 03 单击“绘图”工具栏中的“直线”按钮，捕捉半圆弧的左端点为起点，沿角度为 120° 方向向上，绘制长度为 10 的直线段。

步骤 04 单击“绘图”工具栏中的“直线”按钮，捕捉半圆弧的右端点为起点，沿水平方向向左，绘制长度为 20 的直线段。

步骤 05 单击“绘图”工具栏中的“直线”按钮，捕捉半圆弧的右端点为起点，沿竖直方向向上，绘制长度为 10 的直线段，如图 3-35 所示。

步骤 06 单击“修改”工具栏中的“修剪”按钮进行修剪操作，修剪执行后，结果如图 3-37 所示。其命令行如下：

```
命令： trim
当前设置:投影=UCS，边=无
选择剪切边...
选择对象或 <全部选择>:       //选择 120° 斜线段为修剪参考对象（见图 3-36）
选择对象:   //按 Enter 键，完成对象选择
选择要修剪的对象，或按住 Shift 键选择要延伸的对象，或
[栏选(F)/窗交(C)/投影(P)/边(E)/删除(R)/放弃(U)]：  //选择水平直线段为要修剪的对象
选择要修剪的对象，或按住 Shift 键选择要延伸的对象，或
[栏选(F)/窗交(C)/投影(P)/边(E)/删除(R)/放弃(U)]：//按 Enter 键，完成对象修剪
```

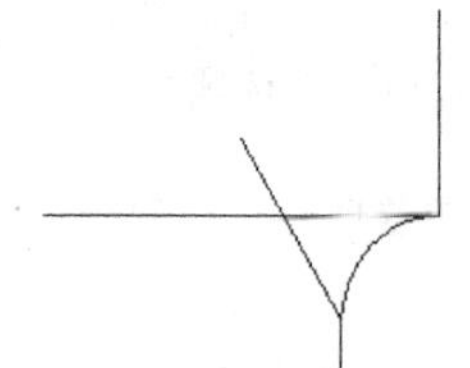
图 3-35 绘制圆弧及直线段

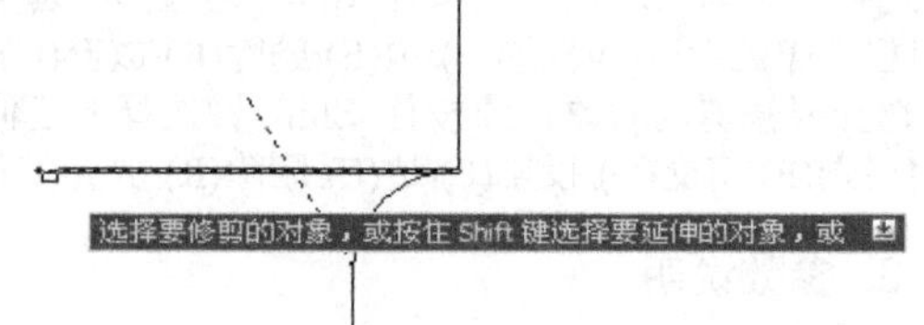

图 3-36 选择修剪参考对象及修剪对象

步骤 07 单击“修改”工具栏中的“镜像”按钮，以长度为 10 的竖直直线段为镜像线，选择其余图形为镜像对象，进行镜像，生成如图 3-38 所示的图形，完成带接地插孔的三相插座符号的绘制。

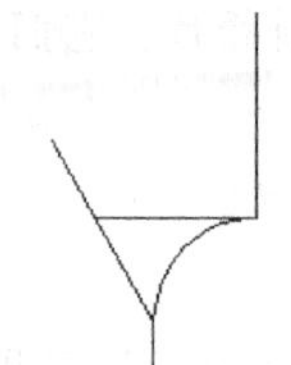
图 3-37 完成修剪操作

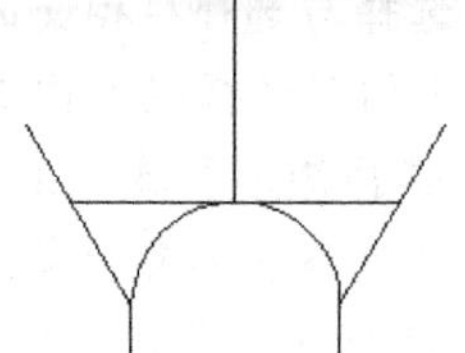
图 3-38 完成镜像操作

3.1.11 延伸命令（EXTEND）

延伸命令可以将选定的对象延伸至指定的边界上，用户可以将所选的直线、射线、圆弧、椭圆弧、非封闭的二维或三维多段线延伸到指定的直线、射线、圆弧、椭圆弧、圆、椭圆、二维或三维多段线、构造线和区域等上面。

1. 执行方式

- 选择“修改”|“延伸”命令;
- 单击“修改”工具栏中的“延伸”按钮;
- 在命令行中输入命令 EXTEND。

2. 命令提示

```
命令： extend
当前设置:投影=UCS，边=无
选择剪切边...
选择对象或 <全部选择>:      //在绘图区选择延伸的参考对象
选择对象:   //按 Enter 键，完成对象选择
选择要延伸的对象，或按住 Shift 键选择要修剪的对象，或
[栏选(F)/窗交(C)/投影(P)/边(E)/删除(R)/放弃(U)]:   //选择要延伸的对象，或其他选项
选择要延伸的对象，或按住 Shift 键选择要修剪的对象，或
[栏选(F)/窗交(C)/投影(P)/边(E)/删除(R)/放弃(U)]: //按 Enter 键，完成对象延伸
```

延伸命令和修剪命令的功能虽不一样，但其操作模式基本相同。

3. 应用举例

例 3-12 使用延伸方法绘制三相笼型异步电动机符号。

步骤 01　单击“绘图”工具栏中的“圆”按钮，绘制半径为 5 的圆。

步骤 02　单击“绘图”工具栏中的“直线”按钮，捕捉圆的上象限点为起点，沿竖直方向向下，绘制长度为 3 的直线段，如图 3-39 所示。

步骤 03　单击“修改”工具栏中的“偏移”按钮，设置偏移距离为 4，分别向两边以复制模式偏移，如图 3-40 所示。

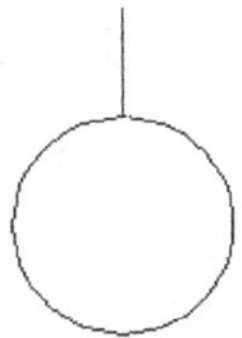

图 3-39　绘制圆和直线段

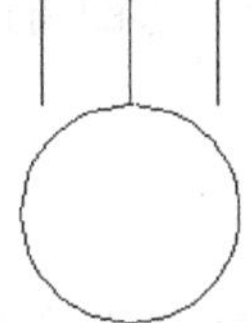

图 3-40　偏移直线段

步骤 04　单击“修改”工具栏中的“延伸”按钮，进行延伸操作，延伸执行后，绘图结果如图 3-42 所示。其命令行如下：

```
命令： extend
当前设置:投影=UCS，边=无
选择剪切边...
选择对象或 <全部选择>:　　//选择圆为延伸的参考对象
选择对象:　//按 Enter 键，完成对象选择
选择要延伸的对象，或按住 Shift 键选择要修剪的对象，或
[栏选(F)/窗交(C)/投影(P)/边(E)/删除(R)/放弃(U)]： //选择偏移操作得到的左边直线段为要延伸的对象进行延伸，如图 3-41 所示
选择要延伸的对象，或按住 Shift 键选择要修剪的对象，或
[栏选(F)/窗交(C)/投影(P)/边(E)/删除(R)/放弃(U)]： //选择偏移操作得到的右边直线段为要延伸的对象进行延伸
选择要延伸的对象，或按住 Shift 键选择要修剪的对象，或
[栏选(F)/窗交(C)/投影(P)/边(E)/删除(R)/放弃(U)]: //按 Enter 键，完成对象的延伸
```

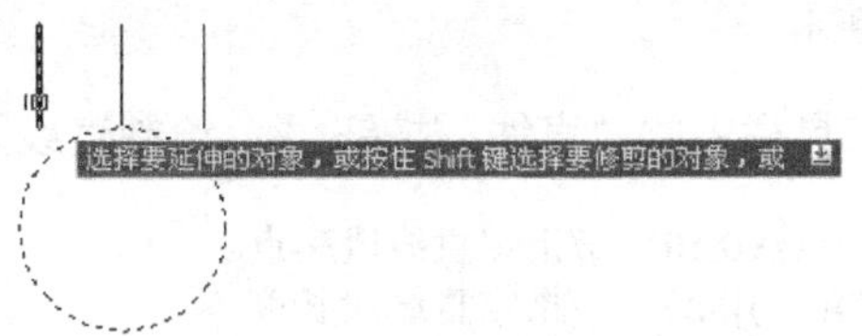

图 3-41　选择延伸参考对象和要延伸的对象

步骤 05　单击“绘图”工具栏中的“多行文字”按钮 A，撰写文字符号，设置字体为“仿宋”，字高为 2，完成三相笼型异步电动机符号的绘制，如图 3-43 所示（文字撰写部分可参考后面章节的单行文字或者多行文字的创建）。

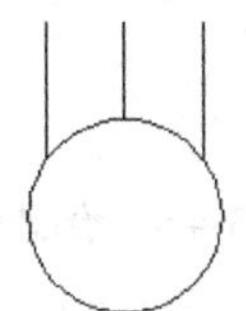

图 3-42　完成延伸操作

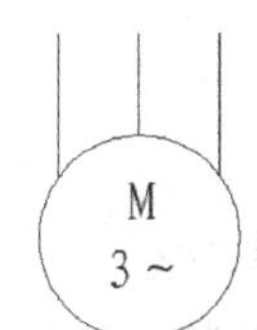

图 3-43　撰写文字符号

3.1.12 打断命令（BREAK）

打断命令用于打断所选的对象，即将所选的对象分成两部分，或删除对象上的某一部分，该命令可用于直线、射线、圆弧、椭圆弧、二维或三维多段线和构造线等。

打断命令用于删除对象上位于第一点和第二点之间的部分。第一点是选取该对象时的拾取点或用户重新指定的点，第二点即为选定的点。如果选定的第二点不在对象上，系统将选择对象上离该点最近的一个点。

1. 执行方式

- 选择“修改”|“打断”命令；
- 单击“修改”工具栏中的 “打断”按钮；
- 在命令行中输入命令 BREAK。

2. 命令提示

```
命令：break
选择对象:     //在绘图区选择需要打断的对象
指定第二个打断点 或 [第一点(F)]:    //指定打断第二点，完成打断操作，或其他选项
```

3. 应用举例

例 3-13 使用打断方法绘制电话机一般符号。

步骤01 单击“绘图”工具栏中的“圆”按钮，绘制半径为 5 的圆。

步骤02 单击“绘图”工具栏中“矩形”按钮，在圆中绘制一矩形，绘制命令如下：

```
命令:rectang
指定第一个角点或 [倒角(C)/标高(E)/圆角(F)/厚度(T)/宽度(W)]: 97,98 //指定矩形第一个角点
指定另一个角点或 [面积(A)/尺寸(D)/旋转(R)]: 103,102    //指定矩形另一个角点，完成矩形绘制，如图 3-44 所示
```

步骤03 单击“绘图”工具栏中的“直线”按钮，绘制直线段：

```
命令:line 指定第一点: 90,101    //指定直线段起点
指定下一点或 [放弃(U)]: 20    //指定直线段长度
指定下一点或 [放弃(U)]: //完成直线段的绘制，如图 3-45 所示
```

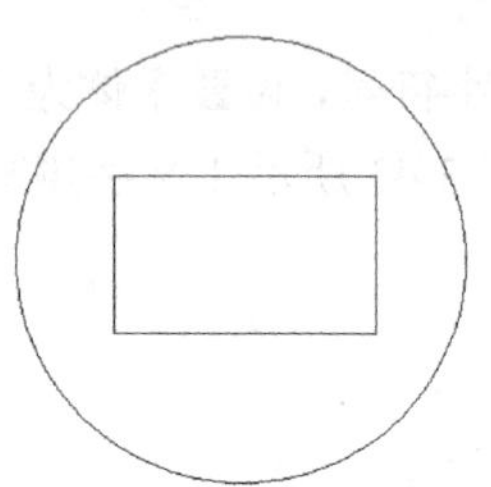

图 3-44 绘制圆和矩形

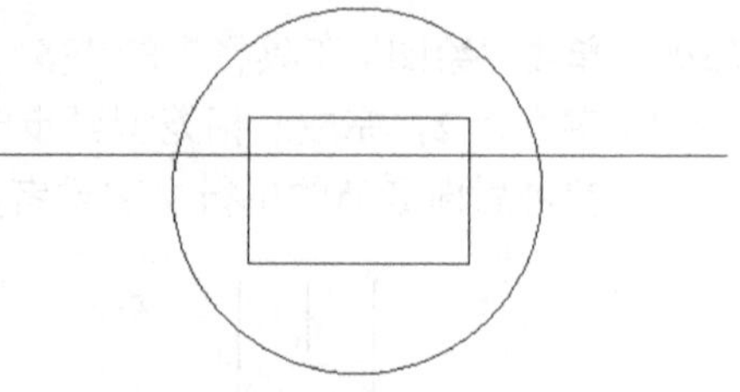

图 3-45 绘制水平直线段

步骤04 单击“修改”工具栏中的“打断”按钮，进行打断操作：

```
命令：break
选择对象:      //在绘图区选择水平直线段为打断对象，如图 3-46 所示
指定第二个打断点 或 [第一点(F)]:    f   // 选择重新选择第一个打断点的模式
指定第一个打断点:  //捕捉直线段与圆的左边交点为第一个打断点，如图 3-47 所示
指定第二个打断点://捕捉直线段的左端点为第二个打断点，完成打断操作，如图 3-48 所示
```

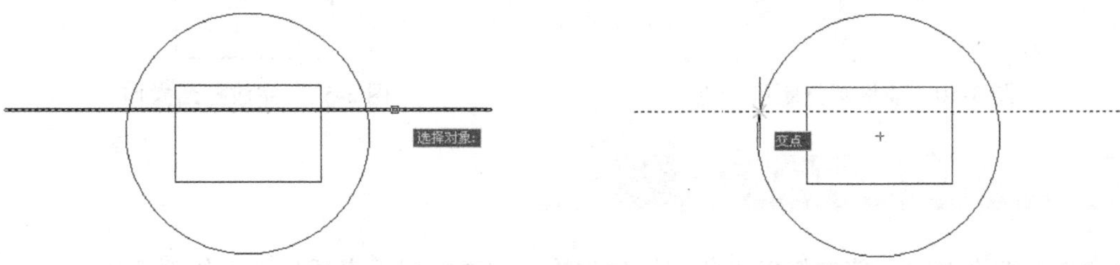

图 3-46　选择打断对象　　　　图 3-47　捕捉第一个打断点

步骤 05　单击"修改"工具栏中的"打断"按钮，进行打断操作：

```
命令：break
选择对象:      //在绘图区选择水平直线段为打断对象
指定第二个打断点 或 [第一点(F)]:    F   // 选择重新选择第一个打断点的模式
指定第一个打断点:  //捕捉直线段与圆的右边交点为第一个打断点
指定第二个打断点://捕捉直线段的右端点为第二个打断点，完成打断操作
```

步骤 06　单击"修改"工具栏中的"打断"按钮，进行打断操作，打断操作完成后，绘图结果如图 3-49 所示。其命令行如下：

```
命令：break
选择对象:      //在绘图区选择水平直线段为打断对象
指定第二个打断点 或 [第一点(F)]:    F   // 选择重新选择第一个打断点的模式
指定第一个打断点:    //捕捉直线段与矩形左边的交点为第一个打断点
指定第二个打断点:    //捕捉直线段与矩形右边的交点为第二个打断点，完成打断操作
```

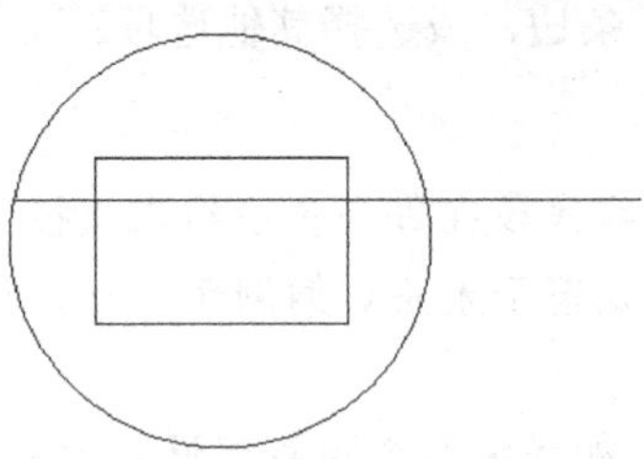

图 3-48　捕捉第二个打断点

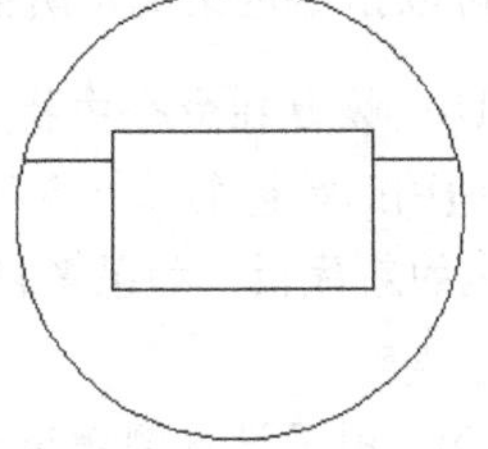

图 3-49　打断直线段

步骤 07　单击"修改"工具栏中的"打断"按钮进行打断操作，打断操作完成后，绘图结果如图 3-51 所示。其命令行如下：

```
命令：break
选择对象:     //在绘图区选择圆为打断对象
指定第二个打断点 或 [第一点(F)]:    F   // 选择重新选择第一个打断点的模式
指定第一个打断点:    //捕捉圆与左边直线段的交点为第一个打断点，如图 3-50 所示
指定第二个打断点:    //捕捉圆与右边直线段的交点为第二个打断点，完成打断操作
```

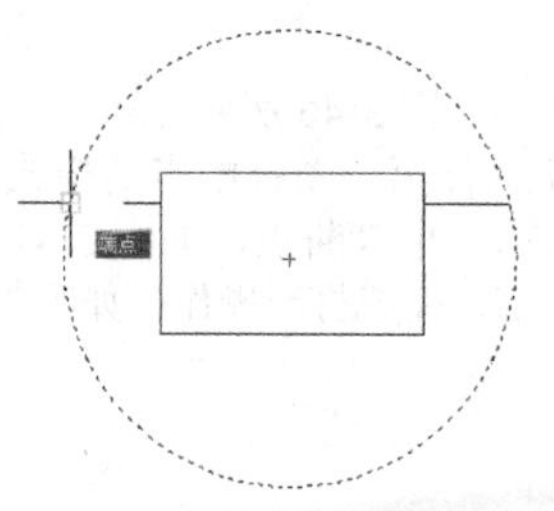

图 3-50　捕捉圆打断第一点

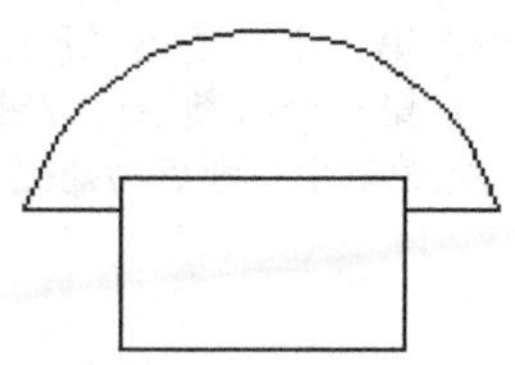

图 3-51　完成打断操作

3.1.13　倒角命令（CHAMFER）

倒角连接两个对象，使它们以平角或倒角相接，它通常用于表示角点上的倒角边。

1. 执行方式

- 选择“修改”|“倒角”命令;
- 单击“修改”工具栏中的 “倒角”按钮;
- 在命令行中输入命令 CHAMFER。

2. 命令提示

```
命令： chamfer
(“修剪”模式) 当前倒角距离 1 = 0.0000，距离 2 = 0.0000
选择第一条直线或 [放弃(U)/多段线(P)/距离(D)/角度(A)/修剪(T)/方式(E)/多个(M)]:
//选择第一条直线或其他选项
选择第二条直线，或按住 Shift 键选择要应用角点的直线: //选择第二条直线或其他选项
```

3. 参数说明

对于命令提示“选择第一条直线或 [放弃(U)/多段线(P)/距离(D)/角度(A)/修剪(T)/方式(E)/多个(M)]”，用户可以指定定义倒角所需的两条边中的第一条边，或选择其他选项：

- 放弃(U): 恢复在命令中执行的上一个操作;
- 多段线(P): 对整个二维多段线倒角；相交多段线线段在每个多段线顶点被倒角，倒角成为多段线的新线段；如果多段线包含的线段过短以至于无法容纳倒角距离，则不对这些线段倒角;
- 距离(D): 用于设置倒角至选定边端点的距离。如果将两个距离都设置为零，chamfer 命令将延伸或修剪两条直线，使它们终止于同一点，该命令有时可以替代“修剪”和“延伸”命令;
- 角度(A): 用第一条线的倒角距离和第二条线的角度设置倒角距离;
- 修剪(T): 用于设置是否采用修剪模式执行“倒角”命令，即倒角后是否还保留原来的边线;
- 方式(E): 控制创建倒角的方式，选择使用两个距离创建倒角的方式，还是使用一个距离和一个角度创建倒角的方式;
- 多个(M): 用于设置连续操作倒角，不必重新启动命令。

4. 应用举例

例 3-14 对矩形的一个角进行倒角处理。

步骤 01 单击“绘图”工具栏中的“直线”按钮，绘制长度为 10，宽度为 5 的矩形，如图 3-52 所示。

步骤 02 单击“修改”工具栏中的“倒角”按钮进行倒角操作，倒角操作完成后，绘图结果如图 3-53~图 3-55 所示。其命令行如下：

```
命令： chamfer
(“修剪”模式) 当前倒角距离 1 = 0.0000，距离 2 = 0.0000
选择第一条直线或 [放弃(U)/多段线(P)/距离(D)/角度(A)/修剪(T)/方式(E)/多个(M)]:  d
//选择“距离”选项
指定第一个倒角距离 <0.0000>:  5      // 设定第一个倒角距离
指定第二个倒角距离 <5.0000>: 2.5   // 设定第二个倒角距离
选择第一条直线或 [放弃(U)/多段线(P)/距离(D)/角度(A)/修剪(T)/方式(E)/多个(M)]:
//选择第一条直线，如图 3-59 所示
选择第二条直线，或按住 Shift 键选择要应用角点的直线: //选择第二条直线，完成倒角操作
```

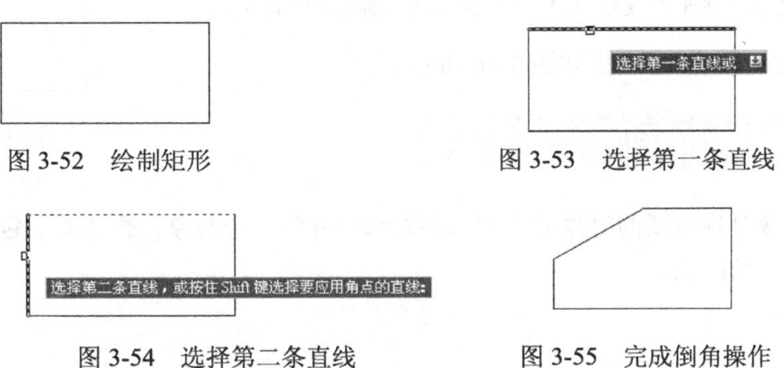

图 3-52　绘制矩形　　图 3-53　选择第一条直线

图 3-54　选择第二条直线　　图 3-55　完成倒角操作

3.1.14 圆角命令（FILLET）

圆角使用与对象相切并且具有指定半径的圆弧连接两个对象。

1. 执行方式

- 选择“修改”|“圆角”命令;
- 单击“修改”工具栏中的“圆角”按钮;
- 在命令行中输入命令 FILLET。

2. 命令提示

```
命令： fillet
当前设置: 模式 = 修剪，半径 = 0.0000
选择第一个对象或[放弃(U)/多段线(P)/半径(R)/修剪(T)/多个(M)]: //选择第一个对象或其他
选择第二个对象，或按住 Shift 键选择要应用角点的对象： //选择第二个对象或其他选项
```

3. 参数说明

对于命令提示“选择第一个对象或 [放弃(U)/多段线(P)/半径(R)/修剪(T)/方式(E)/多个(M)]”，用户可以指定定义圆角所需的两条边中的第一条边，或选择其他选项；除“半径(R)”选项外，其他选项含义均与倒角相同，而“半径”选项主要用于控制圆角的半径。

4. 应用举例

例 3-15 对矩形的一个角进行圆角处理。

步骤 01 已知矩形，如图 3-58 所示。

步骤 02 单击“修改”工具栏中的“圆角”按钮，进行圆角操作。

```
命令：fillet
当前设置：模式 = 修剪，半径 = 0.0000
选择第一个对象或 [放弃(U)/多段线(P)/半径(R)/修剪(T)/多个(M)]：R  //选择“半径”选项
指定圆角半径 <0.0000>：3//设定圆角半径的大小
选择第一个对象或 [放弃(U)/多段线(P)/半径(R)/修剪(T)/多个(M)]：
//选择上水平直线段为第一个对象
选择第二个对象，或按住 Shift 键选择要应用角点的对象：
//选择上水平直线段为第二个对象，完成圆角操作
```

圆角操作完成后，绘图结果如图 3-56 所示。

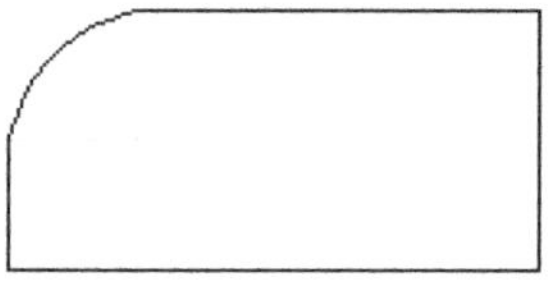

图 3-56 圆角操作

3.1.15 合并对象（JOIN）

“合并”命令是使打断的对象或者相似的对象合并为一个对象，合并对象包括圆弧、椭圆弧、直线、多段线和样条曲线。

1. 执行方式

- 选择“修改”|“合并”命令；
- 单击“修改”工具栏中的“合并”按钮；
- 在命令行输入 JOIN。

2. 命令提示

```
命令: join
选择源对象: //选择第一个合并对象
选择要合并到源的直线:  找到 1 个  //选择第二个合并对象
选择要合并到源的直线: //按 Enter 键，完成选择，合并完成
已将 1 条直线合并到源  //系统提示信息
```

“合并”命令在命令行的提示信息因选择合并的源对象不同而有所不同，并且要求也不一样，这点用户在使用的时候要注意。

3. 应用举例

例 3-16 对图 3-57 所示的电话机一般符号进行合并操作。

步骤 01 已知电话机一般符号，如图 3-57 所示。

步骤02 单击“修改”工具栏中的“合并”按钮，进行合并操作：

```
命令: join
选择源对象:  //选择左边直线段为源对象，如图 3-57（a）所示
选择要合并到源的直线:  找到 1 个   //选择右边直线段为源对象，如图 3-57（b）所示
选择要合并到源的直线:  //按 Enter 键，完成选择，合并完成
已将 1 条直线合并到源
```

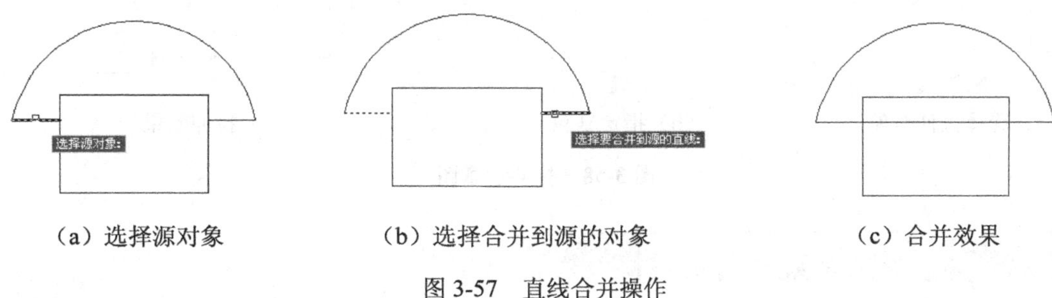

（a）选择源对象　（b）选择合并到源的对象　（c）合并效果

图 3-57　直线合并操作

3.1.16　拉伸对象（STRETCH）

“拉伸”命令可以拉伸对象中选定的部分，没有选定的部分保持不变。在使用“拉伸”命令时，图形选择窗口外的部分不会有任何改变；图形选择窗口内的部分会随图形选择窗口的移动而移动，但也不会有形状的改变，只有与图形选择窗口相交的部分会被拉伸。

1. 执行方式

- 选择“修改”|“拉伸”命令；
- 单击“修改”工具栏中的“拉伸”按钮；
- 在命令行中输入 STRETCH 命令。

2. 命令提示

```
命令: _STRETCH
以交叉窗口或交叉多边形选择要拉伸的对象...
选择对象: 指定对角点:  //选择需要拉伸的对象，要使用交叉窗口选择
选择对象:  //按 Enter 键，完成对象选择
指定基点或 [位移(D)] <位移>  //输入绝对坐标或者在绘图区拾取点作为基点
指定第二个点或 <使用第一个点作为位移>:  //输入相对或绝对坐标或者拾取点以确定第二点
```

3. 应用举例

例 3-17　对图 3-33 所示的图形进行拉伸操作。

步骤01 已知两电阻，如图 3-33 所示。

步骤02 单击“修改”工具栏中的“拉伸”按钮，进行拉伸操作：

```
命令:stretch
以交叉窗口或交叉多边形选择要拉伸的对象...
选择对象: 指定对角点: 找到 3 个 //以交叉窗口方式选择要拉伸的对象，如图 3-58（a）所示
选择对象:  //按 Enter 键，完成对象选择
```

```
指定基点或 [位移(D)] <位移>:    //捕捉两直线段的交点为基点，如图 3-58（b）所示
指定第二个点或 <使用第一个点作为位移>: <正交 开> 20
//单击状态栏中的“正交”按钮正交，打开正交模式，沿水平方向向右，设置位移为 20 的位置，
绘制结果如图 3-58（c）所示
```

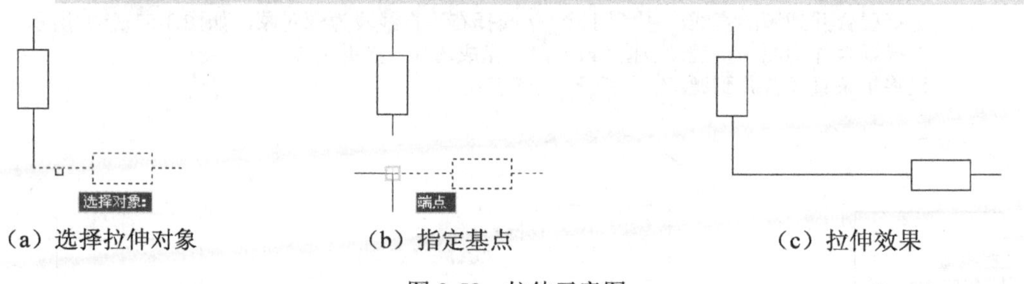

（a）选择拉伸对象　　（b）指定基点　　（c）拉伸效果

图 3-58　拉伸示意图

3.1.17　分解命令（EXPLODE）

“分解”命令主要用于将一个对象分解为多个单一的对象，多应用于对整体图形、图块、文字、尺寸标注等对象进行分解。

1. 执行方式

- 选择“修改”|“分解”命令；
- 单击“修改”工具栏中的“分解”按钮；
- 在命令行中输入命令 EXPLODE。

2. 命令提示

```
命令： explode
选择对象：//选择需要分解的图形
```

在绘图区选择需要分解的对象后按 Enter 键，即可将选择的图形对象分解。

3.2　建筑电气设备布置图的绘制

设备布置图的基础是建筑物图。电气设备的元件应采用图形符号或简化外形来表示。图形符号应表示元件的大概位置。

图 3-59 所示是某控制室内设备布置图，它绘制出了建筑物内一个安装层的控制屏和辅助机框。

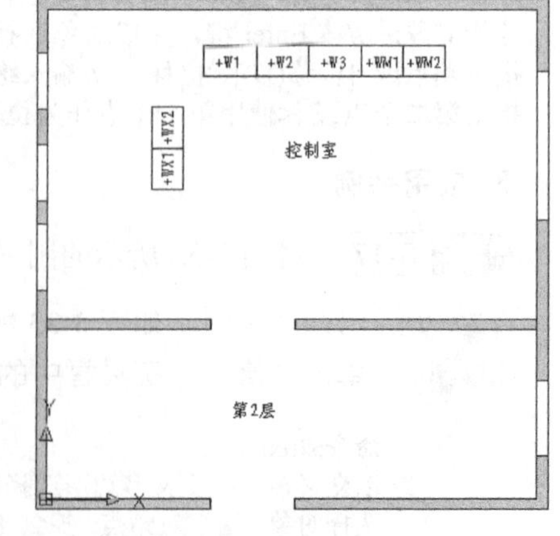

图 3-59　某控制室内设备布置图

图 3-59 所示的控制屏有 W1、W2、W3、WM1 和 WM2，辅助机柜有 WX1、WX2。下面使用基本绘图以及本章所介绍的编辑修改方法来绘制该控制室内设备布置图。

步骤 01　单击“绘图”工具栏中的“矩形”按钮，

以原点为矩形的第一个角点，绘制一个长度为 950，宽度为 940 的矩形，如图 3-60（a）所示。

步骤 02　单击“修改”工具栏中的“偏移”按钮，设置偏移量为 20，选择将矩形由内向外偏移生成一个新的矩形，如图 3-60（b）所示。

步骤 03　单击“绘图”工具栏中的“矩形”按钮，在房间的控制室的上部，分别以点（680,810）、点（760,870）为矩形的两个角点，绘制一个长度为 80，宽度为 60 的矩形，如图 3-61 所示。

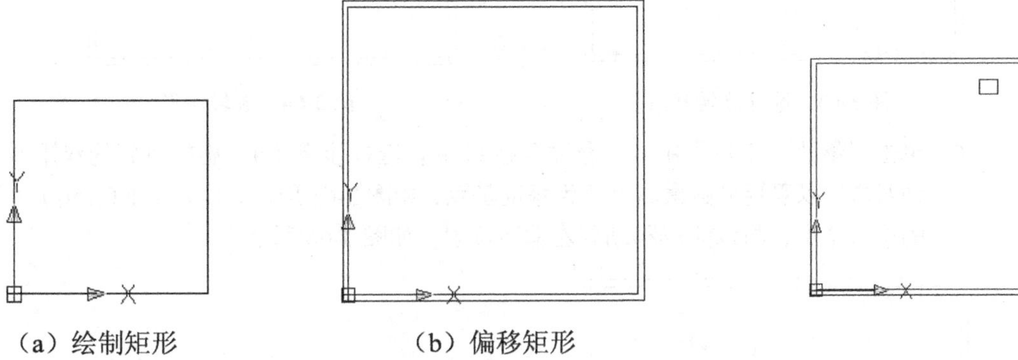

（a）绘制矩形　　（b）偏移矩形

图 3-60　绘制并偏移矩形　　图 3-61　绘制矩形

步骤 04　单击“修改”工具栏中的“复制”按钮，进行矩形复制。选择步骤（3）所绘制的矩形为复制对象，捕捉矩形的右下角点为复制基点，如图 3-62（a）所示。以矩形的左下角点为第二个点，完成复制，如图 3-62（b）所示。

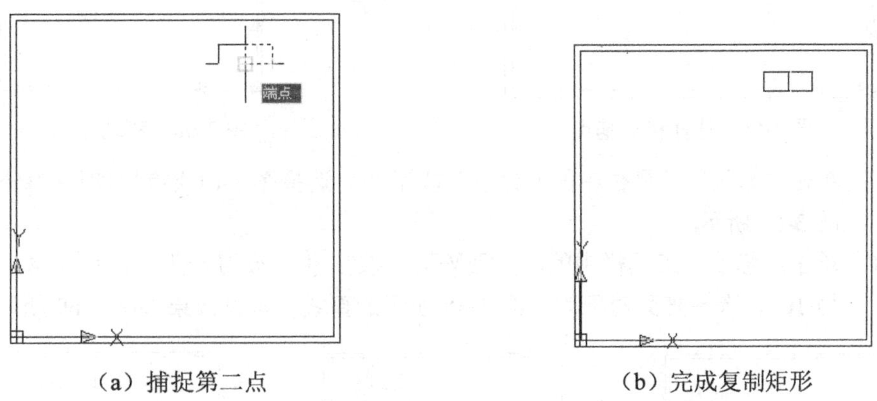

（a）捕捉第二点　　（b）完成复制矩形

图 3-62　复制矩形

步骤 05　单击“修改”工具栏中的“旋转”按钮，以步骤（4）复制得到的矩形的左上点为旋转基点，如图 3-63 所示；使用“复制”模式，选择两个在一起的矩形为旋转对象，设置旋转角度为 90°，进行旋转操作，如图 3-64 所示。

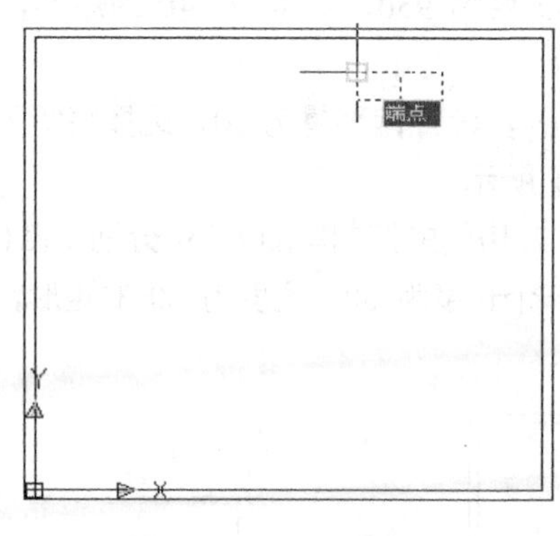

图 3-63　选择旋转基点

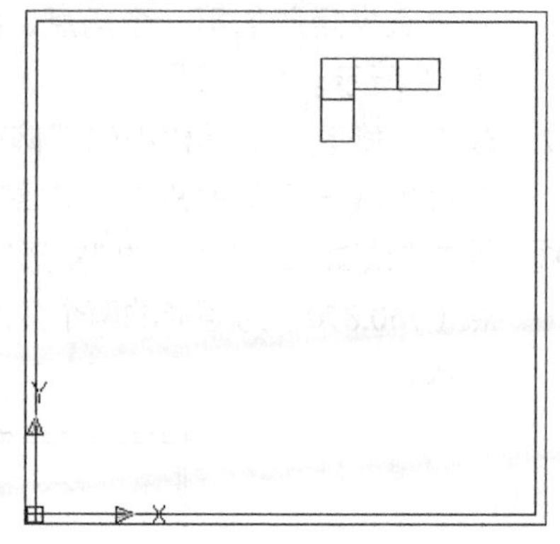

图 3-64　旋转矩形

步骤 06　单击“修改”工具栏中的“移动”按钮，选择步骤（4）旋转得到的双矩形为移动对象，以双矩形的最右上点为移动基点，如图 3-65 所示，以点（260,750）为移动的第二个点，将双矩形移动到左偏下位置，如图 3-66 所示。

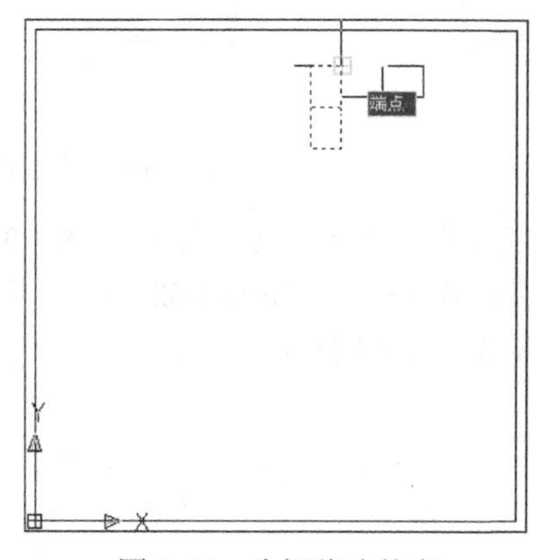

图 3-65　选择移动基点

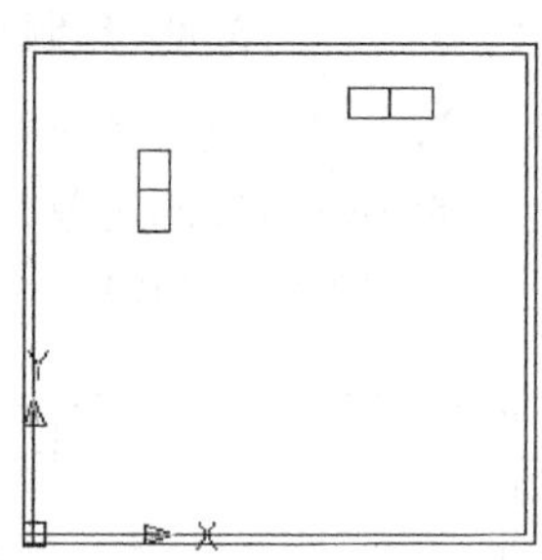

图 3-66　移动矩形

步骤 07　单击“修改”工具栏中的“分解”按钮，选择图 3-61 绘制的矩形为分解对象，如图 3-67 所示。

步骤 08　单击“修改”工具栏中的“矩形阵列”按钮，设置行为 1，列为 4，列偏移距离为 100，选择阵列对象为如图 3-68 所示的直线，阵列效果如图 3-69 所示。

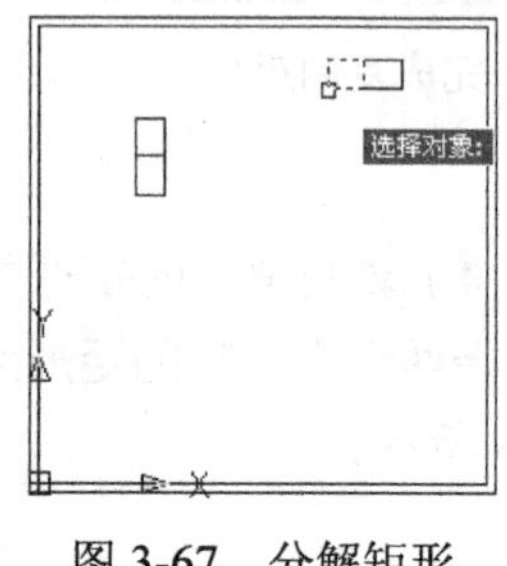

图 3-67　分解矩形

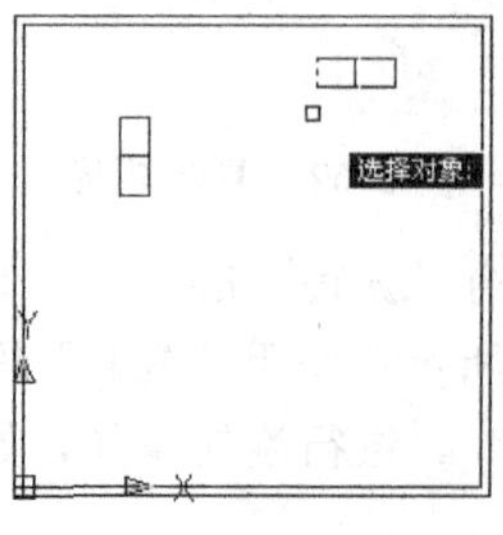

图 3-68　选择阵列对象

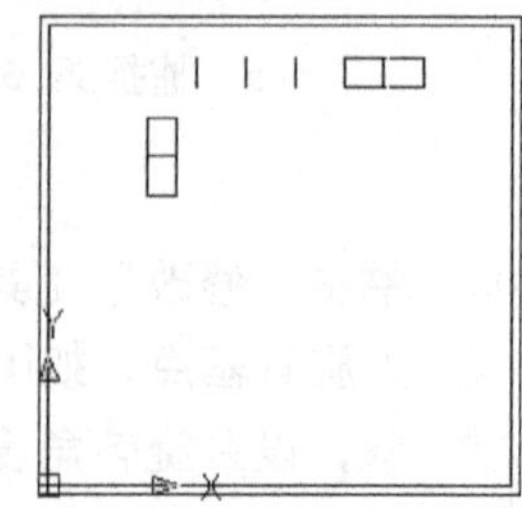

图 3-69　阵列直线段

步骤 09　单击“修改”工具栏中的“延伸”按钮，选择步骤（8）中阵列所得到的最左边的直线段为延伸边界，如图 3-70 所示；选择被分解的矩形的水平直线段为需要延伸的对象，如图 3-71 所示；完成延伸，如图 3-72 所示。

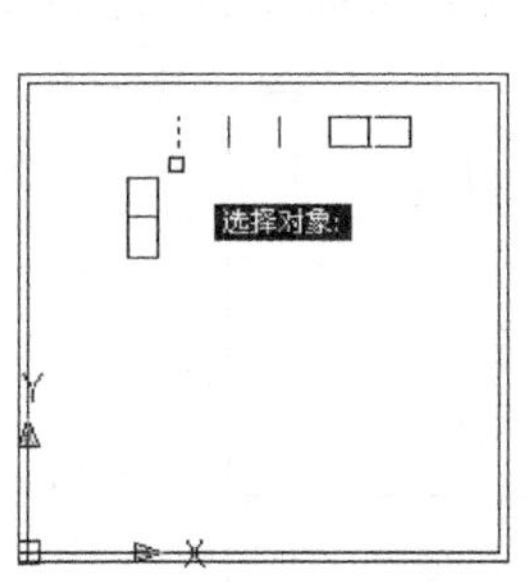

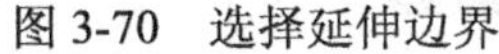

图 3-70　选择延伸边界

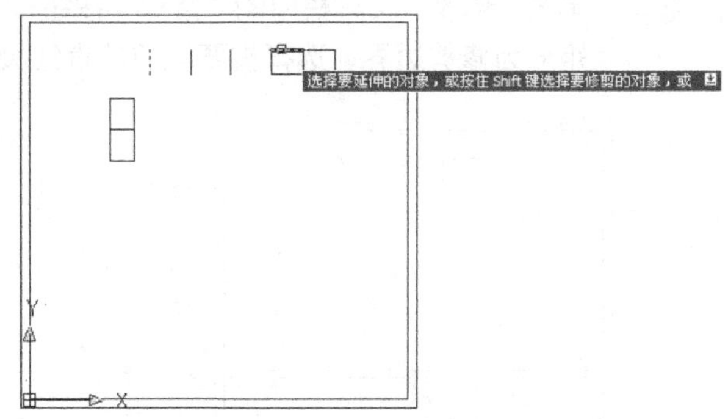

图 3-71　选择延伸对象

步骤 10　单击“绘图”工具栏中的“直线”按钮，以点（0,370）为起点，以点（940,370）为终点，绘制如图 3-73 所示的水平直线段。

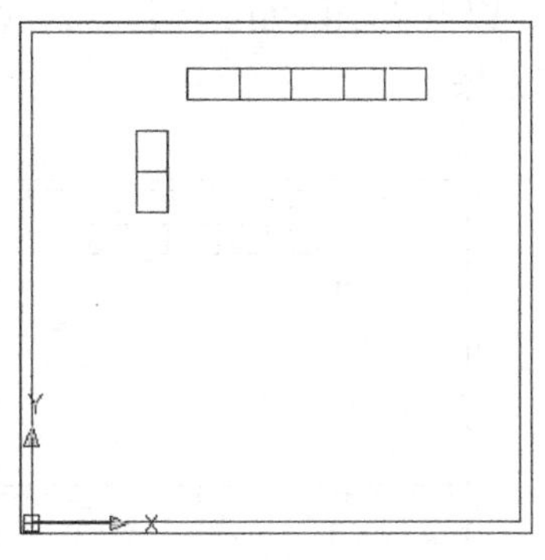

图 3-72　完成延伸

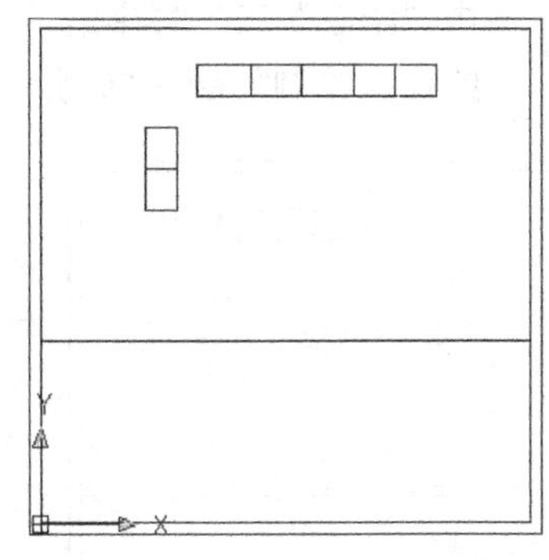

图 3-73　绘制水平直线段

步骤 11　单击“修改”工具栏中的“偏移”按钮，选择步骤（10）所绘制的直线段，向下偏移 20，如图 3-74 所示。

步骤 12　单击“绘图”工具栏中的“直线”按钮，以点（285,-20）为起点，以点（285,370）为终点，绘制如图 3-75 所示的一条竖直直线段。

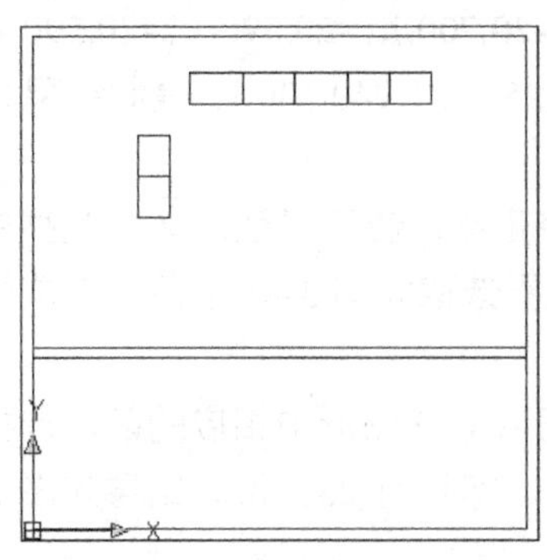

图 3-74　偏移水平直线段

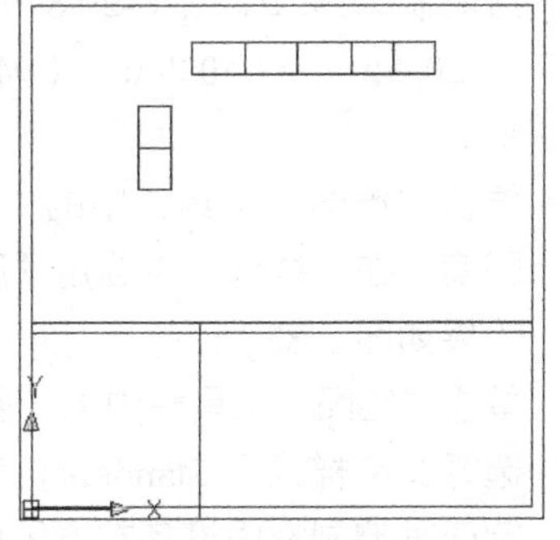

图 3-75　绘制竖直直线段

步骤 13　单击“修改”工具栏中的“偏移”按钮，选择步骤（12）所绘制的竖直直线段，向右偏移 120，如图 3-76 所示。

步骤14 单击“修改”工具栏中的“修剪”按钮，选择如图 3-77 所示的三条直线段和一个矩形为修剪边界，选择需要裁剪的直线段为修剪对象，修剪结果如图 3-78 所示。

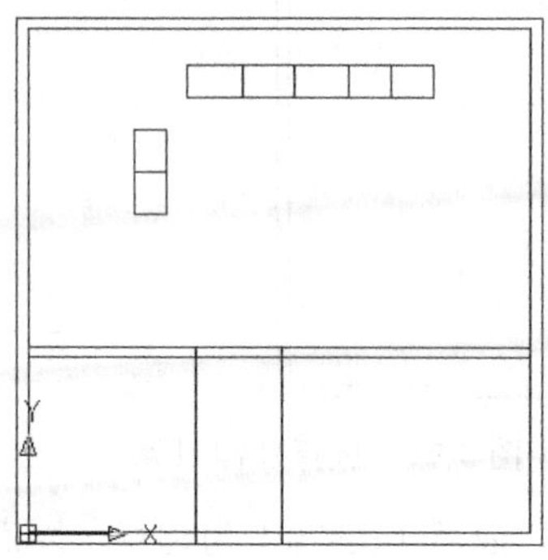
图 3-76　偏移水平直线段

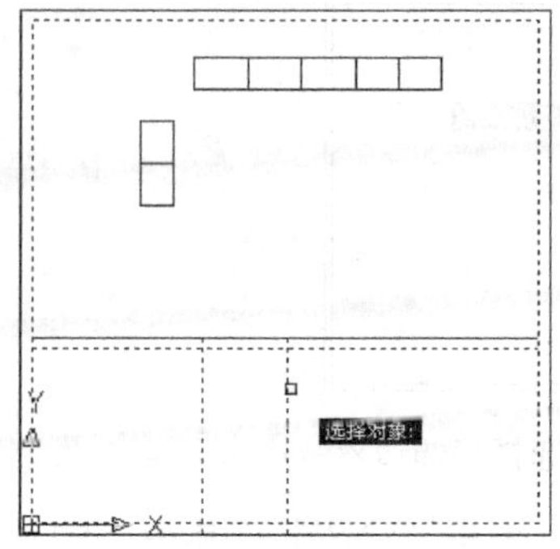

图 3-77　选择修剪边界

步骤15 单击“绘图”工具栏中的“直线”按钮，以点（-20,870）为起点，，以点（0,870）为终点，绘制如图 3-79 所示的一条水平直线段。

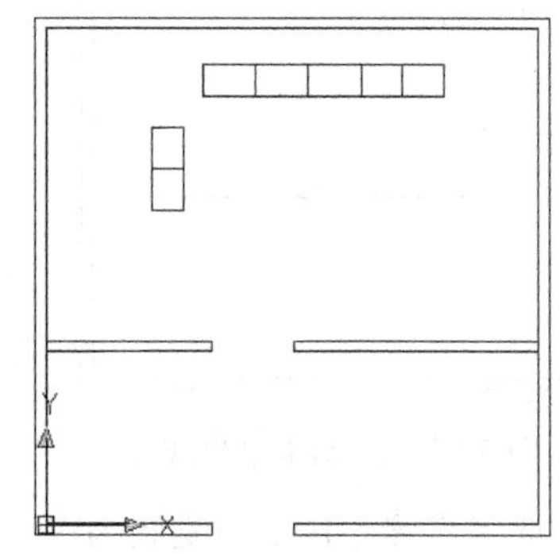
图 3-78　完成修剪图

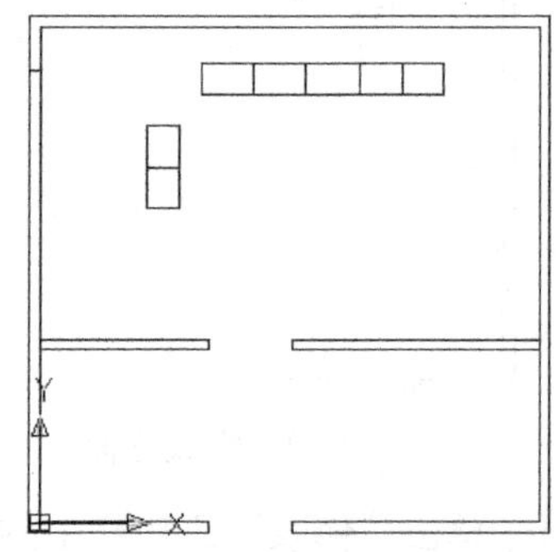
图 3-79　绘制水平直线段

步骤16 单击“修改”工具栏中的“复制”按钮，选择步骤（15）所绘制的直线段为复制对象，以点（-20,870）为复制基点，使用“多个”连续复制模式，连续以以下各点为复制的第二个点:（-20,870）、（-20,770）、（-20,700）、（-20,590）、（-20,590）、（-20,570）、（-20,440）、（940,860）、（940,500）、（940,250）、（940,100）。复制结果如图 3-80 所示。

步骤17 单击“绘图”工具栏中的“图案填充”按钮，使用“预定义”类型中的 SOLID 图案，在“样例”中选用“颜色 255”，边界选取如图 3-81 所示，完成图案填充后，效果如图 3-82 所示。

步骤18 单击“绘图”工具栏中的“多行文字”按钮 A，在图形中相应的区域选择撰写区域，选择文字样式为 Standard，字体为“仿宋”，字号为 25，撰写结果如图 3-83 所示，完成某控制室内设备布置图的绘制。

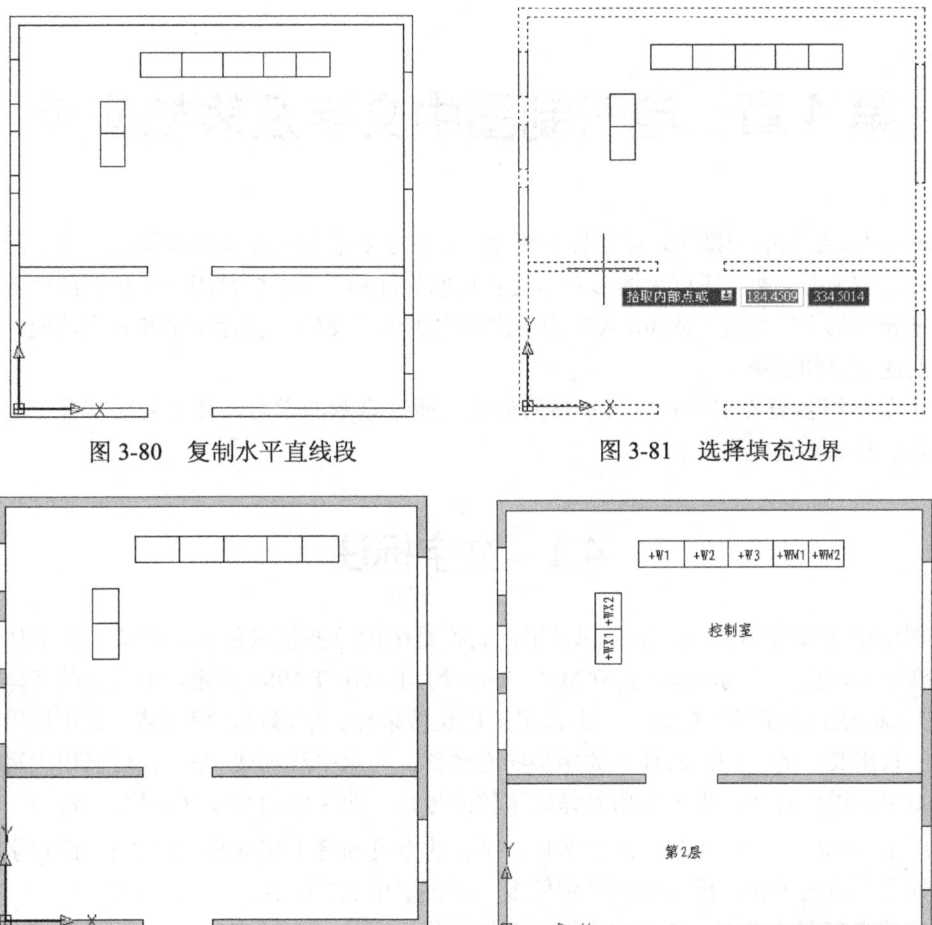

图 3-80　复制水平直线段

图 3-81　选择填充边界

图 3-82　完成图案填充

图 3-83　完成文字撰写

第 4 章　电气制图中文字及表格应用

在 AutoCAD 绘制的图纸中，除了图形对象外，文字和表格也是非常重要的。文字除了对实际工程进行必要的说明之外，还可为图形对象提供说明和注释。而表格常用于工程制图中各类需要以表的形式来表达的文字内容。AutoCAD 为用户提供了单行文字、多行文字和表格功能，以方便用户快速地创建文字和表格。

本章主要介绍各类文字样式以及表格的创建，通过本章的学习，读者需要掌握一定要求下的文字创建方法和表格创建方法。

4.1　文字标注

电气图中的字体包括汉字、字母和数字，它们是图的重要组成部分。图样中的字体必须符合标准，做到字体端正、笔划清楚、排列整齐、间距均匀。GB/T 6988 规定，电气图的字体应完全符合 GB4457《机械制图字体》的规定。即汉字采用长仿宋体。字母可以用直体，也可以用斜体，同一张图内应只用其中的一种；斜体字的字头向右倾斜，与水平线约成 75°；可以用大写，也可以用小写。数字可以用直体，也可以用斜体。字体的号数，即字体的高度（单位为 mm），按 $\sqrt{2}$ 公比分为 20、14、10、7、5、3.5、2.5 共 7 种。字体的宽度约等于字体高度的 2/3，而数字和字母的笔划宽度约为字体的 1/10。因汉字的笔划较多，不宜采用 2.5 号字。

为适应缩微复制的需求，各种基本幅面图纸的最小字号是有规定的，A0 幅面为 5 号，A1 幅面为 3.5 号，A2 及以下幅面为 2.5 号。

在 AutoCAD 中，但凡与文字相关的图形内容均可用单行文字、多行文字或者文字编辑来解决，用户只要掌握了这三种工具，与文字相关的内容均可以解决。

4.1.1　设置文字样式

在 AutoCAD 中，用户要创建文字，最好先设置文字样式，这样可以避免在输入文字时设置文字的字体、字高和角度等参数。用户设置好文字样式后，使创建的文字内容套用当前的文字样式即可。AutoCAD 2012 版本为用户提供了如图 4-1 所示的“文字”工具栏，使用户可以方便地进行各种与文字相关的操作。

1. 新建文字样式

选择“格式”|“文字样式”命令，或单击“文字”工具栏中的“文字样式”按钮，或在命令行中输入 Style，均可弹出如图 4-2 所示的“文字样式”对话框，在该对话框中可以设置字体大小、宽度因子等参数，用户只需设置最常用的几种字体样式，应用时从这些字体样式中进行选择即可，而不需要每次都重新设置。

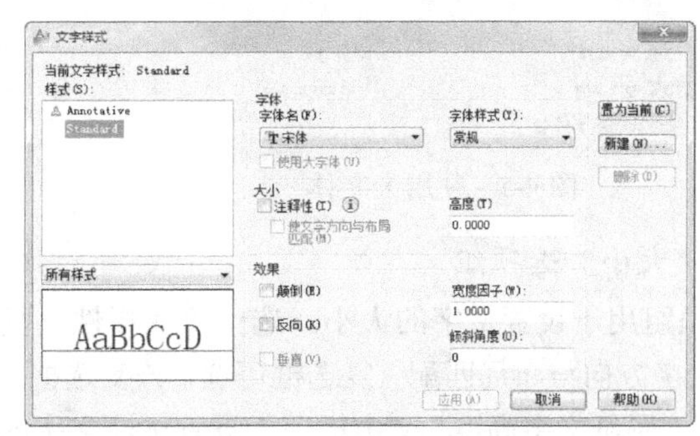

图 4-1　“文字”面板　　　　图 4-2　“文字样式”对话框

“文字样式”对话框由“样式”列表、“字体”选项组、“大小”选项组、“效果”选项组以及“预览”框组成。

（1）“样式”列表

在“样式列表过滤器”下拉列表框所有样式中，提供了“所有样式”和“当前使用的样式”两个选项。当选择不同的选项时，显示在“样式”列表中的文字样式也不相同。当选择“所有样式”时，列表包括已定义的样式名并默认显示当前样式。若要更改当前样式，则从列表中选择另一种样式或创建新样式，然后单击置为当前(C)按钮即可。默认情况下，“样式”列表中存在 Annotative 和 Standard 两种文字样式，图标表示创建的是注释性文字的文字样式。

单击“新建”按钮，弹出如图 4-3 所示的“新建文字样式”对话框，在对话框的“样式名”文本框中输入样式名称，单击“确定”按钮即可创建一种新的文字样式；创建一种新的文字样式后，“样式”文本框中会显示新创建的样式名称，如图 4-4 所示。单击“删除”按钮，可以删除所选的除 Standard 以外的非当前文字样式。

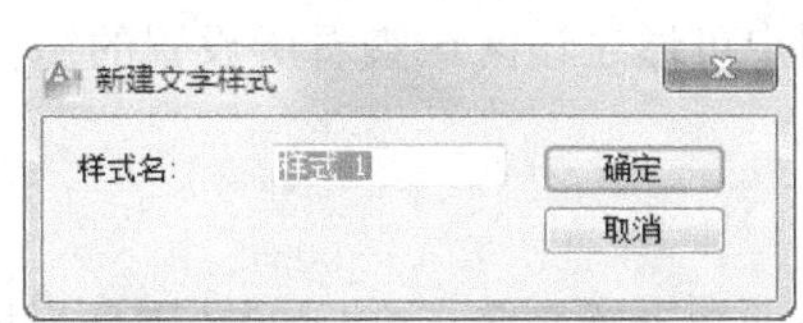

图 4-3　“新建文字样式”对话框

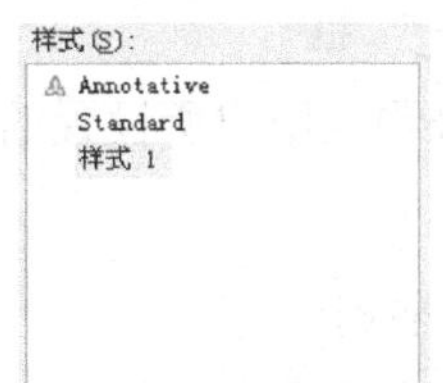

图 4-4　“样式”文本框

（2）“字体”选项组

该选项组用于设置字体文件。字体文件分为两种：一种是普通字体文件，即 Windows 系列应用软件所提供的字体文件，为 TrueType 类型的字体；另一种是 AutoCAD 特有的字体文件，被称为大字体文件。

当选中“使用大字体”复选框时，“字体”选项组才出现“SHX 字体”和“大字体”两个下拉列表框，如图 4-5 所示。只有在“SHX 字体”下拉列表框中选中字体后，才能使用“大字体”下拉列表。

当撤选“使用大字体”复选框时，“字体”选项组仅有“字体名”下拉列表可用，下拉列表中包含用户的 Windows 系统中所有的字体文件，如图 4-6 所示。

图 4-5　使用大字体

图 4-6　不使用大字体

（3）“大小”选项组

该选项组用于设置文字的大小。选中“注释性”复选框后，表示创建的文字为注释性文字，此时“使文字方向与布局匹配”复选框可选，该复选框用于指定图纸空间视口中的文字方向与布局方向匹配。“图纸文字高度”文本框用于设置标注文字的高度，默认值为 0.0000。如果输入 0.0000，则每次用该样式输入文字时，文字默认高度为 0.2，输入大于 0.0 的高度值时则为该样式设置固定的文字高度。在相同的高度设置下，TrueType 字体显示的高度要小于 SHX 字体，如图 4-7 所示。

如果取消对“注释性”复选框的选中，则显示“高度”文本框，同样可利用该文本框设置文字的高度，如图 4-8 所示。高度设置后，在绘图过程中若需要使用其他同类型高度的字体，则需在使用 DTEXT 或其他标注命令进行标注时，重新设置。

图 4-7　选中“注释性”复选框

图 4-8　撤选“注释性”复选框

（4）“效果”选项组

该选项组方便用户设置字体的具体特征。“颠倒”复选框用于设置是否将文字旋转 180°；“反向”复选框用于设置是否将文字以镜像方式标注；“垂直”复选框用于设置文字是水平标注还是垂直标注；“宽度因子”文本框用于设置文字的宽度系数；“倾斜角度”文本框用于设置文字倾斜角度。

（5）“预览”框

该区域用来预览用户所设置的字体样式，用户可通过该区域查看所设置的字体样式是否满足自己的需要。

（6）应用举例

例 4-1 创建名称为 A20 的电气文字样式，设置文字高度为 20，字体为楷体，宽度因子 0.7，并用同样的方法创建 A30、A50 和 A100 的文字样式，其中数字代表文字高度。

步骤 01 选择“格式”|“文字样式”命令，弹出“文字样式”对话框，单击“新建”按钮，弹出“新建文字样式”对话框，如图 4-9 所示。在“样式名”文本框中输入样式名称 A20，单击“确定”按钮，回到“文字样式”对话框。

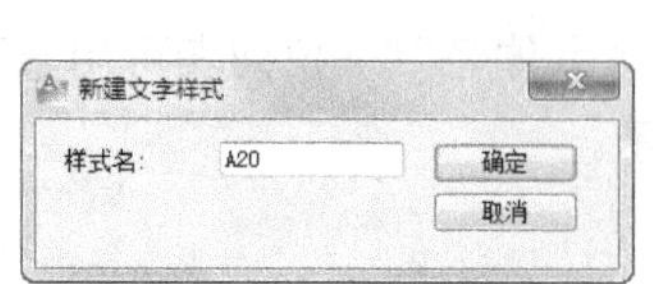

图 4-9　设置文字样式名称

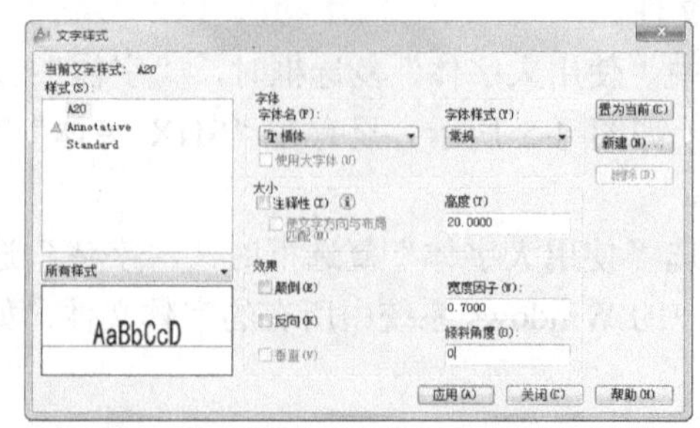

图 4-10　设置 A20 文字样式参数

步骤 02　在“字体名”下拉列表中选择“楷体”选项，设置高度值为 20.0000、宽度因子为 0.7000，具体设置如图 4-10 所示。

步骤 03　设置完毕后单击“应用”按钮，完成 A20 文字样式的创建。

步骤 04　使用同样的方法创建 A30、A50 和 A100 文字样式，创建后的效果如图 4-11 所示。

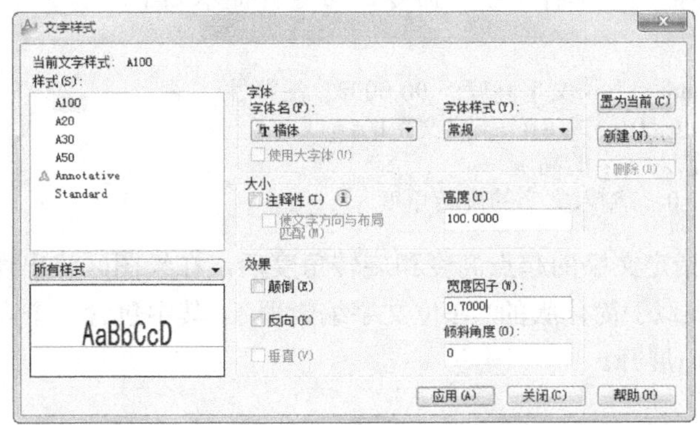

图 4-11　“文字样式”对话框

2. 应用文字样式

在定义了各种文字样式之后，用户从“文字样式”对话框的“样式”列表中选中某种文字样式，单击“置为当前”按钮，即可将所选择的文字样式设置为当前的文字样式。

创建单行文字时，在“指定文字的起点或 [对正(J)/样式(S)]:”提示下可以键入 S 设置文字样式，在“输入样式名或 [?] :”提示下可以输入单行文字使用的文字样式，否则将使用系统当前的文字样式。

创建多行文字时，可以使用“文字格式”工具栏设置文字的样式。这些内容将在具体创建单行、多行文字时讲解。

用户可以直接从“样式”工具栏的“文字样式”下拉列表 A100 中选择合适的文字样式作为当前样式，在执行“单行文字”和“多行文字”命令时，会将列表中选择的文字样式作为当前样式。对于已经创建好的文字，用户也可以在“文字样式”下拉列表中选择合适的文字样式，对所选择的文字进行文样式的修改。

3. 修改文字样式

在完成文字样式创建后，若对文字样式不满意可以打开“文字样式”对话框，在该对话框里直接修改选定文字样式的参数，单击“应用”按钮，即可完成文字样式参数的修改。

4.1.2　单行文字

在绘图过程中，经常需要输入一些较短的文字来注释对象，如一些图名等。当输入的文字只采用一种字体和文字样式时，可以使用“单行文字”命令来标注文字。在 AutoCAD 中，使用 TEXT 和 DTEXT 命令都可以在图形中添加单行文字对象。用 TEXT 命令从键盘上输入文字时，能同时在屏幕上看到所输入的文字，并且可以键入多个单行文字，且每一行文字都是一个单独的对象。

1. 创建单行文字

选择“绘图”|“文字”|“单行文字”命令，或单击“文字”工具栏上的“单行文字”按钮A|，或还可以在命令行中输入 TEXT 或 DTEXT，都可以执行“单行文字”命令。

选择“绘图”|“文字”|“单行文字”命令，命令行提示如下：

```
命令: _DTEXT
当前文字样式: "Standard" 文字高度: 90.0000 注释性: 否
指定文字的起点或 [对正(J)/样式(S)]://指定文字的起点
指定高度 <2.5000>://输入文字的高度
指定文字的旋转角度 <0>://输入文字的旋转角度
```

在命令行提示下，指定文字的起点高度和旋转角度后，在绘图区将出现如图 4-12 所示的单行文字动态输入框，形状类似于简化版的“在位文字编辑器”，其中包含一个高度为文字高度的边框，该边框将随用户的输入而展开。

图 4-12　单行文字动态输入框

命令行提示包括“指定文字的起点”、“对正(J)”和“样式(S)”三个选项。

（1）“指定文字的起点”选项

这是默认项，用来确定文字行基线的起点位置。

（2）“对正(J)”选项

用来确定标注文字的排列方式及排列方向，并设置创建单行文字时的对齐方式。“对正”选项将决定字符的哪一部分与插入点对齐。在命令行里输入 J 之后，命令行提示如下：

```
指定文字的起点或 [对正(J)/样式(S)]: J //输入 J，设置对正方式
输入选项 //系统提示信息
[对齐(A)/调整(F)/中心(C)/中间(M)/右(R)/左上(TL)/中上(TC)/右上(TR)/左中(ML)/
正中(MC)/右中(MR)/左下(BL)/中下(BC)/右下(BR)]:
//系统提供了 14 种对正的方式，用户可以从中任意选择一种
```

（3）“样式(S)”选项

该选项用于选择文字样式。在命令行中输入 S，命令行提示如下：

```
指定文字的起点或 [对正(J)/样式(S)]: S //输入 S，设置文字样式
输入样式名或 [?] <样式 1>: //输入需要使用的已定义的文字样式名称
```

在命令行中输入“?”并按 Enter 键将弹出如图 4-13 所示的文本窗口，该窗口中列出了已经定义好的文字样式。

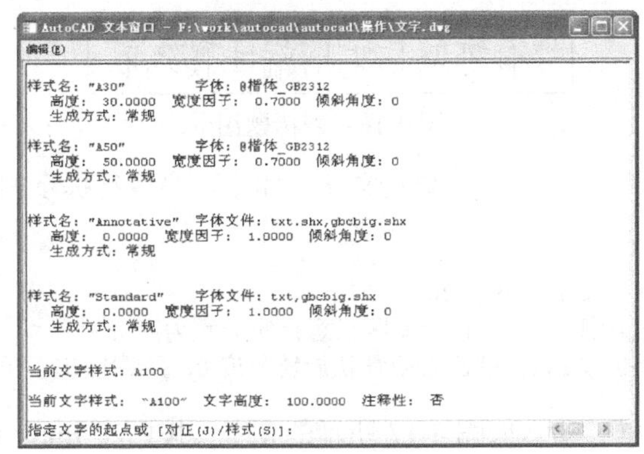

图 4-13　列出已定义的文字样式

2. 输入特殊符号

在一些特殊的文字中，用户常常需要输入下划线、百分号等特殊符号。在 AutoCAD 中，这些特殊符号有专门的代码，在标注文字时输入代码即可。常见的特殊符号代码如表 4-1 所示。

表 4-1　特殊符号的代码及含义

代码输入	字符	说明
%%%	%	百分号
%%c	Φ	直径符号
%%p	±	正负公差符号
%%d	°	度
%%o	¯	上划线
%%u	_	下划线

如果遇到比较复杂的特殊符号，用户可以打开输入法的软键盘，这里以用户常用的微软拼音输入法为例进行讲解。单击微软输入法的“功能菜单”按钮弹出功能菜单，在如图 4-14 所示的“软键盘”菜单中可以看到 12 个类别的软键盘（以其中的“数字序号”为例），选择“数字序号”|“软键盘”命令，弹出数字序号软键盘，如图 4-15 所示，用户可以利用软键盘输入相应的数字序号。

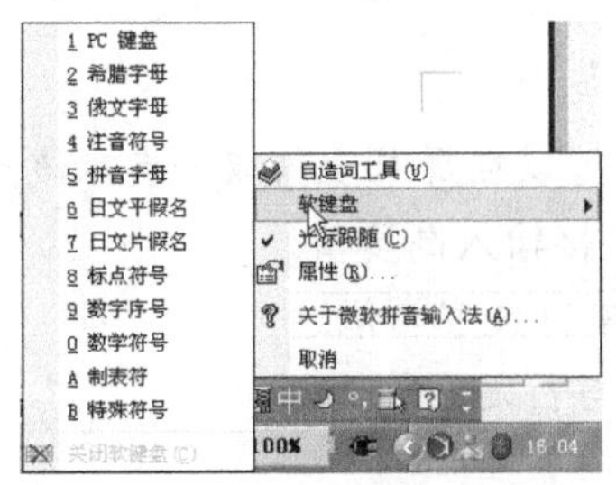

图 4-14　软键盘菜单

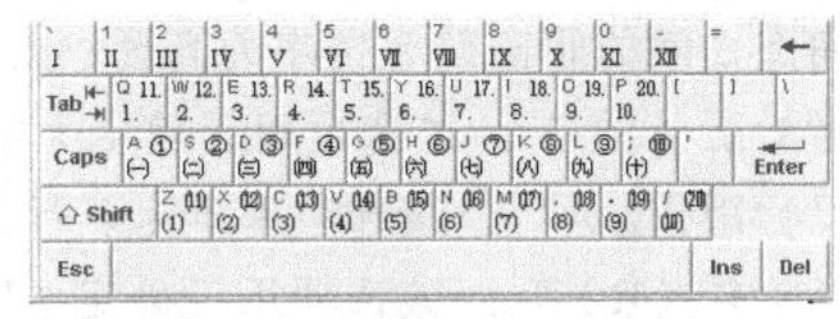

图 4-15　数字序号软键盘

3. 应用举例

例 4-2　创建如图 4-16 所示的表标题图。

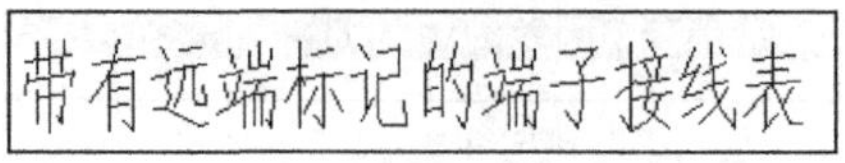

带有远端标记的端子接线表

图 4-16　表标题图

步骤 01　选择“绘图”|“文字”|“单行文字”命令，命令行提示如下：

```
命令: _DTEXT
当前文字样式:  A20  当前文字高度:  20
指定文字的起点或 [对正(J)/样式(S)]://在绘图区任意指定一点为起点
指定文字的旋转角度 <0>://按 Enter 键，采用默认旋转角度 0，绘图区出现单行文字动态输入框
```

步骤 02　在动态输入框中输入如图 4-17 所示的文字，按两次 Enter 键完成文字的输入，效果如图 4-16 所示。

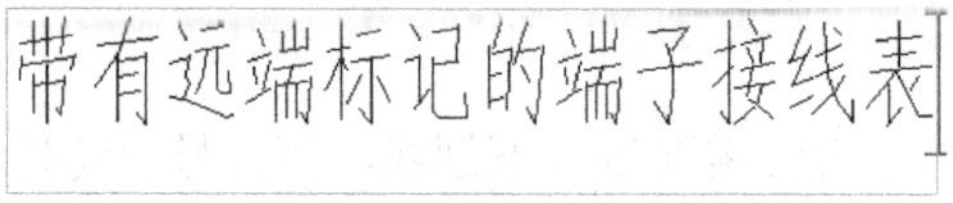

带有远端标记的端子接线表

图 4-17　输入单行文字

4.1.3　多行文字

对于文字内容较长、格式较复杂的字段的输入，可以使用多行文字输入。多行文字会根据用户设置的文字宽度自动换行。

1. 创建多行文字的命令与执行方式

执行“多行文字”命令，可以选择“绘图”|“文字”|“多行文字”命令，也可以单击“文字”工具栏上的“多行文字”按钮，还可以在命令行中输入 MTEXT。

单击“文字”工具栏上的“多行文字”按钮，命令行提示如下：

```
命令: _MTEXT 当前文字样式: "Standard"  文字高度:  90  注释性:  否
指定第一角点: //指定多行文字输入区的第一个角点
指定对角点或 [高度(H)/对正(J)/行距(L)/旋转(R)/样式(S)/宽度(W)/栏(C)]:
//系统给出 7 个选项
```

命令行提示中有 7 个选项，分别为“高度(H)”、“对正(J)”、“行距(L)”、“旋转(R)”、“样式(S)”、“宽度(W)”和“栏（C）”，各选项含义如下。

- “高度（H）”：该选项用于设置文本框的高度，用户可以在屏幕上拾取一点，该点与第一角点之间的距离改为文字的高度，或者在命令行中直接输入高度值。
- “对正（J）”：该选项用于确定文字排列方式，与单行文字类似。
- “行距（L）”：该选项用于为多行文字对象制定行与行之间的间距。
- “旋转（R）”：该选项用于确定文字的倾斜角度。
- “样式（S）”：该选项用于确定多行文字采用的字体样式。
- “宽度（W）”：该选项用于确定标注文本框的宽度。
- “栏（C）”：该选项用于指定多行文字对象的栏设置。系统提供了三种栏设置，其中“静态栏”要求指定总栏宽、栏数、栏间距宽度（栏之间的间距）和栏高；“动态栏”要求指

定栏宽、栏间距宽度和栏高，动态栏由文字驱动，调整栏将影响文字流，而文字流将导致添加或删除栏；“不分栏”将不分栏模式设置给当前多行文字对象。

2. 指定文字输入区域

用户设置好以上选项后，系统将提示“指定对角点:”，此选项用来确定标注文本框的另一个对角点，AutoCAD 将在这两个对角点形成的矩形区域中进行文字标注，矩形区域的宽度就是所标注文字的宽度。

3. 输入并编辑文字

当指定了对角点之后，弹出如图 4-18 所示的多行文字编辑器，也称为在位文字编辑器，用户可以在编辑框中输入需要插入的文字。

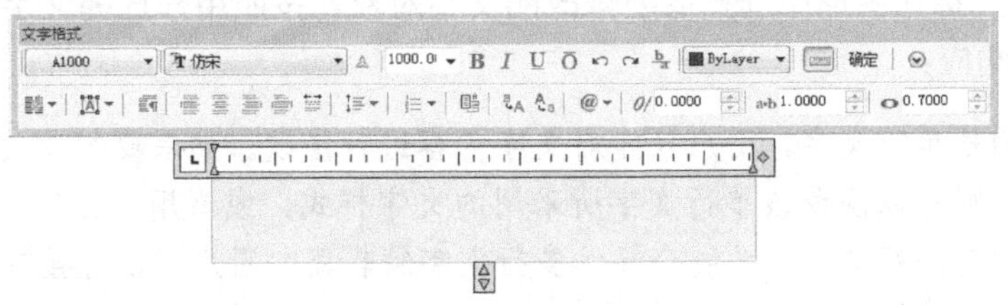

图 4-18　多行文字编辑器

多行文字编辑器由多行文字编辑框和“文字格式”工具栏组成，多行文字编辑器中包含了制表位和缩进，因此可以轻松地创建段落，并可以轻松地相对于文字元素边框进行文字缩进。制表位、缩进的运用与 Microsoft Word 相似。如图 4-19 所示，标尺左端上面的小三角为“首行缩进”标记，该标记用于控制首行的起始位置；标尺左端下面的小三角为“段落缩进”标记，该标记用于控制该自然段左端的边界；标尺右端的两个小三角为设置多行对象的宽度标记。单击该标记然后按住鼠标左键拖动便可以调整文字宽度；标尺下端的两个小三角用于设置多行文字对象的长度。另外用鼠标单击标尺还能够生成用户设置的制表位。

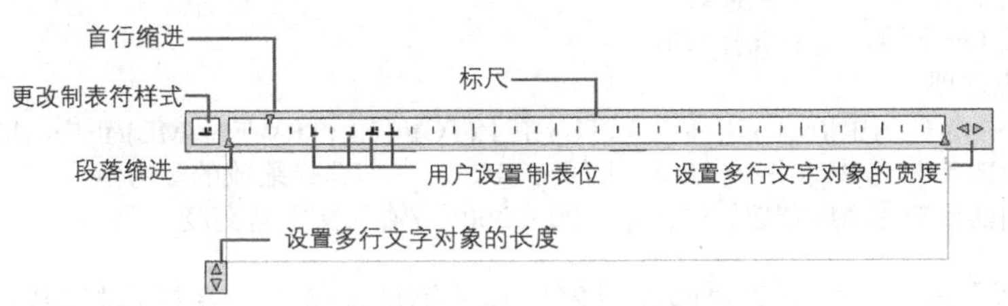

图 4-19　多行文字编辑框的标尺功能

“文字格式”工具栏中各选项的功能说明，如图 4-20 所示。在“文字格式”工具栏中可以修改文字大小、字体、颜色等格式，还可以完成在一般文字编辑中常用的一些操作。

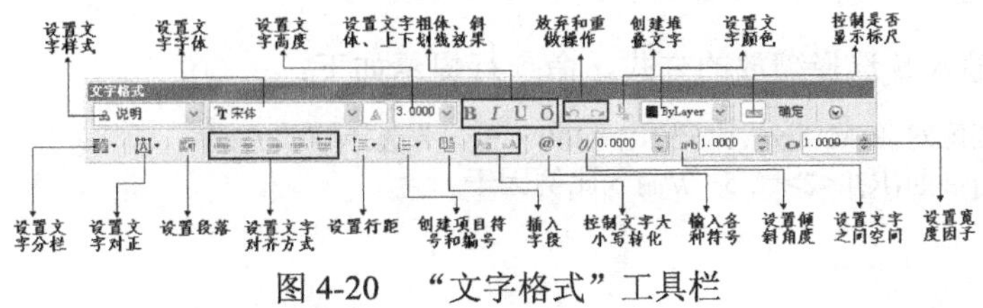

图 4-20　“文字格式”工具栏

4.1.4 编辑单行和多行文字

1. 文字内容编辑

选择“修改”|“对象”|“文字”|“编辑”命令、单击“文字”工具栏中“编辑文字”按钮、在命令行中输入 DDEDIT，或者直接双击文字，均可进入编辑状态，对文字内容进行修改。对于多行文字来说，在命令行中输入 MTEDIT，也可以进行编辑。

单击“编辑文字”按钮，命令行提示如下：

```
命令: _DDEDIT
选择注释对象或 [放弃(U)]:
```

用户可以使用光标在图形中选择需要修改的文字对象，按照用户选择文字对象的不同，系统会出现两种不同的响应：

- 如果选择的是单行文字，用户只能对文字内容进行修改。如果要修改文字的字体样式、字高等属性，则可以修改该单行文字所采用的文字样式，或者用“比例”按钮来修改。
- 如果选择的是多行文字，系统会显示多行文字编辑器，用户可以直接在其中对文字的内容和格式进行修改。

2. 文字比例与对正

在“文字”工具栏中，系统为用户提供了“比例”和“对正”两种方法对文字比例和对正样式进行调整。

（1）“比例”按钮

主要用于调整单行文字或多行文字的高度。单击该按钮命令行提示如下：

```
命令: _SCALETEXT
选择对象: 找到 1 个  //选择文字对象
选择对象:  //按 Enter 键，结束选择对象
输入缩放的基点选项
[现有(E)/左(L)/中心(C)/中间(M)/右(R)/左上(TL)/中上(TC)/右上(TR)/左中(ML)/正中(MC)/
右中(MR)/左下(BL)/中下(BC)/右下(BR)] <中间>: MC        //选择缩放的参考点
指定新高度或 [匹配对象(M)/缩放比例(S)] <500>: 300   //输入文字新高度
```

提示行中有两个选项，分别为“匹配对象”和“缩放比例”，在提示栏中输入 M 选择匹配的方式，命令行提示如下：

```
指定新高度或 [匹配对象(M)/缩放比例(S)] <300>: M   //选择匹配方式
选择具有所需高度的文字对象:  //选择参考高度的文字
高度=700  //系统提示信息
```

若在提示栏中输入 S 选择缩放的方式，命令行提示如下：

```
指定新高度或 [匹配对象(M)/缩放比例(S)] <300>: S     //选择缩放方式
指定缩放比例或 [参照(R)] <2>: 2.5   //输入比例因子
```

（2）“对正”按钮

主要用于调整单行文字或多行文字的对齐位置。单击该按钮命令行提示如下：

```
命令: _JUSTIFYTEXT
选择对象: 找到 1 个    //选择需要调整对齐点的文字对象
选择对象:  //按 Enter 键，退出对象选择
输入对正选项
[左(L)/对齐(A)/调整(F)/中心(C)/中间(M)/右(R)/左上(TL)/中上(TC)/右上(TR)/左中(ML)
/正中(MC)/右中(MR)/左下(BL)/中下(BC)/右下(BR)] <中上>: R    //输入新的对正点。
```

3. 文字查找与替换

选择“编辑”|“查找”命令、单击“文字”工具栏上的“查找”按钮，或者在命令行中输入 FIND，都会弹出如图 4-21 所示的“查找和替换”对话框。

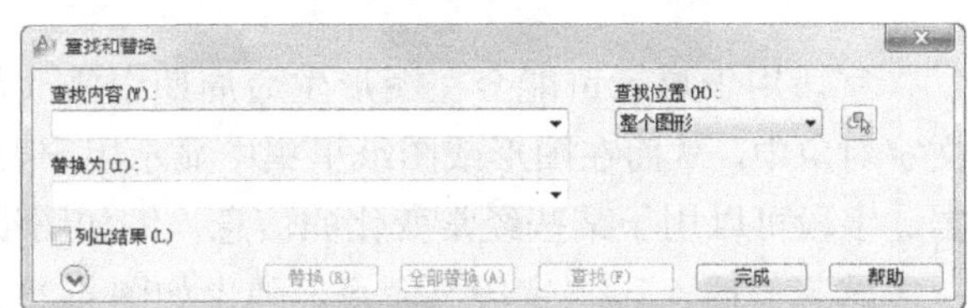

图 4-21　“查找和替换”对话框

下面对该对话框中较重要的参数进行说明。

- “查找内容”文本框：用于指定要查找的字符串。用户可以在文本框中输入包含任意通配符的文字字符串，或从列表中选择最近使用过的 6 个字符串中的一个。
- “替换为”文本框：指定用于替换找到文字的字符串。用户可以在文本框中输入字符串，或从列表中最近使用过的 6 个字符串中选择一个。
- “查找位置”下拉列表框：用于指定是在整个图形中查找还是仅在当前选择中查找。如果已选择某选项，“当前选择”将为默认值。如果未选择任何选项，“整个图形”将为默认值。单击“选择对象”按钮可以切换到绘图区选择搜索文字范围。
- “查找”按钮：单击该按钮，可以查找在“查找内容”文本框中输入的文字。如果没有在“查找内容”文本框里输入文字，则该选项不可用。在“列出结果”区域中显示找到的文字。
- “替换”按钮：单击该按钮，可以用“替换为”文本框中输入的文字替换找到的文字。
- “全部替换”按钮：单击该按钮，将查找所有与“查找字符串”文本框中输入的文字匹配的文本，并用“改为”文本框中输入的文字替换。

4. 应用举例

例 4-3 撰写电气技术说明。

步骤 01 单击“绘图”工具栏中的多行文字命令 A，指定文字框的两个角点：

```
命令：mtext
当前文字样式： "Standard"  文字高度： 2.5    注释性： 否
指定第一角点：   100，100  // 指定第一角点
指定对角点或 [高度(H)/对正(J)/行距(L)/旋转(R)/样式(S)/宽度(W)/栏(C)]：300，120
//指定对角点
```

则弹出如图 4-19 所示的多行文字编辑器。

步骤02 在“文字格式”工具栏中，设置字体为 T 仿宋，设置字高为 5。

步骤03 在“多行文字”编辑框中撰写电气技术说明，单击“确定”按钮，完成文字说明的撰写，如图 4-22 所示。

说明：a.进线电缆引自室外380V架空线路第42号杆，
b.各电动机配线除注明者外，其余均为BLX-3×2.5-SC15-FC

图 4-22 电气技术文字说明

4.1.5 字段

字段用于显示可能会在图形生命周期中修改数据的可更新文字，用户可以将字段插入到任意文字对象中，从而在图形或图纸里集中显示用户要更改的数据。字段更新时，将自动显示最新的数据。字段可以用于某些经常变化的信息，例如图纸编号、日期和标题等。

选择“插入”|“字段”命令，弹出如图 4-23 所示的“字段”对话框，在该对话框中用户可以选择相应的字段进行设置并插入到图形中。

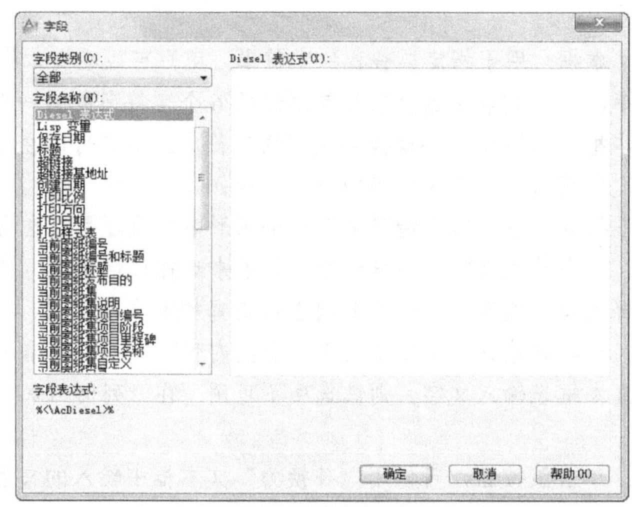

图 4-23 “字段”对话框

在“字段”对话框中可用的选项将随字段类别和字段名称的变化而变化：

- “字段类别”下拉列表框用于设置“字段名称”列表框中需要列出的字段类型（例如，日期和时间、文档和对象等）。
- “字段名称”列表框用于列出某个类别中可用的字段，选择其中的一个字段名称以显示可用于该字段的选项。

当用户选择一个“字段名称”时，在对话框的右侧将显示相应的格式设置选项。例如，“日期”字段的格式选项中包含“日期格式”和“样例”选项，而“命名对象”字段的格式选项中包含“命名对象类型”、“名称”和“格式”等选项。

因为字段是文字对象的一部分，所以不能直接进行选择。用户必须选择该文字对象双击进入多行文字编辑器，选择需要更新或者编辑的字段后，单击鼠标右键，在弹出的快捷菜单中选择“编辑字段”命令；或者双击该字段，将显示“字段”对话框。用户可以在“字段”对话框里对字段的属性进行修改，所做的任何修改都将应用到字段中的所有文字；如果不希望更新字段，可以通过选择“将字段转换为文字”选项将字段转化为文字来保留当前显示的值。

当然，用户还可以选择“视图”|“重生成”或“全部重生成”命令来更新字段。

4.2　表格

在实际工程制图中，例如工程制图中的明细表、建筑制图中的门窗表等，都需要表格功能来完成。如果没有表格功能，使用单行文字和直线来绘制表格是很繁琐的。

4.2.1　创建表格样式

表格的外观由表格样式控制，表格样式可以指定标题、列标题和数据行的格式。选择“格式”|“表格样式”命令，或者单击“绘图”工具栏中的“表格样式”按钮，都将弹出如图 4-24 所示的“表格样式”对话框，“样式”列表中显示了已创建的表格样式。

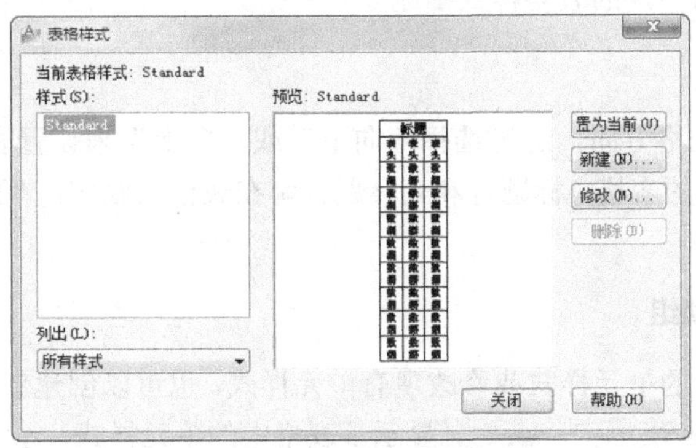

图 4-24　“表格样式”对话框

AutoCAD 在表格样式中预设了 Standard 样式，该样式第一行是标题行，由文字居中的合并单元行组成，第二行是表头，其他行都是数据行。用户创建自己的表格样式时，就是设定标题、表头和数据行的格式。单击“新建”按钮，弹出如图 4-25 所示的“创建新的表格样式”对话框。可以在“新样式名”文本框中输入表格样式名称，在“基础样式”下拉列表框中选择一个表格样式，使之成为新的表格样式的默认设置，单击“继续”按钮，弹出如图 4-26 所示的“新建表格样式”对话框，在该对话框中可以对样式进行具体设置。

“新建表格样式”对话框由“起始表格”、“常规”、“单元样式”和“单元样式预览”4 个选项组组成，下面将分别介绍各选项组的功能。

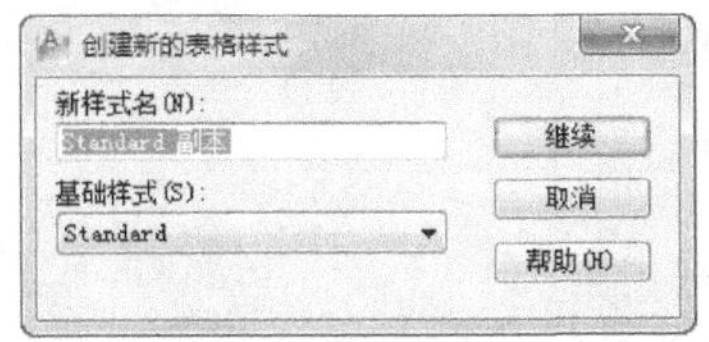

图 4-25　“创建新的表格样式”对话框

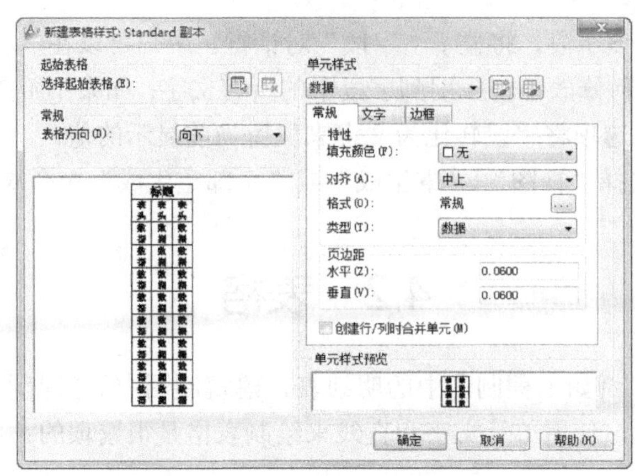

图 4-26　“新建表格样式”对话框

1. “起始表格”选项组

该选项组允许用户在图形中指定一个表格作为样例来设置此表格样式的格式。单击按钮，回到绘图区选择表格后，可以指定要从该表格复制到表格样式的结构和内容。单击“删除表格”按钮，可以将表格从当前指定的表格样式中删除。

2. “常规”选项组

该选项组用于更改表格方向，通过选择“向下”或“向上”来设置表格方向，选中“向上”选项将创建由下而上读取的表格，标题行和列标题行都在表格的底部；“预览”框将显示当前表格样式设置效果的样例。

3. “单元样式”选项组

该选项组用于定义新的单元样式或修改现有单元样式，也可以创建任意数量的单元样式。“单元样式”的下拉列表框 数据 显示了表格中的单元样式，系统默认提供了数据、标题和表头三种单元样式，用户需要创建新的单元样式时，可以单击“创建新单元样式”按钮，弹出如图 4-27 所示的“创建新单元样式”对话框，在“新样式名”文本框中输入单元样式名称，在“基础样式”下拉列表框中选择现有的样式作为参考单元样式，单击“管理单元样式”按钮，弹出如图 4-28 所示的“管理单元样式”对话框，在该对话框里用户可以对单元式进行添加、删除和重命名等操作。

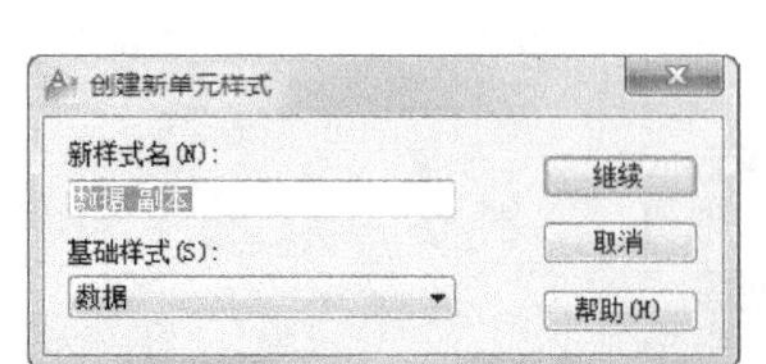

图 4-27　“创建新单元样式”对话框

图 4-28　“管理单元样式”对话框

“单元样式”选项组中提供了“常规”选项卡、“文字”选项卡和“边框”选项卡，用于设置用户创建的单元样式的外观。

4.2.2 创建表格

单击“表格”按钮或者选择“绘图”|“表格”命令，将弹出如图 4-29 所示的“插入表格”对话框。

“插入表格”对话框在“插入选项”选项组中提供了 3 种插入表格的方式：

- “从空表格开始”单选按钮用于创建可以手动填充数据的空表格。
- “自数据链接”单选按钮用于为外部电子表格中的数据创建表格。
- “自图形中的对象数据”单选按钮用于启动“数据提取”向导来创建表格。

下面对前两种创建方式进行讲解。

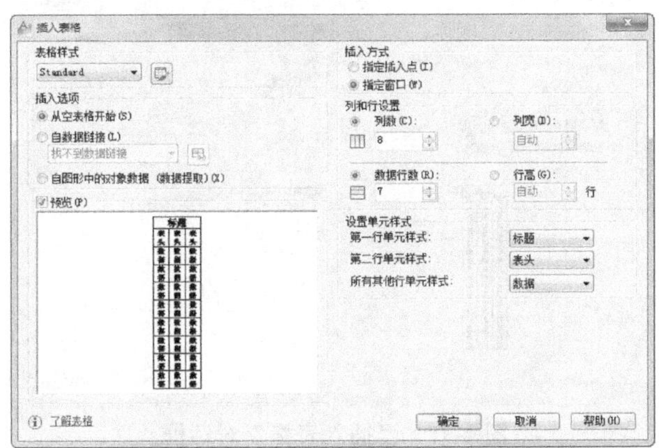

图 4-29　“插入表格”对话框

1. 从空表格开始创建表格

当选中“从空表格开始”单选按钮时，“插入表格”对话框如图 4-29 所示，可以设置表格的各种参数，具体设置如下：

步骤 01 从“表格样式”下拉列表框设置表格采用的样式，默认样式为 Standard。

步骤 02 从“插入方式”选项组设置表格插入的具体方式，选中“指定插入点”单选按钮时，需指定表左上角的位置。如果表样式将表的方向设置为由下而上读取，则插入点位于表的左下角。选中“指定窗口”单选按钮时，需指定表的大小和位置。选中此选项时，行数、列数、列宽和行高都取决于窗口的大小以及列和行的设置。

步骤 03 用“列和行设置”选项组设置列和行的数目以及大小。

步骤 04 在“设置单元样式”选项组对那些不包含起始表格的表格样式指定新表格中行的单元式。“第一行单元样式”下拉列表用于指定表格中第一行的单元样式，默认情况下使用标题单元样式；“第二行单元样式”下拉列表用于指定表格中第二行的单元样式，默认情况下使用表头单元样式；“所有其他行单元样式”下拉列表用于指定表格中所有其他行的单元样式，默认情况下使用数据单元样式。

设置完参数后，单击“确定”按钮，用户可以在绘图区插入表格，效果如图4-30所示。

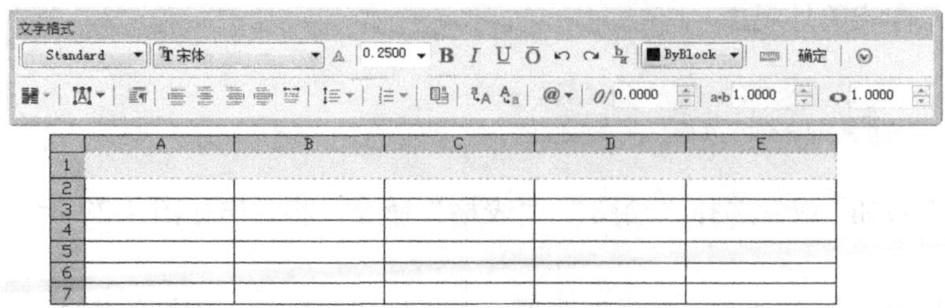

图4-30　在绘制区插入表格

2. 用链接数据创建表格

当选中“自数据链接”单选按钮时，“插入表格”对话框仅“指定插入点”单选按钮可用，效果如图4-31所示。

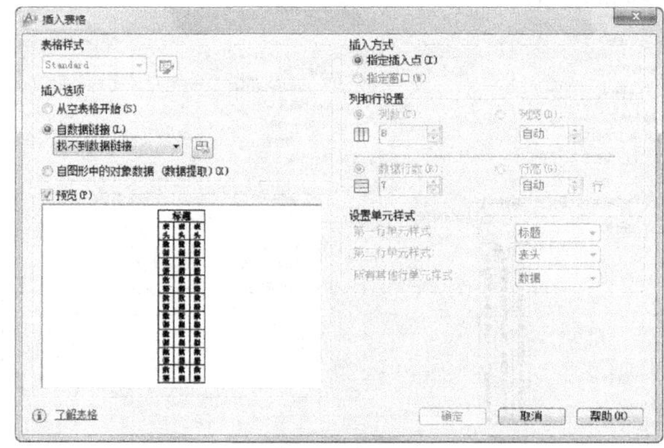

图4-31　“插入表格”对话框

单击“启动数据链接管理器”按钮，均可打开“选择数据链接”对话框，效果如图4-32所示。

单击“创建新的Excel数据链接”选项，弹出如图4-33所示的“输入数据链接名称”对话框，在“名称”文本框中输入数据链接名称，单击“确定”按钮，弹出如图4-34所示的“新建Excel数据链接”对话框，单击按钮[...]，弹出“另存为”对话框，选择需要作为数据链接文件的Excel文件后单击“确定”按钮，返回到“新建Excel数据链接”对话框，效果如图4-35所示。

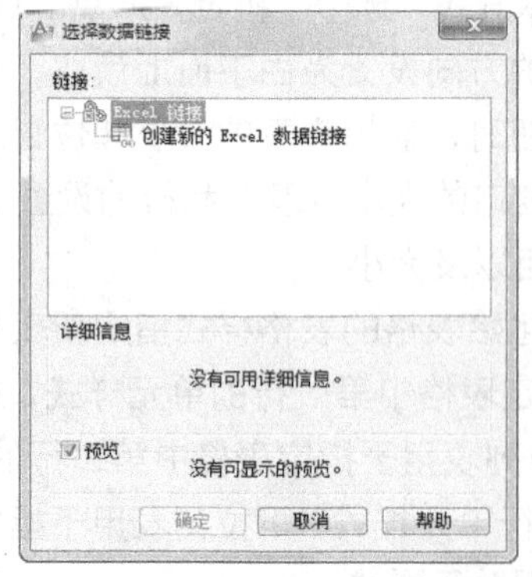

图4-32　“数据链接管理器”对话框

图4-33　“输入数据链接名称”对话框

单击“确定”按钮，返回到“选择数据链接”对话框，如图 4-36 所示可以看到创建完成的数据链接，单击“确定”按钮返回到“插入表格”对话框，在“自数据链接”下拉列表中可以选择刚才创建的数据链接，单击“确定”按钮，进入绘图区，拾取合适的插入点即可创建与数据链接相关的表格。

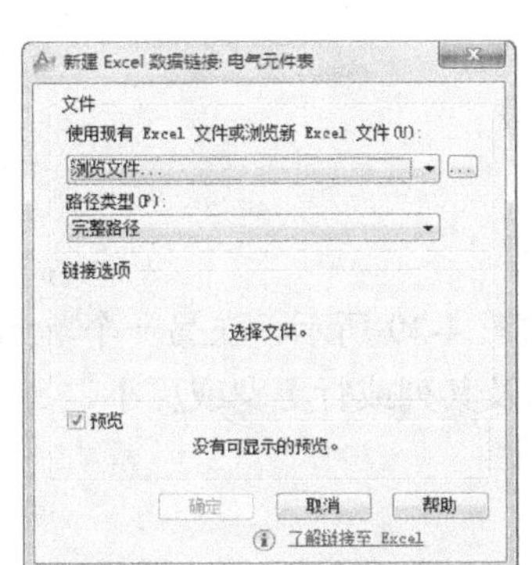

图 4-34　查找 Excel 数据链接

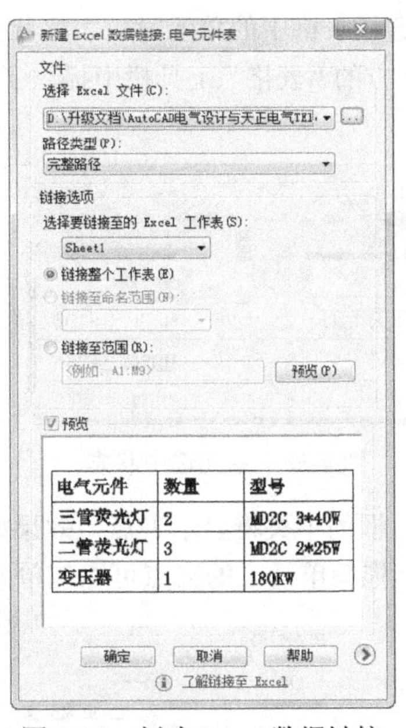

图 4-35　创建 Excel 数据链接

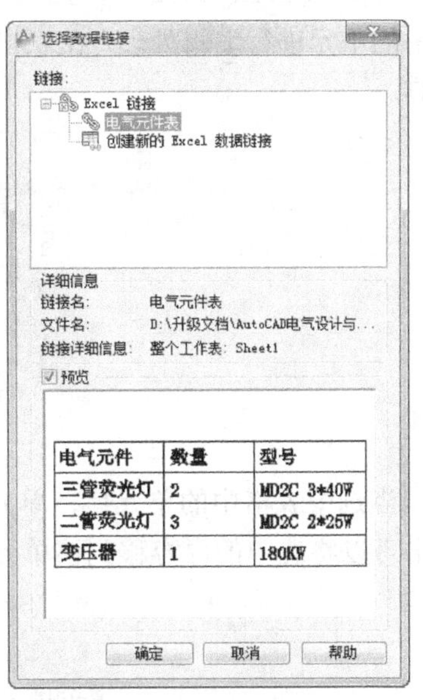

图 4-36　完成数据链接的创建

4.2.3　编辑表格

表格创建完成后，用户可以单击该表格上的任意网格线以选中该表格，然后通过使用“特性”选项板或夹点来修改表格。单击网格的边框线以选中该表格，将显示如图 4-37 所示的夹点模式。各个夹点的功能描述如下。

- 左上夹点：移动表格。
- 右上夹点：修改表宽并按比例修改所有列。
- 左下夹点：修改表高并按比例修改所有行。
- 右下夹点：修改表高和表宽并按比例修改行和列。
- 列夹点：在表头行的顶部，将列的宽度修改到夹点的左侧，并加宽或缩小表格以适应此修改。

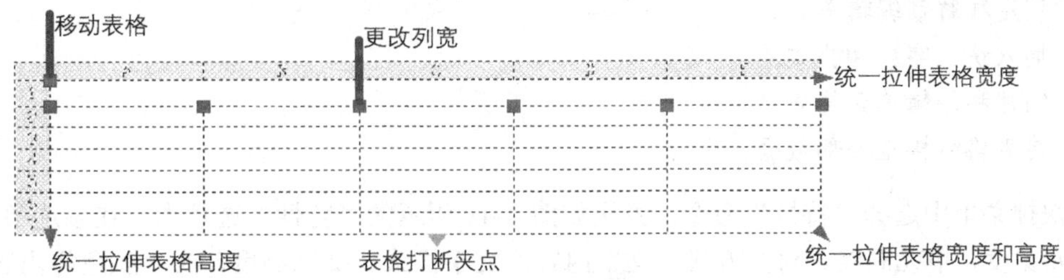

图 4-37　表格的夹点编辑模式

更改表格的高度或宽度时，只有与所选夹点相邻的行或列才会更改，但表格的高度或宽度保持不变。如果需要根据正在编辑的行或列的大小按比例更改表格的大小，在使用列夹点时按住 Ctrl 键即可。“表格打断”夹点可以将包含大量数据的表格打断成主要和次要的表格片断，使用表格底部的表格打断夹点，可以使表格覆盖图形中的多列或操作已创建的表格的不同部分。

在 AutoCAD 2012 中，当用户选择表格中的单元时，表格状态如图 4-38 所示，用户可以对表格中的单元进行编辑处理，在表格上方的“表格”工具栏中提供了各种各样对表格单元进行编辑的工具。

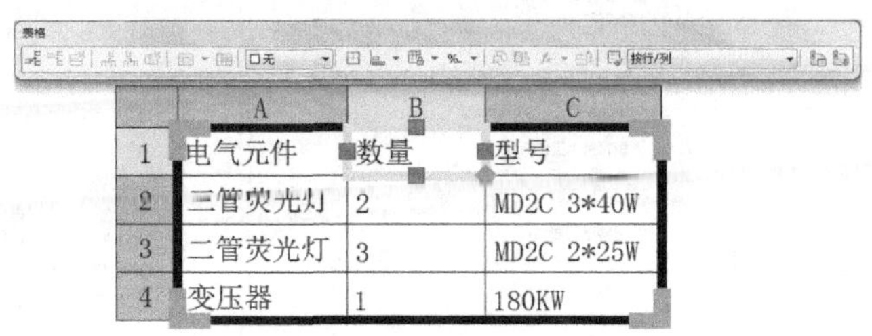

图 4-38　单元选中状态

当选中表格中的单元后，单元边框的中央将显示夹点，效果如图 4-39 所示。在另一个单元内单击可以将选中的内容移到该单元，拖动单元上的夹点可以使单元及其列或行更宽或更小。

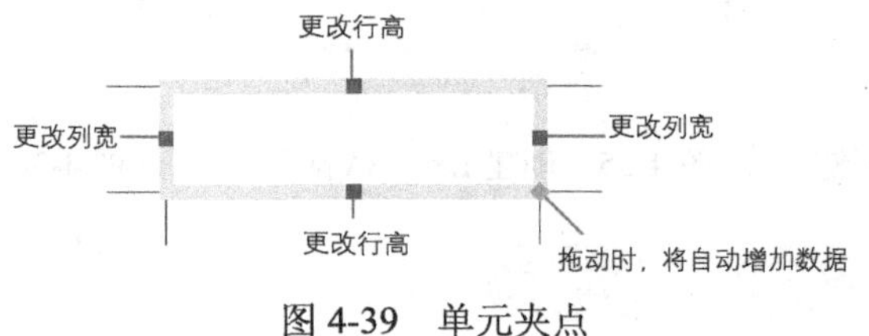

图 4-39　单元夹点

如果用户要选择多个单元，请单击并在多个单元上拖动。按住 Shift 键并在另一个单元内单击，可以同时选中这两个单元以及它们之间的所有单元，单元被选中后，可以使用“表格”工具栏中的工具，或者执行如图 4-40 所示的快捷菜单中的命令，对单元进行操作。

使用“表格”工具栏或者表格的快捷菜单，可以执行以下操作：

- 编辑行和列。
- 合并和取消合并单元。
- 改变单元边框的外观。
- 编辑数据格式和对齐。
- 锁定和解锁编辑单元。
- 插入块、字段和公式。
- 创建和编辑单元样式。
- 将表格链接至外部数据。

在快捷菜单中选择“特性”命令，弹出如图 4-41 所示的“特性”选项卡，在该选项卡中可以设置单元宽度、单元高度、对齐方式、文字内容、文字样式、文字高度、文字颜色等内容。

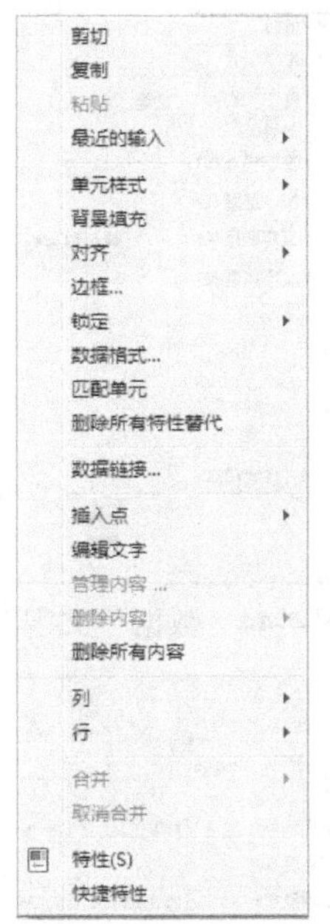

图 4-40　快捷菜单

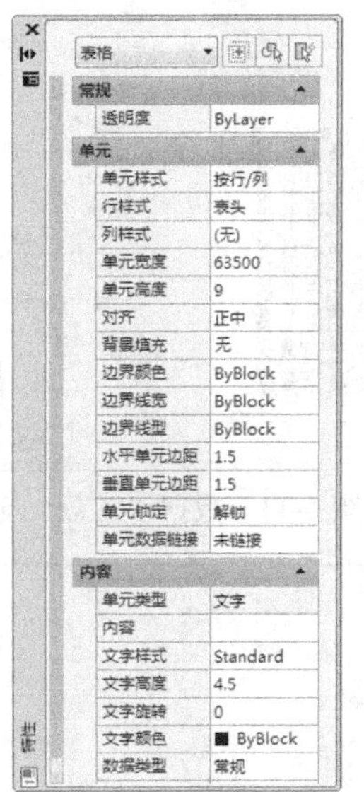

图 4-41　“特性”选项卡

例 4-4　绘制单元接线表。

步骤 01　选择“格式” | “表格样式”命令，弹出“表格样式”对话框，单击“新建”按钮，弹出“创建新的表格样式”对话框，在“新样式名”文本框中输入“单元接线表”，如图 4-42 所示。

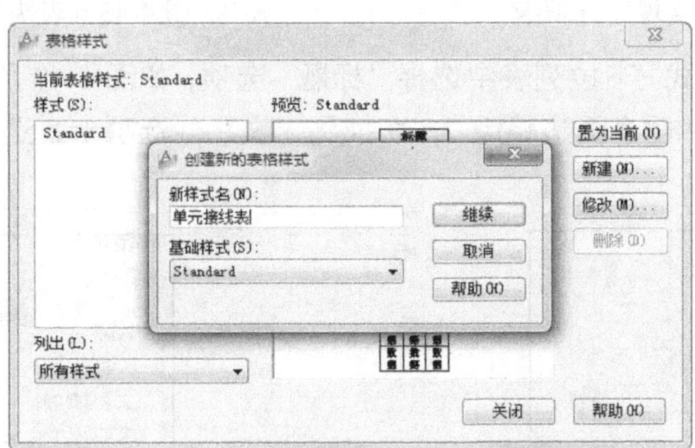

图 4-42　创建单元接线表表格样式

步骤 02　单击“继续”按钮，弹出“新建表格样式”对话框，如图 4-43 所示，设置“表格方向”为“向下”，设置数据对齐方式为“正中”，水平和垂直页边距分别为 1.5，切换到“文字”选项卡，在“文字样式”下拉列表中选择文字样式为 A20，如图 4-44 所示。

步骤 03　在“单元样式”下拉列表中选择“表头”选项，如图 4-45 所示，设置对齐方式为“正中”，水平和垂直页边距为 0，切换到“文字”选项卡，选择文字样式为 A20，如图 4-46 所示。

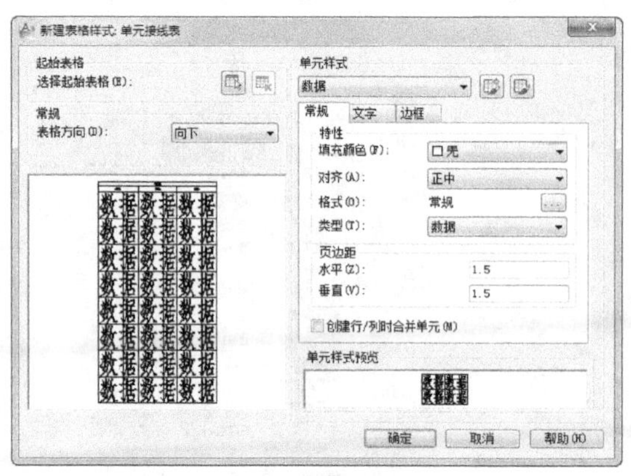

图 4-43　数据“常规”选项卡

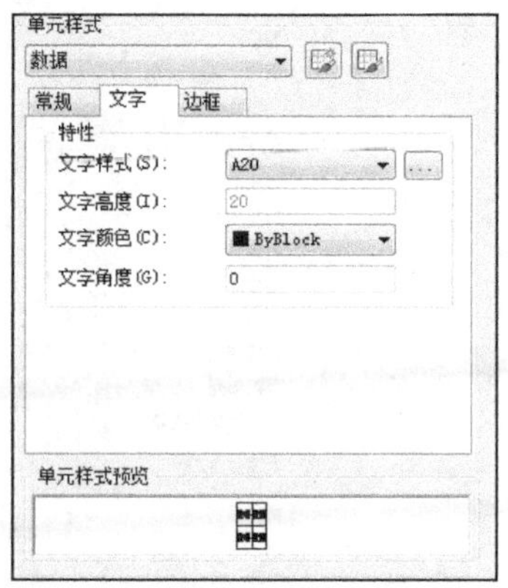

图 4-44　数据“文字”选项卡

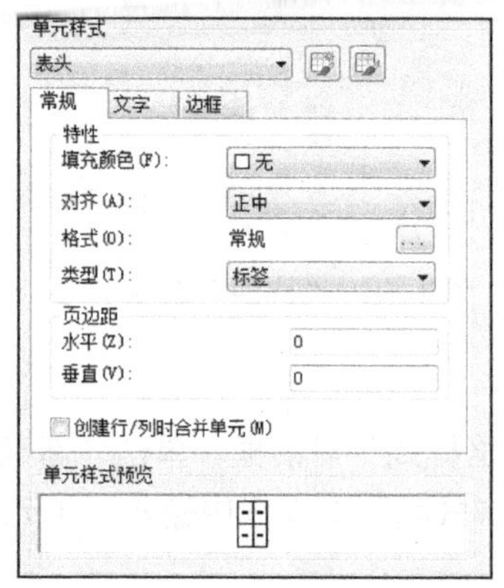

图 4-45　表头“常规”选项卡

图 4-46　表头“文字”选项卡

步骤 04　在“单元样式”下拉列表中选择“标题”选项，如图 4-47 所示，设置对齐方式为“正中”，水平和垂直页边距为 0，切换到“文字”选项卡，选择文字样式为 A50，如图 4-48 所示。

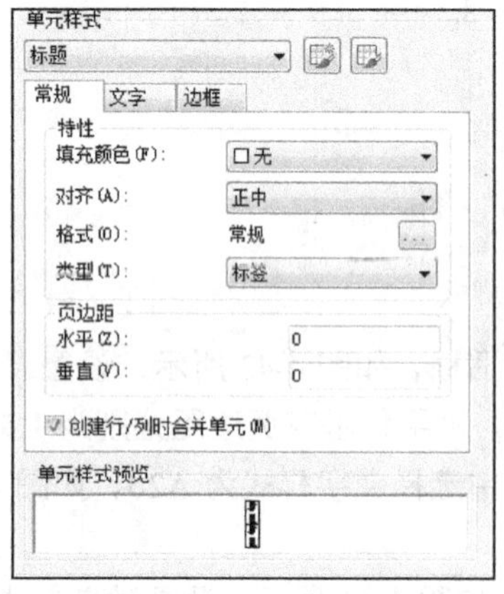

图 4-47　“基本”选项卡

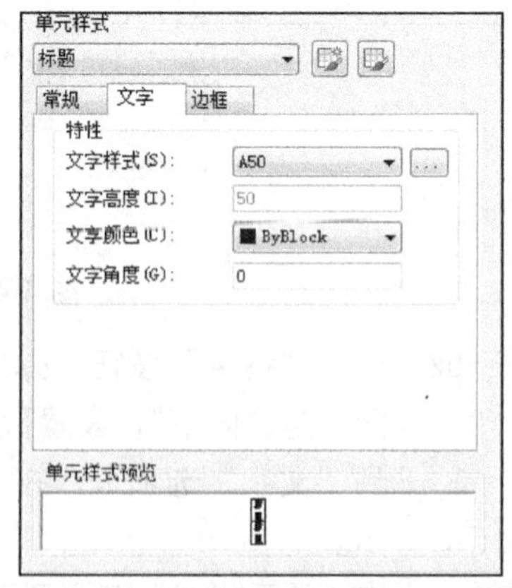

图 4-48　“文字”选项卡

步骤 05　单击“确定”按钮，返回到“表格样式”对话框，如图 4-49 所示，“样式”列表中出现了“单元接线表”选项，单击“关闭”按钮。

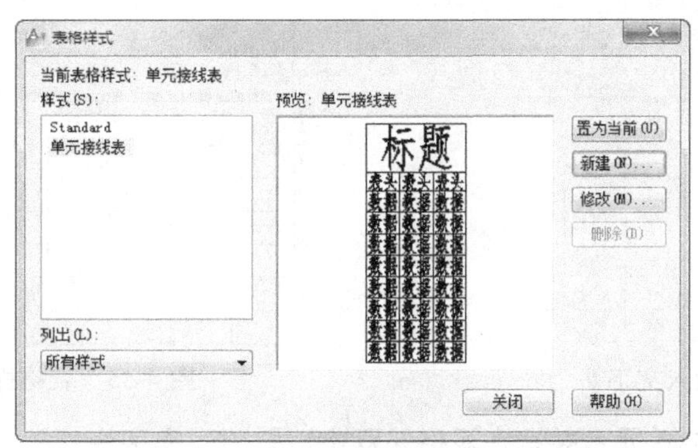

图 4-49　完成“单元接线表”的创建

步骤 06　单击“绘图”工具栏中的“表格”按钮，弹出 “插入表格”对话框。在“插入方式”选项卡中选择“指定插入点”选项，如图 4-50 所示。

步骤 07　在“列和行设置”选项卡中设定“列”为 7，“列宽”为 60，“数据行”为 5，“行高”为 25，如图 4-51 所示。

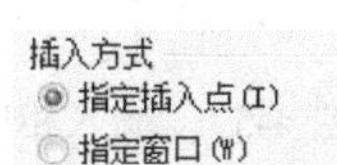

图 4-50　“插入方式”选项卡

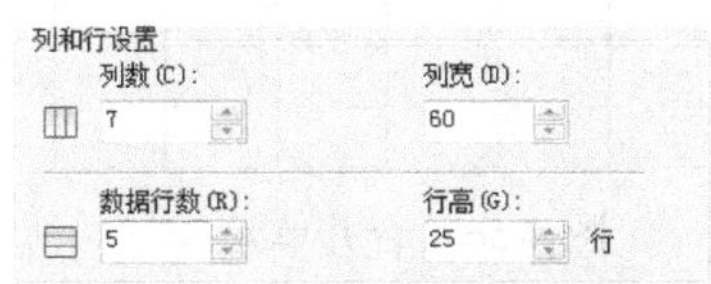

图 4-51　“列和行设置”选项卡

步骤 08　在“设置单元样式”选项卡中，在“第一行单元样式”中选择“标题”，在“第二行单元样式”中选择“表头”，在“所有其他行单元样式”中选择“数据”，如图 4-52 所示。

步骤 09　以上选项设置完毕后，单击“确定”按钮，返回绘图区，出现如图 4-53 所示的表格。用户可以使用鼠标拾取或键盘输入确定表格插入点。

图 4-52　“设置单元样式”选项卡

图 4-53　指定表格插入点

步骤 10　确定表格插入点后，弹出“文字格式”工具栏，在表格第一行中输入文字“单元接线表”，如图 4-54 所示。

步骤 11　单击“文字格式”工具栏中的“确定”按钮，则“文字格式”工具栏被关闭；弹出“表格”工具栏，如图 4-55 所示。

步骤 12　选择表格的第二行的第四单元、第五单元、第六单元，单击工具栏中的“合并单元”按钮，以上三个单元合并为一个单元，如图 4-56 的表格。

图 4-54　输入文字

图 4-55　表格操作

步骤 13　并将相应的单元合并，在表格处双击，弹出“文字格式”工具栏，输入相应文字，完成“单元接线表”的绘制，如图 4-57 所示。

图 4-56　合并单元

单元接线表						
线缆号	线缆型号规格	线号	连接点			备注
			项目代号	端子号	参考	
1	BV-1.5mm²	31	11	1	33	
2	BV-1.5mm²	32	11	2	33	
3	BV-1.5mm²	33	11	4	33	
4	BV-1.5mm²	34	11	6	33	

图 4-57　输入相应文字

第 5 章　尺寸标注与编辑

对于工程制图来说，精确的尺寸标注是工程技术人员照图施工的关键，因此在工程图纸中，尺寸的标注是非常重要的。AutoCAD 根据工程的实际情况，为用户提供了各种类型的尺寸标注方法。

本章将讲解创建各种尺寸标注的方法以及编辑尺寸标注的方法，通过本章的学习，希望大家能够熟练地掌握不同类型的尺寸标注方法，并与实际工程相结合，标注符合工程实际的尺寸。

5.1　尺寸标注组成

在图样中，图形表示机件的形状，尺寸表示机件的大小。因此，标注尺寸应该严格遵守国家标准（GB/T16675-1996、GB4458.4-1984）的有关规定。

机件的真实大小应以图样上所标注尺寸的数值为依据，与图形大小及绘制的准确度无关。图样中标注的尺寸以毫米（mm）为单位时，不需要标注计量单位的代号或名称；如采用其他单位标注尺寸时，则必须注明相应的计量单位的代号或名称。

标注显示了对象的测量值、对象之间的距离、角度或特征距指定原点的距离。AutoCAD 提供了 3 种基本的标注：长度、半径和角度。标注可以是水平、垂直、对齐、旋转、坐标、基线、连续、角度或者弧长等。

标注具有以下独特的元素：标注文字、尺寸线、箭头和尺寸界线，如图 5-1 所示。对于圆标注还有圆心标记和中心线。

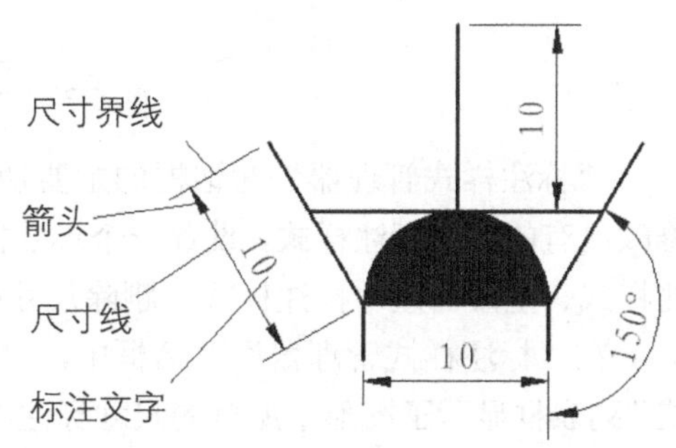

图 5-1　尺寸标注主要元素组成示意图

- 标注文字是用于指示测量值的字符串。文字可以包含前缀、后缀和公差。
- 尺寸线用于指示标注的方向和范围。对于角度标注，尺寸线是一段圆弧。
- 箭头，也称为终止符号，显示在尺寸线的两端。可以为箭头或标记指定不同的尺寸和形状。
- 尺寸界线，也称为投影线或证示线，从部件延伸到尺寸线。
- 圆心标记是标记圆或圆弧中心的小十字。
- 中心线是标记圆或圆弧中心的虚线。

AutoCAD 将标注置于当前图层。每一个标注都采用当前标注样式，用于控制如箭头样式、文字位置和尺寸公差等的特性。

用户可以通过在“标注”菜单中选择合适的命令，或单击如图 5-2 所示的“标注”工具栏中的相应按钮来进行尺寸标注。

图 5-2 “标注”工具栏

5.2 尺寸标注样式

使用 AutoCAD 进行尺寸标注时，尺寸的外观及功能取决于当前尺寸样式的设定。控制尺寸标注样式的尺寸变量有：尺寸线、标注文字、尺寸文本相对于尺寸线的位置、尺寸界线、箭头的外观及方式等。

选择“格式” | “标注样式”命令，或者单击“标注”工具栏上的“标注样式”按钮，都将弹出如图 5-3 所示的“标注样式管理器”对话框，用户可以在该对话框中创建新的尺寸标注样式和管理已有的尺寸标注样式。

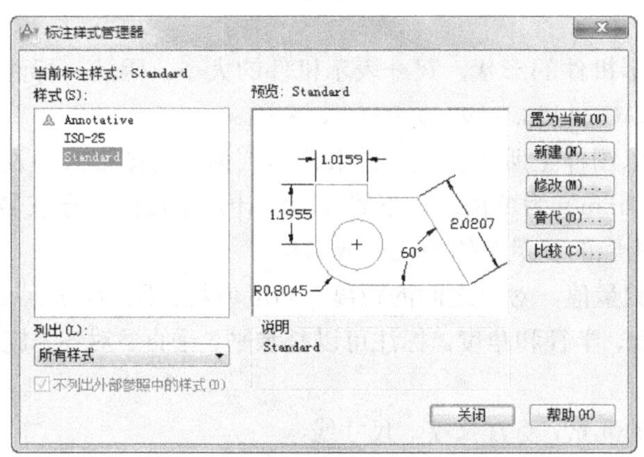

图 5-3 “标注样式管理器”对话框

“标注样式管理器”对话框的主要功能包括：预览尺寸标注样式、创建新的尺寸标注样式、修改已有的尺寸标注样式、设置一个尺寸标注样式的替代、设置当前的尺寸标注样式、比较尺寸标注样式、重命名尺寸标注样式、删除尺寸标注样式。

在“标注样式管理器”对话框中，“当前标注样式”区域显示了当前的尺寸标注样式。“样式”列表框显示了图形中所有的尺寸标注样式或者正在使用的样式。用户在列表框中选择了合适的标注样式后，单击“置为当前”按钮，即可将选择的样式置为当前样式。

5.2.1 创建新尺寸标注样式

单击“标注样式管理器”对话框中的“新建”按钮，弹出如图 5-4 所示的“创建新标注样式”对话框。

在“新样式名”文本框中可以设置新创建的尺寸标注样式的名称；在“基础样式”下拉列表框中可以选择新创建的尺寸标注样式将以哪个已有的样式为模板；在“用于”下拉列表框中可以指定新创建的尺寸标注样式将用于哪些类型的尺寸标注。

单击“继续”按钮将关闭“创建新标注样式”对话框，并弹出如图 5-5 所示的“新建标注样式”

对话框，用户可以在该对话框的各选项卡中设置相应的参数，设置完成后单击“确定”按钮，返回“标注样式管理器”对话框，在“样式”列表框中可以看到新建的标注样式。

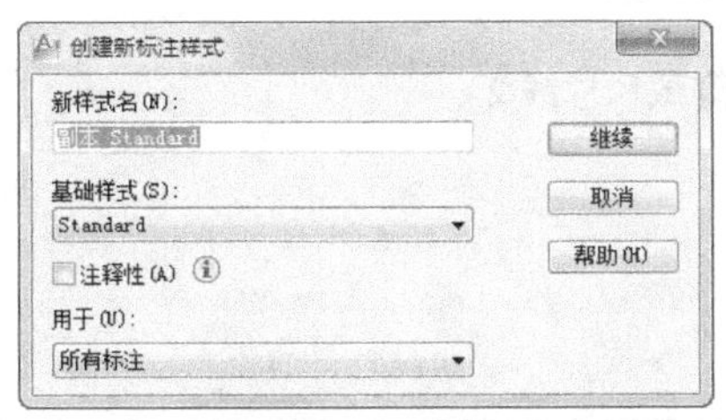

图 5-4　“创建新标注样式”对话框

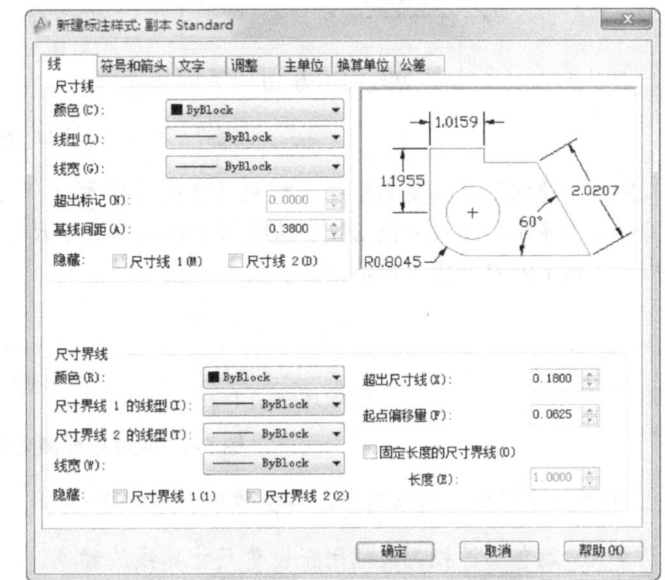

图 5-5　“新建标注样式”对话框

在“新建标注样式”对话框中共有“线”、“符号和箭头”、“文字”、“调整”、“主单位”、“换算单位”和“公差”7 个选项卡，下面将分别进行介绍。

1. “线”选项卡

“线”选项卡如图 5-5 所示，由“尺寸线”和“尺寸界线”两个选项组组成，该选项卡用于设置尺寸线和尺寸界线的特性，从而控制尺寸标注的几何外观。

在“尺寸线”选项组中，各参数项含义如下：

- “颜色”下拉列表框用于设置尺寸线的颜色，如果选择列表底部的“选择颜色”选项，将显示“选择颜色”对话框设置颜色。
- “线型”下拉列表框用于设置尺寸线的线型。
- “线宽”下拉列表框用于设置尺寸线的宽度。
- “超出标记”数值框用于设置使用倾斜尺寸界线时，尺寸线超过尺寸界线的距离，图 5-6 所示为超出标记效果。

图 5-6　超出标记效果

- “基线间距”数值框用于设定使用基线标注时各尺寸线间的距离，图 5-7 所示为基线间距分别为 10 和 5 时的标注效果。

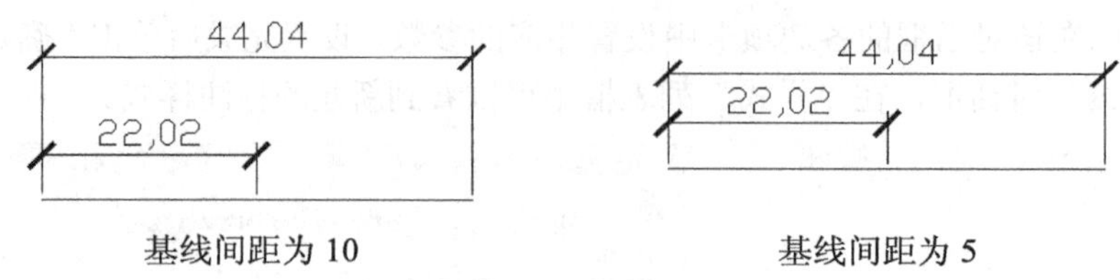

图 5-7　不同基线间距效果

- “隐藏”及其复选框用于控制尺寸线的显示，“尺寸线 1”复选框用于控制第一条尺寸线的显示，“尺寸线 2”复选框用于控制第二条尺寸线的显示，图 5-8 所示为分别隐藏尺寸线 1 和尺寸线 2 时的效果。

图 5-8　尺寸线隐藏效果

在“尺寸界线”选项组中，各参数项含义如下：

- “颜色”下拉列表框用于设置尺寸界线的颜色。
- “尺寸界线 1 的线型”和“尺寸界线 2 的线型”下拉列表框分别用于设置第一个尺寸界线和第二条尺寸界线的线型。
- “线宽”下拉列表框用于设定尺寸界线的宽度。
- “超出尺寸线”数值框用于设定尺寸界线超过尺寸线的距离。图 5-9 所示为超出尺寸线的效果。

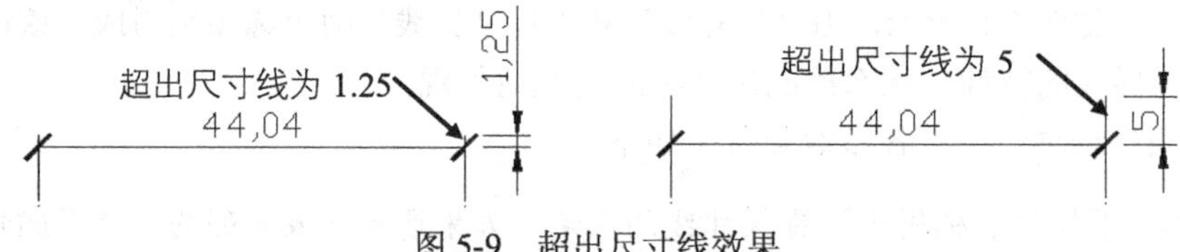

图 5-9　超出尺寸线效果

- “起点偏移量”数值框用于设置尺寸界线相对于尺寸界线起点的偏移距离，图 5-10 所示为不同起点偏移量的效果。

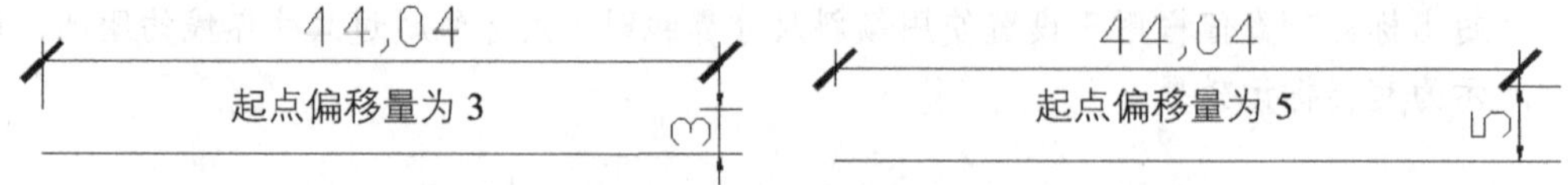

图 5-10　起点偏移量效果

- “隐藏”及其复选框用于设置尺寸界线的显示，“尺寸界线 1”复选框用于控制第一条尺寸界线的显示，“尺寸界线 2”复选框用于控制第二条尺寸界线的显示。
- 当选择“固定长度的尺寸界线”复选框时，可以设置尺寸界线为一个固定的尺寸长度，可以在“长度”文本框里设置尺寸界线的长度。

2. “符号和箭头”选项卡

“符号和箭头”选项卡如图 5-11 所示，由“箭头”、“圆心标记”、“折断标注”、“弧长符号”、“半径折弯标注”和“线性折弯标记”6 个选项组组成，用于设置箭头、中心标记、弧长符号以及半径折弯角度的特性，从而控制尺寸标注的几何外观。

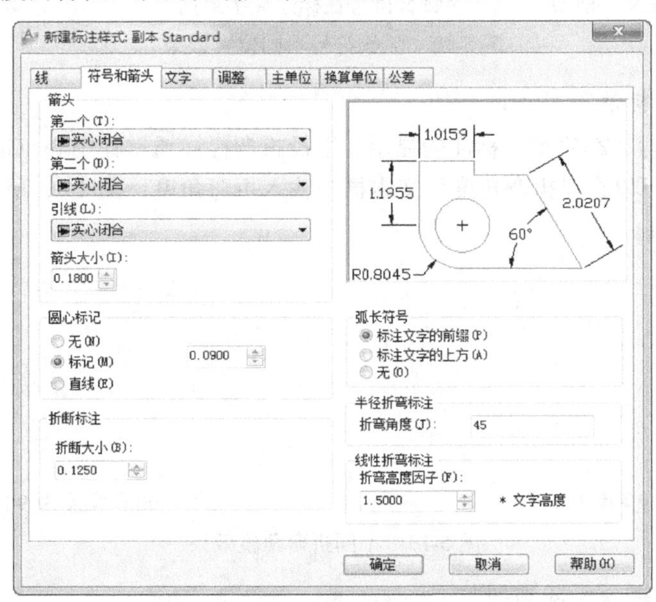

图 5-11　“符号和箭头”选项卡

(1)“箭头”选项组

用于选定表示尺寸线端点箭头的外观形式。“第一个”、“第二个”下拉列表框列出了常见的箭头形式，常用的形式有“实心闭合”和“建筑标记”两种。“引线”下拉列表框中列出了尺寸线引线部分的形式。“箭头大小”数值框用于设定箭头相对其他尺寸标注元素的大小。

(2)“圆心标记”选项组

用于控制当标注半径和直径尺寸时，中心线和中心标记的外观。“标记”单选按钮将在圆心处放置一个与“大小”数值框 2.5 中的值相同的圆心标记；“直线”单选按钮将在圆心处放置一个与“大小”数值框 2.5 中的值相同的中心线标记；“无”单选按钮将在圆心处不放置中心线和圆心标记；“大小”数值框 2.5 用于设置圆心标记或中心线的大小。

(3)“折断标注”选项组

用于控制折断标注的间距宽度，在“打断大小”数值框中可以显示和设置折断标注的间距大小。

(4)“弧长符号”选项组

用于控制弧长标注中圆弧符号的显示。“标注文字的前缀”单选按钮用于设置将弧长符号“⌒”放在标注文字的前面。“标注文字的上方”单选按钮用于设置将弧长符号“⌒”放在标注文字的上面。选中“无”单选按钮后将不显示弧长符号，图 5-12 所示是这三种设置效果的对比。

图 5-12　弧长符号不同位置效果

（5）“半径折弯标注”

用于控制半径折弯（Z 字型）标注的显示。半径折弯标注通常在中心点位于页面外部时创建，即半径较大时。用户可以在“折弯角度”文本框中输入折弯角度，图 5-13 所示分别是折弯角度为 45° 和 90° 时的效果。

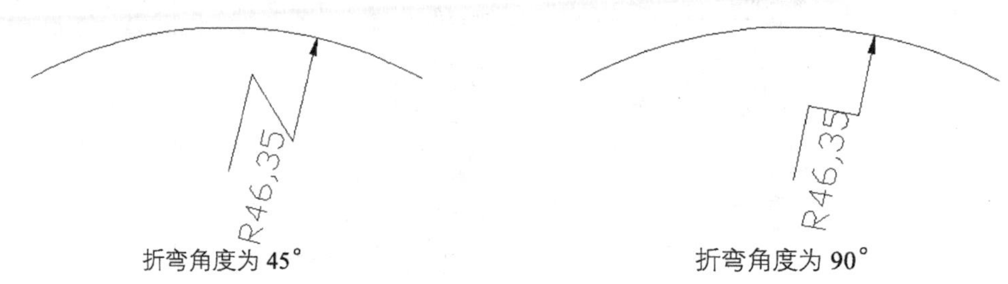

图 5-13　不同折弯角度效果

（6）“线性折弯标注”选项组

用于控制线性折弯标注的显示。通过形成折弯角度的两个顶点之间的距离确定折弯高度，线性折弯大小由线性折弯因子×文字高度确定。

3. “文字”选项卡

“文字”选项卡如图 5-14 所示，由“文字外观”、“文字位置”和“文字对齐”三个选项组组成，用于设置标注文字的格式、位置及对齐方式等特性。

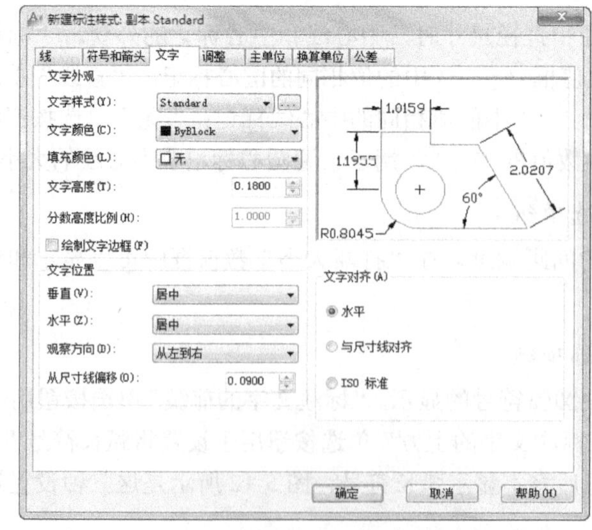

图 5-14　“文字”选项卡（1）“文字外观”选项组

（1）“文字外观”选项组

用于设置标注文字的格式和大小。“文字样式”下拉列表框用于设置标注文字所用的样式，单击后面的按钮[...]，弹出“文字样式”对话框，该对话框的用法在前面已经讲解过，这里不再赘述。“文字颜色”下拉列表框用于设置标注文字的颜色。“文字高度”数值框用于设置当前标注文字样式的高度。“分数高度比例”数值框用于设置尺寸文本的相对字高系数。“绘制文字边框”复选框用于控制是否在标注文字四周画一个框。

（2）“文字位置”选项组

用于设置标注文字的位置。“垂直”下拉列表框用于设置标注文字沿尺寸线在垂直方向上的对齐方式，系统提供了 4 种对齐方式。

- 居中：将标注文字放在尺寸线两部分的中间。
- 上方：将标注文字放在尺寸线上方，从尺寸线到文字的最低基线的距离就是当前的文字间距，该选项最常用。
- 外部：将标注文字放在尺寸线上远离第一个定义点的一边。
- JIS：按照日本工业标准（JIS）放置标注文字。

图 5-15 所示为在垂直方向上居中、上方和外部位置的效果。

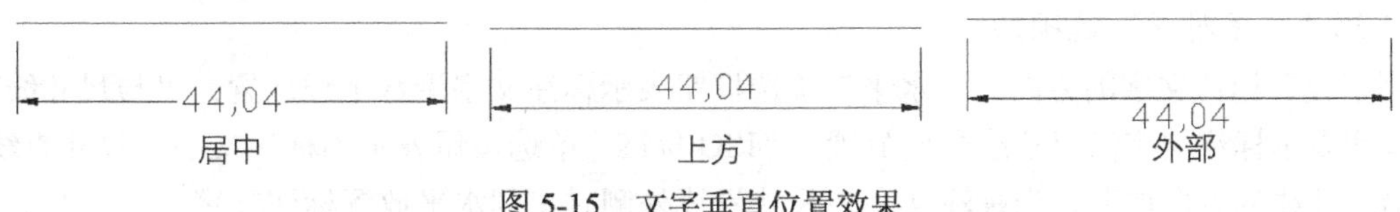

图 5-15　文字垂直位置效果

“水平”下拉列表框用于设置标注文字沿尺寸线和尺寸界线在水平方向上的对齐方式，系统提供了 5 种对齐方式。

- 居中：将标注文字沿尺寸线放在两条尺寸界线的中间。
- 第一个尺寸界线：沿尺寸线与第一个尺寸界线左对正，尺寸界线与标注文字的距离是箭头大小加上文字间距之和的两倍。
- 第二条尺寸界线：沿尺寸线与第二条尺寸界线右对正，尺寸界线与标注文字的距离是箭头大小加上文字间距之和的两倍。
- 第一个尺寸界线上方：沿第一个尺寸界线放置标注文字或将标注文字放在第一个尺寸界线之上。
- 第二条尺寸界线上方：沿第二条尺寸界线放置标注文字或将标注文字放在第二条尺寸界线之上。

图 5-16 所示为水平方向不同位置的效果。

“从尺寸线偏移”数值框用于设置文字与尺寸线的间距，偏移尺寸分别为 1 和 2 时效果如图 5-17 所示。

“观察方向”下拉列表框用于控制标注文字的观察方向，一般不作设置。

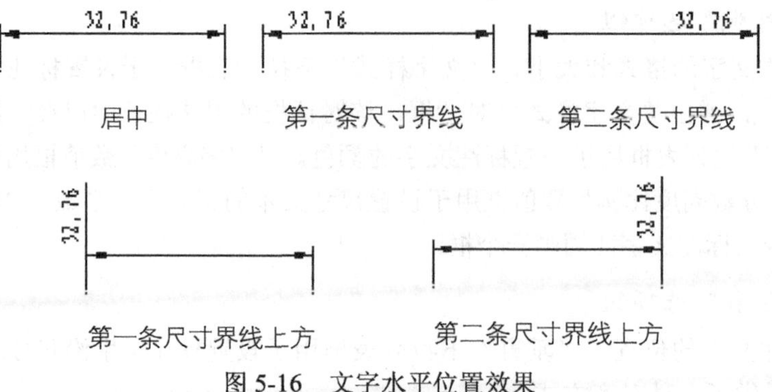

图 5-16　文字水平位置效果

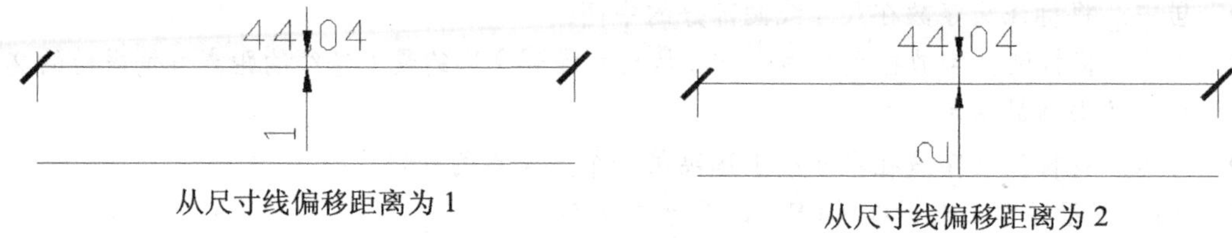

图 5-17　从尺寸线偏移效果

（3）“文字对齐”选项组

用于设置标注文字的方向。“水平”单选按钮表示标注文字沿水平线放置；“与尺寸线对齐”单选按钮表示标注文字沿尺寸线方向放置；“ISO 标准”单选按钮表示当标注文字在尺寸界线之间时，沿尺寸线的方向放置，当标注文字在尺寸界线外侧时，则水平放置标注文字。

4. “调整”选项卡

“调整”选项卡如图 5-18 所示，由“调整选项”、“文字位置”、“标注特征比例”和“优化”4 个选项组组成，用于控制标注文字、箭头、引线和尺寸线的放置。

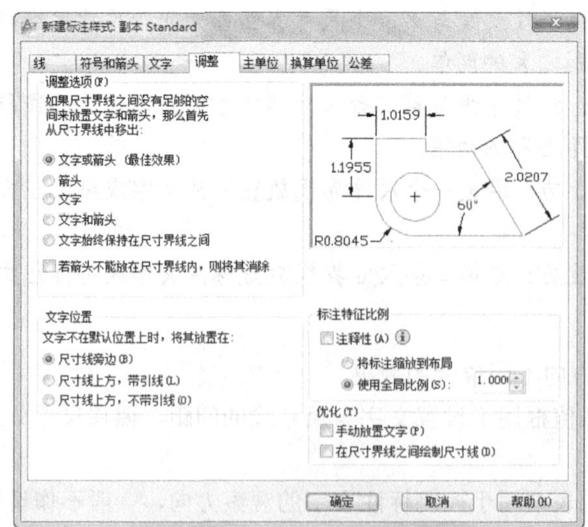

图 5-18　“调整”选项卡

（1）“调整选项”选项组

用于控制基于尺寸界线之间可用空间的文字和箭头的位置。如果有足够大的空间，文字和箭头都将放在尺寸界线内。否则，将按照“调整选项”选项组的设置放置文字和箭头。

- “文字或箭头（最佳效果）”单选按钮：按照最佳效果将文字或箭头移动到尺寸界线外，当尺寸界线间的距离足够放置文字和箭头时，文字和箭头都放在尺寸界线内，否则，将按照最佳效果移动文字或箭头；当尺寸界线间的距离仅够容纳文字时，将文字放在尺寸界线内，而箭头放在尺寸界线外；当尺寸界线间的距离仅够容纳箭头时，将箭头放在尺寸界线内，而文字放在尺寸界线外；当尺寸界线间的距离既不够放文字又不够放箭头时，文字和箭头都放在尺寸界线外。
- “箭头”单选按钮：表示先将箭头移动到尺寸界线外，然后移动文字。当尺寸界线间的距离足够放置文字和箭头时，文字和箭头都放在尺寸界线内；当尺寸界线间距离仅够放下箭头时，将箭头放在尺寸界线内，而文字放在尺寸界线外；当尺寸界线间距离不足以放下箭头时，文字和箭头都放在尺寸界线外。
- “文字”单选按钮：表示先将文字移动到尺寸界线外，然后移动箭头。当尺寸界线间的距离足够放置文字和箭头时，文字和箭头都放在尺寸界线内；当尺寸界线间的距离仅能容纳文字时，将文字放在尺寸界线内，而箭头放在尺寸界线外；当尺寸界线间距离不足以放下文字时，文字和箭头都放在尺寸界线外。
- “文字和箭头”单选按钮：表示当尺寸界线间距离不足以放下文字和箭头时，文字和箭头都移到尺寸界线外。
- “文字始终保持在尺寸界线之间”单选按钮：表示始终将文字放在尺寸界线之间。
- “若箭头不能放在尺寸界线内，则将其消除”复选框：表示如果尺寸界线内的空间不足以放下箭头时，则隐藏箭头。

（2）“文字位置”选项组

用于设置从默认位置（由标注样式定义的位置）移动时标注文字的位置。

- “尺寸线旁边”单选按钮：如果选中此单选按钮，只要移动标注文字尺寸线就会随之移动。
- “尺寸线上方，带引线”单选按钮：如果选中此单选按钮，移动文字时尺寸线将不会移动。如果将文字从尺寸线上移开，将创建一条连接文字和尺寸线的引线。当文字非常靠近尺寸线时，将省略引线。
- “尺寸线上方，不带引线”单选按钮：如果选中此单选按钮，移动文字时尺寸线不会移动。远离尺寸线的文字不与带引线的尺寸线相连。

（3）“标注特征比例”选项组

用于设置全局标注比例值或图纸空间比例。

- “注释性”复选框：选中该复选框，则指定标注为注释性标注。
- “使用全局比例”单选按钮：为所有标注样式设置一个比例，这些设置指定了大小、距离或间距，包括文字和箭头大小，该缩放比例并不更改标注的测量值。
- “将标注缩放到布局”单选按钮：根据当前模型空间视口和图纸空间之间的比例确定比例因子。

（4）“优化”选项组

用于提供放置标注文字的其他选项。

- “手动放置文字”复选框：表示忽略所有水平对正设置并把文字放在“尺寸线位置”提示下指定的位置。
- “在尺寸界线之间绘制尺寸线”复选框：表示即使箭头放在测量点之外，也在测量点之间绘制尺寸线。

5. “主单位”选项卡

“主单位”选项卡如图 5-19 所示，由“线性标注”、“测量单位比例”、“消零”和“角度标注”4 个选项组组成，用于设置主单位的格式及精度，同时还可以设置标注文字的前缀和后缀。

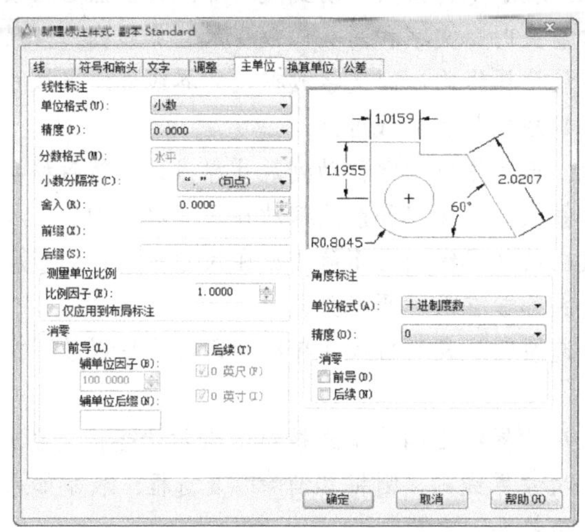

图 5-19　“主单位”选项卡

（1）“线性标注”选项组

用于设置线性标注单位的格式及精度。“单位格式”下拉列表框用于设置所有尺寸标注类型（除了角度标注）的当前单位格式；“精度”下拉列表框用于设置在十进制单位下用多少小数位来显示标注文字；“分数格式”下拉列表框用于设置分数的格式；“小数分隔符”下拉列表框用于设置小数格式的分隔符号；“舍入”数值框用于设置所有尺寸标注类型（除角度标注外）的测量值的取整规则；“前缀”数值框用于对标注文字加上一个前缀；“后缀”数值框用于对标注文字加上一个后缀。

（2）“测量单位比例”选项组

用于确定测量时的缩放系数，“比例因子”文本框用于设置线性标注测量值的比例因子，例如，如果输入 2，则 1mm 直线的尺寸将显示为 2mm，经常用在建筑制图中，绘制 1:100 的图形，比例因子为 1，绘制 1:50 的图形，比例因子为 0.5。该值不应用到角度标注，也不应用到舍入值或者正负公差值。

其他两个选项组的作用比较容易理解，“消零”选项组用于控制是否显示前导 0 或尾数 0；“角度标注”选项组用于设置角度标注的角度格式。

6. “换算单位”选项卡

“换算单位”选项卡如图 5-20 所示，由“换算单位”、“消零”、“位置”三个选项组和“显示换算单位”复选板框组成，用于指定标注测量值中换算单位的显示并设置其格式和精度，一般情况下，保持“换算单位”选项组的默认值不变。

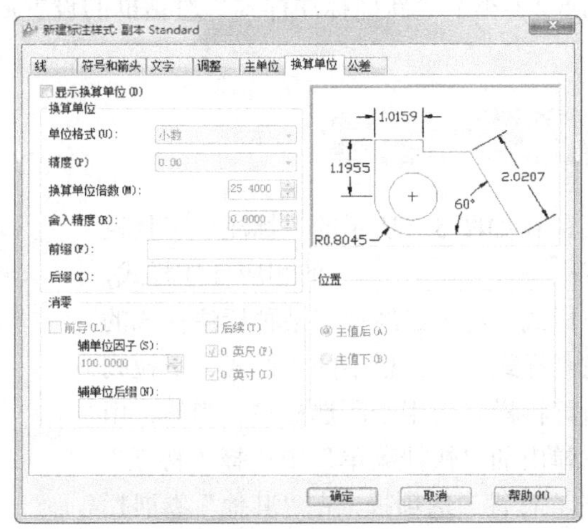

图 5-20　“换算单位”选项卡

- “显示换算单位”复选框用于设置是否向标注文字中添加换算测量单位，并将 DIMALT 系统变量设置为 1。
- “换算单位”选项组用于显示和设置除角度之外的所有标注类型的当前换算单位格式。“单位格式”下拉列表用于设置换算单位的格式。堆`叠分数中数字的相对大小由系统变量 DIMTFAC 确定（同样，公差值大小也由该系统变量确定）；“精度”下拉列表框用于设置换算单位中的小数位数。“换算单位倍数”数值框用于指定一个乘数，作为主单位和换算单位之间的换算因子。例如，要将英寸转换为毫米，可以输入 25.4，此值对角度标注没有影响，而且不会应用于舍入值或者正、负公差值；“舍入精度”数值框用于设置除角度之外的所有标注类型的换算单位的舍入规则。如果输入 0.25，则所有标注测量值都以 0.25 为单位进行舍入。如果输入 1.0，则所有标注测量值都将舍入为最接近的整数。小数点后显示的位数取决于“精度”设置；“前缀”文本框用于设置在换算标注文字中包含的前缀，可以输入文字或使用控制代码显示特殊符号；“后缀”文本框用于设置在换算标注文字中包含的后缀。
- “消零”选项组用于控制不输出前导 0、后续 0、0 英尺以及 0 英寸部分。
- “位置”选项组用于控制标注文字中换算单位的位置。

“公差”选项卡将在后面进行讲解，这里不再赘述。

5.2.2　修改尺寸标注样式

在“标注样式管理器”对话框的“样式”列表框中选择需要修改的标注样式，然后单击“修改”按钮，弹出“修改标注样式”对话框，可以在该对话框中对样式的参数进行修改。

在“标注样式管理器”对话框的“样式”列表框中选择需要替代的标注样式，单击“替代”按钮，弹出“替代当前样式”对话框，用户可以在该对话框中设置临时的尺寸标注样式，以替代当前尺寸标注样式的相应设置。

“新建标注样式”、“修改标注样式”以及“替代当前样式”仅对话框标题不同，其他参数设置均相同，用户掌握了第 5.2.1 小节“新建标注样式”对话框的设置后，则可方便地进行另外两个对话框的设置。

5.2.3 应用尺寸标注样式

用户设置好标注样式后，在如图 5-2 所示的“标注”工具栏中选择“标注样式”下拉列表 ISO-25 中的相应标注样式，即可将该标注样式置为当前样式。对于已经使用某种标注样式的标注，用户选择该标注，在“样式”工具栏中的“样式”下拉列表中选择目标标注样式，即可将样式应用于所选标注。当然，用户也可以单击鼠标右键，在弹出的“快捷菜单”中选择“特性”命令，弹出如图 5-21 所示的“特性”选项板，在“其他”卷展栏中的“标注样式”下拉列表中设置标注样式。

图 5-21 “特性”选项板

5.2.4 应用举例

例 5-1 创建电气制图中 1:10 和 1:5 的标注样式，以及电气标注样式和建筑电气标注样式。

创建电气制图中的 1:10 和 1:5 标注样式，其中 1:10 标注样式命名为 D10，1:5 标注样式命名为 D5，要求设置尺寸线的基线间距为 20，尺寸界线超出尺寸线 20，起点偏移量 20，尺寸界线固定长度为 40，箭头大小为 10，文字高度为 30，文字样式为 simplex.shx，文字从尺寸线偏移 5。

创建电气标注样式，命名为电气标注，要求设置尺寸线的基线间距为 1，尺寸界线超出尺寸线 1，起点偏移量 0，箭头大小为 2，设置字体为“仿宋”，字体样式为“常规”，字高为 2.5，宽度因子为 1，文字从尺寸线偏移 0.875。

创建建筑电气标注样式，命名为建筑电气标注，要求设置尺寸线的基线间距为 3.75，尺寸界线超出尺寸线 8，起点偏移量 5，箭头大小为 5，设置字体为“仿宋”，字体样式为“常规”，字高为 15，宽度因子为 0.7，文字从尺寸线偏移 5。

具体操作步骤如下：

步骤 01 选择“格式”|“标注样式”命令，弹出“标注样式管理器”对话框，单击“新建”按钮，弹出“创建新标注样式”对话框，输入新样式名为 D10，基础样式为 ISO-25，如图 5-22 所示。

步骤 02 单击“继续”按钮，弹出“新建标注样式”对话框，设置“线”选项卡中的参数，如图 5-23 所示。

步骤 03 选择“符号和箭头”选项卡，设置箭头标记为“实心闭合”，箭头大小为 10，设置如图 5-24 所示。

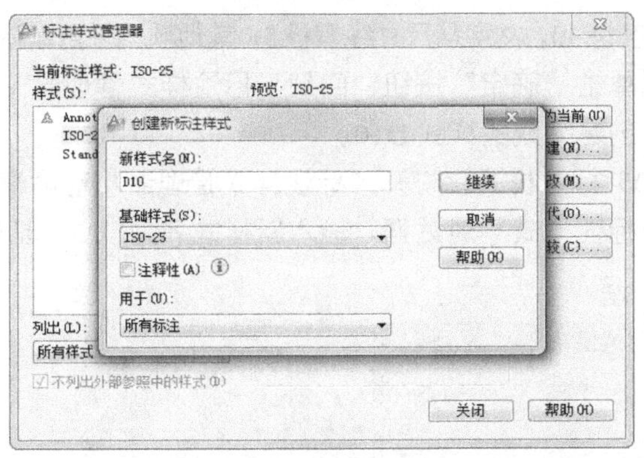

图 5-22　设置“创建新标注样式”对话框

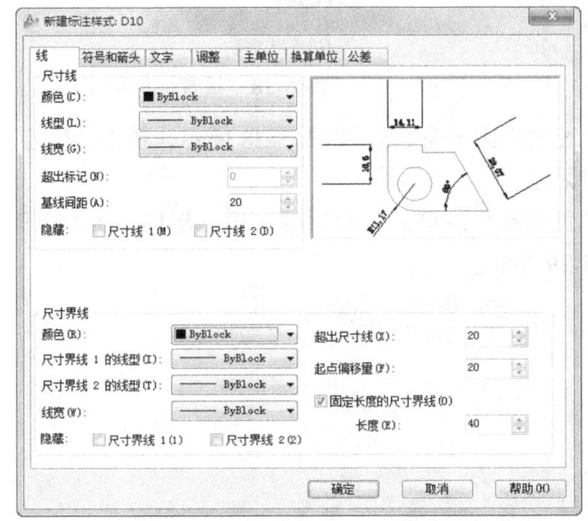

图 5-23　设置“线”选项卡

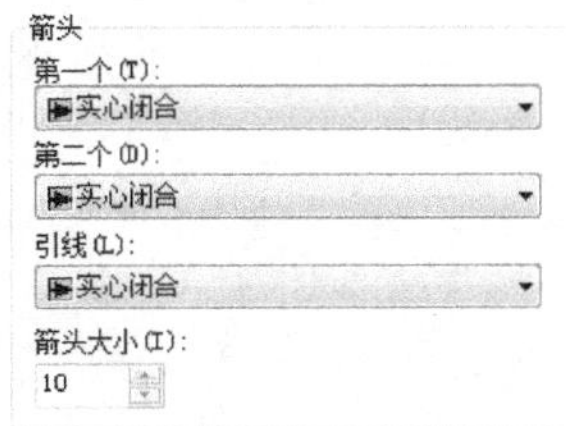

图 5-24　设置“符号和箭头”选项卡

步骤 04　选择“文字”选项卡，单击“文字样式”下拉列表后的按钮，弹出“文字样式”对话框，单击“新建”按钮，创建名称为“尺寸标注”的文字样式，设置字体为 simplex.shx，效果如图 5-25 所示。

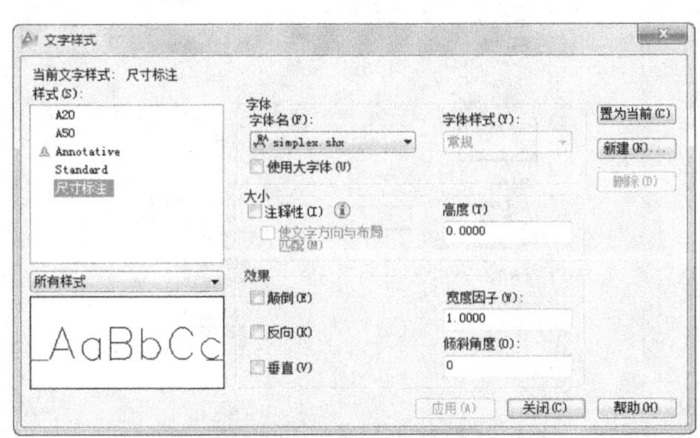

图 5-25　创建尺寸标注文字样式

图 5-26　设置“文字”选项卡

步骤05 设置文字高度为30，文字从尺寸线偏移5，其他项均采用默认设置，效果如图5-26所示。

步骤06 设置完成后单击“确定”按钮，回到“标注样式管理器”对话框，在“样式”列表中可以看到创建完成的样式D10。

步骤07 继续创建D5标注样式，打开“标注样式管理器”对话框，单击“新建”按钮，弹出“创建新标注样式”对话框，输入新样式名为D5，基础样式为D10，效果如图5-27所示。

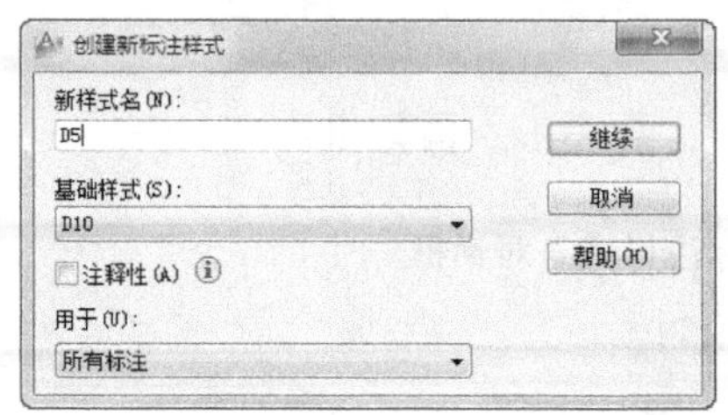

图5-27 创建D5标注样式

图5-28 设置比例因子

步骤08 打开“主单位”选项卡，设置比例因子为0.5，如图5-28所示，单击“确定”按钮，回到“标注样式管理器”对话框。

步骤09 单击“新建”按钮，弹出“创建新标注样式”对话框，输入新样式名为电气标注，基础样式为ISO-25，如图5-29所示。

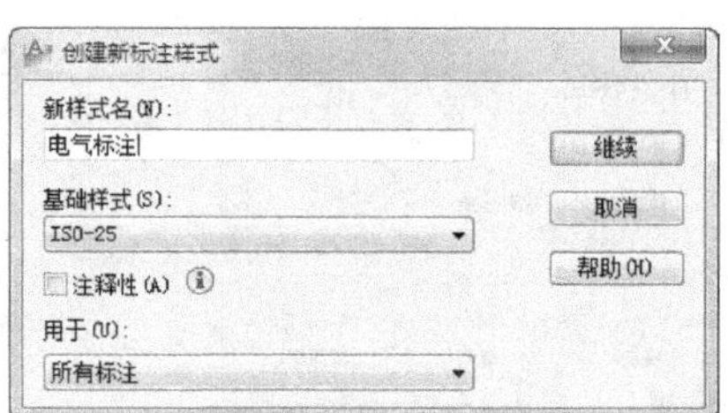

图5-29 设置“创建新标注样式”对话框

步骤10 单击“继续”按钮，弹出“修改标注样式”对话框，设置“线”选项卡中的参数，如图5-30所示；“符号和箭头”选项卡的设置如图5-31所示。

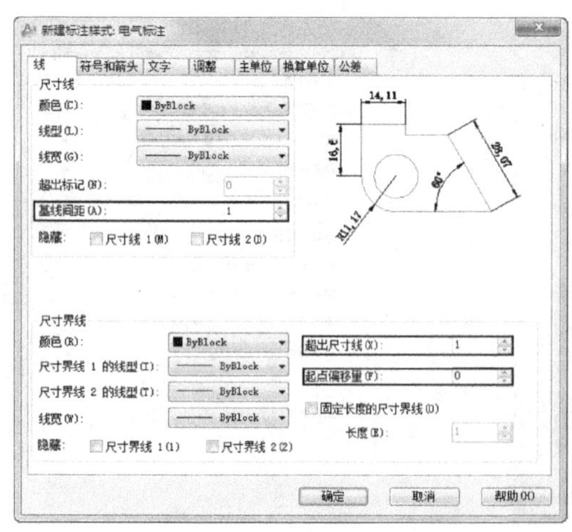

图5-30 设置“线”选项卡

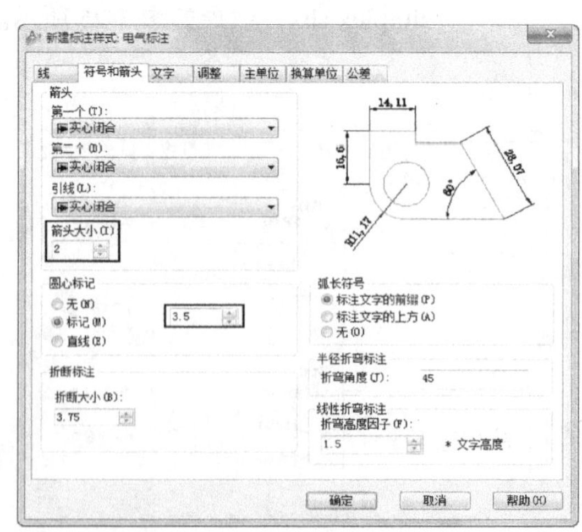

图5-31 设置“符号和箭头”选项卡

步骤 11　选择“文字”选项卡，单击“文字样式”下拉列表后的…按钮，弹出“文字样式”对话框，单击“新建”按钮，创建名称为“电气字”的文字样式，设置字体为“仿宋”，字体样式为“常规”，字高为 2.5，宽度因子为 1，文字从尺寸线偏移 0.875，效果如图 5-32 所示。单击“确定”按钮，回到“标注样式管理器”对话框。

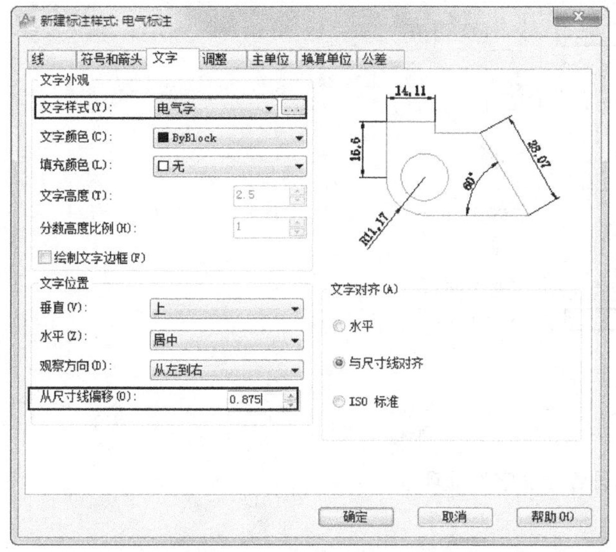

图 5-32　设置“文字”选项卡

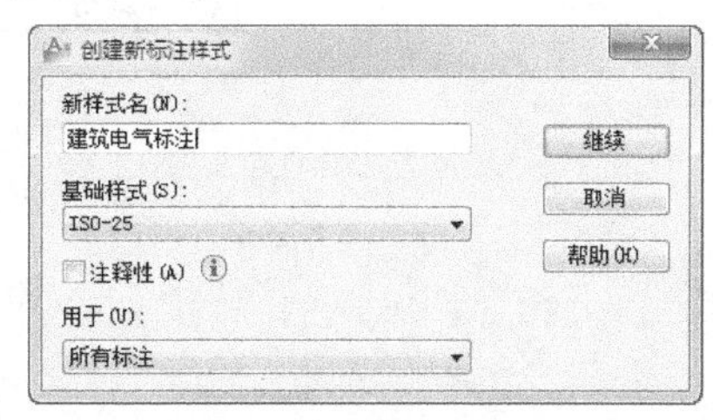

图 5-33　设置“创建新标注样式”对话框

步骤 12　单击“新建”按钮，弹出“创建新标注样式”对话框，输入新样式名为建筑电气标注，基础样式为 ISO-25，如图 5-33 所示。

步骤 13　单击“继续”按钮，弹出“新建标注样式”对话框，设置“线”选项卡中的参数，如图 5-34 所示；“符号和箭头”选项卡的设置如图 5-35 所示。

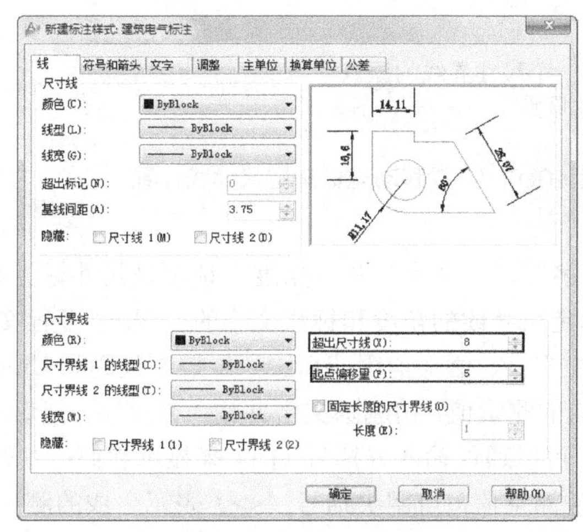

图 5-34　设置“线”选项卡

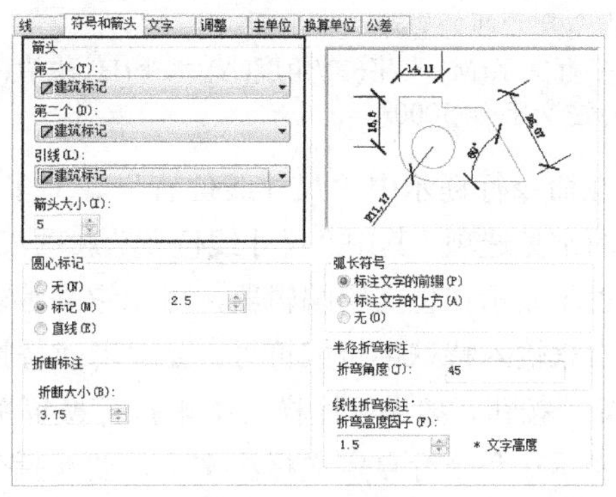

图 5-35　设置“符号和箭头”选项卡

步骤 14　选择“文字”选项卡，单击“文字样式”下拉列表后的…按钮，弹出“文字样式”对话框，单击“新建”按钮，创建名称为“建筑电气字”的文字样式，设置字体为“仿宋”，字体样式为“常规”，字高为 15，宽度因子为 0.7，创建完成后，在“文字样式”下拉列表框中选择“建筑电气字”文字样式，另外设置文字从尺寸线偏移5，效果如图5-36所示。单击“确定”按钮，回到“标注样式管理器”对话框，完成标注样式的创建。

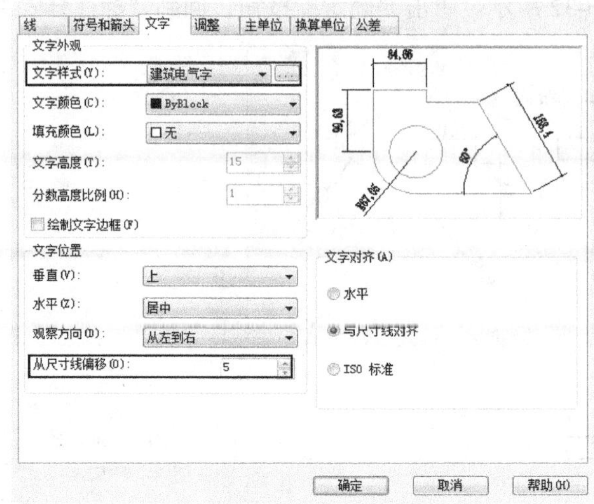

图5-36　设置“文字”选项卡

5.3　线性标注

线性标注能够标注水平尺寸、垂直尺寸和旋转尺寸。选择“标注”|“线性”命令，或单击“标注”工具栏上的“线性标注”按钮，或在命令行中输入DIMLINEAR均可标注水平尺寸、垂直尺寸和旋转尺寸，会在命令行窗口出现以下命令提示：

```
命令: _DIMLINEAR
指定第一个尺寸界线原点或 <选择对象>: //拾取第一个尺寸界线的原点
指定第二条尺寸界线原点: //拾取第二条尺寸界线的原点
指定尺寸线位置或
[多行文字(M)/文字(T)/角度(A)/水平(H)/垂直(V)/旋转(R)]: //一般移动光标指定尺寸线位置
标注文字 = 5000
```

在命令行提示中“尺寸线位置”、“多行文字”、“文字”和“角度”选项是尺寸标注命令行中的常见选项，其中“尺寸线位置”选项表示确定尺寸线的角度和标注文字的位置；“多行文字”选项表示显示在位文字编辑器，可用它来编辑标注文字、添加前缀或后缀，用控制代码和Unicode字符串来输入特殊字符或符号，要编辑或替换生成的测量值，请删除文字并输入新文字，然后单击“确定”按钮，如果标注样式中未打开换算单位，可以通过输入方括号（[ ]）来显示它们；“文字”选项表示在命令行自定义标注文字，要包括生成的测量值，可用尖括号（<>）表示生成的测量值。如果标注样式中未打开换算单位，可以通过输入方括号（[ ]）来显示换算单位；“角度”选项用于修改标注文字的角度。

命令行中的其他三个选项“水平”、“垂直”和“旋转”都是线性标注特有的选项，含义如下：“水平”选项用于创建水平线性标注；“垂直”选项用于创建垂直线性标注；“旋转”选项用于创建旋转线性标注。图 5-37 显示了水平线性标注、垂直线性标注和旋转 60º。的线性标注效果。

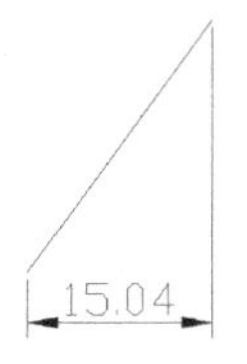

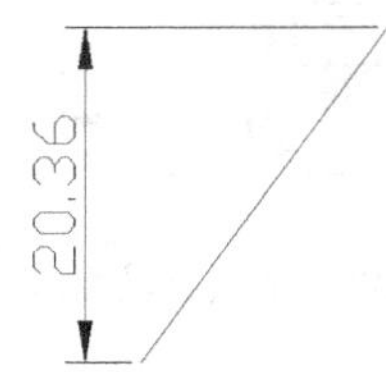

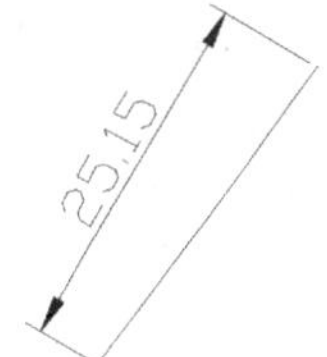

水平线性标注　　垂直线性标注　　旋转线性标注

图 5-37　线性标注效果

5.4　对齐标注

对齐尺寸标注可以创建与指定位置或对象平行的标注，在对齐标注中，尺寸线平行于尺寸界线原点连成的直线。选择“标注”|“对齐”命令，或单击“标注”工具栏上的“对齐标注”按钮，或在命令行中输入 DIMALIGNED 均可完成对齐标注，会在命令行窗口出现以下命令提示：

```
命令: _DIMALIGNED
指定第一个尺寸界线原点或 <选择对象>:
指定第二条尺寸界线原点:
指定尺寸线位置或
[多行文字(M)/文字(T)/角度(A)]:
标注文字 = 25.31
```

图 5-38　对齐尺寸标注效果

命令行提示中的选项与线性尺寸标注类似，这里不再赘述。图 5-38 显示了对齐尺寸标注的效果。

5.5　基线标注

基线标注是自同一基线处测量的多个标注，在创建基线之前，必须创建线性、对齐或角度标注，基线标注是从上一个尺寸界线处测量的，除非指定另一点作为原点。选择“标注”|“基线”命令，或单击“标注”工具栏上的“基线标注”按钮，或在命令行中输入 DIMBASELINE 都可执行“基线标注”命令，会在命令行窗口出现以下命令提示：

```
命令: _DIMBASELINE
指定第二条尺寸界线原点或 [放弃(U)/选择(S)] <选择>://拾取第二条尺寸界线原点
标注文字 = 38
指定第二条尺寸界线原点或 [放弃(U)/选择(S)] <选择>:
//继续提示拾取第二条尺寸界线原点
标注文字 = 49
指定第二条尺寸界线原点或 [放弃(U)/选择(S)] <选择>: ......
```

命令行中的“选择”选项表示用户可以选择一个线性标注、坐标标注或角度标注作为基线标注的基准。选择基准标注之后，将再次显示“指定第二条尺寸界线原点”提示。图 5-39 所示为基线标注效果。

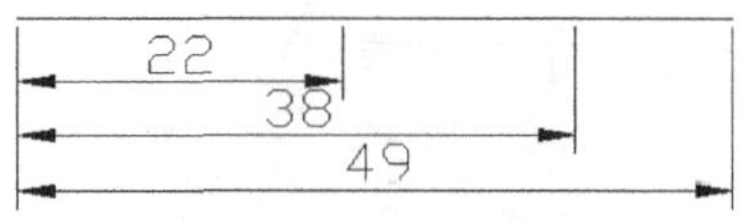

图 5-39　基线标注效果

5.6　连续标注

连续标注是首尾相连的多个标注，前一尺寸的第二尺寸界线就是后一尺寸的第一尺寸界线，与基线尺寸标注一样，在创建连续尺寸标注之前，必须创建线性、对齐或角度标注，连续标注是从上一个尺寸界线处测量的，除非指定另一点作为原点。选择“标注”|“连续”命令，或单击“标注”工具栏上的“连续标注”按钮，或在命令行中输入 DIMCONTINUE 均可执行“连续标注”命令。单击“连续标注”按钮，命令行提示与“基线标注”类似，这里不再赘述。图 5-40 为连续标注效果。

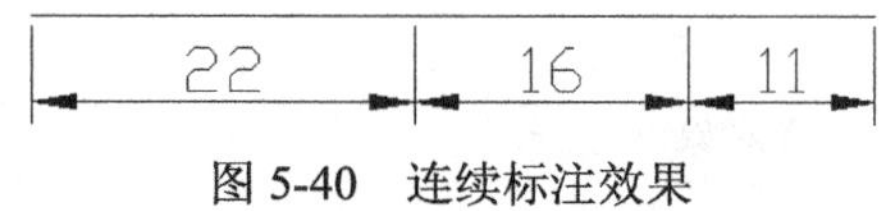

图 5-40　连续标注效果

例 5-2　创建如图 5-41 所示的连续标注和基线标注。

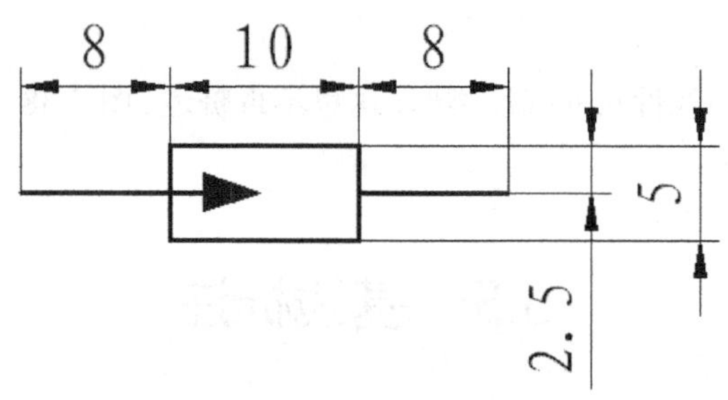

图 5-41　连续和基线标注示例

具体操作步骤如下：

步骤 01　单击“标注”工具栏中的“标注样式控制”下拉列表，选择“电气标注”样式 电气标注 。

步骤 02　单击“线性标注”按钮，捕捉左边直线段的左端点为第一个尺寸界线原点，捕捉矩形的左上角点为第二条尺寸界线原点，如图 5-42 所示，完成第一条直线段的标注，结果如图 5-43 所示。

图 5-42　捕捉尺寸界线原点

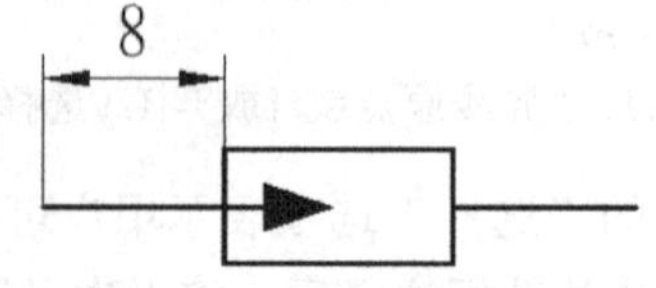

图 5-43　完成线性标注

步骤 03　单击“连续标注”按钮，系统将以上一次标注的第二条尺寸界线原点为基点进行连续标注，捕捉矩形的右上另一个角点为尺寸界线原点，如图 5-44 所示；继续捕捉右边直线段的右端点为尺寸界线原点，最后按 Enter 键，连续标注结果如图 5-45 所示。

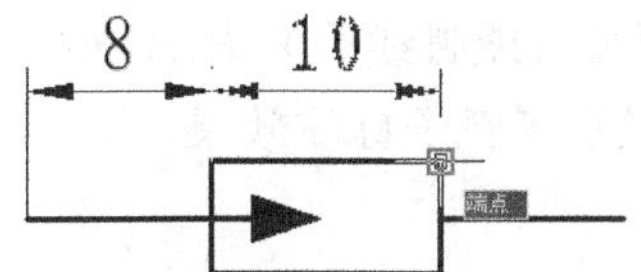

图 5-44　捕捉尺寸界线原点

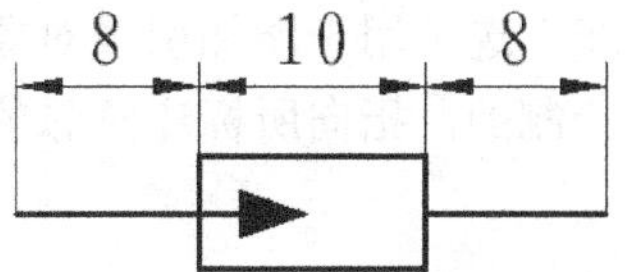

图 5-45　完成连续标注

步骤 04　单击“线性标注”按钮，捕捉矩形的角点为第一个尺寸界线原点，捕捉右边直线段的右端点为第二条尺寸界线原点，如图 5-46 所示，完成竖直方向上的线性标注，结果如图 5-47 所示。

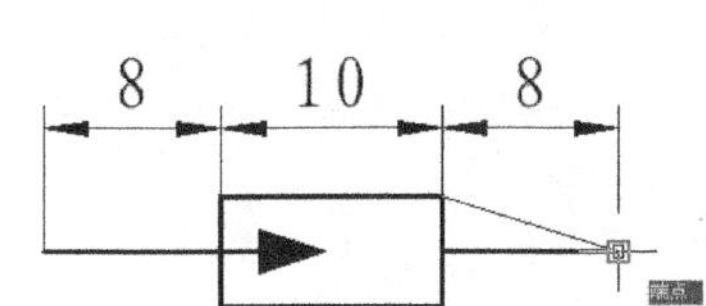

图 5-46　捕捉尺寸界线原点

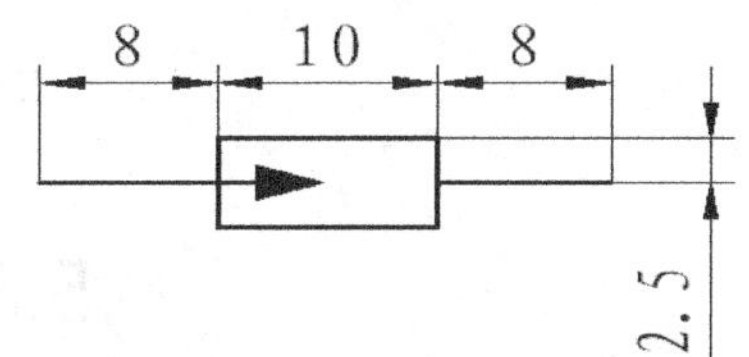

图 5-47　完成连续标注

步骤 05　单击“基线标注”按钮，系统将以步骤（5）标注的第一个尺寸界线原点为基点，捕捉矩形的角点为第二条尺寸界线原点，进行基线标注，如图 5-48 所示。对基线标注进行水平向右拉伸，放置到适当位置，如图 5-49 所示。连续和基线标注最终结果如图 5-41 所示。

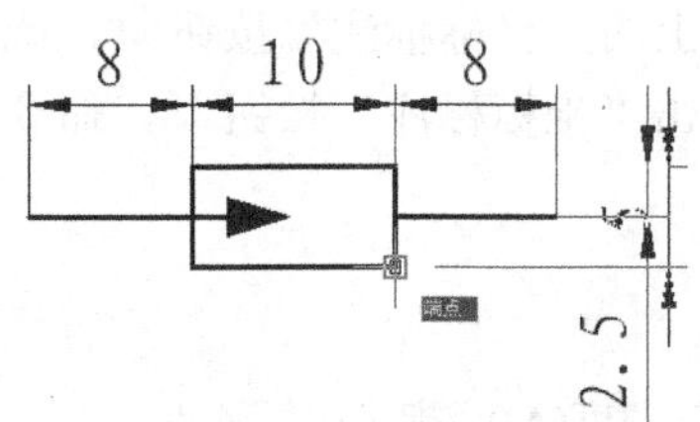

图 5-48　捕捉尺寸界线原点

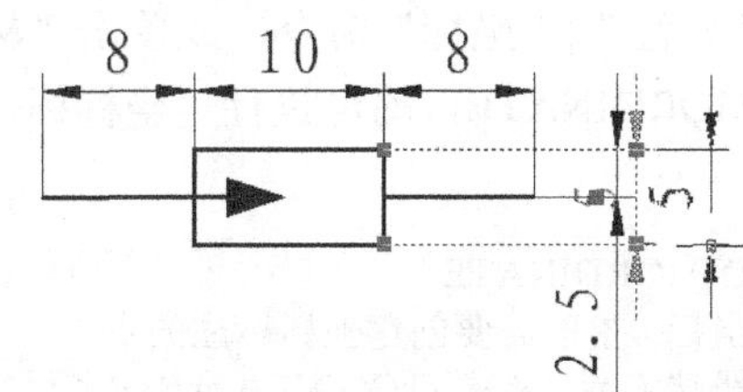

图 5-49　完成连续标注，进行拉伸

5.7 弧长标注

弧长标注用于测量圆弧或多段线弧线段上的距离，默认情况下，弧长标注将显示一个圆弧符号。圆弧符号显示在标注文字的上方或前方，用户可以使用“标注样式管理器”指定位置样式。弧长标注的尺寸界线可以正交或径向，仅当圆弧的包含角度小于 90° 时才显示正交尺寸界线。

选择“标注”|“弧长”命令，或单击“标注”工具栏上的“弧长标注”按钮，或在命令行中输入 DIMARC，命令行提示如下：

```
命令: _DIMARC
```

```
选择弧线段或多段线弧线段: //选择要标注的弧
指定弧长标注位置或 [多行文字(M)/文字(T)/角度(A)/部分(P)/引线(L)]:
//制定尺寸线的位置
标注文字 =18
```

命令行中，“部分”选项表示缩短弧长标注的长度，命令行会提示重新拾取测量弧长的起点和终点；“引线”选项用于添加引线对象。该选项仅当圆弧（或弧线段）大于 90° 时才会显示，引线是按径向绘制的，指向所标注圆弧的圆心。图 5-50 显示了弧长标注效果。

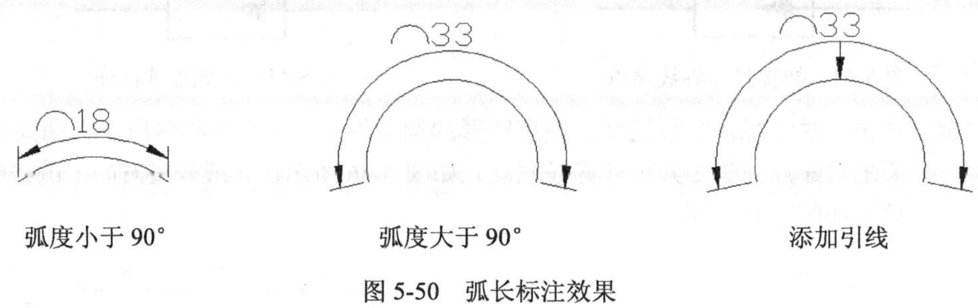

弧度小于 90°　　弧度大于 90°　　添加引线

图 5-50　弧长标注效果

5.8　坐标标注

坐标标注用于测量原点（称为基准点）到标注特征点（例如部件上的一个孔）的垂直距离，这种标注保持特征点与基准点的精确偏移量，从而避免增大误差。

坐标标注由 X（或 Y）值和引线组成。X 基准坐标标注沿 X 轴测量特征点与基准点的距离。Y 基准坐标标注沿 Y 轴测量距离。程序使用当前 UCS 的绝对坐标确定坐标值。在创建坐标标注之前，通常需要重设 UCS 原点，从而与基准相符。

选择“标注”|“坐标”命令，或单击“标注”工具栏上的“坐标标注”按钮，或在命令行中输入 DIMORDINATE，均可执行“坐标标注”命令。单击“坐标标注”按钮，命令行提示如下：

```
命令: _DIMORDINATE
指定点坐标://拾取需要创建坐标标注的点
指定引线端点或 [X 基准(X)/Y 基准(Y)/多行文字(M)/文字(T)/角度(A)]://指定引线端点
标注文字 =132.33
```

5.9　半径和直径标注

半径和直径标注使用可选的中心线或中心标记测量圆弧、圆的半径和直径，半径标注用于测量圆弧或圆的半径，并显示前面带有字母 R 的标注文字。直径标注用于测量圆弧或圆的直径，并显示前面带有直径符号的标注文字。

选择“标注”|“半径”命令，或单击“标注”工具栏上的“半径标注”按钮，或在命令行中输入 DIMRADIUS 均可执行“半径标注”命令。单击“半径标注”按钮，命令行提示如下：

```
命令: _DIMRADIUS
选择圆弧或圆:                                //选择要标注半径的圆或圆弧对象
标注文字 =25
指定尺寸线位置或 [多行文字(M)/文字(T)/角度(A)]:  //移动光标至合适位置单击鼠标
```

选择“标注” | “直径”命令、单击“直径标注”按钮，或在命令行中执行 DIMDIAMETER 命令均可执行“直径标注”命令。命令行提示与半径标注类似，这里不再赘述。图 5-51 显示了半径标注和直径标注的效果。

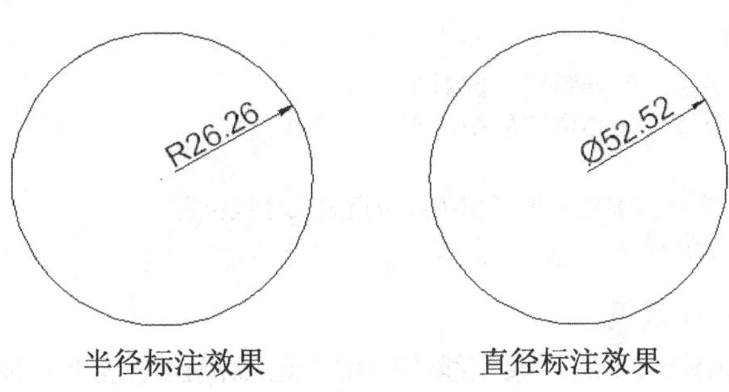

图 5-51　半径和直径标注效果

5.10　角度标注

角度标注用于标注两条直线或三个点之间的角度。要测量圆的两条半径之间的角度，可以选择此圆，然后指定角度端点。对于其他对象，则需要先选择对象，然后指定标注位置。

选择“标注” | “角度”命令，或单击“标注”工具栏上的“角度标注”按钮，或在命令行中执行 DIMANGULAR 命令，命令行提示如下：

```
命令: _DIMANGULAR
选择圆弧、圆、直线或 <指定顶点>://选择标注角度尺寸对象，选择小圆弧
指定标注弧线位置或 [多行文字(M)/文字(T)/角度(A)]:  //移动光标至合适位置单击
标注文字 =120
```

图 5-52 显示了圆弧和直线角度标注的效果。

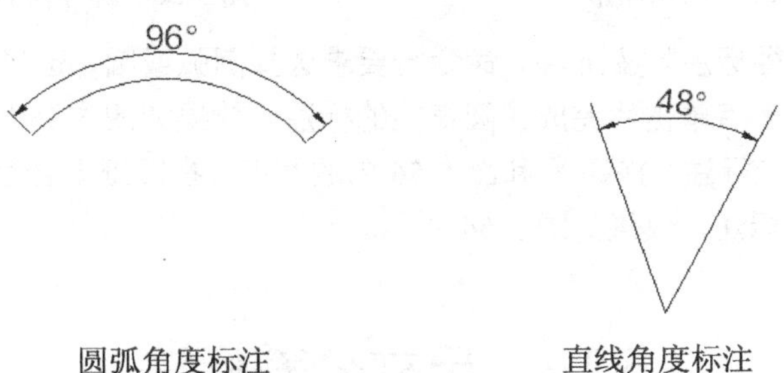

图 5-52　角度标注效果

5.11 折弯标注

当圆弧或圆的中心位于布局外并且无法显示在其实际位置时，可以创建折弯标注，也称为“缩略的半径标注”，可以在更方便的位置指定标注的原点（在命令行中称为中心位置替代）。

选择“标注”|“折弯”命令，或单击“标注”工具栏上的“折弯标注”按钮，或在命令行中输入 DIMJOGGED 均可执行“折弯标注”命令，命令行提示如下：

```
命令: _DIMJOGGED
选择圆弧或圆://选择需要标注的圆弧或者圆对象
指定中心位置替代://拾取替代圆心位置的中心点
标注文字 =81
指定尺寸线位置或 [多行文字(M)/文字(T)/角度(A)]://指定尺寸线位置
指定折弯位置://指定折弯位置
```

图 5-53 所示为折弯标注效果。

例 5-3 创建如图 5-54 所示架空线路中用的地线横担抱箍上劲板的直径和半径标注。

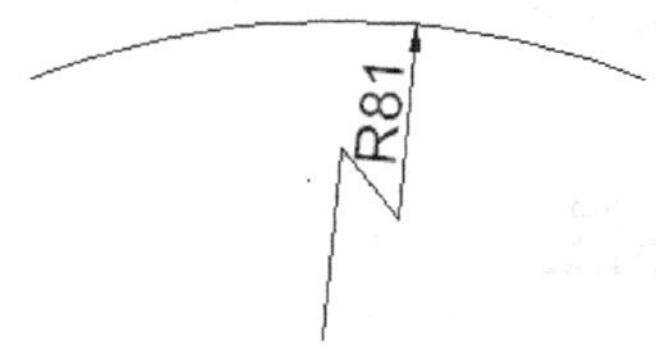

图 5-53　折弯标注效果

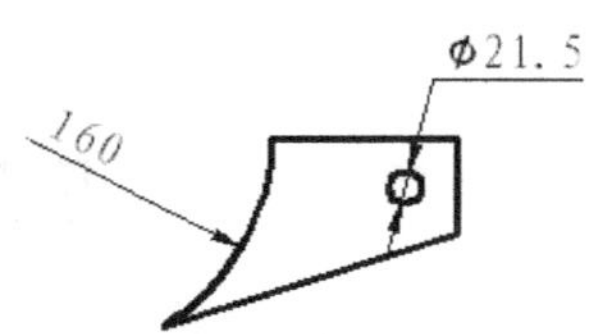

图 5-54　直径和半径标注示例

具体操作步骤如下：

步骤 01 继续使用例 5-1 中所创建的电气标注为当前标注样式，并添加标注。

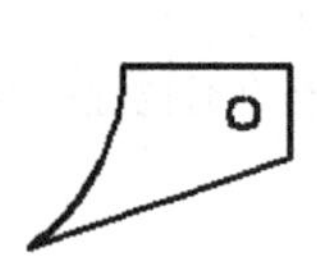

图 5-55　原始图形

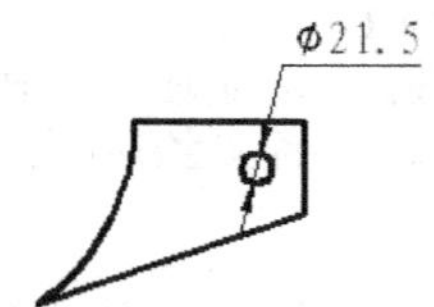

图 5-56　标注圆直径

步骤 02 单击“直径标注”按钮，命令行要求选择圆弧或圆，选择图 5-55 中的圆，在图纸上合适的一点单击后完成该圆直径的标注，效果如图 5-56 所示。

步骤 03 单击“半径标注”按钮和图 5-56 中的圆弧，在图纸上合适的一点单击后完成该圆弧半径的标注，效果如图 5-54 所示。

5.12 尺寸公差标注

在工程制图中，尺寸公差是个比较重要的工程概念，下面将具体地进行讲解。

所谓尺寸公差是指实际生产中可以变动的数目。在实际绘图过程中，可以通过为标注文字附加公差的方式，直接将公差应用到标注中。如果标注值在两个方向上变化，所提供的正值和负值将作为极限公差附加到标注值中。如果两个极限公差值相等，AutoCAD 将在它们前面加上“±”符号，也称为对称。否则，正值将位于负值上方。

在 AutoCAD 中，系统提供了标注样式中的“公差”选项卡，该选项卡用于控制标注文字中公差的格式及显示，如图 5-57 所示。

1.“公差格式”选项组

在“公差”选项卡中，“公差格式”选项组用于控制公差格式。

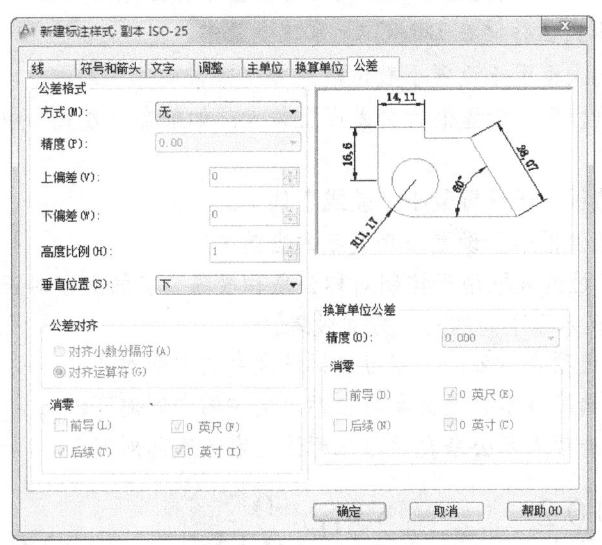

图 5-57　“公差”选项卡

- “方式”下拉列表框用于设置计算公差的方法，系统提供了 5 种不同的方法，图 5-58 演示了采用不同计算公差方法的效果。

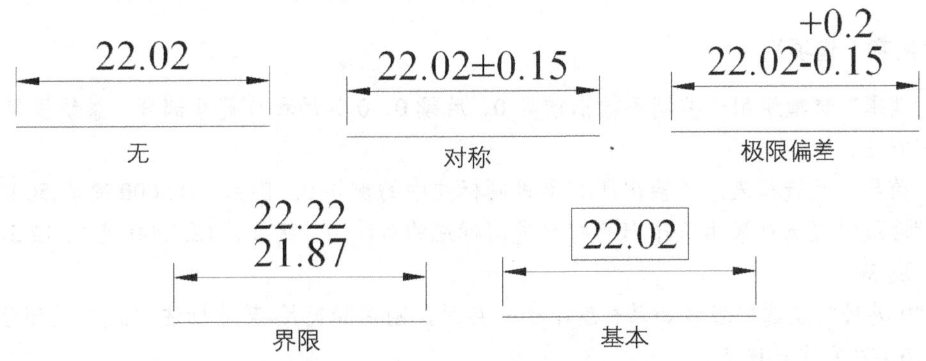

图 5-58　不同计算公差方法效果

- ➢ “无”选项表示不添加公差，此时将 DIMTOL 系统变量设置为 0;
- ➢ “对称”选项表示添加公差的正/负表达式，其中一个偏差量的值应用于标注测量值，标注后面将显示加号或减号。“上偏差”数值框可用，“下偏差”数值框不可用，用户可在“上偏差”数值框中输入公差值;

  - “极限偏差”选项表示添加正/负公差表达式。不同的正公差和负公差值将应用于标注测量值，将在“上偏差”中输入的公差值前面显示正号（+），在“下偏差”中输入的公差值前面显示负号（-）。
  - “界限”选项表示创建极限标注。在此类标注中，将显示一个最大值和一个最小值，一个在上，另一个在下，最大值等于标注值加上在“上偏差”中输入的值，最小值等于标注值减去在“下偏差”中输入的值；
  - “基本”选项表示创建基本标注，这将在整个标注范围周围显示一个框，文字和框之间的距离以负值存储在DIMGAP系统变量中。
- “精度”下拉列表框用于设置小数位数。
- “上偏差”数值框用于设置最大公差或上偏差。如果在“方式”中选择“对称”，则此值将用于公差。
- “下偏差”数值框用于设置最小公差或下偏差。
- “高度比例”数值框用于设置公差文字的当前高度。
- “垂直位置”下拉列表框用于控制对称公差和极限公差的文字对正，系统提供了三种对齐方式，图5-59显示了不同的对齐方式效果。
  - “上对齐”选项表示公差文字与主标注文字的顶部对齐；
  - “中对齐”选项表示公差文字与主标注文字的中间对齐；
  - “下对齐”选项表示公差文字与主标注文字的底部对齐。

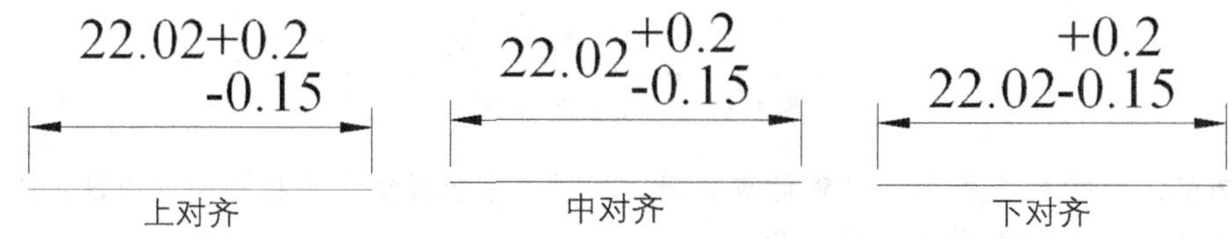

图5-59　不同对齐方式的公差效果

2. “消零”选项组

- “消零”选项组用于控制不输出前导0、后续0、0英尺和0英寸部分，系统提供了4种消零方法。
- “前导”复选框表示不输出所有十进制标注中的前导0。例如，0.5000变成.5000。
- “后续”复选框表示不输出所有十进制标注的后续0。例如，12.5000变成12.5，30.0000变成30。
- “0英尺”复选框表示如果长度小于一英尺，则消除英尺-英寸标注中的英尺部分。例如，0'-6 1/2"变成6 1/2"。
- “0英寸”复选框表示如果长度为整英尺数，则消除英尺-英寸标注中的英寸部分。例如，1'-0"变为1'。

3. “换算单位公差”选项组

“换算单位公差”选项组用于设置换算公差单位的格式。“精度”下拉列表框用于显示和设置小数位数。“消零”选项组用于控制不输出前导0、后续0、0英尺以及0英寸部分。

在设置完尺寸公差的格式和显示参数后，用户即可使用定义了尺寸公差的标注样式对图形对象进行尺寸标注。

在工程制图中，尺寸公差和形位公差是两个比较重要的工程概念，后面将具体地进行讲解。

5.13　创建和编辑多重引线

引线对象是一条线或样条曲线，其一端带有箭头，另一端带有多行文字对象或块。在某些情况下，由一条短水平线（又称为基线）将文字、块与特征控制框连接到引线上。基线、引线与多行文字对象或块关联，因此当重定位基线时，内容和引线将随其移动。在 AutoCAD 2012 版本中，将提供如图 5-60 所示的“多重引线”工具栏，以供用户对多重引线进行创建、编辑以及其他操作。

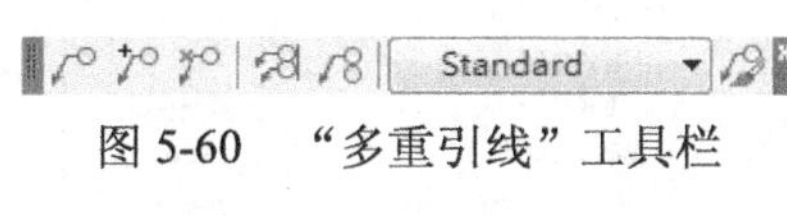

图 5-60　“多重引线”工具栏

5.13.1　创建引线样式

选择“格式”|“多重引线样式”命令，或者单击“多重引线”工具栏中的“多重引线样式管理器”按钮，弹出如图 5-61 所示的“多重引线样式管理器”对话框，该对话框用于设置当前多重引线样式，以及创建、修改和删除多重引线样式。

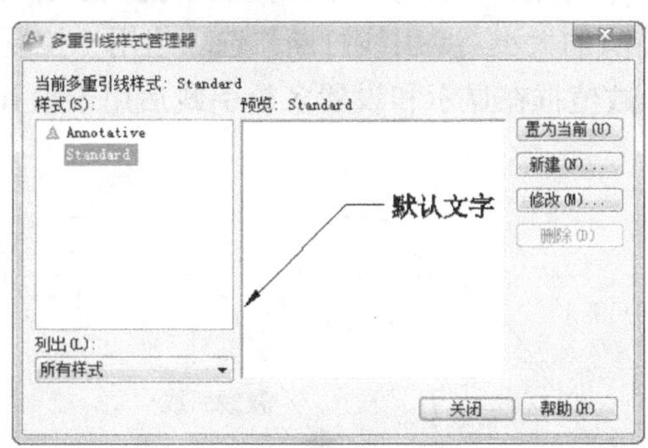

图 5-61　“多重引线样式管理器”对话框

在“多重引线样式管理器”对话框中，“当前多重引线样式”栏中显示应用于所创建的多重引线的多重引线样式的名称；“样式”列表中显示多重引线列表，当前样式被亮显；“列出”下拉列表用于控制“样式”列表的内容。选中“所有样式”选项，将显示图形中所有可用的多重引线样式，选中“正在使用的样式”选项，将仅显示被当前图形中的多重引线参照的多重引线样式。“预览”框显示“样式”列表中选定样式的预览图像；单击“置为当前”按钮，将“样式”列表中选定的多重引线样式设置为当前样式。

单击“新建”按钮，弹出“创建新多重引线样式”对话框，在该对话框中可以定义新的多重引线样式；单击“修改”按钮，弹出“修改多重引线样式”对话框，在该对话框中可以修改多重引线样式；单击“删除”按钮，可以删除“样式”列表中选定的多重引线样式。

“创建新多重引线样式”对话框如图 5-62 所示，单击“继续”按钮，弹出如图 5-63 所示的“修改多重引线样式”对话框，可以在此对话框中设置基线、引线、箭头和内容的格式。

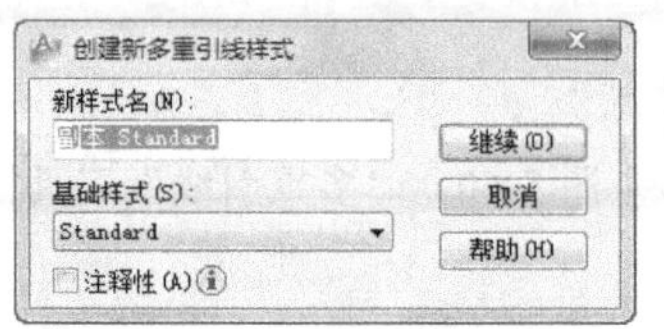

图 5-62 “创建新多重引线样式”对话框

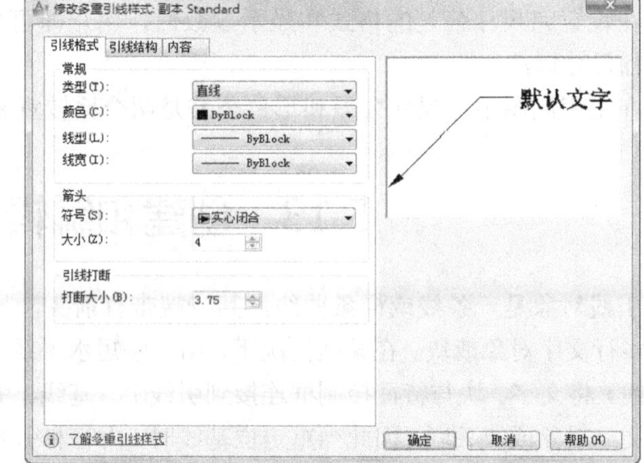

图 5-63 “修改多重引线样式”对话框

“修改多重引线样式”对话框提供了“引线格式”、“引线结构”和“内容”三个选项卡，以供用户进行设置。

（1）“引线格式”选项卡

“引线格式”选项卡中共有三个选项组，“基本”选项组用于控制多重引线的基本外观，包括引线的类型、颜色、线型和线宽，图 5-64 所示为引线类型为样条曲线和直线的效果。“箭头”选项组用于控制多重引线箭头的外观，“符号”下拉列表中提供了各种多重引线的箭头符号，“大小”文本框用于显示和设置箭头的大小。“引线打断”选项组用于控制将折断标注添加到多重引线时使用的设置，“打断大小”数值框在显示和设置多重引线后用于设置 DIMBREAK 命令的折断大小。

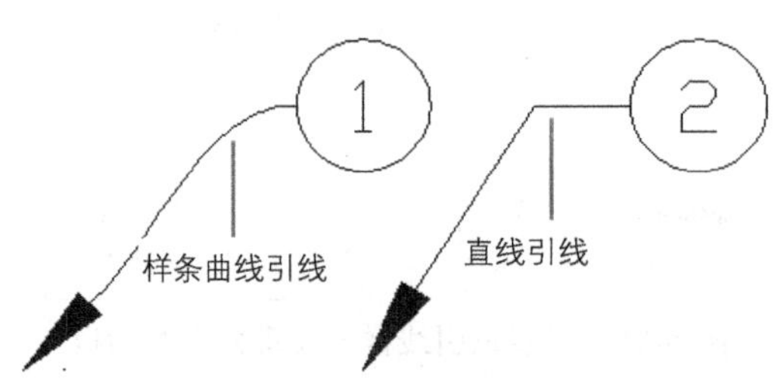

图 5-64 样条曲线引线和直线引线

（2）“引线结构”选项卡

这个选项卡如图 5-65 所示，其中“约束”选项组用于控制多重引线的约束，选中“最大引线点数”复选框后，可以在后面的数值框中指定引线的最大点数；选中“第一段角度”复选框后，需要指定引线中的第一个点的角度；选中“第二段角度”复选框后，需要指定多重引线基线中的第二个点的角度。“基线设置”选项组用于控制多重引线的基线设置，“自动包含基线”复选框用于控制是否将水平基线附着到多重引线内容；“设置基线距离”复选框用于控制是否为多重引线基线确定固定距离，是则需要设定具体的距离。“比例”选项组用于控制多重引线的缩放。“注释性”复选框用于指定多重引线是否为注释性。如果多重引线为非注释性，则“将多重引线缩放到布局”和“指定比例”单选按钮可用。

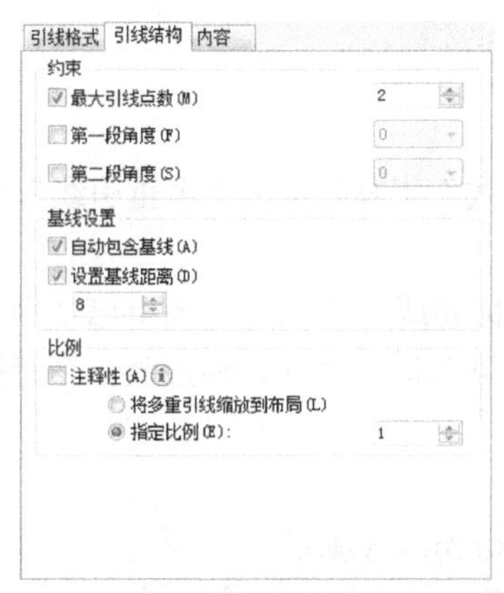

图 5-65　“引线结构”选项卡

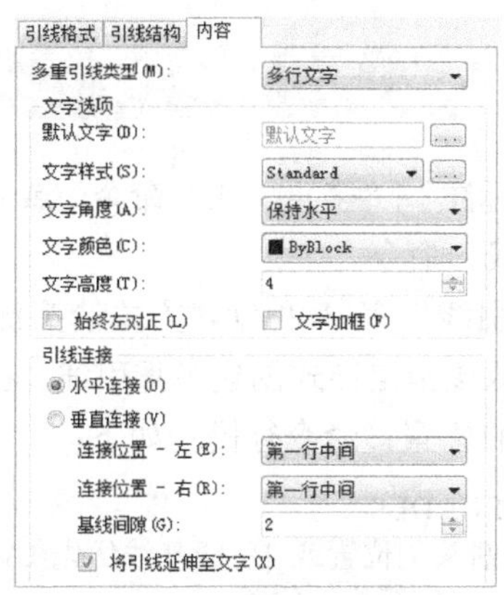

图 5-66　“内容”选项卡

（3）“内容”选项卡

这个选项卡如图 5-66 所示，其中“多重引线类型”下拉列表用于确定多重引线是包含文字还是包含块。当选择“多行文字”时，需要设置“文字选项”和“引线连接”两个选项组。“文字选项”选项组用于设置多重引线文字的外观。“默认文字”文本框用于为多重引线内容设置默认文字，单击[...]按钮将启动多行文字在位编辑器；“文字样式”下拉列表框用于指定属性文字的预定义样式；“文字角度”下拉列表框用于指定多重引线文字的旋转角度；“文字颜色”下拉列表框用于指定多重引线文字的颜色；“文字高度”数值框用于指定多重引线文字的高度；“始终左对正”复选框用于设置多重引线文字是否始终左对齐；“文字加框”复选框用于设置是否使用文本框对多重引线文字内容加框。“引线连接”选项组用于控制多重引线的引线连接设置，有“水平连接”和“垂直连接”两种方式。“连接位置-左”下拉列表用于控制文字位于引线左侧时基线连接到多重引线文字的方式；“连接位置-右”下拉列表用于控制文字位于引线右侧时基线连接到多重引线文字的方式；“基线间距”数值框用于指定基线和多重引线文字之间的距离。

如果设置多重引线包含块，即在“多重引线类型”下拉列表框中选择“块”时，“内容”选项卡如图 5-67 所示。“块选项”选项组用于控制多重引线对象中块内容的特性。“源块”下拉列表框用于设置多重引线内容的块；“附着”下拉列表框用于指定块附着到多重引线对象的方式，可以通过指定块的范围、块的插入点或块的中心点来附着块；“颜色”下拉列表框用于指定多重引线块内容的颜色。

图 5-68 所示为多重引线类型分别为多行文字和块时的效果。

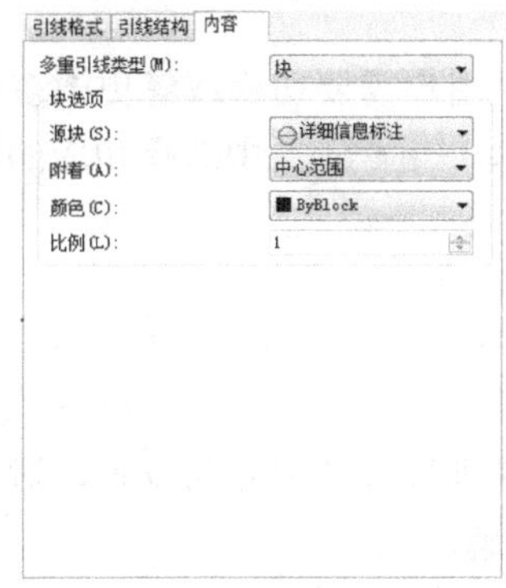

图 5-67　“内容”选项卡

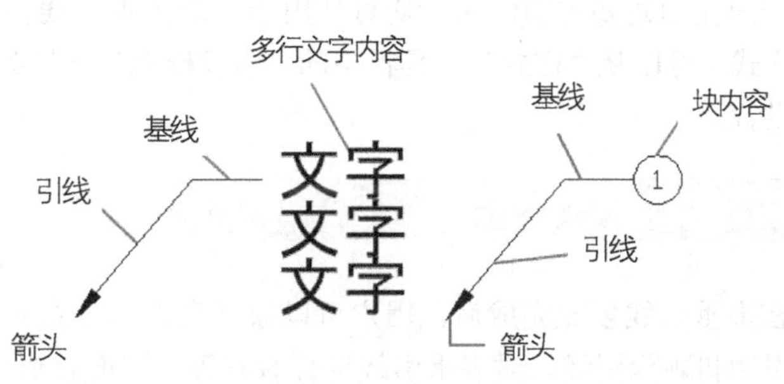

图 5-68　带多行文字内容的引线和带块内容的引线

5.13.2 创建引线

选择“标注”|“多重引线”命令，或者单击“多重引线”工具栏中的“多重引线”按钮，执行“多重引线”命令。

“多重引线”有 3 种创建方式箭头优先、引线基线优先或内容优先，如果已使用多重引线样式，则可以从该指定样式创建多重引线。在命令行中，如果以箭头优先，则按照命令行提示在绘图区指定箭头的位置，命令行提示如下：

```
命令: _MLEADER
指定引线箭头的位置或 [引线基线优先(L)/内容优先(C)/选项(O)] <选项>:
//在绘图区指定箭头的位置
指定引线基线的位置://在绘图区指定基线的位置，弹出在位文字编辑器，可输入多行文字或块
```

如果引线基线优先，则需要在命令行中输入 L，命令行提示如下：

```
命令: _MLEADER
指定引线箭头的位置或 [引线基线优先(L)/内容优先(C)/选项(O)] <选项>: L
//输入 L，表示引线基线优先
指定引线基线的位置或 [引线箭头优先(H)/内容优先(C)/选项(O)] <选项>:
//在绘图区指定基线的位置
指定引线箭头的位置://在绘图区指定箭头的位置，弹出在位文字编辑器，可输入多行文字或块
```

如果内容优先，则需要在命令行中输入 C，命令行提示如下：

```
命令: _MLEADER
指定引线基线的位置或 [引线箭头优先(H)/内容优先(C)/选项(O)] <选项>: C
//输入 C，表示内容优先
指定文字的第一个角点或 [引线箭头优先(H)/引线基线优先(L)/选项(O)] <选项>:
//指定多行文字的第一个角点
指定对角点://指定多行文字的对角点，弹出在位文字编辑器，输入多行文字
指定引线箭头的位置://在绘图区指定箭头的位置
```

命令行中还提供了选项 O，输入后，命令行提示如下：

```
命令: _MLEADER
指定引线箭头的位置或 [引线基线优先(L)/内容优先(C)/选项(O)] <引线基线优先>: O
输入选项 [引线类型(L)/引线基线(A)/内容类型(C)/最大节点数(M)/第一个角度(F)/第二个
角度(S)/退出选项(X)] <内容类型>:
```

用户在创建多重引线时，均可使用当前的多重引线样式，如果用户需要切换或者更改多重引线的样式，可以从“样式”工具栏中的“引线样式”下拉列表 Standard 中选择相应的样式进行设置。

5.13.3 编辑引线

在多重引线创建完成后，用户可以通过夹点的方式对多重引线进行拉伸和移动位置、对多重引线添加和删除引线、对多重引线进行对齐等，下面将进行详细讲解。

1. 使用夹点编辑

用户可以使用夹点修改多重引线的外观，当选中多重引线后，夹点效果如图 5-69 所示。使用夹点可以拉长（缩短）基线（引线）重新指定引线头点，还可以调整文字位置、基线间距以及移动整个引线对象。

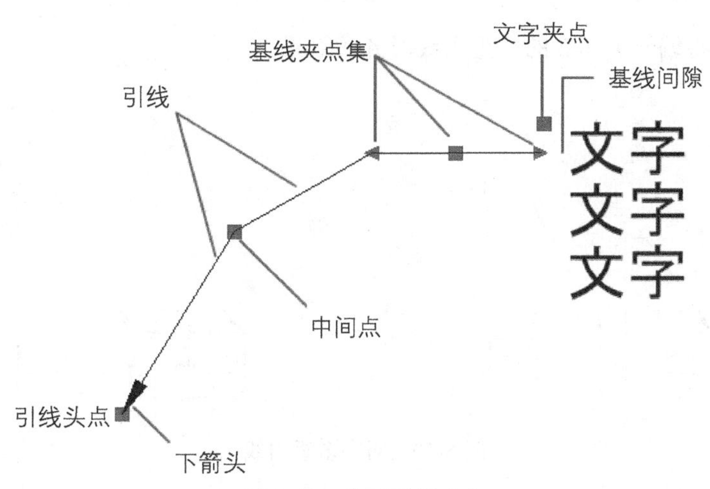

图 5-69　多重引线夹点

2. 添加和删除引线

多重引线对象可包含多条引线，因此一个注解可以指向图形中的多个对象。单击“多重引线”工具栏中的“添加引线”按钮，可以将引线添加至选定的多重引线对象，命令行提示如下：

```
选择多重引线:  //选择需要添加引线的多重引线对象
找到 1 个   //选择结果
指定引线箭头的位置:  //在绘图区指定添加的引线箭头的位置
指定引线箭头的位置:
指定引线箭头的位置:
```

包含多个引线线段的注释性多重引线在每个比例图示中可以有不同的引线头点。根据比例图示，水平基线和箭头可以有不同的尺寸，并且基线间隙可以有不同的距离。在所有比例图示中，多重引线内的水平基线外观、引线类型（直线或样条曲线）和引线线段数将保持一致。

如果用户需要删除添加的引线，则单击“删除引线”按钮即可从选定的多重引线对象中删除引线，命令行提示如下：

```
选择多重引线:  //选定多重引线对象
找到 1 个
指定要删除的引线:  //拾取需要删除的引线
指定要删除的引线:
```

3. 对齐多重引线

单击“多重引线对齐”按钮，可以将多重引线对象沿指定的直线均匀排序，命令行提示如下：

```
命令: _MLEADERALIGN
```

```
选择多重引线: 找到 1 个//选择需要对齐的第一个多重引线对象
选择多重引线: 找到 1 个，总计 2 个  //选择需要对齐的第二个多重引线对象
选择多重引线:  // 按 Enter 键，完成选择
当前模式: 使用当前间距
选择要对齐到的多重引线或 [选项(O)]://选择需要对齐的多重引线
指定方向://指定对齐的方向
```

图 5-70 所示为将编号 1 和 2 的多重引线对齐的效果。

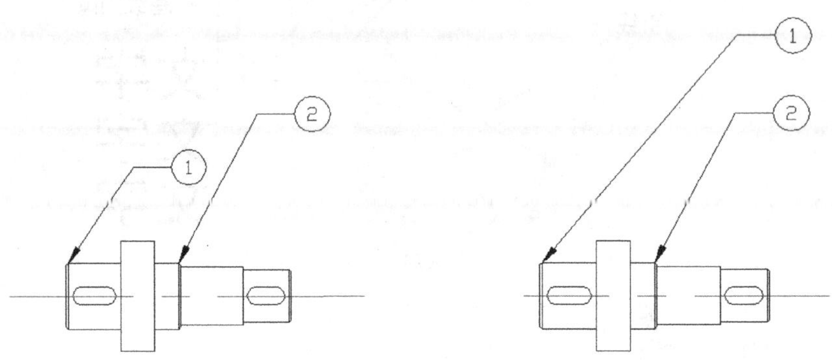

图 5-70　对齐多重引线

4. 合并多重引线

单击“多重引线”工具栏中的“多重引线合并”按钮，可以将选定的包含块的多重引线作为内容组织为一组并附着到单引线，命令行提示如下：

```
命令: _mleadercollect
选择多重引线: 找到 1 个//拾取图 5-71 所示的点 1
选择多重引线: 找到 1 个，总计 2 个//拾取图 5-71 所示的点 2
选择多重引线://按 Enter 键，完成多重引线的选择
指定收集的多重引线位置或 [垂直(V)/水平(H)/缠绕(W)] <水平>://按 Enter 键，完成合并
标注已解除关联。
```

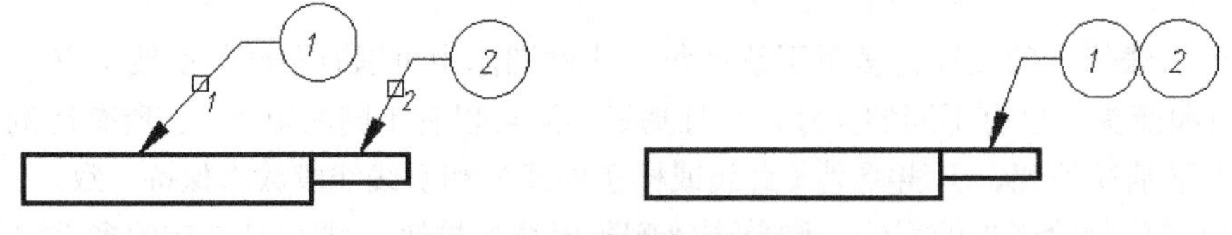

图 5-71　多重引线合并效果

对于多重引线来说，选择的顺序不同，合并的效果也不同，一般来说后选择的多重引线要合并到先选择的多重引线上。在多重引线合并命令行中，有“垂直(V)/水平(H)/缠绕(W)”三个选项，“水平(H)”表示水平放置多重引线集合，“垂直(V)”表示垂直放置多重引线集合，“缠绕(W)”表示指定缠绕的多重引线集合的宽度或者数量，从而确定每行放置的块的数量。

5.14　快速标注

使用“快速标注”命令可以快速创建或编辑一系列标注，在创建系列基线、连续标注或者为

一系列圆或圆弧创建标注时，此命令特别有用。

选择“标注”|“快速标注”命令、单击“快速标注”按钮，或在命令行中输入命令 QDIM 均可执行“快速标注”命令，命令行提示如下：

```
命令: _QDIM
关联标注优先级 = 端点
选择要标注的几何图形: 找到 1 个        //选择要标注的图形对象
选择要标注的几何图形:                  //按 Enter 键，完成选择
指定尺寸线位置或 [连续(C)/并列(S)/基线(B)/坐标(O)/半径(R)/直径(D)/基准点(P)/
编辑(E)/设置(T)] <当前>:               //输入选项或按 Enter 键
```

5.15　圆心标记

圆心标记可以创建圆和圆弧的圆心标记或中心线，可以选择圆心标记或中心线，并在设置标注样式时指定它们的大小。

选择“标注”|“圆心标记”命令、单击“圆心标记”按钮，或在命令行中执行 DIMCENTER 命令，命令行提示如下：

```
命令: _DIMCENTER
选择圆弧或圆://拾取需要执行圆心标记命令的圆弧或者圆
```

5.16　编辑标注

在绘图过程中创建标注后，经常要对标注后的文字进行旋转或用新文字替换，用户可以通过命令方式和夹点方式进行各种编辑。

5.16.1　命令编辑

AutoCAD 提供了多种方法来对尺寸标注进行编辑，DIMEDIT 和 DIMTEDIT 是两种最常用的对尺寸标注进行编辑的命令。

1. DIMEDIT

单击“编辑标注”按钮，或在命令行输入 DIMEDIT 都可以执行该命令。命令行提示如下：

```
命令: _DIMEDIT
输入标注编辑类型 [默认(H)/新建(N)/旋转(R)/倾斜(O)] <默认>:
```

此提示中有 4 个选项，分别为“默认(H)”、“新建(N)”、“旋转(R)”和“倾斜(O)”，各选项的含义如下。

- “默认”选项：将尺寸文本按 DDIM 所定义的默认位置和方向进行重新放置。
- “新建”选项：用于更新所选择的尺寸标注的尺寸文本，使用在位文字编辑器更改标注文字。
- “旋转”选项：用于旋转所选择的尺寸文本。

- “倾斜”选项：用于倾斜标注，即编辑线性型尺寸标注，使其尺寸界线倾斜一个角度，不再与尺寸线相垂直，常用于标注锥形图形。

2. DIMTEDIT

单击“编辑标注文字”按钮，或在命令行输入 DIMTEDIT 都可以执行该命令。命令行提示如下：

```
命令: _DIMTEDIT
选择标注:        //选择需要编辑的尺寸标注
指定标注文字的新位置或 [左(L)/右(R)/中心(C)/默认(H)/角度(A)]:
//拖动文字到需要的位置
```

此提示有“左(L)”、“右(R)”、“中心(C)”、“默认(H)”、“角度(A)”等 5 个选项，各选项的含义如下。

- “左”选项：更改尺寸文本沿尺寸线左对齐。
- “右”选项：更改尺寸文本沿尺寸线右对齐。
- “中心”选项：更改尺寸文本沿尺寸线中间对齐。
- “默认”选项：将尺寸文本按 DDIM 所定义的默认位置和方向重新放置。
- “角度”选项：旋转所选择的尺寸文本。

3. 标注间距

使用“标注间距”命令可以自动调整图形中现有的平行线性标注和角度标注，以使其间距相等或在尺寸线处相互对齐。

选择“标注”|“标注间距”命令，或者单击“标注”工具栏中的“等距标注”按钮，命令行提示如下：

```
命令: _DIMSPACE
选择基准标注: // 选择平行线性标注或角度标注作为基准标注
选择要产生间距的标注:找到 1 个
//依次选择平行线性标注或角度标注以从基准标注均匀隔开，并按 Enter 键
选择要产生间距的标注:找到 1 个，总计 2 个
选择要产生间距的标注:找到 1 个，总计 3 个
选择要产生间距的标注:              //按 Enter 键完成选择
输入值或 [自动(A)] <自动>: 10
//指定间距或按 Enter 键采用基于在选定基准标注的标注样式中指定的文字高度自动计算间距。
```

图 5-72 所示为指定标注间距为 10 的调整标注间距的效果。

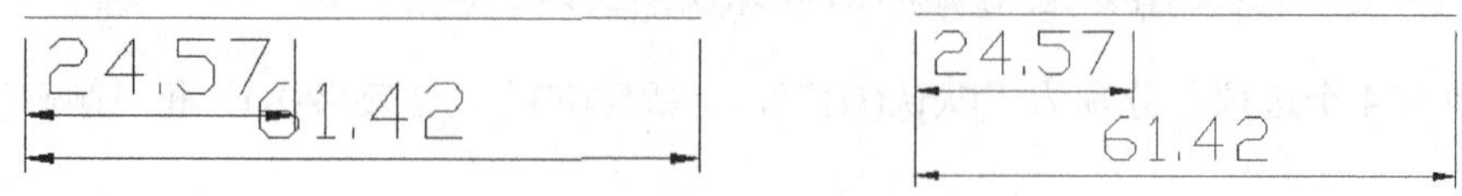

图 5-72 标注间距效果

4. 标注打断

使用“标注打断”命令可以使标注、尺寸延伸线或引线不显示，单击“打断标注”按钮，

命令行提示如下：

```
命令: _DIMBREAK
选择标注或 [多个(M)]:        //选择标注，或输入 M 并按 Enter 键
选择要打断标注的对象或 [自动(A)/恢复(R)/手动(M)] <自动>: M
//选择与标注相交或与选定标注的尺寸界线相交的对象，输入选项，或按 Enter 键，或者输入 M，手动
操作
指定第一个打断点:            //指定打断点
指定第二个打断点:            //指定第二个打断点
```

“自动”选项将折断标注放置在与选定标注相交的对象的所有交点处。修改标注或相交对象时，会自动更新使用此选项创建的所有折断标注，在具有任何折断标注的标注上方绘制新对象后，在交点处不会沿标注对象自动应用任何新的折断标注，要添加新的折断标注，必须再次运行此命令。“手动”打断需要为打断位置手动指定标注或尺寸界线上的两点。

5. 折弯线性

使用“折弯线性”命令可以将折弯线添加到线性标注。折弯线用于表示不显示实际测量值的标注值。通常，标注的实际测量值小于显示的值。

单击“折弯线性”按钮，命令行提示如下：

```
命令: _DIMJOGLINE
选择要添加折弯的标注或 [删除(R)]:  //选择线性标注或对齐标注
指定折弯位置 (或按 Enter 键):  //指定一点作为折弯位置，或按 Enter 键以将折弯放在标注
文字和第一个尺寸界线之间的中点处，或基于标注文字位置的尺寸线的中点处
```

图 5-73 显示了对标注添加折弯线的效果。

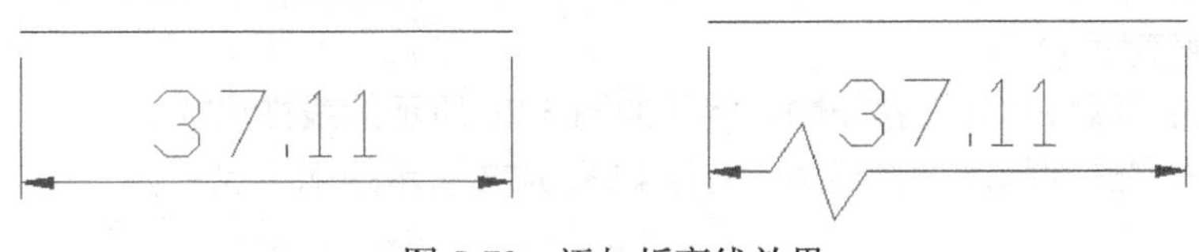

图 5-73　添加折弯线效果

5.16.2　夹点编辑

使用夹点编辑方式移动标注文字的位置时，用户可以先选择要编辑的尺寸标注，当激活文字中间夹点后，拖动鼠标可以将文字移动到目标位置；激活尺寸线夹点后，可以移动尺寸线的位置；激活尺寸界线的夹点后，可以移动尺寸界线的第一点或者第二点；夹点编辑效果如图 5-74 所示。

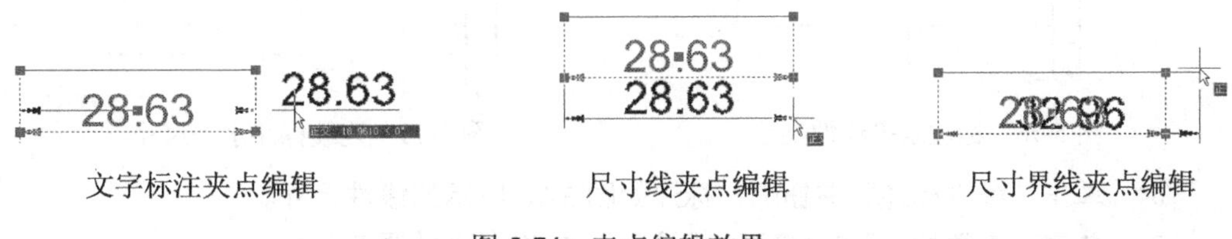

图 5-74　夹点编辑效果

若需要对文字内容进行更改，可以选择需要修改的标注，单击鼠标右键，在弹出的快捷菜单中选择“特性”命令，通过“特性”选项板进行更改即可。

5.17 综合实例

例 5-4 完成如图 5-75 所示机房平面留孔图的标注。

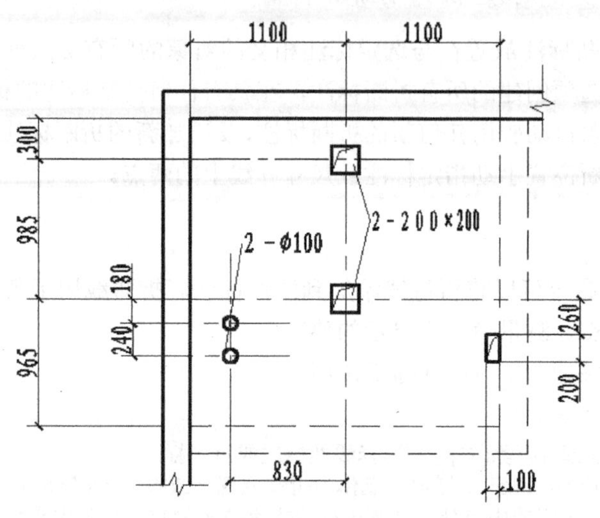

图 5-75 机房平面留孔图

步骤 01 单击“标注”工具栏中的“标注样式控制”下拉列表，选择“建筑电气标注”样式 建筑电气标注。

步骤 02 单击“线性标注”按钮，标注如图 5-76 所示的线性尺寸。

步骤 03 单击“连续标注”按钮，标注如图 5-77 所示的水平尺寸。

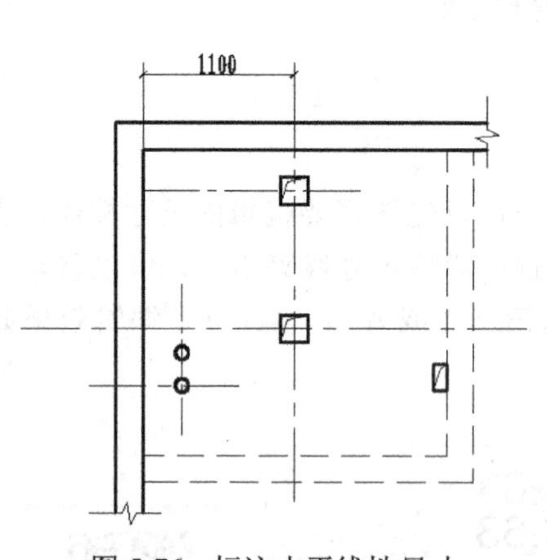

图 5-76 标注水平线性尺寸

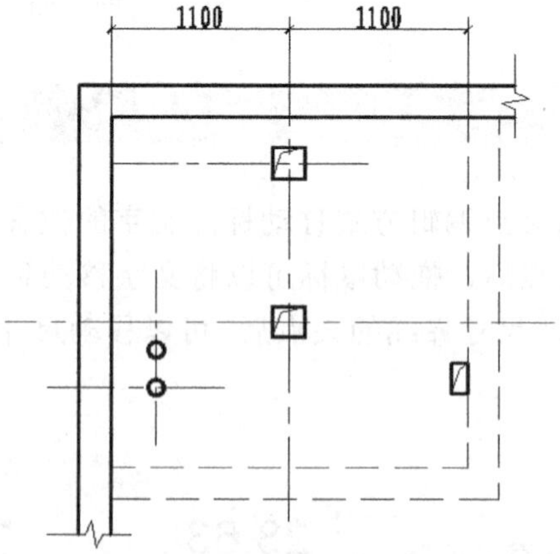

图 5-77 连续标注水平尺寸

步骤 04 单击“线性标注”按钮，标注如图 5-78 所示的线性尺寸。

步骤 05 单击“连续标注”按钮，标注如图 5-79 所示的竖直尺寸。

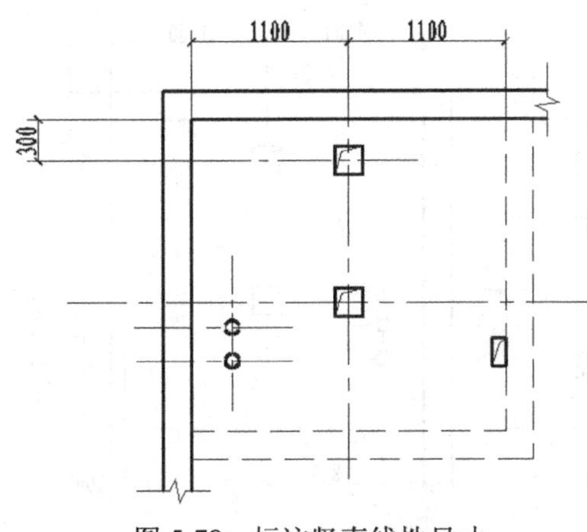

图 5-78　标注竖直线性尺寸

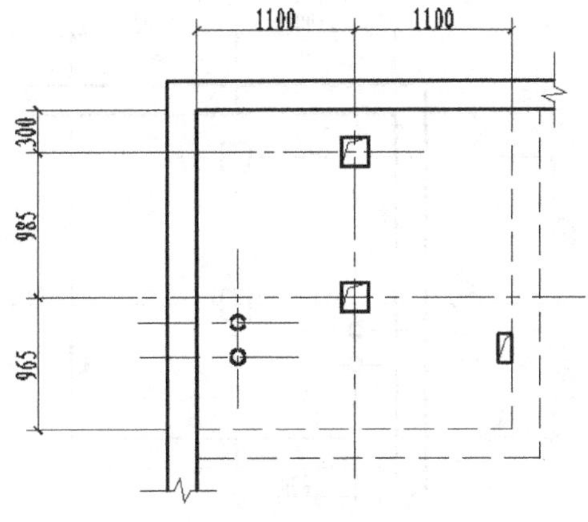

图 5-79　连续标注竖直尺寸

步骤 06　单击“线性标注”按钮，标注如图 5-80 所示的线性尺寸（圆孔的竖直位置尺寸）。

步骤 07　单击“连续标注”按钮，标注如图 5-81 所示的竖直尺寸（两圆孔的位置距离尺寸）。

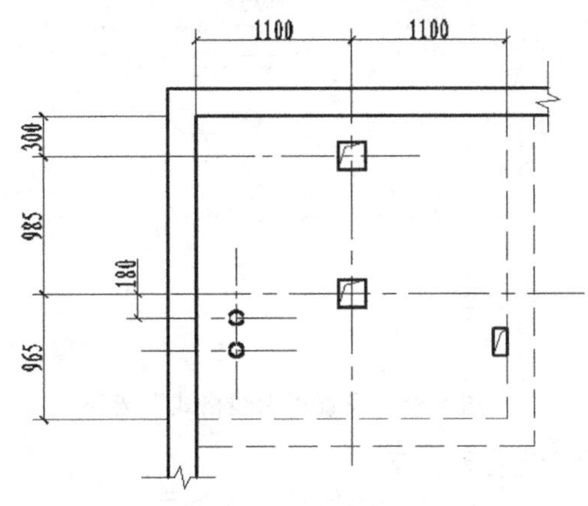

图 5-80　标注竖直线性尺寸

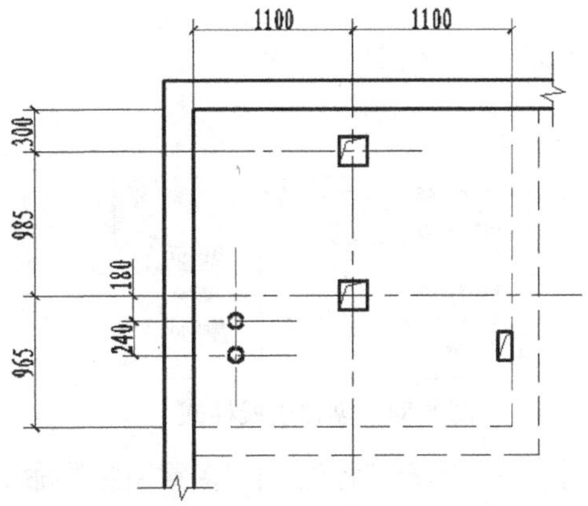

图 5-81　连续标注竖直尺寸

步骤 08　单击“线性标注”按钮，标注如图 5-82 所示的线性尺寸（圆孔的水平位置尺寸）。

步骤 09　单击“线性标注”按钮，标注如图 5-83 所示的水平及竖直线性尺寸（长方孔的大小尺寸）；单击“连续标注”按钮，标注如图 5-83 所示的竖直尺寸（长方孔的位置距离尺寸）。

步骤 10　选择“格式”|“多重引线样式”命令，弹出“多重引线样式管理器”对话框，单击“新建”按钮，弹出“创建新多重引线样式”对话框，输入引线的样式名为“引线”，效果如图 5-84 所示。

步骤 11　单击“继续”按钮，弹出“修改多重引线样式”对话框，如图 5-85 所示设置“引线格式”选项卡，如图 5-86 所示设置“引线结构”选项卡，如图 5-87 所示设置“内容”选项卡。

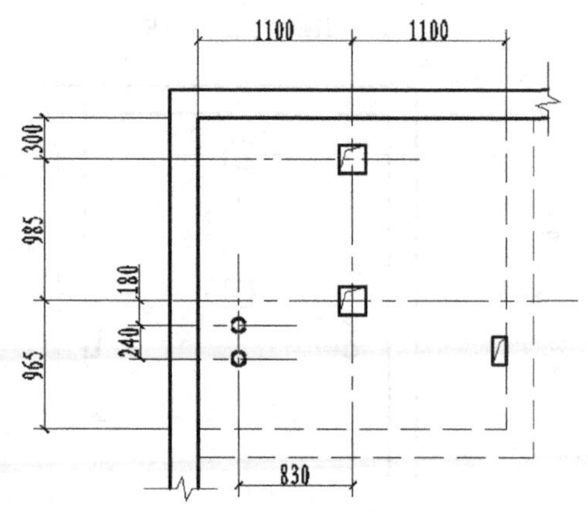

图 5-82　标注水平线性尺寸

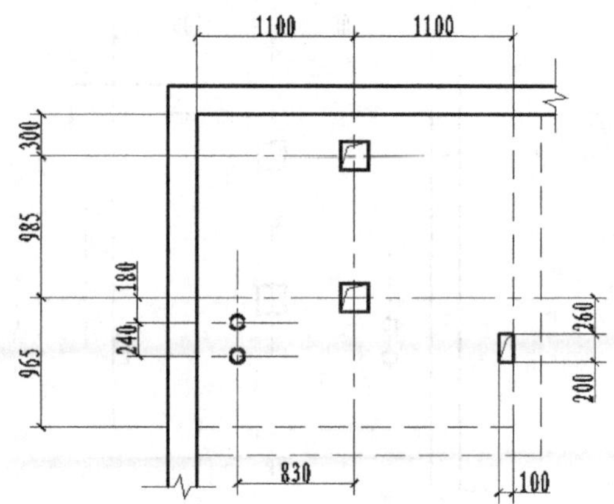

图 5-83　长方孔尺寸标注

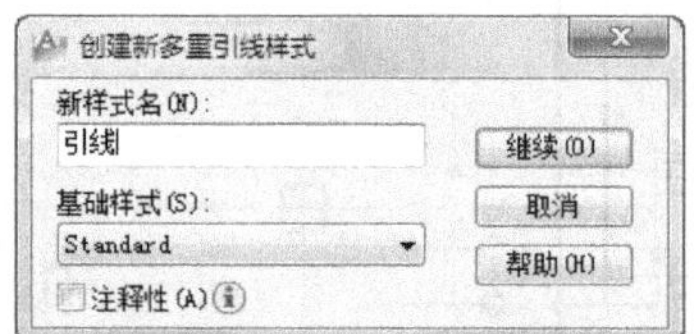

图 5-84　创建引线样式

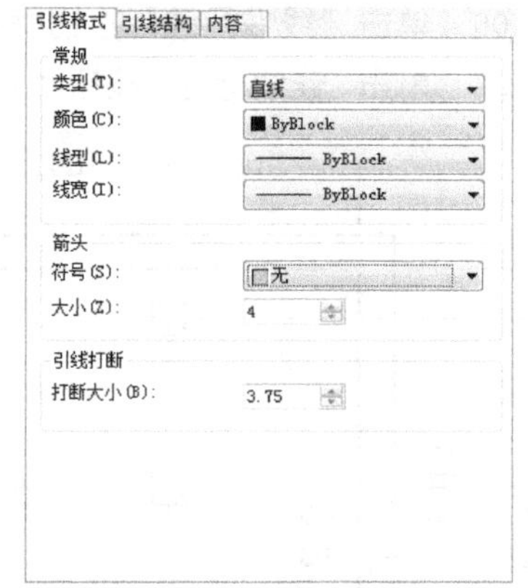

图 5-85　设置“引线格式”选项卡

步骤 12　选择“标注”|“多重引线”命令，命令行提示如下：

命令: _MLEADER
指定引线箭头的位置或 [引线基线优先(L)/内容优先(C)/选项(O)] <选项>:
//捕捉图 5-87 所示的圆上任一点
指定引线基线的位置:
//在绘图区合适位置拾取一点确定基线位置，弹出在位文字编辑器，如图 5-87 所示

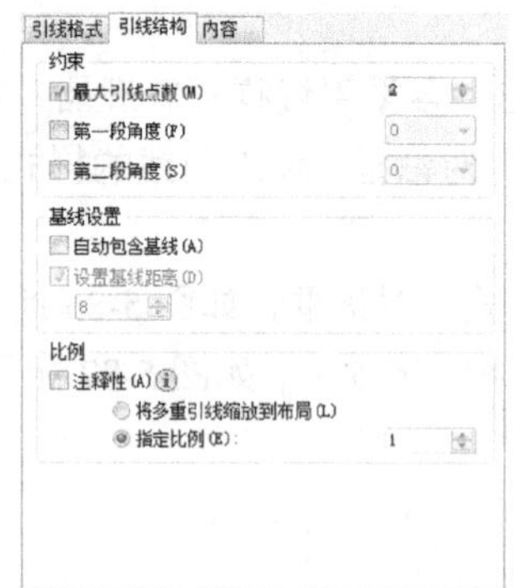

图 5-86　设置“引线结构”选项卡

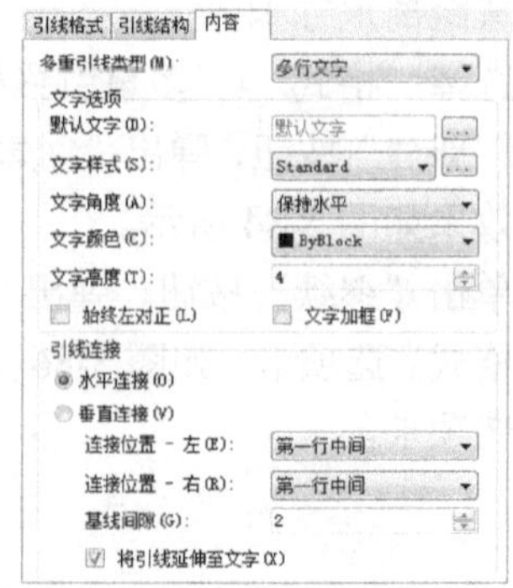

图 5-87　设置“内容”选项卡

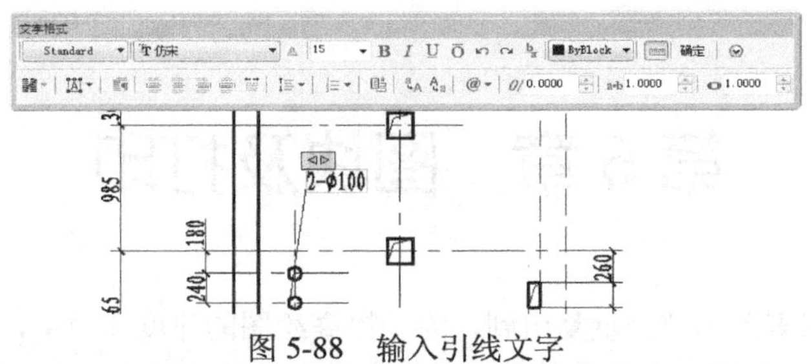

图 5-88　输入引线文字

步骤 13　在在位文字编辑器中输入“2-Ø100”，单击“确定”按钮完成引线创建，效果如图 5-89 所示。

步骤 14　选择“标注”|“多重引线”命令，捕捉图 5-89 所示的上方孔内部上任一点，在绘图区合适位置拾取一点确定基线位置，弹出在位文字编辑器，在在位文字编辑器中输入“2-200×200”，单击“确定”按钮完成引线创建，效果如图 5-90 所示。

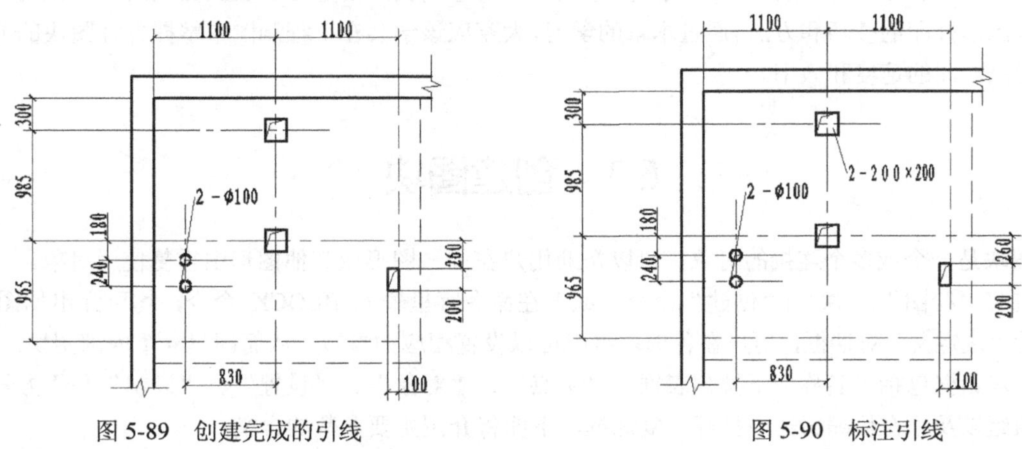

图 5-89　创建完成的引线　　　　图 5-90　标注引线

步骤 15　选择“标注”|“多重引线”命令，捕捉图 5-90 所示的下方孔内部上任一点，捕捉（14）步所作引线的基线端点来确定基线位置，如图 5-91 所示，弹出在位文字编辑器，在在位文字编辑器中不输入任何信息，单击“确定”按钮完成引线创建，效果如图 5-75 所示，完成机房平面留孔图的标注。

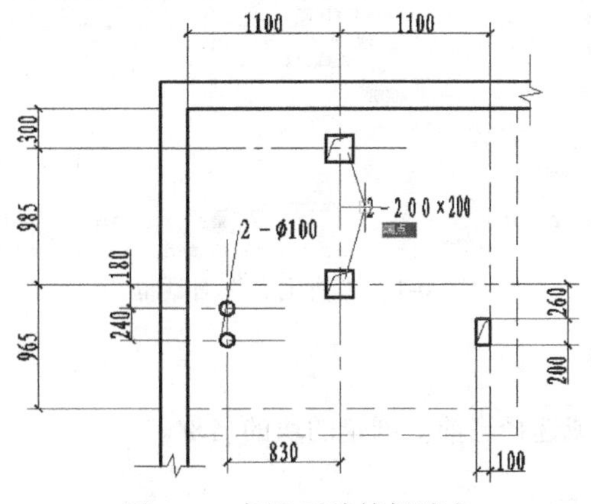

图 5-91　标注引线捕捉端点

第 6 章　图块及打印

在工程制图中，很多图形都会重复用到，为了提高绘图的速度和效率，AutoCAD 提供了图块功能，利用该功能用户不但可以非常方便地创建经常重复使用的图形，而且可以将有连续变化规律特征的图形创建为块重复使用。

图形制作完成后，可以生成电子图形进行保存，也可以作为原始模型导入其他软件（如 3DS MAX、Photoshop 等）中进行处理，但是最为重要的应用还是打印输出，可以作为计算机辅助设计的有效结果指导生产和工作。

本章主要详细介绍各种基本图块、基本属性、动态图块的创建方法以及图块的插入使用方法；并讲解图形打印的技巧和方法。通过本章的学习，大家应该学会在工程制图中掌握各种图块的方法，从而提高绘图的速度和效率。

6.1　创建图块

图块是一个或多个连接的对象，可以帮助用户在同一图形或其他图形中重复使用对象。

选择“绘图”|“块”|“创建”命令，或者在命令行里输入 BLOCK 命令，均可弹出如图 6-1 所示的“块定义”对话框，用户在各选项组中可以设置相应的参数，从而创建一个内部图块。“块定义”对话框包括“名称”下拉列表框、“基点”、“对象”、“设置”、“说明”和“方式”5 个选项组以及“在块编辑器中打开”复选框，下面将介绍主要参数的含义。

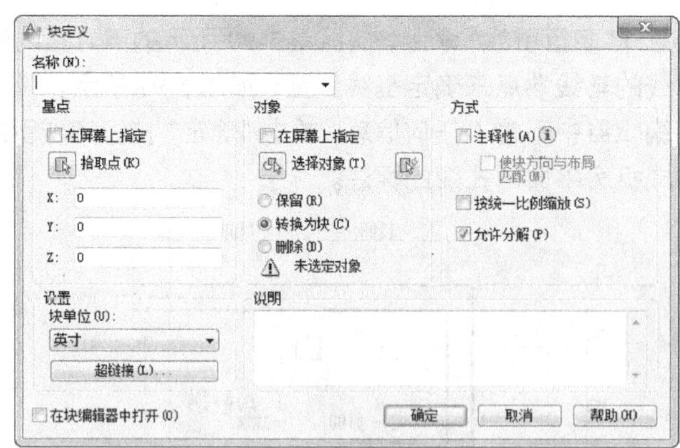

图 6-1　“块定义”对话框

1. “名称”下拉列表框

该下拉列表框用于输入或选择当前要创建的块的名称。

2. “基点”选项组

该选项组用于指定块的插入基点，默认值是(0,0,0)，即将来该块的插入基准点，也是块在插入过程中旋转或缩放的基点。用户可以分别在 X、Y、Z 文本框中输入坐标值来确定基点，也可以单击“拾取点”按钮，暂时关闭对话框以使用户能在当前图形中拾取插入基点。

3. “对象”选项组

该选项组用于指定新块中要包含的对象，以及创建块之后如何处理这些对象，是保留还是删除选定的对象或者是将它们转换成块实例。该选项组中各参数含义如下：

- 单击“选择对象”按钮，暂时关闭“块定义”对话框，允许用户到绘图区选择块对象，然后按 Enter 键重新显示“块定义”对话框。
- 单击“快速选择”按钮，显示“快速选择”对话框，在该对话框中可以定义选择集。
- “保留”单选按钮用于设置创建块以后，是否将选定对象保留在图形中作为区别对象。
- “转换为块”单选按钮用于设置创建块以后，是否将选定对象转换成图形中的块实例。
- “删除”单选按钮用于设置创建块以后，是否从图形中删除选定的对象。
- “选定的对象”选项用于显示选定对象的数目，未选择对象时，显示“未选定对象”。

4. “设置”选项组

该选项组用于指定块的设置，其中“块单位”下拉列表框用于提供用户选择块参照插入的单位；“超链接”按钮用于打开“插入超链接”对话框，用户可以使用该对话框将某个超链接与块定义相关联。

5. “方式”选项组

该选项组用于指定块的行为。“注释性”复选框用于设置指定块是否为注释性的；“使块方向与布局匹配”复选框用于指定在图纸空间视口中块参照的方向与布局方向是否匹配。如果未选中“注释性”复选框，则该选项不可用。“按统一比例缩放”复选框用于指定是否阻止块参照不按统一比例缩放；“允许分解”复选框用于指定块参照是否可以被分解。

6. “在块编辑器中打开”复选框

当选中该复选框并单击“确定”按钮后，将在块编辑器中打开当前的块定义，一般用于动态块的创建和编辑。

6.2　创建带属性的图块

图块属性是图块的一个组成部分，它是块的非图形的附加信息，包含于块中的文字对象。图块的属性可以增加图块的功能，文字信息又可以说明图块的类型、数目等。当用户插入一个块时，其属性也一起插入到图中；当用户对块进行操作时，其属性也将改变。块的属性由属性标签和属性值两部分组成，属性标签是指一个项目名称，属性值是指具体的项目情况。

6.2.1 定义图块属性

选择“绘图”|“块”|“定义属性”命令或者在命令行中输入 ATTDEF 命令，均可弹出如图6-2 所示的“属性定义”对话框。

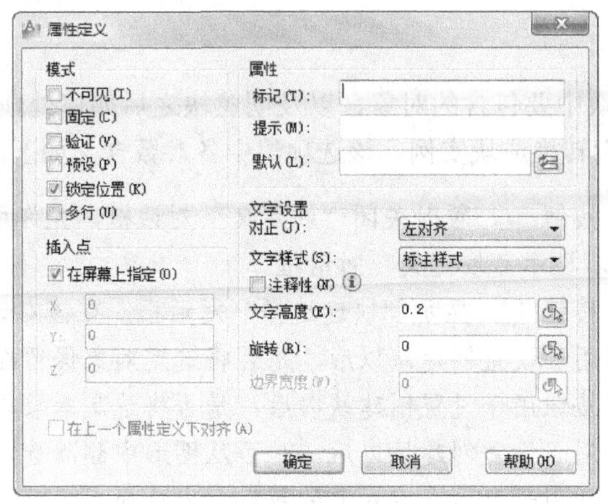

图 6-2 “属性定义”对话框

在“属性定义”对话框中，包含“模式”、“属性”、“插入点”和“文字设置”4 个选项组以及“在上一个属性定义下对齐”复选框，下面分别介绍各个参数的含义。

1. “模式”选项组

该选项组用于设置属性模式。“不可见”复选框用于设置插入图块，输入属性值后，属性值不在图中显示；“固定”复选框表示属性值是一个固定值；“验证”复选框表示会提示输入两次属性值，以便验证属性值是否正确；“预置”复选框表示插入包含预置属性值的块时，将属性设置为默认值；“锁定位置”复选框表示锁定块参照中属性的位置，若解锁，属性可以相对于使用夹点编辑的块的其他部分移动，并且可以调整多行属性的大小；“多行”复选框用于指定属性值可以包含多行文字，选定此复选框后，可以指定属性的边界宽度。

2. “属性”选项组

该选项组用于设置属性数据。“标记”文本框用于标识图形中每次出现的属性；“提示”文本框用于指定在插入包含该属性定义的块时显示的提示，提醒用户指定属性值；“默认”文本框用于指定默认的属性值；单击“插入字段”按钮，可以打开“字段”对话框插入一个字段作为属性的全部或部分值。

3. “插入点”选项组

该选项组用于指定图块属性的位置。选中“在屏幕上指定”复选框，则可在绘图区中指定插入点，用户也可以直接在 X、Y、Z 文本框中输入坐标值来确定插入点，一般采用“在屏幕上指定”方式。

4. “文字设置”选项组

该选项组用于设置属性文字的对正、样式、高度和旋转。“对正”下拉列表框用于设定属性值的对正方式；“文字样式”下拉列表框用于设定属性值的文字样式；“文字高度”文本框用于设定属性值的高度；“旋转”文本框用于设定属性值的旋转角度；“边界宽度”文本框用于指定“多行”复选框设定的文字行的最大长度。

5. “在上一个属性定义下对齐”复选框

选择该复选框后可将属性标记直接置于定义的上一个属性的下面。如果之前没有创建属性定义，则此选项不可用。

通过“属性定义”对话框，用户只能定义一个属性，但是并不能指定该属性属于哪个图块，因此用户必须通过“块定义”对话框将图块和定义的属性重新定义为一个新的图块。

6.2.2 编辑图块属性

在命令行中输入 ATTEDIT，命令行提示如下：

```
命令: ATTEDIT
选择块参照:          //要求指定需要编辑属性值的图块
```

在绘图区选择需要编辑属性值的图块后，弹出“编辑属性”对话框，如图 6-3 所示，用户可以在定义的提示信息文本框中输入新的属性值，单击“确定”按钮完成属性的修改。

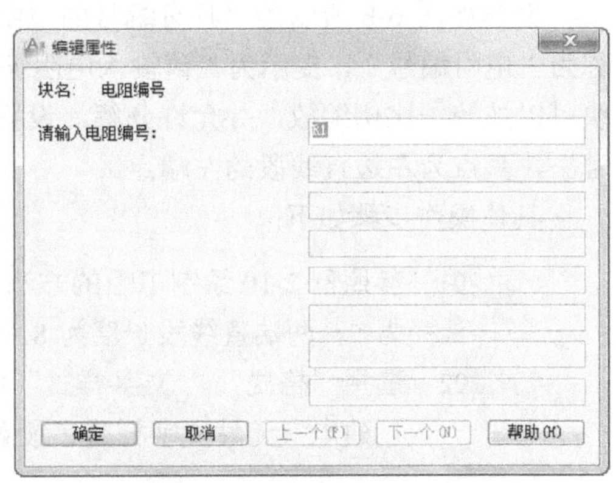

图 6-3　“编辑属性”对话框

用户选择相应的图块后，选择“修改”|“对象”|“属性”|“单个”命令，弹出如图 6-4 所示的“增强属性编辑器”对话框。在“属性”选项卡中，用户可以在“值”文本框中修改属性的值。在如图 6-5 所示的“文字选项”选项卡中，可以修改文字属性，包括文字样式、对正、高度等属性，其中“反向”和“倒置”复选框主要用于镜像后进行的修改。在如图 6-6 所示的“特性”选项卡中，可以对属性所在图层、线型、颜色和线宽等进行设置。

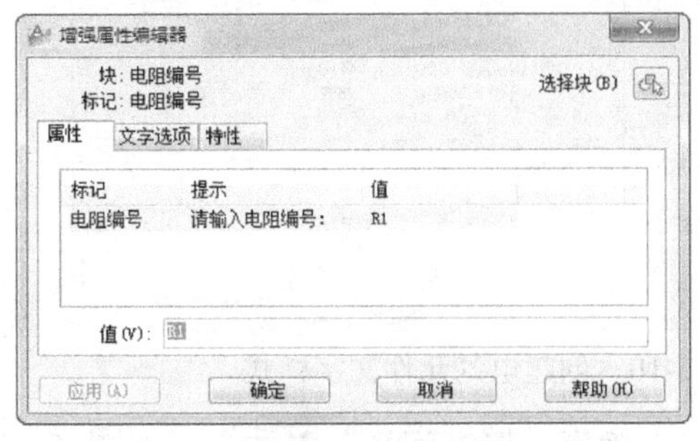

图 6-4　“增强属性编辑器”对话框

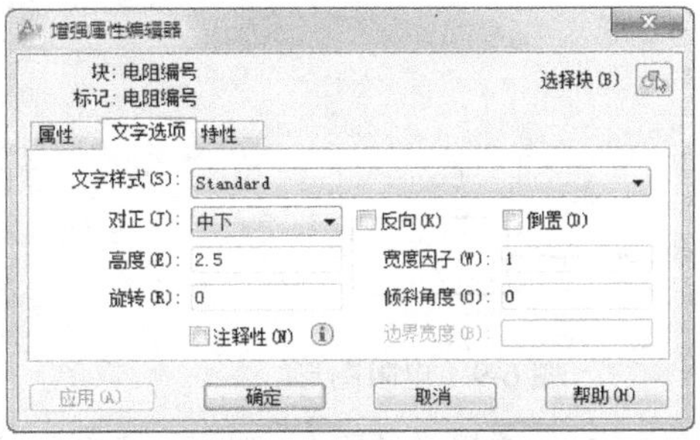

图 6-5　“文字选项”选项卡

用户还可以通过“特性”选项板来编辑图块的属性，先选择要编辑的图块，然后单击鼠标右键，在弹出的快捷菜单中选择“特性”命令，弹出“特性”选项板，如图6-7所示。在选项板里可以修改旋转角度或属性值。

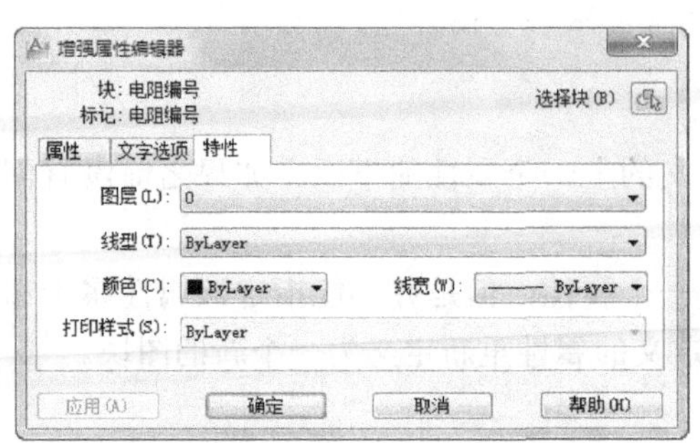

图6-6 “特性”选项卡

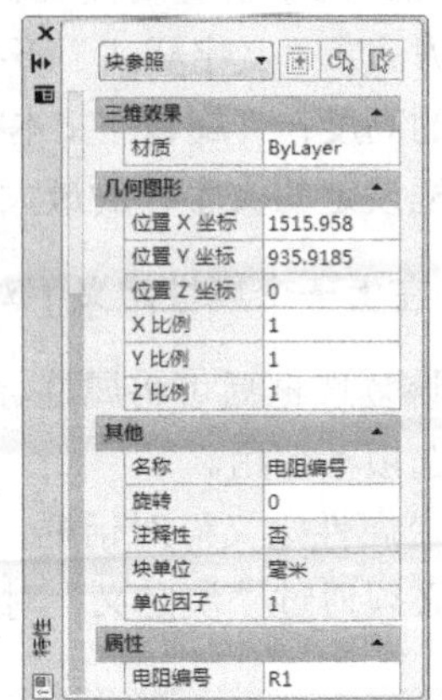

图6-7 “特性”选项板

6.2.3 应用举例

例 6-1 创建具有编号的电阻图块

创建如图6-8所示的“具有编号的电阻”图块，属性标记名称为“电阻编号”，提示为“请输入电阻编号：”，默认值为1，块可以按统一比例缩放，并允许分解，设置图块名称为“电阻编号”，基点为左边直线段的左端点。

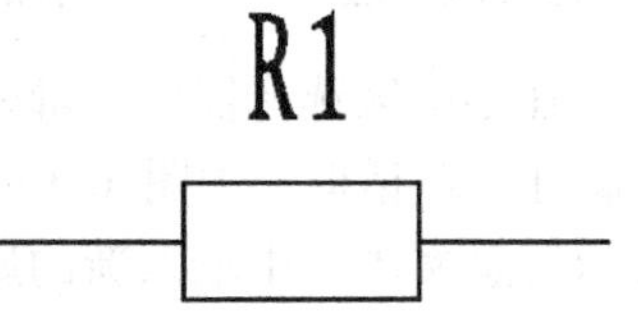

图6-8 “具有编号的电阻”图块

具体操作步骤如下：

步骤01 参照例2-10绘制电阻的方法，在绘图区绘制一电阻图形，其中矩形长度为10，宽度为5，两端直线段长度为8，效果如图6-9所示。

步骤02 选择“格式”|“文字样式”命令，弹出“文字样式”对话框，单击“新建”按钮，创建电气元件文字样式，设置字体、高度和宽度比例如，图6-10所示。

图6-9 电阻图形

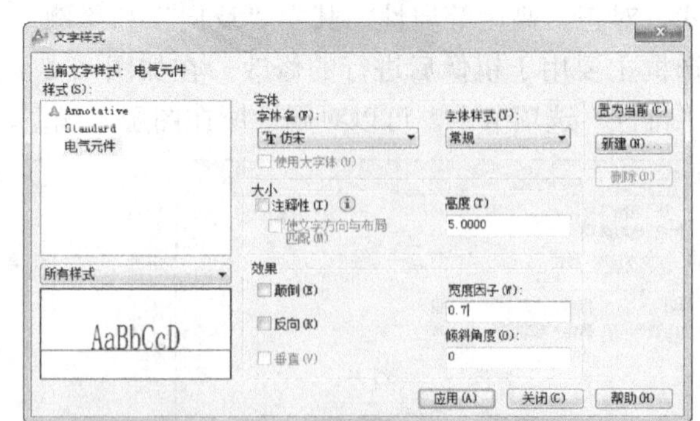

图6-10 创建电气元件文字样式

步骤03 选择“绘图”|“块”|“定义属性”命令，弹出“属性定义”对话框，如图6-11所示，可设置对话框的参数。

步骤 04　设置完成后单击“确定”按钮，命令行提示“指定起点:”，拾取电阻上横线段中点的竖直方向距横向段为 5 的点为指定起点，效果如图 6-12 所示。

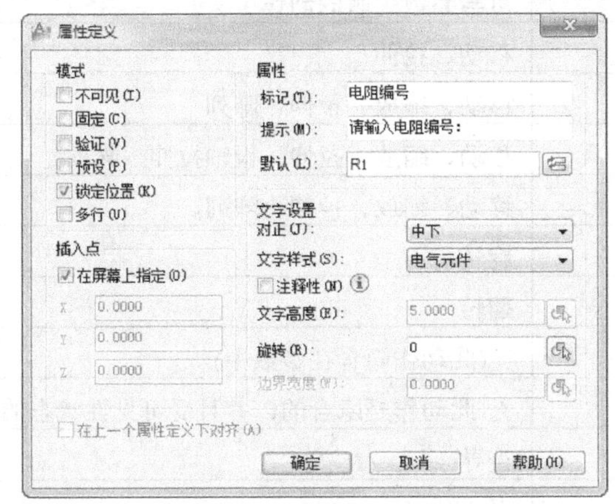

图 6-11　设置属性参数

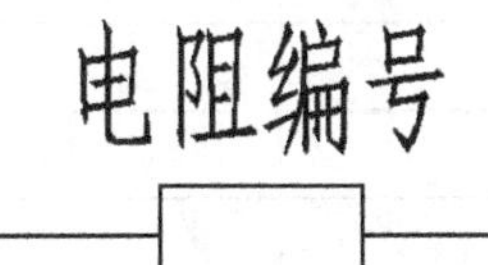

图 6-12　设置属性效果

步骤 05　选择“绘图”|“块”|“创建”命令，弹出“块定义”对话框，选择如图 6-12 所示的图形为块对象，捕捉基点为电阻左边直线段的左端点，设置图块名称为“电阻编号”，如图 6-13 所示，单击“确定”按钮，弹出如图 6-14 所示的“编辑属性”对话框，不做任何设置，单击“确定”按钮完成“电阻编号”图块的创建，效果如图 6-8 所示。

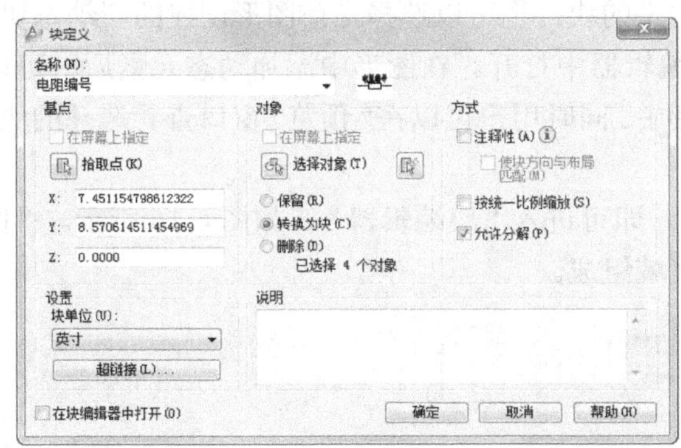

图 6-13　设置“块定义”对话框

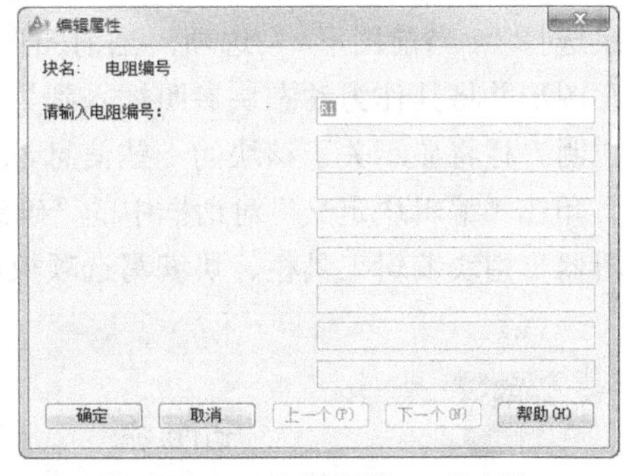

图 6-14　“编辑属性”对话框

6.3　创建动态块

通过动态块功能，用户可以通过自定义夹点或自定义特性来操作几何图形，这使得用户可以根据需要方便地调整块参照，而不用搜索另一个块以插入或重定义现有的块。

默认情况下，动态块的自定义夹点与标准夹点的颜色和样式不同。表 6-1 显示了可以包含在动态块中的不同类型的自定义夹点。如果分解或按非统一缩放某个动态块参照，它就会丢失其动态特性。

表 6-1　夹点操作方式表

参数类型	夹点类型		可与参数关联的动作
点		标准	移动、拉伸
线性		线性	移动、缩放、拉伸、阵列
极轴		标准	移动、缩放、拉伸、极轴拉伸、阵列
XY		标准	移动、缩放、拉伸、阵列
旋转		旋转	旋转
翻转		翻转	翻转
对齐		对齐	无(此动作隐含在参数中)
可见性		查寻	无(此动作是隐含的，并且受可见性状态的控制)
查寻		查寻	查寻
基点		标准	无

要成为动态块至少须包含一个参数和一个与该参数关联的动作，这个工作可以由块编辑器完成，块编辑器是专门用于创建块定义并添加动态行为的编写区域。单击“标准”工具栏上的“块编辑器”按钮，或选择“工具”|“块编辑器”命令，或在命令行输入BEDIT命令，都将打开块编辑器。

单击“标准”工具栏上的“块编辑器”按钮，弹出如图6-15所示的“编辑块定义”对话框。在“要创建或编辑的块”文本框中可以选择已经定义的块，也可以选择当前图形创建的新动态块，如果选择“<当前图形>”选项，当前图形将在块编辑器中打开。在图形中添加动态元素后，可以保存图形并将其作为动态块参照插入到另一个图形中。同时用户可以在“预览”窗口查看选择的块，“说明”栏将显示关于该块的一些信息。

单击“编辑块定义”对话框中的“确定”按钮，即可进入“块编辑器”，如图6-16所示。“块编辑器”由块编辑工具栏、块编写选项板和编写区域组成。

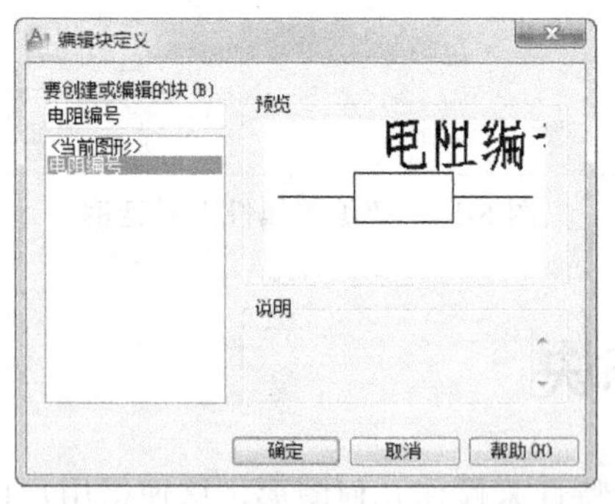

图 6-15　“编辑块定义”对话框

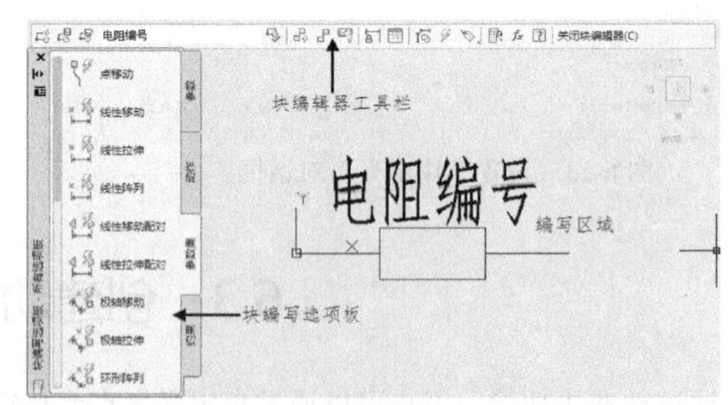

图 6-16　块编辑器

下面将详细介绍各组成部分的作用。

1. 块编辑器工具栏

块编辑器工具栏位于整个编辑区的正上方，提供了在块编辑器中使用、创建动态块以及设置可见性状态的工具，并包括如下一些选项功能。

- “编辑或创建块定义”按钮：单击该按钮，将会弹出“编辑块定义”对话框，用户可以重新选择需要创建的动态块。
- “保存块定义”按钮：单击该按钮，将保存当前块定义。
- “将块另存为”按钮：单击该按钮，将弹出“将块另存为”对话框，用户可以重新输入块的名称并另存。
- “名称”文本框：该文本框用于显示当前块的名称。
- “测试块”按钮：单击该按钮，可从块编辑器打开一个外部窗口以测试动态块。
- “自动约束对象”按钮：单击该按钮，可根据对象相对于彼此的方向将几何约束自动应用于对象。
- “应用几何约束”按钮：单击该按钮，可在对象或对象上的点之间应用几何约束。
- “显示\隐藏约束栏”按钮：单击该按钮，可以控制对象上的可用几何约束的显示或隐藏。
- “参数约束”按钮：单击该按钮，可将约束参数应用于选定对象，或将标注约束转换为参数约束。
- “块表”按钮：单击该按钮，可显示对话框以定义块的变量。
- “编写选项板”按钮：控制“块编写选项板”的开关。
- “参数”按钮：单击该按钮，向动态块定义中添加参数。
- “动作”按钮：单击该按钮，向动态块定义中添加动作。
- “属性”按钮：单击该按钮，弹出“属性定义”对话框，可以创建新的属性。
- “参数管理器”按钮 f_x：单击该按钮，会弹出参数管理器，对参数进行管理，再次单击，关闭参数管理器。
- “了解动态块”按钮：单击该按钮，显示“新功能专题研习”创建动态块的演示
- “关闭块编辑器”按钮：单击该按钮，将关闭块编辑器回到绘图区域

2. 块编写选项板

块编写选项板中包含用于创建动态块的工具，它包含“参数”、“动作”和“参数集”三个选项卡。

“参数”选项卡，如图 6-17 所示，用于向块编辑器中的动态块添加参数，动态块的参数包括点参数、线性参数、极轴参数、XY 参数、旋转参数、对齐参数、翻转参数、可见性参数、查询参数和基点参数。“动作”选项卡，如图 6-18 所示，用于向块编辑器中的动态块添加动作，包括移动动作、缩放动作、拉伸动作、极轴拉伸动作、旋转动作、翻转动作、阵列动作和查询动作。“参数集”选项卡，如图 6-19 所示，用于在块编辑器中向动态块定义中添加一个参数和至少一个动作的工具，是创建动态块的一种快捷方式。“约束”选项卡，如图 6-20 所示，用于在块编辑器中向动态块定义中添加几何约束或者标注约束。

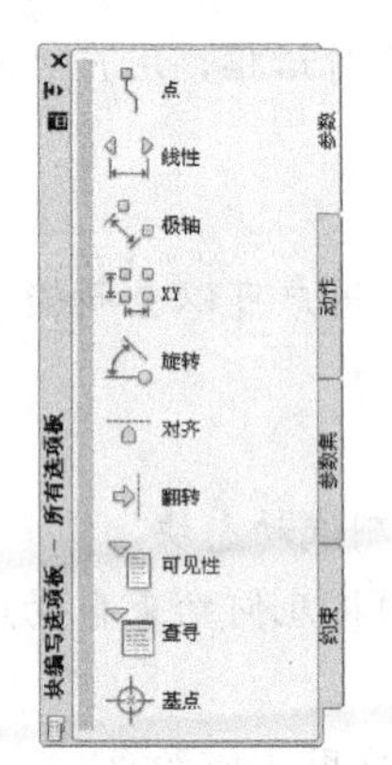

图 6-17“参数”选项卡

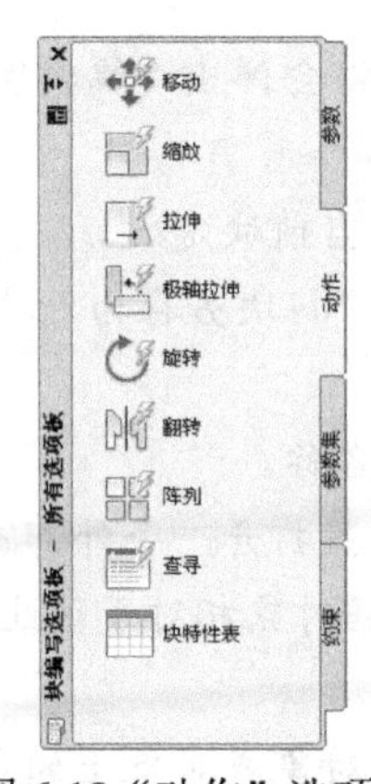

图 6-18“动作”选项卡

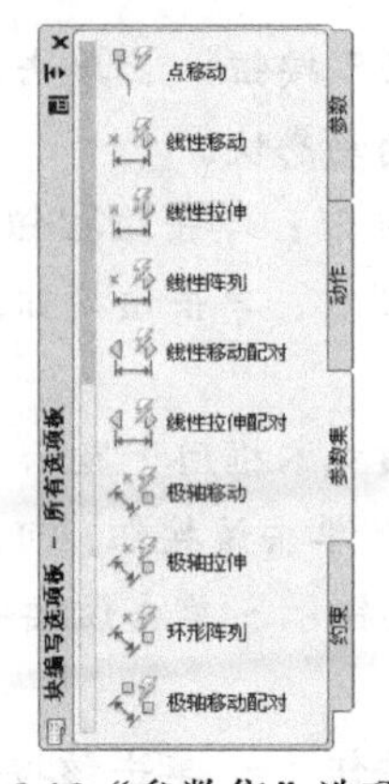

图 6-19“参数集”选项卡

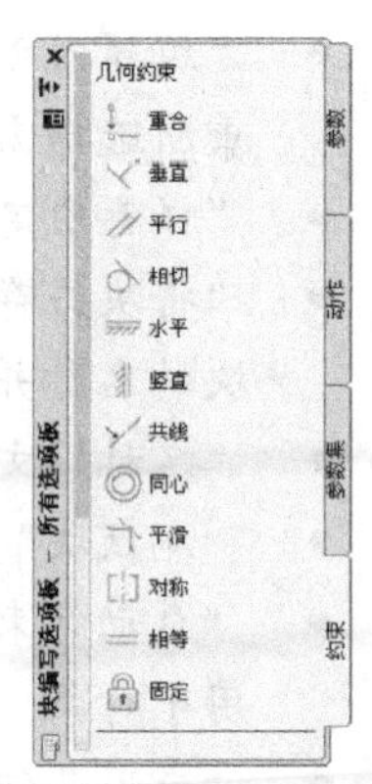

图 6-20 “约束”选项卡

3. 在编写区域编写动态块

编写区域类似于绘图区域，用户可以在编写区域进行缩放操作以及为要编写的块添加参数和动作等。用户在块编写选项板的“参数”选项卡上选择添加给块的参数，出现的图标，表示该参数还没有相关联的动作。然后在“动作”选项卡上选择相应的动作，命令行会提示用户选择参数，选择参数后，选择动作对象，最后设置动作位置以及标记。不同的动作，操作均不相同。

6.4 插入图块

完成块的定义后，就可以将块插入到图形中。插入块或图形文件时，用户一般需要确定块的 4 组特征参数，即要插入的块名、插入点的位置、插入的比例系数和块的旋转角度。

6.4.1 认识插入图块的命令、参数及对话框

单击“绘图”工具栏中的“插入块”按钮，或选择“插入”|“块”命令，或在命令行中输入 IBSERT 命令，都会弹出如图 6-21 所示的“插入”对话框，设置相应的参数后，单击“确定”按钮，就可以插入内部图块或者外部图块。

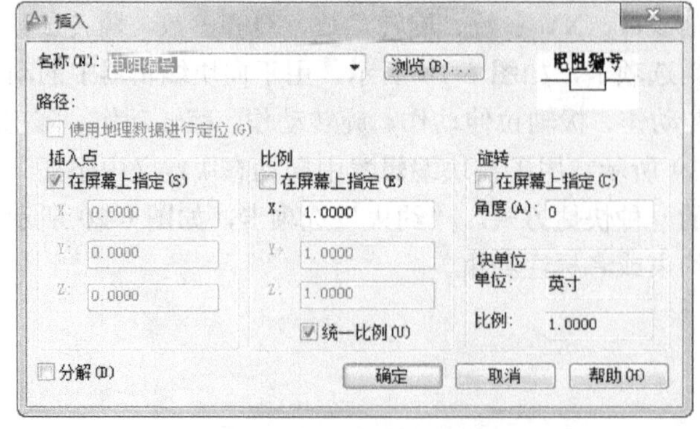

图 6-21 “插入”对话框

- 在“名称”下拉列表框中选择已定义的需要插入到图形中的内部图块，或者单击“浏览”按钮，弹出如图 6-22 所示的“选择图形文件”对话框，找到要插入的外部图块所在的位置，单击“打开”按钮，返回“插入”对话框进行其他参数的设置。
- 在“插入”对话框中，“插入点”选项组用于指定图块的插入位置，通常选中“在屏幕上指定”复选框，并在绘图区以拾取点方式配合“对象捕捉”功能指定插入点位置。
- “比例”选项组用于设置图块插入后的比例。选中“在屏幕上指定”复选框，则可以在命令行中指定缩放比例，用户也可以直接在“X”文本框、“Y”文本框和“Z”文本框中输入数值，以指定各个方向上的缩放比例。“统一比例”复选框用于设定图块在 X、Y、Z 方向上的缩放是否一致。
- “旋转”选项组用于设定图块插入后的角度。选中“在屏幕上指定”复选框，则可以在命令行里指定旋转角度，否则用户需在“角度”文本框中输入数值来指定旋转角度。
- “分解”复选框用于控制插入后图块是否自动分解为基本的图元。

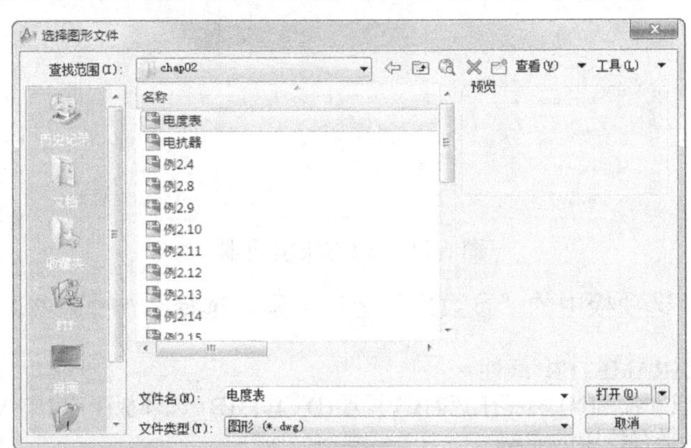

图 6-22　“选择图形文件”对话框

6.4.2　应用举例

例 6-2　创建平面图中的二极管动态块。

在电气制图中，电气元件的尺寸通常根据图纸大小来确定，但是平面图中的形状基本是相似的，为了制图的方便，通常将电气元件图形创建成动态图块，在绘制电气元件平面图时，只需要插入图块，并指定相应的参数即可。下面通过绘制一个二极管平面图来讲解二极管动态块的创建方法。具体操作步骤如下：

步骤 01　在绘图区绘制二极管图形，其中正三角形的外接圆半径为 5，水平直线段长为 20，竖直直线段长为 6，效果如图 6-23 所示。

步骤 02　选择“绘图”|“块”|“创建”命令，弹出“块定义”对话框，进行如图 6-24 所示的设置，基点为水平直线段的左端点。

步骤 03　选中“在块编辑器中打开”复选框，单击“确定”按钮，进入动态块编辑器，效果如图 6-25 所示。

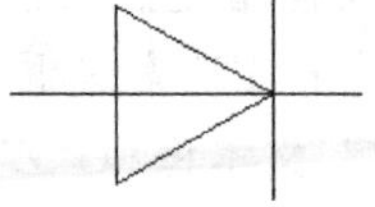

图 6-23　绘制二极管图形

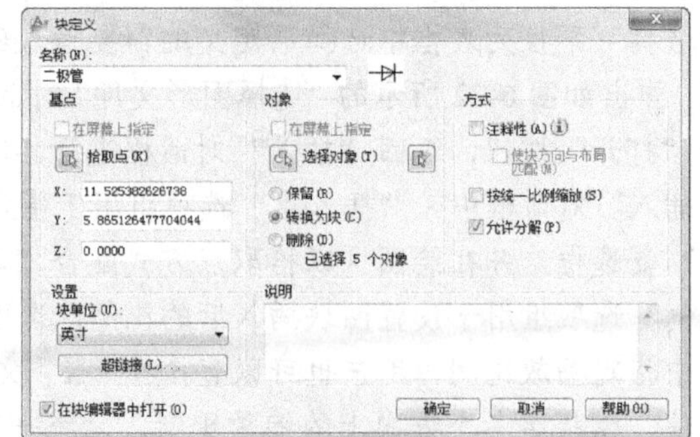

图 6-24　创建“二极管”图块

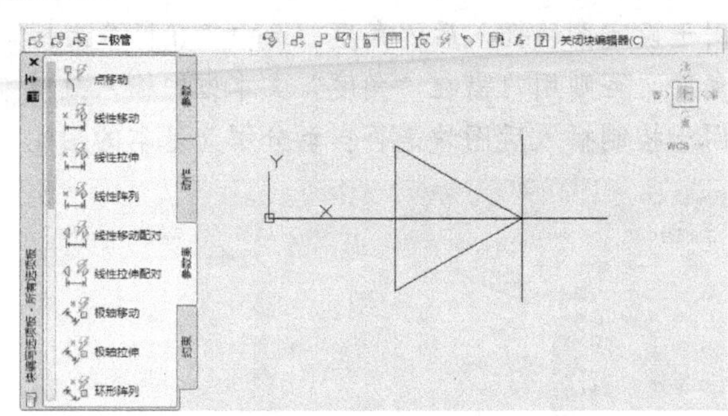

图 6-25　动态块编辑器

步骤 04　在块编写选项板中的“参数集”选项卡里，选择“线性拉伸”选项，命令行提示如下：

```
命令: _BPARAMETER 线性
指定起点或 [名称(N)/标签(L)/链(C)/说明(D)/基点(B)/选项板(P)/值集(V)]:
//起点为水平直线段的左端点
指定端点：//端点为水平直线段的右端点
指定标签位置：//标签位置如图 6-26 所示
```

步骤 05　选择图标，选择右键菜单“动作选择集”|“新建选择集”命令，命令行提示如下：

```
命令: _bactionset
指定拉伸框架的第一个角点或 [圈交(CP)]: _n
需要点或选项关键字。
指定拉伸框架的第一个角点或 [圈交(CP)]: //指定拉伸框架的第一个角点，如图 6-27 所示
指定对角点: //指定对角点
指定要拉伸的对象
选择对象: 指定对角点: 找到 7 个//使用交叉窗口选择拉伸对象，效果如图 6-28 所示
选择对象: //按 Enter 键，完成拉伸动作创建，效果如图 6-29 所示
```

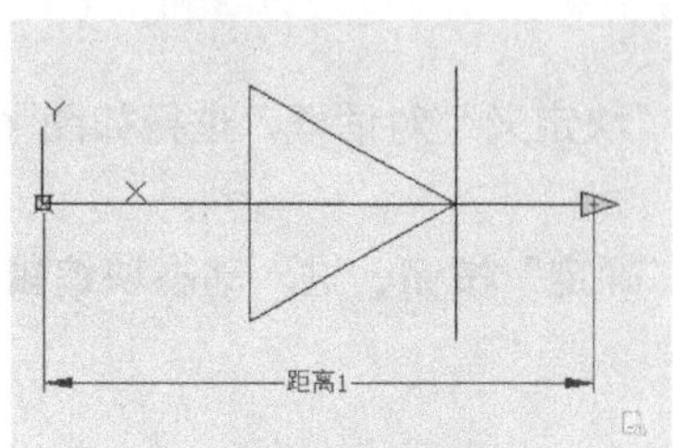

图 6-26　创建拉伸参数

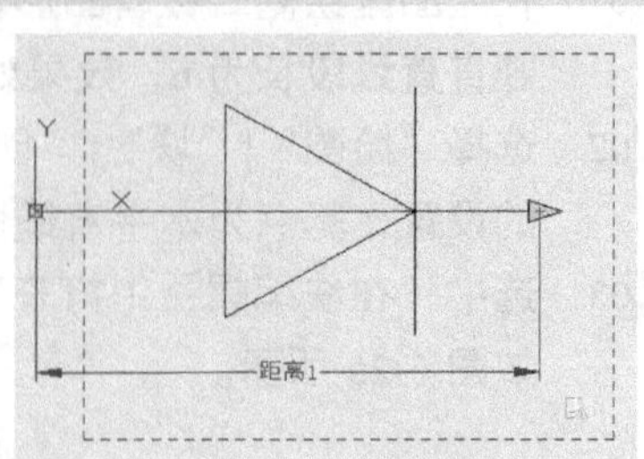

图 6-27　指定拉伸框架的角点

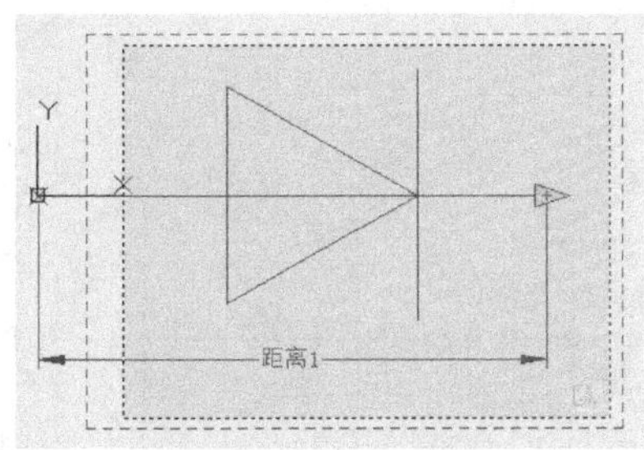

图 6-28　选择拉伸对象

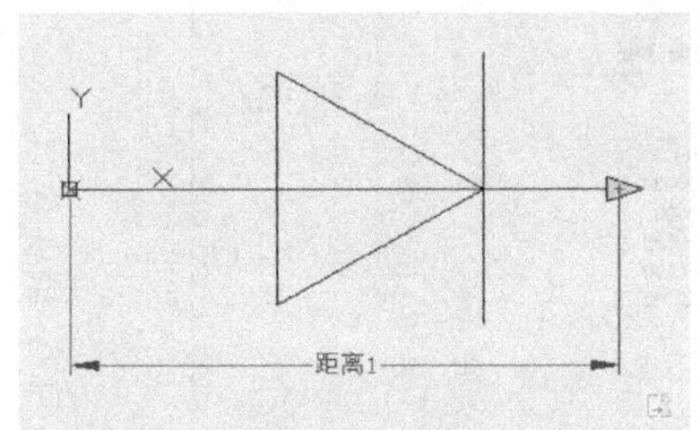

图 6-29　完成拉伸动作创建

步骤 06　选择“距离”线性参数，单击鼠标右键，在弹出的快捷菜单中选择“特性”命令，弹出如图 6-30 所示的“特性”选项板，拖动到“值集”卷展栏，在“距离类型”下拉列表中选择“列表”选项，如图 6-31 所示。

图 6-30　“特性”选项板

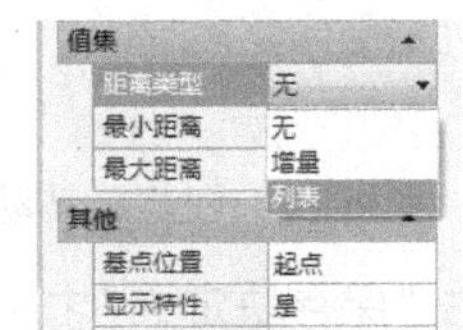
图 6-31　设置距离类型

步骤 07　单击“距离值列表”下拉列表框后面的按钮，弹出“添加距离值”对话框，在“要添加的距离”文本框中添加距离值，单击“添加”按钮添加到列表中，如图 6-32 所示，添加列表中的数值后单击“确定”按钮，完成距离参数的设置。

步骤 08　在块编写选项板中的“参数集”选项卡里，选择旋转集选项，命令行提示如下：

```
命令: _BPARAMETER 旋转
指定基点或 [名称(N)/标签(L)/链(C)/说明(D)/选项板(P)/值集(V)]://基点为矩形的左下角点
指定参数半径://参数半径为下边上一点
指定默认旋转角度或 [基准角度(B)] <0>:
//按 Enter 键，默认角度为 0，添加参数效果如图 6-33 所示
```

步骤 09　选择图标，选择右键菜单“动作选择集”|“新建选择集”命令，命令行提示如下：

```
命令: _bactionset
指定动作的选择集
选择对象: _n
*无效选择*
需要点或窗口(W)/上一个(L)/窗交(C)/框(BOX)/全部(ALL)/栏选(F)/圈围(WP)/圈交(CP)/编组(G)/添加(A)/删除(R)/多个(M)/前一个(P)/放弃(U)/自动(AU)/单个(SI)
选择对象: 指定对角点: 找到 8 个//使用交叉窗口法选择所有的图形对象
选择对象: //按 Enter 键，完成旋转动作的创建，效果如图 6-34 所示
```

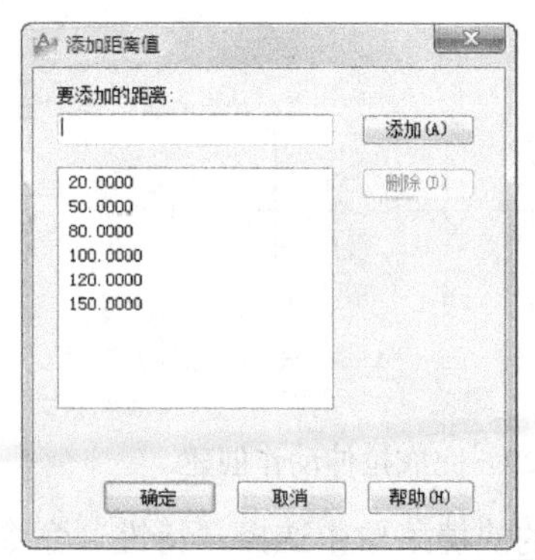

图 6-32　设置“添加距离值”对话框

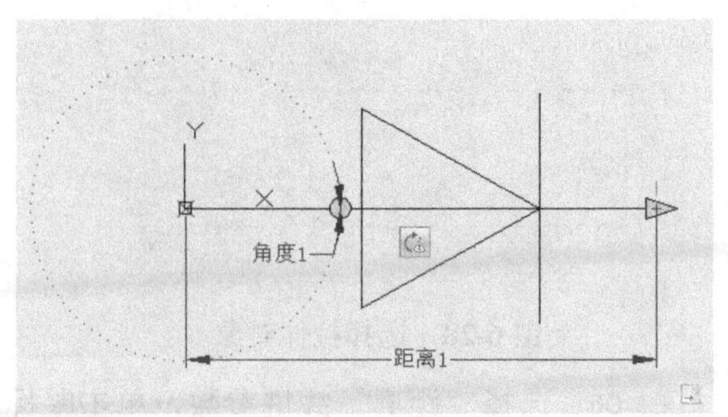

图 6-33　创建旋转参数

步骤 10　与步骤（6）和步骤（7）类似，为角度参数添加值集，设置值集为 0° 和 90° ，如图 6-35 所示。

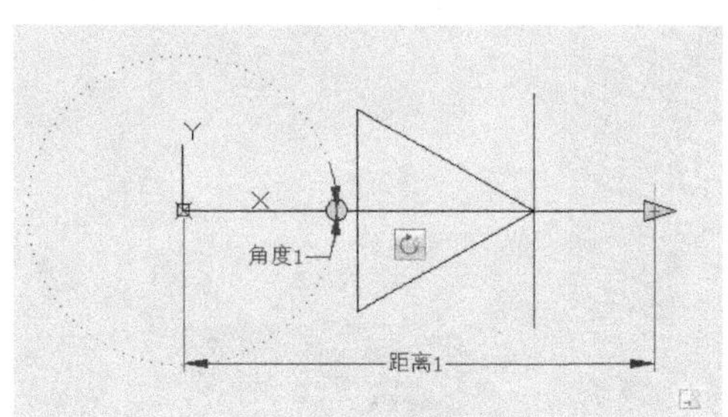

图 6-34　创建旋转动作

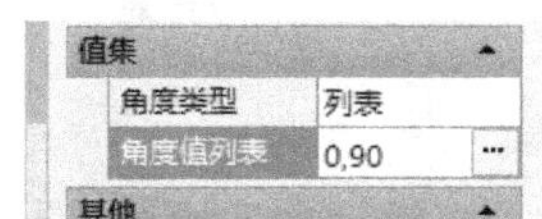

图 6-35　创建角度列表

步骤 11　单击“保存块定义”按钮，单击“关闭编辑器”按钮关闭块编辑器(C)关闭动态块编辑器，完成后效果如图 6-36 所示。

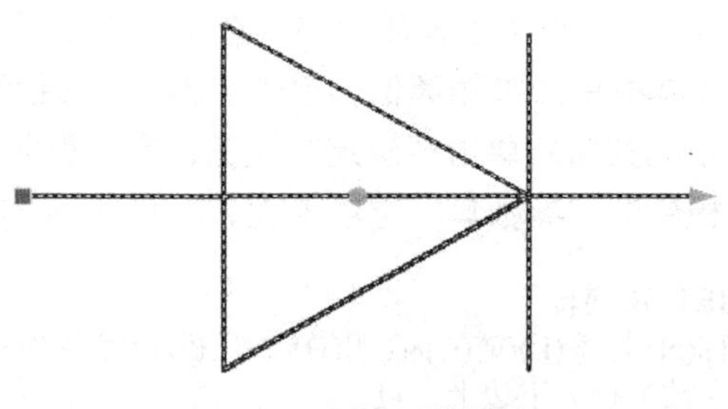

图 6-36 创建后的图块

6.5　打印图形

选择“文件”|“打印”命令，弹出如图 6-37 所示的“打印”对话框，在该对话框中可以对打印的一些参数进行设置。

1. “页面设置”选项组

在“页面设置”选项组中的“名称”下拉列表框中可以选择所要应用的页面设置的名称，也可以单击“添加”按钮添加其他的页面设置，如果没有进行页面设置，可以选择“无”选项。

2. “打印机 / 绘图仪”选项组

在“打印机/绘图仪”选项组中的“名称”下拉列表框中可以选择要使用的绘图仪。选中“打印到文件”复选框，则图形输出到文件后再打印，而不是直接从绘图仪或者打印机打印。

3. “图纸尺寸”选项组

在“图纸尺寸”选项组的下拉列表框中可以选择合适的图纸幅面，并且在右上角可以预览图纸幅面的大小。

4. “打印区域”选项组

在“打印区域”选项组中，用户可以通过 4 种方法来确定打印范围。“图形界限”选项表示打印布局时，将打印指定图纸尺寸的页边距内的所有内容，其原点从布局中的(0,0)点计算得出。从“模型”选项卡打印时，将打印图形界限定义的整个图形区域；“显示”选项表示打印选定的“模型”选项卡当前视口中的视图或布局中的当前图纸空间视图；“窗口”选项表示打印指定的图形的任何部分，这是直接在模型空间打印图形时最常用的方法。选择“窗口”选项后，命令行会提示用户在绘图区指定打印区域；“范围”选项用于打印图形的当前空间部分（该部分包含对象），当前空间内的所有几何图形都将被打印。

5. “打印比例”选项组

在“打印比例”选项组中，当选中“布满图纸”复选框后，其他选项均显示为灰色，不能更改。取消选中“布满图纸”复选框后用户可以对比例进行设置。

单击“打印”对话框右下角的按钮，则展开“打印”对话框，如图 6-38 所示。

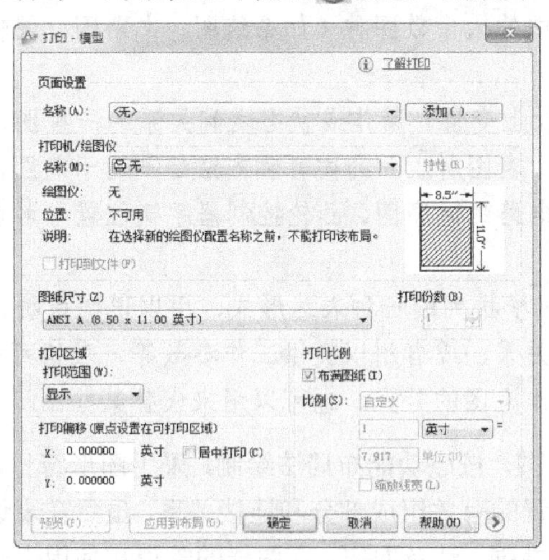

图 6-37　“打印”对话框

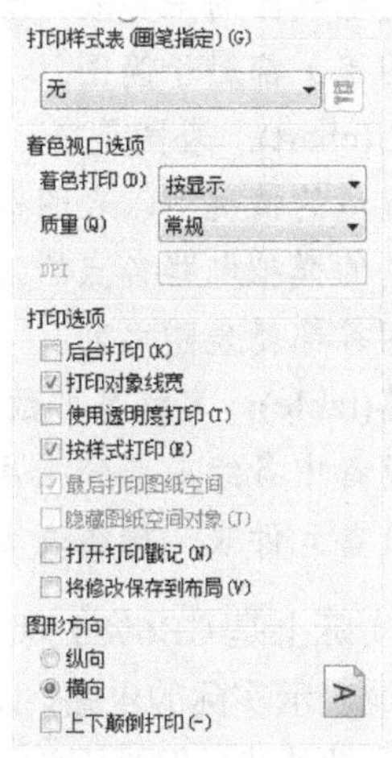

图 6-38　“打印”对话框展开部分

在展开部分，可以在“打印样式表”选项组的下拉列表框中选择合适的打印样式表，在“图形方向”选项组中可以选择图形打印的方向和文字的位置，如果选中“上下颠倒打印”复选框，则打印内容将是反向。

单击“预览”按钮可以对打印图形效果进行预览，若对某些设置不满意可以返回修改。在预览中，按 Enter 键可以退出预览并返回到“打印”对话框，单击“确定”按钮即可进行打印。

第 7 章　电气工程图绘制基本知识

电气电路设备在人们生活中占有十分重要的的地位，它们的设计和安装都遵循一定的国家标准和行业规范。读懂电气设备图是对电气行业从业人员的基本要求。本章按照国家标准介绍电气工程图的基本知识，附带一些简单的实例讲解，为后面章节的展开做前期准备。

7.1　电气工程图的种类和特点

7.1.1　电气工程图的种类

在 GB6988 中，定义了 4 种电气图的表达形式，并分别指出了相应的使用场合。

- 图（drawing）：图是用图示法的各种表达形式的总称。图也可定义为用图的形式来表示信息的一种技术文件。根据定义，图的概念是广泛的。它包括用投影法绘制的图(如各种机械图)、用图形符号绘制的图(如各种简图)和用其他图示法绘制的图(如各种表图)等。
- 简图(diagram)：简图是用图形符号、带注释的围框或简化外形表示系统或设备中各组成部分之间相互关系及其连接关系的一种图。在不致引起混淆的情况下，简图可简称为图。简图是电气图的主要表达形式。电气图中的大多数图种（如系统图、电路图、逻辑图和相接线图等）都属于简图。
- 表图(chart)：表图是表示两个或两个以上变量、动作或状态之间关系的一种图。在不致引起混淆的情况下，表图也可简称为图。表图所表示的内容和方法都不同于简图。我们经常碰到的模拟电路各点的波形图、数字电路的时序图、凸轮控制器手柄位置与触点闭合的示意图等都属表图之列。
- 表格(table)：表格是把数据等内容按纵横排列的一种表达形式，用以说明系统、成套装置或设备中各组成部分相互关系或连接关系，或者用以提供工作参数等。表格可简称为表，如设备元件表、接线表等。表格可以作为图的补充，也可以用来代替某些图。

电气图实际上是 GB6988 规定中的一种简图，按照功能布局法绘制，采用图形符号、线框或简化外形详细地表示实际的电路、设备或成套装置的有关组成部分和连接关系，虽然在表达形式上带有鲜明的示意性特点，但是因为这种图的通用性强，涉及面广，在图样的管理与使用上必须有一定的规范化要求，因此国家制定了一定标准来规范电气制图。

电气图的种类很多，对规模不同的电气工程，图纸的种类、数量也会有所不同，GB6988《电气制图》根据表达形式和用途的不同，经过综合统一将电气图分为 15 类，这 15 类电气图并不是每个电气工程所必需的，要尽量用较少的电气工程图明确、清晰地表达电气工程。

- 系统图或框图（system diagram/block diagram）。主要用符号或带注释的框概略的表示系统、分系统、成套装置或设备等的基本组成、相互关系及其主要特征。为进一步编制详细的技术文件提供依据，供操作和维修时参考。系统图和框图是绘制较其层次为低的其他各种电气图的主要依据。
- 功能图(function diagram)。用规定的图形符号和文字叙述相结合的方法，表示控制系统的作用和状态的一种简图。全面概述控制系统的控制过程、功能和特性，还可以概述系统组成或部分的技术特性。功能图多见于电气领域的功能系统说明书等技术文件中，比较有利于电气专业与非专业人员的技术交流。
- 逻辑图(logic diagram)。主要用二进制逻辑单元图形符号绘制，以表达可以实现一定目的的功能件的逻辑功能。这种功能件可以是一种组件，也可以是几个组件的组合。只表示功能不涉及实现方法的逻辑图，又可以称为纯逻辑图。逻辑图作为电气设计中一个主要的设计文件，它不仅体现了设计者的设计意图，表达了产品的逻辑功能和工作原理，而且也是编制接线图等其他文件的依据。
- 功能表图(function chart)。功能表图是表示控制系统的作用和状态的一种简图。这种图往往采用图形符号和文字说明相结合的绘制方法，用以全面描述系统的控制过程、功能和特性，不考虑具体的执行过程。功能表图采用图形符号和文字说明相结合的方法描述控制过程，一方面图形符号比较形象直观，另一方面采用文字说明描述图形符号难以表达的过程，减少图形符号的使用，两者有机地结合可使功能表图更加简洁详尽地描述系统的控制过程。
- 电路图(circuit diagram)。电路图是用图形符号并按工作顺序排列，详细地表示电路、设备或成套装置的全部基本组成和链接关系，而不考虑实际位置的一种简图，目的是便于详细理解其作用原理，分析和计算电路特性，所以这种图又习惯称为电气原理图或原理接线图。
- 等效电路图(equivalent circuit diagram)。等效电路图是表示理论或理想的元件及其连接关系的一种功能图，供分析和计算电路特性和状态之用。
- 端子功能图(terminate function diagram)。端子功能图是表示功能单元全部外接端子并用功能图、功能表图或文字表示其内部功能的一种简图。端子功能图主要用于电路图中。当电路比较复杂时，其中的功能元件可用端子功能图（也可用方框符号）来代替，并在其内加注标记或说明，以便查找该功能单元的电路图。
- 程序图(program diagram)。用于详细表示程序单元和程序片及其互连关系，该图的优点是便于对程序运行的理解。国家标准原则性地提出在布图中要注意各种要素和模块的布置，应能清楚地表示出相互关系，并没有具体规定程序图的表达形式和绘制方法。
- 设备元件表(parts list)。设备元件表是把成套装置、设备和装置中各组成部分和相应数据列成的表格，其用途是表示各组成部分的名称、型号、规格和数量等。
- 接线图或接线表(connection diagram/table)。是表示成套装置、设备或装置连接关系，用以进行接线和检查的一种简图或表格。接线图或接线表可以具体划分为：a、单元接线图或单元接线表；b、互连接线图或互连接线表；c、端子接线图或端子接线表；d、电缆配制图或电缆配置表。
- 数据单(data sheet)。数据单是对特定项目给出详细信息的资料。例如，对某种元件或器件编制数据单，列出它的各种工作参数，供调试、检测和维修之用。

- 位置简图或位置图(location diagram/drawing)。位置图是指表示成套装置、设备或装置中各个项目的位置的一种图，用于项目的安装就位。位置图应该用视图的方法画出，各个项目应按其实物大小用同一比例画出具有特征的外形轮廓，再用同一比例画出他们的相互位置关系。图上还应按照机械制图的尺寸标注方法（GB4458.4）注出全部定位尺寸。尺寸箭头应用专门用作尺寸标注的普通箭头。因此，从本质上讲位置图已经属于机械制图范围的一个图种了。
- 单元接线图或单元接线表（unit connection diagram/table）。表示成套装置或设备中一个结构单元内的连接关系的一种接线图或接线表。结构单元一般是指在各种情况下可独立运用的组件或由零件、部件和组件构成的组合体。比如电动机、发电机、稳压电源等。
- 互连接线图或互连接线表（inter connection diagram/table）。表示成套装置或设备的不同结构单元之间连接关系的一种接线图或接线表。
- 电缆配制图或电缆配置表（cable allocation diagram/table）。提供电缆两端位置，必要时还包括电缆功能、特性和路径等信息的一种接线图或接线表。

在绘制电气图时，选择哪一种电气图首先要明确图样的表达对象和使用场合，然后就是要考虑采取何种形式进行表达。合理地选择图样能更明确地表达设计者的意图，也能够使安装人员更好的按照设计者的意图来施工，保证电气设备的正常运行。

7.1.2 电气工程图的特点

在产品设计和工业的生产制造中，工程图能够很好地描述出产品的详细信息。电气图和机械图是工程中两种常用的工程图。电气工程图相对于机械制图而言，表述的对象不同，所采用的方法也不同，主要区别表现在以下4个方面。

- 描述对象不同。电气图着重描述电气装置或设备、元器件之间的连接关系，以及它们的电气功能原理。机械制图着重描述机械零件的的形位信息以及它们之间的装配关系及技术要求。
- 表达方式不同。绘制电气图要用能够反映电气功能原理和信号的标准图形符号并加注文字符号绘制。如，电路中的电气设备、元件的导线连接不用按照实际布线长度绘制，电路图的主要目的就是清晰地表达电气原理。机械制图主要用三视图的方法表述机械零件的空间形状和大小，严格按照三视图的标准，用一定比例绘制，集中、直观地表达机械零件的外形、位置和装配关系。
- 依据原理不同。电气图的表述要符合电气原理。所有的电路都必须构成闭合回路，符合电气组成的四要素：电源、专用设备、导线和开关控制设备。机械制图主要依据机械原理进行设计和制作。
- 电气图往往要联系其他视图，如机械制图、建筑工程图等对应起来阅读。电气图在实际应用中和这些制图有较强的联系，例如机床的电气设计，在布置和安装各个电气元件时要配合机床的装配图来阅读，这样有助于了解电气元件的实际布线，在检查和维修过程中，能较方便地找出问题所在。

7.2　电气图的国家标准简介

7.2.1　国家标准的发展

1960 年国家主管部门组织有关单位成立了标准制订工作组，工作组参照国际电工委员会（IEC）当时修订其图形符号标准的建议方案等文件起草了系统图和平面图图形符号标准草案。1964 年中华人民共和国科学技术委员会批准发布了我国第一批共 5 项电气图形符号方面的 GB312 系列国家标准。经过几十年的发展，20 世纪 60 年代制订的标准逐渐不能满足发展的需要。1980 年，在国家标准局的安排组织下，对国内 GB312 等国家标准情况进行广泛调查，并参考分析国际电工委员会和其他国家颁布的电器图形符号标准，与我国相应标准做了详尽的对比，提出新的国家标准草案。1983 年 4 月，国家标准局组织成立了“全国电气图形符号标准化技术委员会”，负责电气图形符号和电气制图方面的国家标准的制修订。分别在 1984 年、1985 年、1986 年颁布了多项标准。其后国家在 90 年代，进入 21 世纪又逐渐修订完善，最终形成现在使用的标准，就是现在的“新国家标准”或“新国标”，使我国在电气设计标准领域的水平提高了一大步。

这些标准是一个有机的整体，它们提供了表示各种信息的手段和灵活使用各种信息的方法。根据新国标绘制电气图是涉及各行业的综合系统工程，电气设备及电气系统从设计到生产、安装、维修、检验、操作等技术环节的技术人员都要及时了解和正确掌握新国标的内容。

7.2.2　电气制图及电气图形符号国家标准的组成

电气制图及其电气图形符号国家标准主要包括如下 4 个方面：

- 电气制图（1 项）；
- 电气简图用图形符号（13 项）；
- 电气设备用图形符号（2 项）；
- 主要的相关国家标准（13 项）。

1. 电气制图国家标准 GB/T 6988

GB/T 6988 等同或等效采用国际电工委员会 IEC 有关标准。这个国家标准的发布和实施使我国在电气领域的工程语言及规则得到统一，并使我国与国际上通用的电气制图领域的工程语言和规则协调一致，促进了国内各专业之间的技术交流，加快了我国对外经济技术交流的步伐。目前电气制图国家标准 GB/T 6988 的最新标准 GB/T 6988.1-2008。

2. 电气简图用图形符号国家标准 GB/T 4728

GB/T 4728《电气简图用图形符号》国家标准共 13 项，其中 GB/T 4728.2~GB/T 4728.13 这 12 个国标都等同采用最新版本的国际电工委员会 IEC617 系列标准修订后的新版国家标准。

GB/T 4728 目前由以下 13 个部分组成。

- GB/T 4728.1-2005：电气简图用图形符号，一般要求；

- GB/T 4728.2-2005：电气简图用图形符号，第 2 部分是符号要素、限定符号和其他常用符号；
- GB/T 4728.3-2005：电气简图用图形符号，第 3 部分是导体和连接件；
- GB/T 4728.4-2005：电气简图用图形符号，第 4 部分是基本无源元件；
- GB/T 4728.5-2005：电气简图用图形符号，第 5 部分是半导体管和电子管；
- GB/T 4728.6-2008：电气简图用图形符号，第 6 部分是电能的发生与转换；
- GB/T 4728.7-2008：电气简图用图形符号，第 7 部分是开关、控制和保护器件；
- GB/T 4728.8-2008：电气简图用图形符号，第 8 部分是测量仪表、灯和信号器件；
- GB/T 4728.9-2008：电气简图用图形符号，第 9 部分是“电信：交换和外围设备”；
- GB/T 4728.10-2008：电气简图用图形符号，第 10 部分是“电信：传输”；
- GB/T 4728.11-2008：电气简图用图形符号，第 11 部分是建筑安装平面布置图；
- GB/T 4728.12-2008：电气简图用图形符号，第 12 部分是二进制逻辑元件；
- GB/T 4728.13-2008：电气简图用图形符号，第 13 部分是模拟元件。

3. 电气设备用图形符号国家标准 GB/T 5465

电气设备用图形符号是指用在电气设备上或与其相关的部分上用以说明该设备或部位的用途的标志。GB/T 5465 由以下两个部分组成。

- GB/T 5465.1-2009：电气设备用图形符号绘制原则；
- GB/T 5465.2-2008：电气设备用图形符号。

4. 与电气制图有关的相关国家标准

与电气制图有关的相关国家标准主要有以下 13 项。

- GB/T 4026-2010：人机界面标志标识的基本和安全规则 设备端子和导体终端的标识；
- GB/T 4884-1985：绝缘导线的标记；
- GB/T 5094-1985：电气技术中的项目代号；
- GB/T 5489-1985：印制电路板制图；
- GB/T 7159-1987：电气技术中文字符号制订通则；
- GB/T 7356-1987：电气系统说明书用简图的编制；
- GB/T 7947-1997：导体的颜色或数字标识；
- GB/T 10609.1-2008：技术制图、标题栏；
- GB/T 10609.2-2009：技术制图、明细栏；
- GB/T 14689-2008：技术制图、图纸幅面和格式；
- GB/T 14691-1993：技术制图、字体；
- GB/T 16679-2009：工业系统、装置与设备以及工业产品 信号代号；
- GB/T 18135-2008：电气工程 CAD 制图规则。

除了以上这些相关标准外，在《电气制图》和《电气简图用图形符号》国家标准中，还引用了大量的 IEC、ISO 国际标准和 GB 国家标准。各项电气制图标准中都详细列有这些标注的目录，可以据此查找标准中有关内容制订的依据。

7.3　电气制图的一般规范

前面介绍过，由于表达形式和用途不同，电气图分为多种。绘制这些图虽然有各自的规则，但有一些规则是共同的，如图形符号的应用和选择、连接线的画法、项目代号和端子代号的标注等。电气图作为一种技术图，和其他技术图在绘制规则上也有一些相同的地方，如图纸的幅面和格式、图线、字体和比例等。因此，在电气制图国家标准中，制订了单项标准 GB6988.1-2008《电气技术用文件的编制 一般要求》

7.3.1　图纸格式

1. 电气图基本图幅

电气图图幅是指图纸短边和长边所确定的尺寸。由边框线所围成的图面，称为图纸的幅面。电气图的基本图幅包括边框线、图框线、标题栏、会签栏等。统一的图纸幅面便于图纸的使用和管理。

GB/T 6988.1 推荐了两种尺寸系列，即基本幅面尺寸系列或优选幅面尺寸系列（表 7-1）和加长图幅尺寸系列（表 7-2）。

加长图幅尺寸系列是以 A3、A4 幅面的长边保持不变，短边以整数倍加长。如幅面代号为 A3×3 的图纸，其一边为 A3 幅面的长边 420mm，另一边取其短边 297mm 的 3 倍，即 297×3＝891mm。A0 和 A2 图纸一般不得加长。当以上幅面系列还不能满足要求时，则可按机械制图的国家标准 GB4457.1-1984 的规定，选用其他加长幅面的图纸。

一般的电气图的基本幅面有 5 类：A0~A4，见表 7-1。其中尺寸代号的意义参见图 7-1。

表 7-1　电气图的基本图幅幅面和周边尺寸（mm）

<table>
<tr><th>基本幅面代号</th><th>B×L</th><th>a</th><th>c</th><th>e</th></tr>
<tr><td>A0</td><td>841×1189</td><td rowspan="5">25</td><td rowspan="3">10</td><td rowspan="2">20</td></tr>
<tr><td>A1</td><td>594×841</td></tr>
<tr><td>A2</td><td>420×594</td><td rowspan="3">10</td></tr>
<tr><td>A3</td><td>297×420</td><td rowspan="2">5</td></tr>
<tr><td>A4</td><td>210×297</td></tr>
</table>

表 7-2　电气图的加长图幅幅面和周边尺寸（mm）

<table>
<tr><th colspan="2">加长幅面代号</th><th>B×L</th></tr>
<tr><td rowspan="2">A3 加长</td><td>A3×3</td><td>420×891</td></tr>
<tr><td>A3×4</td><td>420×1189</td></tr>
<tr><td rowspan="3">A4 加长</td><td>A4×3</td><td>297×630</td></tr>
<tr><td>A4×4</td><td>297×841</td></tr>
<tr><td>A4×5</td><td>297×1051</td></tr>
</table>

图幅的选择主要根据图的复杂程度和图线的密集程度来进行，尽量选取国标规定的标准图幅。绘制出的电气图要保证图面布局紧凑、清晰。因此在选择幅面的过程中通常要考虑以下几个因素：

- 设计对象的规模和复杂程度；
- 由图种所决定的资料的信息程度；
- 尽量选用较小的幅面；
- 便于装订和管理；
- 复印和缩微的要求；
- 计算机辅助设计的要求。

2. 电气图图幅格式

上面提到，电气图的基本图幅包括边框线、图框线、标题栏、会签栏等内容。电气图的图幅格式按照 GB/T 6988 中规定，图框和标题栏的方位均遵循 GB 4457 的规定。图 7-1 给出了电气图图幅的基本组成，并标示了表 7-1 中尺寸代号的含义。

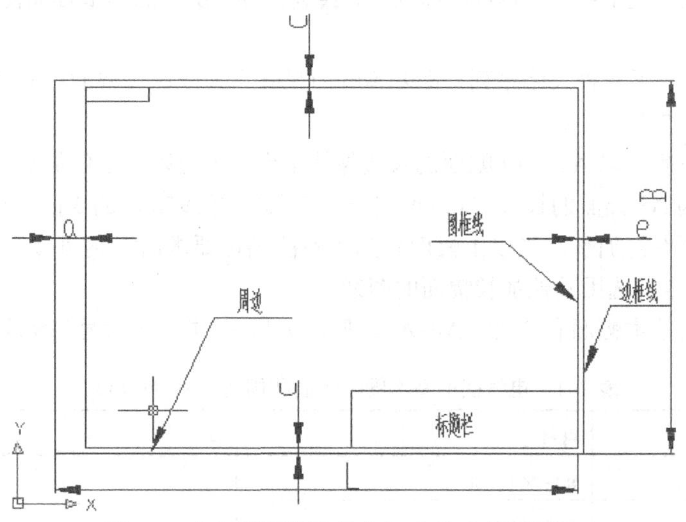

图 7-1　电气图图幅的基本组成和尺寸代号标示

（1）图框

图框尺寸是根据图纸是否需要装订和图纸幅面大小来确定的。

需要装订时，装订的一边要留出装订边，如图 7-1 所示。各边尺寸大小按照表 7-1 选取。对加长的幅面，尺寸 c 也参照表 7-1 选取。装订时一般采用 A4 幅面竖装，或者以 A3 幅面横装。

当不需要装订时，图纸的 4 个周边尺寸相同。对 A0、A1 两种幅面，周边尺寸取 20mm；对 A2、A3、A4 三种幅面，则周边尺寸 e 取 10mm。对于加长幅面，可参照上述规定。不留装订边和留装订边图纸的绘图面积基本相等。随着缩微技术的发展，留装订边的图纸将会逐步减少以至淘汰。

（2）标题栏

用以确定图纸名称、图号、张次、更改和有关人员签署等内容的栏目，称为标题栏。一般由名称及代号区、签字区、更改区、其他区等组成，用于说明图的名称、图的编号、责任者签名以及图中局部内容的修改记录等。各区的布置形式有两种，见图 7-2。当采用图 7-2（a）形式配置标题栏时，各区的具体格式可参照图 7-3。正式图样必须有标题栏。标题栏一般是在图纸的下方或右下方。标题栏中的文字方向应为看图方向，即图中的说明、符号均应以标题栏的文字方向为准。说明图中某项内容的位置时，如在图纸的右上角或左下角，也应以标题栏为准，而不是相对图纸的装订边而言。这样既便于看图，也不致产生误解。

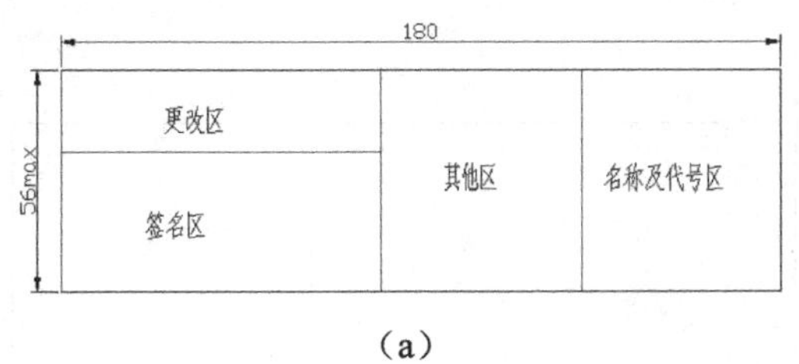

（a）

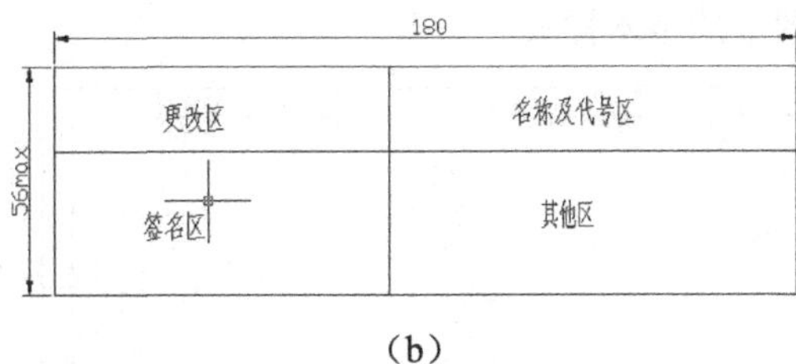

（b）

图 7-2　标题栏分区

至于标题栏的格式，目前我国尚无国家标准。在没有颁布全国统一的标准以前，可采用相应专业标准中所规定的标题栏格式。如图 7-3 所示的标题栏仅作参考之用。

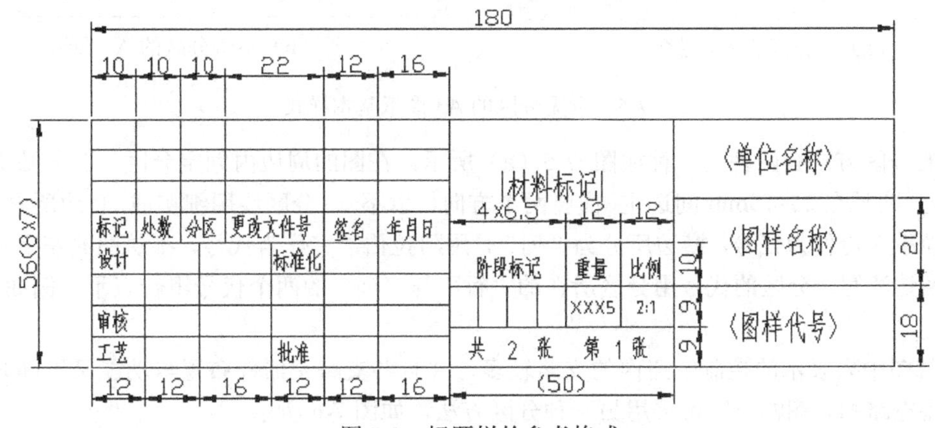

图 7-3　标题栏的参考格式

（3）明细栏

装配图或其他带装配性质的图样一般要有明细栏，以填写图样中各组成部分的序号、代号、名称、数量、材料、重量等内容。其中，代号是指该组成部分的图样代号或标准号。图 7-4 所示是明细栏的一般格式。

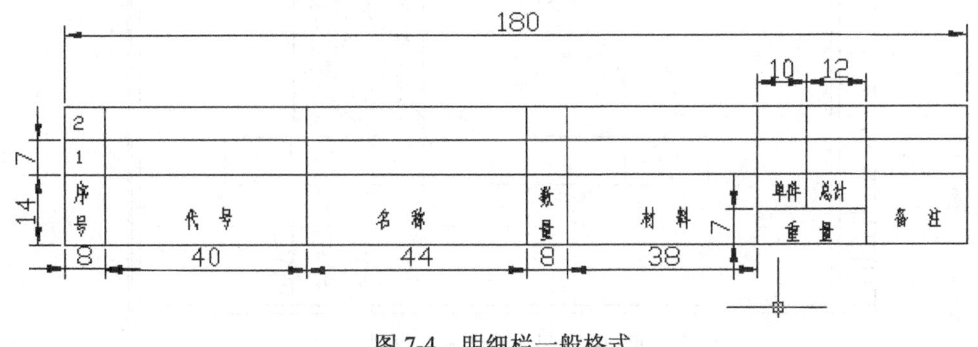

图 7-4　明细栏一般格式

（4）图幅分区

图7-1给出了电气图图幅的基本组成。图纸在很小的情况下，读图很容易；在图幅很大而且内容复杂的情况下，读图就会变的相对困难。为了更容易地读图和检索，需要一种确定图上位置的方法，因此把幅面做成分区以便于检索。理论上，各种图幅都可以分区，图7-5给出了有分区和无分区的图纸的基本样式。

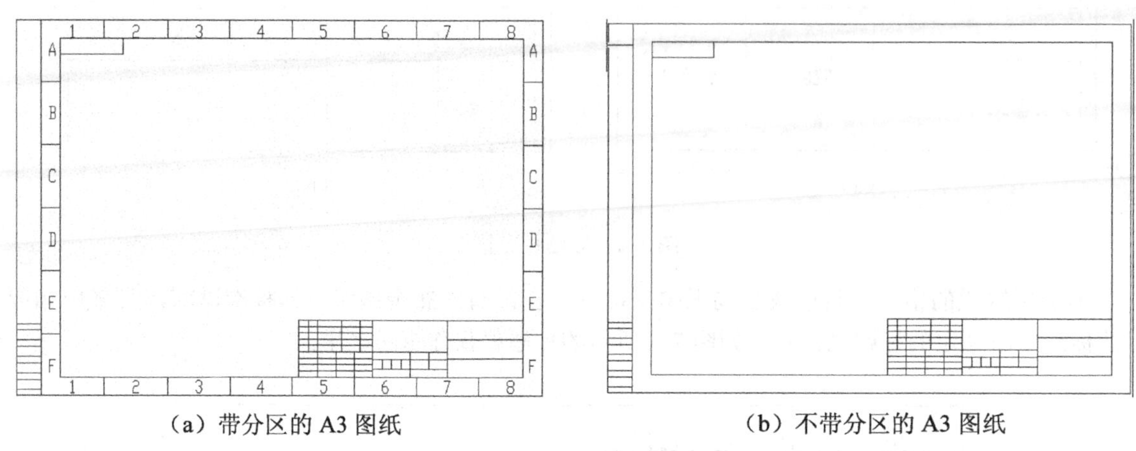

（a）带分区的A3图纸　　（b）不带分区的A3图纸

图7-5　有无分区的A3图纸基本样式

通用的分区方法有两种：一种如图7-5（a）所示，在图的周边内划定分区，分区数必须是偶数，每一分区的长在25~75mm间选定，横竖两个方向可以不一，分区线用细实线。竖边所分为“行”，用大写的拉丁字母作为代号，横边所分为“列”，用阿拉伯数字作为代号，都从图的左上角开始顺序编号，两边注写。分区的代号用分区所在的“行”与“列”的两个代号组合表示。例如A2、C3等。

当电气图中要表示的控制电路内的支路较多，并且各支路元器件布置与功能又不同时，如机床电气设备电路图。图幅分区可采用另一种分区方法，如图7-6所示。

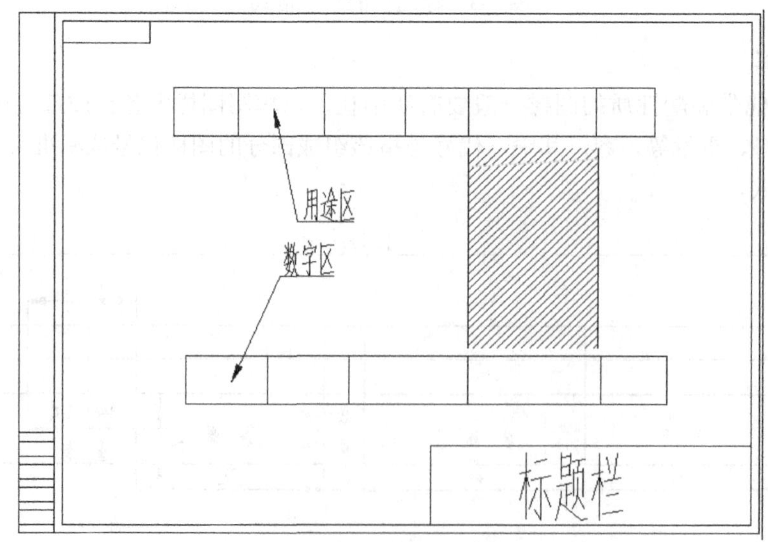

图7-6　另一种图幅分区法

这种方法只对图的一个方向分区，根据电路的布置方式选定。例如电路垂直布置时，只作横向分区。分区数不限，各个分区的长度也可以不等，视支路内元、器件多少而定，一般是一个支路一个分区。分区顺序编号方式不变，但只需要单边注写，其对边则另行划区。改注主要设备或支电路的名称、用途等，称为用途区。两对边的分区长度也可以不等。这种方法不影响分区检索，还能直接反映用途，更有利于读图。

（5）图纸编号

企业和生产部门为了便于图纸的管理，一般都对图纸做统一的编号工作。图纸的统一编号有助于企业的生产管理，在生产过程中有更改图纸的需要时，便于图纸的检索，形成一个有效的从设计到生产的管理链。一般各生产企业和设计部门都有自己的编号方法。

7.3.2 图线

电气图中所用的各种线条统称为图线。电气图中的图线可以分为 4 种型式，见表 7-3，GB 6988 对这 4 种图线的格式、宽度和间距都作了明确规定。图线在其他图中的应用可参见 GB 4458.1-2002《机械制图 图样画法》。

表 7-3 图线格式及用途

图线名称	图线格式	一般应用
实线	————	基本线、简图主要内容用线、可见轮廓线可见导线
虚线	— — — —	辅助线、屏蔽线、机械连接线、不可见轮廓线、不可见导线，计划扩展内容用线
点划线	—·——·—	分界线，结构围框线，功能围框线，分组围框线
双点划线	—··——··—	辅助围框线

图线的宽度有 0.18mm、0.25mm、0.5mm、0.7mm、1.0mm、1.4mm 和 2mm 共 7 种。这些图线的宽度是按照 $\sqrt{2}$ 的倍数递增的，它与绘图工具标准系列相结合应用时，应根据图的大小和复杂程度来选用。通常，在一张图上，只选用其中两种宽度的图线即可，并且粗线为细线的两倍。但在某些图中，可能需要两种以上宽度的图线，在这种情况下，线的宽度应以 2 的倍数依次递增。例如，选用 0.35mm，0.7mm 和 1.4mm 三种图线。0.18mm 的图线由于某些复制方法有困难，应避免使用。

对于图线间距，电气图中平行图线边缘的间距最小不得小于图中粗线的两倍（两平行线等宽时，其中心距应至少为线宽的 3 倍，且不得小于 0.7mm，这主要考虑复制和缩微的要求）。对电气简图中的平行线，其中心间距至少为字体的高度。对于有附加信息的连接线，例如信号标识代号，其间距至少为字体高度的两倍。

7.3.3 文字

电气图中的字体包括汉字、字母和数字，它们是图的重要组成部分。图样中的字体必须符合标准，做到字体端正、笔划清楚、排列整齐、间距均匀。GB/T 6988 规定，电气图的字体应完全符合 GB 4457《机械制图 字体》的规定。即汉字采用长仿宋体。字母可以用直体，也可以用斜体，同一张图内应只用其中的一种；斜体字的字头向右倾斜，与水平线约成 75°；可以用大写，也可以用小写。数字可以用直体，也可以用斜体。字体的号数，即字体的高度（单位为 mm），按$\sqrt{2}$公比分为 20，14，10，7，5，3.5，2.5 共 7 种。字体的宽度约等于字体高度的三分之二，而数字和字母的笔划宽度约为字体的 1/10。因汉字的笔划较多，不宜采用 2.5 号字。

为适应缩微复制的需求，各种基本幅面图纸的最小字号是有规定的，A0 幅面为 5 号，A1 幅面为 3.5 号，A2 及以下幅面为 2.5 号。

7.3.4 箭头与指引线

1. 箭头

电气图中使用的箭头有两种画法，一种是开口箭头，如图 7-7（a）所示，用于表示能量或信号的传播方向；另一种是实心箭头，如图 7-7（b）所示，用于指向连接线等对象的指引线。

（a）开口箭头　　（b）实心箭头

图 7-7　两种形状箭头

另外，箭头也可以表示可调节性（如 GB/T 4728 中 02-03-01 所示）和力或运动的方向（如 GB/T 4728 中 02-04-01 所示）等信息。

2. 指引线

指引线用于指示电气图中的注释对象。指引线一般为细实线，指向被注释处，并在其末端加注不同的标记：

- 如末端在轮廓线内，加一黑点，见图 7-8（a）；
- 如末端在轮廓线上，加一实心箭头，见图 7-8（b）；
- 如末端在连接线上，加一短斜线，见图 7-8（c）。

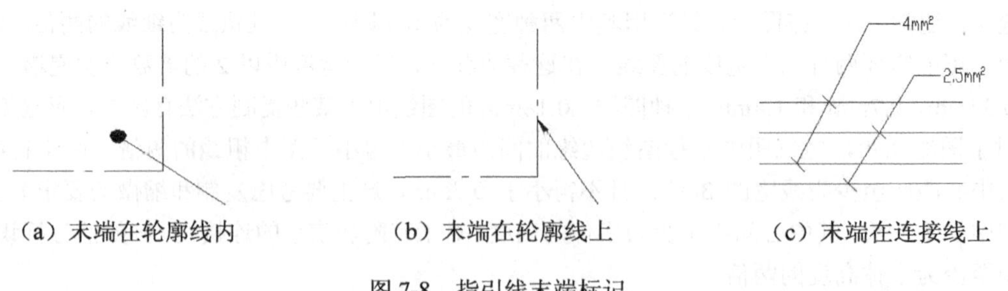

（a）末端在轮廓线内　　（b）末端在轮廓线上　　（c）末端在连接线上

图 7-8　指引线末端标记

7.3.5 视图及比例

1. 视图

电气工程中的技术文件，大部分是用图示法绘制的。图示法的表达形式很多，各种表达形式统称为图。它既指用投影法绘制的图形（如各种机械制图），也包括用图形符号绘制的图以及其他图示法绘制的图。

在机械制图中，视图是按照有关国家标准和规定，用正投影法绘制的。国家标准《技术制图》在图样画法中对视图、剖视图和断面图等基本表达方法作了明确的规定。视图的画法应遵循 GB/T 17451-1998《技术制图 图样画法 视图》的规定。剖视图和断面图的画法应遵循 GB/T 17452-1998《技术制图 图样画法 剖视图和断面图》的规定。

电气技术领域中的各种图，如系统图、框图、电路图、逻辑图和接线图等都是用图形符号绘制的图。用图形符号绘制的图称为简图；用来表示控制系统的作用和状态的“功能表图”采用图形符号和文字说明相结合的绘制方法，都不同于其他类型的简图。因此，电气图的表达有多种形式，其视图也以表达清楚电气设备或装备为准。

2. 比例

比例是指图形与实物的相应要素的线性尺寸之比。大部分电气图都是采用图形符号绘制的(如系统图、电路图等)，是不按比例的。但位置图等一般都需要按比例绘制，且多用缩小比例绘制，表 7-4 给出了具体的比例。通常用的缩小比例系列为：1:10、1:20、1:50、1:100、1:200、1:500。

表 7-4 绘图的比例

图示	比例
与实物相同	1:1
缩小的比例	1:1.5、1:2、1:2.5、1:3、1:4、1:5、$1:10^n$ $1:1.5\times10^n$、$1:2\times10^n$、$1:2.5\times10^n$、$1:5\times10^n$
放大的比例	2:1、3:1、3:1、5:1、(10×n):1

对于用图形符号绘制的图，如电气原理图、方框图、逻辑图等不必标注比例。

在表达清晰、布局合理的条件下，应尽可能选用基本幅面的图纸和 1:1 的比例。比例应统一填写在标题栏的“比例”一栏。当某个图形必须采用不同的比例（如局部放大图）时，则必须在该图形的上方另行标注，比例数值前不再注出字母 M。

7.4 电气图形符号

图形符号是用于电气图或其他文件中表示项目或概念的一种图形、记号或符号，是电气技术领域中最基本的工程语言。电气图形符号包括电气图用图形符号和电气设备用图形符号。

电气图用图形符号包括符号要素、限定符号、一般符号、方框符号和组合符号。一般来说，电气图形符号有形状不同或详细程度不同的几种形式。要尽可能的选用优选形式，还要根据绘图所要表达的详细程度来决定选用图形符号的形式，要在满足要求的情况下，尽量选用最简单的形式。

7.4.1 导线与连接器件

主要内容包括导线、端子和导线的连接、连接器件、电缆附件等。

1. 导线

表 7-5 给出了部分导线的图形符号。这些图形符号都是 GB/T 4728 规定中的符号，对于每一种符号，表 7-5 中都给出了序号、图形符号、说明和注。为了便于读者查阅和检索，表 7-5 特别列出了图形符号在 GB/T 4728 中的序号。该序号由三段组成，采用两个阿拉伯数字形成一个段，第一段表示符号所在的 GB/T 4728 的部分；第二段表示所在部分的节序；第三段表示所在节的顺序号，同时这种序号的排列也能表达图形符号的分类。

表 7-5　导线的部分图形符号

序号	图形符号	说明	备注
03-01-01		导线、导线组、电线、电缆、电路、传输通路(如微波技术)、线路、母线(总线)一般符号	导线特性标注在符号上方；导线材料特性标注在符号下方斜线成 60°
03-01-02	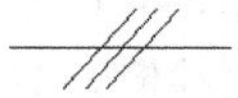	三根导线	
03-01-03	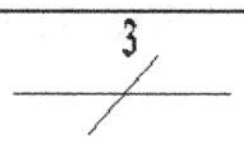 3	三根导线	
03-01-04	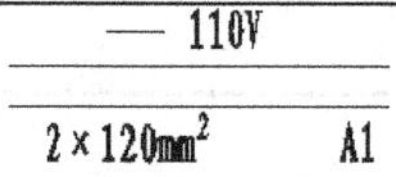 — 110V $2\times120mm^2$　A1	直流电路	
03-01-05	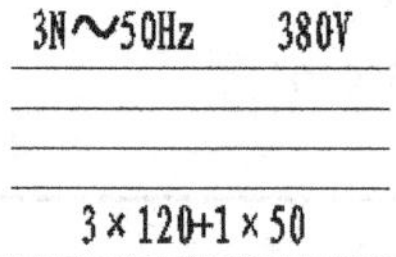 3N～50Hz　380V 3×120+1×50	三相交流电路	
03-01-06		柔软导线	
03-01-07	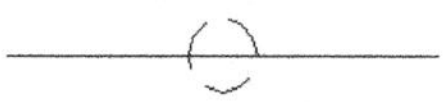	屏蔽导线	
03-01-08	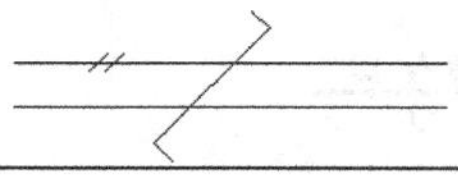	绞合导线(两股绞合)	斜线成 45°
03-01-09		电缆中的导线(三股)	
03-01-10	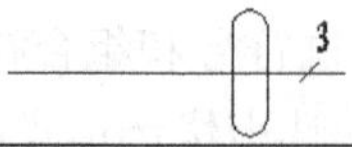 3	电缆中的导线(三股)	
03-01-11	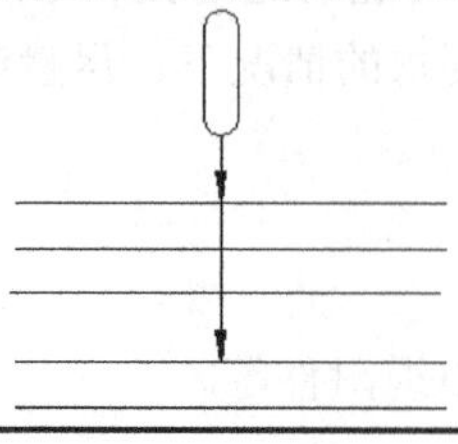	5 条导线中箭头所指的两根导线在同一条电缆中	符号左边为同轴线

（续表）

序号	图形符号	说明	备注
03-01-12		同轴对、同轴电缆	符号左边为同轴线
03-01-13		同轴对连接到端子	
03-01-14		屏蔽同轴电缆、屏蔽同轴对	
03-01-15		未连接的导线和电缆	
03-01-16		未连接的特殊绝缘的导线或电缆	

2. 端子和导线的连接

表 7-6 给出了端子和导线连接的图形符号，包括端子和端子板、可拆卸端子的符号，表中还给出了不同连接类型的导线图形符号。这些图形符号都是 GB/T 4728 规定中的符号。表 7-6 只给出了这类器件的部分图形符号，其他相关符号请读者查阅相关国家标准。

表 7-6　端子和导线连接的部分图形符号

序号	图形符号	说明	备注
03-02-01		导线的连接	
03-02-02		端子	也可以画成实心圆点
03-02-03	11 12 13 14 15	端子板	
03-02-10		可拆卸的端子	斜线成 45°
03-02-15		导线直接连接导线接头	
03-02-16		一组相同构件的公共连接	
03-02-17	11	复接的单行程选线器	表示 11 个触点选线器
03-02-18		导线的交换（换位）　相序的变更或极性的相反	
03-02-19	L1 L3	表示相序的变更	
03-02-20		多相系统的中性点	

（续表）

序号	图形符号	说明	备注
03-02-21	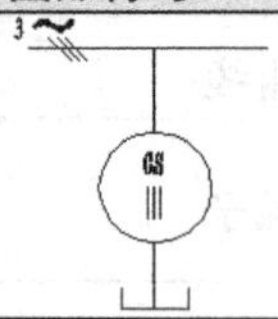	每相两端引出，表示外部中性点的三相同步发电机	

3. 连接器件

连接器件包括插头和插座、电缆终端头等。表 7-7 给出了连接器件的部分图形符号，这些图形符号都是 GB/T 4728 规定中的符号。

表 7-7　连接器件的部分图形符号

序号	图形符号	说明	备注
03-03-01	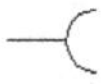	插座（内孔的）或插座的一个极	可作插孔，符号两线成 90°
03-03-02			
03-03-03		插头（凸头的）或插头的一个极	也用作插塞
03-03-04	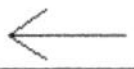		
03-03-05		插头和插座（凸头和内孔的）	
03-03-06			
03-03-07	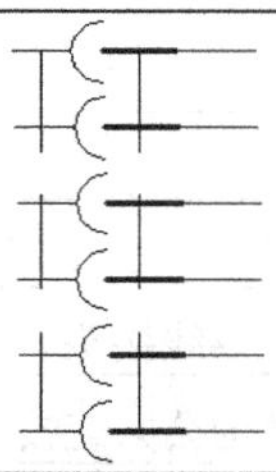	多极插头插座	表示 6 个极同时接插
03-03-08			
03-03-09	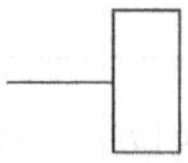	连接器的固定部分	亦用作插座
03-03-10	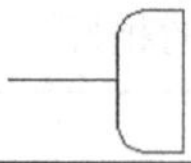	连接器的可动部分	亦可用作插头
03-03-11	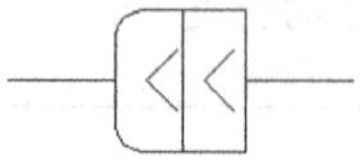	配套连接器	可动部分(插头)内为插孔，固定部分(插座)内为插塞
03-03-13	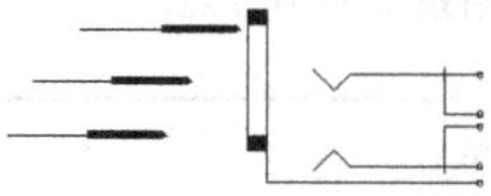	电话型两极插塞和插孔	

（续表）

序号	图形符号	说明	备注
03-03-19		对接连接器	
03-03-23		插头-插头	插头插座式连接器
03-03-24		插头-插座	
03-03-25		带插座通路的插头-插座	
03-03-26		滑动(滚动)连接器	

4. 电缆附件

电缆附件包括电缆终端头、中间直通接头、中间绝缘接头等，还包括各种电缆接线盒。表 7-8 给出了这些连接器件的部分图形符号。这些图形符号都是 GB/T 4728 规定中的符号。

表 7-8　电缆附件的图形符号

序号	图形符号	说明	备注
03-04-01		电缆密封终端头	等边三角形，下同
03-04-02	3		
03-04-03		不需要表示电缆芯数的电缆终端头	
03-04-04		电缆密封终端头	
03-04-05		电缆直通接线盒	
03-04-06	3 3		
03-04-07		电缆接线盒、电缆分线盒	
03-04-08	3 3 3		

（续表）

序号	图形符号	说明	备注
03-04-09	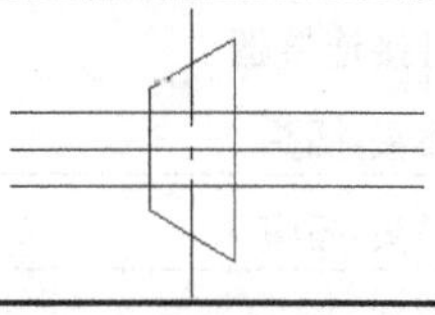	电缆气密套管	梯形底边端为高气压

7.4.2 无源器件

无源器件包括电阻器、电容器和电感器，铁氧体磁心和磁存储器矩阵，压电晶体、驻极体和延迟线等。本节只给出最常用的电阻器、电容器和电感器的图形符号，其他相关符号请读者查阅相关电气手册。

1. 电阻器

电阻器作为耗能元件，类型很多，常用的包括普通电阻器、热敏电阻器、压电电阻器等，表7-9给出了几种常用类型电阻器的图形符号。

表7-9　电阻器的图形符号

序号	图形符号	说明	备注
04-01-01		电阻器一般符号	一般用于加热电阻
04-01-02			
04-01-03	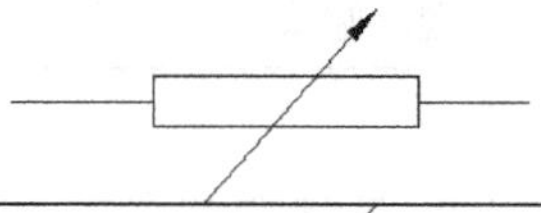	可变电阻器	
04-01-04	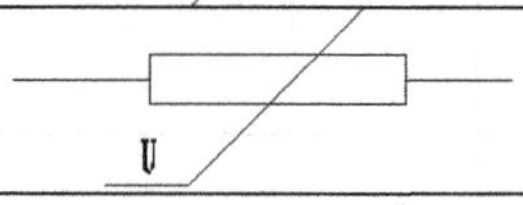 U	压敏电阻器	
04-01-05	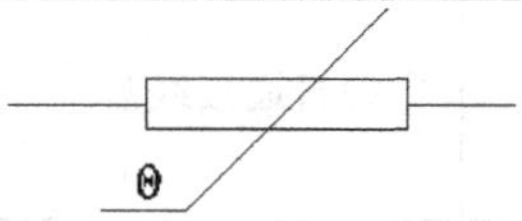 θ	热敏电阻器	
04-01-06	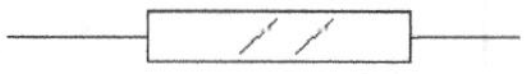	0.125w 电阻器	
04-01-07		0.25w 电阻器	
04-01-08		0.5w 电阻器	
04-01-09	 1	1w 电阻器	
04-01-10	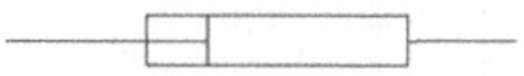	熔断电阻器	
04-01-11	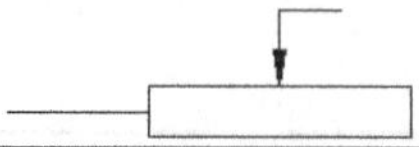	滑线式变阻器	

（续表）

序号	图形符号	说明	备注
04-01-12	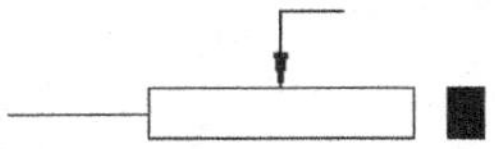	带滑动触点和断开位置的电阻器	
04-01-13	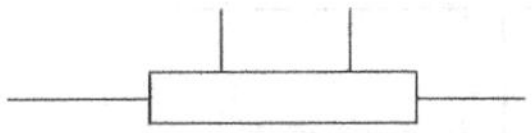	两个固定抽头的电阻器	抽头数可用单线表示
04-01-14	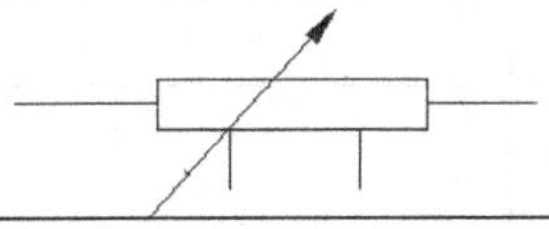	两个固定抽头的可变电阻器	
04-01-15	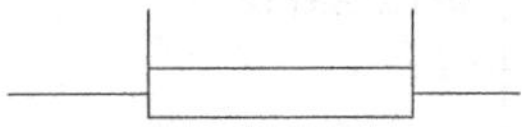	分路器 带分流和分压接线头的电阻器	
04-01-16	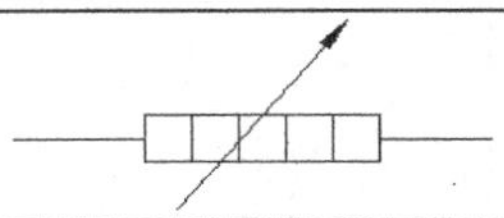	炭堆电阻器	
04-01-17	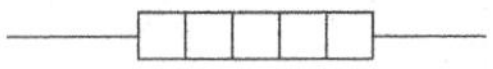	加热元件	用于电阻式加热
04-01-19	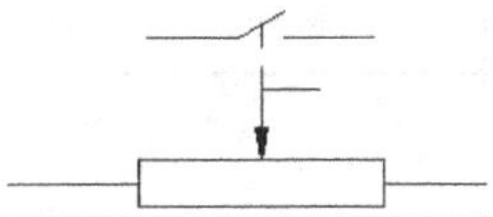	带开关的滑动触点电位器	
04-01-20	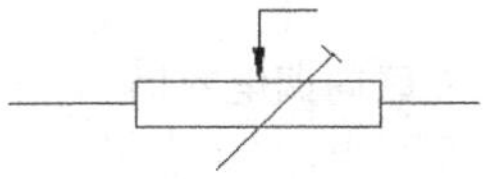	预调电位器	

2. 电容器

电容器是一种储能元件，可以分为普通电容器、可变电容器、电解电容器和压敏电容器等。表 7-10 给出了常用的几种电容器的图形符号。

表 7-10　电容器的图形符号

序号	图形符号	说明	备注
04-02-01	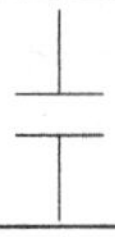	电容器一般符号	
04-02-02	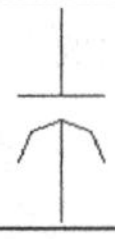		
04-02-03		穿心电容器	

（续表）

序号	图形符号	说明	备注
04-02-04	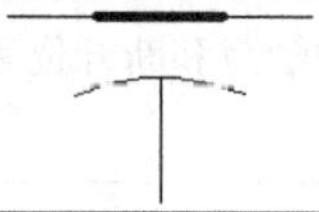		
04-02-05	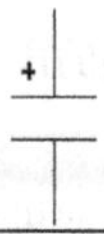	极性电容器	只需要示出正极性
04-02-06	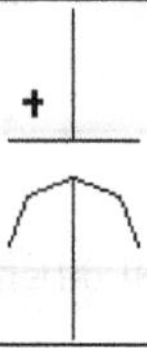	极性电容器	
04-02-07	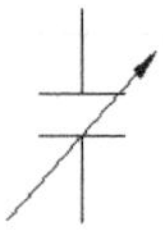	可变电容器	
04-02-08	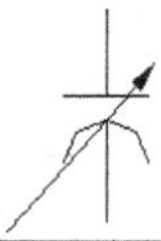		
04-02-09	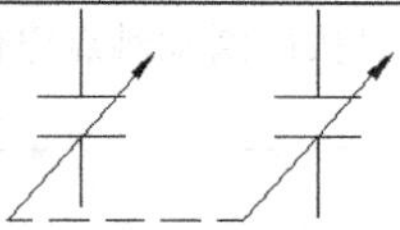	双联同调电容器	箭头和斜线成45°
04-02-10	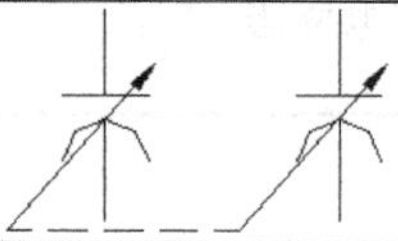		
04-02-11	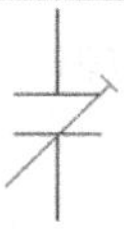	微调电容器	
04-02-12	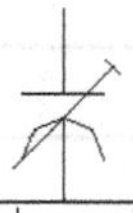	微调电容器	
04-02-13	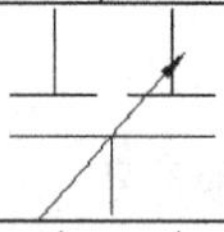	差动可变电容器	
04-02-14	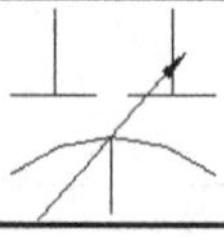		

（续表）

序号	图形符号	说明	备注
04-02-15	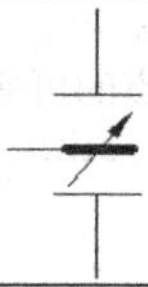	分裂定片可变电容器	
04-02-16	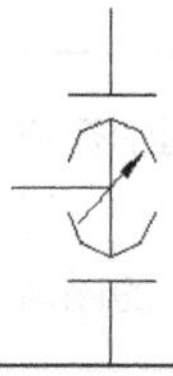		
04-02-17	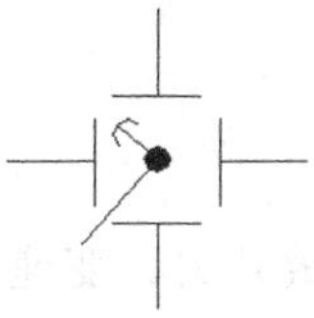	移相电容器	
04-02-18	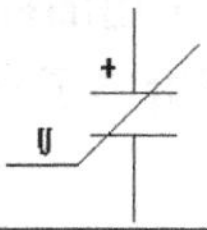	压敏极性电容器	
04-02-19	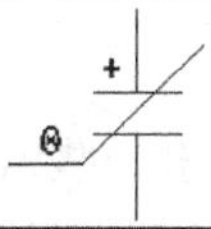	热敏极性电容器	

3. 电感器

电感器作为储能元件，能够把电能转化为磁能而存储起来。电感器有多种形式，表 7-11 给出了常用的几种类型的电感器的图形符号。

表 7-11　电感器的图形符号

序号	图形符号	说明	备注
04-03-01		电感器、线圈、绕组、扼流圈	
04-03-02	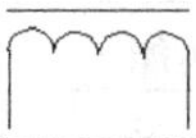	带磁心的电感器	
04-03-03	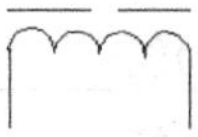	带有间隙磁心的电感器	
04-03-04	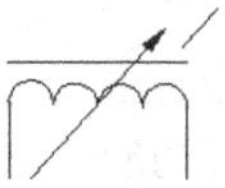	带磁心连续可调的电感器	
04-03-05		有两个抽头的电感器	

（续表）

序号	图形符号	说明	备注
04-03-06		步进移动触点的可变电感器	
04-03-07		可变电感器	
04-03-08		带磁心的同轴扼流圈	
04-03-08		穿在导线上的磁珠	

7.4.3 开关、控制元件和保护器件

开关有许多种类，包括单极开关、位置和限位开关、热敏开关、变速灵敏触点和水银液位开关等。开关可以当作控制装置使用，比如用来控制电机的启动等。常用的控制装置还包括各种继电器。保护器件包括各种熔断器或者是熔断式开关和避雷器等。本节给出了常用的各种开关、控制和保护器件的图形符号。

1. 开关

首先给出开关最基本的元素——接触点的图形符号，接着给出一些常用的能执行各种动作类型的触点，包括延时触点、转换触点、动断触点等；最后给出各种类型的开关的图形符号，见表7-12。

表 7-12　开关的图形符号（触点的限定符号）

序号	图形符号	说明	备注
07-01-01		接触器功能	
07-01-02	×	断路器功能	
07-01-03	—	隔离开关功能	
07-01-04		负荷开关功能	
07-01-05	■	自动释放功能	
07-01-06		限制开关功能 位置开关功能	
07-01-07	◁	弹性返回功能 自动复位功能	
07-01-08	○	无弹性返回功能	

（续表）

序号	图形符号	说明	备注
07-02-01		动合（常开）触点	可用作开关一般符号
07-02-02			
07-02-03		动断（常闭）触点	
07-02-04	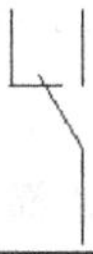	先断后合的转换触点	
07-02-05	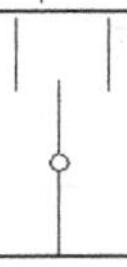	中间断开的双向触点	
07-02-06		先合后断的转换触点（桥接）	
07-02-07		先合后断的转换触点（桥接）	
07-02-08		双动合触点	
07-02-09	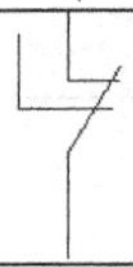	双动断触点	
07-03-01		当操作件被吸合时，暂时闭合的过渡动合触点	
07-03-02		当操作件被释放时，暂时闭合的过渡动合触点	

（续表）

序号	图形符号	说明	备注
07-03-03		当操作件被吸合或释放时，暂时闭合的过渡动合触点	
07-04-01		多触点中比其他触点提前吸合的动合触点	
07-04-03		多触点中比其他触点滞后释放的动断触点	
07-04-04		多触点中比其他触点提前吸合的动断触点	
07-05-01	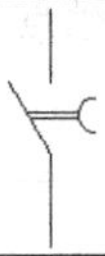	当操作件被吸合时，延时闭合的动合触点	
07-05-02			
07-05-03		当操作件被释放时，延时断开的动合触点	
07-05-04			

（续表）

序号	图形符号	说明	备注
07-05-05	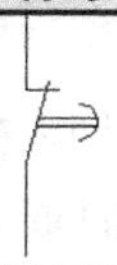	当操作件被释放时，延时闭合的动断触点	
07-05-06			
07-05-07		当操作件被吸合时，延时断开的动断触点	
07-05-08	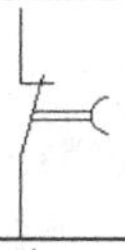		
07-05-09		吸合时延时闭合和释放时延时断开的动合触点	
07-05-10	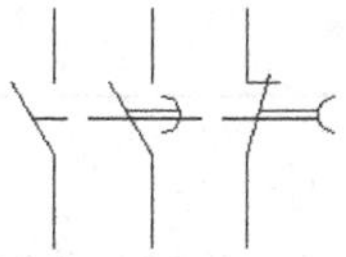	由一个不延时的动合触点、一个吸合时延时断开的动断触点和一个释放时延时断开的动合触点组成的触点组	
07-06-01		有弹性返回功能的动合触点	
07-06-02		无弹性返回功能的动合触点	
07-06-03		有弹性返回功能的动断触点	

（续表）

序号	图形符号	说明	备注
07-06-04		左边为弹性返回、右边为无弹性返回的中间断开的双向触点	
07-07-01		手动开关 一般符号	
07-07-02		按钮开关(不闭锁)	
07-07-03		拉拨开关(不闭锁)	
07-07-04		旋钮开关、旋转开关(闭锁)	
07-07-01		手动开关 一般符号	
07-07-02		按钮开关(不闭锁)	
07-07-03		拉拨开关(不闭锁)	

（续表）

序号	图形符号	说明	备注
07-07-04		旋钮开关、旋转开关(闭锁)	
07-07-01		热敏开关 动合触点	
07-07-02		热敏开关 动闭触点	
07-07-03		热敏自动开关 动断触点	
07-07-04		具有热元件的气体放电管 接触器 荧光灯启动器	

2. 控制元件

控制方式很多，最常用的控制元件是继电器，在表 7-13 中给出一些常用的继电器的图形符号。读者如需要其他继电器或控制元器件的图形符号，请参考相关手册。

表 7-13　继电器的图形符号

序号	图形符号	说明	备注
07-15-01		操作器件 一般符号	具有几个绕组的操作器件，可以由适当数值的斜线或重复符号 07-15-01 或 07-15-02 来表示
07-15-02		具有两个绕组的操作器件 组合表示方法	

（续表）

序号	图形符号	说明	备注
07-15-04	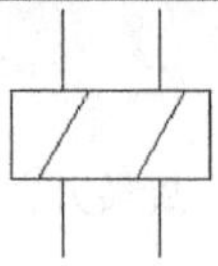	具有两个绕组的操作器件组合表示方法	斜线成 60°
07-15-05	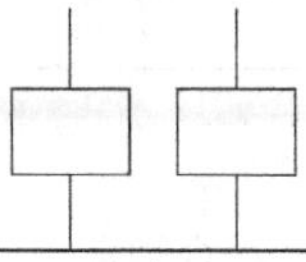	具有两个绕组的操作器件分离表示方法	
07-15-07	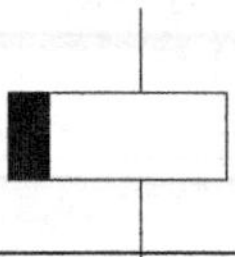	缓慢释放(缓放)继电器线圈	
07-15-08	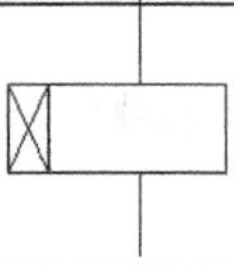	缓慢吸合继电器线圈	
07-15-09	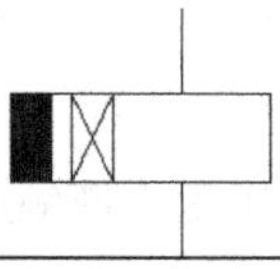	缓放和缓吸继电器线圈	
07-15-10	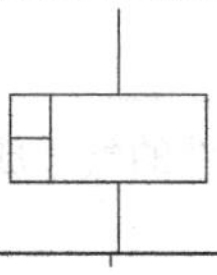	快速继电器(快吸和快放)的线圈	
07-15-11	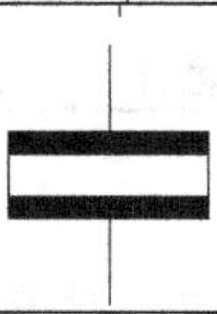	对交流不敏感继电器的线圈	
07-15-12	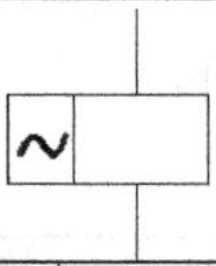	交流继电器的线圈	
07-15-13	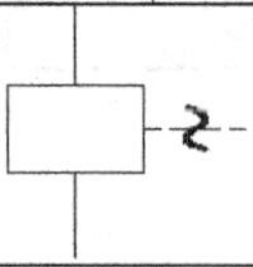	机械谐振继电器的线圈	
07-15-14	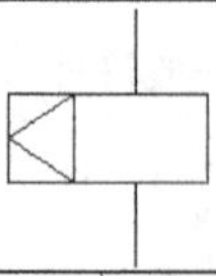	机械保持继电器的线圈	
07-15-15	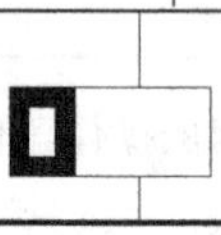	极化继电器线圈	

（续表）

序号	图形符号	说明	备注
07-15-16	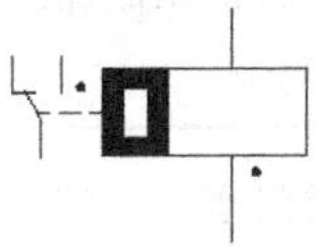	绕组中只有一个方向的电流起作用，并能自复的极化继电器	黑圈点表示通过极化继电器绕组的电流方向和动触点运动之间的关系
07-15-17	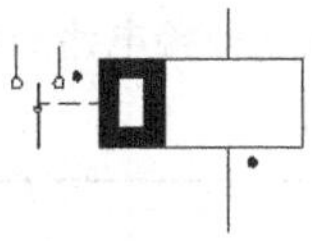	绕组中任一方向的电流均可以起作用的具有中间位置并能自动复位的极化继电器	
07-15-18	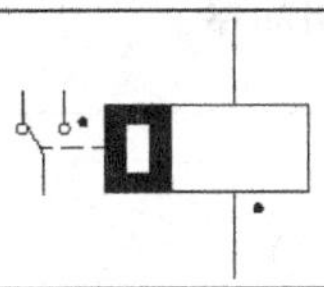	具有两个稳定位置的极化继电器	
07-15-19	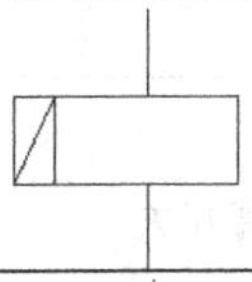	剩磁继电器线圈	
07-15-20	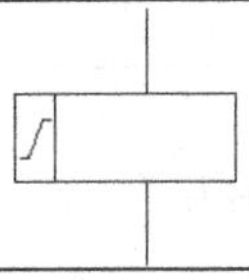		
07-15-21	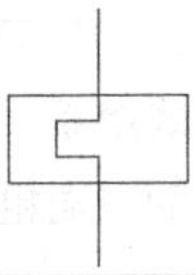	热继电器的驱动器件	

3. 保护器件

在电气器件中，有许多保护器件。熔断器作为保护器件被广泛使用，本节在表 7-14 中给出熔断器的标准图形符号。如读者还需要其他保护器件的图形符号，请参考相关的手册。

表 7-14　熔断器和熔断器式开关的图形符号

序号	图形符号	说明	备注
07-21-01		熔断器 一般符号	
07-21-02		供电端粗线表示的熔断器	

（续表）

序号	图形符号	说明	备注
07-21-03	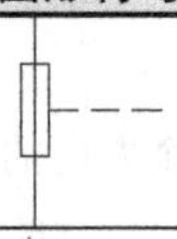	带机械连杆的熔断器(撞击式熔断器)	
07-21-04	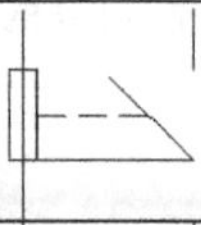	具有报警触点的三端熔断器	
07-21-05	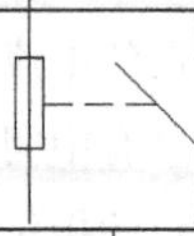	具有独立报警电路的熔断器	
07-21-06	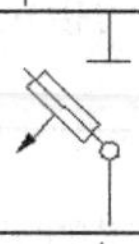	跌开式熔断器	
07-21-07	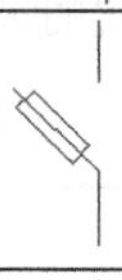	熔断式开关	
07-21-08	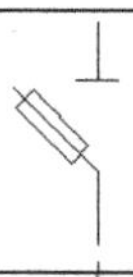	熔断式隔离开关	
07-21-09	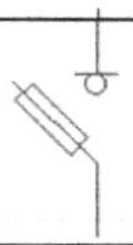	熔断式负荷开关	
07-21-10	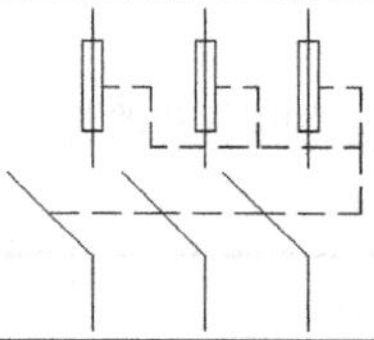	任何一个撞击式熔断器熔断而自动释放的三端粗开关	

7.4.4 信号器件

信号器件包括各种灯、蜂鸣器、电铃等。表 7-15 给出了部分这种信号器件的图形符号。如读者需要更多的信号器件的图形符号，请参考 GB4728 给出的标准。

表 7-15　信号器件的图形符号

序号	图形符号	说明	备注
08-10-01		灯　一般符号 信号灯　一般符号	指示颜色及类型可用代号标注说明
08-10-02	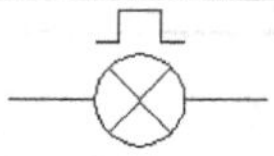	闪光型信号灯	

（续表）

序号	图形符号	说明	备注
08-10-03		机电型指示器 信号元件	
08-10-04		带有一个去激(励)位置(示出)和两个工作位置的机电型位置指示器	
08-10-05	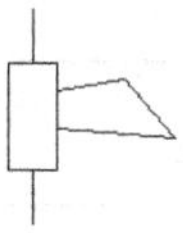	电喇叭	
08-10-06	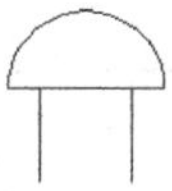	电铃优选形	
08-10-07	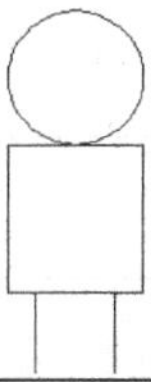	电铃其他形	
08-10-08	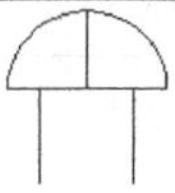	单打电铃	
08-10-09	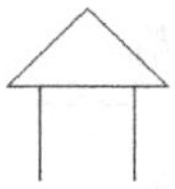	电警笛　报警器	
08-10-10	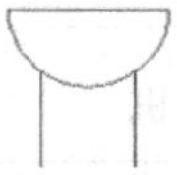	蜂鸣器优选形	
08-10-11	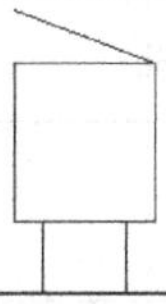	蜂鸣器其他形	
08-10-12	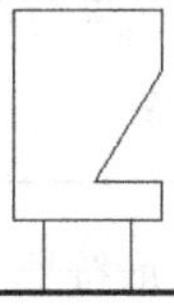	电动汽笛	

7.4.5　电能发生和转换器件

电能的发生和转换就是利用相关装备产生电能，利用电能转换成机械能、声光能等。GB4728《电能发生和转换》一节中给出了各种绕组和电机的图形符号，限于篇幅，这里只给出了各种电机和电能发生器的图形符号。如读者需要更多的内容，请查阅 GB4728 相关部分。

表 7-16 给出了常用电机的图形符号，主要包括各种交直流电机、交直流伺服电机、交直流测速电机等。同时也给出了一些常用的各种同步器图形符号。

表 7-16　常用电机符号

序号	图形符号	说明	备注
06-04-01	*	电机　一般符号	符号内的星号用电机类型的有关符号替代
06-04-02	G	直流发电机	
06-04-03	M	直流电动机	
06-04-04	G	交流发电机	
06-04-05	M	交流电动机	
06-04-06	C	交直流变流机	
06-04-07	SM	交流伺服电动机	
06-04-08	SM	直流伺服电动机	
06-04-09	TG	交流测速发电机	
06-04-10	TG	直流测速发电机	
06-04-11	TM	交流力矩电动机	
06-04-12	TM	直流力矩电动机	
06-04-13	IS	互感应同步器	
06-04-14	IS	直线感应同步器	
06-04-15	M	直线电动机 一般符号	
06-04-16	M	步进电动机 一般符号	
06-04-17	*	自整角机、旋转变压器 一般符号	

（续表）

序号	图形符号	说明	备注
06-04-18	G	手摇电动机	

电能发生器是利用其他能源装换电能的装置。表 7-17 给出了常用的电能发生器的图形符号，包括各种热源转换电能的发生器、光电转换发生器等。

表 7-17　电能发生器的图形符号

序号	图形符号	说明	备注
06-27-01	G	电能发生器　一般符号	
06-28-01		热源　一般符号	
06-28-02		放射性同位素热源	
06-28-03		燃烧热源	
06-29-01	G	用燃烧热源的热电发生器	
06-29-02	G	用非电离辐射热源的热电发生器	
06-29-03	G	用放射性同位素热源的热电发生器	
06-29-04	G	用非电离辐射热源的热离子二极管发生器	
06-29-05	G	用放射性同位素热源的热离子二极管发生器	
06-29-06	G	光电发生器	

7.4.6　电信符号

电信符号在 GB/T 4728 中共分为两部分内容。一部分是 GB4728.10-2008(电信：传输)，另一部分是 GB/T 4728.9-2008(电信：交换和外围设备)。限于篇幅，本书不能全部给出所有的电信符号，书中只列出一部分具有代表性的常用的电信符号。如读者还有更多的要求，请查阅 GB/T 4728 中相关内容。

1. 电信：传输

电信传输设备，包括电话、电报等传统手段的电信传输，也包括各种图像和声音的传输。表 7-18 给出了它们的图形符号，还给出了天线设备和其他用于传递电子信号的元器件的图形符号。

表 7-18 电信传输设备的图形符号

序号	图形符号	说明	备注
10-01-01	F	电话	
10-01-02	T	电报和数据传输	
10-01-03	V	视频通路(电视)	
10-01-04	S	声道(电视和无线电广播)	
10-01-05	F	电话线路或电话电路	
10-01-06	V+S+F	传输电视(图像和声音)和电话的无线电电路	
10-01-07		加感线路	两个半圆
10-04-01		天线 一般符号	与天线主杆夹角成 30°
10-06-01		无线电台 一般符号	
10-13-01	G	信号发生器 波形发生器 一般符号	
10-13-10	~	振荡器 一般符号	
10-15-01		放大器 中继器一般符号	示出输入和输出三角形指向传输方向
10-15-02			

2. 电信：交换和外围设备

表 7-19 给出了常用的电信交换和外围设备的常用符号，包括自动交换设备、人工交换机、电话机、扬声器等设备的图形符号。

表 7-19　电信交换和外围设备的图形符号

序号	图形符号	说明	备注
09-02-01		自动交换设备	
09-02-03		人工交换机	
09-05-01		电话机 一般符号	
09-06-01		拨号盘 一般符号	
09-10-01		传声器 一般符号	
09-10-01		喉头送话器 一般符号	
09-10-11		扬声器 一般符号	
09-10-13 09-15-01		换能头一般符号 记录头一般符号	
09-11-01		记录机和(或)播放机一般符号	
09-12-01		传真机 一般符号	

7.5　连接线的表示方法

7.5.1　连接线的一般表示方法

导线在电气图中又称为连接线。导线一般用实线表示，计划扩展的内容用虚线表示。连接线的宽度应根据所选图纸的幅面和图形的尺寸来决定。一般情况下，在同一张图纸中，应使用同样宽度的图线。某些有特殊功能的电路和连接线，可以采用不同宽度的实线。

图 7-9 所示的是一个三相电力变压器以及与其有关的开关装置和控制装置的一部分，电源电路用加粗实线表示，而三相电力变压器以及其他有关部分用一般实线表示。

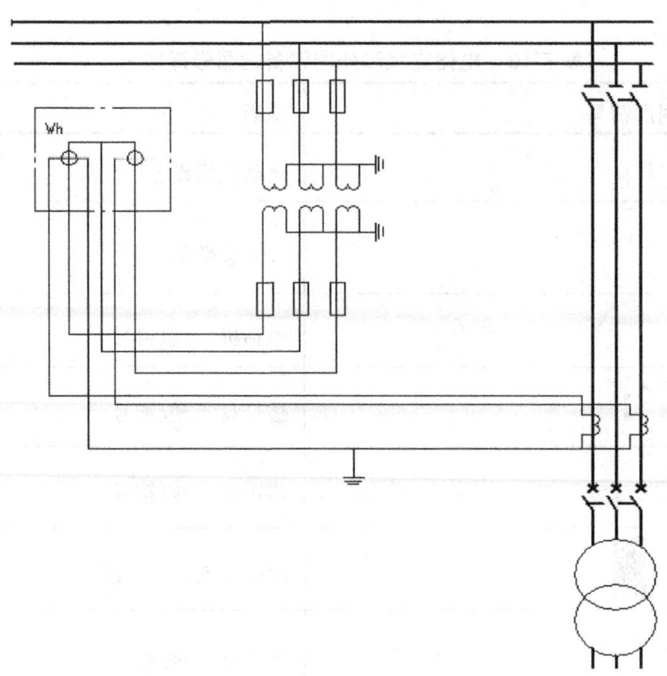

图 7-9　用加粗实线强调电源电路连接

图 7-10 表示的例子中，为了强调主信号通路的连接线，用粗实线将其加粗。

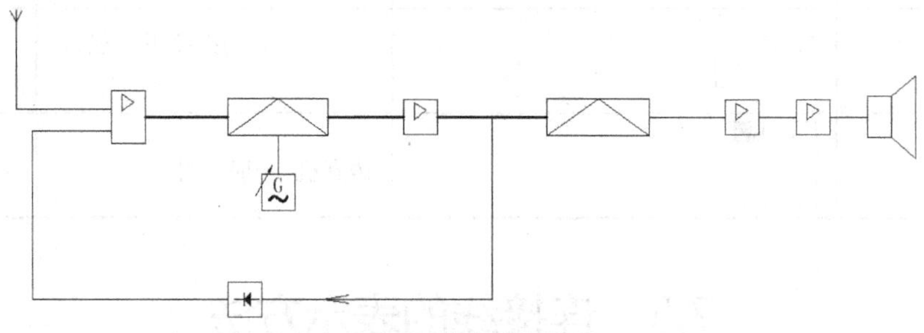

图 7-10　主信号通路连接线加粗

7.5.2　连接线的中断表示法和单线表示法

1. 连接线中断表示法

中断线就是断开的连接线。一般在以下几种情况可以用到中断连接线：

（1）当穿越图面的连接线较长或穿越稠密区时，应在中断处加相应的标记，如图 7-11 所示。

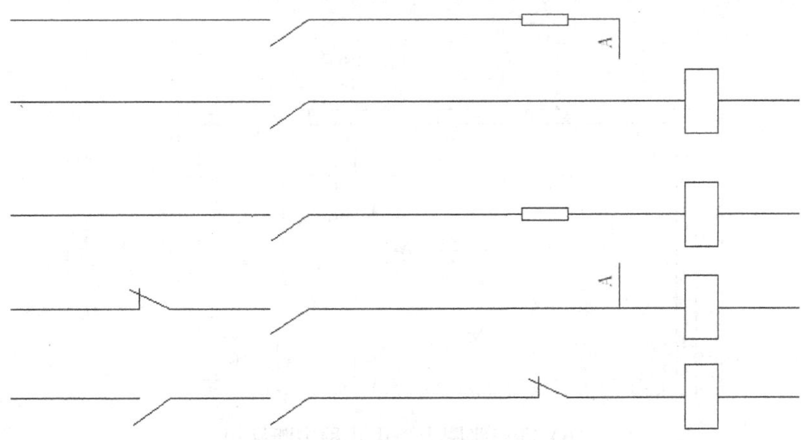

图 7-11　该连接线穿越其他较多连接线作中断

（2）去向相同的线组也可以中断，并在图上线组的末端加注适当的标记，如图 7-12 所示。

A B C D　A B C D

图 7-12　去向相同的连接线组作中断

（3）连到另一张图上的连接线，应该中断，并在中断处注明图号、张次、图幅分区代号等标记，如图 7-13（a）所示；若在一张图上有若干中断线，则需用不同的标记将其区分开，可用不同的字母表示，见图 7-13（b），也可以用连接线功能的标记加以区分。

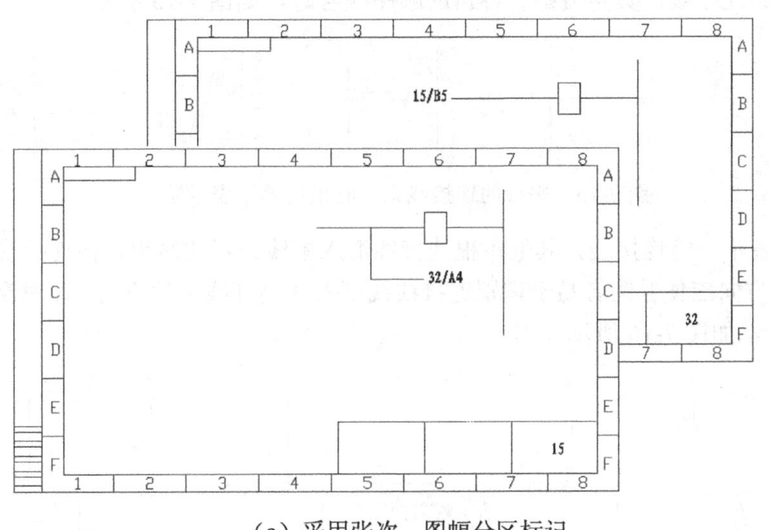

（a）采用张次、图幅分区标记

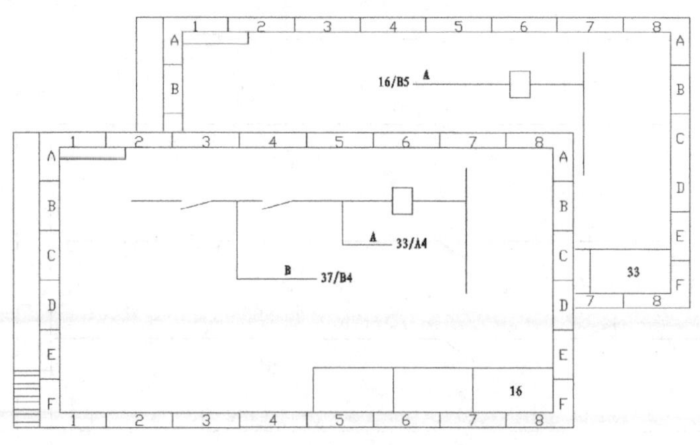

（b）同一张图上采用几种中断标记

图 7-13 连到另一张图的连接线表示

2. 连接线的单线表示法

单线表示法是指用一条图线来表示多根连接线或导线的方法，主要是为了避免平行连接线太多，造成电气图阅读困难。单线连接线主要用在以下 5 种情况。

（1）当平行线太多时往往用单线表示，如图 7-14 所示。

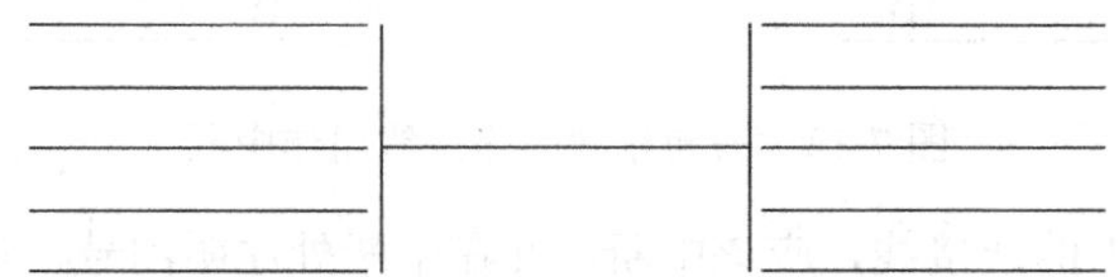

图 7-14 平行的连接线太多时采用单线表示法

（2）当有一组连接线，其两端都有各自的顺序编号时，如图 7-15 所示。

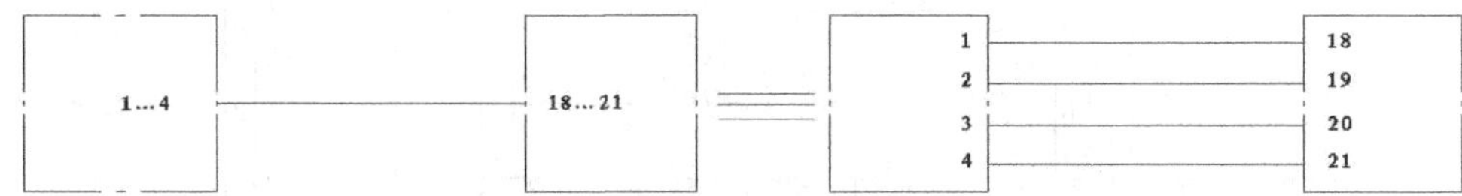

图 7-15 平行的连接线太多时采用单线表示法

（3）用单线表示一组连接线，其他单根连接线汇入单线表示的线组，在连接线汇入线组处用斜线表示，斜线的方向应使看图者易于识别连接线线汇入或离开线组的方向。每根连接线的末端注上相同的标记符号，如图 7-16 所示。

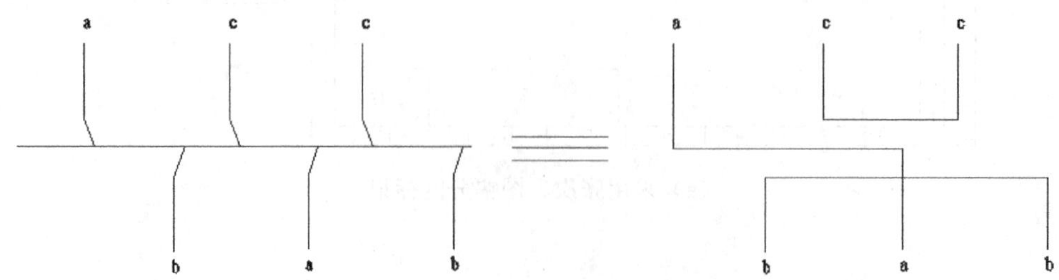

图 7-16 平行的连接线太多时采用单线表示法

（4）在一组连接线中，如果交叉线较多，可用单线表示法，如图 7-17 所示。对处于两端不同位置的连接线，采用相同的编号，中间线段采用单线表示线组。

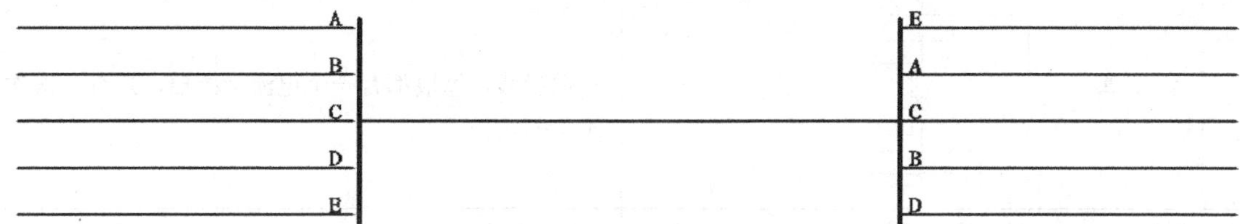

图 7-17　连接线交叉太多时采用单线表示线组

（5）用单线表示多根导线或连接线时，要表示出线数，如图 7-18 所示；这种方法还可以引申用于图形符号，相同的多个元件或器件用一个图形符号代替，同样用数字标出元器件的个数。

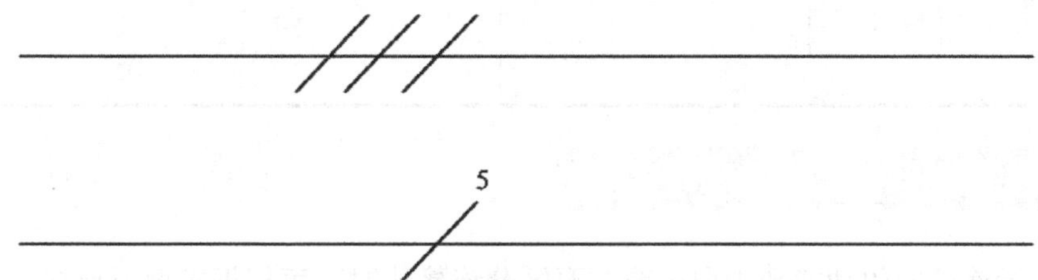

图 7-18　单连接线表示多根导线的方式

表 7-20 给出了用一个图形符号替代几个相同元器件的例子。当用一个图形符号替代几个相同的元器件时，要注意图形的标识符的使用和连接线数字的表明。

表 7-20　用单个图形符号表示多个相同元器件

示例	说明
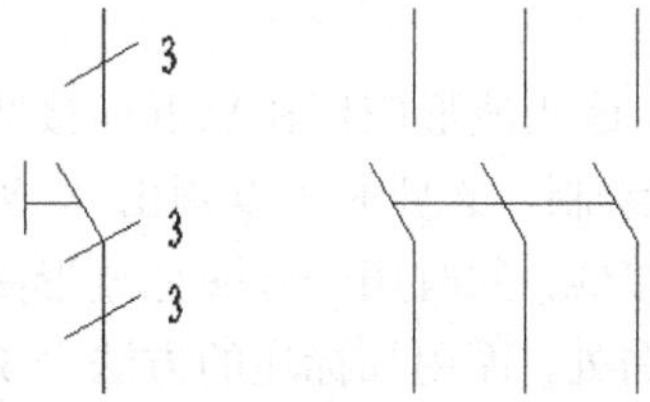 3 3 3	一个手动三极开关
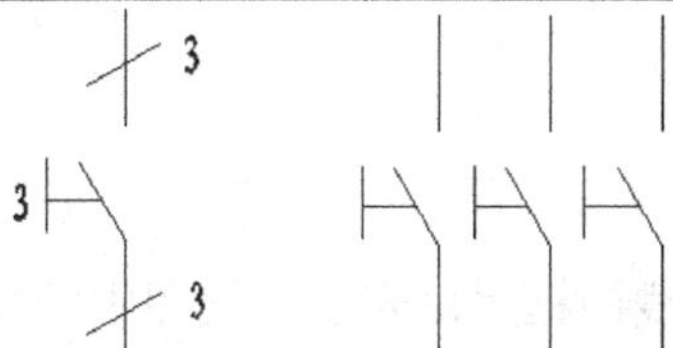 3 3 3	三个手动三级开关
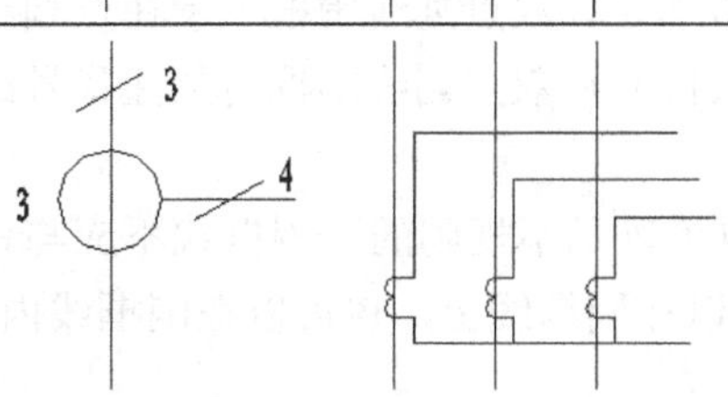 3 3 4	三根导线，每根都有一个电流互感器，共有 4 根次级引线引出

（续表）

示例	说明
3 3 6	三根导线，每根都有一个电流互感器，共有 6 根次级引线引出
L1 L2 L3 3 3 3 L1 L3 L1 L2 L3	三根导线 L1、L2、L3，其中两根各有一个电流互感器，共有三根次级引线引出

7.5.3 导线的识别标记及其标注方法

当需要表示连接线的功能和去向，或需要区分连接线时，可根据需要对连接线进行标注。标注就是在单线或是成组的连接线上加注信号名或其他标记，识别标记一般注在靠近连接线的上方，也可以断开连接线标注，如图 7-19 所示。

图 7-19 连接线的标注方法

有的情况下，为了便于读图理解，可在连接线上标出信号波形。这些波形应标在靠近连接线的上方，但不能与连接线接触，波形一般按示波器屏幕上显示的形状绘制，必要时可以画出 X 轴和电平值等。如果离开连接线一段距离画波形，可以用指引线指向连接线，同时用一圆圈把波形圈起来。当波形很复杂或很多而无法表达时，也可以把波形移到图的空白处，而用加标注的方法来说明各条连接线上的波形。

7.5.4 电气图的围框

电气图的围框有两种形式：点划线围框和双点划线围框。点划线围框用以表示电气图中的功能单元、机构单元或项目组(如电气组、继电器装置)，如图 7-20 所示。双点划线围框表示在点划线围框内存在电路功能上属于本单元而结构上不属于本单元的项目，并在双点划线围框内加注代号或注释予以说明，如图 7-21 所示。

围框一般应画成规则的，有时为了不使图的布局复杂，也可以是不规则的。围框线不应与任何元件符号相交，插头插座和接线端子符号除外：端子符号可以在围框线上，也可以在围框线内，或者把端子符号省略而只用端子代号来表示。

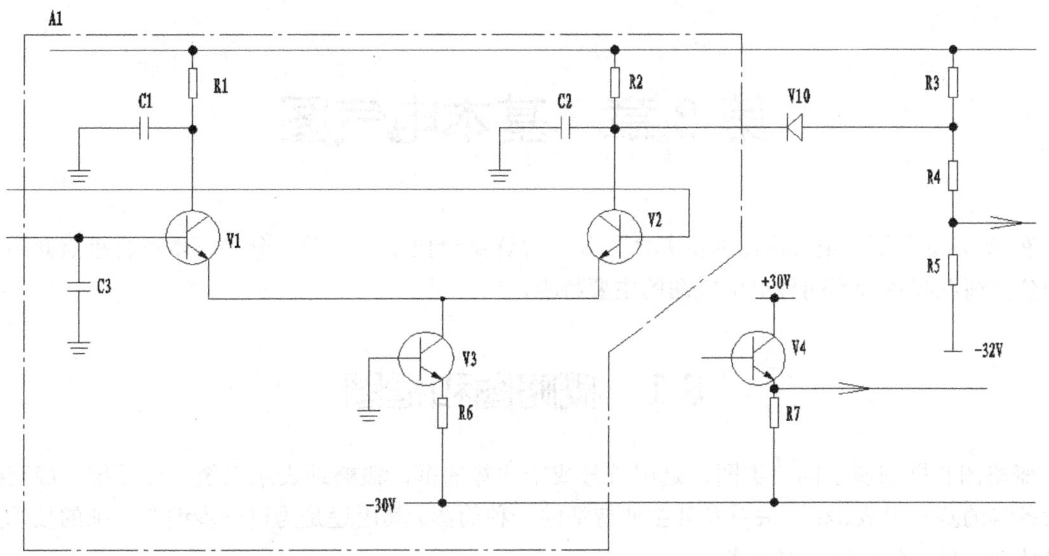

图 7-20　不规则的点划线围框

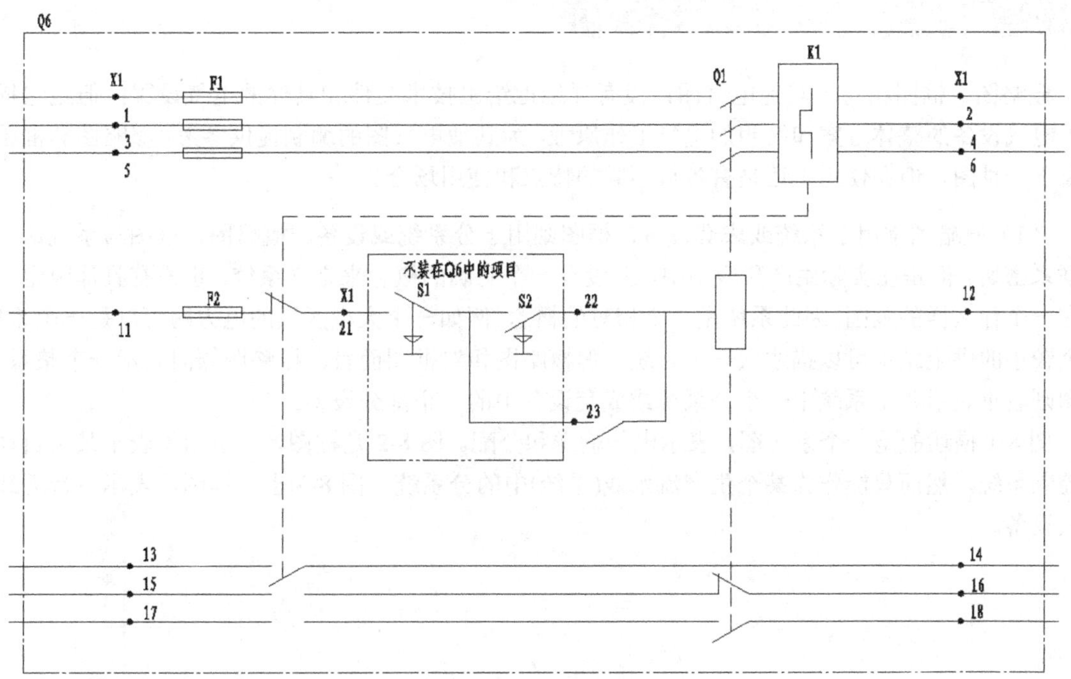

图 7-21　功能单元框及其内部的特殊围框

第 8 章　基本电气图

在第 7 章介绍了电气图绘制的基本知识，并详细给出了电气图的分类。本章将重点介绍电气图的分类情况和各种不同种类电气图的主要特点。

8.1　概略图和框图

概略图和框图属于同一类图，是用符号或带注释的框，概略地表示系统、分系统、成套装置或设备等的基本组成、相互关系及其主要特征的一种简图。其用途是为进一步编制详细的技术文件提供依据，供操作和维修时参考。

8.1.1　概略图和框图的特点

概略图、框图相对于其他电气图，没有详细地给出技术文件和具体的电气设置，但是它描述出了电气设备的整体方案和简明的电气工作原理，为其他电气图的编制提供参考。概略图和框图虽然属于一种图，但在使用上还是有各自不同的特点和使用场合。

（1）概略图常用于系统或成套设备，框图则用于分系统或设备。概略图、框图与系统这个概念联系密切。但是在实际生产和应用中，并没有一个明确的概念来定义系统，也没有具体限定系统是在一个什么样的范围，因此系统是一个相对的概念。例如一个大型区域的电力网可以是一个系统，一个较小的供电站也可以描述成一个系统。但概略图相对框图而言，概略图倾向表示一个整系统，框图则着重表示整个系统中一个分系统或成套设备中的一个部分设备。

图 8-1 描述的是一个系统图，表示电传输送和分配。图 8-2 是框图，它虽用于表示某个自动温度控制系统，然而只能作为某个生产流水线(系统)中的分系统。图 8-3 也是框图，表示一台无线电接收设备。

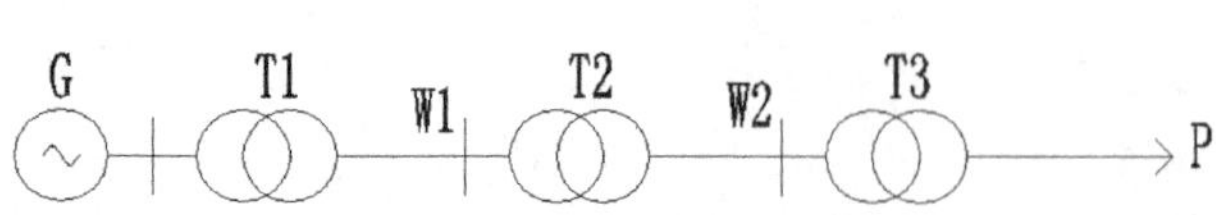

图 8-1　电能传送分配概略图

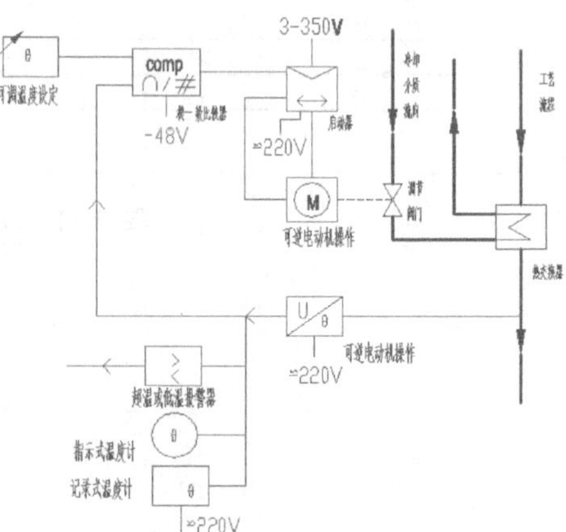

图 8-2　非电过程电气控制的框图

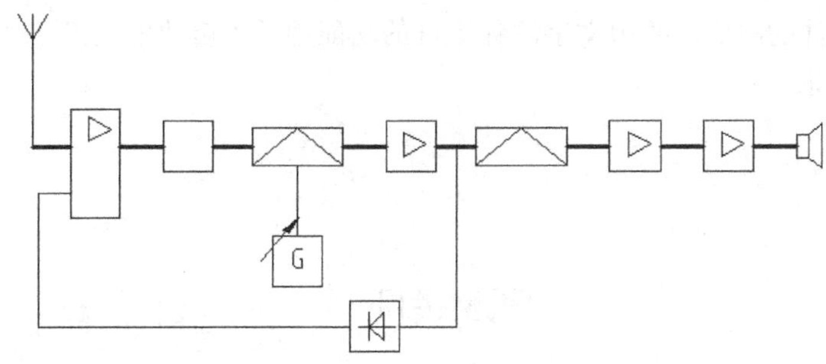

图 8-3　无线电接收机框图

从以上三个图可以看出，概略图和框图所描述的内容是系统的基本组成和主要特征，不是全部系统的组成和全部特征。图 8-1 侧重于描述电能的传送和分配系统的特征，忽略了其他许多环节和设备；图 8-2 和 8-3 同样描述的是各个分系统的主要特征，不能够反映系统主要特征的器件和环节，同样省略掉。

（2）概略图和框图在原则上没有本质的区别，两者都可以用符号绘制。但在实际应用中，两者又有比较大的区别：概略图采用一般符号和框形符号，框图则采用框形符号；概略图标注的项目代号为高层代号，框图若标注代号，一般为种类代号；正如本节开头所述，概略图通常用于描述系统或成套设备，而框图通常用于表示分系统和设备。

（3）电气概略图也可以与非电过程的流程图一并绘制，以便更清楚地表示系统的特征。图 8-2 表示的是电气自动控制温度的系统，表示的是一个闭环温度控制系统，预先设定期望温度，通过闭环采集热交换器后的温度与设定温度比较，比较的结果施加在电机上，电机控制冷却介质流量阀门来控制热量交换，使热交换后的温度达到期望设定温度。图 8-2 则包含电气控制和非电流程，对系统的功能描述更加详细。

概略图是从总体上描述系统、分系统、成套电气装置、设备、软件等的概况，并示出各主要功能件之间和（或）各主要部件的主要关系。它是一种最基本的电气图和电器技术文件，为进一步编制详细的技术文件提供依据，也为工作人员操作或维修提供参考，同时为有关部门了解设计对象的整体方案、工作原理和组成概况提供最基本的技术文件。

8.1.2　概略图和框图绘制的基本原则

1. 框形符号的运用

“框”是概略图和框图中的主要内容。概略图和框图采用符号（以方框符号为主）或带有注释的框绘制。“框”的内涵应随图的表达层次而定。较高层次的图一般只反映对象的概况，可以用有简明文字作为注释说明其功能或组成的单元线框表达。带注释的框在概略图和框图中被广泛应用，带注释的框形式一般有两种：实线框和点划线框。点划线框包含的容量一般大一些。框内注释可以采用符号、文字或同时采用文字和符号，如图 8-4 所示。

图 8-4（a）中，注释的符号为通用的电气图用图形符号，较详细地表示了框内各主要元件连接关系：电源输入，经隔离开关、电流互感器、负荷开关、隔离开关，至输出；一组避雷器和一组接地隔离开关并联，一端接电源、一端接地。图 8-4（b）中，采用文字注释表示该框的功能——“PCM 接口”。图 8-4（c）中采用文字和符号相结合的方式注释。该框用三个符号（一个信号灯，

两个按钮）注明了元件的组成，并用文字注释该框的功能用于“启动/停止”、“手动/自动”切换，并通过信号灯表示出来。

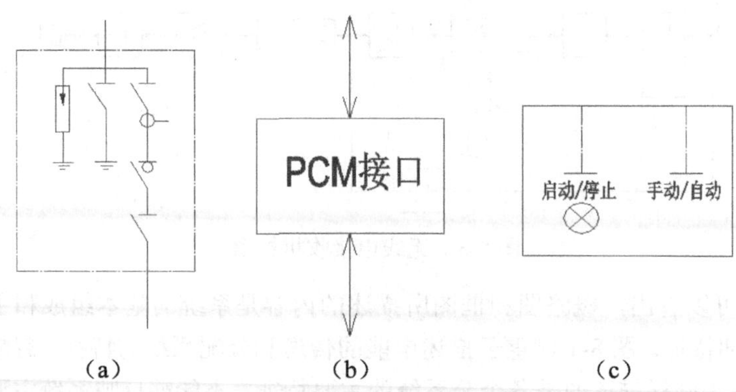

图 8-4　框的注释方法

合理应用带注释的框表述电气图，便于充分表达电气图的各个功能，以利于读者的理解。具体如何应用上述三种表示方法，要看表达的内容和用途。

方框符号用以表示元件、设备等的组合及其功能。如图 8-3 给出的无线电接收机的框图，框中的限定符号分别表示了各单元的功能。图中的天线和扬声器，采用了一般符号，代表一类器件，表示这一单元的特征、功能。当然也可以用方框符号替代。

2. 布局

概略图和框图对布局有很高的要求，强调布局请晰，通常按照功能布局法绘制，以利于识别过程和信息的流向。基本流向应是自左至右或自上至下，只有在某些特殊请况下方可例外。

当位置信息对理解简图功能非常主要时，也可以采用位置布局方式，在图中补充某些位置信息。图 8-5 中补充的位置信息+H1、+H2 等，对功能描述得更具体。

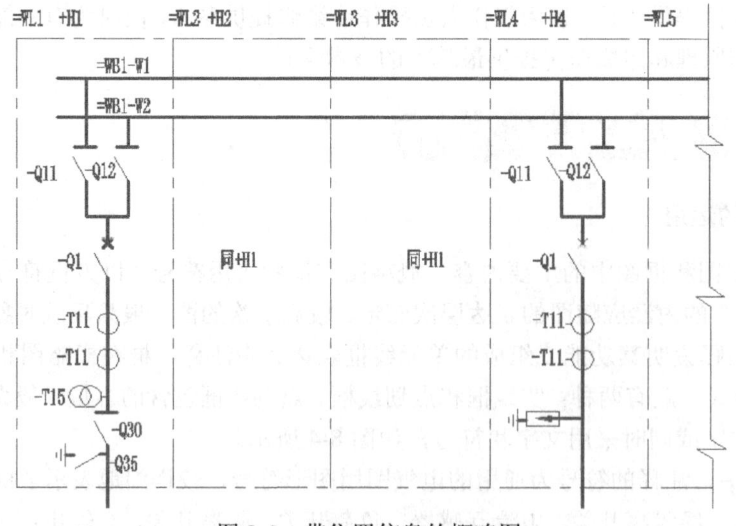

图 8-5　带位置信息的概略图

3. 层次划分

概略图和框图均可在不同层次上绘制，可参照绘图对象的逐级分解来划分层次，较高层次的图一般只反映对象的概况，较低层次的图可将对象表达得更为详细一些。对于复杂产品，可按系统或设备的组成、功能逐级分解来划分若干层次，分别绘制成多张图。对于组成关系不复杂的产品，可以在同一张概略图或框图中，采用图框嵌套的形式表达产品组成部分的层次关系、功能关系。

8.1.3　概略图绘制举例

本节采用某轧钢厂的概略图，并对其中一个分系统做出详细描述。图 8-6 是该轧钢厂的概略图，整个轧钢系统又分为许多分系统，在图 8-6 中用方框表示，并在每一个方框上都标注了高层代号。如=E1 是配电系统，=W1 是冷却水供应系统，=A1 是压缩空气系统，=H1、H2 是液压动力系统，=R1 是轧钢机系统，=S1 是钢板存储系统，=R2 是钢板退火系统，=K1 是总控制系统等。对于各个系统之间的联系箭头，开口细实线箭头表示控制信号流向，开口粗实线箭头表示电源流向，实心粗实线箭头表示主要过程中材料的流向及其他工件流向。

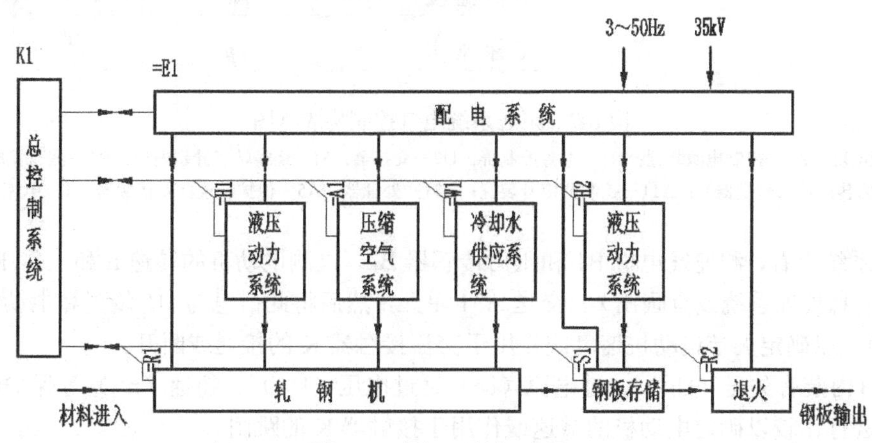

图 8-6　轧钢厂的概略图

从主要过程中材料流向来看，材料进入轧钢机后被轧制成钢板再进入钢板存储系统，然后再经过退火成为可以出厂的钢板。

从电源流向看，三相 50Hz，35kV 的交流电分两个回路进入配电系统，然后变为适合各个分系统的电气设备使用的电压，并分配到各个系统作动力电源。

从控制信号流向看，总控制系统对概略图中各个系统都发出控制信号，同时系统都受总控制系统的控制。

在图 8-6 的概略图中，=W1 是轧钢厂的一个分系统——冷却水供应系统，图 8-7 给出了这个分系统下面的泵送系统电气控制构成框图。

从电源流向看，三相交流电源在 A1 里面分成两路。一路经 A1 内部电流互感器、熔断器到 U1 内的交流接触器、电流互感器，再输送到 M 绕线转子异步电机上；另一路经 A1 内的熔断器输送到项目 A2 里，A2 的装置主要由变压器和整流器组成，形成能提供不同电压等级的交直流控制电源。

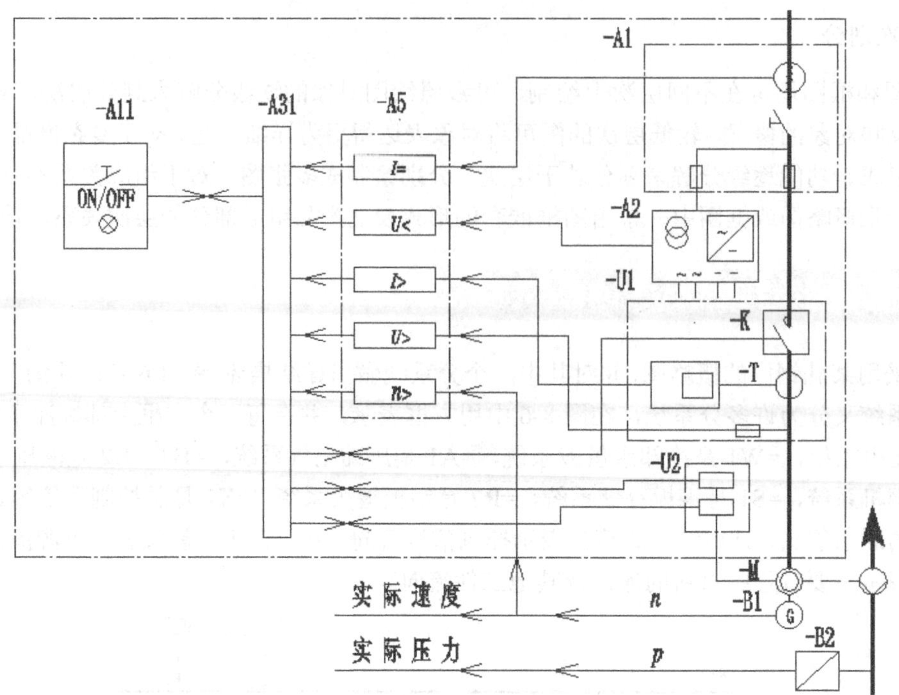

图 8-7　泵送系统电气控制构成框图

A1—配电屏；A2—控制电源装置；U1—电源控制屏；U2—变换器；M—绕线转子异步电机；B1—测速发电机；B2—压力传感器（转换器）；A11—控制及信号装置；A31—处理器；A5—保护装置；K 接触器；T—电流互感器

从工作系统上看，测速发电机 B1 和压力传感器 B2，检测电动机的转速 n 和工作压力 p，经过信息处理（信息处理系统没有画出），交送 A31 单元，然后将此信息与 U1 装置和电动机调速装置 U2 进行交换，以确定调节电动机速度或作用于交流接触器 K 的接通或断开。

A5 项目内装有欠压（U<）、过电流（I>）、过电压（U>）、超速（n>）等保护继电器。由 A31 将信息进行比较以确定电动机的减速或作用于接触器 K 的跳闸。

该概略图描述了轧钢厂的概略图下冷却水系统的泵送控制系统的框图。将泵送系统的控制原理清晰地表达出来，如果需要进一步的技术文件，就要详细地描述该框图内部的元件，就要用到电路图和接线图等其他形式的电气图。

8.2　电路图

电路图是用图形符号绘制，并按工作顺序排列，详细表示电路、设备或成套装置的全部基本组成部分和连接关系，而不考虑其实际位置的一种简图。

电路图的用途很广，可以用于了解实现系统、分系统、电器、部件、设备等功能，及在电路中的作用；详细地理解电路、设备或成套装置及其组成部分的作用原理；分析和计算电路特性；为测试和寻找故障提供信息；并作为编制接线图的依据。简单的电路图还可以直接用于接线。

8.2.1 电路图的基本特点

电路图在概略图和框图的基础上给出了详细的电气工作原理，详细地描述了电气设备的全部基本组成及其连接关系。由于电路图也只是着重描述电气的工作原理，所以电气设备的实际位置也没有给出。根据电路图的具体使用场合，电路图还可以进行具体分类。

1. 电路图的基本分类

- 二次接线图：反映二次设备、装置和系统（如继电保护、电气测量、信号）工作原理的图。
- 电气控制接线图：对电动机及其他用电设备的供电和运行方式进行控制的电气原理图。其本质上也是二次接线图，但其往往还将被控制设备的供电一次性画在一起，因此可以说控制接线图是一次、二次合二为一的综合性图形。
- 电气照明动力工程图：指导照明、动力工程施工、维护和管理。
- 电信交换和电信布置的电路图：用来描述电信交换和电信布置的电路图。

2. 电路图的基本特点

- 电路图详细表述系统的工作原理，其电路图中的元器件或功能件主要用图形符号表示。
- 电路图忽略元器件的实际位置，着重描述系统的工作原理。
- 电路图详细表述各元件的连接关系，并用附表的形式给出各元件的有关技术参数。

图 8-8 给出的电路图详细描述了压缩电动机（M1）和鼓风电动机（M2）供电、控制及相互连锁的电路构成和工作原理。

该电路图分两部分，左边为主电路部分，右边为辅助电路部分。主电路部分主要由电能供应、熔断器、接触器开关和两个电机组成。辅助电路则给出了继电器控制关系。当开关 S2 闭合时，继电器 KM2 线圈通电，接触器常开开关 KM2 先闭合，鼓风电动机 M2 首先工作；开关 S1 闭合，继电器 KM1 线圈通电，接触器常开开关 KM1 闭合，压缩机电机 M1 启动。如果在 S2 闭合前，先闭合 S1，由于继电器 KM2 线圈没有通电，KM2 的常开开关不能实现闭合，所以继电器 KM1 的线圈没有电流流过，KM1 的常开开关也就不能闭合，压缩机电动机就不能启动，这样实现了互相连锁的功能。保证了压缩机电动机一定要在鼓风电动机启动后才能运行，有效保护了压缩机电动机因工作热量过多而烧毁。该电路图主电路部门采用垂直布置，按电流流向绘制；辅助电路采用水平布置，按功能关系绘制。详细清晰地阐述了系统的工作原理。

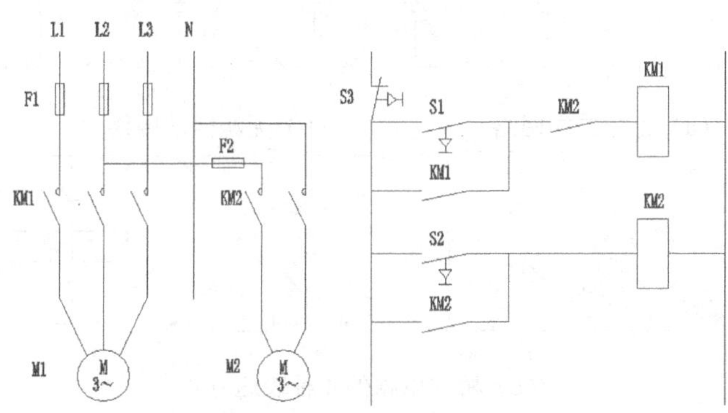

图 8-8 压缩机工作电路图

电路图中各元器件的相关技术参数要用附表的形式将给出。

8.2.2 电路图绘制的基本原则

电路图的布图应突出表示功能的组合和性能。每个功能级都应以适当的方式加以区分，突出信息流及各级之间的功能关系。

1. 电源的表示法

电路图中使用的图形符号，必须是其完整形式。如图 8-9（a）所示的是三相交流变压器，图 8-9（b）给出的不是其完整的形式，所以不能用作电路图，只能用作图形符号。

电源的绘制一般将电源线集中绘制都在电路的一侧，多相电源电路按照按相序从上至下如图 8-9（a）或从左到右排列，中性线排在最下方或最右方。连接到方框符号的电源线一般应与信号流向成直角绘制，如图 8-9（c）所示。

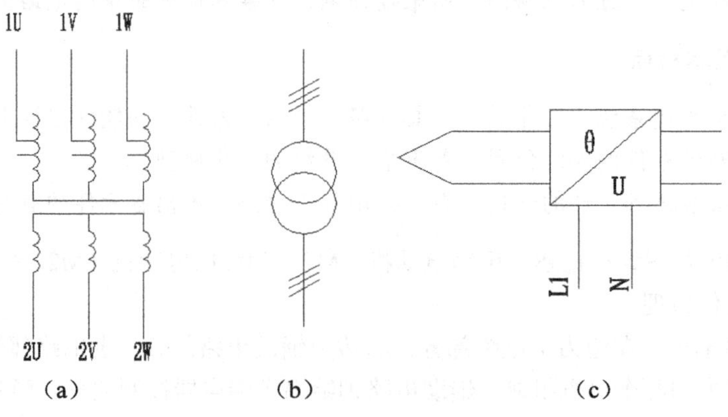

图 8-9　电源表示方法示例

2. 基础电路图

常用基础电路的布局，若按统一形式出现在电路图上就容易识别，如图 8-10 所示。在基础电路中增加其他元件、器件，以不影响基础电路的布局和易读性为原则。

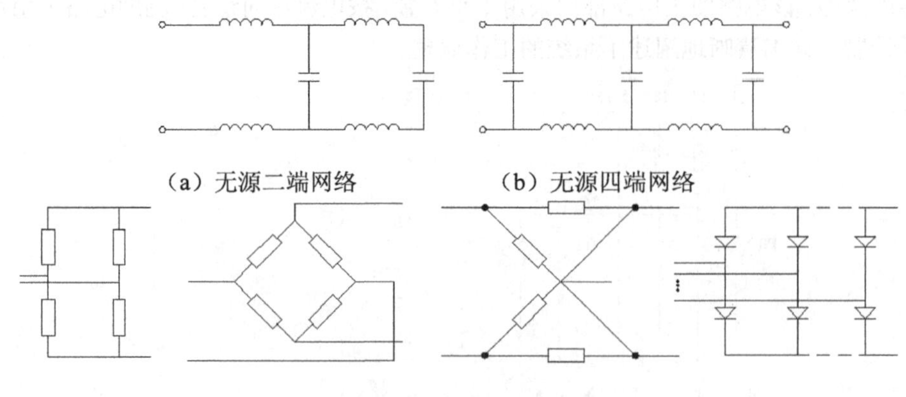

（c）桥式电路的 4 种表达方式

图 8-10　基础电路图

3. 图中位置表示方法

图中位置的表示方法通常有三种，即图幅分区法、电路编号法和表格法。

图幅分区法在第 7 章已经介绍过了。在图幅分区法中，分区在图的周边内划定，分区数必须是偶数，竖边的分区为“行”，用大写拉丁字母作为代号，横边的分区为“列”，用阿拉伯数字作代号，都从图的左上角开始顺序编号两边注写。分区的代号用分区所在“行”与“列”的两个代号组合表示。对于水平布置的电路，一般只需标明“列”的标记，复杂的电路图采用上面所说的“行”加“列”的组合标记。

电路编号法就是对电路或分支电路用数字编号表示其位置，数字编号按照从左到右或从上到下的顺序排列，如图 8-11 表示。

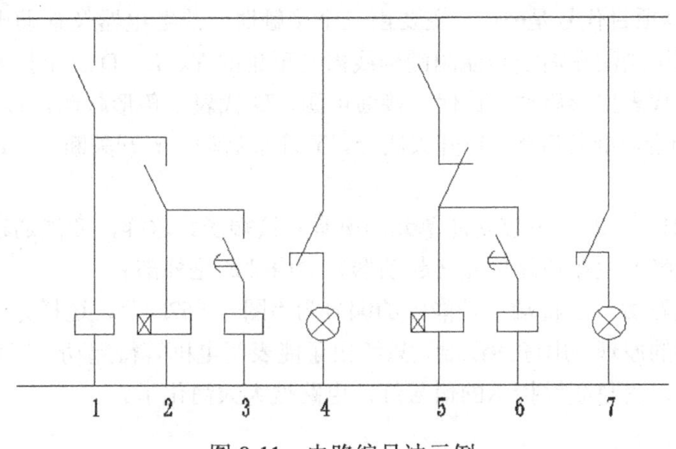

图 8-11　电路编号法示例

表格法就是在图的边缘部分绘制一个以项目代号分类的表格，表格中的项目代号和图中相应的图形符号在垂直或水平方向对齐，图形符号旁仍需标注项目代号。图 8-12 给出了一个表格法的示例，图中的项目（C、R、V、K）与表格中的项目相对应，由表中的项目能方便的从图上找到。

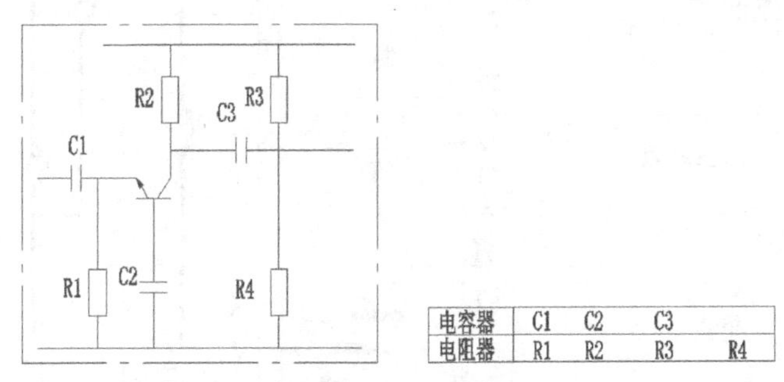

电容器	C1	C2	C3	
电阻器	R1	R2	R3	R4

图 8-12　表格法示例

4. 元件、器件和设备及其工作状态的表示法

元件、器件和设备采用图形符号表示，需要时还可采用简化外形来表示，同时绘出其所有连接。符号旁应标注项目代号，需要时还可标注主参数。参数也可以用列表形式表示，表格内一般包括项目代号、名称、型号、规格和数量等内容。

元件、器件和设备的可动部分通常处于非激励状态或不工作位置。如断路器和隔离开关在断开位置；继电器和接触器在非激励状态；多重开闭合器件的各组成部分必须表示在相互一致的位置上等。

8.2.3 电路图绘制举例

Y-△起动转换电路和低频伺服放大器电路分别是电气设备电路图和电子设备电路图的典型图例，下面就以这两个例子来说明电路图的特点。

1. Y-△起动器的电路图

图 8-13 是一个星-三角起动器的电路，其内部电路已被简化绘制成端子功能图，其外部电路也因为不属于该星-三角起动器的电路也被予以简化，用虚线表示，仅用来说明工作原理。

该星-三角起动器项目代号是—Q，主要由三个接触器、热继电器及辅助电源电路熔断器等组成。起动器的功能采用绘制在端子功能图围框线内左下角的 Y、L、D 三个控制开关工作程序的表图来说明。其中，Y 代表星形启动，L 代表接通电源，D 代表三角形起动。该图形符号可用表 8-1 来说明。当 Y 开关闭合，准备启动；L 开关闭合，Y 连接启动，Y 开关断开，D 开关闭合，D 连接接运行。

项目代号 X1：21、：22、…该功能单元的所有外接端子。这样，便能通过这些端子的测量来诊断故障，并确定故障产生在功能单元（起动器）的内部还是外部。

本电路图利用电路编号法将端子功能图的编号为“图号 56781”，这样方便了查阅。外部电路仅仅用来说明起动器的原理，用虚线绘制，只绘出了能表明电机等待起动、停止按钮及用于“正在起动”、“已起动”、“超载”指示的信号灯，电路被大大简化了。

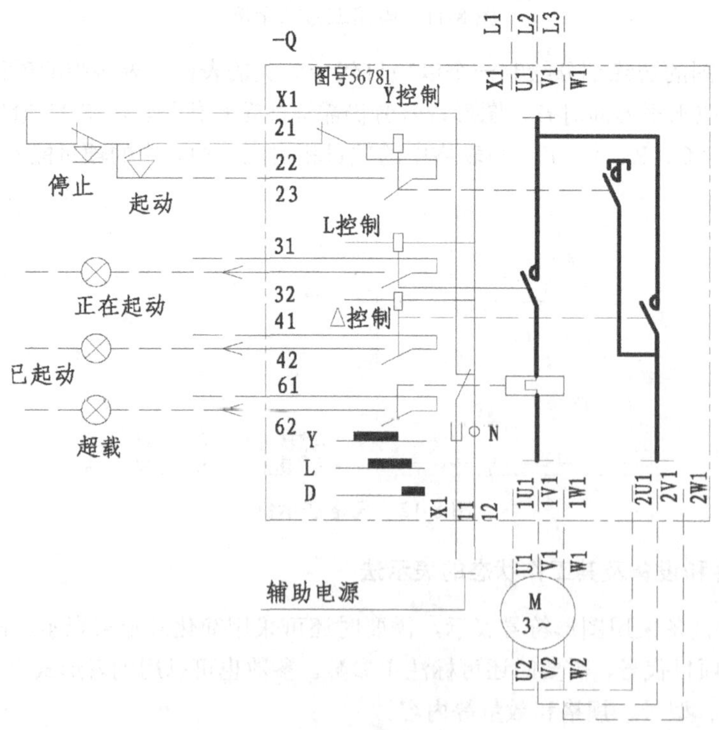

图 8-13 星-三角起动器的电路

表 8-1　Y-△起动器功能说明

控制器位置		Y 位置	L 位置	D 位置
工作状态	准备起动	1	0	0
	Y 连接起动	1	1	0
	△连接起动	0	1	1

2. 低频伺服放大器电路图

如图 8-14 所示是一个带图幅分区的低频伺服放大器电路图，图幅分区法使电路图上各元件在图上的位置很容易查找到。项目代号如 V1、V2、V3 及 R1、R7、R9 都是按照横向对齐原则排布，便于元件阅读和查找。电源用电压值及接机壳符号表示。图中部分元件的主要参数都标注在符号附近，便于读者理解。

本电路图具有改变增益的功能，在电路图左下角用表格给出图中符号的意义，符号 1 处接通时，电路呈低增益；符号 2 处接通时，电路呈中增益；符号 3 处接通时，电路呈高增益。

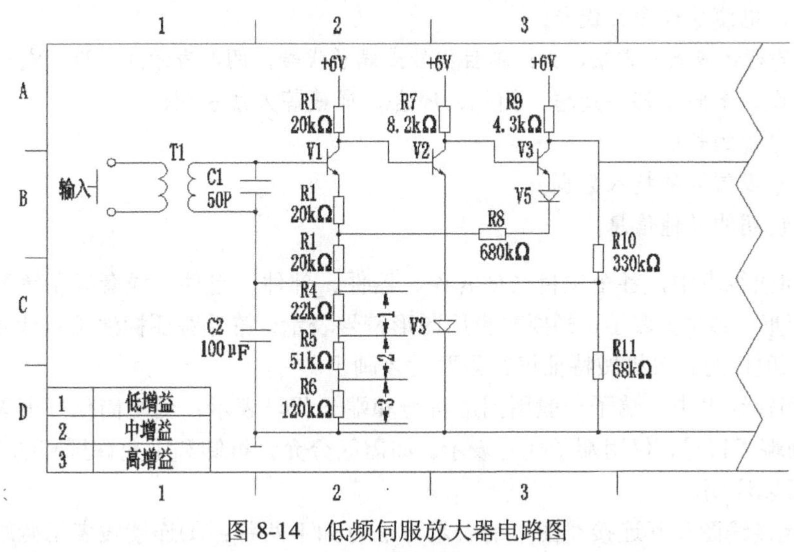

图 8-14　低频伺服放大器电路图

8.3　接线图和接线表

接线图是用符号表示成套装置、设备或装置的内部、外部各种连接关系的一种简图。接线表是用表格的形式表示简图的全部的连接方式。接线图和接线表只是表达相同内容的两种不同形式，两者的功能完全相同，可以单独使用，也可以组合在一起使用。一般以接线图为主，接线表作为补充。

8.3.1　接线图和接线表的特点

接线图和接线表主要用于接线安装、线路检查、线路维修和故障处理。因此接线图和接线表包含了能够识别用于接线的每个连接点及接在这些连接点上的所有导线和电缆。为了便于线路检查、满足实际接线安装要求，接线图和接线表还通常表述出各项目的相对位置、项目代号、端子号、导线号、导线类型、导线截面积、屏蔽和导线绞合等内容。

接线图和接线表按照功能通常分为 4 种：

- 单元接线图和单元接线表；
- 互连接线图和互连接线表；
- 端子接线图和端子接线表；
- 电缆配制图和电缆配置表。

对于第三种接线图和接线表，即端子接线图和端子接线表而言，只需示出一个结构单元的端子，因为它只需要提供一个结构单元的端子和该端子的外部接线信息。

一般接线图和接线表应包括下面这些信息：

- 导线或电缆种类信息，如：型号、牌号、材料、结构、规格、绝缘层和保护颜色、电压额定值、导线根数及其他技术数据；
- 导线号、电缆号或项目代号；
- 连接点的标记或表示方法，如：项目代号或端子代号，图形表示法，近端或远端标记；
- 线缆敷设、走向、端头处理、捆扎、绞合、屏蔽等方法说明；
- 导线或电缆的长度；
- 信号代号或信号的技术数据；
- 需补充说明的其他信息。

在接线图和接线表中，各个项目（如元件、器件、部件、组件、成套设备等）采用简化外形（如正方形、矩形、圆形）表示，必要时也用图形符号表示，符号旁要标注项目代号并应与电路图中的标注一致。项目的有关机械特征仅在需要时才画出。

在接线图和接线表中，端子一般用图形符号和端子代号表示；当用简化外形表示端子所在的项目时，可不画端子符号，仅用端子代号表示。如需区分允许拆卸和不允许拆卸的连接时，则必须在图中或表中予以注明。

导线在单元接线图和互连接线图中的表示方法有如下两种：①连续线表示两端子之间导线的线条是连续的，如图 8-15（a）所示；②中断线表示两端子之间导线的线条是中断的，在中断处必须标明导线的去向，如图 8-15（b）所示。③导线组、电缆、缆形线束等可用加粗的线条表示，在不致引起误解的情况下也可部分加粗，如图 8-15（c）所示。当一个单元或成套设备包括几个导线组、电缆、缆形线束时，它们之间的区分标记可采用数字或文字。

接线图中导线一般应给以标记，必要时也可采用色标作为其补充或代替导线标记。标记的方法一般有三种：①等电位编号法，即用两个号码表示，第一个号码表示电位的顺序号，第二个号码表示同一电位内的导线顺序号，两个号码之间用短横线隔开。②顺序编号法，即将所有的导线按顺序编号。③呼应法，也称作相对编号法。通常按导线的另一端的去向作标记；如图 8-15（b）所示的项目 X1 上端子 5 接项目 X2 上端子 A，其接触导线编号为 41，标为“41X2：A ”

导线的标记内容，一是根据导线的特征和功能等标记，二是按色标标记。按导线的特征和功能标记的基本形式是：主标记+补充标记。主标记包括从属标记、独立标记、组合标记。从属标记包括从属本端标记、从属远端标记、从属两端标记。补充标记包括功能标记、相位标记、极性标记、保护导线和接地线的标记等。在用中断线表示的接线图中，一般采用从属远端标记或从属本端标记。图 8-15（b）采用的是从属远端标记。图 8-15（a）采用的是独立标记，连续线一般多采用独立标记。

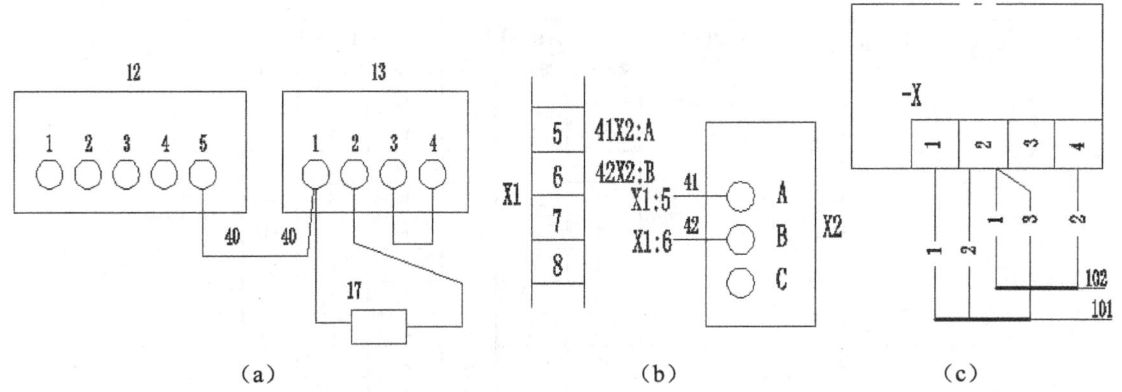

图 8-15　导线在接线图中的表示方法

色标标记就是用导线颜色的英文名称的缩写字母代码作为导线的标记。表 8-2 给出了表示颜色的标准字母代码。

表 8-2　表示颜色的标准字母代码

颜色名称	字母代码	英文名称	颜色名称	字母代码	英文名称
黑色	BK	Black	灰色	GY	Grey
棕色	BN	Brown	白色	WH	White
红色	RD	Red	粉红色	PK	Pink
橙色	OG	Orange	金黄色	GD	Golden
黄色	YE	Yellow	青绿色	TQ	
绿色	GN	Green	银白色	SR	Silver
蓝色、浅蓝色	BU	Blue	绿-黄	GNYE	Green-Yellow
紫色	VT	Violet			

8.3.2　单元接线图和单元接线表

单元接线图或单元接线表表示单元内部的连接情况，通常不包括单元之间的外部连接，但可以给出与之有关的互连图的图号。

1. 单元接线图

单元接线图通常按各个项目的相对位置进行布置。单元接线图的视图，应选择最清晰地表示出各个项目的端子和布线的视图，当一个视图不能清楚表示多面布线时，可用多个视图。项目间彼此叠成几层放置时，可把这些项目移出视图，并加注说明。当项目有多层端子时，可延长被遮盖的接点以标明各层接线关系。

2. 单元接线表

单元接线表一般包括线缆号、线号、线缆型号及规格、连接点号、所属项目的代号和其他说明等内容。单元接线表的一般格式如图8-16所示。

线缆号	线号	线缆型号及规格	连接点Ⅰ			连接点Ⅱ			附注
			项目代号	端子号	参考	项目代号	端子号	参考	
	31	BV-1.5mm²	11	1		12	1		
	32		11	2		12	2		
	33		11	3		15	5		
	34		11	4		12	5	39	
	35		11	5		14	C	43	
	36		11	6		X1	6		
	37		12	3		X1	1		
	38		12	4		X1	2		
	39		12	5	34	X1	3		
	40		12	6		13	4		
	-		13	1	40	17	1		

图8-16　单元接线表示例

8.3.3　互连接线图和互连接线表

互连接线图和互连接线表表示单元之间的连接情况，通常不包括单元内部的连接。各单元一般用点划线围框表示，必要时也可以给出与之相连的电路图或单元接线图的图号和表的代号。

互连接线图中各单元的视图应画在同一个平面上，以便表示各单元之间的连接关系。互连接线图的布局比较简单，不必强调各单元间的相对位置关系。各单元间的连接电缆可用单线法表示，也可用多线法表示，但应画出电缆的图形符号，均应加注线缆号和电缆规格(以“芯数×截面”表示)。互连接线图既可以用连接线表示，也可以用中断线表示，并可以局部加粗。

互连接线表的格式及内容与单元接线表类同，如图8-17所示。

线缆号	线号	线缆型号及规格	连接点Ⅰ			连接点Ⅱ			附注
			项目代号	端子号	参考	项目代号	端子号	参考	
107	1	XQ-3×6mm²	+A-X1	1		+B-X2	3		
	2		+A-X1	2		+B-X2	3	108.2	
	3		+A-X1	3	109.1	+B-X2	1	108.1	

图8-17　互连接线表示例

8.3.4　端子接线图和端子接线表

端子接线图和端子接线表表示单元和设备的端子及其与外部导线的连接关系，通常不包括单元或设备的内部连接，但可提供与之有关的图号。

端子接线图的视图应与接线面的视图一致，各端子应基本按其相对位置表示，端子接线表一般包括线缆号、线号、端子代号等内容。在端子接线表内线缆应按单元（如柜、屏、台）集中填写。

端子接线标记可采用本端标记（即标注本端子排的端子号），也可采用远端标记。

图 8-18 是 A4 柜和 B5 柜带有本段标记的两个端子接线图。每根电缆末端标志着电缆号及每根缆芯号。无论已连接或未连接的备用端子都注有“备用”的字样。不与端子连接的缆芯则用缆芯号。如接地线未与端子相连，标缆芯号 PE。图中 137 号线缆的其中四芯连接到 A4 柜 X1 的 12~15 号的端子，本端标记为 X1:12~X1:15。这四芯又连接到 B5 柜 X2 的 26~29 号端子，本端标记为 X2:26~X2:29。5、6 号线是备用线，其中 5 号线一端已连到 A 柜的 16 号端子，标记为 X1:16。

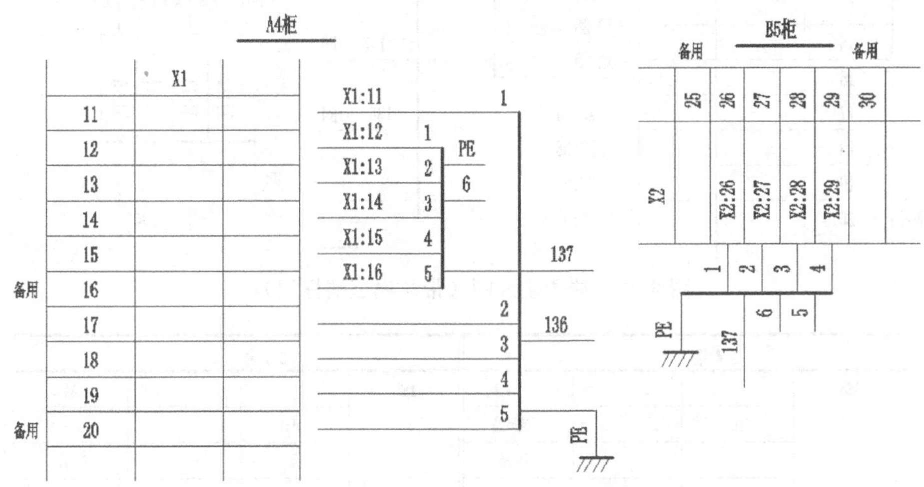

图 8-18　端子接线图（带本端标记）

表 8-5 给出了与图 8-18 对应的端子接线表。A4 柜的 11、16~20 号端子，另外形成 136 号线缆接出，5 号是备用线。136 号线缆的接线在本例中没有显示出来。本示例采用本端标记。采用从属远端标记的示例在图 8-20 中给出。图 8-21 给出的端子接线表与图 8-20 的端子接线图一致。在本质上，采用从属远端标记的端子接线图和采用本端标记的端子接线图是一样的。

A4 柜				B5 柜			
136		A4		137		B5	
	PE	接地线			PE	接地线	
	1	X1:11			1	X2:26	
	2	X1:12			2	X2:27	
	3	X1:13			3	X2:28	
	4	X1:14			4	X2:29	
备用	5	X1:15		备用	5	(—)	
137		A4		备用	6	(—)	
	PE	(—)					
	1	X1:11					
	2	X1:12					
	3	X1:13					
	4	X1:14					
备用	5	X1:15					
备用	6	(—)					

图 8-19　端子接线表（与图 8-18 所示的端子接线图对应，带有本端标记）

图 8-20 采用从属远端标记，A4 柜的 12~16 号端子与 B5 柜 26~29 号端子连接。在 A4 柜的 11~16 号端子标记 X2:25~X2:29；在 B5 柜的相应端子上标记为 X1:12~X1:16。其中 A4 柜的 16 号端子、B5 柜的 5 号和 6 号接线和上述描述一样。

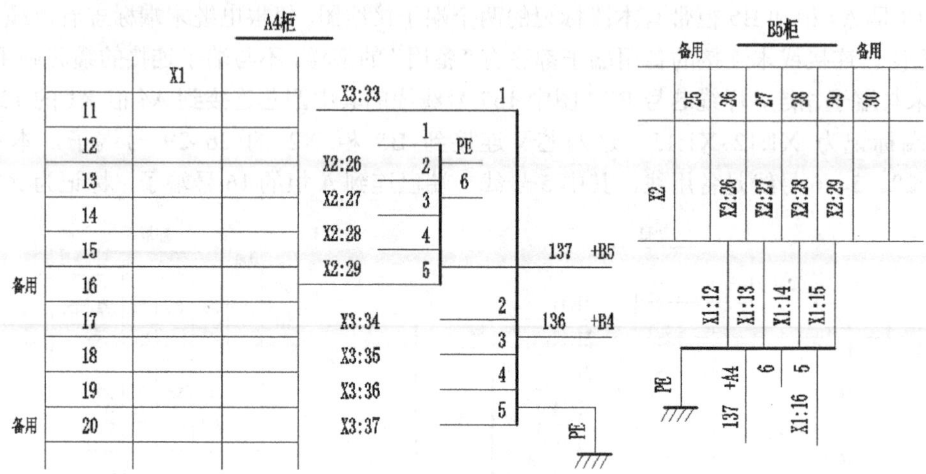

图 8-20 端子接线图（带从属远端标记）

A 4 组				B 5 台			
136			B5	137			A4
	PE		接地线		PE		(—)
	1		X3:33		1		X1:11
	2		X3:34		2		X1:12
	3		X3:35		3		X1:13
	4		X3:36		4		X1:14
备用	5		X3:37	备用	5		X1:15
136			B5	备用	6		(—)
	PE		接地线				
	1		X2:26				
	2		X2:27				
	3		X2:28				
	4		X2:29				
备用	5		(—)				
备用	6		(—)				

图 8-21 端子接线表（与图 8-20 所示的端子接线图对应，带从属远端标记）

8.4 电气位置图

位置图是表示成套装置、设备或装置中各个项目的位置的一种简图，用于项目的安装就位、接线、零部件加工制作等所需的设备位置、距离、尺寸、固定方法、线缆路由、接地等安装信息。

8.4.1　电气位置图的种类

按照位置布局法绘制的图称为位置图。位置布局法就是使设备或元件在图上的布置反映实际相对位置的布局方法。位置图的基本功能就是说明物件的相对位置或绝对位置及其尺寸，主要为设备安装提供依据。

按照设备的使用范围，位置图通常划分为三个层次：室外设备总体布置图、室内设备布置图和装置内元器件布置图。大多数电气位置图是在建筑平面图基础上绘制的，这种建筑平面图被称为基本图。基本图必须满足电气位置图的要求。

例如，对某一工厂，表示这一工厂电气设备、装置线路的布置，首先应有全室外主要电气装置、线路的总体布置图，这是第一层的图，然后，应有具体车间及其他附属建筑物内配电屏（箱）、照明、空调、水泵、电信、安全警告等电气设备的布置图，这是第二层次，第三层次的图就是某一电气装置（例如配电屏）屏面或屏内电气元器件的布置图。

位置图的层次划分及分类如图 8-22 所示。

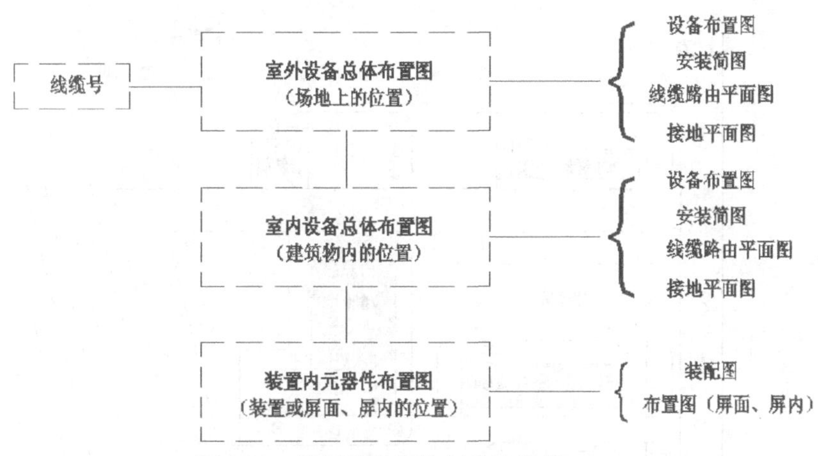

图 8-22　位置图的层次划分及分类

位置图从实质上来说，已经是属于机械图样范畴的一个图种了。位置图应该用视图的方式画，各个项目应按其实物大小用同一比例画出具有特征的外形轮廓，再用同一比例画出它们的相互位置联系。图上还应按照机械制图的尺寸标注法注出全部尺寸。尺寸箭头不同于电气图中常用的实心箭头或开口前头，应是专门用作尺寸标注的普通箭头。

8.4.2　室外设备总体布置图

由图 8-22 给出的位置图的层次划分及分类可以看出，室外设备总体布置图是第一层次的位置图。在它下面还有设备布置图、安装简图、线缆路由平面图和接地平面图。限于篇幅，本章详细介绍设备布置图，其余只做简略介绍。

1. 设备布置图

位置图要描述出电气设备的相对位置，因此位置图要按照一定的比例尺绘制；同时，室外设备总体布置图总与各类建筑物相关，因此室外设备总体布置要在建筑总平面图的基础上绘制，但它又与建筑总平面图不同，它只是概要地表示建筑物外部(如停车场、草坪、道路等)的电气装置的布置，因此，电气设备布置图对各类建筑物也只是用外轮廓线绘制的图形表示。

图 8-23 给出的是某工厂室外电气设备布置图。在图纸的下方给出了其使用的比例尺，读者可以方便理解建筑物之间及相应电气设备之间的距离。它以工厂的总体平面图为基本图，示出了工厂的基本布局，如在本位置图中，该工厂的生产制造车间和建筑物(F1～F5)、辅助车间及附属场地(A1～A2)、仓库(S1～S2)、变电所和备用电站(E2)等主要建筑物描述出了相对位置。其他设施，如停车场、道路交通区、铁路线等的相对位置、面积尺寸也都有描述。图中的电气设备如路灯、监视器的位置也详细给出，有助于电气施工和维修。

图中的主要电气装置包括：

- 探照灯，安装在电杆上，主要布置在交通区和停车场，共 5 个；
- 灯柱，布置于厂区各道路旁；
- 监控装置，TV 监视器，安装在厂区大门一角。

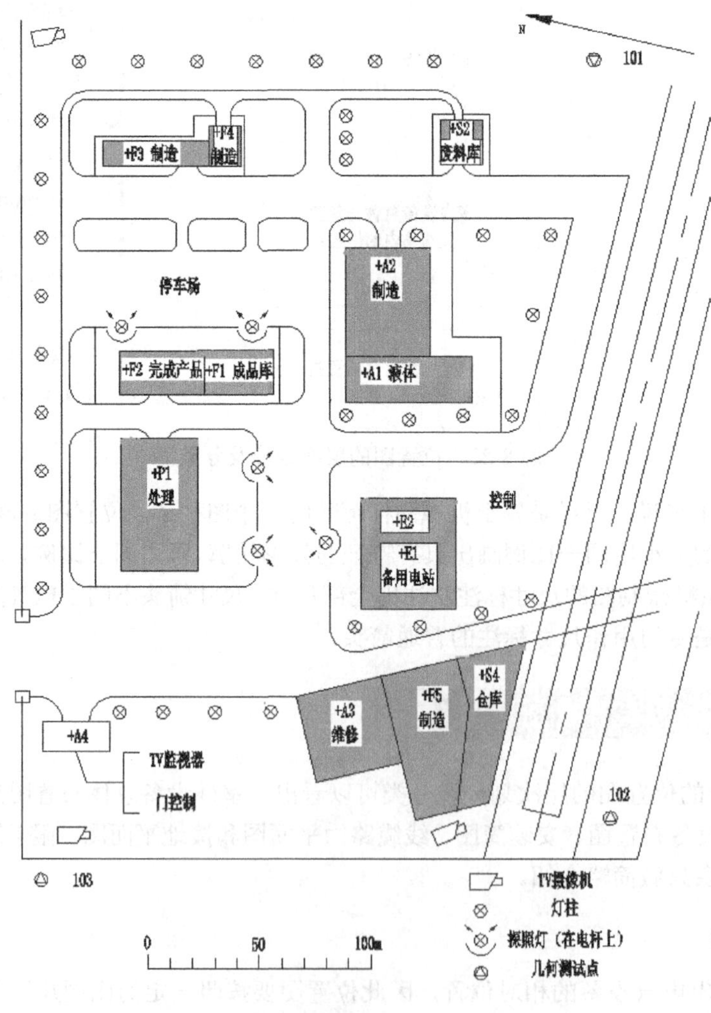

图 8-23　室外设备布置图（示例：工厂）

2. 安装简图

安装简图是在设备布置图的基础上补充了电气部件之间连接信息的安装图。例如图 8-23 中，各种灯具仅仅示出了其位置，但其线路的走向及连接等安装信息没有表示出来，如果将这些信息补充上去，则成为安装简图了。

3. 电缆路由平面图

电缆路由平面图是以总平面图为基础的一种位置图。这种图一般应示出电缆沟、电缆线槽、电缆导管、电缆支架、固定件等，还应示出实际电缆或电缆束的位置和线芯数量。电缆路由平面图一般只限于表示电缆路径，也可表示为支持电缆铺设和固定所安装的辅助器材。必要时应补充上面提及的各个项目的编号。如果未示出尺寸，应把尺寸连同相关零件的编号或电缆表一起补充。

为了准确说明路径，考虑每根电缆的计算长度及电缆附件的要求，可给各个基准点以编码。

4. 地平面图

接地平面图又称接地图或接地简图，是在总平面图的基础上绘制的。在接地平面图上，应示出接地极和接地母排的位置，同时要示出重要的接地元件（如变压器、电动机、断路器等）。接地简图还应示出接地导体，如有必要，可标出接地导体和接地极的尺寸或代号，以及连接方法和埋入或掘进深度。在电气照明接地平面图中，还可以示出照明保护系统，也可以在单独的照明保护图或照明保护简图中示出该系统。

8.4.3　室内设备布置图

室内设备布置图是图 8-22 给出的位置图的层次划分及分类第二层次的位置图。在它下面还有室内设备布置图、安装简图、线缆路由平面图和接地平面图。限于篇幅，本节详细介绍设备布置图和接地平面图，其余只做简略介绍。

1. 设备布置图

设备布置图的基础是建筑物图。电气设备的元件应采用图形符号或采用简化外形来表示。图形符号应大于元件的大概位置。

布置图不必给出元件间的连接关系信息，但表示出设备之间的实际距离和尺寸等详细信息可能是必要的。有时，还可补充详图或说明，以及有关设备识别的信息和代号。如果没有室外设备布置图，建筑物外面的设施一般也尽可能示于此布置图中。

图 8-24 是某控制室设备布置图的例子，它示出了建筑物内一个安装层上的控制屏和辅助机框，并给出了距离和尺寸。 图中示出的控制屏有 W1、W2、W3 和 WMl、WM2，辅助机柜有 WXl、WX2。屏柜安装时，通过设备升降机搬运。 图中，对支承结构必需的信息没有示出，可在另外的图中补充。

2. 安装简图

安装简图是同时示出元件位置及其连接关系的布置图。在安装简图中，必须示出连接线的实际位置、路径、敷设线管等，有时还应示出设备元件以何种顺序连接的具体情况。

3. 电缆路由平面图

电缆路由平面图是以建筑物图为基础，示出电缆沟、导管、固定件等和实际电缆、电缆束的位置的图。对复杂的电缆设施，为了有助于电缆铺设工作，必要时应补充上面提到的项目的代号。如果尺寸未标注，则应把尺寸连同元件表中的代号一起补充。

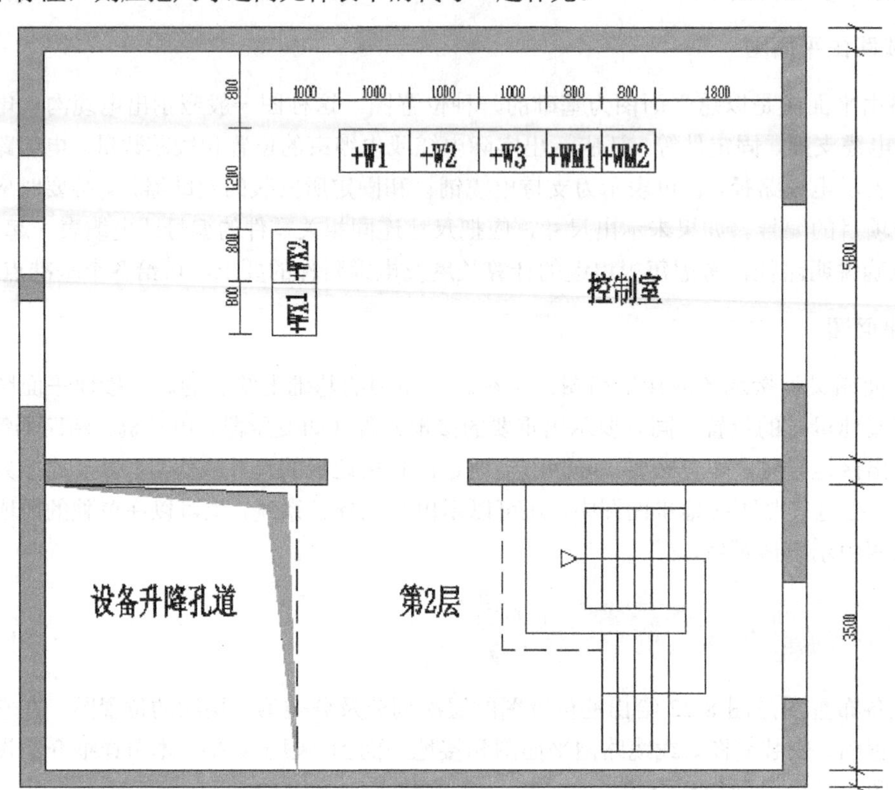

图 8-24　室内设备布置图示例

4. 接地平面图

图 8-25 是建筑物内某控制室的接地平面图（也称作接地简图）。该接地简图主要用来配置控制室内的控制柜的导线布置。由图中可以清晰看出使用的接地导线的类型(16mm^{2}绞合铜线)。控制柜分布在控制室两侧，图中接地导线沿墙四周铺设。接地导线与控制柜连接用压接方式连接（采用文字注释的方式）。图中还给出了接地线至相邻两层(地下室和第二层)的连接位置和连接方式等信息。

由图 8-25 可以看出，接地简图是在建筑物图或其他建筑图的基础上绘制出来的，它应只包括一个接地系统。在接地简图上，应有以下内容：

- 接地电极和接地排以及主要接地设备和元件(如变压器、电动机、断路器、开关柜等)的位置；
- 接地导体型号及与接地设备的连接位置和方式等信息，固定导体的信息以及电极的安装方法；
- 在没有其他相应位置图描述位置关系的情况下（如设备布置图），应示出有关的尺寸。

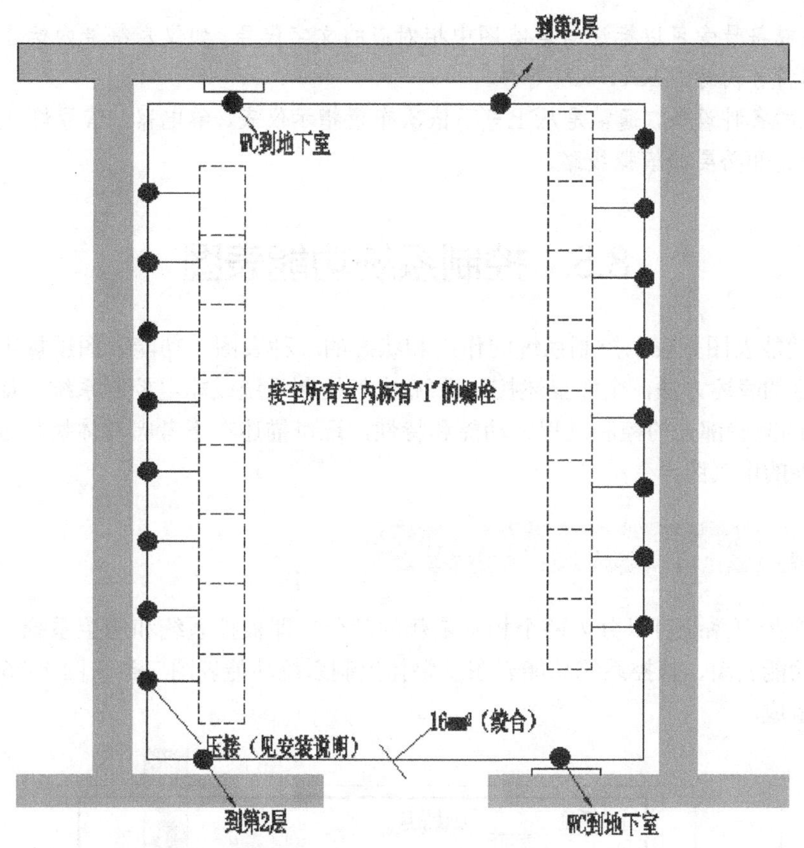

图 8-25　室内接地简图示例

8.4.4　装置内元器件布置图

1. 装配图

装配图是表示电气装置、设备及其组成部分的连接和装配关系的位置图。一般总是按比例绘制，也可按轴侧投影法、透视法或类似的方法绘制。装配图应示出所装零件的形状、零件与其被设定位置之间的关系和零件的识别标记，如果装配工作需要专用工具或材料，应在图上示出，或加注释。

2. 布置图

最常见的电气布置图是各种配电屏、控制屏、继电器屏、电气装置的屏面或屏内设备和元件的布置图。在布置图上，通常以简化外形或其他补充图形符号的形式，示出设备上或某项目上一个装置中的项目和元件的位置，还应包括设备的识别和代号的信息。

常见的屏面布置图一般具有以下特点：

- 屏面布置的项目通常用实线绘制的正方形、长方形、圆形等框形符号或简化外形符号表示。为便于识别，个别项目也可采用一般符号；
- 符号的大小及其间距尽可能按比例绘制，但某些较小的符号允许适当放大绘制；

- 符号内或符号旁可以标注与电路图中相对应的文字代号，如仪表符号内标注 A、V 等代号，继电器符号内标注 KA、KV 等；
- 屏面上的各种设备，通常是从上至下依次布置指示仪表、继电器、信号灯、光字牌、按钮、控制开关和必要的模拟线路。

8.5 控制系统功能表图

控制系统功能表图是表示控制系统的作用和状态的一种表图。功能表图用规定的图形符号和文字叙述相结合的表述方法，全面描述控制系统(电气控制系统或非电控制系统，如气动、液压和机械的)或系统的某些部分的控制过程、功能和特性，还可描述在不考虑具体执行过程的系统组成部分的技术特性的电气图。

8.5.1 功能表图的一般规定和表示方法

通常，一个控制系统可以分为两个相互依赖的部分，即被控系统和施控系统，因而功能表图分为被控系统功能表图、施控系统功能表图及整体控制系统功能表图三类。图 8-26 给出了控制系统表图的基本组成。

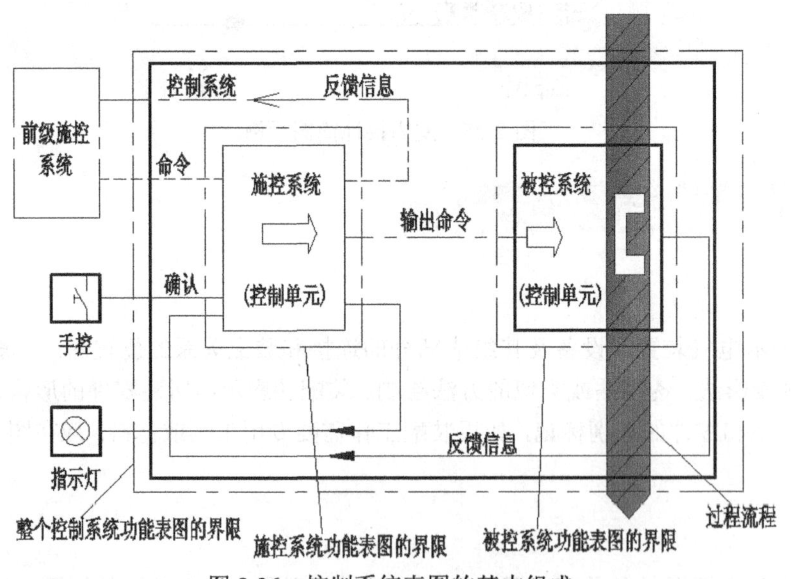

图 8-26 控制系统表图的基本组成

施控系统是接收来自操作者、过程等的信息并给被控系统发出命令的设备。它的输入包括来自操作者、前级施控系统的命令和被控系统的反馈信息，输出包括送往操作者和前级施控系统的信息及送至被控系统的命令。施控系统功能表图最为常用，尤其对独立系统更有用。

被控系统是执行实际过程的操作设备。它的输入由施控系统的输出命令和输入过程流程的参数组成，输出包括送至施控系统的反馈信息和在过程流程中执行的动作，以使该流程具有所要求的特性。被控系统功能表图通常用作操作设备设计的基础，还可用于绘制施控系统功能表图。

整体控制系统由施控系统和被控系统构成，把控制系统作为一个整体来描述，不具体给出施控系统和被控系统之间相互作用的内部细节。

有的分类把前级施控系统作为第三种功能表图特别给出。从严格意义上讲，前级施控系统也算是一个整体控制系统，它的输入是来自施控系统的反馈信息，输出是送往施控系统的命令。

功能表图绘制遵循一定的规定和原则。在功能表图中，一个过程循环分解成若干个清晰的连续的阶段，称为“步”，步和步之间由“转换”分割。一个活动步能导致一个或数个命令和动作。步的活动状态的进展，表征了控制过程的发展，这种进展是由转换的实现来完成的。步之间进展有单序列、选择序列、并行序列等基本结构。功能表图主要采用“步”、“命令”或“动作”、“转换”、“有向连线”等这些特定的图形符号和必要的文字说明来表示。表 8-3 给出了功能表图中常用的图形符号及其意义。

表 8-3　功能表图的图形符号及应用说明

名称	图形符号	说明
步	* 　02	一般符号，“*”代表步的编号，“02”表示步 02（矩形的长宽比是任意的）
初始步	* 　02	“*”代表步的编号，“02”表示初始步 02
命令或动作		一般符号，与步相连的公共命令或动作
命令或动作举例	02　打开3号阀	当步 02 活动时，3 号阀打开；当步 02 不活动时，3 号阀重新关闭
	02　a　b　c	表示步 02 活动时，同时执行动作 a、b、c
转换	*	一般符号，“*”给出转换条件，表示满足“*”条件下的前级步到后级步的实现

（续表）

名称	图形符号	说明
条件转换		在满足左边电路的条件下（（a|c）&（b|d）=1；a、b、c、d 取值 0 或 1），步 02 向步 03 转换。
有向连线		有向连线，箭头表示进展方向。在意义明确的情况下，可以不用箭头表示

8.5.2 功能表图应用举例

图 8-27 是绕线式转子感应电动机操作过程功能表图。被控系统主要是电动机，施控系统主要由启动器、热继电器等开关类器件和保护装置等设备构成。被控系统和施控系统组成一整个控制系统来完成电机的“启动-转动-停止”的操作过程。图中，在步 1 和步 3 符号右侧用不加矩形框的文字表示状态，以示出同命令或动作的区别。

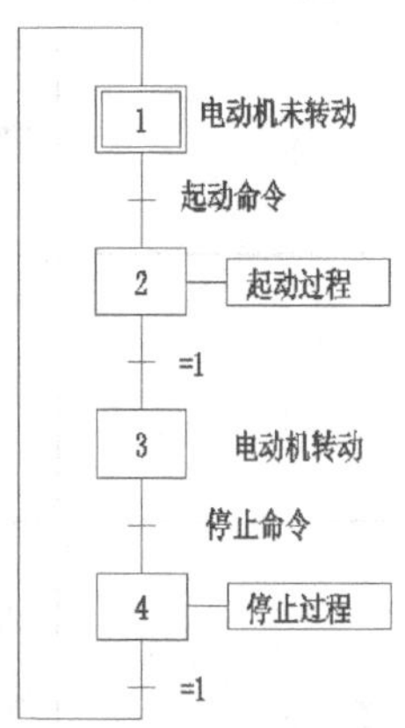

图 8-27　绕线式转子感应电动机操作过程功能表图

初始步 1 表示电动机没有起动，当接到起动命令时；初始步 1 转换到步 2，步 2 是电动机的起动过程；步 2 向步 3 的转换条件设置为真，即为 1，电动机转动，步 3 实现。电动机接到停止命令时，经过步 4，转换到初始步 1，电动机实现停转。

该功能表图是对绕线式转子感应电动机从起动到运转直到停止全过程的概述，其中每一个过程均可用更详细的功能表图描述。

例如，步 2 还可以分成更为详细的子步：启动风扇，启动油泵；闭合高压断路器，接通“启动”指示信号；接通起动器；停止起动器，短接转子，抬起电刷；复位起动器；停止复位起动器，断开“启动”指示信号。图 8-28 给出了更为具体的功能表图。

每一子步中与步相连都有详细命令或动作符号，子步 2.1 的 S 表示二进制信号是“存储”型命令。子步 2.3 的 L 表示二进制信号 X 将不被存储，但被限制在一定时限内。在二进制信号命令里面常用是还有 D、DSL 等。D 表示非存储型但有“延迟”的命令；DSL 表示二进制将被延迟、存储并被限制在一定的时限内。子步活动的进展由转换的实现来完成，并与控制过程的发展相对应。

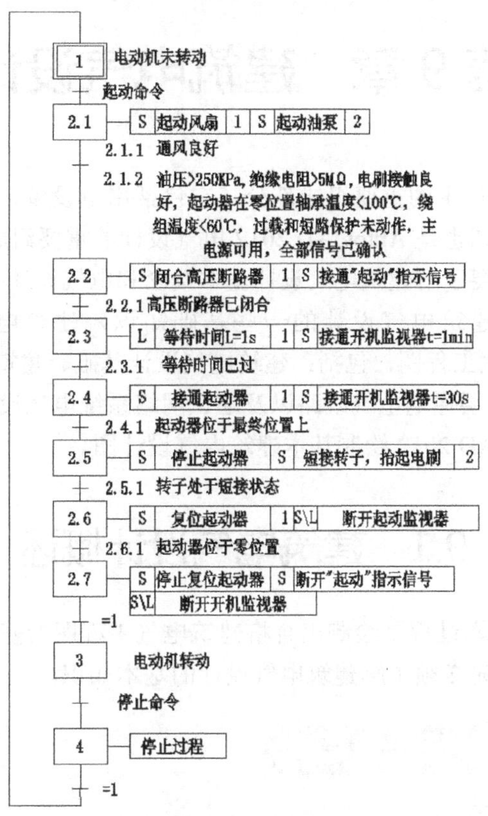

图 8-28　绕线式转子感应电动机操作过程详细的功能表图

第 9 章　建筑电气设计

建筑电气设计是电气设计中的重要组成部分，它包括用电设备、配电线路、控制和保护设备三大基本部分。建筑电气绘图也是 AutoCAD 2012 电气设计的重要组成部分，掌握 AutoCAD 2012 绘制建筑电气工程图也就需要了解建筑电气设计基本概念和电气设计制图读图的基本知识。

本章主要给读者介绍建筑电气设计的一些基础知识，建筑电气制图的基础以及如何用 AutoCAD 2012 绘制建筑电气工程图，包括：建筑电气设计基础、建筑电气制图、一般住宅的电气线路、平房住宅电气线路、高层住宅电气线路以及通讯网络系统电气设计等内容。通过本章的学习，希望读者可以掌握用 AutoCAD 2012 绘制基本建筑电气设计图。

9.1　建筑电气设计概述

了解建筑电气设计的基本过程是绘制出合格建筑电气工程图的基础，要掌握 AutoCAD 2012 基本建筑电气设计制图，首先必须了解建筑电气设计的基本知识。

9.1.1　建筑电气的设计过程

建筑电气的设计，从接受设计任务开始到设计工作全部结束，大致可以分为 6 个步骤。

1. 方案设计

对于大型复杂的民用建筑工程，其电气设计需要做设计方案，此阶段通常有以下具体工作：

- 接受电气设计任务。接受电气设计任务时，应先研究设计任务委托书，明确设计要求和内容。
- 收集资料。设计资料的收集，根据工程的规模和复杂程度，可以一次收集，也可以根据各设计阶段深度的需要而分期收集，一般需要收集的资料有：向当地供电部门收集相关资料，向当地气象部门收集相关资料，向当地电信部门收集相关资料，向当地消防部门收集相关资料。
- 确定负荷等级。根据有关设计规范，确定负荷的等级、建筑物的防火等级以及防雷等级；估算设备总容量（kW），即设备的计算负荷总量（kW），需要备用电源的设备总容量（kW）和设备计算总容量（kW）（对一级负荷而言）；配合建筑专业最后确定方案，即主要对建筑方案中的变电所的位置、方位等提出初步意见。

2. 初步设计

建筑方案经有关部门批准以后，即可进行初步设计。初步设计通常包括以下 3 方面的内容：

- 分析设计任务书和进行设计计算。详细分析研究建设单位的设计任务书和方案审查意见，以及其他有关专业的工艺要求与电气负荷资料，在建筑方案的基础上进行电气方案设计，并进行设计计算。
- 各专业间的设计配合。给排水、暖通专业应提供用电设备的型号、功率、数量以及在建筑平面图上的位置；向结构专业了解结构形式、结构布置图、基础的施工要求等；向建筑专业提出设计条件，即包括各种电气设备的用房的位置、面积、层高及其他要求；向暖通专业提出设计条件。
- 编制初步设计文件。初步设计阶段应编制初步设计文件，初步设计文件一般包括图纸目录、设计图纸、主要设备表和概算。

3. 施工图设计

初步设计文件经有关部门审查批准以后，就可以进行施工图设计。施工图设计阶段的主要工作有以下几个方面：

- 准备工作。检查设计的内容是否和相关的设计条件相符并是否正确，进一步收集必要的技术资料。
- 设计计算。深入进行系统计算；进一步核对和调整计算负荷；进行各类保护计算：导线与设备的选择计算；线路与保护的配合计算；电压损失计算等。
- 各专业间的配合与协调。向建筑专业提供有关电气设备用房的平面布置图；向结构专业提供有关预留埋件或预留孔洞的条件图；向水暖专业了解各种用电设备的控制、操作、连锁要求等。
- 编制施工图设计文件。施工图设计一般由图纸目录、设计说明、设计图纸、主要设备及材料表、工程预算等组成。

4. 工程设计技术交底

电气施工图设计完成以后，在施工开始之前，设计人员应向施工单位的技术人员或负责人作电气工程设计的技术交底。主要介绍电气设计的主要意图，强调指出施工中应注意的事项，并解答施工单位提出的技术疑问，补充和修改设计文件中的遗漏和错误，并最后作为技术文件归档。

5. 施工现场配合

在按图进行电气施工的过程中，电气设计人员应常去现场帮助解决图纸上或施工技术上的问题，有时还要根据施工过程中出现的问题作一些设计上的变动，并以书面形式发出修改通知或修改图。

6. 工程竣工验收

设计工作的最后一步是组织设计人员、建设单位、施工单位及有关部门对工程竣工验收。电气设计人员应检查电气施工是否符合设计要求，即详细查阅各种施工记录，并现场查看施工质量是否符合验收规范，检查电气安装措施是否符合图纸规定，将检查结果逐项写入验收报告，并最后作为技术文件归档。

9.1.2 建筑电气的设计内容

建筑电气设计的内容一般包括强电设计和弱电设计两大部分：

- 强电设计。强电设计部分包括变配电、输电线路、照明电力、防雷与接地、电气信号及自动控制等项目。
- 弱电部分。弱电设计部分包括电话、广播、共用天线电视系统、火灾报警系统、防盗报警系统、空调及电梯控制系统等项目。

9.2 建筑电气制图

建筑电气工程图是工程师表达其设计意图的工程语言，是用于阐述建筑电气系统的工作原理、描述建筑电气产品的构成和功能、指导各种电气设备、电气线路的安装、运行、维护和管理的图纸；是编制建筑电气工程预算和施工方案，并用于指导施工的重要依据。它是沟通电气设计人员、安装人员、操作人员的工程语言，是进行技术交流不可缺少的重要手段。所以建筑电气专业技术人员必须熟悉建筑电气工程图，掌握建筑电气工程图的基本知识，了解各种建筑电气图形符号，了解建筑电气图的构造、种类、特点。

9.2.1 建筑电气工程图的分类及组成

1. 建筑电气工程图的分类

建筑电气设备安装工程是建筑工程的有机组成部分，根据建筑物功能的不同，电气工程图的设计内容也不尽不同。通常可以分为内线工程和外线工程两大部分，如图 9-1 所示。

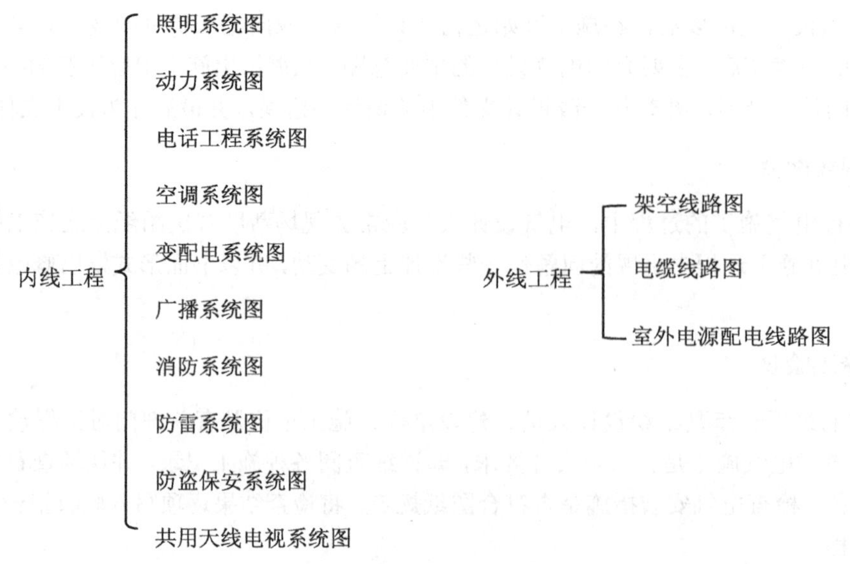

图 9-1 建筑电气工程图分类

2. 建筑电气工程图的组成

电气工程的规模不同，反映该项工程的电气工程图的种类和数量也是不同的。通常由以下几部分组成：

- 首页。首页内容包括电气工程图的目录、图例、设备明细表、设计说明等。图例是列出本套图纸设计的特殊图例。设备明细表只列出该项电气工程中主要电气设备的名称、型号、规格和数量等。设计说明主要阐述该电气工程设计的依据、基本知道思想与原则，补充图中未能表明的工程特点、安装方法、工艺要求、特殊设备的使用方法及其他使用与维护注意事项等。图纸首页的阅读，虽然不存在更多的方法问题，但首页的内容是需要认真读的。
- 电气系统图。电气系统图主要表示整个工程或其中某一项目的供电方式和电能输送之间的关系，有时也用来表示装置和主要组成部分的电气关系。
- 电气平面图。电气平面图是表示各种电气设备与线路平面布置位置的，是进行建筑电气设备安装的重要依据。电气平面图包括外线总电气平面图和各专业电气平面图。外线总电气平面图是以建筑总平面图为基础，绘出变电所、架空线路、地下电力电缆等的具体位置并注明有关施工方法的图纸。在有些外线总电气平面图中还注明了建筑物的面积、电气负荷分类、电气设备容量等。专业电气平面图包括动力电气平面图、照明电气平面图、变电所电气平面图、防雷与接地平面图等。专业电气平面图在建筑平面图的基础上绘制。由于电气平面图缩小的比例较大，因此不能表现电气设备的具体位置，只能反映电气设备之间的相对位置关系。
- 设备布置图。设备布置图是表示各种电气设备平面与空间的位置、安装方式及其相互关系的。通常由平面图、立面图、断面图、剖面图及各种构件详图等组成。设备布置一般都是按三面视图的原理绘制，与一般机械工程图没有原则性的区别。
- 电路图。电路图是表示某一具体设备或系统电气工作原理的，用来指导某一设备与系统的安装、接线、调试、使用与维护。
- 安装接线图。安装接线图是表示某一设备内部各种电气元件之间位置关系及接线关系的，用来指导电气安装、接线、查线。它是与电路图相对应的一种图。
- 大样图。大样图是表示电气工程中某一部分或某一部件的具体安装要求和做法的，其中有一部分选用的是国家标准图。
- 二次接线图。它表示电气仪表、互感器、继电器及其他控制回路的接线图。

9.2.2　建筑电气工程图中的图形符号和文字符号

电气工程中使用的元件、设置、装置、连接线很多，结构类型复杂，安装方法多种多样。因此，在电气工程图中，元件、设备、装置、线路及安装方法等，都要用图形符号和文字符号来表示。电气工程图中的文字和图形符号均按国家标准规定绘制。

9.2.3　建筑电气工程图的绘制步骤

建筑电气工程图包括建筑照明平面图、建筑弱电平面图、配电系统图、计量系统图、电话系统图、共用电视天线系统图等。这些图各有特点，又有较多相似之处。本小节通过介绍建筑照明平面图的一般绘制步骤，让读者了解建筑电气工程图的绘制步骤。

建筑照明平面图是在建筑平面图的基础上绘制的。大致步骤如下：

步骤01 绘图准备。建立新文件，设置图形工作界限，设置图层，设置线型。

步骤02 绘制轴线。绘制轴线，绘制轴线编号。

步骤03 绘制墙体和门窗。绘制墙线，开门洞、绘制或插入门图形块，开窗洞、绘制或插入窗图形块。

步骤04 绘制阳台、楼梯及室内设施。绘制阳台、楼梯，绘制室内设施，修改轴线。

步骤05 绘制照明图形。设置图层，绘制照明灯具，绘制照明配电设施，绘制特殊灯具，绘制插座，绘制开关，连接各个图块。

步骤06 标注。设定标注参数，标注尺寸，标注文字。

步骤07 图形整理。

步骤08 绘制图签。

9.3 绘制一般住宅的电气工程图

建筑电气工程图包括很多种类，由于篇幅有限，本章仅以一般住宅的照明电气线路图和电话工程系统图的详细绘制过程为例，介绍如何利用 AutoCAD 2012 进行建筑电气制图。

9.3.1 绘制照明电气线路图

电气图通常是在绘制好的建筑平面图的基础上绘制的。一般情况下，建筑平面图由相关专业提供，如果没有建筑平面图就需要自行绘制建筑平面图。

如图 9-2 所示，是某住宅照明平面图，建筑平面图是事先提供好的，所以本节重点介绍如何在建筑平面图上绘制照明电气线路，希望读者能举一反三，完成类似工程图的绘制。

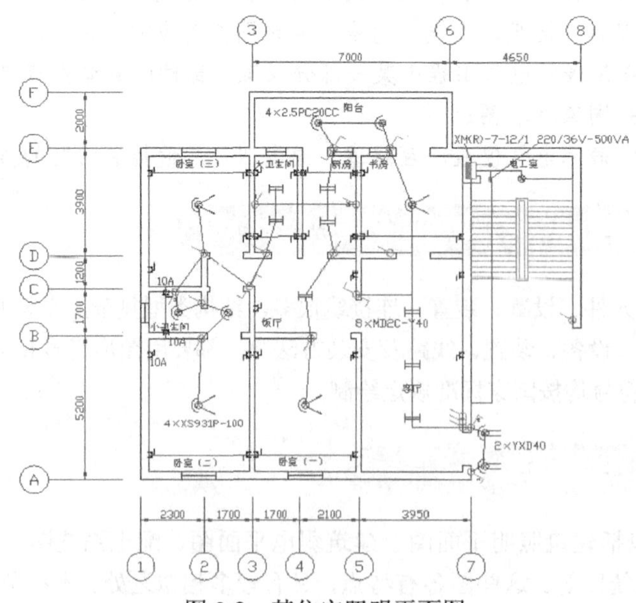

图 9-2 某住宅照明平面图

1. 准备工作

步骤 01 调用建筑平面图。选择“文件”|“打开”命令，弹出“选择文件”对话框，如图 9-3 所示。选择“住宅建筑平面图”，单击“打开”按钮，调用住宅建筑平面图，如图 9-4 所示。

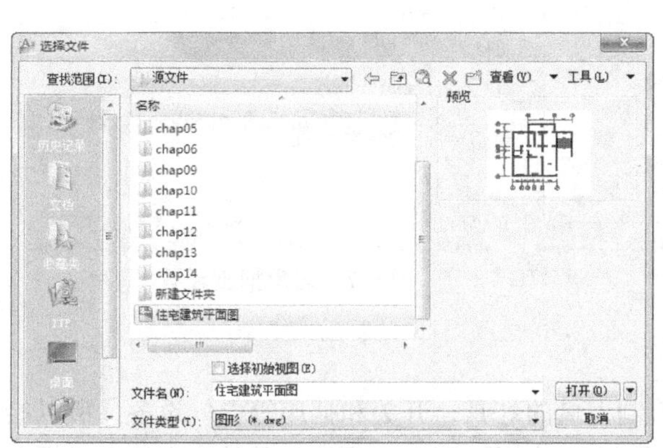

图 9-3 调用建筑平面图

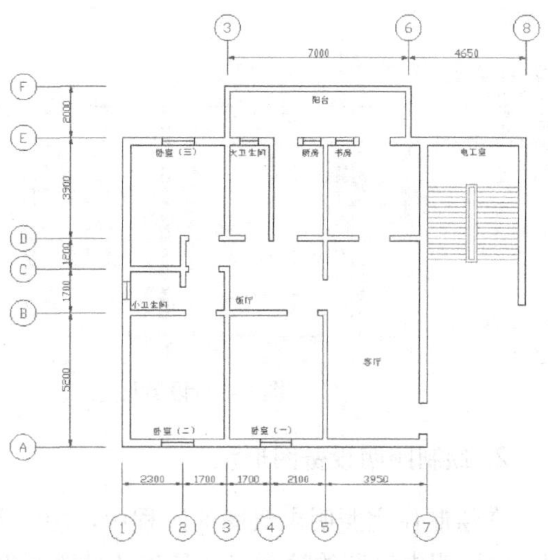

图 9-4 建筑平面图

步骤 02 另存图形。选择“文件”|“另存为”命令，弹出“图形另存为”对话框，如图 9-5 所示，将图形另存为“住宅照明电气图”，文件类型采用默认的“AutoCAD 2010 图形（*.dwg）。

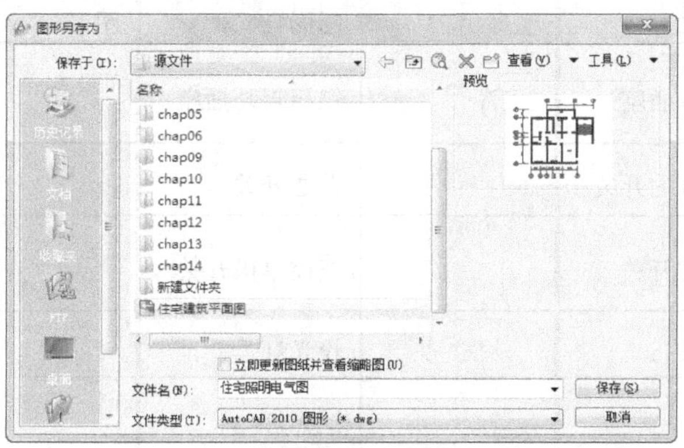

图 9-5 另存图形

步骤 03 设置图形工作界限。选择“菜单”|“图形界限”命令，命令执行后，在命令行窗口出现提示如下：

```
命令：limits
重新设置模型空间界限
指定左下角点或[开(ON)/关(OFF)] <0.0000,0.0000> ： //按 Enter 键，使用默认左下角点
指定右上角点<420.0000,297.0000>：//按 Enter 键，使用默认右上角点
```

步骤 04 设置图层。单击“图层”工具栏中的“图层状态管理器”的快捷图标，打开“图

层特性管理器”选项板，新建并设置每个图层，如图 9-6 所示。

步骤 05 捕捉设置。选择“工具”|“草图设置”命令，弹出如图 9-7 所示的对话框，如图所示设置对象捕捉选项卡。

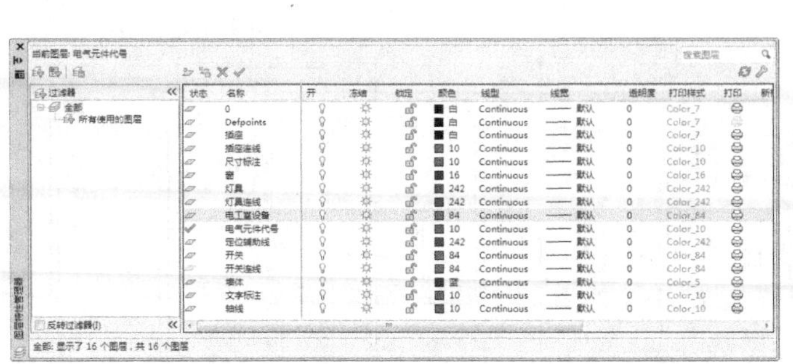

图 9-6　设置图层

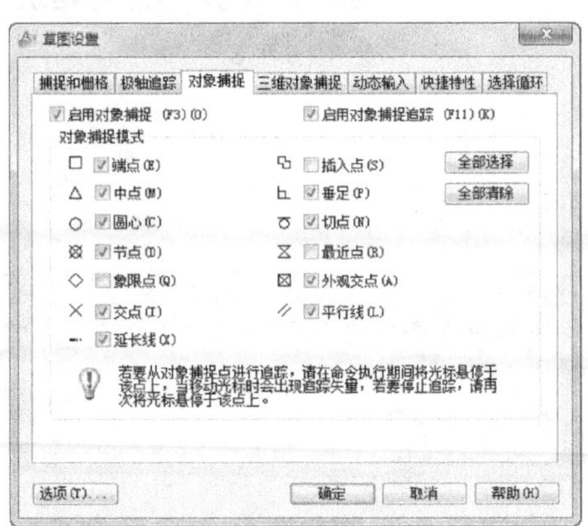

图 9-7　对象捕捉设置

2. 绘制照明设备图形块

在绘制住宅照明电气图的过程中，由于要绘制大量的灯具、开关和插座等电气设备，所以绘制住宅照明电气图的第一步就是将各种照明设备的图形制成图形块，在需要用的地方直接选择插入图形块。绘制图形块能大大减少绘制相同图形的重复工作，也便于以后的图纸修改。

在本例中将用到大量的图形块，所有有关本例用到的电气设备图形块说明，如表 9-1 所示。

表 9-1　电气元件图形说明

图形	图形意义	图形	图形意义	图形	图形意义
3EX	三相防爆插座	3C	三相暗装插座		带保护接点的插座
	带指示灯的开关		普通开关	C	暗装开关
t	单极限时开关		双控单极开关	EX	防爆开关
	普通灯具		投光灯		二管荧光灯
	聚光灯		泛光灯		

由于图形块众多，篇幅有限，而很多图形块的绘制过程类似，所以本小节仅对以下几个典型图形块（泛光灯和单极限时开关）的绘制过程做详细介绍，对于图中用到的其他图形块，由于图形相似可以参照这三种图形块的绘制过程绘制，后面只给出它们的尺寸和基点，希望读者能够举一反三，掌握其绘制方法自行绘制。

（1）灯具图形块的绘制（泛光灯的绘制）

在灯具图形块中，以泛光灯的绘制步骤最为复杂也最具有代表性，下面就以绘制泛光灯图形块为例详细介绍如何制作灯具图形块。

步骤 01　选择 [图层下拉列表：灯具] 右侧的下拉箭头，设置当前层为“灯具”。

步骤 02　单击“绘图”工具栏中的“圆”按钮，绘制半径为“1.25”的圆，效果如图 9-8 所示。

步骤 03　单击“绘图”工具栏中的“直线”按钮，命令行窗口出现提示如下：

```
命令：line
指定第一点：//选择步骤（2）中圆的圆心作为直线起点
指定下一点或[放弃(U)]：  @1.25<45 //指定直线的终点
指定下一点或[放弃(U)]：//按 Enter 键，结束直线命令
```

步骤 04　单击“绘图”工具栏中的“直线”按钮，命令行窗口出现提示如下：

```
命令：line
指定第一点：//选择步骤（2）中圆的圆心作为直线起点
指定下一点或[放弃(U)]：  @1.25<-45 //指定直线的终点
指定下一点或[放弃(U)]：//按 Enter 键，结束直线命令
```

步骤 05　单击“绘图”工具栏中的“直线”按钮，命令行窗口出现提示如下：

```
命令：line
指定第一点：//选择步骤（2）中圆的圆心作为直线起点
指定下一点或[放弃(U)]：  @1.25<135 //指定直线的终点
指定下一点或[放弃(U)]：//按 Enter 键，结束直线命令
```

步骤 06　单击“绘图”工具栏中的“直线”按钮，绘制完（3）~步骤（6），效果如图 9-9 所示。命令行窗口出现提示如下：

```
命令：line
指定第一点：//选择步骤（2）中圆的圆心作为直线起点
指定下一点或[放弃(U)]：  @1.25<-135 //指定直线的终点
指定下一点或[放弃(U)]：//按 Enter 键，结束直线命令
```

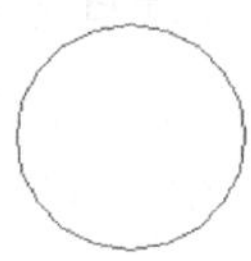

图 9-8　绘制圆

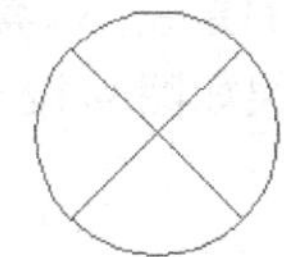

图 9-9　绘制圆内交叉直线

步骤 07　单击“绘图”工具栏中的“圆弧”按钮，命令行窗口出现提示如下：

```
命令：arc
指定圆弧的起点或[圆心（C）]：c //指定圆弧的圆心选择步骤（2）中圆心
指定圆弧的起点：2.5 //正交向上移动鼠标出现垂直的辅助线然后输入数值 2.5 再按 Enter 键
指定圆弧的端点或[角度（A）/弦长（L）]：_a //指定包含角 180，鼠标移动到基点左方后输入数值 180，再按 Enter 键完成绘制
```

绘制完圆弧效果如图 9-10 所示。

步骤 08　单击“绘图”工具栏中的“多线段”按钮，命令行窗口出现提示如下：

```
命令：pline
```

```
指定起点：//选择步骤（3）中直线终点即左上45°斜线与圆的交点
当前线宽为0.0000
指定下一个点或[圆弧（A）/半宽（H）/长度（L）/放弃（U）/宽度（W）]：@3<30
//指定第二点坐标
指定下一个点或[圆弧（A）/闭合（C）/半宽（H）/长度（L）/放弃（U）/宽度（W）]：W
//选择宽度设置
指定起点宽度<0.0000>：0.5 //起点宽度设置为0.5
指定端点宽度<0.5000>：0    //端点宽度设置为0
指定下一个点或[圆弧（A）/闭合（C）/半宽（H）/长度（L）/放弃（U）/宽度（W）]：@2<30
//指定第三点坐标
指定下一个点或[圆弧（A）/闭合（C）/半宽（H）/长度（L）/放弃（U）/宽度（W）]：
//按Enter键完成绘制
```

步骤 09 单击“绘图”工具栏中的“多线段”按钮，绘制完步骤（8）和步骤（9），效果如图9-11所示。命令行窗口出现提示如下：

```
命令：pline
指定起点：//选择步骤（5）中直线终点即左下45°斜线与圆的交点
当前线宽为0.0000
指定下一个点或[圆弧（A）/半宽（H）/长度（L）/放弃（U）/宽度（W）]：@3<30
//指定第二点坐标
指定下一个点或[圆弧（A）/闭合（C）/半宽（H）/长度（L）/放弃（U）/宽度（W）]：W
//选择宽度设置
指定起点宽度<0.0000>：0.5 //起点宽度设置为0.5
指定端点宽度<0.5000>：0    //端点宽度设置为0
指定下一个点或[圆弧（A）/闭合（C）/半宽（H）/长度（L）/放弃（U）/宽度（W）]：@2<30
//指定第三点坐标
指定下一个点或[圆弧（A）/闭合（C）/半宽（H）/长度（L）/放弃（U）/宽度（W）]：
//按Enter键完成绘制
```

步骤 10 单击“修改”工具栏中的“移动”按钮，选择移动对象为步骤（8）和步骤（9）中带箭头的直线，以其中一条的左端点为移动基点，向右水平移动，移动距离为0.5，移动后效果如图9-12所示，完成泛光灯的绘制。

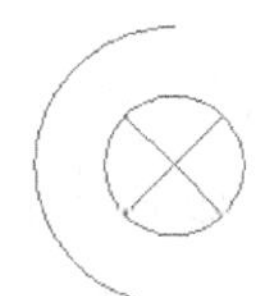

图9-10 绘制圆弧

图9-11 绘制箭头

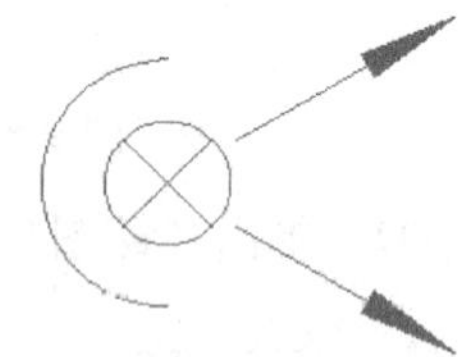

图9-12 移动箭头

步骤 11 选择“绘图”|“块”|“创建”命令，弹出“块定义”对话框，输入块名称为“泛光灯”。

步骤 12 单击“块定义”对话框中的拾取点按钮，如图9-13所示拾取步骤（2）所绘制图形的圆心作为块“泛光灯”的基点。

步骤 13 单击“块定义”对话框中的选择对象按钮，选择步骤（10）中移动箭头之后的图形。

步骤 14　块“泛光灯”在块编辑器中的效果如图 9-14 所示。

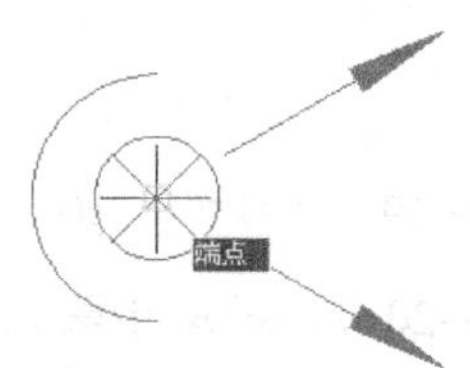

图 9-13　拾取块基点

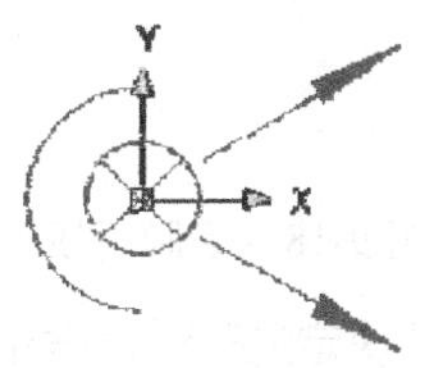

图 9-14　泛光灯块

（2）开关图形块的绘制（单极限时开关的绘制）

本例中用到的开关图形块都大同小异，下面也就仅介绍单极限时开关详细绘制过程，读者可参照其绘制过程自行绘制其他开关图形块。

步骤 01　单击 开关 中下拉箭头，设置当前层为“开关”。

步骤 02　单击“绘图”工具栏中的“圆”按钮，绘制半径为 1.25 的圆，效果如图 9-15 所示。

步骤 03　单击“绘图”工具栏中的“直线”按钮，命令行窗口出现如下提示：

```
命令：line
指定第一点：//选择步骤（2）中圆的圆心作为直线起点
指定下一点或[放弃(U)]：　@5<60 //指定直线的终点
指定下一点或[放弃(U)]：//按 Enter 键，结束直线命令，效果如图 9-16 所示
```

步骤 04　单击“修改”工具栏中的“修剪”按钮，修剪掉圆内的直线，效果如图 9-17 所示。

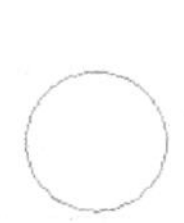

图 9-15　绘制圆

图 9-16　绘制直线

图 9-17　修剪圆内直线

步骤 05　单击“绘图”工具栏中的“直线”按钮，效果如图 9-18 所示。命令行窗口出现如下提示：

```
命令：line
指定第一点：//选择步骤（4）中修剪好的直线右端点为起点
指定下一点或[放弃(U)]：　@2<-30 //指定直线的终点
指定下一点或[放弃(U)]：//按 Enter 键，结束直线命令
```

步骤 06　选择“绘图”|“文字”，单击“单行文字”按钮，如图 9-19 所示，在步骤（5）绘制好的折线下方附近添上文字“t”，文字高度设为 1，完成开关的绘制。

步骤 07　选择“绘图”|“块”|“创建”，弹出“块定义”对话框，输入块名称为“单极限时开关”。

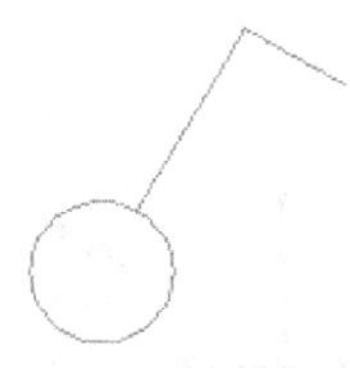

图 9-18　绘制折线

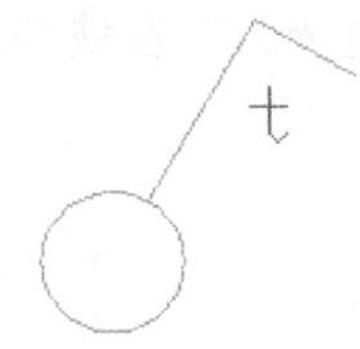

图 9-19　书写文字说明

步骤 08　单击“块定义”对话框中的拾取点按钮，如图 9-20 所示拾取步骤（2）绘制的圆心作为块“单极限时开关”的基点。

步骤 09　单击“块定义”对话框中的选择对象按钮，选择步骤（2）~步骤（6）绘制好的图形。

步骤 10　块“单极限时开关”在块编辑器中的效果如图 9-21 所示。

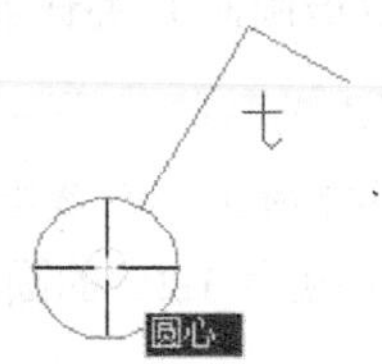

图 9-20　拾取块基点

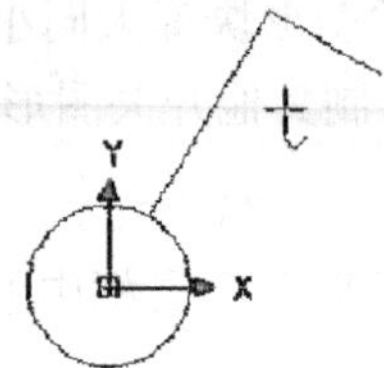

图 9-21　单极限时开关块

（3）其他图形块尺寸和效果图

前面已经绘制了具有代表性的电气元件的图形块，下面给出其他的电气元件图形块的尺寸及其基点位置效果图，希望读者能自行绘制这些图形块。具体图形块尺寸和效果如表 9-2 所示。

表 9-2　其他电气元件图形块说明

名称	基点位置（XY 坐标中心）	尺寸
普通灯具	Y X	Y X 90° R1.2500
投光灯	Y X	R2.5000 Y R1.2500 90° X
聚光灯	Y X	R2.5000 Y 4.0000 R1.2500 90° X 0.5000
二管荧光灯	Y X	5.0000 Y 1.0000 X 3.0000

（续表）

名称	基点位置（XY 坐标中心）	尺寸
普通开关	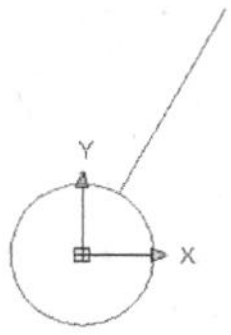	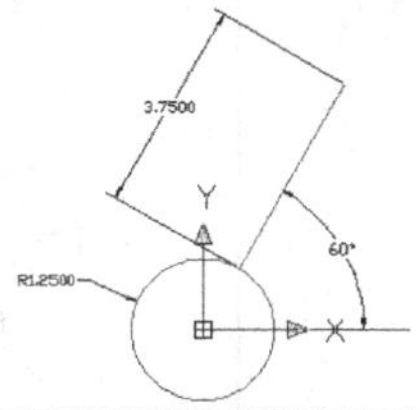
带指示灯的开关	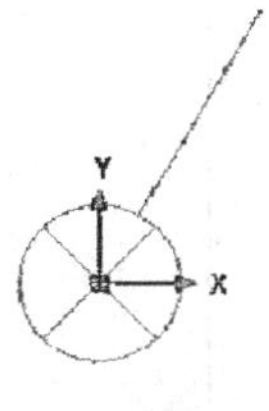	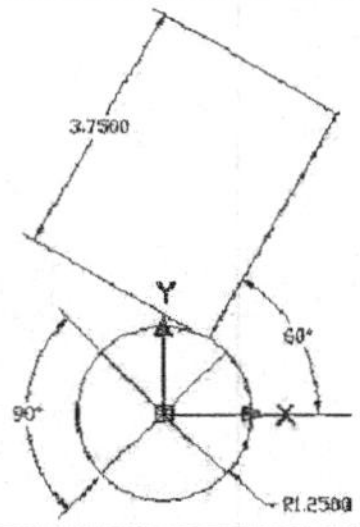
防爆开关	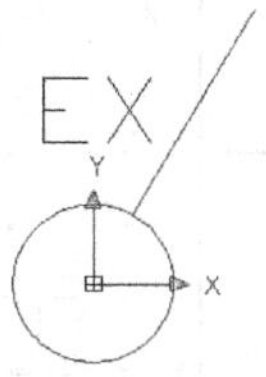	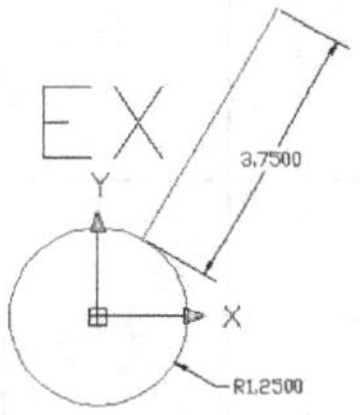
暗装开关	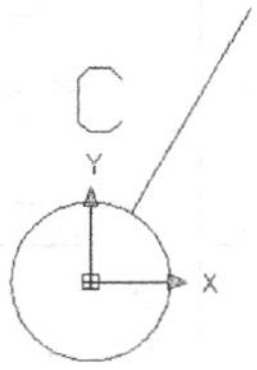	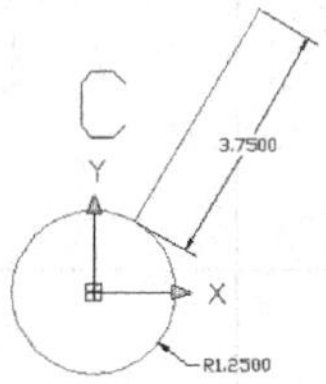
双控单极开关	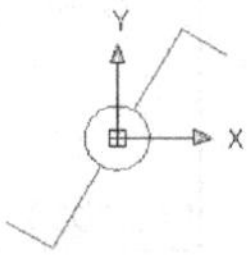	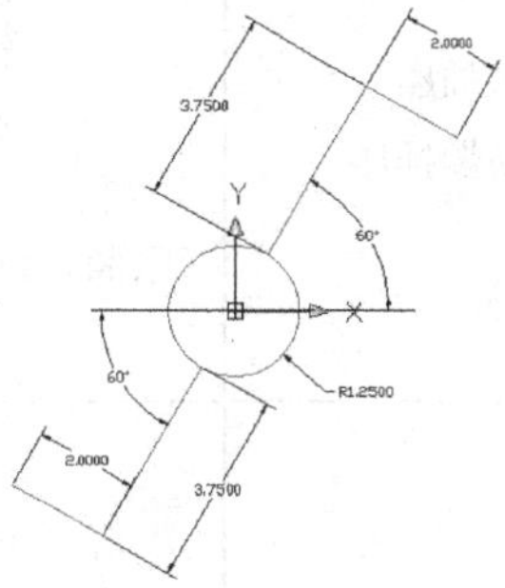
带保护接点的插座	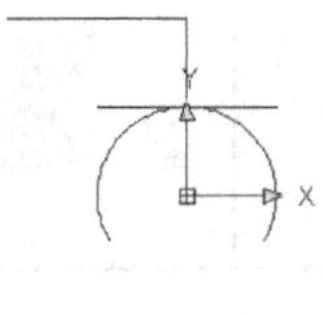	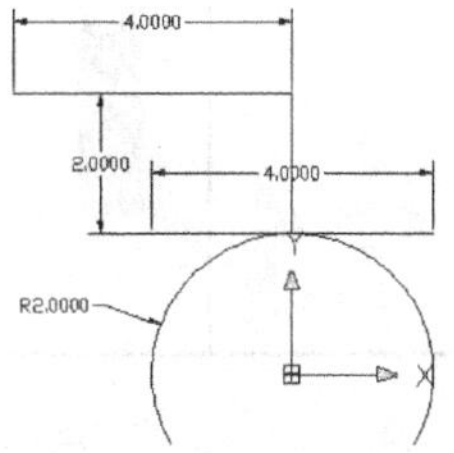

（续表）

名称	基点位置（XY 坐标中心）	尺寸
暗装开关	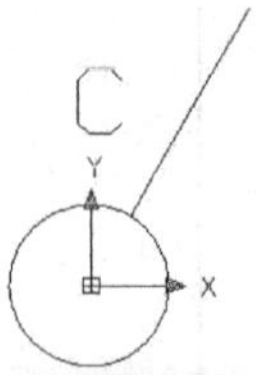	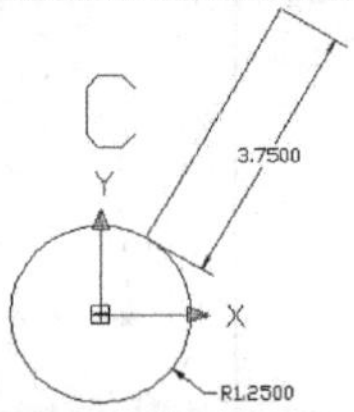
双控单极开关	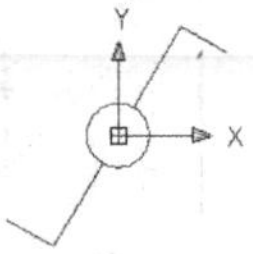	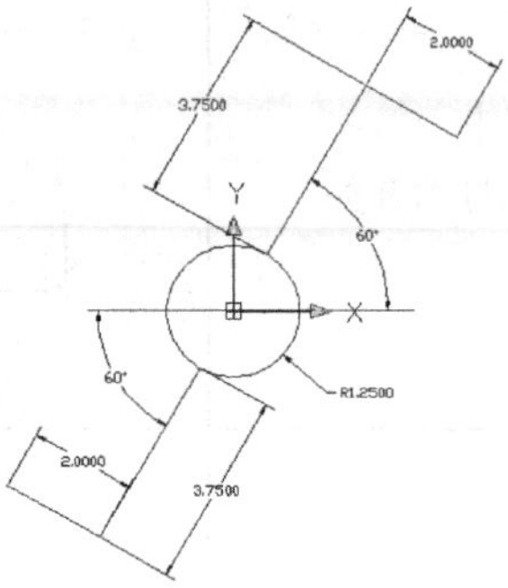
带保护接点的插座	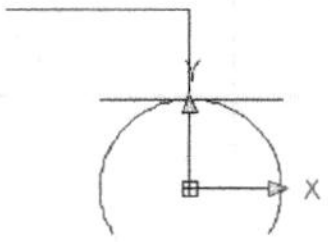	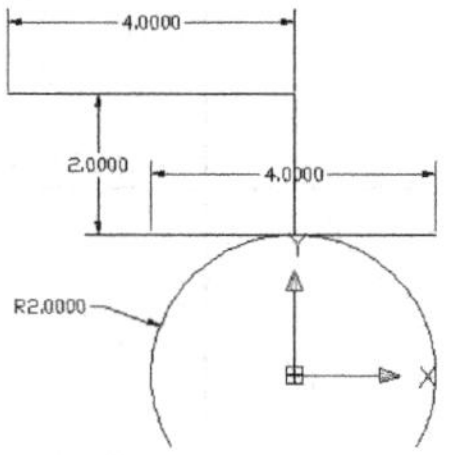
三相暗装插座 和三相防爆插座	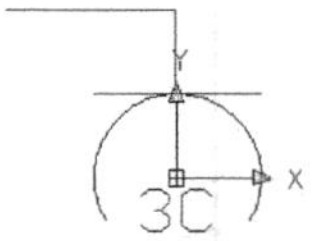 （暗装）	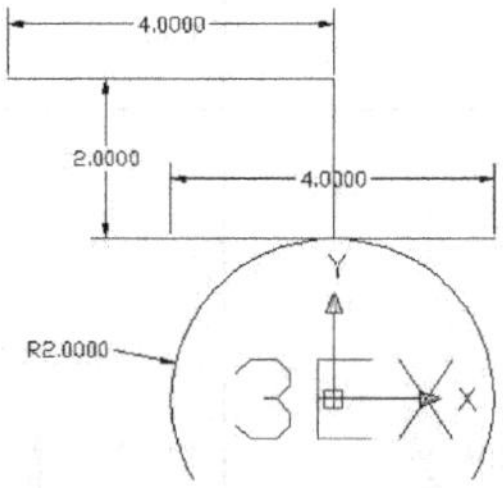 （防爆）
开关箱	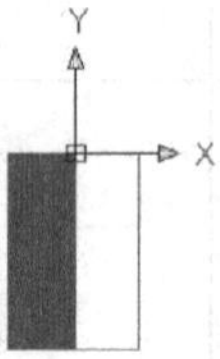	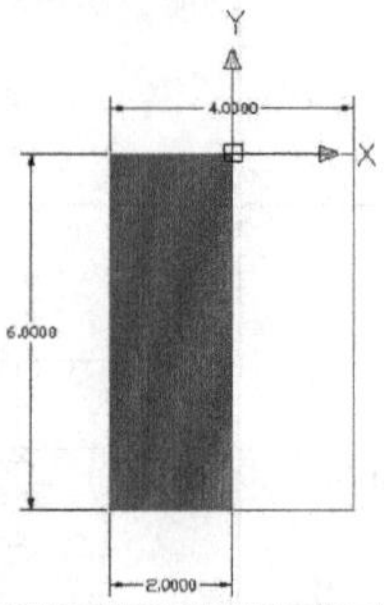

（续表）

名称	基点位置（XY 坐标中心）	尺寸
开关箱手柄	Y X	Y X R0.5000 5.0000
低压变压器	Y X	Y X R0.5000 R0.5000 0.8000

3. 插入照明设备图形块

前面已经绘制好照明设备的电气元件图形块，下面将在建筑平面图中插入这些电气图形块，为了能快速准确的插入图形块，可以先绘制一些定位辅助线，然后根据 AutoCAD 2012 的图形捕捉功能直接插入图形块。

（1）插入电工室设备

由于电工室的设备只有一个开关箱和一个低压变压器，开关箱可以通过捕捉墙线的端点来定位，而低压变压器又可以通过插入开关箱后定位，所以插入电工室设备就不需要绘制定位辅助线。具体插入设备的步骤如下：

步骤 01　单击 电工室设备 右侧下拉箭头，设置当前层为“电工室设备”。

步骤 02　单击“插入”|“块”按钮，弹出如图 9-22 所示对话框，并按图设置参数。

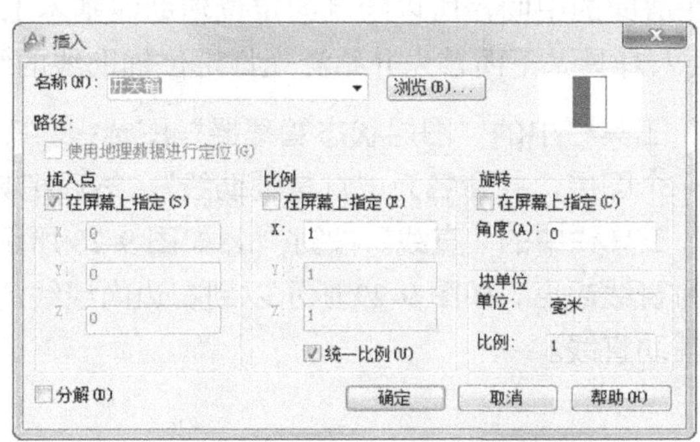

图 9-22　插入开关箱块对话框

步骤 03　如图 9-23 所示以电工室内墙线的左上端点为插入基点，插入开关箱图形块。

步骤 04　单击“修改”工具栏中的“移动”按钮，以“开关箱”块的基点为移动基点，正交地向下移动，移动距离为“1”，移动后效果如图 9-24 所示。

步骤 05　如图 9-25 所示，以开关箱的右上端点为插入基点，插入“开关箱手柄”块，插入块的参数设置同插入开关箱的设置一样。

步骤 06　单击“修改”工具栏中的“移动”按钮，以“开关箱手柄”块的基点为移动基点，正交地向下移动块，移动距离为“1”，移动后效果如图 9-26 所示。

图 9-23 插入开关箱

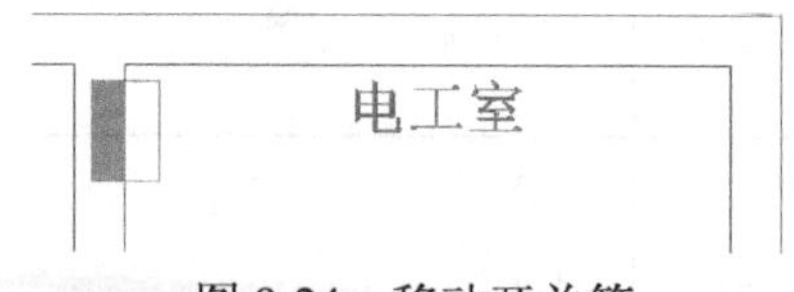

图 9-24 移动开关箱

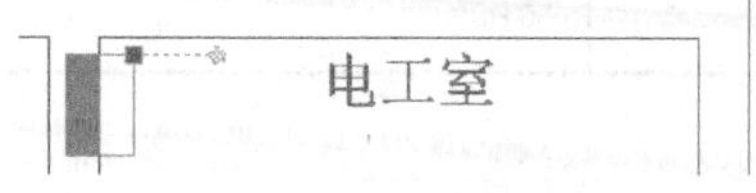

图 9-25 插入开关箱手柄

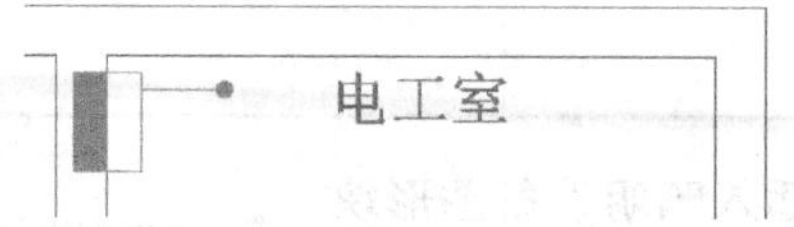

图 9-26 移动开关箱手柄

步骤 07 如图 9-27 所示，以过开关箱的左下端点的水平辅助线和过开关箱手柄圆的圆心的竖直辅助线的交点为插入基点，插入“低压变压器”块，插入块的参数设置同插入开关箱的设置一样。

图 9-27 插入低压变压器

（2）绘制泛光灯定位辅助线

由于灯具一般是放置在房间的中间，所以绘制的定位辅助线基本上是绘制房间的中线，然后通过捕捉辅助线的中点来插入灯具。下面首先介绍泛光灯定位辅助线的绘制过程。

步骤 01 单击“图层”工具栏中的“图层状态管理器”图标，打开“图层特性管理器”对话框，新建一个图层，并命名为“灯具辅助线”，然后把其设置为当前层。

步骤 02 单击“绘图”工具栏中的“直线”按钮，如图 9-28 所示捕捉卧室（一）左边内墙线的中点作为直线起点，如图 9-29 所示以到右边内墙线的垂足为终点，绘制水平直线作为灯具辅助直线。

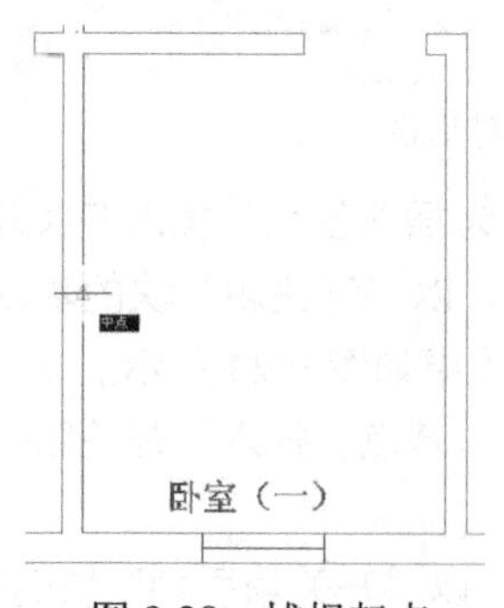

图 9-28 捕捉起点

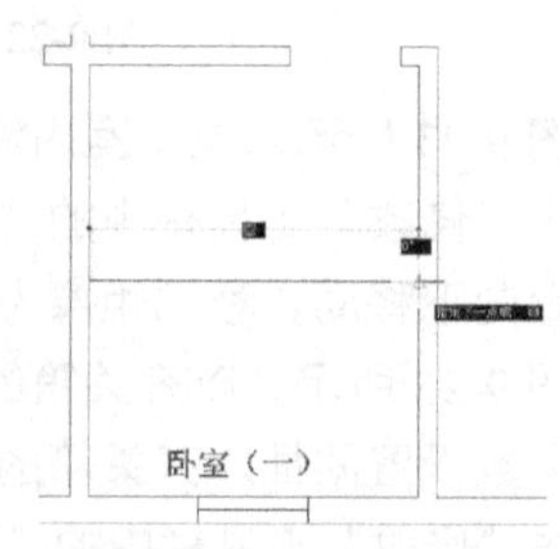

图 9-29 绘制水平直线

步骤 03 同步骤（2）方法一样，绘制卧室（二）、卧室（三）、大卫生间、小卫生间、厨房、书房和阳台的水平中线作灯具定位辅助线，效果如图 9-30 所示。

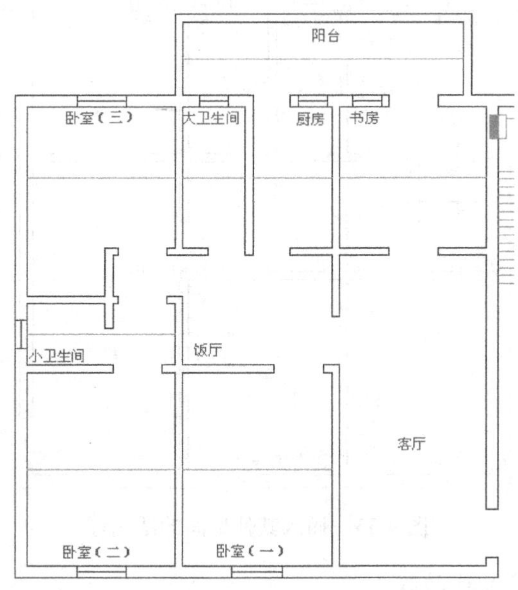

图 9-30 灯具定位辅助线

（3）插入泛光灯

由于前面已经绘制好了泛光灯的定位辅助线，下面将通过泛光灯定位辅助线插入泛光灯。

步骤 01 单击 灯具 右侧下拉箭头，设置当前层为“灯具”。

步骤 02 单击“插入”|“块”按钮，弹出如图 9-31 所示对话框，并按图设置参数。

步骤 03 如图 9-32 所示，以灯具定位直线的中点为插入基点，在卧室（一）中插入泛光灯。

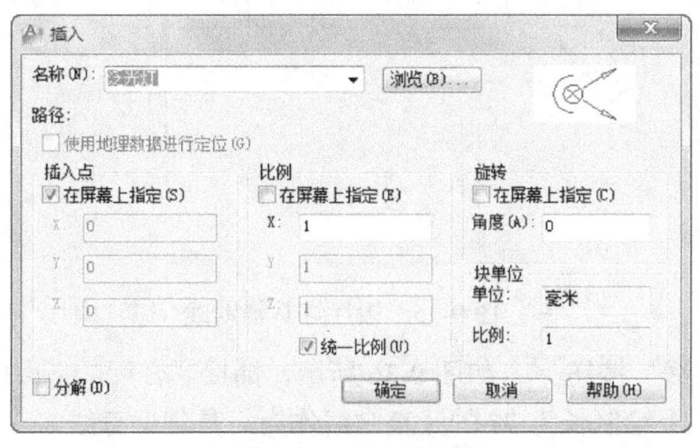

图 9-31 插入块设置

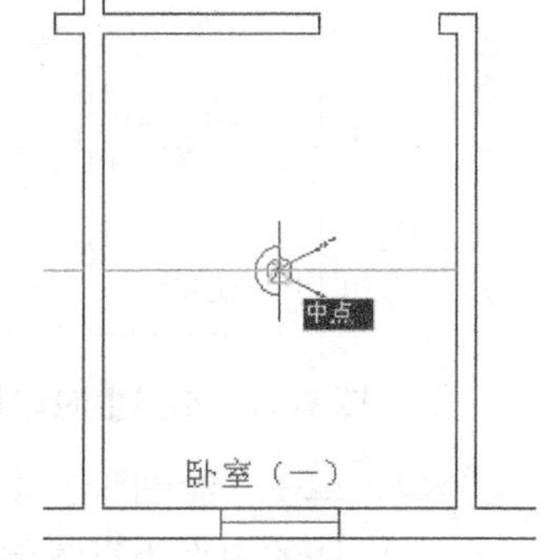

图 9-32 插入泛光灯

步骤 04 如同步骤（2）和步骤（3），在卧室（二）、卧室（三）和书房中插入泛光灯，效果如图 9-33 所示。

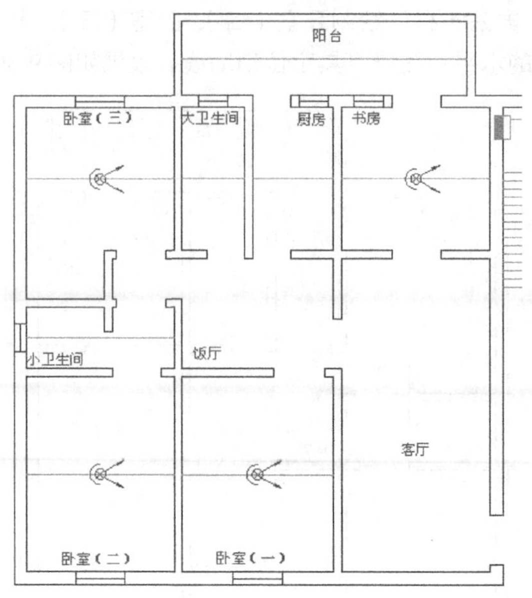

图 9-33　插入其他房间的泛光灯

（4）绘制其他灯具定位辅助线

步骤01　单击 定位辅助线 右侧下拉箭头，设置当前层为“定位辅助线”。

步骤02　单击“绘图”工具栏中的“直线”按钮，如图 9-34 所示，捕捉“小卫生间”内墙线的端点并连接成两条斜对角线作为灯具辅助直线。

步骤03　单击“绘图”工具栏中的“直线”按钮，如图 9-35 所示，捕捉“饭厅”内墙线的端点并连接成斜对角线作为灯具辅助直线。

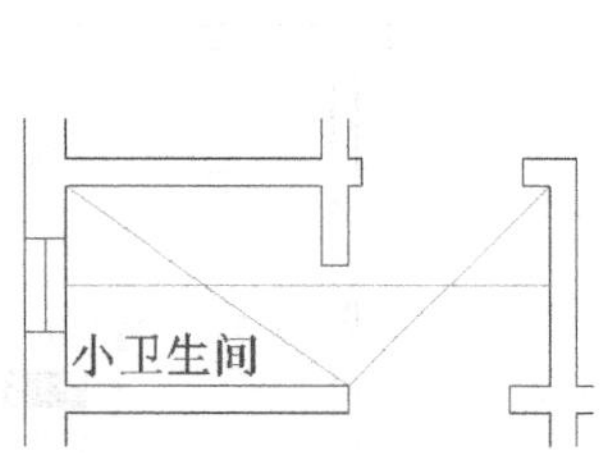

图 9-34　小卫生间灯具辅助线

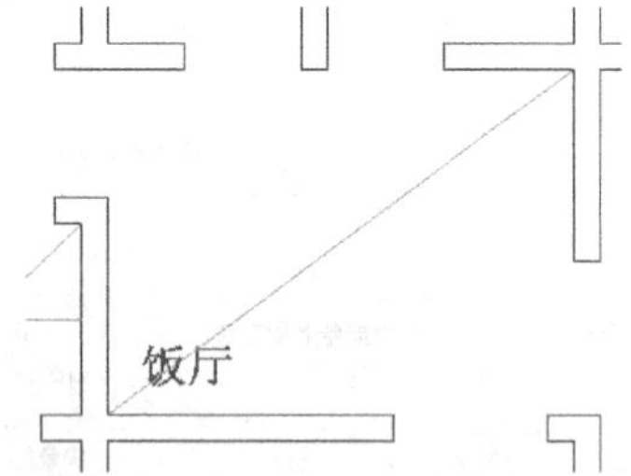

图 9-35　饭厅灯具辅助线

步骤04　单击“绘图”工具栏中的“直线”按钮，如图 9-36 所示，捕捉“客厅”下面内墙线的中点为直线起点，正交向上绘制长为 77 的竖直中线作为灯具辅助直线。

步骤05　选择“绘图”|“点”|“定数等分”命令，选择等分对象为步骤（4）绘制的客厅中线，等分数为 4，如图 9-37 所示。

步骤06　选择“绘图”|“点”|“定数等分”命令，选择等分对象为阳台中线，等分数为 3，如图 9-38 所示。

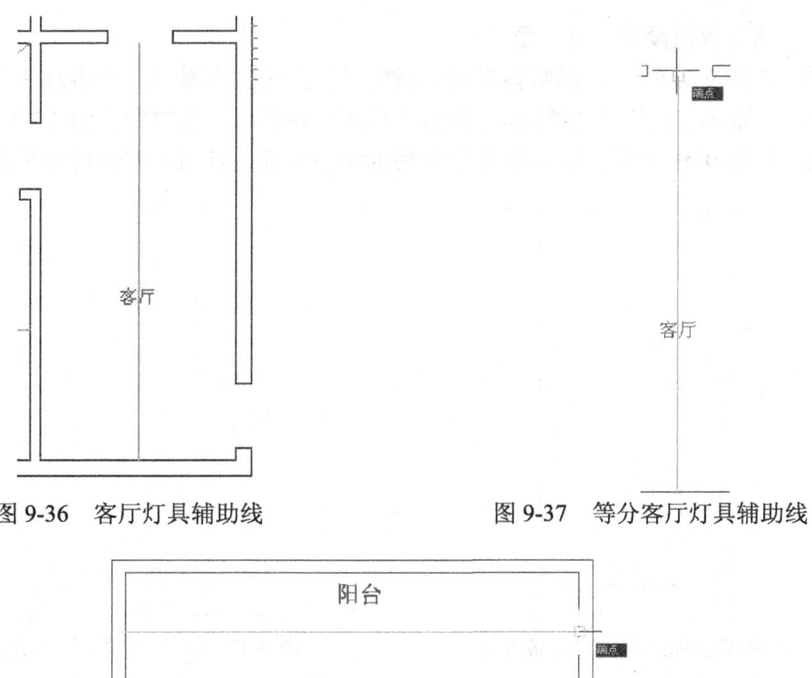

图 9-36　客厅灯具辅助线

图 9-37　等分客厅灯具辅助线

图 9-38　等分阳台灯具辅助线

步骤 07　单击“绘图”工具栏中的“直线”按钮，捕捉“大卫生间”上面内墙线的中点为直线起点，正交向下绘制长为 35 的竖直中线作为灯具辅助直线，然后单击“绘图”工具栏中的“点”，选择“定数等分”，选择等分对象为“大卫生间”中线，等分数为 3，效果如图 9-39 所示。

步骤 08　单击“绘图”工具栏中的“直线”按钮，捕捉“厨房”上面内墙线的端点为直线起点，捕捉“厨房”下面内墙线的端点为直线终点，正交向下绘制长为 35 的直线作为灯具辅助直线，然后单击“绘图”工具栏中的“点”，选择“定数等分”，选择等分对象为“厨房”定位辅助线，等分数为 3，效果如图 9-40 所示。

步骤 09　单击“绘图”工具栏中的“直线”按钮，分别捕捉“客厅”门洞外墙线的两个端点为直线起点，绘制两条长为 5 的水平直线，效果如图 9-41 所示。

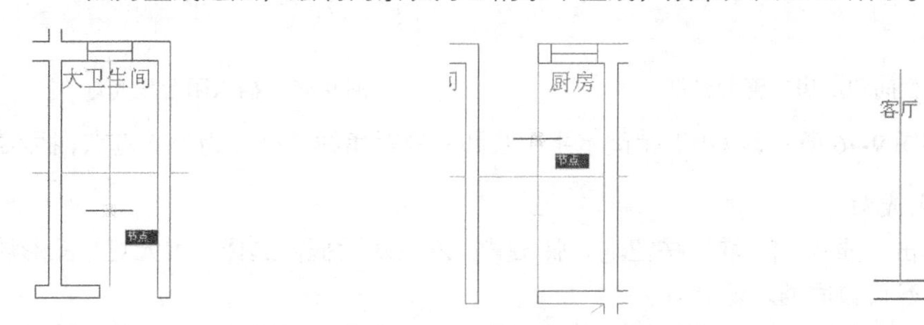

图 9-39　等分大卫生间灯具辅助线　　图 9-40　等分厨房灯具辅助线　　图 9-41　门厅灯具辅助线

（5）插入荧光灯

步骤 01　单击 灯具 右侧下拉箭头，设置当前层为“灯具”。

步骤 02　单击“插入”|“块”按钮，弹出“插入”对话框，选择“二管荧光灯”图形块，

其他参数设置同插入泛光灯。

步骤03 如图 9-42 所示，以灯具定位直线的等分点为插入基点，在客厅中插入荧光灯。

步骤04 “插入”|“块”按钮，弹出“插入”对话框，设置同步骤（2）。

步骤05 如图 9-43 所示，以灯具定位直线的中点为插入基点，在饭厅中插入荧光灯。

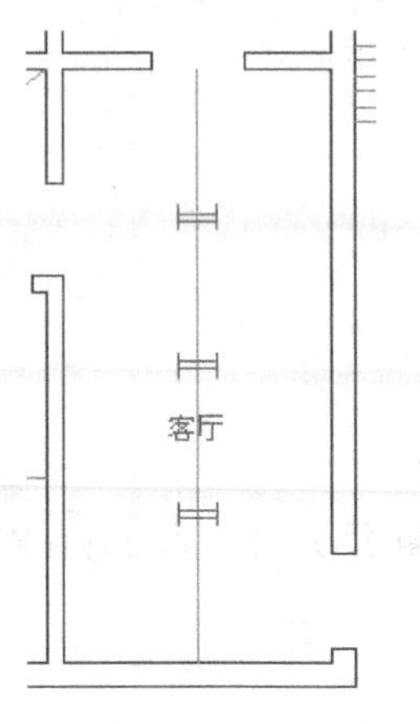

图 9-42 插入客厅二管荧光灯

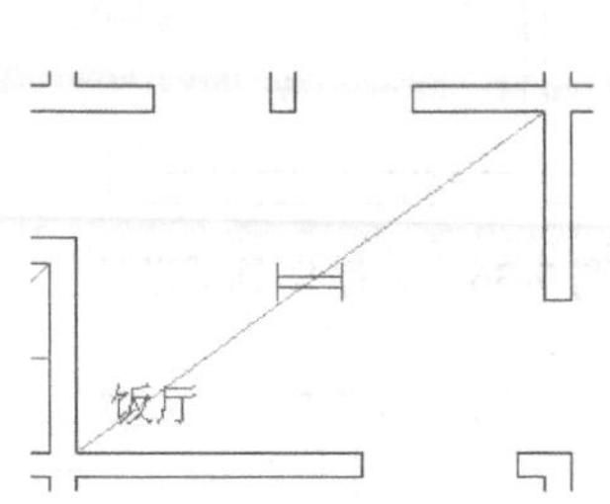

图 9-43 插入饭厅二管荧光灯

步骤06 同步骤（2）和步骤（3），在厨房和大卫生间的灯具辅助线等分点插入二管荧光灯，效果如图 9-44 所示。

（6）插入投光灯

步骤01 单击“插入”|“块”按钮，弹出“插入”对话框，选择“投光灯”图形块，其他参数设置同插入泛光灯。

步骤02 如图 9-45 所示，以灯具定位直线的等分点为插入基点，在阳台中插入投光灯。

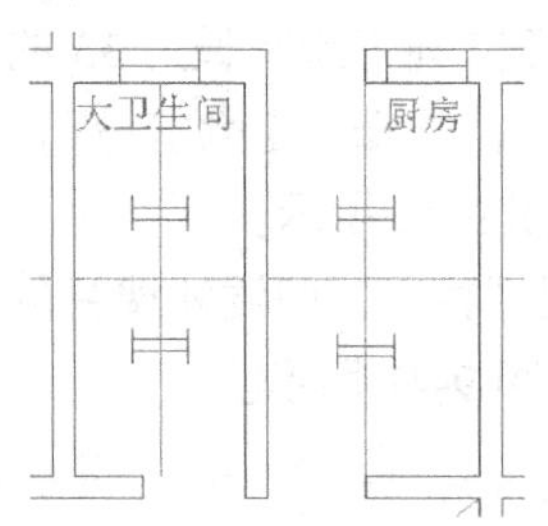

图 9-44 插入大卫生间和厨房二管荧光灯

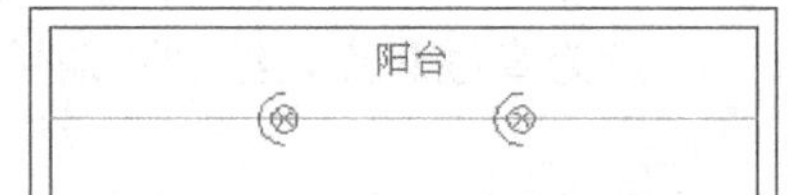

图 9-45 插入阳台投光灯

步骤03 如图 9-46 所示，以小卫生间水平中线和两斜对角线的交点为插入基点，插入投光灯。

（7）插入聚光灯

步骤01 单击“插入”|“块”按钮，弹出“插入”对话框，选择“聚光灯”图形块，其他参数设置同插入泛光灯。

步骤02 如图 9-47 所示，分别以灯具定位直线的右端点为插入基点，在门厅中插入两个聚光灯。

步骤03 单击“修改”工具栏中的“删除”按钮，删除灯具定位辅助线，灯具效果如图 9-48 所示。

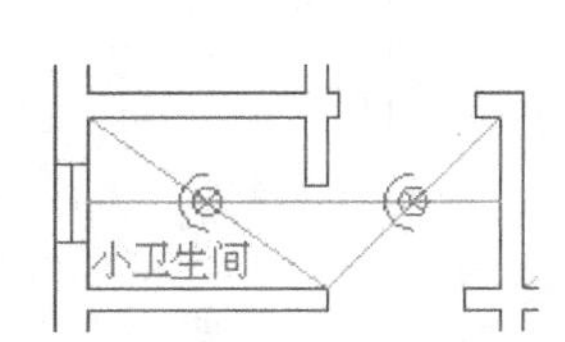

图 9-46　插入小卫生间投光灯

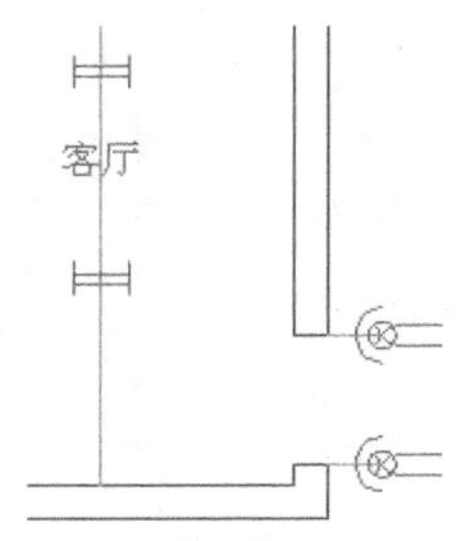

图 9-47　插入门厅聚光灯

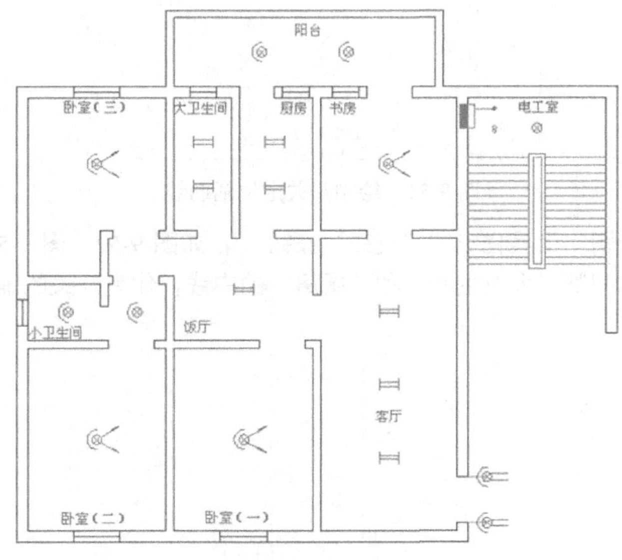

图 9-48　插入灯具后整体效果

（8）绘制开关定位辅助线

由于开关一般是放置在房间的门洞附近，所以绘制的定位辅助线的步骤基本上是先绘制和门洞的一段墙线重合的直线然后再移动。下面将介绍开关定位辅助线的详细绘制过程。

步骤 01　单击 定位辅助线 右侧下拉箭头，设置当前层为“定位辅助线”。

步骤 02　单击“绘图”工具栏中的“直线”按钮，如图 9-49 所示，捕捉“卧室（一）”门洞墙线的端点并连接。

步骤 03　单击“修改”工具栏中的“移动”按钮，将步骤（2）连接的直线向左水平移动，移动距离为 2，效果如图 9-50 所示。

图 9-49　连接门洞端点　　　图 9-50　移动直线

步骤 04　在其他房间的门洞绘制开关定位辅助线，具体操作同步骤（2）和步骤（3），最终效果如图 9-51 所示。

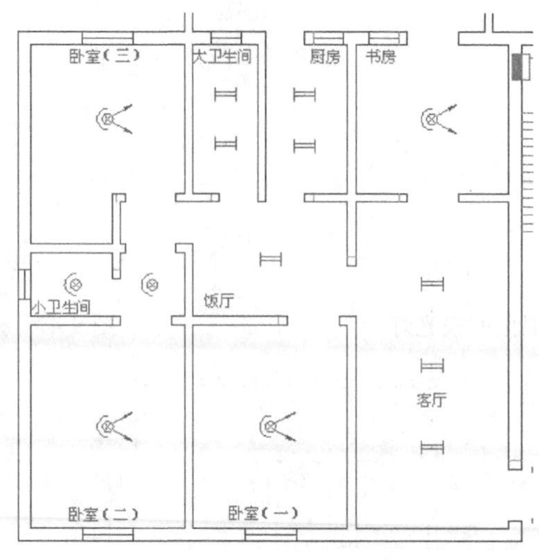

图 9-51　绘制开关定位辅助线

步骤 05　单击“绘图”工具栏中的“直线”按钮，如图 9-52、图 9-53 和图 9-54 所示，作“小卫生间”、“大卫生间”和“厨房”的中线，作为开关的辅助线。

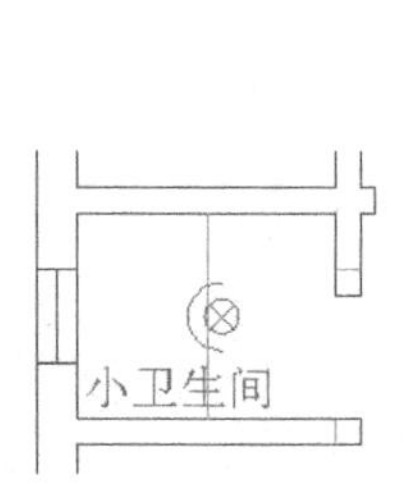

图 9-52　小卫生间开关辅助线图

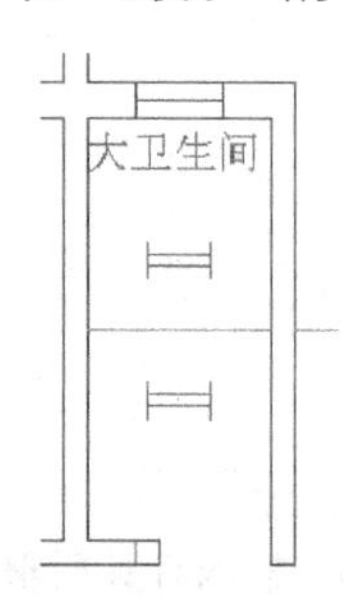

图 9-53　大卫生间开关辅助线

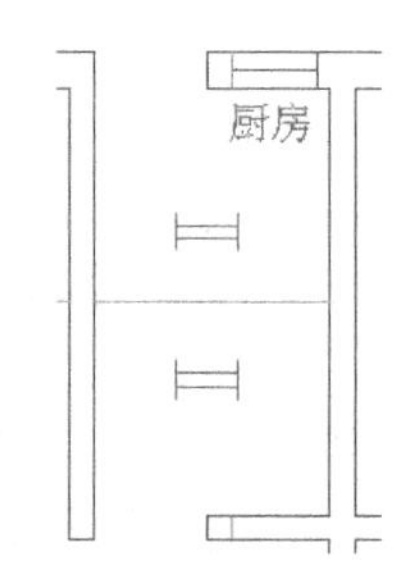

图 9-54　厨房开关辅助线

（9）插入开关

步骤 01　单击 开关 右侧下拉箭头，设置当前层为“开关”。

步骤 02　单击“插入”|“块”按钮，打开“插入”对话框，参数设置如插入灯具一样，就不详细叙述。

步骤 03　把开关定位辅助线和内墙线的交点作为插入基点，如图 9-55 所示，插入普通开关（由于不要求精确方向，拖动鼠标将开关旋转适当角度即可）。

步骤 04　如图 9-56 所示，在门厅位置将定位辅助线和普通开关正交向上复制两份，相隔距离为 2。

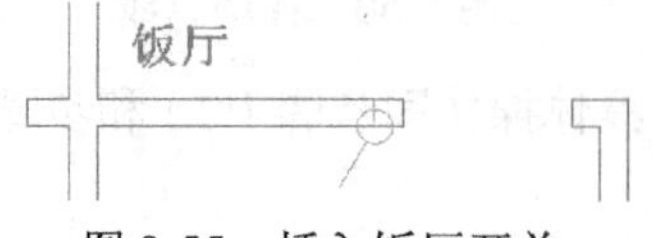

图 9-55　插入饭厅开关

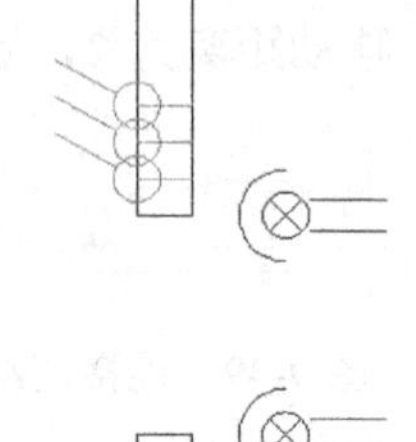
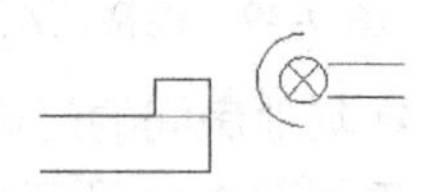

图 9-56　插入门厅开关

步骤 05　在其他位置依次插入各种开关，然后删除开关定位辅助线，整体效果如图 9-63 所示。

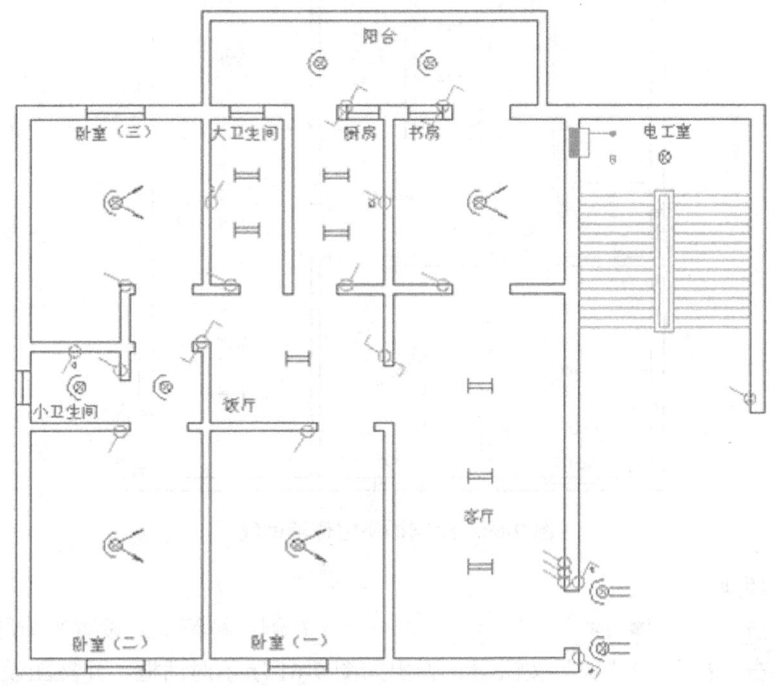

图 9-57　插入开关后整体效果

（10）绘制插座定位辅助线

由于房间的插座比较多而且具有一定的对称性，所以利用正交绘制直线方式能快速绘制不同房间的定位辅助线。插座定位辅助线的详细绘制过程如下。

步骤 01　单击 定位辅助线 右侧下拉箭头，设置当前层为“定位辅助线”。

步骤 02　单击“绘图”工具栏中的“直线”按钮，如图 9-58 所示，连接墙线两个端点。

步骤 03　单击“修改”工具栏中的“移动”按钮，将步骤（2）连接的直线正交向下移动，移动距离为 6，效果如图 9-59 所示。

图 9-58 连接墙线端点　　图 9-59 下移墙线端点连线

步骤 04　同步骤（2）和步骤（3），在各个房间的其他位置绘制插座定位辅助线，效果如图 9-60 所示。

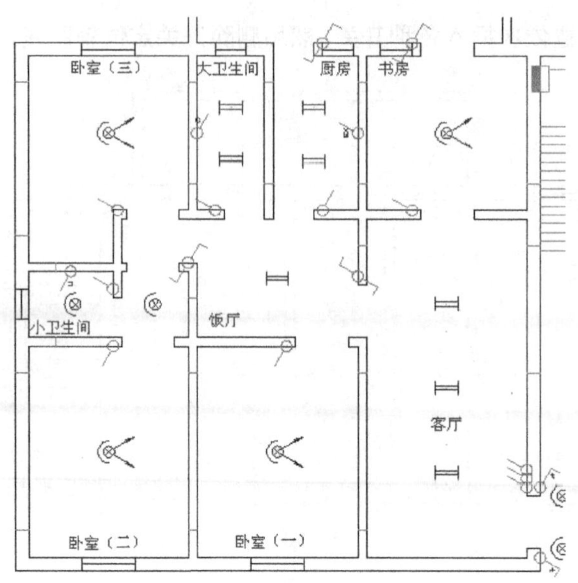

图 9-60　绘制插座定位辅助线

（11）插入插座

步骤01　单击 插座 右侧下拉箭头，设置当前层为“插座”。

步骤02　单击“插入”|“块”按钮，弹出如图 9-61 所示对话框，并按图设置参数。

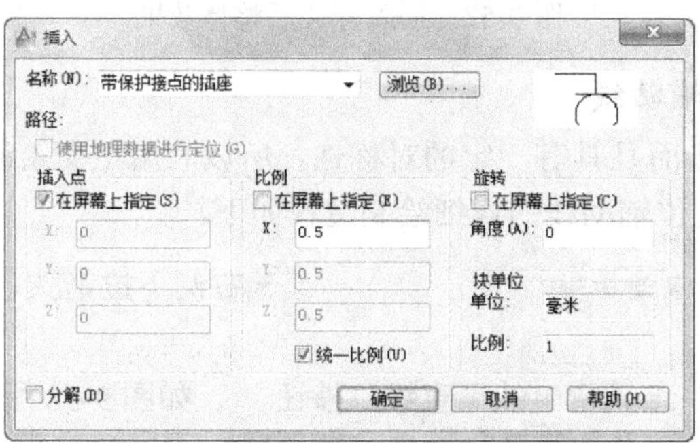

图 9-61　设置插入插座图形块参数

步骤03　如图 9-62 所示，以插座定位直线的右端点为插入基点，在卧室（一）中插入带保护接点的插座。

步骤04　单击“修改”工具栏中的“旋转”按钮，将插座块旋转“-90°”，效果如图 9-75 所示。

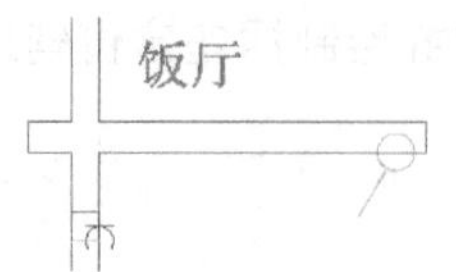

图 9-62　插入带保护接点的插座

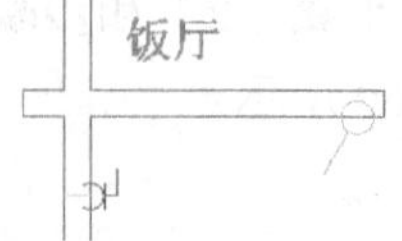

图 9-63　旋转插座

步骤05　同步骤（2）~步骤（4），如图 9-64 所示，在“小卫生间”插入三相暗装插座和三相防爆插座。

步骤 06　同步骤（2）~步骤（4），如图 9-65 所示，在“大卫生间”和“厨房”插入三相暗装插座和三相防爆插座。

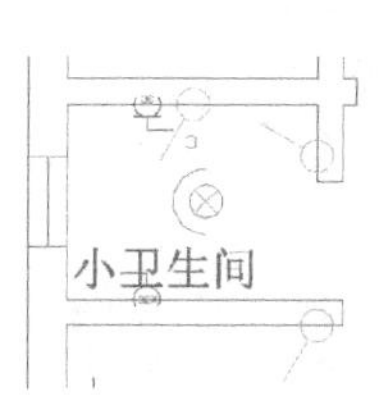

图 9-64　插入小卫生间插座

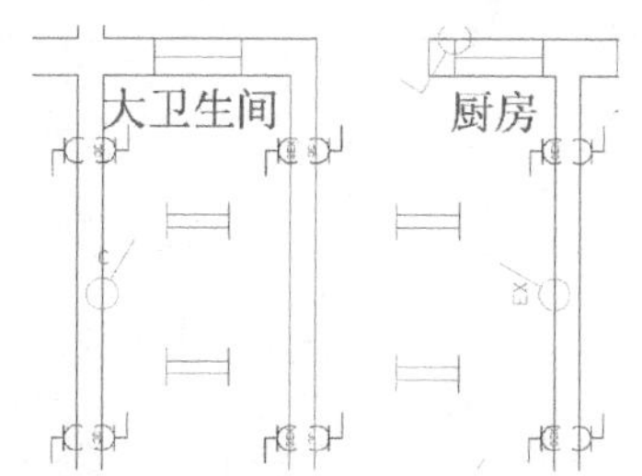

图 9-65　插入大卫生间和厨房插座

步骤 07　在其他位置依次插入各种插座，然后删除插座定位辅助线，整体效果如图 9-66 所示。

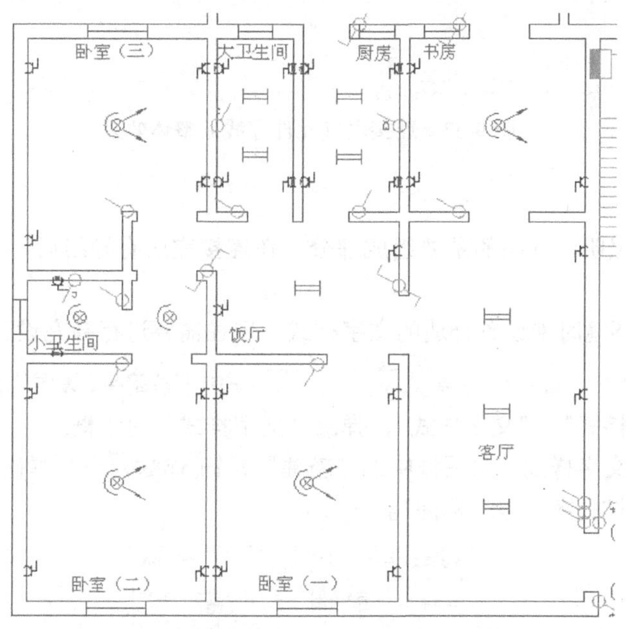

图 9-66　插入其他房间插座后整体效果

4. 在照明电气元件之间连线

前面已经插入完所有的电气元件，下面开始在各种电气元件之间连接导线，为减少失误造成工作重复，应该按照逐个房间的顺序逐条绘制。

步骤 01　单击 灯具连线 右侧下拉箭头，设置当前层为“灯具连线”。

步骤 02　单击“绘图”工具栏中的“直线”按钮，如图 9-67 所示连接灯具、开关和插座。

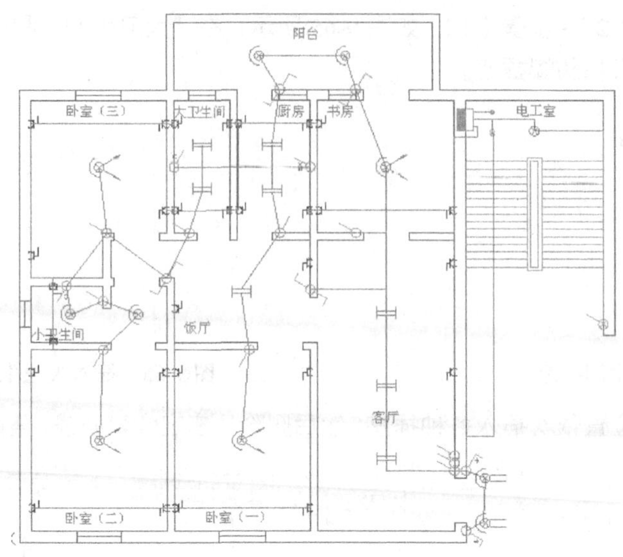

图 9-67　连接电气元件导线后整体效果

5. 标注元件代号

电气元件代号是照明电气图的重要组成部分，在连接完所有导线后，下面将标注各种电气元件代号。

由于在设置绘图环境时未设置合适的文字样式，现在需要进行补充设置。

步骤 01　单击［电气元件代号］中下拉箭头，设置当前层为“电气元件代号”。

步骤 02　选择“格式”|“文字样式”，弹出“文字样式”对话框。

步骤 03　单击“文字样式”对话框中的“新建”按钮［新建(N)...］，弹出如图 9-68 所示对话框，并输入样式名“电气标注”。

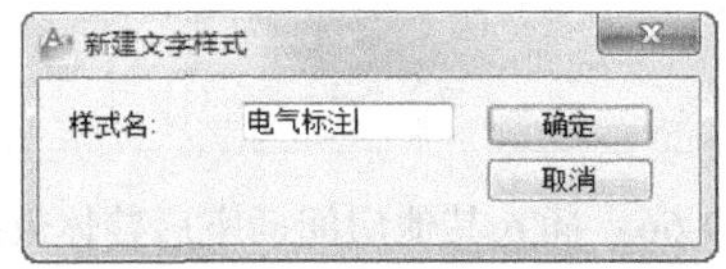

图 9-68　“新建文字样式”对话框

步骤 04　“电气标注”文字样式中字体设为“仿宋”，高度选择默认高度值 0，宽度因子选择默认宽度比 1，然后单击“文字样式”对话框中的“应用”按钮［应用(A)］完成文字样式设置。

步骤 05　在“样式”工具栏中设置文字样式为“电气标注”。

步骤 06　单击工具栏中的“多行文字”按钮 A，在图中指定第一角点和第二角点（可在图中空白位置单击，等输入完后再调整），弹出如图 9-69 所示“文字格式”工具栏，按图设置文字格式，其中字高设为 2.5。

图 9-69　设置文字格式

步骤 07　给图中各个电气元件标注代号，并移动调整，最终效果如图 9-70 所示。

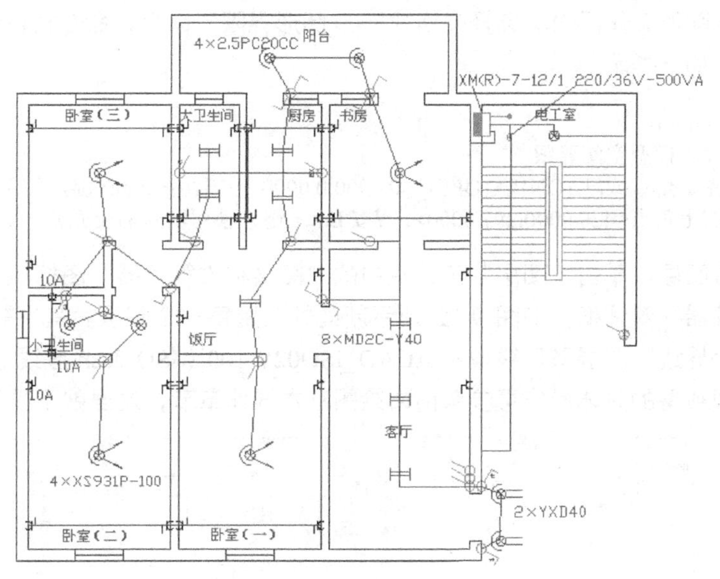

图 9-70　标注电气元件代号

9.3.2　绘制电话系统工程图

共用电视天线、电话、有线广播以及综合布线系统是现代建筑中应用比较多的弱电系统，本小节以电话系统工程图的详细绘制过程为例，介绍建筑电气绘图中的弱电系统图的绘制。

住宅楼电话系统一般由以下几个部分组成：引入（进户）电缆管路；交接设备或总配线设备；上升电缆管路；楼层电缆管路；配线设备，如电缆接头箱、过路箱、分线盒、用户出线盒等。

如图 9-71 所示，是某住宅楼电话系统工程图，本小节逐步详细介绍其绘制过程，希望读者能举一反三，完成类似工程图的绘制。

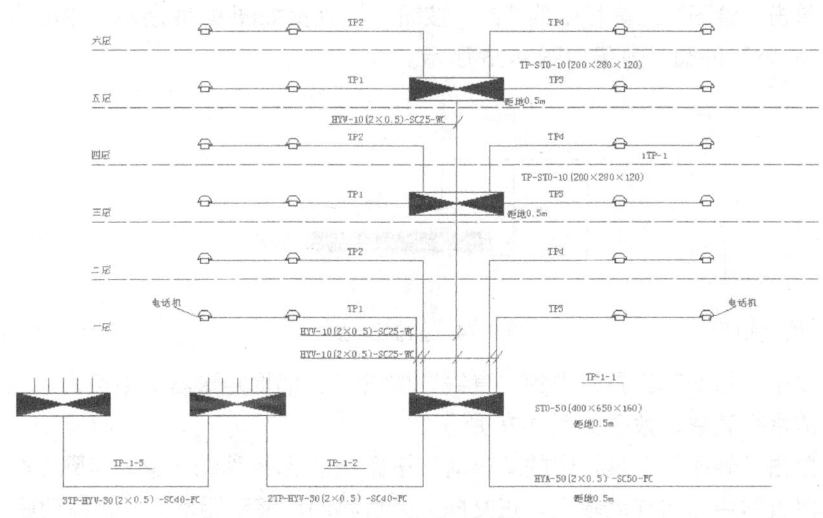

图 9-71　住宅楼电话工程系统图

1. 绘图准备

步骤01 设置图形工作界限。选择“格式”|“图形界限”命令，命令执行后，在命令行窗口出现如下提示：

```
命令：limits
重新设置模型空间界限
指定左下角点或[开(ON)/关(OFF)] <0.0000,0.0000> ： //按 Enter 键，使用默认左下角点
指定右上角点<420.0000,297.0000>：//按 Enter 键，使用默认右上角点
```

步骤02 设置图层。单击“图层”工具栏中的“图层特性管理器”图标，打开“图层特性管理器”对话框，如图 9-72 所示新建并设置每一个图层。其中需要注意的是，“楼层分界线”图层采用线型是 ACAD_ISO02W100（ISO dash 虚线）。有关设置线型、加载线型的具体操作可参考前面绘图基本操作章节，这里就不重复叙述。

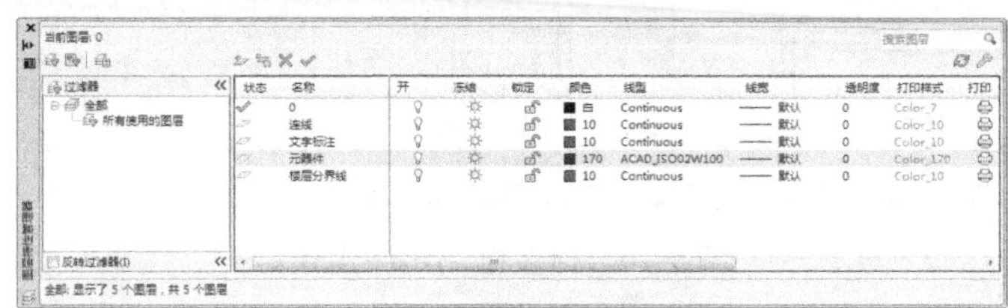

图 9-72 住宅楼电话工程系统图

步骤03 捕捉设置。与 9.3.1 节照明电气线路图的捕捉设置一致，不再赘述。

2. 电话机图形块的绘制

在本例中电话机是图中用到最多的图形，下面将先把电话机制成块，然后再插入到图形中，这样能提高绘图效率，同时也便于修改，具体绘制过程如下：

步骤01 单击“元器件”右侧下拉箭头，设置当前层为“元气件”。

步骤02 单击“绘图”工具栏中的“矩形”按钮，绘制 6×4 的矩形，效果如图 9-73 所示。

步骤03 单击“绘图”工具栏中的“圆”按钮，捕捉如图 9-74 所示的中心为圆心绘制半径为“5”的圆，效果如图 9-75 所示。

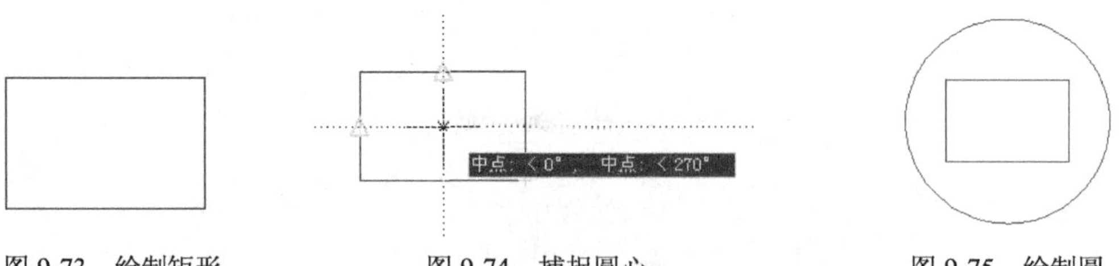

图 9-73 绘制矩形　　图 9-74 捕捉圆心　　图 9-75 绘制圆

步骤04 单击“绘图”工具栏中的“直线”按钮，捕捉矩形右边中点为起点，终点在圆上的水平直线，效果如图 9-76 所示。

步骤05 单击“修改”工具栏中的“移动”按钮，选择移动对象为步骤（4）绘制的直线，以直线中点为移动基点，正交向上竖直移动，移动距离为 1，移动后效果如图 9-77 所示。

步骤 06　单击“修改”工具栏中的“修剪”按钮，修剪在圆外面的线头，修剪后效果如图 9-78 所示。

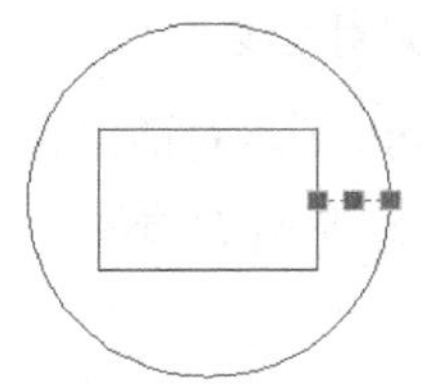

图 9-76　绘制直线

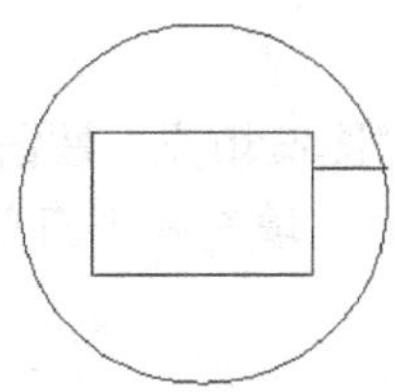
图 9-77　移动直线

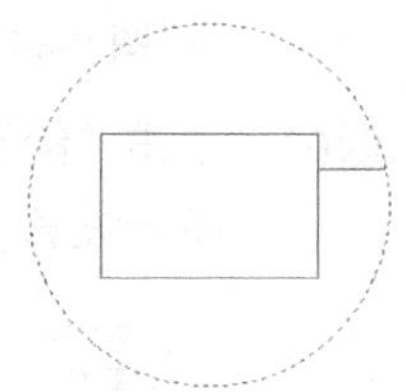
图 9-78　修剪直线

步骤 07　单击“修改”工具栏中的“镜像”按钮，选择步骤（6）修剪好的直线为镜像对象，以图 9-79 所示竖直线为对称轴，以不删除源对象的方式镜像直线，效果如图 9-80 所示。

步骤 08　单击“修改”工具栏中的“修剪”按钮，修剪掉步骤（5）~步骤（7）绘制好的直线的下部分圆弧，修剪后效果如图 9-81 所示，完成电话机的绘制。

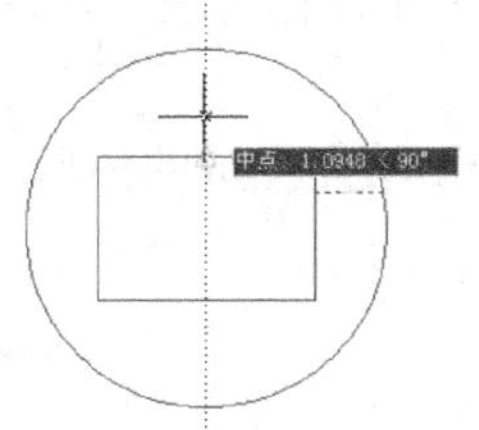
图 9-79　镜像对称轴

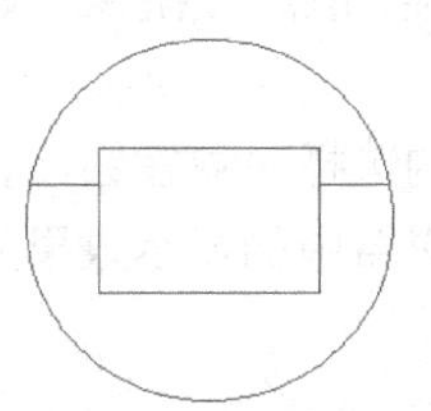
图 9-80　直线镜像效果

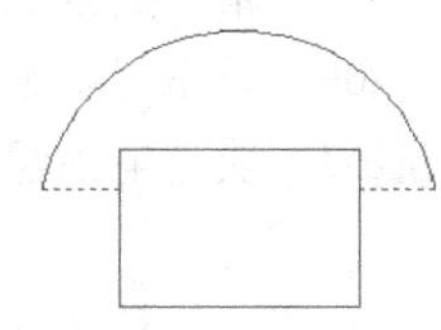
图 9-81　修剪圆弧

步骤 09　选择“绘图”|“块”|“创建”命令，弹出“块定义”对话框，输入块名称为“电话机”。

步骤 10　单击“块定义”对话框中的拾取点按钮，如图 9-82 所示的中点作为块“电话机”的基点。

步骤 11　单击“块定义”对话框中的选择对象按钮，选择步骤（8）中修剪好的图形。

步骤 12　块“电话机”在块编辑器中的显示效果如图 9-83 所示。

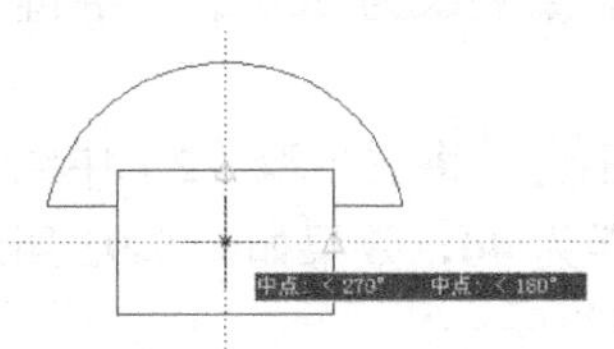
图 9-82　拾取电话机块基点

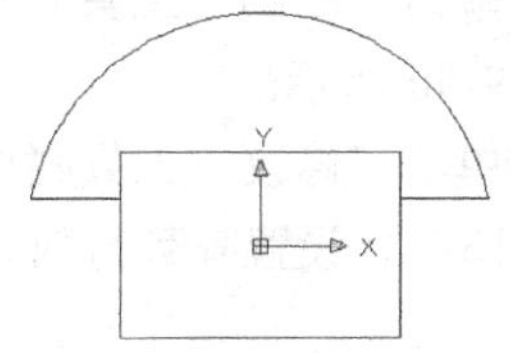

图 9-83　电话机块效果

3. 电话组线箱块的绘制

步骤 01　单击“绘图”工具栏中的“矩形”按钮，绘制 65×16 的矩形，效果如图 9-84 所示。

步骤 02　单击“绘图”工具栏中的“直线”按钮，捕捉矩形端点绘制矩形的两条对角线，效果如图 9-85 所示。

图 9-84　绘制矩形

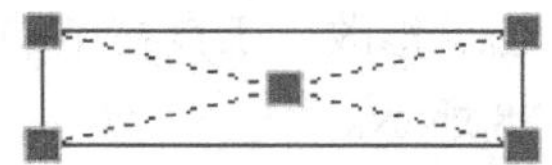

图 9-85　绘制矩形对角线

步骤 03　单击“绘图”工具栏中的“图案填充”按钮，弹出如图 9-86 所示对话框，按图中所示设置参数，使用本层颜色填充两个三角形，填充效果如图 9-87 所示。

图 9-86　填充设置

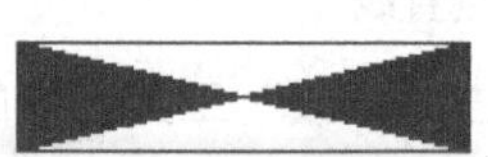

图 9-87　填充效果

步骤 04　选择“绘图”|“块”|“创建”命令，弹出“块定义”对话框，输入块名称为“电话组线箱”。

步骤 05　单击“块定义”对话框中的拾取点按钮，如图 9-88 所示的中点作为块“电话组线箱”的基点。

步骤 06　单击“块定义”对话框中的选择对象按钮，选择步骤（3）填充完成的图形。

步骤 07　块“电话组线箱”在块编辑器中的显示效果如图 9-89 所示。

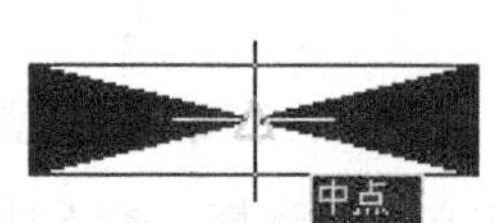

图 9-88　拾取电话组线箱块基点

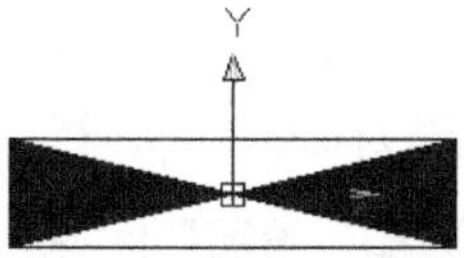

图 9-89　电话组线箱块效果

4. 楼层分界线的绘制

步骤 01　单击 楼层分界线 右侧下拉箭头，设置当前层为“楼层分界线”。

步骤 02　单击“绘图”工具栏中的“直线”按钮，绘制长为 500 的水平直线，效果如图 9-90 所示。

步骤 03　单击“修改”工具栏中的“矩形阵列”按钮，将在步骤（2）中绘制的直线进行阵列，设置阵列行数为 5，列数为 1，行间距为 40，效果如图 9-91 所示。

图 9-90　绘制直线

图 9-91　阵列效果

5. 插入电话组线箱

步骤 01　单击 元器件 右侧下拉箭头，设置当前层为“元气件”。

步骤 02　单击“插入”|“块”按钮，弹出“插入”对话框，选择“电话组线箱”图形块，参数设置如图 9-92 所示。

步骤 03　捕捉如图 9-93 所示的第一根楼层分界线的中点，并以其为插入基点，插入块“电话组线箱”。

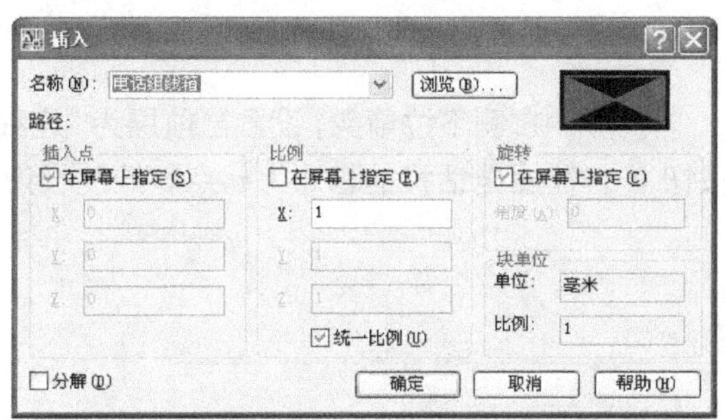

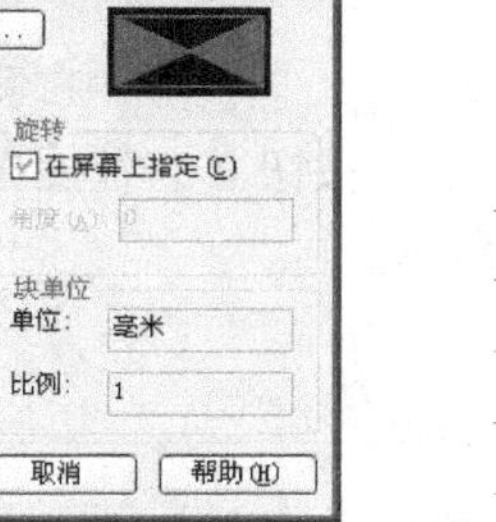

图 9-92　插入电话组线箱块对话框设置

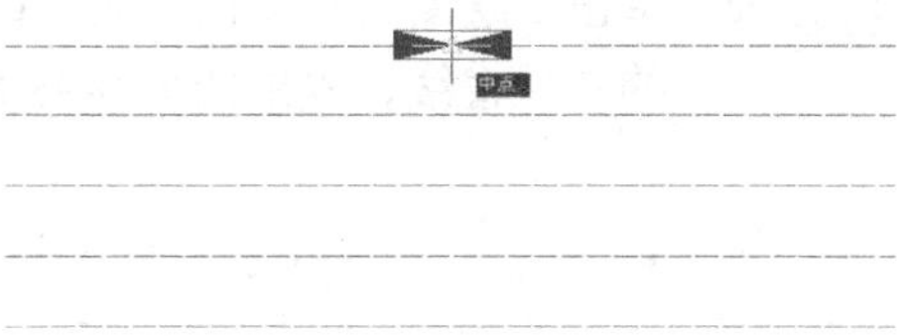

图 9-93　插入电话组线箱

步骤 04　单击“修改”工具栏中的“移动”按钮，如图 9-94 所示以电话组线箱的基点为移动基点，将电话组线箱正交地向上移动，移动距离为 13，移动后效果如图 9-95 所示。

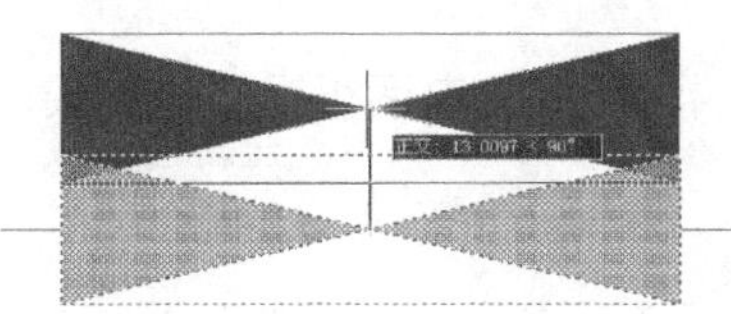

图 9-94　移动电话组线箱

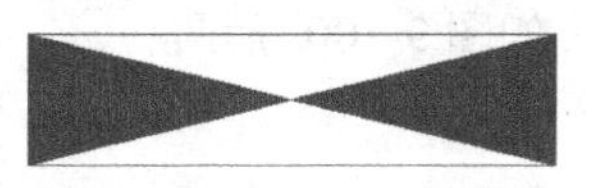

图 9-95　移动电话组线箱效果

6. 连线的绘制

步骤 01　单击 连线 右侧下拉箭头，设置当前层为“连线”。

步骤 02　单击“绘图”工具栏中的“直线”按钮，捕捉电话组线箱右边中点为起点，绘制长为 80 的水平直线，效果如图 9-96 所示。

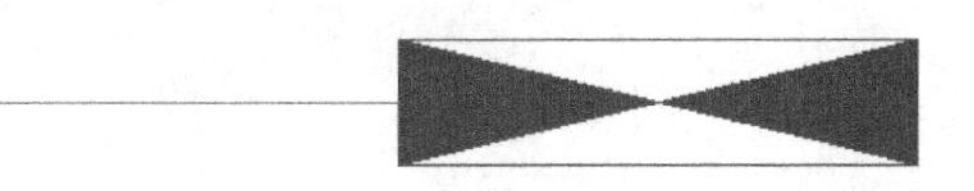

图 9-96　绘制直线

7. 插入电话机

步骤 01　单击 元器件 右侧下拉箭头，设置当前层为“元气件”。

步骤 02　单击“插入”|“块”按钮，弹出“插入”对话框，选择“电话机”块，参数设置同插入“电话组线箱”。

步骤 03　如图 9-97 所示以直线的左端点为插入基点插入“电话机”块。

图 9-97　插入电话机

8. 绘制其他部分

步骤01 单击 连线 右侧下拉箭头，设置当前层为“连线”。

步骤02 单击“绘图”工具栏中的“直线”按钮，捕捉电话机的基点为起点，绘制长为 60 的水平直线，效果如图 9-98 所示。

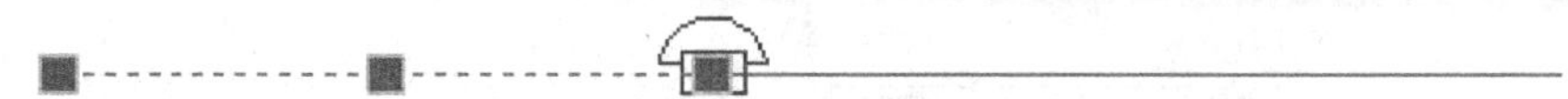

图 9-98　绘制直线

步骤03 单击 元器件 右侧下拉箭头，设置当前层为“元气件”。

步骤04 单击“插入”|“块”按钮，弹出“插入”对话框，选择“电话机”块，参数设置同插入“电话组线箱”，如图 9-99 所示以步骤（2）绘制的直线左端点为插入基点插入“电话机”块。

步骤05 单击“修改”工具栏中的“修剪”按钮，修剪在电话机里面的线头，修剪后效果如图 9-100 所示。

图 9-99　插入电话机　　图 9-100　修剪电话机内线头

步骤06 单击“修改”工具栏中的“镜像”按钮，选择如图 9-101 所示的图形为镜像对象，以如图 9-102 所示的过电话组线箱基点的正交向上的竖直直线为镜像轴，将两个电话机和两段直线镜像一份，镜像后效果如图 9-103 所示。

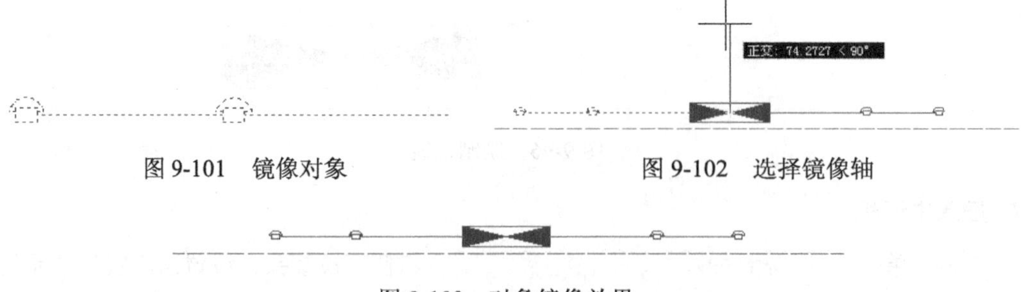

图 9-101　镜像对象　　图 9-102　选择镜像轴

图 9-103　对象镜像效果

步骤07 单击“修改”工具栏中的“阵列”按钮，弹出如图 9-104 所示的对话框，按图设置各参数，将如图 9-105 所示的图形阵列 6 行，行偏移为-40，阵列后效果如图 9-106 所示。

步骤08 单击“修改”工具栏中的“删除”按钮，如图 9-107 所示删除第一、三、五行的电话组线箱。

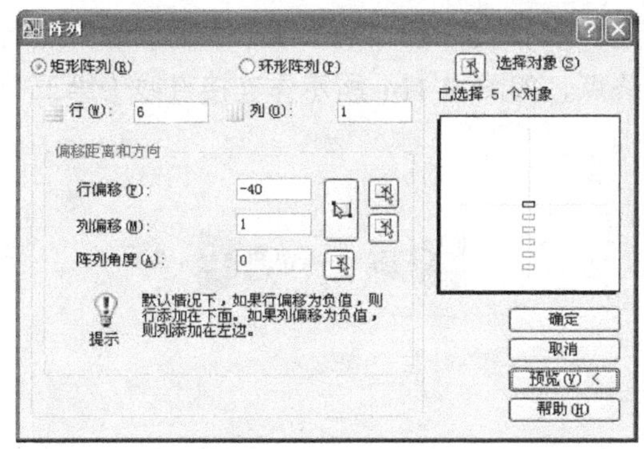

图 9-104　阵列设置

图 9-105　阵列对象

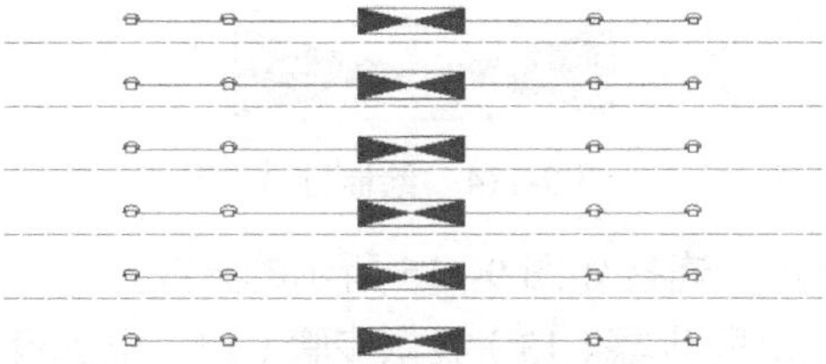

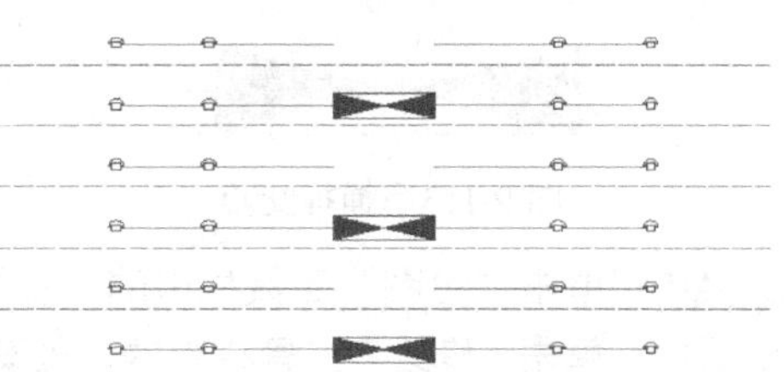

图 9-106　阵列效果

图 9-107　删除第一、三、五行电话组线箱

步骤 09　单击 连线 右侧下拉箭头，设置当前层为“连线”。

步骤 10　单击“绘图”工具栏中的“直线”按钮，连接如图 9-108 所示的直线（第一行的电话机到第一个电话组线箱之间的连线）。

步骤 11　单击“修改”工具栏中的“移动”按钮，以步骤（10）绘制的连线中点为移动基点，将直线正交地向右移动，移动距离为 10，效果如图 9-109 所示。

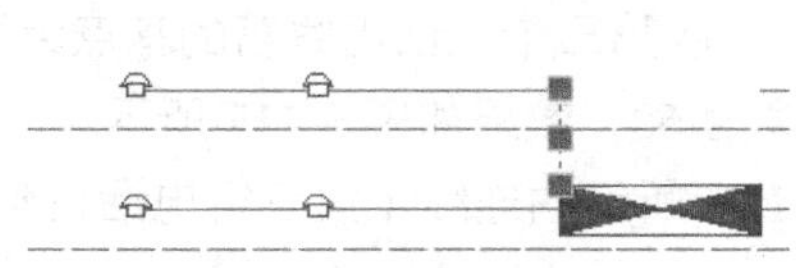

图 9-108　绘制连线

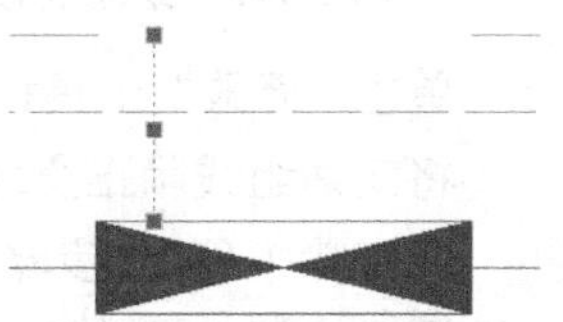

图 9-109　移动连线

步骤 12　单击“绘图”工具栏中的“直线”按钮，连接如图 9-110 所示的直线。

步骤 13　单击“修改”工具栏中的“镜像”按钮，选择如图 9-111 所示步骤（10）~步骤（12）所绘制的两连线为镜像对象，以如图 9-112 所示的过电话组线箱基点的正交向上的竖直直线为镜像轴，将两连线镜像一份，镜像后效果如图 9-112 所示。

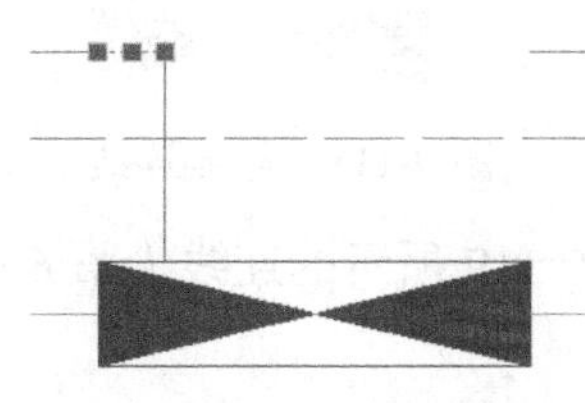

图 9-110　绘制连接直线

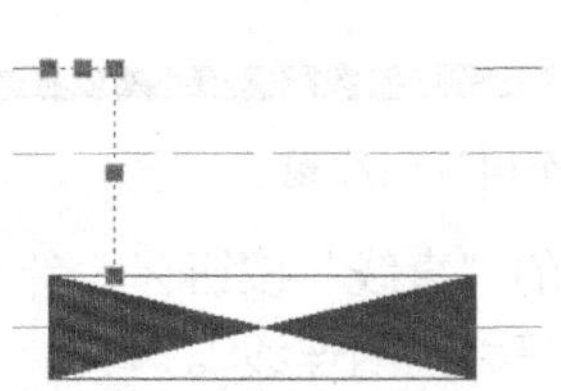

图 9-111　选择镜像对象

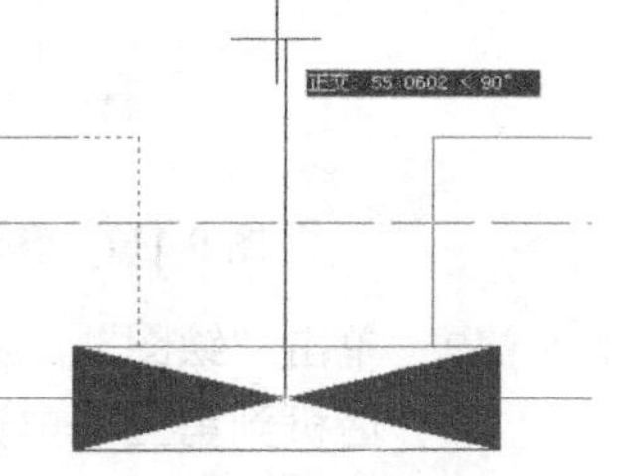

图 9-112　镜像效果

步骤14 单击“绘图”工具栏中的“直线”按钮，捕捉如图 9-113 所示的辅助线交点为起点，在第二个电话组线箱上的垂足为终点，如图 9-114 所示作连接直线（第三行电话机到第二个电话组线箱之间的连线）。

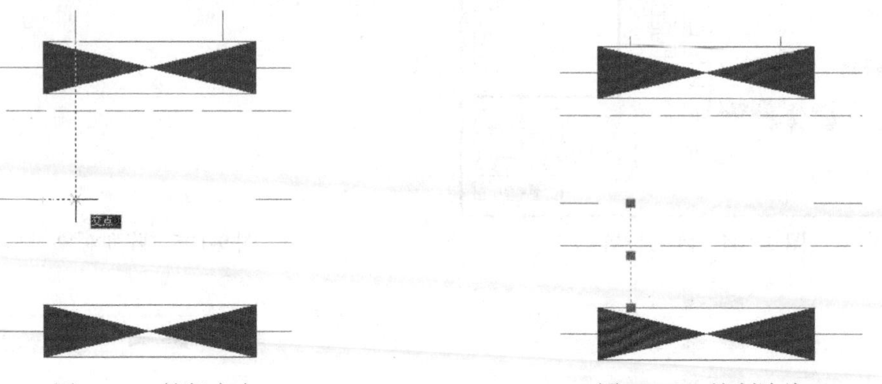

图 9-113　捕捉交点　　图 9-114　绘制连线

步骤15 单击“绘图”工具栏中的“直线”按钮，连接如图 9-115 所示的直线。

步骤16 单击“修改”工具栏中的“镜像”按钮，同步骤（13）镜像步骤（14）和步骤（15）绘制的两连线，效果如图 9-116 所示。

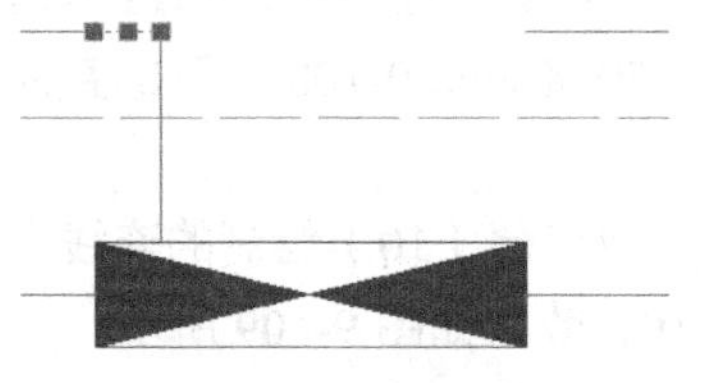

图 9-115　绘制连接直线

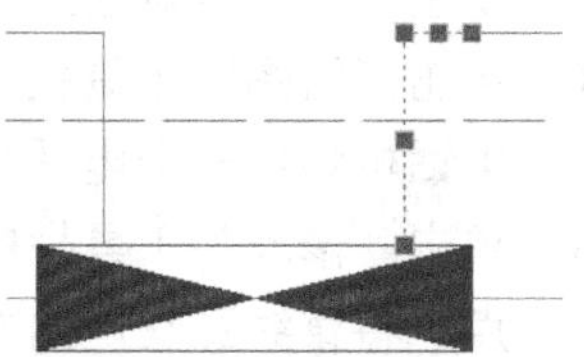

图 9-116　镜像连线

步骤17 单击“修改”工具栏中的“移动”按钮，以第三个电话组线箱的基点为移动基点，将电话组线箱正交地向下移动，移动距离为 60，效果如图 9-117 所示。

步骤18 同步骤（14）~步骤（16），绘制如图 9-118 所示的连线（第五行电话机到第三个电话组线箱之间的连线）。

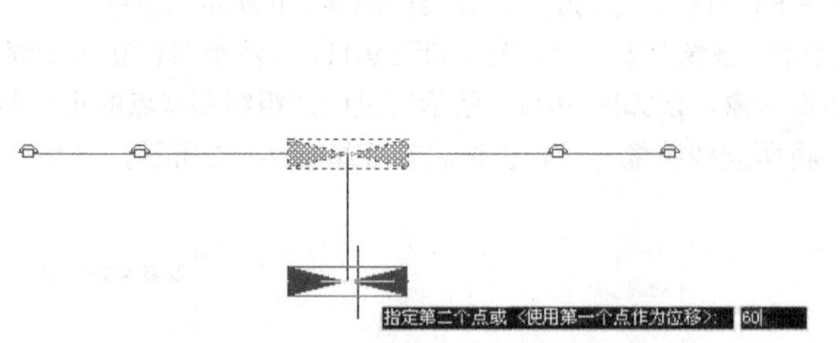

图 9-117　移动第三个电话组线箱

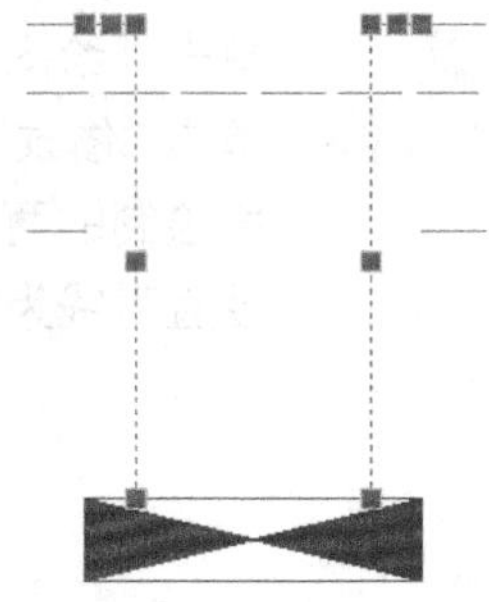

图 9-118　绘制连线效果

步骤19 单击“绘图”工具栏中的“直线”按钮，绘制如图 9-119 所示的连线（第 6 行电话机到第三个电话组线箱之间的连线）。

步骤20 单击“修改”工具栏中的“移动”按钮，以步骤（19）绘制的连线中点为移动基点，将直线正交地向右移动，移动距离为 10，效果如图 9-120 所示。

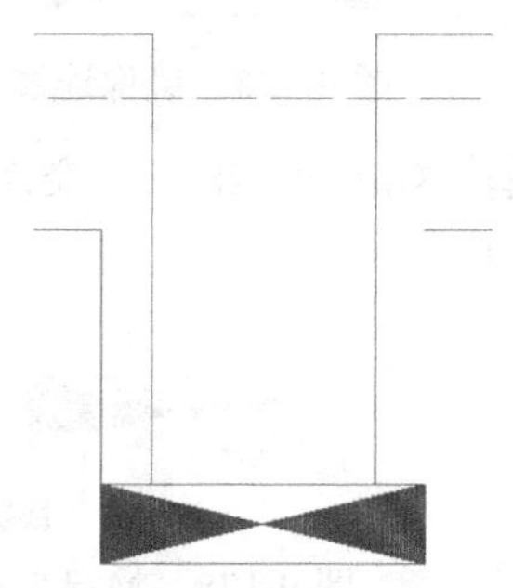

图 9-119　绘制左端连线

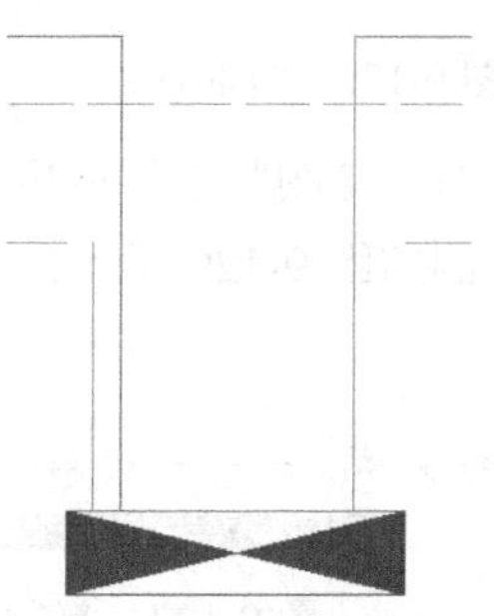

图 9-120　移动连线

步骤 21　如图 9-121 所示，同步骤（15）和步骤（16）先连接直线后镜像连线。

步骤 22　如图 9-122 所示，绘制起点在第一个电话组线箱下边中点，终点在第三个电话组线箱上边中点的竖直直线。

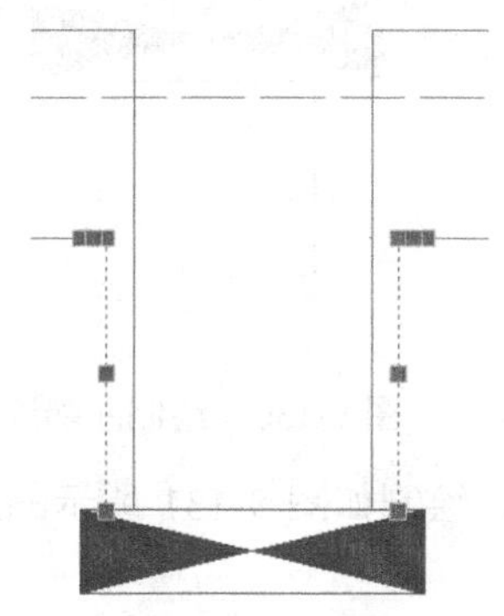

图 9-121　绘制连线再镜像后效果

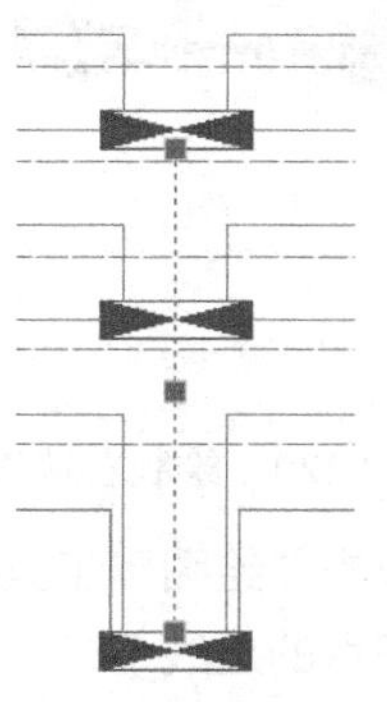

图 9-122　绘制各电话组线箱之间连线

步骤 23　单击“修改”工具栏中的“复制”按钮，如图 9-123 所示以第三个电话组线箱的基点为复制基点，正交水平向左移动复制一个电话组线箱，移动距离为 150。

步骤 24　单击“绘图”工具栏中的“直线”按钮，以复制出来的电话组线箱上边中点为起点，正交地向上绘制长为 10 的直线，效果如图 9-124 所示。

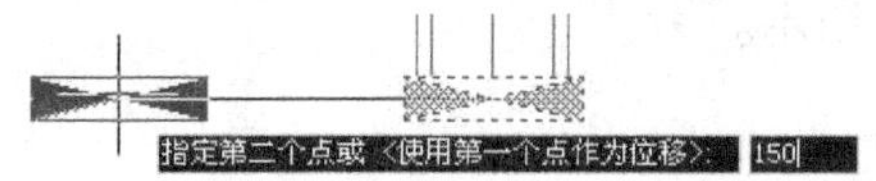

图 9-123　复制电话组线箱

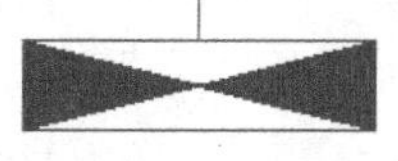

图 9-124　绘制电话组线箱上连线

步骤 25　单击“修改”工具栏中的“复制”按钮，上一步绘制的直线中点为移动复制基点，正交水平向右移动连续复制两条直线，移动距离分别为 10 和 20，效果如图 9-125 所示。

步骤 26　单击“修改”工具栏中的“镜像”按钮，以步骤（25）复制出的两条直线为镜像对象，步骤（24）绘制的直线为轴，镜像直线，镜像效果如图 9-126 所示。

步骤 27　单击“修改”工具栏中的“复制”按钮，如图 9-127 所示，将步骤（23）~步骤（26）的图形移动复制一份，距离为 120。

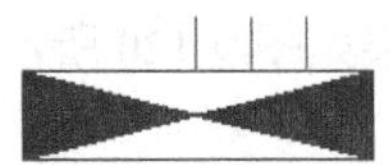

图 9-125　复制连线

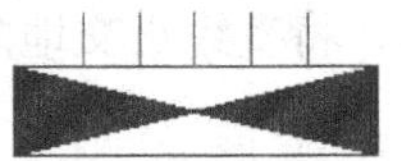

图 9-126　镜像连线

步骤 28　单击“绘图”工具栏中的“直线”按钮，捕捉如图 9-128 所示交点为直线的起点，绘制如图 9-129 所示的竖直直线，直线长为 50。

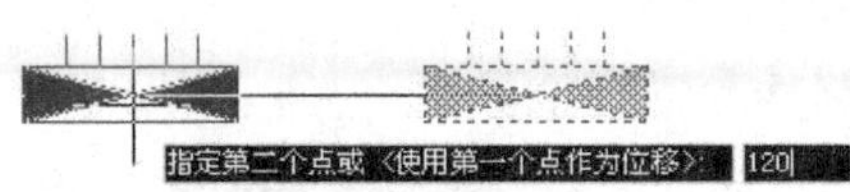

图 9-127　复制对象

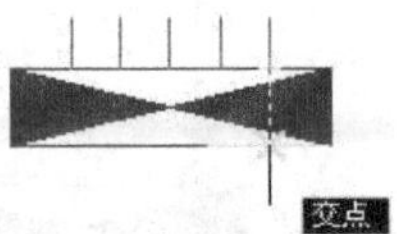

图 9-128　捕捉交点

步骤 29　单击“绘图”工具栏中的“直线”按钮，同步骤（28）在左端绘制同样长度的直线，效果如图 9-130 所示。

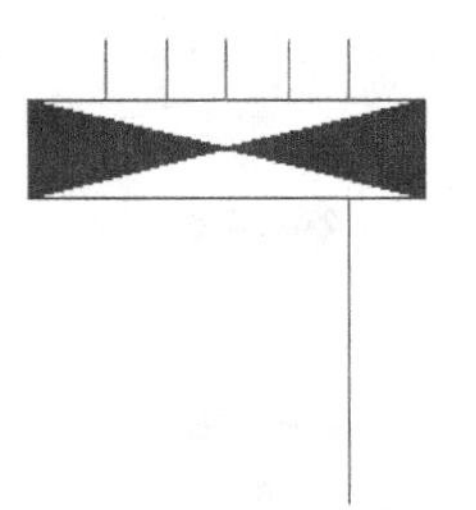

图 9-129　绘制右端连线

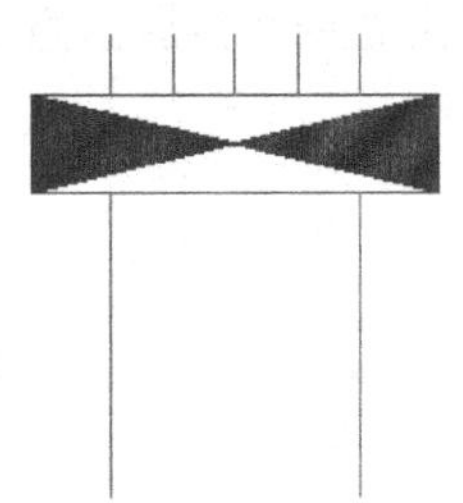

图 9-130　绘制左端连线

步骤 30　单击“绘图”工具栏中的“直线”按钮，绘制如图 9-131 所示的所有直线（有夹持点的虚线）。

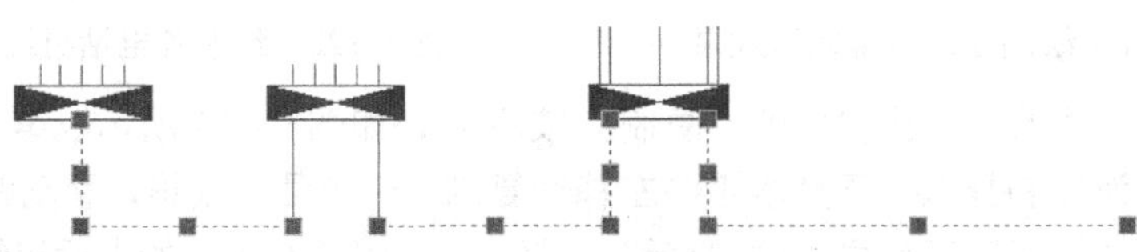

图 9-131　绘制连线

步骤 31　连线完毕后的图形效果如图 9-132 所示。

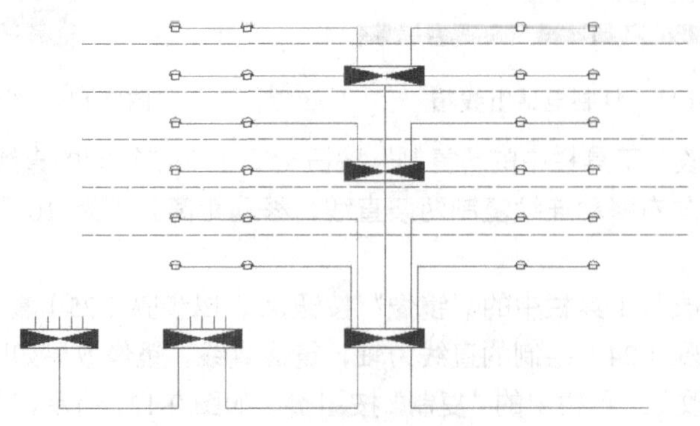

图 9-132　连接完成后的整体效果

9. 文字标注

在电话系统工程图中有大量的文字说明，主要是对使用电缆型号和线路安装的一些说明，在标注文字的时候需要注意美观。

在标注电话工程系统图时应该首先设置合适的文字样式，具体设置步骤如下：

步骤 01　单击 文字标注 右侧下拉箭头，设置当前层为“文字标注”。

步骤 02　选择“格式” | “文字样式”，弹出如图 9-133 所示对话框。

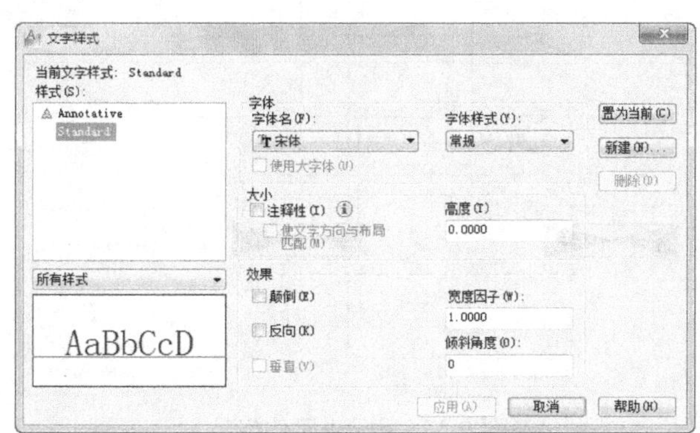

图 9-133　“文字样式”对话框

步骤 03　单击图 9-133 中的“新建”按钮 新建(N)...，弹出如图 9-134 所示对话框，并输入样式名“电气标注”。

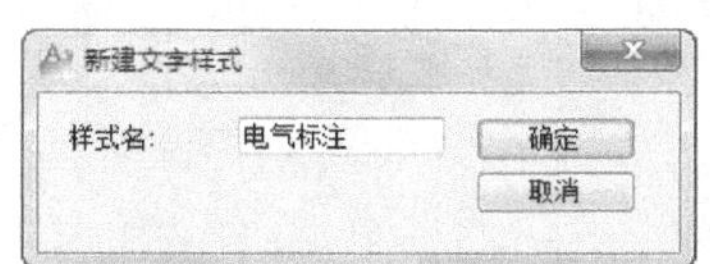

图 9-134　“新建文字样式”对话框

步骤 04　“电气标注”文字样式中字体设为“仿宋”，高度选择默认高度值 0，宽度因子选择默认宽度比 1，然后单击“应用”按钮 应用(A)，完成文字样式设置。

步骤 05　在“样式”工具栏中设置文字样式“电气标注”。

步骤 06　选择“绘图” | “文字”，单击工具栏中的“多行文字”按钮 A，在图中指定第一角点和第二角点（可在图中空白位置单击，等输入完后再调整），将注释比例设为 1:2，弹出如图 9-135 所示“文字格式”工具栏，并按图设置文字格式，其中字高设为 2.5。

图 9-135　设置文字格式

步骤 07　给图中各个电气元件标注代号，并移动调整，最终效果如图 9-136 所示。

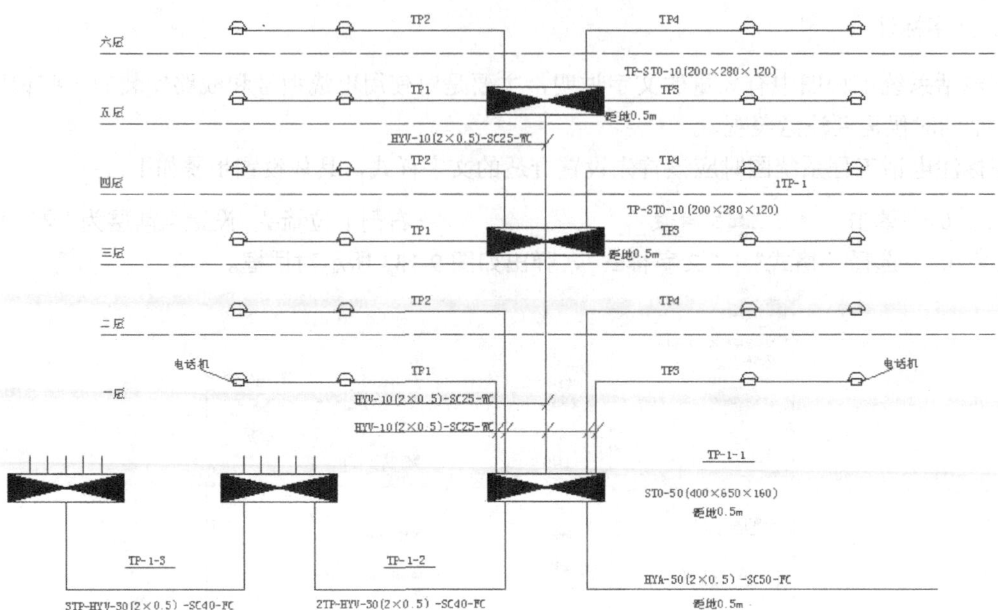

图 9-136　标注元件代号

第 10 章　工厂电气设计

工厂电气比普通民用建筑电气复杂得多，除普通照明电气外，还有耗电量大的工业设备和自动化仪表等智能电气。由于电能消耗大，如果像民用建筑供电一样，经由总变电所输出低压动力电给工厂车间使用，将在输送线路上消耗大量电能，造成电力极大浪费。所以工厂一般直接使用高压电，自己配备配电、变电站，输出低压动力电到车间使用。

本章主要通过对工厂典型电气控制线路实例进行分析和绘制，阐述工厂电气工程图的绘制方法。

10.1　工厂电气设计概述

一般中型工厂电源进线电压是 6~10kV。电能先经高压配电所集中，再由高压配电线路将电能分送到各车间变电所，车间变电所装设有电力变压器，将高压电降为一般低压用电设备所需的电压（如 220/380V），然后由低压配电线路将电能分送给各用电设备使用。对于大型工厂，其电源进线电压一般为 35kV 及以上，一般经过两次降压，即第一次将 35kV 以上的电压降为 6~10kV，第二次经配电变压器降为一般低压用电设备所需的电压。

以上是工厂供电的一般模型，下面简单介绍一下工厂电气设计的过程和其基本内容：

- 工厂电力负荷的计算。根据各车间用电设备的总容量计算全厂的有功计算负荷、无功计算负荷、视在计算负荷和功率因数。
- 工厂变电所的位置和主变压器的台数及容量选择。参考电源进线方向，综合考虑设置总降压变电所的有关因素，结合全厂计算负荷以及扩建和备用的需要，确定变压器的台数和容量。
- 工厂变电所主结线设计。根据变电所配电回路数、负荷要求的可靠性级别和计算负荷数综合主变压器台数，确定变电所高、低接线方式。对它的基本要求是，既要安全可靠，又要灵活经济，安装容易，维修方便。
- 厂区高压配电系统设计。根据厂内负荷情况，从技术可行性和经济合理性确定厂区配电电压。参考负荷布局及总降压变电所位置，比较几种可行的高压配电网布置方案，计算出导线截面及电压损失，由不同放案的可靠性、电压损失、基建投资、年运行费用、有色金属消耗量等综合技术经济条件列表比值，择优选用。按选定配电系统作线路结构与敷设方式设计，用厂区高压线路平面布置图、敷设要求和架空线路杆位明细表以及工程预算书表达设计成果。
- 工厂供、配电系统短路电流计算。工厂用电，通常为国家电网的末端负荷，其容量运行小于电网容量，皆可按无限容量系统供电进行短路计算。由系统不同运行方式下的短路参数，求出不同运行方式下各点的三相及两相短路电流。

- 改善功率因数装置设计。按负荷计算求出总降压变电所的功率因数，通过查表或计算求出达到供电部门要求数值所需补偿的无功率。由手册或厂品样本选用所需移相电容器的规格和数量，并选用合适的电容器柜或放电装置。如工厂有大型同步电动机还可以采用控制电机励磁电流方式提供无功功率，改善功率因数。
- 变电所高、低压侧设备选择。参照短路电流计算数据和各回路计算负荷以及对应的额定值，选择变电所高、低压侧电气设备，如隔离开关、断路器、母线、电缆、绝缘子、避雷器、互感器、开关柜等设备。并根据需要进行热稳定和力稳定检验。用总降压变电所主接线图、设备材料表和投资概算表达设计成果。
- 继电保护及二次结线设计。为了监视、控制和保证安全可靠运行，变压器、高压配电线路移相电容器、高压电动机、母线分段断路器及联络线断路器，皆需要设置相应的控制、信号、检测和继电器保护装置，并对保护装置做出整定计算和检验其灵敏系数。
- 设计包括继电器保护装置、监视及测量仪表、控制和信号装置、操作电源和控制电缆组成的变电所二次结线系统，用二次回路原理接线图或二次回路展开图以及元件材料表达设计成果。35kV及以上系统尚需给出二次回路的保护屏和控制屏屏面布置图。
- 变电所防雷装置设计。参考本地区气象地质材料，设计防雷装置。进行防直击的避雷针保护范围计算，避免产生反击现象的空间距离计算，按避雷器的基本参数选择防雷电冲击波的避雷器的规格型号，并确定其接线部位。进行避雷灭弧电压、频放电电压和最大允许安装距离检验以及冲击接地电阻计算。

10.2 工厂电气制图

工厂电气工程图用来说明工厂电气工程的构成和功能，描述电气装置的工作原理，提供安装技术数据和使用维护依据。

10.2.1 工厂电气工程图的分类及其内容

工厂电气工程的规模有大有小，不同规模的工厂电气工程，其图纸的数量和种类是不同的，常用的工厂电气工程图有以下几类。

（1）目录、设计说明、图例、设备材料明细表

图纸目录内容有序号、图纸名称、编号、张数等。

设计说明(施工说明)主要描述电气工程设计的依据、业主的要求和施工原则、建筑特点、电气安装标准、安装方法、工程等级、工艺要求等有关设计的补充说明。

图例即图形符号，一般只列出本套图纸中涉及到的一些图形符号。

设备材料明细表列出了该项电气工程所需要的设备和材料的名称、型号、规格和数丝，供设计概算和施工预算时参考。

（2）电气系统图

电气系统图是表现电气工程的供电方式、电能输送、分配控制关系和设备运行情况的图纸，从电气系统图可以看出工程的概况。电气系统图有变配电系统图、动力系统图、照明系统图、弱电

系统图等。电气系统图只表示电气回路中各元件的连接关系，不表示元件的具体情况、具体安装位置和具体接线方法。

（3）电气平面图

电气平面图是表示电气设备、装置与线路平面布置的图纸，是进行电气安装的主要依据。电气平面图以建筑总平面图为依据，在图上绘出电气设备、装置及线路的安装位置、敷设方法等。电气平面图采用了较大的缩小比例，不能表现电气设备的具体形状，只能反映电气设备的安装位置、安装方式和导线的走向及敷设方法等。常用的电气平面图有：变配电所平面图、动力平面图、照明平面图、防雷平面图、接地平面图、弱电平面图等。

（4）设备布置图

设备布置图是表现各种电气设备和器件的平面与空间的位置、安装方式及其相互关系的图纸，通常由平面图、立面图、剖面图及各种构件详图等组成。设备布置图是按三视图原理绘制的。

（5）安装接线图

安装接线图又称安装配线图，是用来表示电气设备、电气元件相线路的安装位置、配线方式、接线方法、配线场所特征等。安装接线图是用来指导安装、接线和查线的图纸。

（6）电气原理图

电气原理图也称为电路图，是表现某一电气设备或系统的工作原理的图纸，它是按照各个部分的动作原理采用展开法来绘制的。通过分析原理图可以清楚地看清整个系统的动作顺序。电气原理图不能表明电气设备和器件的实际安装位置或具体的接线. 但可以用来指导电气设备和器件的安装、接线、调试、使用与维修，所以电气原理图是电气工程图中重要的图纸，也是读图的难点。

（7）详图

详图是表现电气工程中设备的某一部分的具体安装要求和做法的图纸。我们国家有专门的安装设备标准图册。

其中电气系统图、安装接线图、电气平面图和电气原理图是最主要的电气工程图，由于篇幅问题，本章将着重讲解绘制工厂电气平面图和工厂电气原理图，在 10.3 节和 10.4 节分别介绍工厂车间的动力平面图和照明平面图的绘制方法，10.5 节介绍工厂高压配电所电气原理图绘制方法。

10.2.2　工厂电气工程图的绘制步骤

由于工厂电气工程图种类繁多，内容差异很大，所以绘制方法和步骤也不尽相同。例如电气平面图我们一般采用如下步骤绘制：

由于电气平面图往往涉及建筑平面图，所以首先绘制建筑平面图，并注意对整个图纸的布局。然后绘制各种电气设备，并对其位置进行布局，由于会用到大量相同的设备，所以最好先把一些元件做成块，以备以后使用。导线的连接，将各个电气设备用导线连接起来。进行文字标注，标注设备、导线型号参数，以及文字提示。

10.3　绘制工厂车间的动力平面图

动力线进入车间后，一般沿墙布置线路，输送给用电设备使用。因此应该在车间建筑平面图中绘制车间动力平面布置图。本例先简单绘制建筑平面图，然后绘制电气图，最后标注电气图。

10.3.1　绘制工厂车间建筑平面图

1. 绘制轴线

步骤 01　单击“绘图”工具栏中的“直线”按钮，绘制长度为 60 的水平直线，然后单击“修改”工具栏中的“偏移”按钮，把该直线向上边偏移复制两份，复制距离分别为 120 和 200，结果如图 10-1 所示。

步骤 02　单击“绘图”工具栏中的“直线”按钮，绘制长度为 40 的垂直直线，然后单击“修改”工具栏中的“偏移”按钮，把该直线向右边偏移复制三份，复制距离分别为 80、300 和 80。效果果如图 10-2 所示。

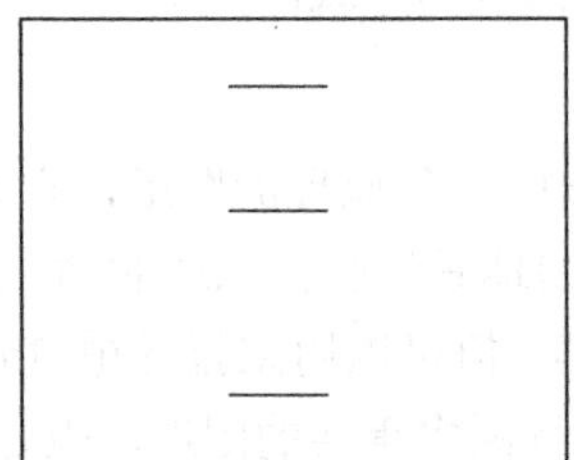

图 10-1　绘制水平轴线

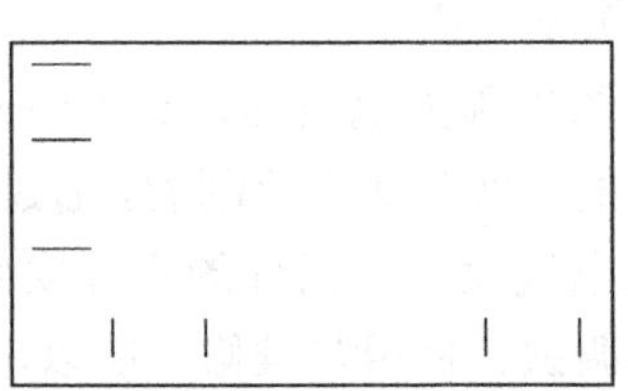

图 10-2　绘制竖直轴线

步骤 03　单击“标注”工具栏中的“标注样式”按钮，使用“修改”功能修改 ISO-25 标注比例，在“主单位”选项卡中把标注“比例因子”修改为 100，如图 10-3 所示。在“符号和箭头”选项卡中选择建筑标记，如图 10-4 所示。

图 10-3　标注样式“主单位”选项卡

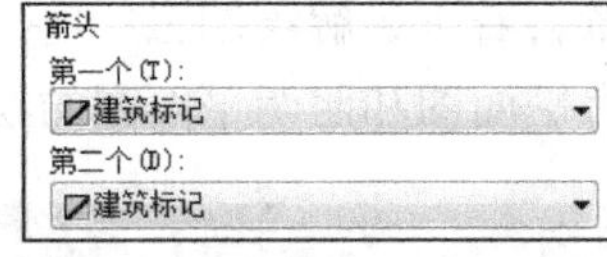

图 10-4　标注样式“符号和箭头”选项卡

步骤 04　单击“标注”工具栏中的“线性标注”按钮，标注轴线之间的距离，绘制轴线完成，效果如图 10-5 所示。

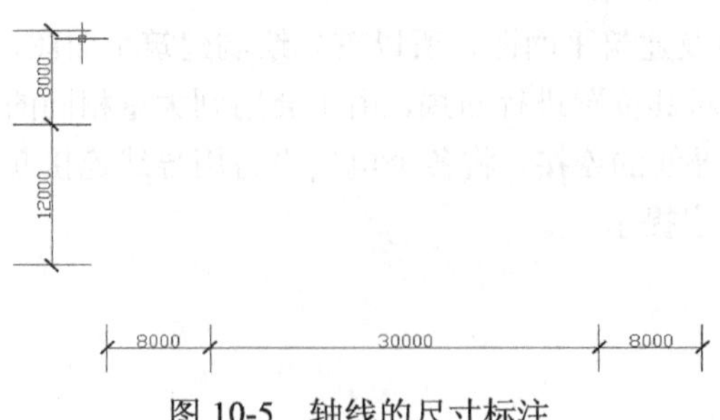

图 10-5　轴线的尺寸标注

2. 绘制墙线

步骤 01　先绘制外墙线。单击“绘图”工具栏中的“矩形”按钮，绘制矩形，起点在最右边的垂直轴线和最上边的水平轴线的交点，终点在左边第二条垂直轴线和最下边的水平轴线的交点，结果如图 10-6 所示。

步骤 02　然后单击“修改”工具栏中的“偏移”按钮，把该矩形向内偏移复制一份，复制距离为 5，即内墙线，如图 10-7 所示。

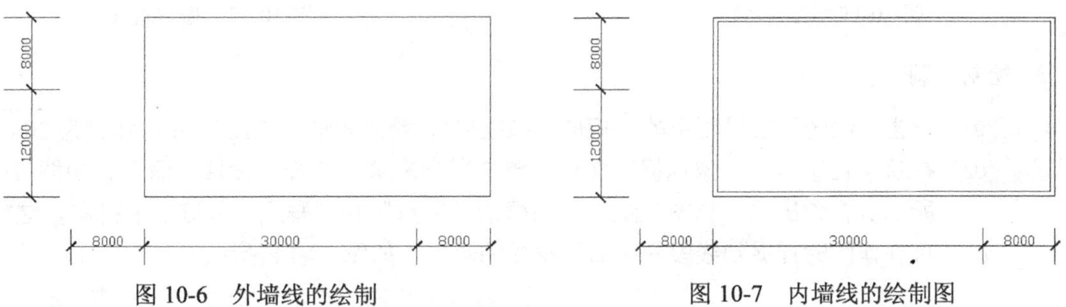

图 10-6　外墙线的绘制　　　　图 10-7　内墙线的绘制图

步骤 03　单击“绘图”工具栏中的“矩形”按钮，绘制矩形，起点在左边内墙线与外墙线之间的交点（见图 10-8），矩形长度为 85，高度为 120，绘制完成效果如图 10-9 所示。

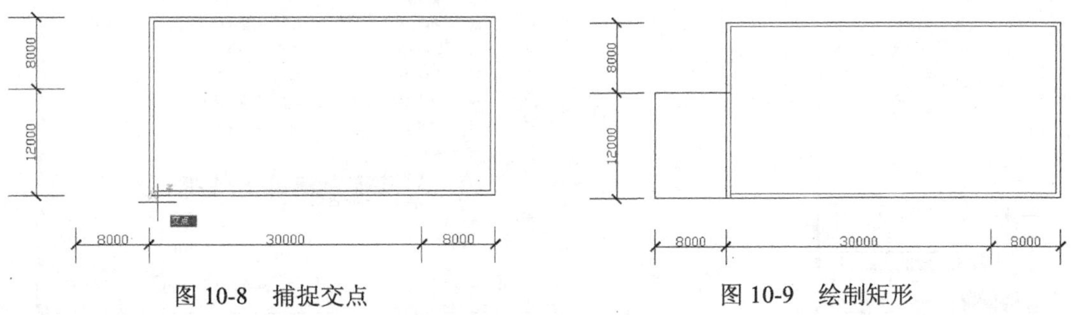

图 10-8　捕捉交点　　　　图 10-9　绘制矩形

步骤 04　单击“修改”工具栏中的“偏移”按钮，把该矩形向内偏移复制一份，复制距离为 5，结果如图 10-10 所示。

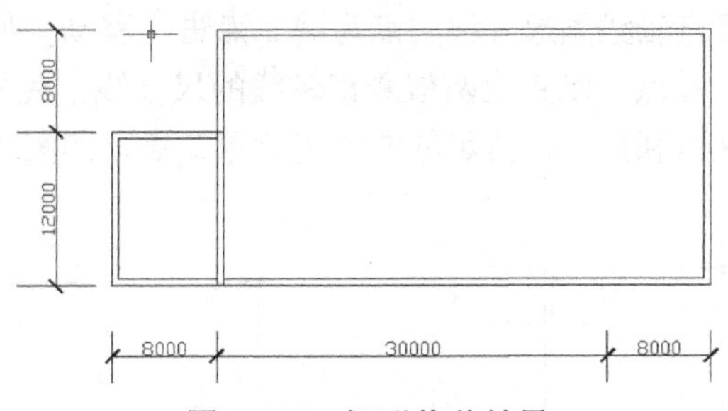

图 10-10　矩形偏移效果

步骤 05　单击“绘图”工具栏中的“直线”按钮，绘制起点在右边第二条竖直轴线与下边外墙线的交点，终点为直线与上边外墙线的交点，如图 10-11 所示。单击“修改”工具栏中的“偏移”按钮，把该直线向右偏移复制一份，复制距离为 5。结果如图 10-12 所示。

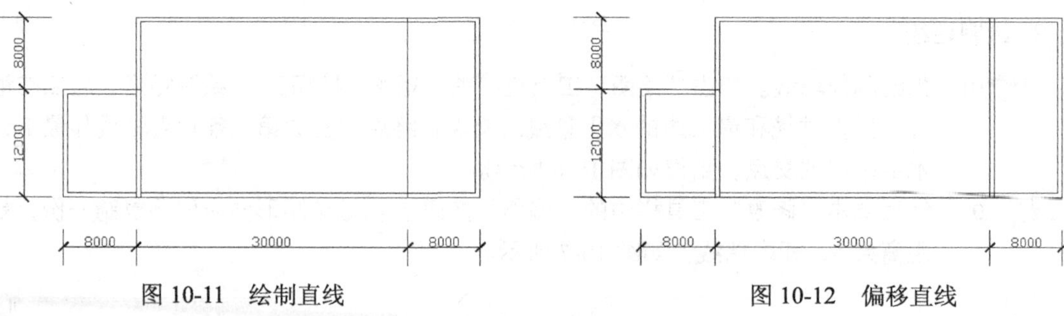

图 10-11　绘制直线　　　　图 10-12　偏移直线

3. 绘制门洞

步骤 01　单击“绘图”工具栏中的“矩形”按钮，绘制矩形，长度为 30，宽度为 30。

步骤 02　在状态栏中的“对象捕捉”按钮上单击鼠标右键，选择“设置”命令，如图 10-13 所示。在弹出的“草图设置”对话框的“中点”和“垂足”复选框上打勾，这样即可在作图时捕捉到线段的中点和垂线的垂足，如图 10-14 所示。

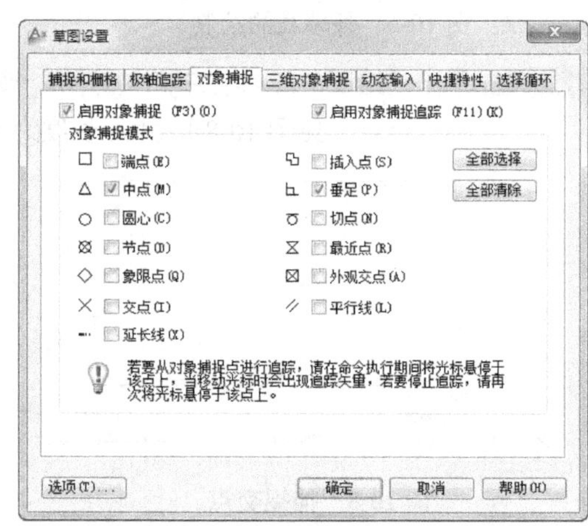

图 10-13　对象捕捉　　　　图 10-14　“对象捕捉”选项卡设置

步骤 03　单击“修改”工具栏中的“移动”按钮，选择小矩形，先以矩形下边中点为基点，以右边两根竖直轴线的尺寸线中点为第二点进行移动，如图 10-15 所示。再以小矩形上边中点为基点，以右边两根竖直轴线的尺寸线中线与最上外墙线交点为第二点进行移动，这里利用捕捉垂足的方法确定第二点，如图 10-16 所示。最终效果如图 10-17 所示。

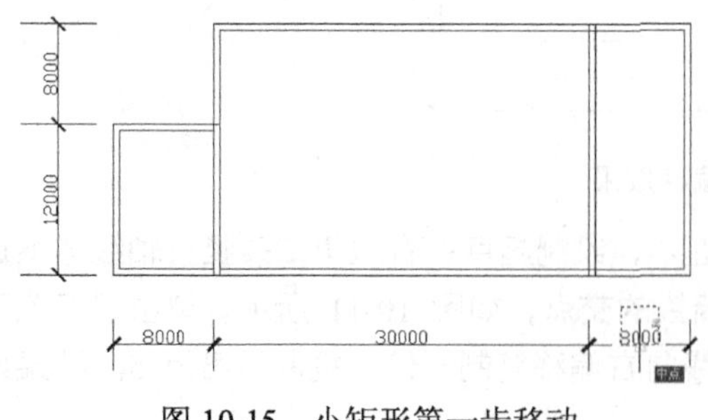

图 10-15　小矩形第一步移动

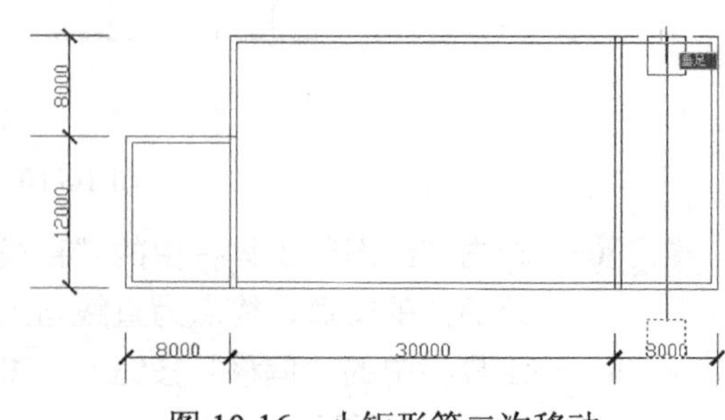

图 10-16　小矩形第二次移动

步骤 04 单击“修改”工具栏中的“复制”按钮，选择复制对象，将刚画的小矩形复制两份。单击“修改”工具栏中的“移动”按钮，选择小矩形，以其左边中点为基点，左起第二根轴线所对应的小矩形右边中点为第二点进行移动，结果如图 10-18 所示位置。

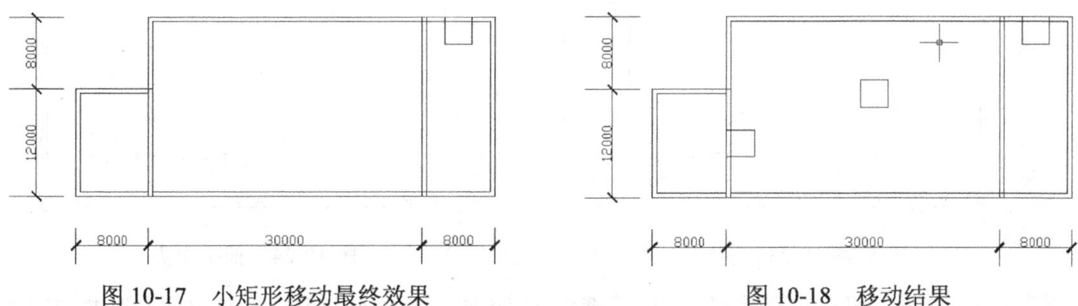

图 10-17　小矩形移动最终效果　　　　图 10-18　移动结果

步骤 05 再次单击“修改”工具栏中的“移动”按钮，选择另外一个小矩形，以其下边中点为基点，如图 10-19 所示中点为移动第二点移动，最终结果如 10-20 所示。

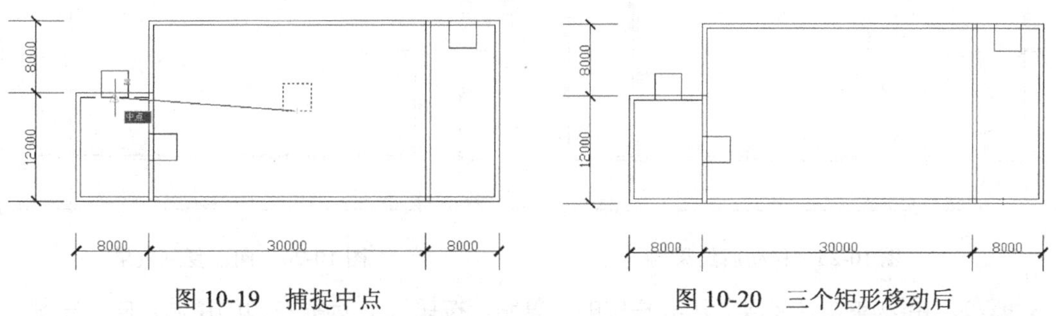

图 10-19　捕捉中点　　　　图 10-20　三个矩形移动后

步骤 06 单击“修改”工具栏中的“修剪”按钮，进行修剪操作。以墙线为被修剪线，以三个小矩形为修剪边，修剪出门洞，结果如图 10-21 所示。

步骤 07 单击“修改”工具栏中的“修剪”按钮，进行修剪操作。以墙线本身为被修剪边，修剪掉墙线内的线头，效果如图 10-22 所示。

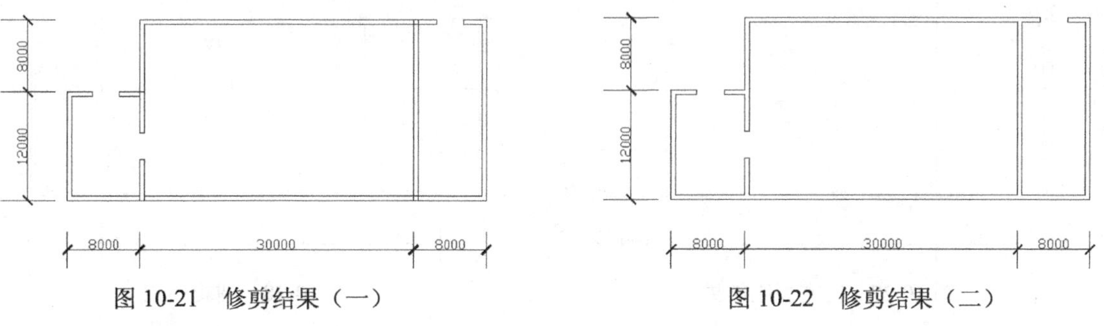

图 10-21　修剪结果（一）　　　　图 10-22　修剪结果（二）

4. 绘制窗洞

步骤 01 单击“绘图”工具栏中的“矩形”按钮，绘制矩形，长度为 60，宽度为 5。单击“绘图”工具栏中的“直线”按钮，绘制矩形左右两边中点的连线，效果如图 10-23 所示。

步骤 02 单击“修改”工具栏中的“移动”按钮，选择 60×5 小矩形和其左右两边中线，以小矩形上边中点为基点，以下边内墙线中点为第二点，如图 10-24 所示，移动后效果如图 10-25 所示。

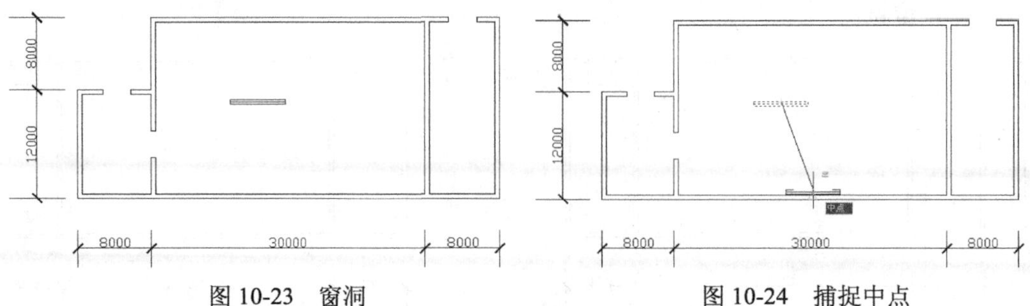

图 10-23 窗洞　　　图 10-24 捕捉中点

步骤 03 单击“修改”工具栏中的“复制”按钮，选择 60×5 小矩形和其左右两边中点连线（即窗洞），向左复制一份，复制距离 100，效果如图 10-26 所示。

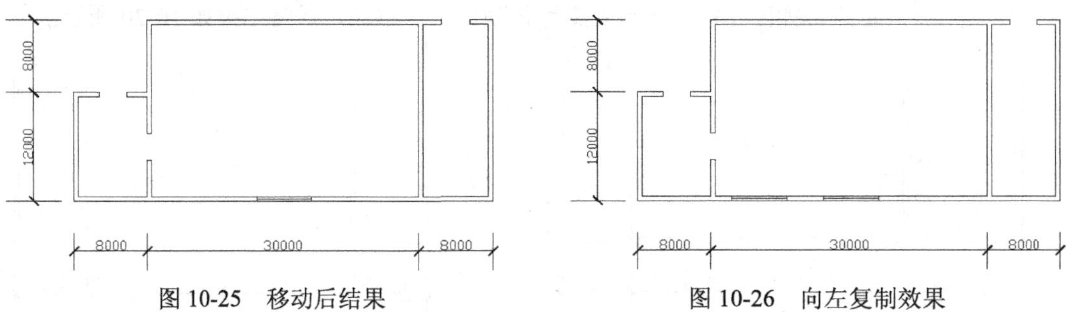

图 10-25 移动后结果　　　图 10-26 向左复制效果

步骤 04 再次单击“修改”工具栏中的“复制”按钮，选择右边的窗洞，向右复制一份，复制距离为 100，结果如图 10-27 所示。

步骤 05 单击“修改”工具栏中的“复制”按钮，选择刚画好的三个窗洞，以中间窗洞的下边中点为基点，向上复制到上边的内墙中点，如图 10-28 所示，最终效果如图 10-29 所示。

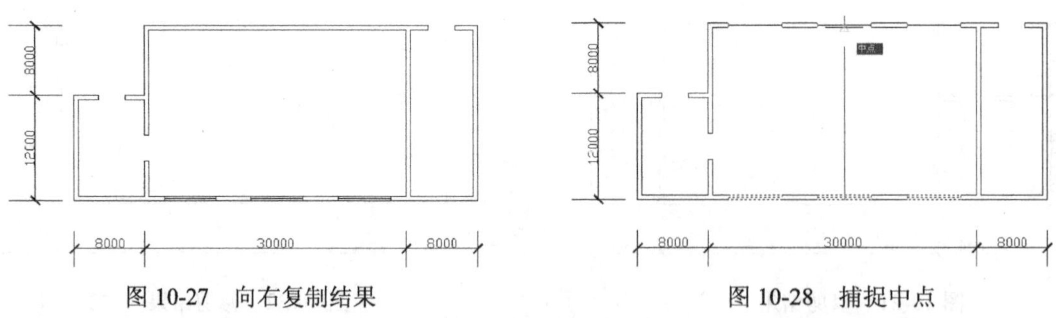

图 10-27 向右复制结果　　　图 10-28 捕捉中点

步骤 06 单击“修改”工具栏中的“复制”按钮，选择右下的窗洞，向右复制一份，复制距离为 85，用同样的方法将左下的窗洞向左复制一份，复制距离为 85，结果如图 10-30 所示。

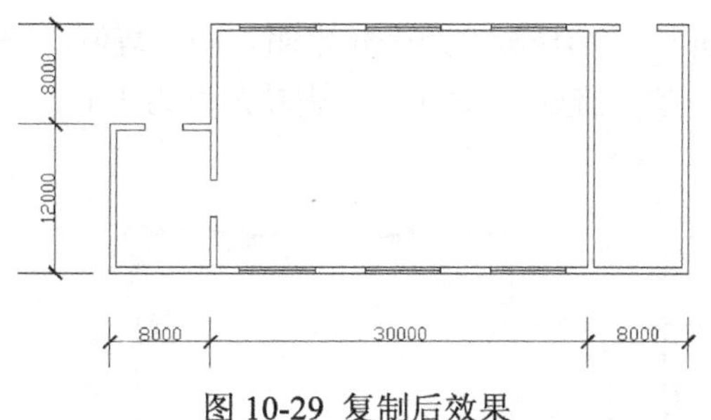

图 10-29 复制后效果

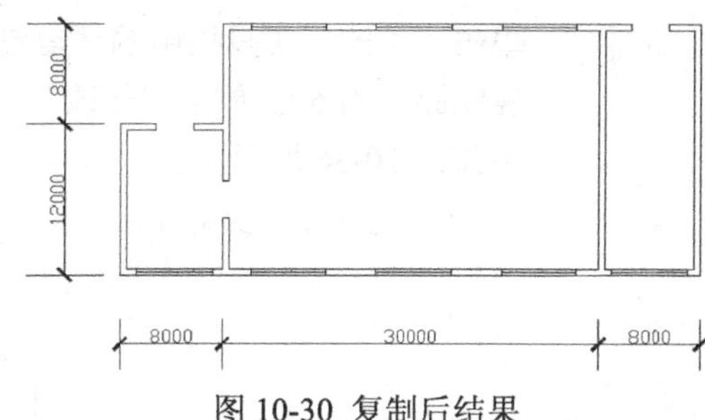

图 10-30 复制后结果

10.3.2　在建筑平面图上作配电设置

步骤 01　选择“格式”|“图层”命令，弹出“图层特性管理器”对话框，如图 10-31 所示，单击“新建图层”按钮，将该层命名为“电气”，选择颜色为蓝，线宽为“默认”。

步骤 02　单击“绘图”工具栏中的“矩形”按钮，绘制长度为 20，宽度为 10 的矩形。

步骤 03　单击“绘图”工具栏中的“直线”按钮，绘制矩形左右两边中点的连线。

步骤 04　单击“绘图”工具栏中的“图案填充”按钮，弹出“图案填充和渐变色”对话框。单击“图案”下拉列表框右边的按钮，弹出“填充图案选项板” 对话框，选择 SOLID 图案，如图 10-32 所示。

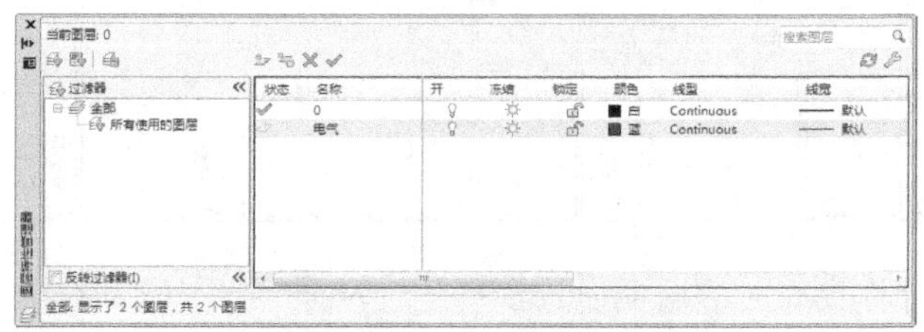

图 10-31　图层特性管理器

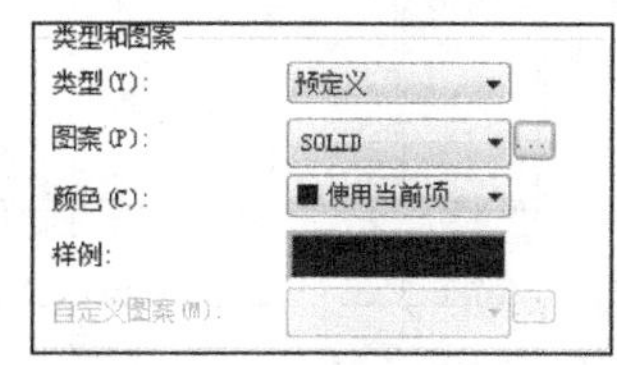

图 10-32　选择图案

步骤 05　在“图案填充和渐变色”对话框中，单击“边界”选项卡中的“添加：拾取点”按钮，则返回绘图区，单击小矩形上半区域，单击“确认”，最终效果如图 10-33 所示，配电箱符号绘制完成。

步骤 06　单击“修改”工具栏中的“移动”按钮，将配电箱移动到左上两个窗洞之间，结果如图 10-34 所示。

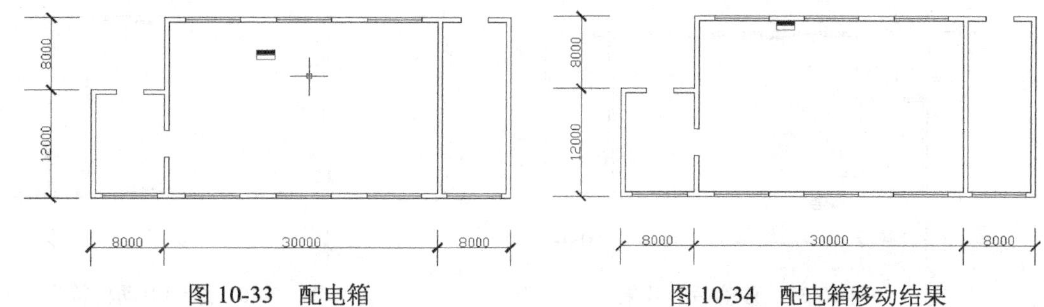

图 10-33　配电箱

图 10-34　配电箱移动结果

步骤 07　单击“修改”工具栏中的“复制”按钮，选择刚移动过的配电箱，向右复制一份，复制距离为 100，结果如图 10-35 所示。

步骤08 单击“修改”工具栏中的“复制”按钮，选择画的那个配电箱，向下复制一份，复制距离为50。单击“修改”工具栏中的“旋转”按钮，旋转角度为180°，效果如图10-36所示。

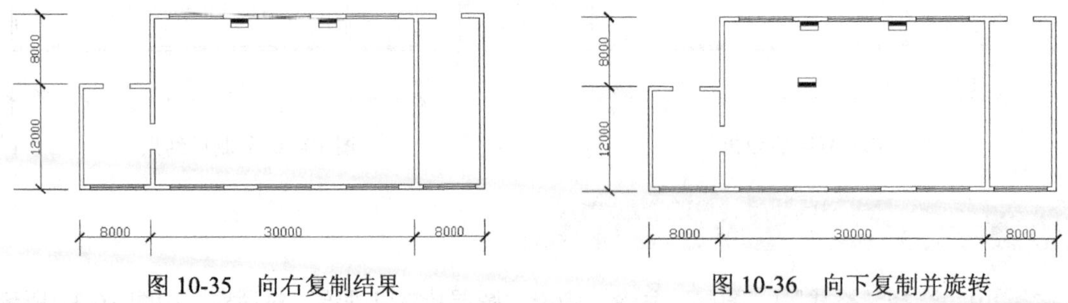

图10-35　向右复制结果　　图10-36　向下复制并旋转

步骤09 单击“修改”工具栏中的“移动”按钮，将配电箱移动到下边右起第二和第三个窗洞之间，配电箱下边与内墙线重合，结果如图10-37所示。

步骤10 单击“修改”工具栏中的“复制”按钮，再复制两个，位置无特殊要求，单击“修改”工具栏中的“旋转”按钮，一个旋转90°，一个旋转-90°，效果如图10-38所示。

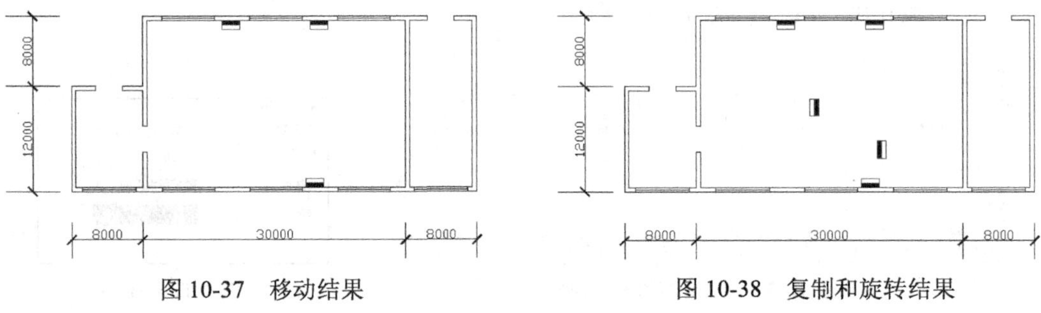

图10-37　移动结果　　图10-38　复制和旋转结果

步骤11 单击“修改”工具栏中的“移动”按钮，以配电箱黑色部分长边中点为起点，以如图10-39所示的两个点为第二点，移动刚旋转过的两个配电箱符号。

步骤12 单击“绘图”工具栏中的“圆”按钮，绘制半径为5的圆。单击“修改”工具栏中的“复制”按钮，复制8个，作为电动机符号，分散放置在中右两个车间区内，位置无特殊要求，最终效果如图10-40所示。

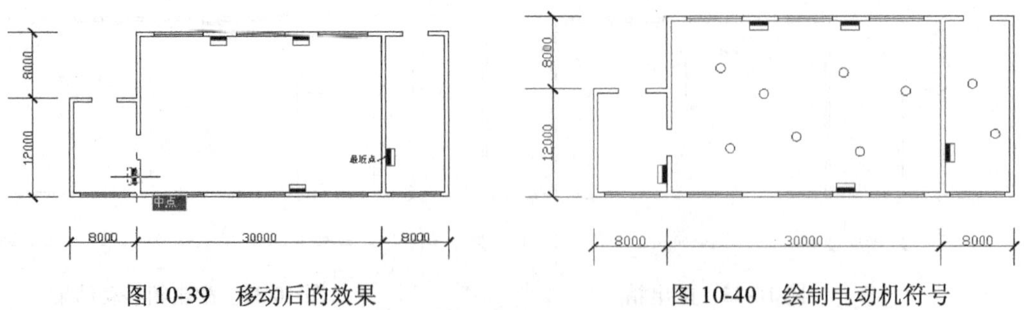

图10-39　移动后的效果　　图10-40　绘制电动机符号

步骤13 单击“绘图”工具栏中的“直线”按钮，绘制配电箱与电动机之间的导线，导线起点在配电箱白色部分的长边上，终点在各圆上，如图10-41所示。

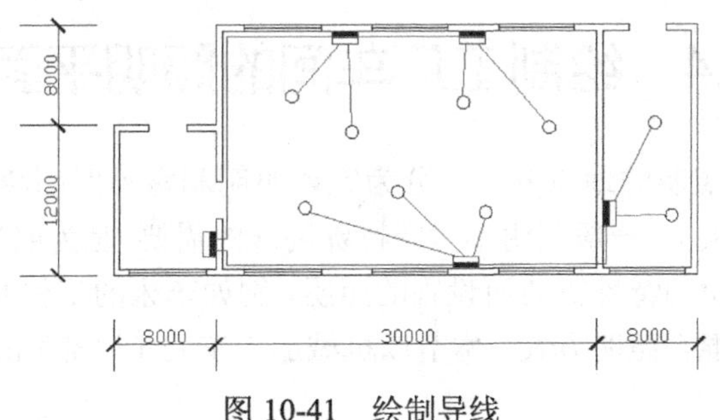

图 10-41　绘制导线

10.3.3　标注文字

步骤 01　将电气层设置为当前层，单击“绘图”工具栏中的“多行文字”按钮 A，设置文字格式，字体为“仿宋”，字号为 8 号，如图 10-42 所示。本节其他文字输入设置与此相同，后面不再重复。

步骤 02　输入配电箱编号 AP0、AP1、AP2、AP3、AP4，最终效果如图 10-43 所示。

图 10-42　文字格式设置

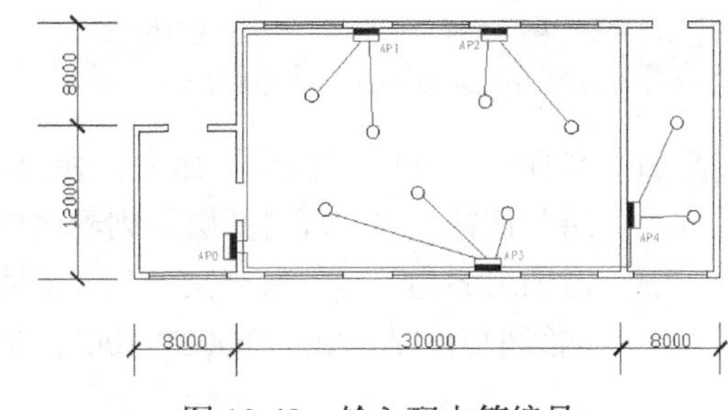

图 10-43　输入配电箱编号

步骤 03　单击“绘图”工具栏中的“多行文字”按钮 A，输入电动机编号及功率“01/4.1”、“02/4.1”、“03/13”、“04/9.1”、“05/3.0”、“06/1.7”、“07/3.1”、“08/3.1”、“09/8.5”。利用文字格式选项卡中的“堆叠”按钮，将编号写成分数形式，结果如图 10-44 所示。

步骤 04　单击“绘图”工具栏中的“多行文字”按钮 A，输入配电箱与电动机之间的导线型号。其中单击“修改”工具栏中的“旋转”按钮，将“BV-2(3×16)SC25-FC”旋转-90°，最终效果如图 10-45 所示。

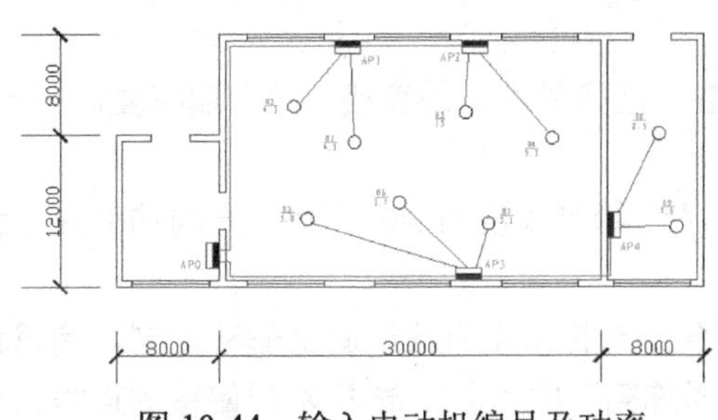

图 10-44　输入电动机编号及功率

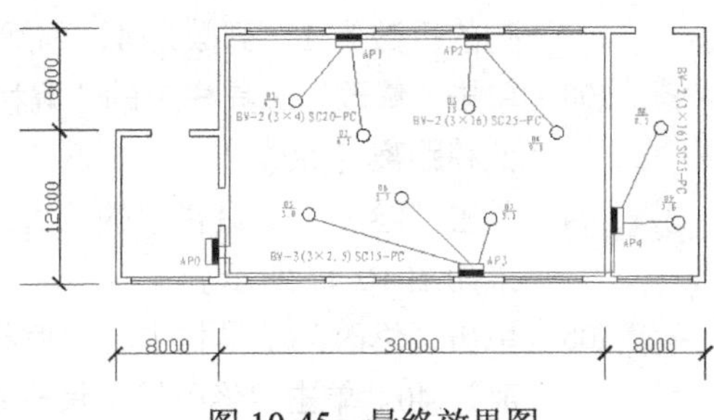

图 10-45　最终效果图

10.4　绘制工厂车间的照明平面图

工厂的电气照明，按照明的地点分，可分为室内照明和室外照明两大类。按照照明方式分，有一般照明和局部照明两大类。一般照明不考虑特殊局部的需要，是为照亮整个场地而设置的照明。局部照明是为满足某些部位的特殊需要而设置的照明，例如车床的工作照明。多数车间都采用由一般照明和局部照明组成的混合照明方式。本节以机械加工车间（局部）的照明为例，介绍工厂照明电气制图技术。

10.4.1　照明电气设计考虑要求

首先考虑电光源的选择，因为机械加工车间的每台机床设备上都带有 36V 的局部照明，所以只考虑一般照明，考虑到车间的照度，一般采用高压汞灯和高压钠灯作为电光源；然后选择灯具及灯具布置，本案例中选择深照型灯具均匀布置，即灯具在整个车间内均匀分布，其位置与设备无关；最后选择照明配电箱和敷设导线。

10.4.2　绘制工厂车间建筑平面图

步骤 01　选择“格式”|“图层”命令，弹出“图层特性管理器”对话框，连续单击“新建图层”按钮3 次，“图层”列表框中出现“图层 1”～“图层 3”三个图层。依次设定图层名为“电气”、“文字”、“虚线”；颜色设置分别为蓝、洋红、洋红；选择虚线的线型为“ACAD_ISO02W100”。线宽设置都为“默认”。选择“0 层”为当前层。

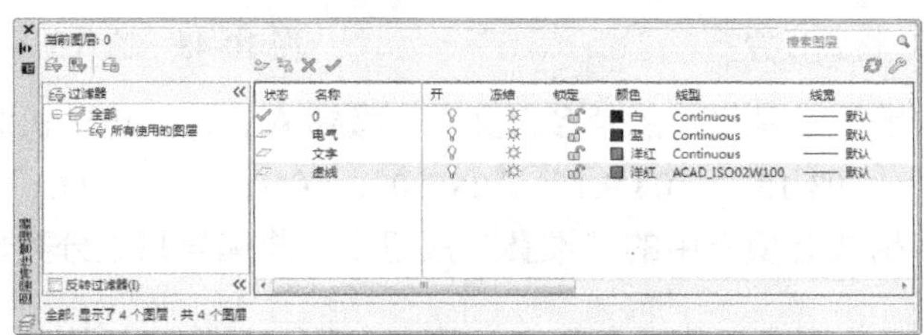

图 10-46　图层设置

步骤 02　单击“绘图”工具栏中的“直线”按钮，绘制长度为 40 竖直方向的直线。单击“修改”工具栏中的“矩形阵列”按钮，对刚绘制的直线进行矩形阵列，设置阵列的行数为 1，列数为 4，列间距为 80。

步骤 03　单击“修改”工具栏中的“偏移”按钮，选择最右端的直线，向右偏移复制一份，偏移距离为 60。

步骤 04　单击“绘图”工具栏中的“直线”按钮，绘制长度为 40 的水平方向的直线，结果如图 10-47 所示。

步骤 05　单击“修改”工具栏中的“偏移”按钮，选择水平直线，向上偏移复制，偏移距离为 40。单击“修改”工具栏中的“矩形阵列”按钮，选择刚刚偏移的直线为阵列对象，设置阵列的行数为 4，列数为 1，设置行间距为 50，阵列效果如图 10-48 所示。

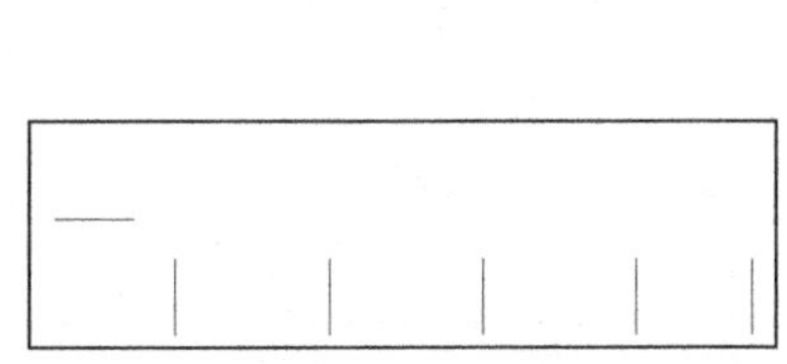
图 10-47　轴线

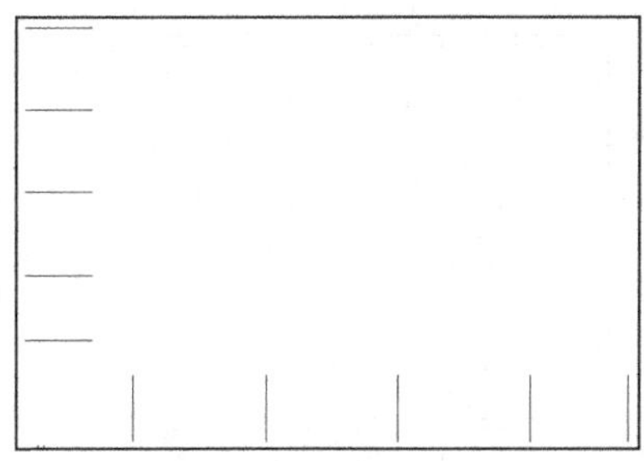
图 10-48　轴线最终效果

步骤 06　单击“标注”工具栏中的“标注样式”按钮，使用“修改”功能修改标注比例，在“主单位”选项卡中把标注“比例因子”修改为 100。在“符号和箭头”选项卡中选择建筑标记。

步骤 07　单击“标注”工具栏中的“线性标注”按钮，标注轴线之间的距离，绘制轴线完成，效果如图 10-49 所示。

步骤 08　绘制外墙线。单击“绘图”工具栏中的“矩形”按钮，绘制矩形，起点在最右边的垂直轴线和最上边的水平轴线的交点，终点在最左边的垂直轴线和最下边的水平轴线的交点，效果如图 10-49 所示。

步骤 09　单击“修改”工具栏中的“偏移”按钮，把该矩形向内偏移复制一份，偏移距离为 5，即内墙线，如图 10-50 所示。

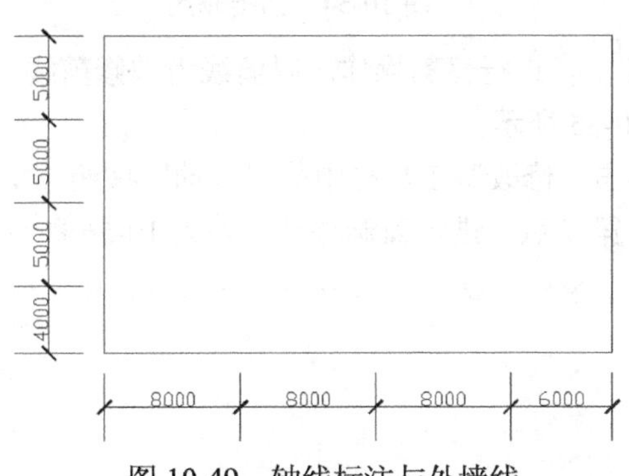

图 10-49　轴线标注与外墙线

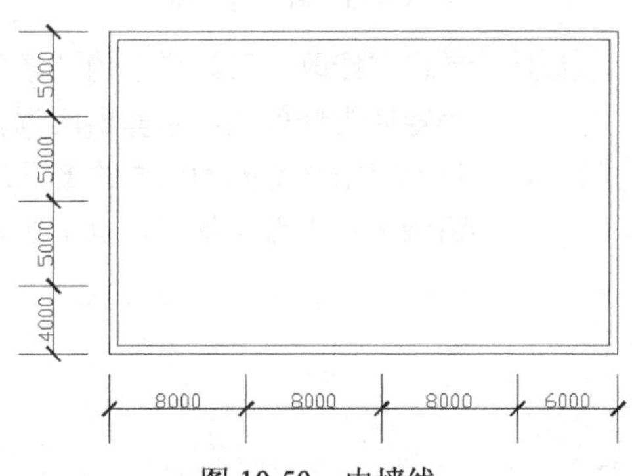

图 10-50　内墙线

步骤 10　单击“修改”工具栏中的“分解”按钮，选择两个矩形，将两个矩形分解，单击“修改”工具栏中的“拉伸”按钮，将两条水平内墙线向左延伸，延伸长度为 5，将最左外墙线向上下延伸，效果如图 10-51 所示。

步骤 11　单击“修改”工具栏中的“删除”按钮，删除左边内墙线，将拉伸后的外墙线设置为虚线层，结果如图 10-52 所示。

步骤 12　单击“绘图”工具栏中的“矩形”按钮，绘制小矩形，长度为 20，宽度为 30。单击“修改”工具栏中的“移动”按钮，以小矩形左边中点为基点，以左上第二根水平轴线的右端点为第二点，移动小矩形，效果如图 10-53 所示。

步骤 13　单击“修改”工具栏中的“移动”按钮，以小矩形右边中点为基点，以右边外墙线与左上第二根水平轴线交点为第二点，第二点利用捕捉垂足的方法获取，如图 10-54 所示。

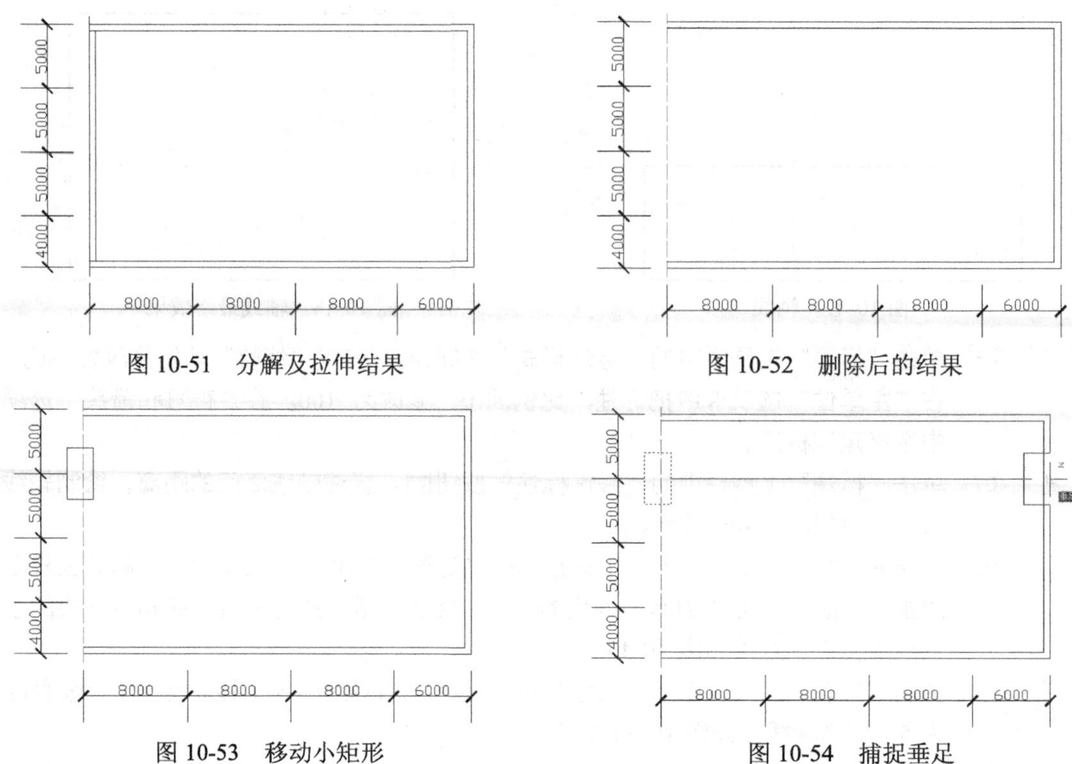

图 10-51 分解及拉伸结果　　图 10-52 删除后的结果

图 10-53 移动小矩形　　图 10-54 捕捉垂足

步骤 14 单击“修改”工具栏中的“修剪”按钮，进行修剪操作。以墙线为被修剪线，以小矩形为修剪边，修剪出门洞，如图 10-55 所示。

步骤 15 复制以前画好的 60×5 的窗洞进来，单击“修改”工具栏中的“移动”按钮，以窗洞下边中点为基点，以下边外墙线为第二点，进行窗洞移动，如图 10-56 所示。

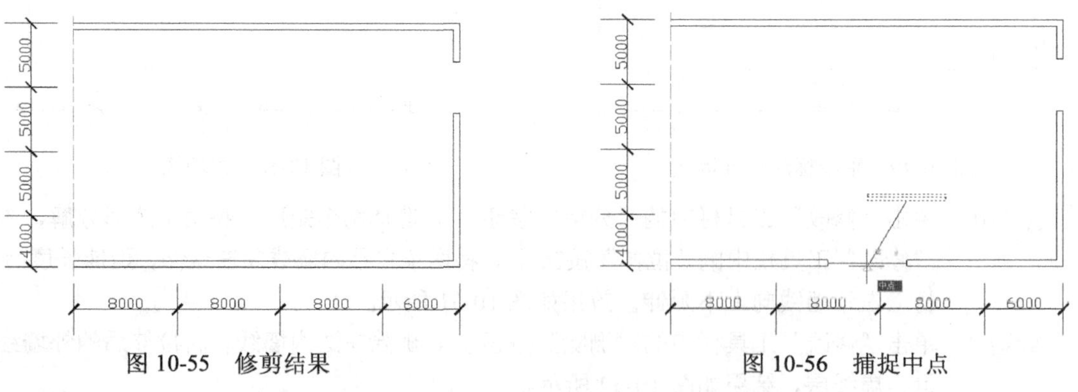

图 10-55 修剪结果　　图 10-56 捕捉中点

步骤 16 单击“修改”工具栏中的“复制”按钮，选择刚移动过的窗洞，向左、右各复制一份，复制距离为 90，效果如图 10-57 所示。

步骤 17 单击“修改”工具栏中的“复制”按钮，选择刚画好的三个窗洞，以中间窗洞的下边中点为基点，向上复制到上边的内墙中点。

步骤 18 单击“修改”工具栏中的“复制”按钮，再复制一份窗洞，单击“修改”工具栏中的“旋转”按钮，设置旋转角度为 90°，结果如图 10-58 所示。

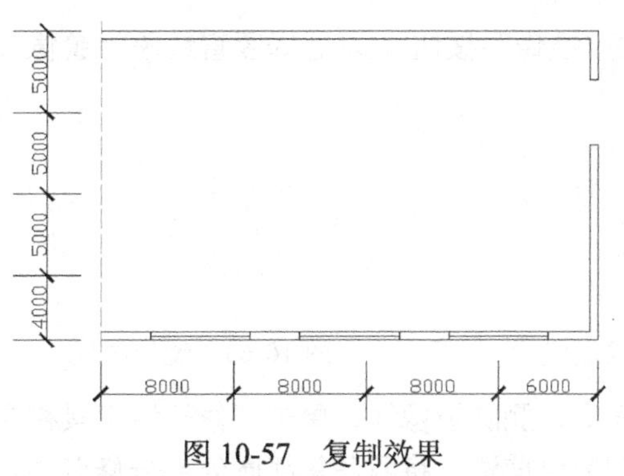

图 10-57　复制效果

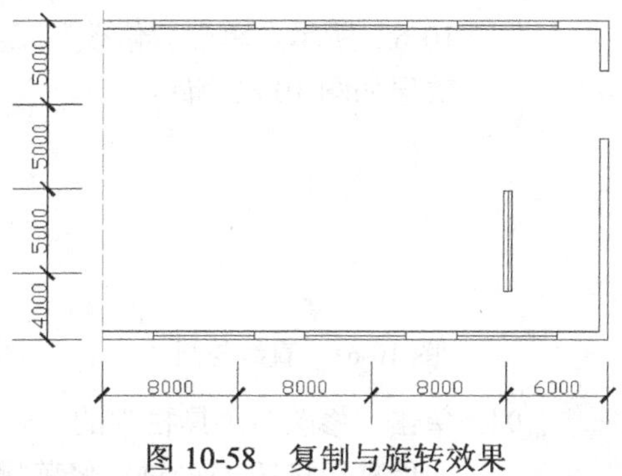

图 10-58　复制与旋转效果

步骤 19　单击“修改”工具栏中的“移动”按钮，以旋转过的窗洞的左边中点为基点，将其移动到如图 10-59 所示位置，建筑平面图的制作就完成了。

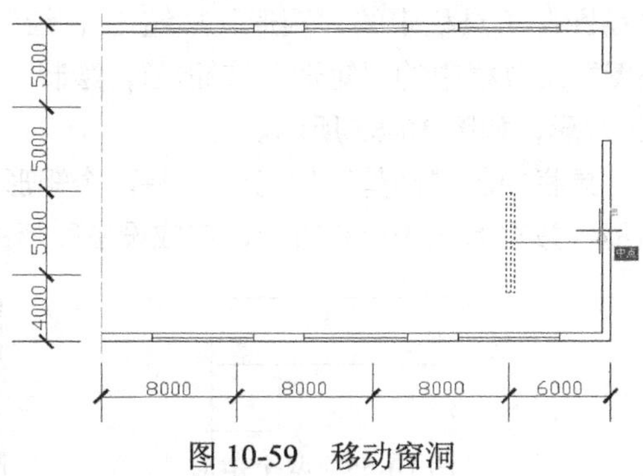

图 10-59　移动窗洞

10.4.3　在建筑平面图上作照明电气布置

复制前面绘制的配电箱进来，放到如图 10-60 所示位置。

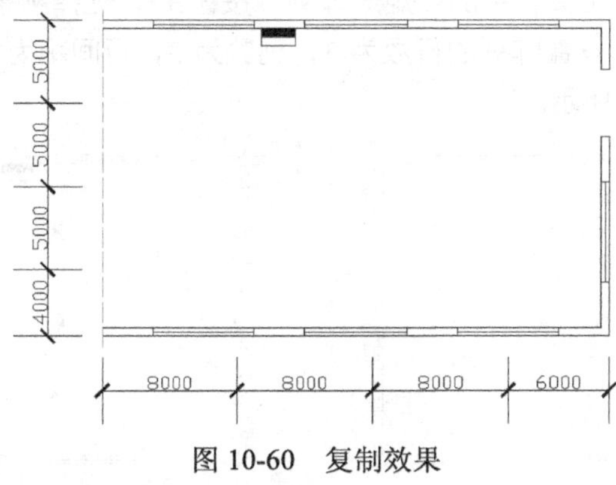

图 10-60　复制效果

步骤 01　将电气层设置为当前层。单击“绘图”工具栏中的直线命令按钮，绘制长度为 20 的竖直线段，单击“绘图”工具栏中的“圆”按钮，绘制以长度为 20 的线段中点为圆心，半径为 5 的圆，结果如图 10-61 所示。

步骤 02　单击“绘图”工具栏中的“直线”按钮，绘制与水平方向成-60°角的线段，如图

10-62 所示。单击“修改”工具栏中的“镜像”按钮，选择竖直线段为镜像线，效果如图 10-63 所示。

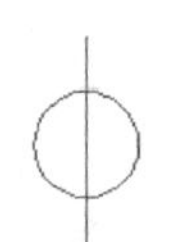

图 10-61　直线与圆

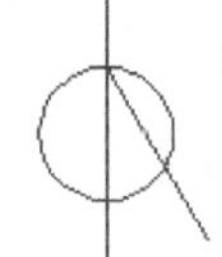

图 10-62　绘制线段

图 10-63　镜像结果

步骤 03　单击“修改”工具栏中的“删除”按钮，删除镜像线，单击“修改”工具栏中的“修剪”按钮，进行修剪操作选择圆为修剪边，将两条斜线圆外部分修剪掉，深照型灯具绘制完成，如图 10-64 所示。

步骤 04　将默认的 0 图层设置为当前层绘制机床图标。单击“绘图”工具栏中的“矩形”按钮，绘制矩形，长度为 50，宽度为 15。单击“绘图”工具栏中的“矩形”按钮，绘制以小矩形右下顶点为第一点的边长为 15 的正方形，如图 10-65 所示。

步骤 05　单击“修改”工具栏中的“修剪”按钮，将两个矩形选作修剪边线，把两个矩形重叠部分修剪掉，效果如图 10-66 所示，完成设备图标的绘制。

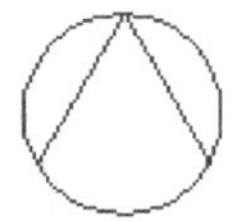

图 10-64　深照型灯具

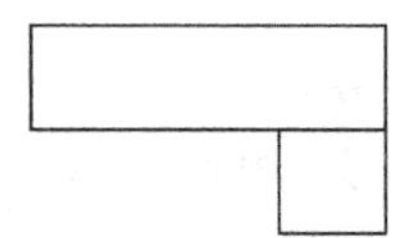

图 10-65　两个矩形

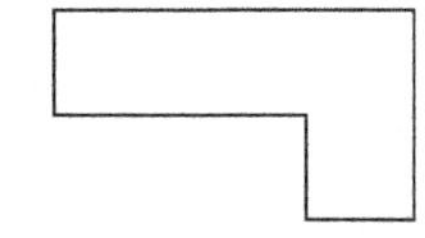

图 10-66　设备图标

步骤 06　单击“修改”工具栏中的“移动”按钮，选择刚绘制的深照型灯具，以小圆的圆心为基点，以左起第二条竖直轴线与下起第二条水平轴线的交点为第二点进行移动，如图 10-67 所示。

步骤 07　单击“修改”工具栏中的“矩形阵列”按钮，选择刚移动过的灯具为阵列对象进行阵列设置，设置阵列的行数为 3，列数为 3，行间距为 50，列间距为 80，最终效果如图 10-68 所示。

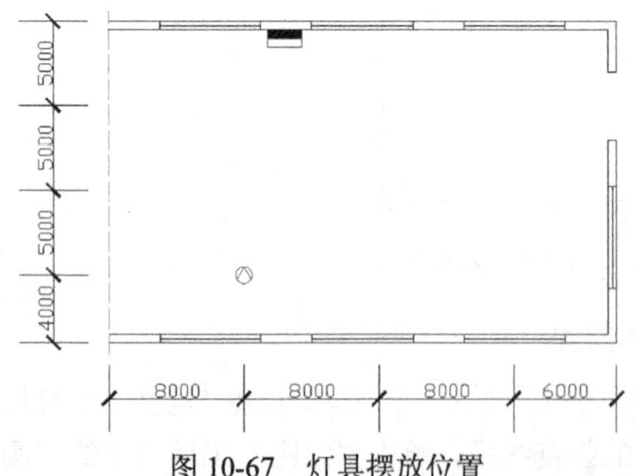

图 10-67　灯具摆放位置

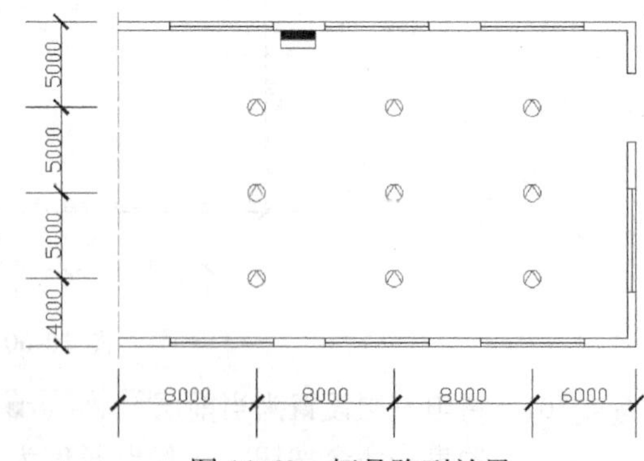

图 10-68　灯具阵列效果

步骤 08　单击“修改”工具栏中的“旋转”按钮，将设备图标进行旋转操作，以右上顶点为基点，旋转角度为-60°。

步骤 09　单击“修改”工具栏中的“复制”按钮，将刚画好的机床图标复制 5 份，单击“修改”工具栏中的“移动”按钮，将它们移动到如图 10-69 所示位置。

步骤 10　将电气层设置为当前层，单击“绘图”工具栏中的“直线”按钮，进行导线连接，结果如图 10-70 所示。

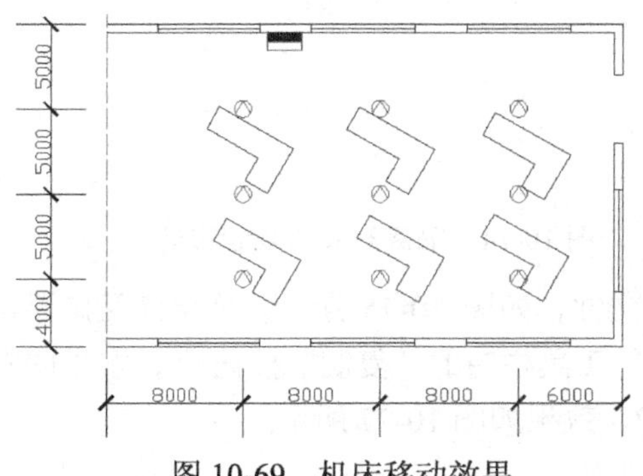

图 10-69　机床移动效果

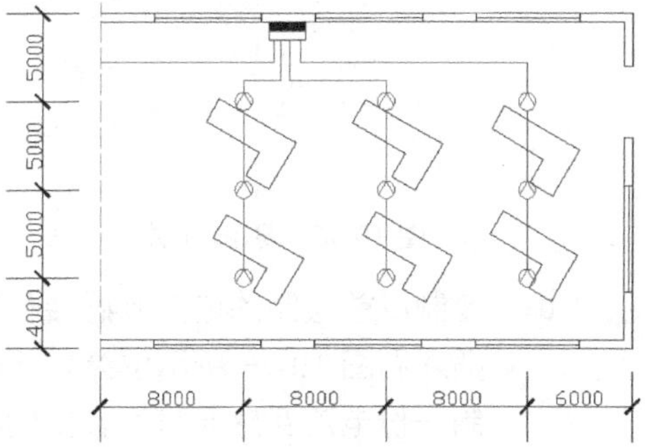

图 10-70　导线连接

步骤 11　单击“绘图”工具栏中的“直线”按钮，在导线上画与水平方向成 45° 角的小线段。单击“绘图”工具栏中的“多行文字”按钮 A，设置文字格式，字体为“txt，gbcbig”，文字高度为 4，标注数字 3，表示导线根数，如图 10-71 所示。

步骤 12　单击“绘图”工具栏中的“多行文字”按钮 A，文字格式设置同步骤 12，输入配电箱型号“XXM-08 以及各导线类型，最终效果如图 10-72 所示。

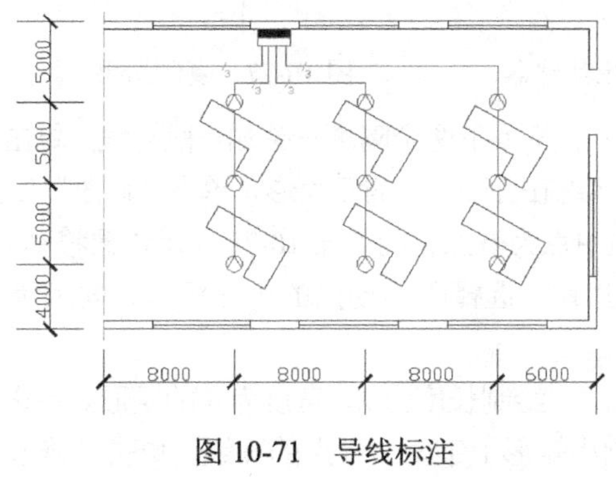

图 10-71　导线标注

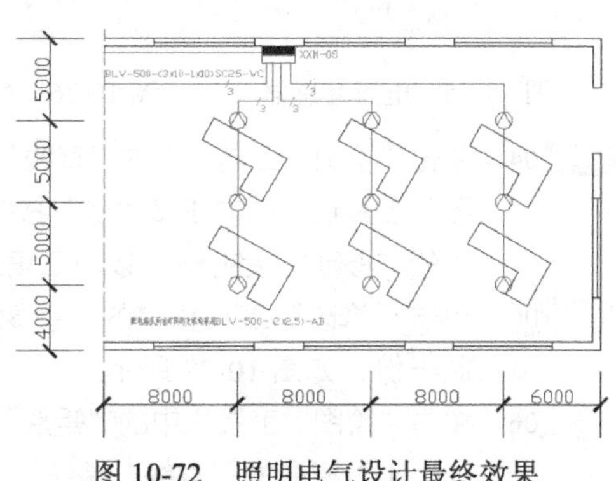

图 10-72　照明电气设计最终效果

10.5　绘制配电系统电气原理图

工厂高压配电所担负着从电力系统受电并向各车间变电所及某些高压用电设备配电的任务。电源进线经高压计量柜和高压开关柜到母线，再由高压配电出线至变电所。母线也叫汇流排，是配电装置中用来汇集和分配电能的导体。我们将按此处介绍的顺序绘制配电系统电气原理图。

10.5.1　绘制高压计量柜

步骤 01　新建一个 dwg 文件，复制以前绘制的隔离开关符号到当前文件，如图 10-73 所示。单击“绘图”工具栏中的“直线”按钮，以隔离开关下端点为基点，绘制长度为

8 的线段。

步骤02 单击“修改”工具栏中的“复制”按钮，再复制一份隔离开关，单击“修改”工具栏中的“移动”按钮，将复制的隔离开关移动到刚画直线的下端点，如图 10-74 所示。

图 10-73　隔离开关　　图 10-74　隔离开关的复制移动

步骤03 复制以前绘制的电流互感器符号到当前文件，如图 10-75 所示，将电流互感器符号插入到图 10-76 所示位置。单击“修改”工具栏中的“复制”按钮，水平向右复制一份电流互感器符号，复制距离为 12，效果如图 10-77 所示。

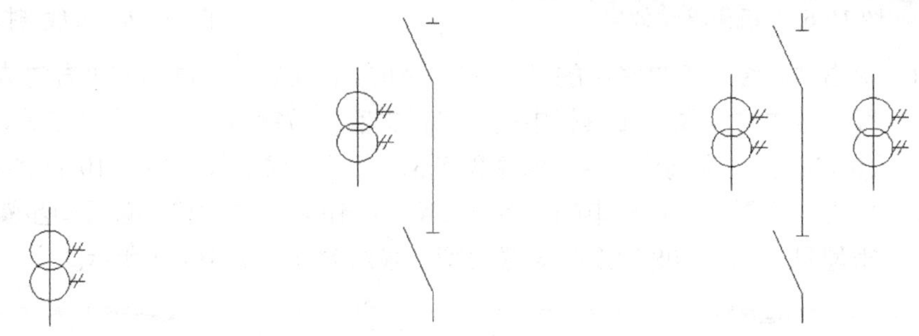

图 10-75　电流互感器　　图 10-76　插入电流互感器　　图 10-77　复制结果

步骤04 单击“绘图”工具栏中的“直线”按钮，将上下两个隔离开关加一段导线。单击“绘图”工具栏中的“正多边形”按钮，绘制边长为 1 的三角形，单击“修改”工具栏中的“移动”按钮，以小三角形下边中点为基点，向如图 10-78 所示位置移动。

步骤05 单击“修改”工具栏中的“镜像”按钮，选择刚移动过的小三角形，向上镜像复制一份，如图 10-79 所示。

步骤06 单击“绘图”工具栏中的“矩形”按钮，绘制长度为 2，宽度为 4 的矩形。单击“绘图”工具栏中的“直线”按钮，绘制小矩形上下两边中点的连线，单击“修改”工具栏中的“拉伸”按钮，连线上下各延伸 1.5。熔断器绘制完成，如图 10-80 所示。

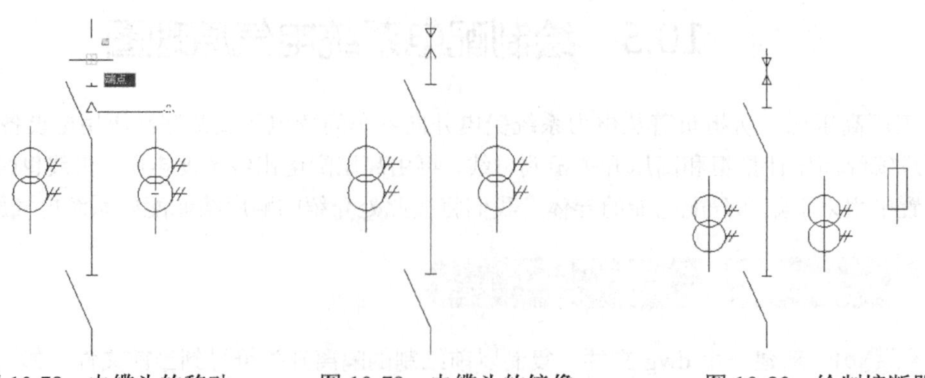

图 10-78　电缆头的移动　　图 10-79　电缆头的镜像　　图 10-80　绘制熔断器

步骤 07　复制一份以前绘制的电压互感器符号，单击“修改”工具栏中的“移动”按钮，将其移动到熔断器符号下端点。单击“绘图”工具栏中的“直线”按钮，绘制熔断器与主电路的连线，如图 10-81 所示。

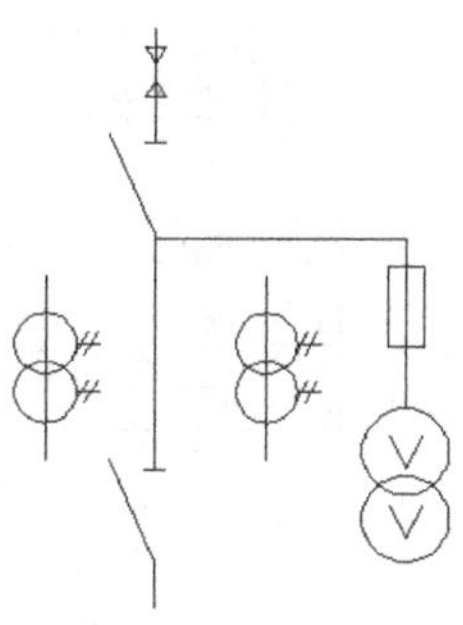

图 10-81　绘制连线

步骤 08　单击“绘图”工具栏中的“多行文字”按钮 A，进行文字格式设置，如图 10-82 所示，设置字体为宋体，字号为 1，（本节其他文字输入设置与此相同，后面不再重复），输入电源进线的导线型号以及电缆型号，效果如图 10-83 所示。

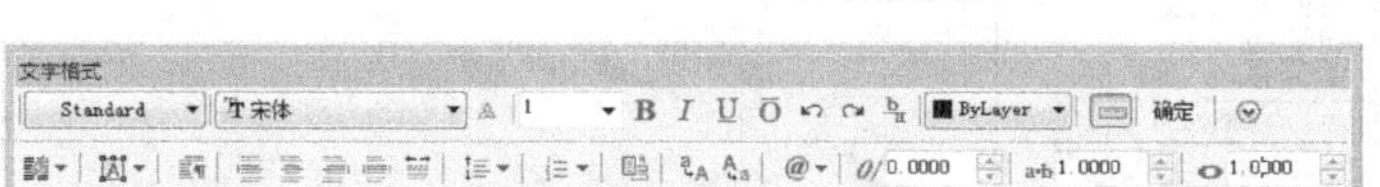

图 10-82　文字格式设置

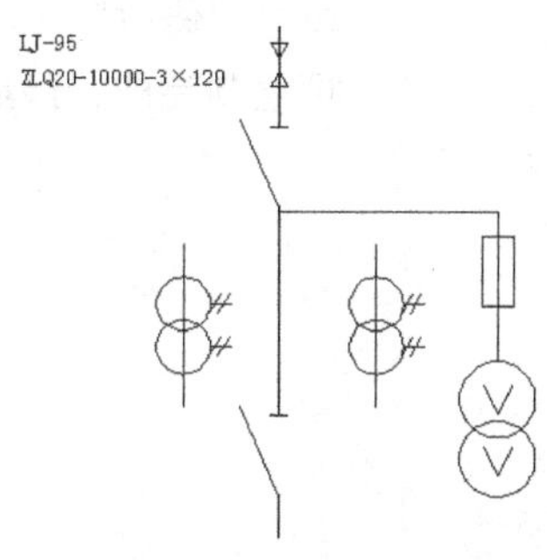

图 10-83　添加文字标注

步骤 09　单击“绘图”工具栏中的“直线”按钮，在“LJ-95”上方绘制长度为 13 的水平线段，单击“修改”工具栏中的“偏移”按钮，将直线向下偏移复制两份，复制距离为 2.3，4.6。单击“绘图”工具栏中的“直线”按钮，将三条直线的左边端点连接，结果如图 10-84 所示。

步骤 10　单击“绘图”工具栏中的“多行文字”按钮 A，输入高压计量柜参数，结果如图 10-85 所示。

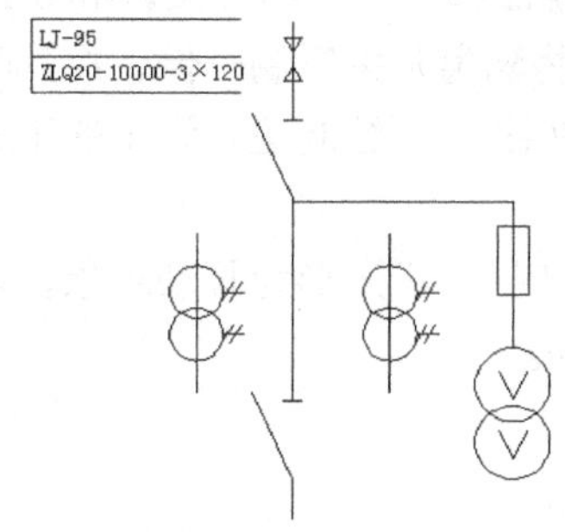

图 10-84　绘制文字框线

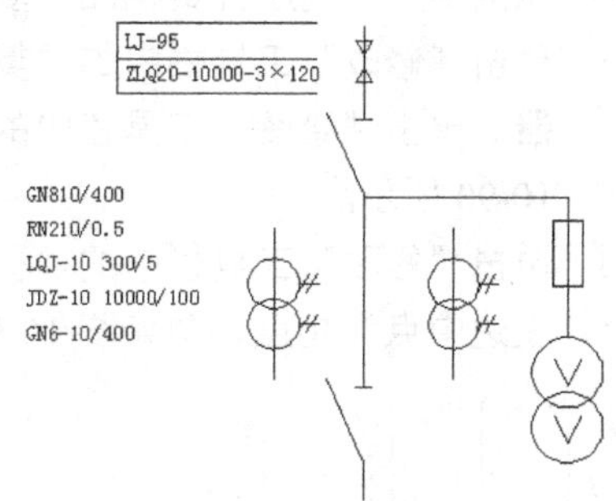

图 10-85　输入计量柜参数

步骤 11　重复步骤（9）的过程，为文字画上框线，效果如图 10-86 所示。

步骤 12　单击“绘图”工具栏中的“多行文字”按钮 A，输入高压计量柜型号“GG-1A-J”，单击“绘图”工具栏中的“矩形”按钮，以刚绘制表格的上顶点为第一点绘制如图 10-87 所示的小矩形。

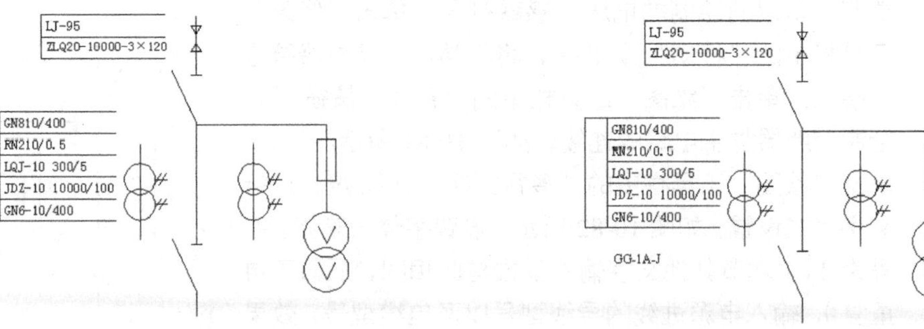

图 10-86　绘制文字框线　　　　图 10-87　加入高压计量柜型号

步骤13　单击“修改”工具栏中的“旋转”按钮，将高压计量柜型号 GG-1A-J 旋转 90°，单击“修改”工具栏中的“移动”按钮，将其移动到画好的小矩形内。高压计量柜绘制完成，最终效果如图 10-88 所示。

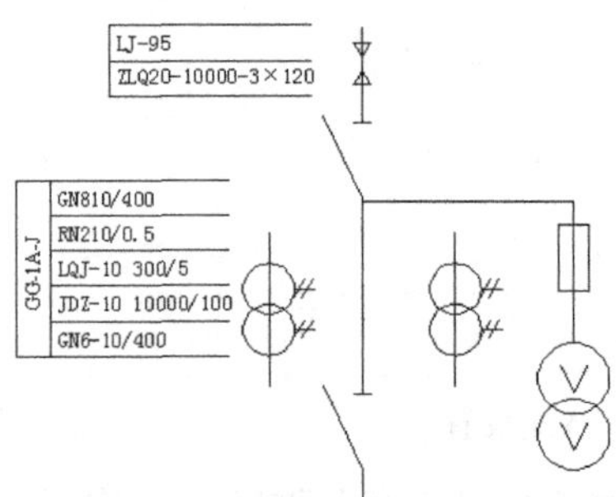

图 10-88　高压计量柜绘制完成

10.5.2　绘制高压开关柜

高压开关柜和高压计量柜很相似，只是参数不同。制步骤如下：

步骤01　从刚画过的高压计量柜图中复制两个电流互感器和一个隔离开关，如图 10-89 所示。

步骤02　单击“修改”工具栏中的“复制”按钮，将隔离开关复制一份，将其改画成断路器。单击“绘图”工具栏中的“正多边形”按钮，绘制边长为 1 的正方形，如图 10-90 所示。

步骤03　单击“修改”工具栏中的“移动”按钮，选择小正方形为移动对象，以小正方形左边中点为起点，向如图 10-91 所示位置移动。

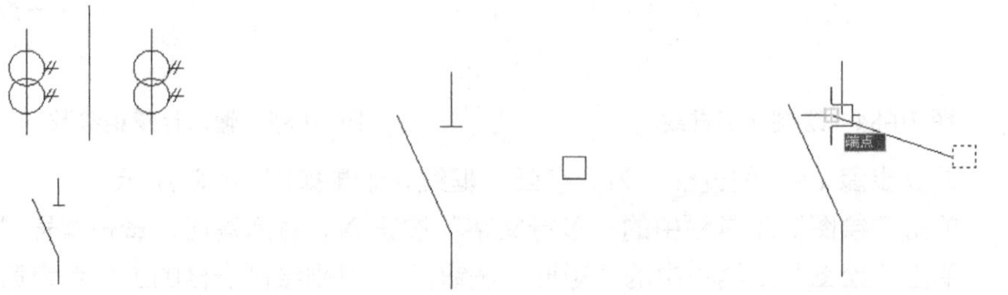

图 10-89　复制的元件　　　　图 10-90　绘制小正方形　　　　图 10-91　移动小正方形

步骤 04 单击“绘图”工具栏中的“直线”按钮，绘制小正方形的两条对角线。如图 10-92 所示。单击“修改”工具栏中的“删除”按钮，将小正方形与水平线段删除，效果如图 10-93 所示。断路器符号绘制完成。

步骤 05 单击“修改”工具栏中的“移动”按钮，将断路器符号和隔离开关符号移动到如图 10-94 所示位置。

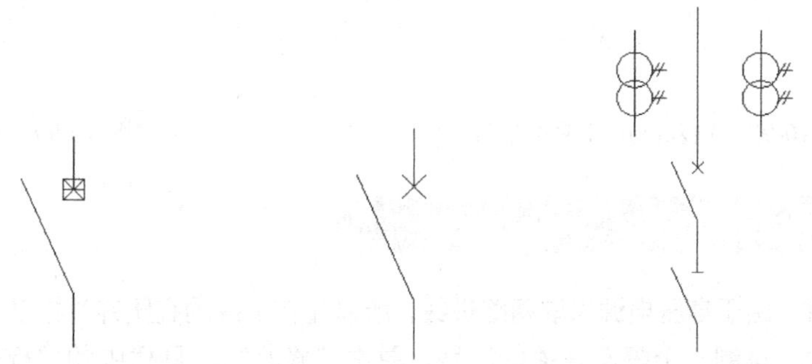

图 10-92 绘制对角线　　图 10-93 断路器　　图 10-94 移动后的结果

步骤 06 单击“绘图”工具栏中的“多行文字”按钮 A，输入电流互感器型号“LQJ-10 3000/5”，单击“绘图”工具栏中的“直线”按钮，在文字下方绘制一条长度为 10 的直线，效果如图 10-95 所示。

步骤 07 单击“修改”工具栏中的“复制”按钮，选择输入的文字和直线，以直线左端点为基点，向下复制两份，复制距离分别为 3 和 6，效果如图 10-96 所示。

步骤 08 单击“绘图”工具栏中的“矩形”按钮，绘制长度为 3，宽度为 9 的矩形。以最下边直线的左端点为起点向左绘制。单击“绘图”工具栏中的“直线”按钮，绘制以矩形右上顶点为起点的、长度为 10 的直线，效果如图 10-97 所示。

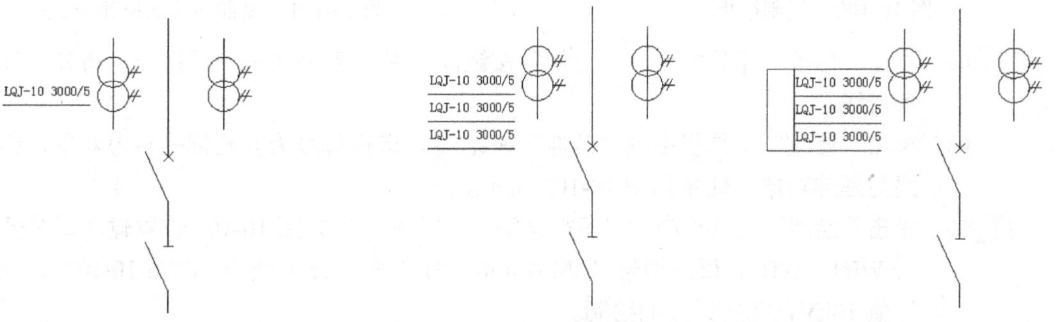

图 10-95 输入参数和绘制直线　　图 10-96 复制后的结果　　图 10-97 绘制小矩形和直线

步骤 09 单击“绘图”工具栏中的“多行文字”按钮 A，输入高压开关柜型号“GG-1A（F）-11”，单击“修改”工具栏中的“旋转”按钮，将输入的高压开关柜型号旋转 90°，单击“修改”工具栏中的“移动”按钮，将其移动到画好的小矩形内，结果如图 10-98 所示。

步骤 10 单击“绘图”工具栏中的“编辑文字”按钮，修改另外两个参数，高压开关柜绘制完成，如图 10-99 所示。

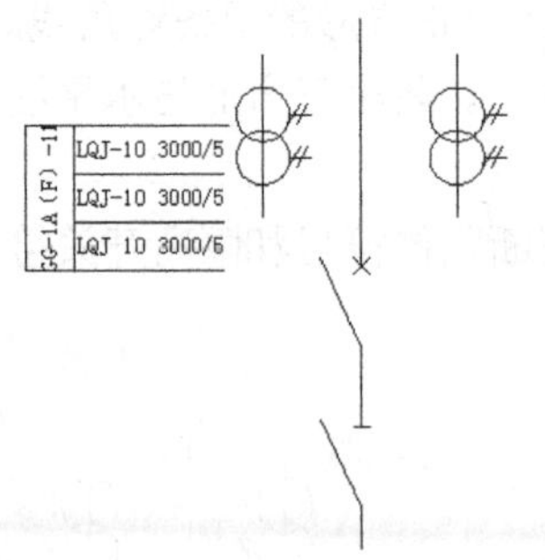

图 10-98　输入高压开关柜型号

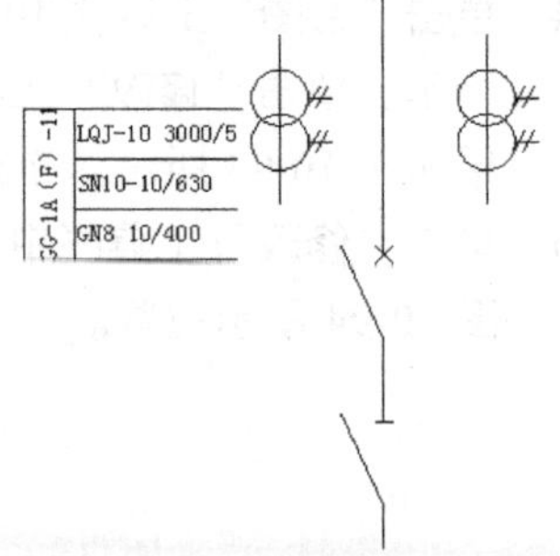

图 10-99　修改参数

10.5.3　绘制母线

步骤 01　由于高压电源采取两路进线，所以先将画好的高压开关柜复制一份，如图 10-100 所示。

步骤 02　复制一个隔离开关的符号，单击“修改”工具栏中的“旋转”按钮，将隔离开关旋转 90°，单击“修改”工具栏中的“移动”按钮，将其移动到两个高压开关柜中间的位置，如图 10-101 所示。

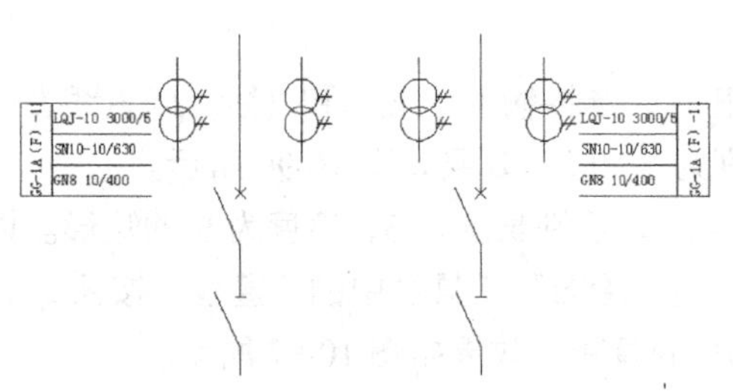

图 10-100　复制结果

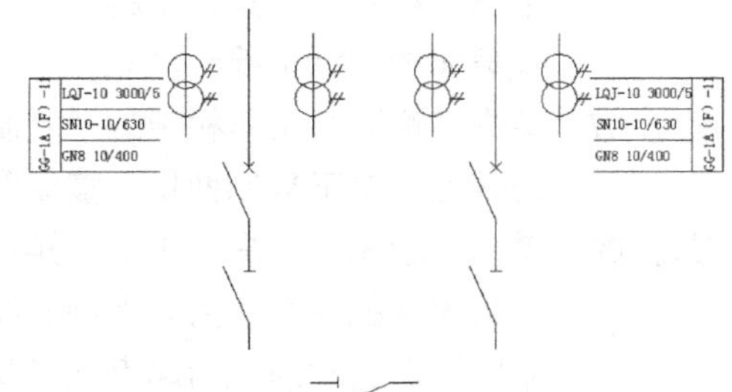

图 10-101　复制与旋转隔离开关

步骤 03　单击“修改”工具栏中的“拉伸”按钮，将隔离开关的两段拉伸，将其延长成一条母线。

步骤 04　单击“修改”工具栏中的“延伸”按钮，选择母线为要延伸的参考对象，选择导线为延伸对象，效果如图 10-102 所示。

步骤 05　单击“绘图”工具栏中的“多行文字”按钮 A，在如图 10-103 位置输入母线表示符号 WB1、WB2，母线型号“LMY-3(50×5)”，隔离开关型号“GN6-10/100”，以及电压值 10kV，完成母线的绘制。

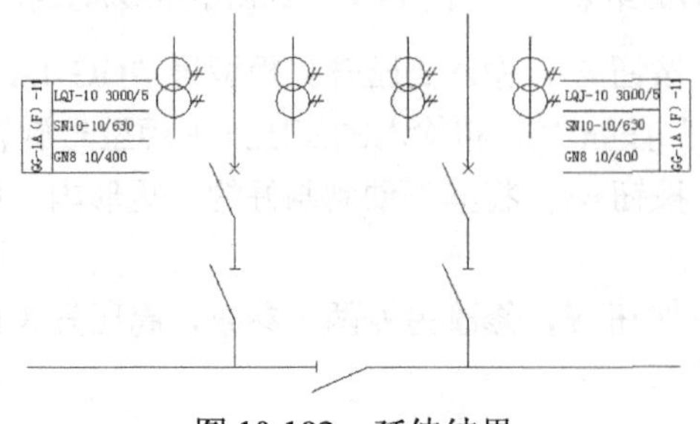

图 10-102　延伸结果

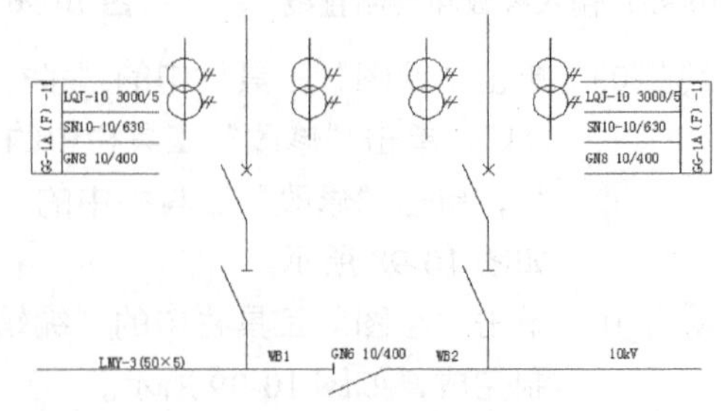

图 10-103　标注结果

10.5.4　绘制开关柜 1

步骤 01　复制三绕组电压互感器和熔断器符号，如图 10-104 所示。单击“修改”工具栏中的“移动”按钮，选择熔断器符号，如图 10-105 所示向下移动，最终效果如图 10-106 所示。

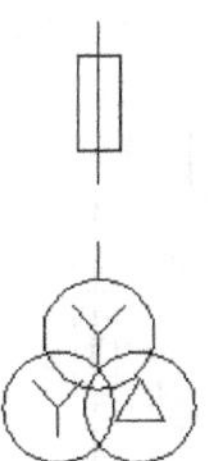

图 10-104　复制元件

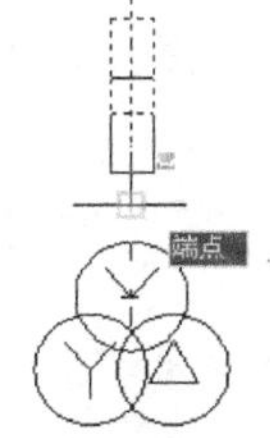

图 10-105　移动熔断器

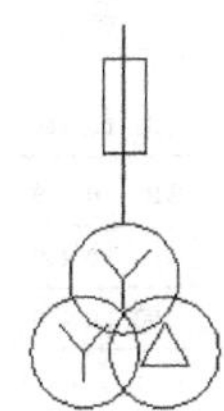

图 10-106　最终效果

步骤 02　复制避雷器和接地符号，如图 10-107 所示，单击“修改”工具栏中的“移动”按钮，选择避雷器符号，如图 10-108 所示进行移动，最终效果如图 10-109 所示。

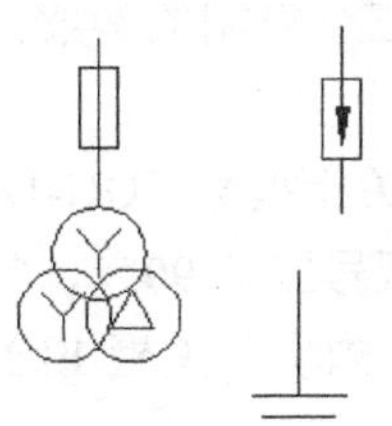

图 10-107　复制元件

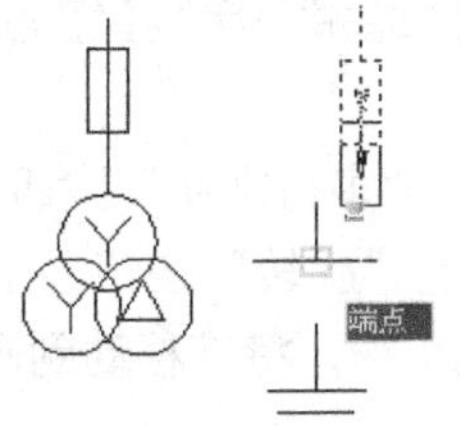

图 10-108　移动避雷器

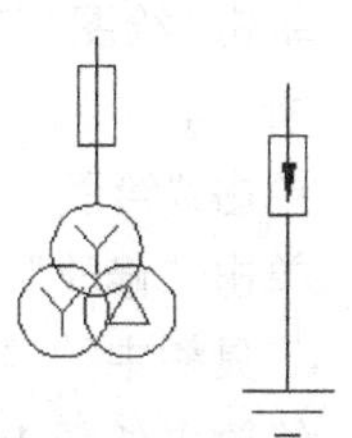

图 10-109　最终效果

步骤 03　复制隔离开关符号，单击“修改”工具栏中的“移动”按钮，将其移动至如图 10-110 所示位置。单击“绘图”工具栏中的“直线”按钮，将各元件用导线连接，效果如图 10-111 所示。

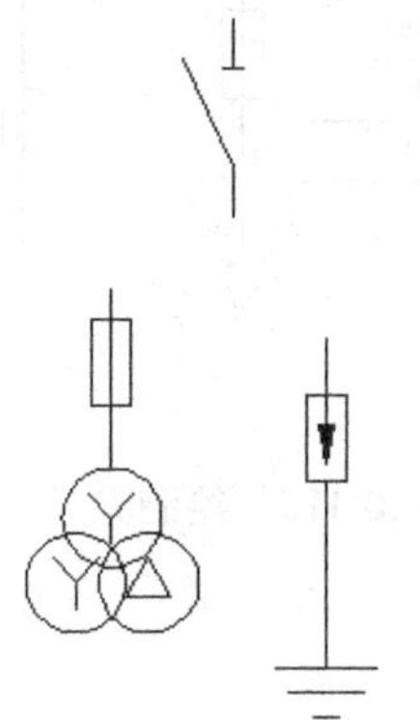

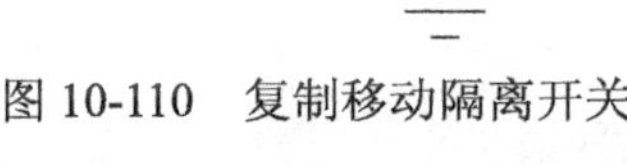

图 10-110　复制移动隔离开关

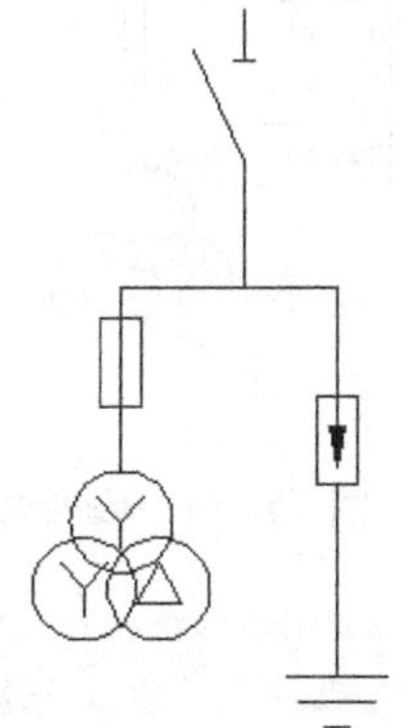

图 10-111　绘制导线

步骤 04　单击“绘图”工具栏中的“多行文字”按钮 A，输入隔离开关型号“GN8-10/200”，单击“绘图”工具栏中的“直线”按钮，在文字下方绘制一条长度为 10 的直线。

步骤 05　单击“修改”工具栏中的“复制”按钮，选择输入的文字和直线，以直线左端点为基点，向下复制三份，复制距离分别为为 3、6 和 9，效果如图 10-112 所示。

步骤06 单击“绘图”工具栏中的“矩形”按钮，绘制长度为 3，宽度为 12 的矩形。以最下边直线的左端点为起点向左绘制。单击“绘图”工具栏中的“直线”按钮，绘制以矩形右上顶点为起点的、长度为 10 的直线，效果如图 10-113 所示。

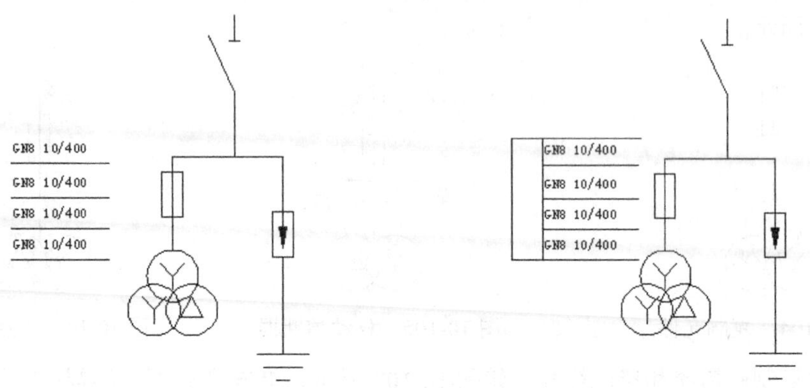

图 10-112　标注文字　　　图 10-113　绘制矩形与直线

步骤07 单击“绘图”工具栏中的“编辑文字”按钮，修改另外三个复制的参数，如图 10-114 所示。

步骤08 单击“绘图”工具栏中的“多行文字”按钮 A，输入开关柜型号“GG-1A（F）-54”，单击“修改”工具栏中的“旋转”按钮，将开关柜型号旋转 90°，单击“修改”工具栏中的“移动”按钮，将其移动到画好的小矩形内。开关柜 1 绘制完成，最终效果如图 10-115 所示。

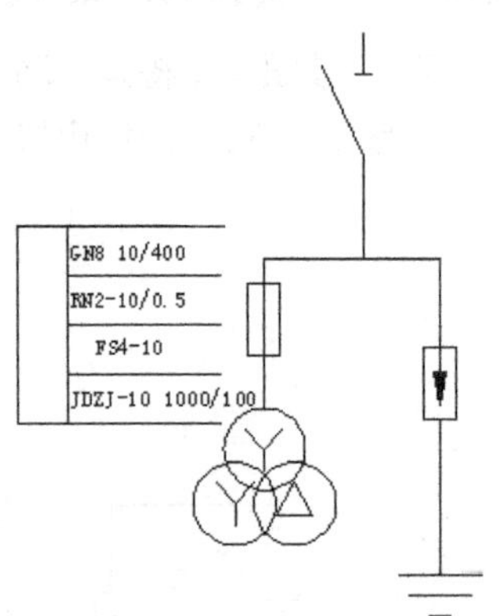

图 10-114　修改参数

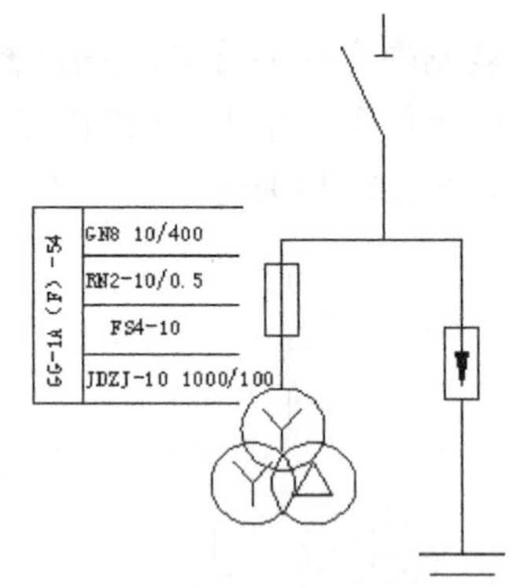

图 10-115　绘制完成

10.5.5 绘制高压开关柜 2

步骤01 复制绘制完成的高压开关柜，如图 10-116 所示。

步骤02 单击“修改”工具栏中的“移动”按钮，将断路器符号移动到如图 10-117 所示位置。

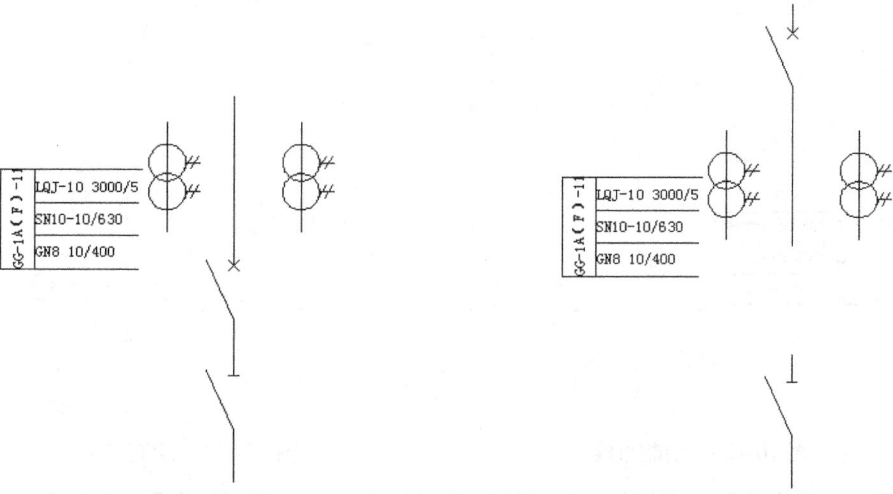

图 10-116　复制高压开关柜　　　　图 10-117　移动断路器

步骤 03　单击“修改”工具栏中的“移动”按钮，将隔离开关符号移动到如图 10-118 所示位置。单击“修改”工具栏中的“移动”按钮，将表格与文字向上移动到合适位置。

步骤 04　单击“绘图”工具栏中的“正多边形”按钮，绘制边长为 1 的三角形，单击“修改”工具栏中的“移动”按钮，以小三角形上边中点为基点，移动到如图 10-119 所示位置。

步骤 05　单击“绘图”工具栏中的“直线”按钮，将导线延长，穿过小三角形，如图 10-120 所示。

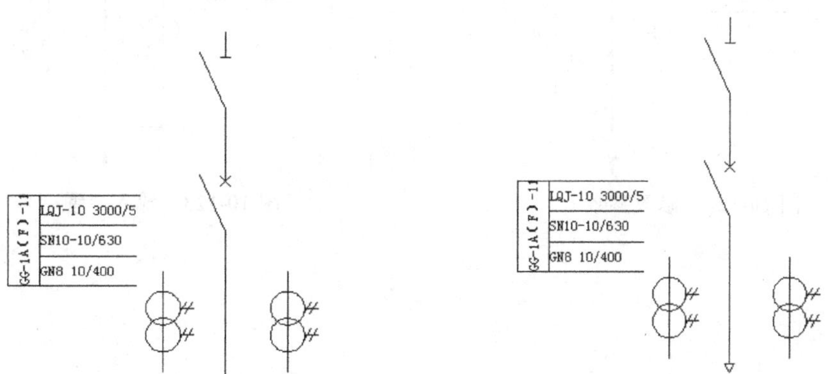

图 10-118　移动隔离开关　　　　图 10-119　绘制电缆头

步骤 06　利用分解尺寸标注的方法得到一个竖直向下的箭头，单击“修改”工具栏中的“移动”按钮，将其移动到导线的最下端点，结果如图 10-121 所示。

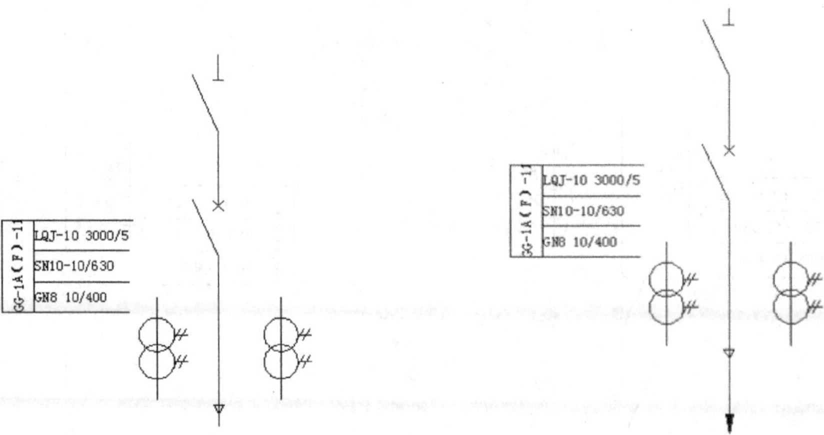

图 10-120　绘制直线　　　　图 10-121　绘制箭头

步骤 07 单击“绘图”工具栏中的“编辑文字”按钮，将开关柜型号与参数进行修改，如图 10-122 所示。

步骤 08 单击“绘图”工具栏中的“多行文字”按钮 A，输入电缆型号“ZLQ20-10000-3×25”，如图 10-123 所示。

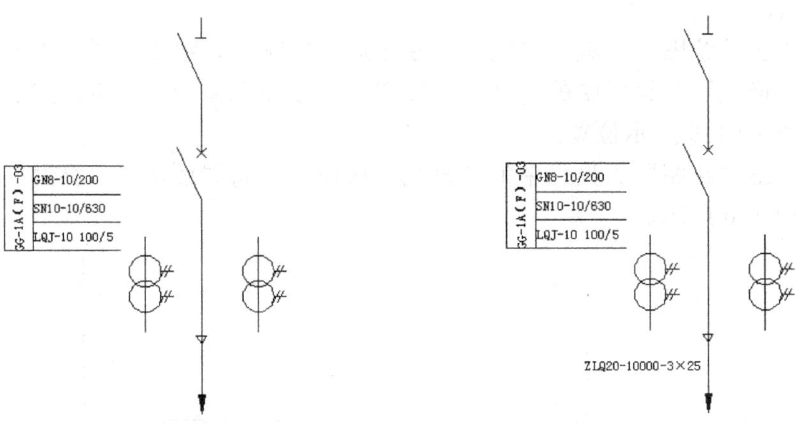

图 10-122　修改参数　　　　图 10-123　输入电缆型号

第 11 章　变电输电电气设计

电力从发电厂出来一般都是几千伏或几十千伏，而一般的用户用电为 220/330V，而远距离输电时则需要高压，达到几十千伏甚至几百千伏，所以电力从发电厂到用户往往要经过几次变压，这就是输电与变电工程。

本章将对输电与变电电气制图进行讲解，从变电输电工程中的常用电气符号入手，逐步详细介绍如何绘制输电工程图、变电所系统图、以及二次回路图等。

11.1　变电输电电气工程图

11.1.1　变电输电电气工程图的分类

变电输电电气工程分为一次部分和二次部分。一次部分是构成电力系统的主体，是直接生产、输送、分配电能的电气，包括发电机、电力变压器、断路器、隔离开关、电力母线、电力电缆和输电线路等。二次部分是对一次设备进行监测、控制、调节和保护的电气设备，包括测量仪表、控制及信号器具、继电保护和自动装置等。二次部分是通过电压互感器和电流互感器与一次部分取得电的联系。一次部分及其相互连接的回路称为一次回路（又称主回路）；二次部分及其相互连接的回路成为二次回路。

变电输电电气工程图也分为一次部分和二次部分两类。一次部分的图纸主要包括电气系统图、线路平面图、电气的主接线图、及配电装置图等。二次部分的图纸主要包括二次原理图、二次展开图、安装接线图等。

由于篇幅限制，本章主要讲解绘制线路平面图、电气系统图以及二次回路中的安装接线图。

11.1.2　变电输电电气工程图元件的绘制

由于在变电和输电工程中，某些电气符号将大量重复使用，例如发电机、变压器等。下面我们就介绍几种变电输电电气工程中常用元件的绘制方法。

1. 交流发电机符号的绘制

步骤 01　单击“绘图”工具栏中的“圆”按钮，绘制半径为 5 的圆，单击“绘图”工具栏中的“圆弧”按钮，绘制半径为 1，包含角度为 180° 的圆弧，位置无特殊要求，在大圆内即可，结果如图 11-1 所示。

步骤 02　单击“修改”工具栏中的“镜像”按钮，选择刚绘制的圆弧，以两个圆弧的端点的连线为镜像线，如图 11-2 所示，将圆弧镜像复制一份，结果如图 11-3 所示。

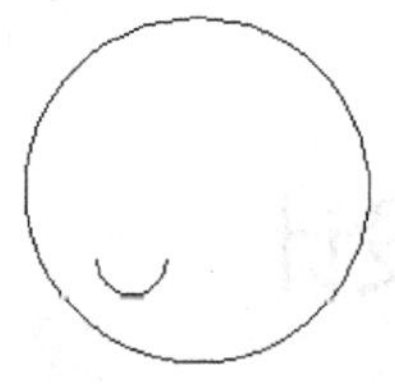
图 11-1　圆与圆弧

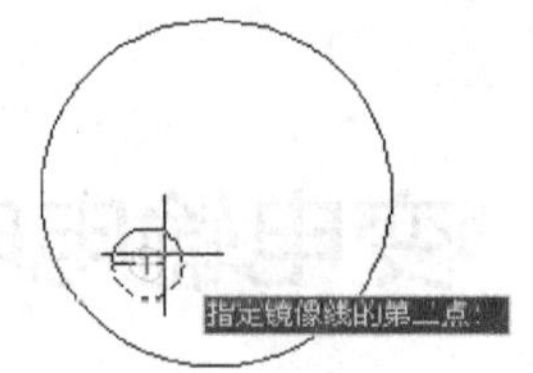

图 11-2　镜像圆弧

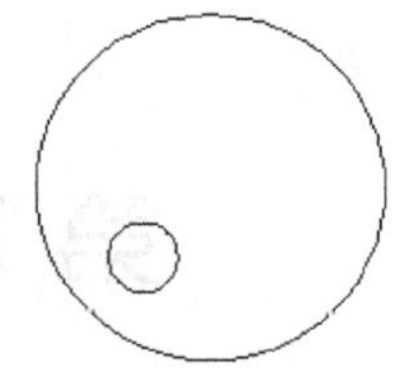
图 11-3　镜像结果

步骤03 单击“修改”工具栏中的“移动”按钮，选择下半圆弧，以上半圆弧左端点为基点，以上半圆弧右端点为第二点进行移动（见图 11-4），结果如图 11-5 所示。

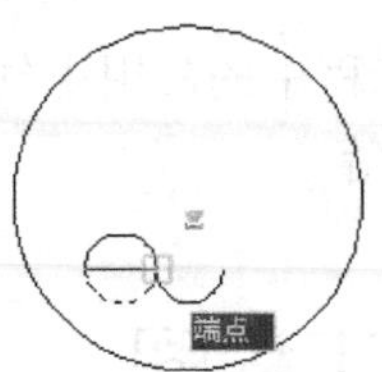

图 11-4　移动圆弧

图 11-5　移动结果

步骤04 单击“绘图”工具栏中的“多行文字”按钮A，文字格式设置如图 11-6 所示，输入大写字母 G，单击“修改”工具栏中的“移动”按钮，将文字与圆弧移动到大圆中的适当位置，结果如图 11-7 所示，完成交流发电机符号绘制。

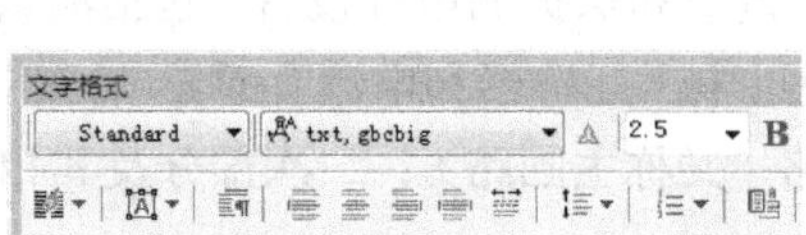

图 11-6　文字格式设置

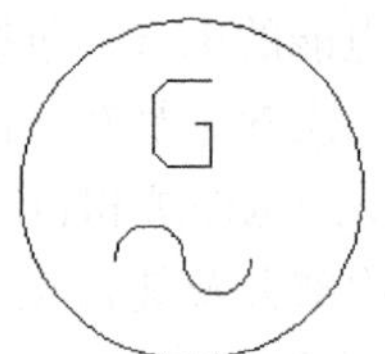

图 11-7　移动结果

2. 变压器符号的绘制

步骤01 单击“绘图”工具栏中的“圆”按钮，绘制半径为 3 的圆，单击“绘图”工具栏中的“直线”按钮，以圆心为起点，向下绘制长度为 2 的竖直线段，效果如图 11-8 所示。

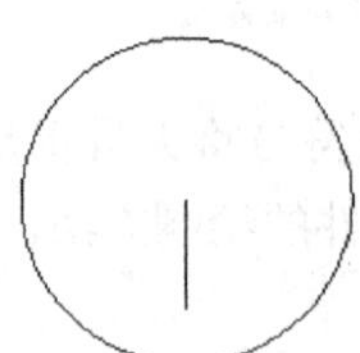
图 11-8　圆与直线

步骤02 单击“修改”工具栏中的“环形阵列”按钮，以圆内的竖直线段为阵列对象，设置圆心为中心点，项目总数为 3，填充角度为 360，阵列操作结果如图 11-9 所示。

步骤03 单击“修改”工具栏中的“复制”按钮，选择圆与圆内图形为复制对象，以圆心为基点，向下复制，复制距离为 5，结果如图 11-10 所示。

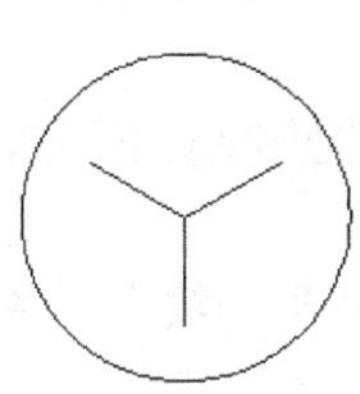

图 11-9　镜像结果

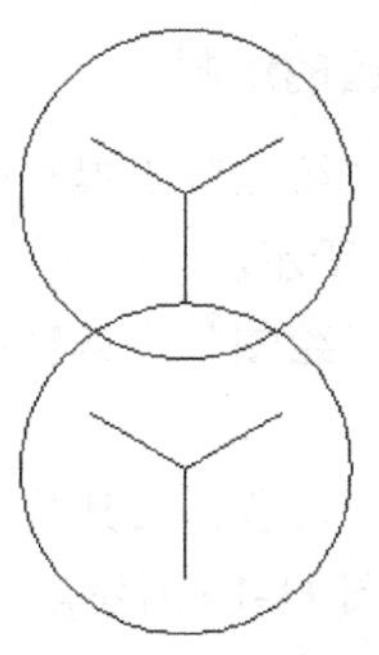

图 11-10　复制结果

步骤 04　单击“绘图”工具栏中的“直线”按钮，以图 11-11 中所捕捉到的交点为基点，向上绘制长度为 2 的线段，结果如图 11-12 所示。

步骤 05　单击“修改”工具栏中的“镜像”按钮，选择圆外小线段为操作对象，以两圆交点连线为镜像轴，结果如图 11-13 所示。星形-星形变压器符号绘制完成。

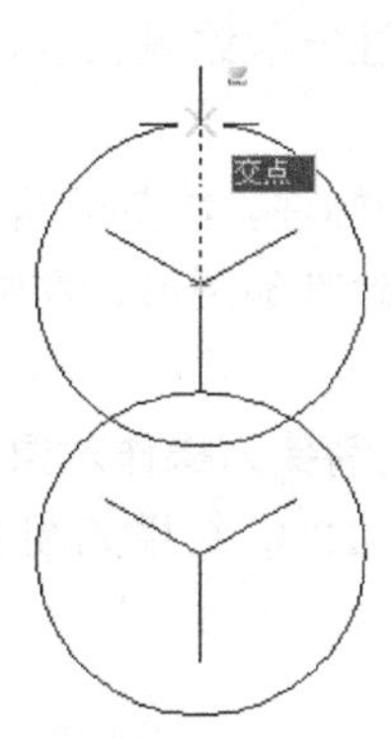

图 11-11　捕捉交点

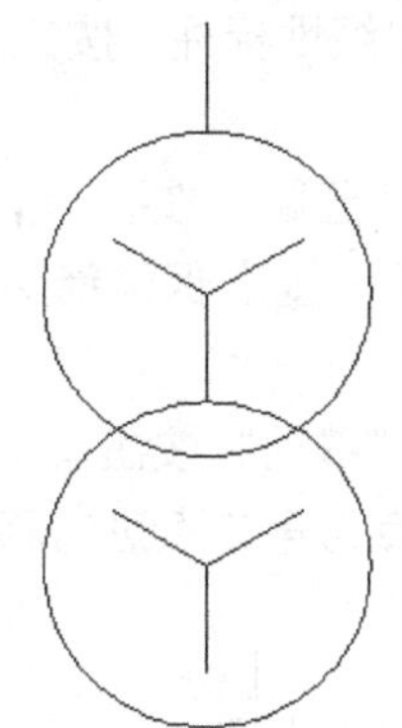

图 11-12　绘制线段

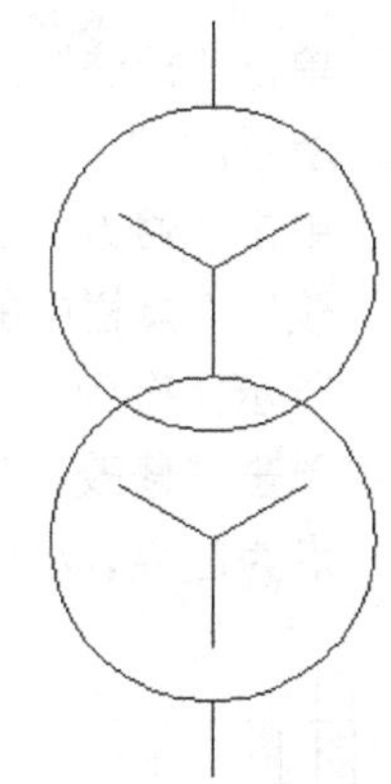

图 11-13　镜像线段

步骤 06　单击“绘图”工具栏中的“正多边形”按钮，以下方圆心为中心，绘制半径为 2 的圆的内接三角形，结果如图 11-14 所示，单击“修改”工具栏中的“删除”按钮，将星形标记删除，效果如图 11-15 所示。星形-三角形变压器符号绘制完成。

步骤 07　用同步骤 6 相同的方法，将上圆中的星形换成三角形，即得到三角形-星形变压器符号，如图 11-16 所示。

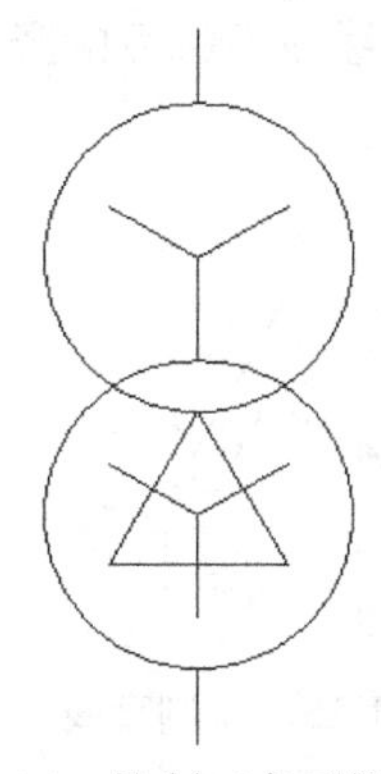

图 11-14　绘制三角形图

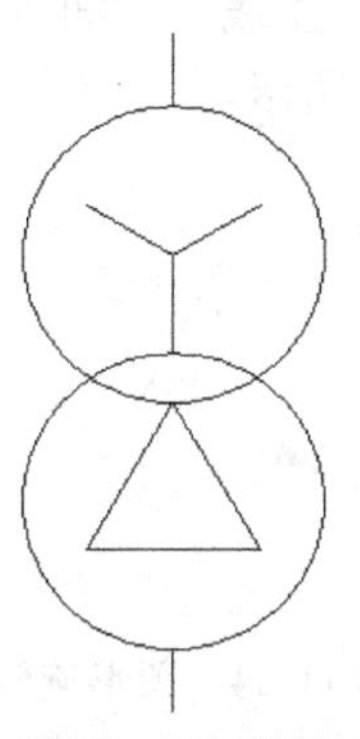

图 11-15　星形-三角形变压器

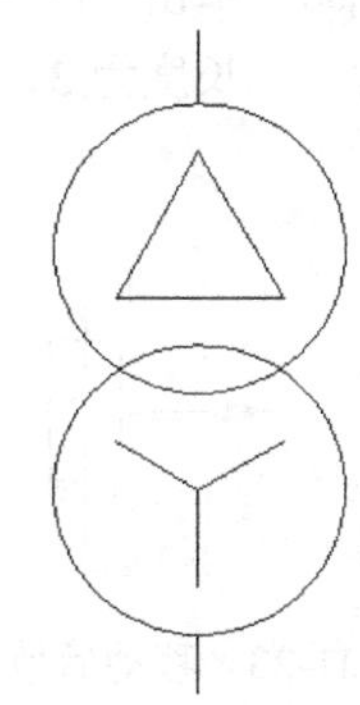

图 11-16　三角形-星形变压器

3. 跌落式熔断器的绘制

步骤01 单击“绘图”工具栏中的“矩形”按钮，绘制长度为 2，高度为 4 的矩形，如图 11-17 所示。

步骤02 单击“绘图”工具栏中的“直线”按钮，绘制小矩形上下两边中点的连线，如图 11-18 所示。

步骤03 单击“修改”工具栏中的“拉伸”按钮，将小矩形中线上下各拉伸长度为 2，效果如图 11-19 所示。

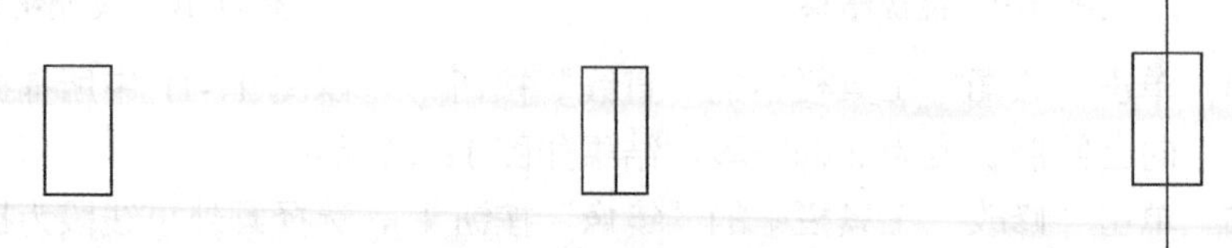

图 11-17 绘制矩形　　图 11-18 绘制中点连线　　图 11-19 拉伸中线

步骤04 单击“标注”工具栏中的“线性标注”按钮，任意标注一段线段长度，如图 11-20 所示。

步骤05 单击“修改”工具栏中的“分解”按钮，选择线段的标注，将其分解，单击“修改”工具栏中的“删除”按钮，保留箭头和引线，删除其他图形，效果如图 11-21 所示，得到一个箭头的图标。

步骤06 单击“修改”工具栏中的“移动”按钮，选择得到的箭头为操作对象，以其左端点为起点，小矩形左边中点为第二点进行移动（见图 11-22），结果如图 11-23 所示。

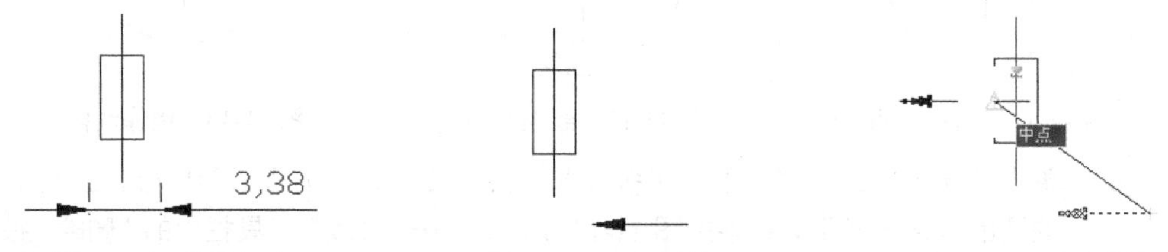

图 11-20 线性标注　　图 11-21 删除效果　　图 11-22 移动箭头

步骤07 单击“修改”工具栏中的“旋转”按钮，选择画好的图形为操作对象，以竖直线段下端点为基点，旋转 30°，结果如图 11-24 所示。

步骤08 单击“绘图”工具栏中的“直线”按钮，绘制起点在斜线段下端点的竖直线段，长度为 3，结果如图 11-25 所示。

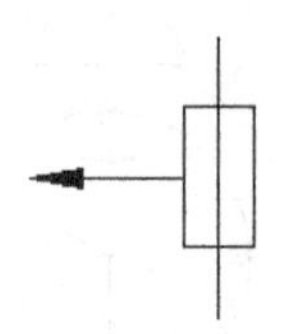

图 11-23 移动后效果

图 11-24 图形旋转

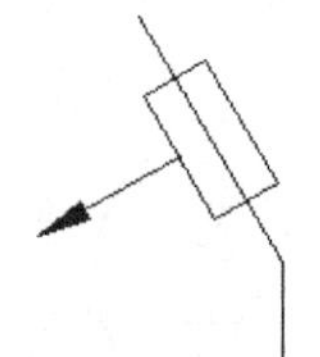

图 11-25 绘制直线

步骤 09　单击"绘图"工具栏中的"直线"按钮，绘制起点如图 11-26 所示的竖直线段，向上绘制，长度为 3，最终效果如图 11-27 所示，跌落式熔断器绘制完成。

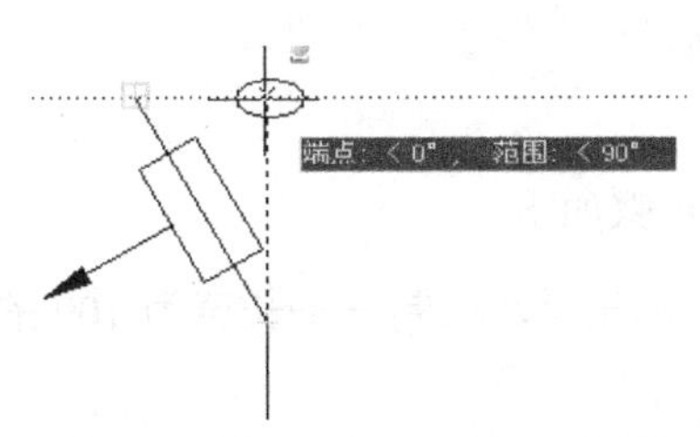

图 11-26　捕捉直线起点

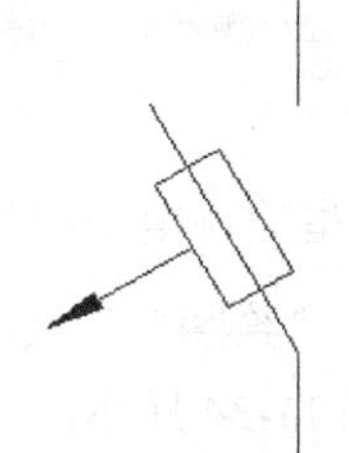

图 11-27　绘制直线

4. 三相电容器的绘制

步骤 01　单击"绘图"工具栏中的"圆"按钮，绘制半径为 6 的辅助圆，效果如图 11-28 所示。

步骤 02　单击"绘图"工具栏中的"正多边形"按钮，绘制以中心为圆心，内接于圆的正三角形，结果如图 11-29 所示。

步骤 03　单击"绘图"工具栏中的"直线"按钮，在三角形的底边上绘制两条长度为 2 的竖直线段，结果如图 11-30 所示。

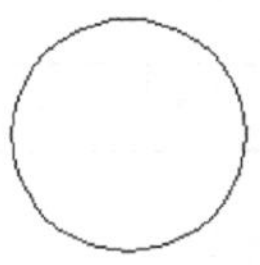

图 11-28　绘制圆形

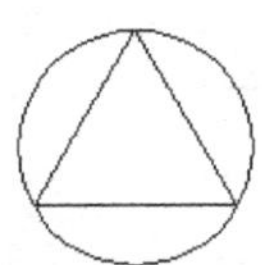

图 11-29　绘制内接三角形

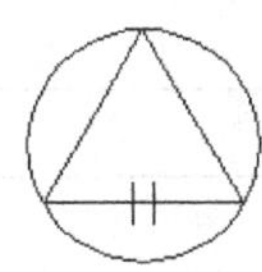

图 11-30　绘制竖直线段

步骤 04　单击"修改"工具栏中的"环形阵列"按钮，选择两条竖直短线为阵列对象，设置圆心为阵列中心点，项目数为 3 ，填充角度为 360° ，阵列效果如图 11-31 所示。

步骤 05　单击"修改"工具栏中的"修剪"按钮，以 6 条短线段为修剪边，将每两条短线段中间的部分修剪掉，结果如图 11-32 所示。

步骤 06　单击"修改"工具栏中的"删除"按钮，将辅助圆删除，三相电容器绘制完成，最终结果如图 11-33 所示。

图 11-31　镜像结果

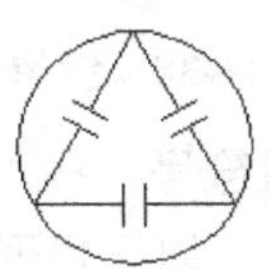

图 11-32　修剪结果

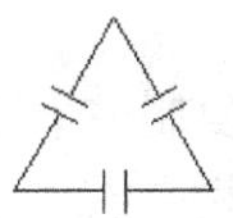

图 11-33　最终效果

11.2 变电输电工程设计

11.2.1 一个典型的变电输电工程实例

下面是一个典型的输电工程设计图，其绘制步骤如下：

步骤 01 单击“绘图”工具栏中的“直线”按钮，绘制一条长度为100的水平线段，效果如图11-34所示。

步骤 02 单击“修改”工具栏中的“偏移”按钮，将绘制的直线向下或向上偏移复制一份，偏移距离为10，结果如图11-35所示。

图 11-34 绘制直线

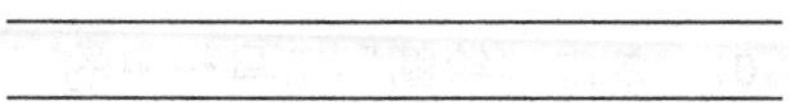

图 11-35 偏移直线

步骤 03 单击“修改”工具栏中的“复制”按钮，将两条直线向下复制一份，复制距离为25，结果如图11-36所示。

步骤 04 复制一个星形-星形变压器符号，使用捕捉最近点的方法，插入到如图11-37所示位置。

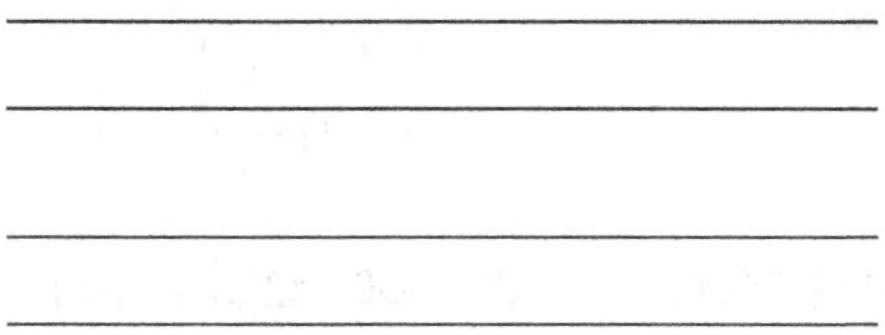

图 11-36 复制结果

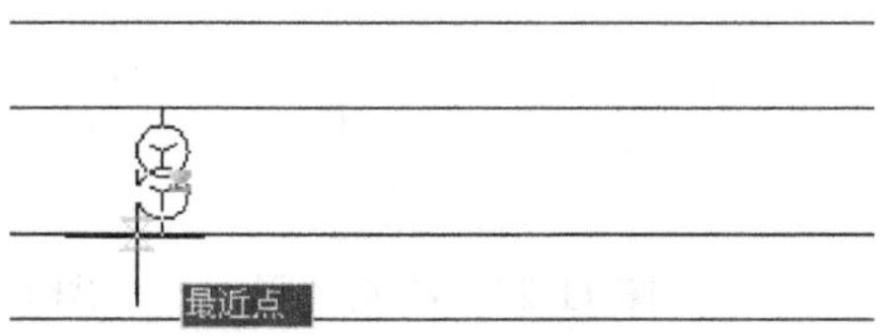

图 11-37 捕捉最近点

步骤 05 单击“修改”工具栏中的“矩形阵列”按钮，选择星形-星形变压器符号为阵列对象，设置阵列行数为1，列数为4，列间距为25，阵列效果如图11-38所示。

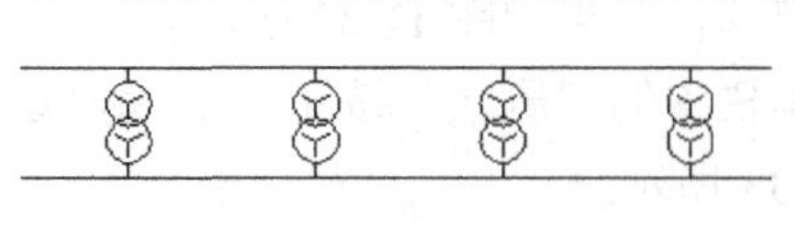

图 11-38 镜像结果

步骤 06 复制一个三角形-星形变压器符号，插入到如图11-39所示位置，单击“修改”工具栏中的“矩形阵列”按钮，以三角形-星形变压器为阵列对象，设置同步骤（5），结果如图11-40所示。

步骤 07 复制一个星形-三角形变压器符号，插入到如图11-41所示位置，单击“修改”工具栏中的“矩形阵列”按钮，以星形-三角形变压器为阵列对象，设置同步骤（5），结果如图11-42所示。

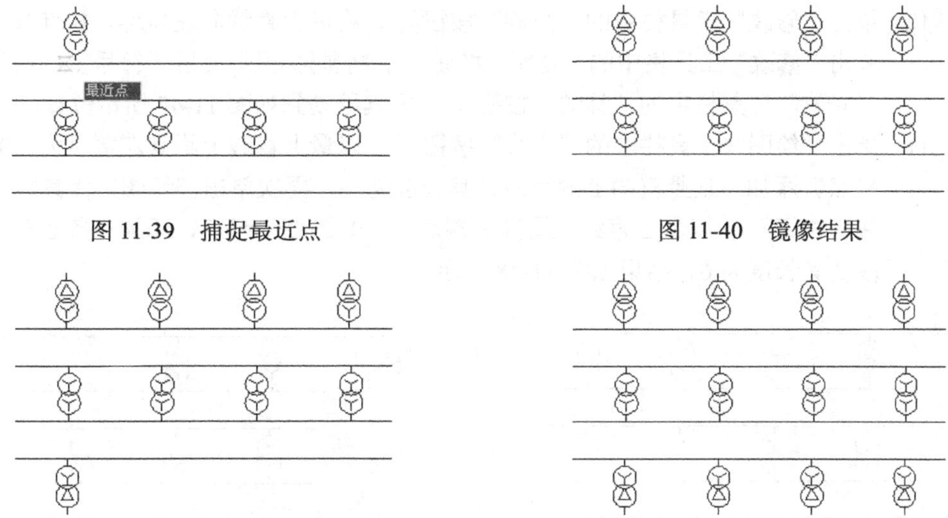

图 11-39　捕捉最近点

图 11-40　镜像结果

图 11-41　插入星型-三角形变压器符号

图 11-42　镜像变压器符号

步骤 08　单击“修改”工具栏中的“复制”按钮，选择最上直线为复制对象，以如图 11-43 所示点为基点，向上复制一条，复制距离为 15。再次单击“修改”工具栏中的“复制”按钮，选择最下直线为复制对象，向下复制一条，距离为 15，效果如图 11-44 所示。

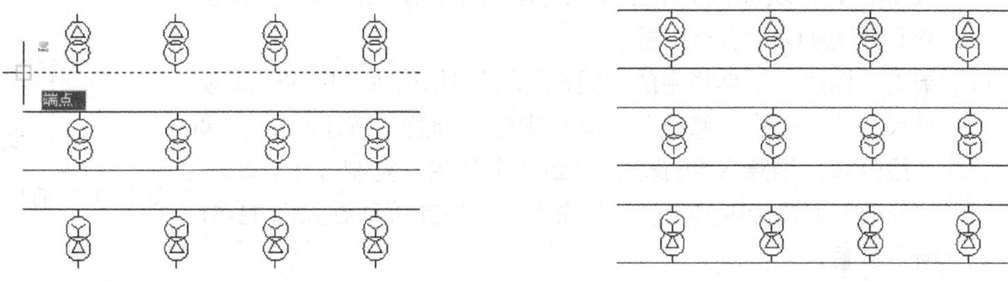

图 11-43　捕捉端点

图 11-44　复制结果

步骤 09　单击“绘图”工具栏中的“直线”按钮，以下起第二条直线上距右端点 40 的点为起点，绘制竖直向上的线段，其长度为 10，单击“修改”工具栏中的“复制”按钮，将刚绘制的小线段向上复制一份，复制距离为 25，结果如图 11-45 所示，将两条竖直线段的线型改为 HIDDEN2，结果如图 11-46 所示。

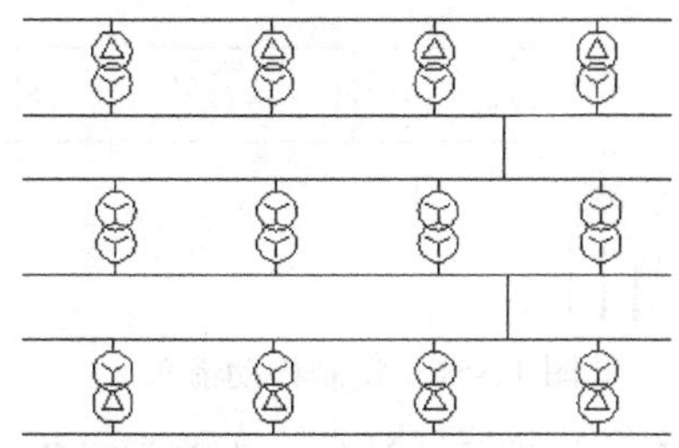

图 11-45　两条竖直线段

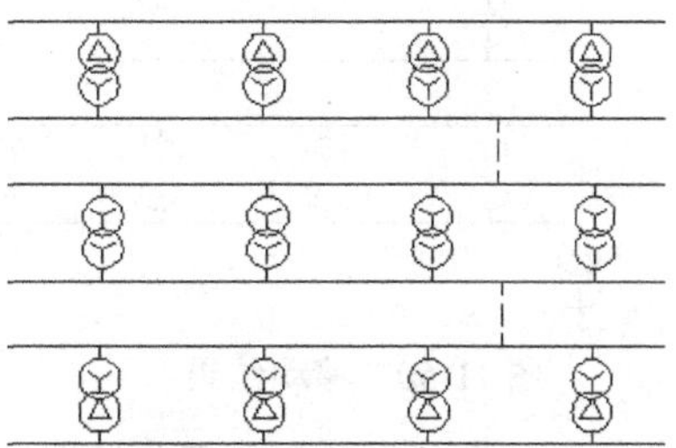

图 11-46　修改线型

步骤 10　单击“修改”工具栏中的“拉伸”按钮，将最上直线向左拉伸，拉伸长度为 20。单击“修改”工具栏中的“复制”按钮，将星形-星形变压器符号复制两份，单击“修改”工具栏中的“移动”按钮，将其移动到如图 11-47 所示位置。

步骤 11　单击“绘图”工具栏中的“直线”按钮，以最上直线上距其左端点为 50 的点为起点，添加一条竖直向上的线段，其长度为 6，再次单击“绘图”工具栏中的“直线”按钮，以最上直线上距其右端点为 30 的点为起点，添加一条竖直向上的线段，其长度为 6，结果如图 11-48 所示。

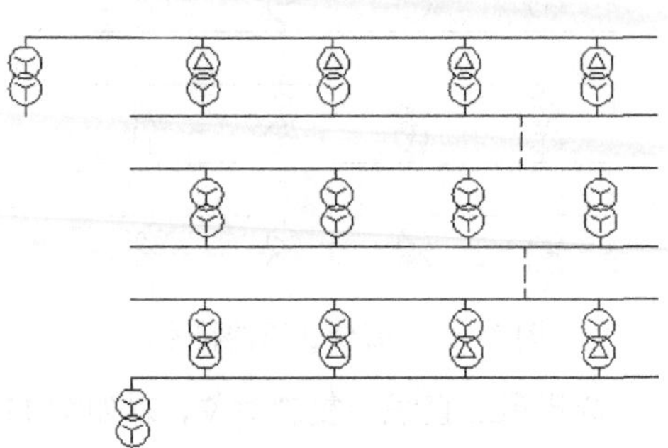

图 11-47　移动结果

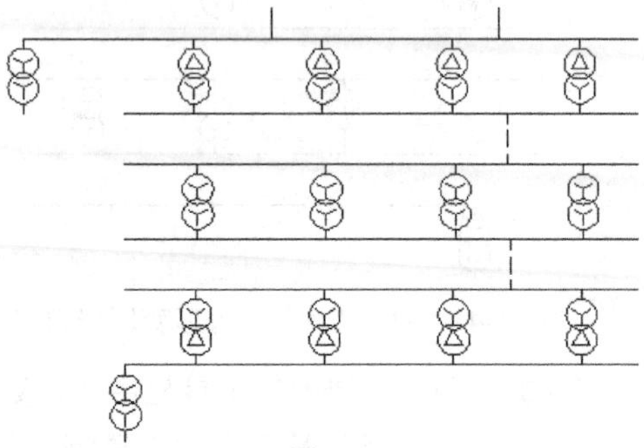

图 11-48　添加竖直线段

步骤 12　复制两个交流发电机符号，单击“修改”工具栏中的“移动”按钮，以发电机的下象限点为基点（见图 11-49）将其移动到如图 11-50 所示位置。

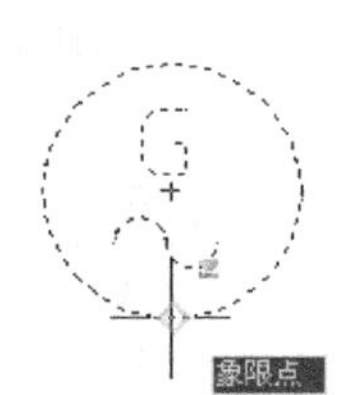

图 11-49　捕捉象限点

步骤 13　单击“标注”工具栏中的“线性标注”按钮，标注一段竖直尺寸线，单击“修改”工具栏中的“分解”按钮，将尺寸线分解，删除多余部分，得到一个箭头，复制 6 个，单击“修改”工具栏中的“移动”按钮，将其移动到如图 11-51 所示位置。

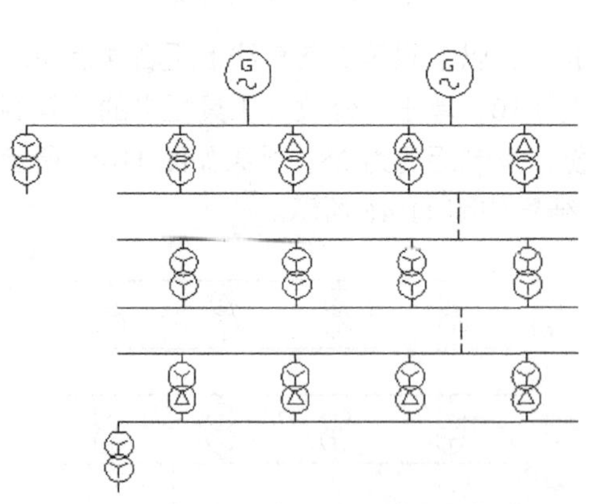

图 11-50　移动结果

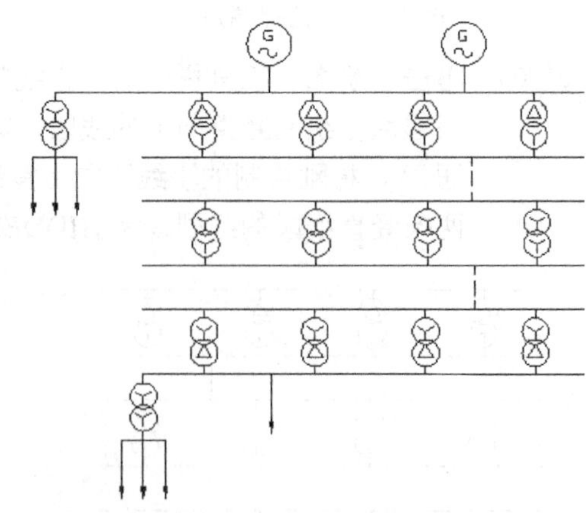

图 11-51　复制移动箭头

步骤 14　单击“修改”工具栏中的“矩形阵列”按钮，选择右边箭头为阵列对象，设置阵列行数为 1，列数为 6，列间距为 10，效果如图 11-52 所示。

步骤 15　单击“绘图”工具栏中的“多行文字”按钮 A，设置字体为“txt，gbcbig”，文字高度为 2.5，在图中添加文字注释，结果如图 11-53 所示。

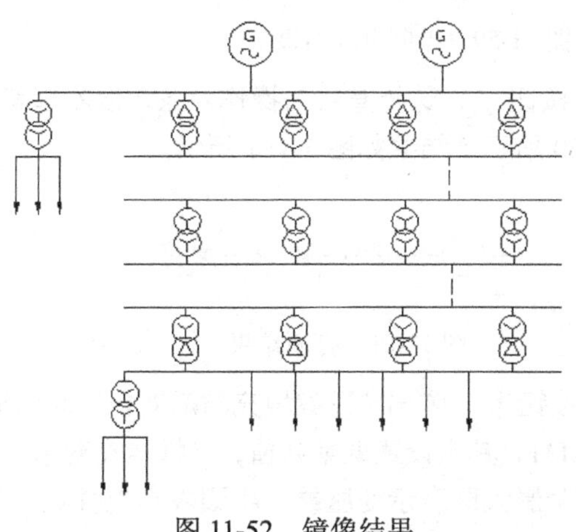

图 11-52　镜像结果

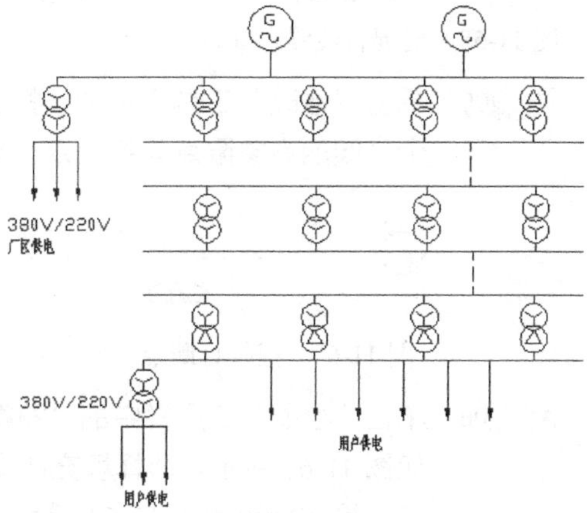

图 11-53　标注文字

11.2.2　绘制 10kV 线路平面图

电力一般通过电线杆上的高压线输送，可能跨越高山大河、公路桥梁等，线路平面图主要绘制线路走向以及电线杆的拉线方向等。

1. 主线的绘制

步骤 01　单击“绘图”工具栏中的“圆”按钮，绘制半径为 8 的圆，单击“修改”工具栏中的“偏移”按钮，选择圆为操作对象，向圆内偏移，偏移距离为 5，效果如图 11-54 所示。

步骤 02　单击“修改”工具栏中的“移动”按钮，选择小圆为操作对象，以圆心为基点，向右移动距离为 15，结果如图 11-55 所示。

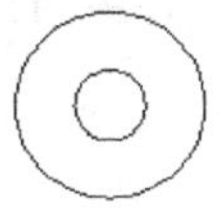

图 11-54　圆与圆的偏移

图 11-55　移动小圆

步骤 03　单击“修改”工具栏中的“矩形阵列”按钮，以小圆为阵列对象，设置阵列行数为 1，列数为 5，列间距为 20，阵列结果如图 11-56 所示。

步骤 04　单击“绘图”工具栏中的“直线”按钮，以大圆右象限点为起点，如图 11-57 所示，以最右小圆左象限点为终点，（见图 11-58），绘制直线，结果如图 11-59 所示。

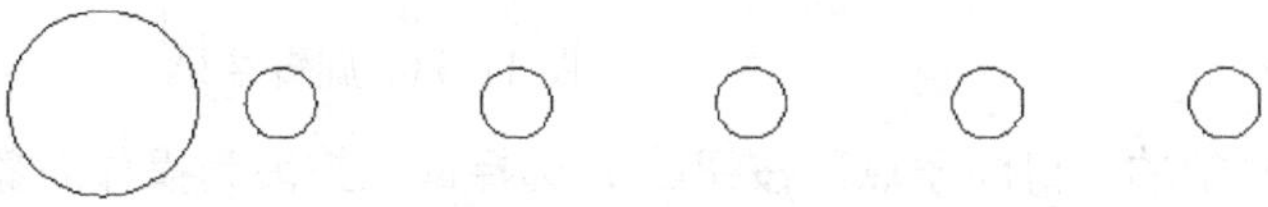

图 11-56　阵列结果

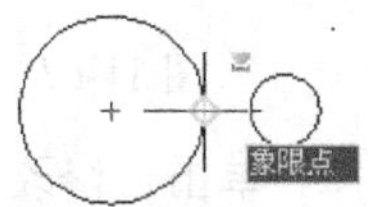

图 11-57　捕捉直线起点

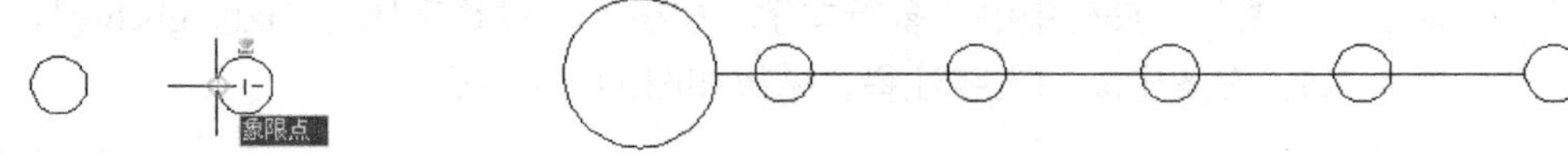

图 11-58　捕捉直线终点　　　　图 11-59　绘制直线结果

步骤05　单击“修改”工具栏中的“打断于点”按钮，选择直线为操作对象，以右起第二个小圆的右象限点为打断点，如图 11-60 所示，结果如图 11-61 所示。

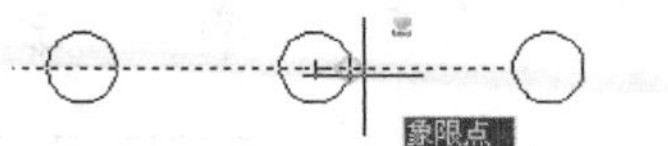

图 11-60　捕捉打断点

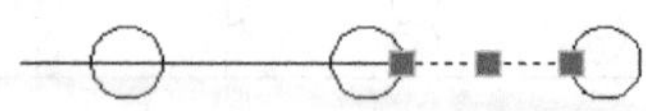

图 11-61　打断结果

步骤06　单击“绘图”工具栏中的“图案填充”按钮，弹出“图案填充与渐变色”对话框，如图 11-62 所示，选择填充图案为 ANSI31，其余设置取默认值，选择填充对象为大圆，操作结果如图 11-63 所示。此时，阴影大圆表示变压器，小圆表示电杆。

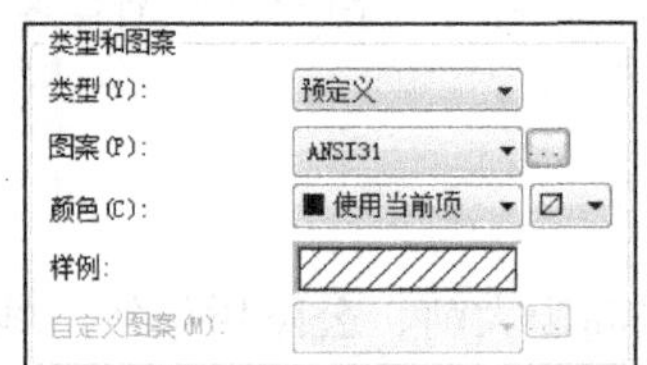

图 11-62　图形填充与渐变色　　　　图 11-63　填充结果

步骤07　单击“绘图”工具栏中的“直线”按钮，以如图 11-64 所示的象限点为起点，向上绘制长度为 5 的竖直线段，结果如图 11-65 所示。

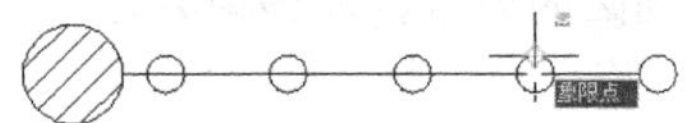

图 11-64　捕捉象限点　　　　图 11-65　绘制竖直线段

步骤08　单击“绘图”工具栏中的“直线”按钮，绘制长度为 5 的水平线段，单击“修改”工具栏中的“移动”按钮，以水平线段中点为基点，竖直线段上端点为第二点进行移动，结果如图 11-66 所示，平衡拉线绘制完成。

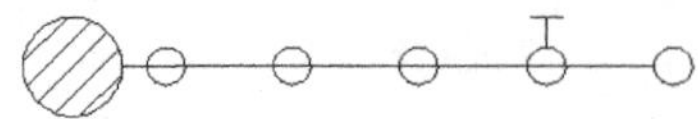

图 11-66　平衡拉线

步骤09　单击“修改”工具栏中的“旋转”按钮，选择如图 11-67 所示的虚线部分图形，以右起第二小圆圆心为基点，旋转-3°，结果如图 11-68 所示。

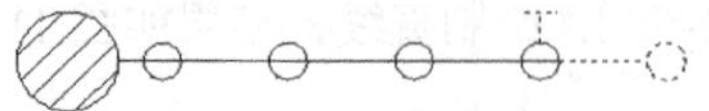

图 11-67　选择图形

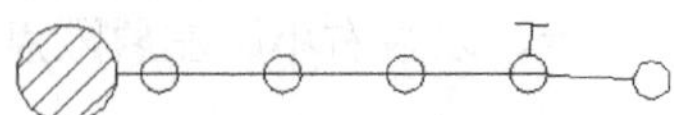

图 11-68　旋转结果

步骤10　单击“修改”工具栏中的“打断于点”按钮，选择最长线段为操作对象，以如图 11-69 所示小圆的圆心为打断点，进行操作，再次单击“修改”工具栏中的“打断于点”按钮，以如图 11-70 所示小圆右象限点为打断点，以图中所示虚线为操作对象，进行打断操作。

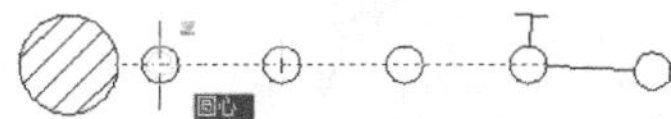

图 11-69　捕捉打断点

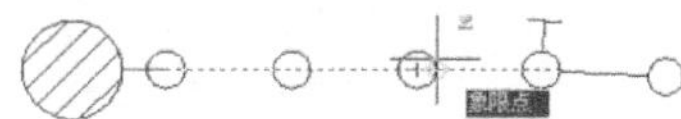

图 11-70　捕捉打断点

步骤 11　单击“修改”工具栏中的“复制”按钮，选择如图 11-71 中虚线部分图形为操作对象，以线段左端点为基点，以最右小圆圆心为第二点进行复制，复制结果如图 11-72 所示。

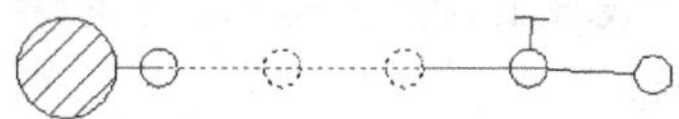

图 11-71　选择的图形

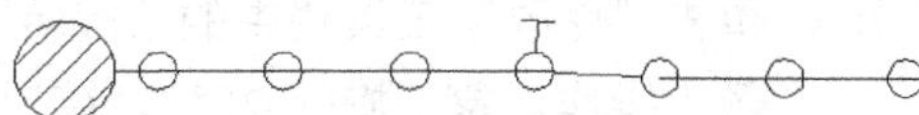

图 11-72　复制结果

步骤 12　单击“修改”工具栏中的“旋转”按钮，以如图 11-73 所示端点为基点，以刚复制的图形为操作对象，旋转-21°，结果如图 11-74 所示。

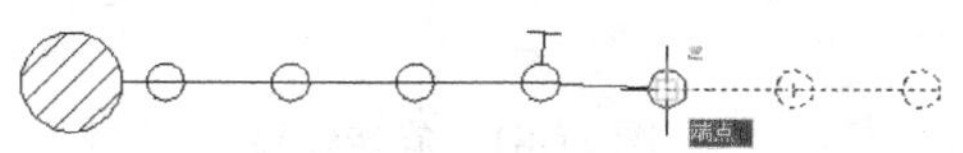

图 11-73　旋转基点

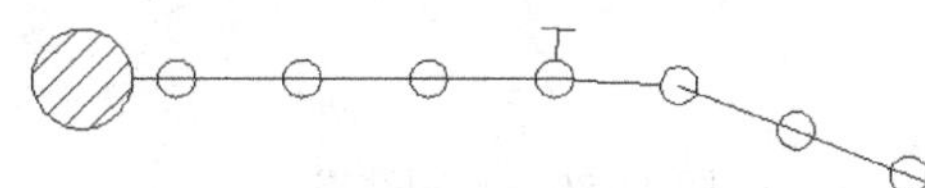

图 11-74　旋转结果

步骤 13　单击“修改”工具栏中的“复制”按钮，选择如图 11-75 虚线部分图形为操作对象，以线段左端点为基点，以最右小圆圆心为第二点进行复制，复制结果如图 11-76 所示。

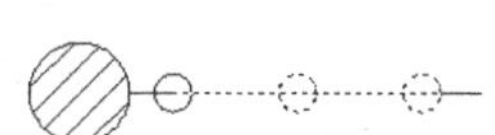

图 11-75　选择图形

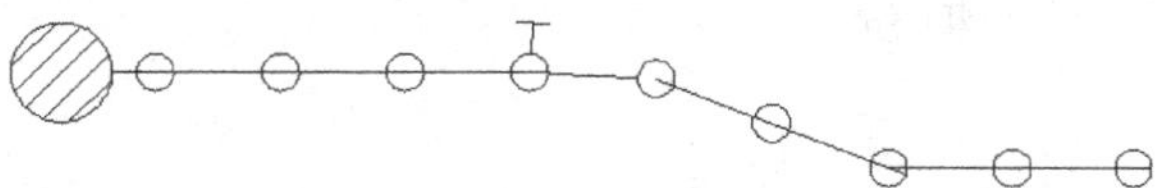

图 11-76　复制结果

步骤 14　单击“修改”工具栏中的“旋转”按钮，以右起第三小圆圆心为基点，以刚复制的图形为操作对象，旋转-68°，结果如图 11-77 所示。

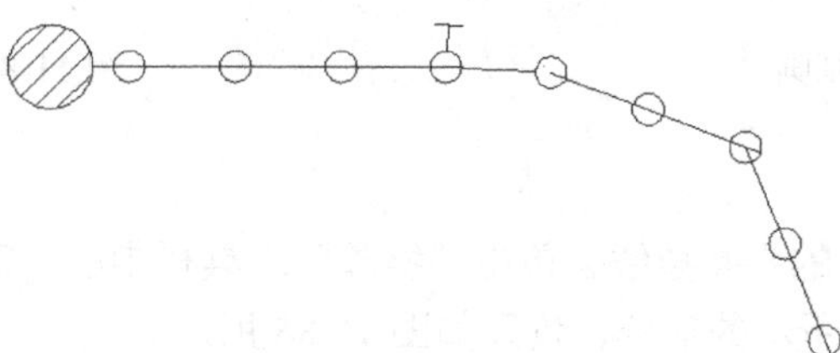

图 11-77　旋转结果

步骤 15　单击“修改”工具栏中的“复制”按钮，选择如图 11-78 中虚线部分图形为操作对象，以线段左端点为基点，以如图 11-79 所示点为第二点进行复制，复制结果如图 11-80 所示。

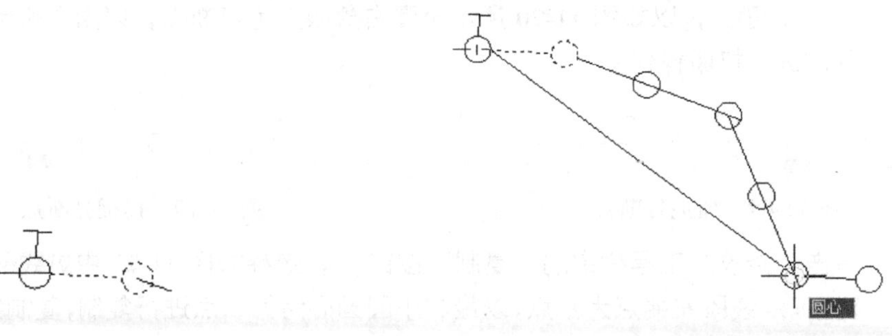

图 11-78　选择图形　　　　图 11-79　复制图形

步骤16 单击“修改”工具栏中的“旋转”按钮，以小线段上端点为基点，以刚复制的图形为操作对象，旋转-20°，结果如图 11-81 所示。

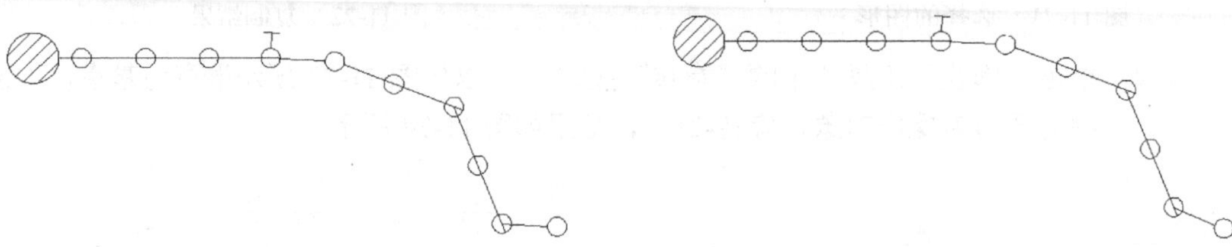

图 11-80　复制结果　　　　图 11-81　旋转结果

步骤17 单击“修改”工具栏中的“拉伸”按钮，以刚旋转的小线段为操作对象，将其拉伸，拉伸距离为 20，单击“绘图”工具栏中的“圆”按钮，以拉伸线段下端点为圆心绘制半径为 8 的圆，结果如图 11-82 所示。

步骤18 单击“修改”工具栏中的“修剪”按钮，将几个圆内的线头修剪掉，效果如图 11-83 所示。

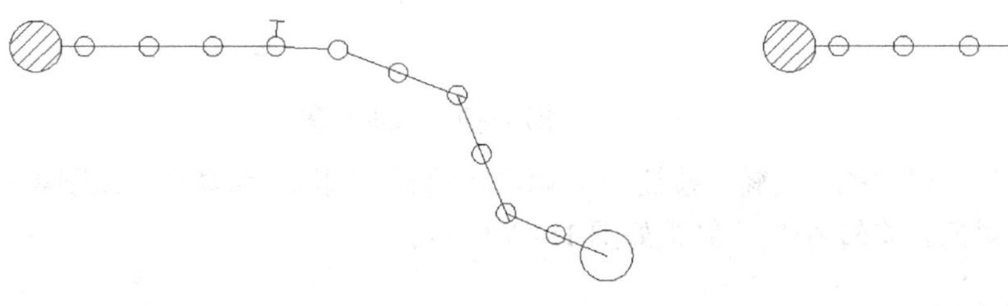

图 11-82　绘制圆

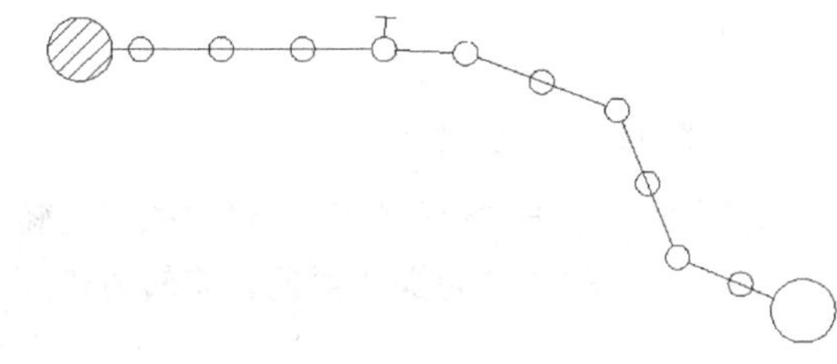

图 11-83　修剪结果

2. 细节绘制

步骤01 首先绘制电杆的平衡拉线，单击“缩放”工具栏中的“窗口缩放”按钮，局部放大如图 11-84 所示的部分，效果如图 11-85 所示。

步骤02 单击“修改”工具栏中的“复制”按钮，将绘制过的平衡拉线复制两个，效果如图 11-86 所示。

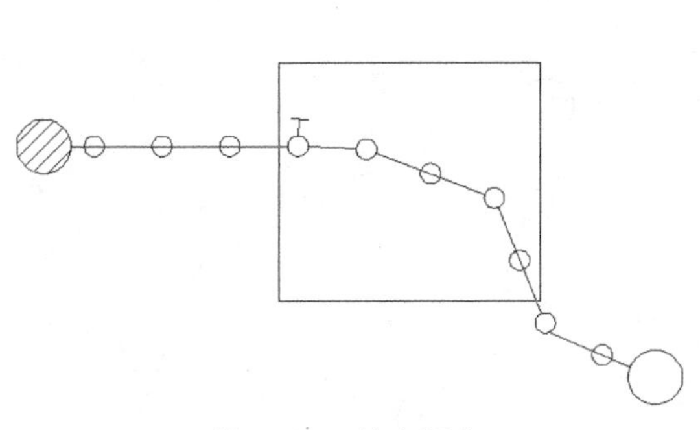

图 11-84　放大部分

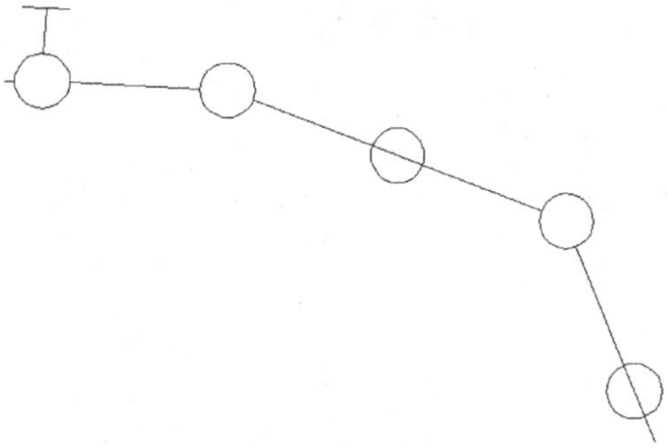

图 11-85　放大效果

步骤 03　单击“修改”|“三维操作”|“对齐”命令，按命令行的提示操作，把一个平衡拉线对齐到线路上，对齐后结果如图 11-90 所示。

命令: _align
选择对象: 指定对角点: 找到 2 个（选择一个平衡拉线）
选择对象: （选择一个平衡拉线）
指定第一个源点:（平衡拉线竖直线段下端点）
指定第一个目标点:（如图 11-87 所示交点）
指定第二个源点: （如图 11-88 所示中点）
指定第二个目标点: <正交 开>（如图 11-89 所示圆心）
指定第三个源点或 <继续>:
是否基于对齐点缩放对象？[是(Y)/否(N)] <否>: n

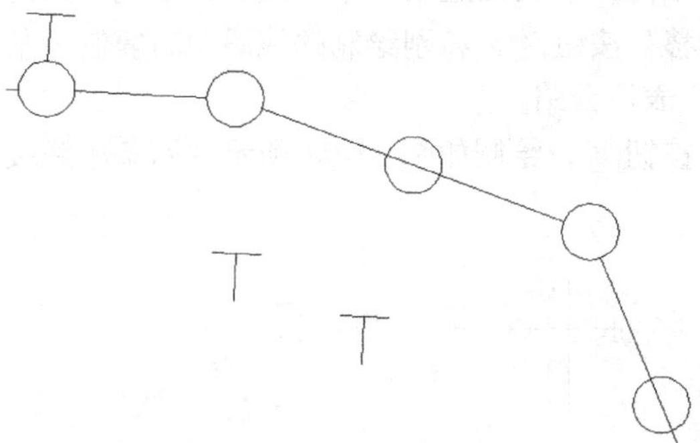

图 11-86　复制结果

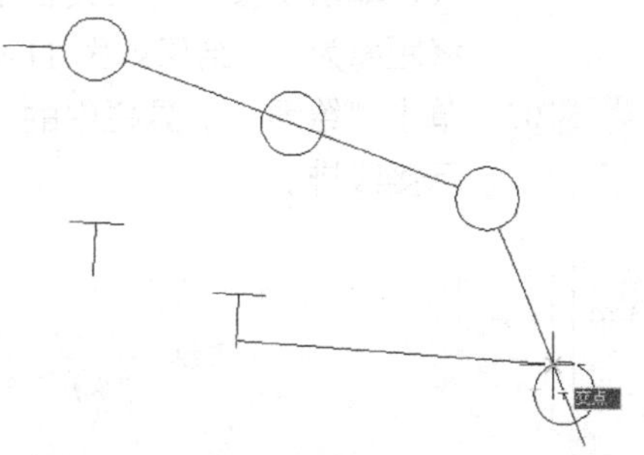

图 11-87　捕捉第一源点和第一目标点

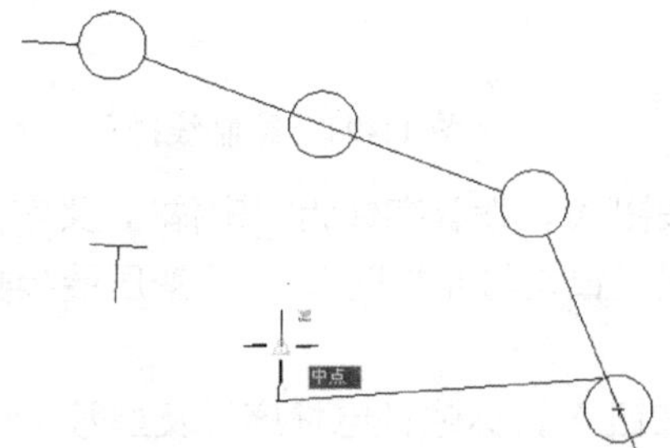

图 11-88　捕捉第二源点

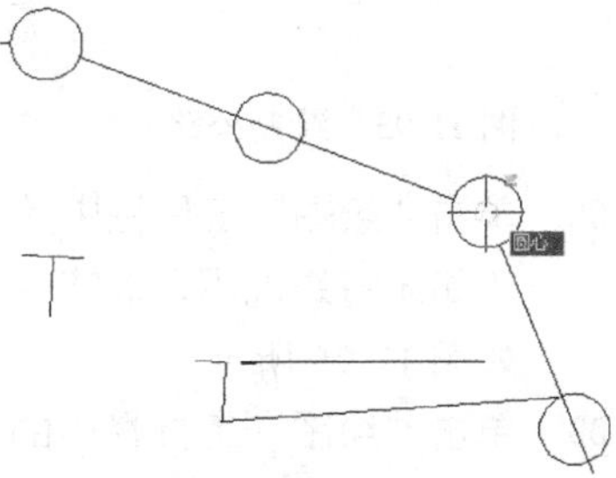

图 11-89　捕捉第二目标点

步骤 04　单击“修改”工具栏中的“移动”按钮，选择对齐后的拉线，移动到如图 11-91

所示位置。

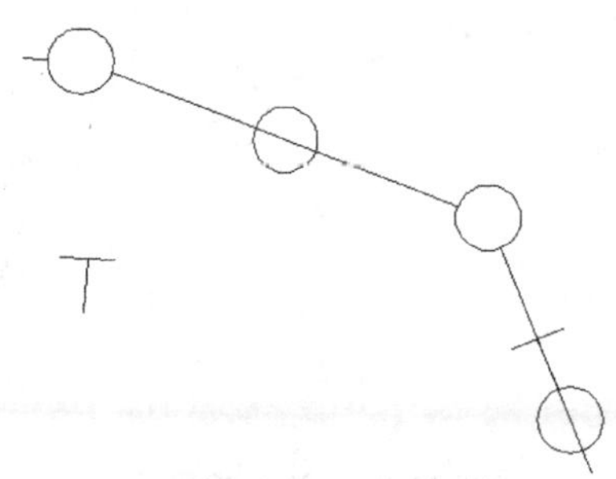

图 11-90　对齐结果

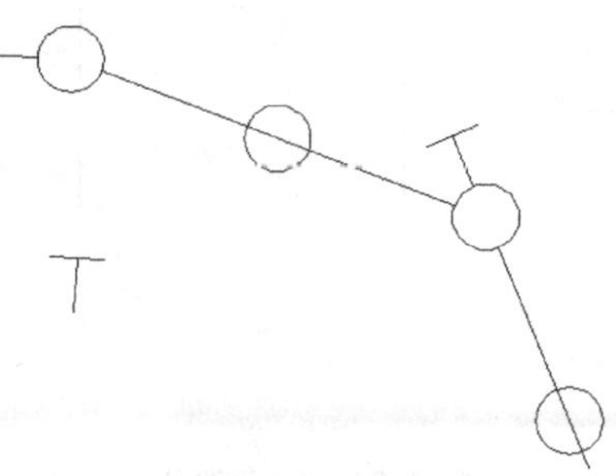

图 11-91　移动结果

步骤 05　按照如上方法，绘制其他的平衡拉线，最终结果如图 11-92 所示。

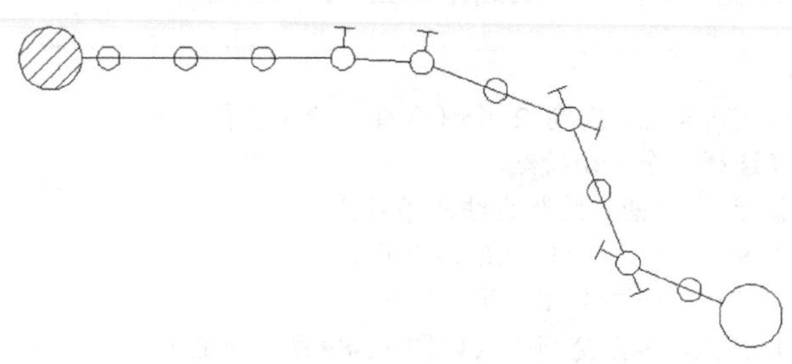

图 11-92　绘制其他拉线结果

步骤 06　单击“绘图”工具栏中的“直线”按钮，在左起第一个小圆右侧绘制一条竖直线段，单击“修改”工具栏中的“偏移”按钮，将刚绘制的线段向右复制一条，偏移距离为 5，结果如图 11-93 所示，表示公路。

步骤 07　单击“绘图”工具栏中的“直线”按钮，绘制如图 11-94 所示的两条小线段，表示接线排。

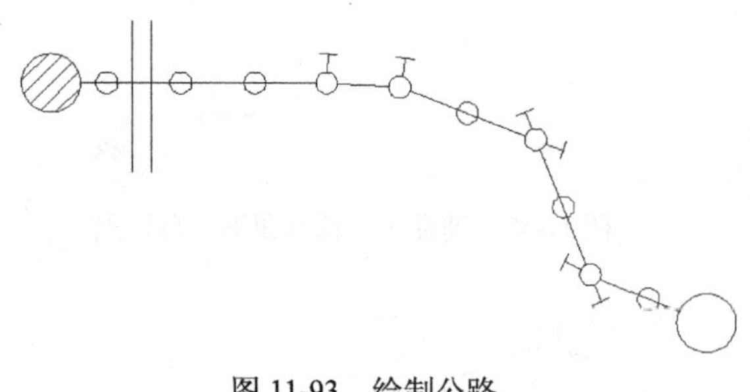

图 11-93　绘制公路

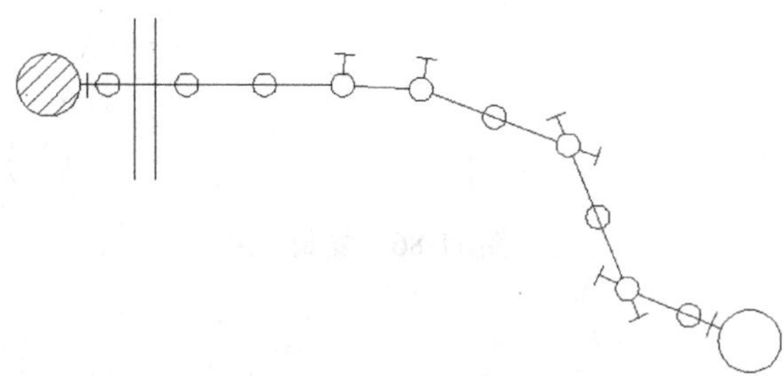

图 11-94　绘制线排

步骤 08　单击“绘图”工具栏中的“多行文字”按钮 A，设置字体为“宋体”，文字高度为 4（如无特殊说明，本节下面部分文字格式设置均与此相同），标注变压器参数，结果如图 11-95 所示。

步骤 09　单击“绘图”工具栏中的“多行文字”按钮 A，标注各电杆序号及型号，结果如图 11-96 所示。

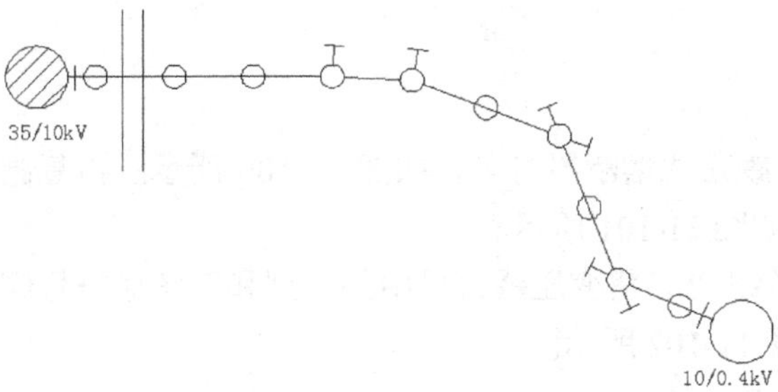

图 11-95　标注变压器参数 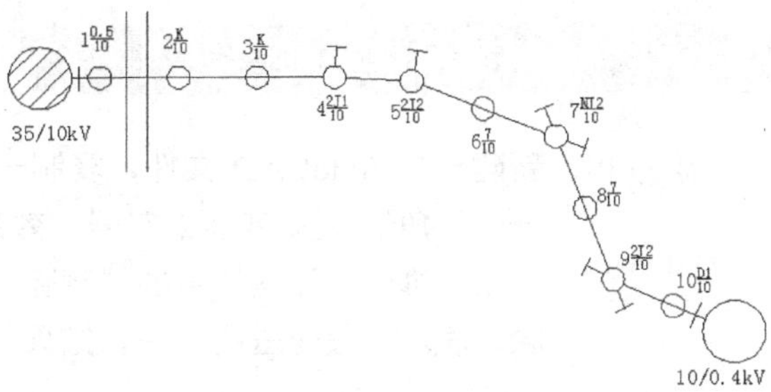　　　　图 11-96　标注电杆序号及型号

步骤 10　单击“绘图”工具栏中的“多行文字”按钮 A，标注各条线路长度，效果如图 11-97 所示。

步骤 11　单击“标注”工具栏中的角度标注命令，标注线路的转角，效果如图 11-98 所示。

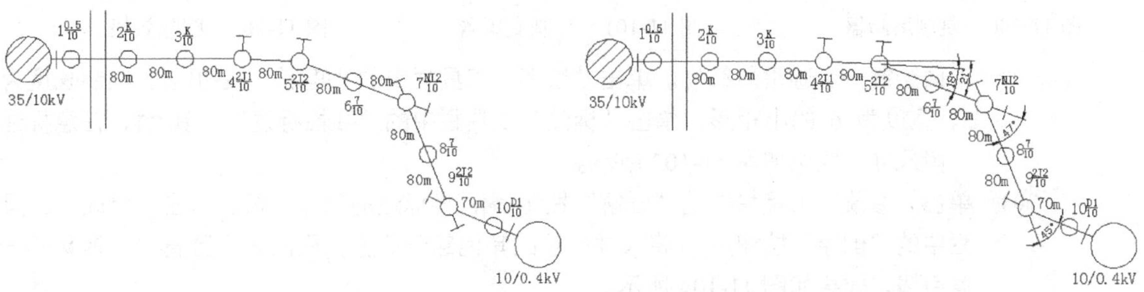

图 11-97　标注线路长度　　　　图 11-98　标注线路转角

步骤 12　单击“绘图”工具栏中的“多行文字”按钮 A，标注导线型号，单击“绘图”工具栏中的“直线”按钮，绘制标注引线，最终结果如图 11-99 所示。

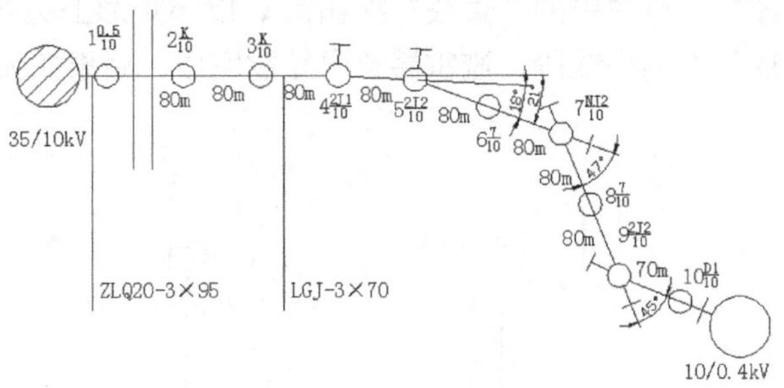

图 11-99　最终效果

11.3　绘制变电所系统图

变电所的电气原理图有两种：一种是简单的系统图，表明变电所工作的大致原理；一种是详细的电气原理接线图（简称主接线图）。本节先讲解如何绘制简单系统图，再讲解如何绘制电气主接线图。

11.3.1 绘制简单系统图

步骤01 新建一个 AutoCAD 文件，复制一个跌落式熔断器符号，如图 11-100 所示。再复制一个三角形-星型变压器符号，效果如图 11-101 所示。

步骤02 单击“修改”工具栏中的“删除”按钮，将变压器符号中的星型和三角形符号删除，表示一般变压器符号，结果如图 11-102 所示。

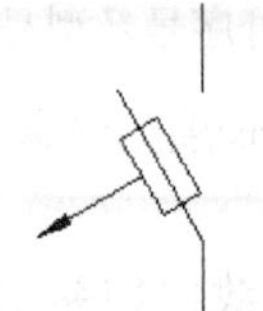

图 11-100 复制熔断器

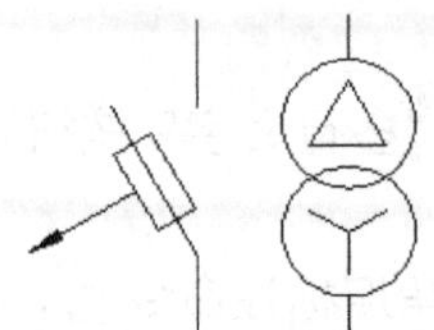

图 11-101 复制变压器

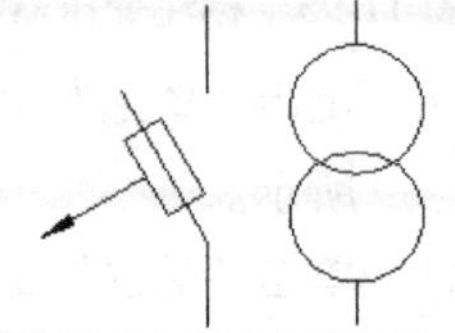

图 11-102 删除效果

步骤03 下面绘制一个避雷器符号。单击“绘图”工具栏中的“矩形”按钮，绘制长度为 3，宽度为 6 的小矩形，单击“标注”工具栏中的“线性标注”按钮，任意标注一段尺寸，效果如图 11-103 所示。

步骤04 单击“修改”工具栏中的“分解”按钮，将标注的尺寸分解，单击“修改”工具栏中的“删除”按钮，将尺寸标注的其他部分删除，只留一个竖直向上箭头和一条引线，效果如图 11-104 所示。

步骤05 单击“修改”工具栏中的“拉伸”按钮，将箭头引线缩短，单击“修改”工具栏中的“移动”按钮，选择小矩形为操作对象，其下边中点为基点，将其移动到如图 11-105 所示位置。

步骤06 单击“绘图”工具栏中的“直线”按钮，以小矩形上边中点为起点绘制一条竖直向上的长度为 5 的小线段，避雷器符号绘制完成，结果如图 11-106 所示。

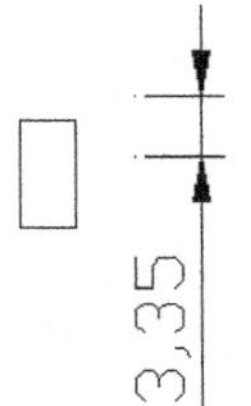

图 11-103 矩形与标注

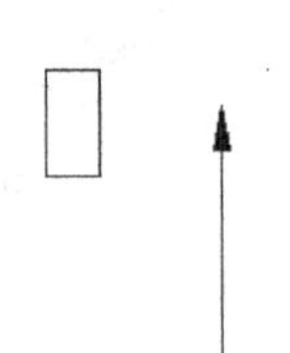

图 11-104 分解与删除

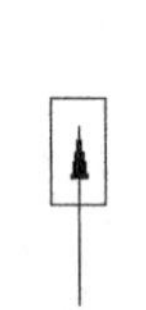

图 11-105 移动效果

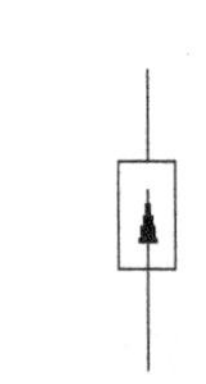

图 11-106 避雷器符号

步骤07 单击“修改”工具栏中的“移动”按钮，将变压器符号移动到如图 11-107 所示的跌落式熔断器竖直导线延长线位置上。

步骤08 单击“绘图”工具栏中的“正多边形”按钮，绘制边长为 2 倒三角形，效果如图 11-108 所示。

步骤09 单击“修改”工具栏中的“分解”按钮，将绘制的三角形分解，单击“修改”工具栏中的“偏移”按钮，将小三角形的水平线段向下偏移复制两个，复制距离为 0.5 和 1，效果如图 11-109 所示。

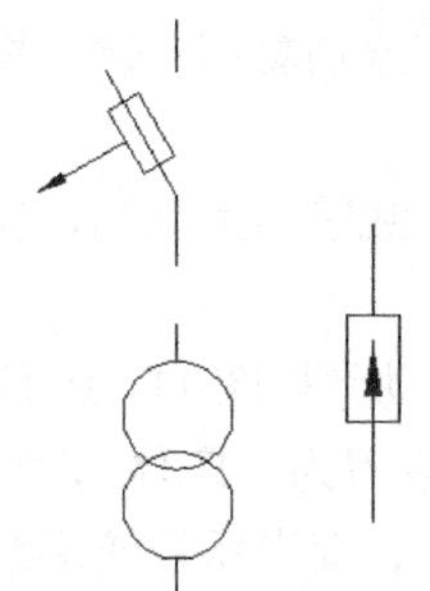

图 11-107　移动效果

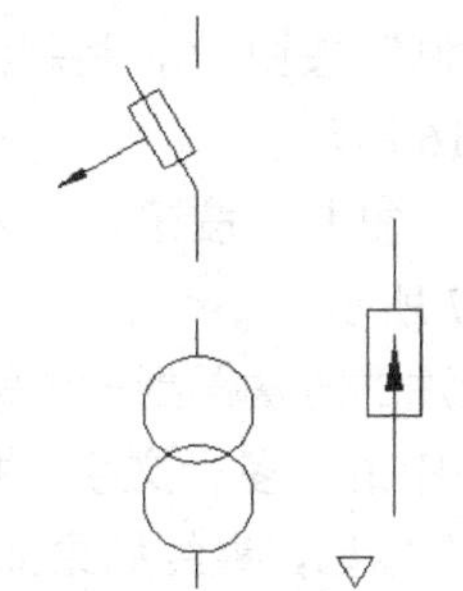

图 11-108　绘制小三角形

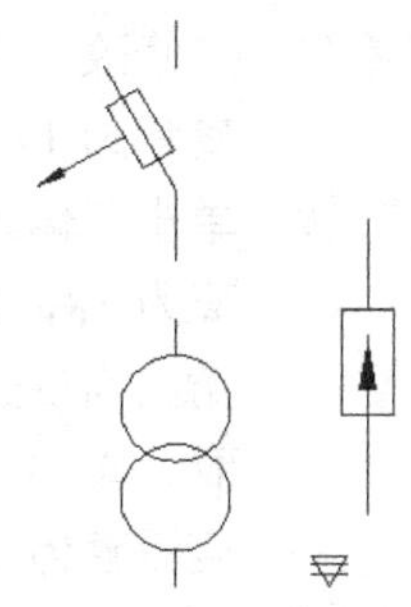

图 11-109　分解与偏移效果

步骤 10　单击“修改”工具栏中的“修剪”按钮，以小三角形的两条斜边为修剪边，将复制的两条线段在三角形外的部分修剪掉，效果如图 11-110 所示。

步骤 11　单击“修改”工具栏中的“删除”按钮，将小三角形的两条斜边删除，单击“绘图”工具栏中的“直线”按钮，以最上小线段中点为起点绘制竖直向上的小线段，结果如图 11-111 所示，接地符号绘制完成。

步骤 12　单击“修改”工具栏中的“移动”按钮，将接地符号移动到避雷器符号下端，单击“绘图”工具栏中的“直线”按钮，绘制如图 11-112 所示的连接导线。

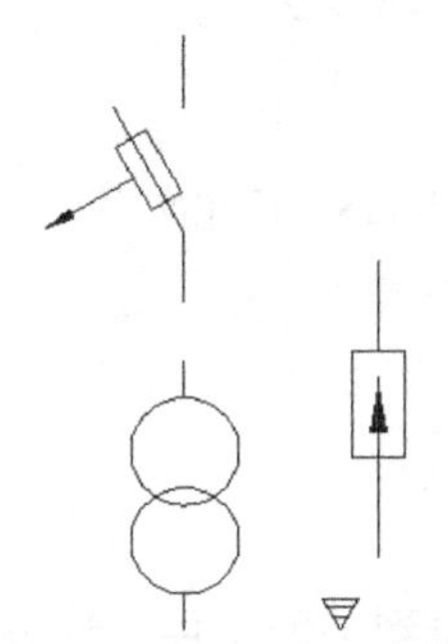

图 11-110　修剪效果

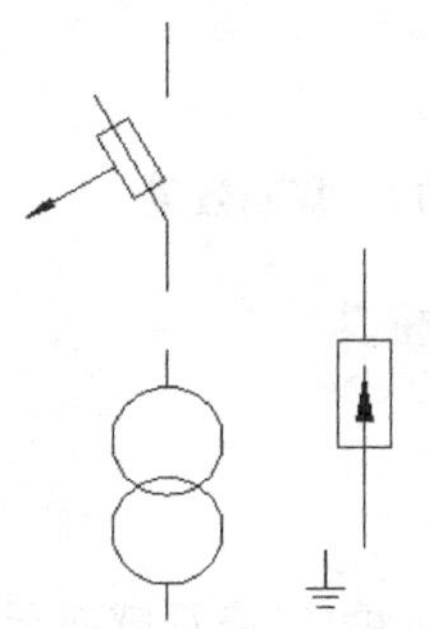

图 11-111　删除与绘制直线

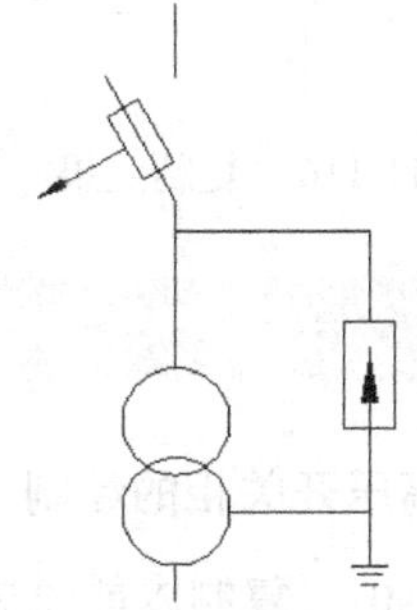

图 11-112　绘制导线

步骤 13　单击“修改”工具栏中的“拉伸”按钮，将变压器符号的下边线段延长，单击“绘图”工具栏中的“直线”按钮，绘制与水平方向成 45° 角，长度为 3 的小线段，结果如图 11-113 所示。

步骤 14　单击“修改”工具栏中的“移动”按钮，以小线段的中点为起点，把小线段向如图 11-114 所示线段中点移动，最终效果如图 11-115 所示。

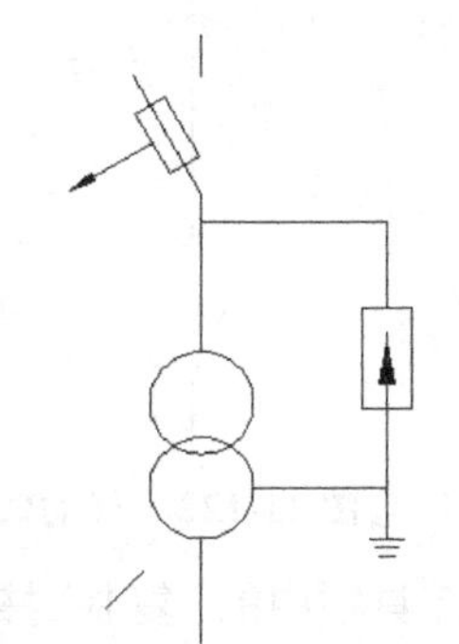

图 11-113　拉伸与绘制直线

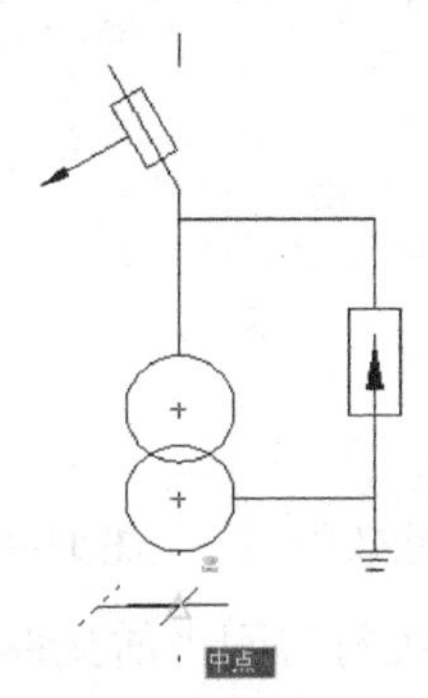

图 11-114　移动直线

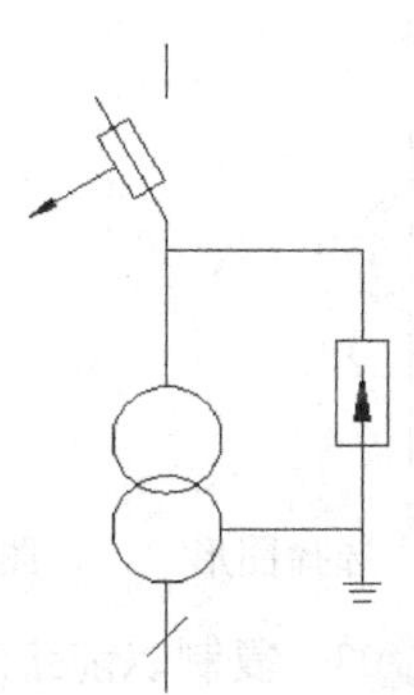

图 11-115　移动效果

步骤 15 “修改”工具栏中的“复制”按钮，将斜线段向上、向下分别复制一份，复制距离都为 1，结果如图 11-116 所示。

步骤 16 单击“修改”工具栏中的“复制”按钮，将画好的三条斜线段向上复制，复制距离为 18，结果如图 11-117 所示。

步骤 17 用前面讲过的分解尺寸标注的方法得到一个箭头，并将其移动到如图 11-118 所示位置，单击“绘图”工具栏中的“多行文字”按钮 A，字体设置为“宋体”，文字高度设置为 2.5，添加说明性标记，最终结果如图 11-118 所示，变电所系统图绘制完成。

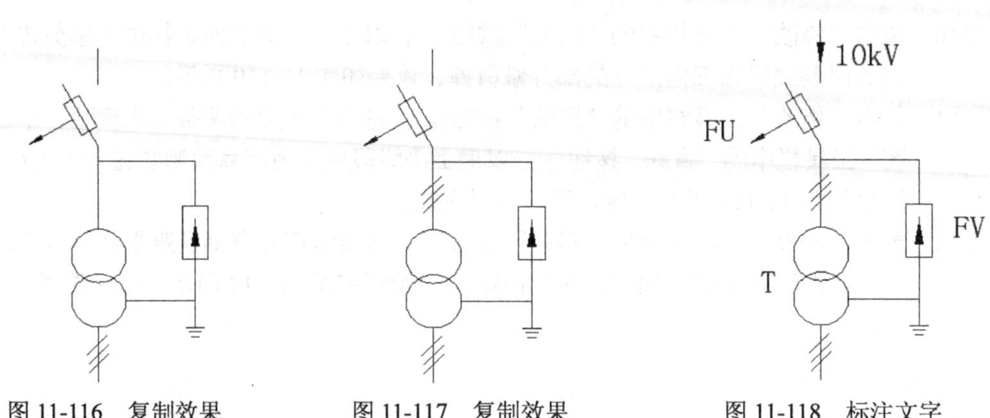

图 11-116 复制效果　　图 11-117 复制效果　　图 11-118 标注文字

11.3.2 绘制变电所电气主接线图

1. 高压开关柜的绘制

步骤 01 复制以前绘制的具有两个铁心的电流互感器元件符号一份到当前文件，单击“修改”工具栏中的“删除”按钮，选择如图 11-119 中虚线部分为操作对象，结果如图 11-120 所示，电流互感器的一般符号绘制完成。

步骤 02 复制以前绘制的断路器符号到当前文件，单击“修改”工具栏中的“移动”按钮，选择断路器符号为操作对象，以其上导线的下端点为基点，如图 11-121 所示，以电流互感器的下导线下端点为第二点进行移动，结果如图 11-122 所示。

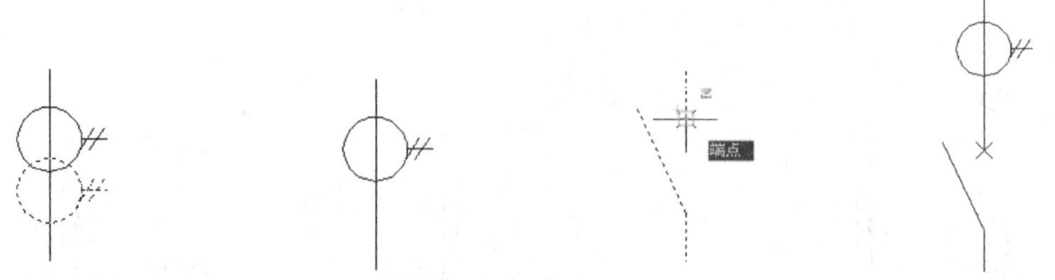

图 11-119 选择图形　　图 11-120 删除效果　　图 11-121 捕捉端点　　图 11-122 移动效果

步骤 03 复制以前绘制的隔离开关符号到当前文件，单击“修改”工具栏中的“复制”按钮，以隔离开关符号为操作对象，以隔离开关上导线上端点为基点（见图 11-123），以熔断器下导线下端点为第二点进行复制（见图 11-124），结果如图 11-125 所示。

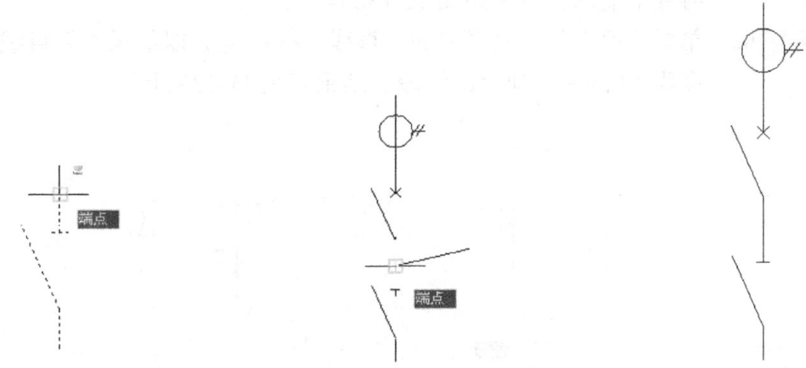

图 11-123 捕捉复制基点　　图 11-124 捕捉复制第二点　　图 11-125 复制效果

步骤 04 单击“修改”工具栏中的“复制”按钮，以隔离开关符号为操作对象，以隔离开关下导线下端点为基点（见图 11-126），以电流互感器上导线上端点为第二点进行复制，结果如图 11-127 所示。

图 11-126 捕捉复制基点　　图 11-127 复制结果

步骤 05 单击“绘图”工具栏中的“直线”按钮，绘制以最上导线的上端点为起点，长度为 12 的线段，结果如图 11-128 所示。

步骤 06 复制以前绘制过的避雷器符号到当前文件，单击“修改”工具栏中的“复制”按钮，以避雷器符号为操作对象，以避雷器上导线上端点为基点（见图 11-129），以刚绘制直线右端点为第二点进行复制，结果如图 11-130 所示。

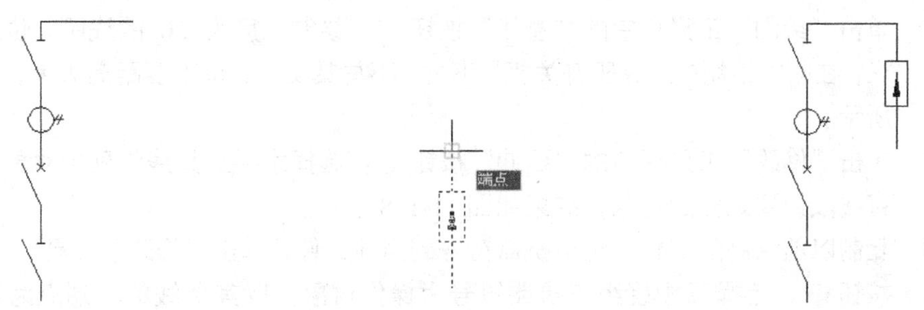

图 11-128 绘制直线　　图 11-129 捕捉复制基点　　图 11-130 复制避雷器

步骤 07 复制以前绘制过的接地符号到当前文件，单击“修改”工具栏中的“复制”按钮，以接地符号为操作对象，以其导线上端点为起点（见图 11-131），第二点为避雷器下导线下端点，结果如图 11-132 所示。

步骤 08 单击“绘图”工具栏中的“直线”按钮，以最长水平直线左端点为起点，绘制长度为 12 的竖直向上的线段，结果如图 11-133 所示。

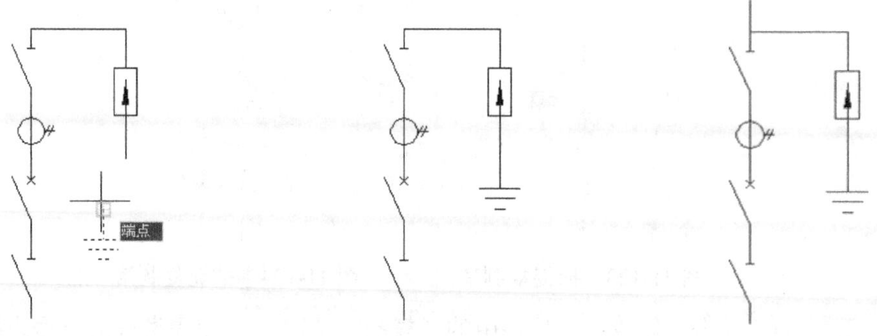

图 11-131 捕捉复制基点　　图 11-132 复制结果　　图 11-133 绘制直线

步骤 09 单击“绘图”工具栏中的“矩形”按钮，绘制矩形，矩形大小可自选，大概将各元件包含在内，效果如图 11-134 所示。

步骤 10 选择刚绘制的矩形为操作对象，选择右键菜单“特性”命令，弹出如图 11-135 所示窗口，选择线型为 HIDDEN2，结果如图 11-136 所示。

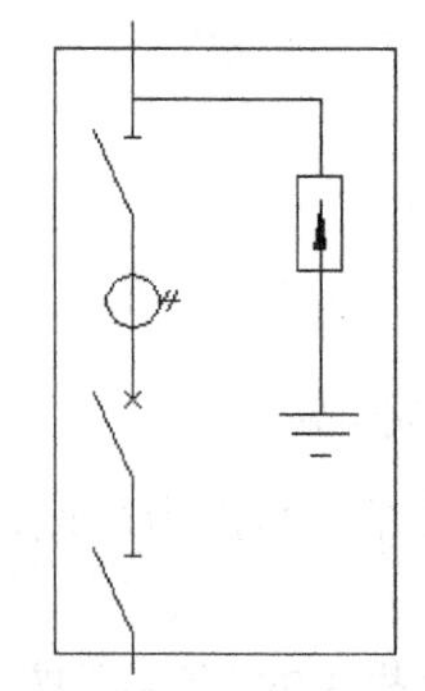

图 11-134 绘制矩形

图 11-135 矩形对象特性

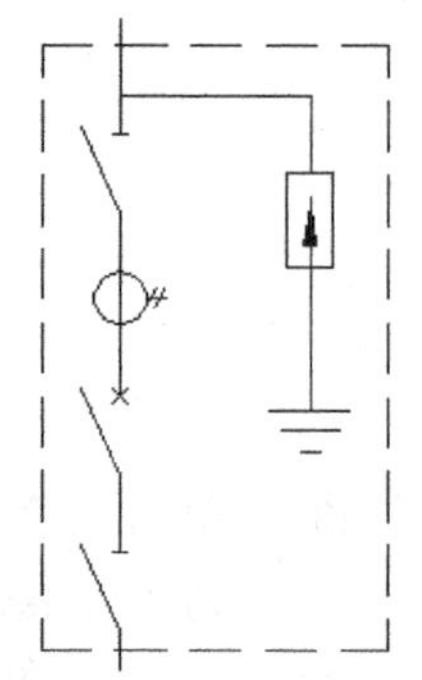

图 11-136 线型修改结果

2. 高压汇流排的绘制

步骤 01 单击“绘图”工具栏中的“直线”按钮，绘制长度为 50 的线段，位置无确切要求，在刚才绘制的“高压开关柜”下方，不与其交叉，也不要距离太大，如图 11-137 所示。

步骤 02 单击“修改”工具栏中的“延伸”按钮，选择水平长直线为延伸对象，最下小竖直线段为要延伸的对象，结果如图 11-138 所示。

步骤 03 复制以前绘制的三相绕组电抗器符号到当前文件，单击“修改”工具栏中的“移动”按钮，选择三相绕组电抗器符号为操作对象，以其导线的上端点为基点（如图 11-139 所示），以水平长线段上靠左的点为第二点（如图 11-140 所示），进行移动，结果如图 11-141 所示。

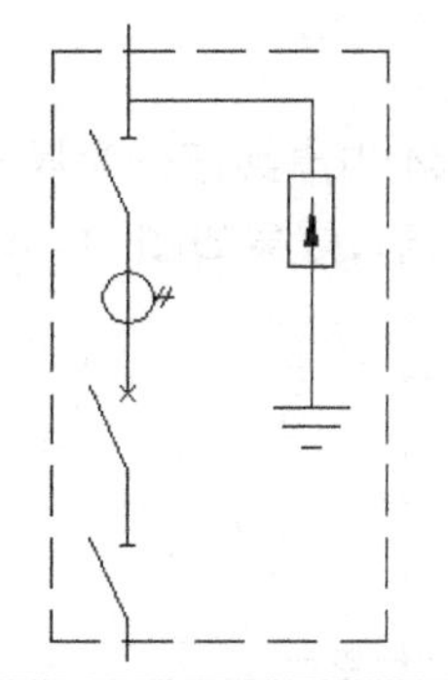
图 11-137 绘制直线

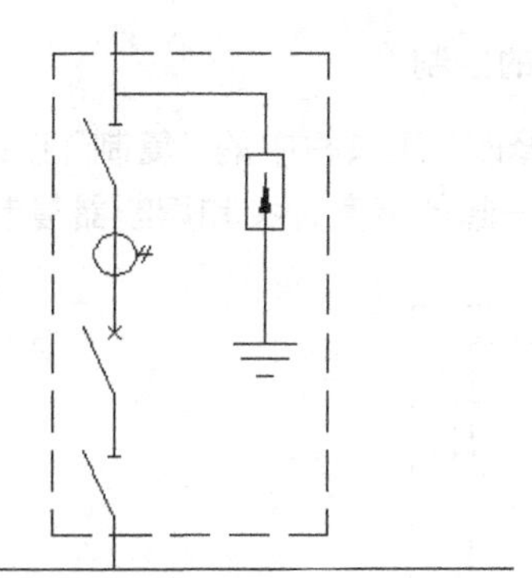
图 11-138 延伸效果

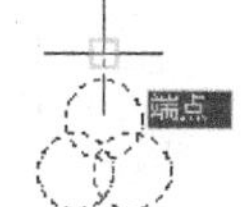

图 11-139 捕捉移动基点

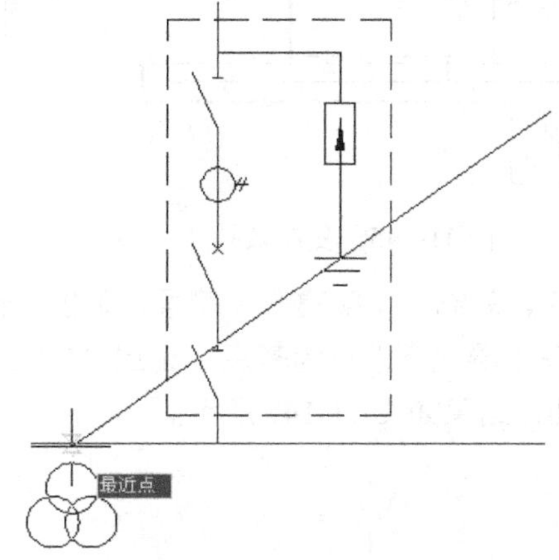

图 11-140 捕捉移动第二点

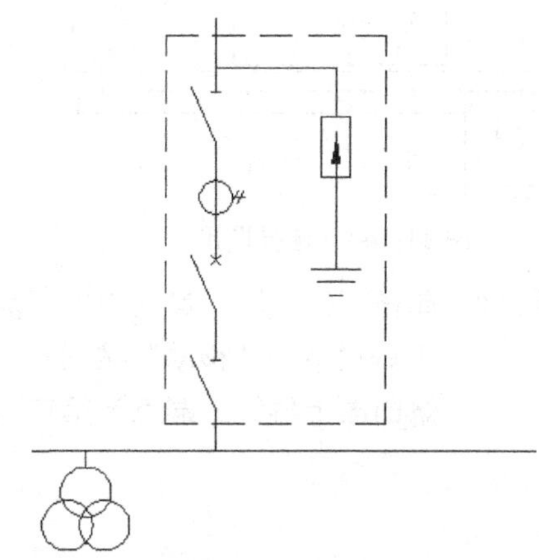
图 11-141 移动结果

步骤 04 单击“绘图”工具栏中的“多段线”按钮，绘制如图 11-142 所示的多边形，其尺寸与位置无特殊要求，只要将长线段与三相绕组电抗器符号包括在内而不与矩形相交即可，效果如图 11-142 所示。

步骤 05 选择刚绘制的多边形为操作对象，选择右键快捷菜单“特性”命令，弹出对象特性窗口，选择线型为 HIDDEN2，结果如图 11-143 所示，高压汇流排绘制完成。

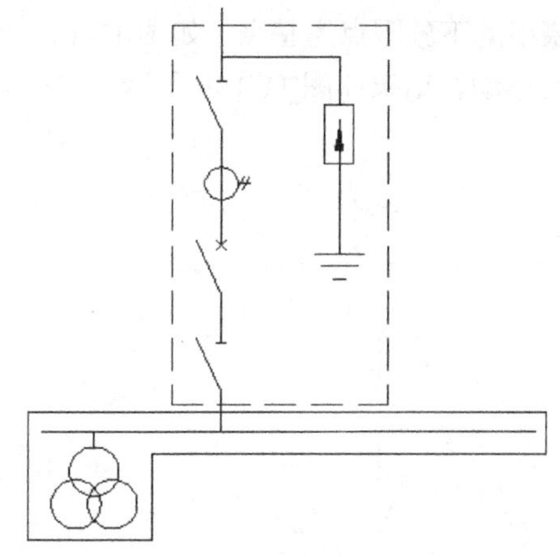
图 11-142 绘制多边形

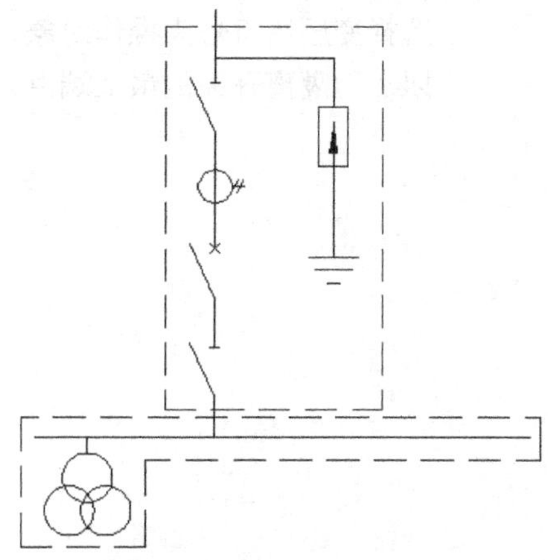
图 11-143 修改多边形线型

3. 变压器接线图的绘制

步骤01 单击“修改”工具栏中的“复制”按钮，选择如图 11-144 中虚线部分为操作对象，将连在一起的隔离开关和熔断器复制一份到整个图形的右边，效果如图 11-145 所示。

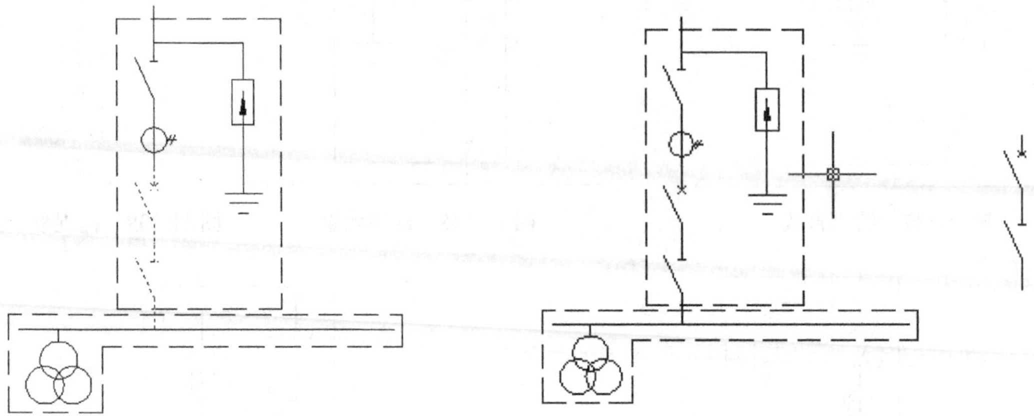

图 11-144　选择图形　　　　图 11-145　复制效果

步骤02 单击“修改”工具栏中的“复制”按钮，复制一个隔离开关符号，单击“修改”工具栏中的“移动”按钮，以隔离开关下导线下端点为基点（见图 11-146），以熔断器上导线上端点为第二点，进行移动，结果如图 11-147 所示。

图 11-146　捕捉移动基点

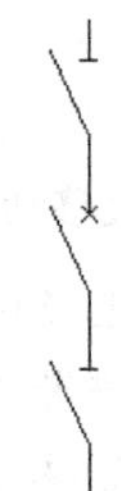

图 11-147　移动结果

步骤03 复制以前绘制的变压器符号到当前文件，单击“修改”工具栏中的“移动”按钮，选择变压器符号为操作对象，以其下边绕组的下象限点为基点（如图 11-148 所示），以上边隔离开关的最上端点为第二点进行移动，结果如图 11-149 所示。

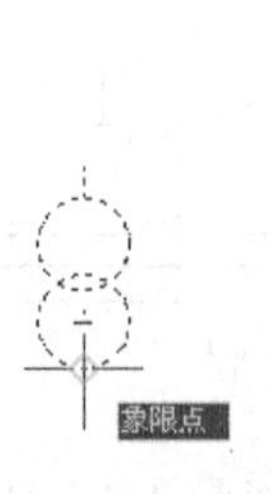

图 11-148　捕捉移动基点

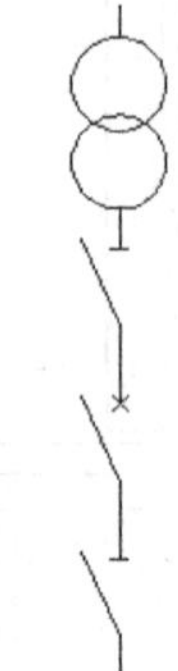

图 11-149　移动结果

步骤 04　单击“绘图”工具栏中的“直线”按钮，以变压器上边绕组右象限点为起点（见图 11-150），向右绘制长度为 10 的线段，结果如图 11-151 所示。

图 11-150　捕捉直线起点　　图 11-151　绘制直线

步骤 05　单击“修改”工具栏中的“复制”按钮，复制如图 11-152 中虚线所示部分，以避雷器上导线上端点为基点，刚绘制的直线的右端点为第二点进行复制，结果如图 11-153 所示。

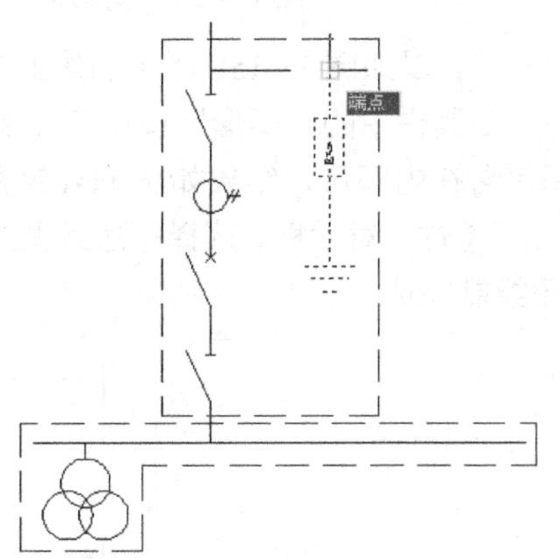

图 11-152　选择复制图形

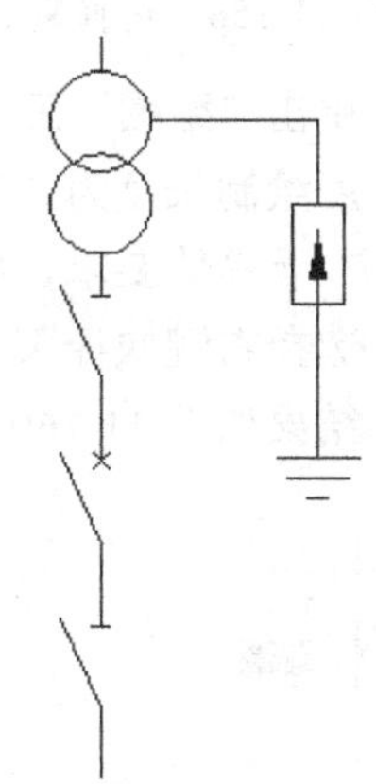

图 11-153　复制结果

步骤 06　单击“修改”工具栏中的“复制”按钮，复制电流互感器符号一个，单击“修改”工具栏中的“移动”按钮，以其下导线下端点为基点（见图 11-154），以变压器上导线上端点为第二点进行移动，结果如图 11-155 所示。

图 11-154　捕捉移动基点

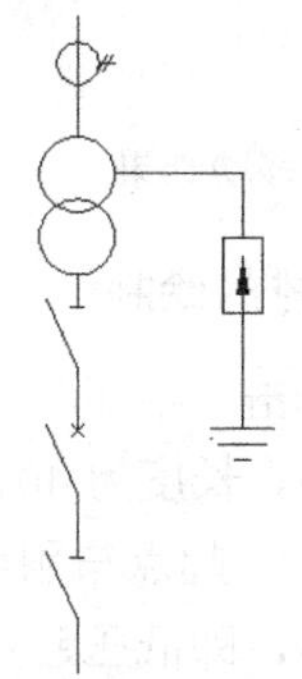

图 11-155　移动结果

步骤 07 单击“修改”工具栏中的“复制”按钮，复制如图 11-156 中所示虚线部分图形，以图 11-156 中所示端点为基点，以电流互感器上导线上端点为第二点，进行复制操作，结果如图 11-157 所示。

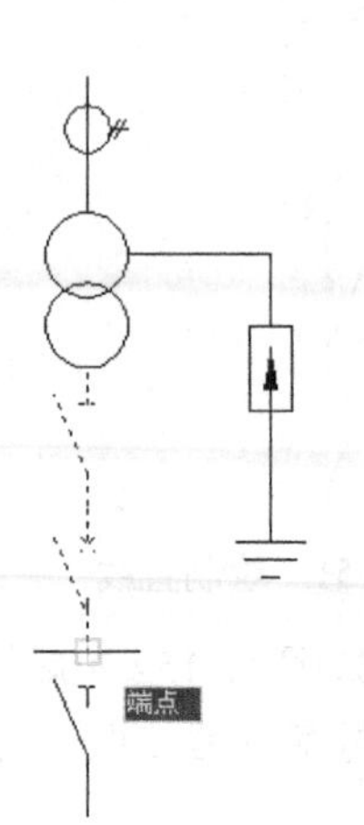

图 11-156　选择复制图形

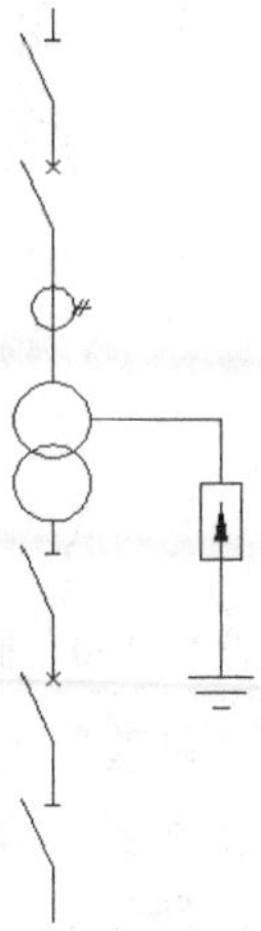

图 11-157　复制结果

步骤 08 单击“绘图”工具栏中的“直线”按钮，以如图 11-158 所示的最上线段端点为起点绘制长度为 5 的线段，单击“绘图”工具栏中的“矩形”按钮，绘制矩形，尺寸无具体要求，将整个变压器接线图包含在内即可，结果如图 11-159 所示。

步骤 09 选择右键快捷菜单“特性”命令，弹出“特性”对话框，选择矩形线型为 HIDDEN2，结果如图 11-160 所示，变压器接线图绘制完成。

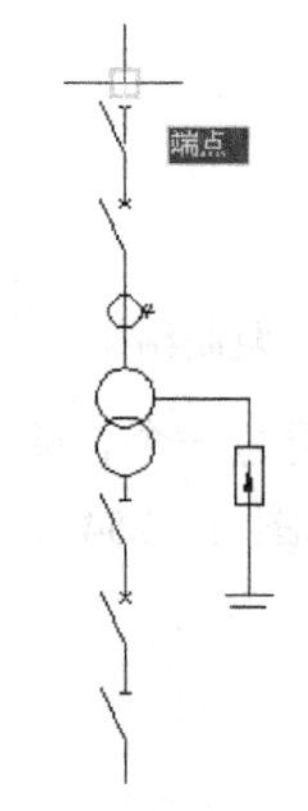

图 11-158　移动结果

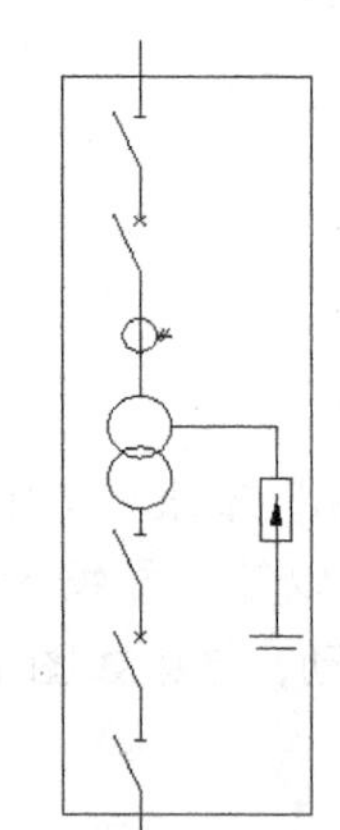

图 11-159　绘制直线与矩形

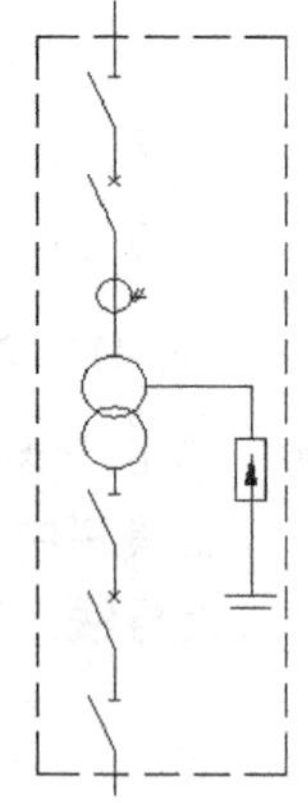

图 11-160　修改矩形线型

4.低压汇流排的绘制

步骤 01 单击“绘图”工具栏中的“直线”按钮，以最下导线为起点，绘制向右的水平直线，长度为 40，结果如图 11-161 所示；再次单击“绘图”工具栏中的“直线”按钮，起点与刚绘制直线起点相同，向左绘制长度为 60 的直线，结果如图 11-162 所示，即低压汇流线。

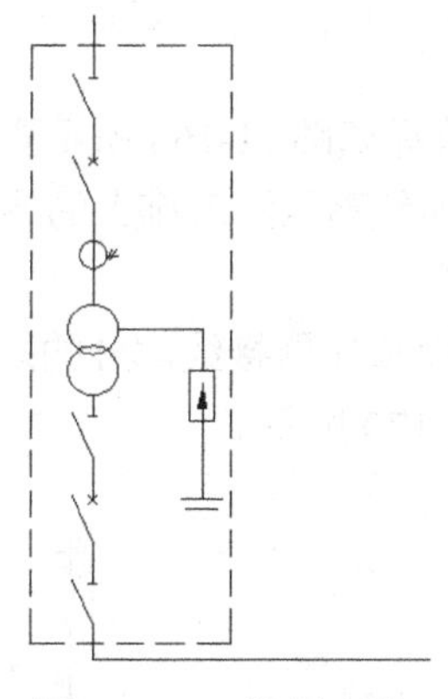

图 11-161　绘制直线

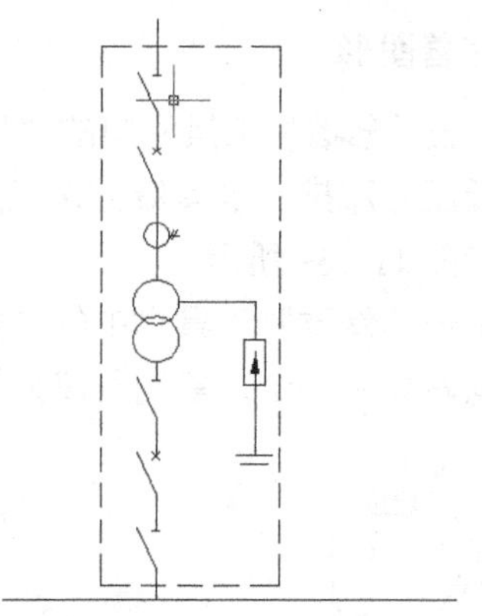

图 11-162　绘制直线

步骤 02　复制一个变压器符号，单击“修改”工具栏中的“移动”按钮，以导线上端点为基点（如图 11-163 所示），以低压汇流线左边的点为第二点进行移动（如图 11-164 所示），结果如图 11-165 所示。

步骤 03　单击“绘图”工具栏中的“多段线”按钮，绘制多边形，尺寸无特殊要求，将低压汇流线和变压器符号包含在内即可，结果如图 11-166 所示。

步骤 04　选择右键快捷菜单“特性”命令，弹出“特性”对话框，修改多边形线型为 HIDDEN2，结果如图 11-167 所示，低压汇流排绘制完成。

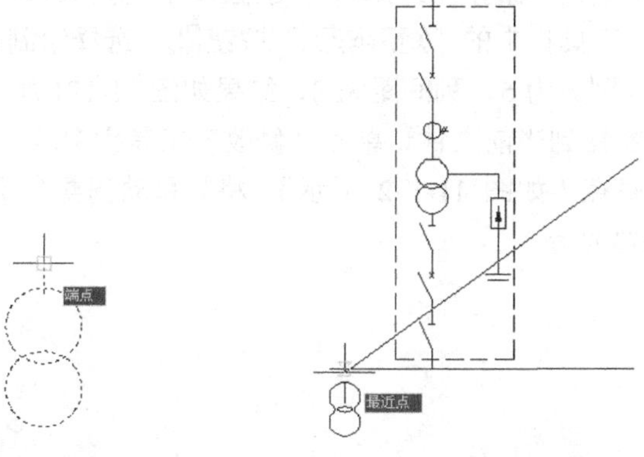

图 11-163　捕捉移动基点

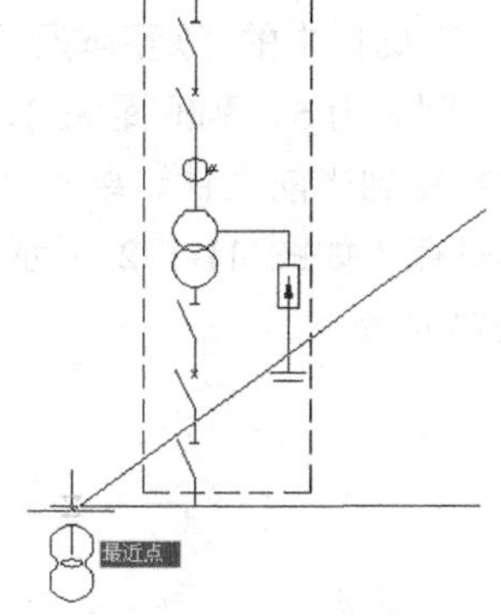

图 11-164　捕捉移动第二点

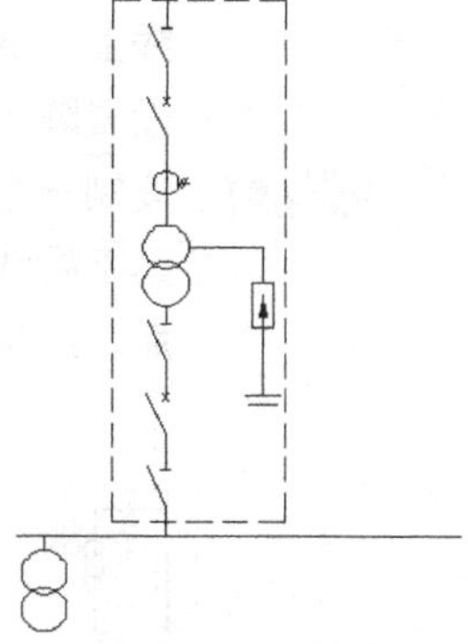

图 11-165　移动结果

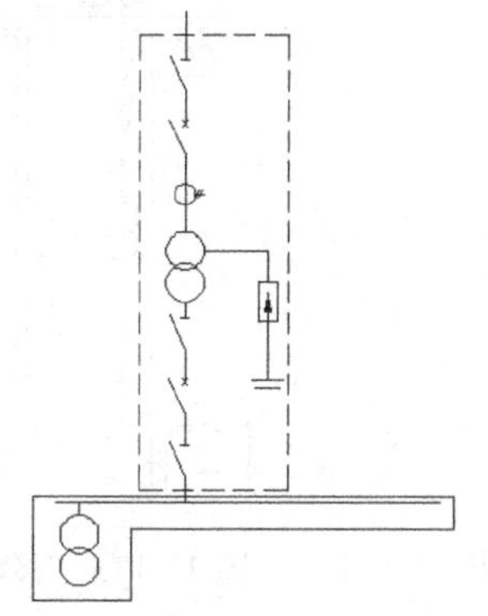

图 11-166　绘制多边形

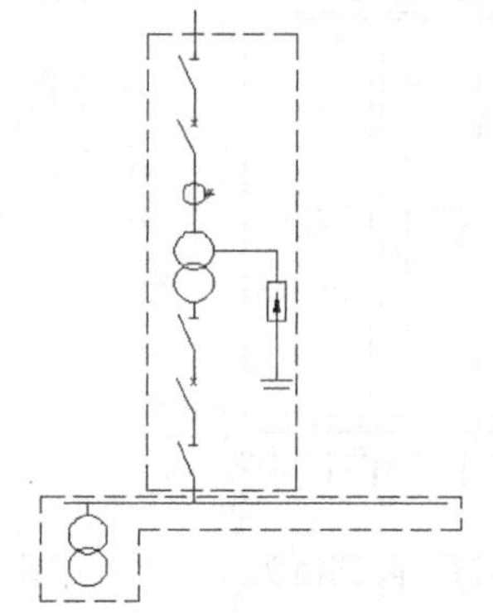

图 11-167　修改多边形线型

5. 调整和完善图形

步骤01 单击“修改”工具栏中的“移动”按钮，选择如图 11-168 所示变压器接线部分和低压汇流排，以其最上端点为基点，将其移动到高压汇流排上的导线接出点，结果如图 11-169 所示。

步骤02 单击“修改”工具栏中的“复制”按钮，以变压器接线部分的矩形为操作对象，向右复制一个，复制距离为 25，结果如图 11-170 所示。

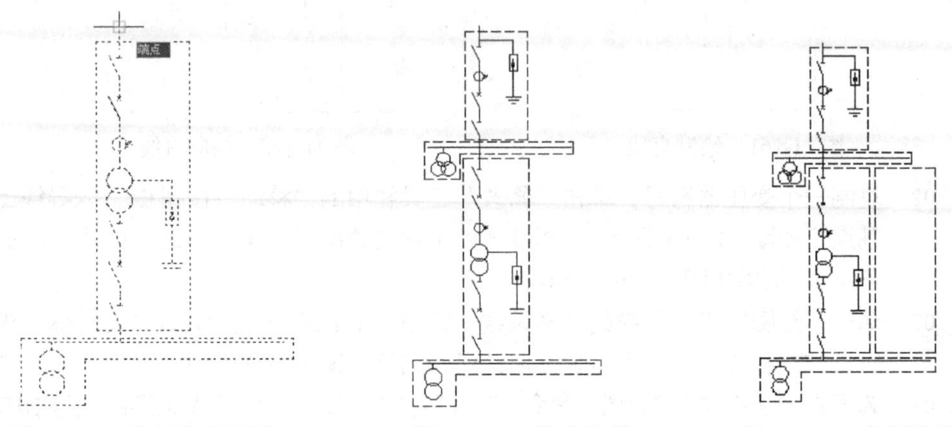

图 11-168 选择移动图形　　图 11-169 移动结果　　图 11-170 复制结果

步骤03 利用前面讲过的分解尺寸线的方法得到一个竖直向下的箭头，将其移动到低压汇流线上，单击“修改”工具栏中的“矩形阵列”按钮，选择绘制的箭头为阵列对象，设置阵列行数为 1，列数为 5，列间距为 8，结果如图 11-171 所示。

步骤04 复制一个跌落式熔断器到当前文件，单击“修改”工具栏中的“移动”按钮，以其下导线下端点为基点（如图 11-172 所示），将其移动到整个图形最上导线的上端点，结果如图 11-173 所示。

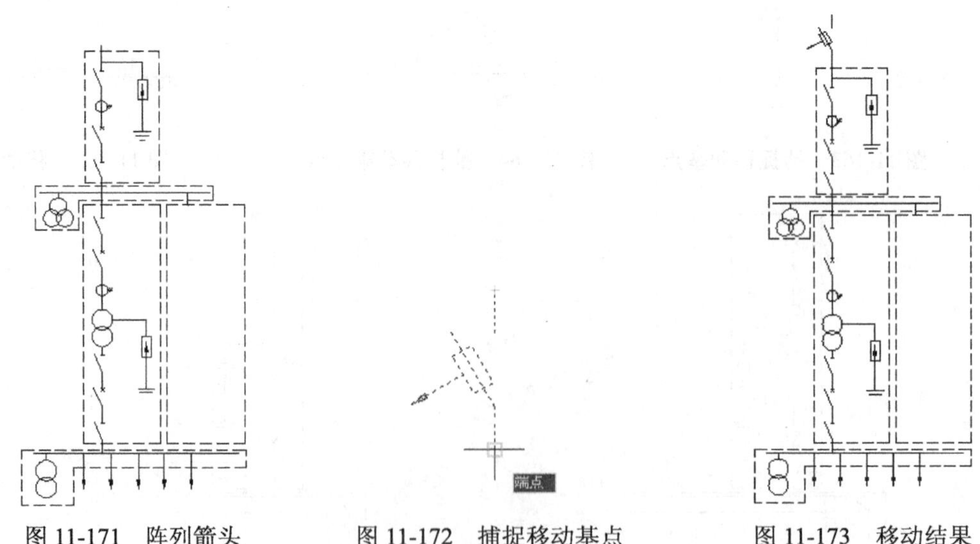

图 11-171 阵列箭头　　图 11-172 捕捉移动基点　　图 11-173 移动结果

步骤05 复制一个竖直向下的箭头，单击“修改”工具栏中的“移动”按钮，将其移动到跌落式熔断器的上导线处，作为电源进线，结果如图 11-174 所示。

步骤 06　单击“绘图”工具栏中的“多行文字”按钮 A，设置字体为“宋体”，文字高度为 4，进行必要的文字标注，效果如图 11-175 所示，变电所电气主接线图绘制完成。

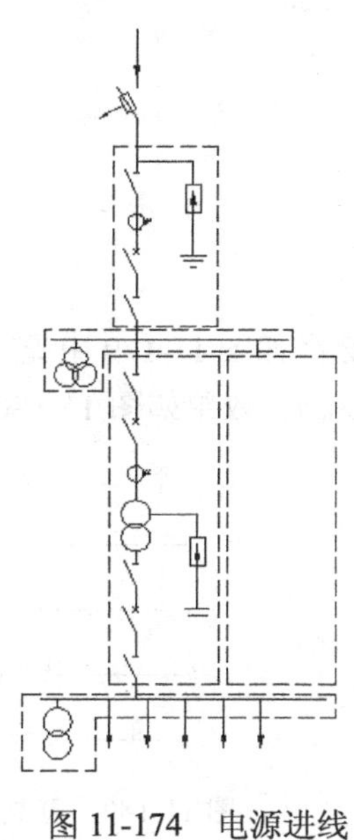

图 11-174　电源进线

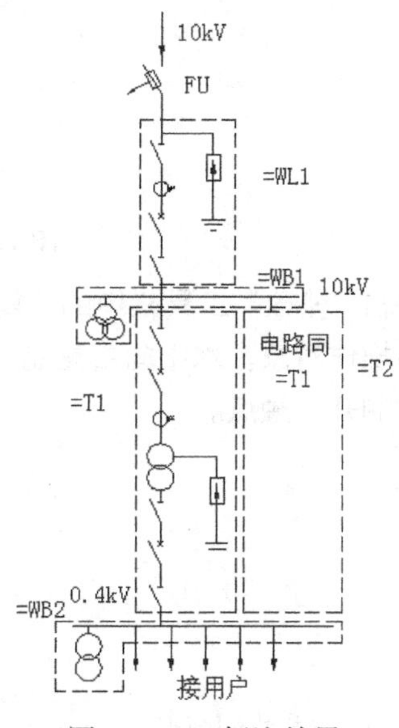

图 11-175　标注结果

11.4　绘制二次回路图

二次回路图主要包括二次原理图、二次展开图、安装接线图等，由于篇幅限制，下面仅以一种安装接线图——断路器电气控制接线图的绘制进行讲解说明。

图 11-176 所示即是一种断路器“串连防跳”的接线图，其具体绘制步骤如下：

步骤 01　单击“绘图”工具栏中的“圆”按钮，绘制半径为 0.5 的小圆，单击“绘图”工具栏中的“直线”按钮，以小圆的左象限点为起点，向左绘制长度为 10 的线段，结果如图 11-177 所示。

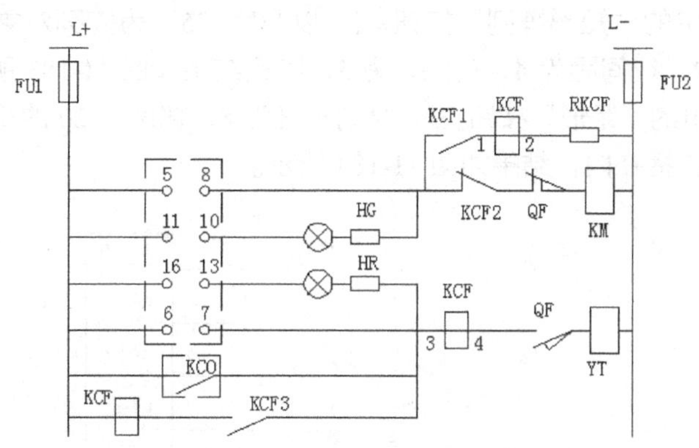

图 11-176　断路器“串连防跳”接线图

图 11-177　圆与直线

步骤 02 单击“修改”工具栏中的“矩形阵列”按钮，以刚画好的直线与圆为阵列对象，设置阵列行数为 4，列数为 1，行间距为 5，阵列结果如图 11-178 所示。

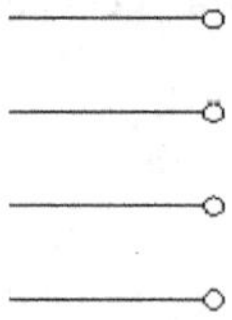

图 11-178 阵列结果

步骤 03 单击“修改”工具栏中的“复制”按钮，选择如图 11-179 中虚线部分所示的图形为操作对象，水平向右复制一份，复制距离为 4，效果如图 11-180 所示，小圆表示控制开关触点。

图 11-179 选择复制图形 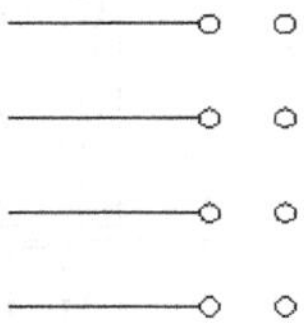　　图 11-180 复制结果

步骤 04 单击“绘图”工具栏中的“多行文字”按钮 A，文字格式设置如图 11-181 所示（本节以下文字格式设置同此设置，将不再重复），书写数字 5，表示控制开关的触点 5，效果如图 11-182 所示。

图 11-181 文字格式设置 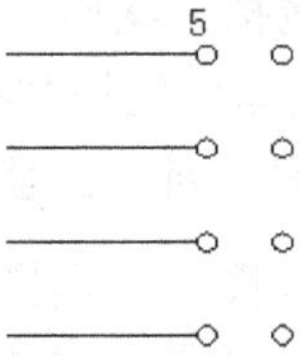　　图 11-182 标注文字

步骤 05 单击“修改”工具栏中的“矩形阵列”按钮，以数字“5”为阵列对象，设置行间距为 4，列间距为 2，行间距为 4，列间距为 5，阵列结果如图 11-183 所示。

步骤 06 单击“绘图”工具栏中的“矩形”按钮，绘制长度为 8、宽度为 20 的矩形，其位置将触点和触点标号包括在内，结果如图 11-184 所示。

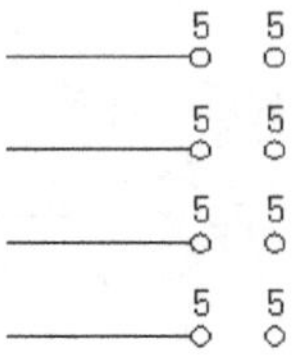

图 11-183 阵列文字 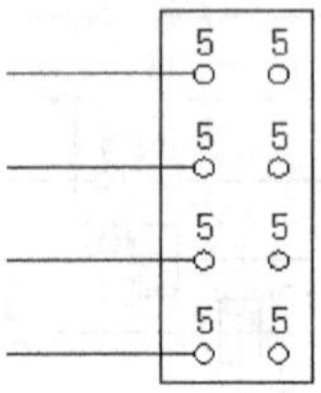　　图 11-184 绘制矩形

步骤 07　选择右键快捷菜单“特性”命令，弹出“特性”对话框，修改矩形线型为 HIDDEN2，效果如图 11-185 所示。

步骤 08　单击“文字”工具栏中的“编辑文字”按钮，修改其他触点标号，效果如图 11-186 所示。

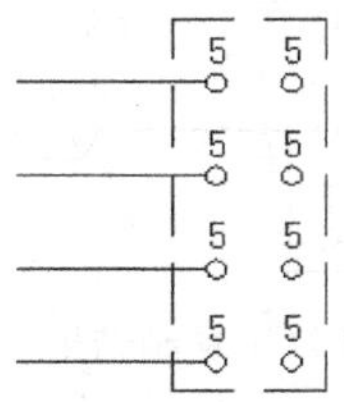

图 11-185　修改线型

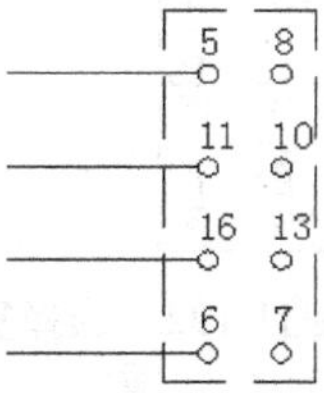

图 11-186　编辑文字

步骤 09　单击“绘图”工具栏中的“直线”按钮，绘制以触点 10 右象限点为起点，长度为 10 的线段，结果如图 11-187 所示。

步骤 10　复制以前绘制的灯的符号到当前文件，单击“修改”工具栏中的“移动”按钮，选择灯符号为操作对象，以其左象限点为起点（见图 11-188），刚绘制直线的右端点为第二点进行移动，结果如图 11-189 所示。

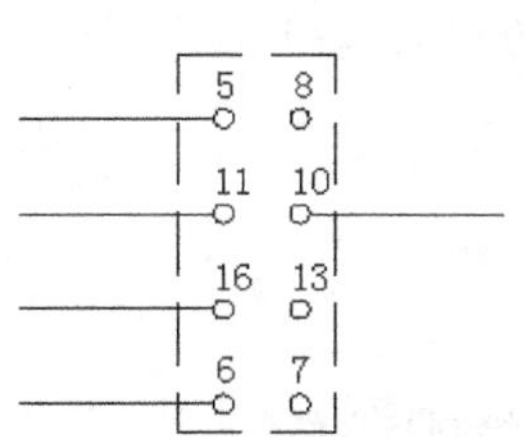

图 11-187　绘制直线

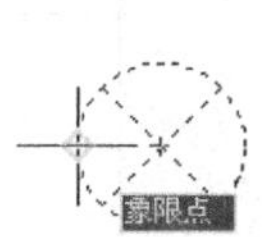

图 11-188　捕捉移动基点

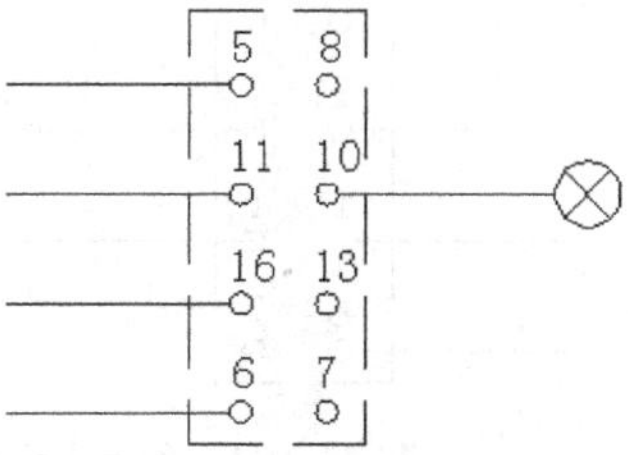

图 11-189　移动结果

步骤 11　单击“绘图”工具栏中的“直线”按钮，绘制以灯符号右象限点为起点长度为 2 的水平线段，单击“绘图”工具栏中的“矩形”按钮，绘制长度为 3、宽度为 1.5 的小矩形，单击“修改”工具栏中的“移动”按钮，以小矩形左边中点为基点，刚绘制直线右端点为第二点，移动小矩形，结果如图 11-190 所示。

步骤 12　单击“绘图”工具栏中的“直线”按钮，绘制以小矩形右边中点为起点，长度为 4 的水平线段，结果如图 11-191 所示。

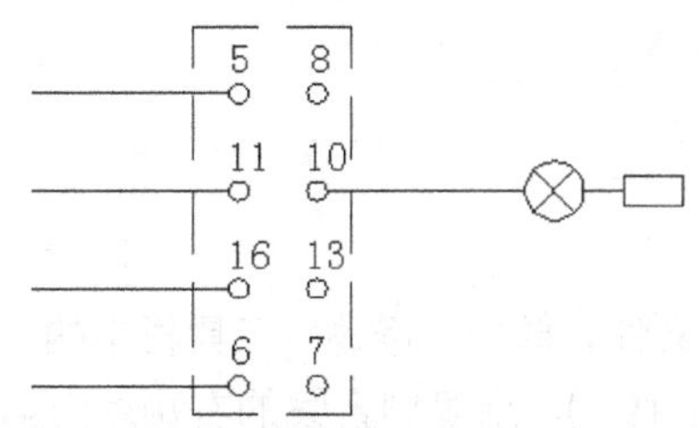

图 11-190　直线与矩形

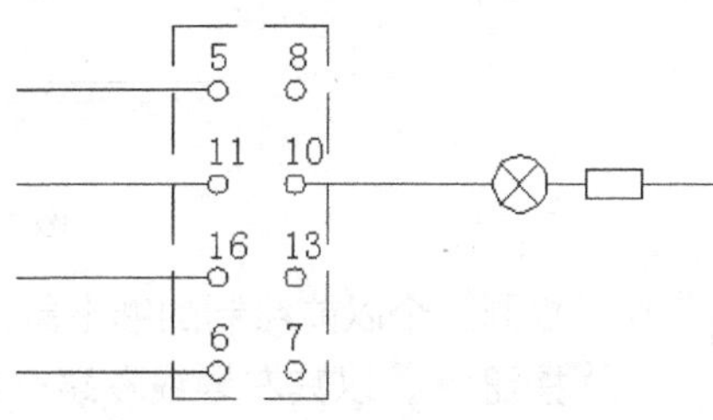

图 11-191　绘制直线

步骤13 单击“修改”工具栏中的“复制”按钮，选择如图 11-192 中虚线部分图形，竖直向下复制一份，复制距离为 5，结果如图 11-193 所示。

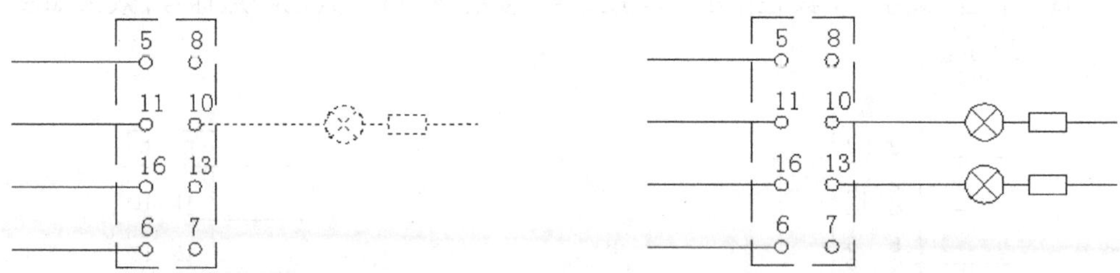

图 11-192　选择复制图形　　　图 11-193　复制结果

步骤14 单击“绘图”工具栏中的“多行文字”按钮 A，标注灯的颜色，HG 为绿灯，HR 为红灯，结果如图 11-194 所示。

步骤15 单击“绘图”工具栏中的“直线”按钮，以连接触点 5 的线段左端点为起点，绘制长度为 28 的竖直向下的线段，结果如图 11-195 所示。

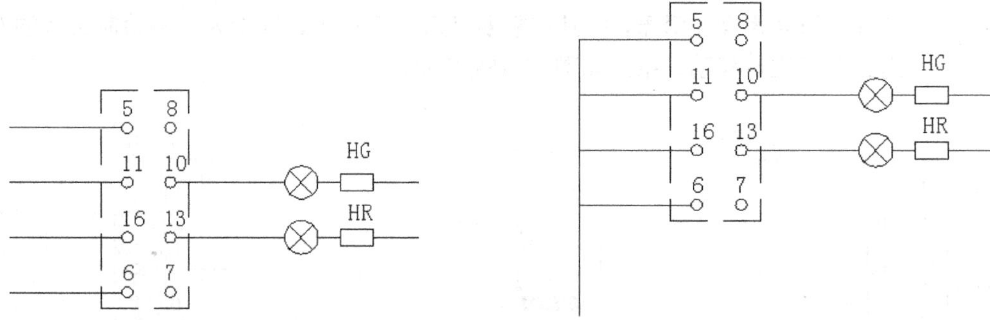

图 11-194　符号标注　　　图 11-195　绘制竖直线段

步骤16 单击“修改”工具栏中的“复制”按钮，以连接触点 6 的线段为操作对象，竖直向下复制一份，复制距离为 5，结果如图 11-196 所示。

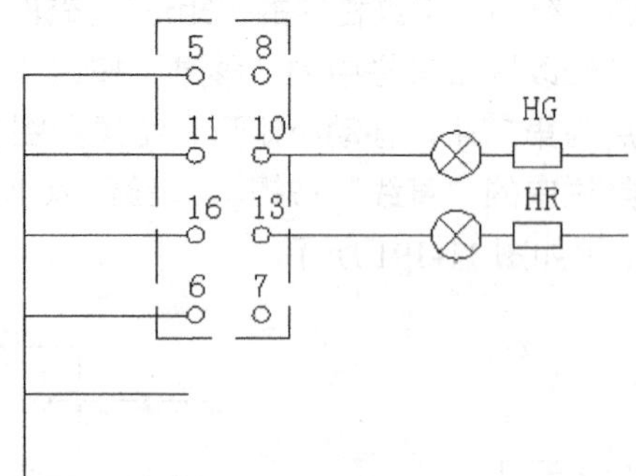

图 11-196　复制结果

步骤17 复制一个以前绘制的继电器常开触点到当前文件，单击“修改”工具栏中的“移动”按钮，以其左导线左端点为基点（见图 11-197），刚复制直线的右端点为第二点，移动继电器常开触点，结果如图 11-198 所示。

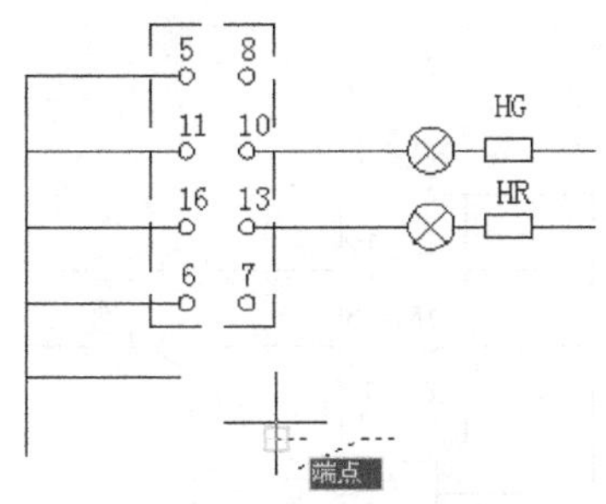

图 11-197　捕捉移动基点

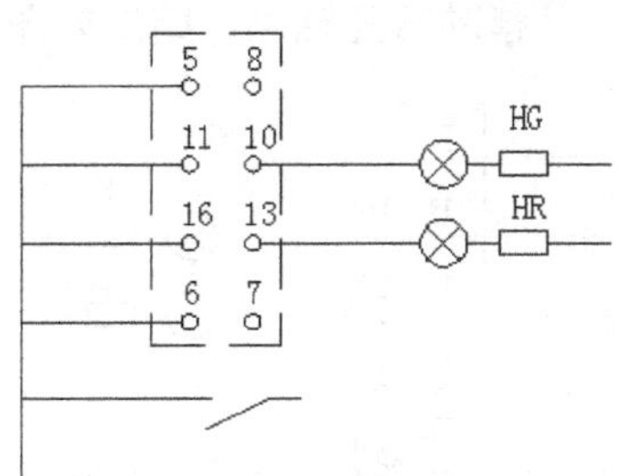

图 11-198　移动结果

步骤 18　单击“绘图”工具栏中的“多行文字”按钮 A，标注常开触点为 KCO，单击“绘图”工具栏中的“矩形”按钮，绘制将常开触点与其标注包含在内的小矩形，结果如图 11-199 所示。

步骤 19　选择右键快捷菜单“特性”命令，弹出“特性”对话框，修改小矩形线型为 HIDDEN2，单击“绘图”工具栏中的“直线”按钮，以图 11-200 中所示点为起点，绘制长度为 5 的水平线段。

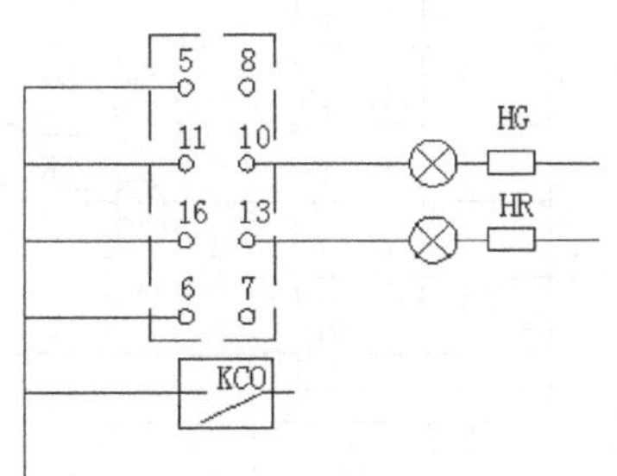

图 11-199　绘制矩形

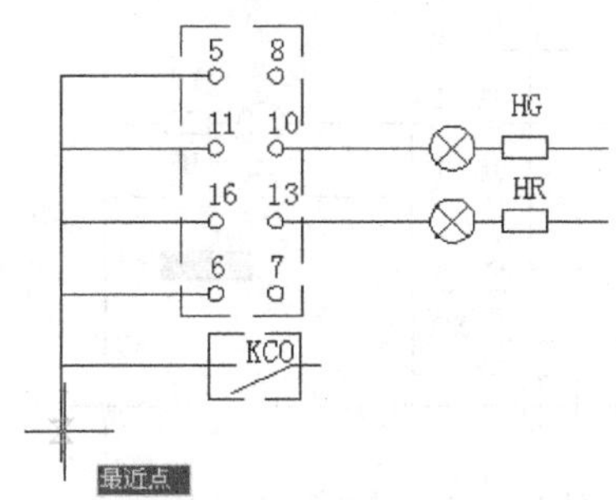

图 11-200　捕捉直线起点

步骤 20　单击“绘图”工具栏中的“矩形”按钮，绘制长度为 2.5、宽度为 4 的小矩形，表示防跳继电器线圈，单击“修改”工具栏中的“移动”按钮，以如图 11-201 所示的小矩形左边中点为基点，继电器常开触点右导线右端点为第二点移动小矩形，结果如图 11-202 所示。

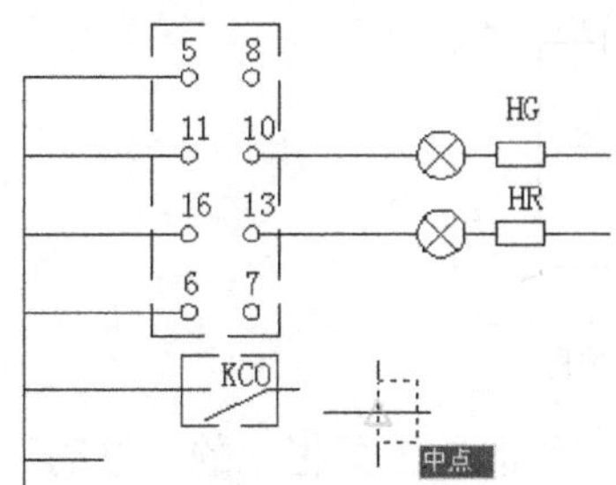

图 11-201　捕捉移动基点

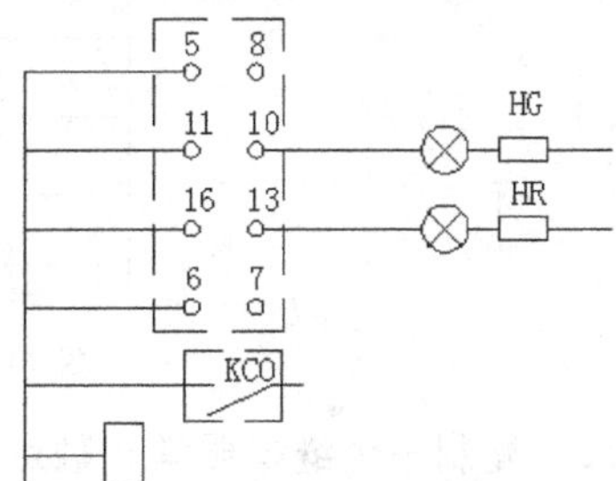

图 11-202　移动结果

步骤 21　单击“绘图”工具栏中的“直线”按钮，以小矩形左边中点为起点，绘制长度为 10 的水平线段，复制一个继电器常开触点，单击“修改”工具栏中的“移动”按钮，以继电器左导线左端点为基点（见图 11-203），刚绘制直线右端点为第二点，移动常开触点，结果如图 11-204 所示。

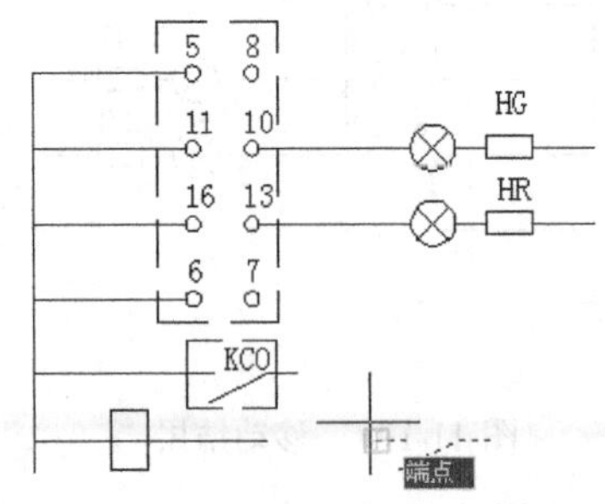

图 11-203　捕捉移动基点

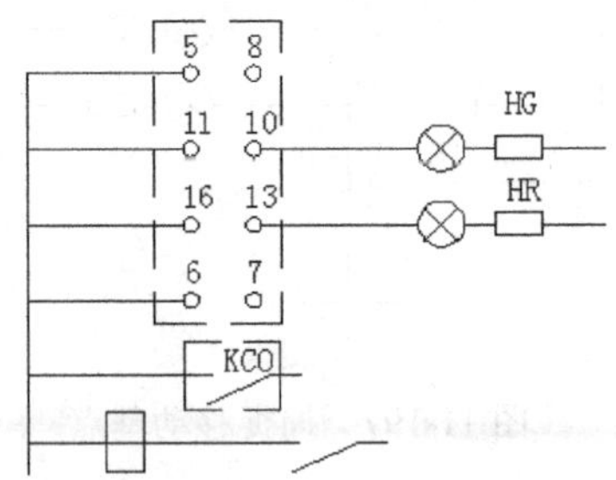

图 11-204　移动结果

步骤 22　单击“绘图”工具栏中的“直线”按钮，绘制以 HR 右边导线右端点为起点，如图 11-205 所示捕捉的点为终点的竖直向下的线段。

步骤 23　单击“绘图”工具栏中的“直线”按钮，绘制以 KCO 右边导线右端点为起点，终点在刚绘制的竖直线段上，结果如图 11-206 所示。

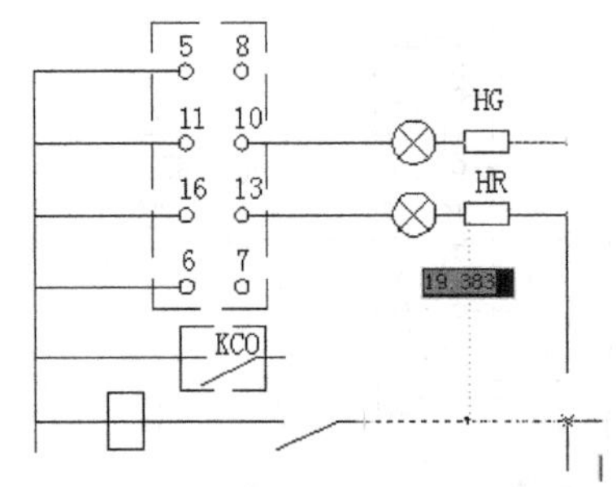

图 11-205　绘制竖直线段

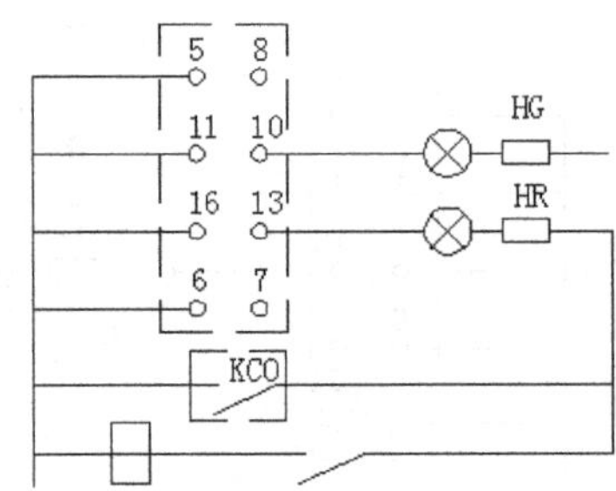

图 11-206　绘制水平线段

步骤 24　单击“绘图”工具栏中的“直线”按钮，以触点 8 右象限点为起点，绘制长度为 25 的水平向右的线段，结果如图 11-207 所示。

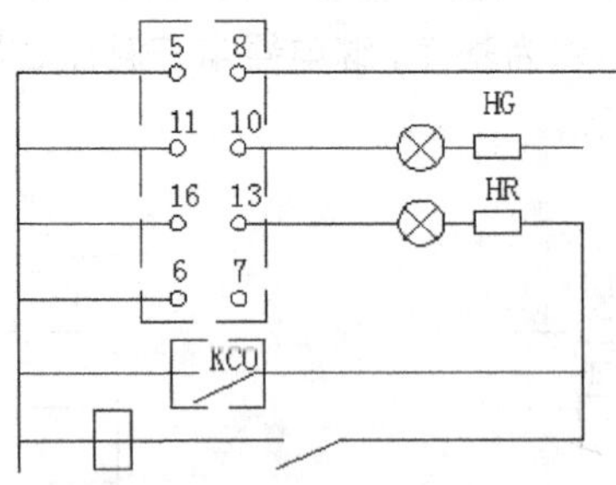

图 11-207　再次绘制水平线段

步骤 25　复制一个继电器常闭触点到当前文件，单击“修改”工具栏中的“移动”按钮，以常闭触点左导线左端点为基点（见图 11-208），以刚绘制线段的右端点为第二点，移动常闭触点，结果如图 11-209 所示。

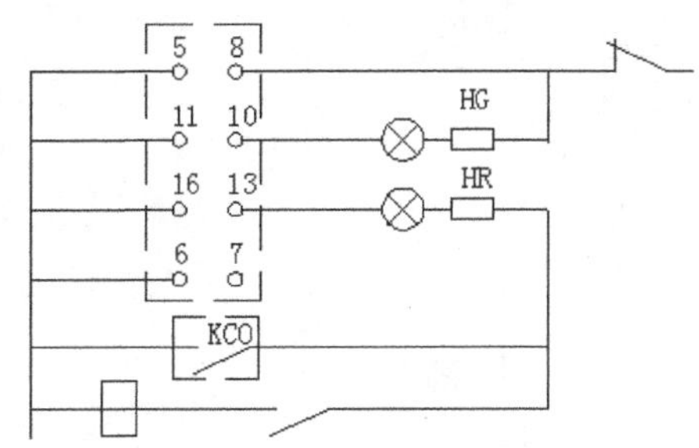

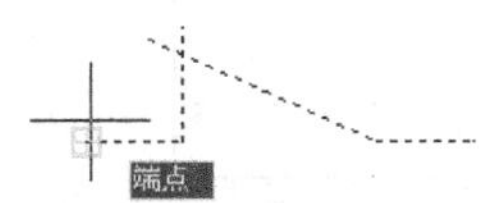

图 11-208　捕捉移动基点

图 11-209　移动结果

步骤 26 复制一个断路器辅助常闭触点到当前文件，单击“修改”工具栏中的“移动”按钮，以断路器辅助常闭触点左导线左端点为基点（见图 11-210），以移动过的继电器常闭触点右导线右端点为第二点进行移动。

步骤 27 单击“绘图”工具栏中的“矩形”按钮，绘制长度为 2.5、宽度为 4 的矩形表示继电器线圈，单击“修改”工具栏中的“移动”按钮，移动矩形，结果如图 11-211 所示。

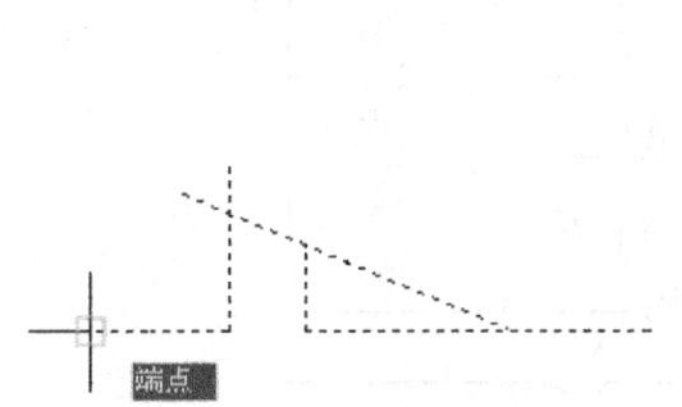

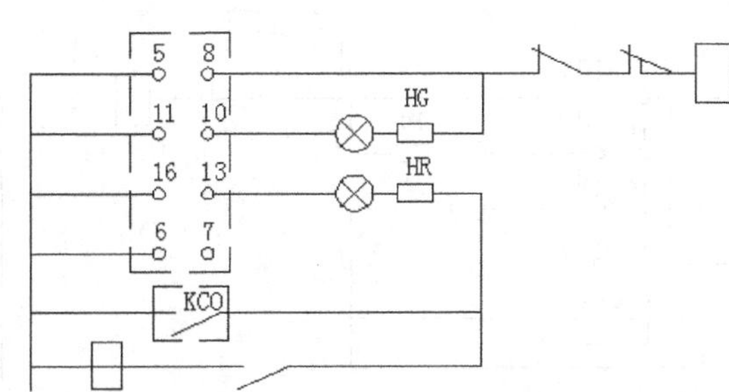

图 11-210　捕捉移动基点

图 11-211　移动结果与绘制矩形

步骤 28 单击“绘图”工具栏中的“直线”按钮，以图 11-212 所示点为起点，绘制长度为 6 的竖直向上的线段，复制一个继电器常开触点。

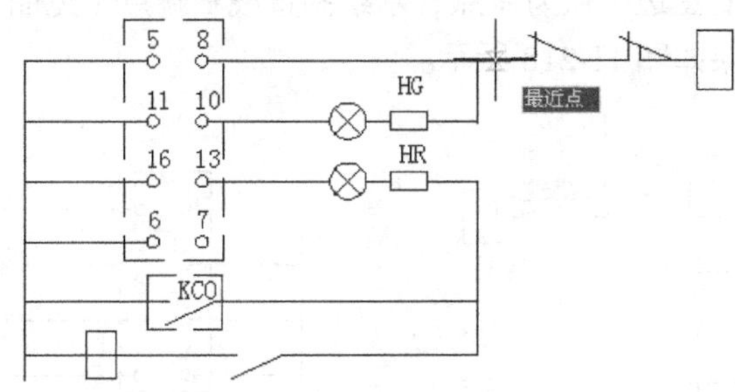

图 11-212　捕捉线段起点

步骤 29 单击“修改”工具栏中的“移动”按钮，以其左导线左端点为基点（见图 11-213），移动常开触点，移动结果如图 11-214 所示。

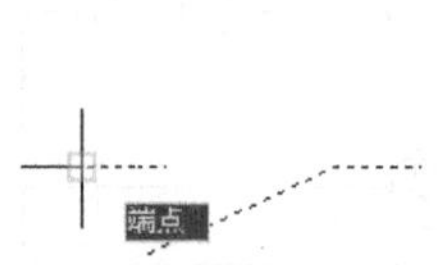

图 11-213　捕捉移动基点

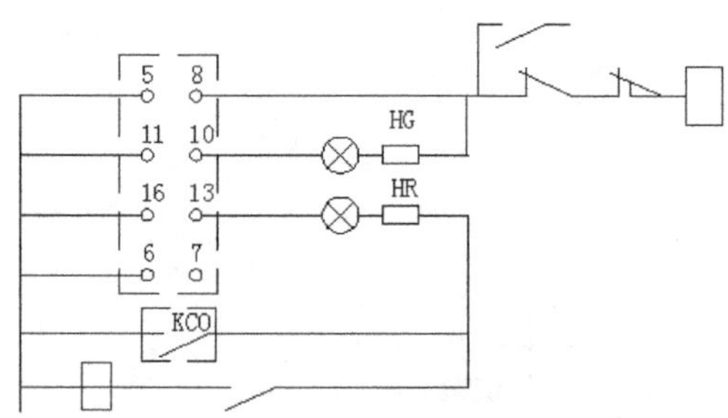

图 11-214　移动结果

步骤30　复制一个防跳继电器线圈，单击“修改”工具栏中的“移动”按钮，以线圈左边中点为基点进行移动，效果如图 11-215 所示。

步骤31　单击“绘图”工具栏中的“直线”按钮，以刚绘制线圈的左边中点为起点，绘制长度为 8 的水平线段，单击“绘图”工具栏中的“矩形”按钮，绘制长度为 3、宽度为 1.5 的小矩形，表示电阻，单击“修改”工具栏中的“移动”按钮，将其移到直线左端点，结果如图 11-216 所示。

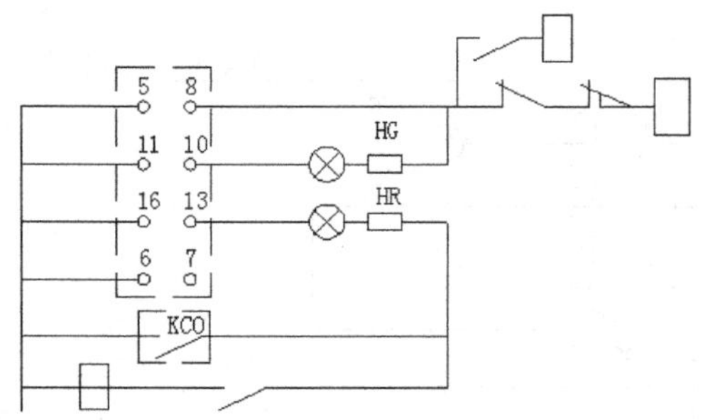

图 11-215　复制线圈

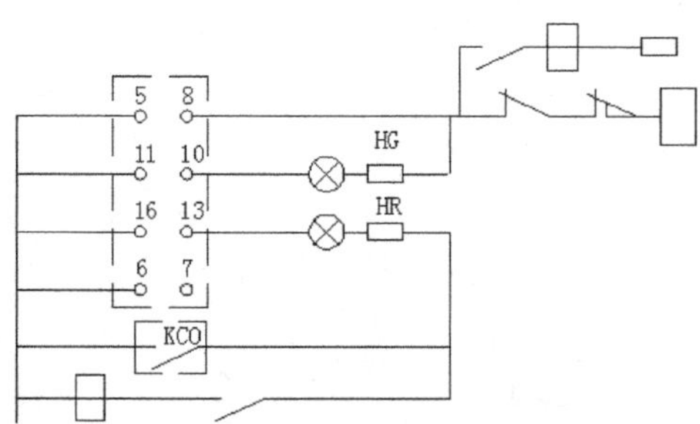

图 11-216　绘制直线与矩形

步骤32　单击“绘图”工具栏中的“直线”按钮，以触点 7 的右象限点为起点，向右绘制长度为 25 的线段，单击“修改”工具栏中的“复制”按钮，以防跳线圈为操作对象，以线圈左边中点为基点、刚绘制直线右端点（见图 11-217）为第二点进行复制，复制结果如图 11-218 所示。

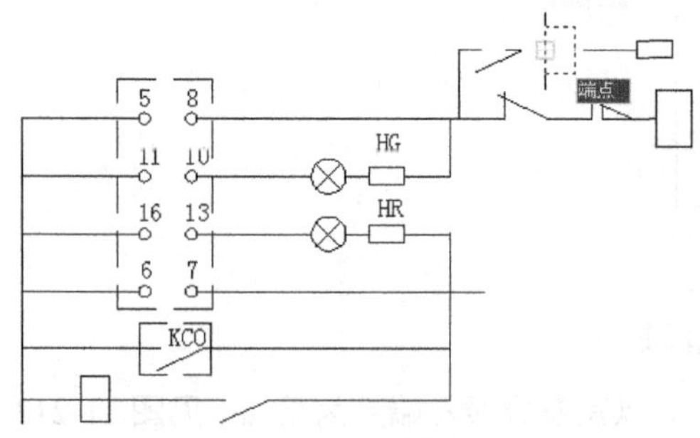

图 11-217　捕捉复制基点

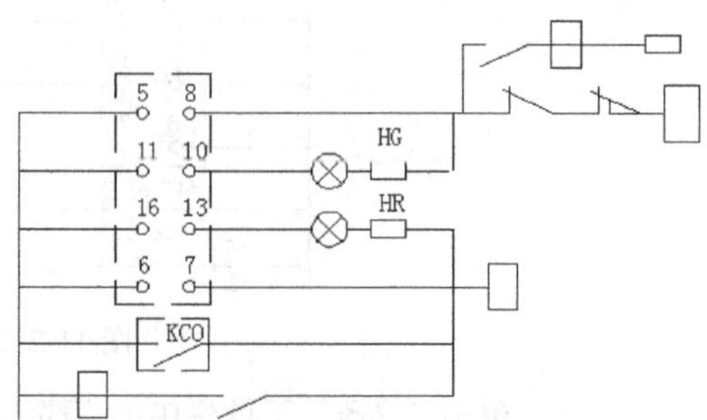

图 11-218　复制结果

步骤33　单击“绘图”工具栏中的“直线”按钮，以刚绘制防跳线圈左边中点为起点，绘制长度为 8 的水平线段，复制一个断路器辅助常开触点到当前文件，单击“修改”工具栏中的“移动”按钮，以其左导线左端点为基点（见图 11-219），以刚绘制直线右端点为第二点进行移动，结果如图 11-220 所示。

图 11-219　捕捉移动基点

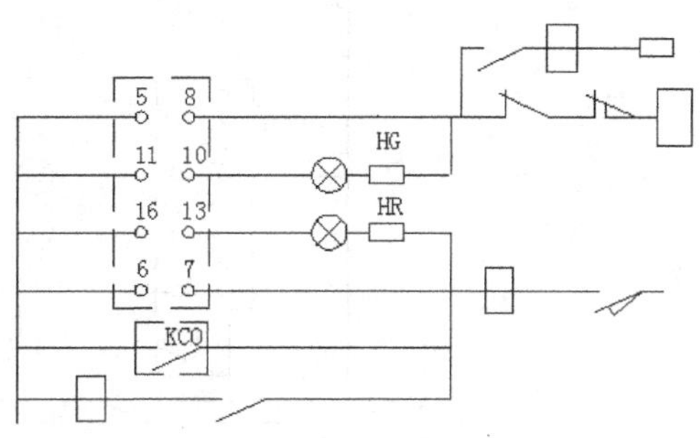

图 11-220　移动效果

步骤 34　单击"修改"工具栏中的"复制"按钮，选择如图 11-221 中虚线部分（继电器线圈）为操作对象，以其左边中点为复制基点，以断路器辅助常开触点右导线右端点为第二点进行操作，结果如图 11-222 所示。

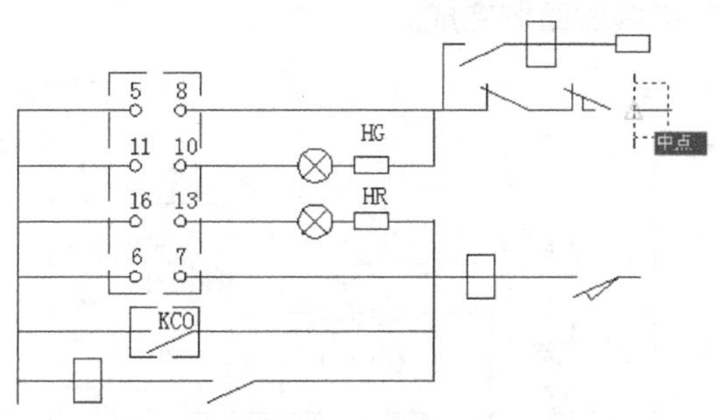

图 11-221　选择图形与捕捉复制基点

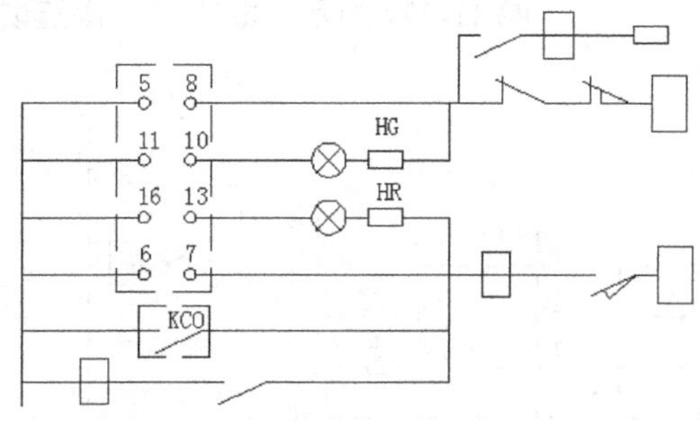

图 11-222　复制结果

步骤 35　单击"修改"工具栏中的"拉伸"按钮，将最左边竖直线段向上拉伸，拉伸长度为 8，复制以前绘制的熔断器符号到当前文件，单击"修改"工具栏中的"移动"按钮，将其移动到最左竖直线段最上端点，单击"绘图"工具栏中的"直线"按钮，在熔断器上方绘制水平直线，最终效果如图 11-223 所示。

步骤 36　单击"修改"工具栏中的"复制"按钮，选择如图 11-224 所示虚线部分为操作对象，水平向右复制一份，结果如图 11-225 所示。

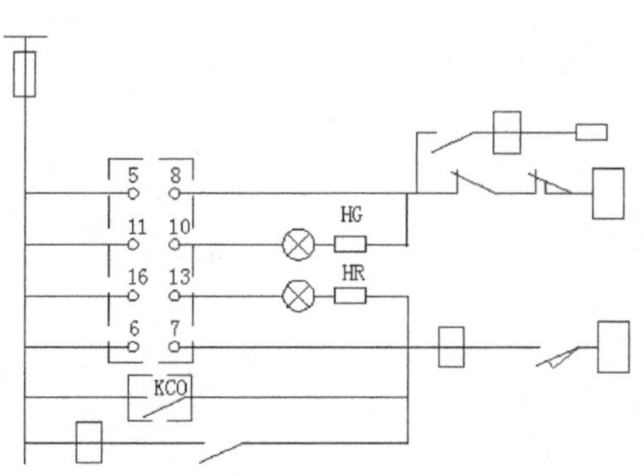

图 11-223　绘制直线

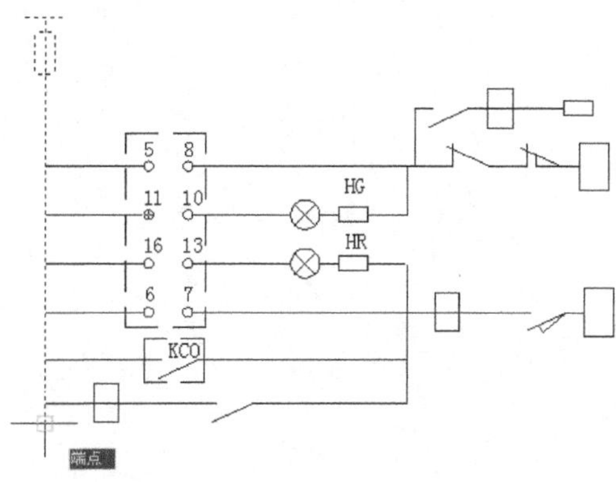

图 11-224　选择复制图形

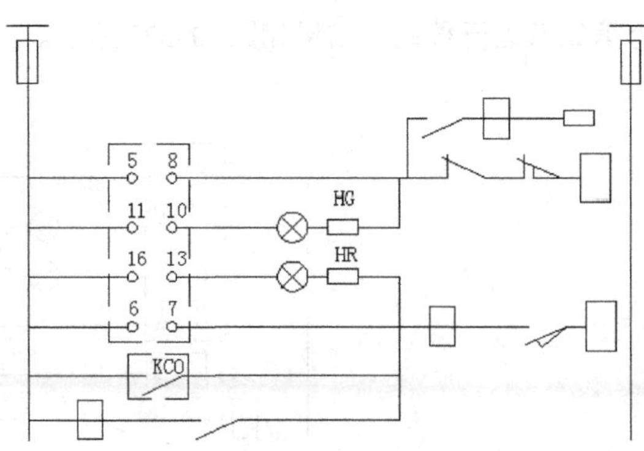

图 11-225　复制结果

步骤 37　单击“绘图”工具栏中的“直线”按钮，绘制三条水平线段，起点分别在最右三个矩形的右边中点，终点在最右的竖直线段上，结果如图 11-226 所示。

步骤 38　单击“绘图”工具栏中的“多行文字”按钮 A，添加适当的文字标注，最终效果如图 11-227 所示，断路器“串连防跳”接线图绘制完成。

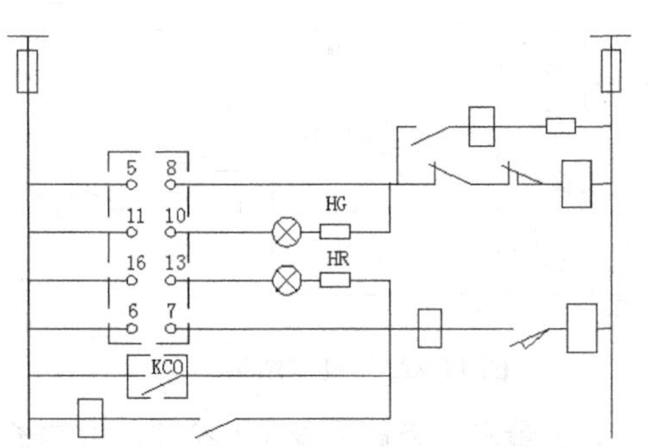

图 11-226　绘制 3 条线段

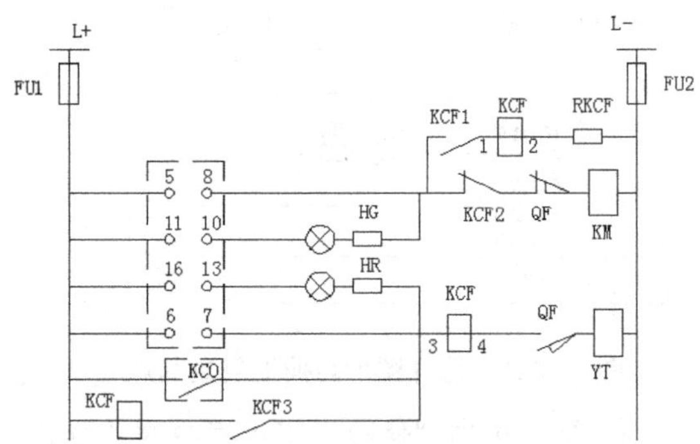

图 11-227　文字标注

第 12 章　机床电气设计

机床电气设计是电气设计的一个分支，采用各种电气符号、图线来表示机床电气系统中的各种电气设备、装置元件之间的相互关系、连接关系。机床电气线路图是电气设计人员、安装人员及操作人员的的工程语言，是企业进行技术交流不可缺少的重要手段。

本章将对机床电气制图进行讲解，并详细介绍如何绘制电动机控制线路图和机床控制线路图。

12.1　机床电气工程图

12.1.1　机床电气工程图的分类

机床电气工程图最主要的图纸是机床电气控制电路图。

机床电气控制电路图是将电气控制装置的各种电器元件用图形符号表示并按工作顺序排列，详细表示控制装置、电路的基本构成和连接关系的图。机床电气控制电路图的主要描述对象是电动机以及机床的电气控制装置，描述内容是其工作原理、电气接线及安装方法等。

12.1.2　机床电气工程图的特点

机床电气工程图中使用频率最高的是机床的电气控制线路图。机床电气控制线路图以表示机床电气设备、装置和控制元件之间的相互控制关系为目的，通常以接线方便、布线合理为原则进行绘制，主要由主线路、辅助线路构成。

机床电气控制线路图的特点主要有以下几个方面。

（1）主、辅线路绘制方法

在电气控制线路图中，主线路通常用粗实线表示，辅助线路用细实线表示。对于每一个线束，通常都给出导线的根数、型号、截面积及导线的敷设方法、穿线管的种类、管子的直径等。

（2）图形及文字符号与线路图一致

在电气控制线路图中，各电器元件的图形符号和文字符号及端子的编号是与电气控制线路图一致的，这样可便于对照查找。在线束的两端及中间分支出去的每一根导线，在与电器元件相连接时，在接线端脚处通常都标注了相应的标号，对于同一根导线的若干段，标注的是同一个标号，这对于分清各线的归属提供了很大的方便。

12.1.3　机床电气工程图的绘制步骤

企业常用的机床有车床、钻床、磨床、铣床以及刨床等，这些机械加工设备的控制线路都较为复杂，且大都不一样，因此对这类电气控制线路图，我们必须掌握具体的电气控制线路，按以下步骤进行绘制：

步骤01 分析电路。绘制电气控制线路图之前，应该先将整个线路进行划分。将电气控制电路划分为主线路、辅助线路，并对图纸进行整体布局。

步骤02 绘制主线路。分析主线路中电器的使用情况，分清主线路电器与控制元件之间的对应关系，根据分析结果合理分配图纸空间。

步骤03 绘制辅助线路。辅助线路的最大特殊性是通常都具有控制元件，如交流接触器、继电器及各种控制开关等，故也可以称为控制电路。在电气控制辅助线路中，辅助线路通常是一个大回路，而在这个大回路中又包含了若干小回路，每个小回路又具有一个或多个控制元件。所以要搞清楚控制回路中各元件的控制关系，合理的进行图纸布局绘制。

12.2 电动机控制线路图的绘制

机床的运动部件大多是电动机带动的，为了完成一定的生产顺序，需要对电动机的启动、停止、正反转及延时动作等进行控制。这一控制过程是由继电器、交流接触器等控制电器来实现的。

12.2.1 绘制电动机正转控制线路图

机床电气控制线路图可以看成是一些比较简单的基本控制线路根据实际需要组合而成的。本节将对一些比较简单的基本控制线路进行绘制。

一般工厂中使用的小型台钻、机床的冷却泵电动机等多采用简单的正转控制电路，即由组合开关来控制异步电动机全压启动。其控制线路图如图 12-1 所示。

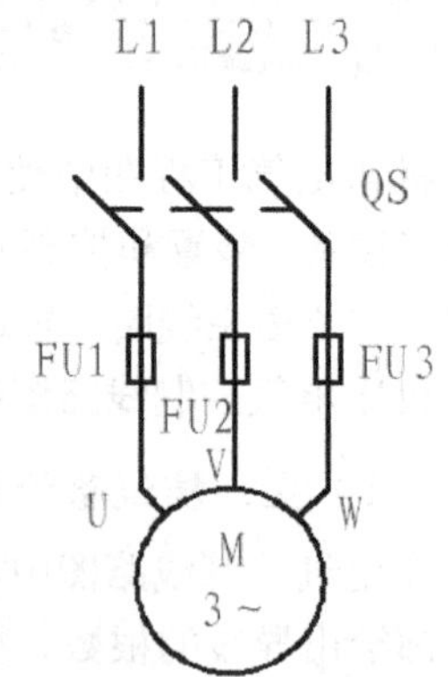

图 12-1 电动机正转控制线路图

1. 主线路的绘制

步骤01 选择“格式”|“图层”命令，弹出“图层特性管理器”对话框，连续单击“新建图层”按钮3 次，“图层”列表框中出现从“图层 1”～“图层 3”，一共三个图层，如图 12-2 所示。依次设定图层名为“主线路”、“辅助线路”、“文字标注”；颜色设置分别为白色、洋红色、蓝色；线宽设置分为“0.30 毫米”、“默认”、“默认”。其余选择默认设置，并选择主线路为当前图层。

步骤02 单击“绘图”工具栏中的“圆”按钮，以点（100,100）为圆心，绘制一个半径为10 的圆，如图 12-3 所示。

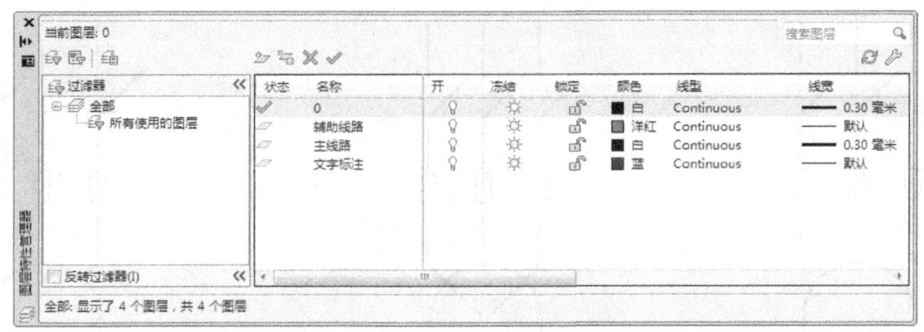

图 12-2　控制线路图图层设置

步骤 03 单击“绘图”工具栏中的“直线”按钮，捕捉圆的上象限点为起点，绘制一条沿竖直方向，长度为 30 的直线段，继续绘制一条沿角度为 135° 方向，长度为 10 的直线段，最后在长为 30 的直线段 Y 方向上绘制长为 10 的直线段，效果如图 12-4 所示。

步骤 04 单击“绘图”工具栏中的“矩形”按钮，分别以（98,120）、（102,126）为矩形的两个角点，绘制矩形，效果如图 12-5 所示。

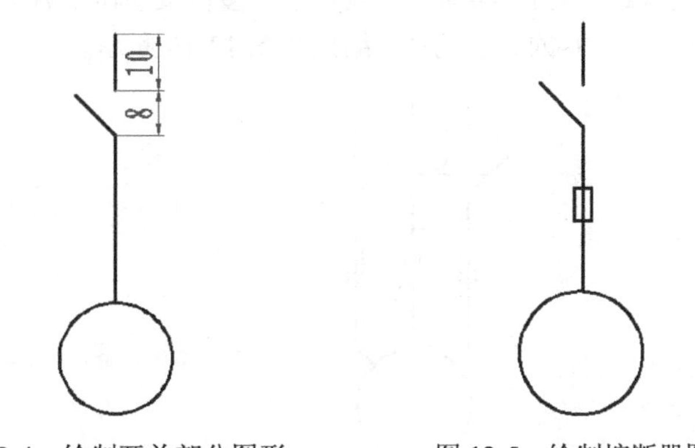

图 12-3　绘制电动机图形　　图 12-4　绘制开关部分图形　　图 12-5　绘制熔断器图形

步骤 05 单击“修改”工具栏中的“复制”按钮，，进行复制操作。选择步骤（3）、（4）所绘制的直线段和矩形为复制对象，沿水平方向分别向左右移动距离为 10 进行复制，复制后效果如图 12-6 所示。

步骤 06 单击“绘图”工具栏中的“直线”按钮，捕捉左边竖直方向的下面直线段的下端点为起点，捕捉圆的圆心为终点，绘制一条斜线段，继续捕捉右边竖直方向的下面直线段的下端点为终点，再绘制一条斜线段，效果如图 12-7 所示。

步骤 07 单击“修改”工具栏中的“修剪”按钮，进行修剪操作。选择圆为修剪参考对象，选择步骤（6）所绘制的斜线段为要修剪的对象，修剪效果如图 12-8 所示。

步骤 08 单击“绘图”工具栏中的“直线”按钮，捕捉组合开关中的左边斜线段的中点为起点，捕捉组合开关中的右边斜线段的中点为终点，绘制一水平直线段；并在特性面板中，将其线型设置为“DASHED”，线型比例设置为 0.5，如图 12-9 所示，完成主线路的图形绘制。

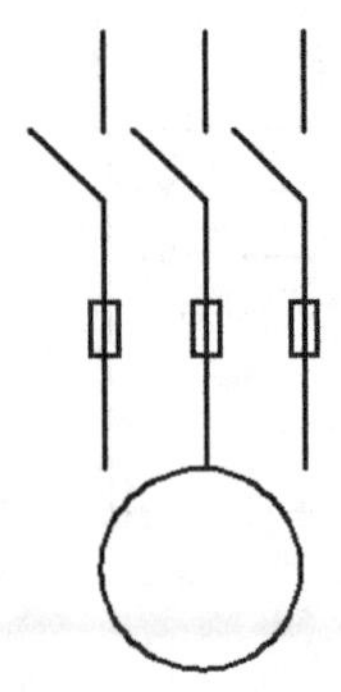

图 12-6　复制图形

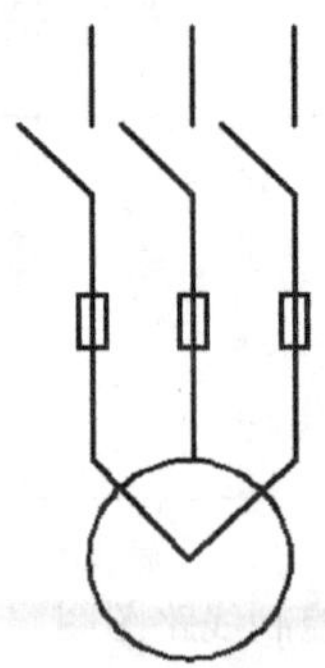

图 12-7　绘制斜线段

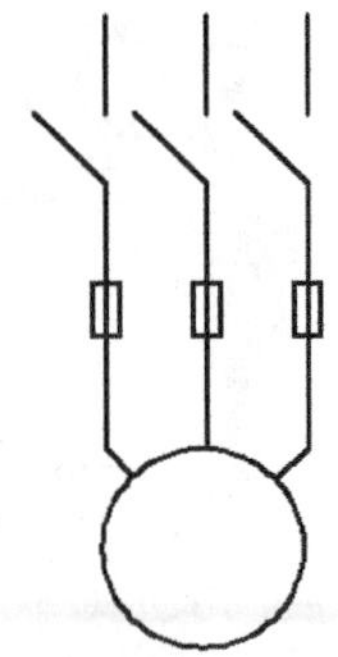

图 12-8　修剪图形

2. 文字标注

步骤 01　单击“图层”工具栏中的“应用的过滤器”，选择“文字标注”图层为当前图层，即 。使用例 4-1 的方法创建电气标注文字样式，文字高度为 5，字体为仿宋体，宽度比例设置为 0.7。

步骤 02　单击“绘图”工具栏中的多行文字命令 A，撰写电动机 M 及其接线 U、V、W 和 3~的文字代号，结果如图 12-10 所示。

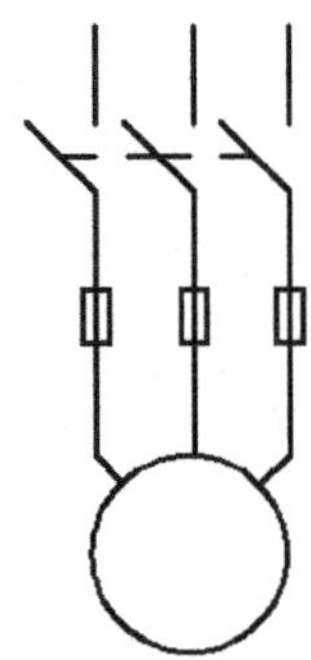

图 12-9　偏移图形

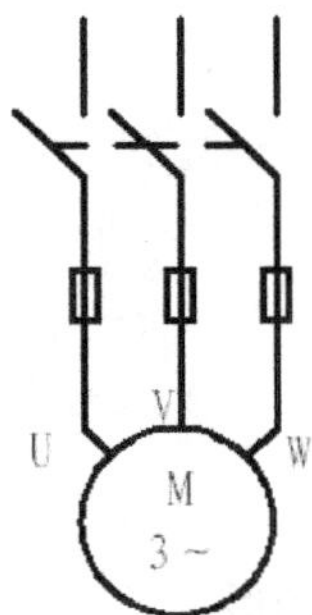

图 12-10　电动机及接线文字

步骤 03　单击“绘图”工具栏中的多行文字命令 A，撰写熔断器 FU1~FU3 的文字代号，结果如图 12-11 所示。

步骤 04　单击“绘图”工具栏中的多行文字命令 A，撰写组合开关 QS 的文字代号，结果如图 12-12 所示。

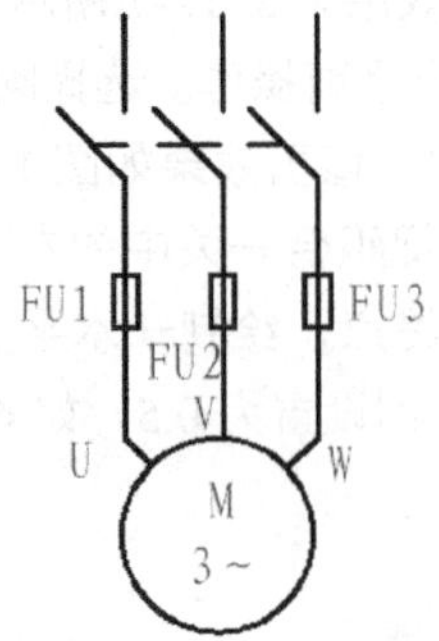

图 12-11　撰写熔断器文字

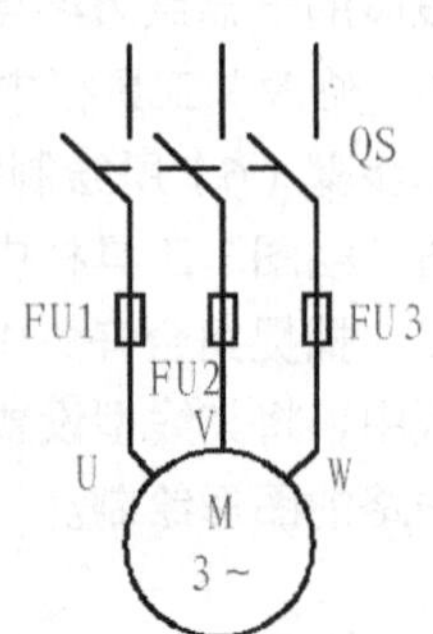

图 12-12　撰写组合开关文字

步骤 05　单击“绘图”工具栏中的多行文字命令 A，撰写电源接线 L1~L3 的文字代号，结果如图 12-1 所示。至此完成电动机正转控制线路图的绘制。

12.2.2　绘制具有过载保护的接触器控制的电动机正转控制线路图

图 12-13 是具有过载保护的接触器控制的电动机正转控制线路图，是工厂广泛应用的、最基本的电动机控制电路，可实现对电动机启动、停止的自动控制及远距离控制、频繁操作，并具有必要的保护，如短路、过载、零电压等保护功能。

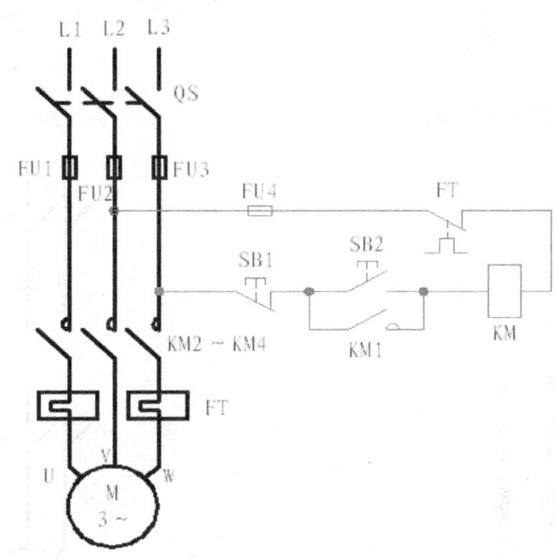

图 12-13　具有过载保护的接触器控制的电动机正转控制线路图

下面将在上一节完成的线路图的基础上，绘制具有过载保护的接触器控制的电动机正转控制线路图。该图可分为三个阶段的绘制，首先是主线路的绘制，其次是控制线路的绘制，最后是文字标注。具体绘制步骤如下。

1. 主线路的绘制

步骤 01　打开上一节所绘制的电动机正转控制线路图，另存为一幅新的图纸，在另存为的图纸中进行绘制。

步骤 02　单击“图层”工具栏中的“应用的过滤器”，设置“文字标注”图层为关闭状态，锁定状态，即 文字标注；选择“主线路”图层为当前图层，即 主线路。

步骤 03　单击“修改”工具栏中的“移动”按钮，选择移动对象，如图 12-14 所示，沿竖直方向向下移动 60，操作结果如图 12-15 所示。

步骤 04　单击“修改”工具栏中的“复制”按钮，选择复制对象，（不要选择组合开关中的虚线和熔断器），如图 12-16 所示，沿竖直方向向下移动 60，复制操作结果如图 12-17 所示。

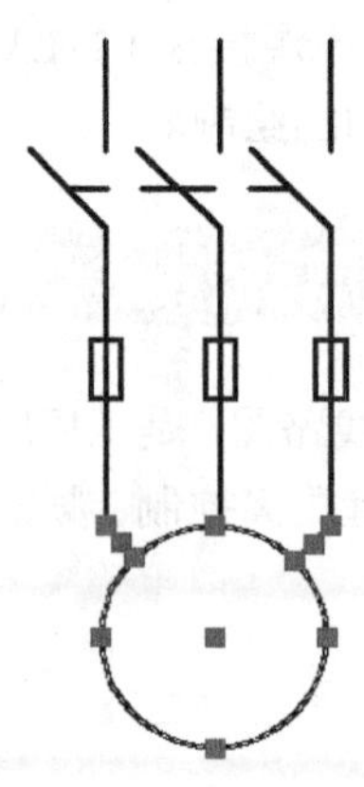

图 12-14　选择移动对象

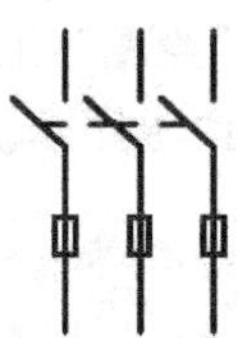

图 12-15　移动对象图

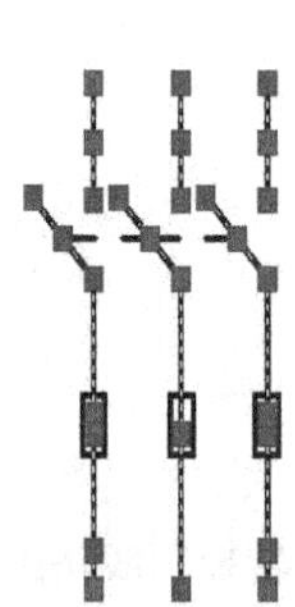

图 12-16　选择复制对象

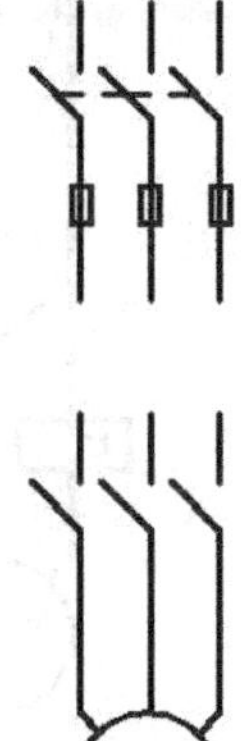

图 12-17　完成复制操作

步骤 05　单击“修改”工具栏中的“合并”按钮 ，进行合并操作，选择步骤（4）复制出来的上边的直线段为源对象，选择其上方的竖直直线段为合并到源的直线，如图 12-18 所示，依次进行三次合并操作，完成后，如图 12-19 所示。

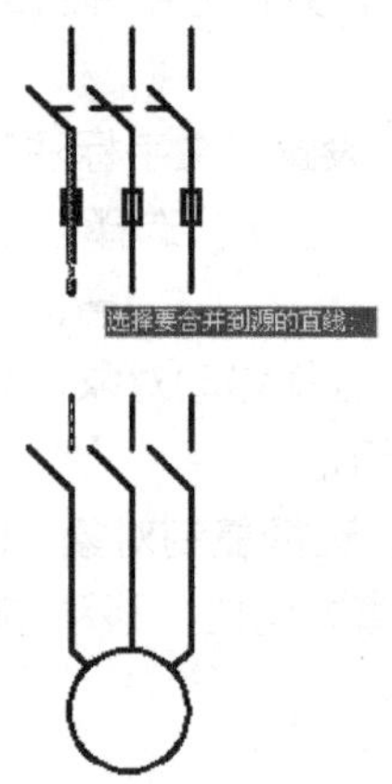

图 12-18　选择合并对象

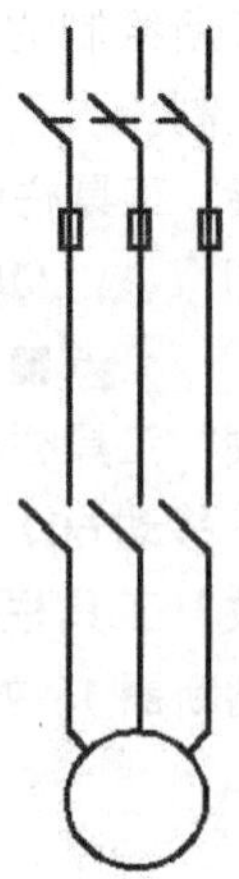

图 12-19　完成合并操作

步骤 06　单击“绘图”工具栏中的“圆弧”按钮，绘制半圆弧，这是交流继电器的一部分。其命令提示行如下：

```
命令: _arc
指定圆弧的起点或 [圆心(C)]:  //捕捉直线段端点为圆弧起点，如图 12-20 所示
指定圆弧的第二个点或 [圆心(C)/端点(E)]:  c //选择圆心模式
指定圆弧的圆心:  @0,1.5  //输入圆弧的圆心的坐标
指定圆弧的端点或 [角度(A)/弦长(L)]:  a //选择角度模式
指定包含角:  -180 //输入角度值，完成圆弧绘制如图 12-21 所示。
```

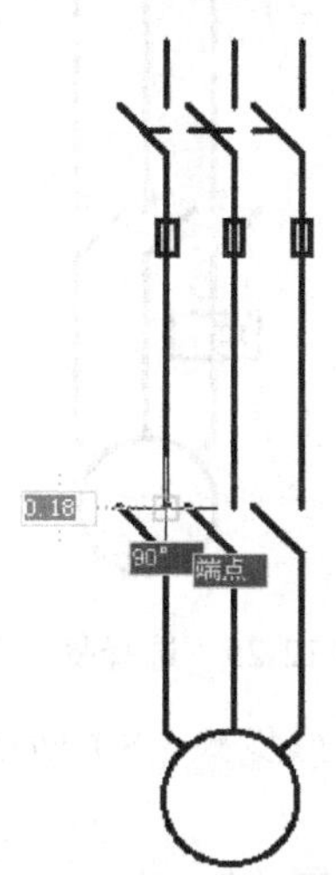

图 12-20　捕捉圆弧起点

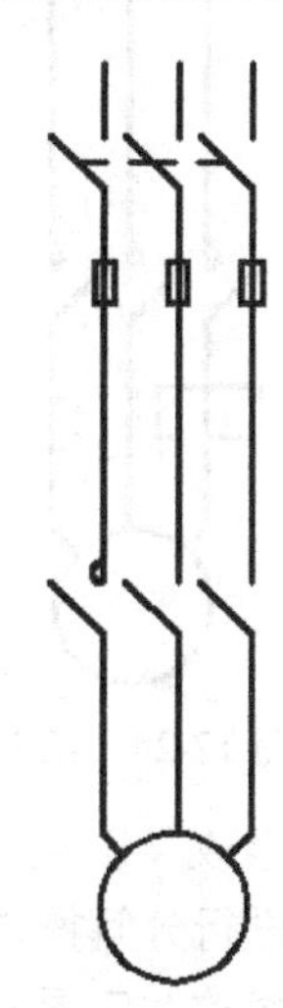

图 12-21　绘制圆弧

步骤 07　单击“修改”工具栏中的“复制”按钮，进行半圆弧复制，选择步骤（6）绘制的半圆弧为复制对象，捕捉步骤（6）绘制的半圆弧起点为复制对象的基点，如图 12-22 所示，使用多个连续复制模式，依次向右选择直线段的端点为复制第二点，完成复制，如图 12-23 所示，完成交流继电器的绘制。

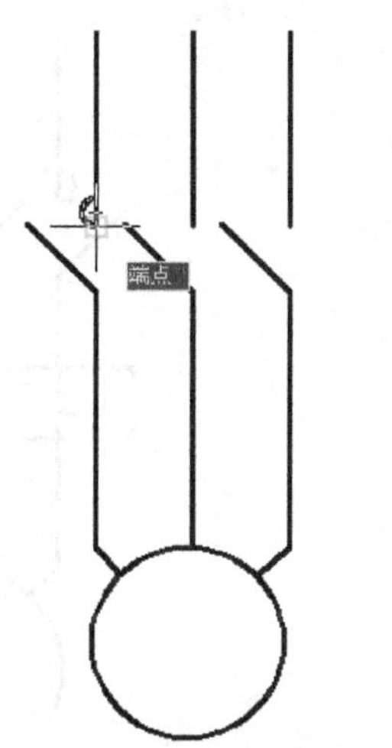

图 12-22　选择复制基点

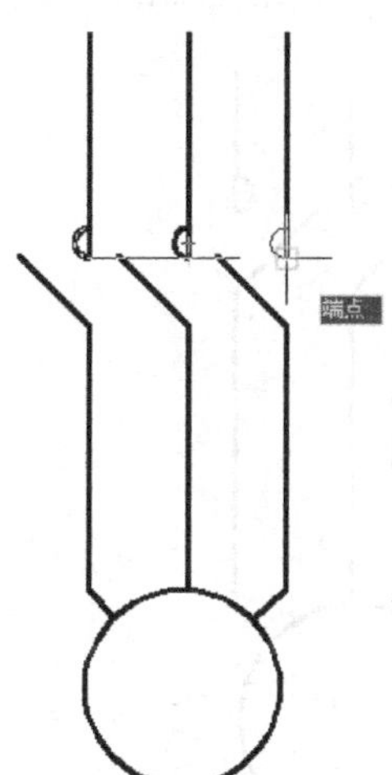

图 12-23　复制半圆弧

步骤 08　单击“绘图”工具栏中的“矩形”按钮，开始绘制热保护继电器。分别以（83,60）、

（97,68）为矩形的两个角点，绘制一大矩形，如图 12-24 所示；单击“绘图”工具栏中的“矩形”按钮，分别以（86,63）、（90,66）为矩形的两个角点，绘制一小矩形，如图 12-25 所示。

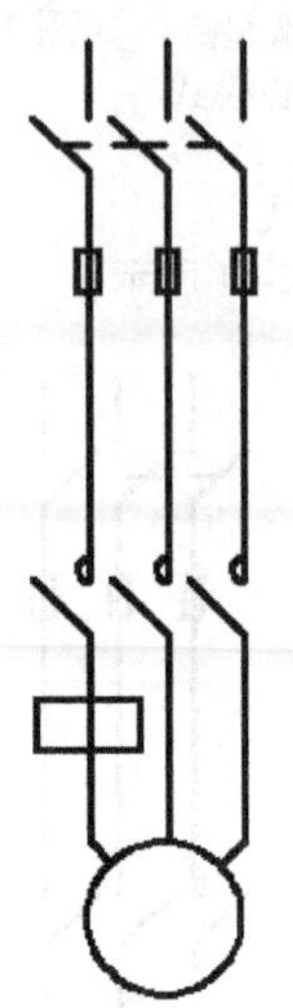

图 12-24　绘制矩形

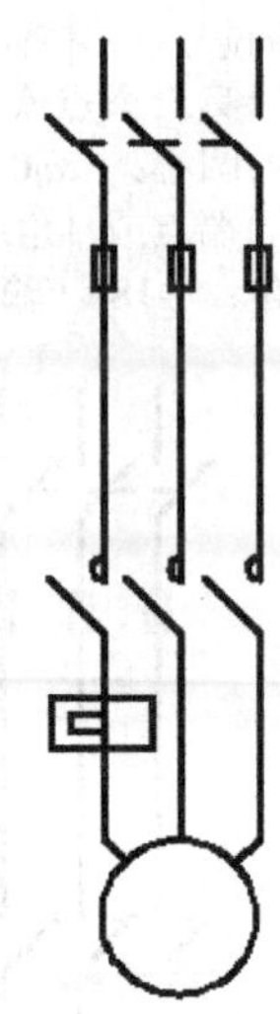
图 12-25　选择复制基点

步骤 09　单击“修改”工具栏中的“分解”按钮，选择步骤（8）所绘制的小矩形为分解对象，进行分解操作。

步骤 10　单击“修改”工具栏中的删除按钮，选择步骤（8）小矩形分解生成的的右边竖直直线段，如图 12-26 所示。

步骤 11　单击“修改”工具栏中的“修剪”按钮，进行修剪操作。选择步骤（8）小矩形分解生成的的上下两个水平直线段为修剪参考对象，如图 12-27 所示，选择与之相交且在其内部的竖直直线段为要修剪的对象，修剪效果如图 12-28 所示。至此完成热保护继电器的绘制。

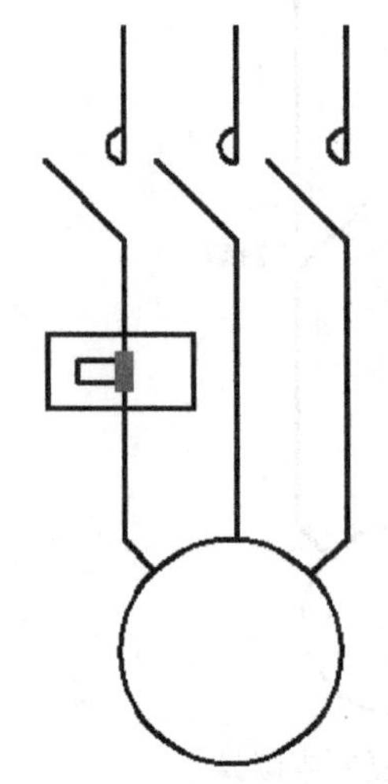
图 12-26　删除矩形直线段

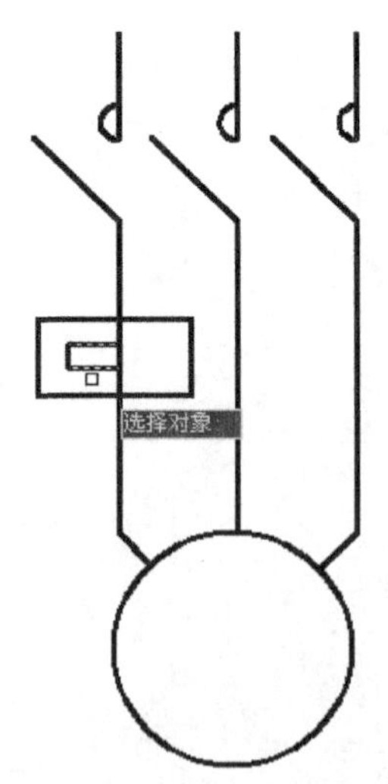

图 12-27　选择修剪参考对象

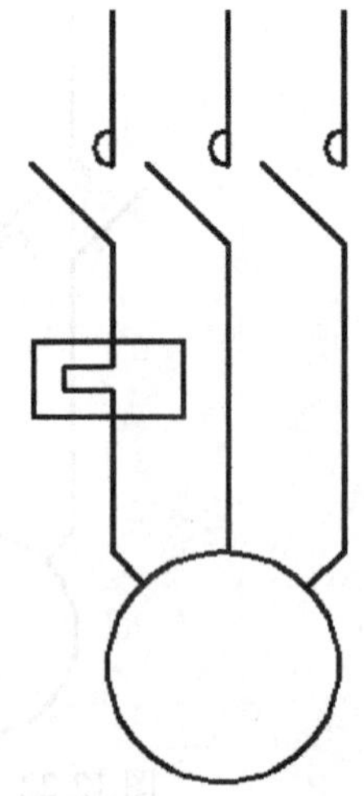
图 12-28　完成修剪

步骤 12　单击“修改”工具栏中的“复制”按钮，进行矩形复制，选择步骤（8）绘制的大矩形和经过修剪后的小矩形为复制对象，捕捉左下竖直直线段的上端点为复制对象的基点，如图 12-29 所示，捕捉最右下的竖直直线段的端点为复制第二点，完成复制，如图 12-30 所示。

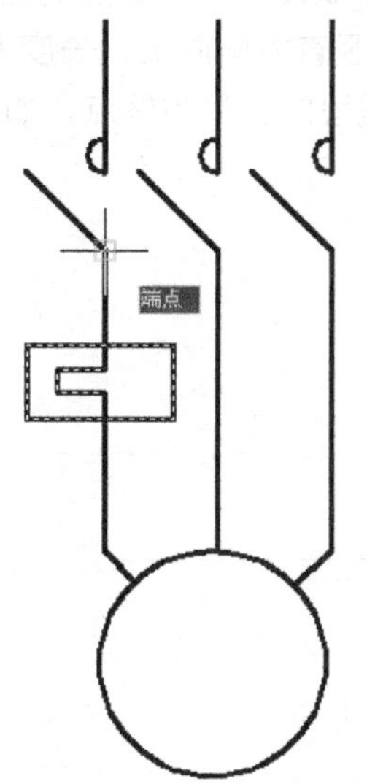

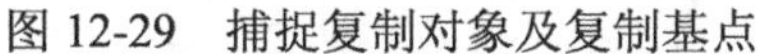

图 12-29　捕捉复制对象及复制基点

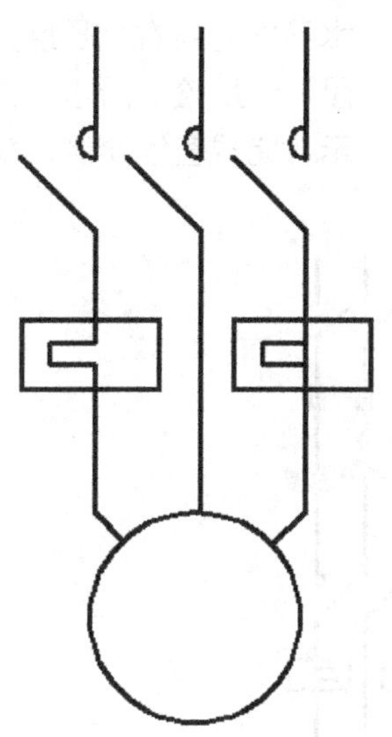

图 12-30　完成复制

步骤 13　单击“修改”工具栏中的“修剪”按钮，参照步骤（10）对步骤（12）生成的图形进行修剪操作，结果如图 12-31 所示。至此，完成主线路的绘制，最终结果如图 12-32 所示。

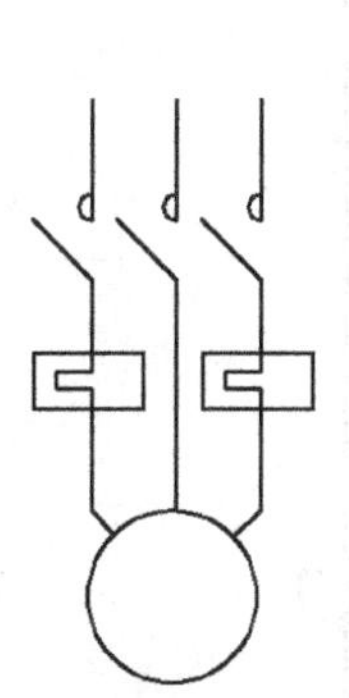

图 12-31　完成修剪

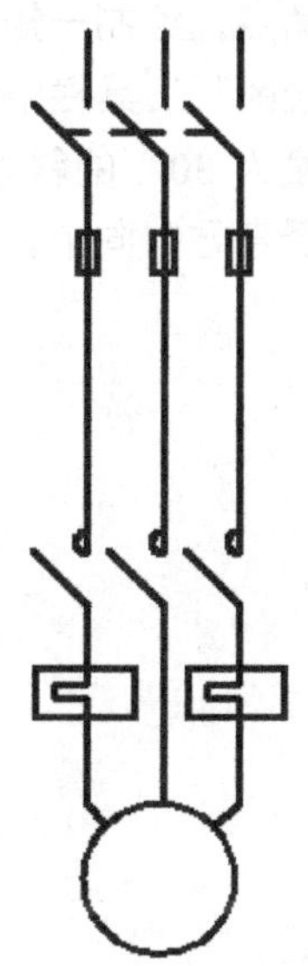

图 12-32　完成主线路绘制

2. **辅助线路的绘制**

步骤 01 单击“图层”工具栏中的“应用的过滤器”，选择“辅助线路”图层为当前图层，即 辅助线路。

步骤 02 单击“绘图”工具栏中的“直线”按钮，以（110,90）为直线段的起点，绘制沿水平方向向右，长度为 90 的直线段，接着绘制沿竖直方向向上，长度为 20 的直线段，然后绘制沿水平方向向左，捕捉与中间竖直线段的垂足为终点，如图 12-33 所示，完成直线绘制，如图 12-34 所示。

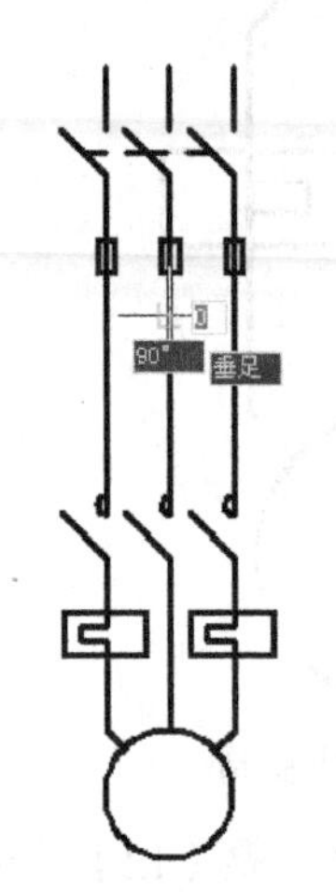

图 12-33　捕捉垂足

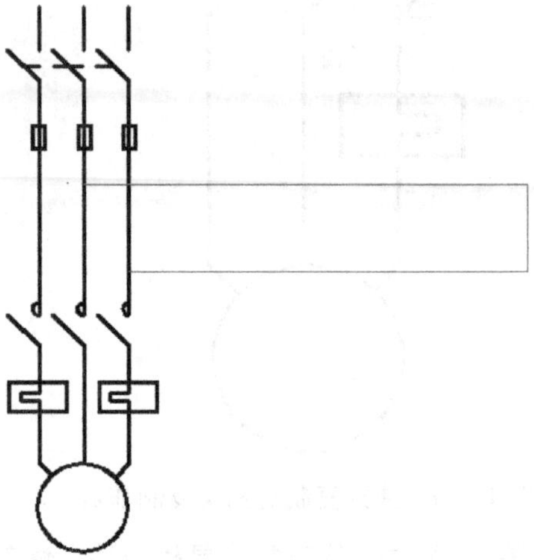

图 12-34　完成直线绘制

步骤 03 单击“绘图”工具栏中的“矩形”按钮，分别以（130,111）、（136,109）为矩形的两个角点，绘制一矩形，如图 12-35 所示。

步骤 04 单击“绘图”工具栏中的“直线”按钮，以（170,110）为直线段的起点，长度为 10，角度为-30° 的斜直线段；单击“直线”按钮，以（178,110）为直线段的起点，沿竖直方向向下，绘制长度为 10 的直线段，如图 12-36 所示。

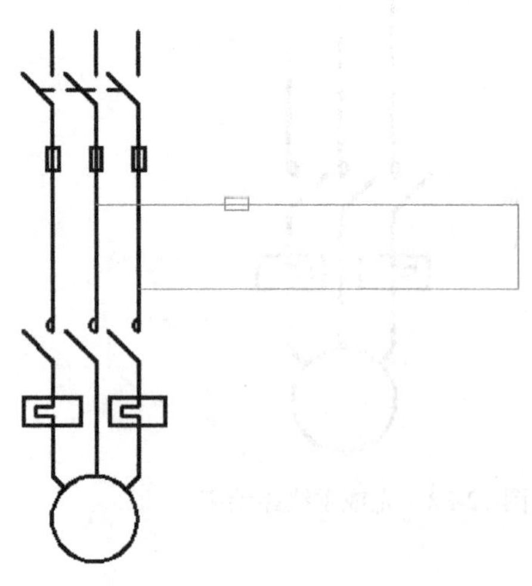

图 12-35　绘制熔断器

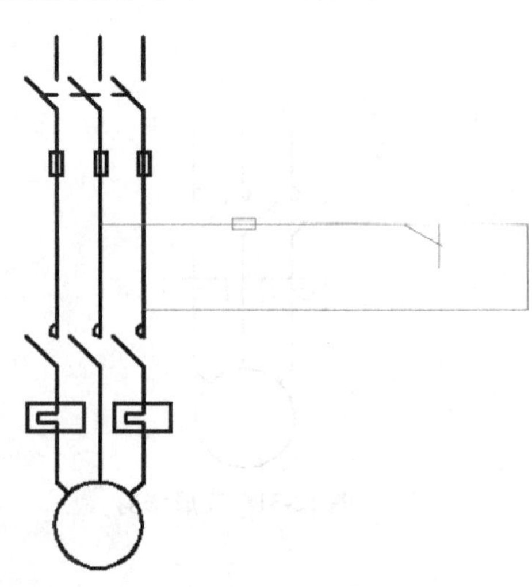

图 12-36　直线绘制

步骤 05　单击“修改”工具栏中的“修剪”按钮，进行修剪操作。选择步骤（4）绘制两个直线段为修剪参考对象，选择与之相交且在其之间的水平直线段，和竖直直线段中的超过斜线段的部分为要修剪的对象，修剪效果如图 12-37 所示。

步骤 06　下面开始绘制辅助线路中的热保护继电器。单击“绘图”工具栏中的“直线”按钮，捕捉步骤（4）绘制的斜直线段的中点为直线段的起点，如图 12-38 所示；沿竖直方向向下，绘制长度为 5 的直线段，接着沿水平方向向右，绘制长度为 2 的直线段，再沿竖直方向向下绘制长度为 4 的直线段，最后沿水平方向向右，绘制长度为 4 的直线段，如图 12-39 所示。

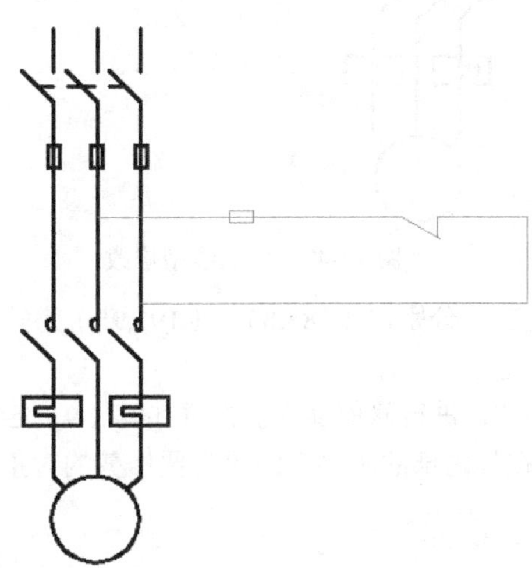

图 12-37　完成修剪

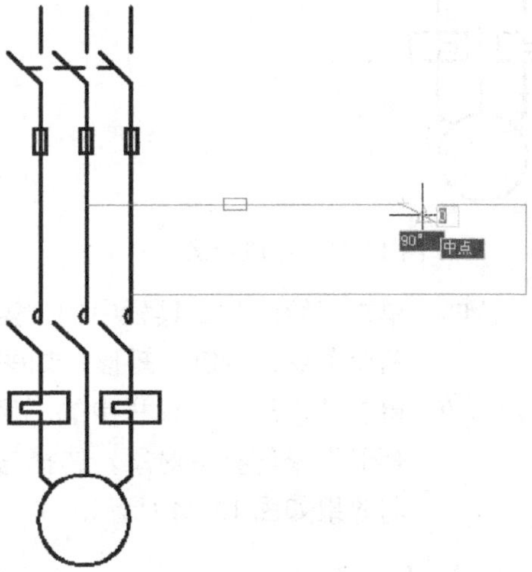

图 12-38　捕捉斜直线段的中点

步骤 07　单击“修改”工具栏中的“镜像”按钮，选择步骤（6）绘制的 4 条直线段为镜像对象，选择步骤（6）绘制第一条直线段的两个端点为镜像线的两点，如图 12-40 所示，以保留源对象模式，执行镜像操作，结果如图 12-41 所示。

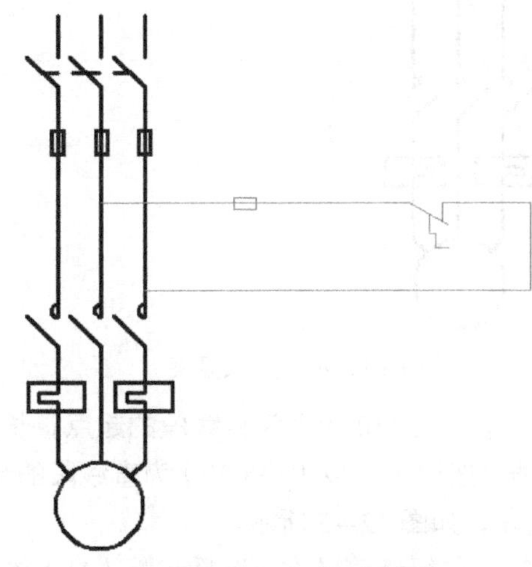

图 12-39　绘制直线段

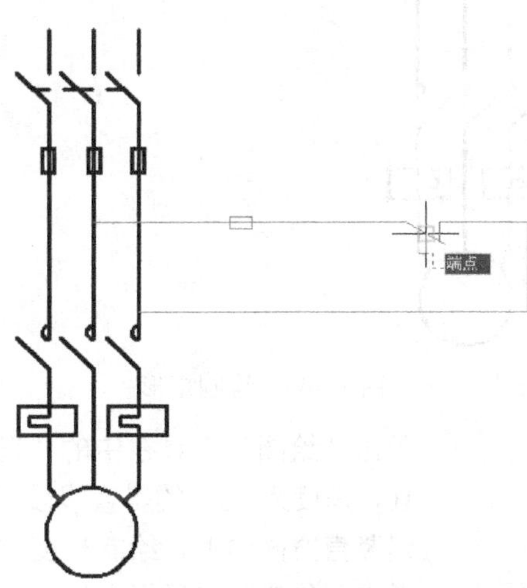

图 12-40　捕捉斜直线段的中点

步骤 08　选择步骤（6）绘制绘制第一条直线段，将其线型修改为“DASHED”，线型比例设置为 0.5，结果如图 12-42 所示，热保护继电器绘制结束。

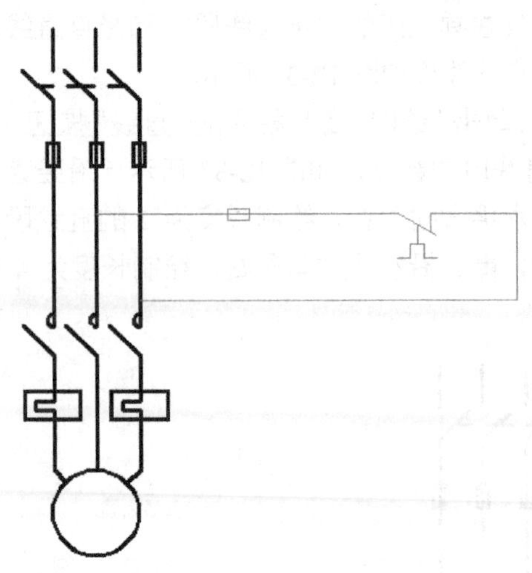

图 12-41　完成镜像

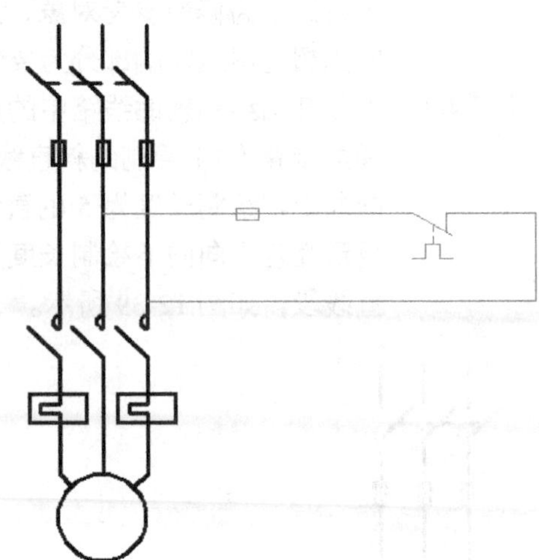

图 12-42　完成线型修改

步骤 09　单击“绘图”工具栏中的“矩形”按钮，分别以（185,85）、（191,95）为矩形的两个角点，绘制一矩形，如图 12-43 所示。

步骤 10　单击“修改”工具栏中的“修剪”按钮，进行修剪操作。选择步骤（9）绘制的矩形为修剪参考对象，选择与之相交且在其内部的水平直线段为要修剪的对象，修剪效果如图 12-44 所示。

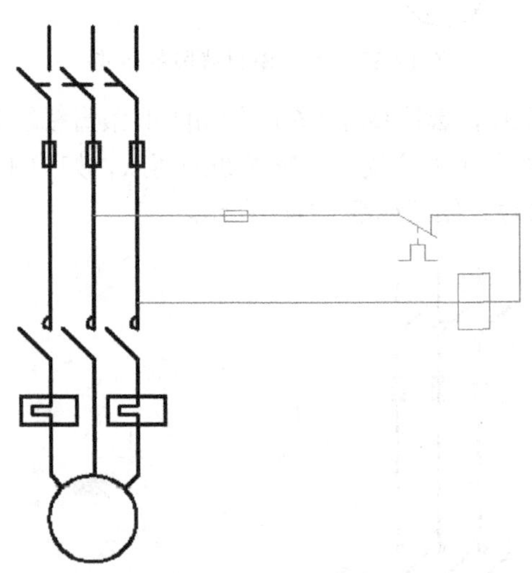

图 12-43　绘制矩形

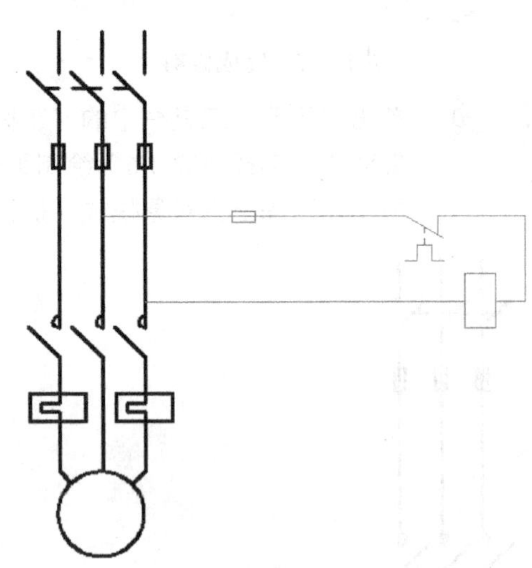

图 12-44　完成修剪

步骤 11　单击“绘图”工具栏中的“直线”按钮，以（150,90）为直线段的起点，长度为 10，角度为 30° 的斜直线段；单击“直线”按钮，以（158,90）为直线段的起点，沿竖直方向向上，绘制长度为 10 的直线段，如图 12-45 所示。

步骤 12　单击“修改”工具栏中的“修剪”按钮，进行修剪操作。选择步骤（11）绘制的两个直线段为修剪参考对象，选择与相交且在其间的水平直线段，和竖直直线段中的超过斜线段的部分为要修剪的对象，修剪效果如图 12-46 所示。

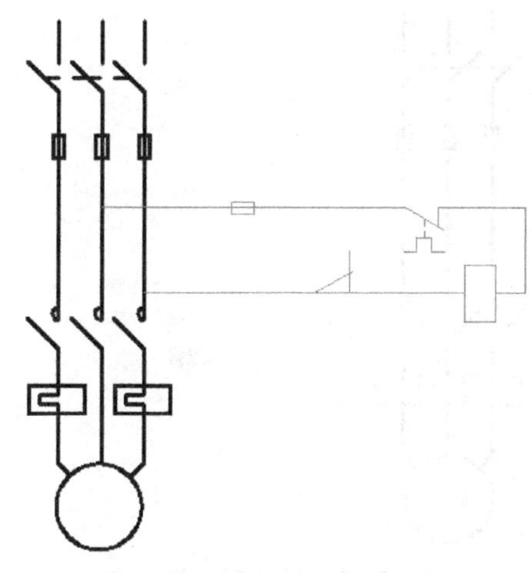

图 12-45　绘制直线

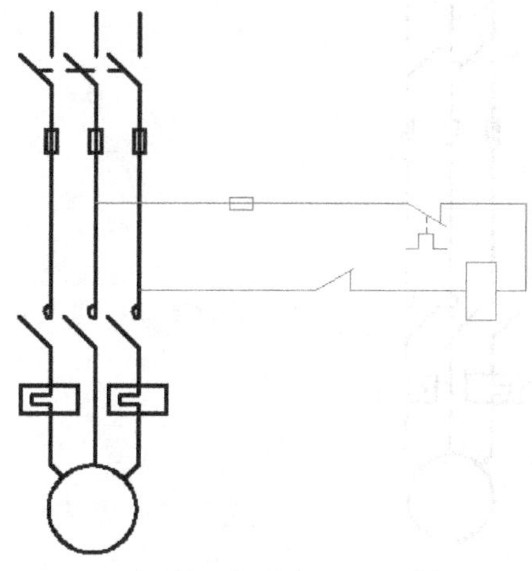

图 12-46　完成修剪

步骤 13　单击“修改”工具栏中的删除按钮，选择步骤（11）绘制的竖直直线段为删除对象，删除结果如图 12-47 所示。

步骤 14　单击“绘图”工具栏中的“直线”按钮，以（140,90）为直线段的起点，沿竖直方向向下，绘制长度为 10 的直线段，接着沿水平方向向右，绘制长度为 10 的直线段；单击“直线”按钮，以（160,90）为直线段的起点，沿竖直方向向下，绘制长度为 10 的直线段，接着沿水平方向向左，绘制长度为 10 的直线段；如图 12-48 所示。

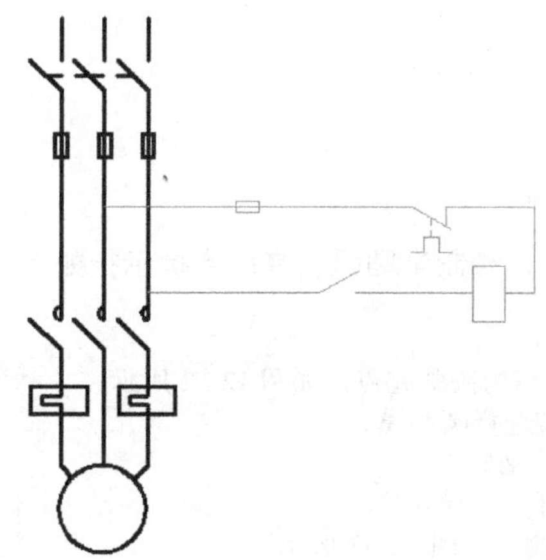

图 12-47　删除直线

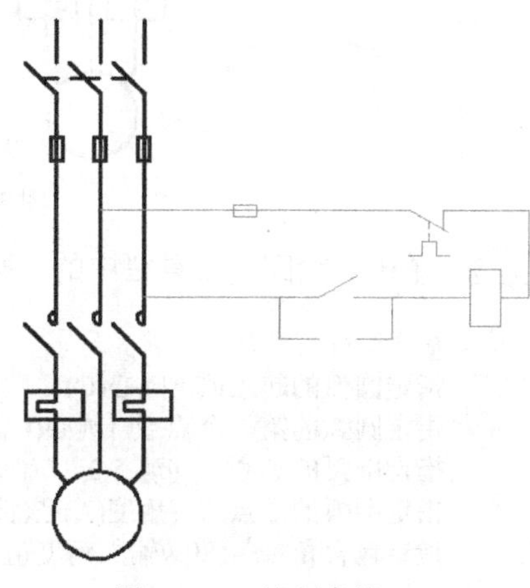

图 12-48　绘制直线

步骤 15　单击“修改”工具栏中的“复制”按钮，选择步骤（11）绘制的斜直线段为复制对象，捕捉该斜直线段的一个端点为复制基点，如图 12-49 所示，捕捉步骤（14）绘制的直线段的一个端点为复制第二点，如图 12-50 所示，完成复制，结果如图 12-51 所示。

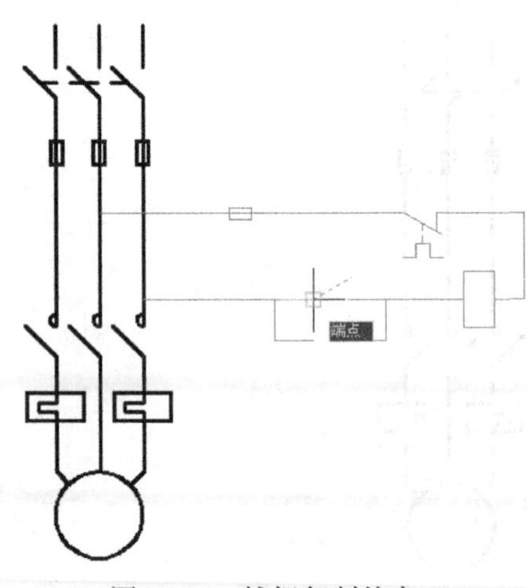

图 12-49　捕捉复制基点

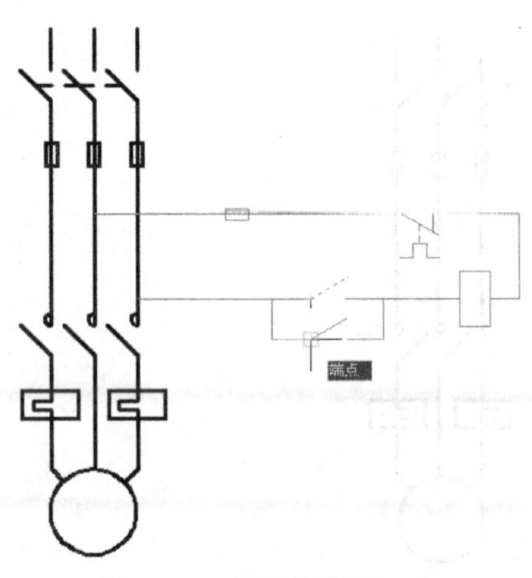

图 12-50　捕捉复制第二点

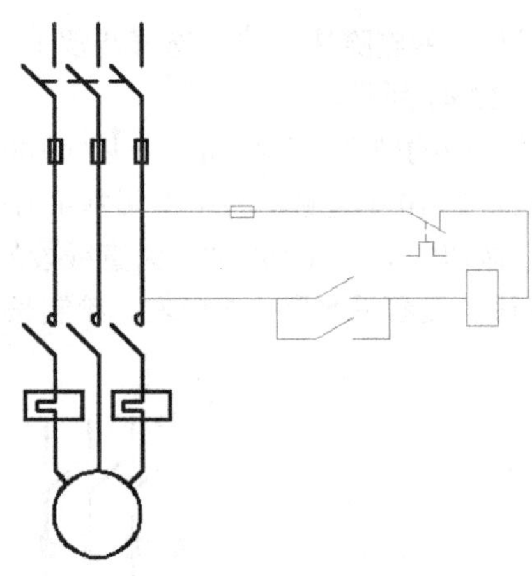

图 12-51　完成复制

步骤 16　单击“绘图”工具栏中的“圆弧”按钮，绘制半圆弧，其命令提示行如下：

```
命令: _arc
指定圆弧的起点或 [圆心(C)]:  //捕捉直线段端点为圆弧起点，如图 12-52 所示
指定圆弧的第二个点或 [圆心(C)/端点(E)]:  c //选择圆心模式
指定圆弧的圆心:  @1.5,0  //输入圆弧的圆心的坐标
指定圆弧的端点或 [角度(A)/弦长(L)]:  a //选择角度模式
指定包含角:  -180 //输入角度值，完成圆弧绘制，如图 12-53 所示
```

步骤 17　单击“修改”工具栏中的“复制”按钮，选择步骤（8）已修改线型的虚线段为复制对象，捕捉虚线段的下端点为复制基点，如图 12-54 所示，捕捉步骤（11）绘制的斜直线段的中点为复制第二点，如图 12-55 所示，完成复制，结果如图 12-56 所示。

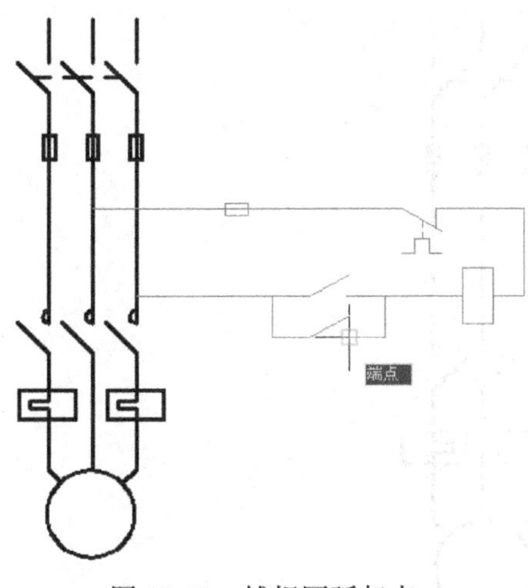

图 12-52　捕捉圆弧起点

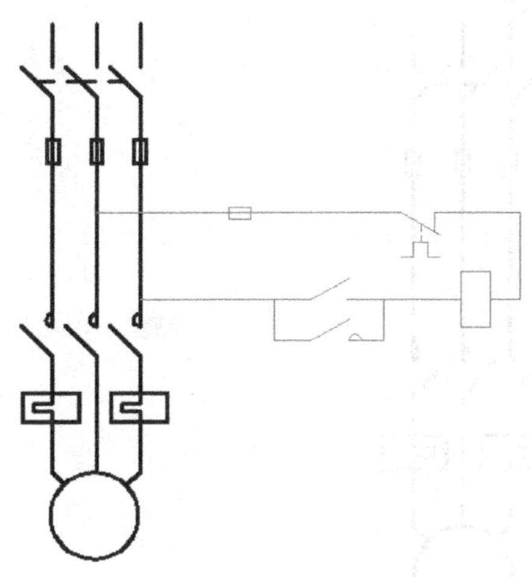

图 12-53　完成圆弧绘制

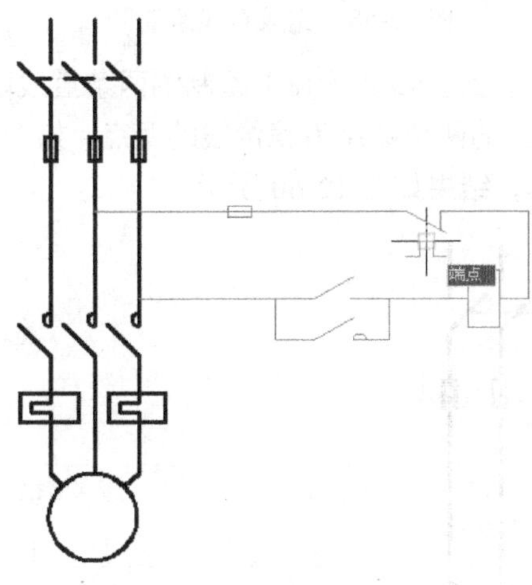

图 12-54　捕捉复制基点

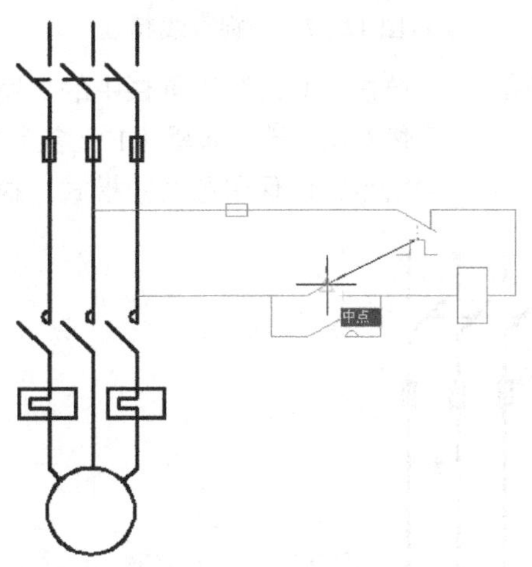

图 12-55　捕捉复制第二点

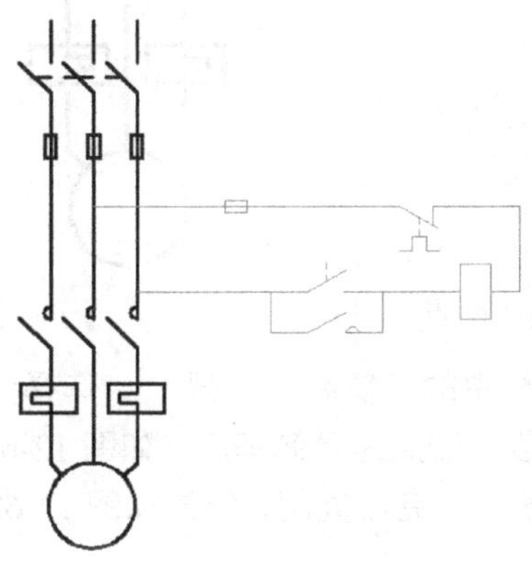

图 12-56　完成复制

步骤 18　单击“绘图”工具栏中的“直线”按钮，捕捉步骤（17）复制得到的虚线的上端点为直线段的起点，如图 12-57 所示，沿水平方向向右，绘制长度为 2.5 的直线段，接着沿竖直方向向下，绘制长度为 1.5 的直线段，如图 12-58 所示。

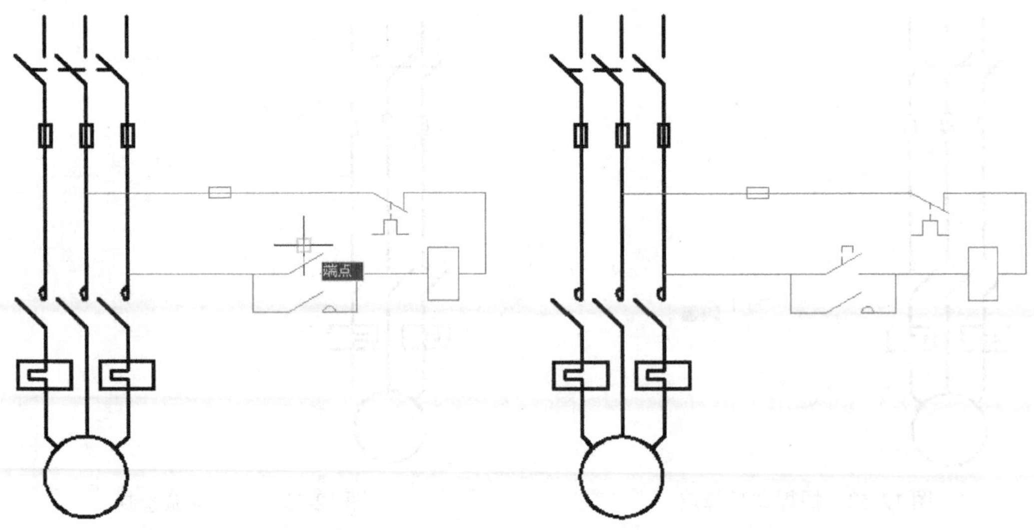

图 12-57　捕捉直线起点　　　　图 12-58　完成直线绘制

步骤 19　单击“修改”工具栏中的“镜像”按钮，选择步骤（18）绘制的两条直线段为镜像对象，选择步骤（17）复制得到的虚线段的两个端点为镜像线的两点，如图 12-59 所示，以保留源对象模式，执行镜像操作，结果如图 12-60 所示。

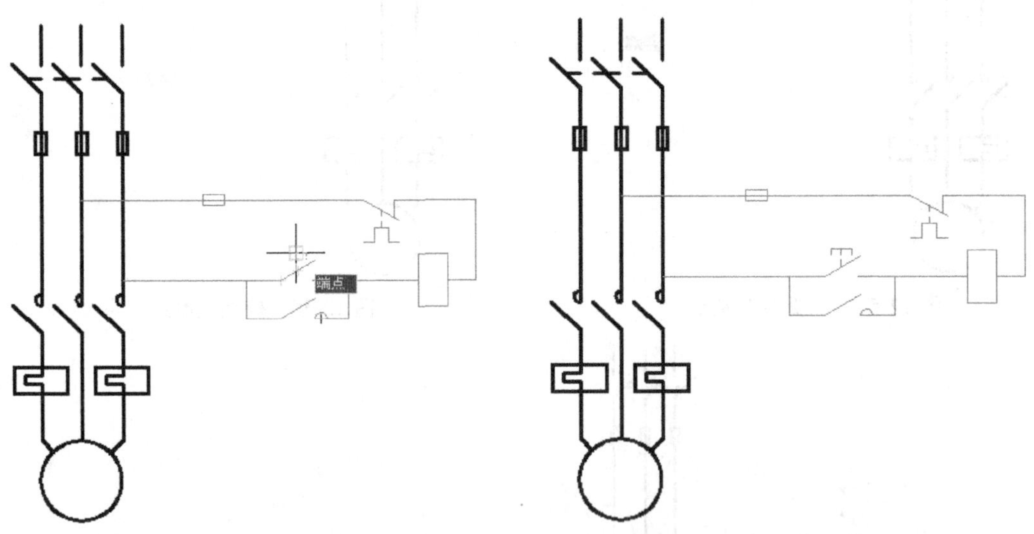

图 12-59　捕捉镜像线的两点　　　　图 12-60　完成镜像

步骤 20　单击“修改”工具栏中的“复制”按钮，选择步骤（4）绘制的两个直线段为复制对象，捕捉斜线段的端点为复制基点，如图 12-61 所示，以（125，90）为复制第二点，如图 12-62 所示，完成复制，结果如图 12-62 所示。

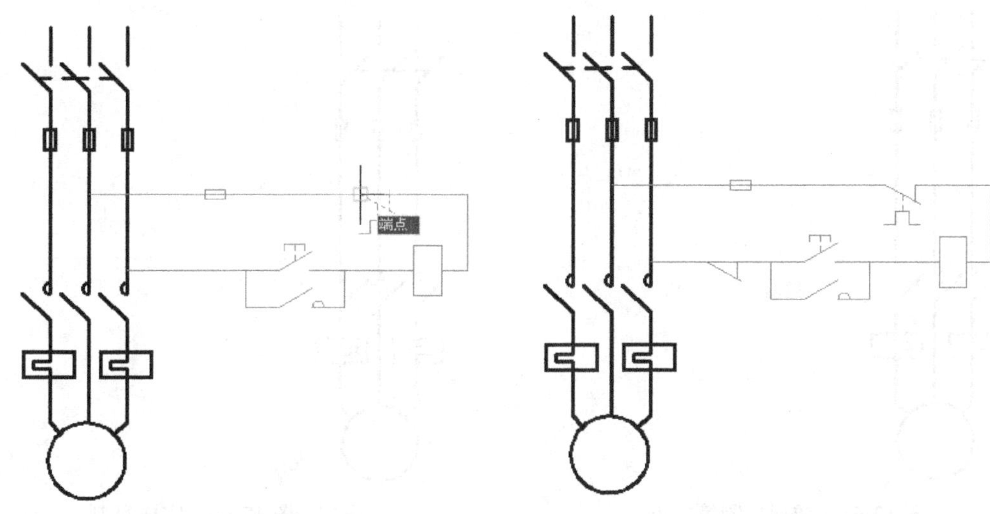

图 12-61　捕捉复制基点　　　　图 12-62　完成复制

步骤 21 单击“修改”工具栏中的“修剪”按钮，进行修剪操作。选择步骤（20）复制的两个直线段为修剪参考对象，选择与之相交且在其间的水平直线段为要修剪的对象，修剪效果如图 12-63 所示。

步骤 22 单击“修改”工具栏中的“复制”按钮，选择步骤（17）复制得到的虚线段和步骤（18）绘制的直线段及其镜像线段，并捕捉虚线的端点为复制基点，如图 12-64 所示，捕捉步骤（20）复制得到的斜线段的中点为复制第二点，如图 12-65 所示，完成复制，结果如图 12-66 所示。至此，完成辅助线路的绘制。

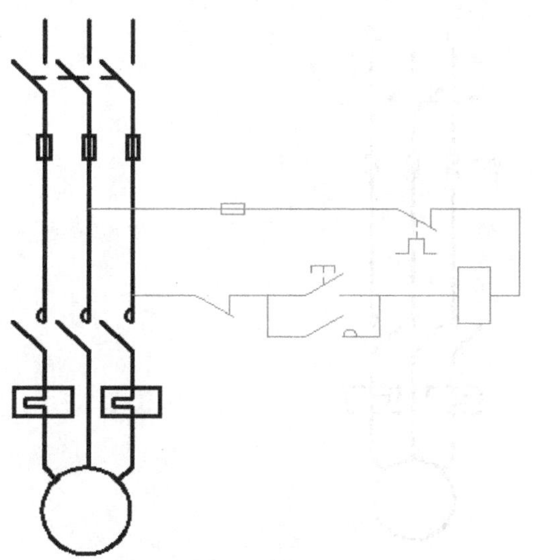

图 12-63　完成修剪操作

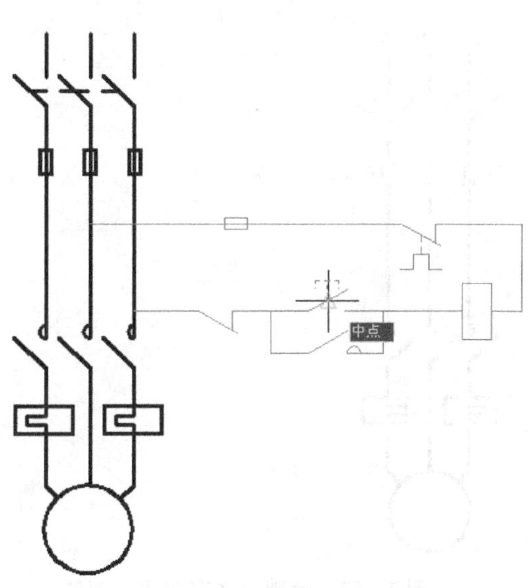

图 12-64　捕捉复制基点

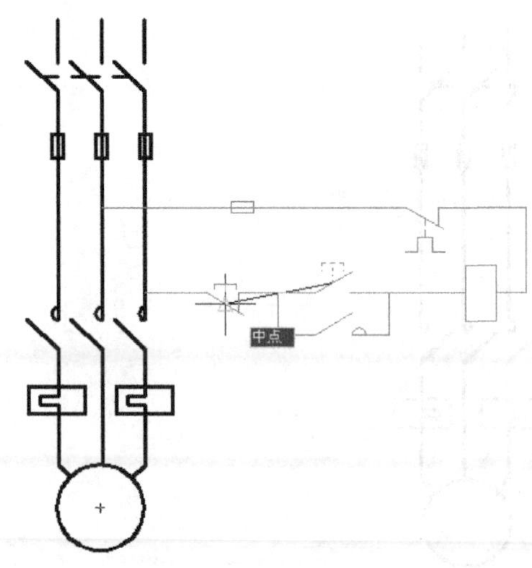

图 12-65　捕捉复制第二点

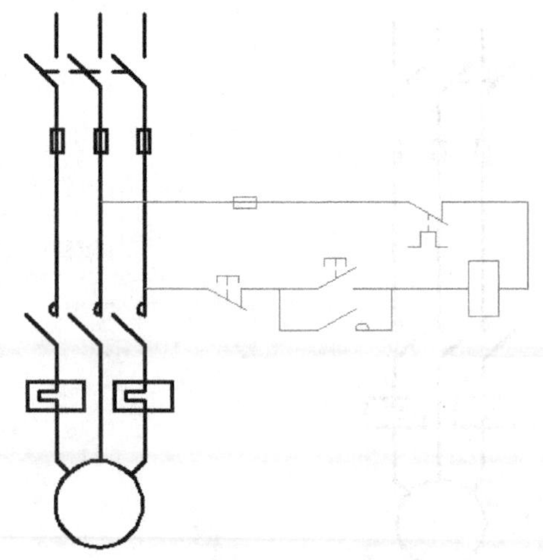

图 12-66　完成复制

3. 文字标注

步骤 01　单击“图层”工具栏中的“应用的过滤器”，选择“文字标注”图层为当前图层，设置“文字标注”图层为开启状态，解锁状态，即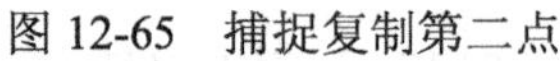

。文字样式仍使用电气标注文字样式。由于在绘制主线路和辅助线路时，“文字标注”图层处于锁定状态，故其文字处于原来状态，解锁后的效果如图 12-67 所示。

步骤 02　单击“修改”工具栏中的“移动”按钮，选择移动对象，如图 12-68 所示，沿竖直方向向下移动 60，操作结果如图 12-69 所示。

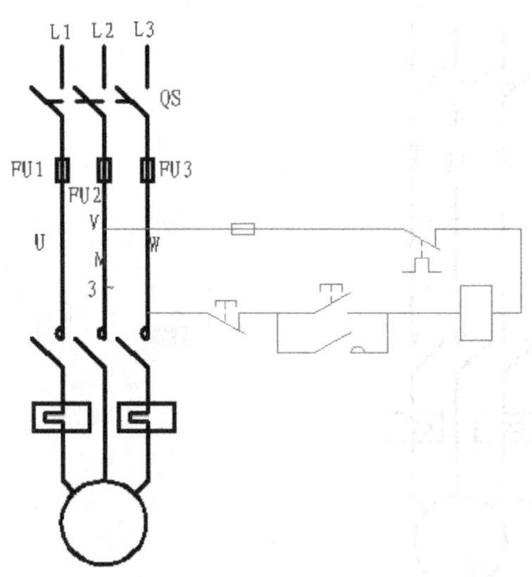

图 12-67　解锁“文字标注”图层

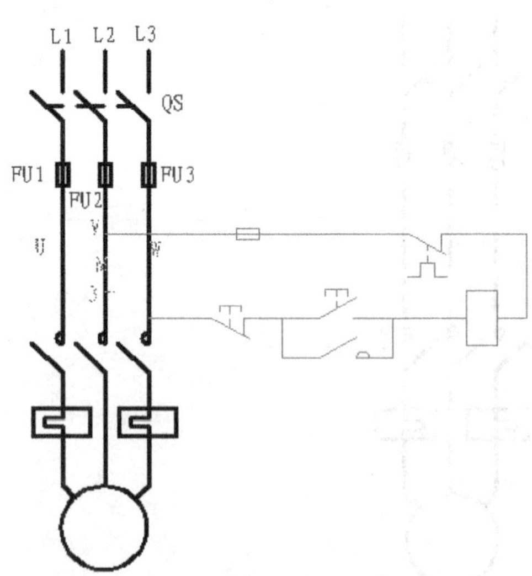

图 12-68　选择移动对象

步骤 03　单击“绘图”工具栏中的多行文字命令 A，撰写主线路中热保护继电器 FT 的文字代号，结果如图 12-70 所示。

步骤 04　单击“绘图”工具栏中的多行文字命令 A，撰写主线路中交流继电器 KM2~KM4 的文字代号，结果如图 12-71 所示。

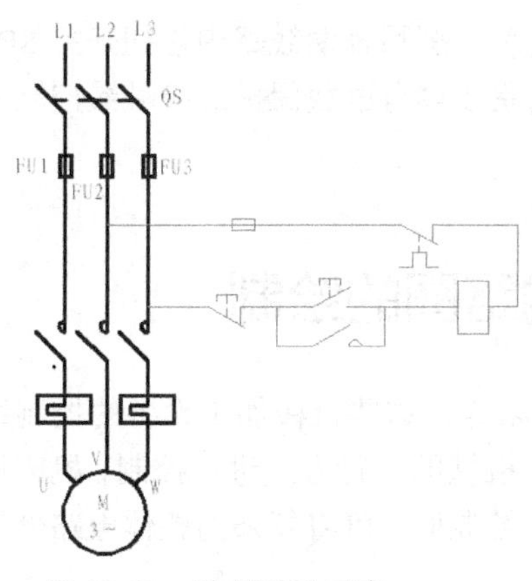

图 12-69　选择移动对象

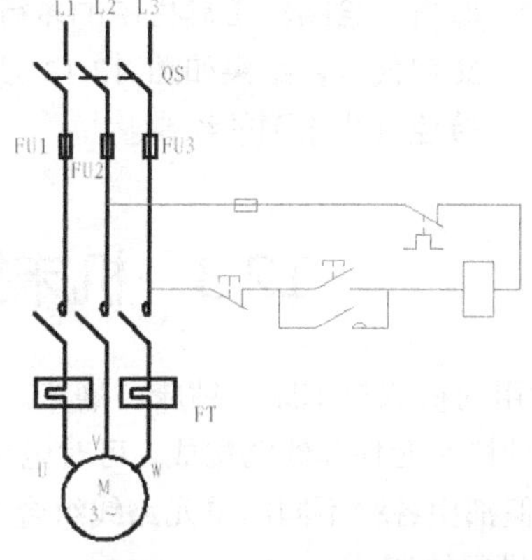

图 12-70　撰写热保护继电器文字

步骤 05　单击“绘图”工具栏中的多行文字命令 A，撰写辅助线路中热保护继电器 FT 的文字代号，结果如图 12-72 所示。

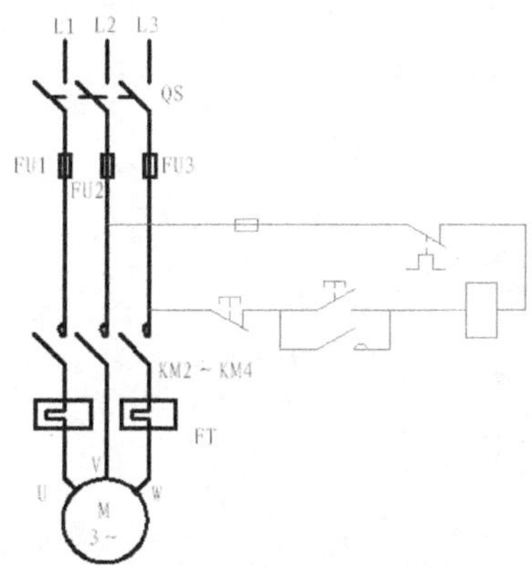

图 12-71　撰写交流继电器文字

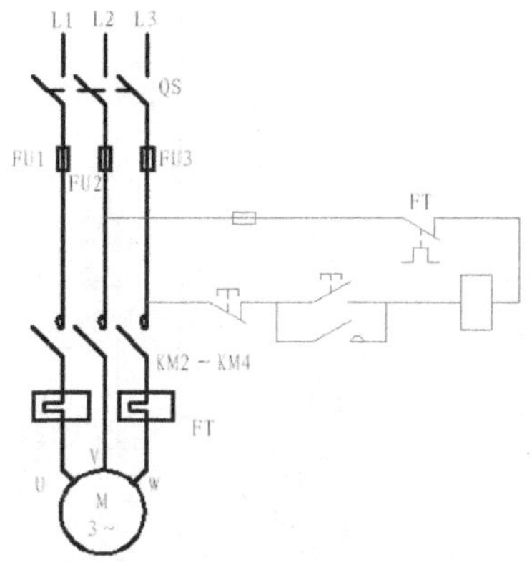

图 12-72　撰写热保护继电器文字

步骤 06　单击“绘图”工具栏中的多行文字命令 A，撰写辅助线路中熔断器 FU4 的文字代号，结果如图 12-73 所示。

步骤 07　单击“绘图”工具栏中的多行文字命令 A，撰写辅助线路中交流继电器 KM、KM1 的文字代号，结果如图 12-74 所示。

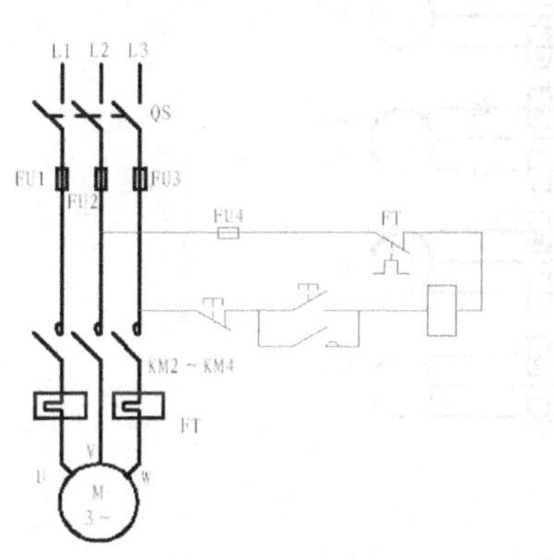

图 12-73　撰写熔断器文字

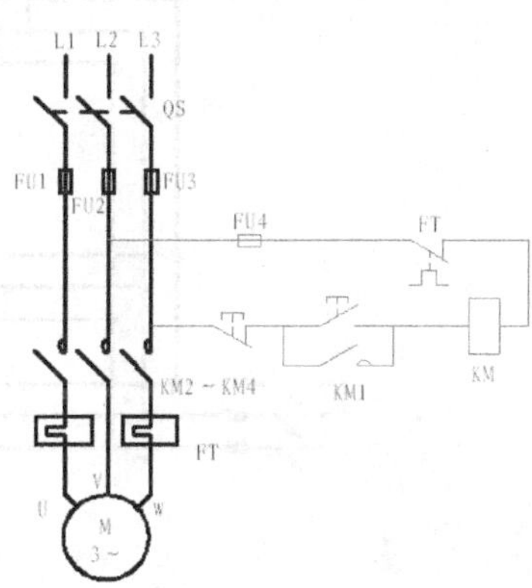

图 12-74　撰写交流继电器文字

步骤08 单击“绘图”工具栏中的多行文字命令 A，撰写辅助线路中按钮开关 SB1、SB2 的文字代号，结果如图 12-13 所示。至此完成具有过载保护的接触器控制的电动机正转控制线路图的绘制。

12.3 机床控制线路图的绘制

企业常用的机床有车床、钻床、磨床、铣床及刨床等，这些机械加工设备的控制线路都较为复杂，由各种控制元件和线路构成，可对电动机或生产机械的运行方式进行控制。机床控制线路虽较为复杂，但都由各种不同的单元路线组合而成，因此绘制时，可将复杂的整体电路分解为较简单的单元电路进行绘制。

下面将以工厂企业使用较广泛的某型号平面磨床的控制线路图为例，介绍机床控制线路图的绘制，绘制结果如图 12-75 所示。

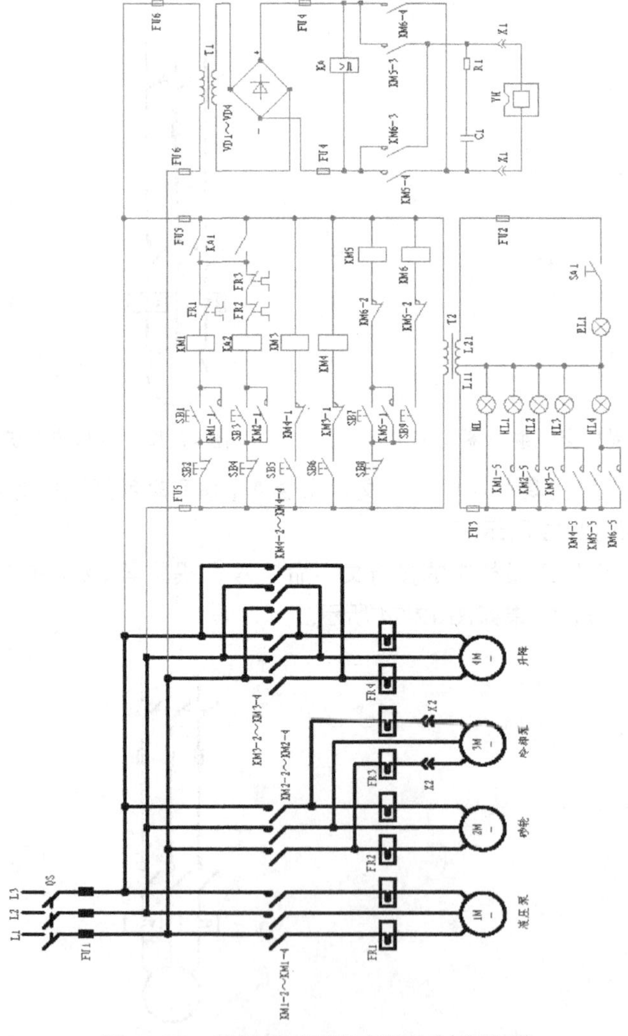

图 12-75　某型号平面磨床的控制线路图

该平面磨床的线路主要由主线路、控制线路、照明和指示线路以及电磁工作线路 4 个部分共同组成。具体绘制步骤如下。

12.3.1 主线路的绘制

步骤 01 按照图 12-2 所示，完成图层设置。

步骤 02 单击“绘图”工具栏中的“圆”按钮，以点（100,100）为圆心，绘制一个半径为 20 的圆，如图 12-76 所示。

步骤 03 单击“绘图”工具栏中的“直线”按钮，捕捉圆的上象限点为起点，绘制一条沿竖直方向，长度为 80 的直线段，继续绘制一条沿角度为 135° 方向，长度为 10 的直线段；单击“绘图”工具栏中的“直线”按钮，以（100,198）为起点，绘制一条沿竖直方向，长度为 100 的直线段，继续绘制一条沿角度为 135° 方向，长度为 10 的直线段；单击“绘图”工具栏中的“直线”按钮，以（100,305）为起点，绘制一条沿竖直方向，长度为 10 的直线段，如图 12-77 所示。

步骤 04 单击“绘图”工具栏中的“圆弧”按钮，绘制半圆弧：

```
命令: _arc
指定圆弧的起点或 [圆心(C)]: 100, 198  // 输入圆弧起点
指定圆弧的第二个点或 [圆心(C)/端点(E)]:  c //选择圆心模式
指定圆弧的圆心:  @0,1.5  //输入圆弧的圆心的坐标
指定圆弧的端点或 [角度(A)/弦长(L)]:  a //选择角度模式
指定包含角:  -180 //输入角度值，完成圆弧绘制，如图 12-78 所示
```

步骤 05 单击“绘图”工具栏中的“矩形”按钮，分别以（98,280）、（102,286）为矩形的两个角点，绘制矩形，如图 12-79 所示。

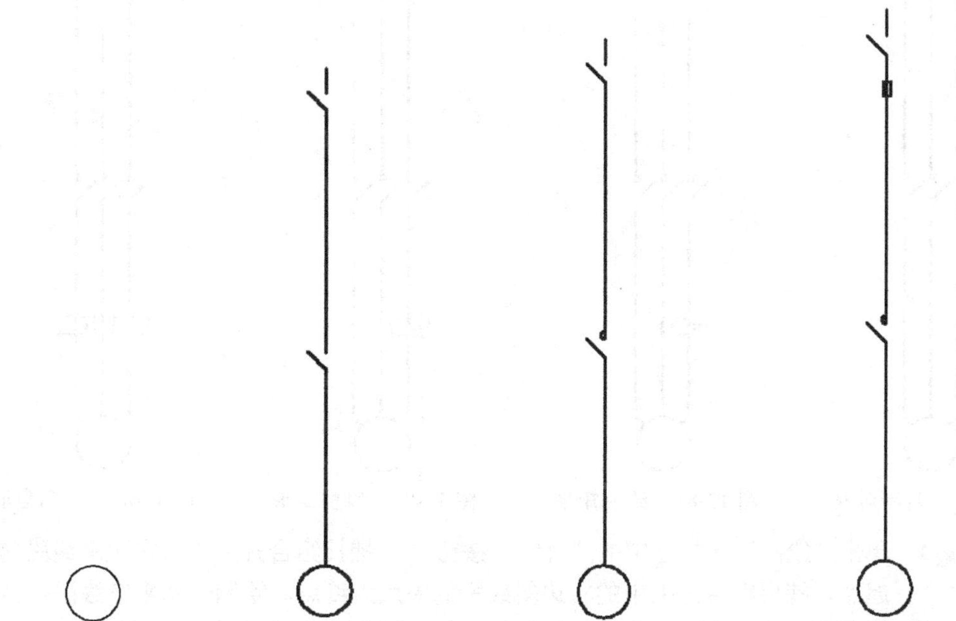

图 12-76 绘制圆　图 12-77 绘制直线段　图 12-78 绘制圆弧　图 12-79 绘制矩形

步骤06 单击“修改”工具栏中的“复制”按钮，进行复制操作。选择步骤（3）、步骤（4）、步骤（5）所绘制的直线段、圆弧和矩形为复制对象，沿水平方向分别向左右移动距离为10进行复制，并参照12.2.1节主线路绘制的步骤（6）、步骤（7）进行操作，效果如图12-80所示。

步骤07 单击“绘图”工具栏中的“矩形”按钮，分别以（83,140）、（97,148）为矩形的两个角点，绘制一大矩形；单击“绘图”工具栏中的“矩形”按钮，分别以（86,143）、（90,146）为矩形的两个角点，绘制一小矩形，如图12-81所示。

步骤08 单击“修改”工具栏中的“分解”按钮，选择步骤（7）所绘制的小矩形为分解对象，进行分解操作。

步骤09 单击“修改”工具栏中的“删除”按钮，选择步骤（8）小矩形分解生成的右边竖直直线段。

步骤10 单击“修改”工具栏中的“修剪”按钮，进行修剪操作。选择步骤（8）小矩形分解生成的的上下两个水平直线段为修剪参考对象，选择与之相交且在其间的竖直直线段为要修剪的对象，修剪效果如图12-82所示。

步骤11 单击“修改”工具栏中的“复制”按钮，进行矩形复制，选择步骤（8）绘制的大矩形和经过修剪后的小矩形为复制对象，捕捉最左下的竖直直线段的上端点为复制对象的基点，捕捉最右下的竖直直线段的端点为复制第二点，完成复制。

步骤12 单击“修改”工具栏中的“修剪”按钮，参照步骤（10）对步骤（12）生成的图形进行修剪操作，结果如图12-83所示

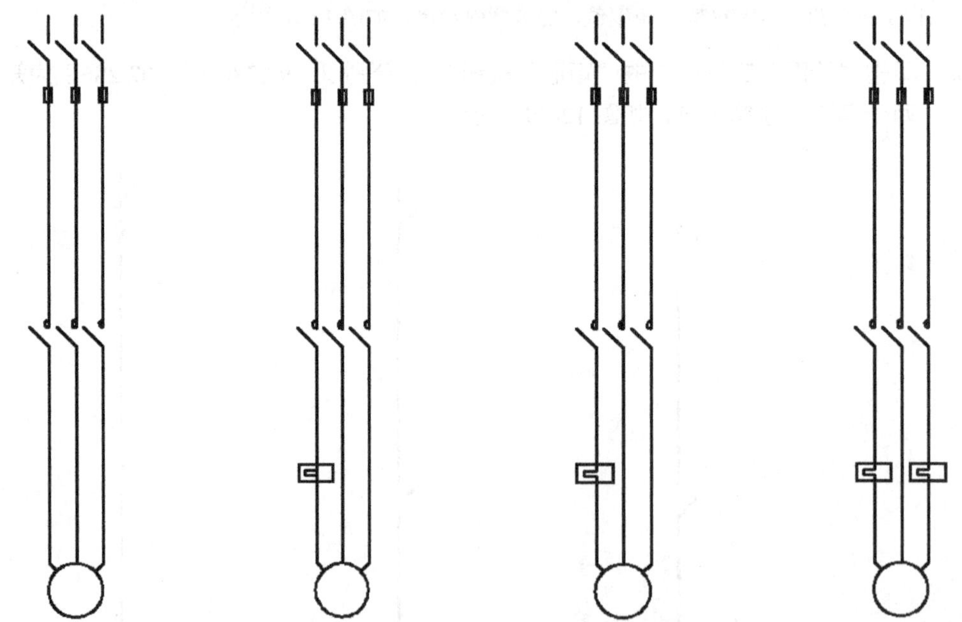

图12-80　复制对象　　图12-81　绘制矩形　　图12-82　修剪矩形　　图12-83　修剪复制矩形

步骤13 单击“绘图”工具栏中的“直线”按钮，捕捉组合开关中的左边斜线段的中点为起点，捕捉组合开关中的右边斜线段的中点为终点，绘制一水平直线段；并在特性面板中，将其线型设置为“DASHED”，线型比例设置为0.5，如图12-84所示。

步骤 14　单击“修改”工具栏中的“复制”按钮，选择复制对象，如图 12-85 所示。选择“多个”复制模式，以每次移动 40 的位移，向左复制三次，复制操作结果如图 12-86 所示。

步骤 15　单击“绘图”工具栏中的“直线”按钮，以（110,265）为起点，沿水平方向向右，绘制一长度为 90 的直线段，如图 12-87 所示。

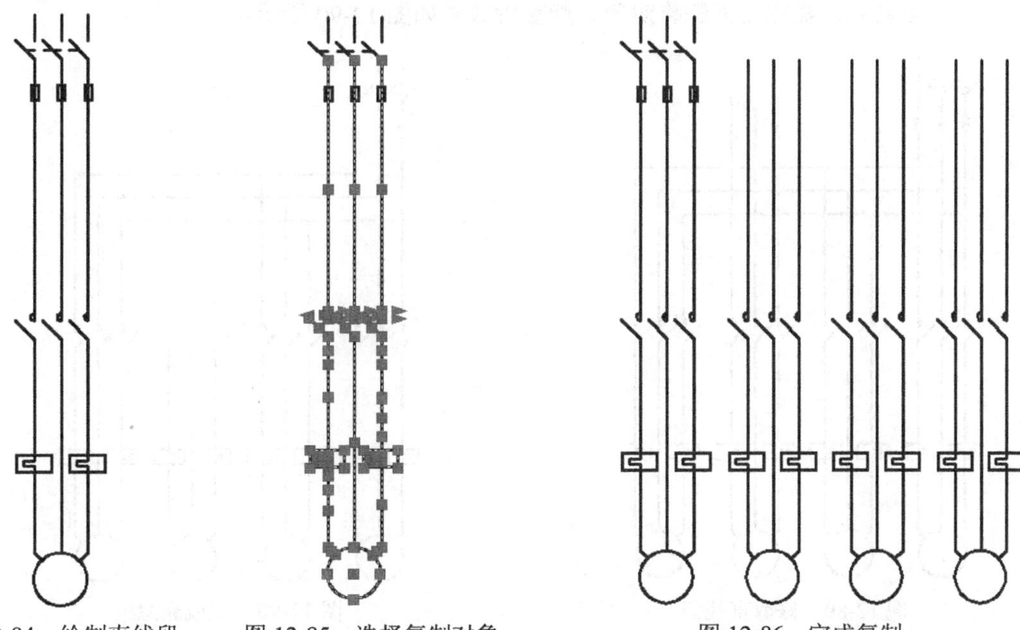

图 12-84　绘制直线段　　图 12-85　选择复制对象　　图 12-86　完成复制

步骤 16　单击“修改”工具栏中的“复制”按钮，选择步骤（15）绘制的直线为复制对象，选择多个复制模式，以（110,265）为基点，分别以（100,255）、（90,245）为复制第二点，进行复制，操作结果如图 12-88 所示。

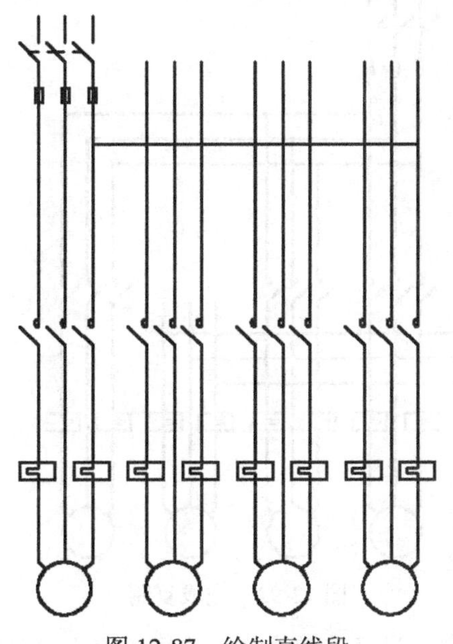

图 12-87　绘制直线段

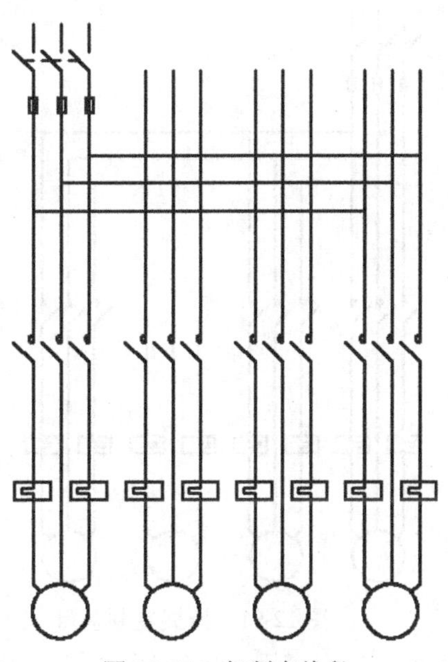

图 12-88　复制直线段

步骤 17 单击“修改”工具栏中的“修剪”按钮，进行修剪操作。选择步骤（15）、（16）绘制的三个水平直线段为修剪参考对象，选择与之相交的相关的竖直直线段为要修剪的对象，修剪效果如图 12-89 所示。

步骤 18 单击“修改”工具栏中的删除按钮，选择步骤（14）复制生成的第三个电机上的半圆弧、直线段为删除对象，删除后效果如图 12-90 所示。

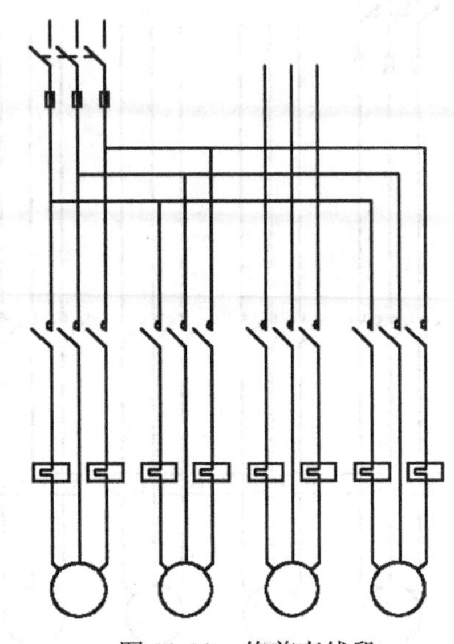

图 12-89　修剪直线段

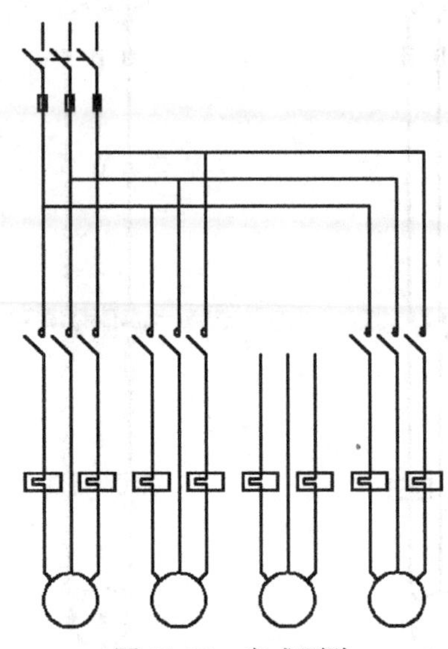

图 12-90　完成删除

步骤 19 单击“修改”工具栏中的“复制”按钮，选择步骤（15）和步骤（16）绘制的直线为复制对象，捕捉基点，如图 12-91 所示。分别以（190,180）为复制第二点，进行复制，操作结果如图 12-92 所示。

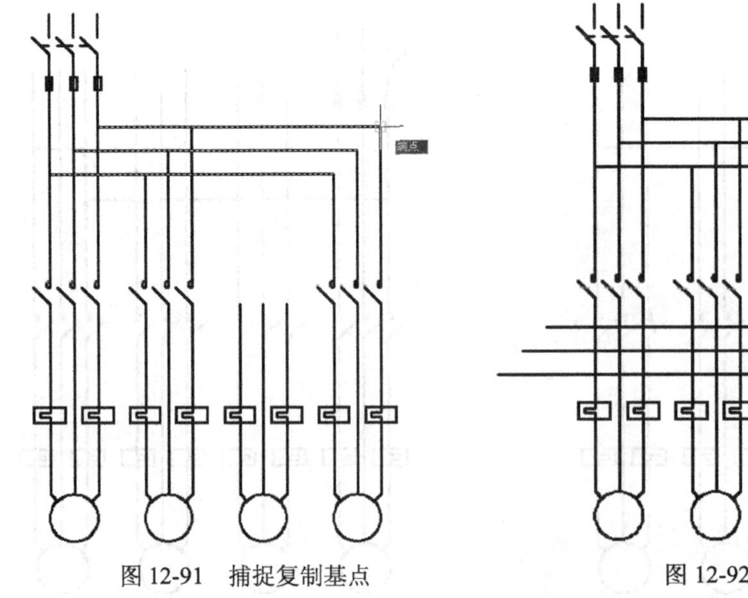

图 12-91　捕捉复制基点

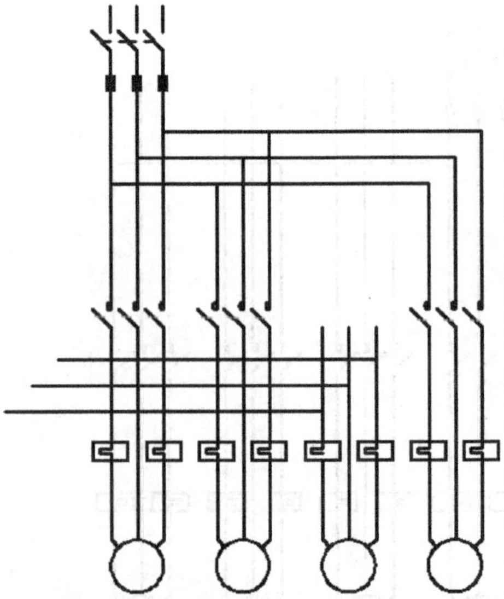

图 12-92　完成复制

步骤 20 单击“修改”工具栏中的“修剪”按钮，进行修剪操作。选择步骤（19）绘制的三个水平直线段和中间两个电机的共 6 根竖直线段为修剪参考对象，选择与之相交的相关的竖直直线段为要修剪的对象，修剪效果如图 12-93 所示。

步骤 21　单击“绘图”工具栏中的“直线”按钮，以（170,130）为起点，分别沿角度为 45°和-135°的方向，绘制长度为 3 的斜直线段直线段；单击“修改”工具栏中的“复制”按钮，选择本步骤绘制的直线段为复制对象，以（170,130）为复制基点，以（170,125）为复制第二点，进行复制，结果如图 12-94 所示。

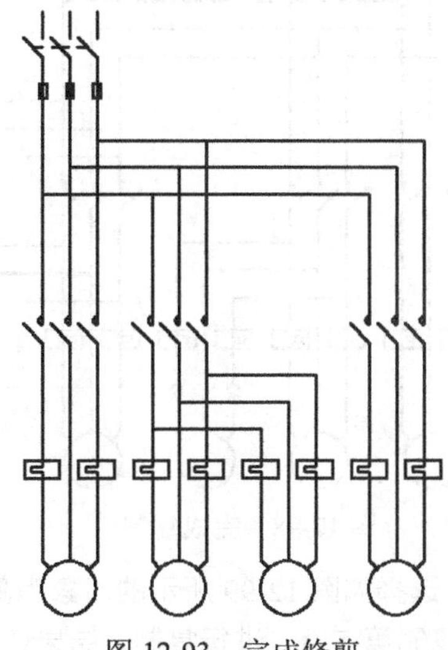

图 12-93　完成修剪

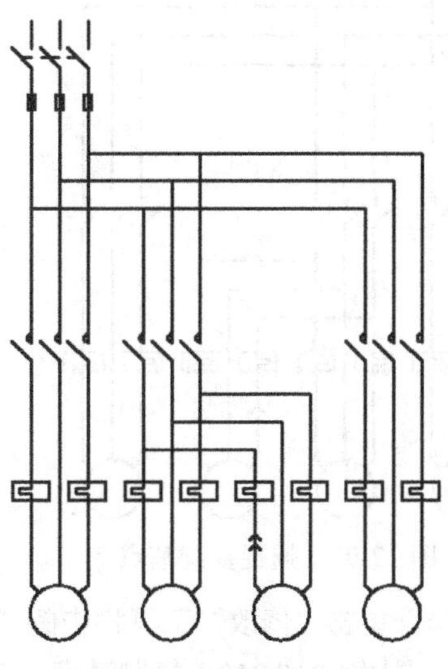

图 12-94　绘制斜直线段

步骤 22　单击“修改”工具栏中的“复制”按钮，选择步骤（21）绘制的直线段为复制对象，以（170,130）为复制基点，以（190,130）为复制第二点，进行复制，结果如图 12-95 所示。

步骤 23　单击“修改”工具栏中的“修剪”按钮，进行修剪操作。选择步骤（21）、（22）绘制的斜直线段为修剪参考对象，选择与之相交的相关的竖直直线段为要修剪的对象，修剪效果如图 12-96 所示。

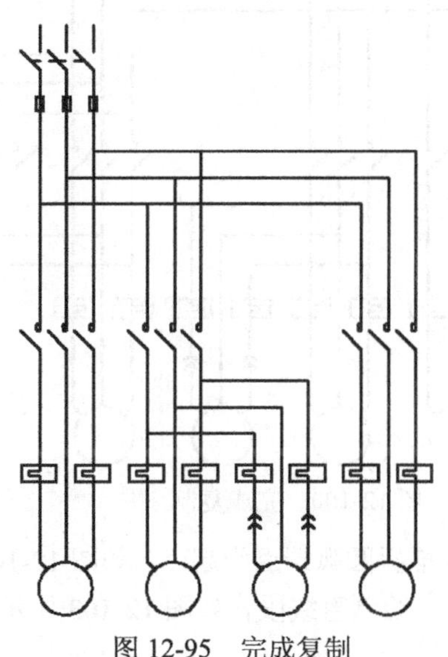

图 12-95　完成复制

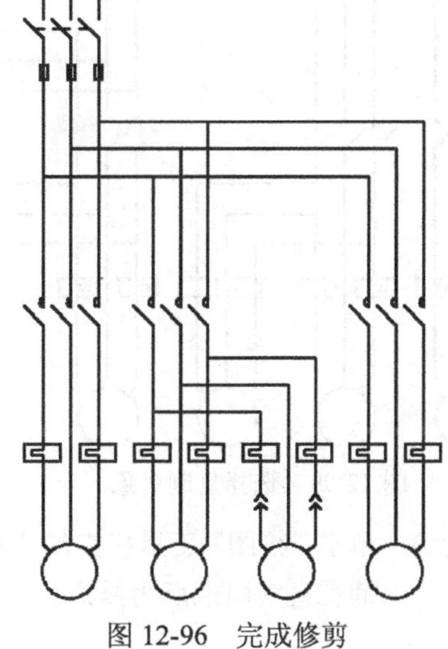

图 12-96　完成修剪

步骤24 单击“修改”工具栏中的“复制”按钮，选择步骤（19）、（20）绘制的直线为复制对象，捕捉基点，如图 12-97 所示，分别以（210,160）、（210,210）为复制第二点，进行复制，操作结果如图 12-98 所示。

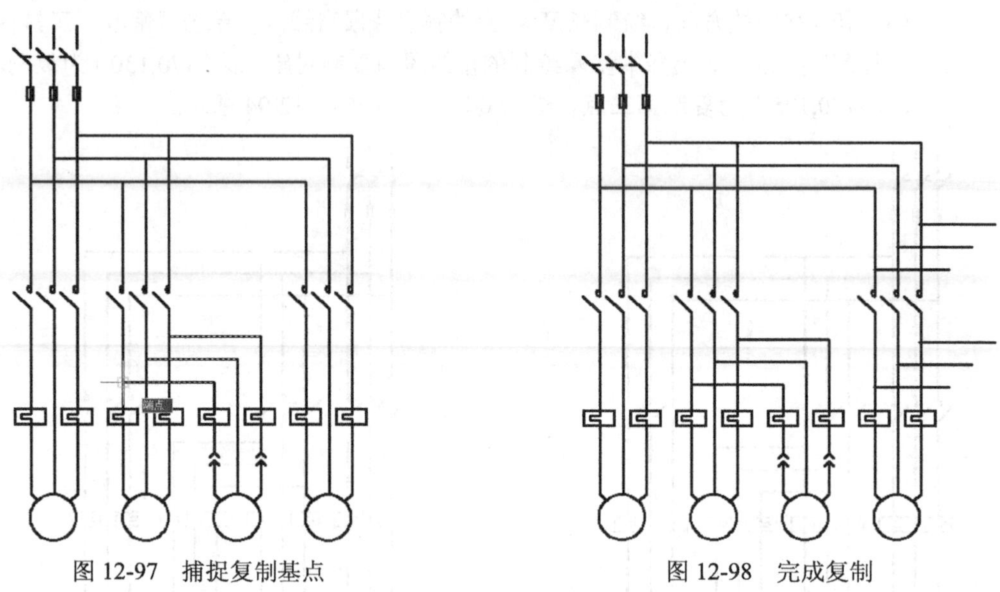

图 12-97 捕捉复制基点　　图 12-98 完成复制

步骤25 单击“修改”工具栏中的“复制”按钮，选择如图 12-99 所示的对象为复制对象，以（210,210）复制基点，以（250,210）为复制第二点，进行复制，结果如图 12-100 所示。

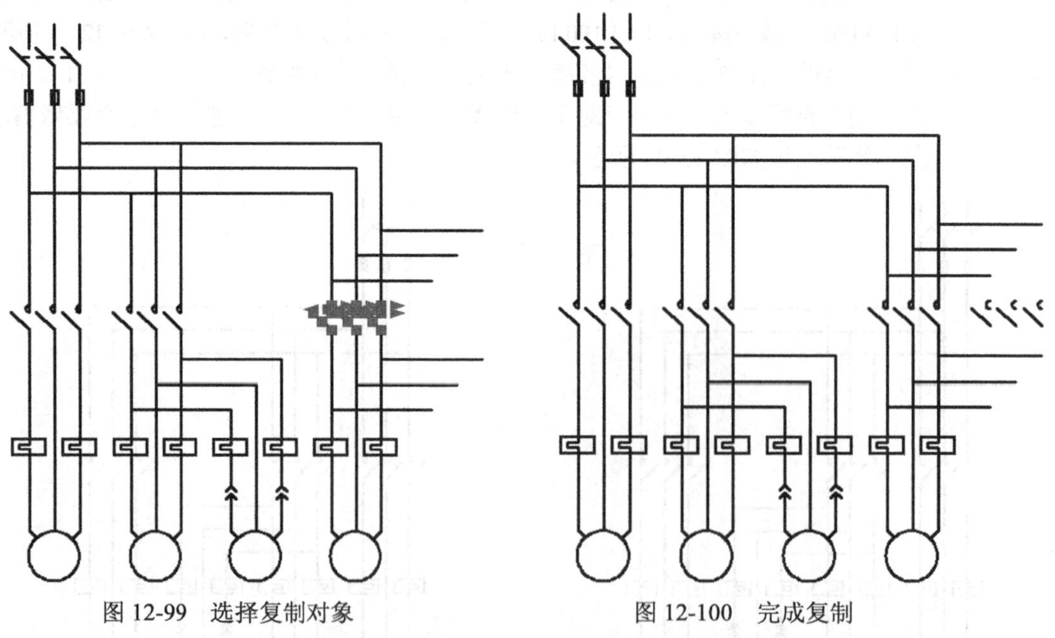

图 12-99 选择复制对象　　图 12-100 完成复制

步骤26 单击“绘图”工具栏中的“直线”按钮，捕捉圆弧端点为起点，如图 12-101 所示。捕捉直线段端点为终点，如图 12-102 所示。绘制直线段，如图 12-103 所示。

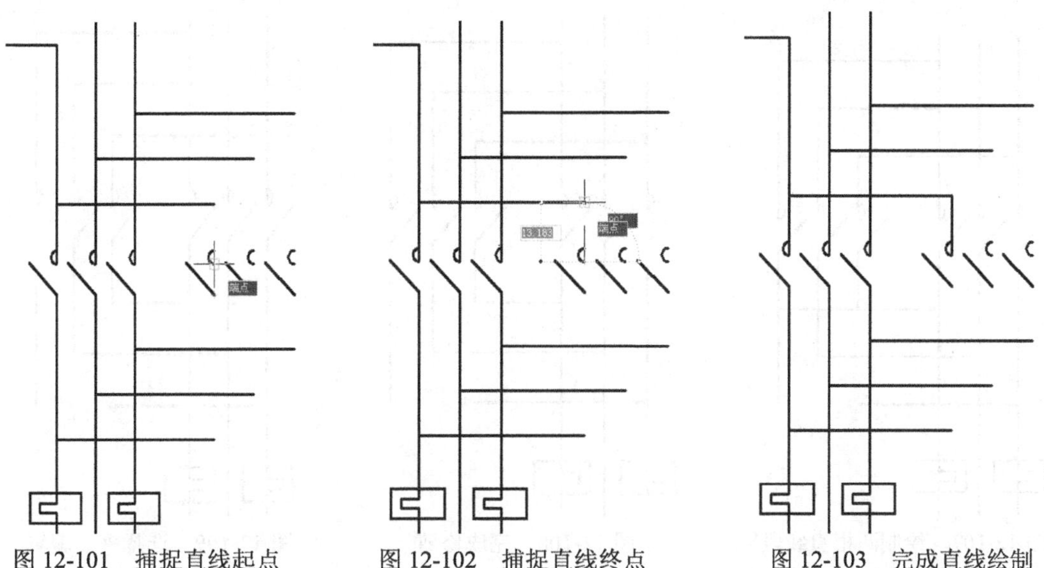

图 12-101　捕捉直线起点　　图 12-102　捕捉直线终点　　图 12-103　完成直线绘制

步骤 27　单击“绘图”工具栏中的“直线”按钮，捕捉圆弧端点为起点，如图 12-104 所示，捕捉与直线段垂直的垂足为终点，如图 12-105 所示，绘制直线段。如图 12-106 所示。

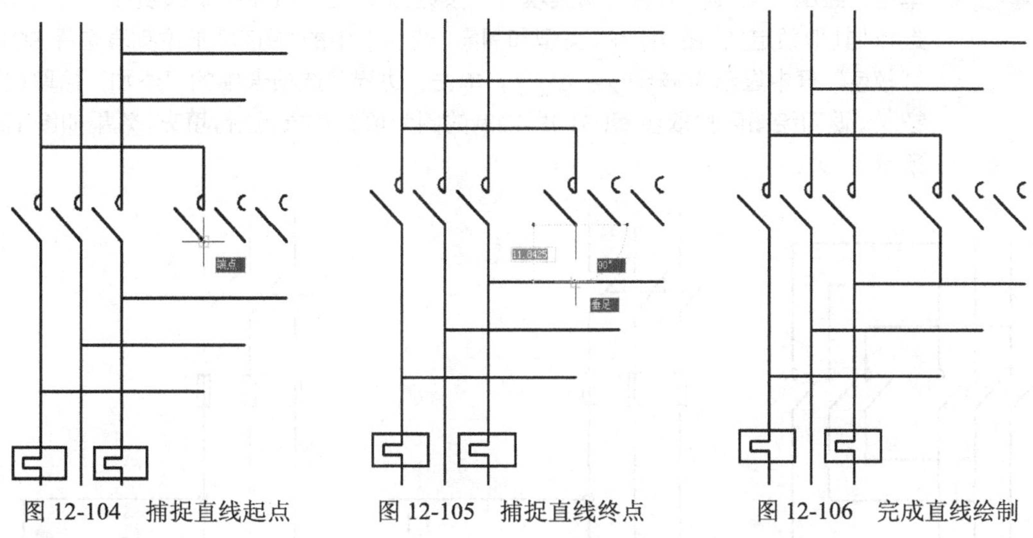

图 12-104　捕捉直线起点　　图 12-105　捕捉直线终点　　图 12-106　完成直线绘制

步骤 28　参照步骤（26）、（27）绘制直线段，如图 12-107 所示。

步骤 29　单击“修改”工具栏中的“修剪”按钮，进行修剪操作。选择步骤（27）绘制的直线段为修剪参考对象，选择与之相交的相关的竖直直线段为要修剪的对象，修剪效果如图 12-108 所示。

步骤 30　选择直线段，如图 12-109 所示，进行夹点编辑，操作完成后，如图 12-110 所示。

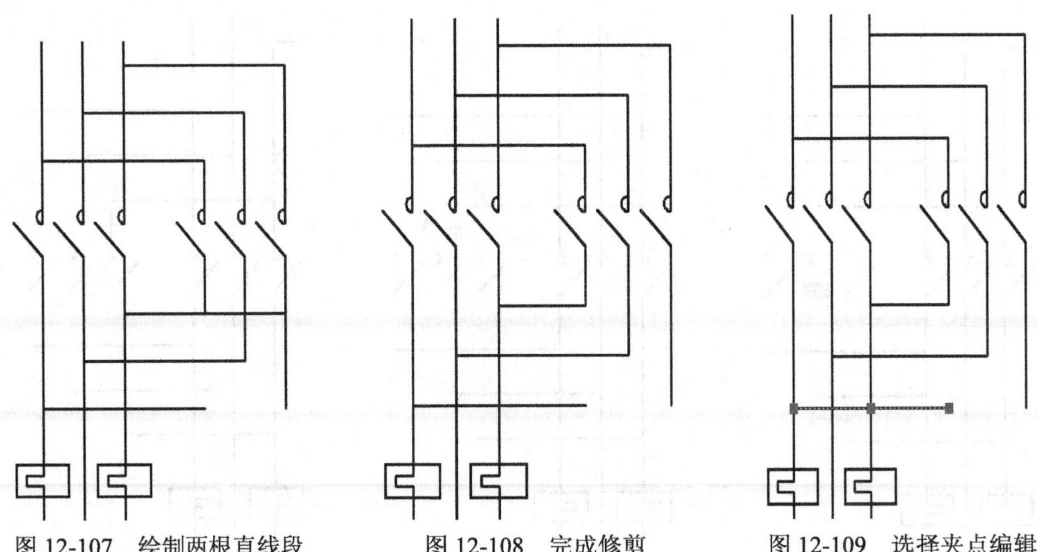

图 12-107　绘制两根直线段　　图 12-108　完成修剪　　图 12-109　选择夹点编辑

步骤31　单击“绘图”工具栏中的“圆”按钮，捕捉端点为圆心，绘制一个半径为 1 的圆，如图 12-111 所示。

步骤32　单击“绘图”工具栏中的“图案填充”按钮，在“填充图案选项板”对话框中，选择“其他预定义”图案，在“类型和图案”选项卡中的“图案”下拉列表选择 SOLID，“颜色”框中显示为 ByLayer，单击“边界”选项卡中的“添加：拾取点”按钮，返回绘图区拾取步骤（31）所绘制的圆为填充对象，进行填充，效果如图 12-112 所示。

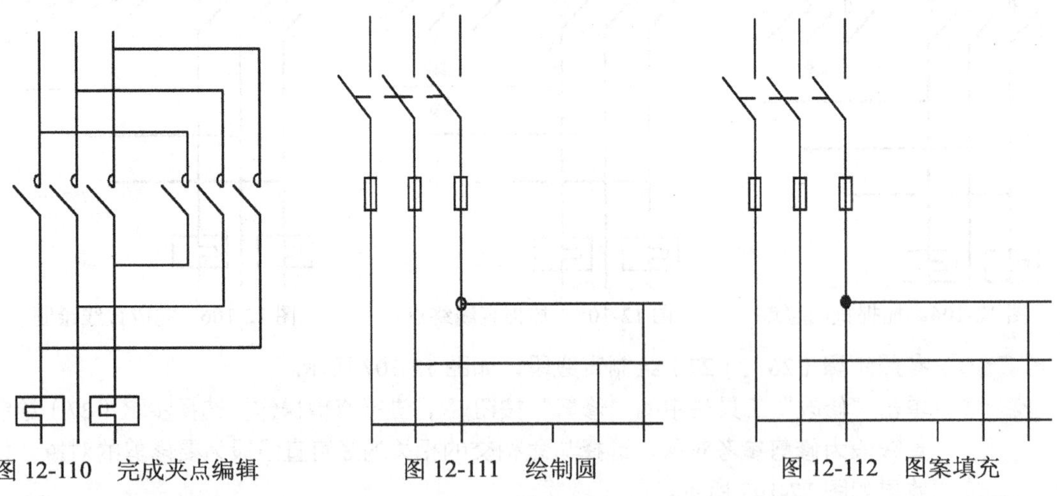

图 12-110　完成夹点编辑　　图 12-111　绘制圆　　图 12-112　图案填充

步骤33　单击“修改”工具栏中的“复制”按钮，选择步骤（30）、（31）绘制的圆及其图案填充为复制对象，以圆心为复制基点，选择“多个”复制模式，以相应直线段交点为复制第二点，进行复制，结果如图 12-113 所示。至此完成主线路的绘制。

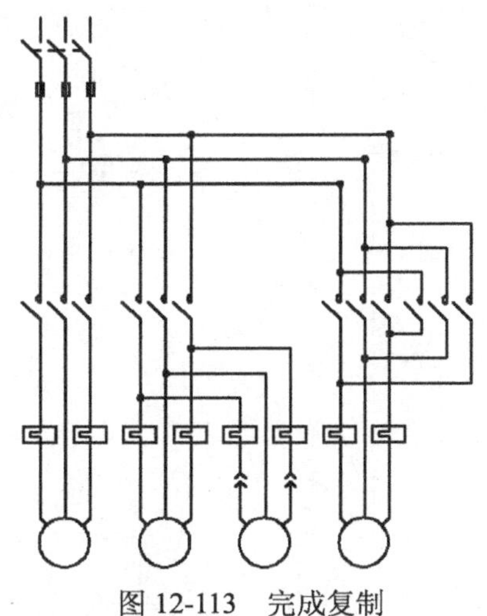

图 12-113　完成复制

12.3.2　辅助线路的绘制

步骤 01　单击“图层”工具栏中的“应用的过滤器”，选择“辅助线路”图层为当前图层，即 辅助线路 。

步骤 02　单击“绘图”工具栏中的“直线”按钮，以（230，265）为直线段的起点，绘制沿水平方向向右、长度为 195 的直线段，接着绘制沿竖直方向向下、长度为 150 的直线段，然后绘制沿水平方向向左、长度为 135 的直线段，继续绘制沿竖直方向向上，长度为 140 的直线段，最后绘制沿水平方向向左，长度为 70 的直线段，完成直线绘制，如图 12-114 所示。

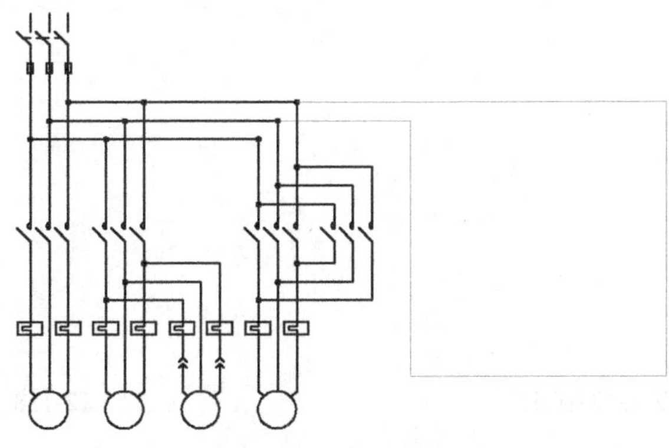

图 12-114　绘制直线段

步骤 03　单击“绘图”工具栏中的“矩形”按钮，分别以（290，235）、（294，261）为矩形的两个角点，绘制矩形；再分别以（425，235）、（429，261）为矩形的两个角点，绘制矩形，如图 12-115 所示。

步骤 04　参照 12.2.2 节的绘制方法（形状尺寸大小保持一致，以下同），绘制连线、按钮开关、交流继电器开关和线圈、热保护继电器、普通开关，如图 12-116 所示。

图 12-115　绘制矩形

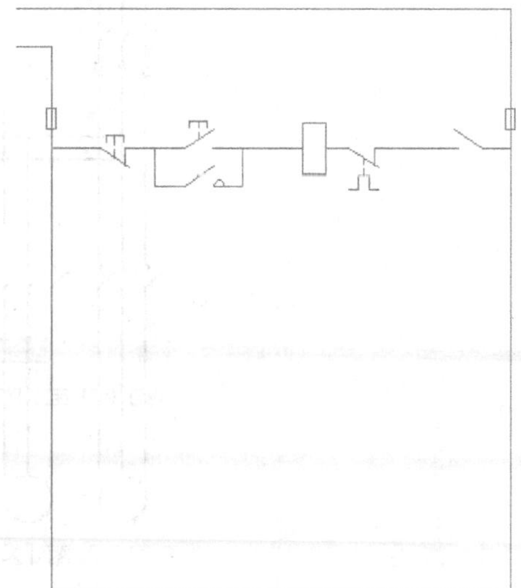

图 12-116　绘制各器件图形

步骤 05 单击“修改”工具栏中的“复制”按钮，选择步骤（4）绘制的器件图形为复制对象，以直线段为复制基点，如图 12-117 所示。以相应直线段交点为复制第二点，进行复制，结果如图 12-118 所示。

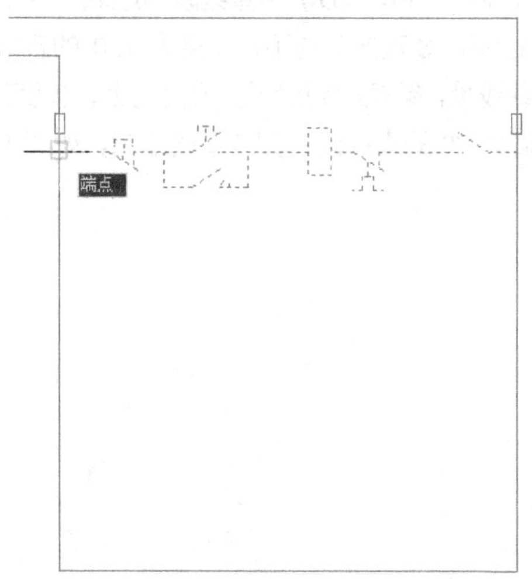

图 12-117　选择复制对象

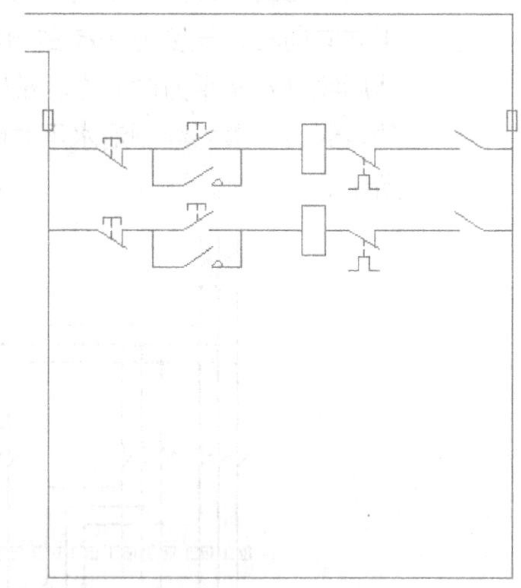

图 12-118　完成复制

步骤 06 参照 12.2.2 节的绘制方法，选择步骤（5）绘制的热继电器器件图形为复制对象，进行复制，并进行修剪操作，结果如图 12-119 所示。

步骤 07 参照 12.2.2 节的绘制方法，绘制连线、按钮开关、交流继电器线圈、普通开关，如图 12-120 所示。

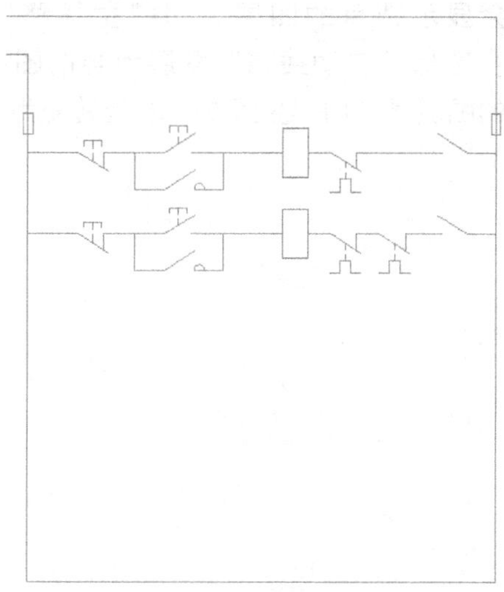
图 12-119　复制热继电器器件

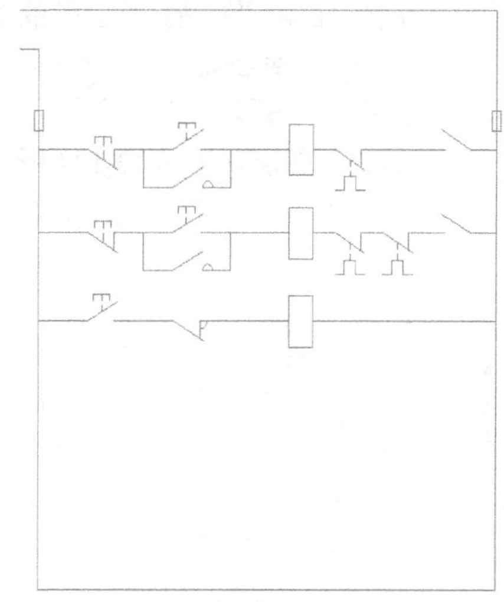
图 12-120　绘制器件图形

步骤 08　参照步骤（5）的绘制方法，选择步骤（7）绘制的图形进行复制，结果如图 12-121 所示。

步骤 09　参照 12.2.2 节的绘制方法，绘制连线、按钮开关、交流继电器开关和线圈、热保护继电器、普通开关，如图 12-122 所示。

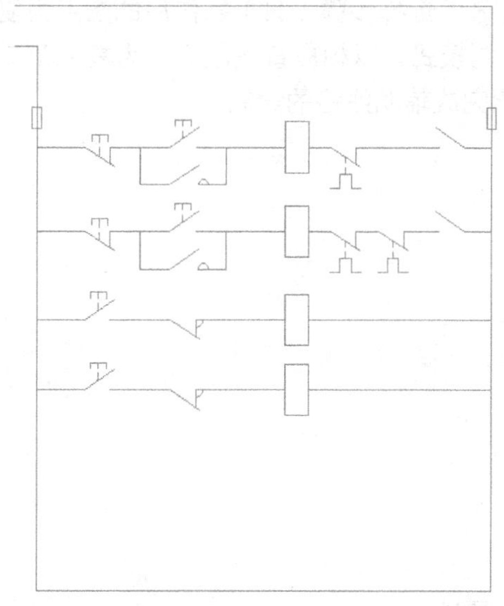
图 12-121　完成复制

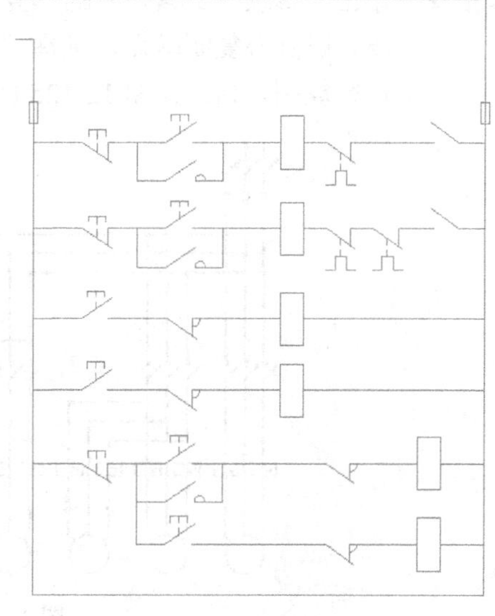
图 12-122　绘制器件图形

步骤 10　参照 12.3.1 节步骤（33）的绘制方法，单击“修改”工具栏中的“复制”按钮，选择 12.3.1 节步骤（30）、（31）绘制的圆及其图案填充为复制对象，以圆心为复制基点，以如图 12-123 所示的直线段交点为复制第二点，进行复制，结果如图 12-123 所示。

步骤 11　选择在步骤（10）中复制得到的圆点，在“图层”工具栏中的“应用的过滤器”，“图层”工具栏中的“应用的过滤器”会显示圆点的图层，即“主线路”图层 主线路；选择“辅助线路”图层为当前图层，即 辅助线路，圆点的图层属性由“主线路”图层转变为“辅助线路”图层，如图 12-124 所示。

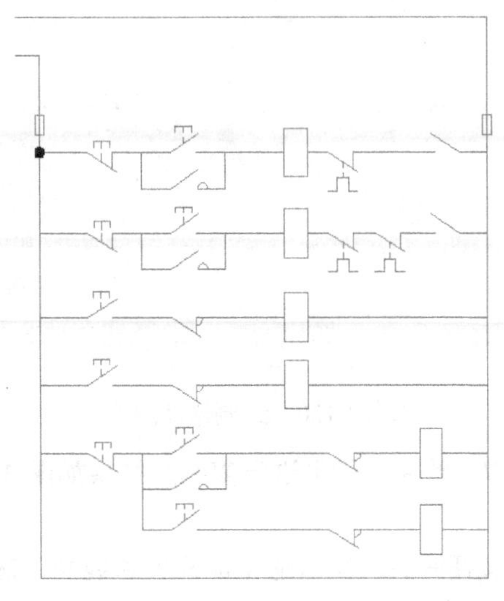

图 12-123 复制圆点

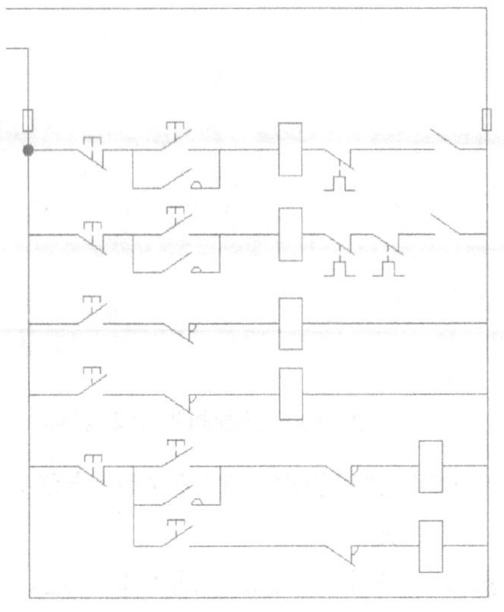

图 12-124 改变图形图层属性

步骤 12 单击“修改”工具栏中的“复制”按钮，选择步骤（11）操作后的圆点为复制对象，以圆心复制基点，选择“多个”复制模式，以相应直线段交点为复制第二点，进行复制，结果如图 12-125 所示。至此完成辅助线路的绘制。

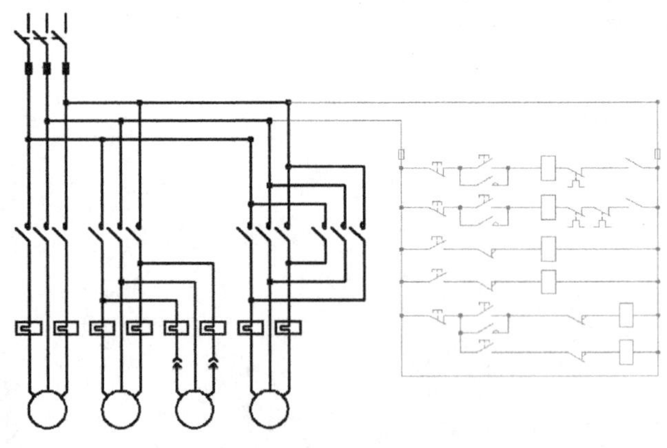

图 12-125 完成复制

12.3.3 照明线路的绘制

步骤 01 单击“绘图”工具栏中的“圆弧”按钮，绘制半圆弧，其命令提示行如下：

```
命令: _arc
指定圆弧的起点或 [圆心(C)]:  //捕捉直线段上适当一点为圆弧起点
```

```
指定圆弧的第二个点或 [圆心(C)/端点(E)]:  c //选择圆心模式
指定圆弧的圆心:  @2,0  //输入圆弧的圆心的坐标
指定圆弧的端点或 [角度(A)/弦长(L)]:  a //选择角度模式
指定包含角:  180 //输入角度值，完成圆弧绘制，如图 12-126 所示
```

步骤 02　单击“修改”工具栏中的“复制”按钮，选择步骤（1）绘制的半圆为复制对象，以圆弧起点为复制基点，选择多个复制模式，以相应圆弧端点为复制第二点，进行 3 次复制，结果如图 12-127 所示。

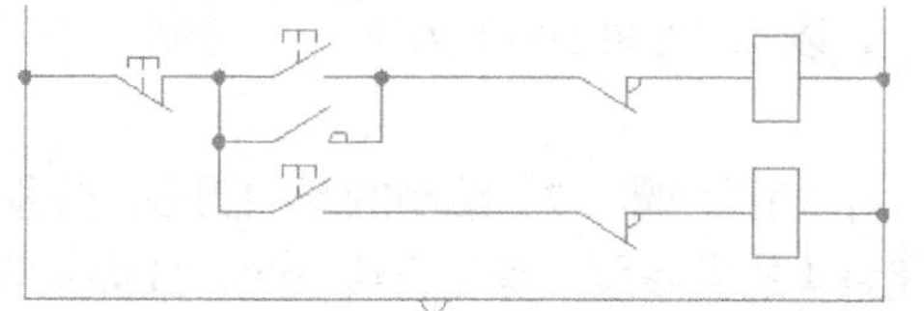

图 12-126　绘制半圆弧

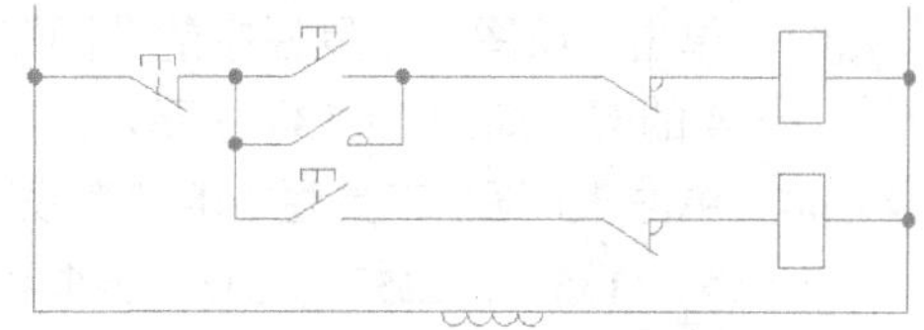

图 12-127　复制半圆弧

步骤 03　单击“修改”工具栏中的“修剪”按钮，进行修剪操作。选择步骤（1）、（2）绘制的半圆弧为修剪参考对象，如图 12-128 所示，按从左到右的顺序，选择与之相交且在其间的水平直线段为要修剪的对象，修剪效果如图 12-129 所示。

图 12-128　选择修剪参考对象

图 12-129　完成修剪

步骤 04　单击“绘图”工具栏中的“直线”按钮，以（350,115）为直线段的起点，绘制沿水平方向向右，长度为 22 的直线段，如图 12-130 所示。

步骤 05　单击“修改”工具栏中的“镜像”按钮，选择如图 12-131 所示的直线段和多个半圆弧为镜像对象，以步骤（4）绘制的直线段的两个端点为镜像线的两点，进行镜像操作，结果如图 12-132 所示。

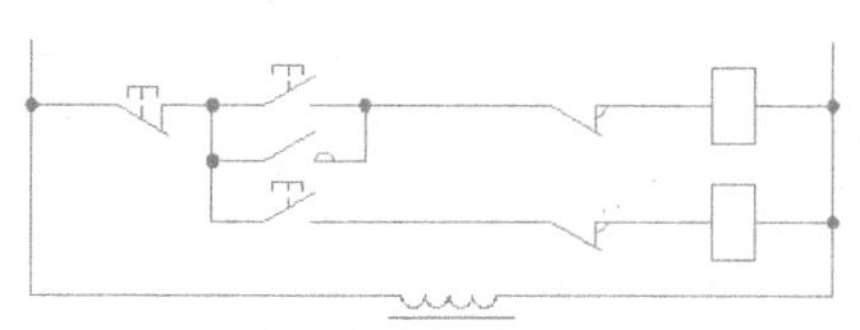

图 12-130　绘制直线段

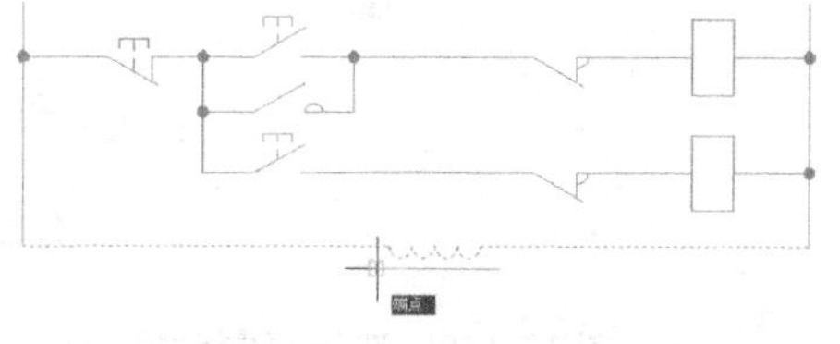

图 12-131　选择镜像对象及镜像线

步骤 06　单击“绘图”工具栏中的“直线”按钮，捕捉步骤（5）镜像得到的左边直线段的左端点为起点，绘制沿竖直方向向下、长度为 75 的直线段；重复直线命令，捕捉步骤（5）镜像得到的左边半圆弧的右端点为起点，绘制沿竖直方向向下长度为 55 的直线段；重复直线命令，捕捉步骤（5）镜像得到的右边直线段的右端点为起点，绘制沿竖直方向向下，长度为 55 的直线段，沿水平方向向左，长度为 70 的直线段，结果如图 12-133 所示。

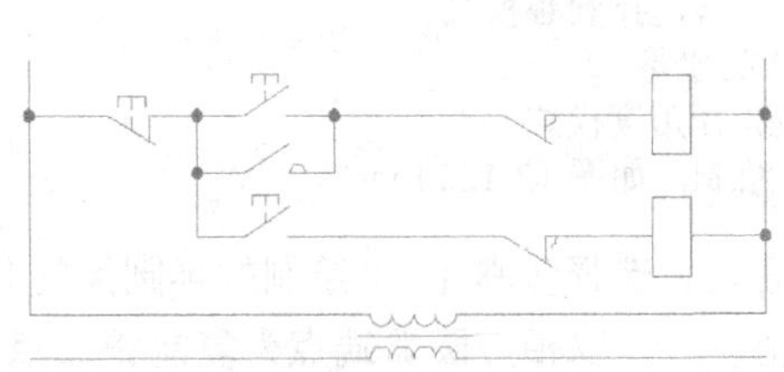

图 12-132　完成镜像

图 12-133　绘制直线段

步骤07 单击“绘图”工具栏中的“圆”按钮，以点（340,100）为圆心，绘制一个半径为4 的圆，如图 12-134 所示。

步骤08 单击“绘图”工具栏中的“直线”按钮，捕捉步骤（7）绘制的圆的圆心，分别沿 45°、135°、225°、315°方向绘制长度为 4 的直线段；重复直线命令，捕捉步骤（7）绘制圆的左象限点为起点，捕捉左边竖直线段的垂足为终点；重复直线命令，捕捉步骤（7）绘制圆的右象限点为起点，捕捉右边竖直线段的垂足为终点；结果如图 12-135 所示。

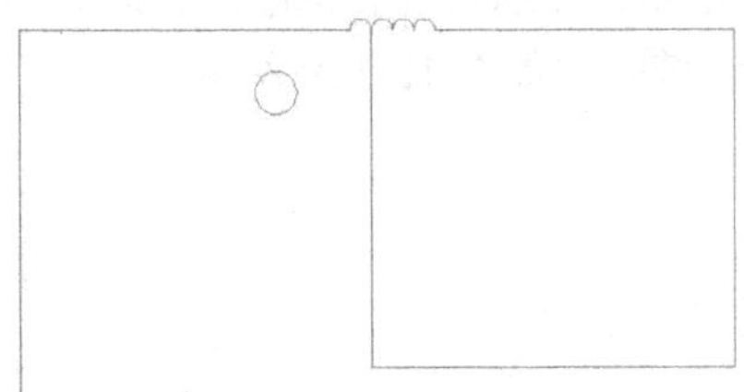

图 12-134　完成镜像

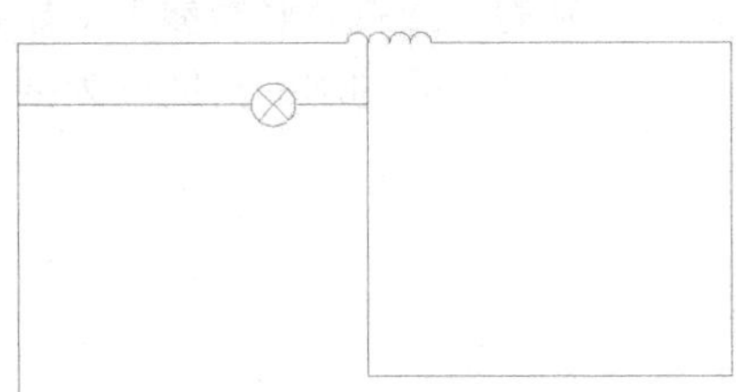

图 12-135　绘制直线段

步骤09 单击“修改”工具栏中的“复制”按钮，选择步骤（7）、（8）绘制的圆和直线段为复制对象，以直线段交点为复制基点，如图 12-136 所示。沿竖直方向向下移动 12，复制操作结果如图 12-137 所示。

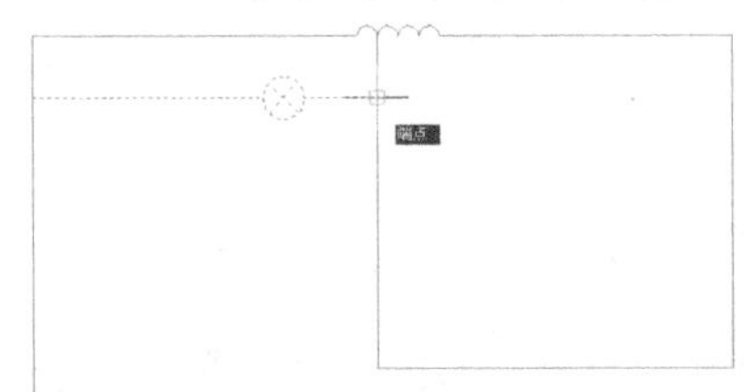

图 12-136　选择复制对象

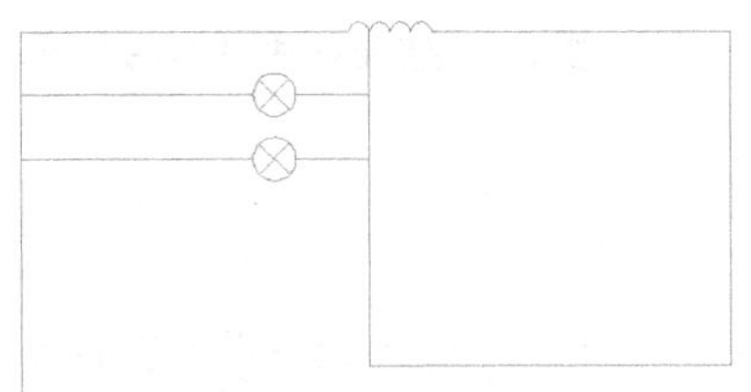

图 12-137　完成复制

步骤10 单击“修改”工具栏中的“复制”按钮，选择 12.3.2 节绘制的圆和斜直线段为复制对象，以直线段交点为复制基点，如图 12-138 所示。捕捉步骤（9）复制得到的直线段交点为复制第二点，复制操作结果如图 12-139 所示。

步骤11 单击“修改”工具栏中的“修剪”按钮，进行修剪操作。选择步骤（10）复制得到的斜直线段和半圆弧为修剪参考对象，如图 12-140 所示。选择与之相交且在其间的水平直线段为要修剪的对象，修剪效果如图 12-141 所示。

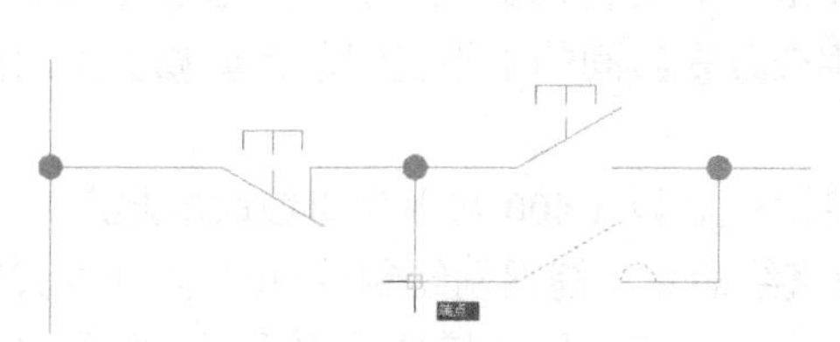

图 12-138　选择复制对象

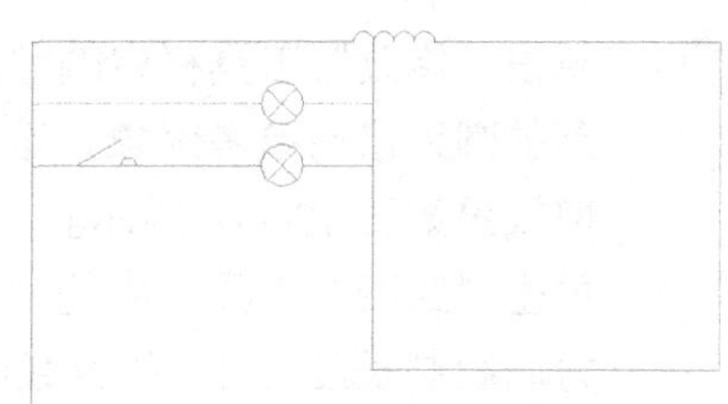

图 12-139　完成复制

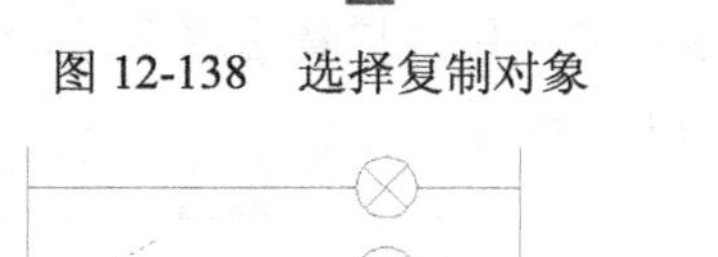

图 12-140　选择修剪参考对象

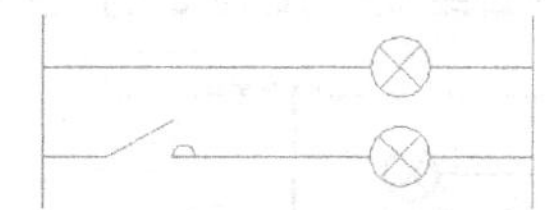

图 12-141　完成修剪

步骤 12　单击“修改”工具栏中的“复制”按钮，选择步骤（9）~步骤（11）操作得到的圆和直线段为复制对象，以直线段交点为复制基点，如图 12-142 所示。选择多个复制模式，沿竖直方向向下分别连续移动 12、12、17，复制操作结果如图 12-143 所示。

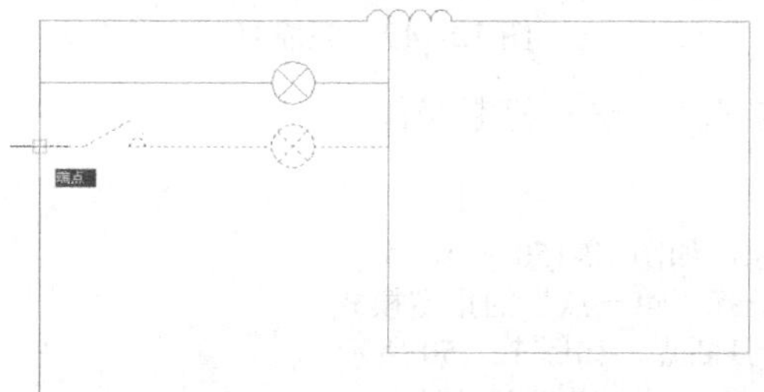

图 12-142　选择复制对象

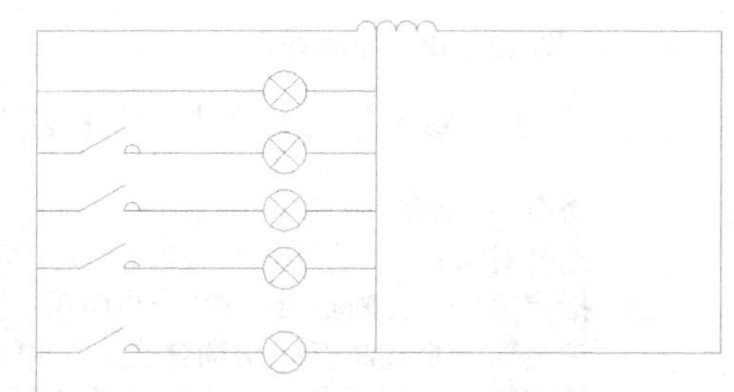

图 12-143　完成复制

步骤 13　单击“修改”工具栏中的“复制”按钮，选择 12.2.3 节绘制的圆弧和线段为复制对象，以直线段交点为复制基点，如图 12-144 所示。选择多个复制模式，捕捉步骤（12）复制得到的直线段交点为复制第二点，复制操作结果如图 12-145 所示。

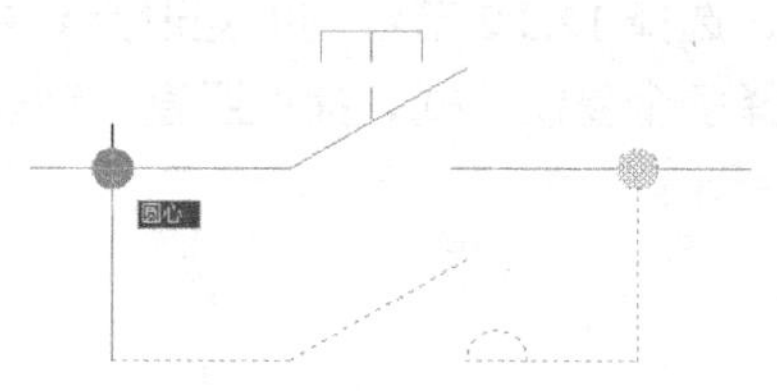

图 12-144　选择复制对象及基点

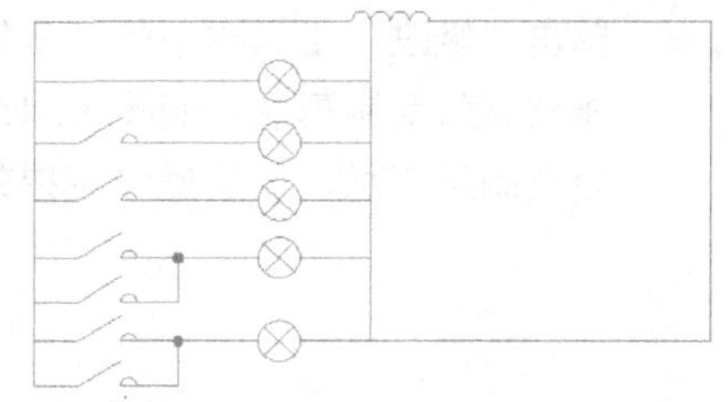

图 12-145　完成复制

步骤 14　单击“修改”工具栏中的“复制”按钮，选择步骤（12）复制得到的圆和线段为复制对象，以直线段交点为复制基点，如图 12-146 所示。沿水平方向向右移动 40，复制操作结果如图 12-147 所示。

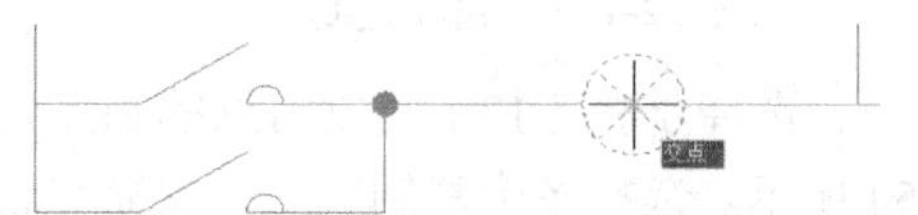

图 12-146　选择复制对象及基点

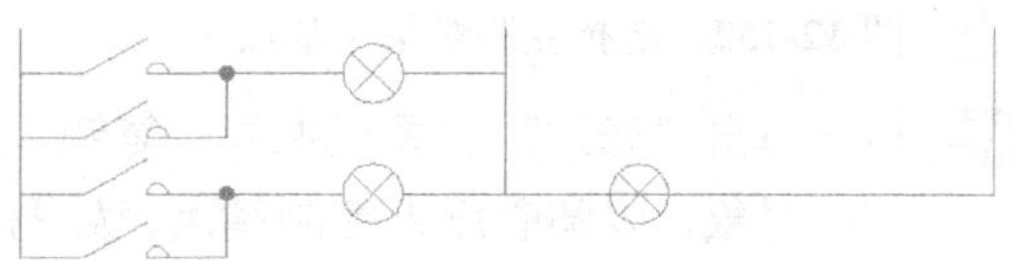

图 12-147　完成复制

步骤 15 单击“修改”工具栏中的“修剪”按钮，进行修剪操作。选择步骤（14）复制得到的圆为修剪参考对象，选择与之相交且在其间的水平直线段为要修剪的对象，修剪效果如图 12-148 所示。

步骤 16 单击“绘图”工具栏中的“直线”按钮，以（400,45）为直线段的起点，沿 30° 方向绘制长度为 10 的直线段；重复直线命令，捕捉刚绘制的 30° 方向直线段的中点为起点，沿竖直方向向上绘制长度为 5 的直线段，接着沿水平方向分别向左、向右绘制长度为 2 的直线段，结果如图 12-149 所示。

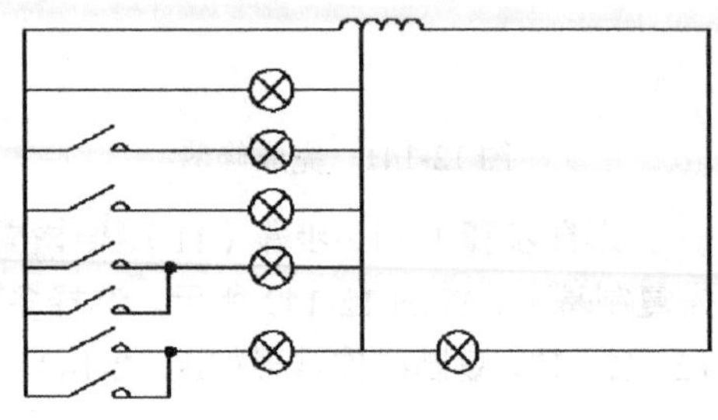

图 12-148　完成修剪

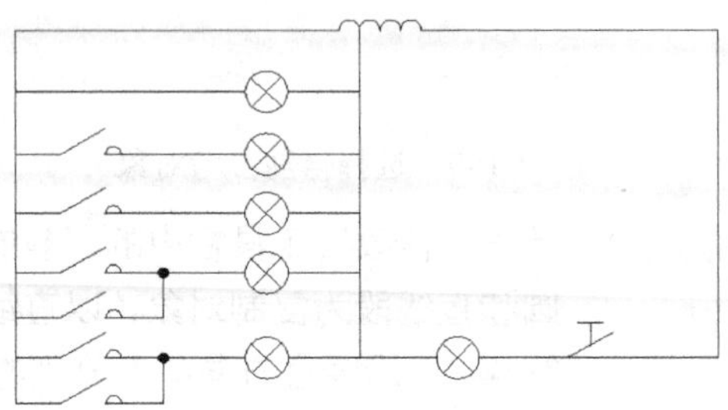

图 12-149　完成复制

步骤 17 单击“修改”工具栏中的“打断”按钮，进行打断操作：

```
命令: _break
选择对象：  //选择水平直线段为打断对象，如图 12-150 所示
指定第二个打断点 或 [第一点(F)]:  f //选择“第一点”的指定模式
指定第一个打断点：  //选择交点为第一个打断点，如图 12-150 所示
指定第二个打断点：  @8,0  //输入第二个打断点，如图 12-151 所示
```

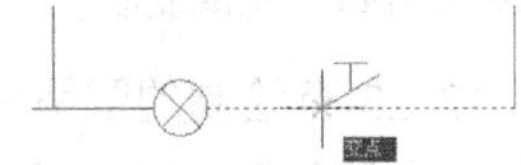

图 12-150　选择打断对象及第一个打断点

图 12-151　完成打断

步骤 18 单击“修改”工具栏中的“复制”按钮，选择 12.3.2 节绘制的矩形为复制对象，以交点为复制基点，如图 12-152 所示。选择多个复制模式，捕捉竖直直线段上的点为复制第二点，复制操作结果如图 12-153 所示。

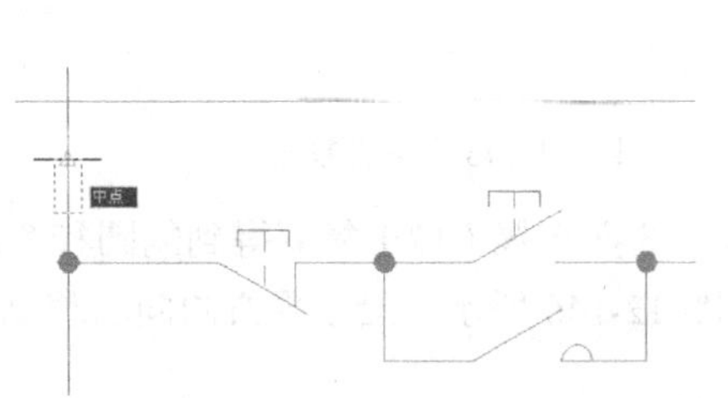

图 12-152　选择复制对象及基点

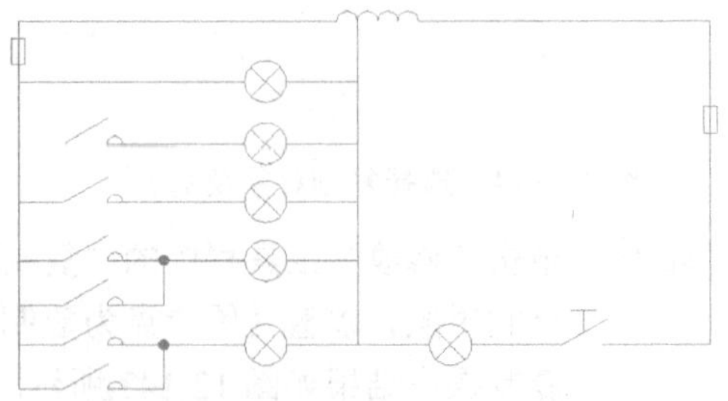

图 12-153　完成复制

步骤 19 单击“修改”工具栏中的“复制”按钮，选择步骤（13）复制得到的圆点为复制对象，以圆心点为复制基点，如图 12-154 所示。选择多个复制模式，捕捉交点为复制第二点，复制操作结果如图 12-155 所示。至此完成照明线路的绘制。

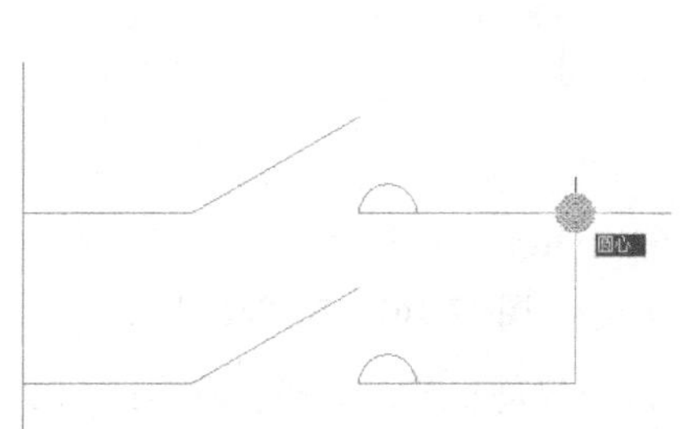

图 12-154　选择复制对象及基点

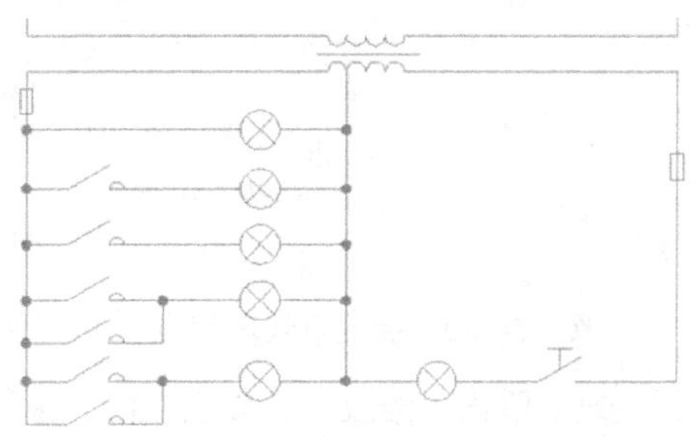
图 12-155　完成照明线路绘制

12.3.4　电磁工作线路的绘制

步骤 01 单击“绘图”工具栏中的“直线”按钮，捕捉 12.3.1 节绘制的直线段交点为线段的起点，如图 12-156 所示，沿水平方向向右，绘制长度为 240 的直线段，接着沿竖直方向向下，绘制长度为 25 的直线段，如图 12-157 所示。

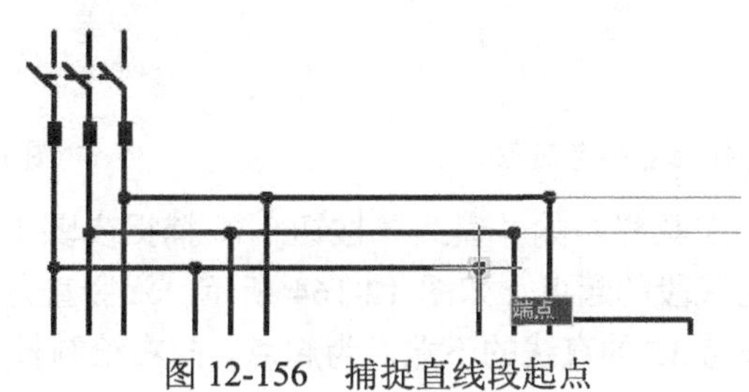

图 12-156　捕捉直线段起点

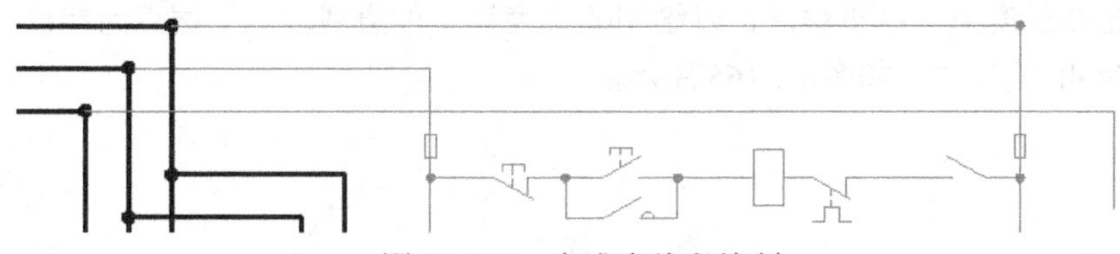
图 12-157　完成直线段绘制

步骤 02 重复直线命令，捕捉 12.3.2 节绘制的直线段交点为线段的起点，如图 12-158 所示。沿水平方向向右，绘制长度为 100 的直线段，接着沿竖直方向向下，绘制长度为 45 的直线段，如图 12-159 所示。

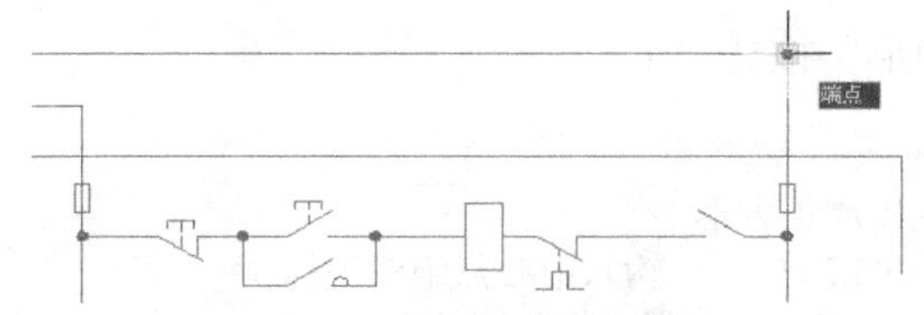

图 12-158　捕捉直线段起点

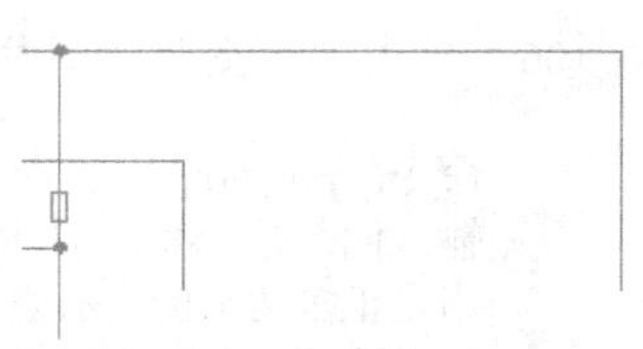
图 12-159　完成直线段绘制

步骤 03 单击“修改”工具栏中的“复制”按钮，选择 12.3.3 节绘制的圆弧及直线段为复制对象，以交点为复制基点，如图 12-160 所示。以（500,230）为复制第二点，复制操作结果如图 12-161 所示。

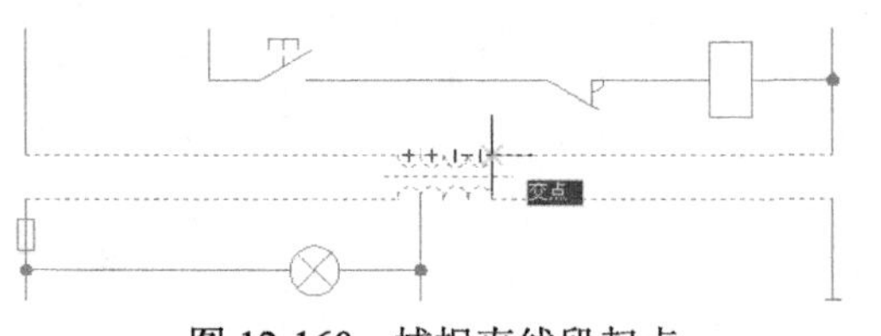

图 12-160 捕捉直线段起点

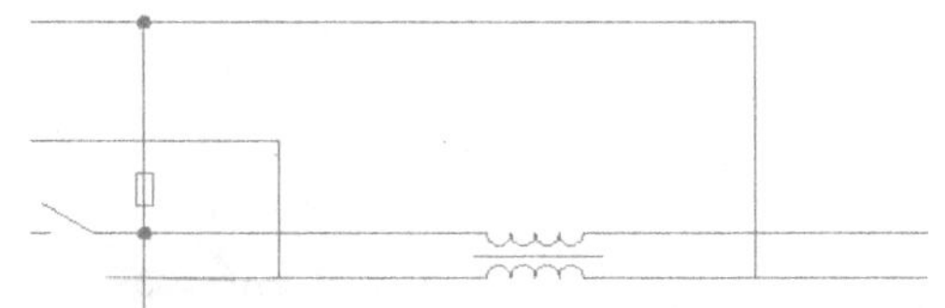

图 12-161 完成复制

步骤 04 单击“修改”工具栏中的“修剪”按钮，进行修剪操作。选择步骤（1）、（2）、（3）操作得到的直线段为修剪参考对象，如图 12-162 所示。首先，以竖直线段为修剪参考对象，选择与之相交且在其外的水平直线段为要修剪的对象；然后，以水平线段为修剪参考对象，选择与之相交且在其间的竖直直线段为要修剪的对象，修剪效果如图 12-163 所示。

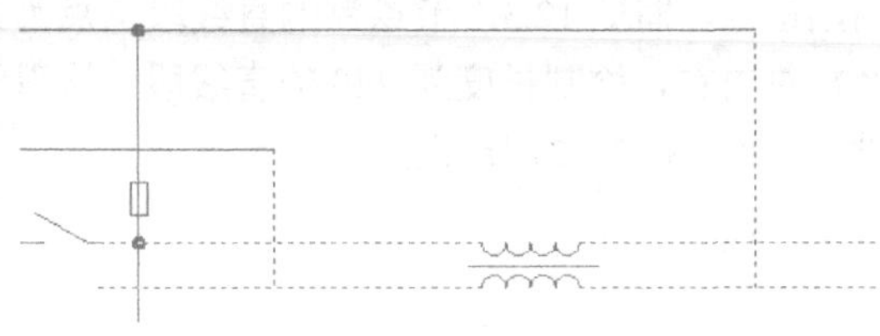

图 12-162 选择修剪参考对象

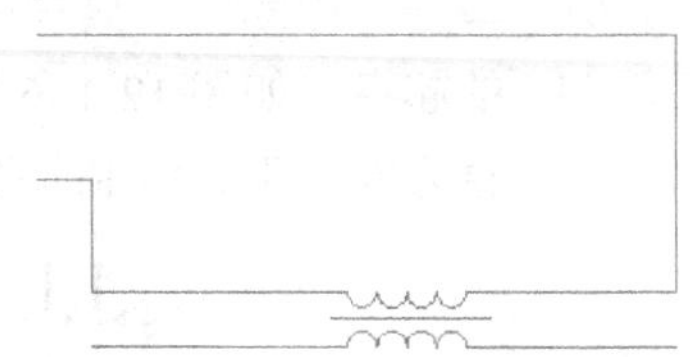

图 12-163 完成修剪操作

步骤 05 单击“绘图”工具栏中的“直线”按钮，捕捉步骤（3）修剪后得到的左边直线段的左端点为线段的起点，如图 12-164 所示。沿竖直方向向下，绘制长度为 35 的直线段；以长为 35 的直线的下端点为起点，向右绘制长 35 的直线；重复直线命令，捕捉步骤（3）修剪后得到的右边直线段的右端点为线段的起点，沿竖直方向向下，绘制长度为 7 的直线段，以绘制的长度为 7 的直线段的下端点为起点，向左绘制长为 40 的直线，如图 12-165 所示。

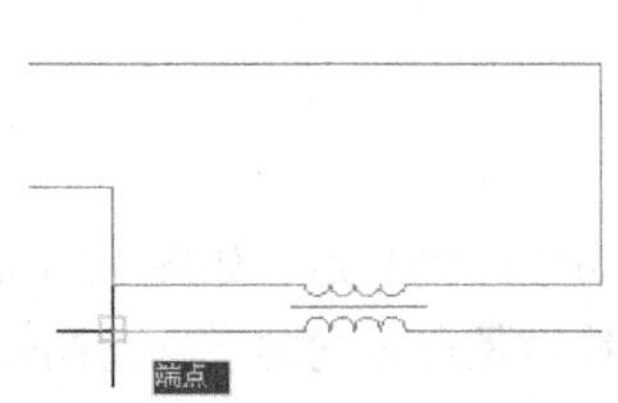

图 12-164 捕捉直线端点

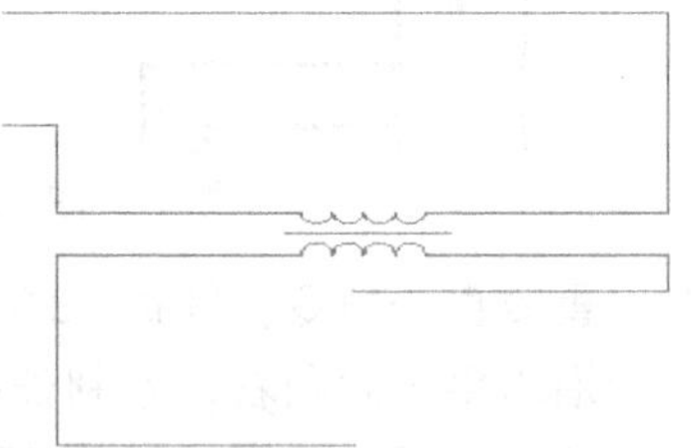

图 12-165 直线绘制

步骤 06 单击“绘图”工具栏中的“正多边形”按钮：

```
命令: _polygon
输入侧面数 <4>:  // 按 Enter 键，确认绘制正方形
指定正多边形的中心点或 [边(E)]:  （490,205） // 输入中心点绝对坐标
输入选项 [内接于圆(I)/外切于圆(C)] <I>:  I  // 选择内接于圆的方式
指定圆的半径:   // 捕捉线段端点，如图 12-166 所示；完成绘制，如图 12-167 所示
```

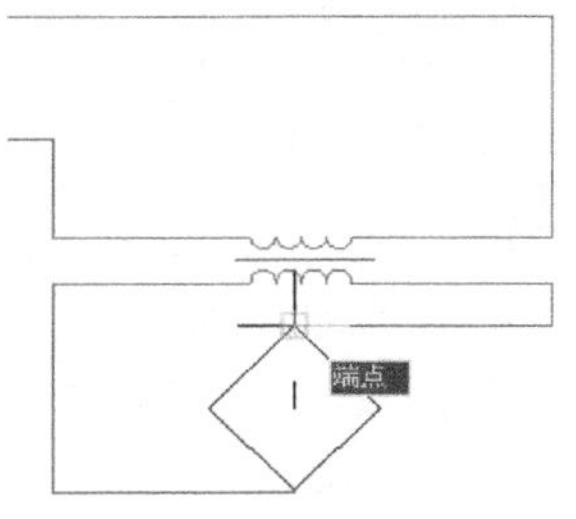

图 12-166　捕捉端点

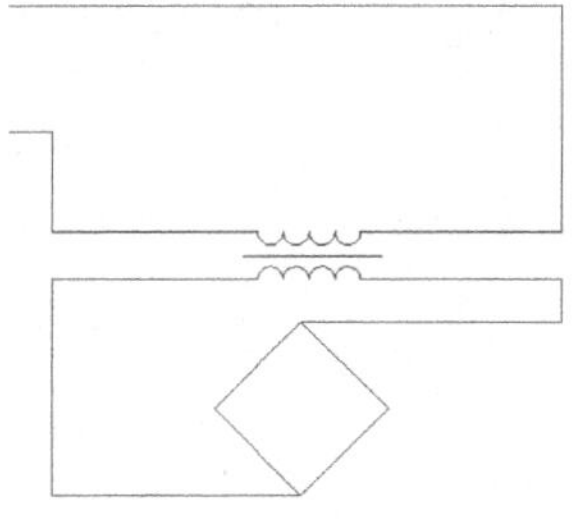

图 12-167　完成绘制正方形

步骤 07　参照第 2 章中的例 2-13 的绘制方法，以（490,205）为中心点，绘制二极管符号，结果如图 12-168 所示。

步骤 08　单击“绘图”工具栏中的“直线”按钮，捕捉步骤（6）绘制的正方形的左端点为直线的起始点，如图 12-169 所示。沿竖直方向向下，绘制长度为 20 的直线段，接着沿水平方向向左，绘制长度为 25 的直线段，再沿竖直方向向下，绘制长度为 40 的直线段；重复直线命令，捕捉步骤（6）绘制的正方形的右端点为直线的起始点，沿水平方向向右，绘制长度为 27 的直线段，最后竖直方向向下，绘制长度为 60 的直线段，如图 12-170 所示。

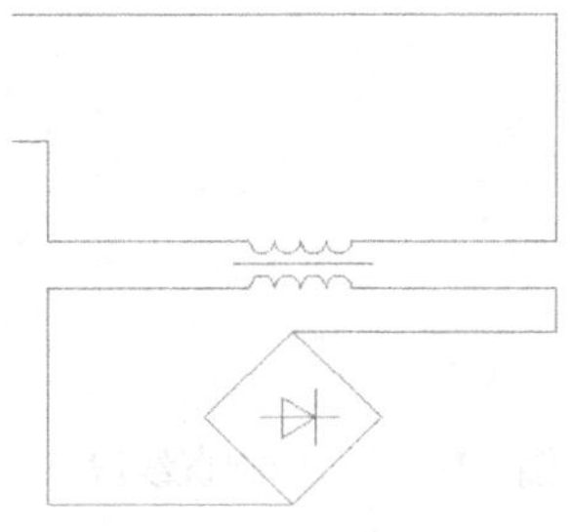

图 12-168　绘制二极管符号

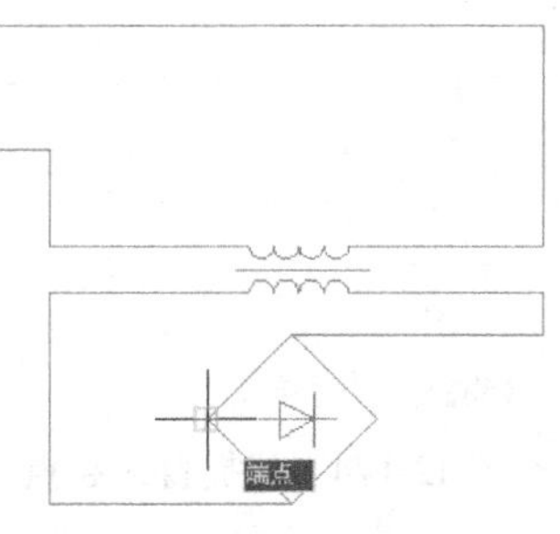

图 12-169　捕捉端点

步骤 09　参照 12.2.1 节的绘制方法，绘制连线、交流继电器线圈，如图 12-171 所示。

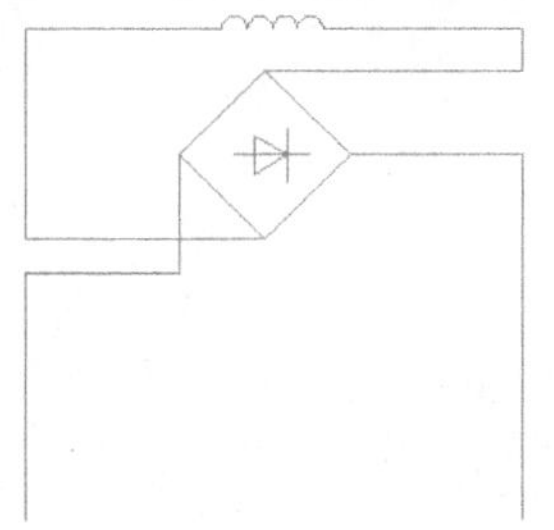

图 12-170　绘制直线段

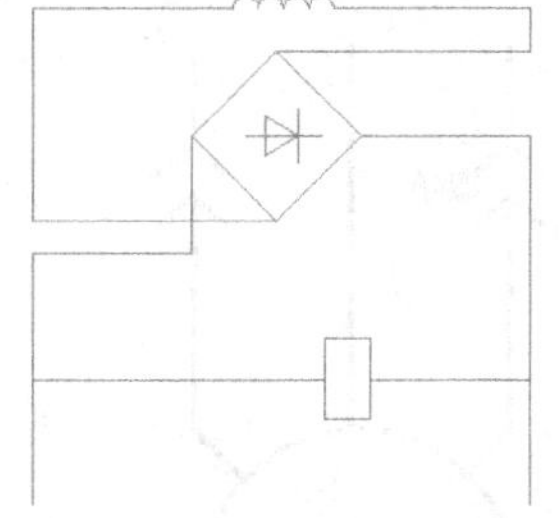

图 12-171　绘制继电器线圈及连线

步骤 10　参照 12.3.1 节的绘制方法，绘制连线、交流继电器开关，如图 12-172 所示。

步骤 11　参照 12.3.1 节的绘制方法，绘制连线、电阻、电容，如图 12-173 所示。

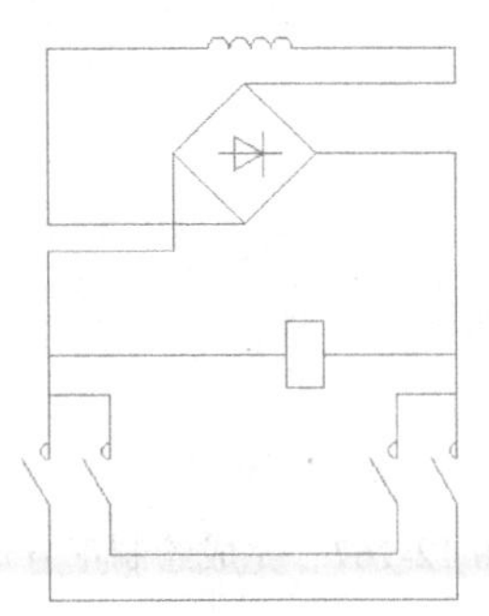

图 12-172 绘制继电器开关及连线

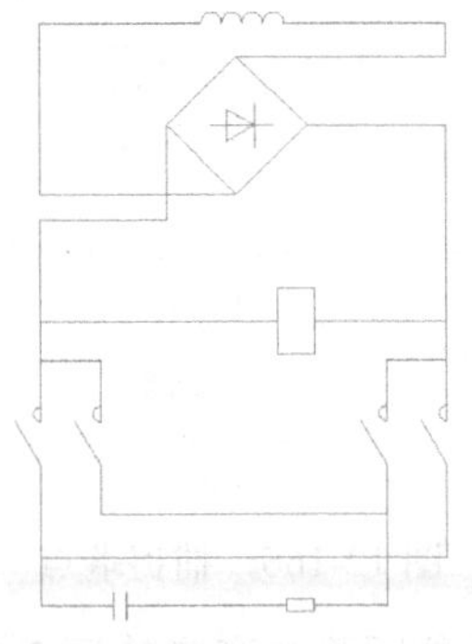

图 12-173 绘制电阻、电容及连线

步骤 12 单击“绘图”工具栏中的“直线”按钮，捕捉步骤（11）绘制得到直线段的左边端点为直线的起始点，如图 12-174 所示。沿竖直方向向下，绘制长度为 15 的直线段；重复直线命令，捕捉步骤（11）绘制得到直线段的右边端点为直线的起始点，如图 12-175 所示。沿竖直方向向下，绘制长度为 15 的直线段，如图 12-175 所示。

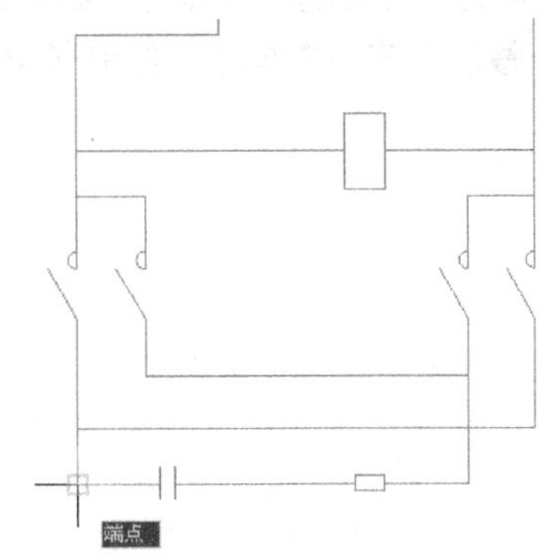

图 12-174 捕捉直线起点

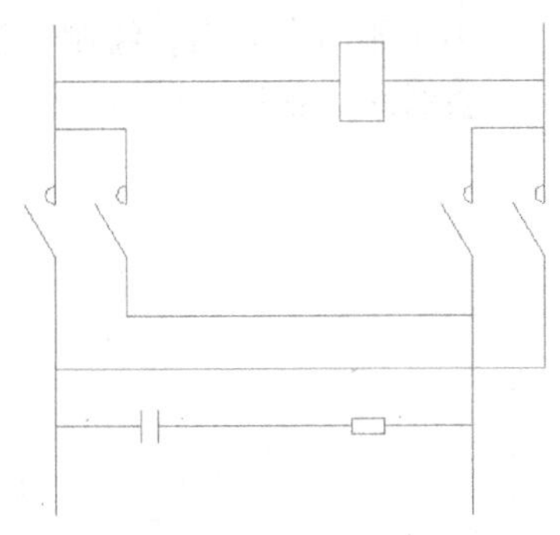

图 12-175 绘制直线段

步骤 13 单击“修改”工具栏中的“复制”按钮，选择参照 12.3.1 节步骤（21）绘制斜直线段的方法，选择交点为复制基点，如图 12-176 所示。选择“多个”复制模式，捕捉图 12-175 中的竖直直线段的端点为复制第二点，复制操作结果如图 12-177 所示。

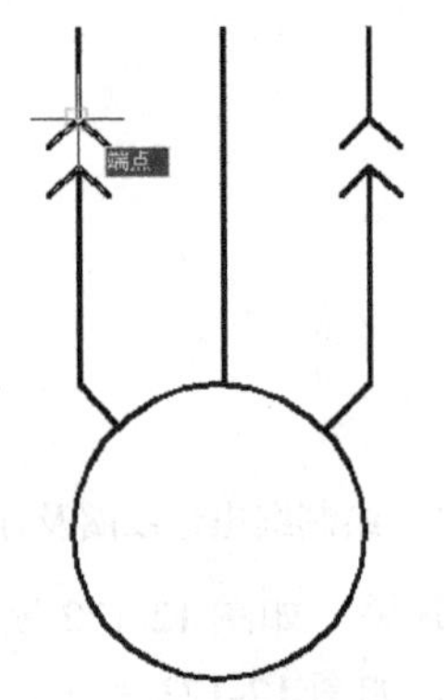

图 12-176 选择复制对象及复制基点

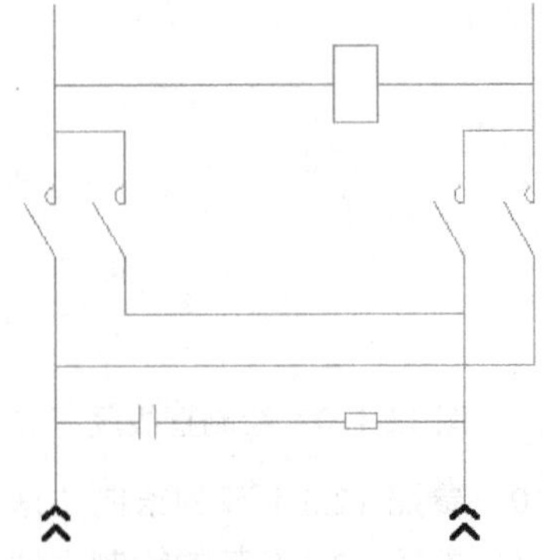

图 12-177 完成复制

步骤 14 选择步骤（12）复制得到的直线段，单击“图层”工具栏中的“应用的过滤器”，“图层”工具栏中的“应用的过滤器”会显示直线段的图层，即“主线路”图层 主线路；选择“辅助线路”图层为当前图层，即 辅助线路，线段的图层属性由“主线路”图层转变为“辅助线路”图层，如图 12-178 所示。

步骤 15　单击“绘图”工具栏中的“直线”按钮，捕捉步骤（13）复制得到的直线段端点为直线的起始点，如图 12-179 所示。沿竖直方向向下，绘制长度为 10 的直线段，接着沿水平方向向右，绘制长度为 68 的直线段，最后沿竖直方向向上，绘制长度为 10 的直线段，如图 12-180 所示。

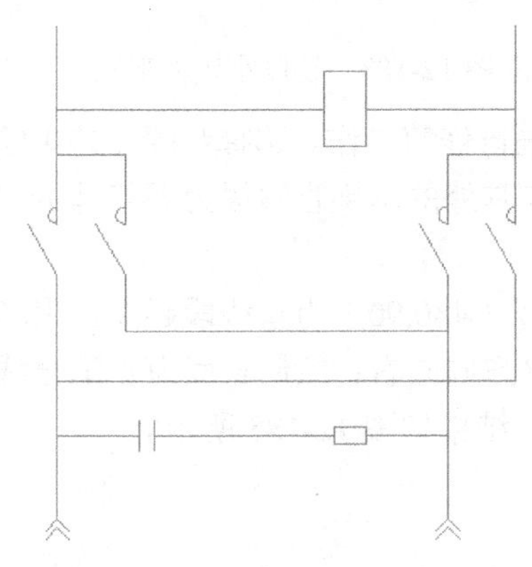

图 12-178　改变图形图层属性

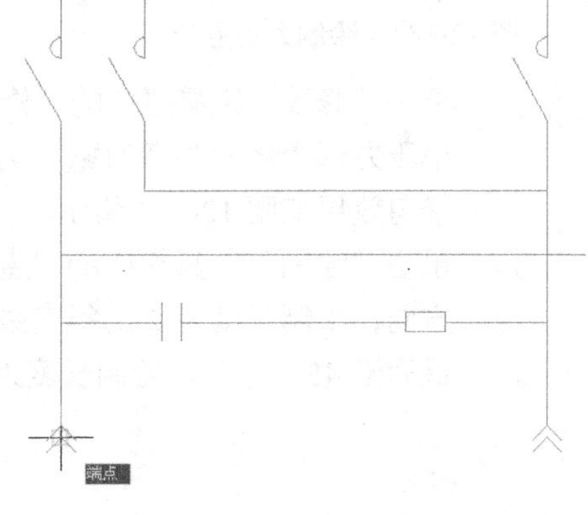

图 12-179　捕捉直线起点

步骤 16　单击“绘图”工具栏中的“正多边形”按钮：

```
命令: _polygon
输入侧面数 <4>:  // 按 Enter 键，确认绘制正方形
指定正多边形的中心点或 [边(E)]:    // 捕捉线段中点为正方形的中心点，如图 12-181 所示
输入选项 [内接于圆(I)/外切于圆(C)] <I>:  I  // 选择内接于圆的方式
指定圆的半径:  @8，8 //以相对坐标形式输入，完成绘制，如图 12-182 所示
```

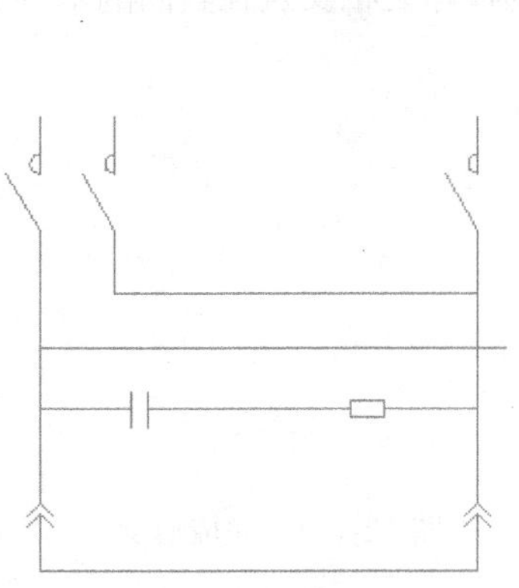

图 12-180　绘制直线段

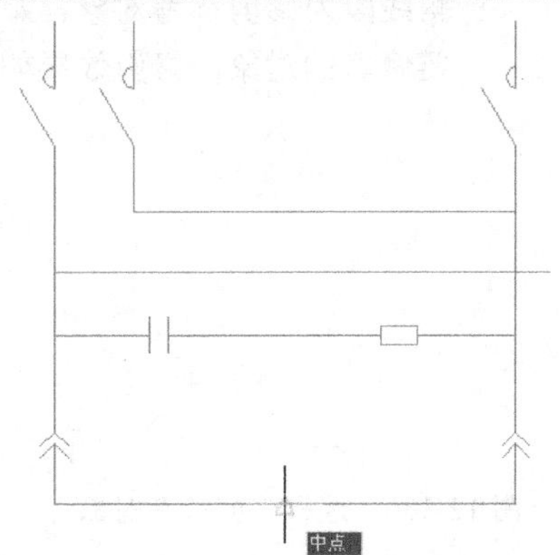

图 12-181　捕捉中心点

步骤 17　单击“绘图”工具栏中的“正多边形”按钮：

```
命令: _polygon
输入侧面数 <4>:   // 按 Enter 键，确认绘制正方形
```

指定正多边形的中心点或 [边(E)]： // 捕捉线段中点为正方形的中心点（与步骤（16）相同）
输入选项 [内接于圆(I)/外切于圆(C)] <I>： I // 选择内接于圆的方式
指定圆的半径： @4，4 //以相对坐标形式输入，完成绘制，如图 12-183 所示

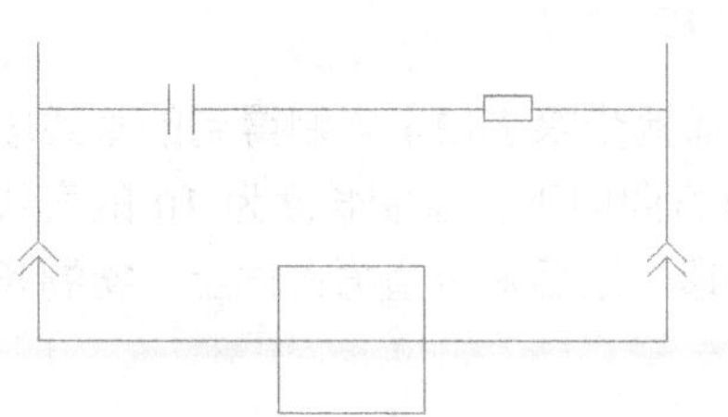

图 12-182 绘制大正方形

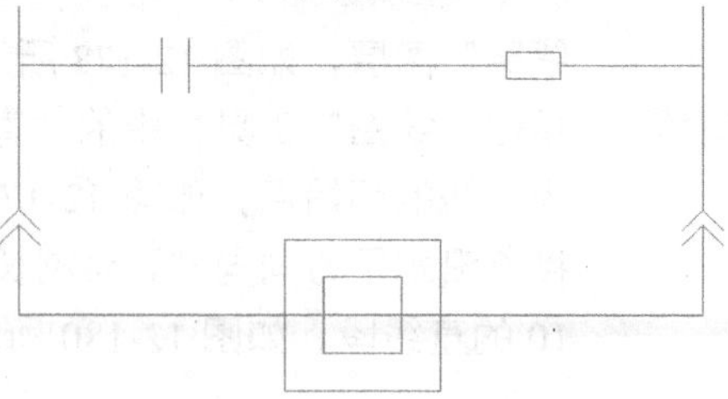

图 12-183 绘制小正方形

步骤18 单击“修改”工具栏中的“修剪”按钮，进行修剪操作。选择步骤（17）绘制的小正方形为修剪参考对象，选择与之相交且在其外的水平直线段为要修剪的对象，修剪效果如图 12-184 所示。

步骤19 单击“绘图”工具栏中的“直线”按钮，以（480,90）为直线段起点，沿 315°方向，绘制长度为 2 的斜直线段，接着沿水平方向向右，绘制长度为 4 的直线段，最后沿 45°方向，绘制长度为 2 的斜直线段，结果如图 12-185 所示。

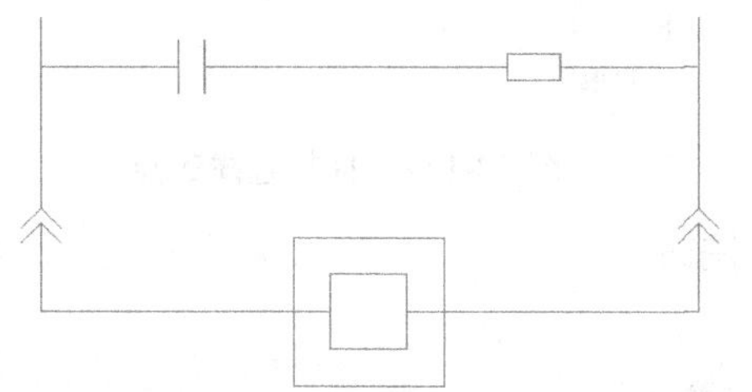

图 12-184 完成修剪操作

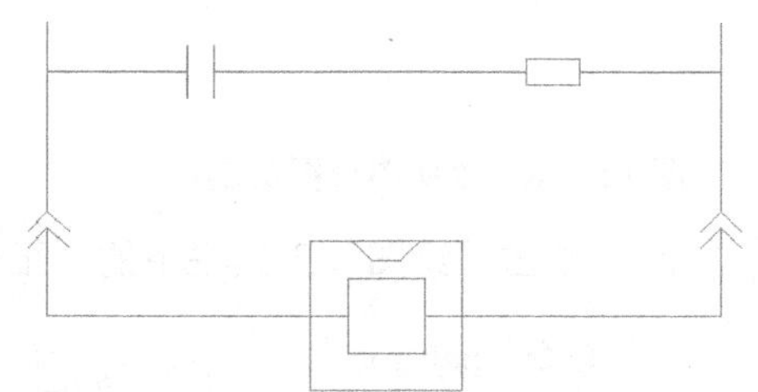

图 12-185 绘制直线段

步骤20 单击“修改”工具栏中的“修剪”按钮，进行修剪操作。选择步骤（19）绘制的斜线段为修剪参考对象，如图 12-186 所示。选择与之相交且在其内的水平直线段为要修剪的对象，修剪效果如图 12-187 所示。

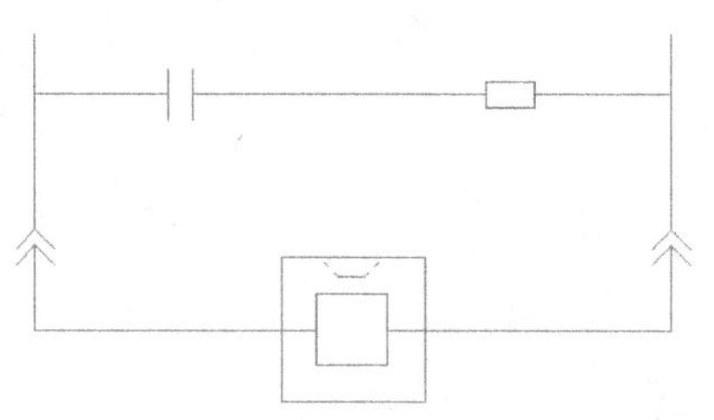

图 12-186 选择修剪参考对象

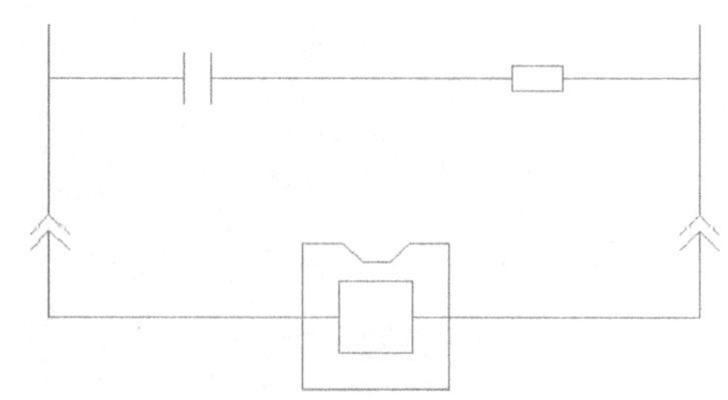

图 12-187 完成修剪

步骤21 单击“修改”工具栏中的“复制”按钮，选择 12.3.2 节绘制的矩形为复制对象，选择交点为复制基点，如图 12-188 所示。选择“多个”复制模式，捕捉直线段上适当点为复制第二点，复制操作结果如图 12-189 所示。

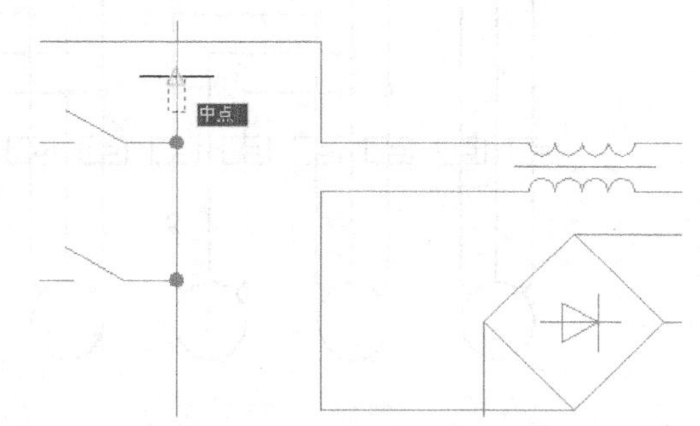

图 12-188　选择复制对象及复制基点

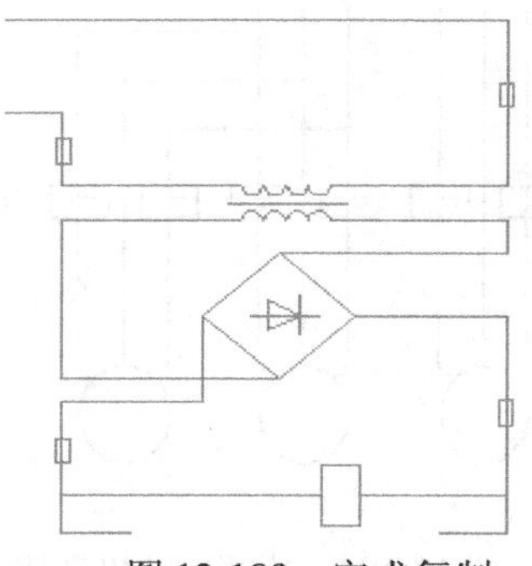

图 12-189　完成复制

步骤 22　单击“修改”工具栏中的“复制”按钮，选择 12.3.2 节绘制的圆点为复制对象，选择圆心为复制基点，如图 12-190 所示。选择“多个”复制模式，捕捉交点为复制第二点，复制操作结果如图 12-191 所示。至此完成电磁工作线路的绘制。

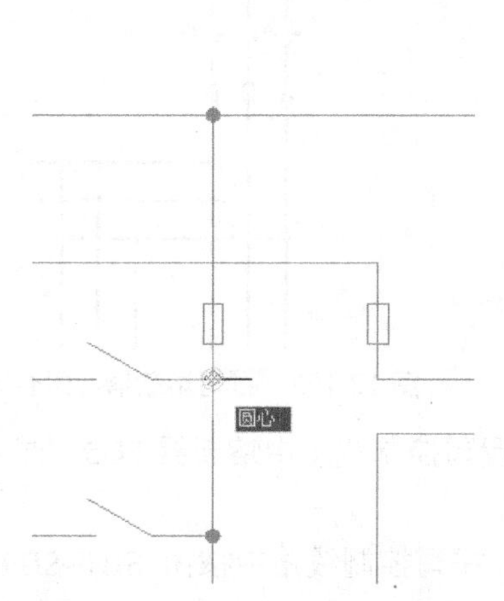

图 12-190　选择复制对象及复制基点

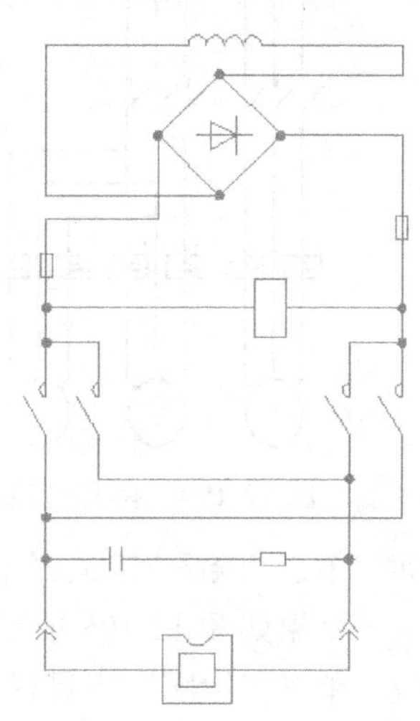

图 12-191　完成电磁工作线路的绘制

12.3.5　文字标注

步骤 01　单击“图层”工具栏中的“应用的过滤器”，选择“文字标注”图层为当前图层，设置“文字标注”图层为开启状态，解锁状态，即 文字标注 。使用例 4-1 的方法创建电气标注文字样式，文字高度为 5，字体为仿宋体，宽度比例为 0.7。

步骤 02　单击“绘图”工具栏中的多行文字命令 A，撰写主线路中 4 个电动机 1M~4M 以及接插件 X2 的文字代号，结果如图 12-192 所示。

步骤 03　单击“绘图”工具栏中的多行文字命令 A，撰写主线路中热继电器 FR1~FR4 的文字代号，结果如图 12-193 所示。

步骤 04　单击“绘图”工具栏中的多行文字命令 A，撰写主线路中交流继电器开关 KM1-2~KM4-4 的文字代号，结果如图 12-194 所示。

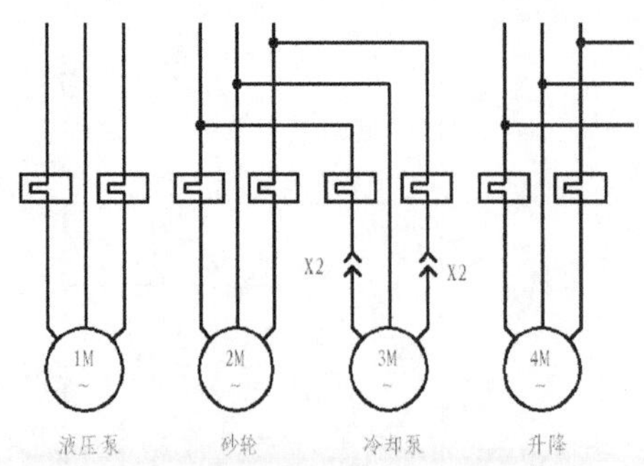

图 12-192　撰写电动机及接插件文字

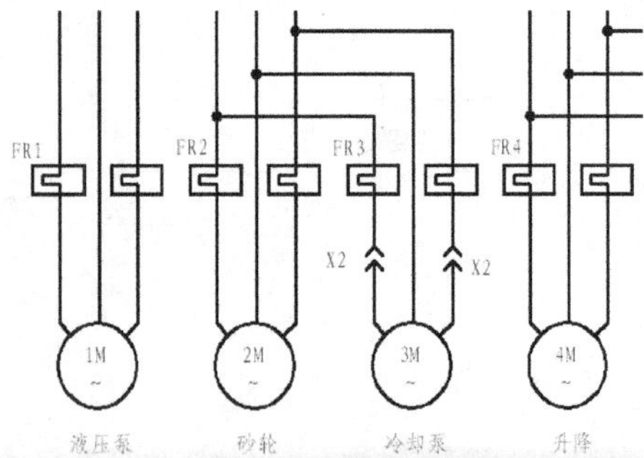

图 12-193　撰写热继电器文字

步骤 05　单击“绘图”工具栏中的多行文字命令 A，撰写主线路中熔断器 FU1、组合开关 QS 及电源接线 L1~L3 的文字代号，结果如图 12-195 所示。

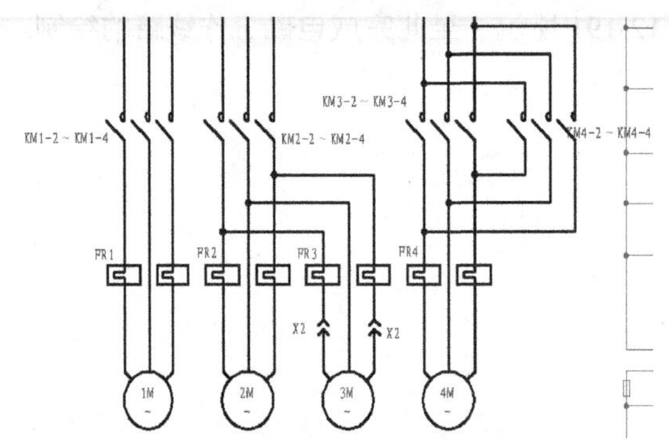

图 12-194　撰写交流继电器开关文字

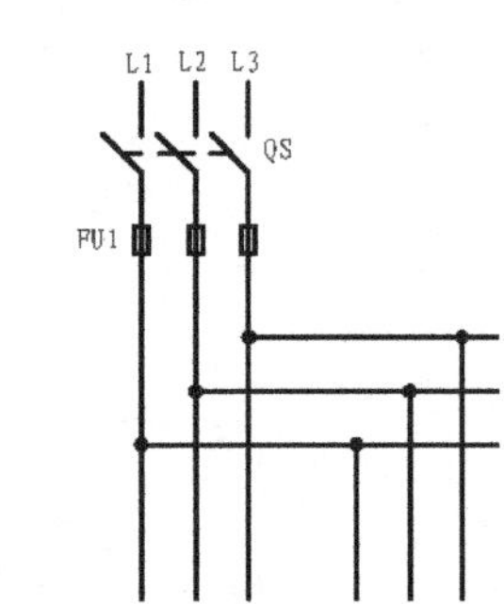

图 12-195　撰写熔断器、组合开关文字

步骤 06　单击“绘图”工具栏中的多行文字命令 A，撰写控制线路中熔断器 FU5 的文字代号，结果如图 12-196 所示。

步骤 07　单击“绘图”工具栏中的多行文字命令 A，撰写控制线路中按钮 SB1~SB9 的文字代号，结果如图 12-197 所示。

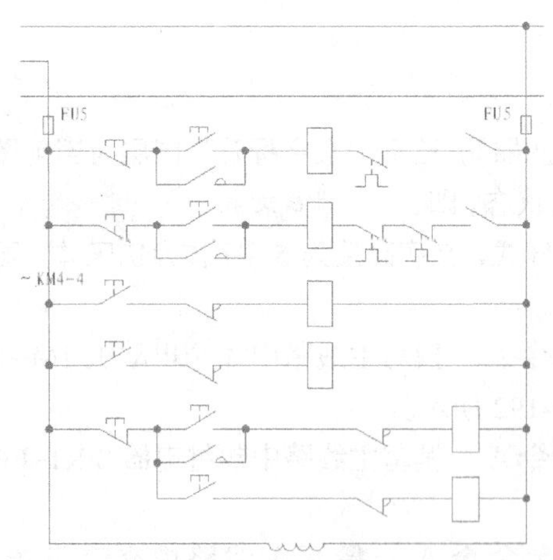

图 12-196　撰写熔断器文字

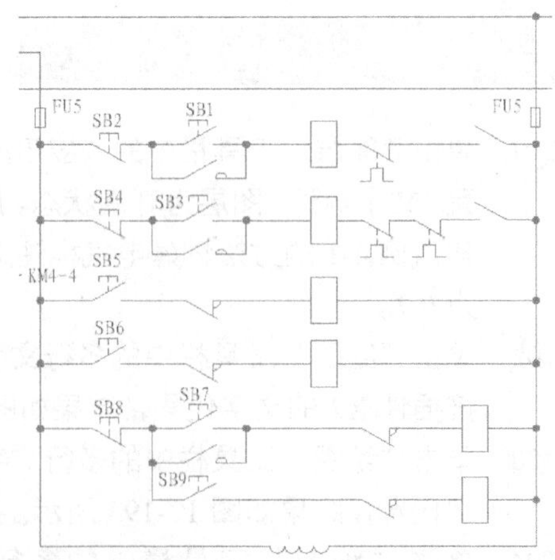

图 12-197　撰写按钮文字

步骤 08　单击“绘图”工具栏中的多行文字命令 A，撰写控制线路中的各交流继电器开关

KM1-1~KM6-2、KA1 的文字代号，结果如图 12-198 所示。

步骤 09　单击“绘图”工具栏中的多行文字命令 A，撰写控制线路中热继电器 FR1~FR3 的文字代号，结果如图 12-199 所示。

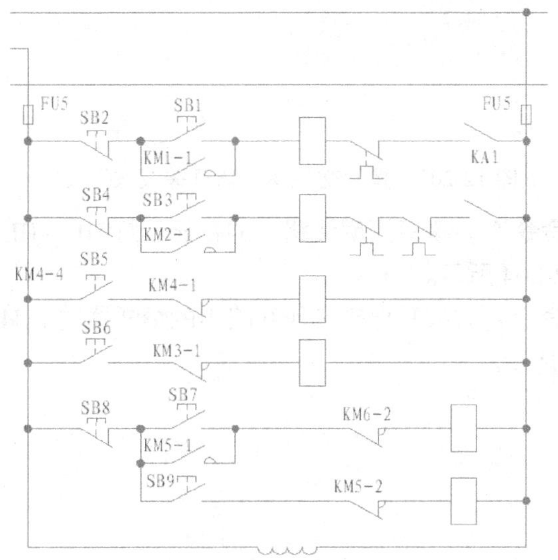

图 12-198　撰写交流继电器开关文字

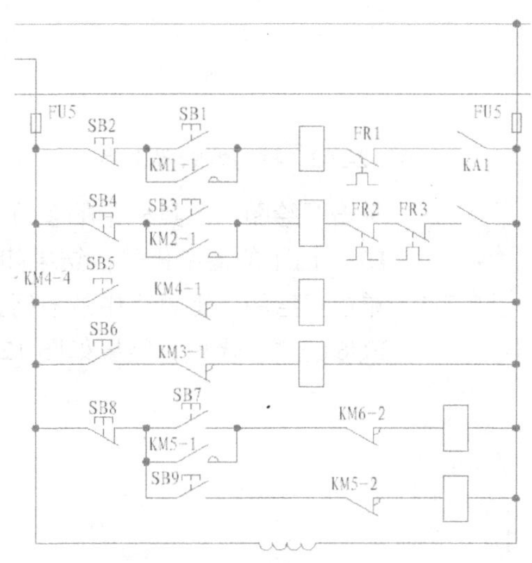

图 12-199　撰写热继电器文字

步骤 10　单击“绘图”工具栏中的多行文字命令 A，撰写控制线路中的各交流继电器线圈 KM1~KM6、KA2 的文字代号，结果如图 12-200 所示。

步骤 11　单击“绘图”工具栏中的多行文字命令 A，撰写照明线路中变压器 T2 及其线圈 L11、L21 的文字代号，结果如图 12-201 所示。

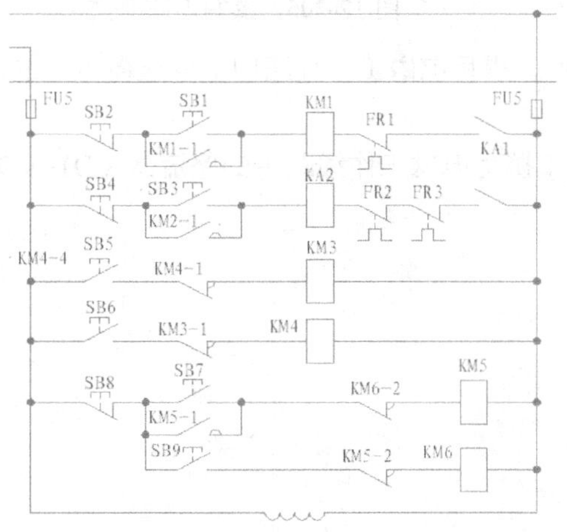

图 12-200　撰写交流继电器线圈文字

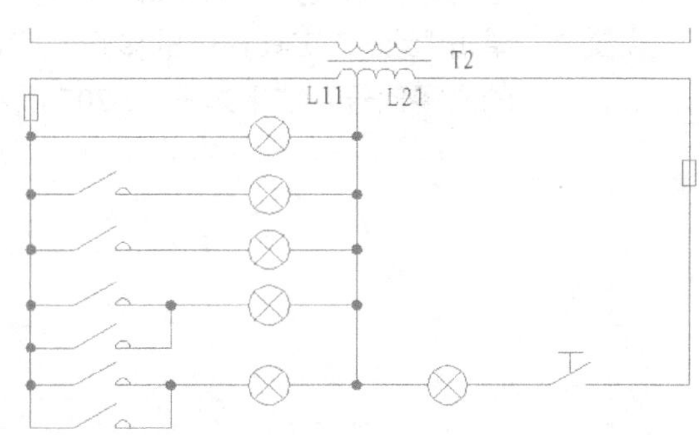

图 12-201　撰写变压器及其线圈文字

步骤 12　单击“绘图”工具栏中的多行文字命令 A，撰写照明线路中的熔断器 FU2、FU3 的文字代号，结果如图 12-202 所示。

步骤 13　单击“绘图”工具栏中的多行文字命令 A，撰写照明线路中的各交流继电器开关 KM1-5~KM6-5 及按钮 SA1 的文字代号，结果如图 12-203 所示。

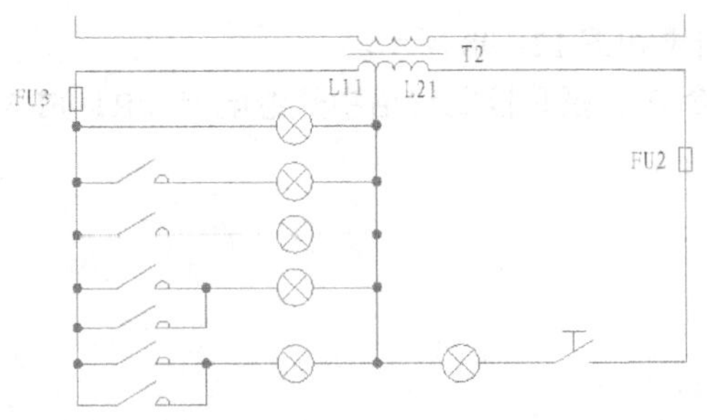

图 12-202　撰写熔断器文字

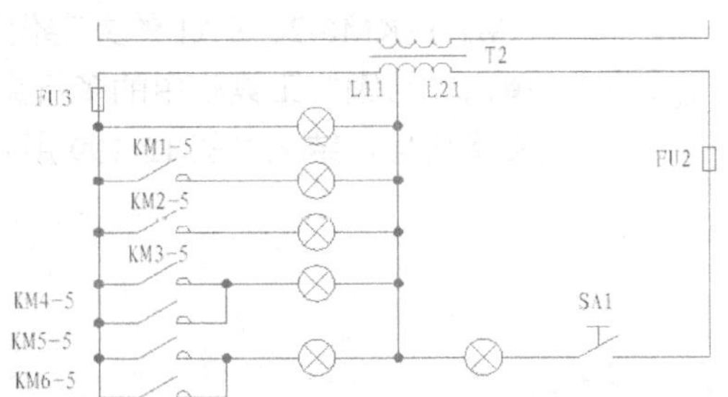

图 12-203　撰写交流继电器开关及按钮文字

步骤14　单击“绘图”工具栏中的多行文字命令 A，撰写照明线路中的各显示灯 HL1~HL4、HL、EL1 的文字代号，结果如图 12-204 所示。

步骤15　单击“绘图”工具栏中的多行文字命令 A，撰写电磁工作线路中的熔断器的 FU4、FU6 的文字代号，结果如图 12-205 所示。

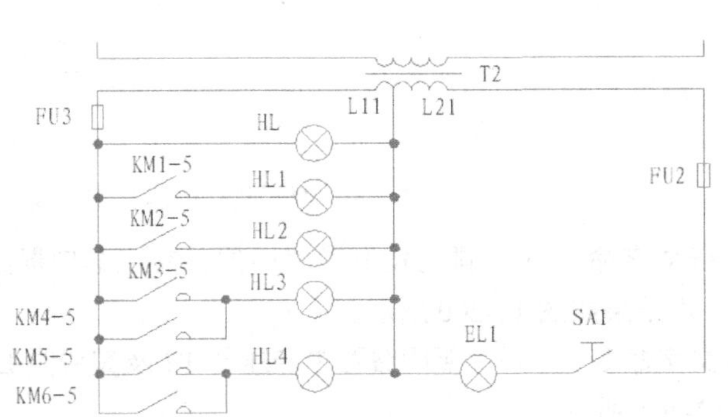

图 12-204　撰写显示灯文字

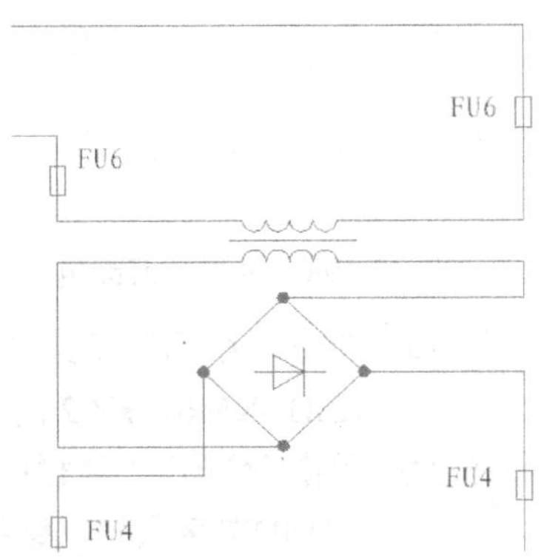

图 12-205　撰写熔断器文字

步骤16　单击“绘图”工具栏中的多行文字命令 A，撰写电磁工作线路中的变压器 T1 的文字代号，结果如图 12-206 所示。

步骤17　单击“绘图”工具栏中的多行文字命令 A，撰写电磁工作线路中的整流器 VD1~VD4 的文字代号，结果如图 12-207 所示。

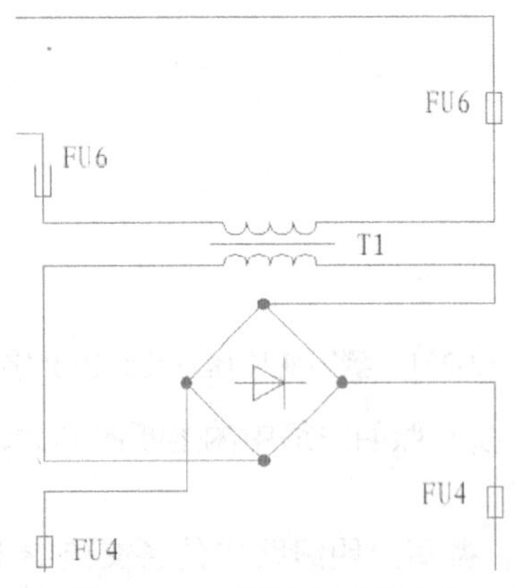

图 12-206　撰写变压器文字

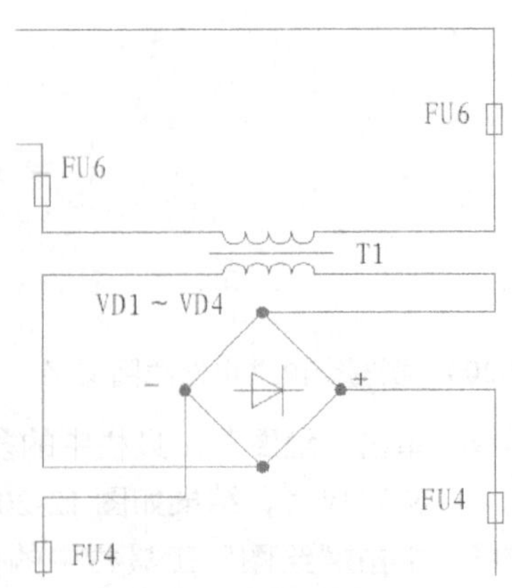

图 12-207　撰写整流器文字

步骤18 单击"绘图"工具栏中的多行文字命令 A，撰写电磁工作线路中的欠压继电器 KA 的文字代号，结果如图 12-208 所示。

步骤19 单击"绘图"工具栏中的多行文字命令 A，撰写电磁工作线路中的交流继电器开关 KM5-3~KM6-4 的文字代号，结果如图 12-209 所示。

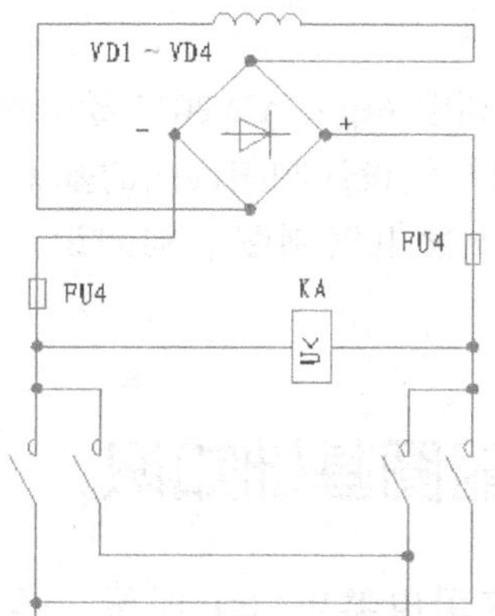

图 12-208 撰写欠压继电器文字

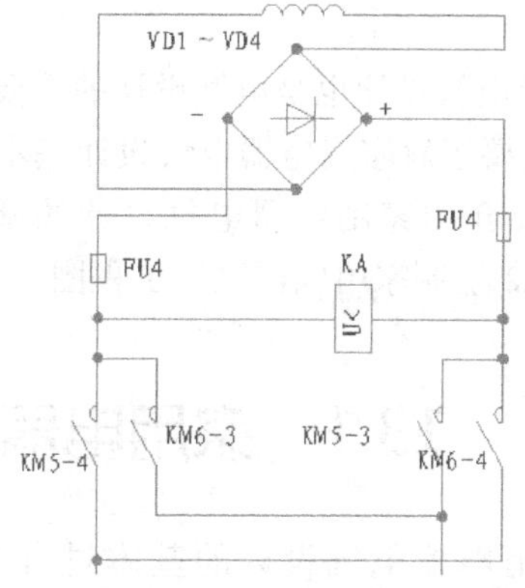

图 12-209 撰写交流继电器开关文字

步骤20 单击"绘图"工具栏中的多行文字命令 A，撰写电磁工作线路中的电阻 R1 和电容 C1 的文字代号，结果如图 12-210 所示。

步骤21 单击"绘图"工具栏中的多行文字命令 A，撰写电磁工作线路中的插销 X1 和平面吸铁盘 YH 的文字代号，结果如图 12-211 所示。至此完成电磁工作线路的绘制。

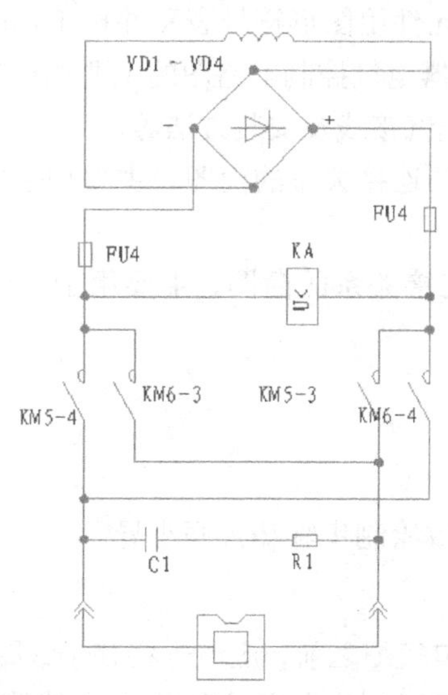

图 12-210 撰写电阻和电容文字

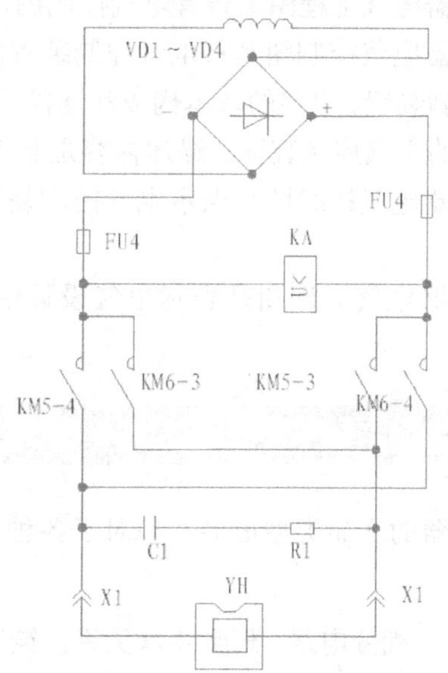

图 12-211 撰写插销和平面吸铁盘文字

第 13 章　家用电器电气设计

家用电器电气设计也是电气设计的重要组成部分。要想利用 AutoCAD 2012 绘制家用电器电气工程图，就需要了解家用电器电气设计基本概念和家用电器电气设计制图读图的基本知识。

本章主要介绍家用电器电气设计的基础知识、家用电器电气制图基础知识，以及如何用 AutoCAD 2012 绘制家用电器电气工程图。

13.1　家用电器及家用电器图基础知识

了解家用电器电气设计的基本过程是绘制出合格家用电器电气工程图的基础，要掌握 AutoCAD 2012 家用电器电气设计制图的方法和技术，首先必须了解家用电器电气设计的基础知识和制图规范。

13.1.1　家用电器电气图的分类及要求

家用电器电气工程图主要有电气控制图、电气接线图和电气原理图等。

家用电器电气控制图是将电气控制装置的各种电器元件用图形符号表示并按工作顺序排列，详细勾画控制装置、电路的基本构成和连接关系。家用电器电气控制电路图的主要描述对象是电动机以及电器的电气控制装置，描述内容是其工作原理、电气接线及安装方法等。

家用电器电气接线图是表示电气控制装置中各元件的连接关系的简图，主要用于安装接线和维修查线。

家用电器电气原理图是表示电气设计中各元件的连接关系的简图，主要用于安装接线和维修查线。

13.1.2　家用电器电气图的绘制步骤

家用电器的产品类型很多，但对于各种电气图，大致绘制步骤却大同小异，一般包括以下几步：

步骤 01　细分电路，理顺主次关系。绘制家用电器电气图之前，应该先将整个线路进行划分，理顺整个线路的主次关系。一般绘制过程可以划分为集成电路 IC 主线路绘制、各个引脚分支线路的绘制，并对图纸进行整体布局。

步骤 02　绘图准备。绘制整图之前一般要进行一些绘图准备，如建立新文件、设置图形工作界限、设置图层、设置线型、捕捉设置和文字样式定义等。

步骤 03　绘制图块。在绘制家用电器电气原理图的过程时，需要用到大量的电阻、电容、电感和二极管之类的电子元器件，为了减少绘图的工作量，提高效率，在绘制这一类图形时首先应该先将要用到的电子元器件制作成图块，在以后绘图的过程中如果需要可以直接插入，能大大减少绘制相同图形的重复工作，同时也便于以后的图纸修改。

步骤 04 绘制集成电路 IC 主线路。先绘制图中所有的集成电路 IC 主线路，并根据图纸的具体情况对各个集成电路 IC 块进行合理布局，根据分析的结果合理分配图纸空间。

步骤 05 绘制各个引脚分支线路。根据各个引脚编号按照顺序针对各个引脚绘制分支线路，这样方便整图的布局，也不容易遗漏。分支线路通常是一个大回路，而在这个大回路中又包含了若干个小回路，每个小回路又具有一个或多个控制元件，在绘制的过程需要事先合理的进行图纸布局，以防止附近引脚分支线路位置重叠。

步骤 06 标注元器件代号和文字说明。在家用电器电气图中有大量的文字说明，主要是对元器件型号进行标注，在书写文字标注的时候，需要注意美观和比例协调。

13.2　绘制空调机电气原理图

家用电器包括电视、空调、冰箱和洗衣机等很多产品类型，家用电器电气制图也包括很多种类。由于篇幅有限，本章仅以某型号空调室外机电气原理图和电气接线图的详细绘制过程为例，介绍如何利用 AutoCAD 2012 进行家用电器电气制图。

13.2.1　绘制空调室外机电气原理图

如图 13-1 所示，是某型号空调室外机电气原理图，本小节逐步详细介绍其绘制过程，希望读者能举一反三，完成类似电气原理图的绘制。

1. 绘图准备

在绘制空调室外机电气原理图的过程中，首先必须进行相应的绘图准备，然后在接下来的绘制过程中就能事半功倍，大大提高绘图的效率和准确性，在本例中所需要的绘图准备工作包括以下几个方面。

（1）新建图形

选择“文件”|“新建”命令，打开“选择样板”对话框，单击右側的▾按钮，以“无样板打开——公制（M）”方式建立新文件；将新文件命名为“空调室外机电气原理图.dwg”保存。

（2）设置图形工作界限

选择“格式”|“图形界限”命令，命令执行后，在命令行窗口出现如下提示：

```
命令：limits
重新设置模型空间界限
指定左下角点或[开(ON)/关(OFF)] <0.0000,0.0000> ：  //按 Enter 键，使用默认左下角点
指定右上角点<420.0000,297.0000>：//按 Enter 键，使用默认右上角点
```

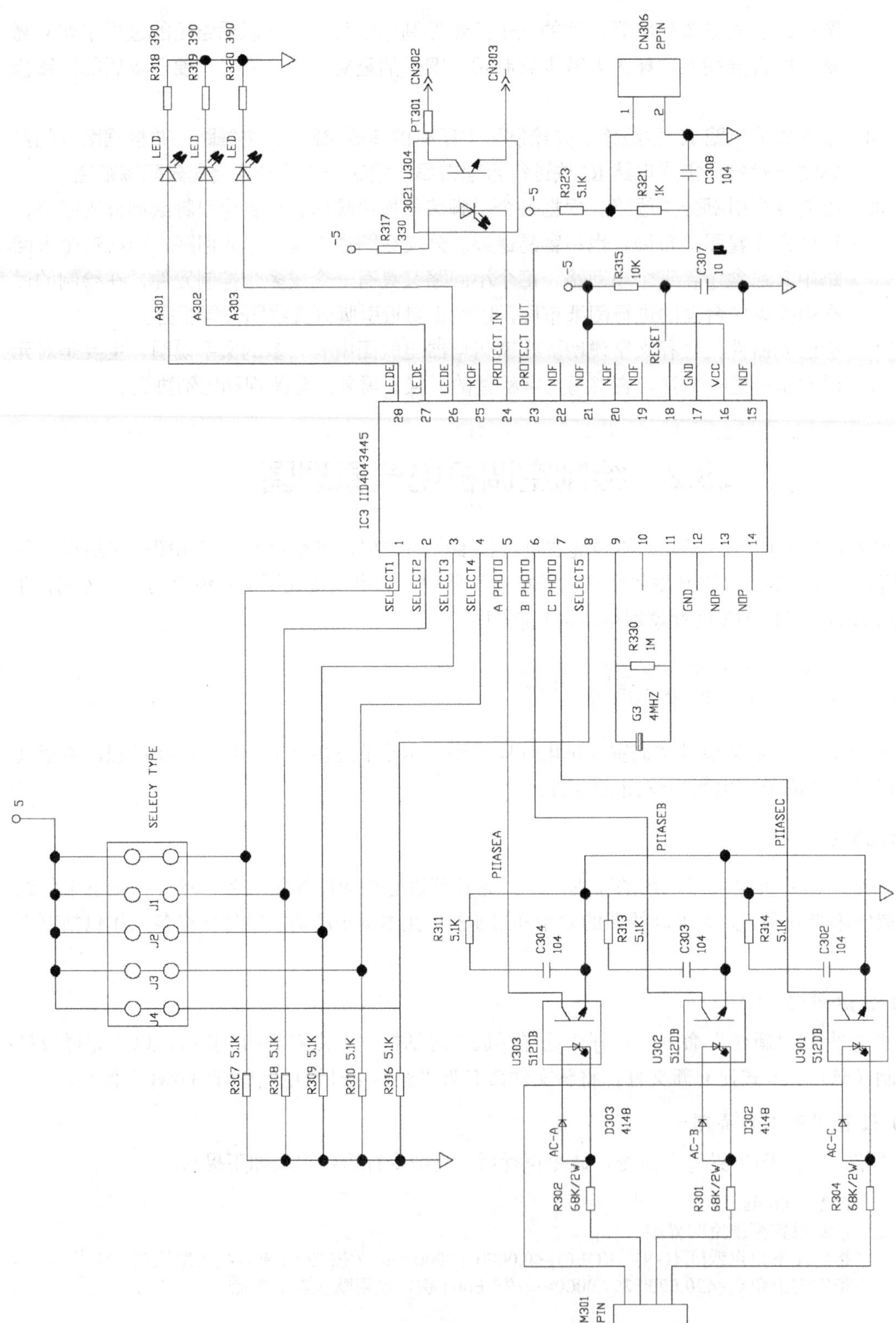

图 13-1　某型号空调室外机电气原理图

（3）设置图层

单击“图层”工具栏中的“图层特性管理器”的快捷图标，打开“图层特性管理器”对话框，新建并设置每一个图层，如图 13-2 所示。

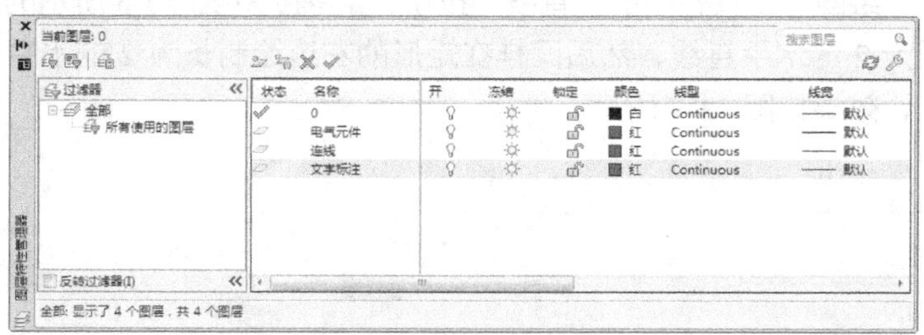

图 13-2　图层设置

（4）捕捉设置

选择“工具”|“草图设置”命令，弹出如图 13-3 所示的对话框，设置对象捕捉选项卡。

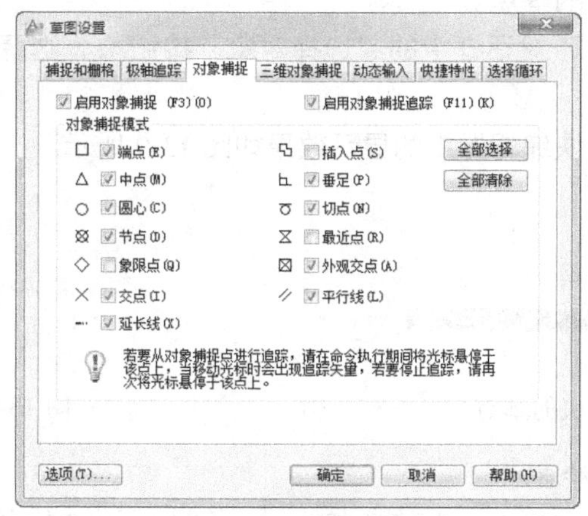

图 13-3　对象捕捉设置

（5）设置文字样式

步骤 01　选择“格式”|“文字样式”，弹出“文字样式”对话框。

步骤 02　单击“文字样式”对话框中的“新建”按钮 新建(N)...，弹出如图 13-4 所示的对话框，输入样式名“电气制图说明”。

步骤 03　“电气制图说明”文字样式中字体设为“仿宋”，高度选择默认高度值 0，宽度因子选择默认宽度比 1，然后单击“文字样式”对话框中的“应用”按钮 应用(A) 完成文字样式设置。

图 13-4　为文字样式命名

2. 绘制图块

由于家用电器电气设计中用到的元器件众多，本书在讲解绘制例子时由于篇幅有限，而且很多图块的绘制过程类似，故仅介绍几个典型的电子元器件图块的绘制过程，其他所要用到的元件图块，读者可自行绘制。

（1）电阻图块的绘制

步骤 01 单击 电气元件 右侧下拉箭头，设置当前层为“电气元件”。

步骤 02 单击“绘图”工具栏中的“矩形”按钮，绘制矩形 3×1，效果如图 13-5 所示。

步骤 03 单击“绘图”工具栏中的“直线”按钮，捕捉如图 13-6 所示的矩形右边中点，绘制长为 2 的水平直线，然后同样在矩形的左边绘制长为 2 的水平直线，完成电阻的绘制，效果如图 13-7 所示。

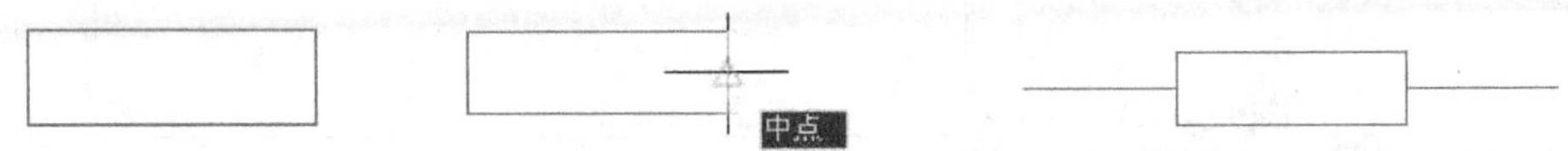

图 13-5　绘制矩形　　图 13-6　捕捉直线起点　　图 13-7　电阻效果图

步骤 04 选择“绘图”|“块”|“创建”命令，弹出“块定义”对话框，输入块名称为“电阻”。

步骤 05 单击“块定义”对话框中的“拾取点”按钮，把如图 13-8 所示矩形的对称中心作为块“电阻”的基点。

步骤 06 单击“块定义”对话框中的“选择对象”按钮，选择步骤（1）~步骤（3）绘制好的图形。

步骤 07 块“电阻”在块编辑器中的显示效果如图 13-9 所示。

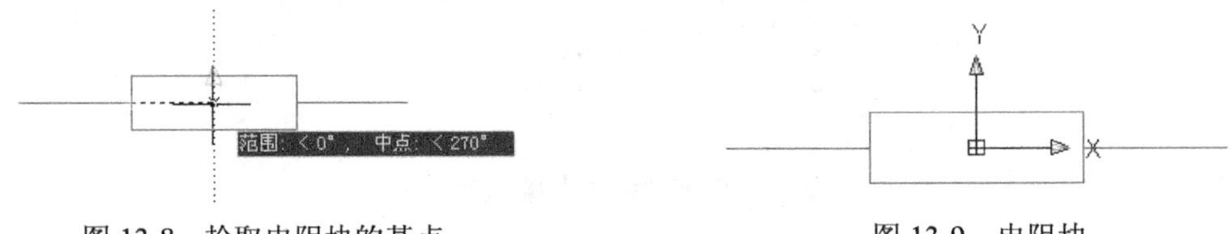

图 13-8　拾取电阻块的基点　　图 13-9　电阻块

（2）极性电容图块的绘制

步骤 01 单击“绘图”工具栏中的“直线”按钮，绘制一长为 2 的水平直线，效果如图 13-10 所示。

步骤 02 单击“修改”工具栏中的“复制”按钮，以步骤（1）中直线的中点为基点，将直线向上复制一份，距离为 0.8，效果如图 13-11 所示。

步骤 03 单击“绘图”工具栏中的“直线”按钮，分别以图 13-11 中水平直线的中点为起点正交向上、向下各绘制一长为 2 的垂直直线，效果如图 13-12 所示。

步骤 04 选择“绘图”|“文字”，单击“单行文字”按钮，如图 13-13 所示，添加极性文字说明“+”，在竖直直线附近单击（不要求精确位置），然后设置字体为“仿宋”，文字高度为“0.8”，旋转角度为“0”，完成极性电容的绘制。

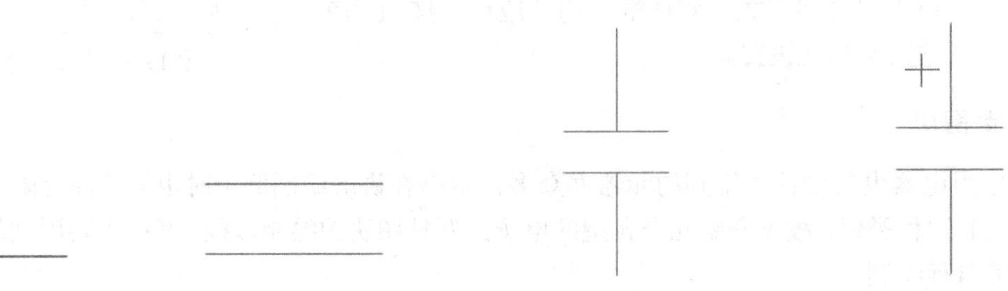

图 13-10　绘制直线　　图 13-11　复制直线　　图 13-12　绘制竖直直线　　图 13-13　添加文字说明

步骤 05　选择“绘图”|“块”|“创建”命令，弹出“块定义”对话框，输入块名称为“极性电容器”。

步骤 06　单击“绘图”工具栏中的“直线”按钮，如图 13-14 所示连接两水平线的中点，然后单击“块定义”对话框中的“拾取点”按钮，捕捉刚才绘制的连接线的中点作为块“极性电容器”的基点。

步骤 07　单击“块定义”对话框中的“选择对象”按钮，选择在步骤（1）~步骤（4）中绘制好的图形（注意：别选择步骤（5）做的基点辅助连线）。

步骤 08　块“极性电容器”在块编辑器中的显示效果如图 13-15 所示。

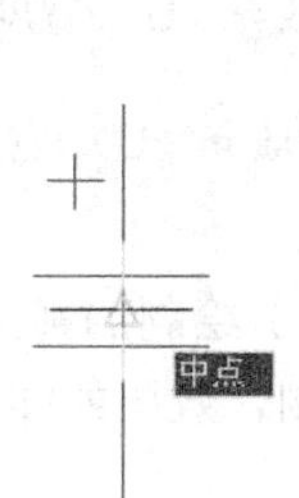

图 13-14　拾取极性电容器块基点

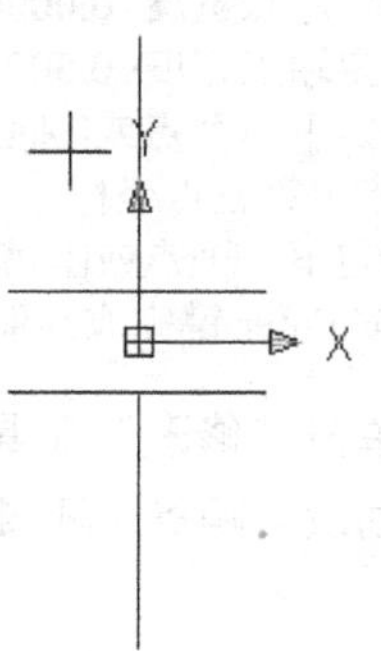

图 13-15　极性电容器块

（3）发光二极管图块的绘制

步骤 01　单击“绘图”工具栏中的“直线”按钮，绘制等边三角形效果如图 13-16 所示。命令行窗口出现提示如下：

```
命令：line
指定第一点：//在屏幕中单击空白处为直线起点
指定下一点或[放弃(U)]:  @2<180 //指定等边三角形底边的终点
指定下一点或[放弃(U)]:  @2<120 //指定等边三角形右腰的终点
指定第一点：//捕捉等边三角形底边的起点
指定下一点或[放弃(U)]: //按 Enter 键，结束直线命令
```

步骤 02　单击“修改”工具栏中的“复制”按钮，以等边三角形底边中点为复制基点，三角形顶点为复制目标点复制水平直线，效果如图 13-17 所示。

步骤 03　单击“绘图”工具栏中的“直线”按钮，以三角形顶点为起点向上正交地绘制长为 2 的竖直直线，然后连接顶点和底边中点，再以底边中点为起点，向下正交地绘制长为 2 的竖直直线，效果如图 13-18 所示。（注意：分三段绘制直线是为了方便下面捕捉三角形中线的中点作为基点）

图 13-16　绘制等边三角形

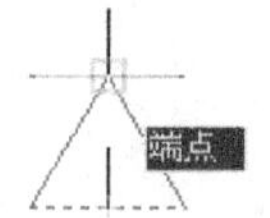

图 13-17　复制直线

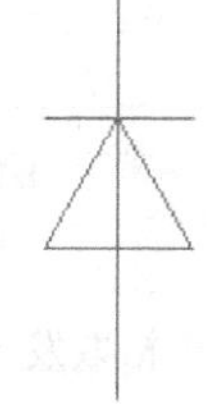

图 13-18　绘制竖直直线

步骤04 单击“绘图”工具栏中的“多线段”按钮，效果如图 13-19 所示。命令行窗口出现如下提示：

```
命令：pline
指定起点：//选择三角形顶点附近点为起点（不要求精确位置，选择时关闭捕捉模式）
当前线宽为 0.0000
指定下一个点或[圆弧（A）/半宽（H）/长度（L）/放弃（U）/宽度（W）]：@1<30 //指定第二点坐标
指定下一个点或[圆弧（A）/闭合（C）/半宽（H）/长度（L）/放弃（U）/宽度（W）]：W
//选择宽度设置
指定起点宽度<0.0000>：0.5 //起点宽度设置为 0.5
指定端点宽度<0.5000>：0    //端点宽度设置为 0
指定下一个点或[圆弧（A）/闭合（C）/半宽（H）/长度（L）/放弃（U）/宽度（W）]：@1<30
//指定第三点坐标
指定下一个点或[圆弧（A）/闭合（C）/半宽（H）/长度（L）/放弃（U）/宽度（W）]：
//按 Enter 键完成绘制
```

步骤05 单击“修改”工具栏中的“复制”按钮，将步骤（4）绘制的箭头复制一份，移动适当距离（不要求精确位置），完成发光二极管的绘制，效果如图 13-20 所示。

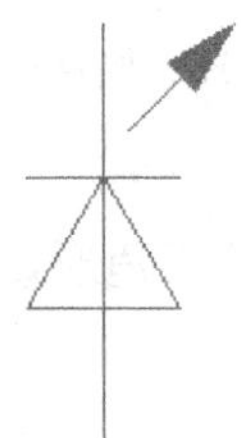

图 13-19 绘制箭头

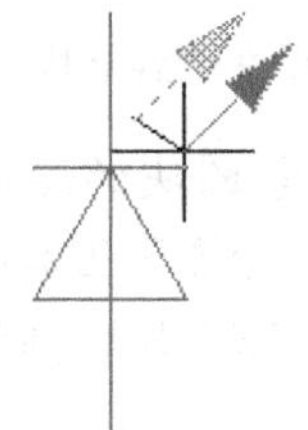

图 13-20 复制箭头

步骤06 选择“绘图”|“块”|“创建”命令，弹出“块定义”对话框，输入块名称为“发光二极管”。

步骤07 单击“块定义”对话框中的“拾取点”按钮，如图 13-21 捕捉三角形中线的中点作为块“发光二极管”的基点。

步骤08 单击“块定义”对话框中的“选择对象”按钮，选择步骤（1）~步骤（5）绘制好的图形。

步骤09 块“发光二极管”在块编辑器中的显示效果如图 13-22 所示。

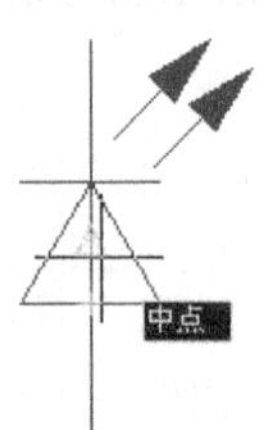

图 13-21 拾取发光二极管块基点

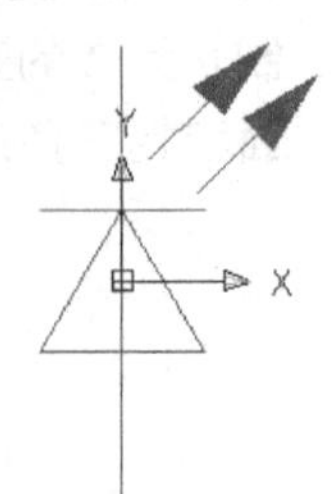

图 13-22 发光二极管块

3. 绘制集成电路 IC 主线路

步骤 01 单击 电气元件 右侧下拉箭头，设置当前层为“电气元件”。

步骤 02 单击“绘图”工具栏中的“矩形”按钮，绘制矩形 20×50，效果如图 13-23 所示。

步骤 03 单击“绘图”工具栏中的“直线”按钮，如图 13-24 所示以矩形的右下端点为起点，绘制长为 5 的水平直线。

步骤 04 单击“修改”工具栏中的“移动”按钮，将步骤（3）绘制的直线以直线的中点为移动基点正交向上移动，移动距离为 2，效果如图 13-25 所示。

图 13-23　绘制矩形　　图 13-24　绘制直线

步骤 05 单击“修改”工具栏中的“矩形阵列”按钮，将在步骤（4）绘制的直线为阵列对象，设置阵列的行数为 14，列数为 1，行间距为 3.5，效果如图 13-26 所示。

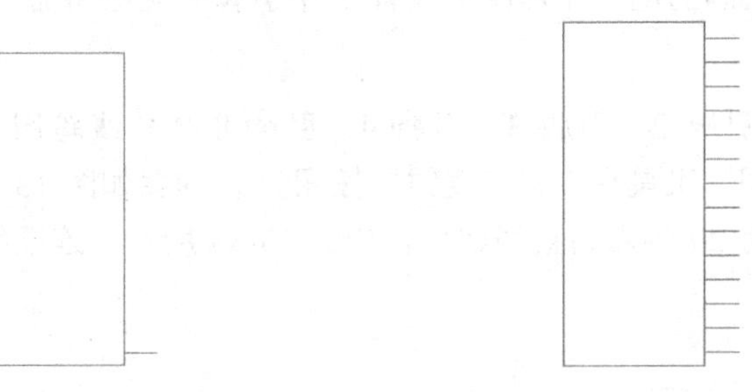

图 13-25　移动直线　　图 13-26　阵列直线效果

步骤 06 单击“修改”工具栏中的“镜像”按钮，以步骤（1）绘制的矩形中线为镜像轴，将步骤（5）阵列后的直线镜像一份，效果如图 13-27 所示。

步骤 07 选择“绘图”|“文字命令”，单击“单行文字”按钮，如图 13-28 所示，同前面设置的文字样式，添加引脚编号文字说明 1，文字高度为 1，旋转角度设为 0。

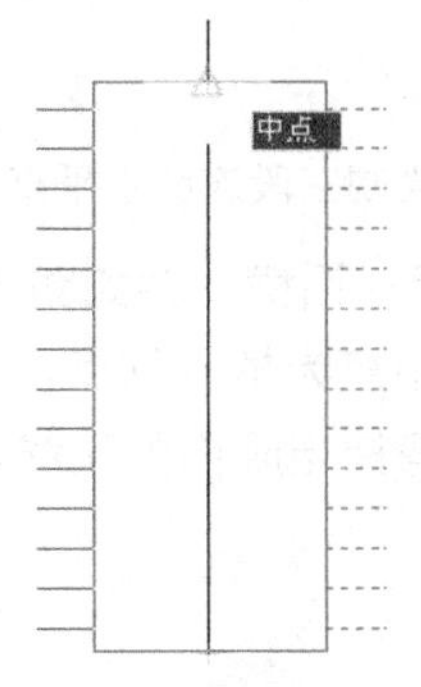

图 13-27　镜像直线

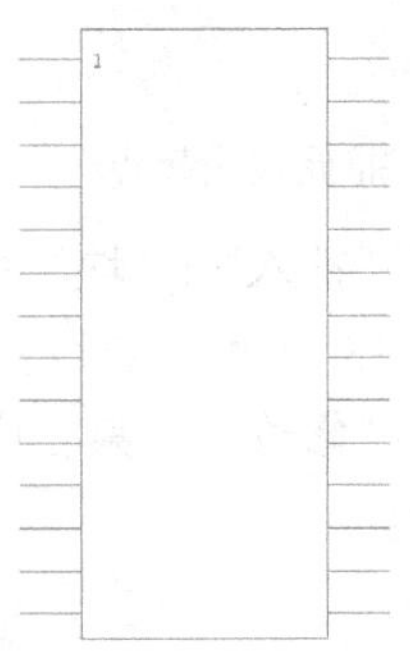

图 13-28　标注引脚

步骤08 单击“修改”工具栏中的“矩形阵列”按钮，以引脚文字 1 为阵列对象，设置阵列的行数为 14，列数为 1，行间距为-3.5，效果如图 13-29 所示。

步骤09 单击“修改”工具栏中的“镜像”按钮，以步骤（1）绘制的矩形中线为镜像轴，将步骤（8）阵列后的引脚文字标注镜像一份，效果如图 13-30 所示。

步骤10 如图 13-31 所示，修改引脚编号文字说明。

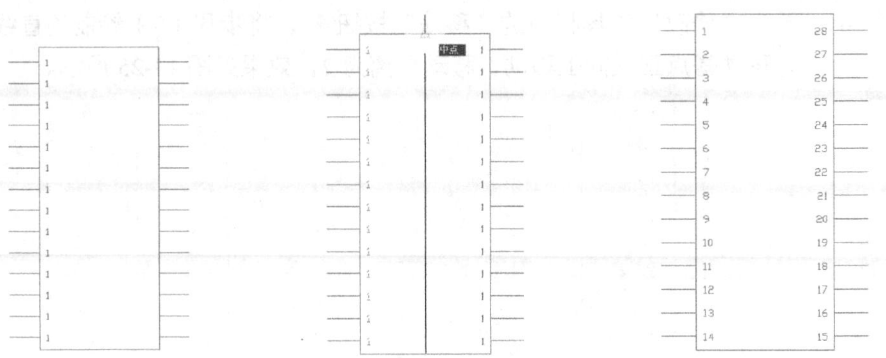

图 13-29　阵列引脚文字效果　　图 13-30　镜像引脚文字　　图 13-31　修改引脚文字

4. 绘制各个引脚分支线路

分析图 13-1，本例绘制的电气原理图中共有 7 个引脚分支电路需要绘制，下面介绍具体的绘制过程。

（1）绘制引脚 1、引脚 2、引脚 3、引脚 4、引脚 8 分支线路图

步骤01 单击“绘图”工具栏中的“直线”按钮，捕捉如图 13-32 所示距引脚直线 1 的右端点距离为 20 的点为直线起点，如图 13-33 所示，连续绘制三段长为 20 的水平直线。

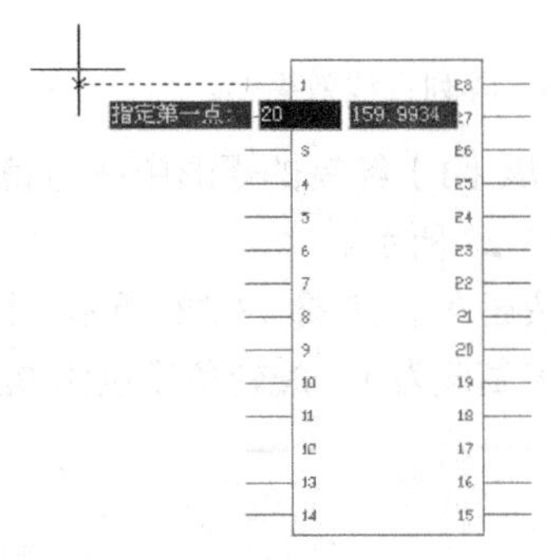

图 13-32　捕捉直线起点

图 13-33　绘制三段连续水平直线

步骤02 选择“插入”|“块”命令，弹出如图 13-34 所示对话框，并如图 13-34 设置参数。

步骤03 如图 13-35 所示，以步骤（1）最后一段直线的中点为插入基点，插入电阻块。

步骤04 单击“修改”工具栏中的“修剪”按钮，修剪掉电阻内的直线，效果如图 13-36 所示。

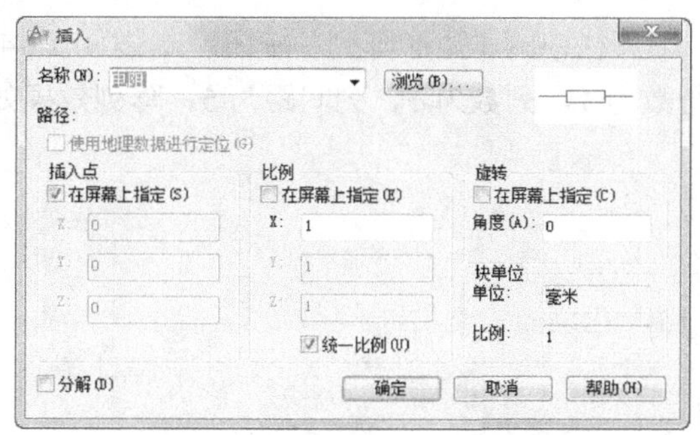

图 13-34　设置插入电阻块参数

图 13-35　插入电阻

图 13-36　修剪电阻内直线

步骤 05　单击“修改”工具栏中的“矩形阵列”按钮，以在步骤（4）中绘制好的水平线和电阻为阵列对象，设置阵列行数为 5，列数为 1，行间距为 5，效果如图 13-37 所示。

步骤 06　单击“绘图”工具栏中的“直线”按钮，如图 13-38 所示连接直线的端点（最后一段直线）。

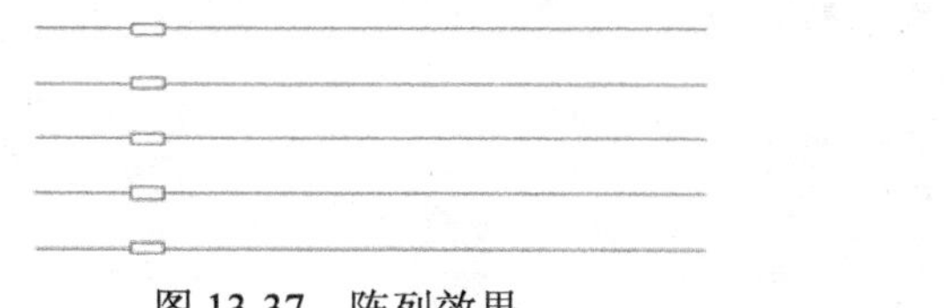

图 13-37　阵列效果

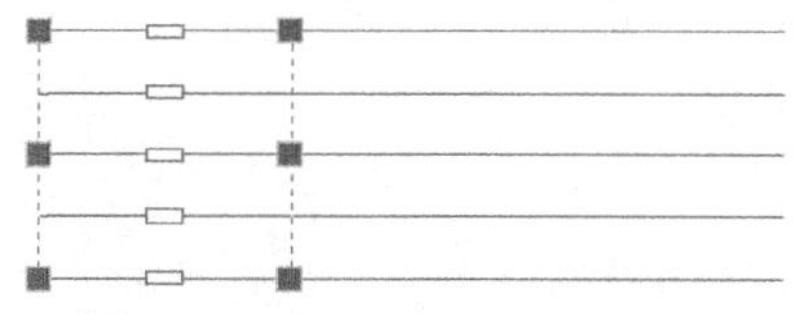

图 13-38　连接直线的端点

步骤 07　单击“绘图”工具栏中的“直线”按钮，如图 13-39 所示正交向上连续绘制三段竖直直线，长度由下至上依次为 10、5 和 10。

步骤 08　单击“绘图”工具栏中的“圆”按钮，以第二段直线的两个端点为圆心分别绘制两个半径为 1 的圆，效果如图 13-40 所示。

步骤 09　单击“修改”工具栏中的“修剪”按钮，修剪掉在圆内的直线，效果如图 13-41 所示。

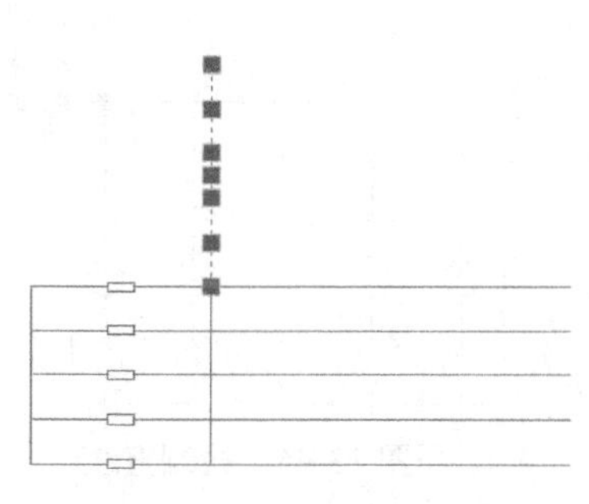

图 13-39　连续绘制三段直线

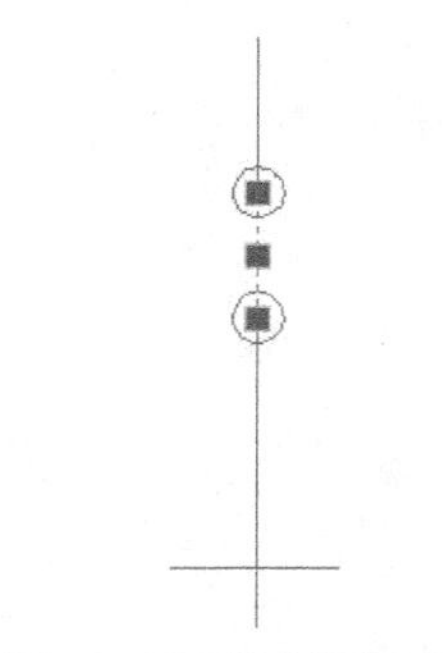

图 13-40　绘制两个圆

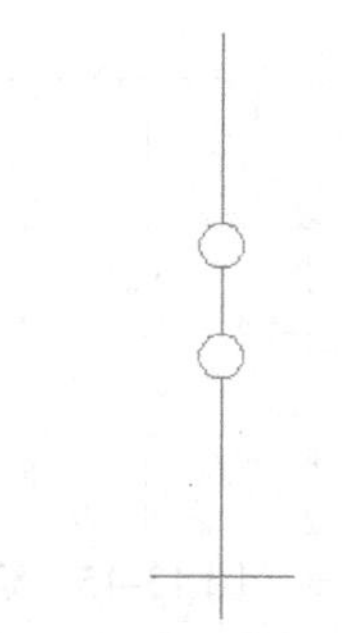

图 13-41　修剪圆内直线

步骤 10 单击“修改”工具栏中的“矩形阵列”按钮，以图 13-42 所示的图形为阵列对象，设置阵列的行数为 1，列数为 5，列间距为 5，阵列效果如图 13-43 所示。

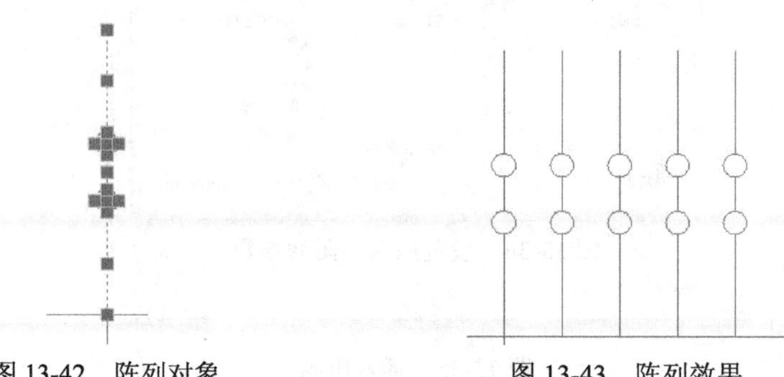

图 13-42 阵列对象　　图 13-43 阵列效果

步骤 11 单击“绘图”工具栏中的“直线”按钮，如图 13-44 所示绘制 4 段直线。

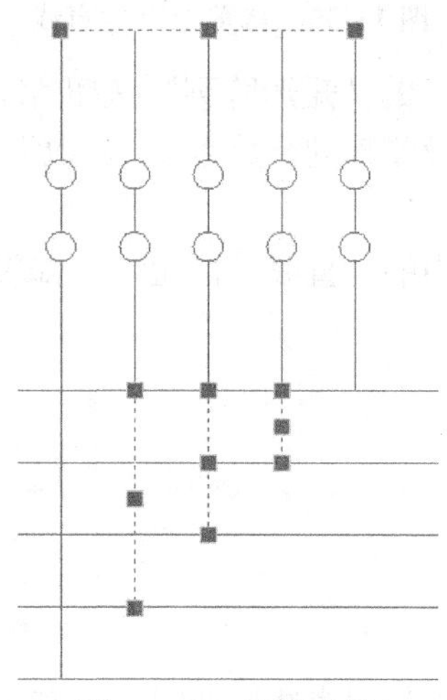

图 13-44 绘制直线

步骤 12 单击“绘图”工具栏中的“矩形”按钮，如图 13-45 所示绘制一个矩形，大小能框住图中所示的范围即可。

步骤 13 单击“绘图”工具栏中的“直线”按钮，如图 13-46 所示绘制两段直线（水平和竖直），长度都为 5。

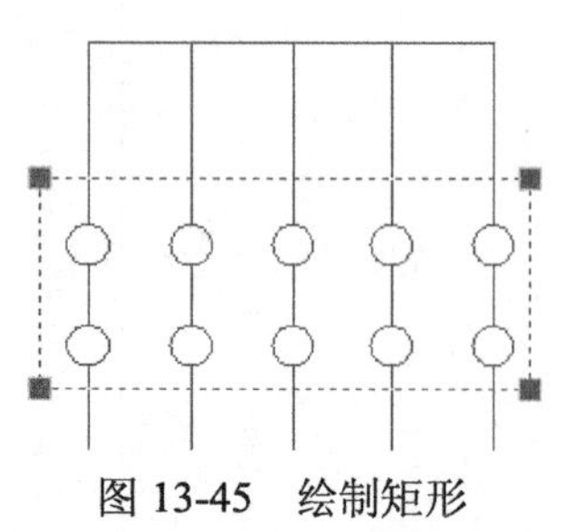

图 13-45 绘制矩形

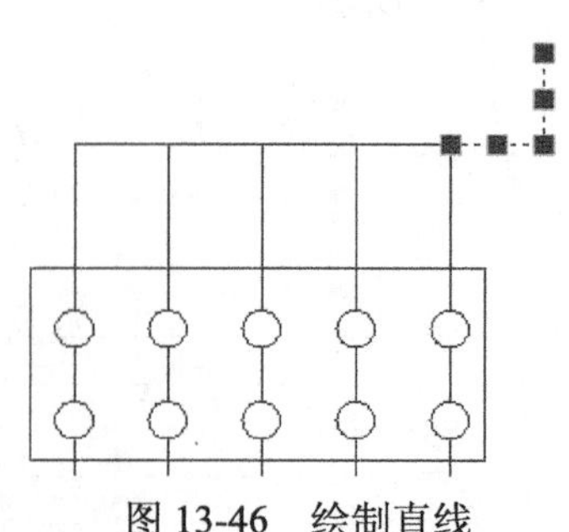

图 13-46 绘制直线

步骤 14 单击“绘图”工具栏中的“圆”按钮，以竖直直线的上端点为圆心绘制半径为 0.5

的圆，效果如图 13-47 所示。

步骤 15　单击“修改”工具栏中的“修剪”按钮，修剪掉在圆内的直线，效果如图 13-48 所示。

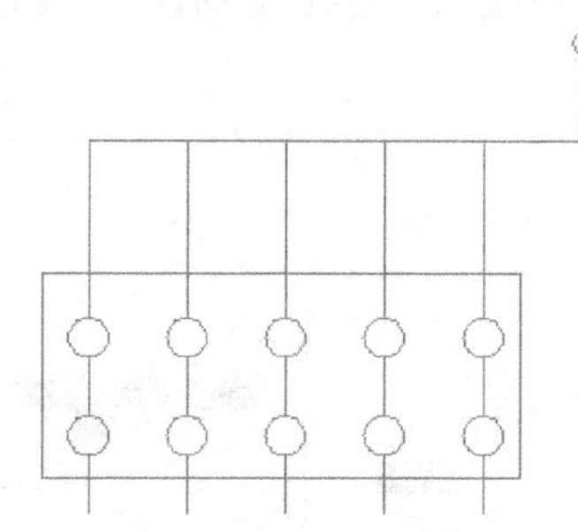

图 13-47　绘制圆

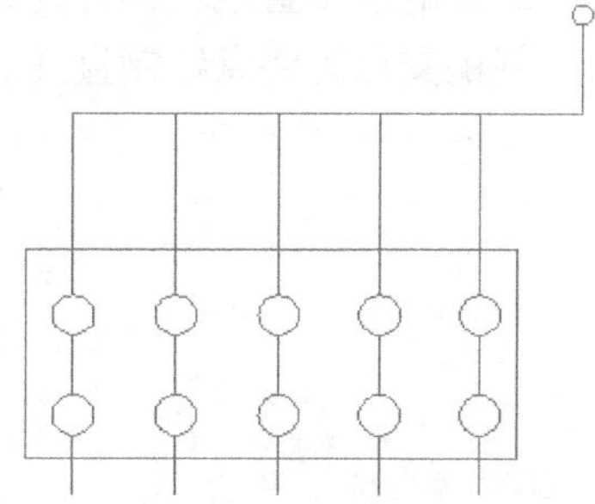

图 13-48　修剪圆内直线

步骤 16　单击“绘图”工具栏中的“直线”按钮，如图 13-49 所示绘制竖直直线，长度为 5。

步骤 17　选择“插入”|“块”命令，设置参数同插入电阻块，以步骤（16）绘制的直线下端点为插入目标点，插入三角形块，效果如图 13-50 所示。

步骤 18　选择“插入”|“块”命令，设置参数同插入电阻块，在导线的接点插入连接填充的圆块，效果如图 13-51 所示。

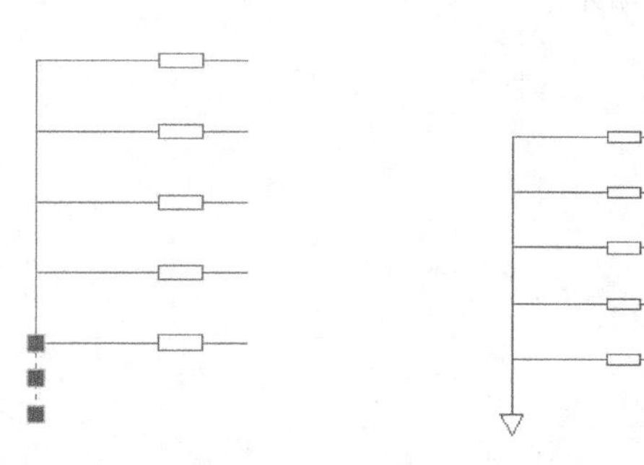

图 13-49　绘制直线

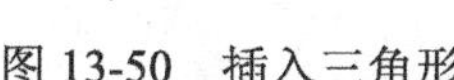

图 13-50　插入三角形

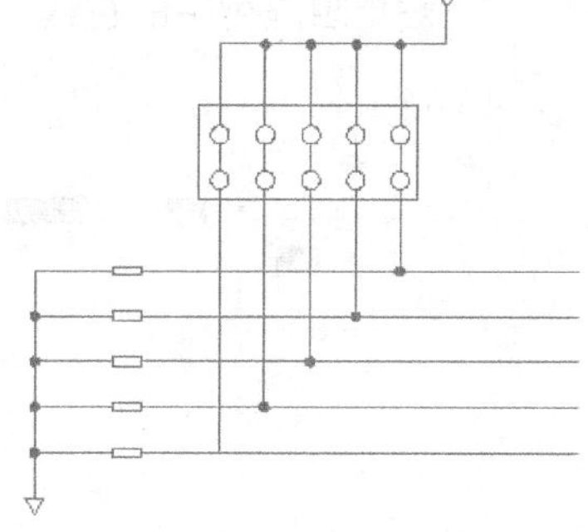

图 13-51　插入导线接点

步骤 19　单击“绘图”工具栏中的“直线”按钮，如图 13-52 所示以引脚直线 1 的左端点为起点向上正交地绘制直线，终点为捕捉电阻阵列的第一条直线的延长线，即长为 20；然后如图 13-56 连接水平直线。

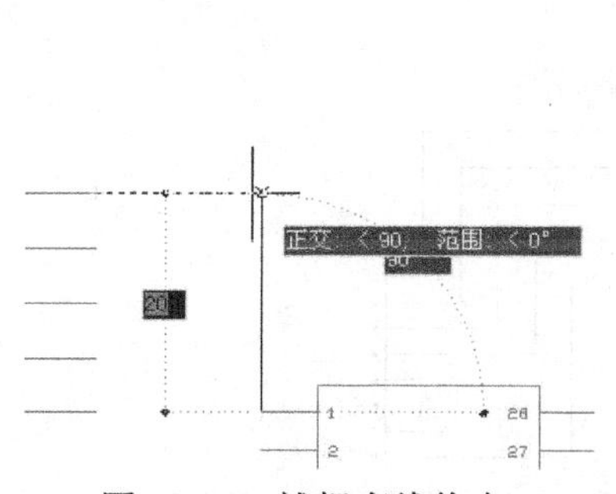

图 13-52　捕捉直线终点

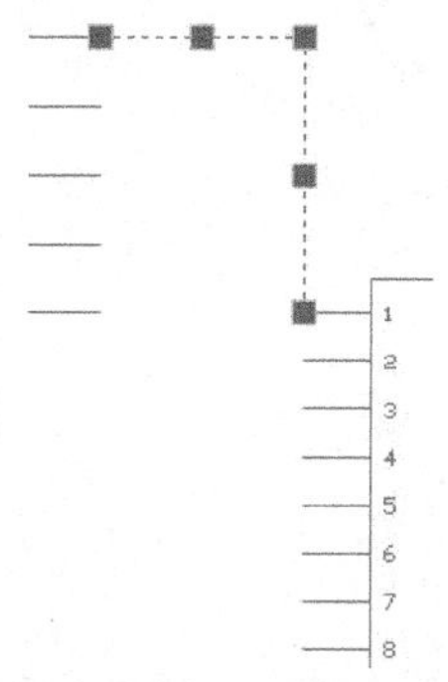

图 13-53　连接直线

步骤20 单击“绘图”工具栏中的“直线”按钮，如图 13-54 所示绘制各条引脚上的水平直线，长度依次为 5、10、15 和 20。

步骤21 单击“绘图”工具栏中的“直线”按钮，如图 13-55 所示，同步骤（19）以引脚 2 上的水平直线左端点为起点，捕捉和电阻阵列中第二条直线的水平延长方向辅助线的交点为终点绘制直线。

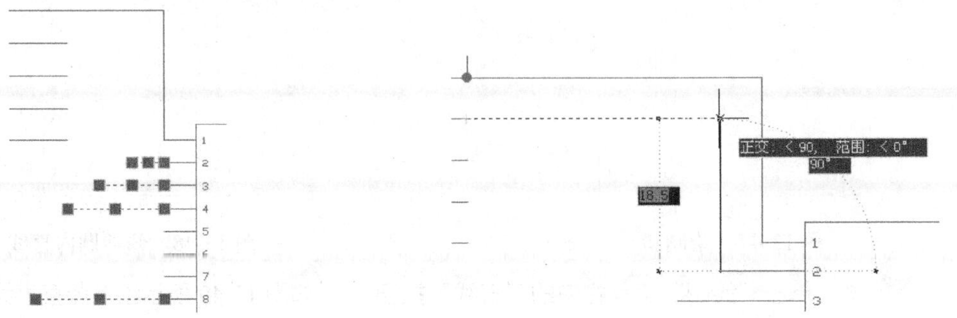

图 13-54　绘制引脚水平直线　　　　图 13-55　绘制竖直直线

步骤22 单击“绘图”工具栏中的“直线”按钮，如图 13-56 所示，同步骤（21）绘制引脚 3、4、8 到电阻阵列第三、四、五直线水平延长辅助线上的竖直直线，并将电阻阵列的第 2 条直线的右端点夹持延长到步骤（21）直线的终点，然后依次延长为缩短电阻阵列中的直线，效果如图 13-57 所示。

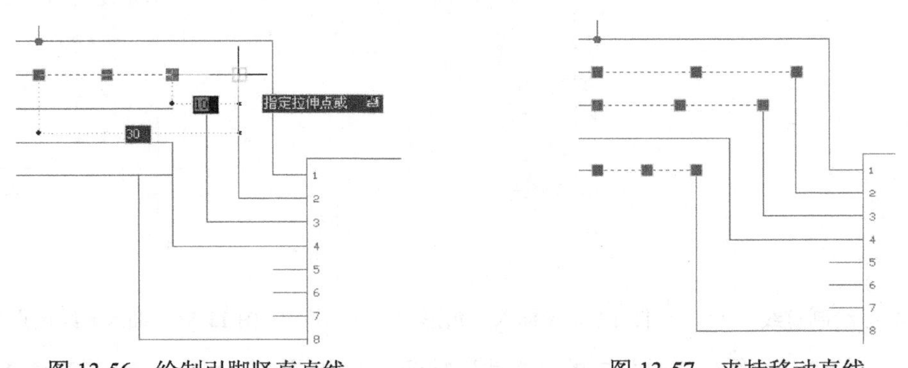

图 13-56　绘制引脚竖直直线　　　　图 13-57　夹持移动直线

步骤23 引脚 1、引脚 2、引脚 3、引脚 4、引脚 8 分支线路图如图 13-58 所示。

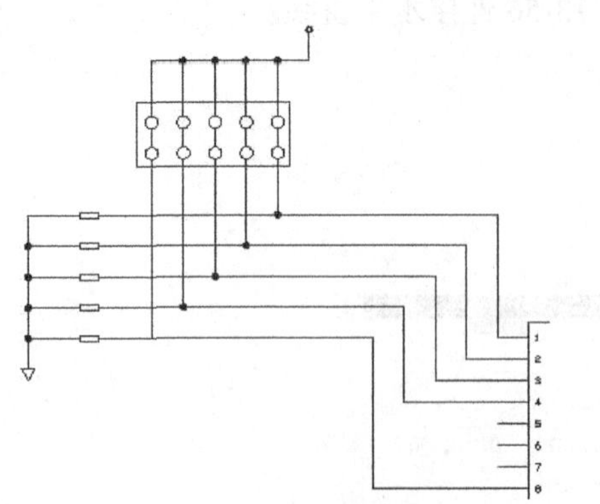

图 13-58　引脚 1、引脚 2、引脚 3、引脚 4、引脚 8 分支线路图

（2）绘制引脚 5、引脚 6、引脚 7 分支线路图

步骤 01 单击“绘图”工具栏中的“直线”按钮，如图 13-59 所示，绘制水平直线，长度为 40。

步骤 02 单击“绘图”工具栏中的“直线”按钮，如图 13-60 所示，绘制水平直线，长度为 10。

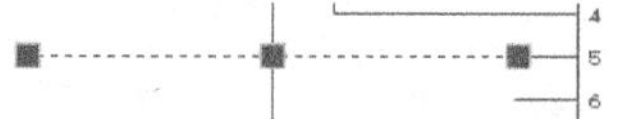

图 13-59　绘制水平直线

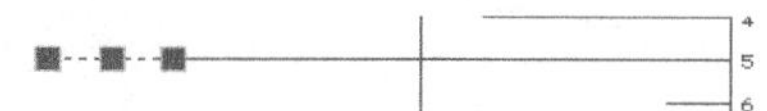

图 13-60　继续绘制水平直线

步骤 03 单击“修改”工具栏中的“复制”按钮，以步骤（2）中直线的中点为基点，将直线正交向上、向下各复制一份，距离分别为 5 和 10，效果如图 13-61 所示。

步骤 04 单击“绘图”工具栏中的“直线”按钮，如图 13-62 所示，连接复制后的直线两端。

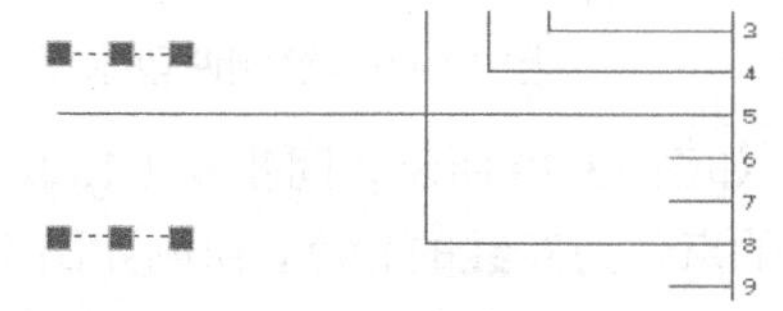

图 13-61　复制直线

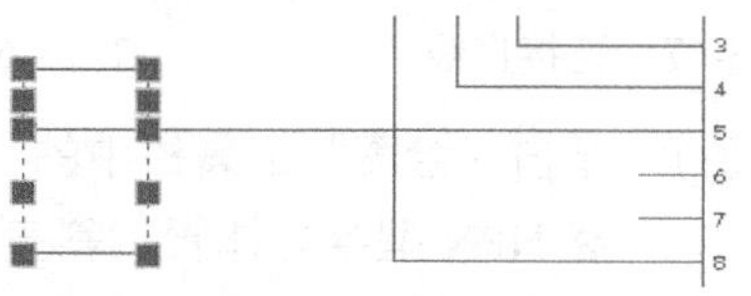

图 13-62　连接直线

步骤 05 选择“插入”|“块”命令，如图 13-63 所示，插入电阻和电容器，并修剪电阻内和电容器内的直线。（注：插入目标点均为捕捉要插入线段的中点，下面涉及到插入图形块的时候如果没有特殊说明均如此）

步骤 06 单击“绘图”工具栏中的“直线”按钮，如图 13-64 所示，绘制水平直线，长度为 5。

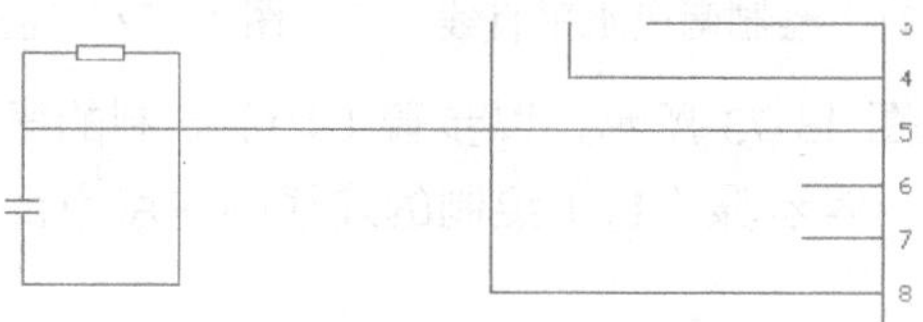

图 13-63　插入电阻和电容器

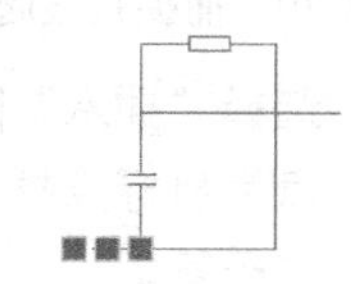

图 13-64　绘制水平直线

步骤 07 选择“插入”|“块”命令，如图 13-65 所示，以步骤（6）绘制的直线的右端点为插入目标点插入（注：NPN 型半导体管图形块的基点设置在箭头顶点）。

步骤 08 单击“绘图”工具栏中的“直线”按钮，如图 13-66 所示，以 NPN 型半导体管的斜直线端点为起点，捕捉步骤（6）绘制的水平直线中点为终点，绘制水平直线。

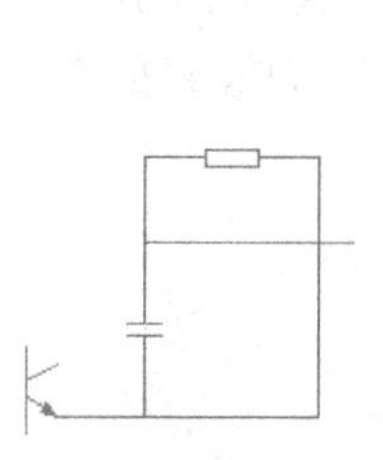

图 13-65　插入电阻和电容器

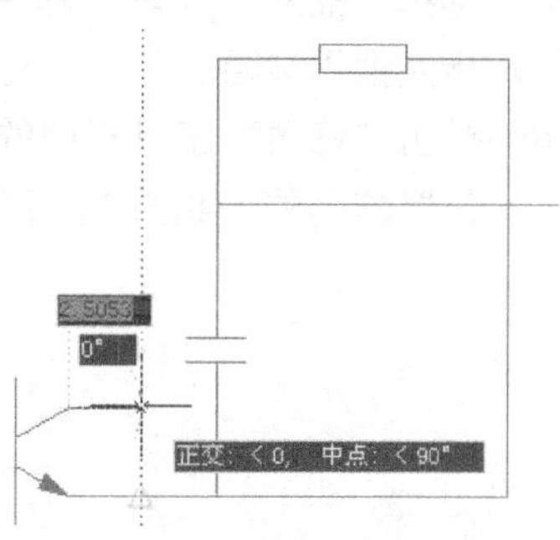

图 13-66　绘制水平直线

步骤09 单击“绘图”工具栏中的“直线”按钮，如图13-67所示，连接直线。

步骤10 单击“绘图”工具栏中的“直线”按钮，如图13-68所示，捕捉距离NPN型半导体管的斜直线端点为5的点作为直线的起点，绘制如图13-69所示的两端水平直线，长度分别为5和10。

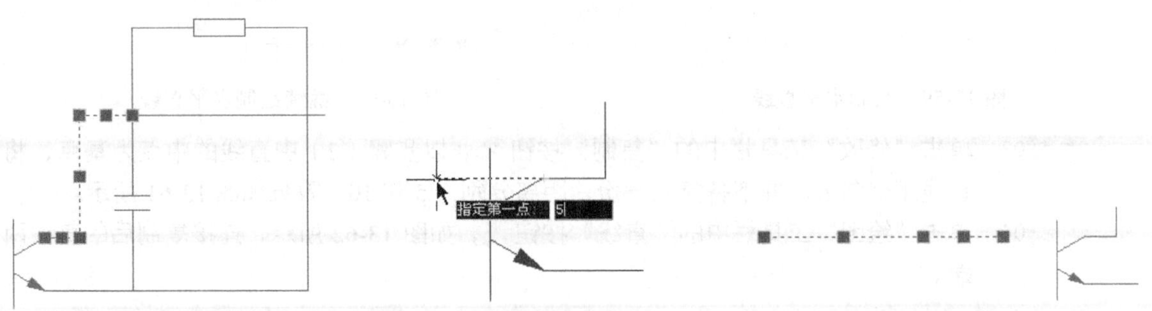

图13-67 连接直线　　图13-68 捕捉直线起点　　图13-69 绘制两段水平直线

步骤11 单击“绘图”工具栏中的“直线”按钮，如图13-70所示，同步骤（10），捕捉距离NPN型半导体管的斜直线箭头端点为5的点作为直线的起点，绘制如图13-71所示的两段水平直线，长度分别为5和10。

步骤12 单击“绘图”工具栏中的“直线”按钮，如图13-72所示，连接直线。

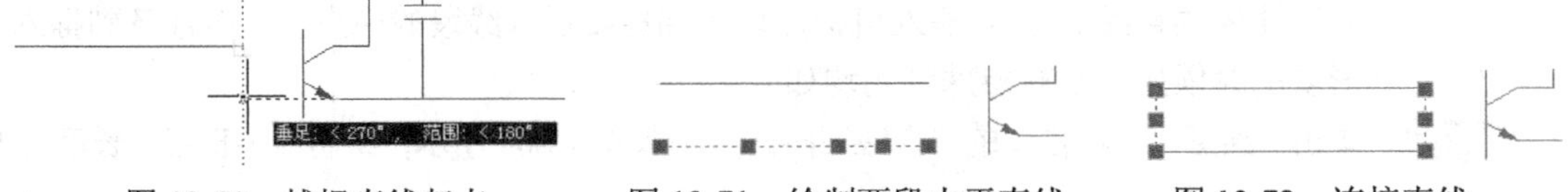

图13-70 捕捉直线起点　　图13-71 绘制两段水平直线　　图13-72 连接直线

步骤13 选择“插入”|“块”命令，如图13-73所示，以步骤（10）绘制的第二段直线的中点为目标点插入半导体二极管，以步骤（12）绘制的连线的中点为目标点插入发光二极管。

步骤14 单击“绘图”工具栏中的“直线”按钮，如图13-74所示，绘制水平直线，长度为10。

图13-73 插入图形　　图13-74 绘制直线

步骤15 选择“插入”|“块”命令，如图13-75所示，以步骤（14）绘制的直线的中点为目标点插入电阻。

步骤16 单击“修改”工具栏中的“矩形阵列”按钮，以图13-76中的图形为阵列对象，设置阵列的行数为3，列数为1，行间距为-18，阵列效果如图13-77所示。

图13-75 插入电阻　　图13-76 阵列对象

步骤17 单击“绘图”工具栏中的“直线”按钮，如图 13-78 所示，分别绘制两段水平直线，长度分别为 30 和 25。

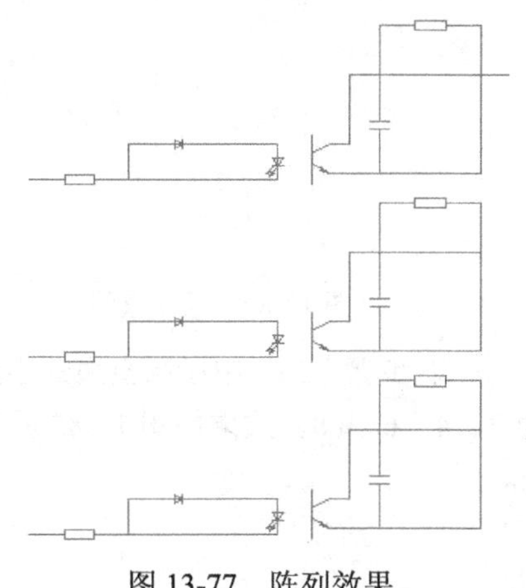

图 13-77　阵列效果

图 13-78　绘制直线

步骤18 单击“绘图”工具栏中的“直线”按钮，如图 13-79 所示，以引脚 6 的水平直线左端点为起点，向下正交地捕捉和图中的垂足的水平辅助线的交点为终点绘制水平直线。

步骤19 单击“绘图”工具栏中的“直线”按钮，如图 13-80 所示，同步骤（18）绘制图中的连线。

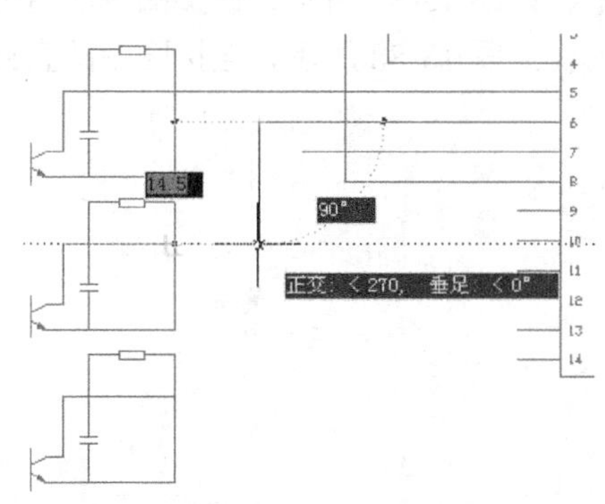

图 13-79　捕捉直线终点

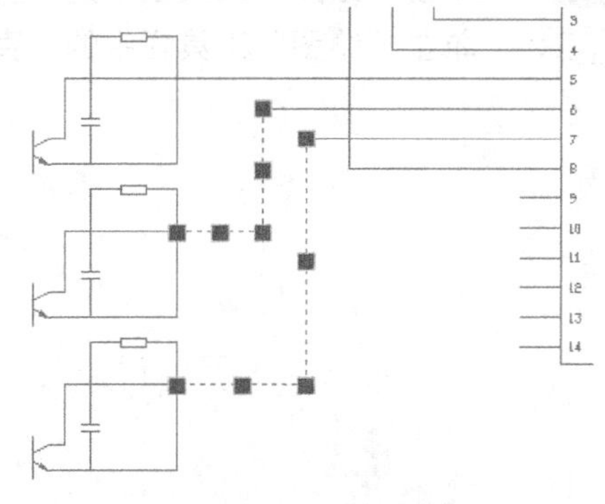

图 13-80　绘制连线

步骤20 单击“绘图”工具栏中的“直线”按钮，如图 13-81 所示，连接图中的直线（捕捉直线的端点）。

步骤21 单击“绘图”工具栏中的“直线”按钮，如图 13-82 所示，分别绘制竖直和水平的折线，长度分别为 5 和 20。

步骤22 单击“绘图”工具栏中的“矩形”按钮，在步骤（16）阵列后的图形左边空白地方（不要求精确位置）绘制 3×10 的矩形，效果如图 13-83 所示。

步骤23 单击“绘图”工具栏中的“直线”按钮，如图 13-84 所示，以矩形右下端点为起点绘制水平直线，长度为 5。

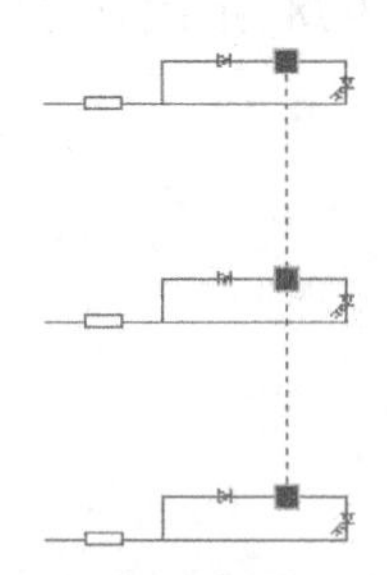
图 13-81 绘制连线

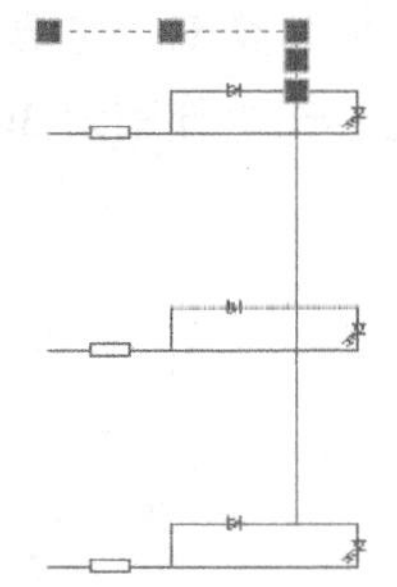
图 13-82 绘制直线

步骤24 单击“修改”工具栏中的“复制”按钮，以步骤（23）中所画直线的中点为基点，将直线正交向上复制 4 份，距离依次为 2、4、6 和 8，效果如图 13-85 所示。

步骤25 如图 13-86 所示，删除最下面一条直线。

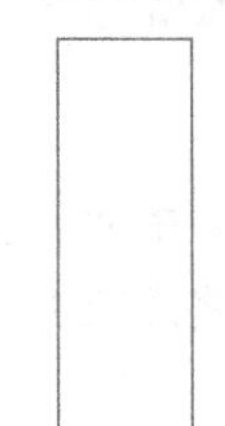
图 13-83 绘制矩形

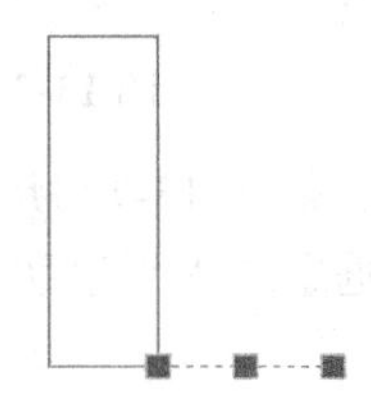
图 13-84 绘制直线

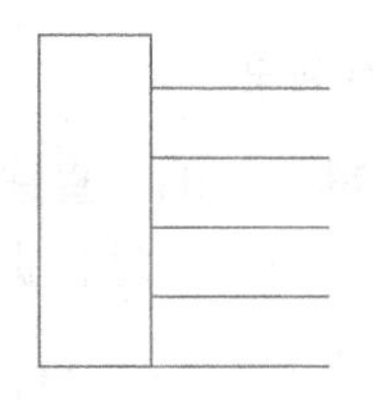
图 13-85 复制直线

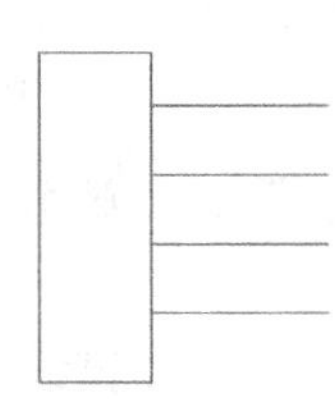
图 13-86 删除直线

步骤26 单击“绘图”工具栏中的“直线”按钮，如图 13-87 所示，连接图中的直线。

步骤27 单击“绘图”工具栏中的“直线”按钮，如图 13-88 所示，连接图中的直线。

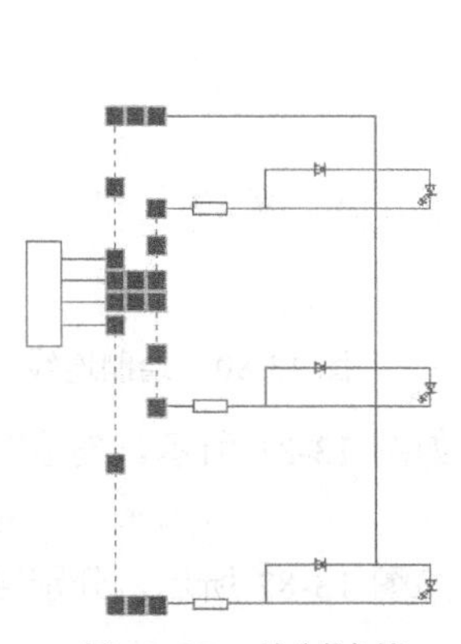
图 13-87 绘制连线

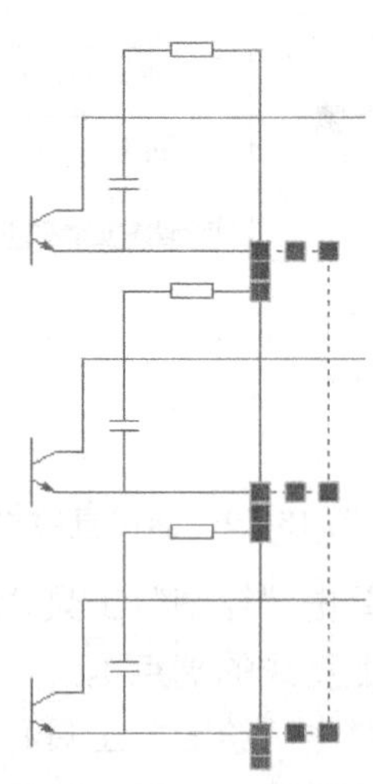
图 13-88 绘制直线

步骤28 选择“插入”|“块”命令，如图 13-89 所示，在图中插入导线接点，在最下方直线端点上插入三角形。

步骤29 单击“绘图”工具栏中的“矩形”按钮，如图 13-90 所示，绘制三个矩形，大小能框住中部的图形即可。

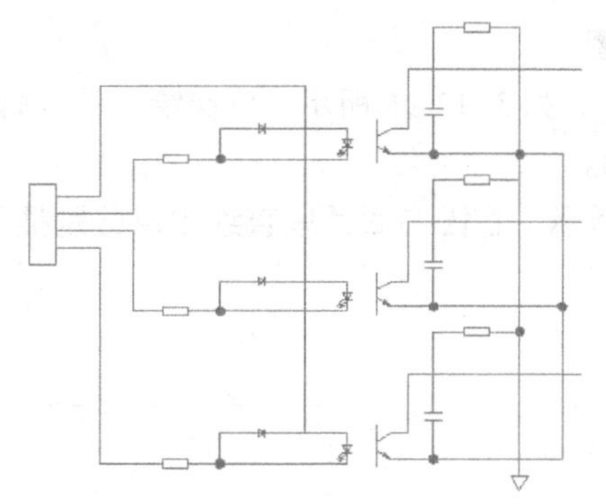

图 13-89　插入导线接点和三角形

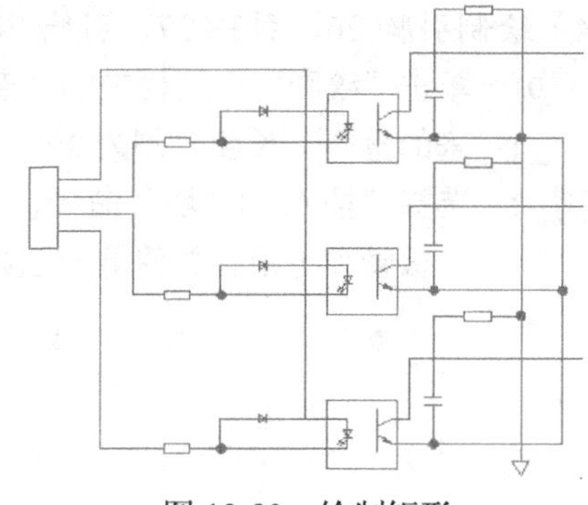

图 13-90　绘制矩形

步骤 30　引脚 5、引脚 6、引脚 7 分支线路图如图 13-91 所示。

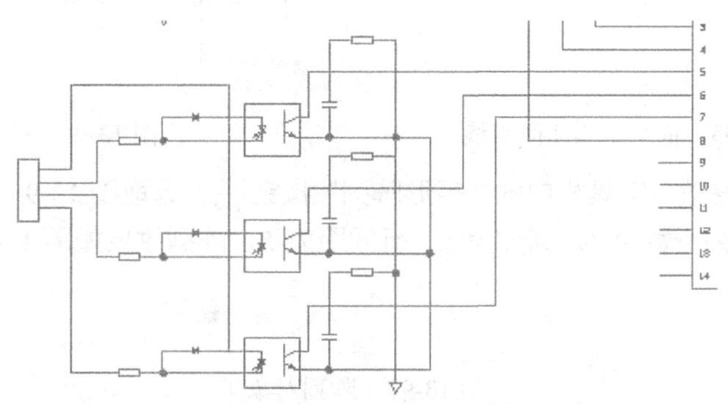

图 13-91　引脚 5、引脚 6、引脚 7 分支线路图

（3）绘制引脚 9、引脚 11 分支线路图

步骤 01　单击“绘图”工具栏中的“直线”按钮，如图 13-92 所示，在引脚 9 和引脚 11 的左端分别绘制两段水平直线，长度均为 20。

步骤 02　单击“绘图”工具栏中的“直线”按钮，如图 13-93 所示，连接图中的直线（捕捉直线的端点）。

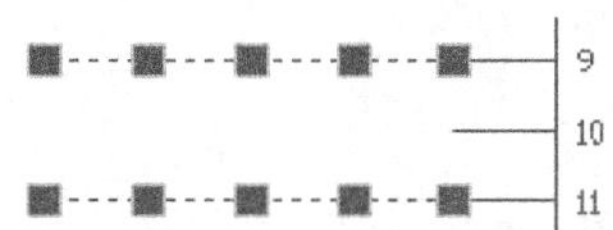

图 13-92　分别绘制两段直线

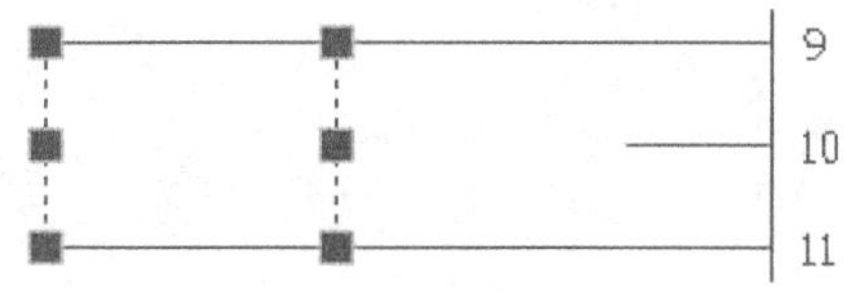

图 13-93　连接直线

步骤 03　选择“插入”|“块”命令，如图 13-94 所示，在图中插入图块（均以直线的中点为目标点，插入后再旋转 90°），并修剪电阻内的直线，完成引脚 5、引脚 6、引脚 7 分支线路的绘制，最终效果如图 13-94 所示。

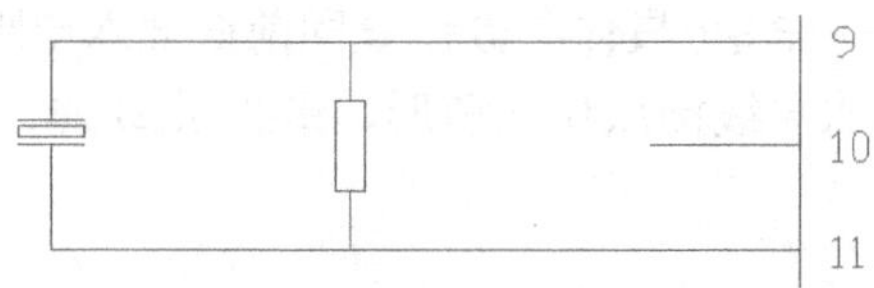

图 13-94　引脚 9、11 分支线路图

（4）绘制引脚 26、引脚 27、引脚 28 分支线路图

步骤01 单击“绘图”工具栏中的“直线”按钮，如图 13-95 所示，依次绘制从引脚 28 出来的直线，长度分别为 30、20、10 和 10。

步骤02 选择“插入”|“块”命令，如图 13-96 所示，在图中后两段直线中点分别插入发光二极管和电阻，并修剪电阻内直线。

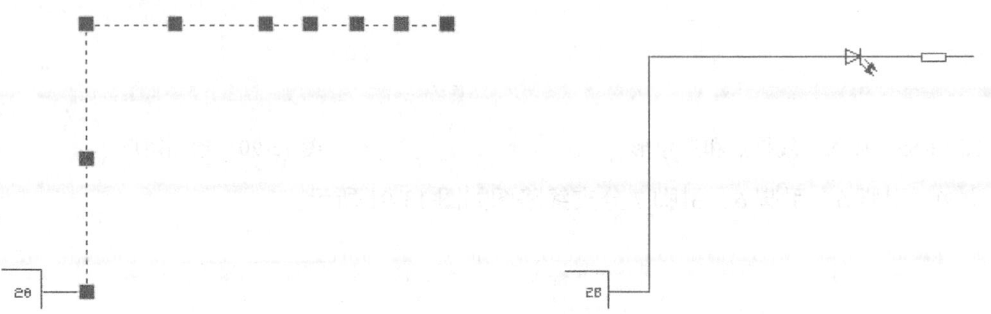

图 13-95　依次绘制 4 段直线　　　　图 13-96　插入图块

步骤03 单击“修改”工具栏中的“矩形阵列”按钮，选取图 13-97 中的图形为阵列对象，设置阵列行数为 3，列数为 1，行间距为-5，阵列效果如图 13-98 所示。

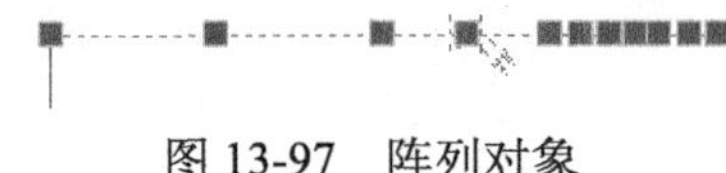

图 13-97　阵列对象

步骤04 单击“绘图”工具栏中的“直线”按钮，如图 13-99 所示，依次连接图中直线。

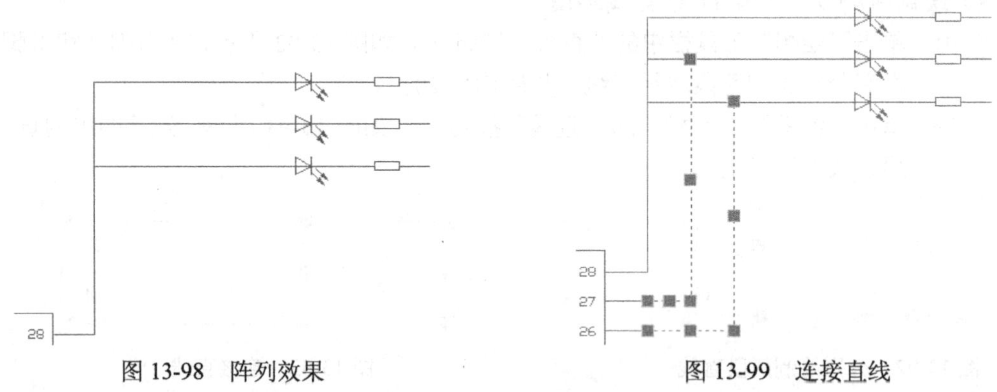

图 13-98　阵列效果　　　　图 13-99　连接直线

步骤05 单击直线左端点，并将直线夹持移动至如图 13-100 所示效果。

步骤06 单击“绘图”工具栏中的“直线”按钮，如图 13-101 所示，连接直线，并继续正交向下绘制长度为 5 的直线。

步骤07 选择“插入”|“块”命令（具体参数设置同前面插入电阻块，见图 13-36），如图 13-102 所示，在图中插入导线接点和三角形，最终引脚 26、引脚 27、引脚 28 分支线路绘制完成。

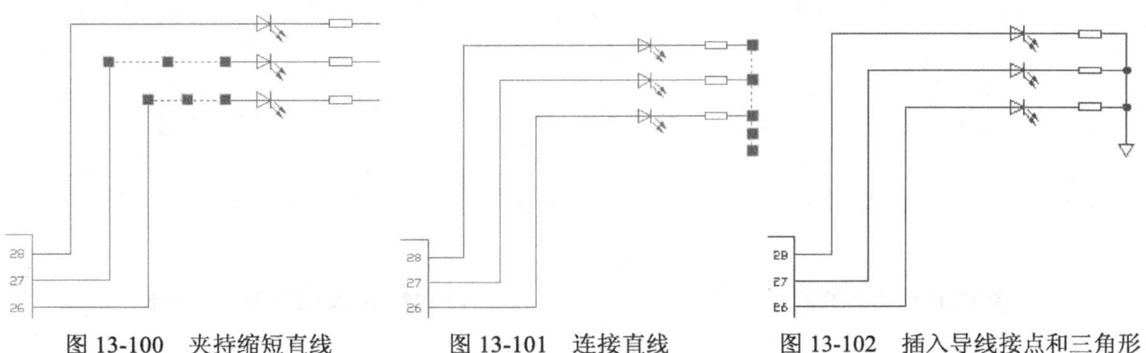

图 13-100　夹持缩短直线　　图 13-101　连接直线　　图 13-102　插入导线接点和三角形

（5）绘制引脚 24 分支线路图形

步骤 01　单击“绘图”工具栏中的“直线”按钮，如图 13-103 所示，依次绘制从引脚 24 出来的直线，长度分别为 20、10、5 和 10。

步骤 02　选择“插入”|“块”命令，如图 13-104 所示，在图中第二段和第四段直线中点分别插入发光二极管和电阻，并修剪电阻内直线。

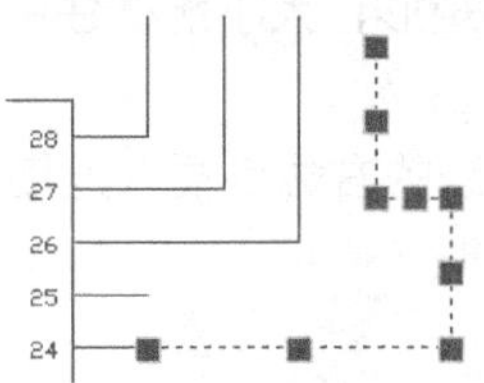

图 13-103　依次绘制 4 段直线

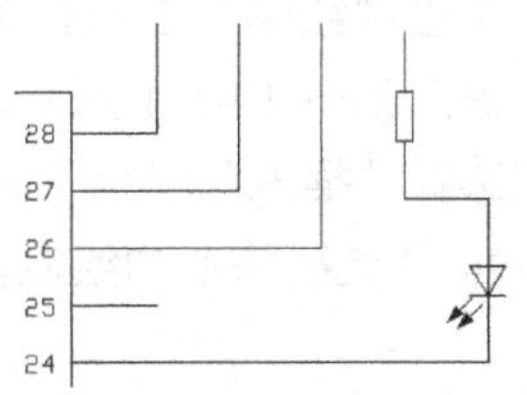

图 13-104　插入图块

步骤 03　单击“绘图”工具栏中的“圆”按钮，以直线的端点为圆心绘制半径为 0.5 的圆，效果如图 13-105 所示。

步骤 04　单击“修改”工具栏中的“修剪”按钮，修剪掉圆内的直线，效果如图 13-106 所示。

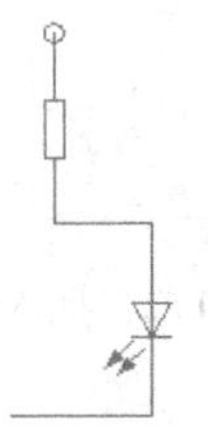

图 13-105　绘制圆

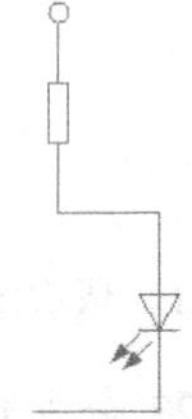

图 13-106　修剪圆内直线

步骤 05　单击“绘图”工具栏中的“直线”按钮，如图 13-107 所示，以发光二极管基点为起点绘制长度为 5 的水平直线。

步骤 06　选择“插入”|“块”命令，在图中空白位置插入 NPN 型半导体管，然后单击“修改”工具栏中的“移动”按钮，以 NPN 型半导体管竖直直线的中点为移动基点，上一步绘制直线的右端点为目标点移动图块，最终效果如图 13-108 所示。

步骤 07　单击“绘图”工具栏中的“直线”按钮，如图 13-109 所示，绘制连线，水平直线长度为 10，竖直直线高度和左边发光二极管所在直线相同。

步骤 08　选择“插入”|“块”命令，如图 13-110 所示插入电阻，并修剪电阻内直线。

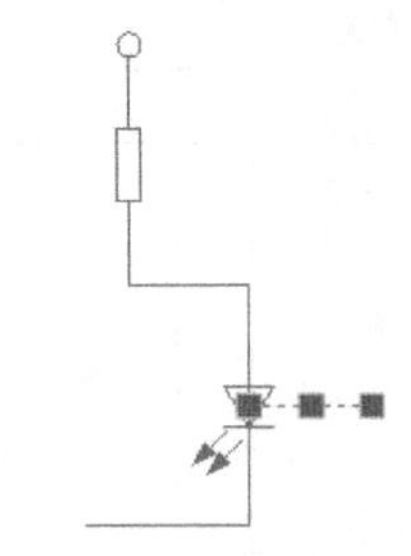

图 13-107　绘制直线

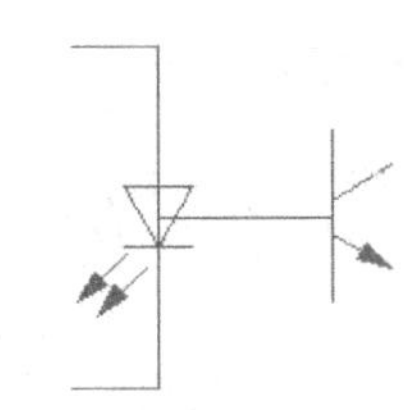

图 13-108　插入 NPN 型半导体管

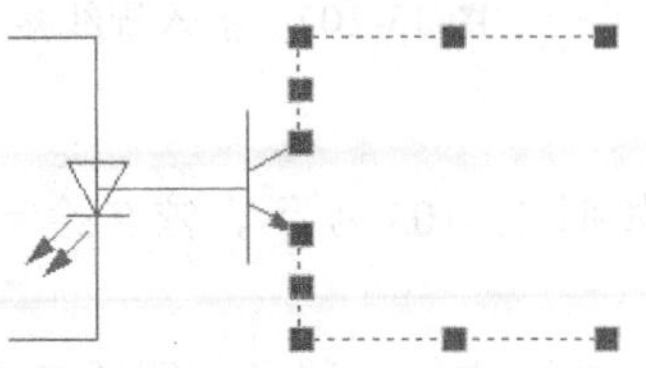

图 13-109　依次绘制 4 段直线

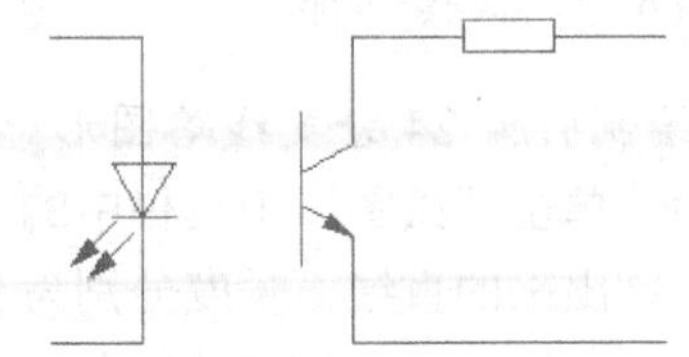

图 13-110　插入图块

步骤 09　单击“绘图”工具栏中的“矩形”按钮，绘制矩形，大小能框住中部图形即可，效果如图 13-111 所示。

步骤 10　选择“插入”|“块”命令，如图 13-112 所示在直线的右端点插入连接器，完成引脚 24 分支线路图的绘制。

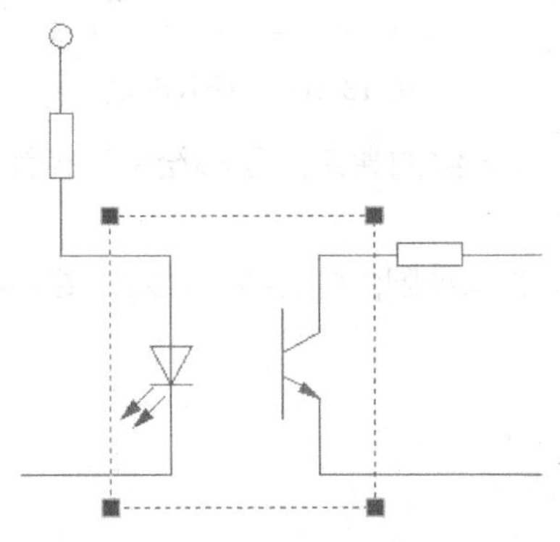

图 13-111　依次绘制 4 段直线

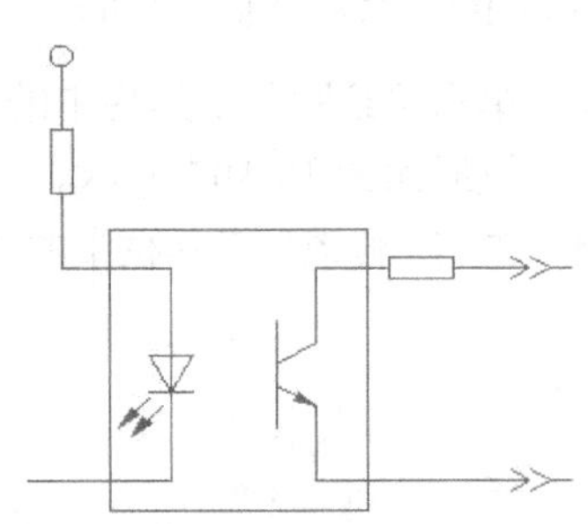

图 13-112　插入连接器

（6）绘制引脚 23 分支线路图

步骤 01　单击“绘图”工具栏中的“直线”按钮，如图 13-113 所示，依次绘制从引脚 23 出来的直线，长度分别为 15、20、5、10 和 10。

步骤 02　选择“插入”|“块”命令，如图 13-114 所示，在图中后第四段和第五段直线中点分别插入电阻，并修剪电阻内直线，然后单击“绘图”工具栏中的“圆”按钮，以第五段直线端点为圆心绘制半径为 0.5 的圆，并修剪掉圆内的直线。

步骤 03　单击“绘图”工具栏中的“直线”按钮，如图 13-115 所示，绘制 4 段直线，水平直线长度均为 10，竖直直线长度分别为 10 和 5。

步骤 04　选择“插入”|“块”命令，如图 13-116 所示，在图中插入导线接点、电容和三角形。

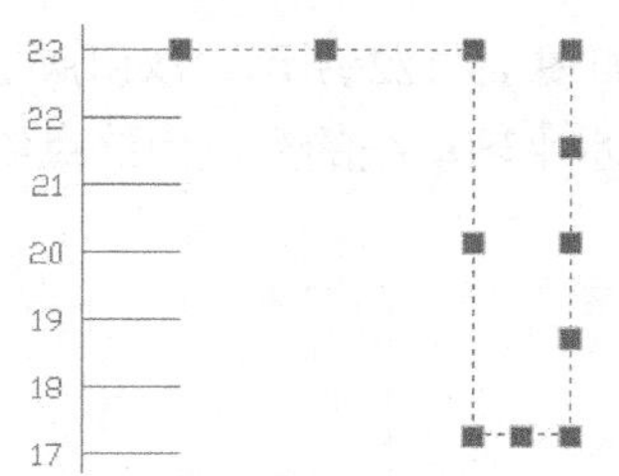

图 13-113　依次绘制 5 段直线

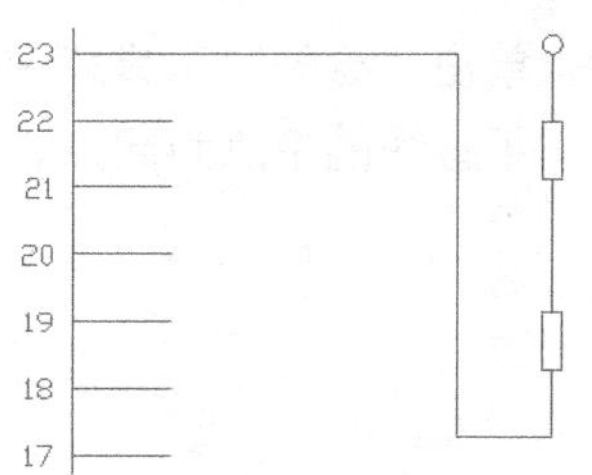

图 13-114　插入图块

步骤 05　单击“绘图”工具栏中的“直线”按钮，如图 13-117 所示，以图中的竖直直线的中点为起点绘制水平直线，长度为 5。

步骤 06　单击“修改”工具栏中的“复制”按钮，以步骤（5）中所绘直线的中点为基点，将直线正交向上、向下各复制 1 份，距离依次为 2，效果如图 13-118 所示。

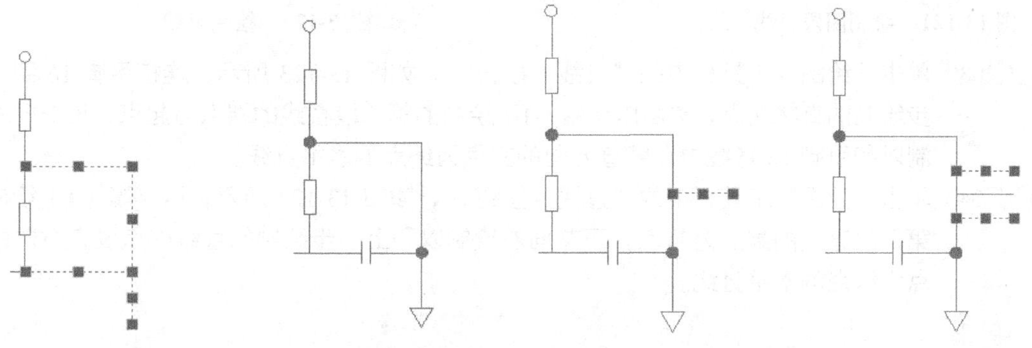

图 13-115　绘制直线　　图 13-116　插入图形　　图 13-117　绘制直线　　图 13-118　复制直线

步骤 07　单击“绘图”工具栏中的“矩形”按钮，在空白位置绘制矩形 5×8，然后单击“修改”工具栏中的“移动”按钮，以矩形的左边中点为移动基点，步骤（5）绘制直线的右端点为目标点移动矩形，最终效果如图 13-119 所示。

步骤 08　单击“修改”工具栏中的“修剪”按钮，剪掉直线，修剪效果如图 13-120 所示，完成引脚 23 分支线路图的绘制。

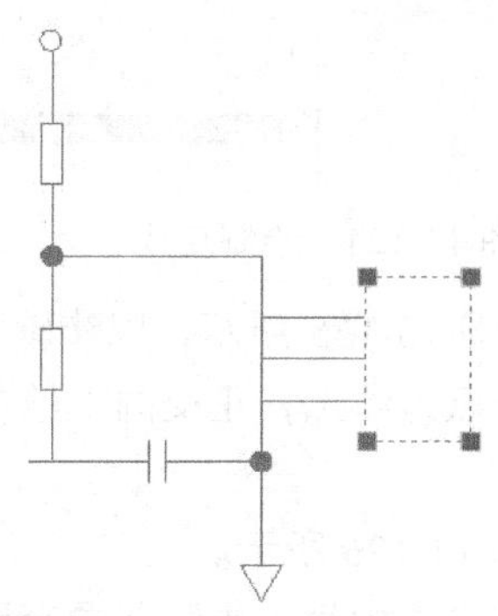
图 13-119　绘制矩形

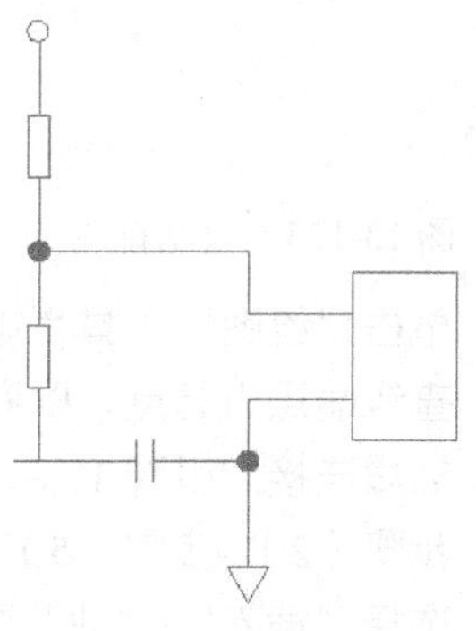
图 13-120　修剪图形

（7）绘制剩余引脚分支线路图

步骤 01　单击“绘图”工具栏中的“直线”按钮，如图 13-121 所示，依次绘制从引脚 21 出来的直线，长度分别为 10、10、10 和 5。

步骤02 单击“绘图”工具栏中的“直线”按钮，如图13-122所示，以引脚21出来的水平直线的中点为起点，正交向下捕捉引脚16水平辅助线的交点为终点绘制直线。

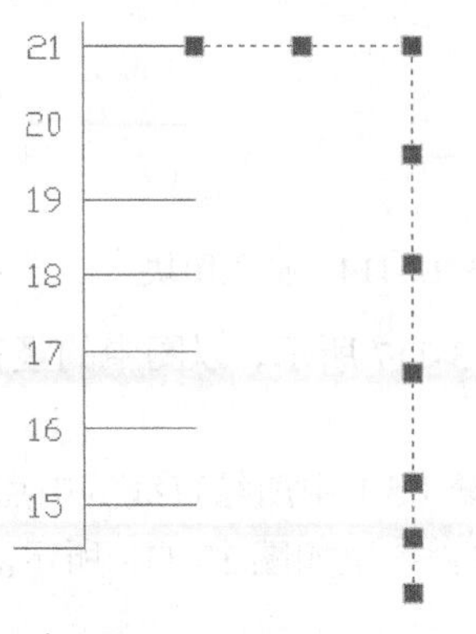

图13-121　绘制四段直线

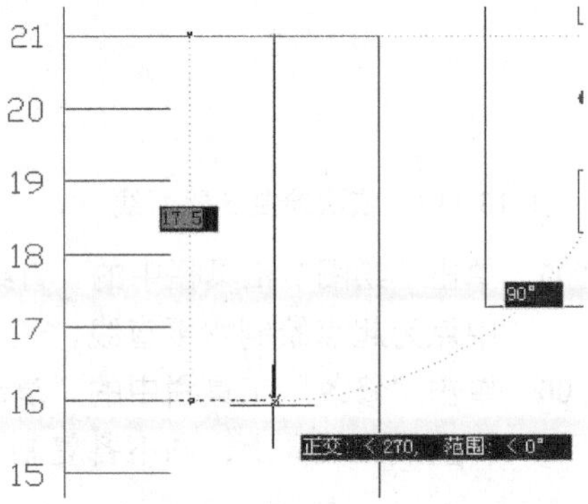

图13-122　绘制直线

步骤03 单击“绘图”工具栏中的“直线”按钮，如图13-123所示，连接引脚16到上一步绘制的直线端点，然后以步骤（1）绘制的第二段直线的端点为起点，正交向左绘制以和引脚16直线中点竖直方向的交点为终点的水平直线。

步骤04 单击“绘图”工具栏中的“直线”按钮，如图13-124所示，以步骤（1）绘制的第三段直线的端点为起点，正交向左绘制以和上一步绘制的直线中点竖直方向的交点为终点的水平直线。

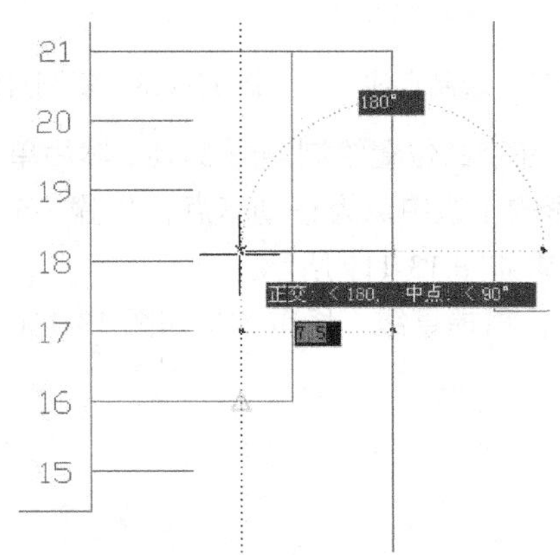

图13-123　绘制直线

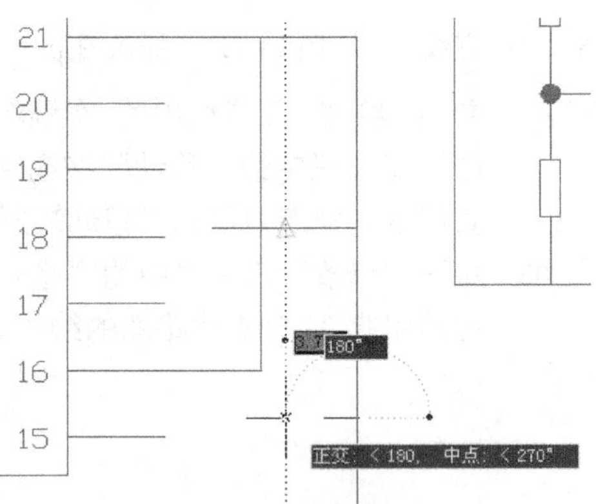

图13-124　绘制直线

步骤05 单击“绘图”工具栏中的“直线”按钮，如图13-125所示，以步骤（4）绘制的直线端点为起点，以和引脚17水平辅助线的交点为终点，正交向上绘制竖直直线，然后连接到引脚17。

步骤06 步骤（2）~步骤（5）绘制的所有直线效果如图13-126所示。

步骤07 选择“插入”|“块”命令，如图13-127所示，在图中插入电阻、电容和导线接点，并修剪直线。

步骤08 选择“插入”|“块”命令，如图13-128所示，在图中插入三角形，然后单击“绘图”工具栏中的“直线”按钮，图中引脚21方向的导线接点正交向上绘制长度为2的直线，并同前面的步骤绘制半径为0.5的圆，最后修剪圆内直线，完成图形的绘制。

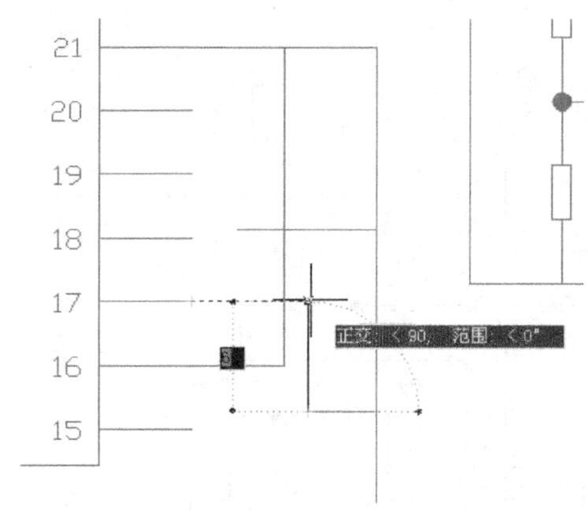

图 13-125　绘制直线

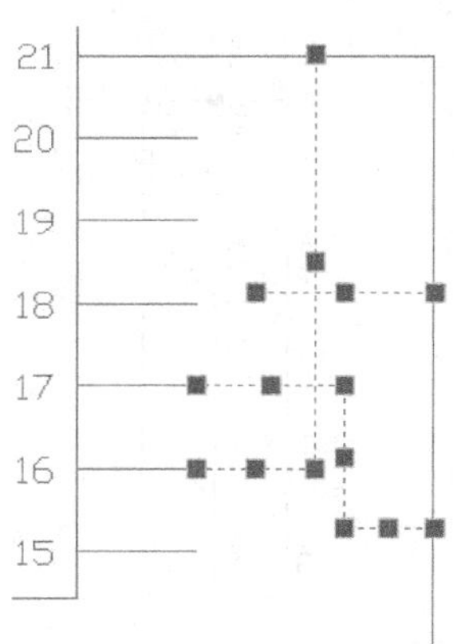

图 13-126　步骤（2）~步骤（5）绘制直线的效果

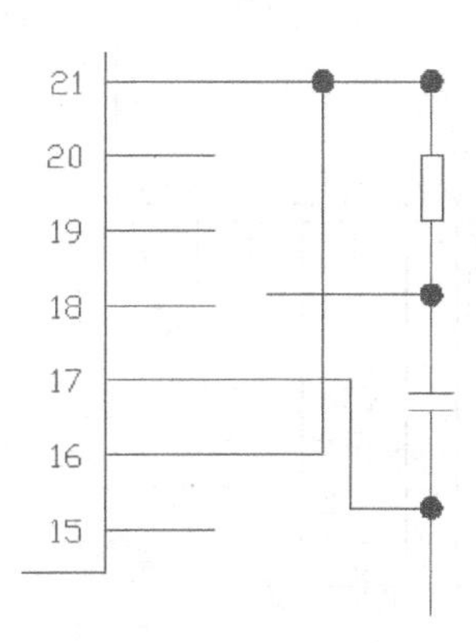

图 13-127　插入图形

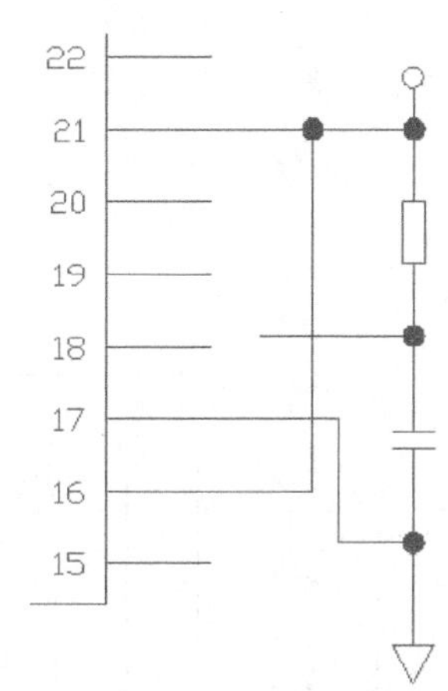

图 13-128　其余引脚分支线路图

5. 文字标注

电气元件代号是电气原理图的重要组成部分，是查找修改图形的重要凭证，标注的时候注意按照一定的顺序逐个添加，以免遗漏。

由于在前面的绘图准备阶段已经设置了文字样式，现在只需要直接调用文字样式即可。

步骤 01　单击 文字标注 中下拉箭头，设置当前层为“文字标注”。

步骤 02　选择“绘图”|“文字”，单击工具栏中的“多行文字”按钮 A，在图中指定第一角点和第二角点（可在图中空白位置单击，等输入完后再调整），弹出如图 13-129 所示“文字格式”工具栏，并按图中设置文字格式，其中字高设为 1。

图 13-129　设置文字格式

步骤 03　给图中各个电气元件标注代号，并移动调整，最终效果如图 13-130 所示。

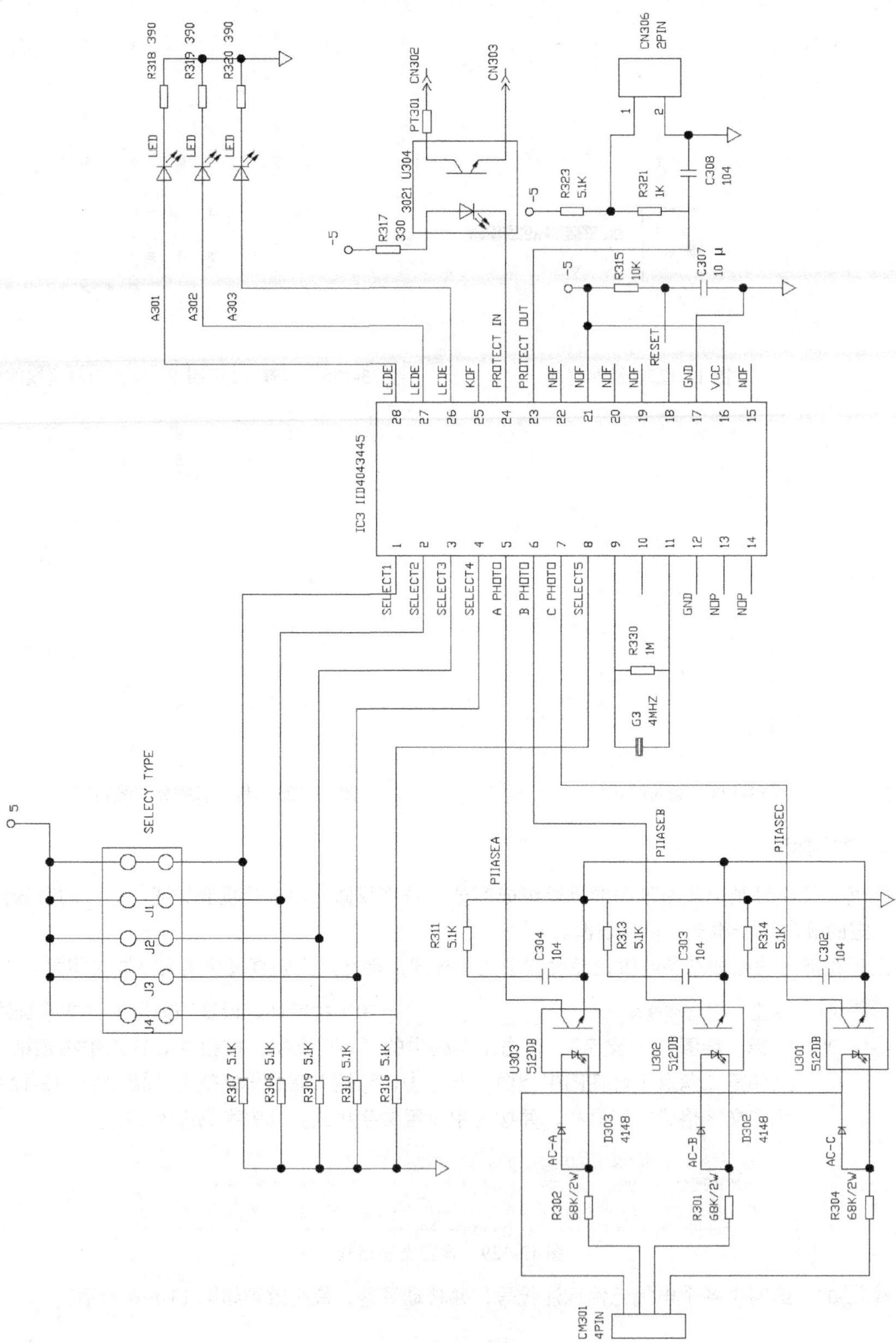

图 13-130　标注文字

13.2.2　绘制空调机电气接线图

电气接线图是家用电器电气图中的另一种类型，本小节以空调机电气接线图的详细绘制过程为例，介绍这一类图形的绘制过程。

空调机电气接线图一般由以下几个部分组成：（1）集成电路板；（2）变压器；（3）电机；（4）室外感温包。

如图 13-131 所示是本节将要绘制的某型号空调机电气接线图，按照业界常用的绘图方式逐步介绍其绘制过程，希望读者能举一反三，完成类似工程图的绘制。

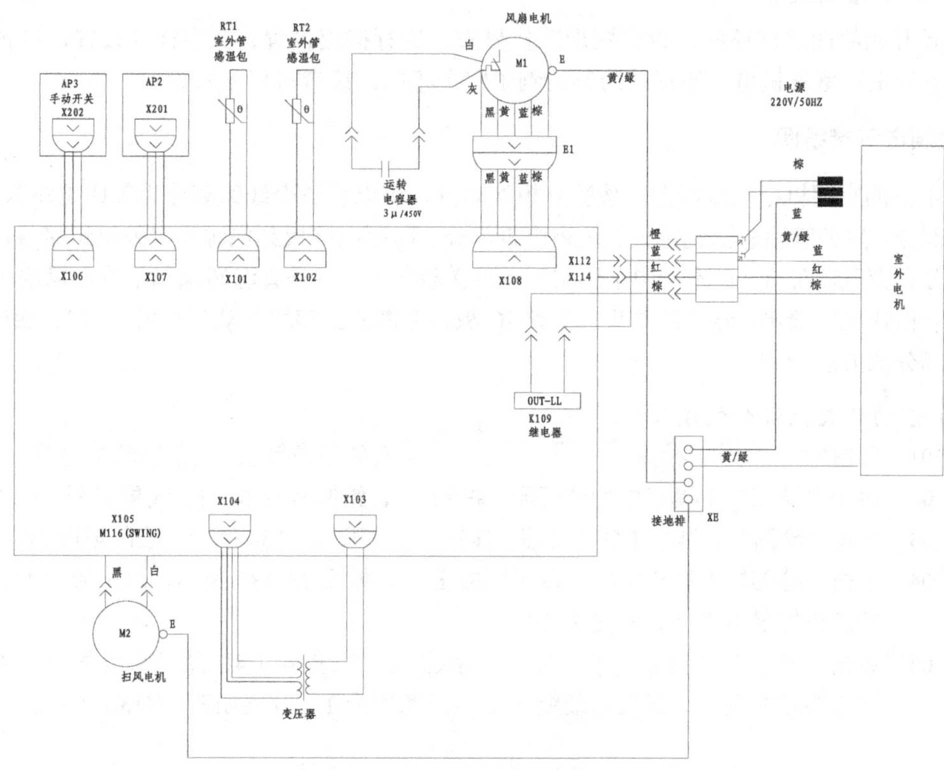

图 13-131　某型号空调机电气接线图

1. 绘图准备工作

在绘制空调机电气接线图的过程中，首先必须进行相应的绘图准备，然后在接下来的绘制过程就能事半功倍，大大提高绘图的效率和准确性，同前面例子相同，在本例中所需要的绘图准备工作也包括以下几个方面。

（1）新建图形

选择“文件”|“新建”命令，打开“选择样板”对话框，单击右侧的▾按钮，以“无样板打开——公制（M）”方式建立新文件；将新文件命名为“空调机电气接线图.dwg”保存。

（2）设置图层

单击“图层”工具栏中的“图层特性管理器”的快捷图标，打开“图层特性管理器”对话框，新建并设置每一个图层，如图 13-132 所示。

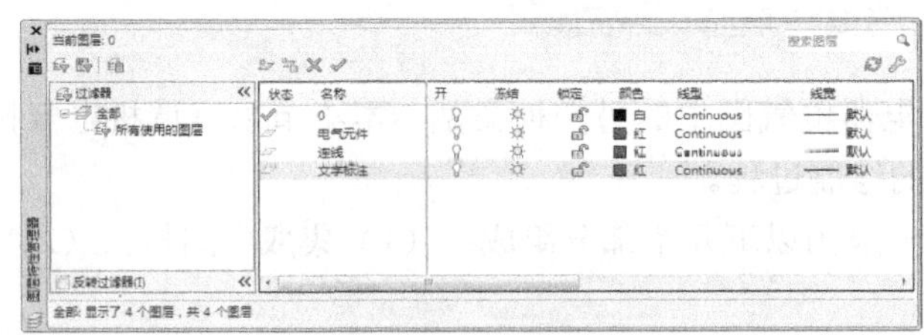

图 13-132　图层设置

（3）其他绘图设置

在正式开始绘图之前还应该设置图形工作界限，进行捕捉设置、文字样式设置，具体设置方法和上一节的空调室外机电气原理图绘制的例子完全相同，读者可以参考设置。

2. 绘制电气接线图

分析本例的空调机电气接线图，按独立模块划分，可以将整个线路划分为集成电路 IC 板、手动开关板部分、室外管温感温包部分、风扇电机部分、印制电路板到电源和室外机组接线部分、扫风电机部分和变压器部分。在本例中采用将手动开关板部分、室外管温感温包部分和风扇电机部分这三个独立模块先行绘制，然后绘制集成电路 IC 板，再将独立模块移动到集成电路 IC 板中，最后绘制其他部分的方法绘制。

（1）手动开关板部分的绘制

步骤 01　单击 电气元件 右侧下拉箭头，设置当前层为“电气元件”。

步骤 02　单击“绘图”工具栏中的“矩形”按钮，绘制矩形 5×4，效果如图 13-133 所示。

步骤 03　单击“绘图”工具栏中的“直线”按钮，如图 13-134 所示，绘制矩形的水平中线。

步骤 04　单击“绘图”工具栏中的“直线”按钮，如图 13-135 所示，以矩形的上边中点为起点绘制竖直直线，长度为 10。

步骤 05　单击“修改”工具栏中的“复制”按钮，以步骤（4）所绘直线的中点为基点，将直线正交向左、向右各复制一份，距离均为 1，效果如图 13-136 所示。

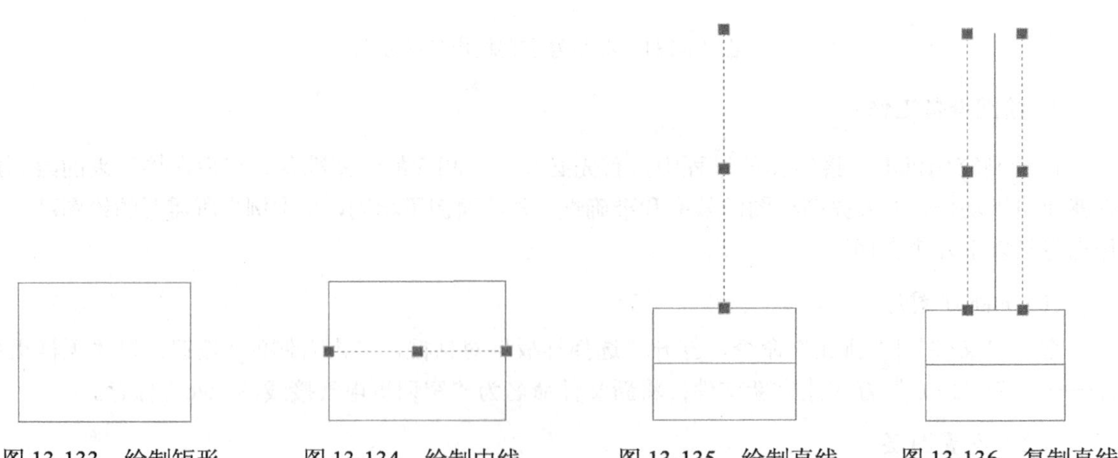

图 13-133　绘制矩形　　图 13-134　绘制中线　　图 13-135　绘制直线　　图 13-136　复制直线

步骤 06　选择"绘图"|"圆弧"|"三点（P）"命令，如图 13-137 所示，以第一点为步骤（5）复制的左边直线下端点，第二点为矩形靠近左上角的任意点，第三点为矩形左边中点绘制圆弧。

步骤 07　单击"修改"工具栏中的"镜像"按钮，以矩形的竖直中线为镜像轴，将圆弧镜像一份，效果如图 13-138 所示。

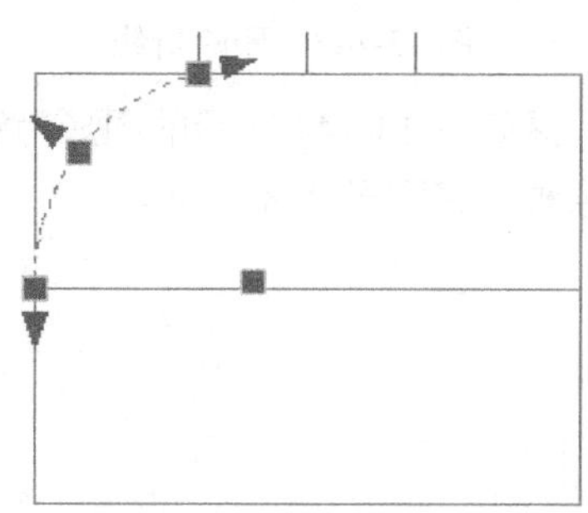

图 13-137　绘制圆弧

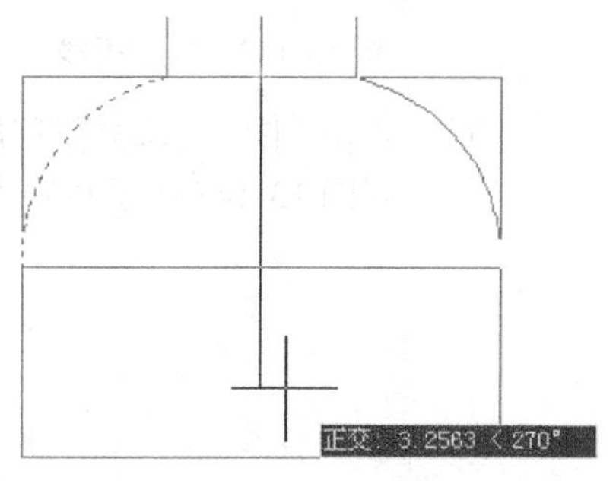

图 13-138　镜像圆弧

步骤 08　单击"修改"工具栏中的"修剪"按钮，修剪圆弧外的矩形两角，效果如图 13-139 所示。

步骤 09　单击"绘图"工具栏中的"直线"按钮，效果如图 13-140 所示。命令行窗口出现如下提示：

```
命令：line
指定第一点：//单击图中空白位置任意点作为直线起点
指定下一点或[放弃(U)]：　@1<45 //指定折线的第二点
指定下一点或[放弃(U)]：　@1<−45 //指定折线的终点
指定下一点或[放弃(U)]：//按 Enter 键，结束直线命令
```

步骤 10　单击"修改"工具栏中的"移动"按钮，将步骤（9）绘制的折线以折线的顶点为移动基点，矩形的水平中线的中点为目标点移动，移动后效果如图 13-141 所示。

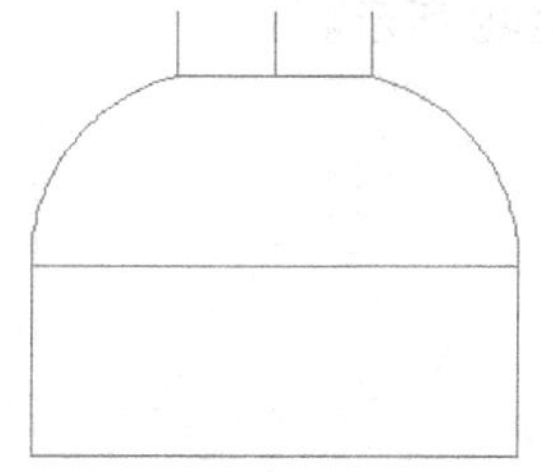

图 13-139　修剪圆弧外直线

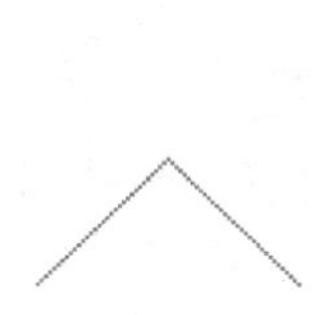

图 13-140　绘制折线

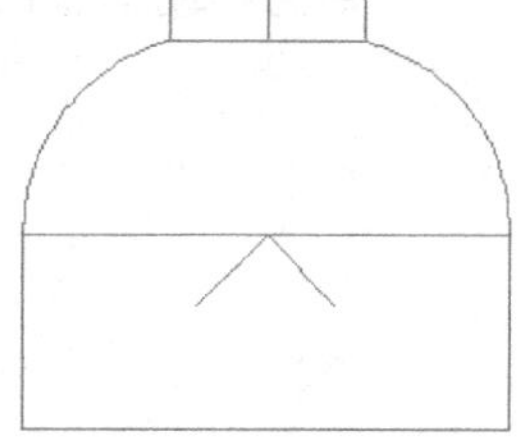

图 13-141　移动折线

步骤 11　单击"修改"工具栏中的"复制"按钮，以步骤（10）中移动后的折线顶点为基点，将折线正交向上、向下各复制一份，距离分别为 1.5 和 0.5，效果如图 13-142 所示。

步骤 12　删除中间的折线，删除后效果如图 13-143 所示。

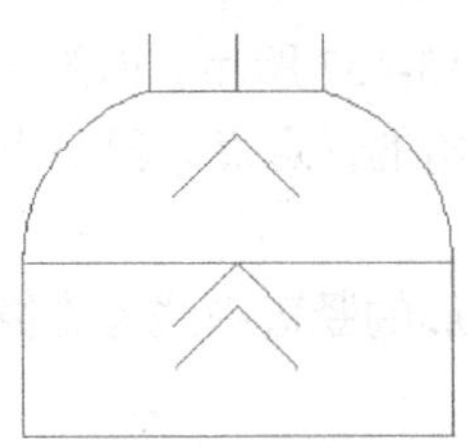
图 13-142　复制折线

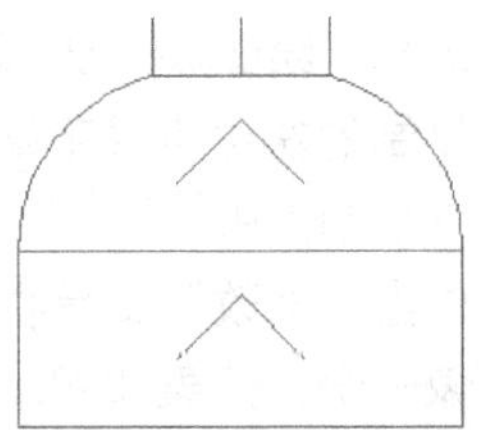
图 13-143　删除折线

步骤 13　单击“修改”工具栏中的“镜像”按钮，选择如图 13-144 所示的图形为镜像对象，以图 13-145 所示直线中点水平辅助线为镜像轴，将图形镜像一份。

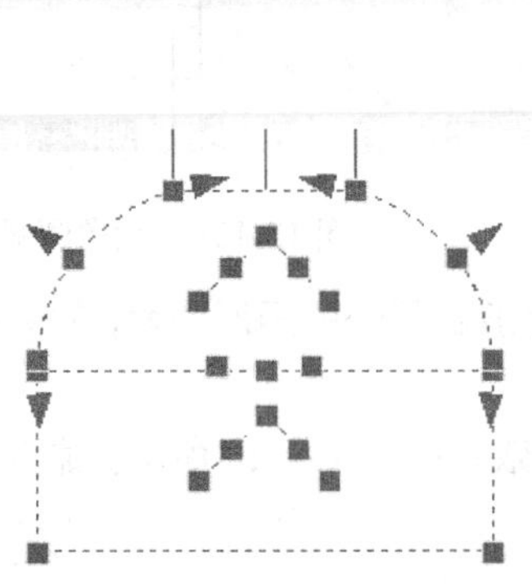
图 13-144　选择镜像对象

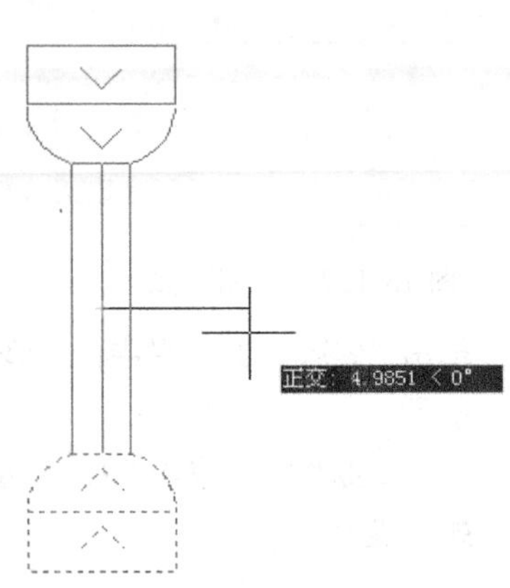

图 13-145　镜像图形

步骤 14　单击“绘图”工具栏中的“矩形”按钮，绘制矩形 8×10，效果如图 13-146 所示。

步骤 15　单击“修改”工具栏中的“移动”按钮，以步骤（14）绘制的矩形的下底边中点为移动基点，图 13-145 中的直线中点（图中有标记的点）为目标点移动，移动后效果如图 13-147 所示。

步骤 16　单击“修改”工具栏中的“移动”按钮，以步骤（15）移动后的矩形下底边的中点为移动基点正交向上移动 4.5，移动后效果如图 13-148 所示。

图 13-146　绘制矩形

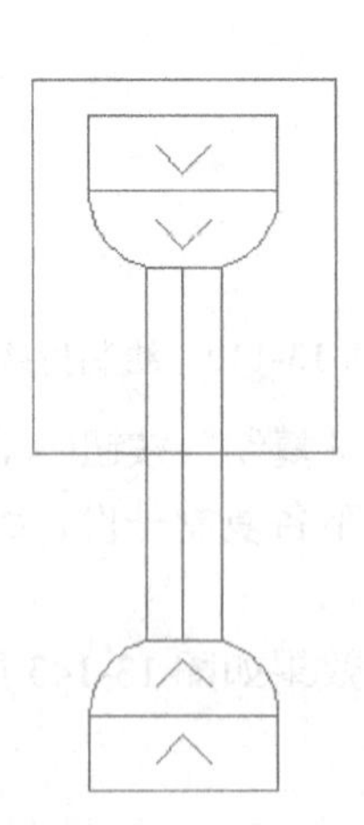
图 13-147　移动矩形

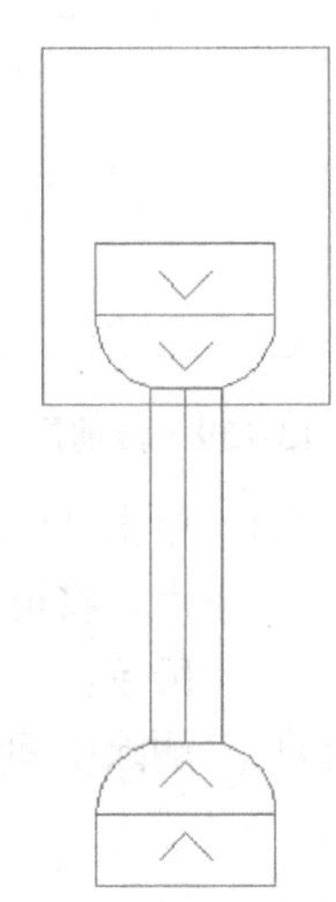
图 13-148　移动矩形

（2）室外管温感温包部分的绘制

步骤 01 单击“修改”工具栏中的“复制”按钮，将图 13-149 中的图形，向空白位置复制一份（不要求精确位置）。

步骤 02 单击“绘图”工具栏中的“直线”按钮，如图 13-150 所示，绘制图中 4 段直线，直线序列的起点和终点作为把步骤（1）复制后的图形顶部直线的两个端点，竖直直线长度从左到右分别为 10、10 和 20。

步骤 03 选择“插入”|“块”命令，如图 13-151 所示，在图中插入电阻（捕捉第二段直线的中点为插入基点）。

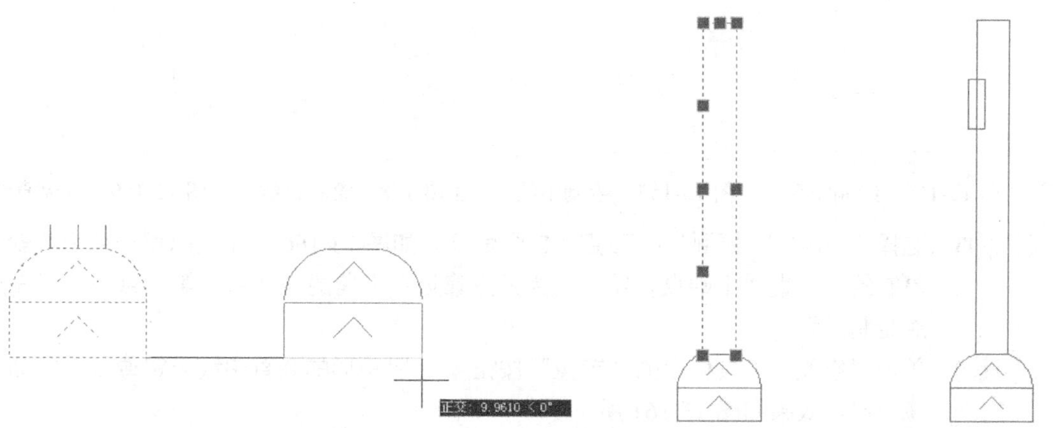

图 13-149　复制图形　　图 13-150　绘制直线　　图 13-151　插入电阻

步骤 04 单击“绘图”工具栏中的“直线”按钮，如图 13-152 所示，绘制折线，其中水平线段长为 0.5，斜线长为 4，顺时针倾斜角度为 135°。

步骤 05 单击“修改”工具栏中的“移动”按钮，如图 13-153 所示，以步骤（4）绘制的折线斜线部分的中点为移动基点，电阻的基点为目标点移动图形。

步骤 06 单击“修改”工具栏中的“修剪”按钮，修剪电阻内的直线，效果如图 13-154 所示。

步骤 07 选择“绘图”|“文字”，单击“单行文字”按钮，如图 13-155 所示，添加文字说明 θ，采用前面设置的文字样式，设置文字高度为 1，文字旋转为 0。

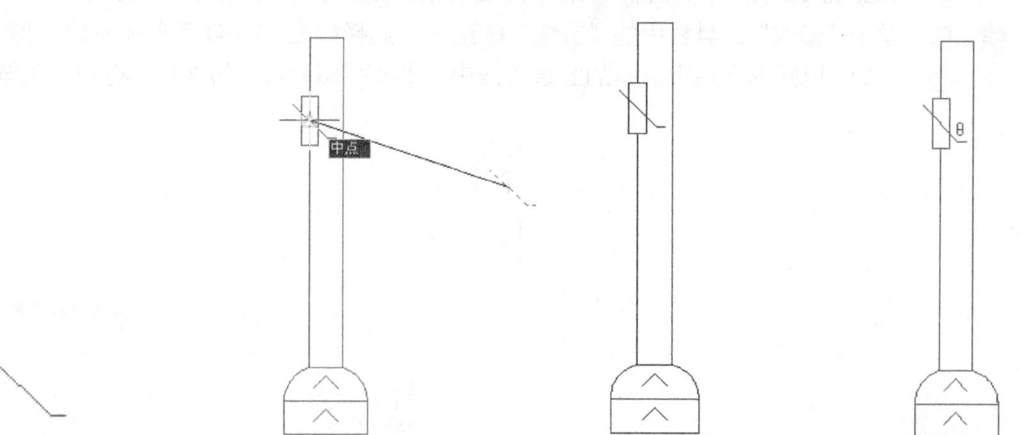

图 13-152　绘制折线　　图 13-153　移动折线　　图 13-154　删除电阻内直线　　图 13-155　标注文字

（3）风扇电机部分的绘制

步骤01 单击“绘图”工具栏中的“矩形”按钮，绘制矩形 10×4，效果如图 13-156 所示。

步骤02 单击“绘图”工具栏中的“直线”按钮，如图 13-157 所示，绘制矩形的水平中线。

步骤03 单击“绘图”工具栏中的“直线”按钮，如图 13-158 所示，以矩形的上边中点为起点绘制竖直直线，长度为 8。

步骤04 单击“修改”工具栏中的“复制”按钮，以步骤（3）所绘直线的中点为基点，将直线正交向左、向右各复制两份，距离均为 2 和 4，效果如图 13-159 所示。

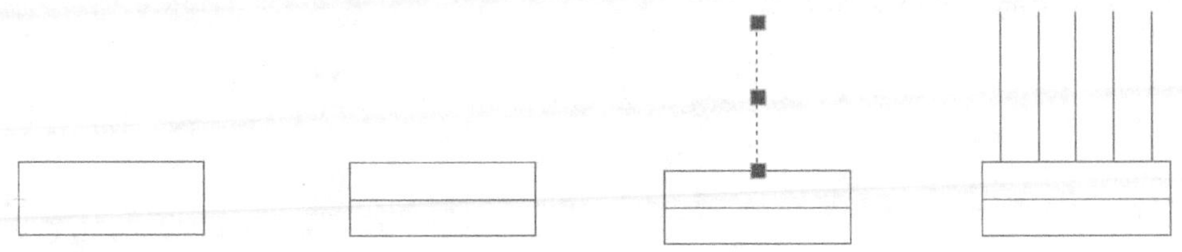

图 13-156　绘制矩形　　图 13-157　绘制中线　　图 13-158　绘制直线　　图 13-159　复制直线

步骤05 选择“绘图”|“圆弧”|“三点（P）”命令，如图 13-166 所示，以第一点为步骤（4）复制的左边直线下端点，第二点为矩形靠近左上角的任意点，第三点为矩形左边中点绘制圆弧。

步骤06 单击“修改”工具栏中的“镜像”按钮，以矩形的竖直中线为镜像轴，将圆弧镜像一份，效果如图 13-161 所示。

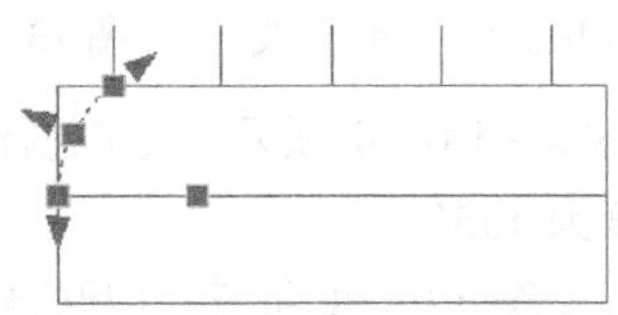

图 13-160　绘制圆弧

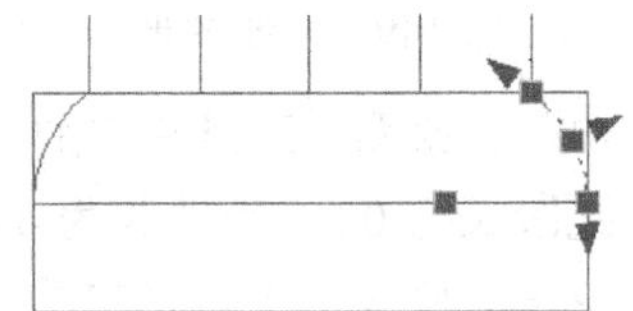

图 13-161　镜像圆弧

步骤07 单击“修改”工具栏中的“修剪”按钮，修剪圆弧外的矩形两角，效果如图 13-162 所示。

步骤08 如图 13-163 所示，同绘制手动开关板部分的折线步骤一样，在图中绘制折线并移动到位。

步骤09 单击“修改”工具栏中的“镜像”按钮，选择如图 13-164 下部所示的图形为镜像对象，以矩形上边中点端的竖直直线中点的水平辅助线为镜像轴，将图形镜像一份。

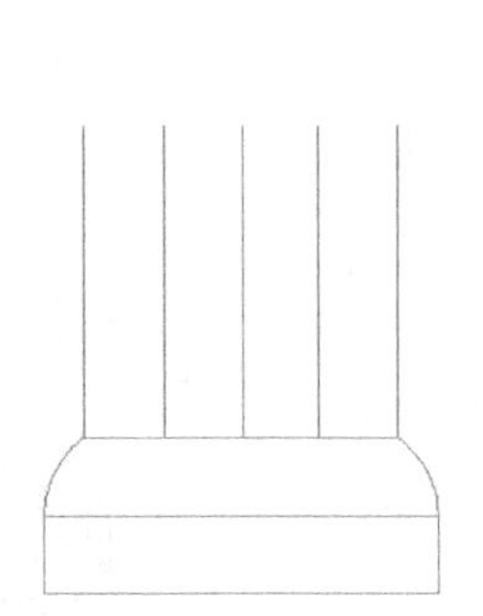

图 13-162　修剪圆弧外直线

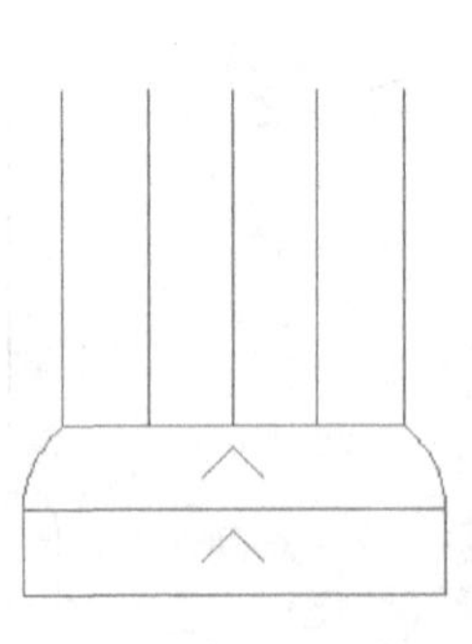

图 13-163　绘制折线

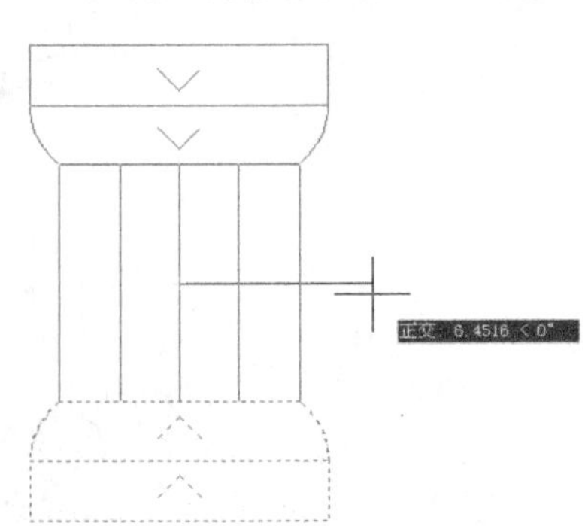

图 13-164　镜像图形

步骤10 单击“修改”工具栏中的“镜像”按钮，选择图 13-165 中的 5 条竖直直线为镜像对象，以步骤（9）镜像后的图形中间分割水平直线（标有交点的水平直线）为镜像轴，将图形镜像。

步骤11 单击“绘图”工具栏中的“圆”按钮，以上一步镜像后的中间直线上端点为圆心绘制半径为 4 的圆，效果如图 13-166 所示。

步骤12 单击“修改”工具栏中的“修剪”按钮，修剪圆内的直线，效果如图 13-167 所示。

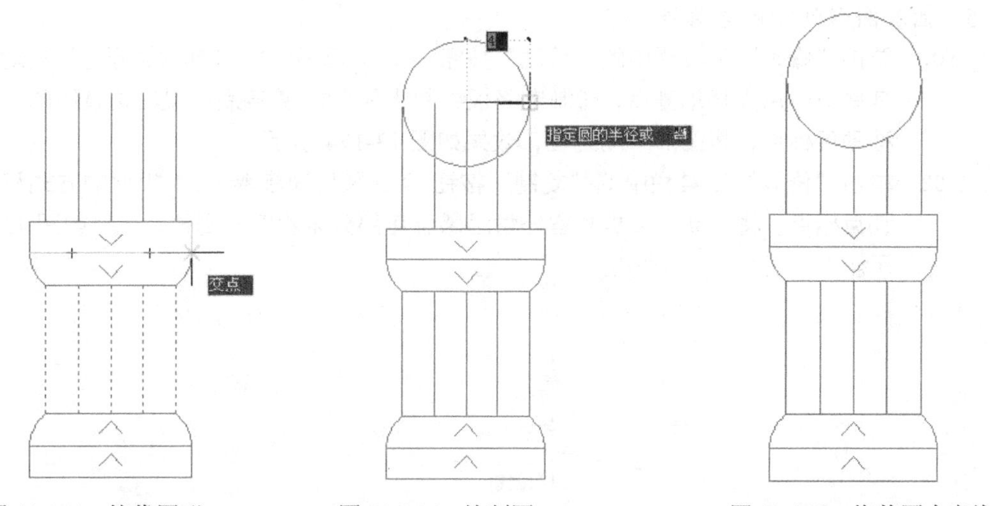

图 13-165　镜像图形　　图 13-166　绘制圆　　图 13-167　修剪圆内直线

（4）印制电路板的绘制

步骤01 单击“绘图”工具栏中的“矩形”按钮，绘制矩形 70×40，效果如图 13-168 所示。

步骤02 单击“绘图”工具栏中的“直线”按钮，如图 13-169 所示，以矩形右上角点为起点绘制长度为 5 的竖直直线。

步骤03 单击“修改”工具栏中的“移动”按钮，如图 13-170 所示，以上一步绘制的直线的中点为移动基点，正交向左移动，移动距离为 10。

步骤04 单击“修改”工具栏中的“复制”按钮，以步骤（3）所绘直线的中点为基点，将直线正交向左复制 4 份，距离依次为 25、33、43 和 53，效果如图 13-171 所示。

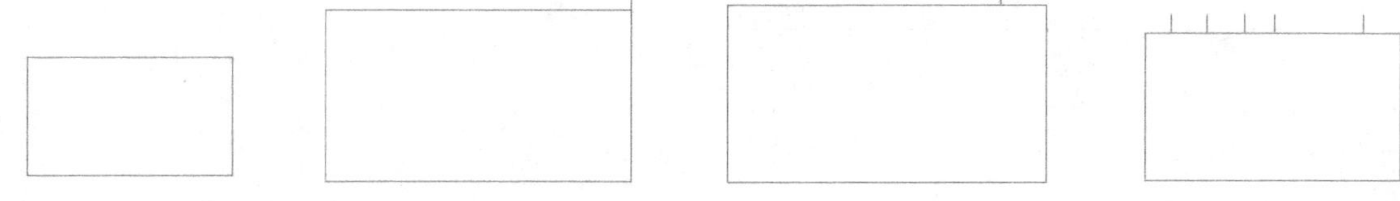

图 13-168　绘制矩形　　图 13-169　绘制直线　　图 13-170　移动直线　　图 13-171　复制直线

步骤05 单击“修改”工具栏中的“镜像”按钮，选择如图 13-172 所示矩形上端的 5 条竖直直线为镜像对象，以矩形的上边为镜像轴，以删除镜像源的方式将图形镜像一份，镜像后效果如图 13-173 所示。

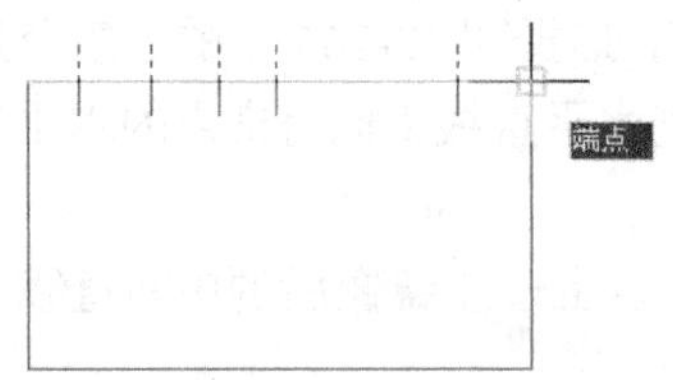

图 13-172　镜像直线

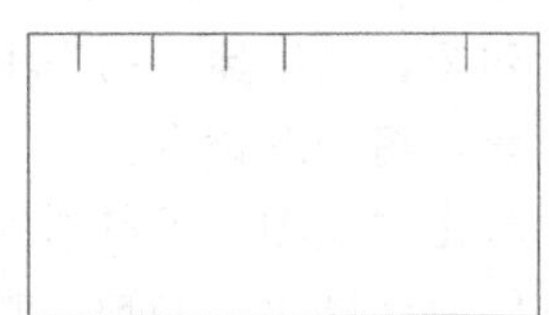

图 13-173　镜像效果

（5）插入图形到印制电路板

步骤 01　单击“修改”工具栏中的“移动”按钮，选择图中风扇电机部分为移动对象，以其底边中点为移动基点，印制电路板绘制步骤（5）镜像后的最右边直线的下端点为移动目标点，将图形移动到位，效果如图 13-174 所示。

步骤 02　单击“修改”工具栏中的“复制”按钮，采用同步骤（1）相似的方式移动基点和目标点，将手动开关板和室外管温感温包部分依次复制到位，效果如图 13-175 所示。

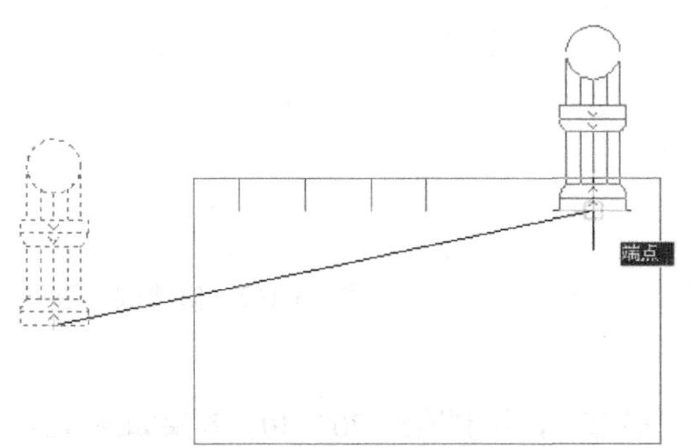

图 13-174　移动图形

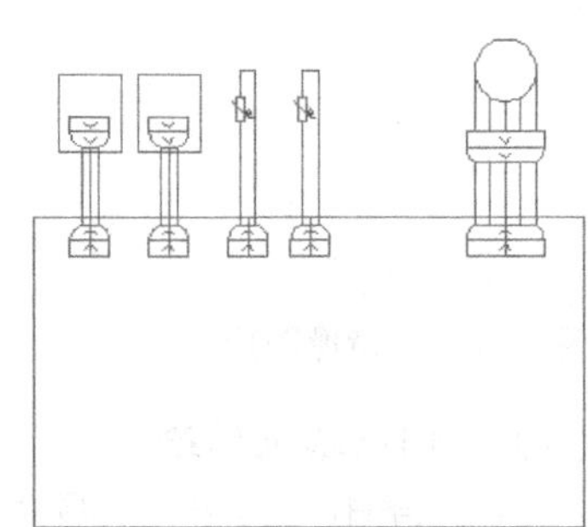

图 13-175　复制图形后效果

步骤 03　删除用于辅助定位的 5 段竖直直线，效果如图 13-176 所示。

步骤 04　单击“绘图”工具栏中的“直线”按钮，如图 13-177 所示，以圆和竖直直线的相切点为起点绘制长度为 4、逆时针倾斜 150° 的斜线。

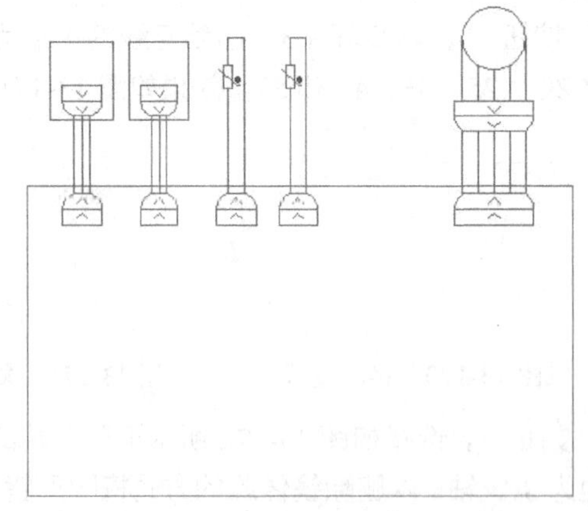

图 13-176　删除定位辅助线

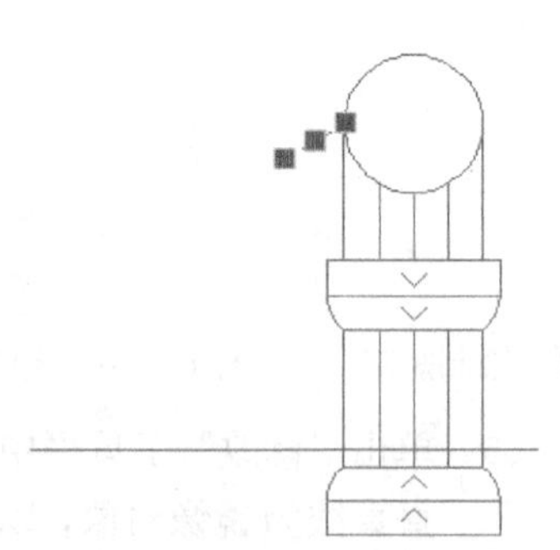

图 13-177　绘制斜线

步骤 05　单击“绘图”工具栏中的“直线”按钮，如图 13-178 所示，以斜线的左端为起点依次绘制图中 6 段直线，长度分别为 4、10、8、10、4 和 12。

步骤 06 单击“绘图”工具栏中的“直线”按钮，如图 13-179 所示，以上一步的终点为起点，绘制斜线，斜线终点在圆上，且在第一段斜线上方（绘制时关闭正交方式，不用精确位置）。

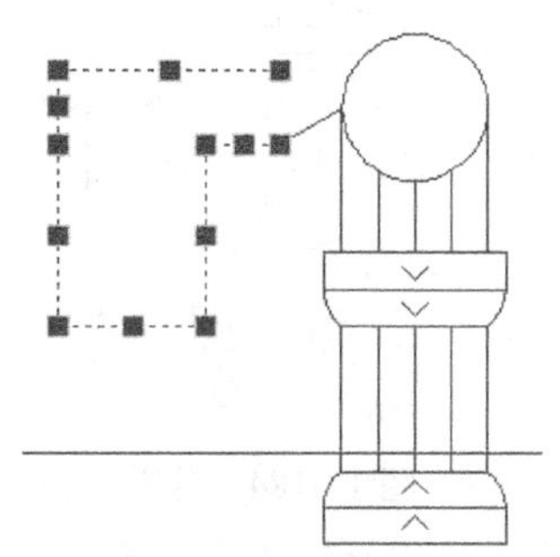

图 13-178　依次绘制 6 段直线

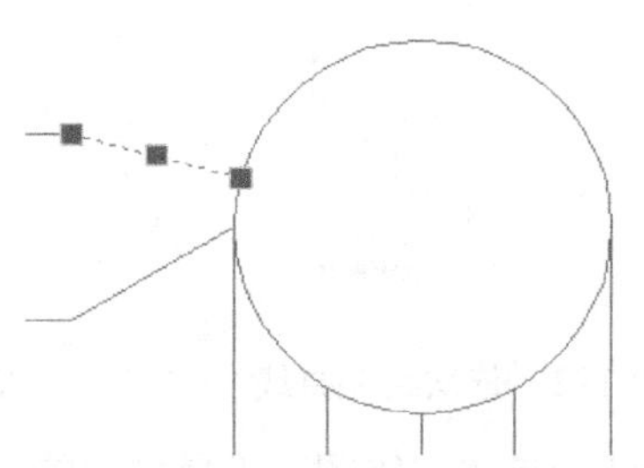

图 13-179　绘制斜线

步骤 07 选择“插入”|“块”命令，如图 13-180 所示，在图中插入电容器和连接器（分别捕捉步骤（5）的第二段、第三段、第四段直线的中点为插入基点）。

步骤 08 选择“插入”|“块”命令，如图 13-181 所示，在图中插入动断触点，插入基点为第一条斜线的右端点。

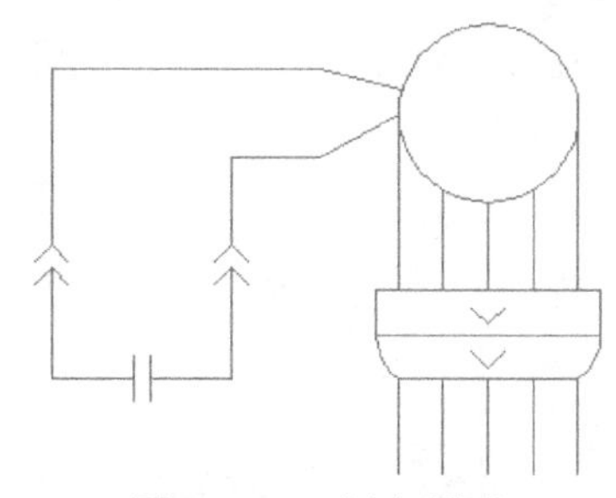

图 13-180　插入图形

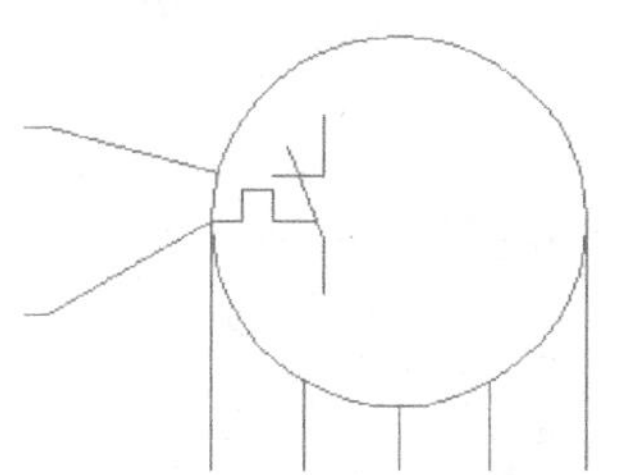

图 13-181　插入动断触点

（6）印制电路板到电源和室外机组连接部分的绘制

步骤 01 单击“绘图”工具栏中的“直线”按钮，如图 13-182 所示，以圆和竖直直线的右边相切点为起点依次绘制图中 3 段直线，长度分别为 12、50 和 5。

步骤 02 单击“绘图”工具栏中的“圆”按钮，分别以上一步绘制的直线两个端点为圆心绘制半径为 0.5 的圆，然后单击“修改”工具栏中的“移动”按钮，选择圆为移动对象，以其过圆心的水平辅助线和左边圆弧的交点为移动基点，原来的圆心为移动目标点，将图形移动到位，效果如图 13-183 所示。

步骤 03 单击“修改”工具栏中的“修剪”按钮，修剪圆内的直线，效果如图 13-184 所示。

步骤 04 单击“修改”工具栏中的“复制”按钮，以圆心为复制基点，将上一步下方的圆正交向上复制两份，距离分别为 2 和 4，然后正交向下复制一个圆，距离为 2，效果如图 13-185 所示。

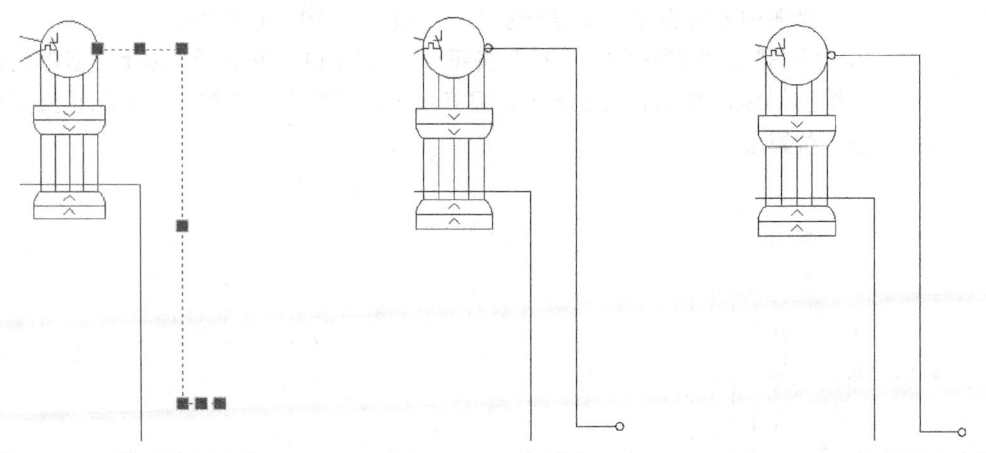
图 13-182　依次绘制直线　　图 13-183　绘制圆　　图 13-184　修剪圆内直线

步骤 05　单击“绘图”工具栏中的“直线”按钮，如图 13-186 所示，以过圆心的水平辅助线和右半圆弧的交点为起点绘制连续直线，长度分别为 10、30 和 5（折线），然后同样以第二个圆的过圆心的水平辅助线和右半圆弧的交点为起点绘制水平直线，长度为 20。

步骤 06　单击“绘图”工具栏中的“矩形”按钮，如图 13-187 所示，在图中空白位置绘制矩形 5×2（大致在两条竖直直线中间即可）。

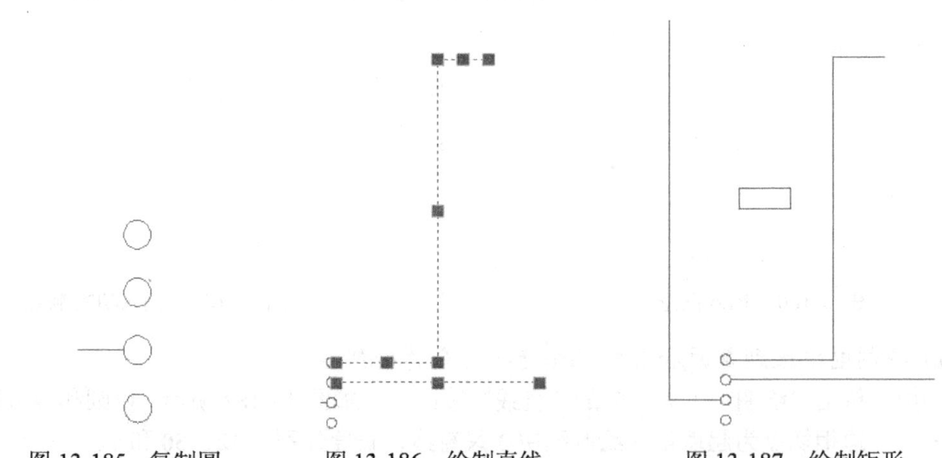
图 13-185　复制圆　　图 13-186　绘制直线　　图 13-187　绘制矩形

步骤 07　单击“绘图”工具栏中的“直线”按钮，如图 13-188 所示，以上一步绘制矩形的左边中点为起点连续绘制两条水平直线，终点为在左边两条竖直直线的垂足。

步骤 08　选择“插入”|“块”命令，如图 13-189 所示，在步骤（1）绘制的第一条水平直线中点插入接线端子。

图 13-188　依次绘制直线　　图 13-189　插入接线端子

步骤 09　单击“修改”工具栏中的“镜像”按钮，如图 13-190 所示，接线端子为镜像对象，以图中竖直直线为镜像轴，将图形镜像一份。

步骤 10　单击“修改”工具栏中的“修剪”按钮-/-，修剪接线端子内的直线，效果如图 13-191 所示。

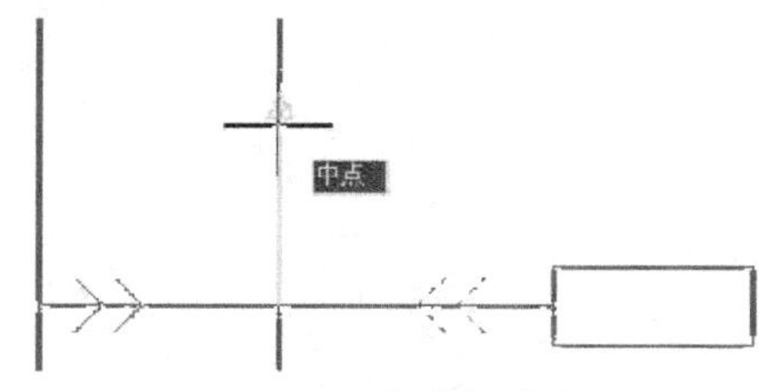

图 13-190　镜像接线端子

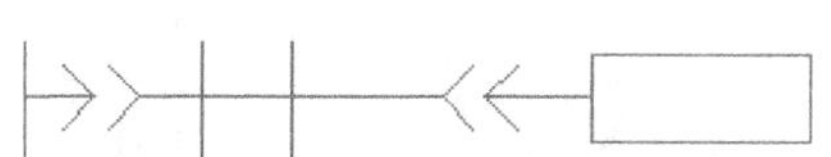

图 13-191　修剪接线端子内直线

步骤 11　单击“修改”工具栏中的“矩形阵列”按钮，选择图 13-192 中图形为阵列对象，设置阵列的行数为 4，列数为 1，行间距为 2，阵列效果如图 13-193 所示。

步骤 12　如图 13-194 所示，删除第一个和第四个接线端子及其所在水平直线。

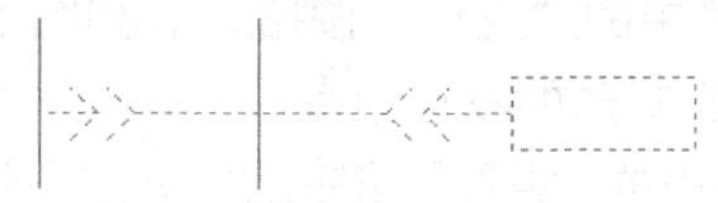

图 13-192　阵列对象

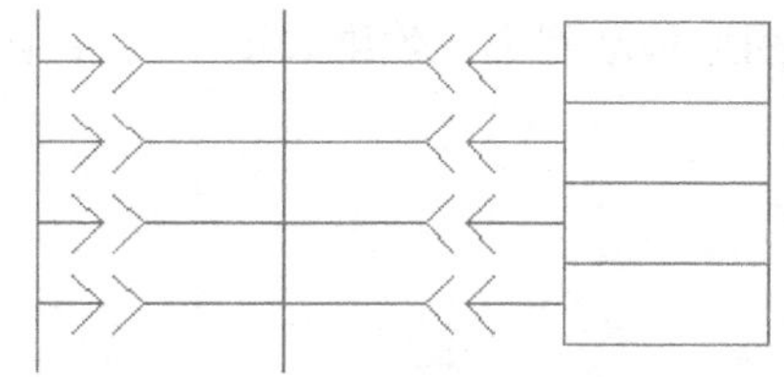

图 13-193　阵列效果

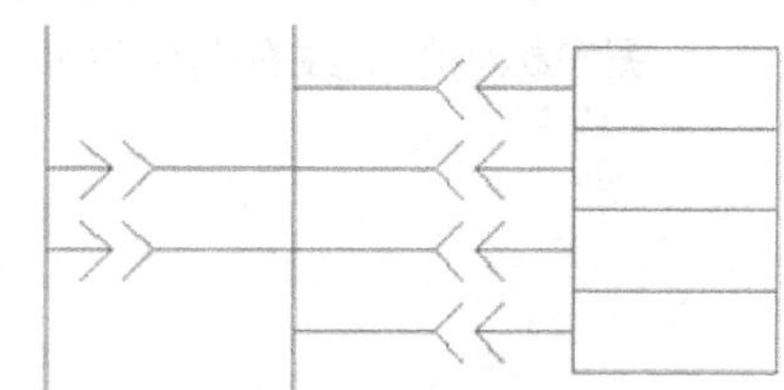

图 13-194　删除两个接线端子

步骤 13　单击“绘图”工具栏中的“直线”按钮，如图 13-195 所示，依次绘制 4 段直线，直线长度分别为 2、10、8 和 4。

步骤 14　单击“绘图”工具栏中的“直线”按钮，如图 13-196 所示，依次绘制两段直线，直线长度依次为 14 和 8。

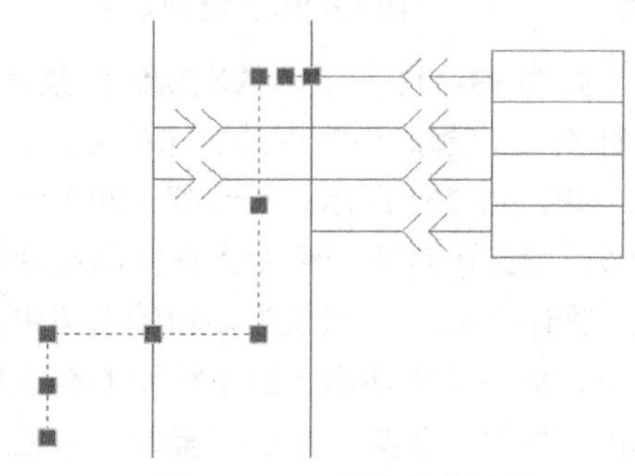

图 13-195　依次绘制直线

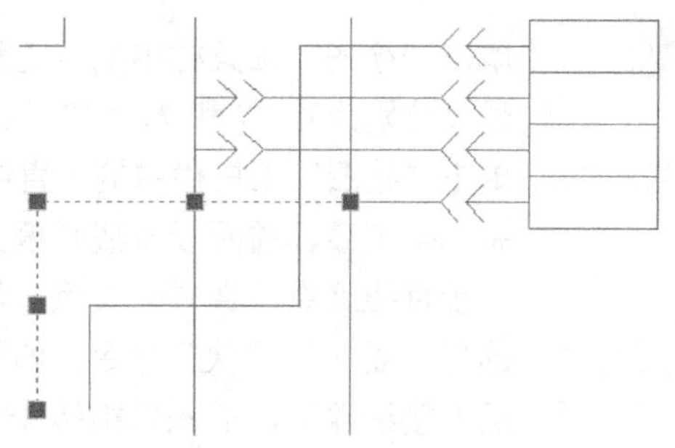

图 13-196　依次绘制直线

步骤 15　单击“绘图”工具栏中的“矩形”按钮，在空白处绘制矩形 8×2，然后单击“修改”工具栏中的“移动”按钮，选择矩形为移动对象，以其上边中点为移动基点，以步骤（14）绘制的竖直直线下端点为移动目标点，移动图形，效果如图 13-197 所示。

步骤16 单击“修改”工具栏中的“移动”按钮，选择矩形为移动对象，以其上边中点为移动基点，正交向右移动，移动距离为 1，效果如图 13-198 所示。

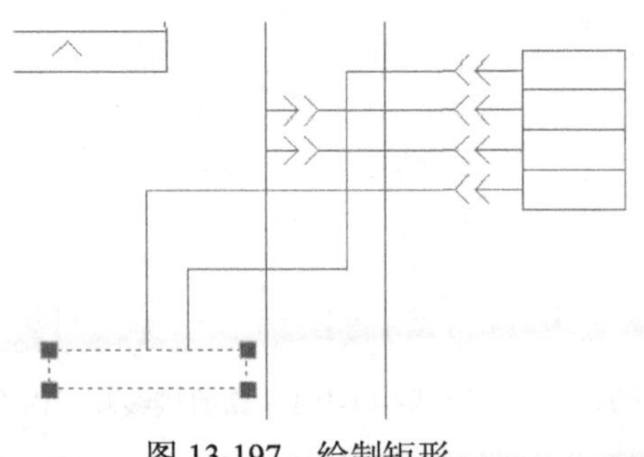

图 13-197 绘制矩形

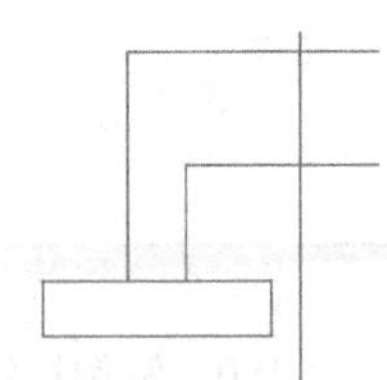

图 13-198 移动矩形

步骤17 选择“插入”|“块”命令，如图 13-199 所示，插入接线端子（插入基点为直线的端点），并修剪接线端子内的直线。

步骤18 单击“绘图”工具栏中的“直线”按钮，如图 13-200 所示，绘制三条水平直线，长度为 15，起点均在矩形的右边中点。

步骤19 单击“绘图”工具栏中的“矩形”按钮，在空白处绘制矩形 10×40，然后单击“修改”工具栏中的“移动”按钮，选择矩形为移动对象，以其左边中点为移动基点，图中标明的直线右端点为移动目标点，将图形移动到位，效果如图 13-201 所示。

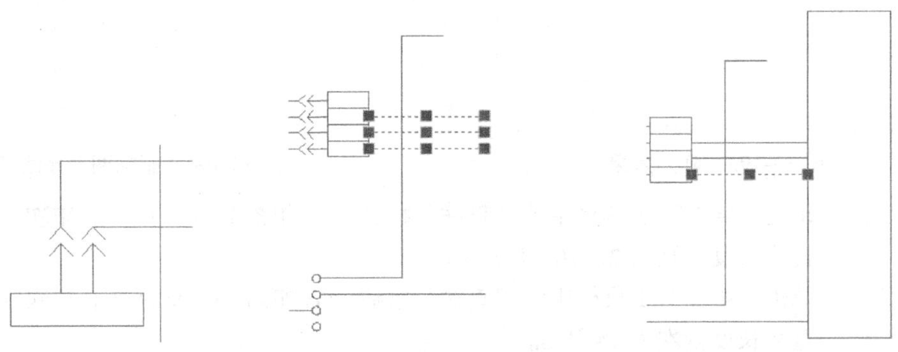

图 13-199 插入接线端子 图 13-200 依次绘制直线 图 13-201 绘制矩形

步骤20 单击“绘图”工具栏中的“直线”按钮，如图 13-202 所示，依次绘制三条直线，长度分别为 4、7 和 7，斜线倾斜角为顺时针 45°，起点为矩形的右边中点。

步骤21 单击“绘图”工具栏中的“直线”按钮，如图 13-203 所示，同步骤（20）依次绘制三条直线，前两段直线长度分别为 2 和 7，第三段直线的终点为正交向右捕捉上一步直线终点竖直方向交点，斜线倾斜角为顺时针 45°，起点为矩形的右边中点。

步骤22 选择“插入”|“块”命令，如图 13-204 所示，先在图中步骤（21）绘制的斜线中点插入接线端子，插入后旋转 45°，然后单击“修改”工具栏中的“复制”按钮，将接线端子正交向上复制一份，复制基点为接线端子的基点，目标点为捕捉接线端子基点正交向上的辅助线和步骤（20）绘制的斜线的交点，并修剪接线端子内的直线。

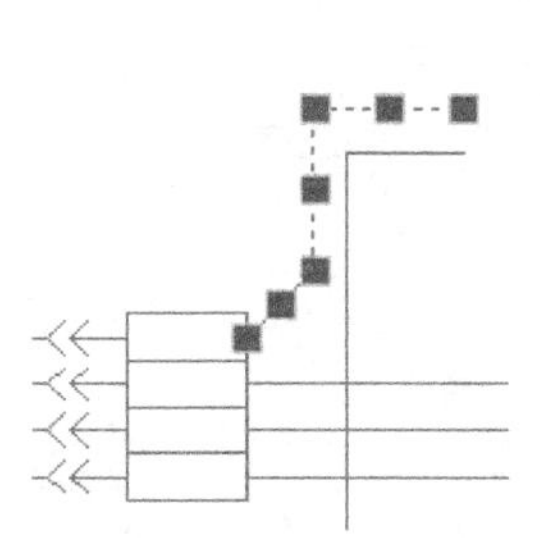
图 13-202　依次绘制直线

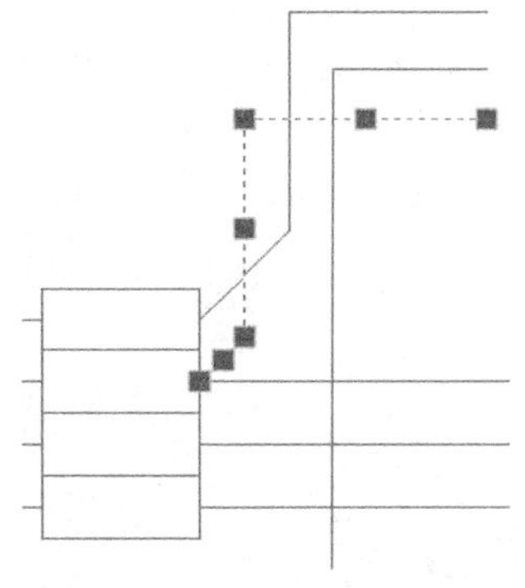
图 13-203　依次绘制直线

步骤 23　单击“绘图”工具栏中的“矩形”按钮，在空白处绘制矩形 3×1，然后单击“修改”工具栏中的“复制”按钮，以矩形的左边中点为复制基点，图中三条水平直线的右端点为目标点分别复制三个矩形，并删除复制源，效果如图 13-205 所示。

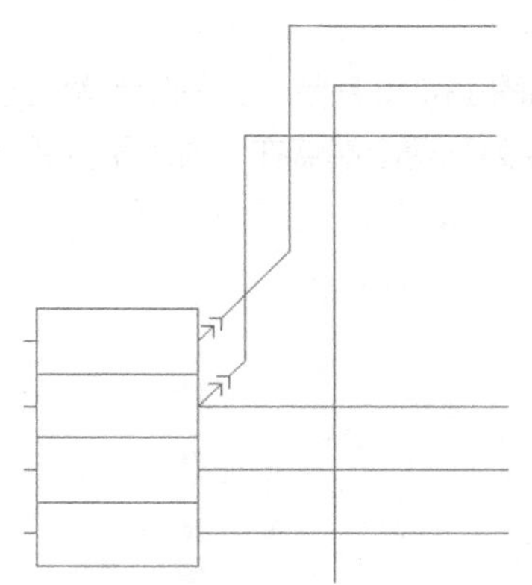
图 13-204　插入接线端子

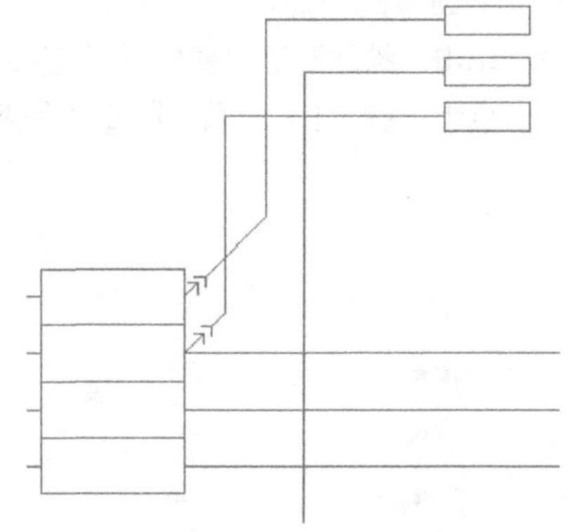
图 13-205　复制矩形

步骤 24　单击“绘图”工具栏中的“图案填充”按钮，弹出如图 13-206 所示的对话框，按图中所示设置参数，使用本层颜色填充三个矩形，填充效果如图 13-207 所示。

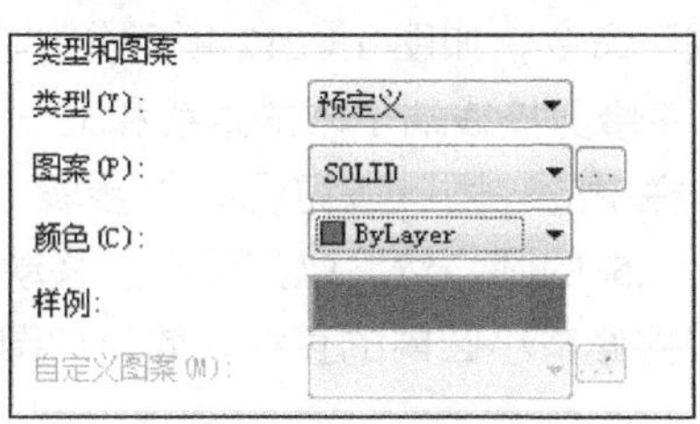

图 13-206　填充设置

步骤 25　单击“绘图”工具栏中的“矩形”按钮，如图 13-208 所示，绘制矩形，大小能够框住 4 个圆即可（不要求精确位置和大小）。

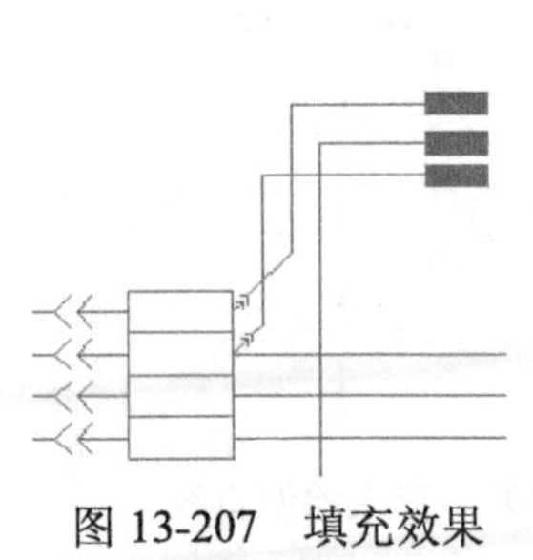
图 13-207　填充效果

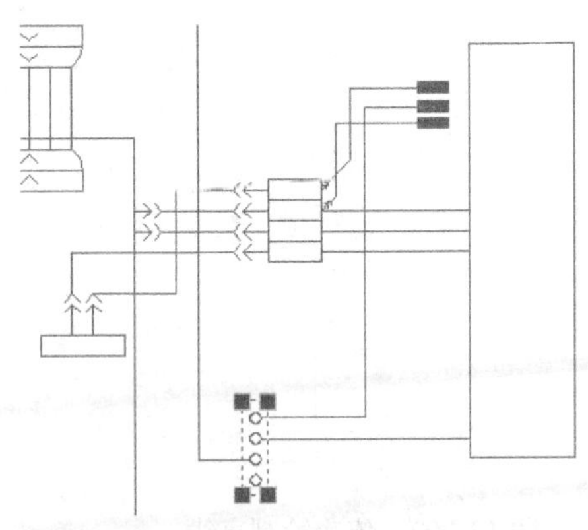
图 13-208　绘制矩形

（7）扫风电机部分的绘制

步骤 01　单击"绘图"工具栏中的"直线"按钮，如图 13-209 所示，依次绘制 5 段直线，长度分别为 30、60、15、5 和 5，捕捉起点为第四个圆的过圆心的竖直辅助线和下半圆弧的交点。

步骤 02　单击"绘图"工具栏中的"直线"按钮，如图 13-210 所示，分别绘制两竖直直线，起点为步骤（1）最后一段直线的两个端点，终点为到两个端点在上面水平直线上的垂足。

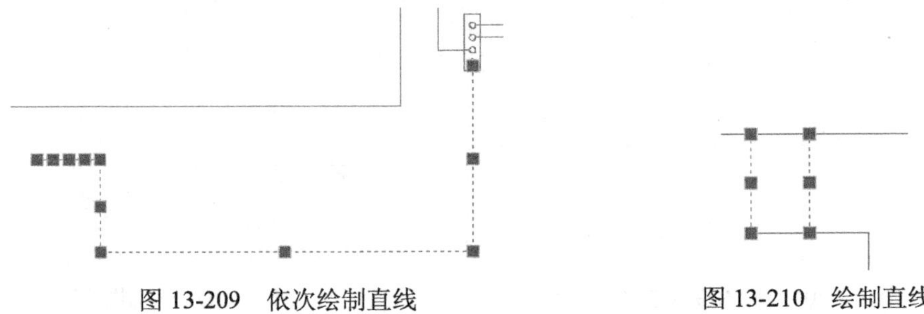
图 13-209　依次绘制直线　　图 13-210　绘制直线

步骤 03　单击"绘图"工具栏中的"圆"按钮，以步骤（1）中最后一段直线中点为圆心绘制半径为 4 的圆，效果如图 13-211 所示。

步骤 04　选择"插入"|"块"命令，如图 13-212 所示分别在步骤（2）绘制的竖直直线的中点插入接线端子，并修剪接线端子内的直线和上一步绘制的圆内的直线。

步骤 05　单击"绘图"工具栏中的"圆"按钮，以步骤（3）绘制的圆和水平直线的交点为圆心绘制半径为 0.5 的圆，然后以其圆心为移动基点正交向右移动，移动距离为 0.5，使两圆相切，并修剪小圆内的直线，效果如图 13-213 所示。

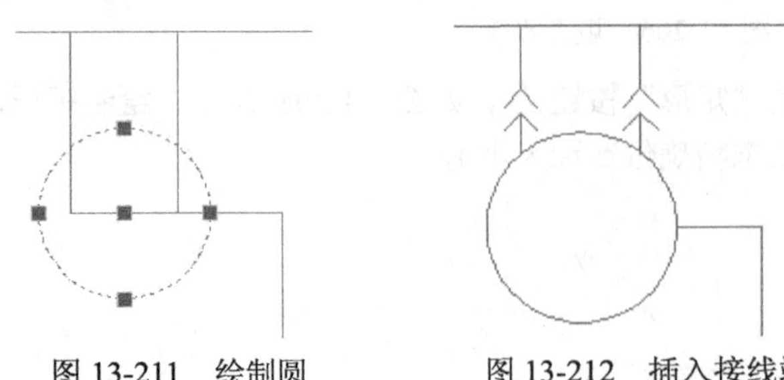
图 13-211　绘制圆　　图 13-212　插入接线端子

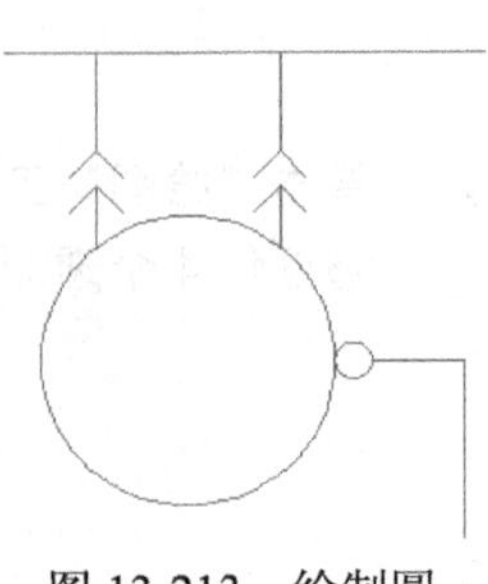
图 13-213　绘制圆

（8）变压器部分的绘制

步骤 01　单击“绘图”工具栏中的“直线”按钮，如图 13-214 所示，绘制长度为 5 的竖直直线（定位辅助直线）。

步骤 02　单击“修改”工具栏中的“复制”按钮，以步骤（1）绘制的直线中点为复制基点，正交向右复制两条直线，距离为 10 和 15，效果如图 13-215 所示。

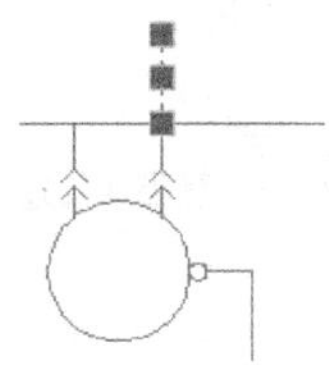

图 13-214　绘制直线

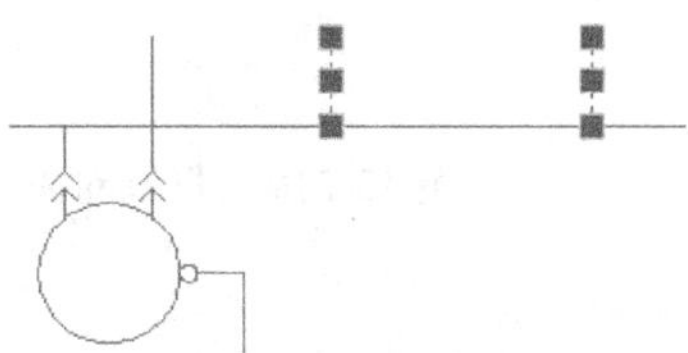

图 13-215　复制直线

步骤 03　删除步骤（1）绘制的直线，然后单击“修改”工具栏中的“复制”按钮，如图 13-216 所示，分别以虚线部分的下底边中点为复制基点，以步骤（2）复制的直线端点为复制基点，将虚线图形复制两份。

步骤 04　单击“修改”工具栏中的“镜像”按钮，如图 13-217 所示，以上一步复制的两个图形的下底边中点连线为镜像轴，将上一步复制的图形以删除镜像源的方式镜像一份，镜像后效果如图 13-218 所示。

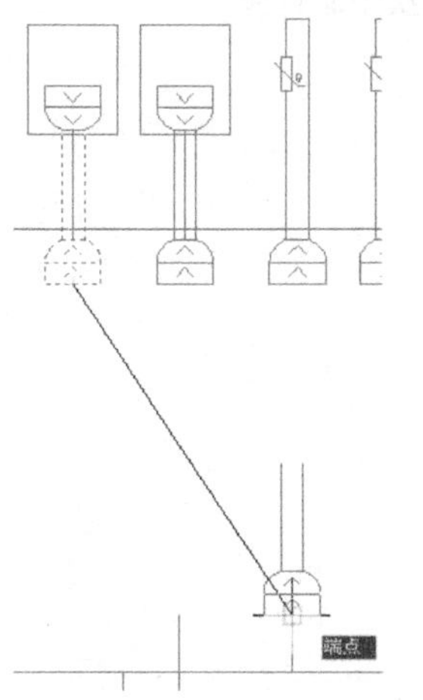

图 13-216　复制图形

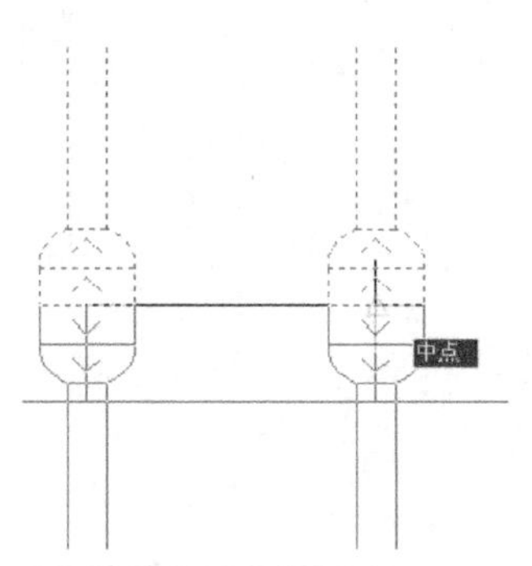

图 13-217　镜像图形

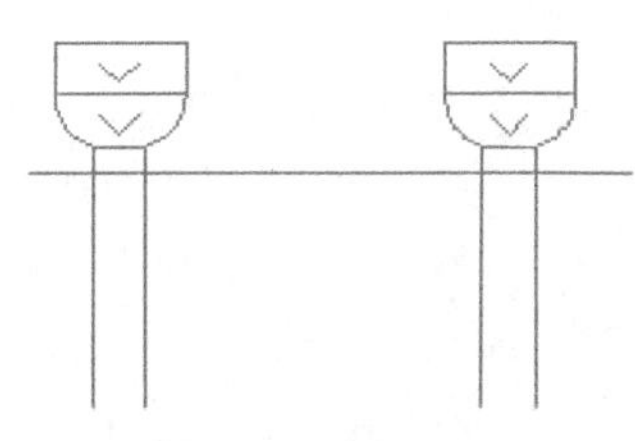

图 13-218　镜像效果

步骤 05　单击“修改”工具栏中的“复制”按钮，选择图 13-219 右夹持点的直线的中点为复制基点，正交向右复制两份，距离为 0.6 和 1.4，效果如图 13-220 所示（针对镜像后的左边部分操作）。

步骤 06　选择“插入”|“块”命令，如图 13-221 所示，在步骤（4）中镜像的两个图形中间插入变压器线圈（不要求精确位置）。

步骤 07　单击“绘图”工具栏中的“直线”按钮，如图 13-222 所示。依次连接图中的直线，完成图形的绘制，整体效果如图 13-223 所示。

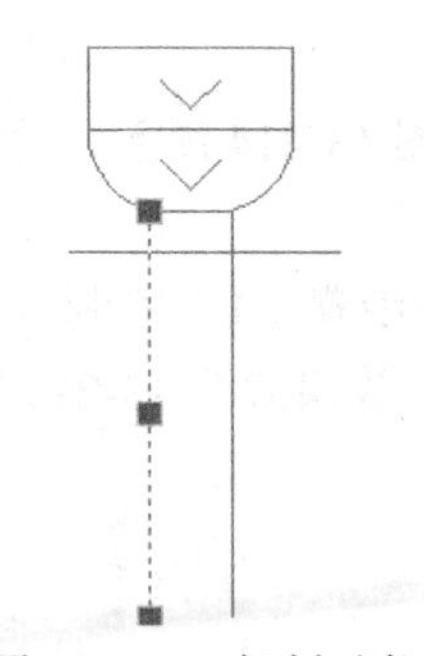

图 13-219 复制对象

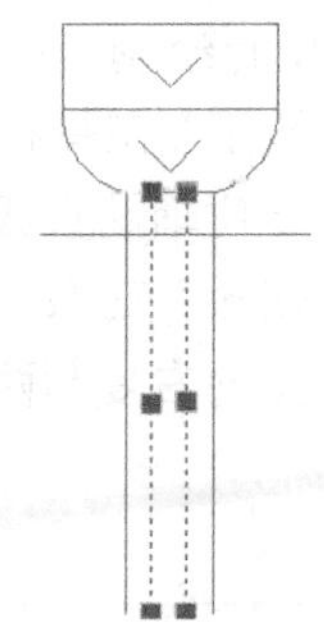

图 13-220 复制直线

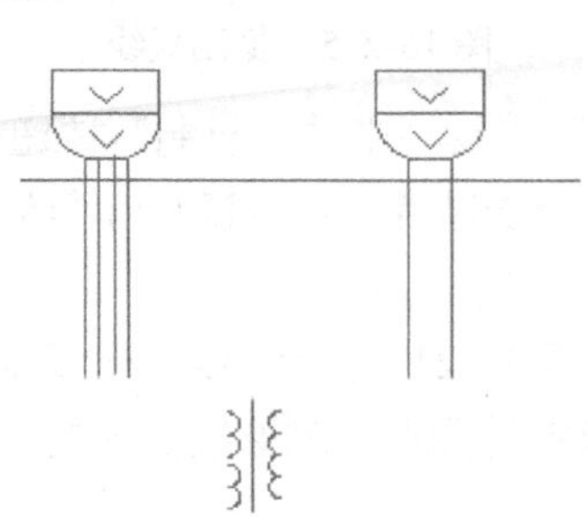

图 13-221 插入变压器线圈

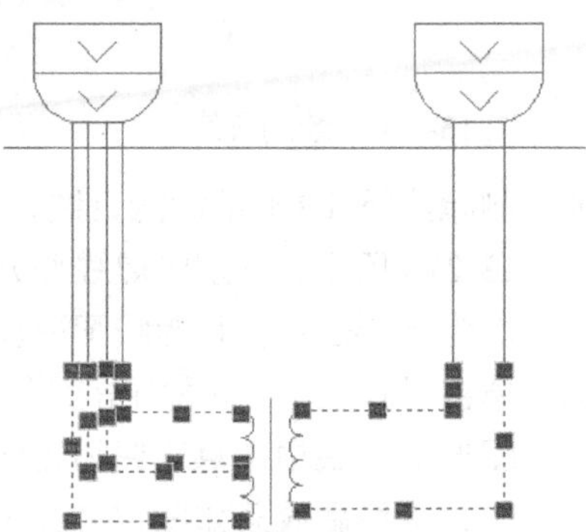

图 13-222 依次绘制直线

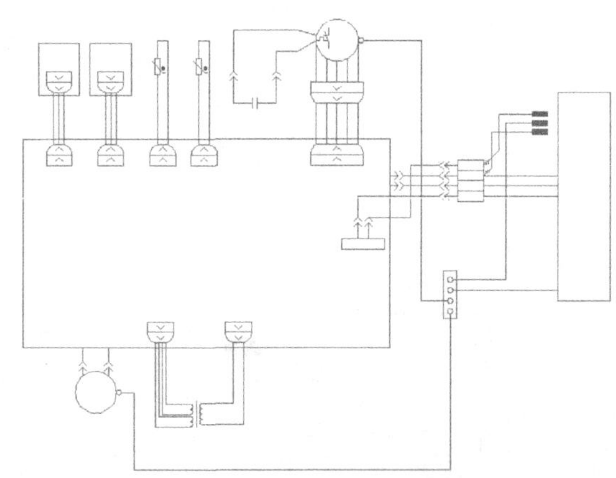

图 13-223 未标注文字说明前整体效果

（9）文字标注

电气元件代号是电气接线图的重要组成部分，是查找修改图形的重要凭证，编写的时候注意按照一定的顺序逐个添加，以免遗漏。

由于在前面的绘图准备阶段已经设置了文字样式，现在只需要直接调用文字样式即可，具体添加步骤如下：

步骤 01 单击 文字标注 右侧下拉箭头，设置当前层为“文字标注”。

步骤 02 选择“绘图”|“文字”，单击工具栏中的“多行文字”按钮 A，在图中指定第一角点和第二角点（可在图中空白位置单击，等输入完后再调整），弹出如图 13-224 所

示“文字格式”工具栏，并按图设置文字格式，其中字高设为 1。

图 13-224　设置文字格式

步骤 03　给图中各个电气元件标注代号，并移动调整，效果如图 13-225 所示。

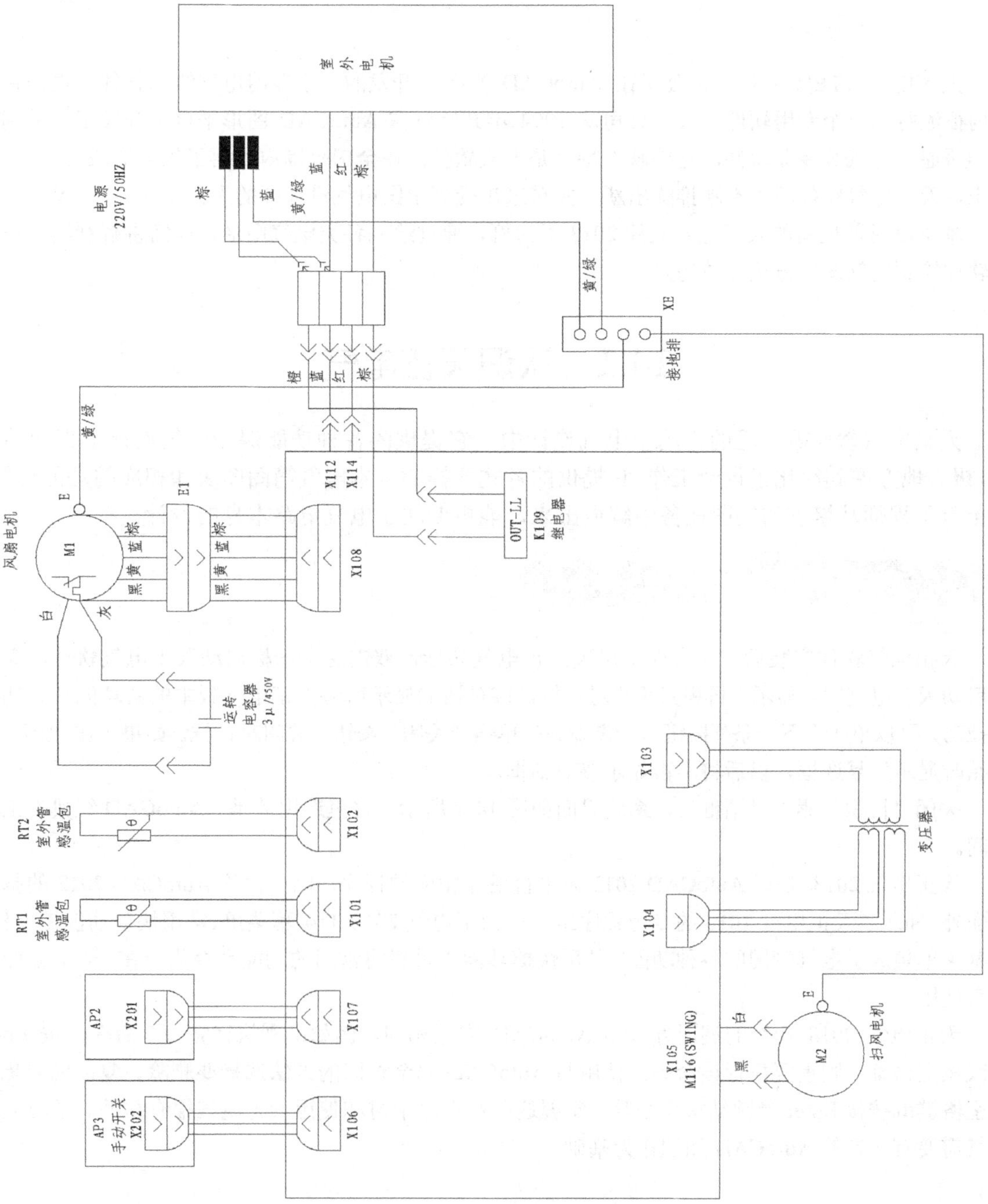

图 13-225　标注文字

第 14 章 天正电气在 AutoCAD 电气制图中的使用

天正电气（TElec）是天正公司在 AutoCAD 平台上开发的一个专用电气绘图软件，也是目前国内很流行的一个专用软件。天正公司从 1994 年开始就在 AutoCAD 图形平台上开发了一系列建筑、暖通、电气等专业软件，这些软件特别是电气软件，在全国范围内取得了极大的成功，近 10 年来，天正电气软件版本不断推陈出新，并越来越受到中国电气设计师的厚爱。

本章以目前最新的天正电气软件 2013 版为例，通过绘制各类电气图形，详细讲解利用天正电气软件绘制电气图的方法与技巧。

14.1 认识天正电气

天正电气软件被广泛的应用于电气设计中，它提供的各种功能深受电气设计工程师的喜爱，极大地方便和简化了设计工作。它提供的各式各样的基本电气简图图块和相应的功能计算，使电气工程师从繁重的制图任务中解放出来，能更专注于电气电路本身的设计。

14.1.1 天正电气的启动

天正电气软件安装后，在桌面上出现天正电气图标，双击这个图标启动天正电气软件。第一次启动天正电气时，显示“日积月累”对话框。该对话框显示所装天正电气版本的新功能和一些使用技巧，可以单击“下一条”按钮作一浏览，或单击“关闭”按钮，关闭对话框。如果单击取消“在开始时显示”复选框，以后将不再显示该对话框。

关闭“日积月累”对话框后，系统界面如图 14-1 所示，这里选用的是“AutoCAD 经典”工作空间。

天正电气 2013 是以 AutoCAD 2012 为平台搭建相应的程序，因此，除 AutoCAD 2012 的基本界面外，插入了天正电气 2013 的专用程序组——天正电气 2013 的屏幕菜单、常用快捷功能工具栏。屏幕菜单集成了电气制图的各种功能；常用快捷功能工具栏将常用的功能命令集合在一起，方便制图者使用。

天正电气 2013 命令的调用方法和 AutoCAD 完全相同。例如：刚执行完一个命令，按 Enter 键或按空格键，则重复执行该命令；使用与 AutoCAD 完全相同的方法选择要删除、复制的对象；按空格键或按按 Enter 键键结束命令等。掌握这些特点对学习和使用天正电气很有帮助。学习天正电气需要有一定的 AutoCAD 知识作为基础。

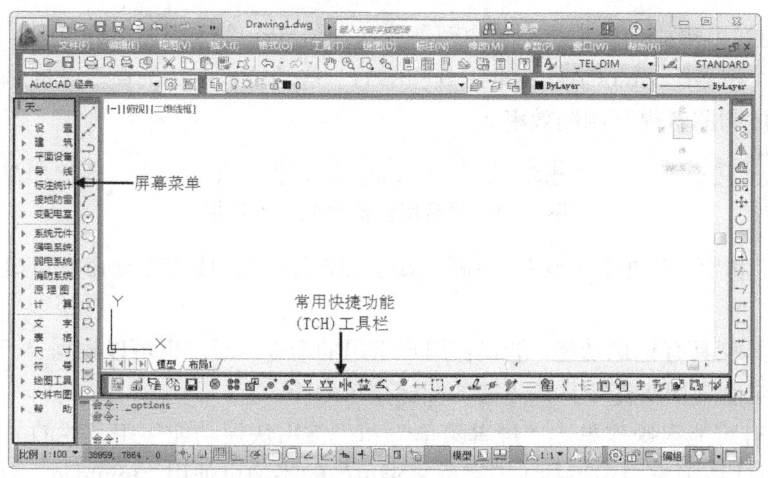

图 14-1　天正电气 2013 屏幕界面

14.1.2　天正电气的窗口组成

启动天正电气以后，即进入天正电气的工作界面，以下将对窗口各部分与 AutoCAD 相比有变化的项目进行说明。

1. 屏幕菜单和“常用快捷功能”工具栏

天正电气 2013 中所有的功能都可以通过天正的屏幕菜单进行调用，如图 14-2 所示。其菜单以树状结构形式进行显示，在屏幕菜单中左面有一个小的黑色三角形，表示该按钮有下一级菜单，单击该按钮可调出下一级菜单；单击菜单中的命令按钮，执行相应的命令。例如，单击“平面设备”下级菜单中的 任意布置 按钮，则弹出如图 14-3 所示的命令窗口，里面有相应的电气简图图块以供选择。

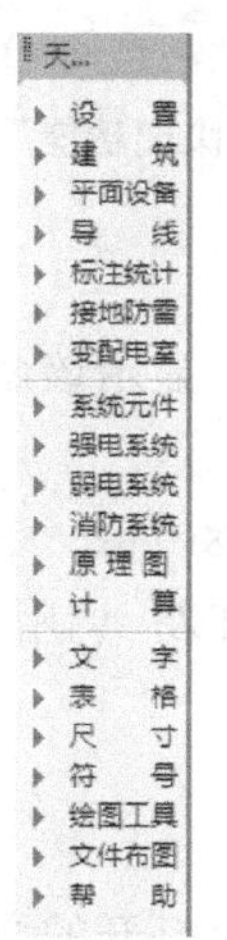

图 14-2　屏幕菜单

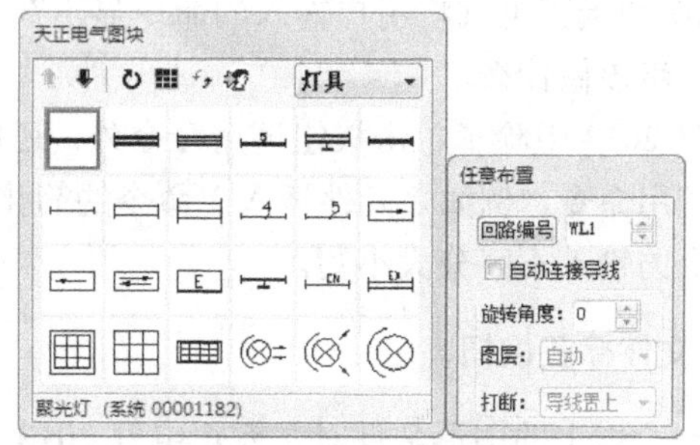

图 14-3　弹出的图块窗口

由于调出天正电气命令需要翻一两次菜单，会影响作图效率，所以天正电气将一些常用命令放在了“常用快捷功能”工具栏上，如图 14-4 所示，单击其中的命令按钮，即可调用相应的命令。

天正电气 2013 的常用快捷功能工具栏包含两部分，左边 5 个命令用以更改设置、过滤选择、工具栏设置、保存等，相当于 AutoCAD 标准工具栏中的一些功能；右边的命令是屏幕菜单的常用命令的快捷方式，方便制图者提高制图效率。

图 14-4 “常用快捷功能”工具栏

“屏幕菜单”和“常用快捷功能”工具栏，都可以拖曳出来，成为浮动命令窗口，放在 AutoCAD 的绘图区中。

常用快捷工具栏具有记忆功能，能记住用户常用的命令。用户也可以根据自己的习惯使用“工具栏”命令设置定制常用快捷工具条里面的图标菜单命令。

一些初学者有可能误操作单击“屏幕菜单”和“常用快捷功能”工具栏的关闭按钮而不知道如何再在 AtuoCAD 图形窗口中添加上。“屏幕菜单”的添加可使用“tmnload”命令。在命令行中输入 tmnload，按 Enter 键或者单击鼠标右键，则会出现如图 14-5 所示的对话框，选择文件名为 Tch.tmn 的文件，即可加载“屏幕菜单”。“常用快捷功能”工具栏的加载与“屏幕菜单”不同。它的加载和 AutoCAD 2012 工具栏加载方法一样。在工具栏的空白处，即没有按钮的地方单击鼠标右键，在弹出的快捷菜单中选择 TCH 即可，或者如图 14-6 所示选择“工具”|“工具栏”|AutoCAD|TCH 命令。

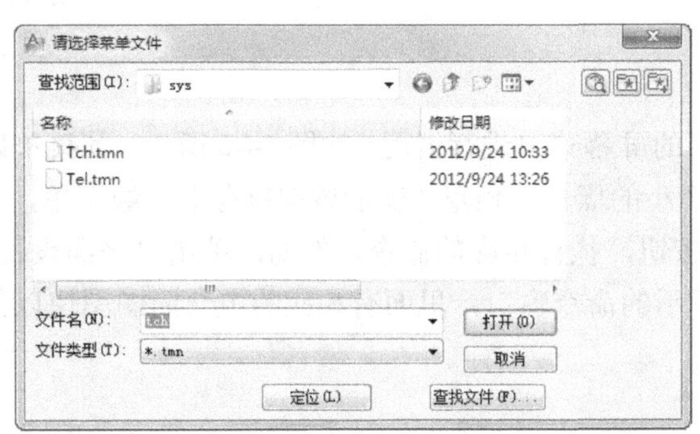

图 14-5 屏幕菜单加载对话框

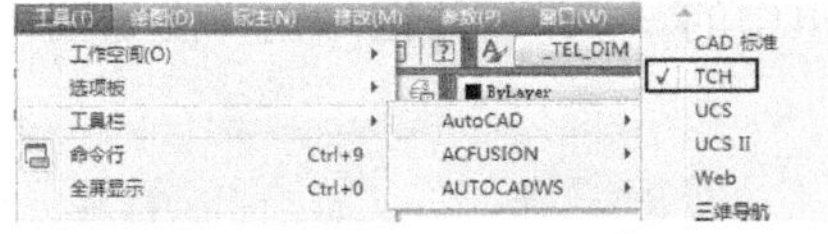

图 14-6 加载“常用快捷功能”工具栏

2. 命令对话区

AutoCAD 和天正电气将用户输入的命令显示在此区域内，执行命令后，显示该命令的提示，提示用户下一步该做什么。

天正电气 2013 中除了单击按钮调用命令外，还可以输入命令的中文名称中每一个汉字拼音的第一个字母调用命令，例如“元件插入”命令的简化命令是 YJCR；输入 YJFZ，调用“元件复制”命令等。命令的输入不区分大小写。

3. 图形文件标签按钮

当打开一个以上的图形文件时，天正电气 2013 显示文件标签按钮，每个打开的文件对应一个按钮，以文件名作为按钮名称，单击其中一个按钮，将切换到该文档所在窗口，如图 14-7 所示。

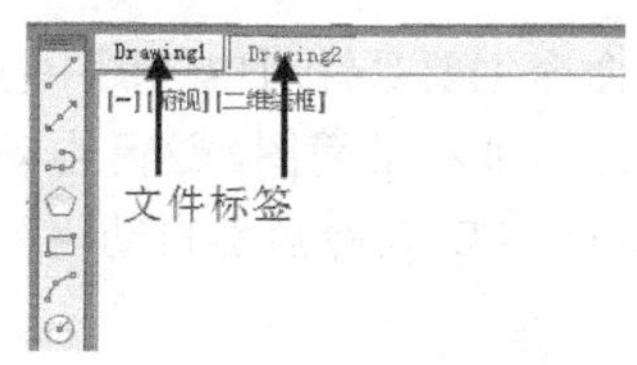

图 14-7　图形文件标签按钮

4. 热键

天正电气还提供了热键供用户使用，熟练地使用这些热键能有效提高绘图速度。表 14-1 给出了这些热键的定义。

表 14-1　常用热键

热键	功能
F1	帮助文件的切换键
F2	屏幕图形显示和文本显示的切换键
F3	对象捕捉开关
F6	状态栏的绝对坐标和相对坐标的切换
F7	屏幕栅格显示状态开关键
F8	屏幕光标正交状态开关键
F9	屏幕光标捕捉状态开关键
F11	对象追踪的开关键
F12	在基线和边线间切换墙体捕捉位置
Ctrl+F12 或 Ctrl+ ＋	屏幕菜单的开关键

5. 快捷菜单

天正电气继承了 AutoCAD 快速调出命令的优点，提供右键快捷菜单。同 AutoCAD 用法一样，在绘图区单击鼠标右键，弹出能执行相关命令的菜单。

快捷菜单可通过以下方式得到：

- 鼠标置于 CAD 对象或天正实体上使之亮显后，单击右键，弹出与此对象、实体相关的菜单。
- 用鼠标单击对象或实体后，单击右键，弹出相关菜单。
- 在绘图区域内“Ctrl + 单击鼠标右键”，弹出常用命令组成的菜单。

14.1.3　天正命令与 AutoCAD 命令的选用

天正电气运行在 AutoCAD 环境中，两者融为一体，相辅相成。作图时用天正命令还是 AutoCAD 命令，由用户根据需要和命令的方便程度确定，两者之间没有界线。

一般来说，绘制电气概略图、电路图和功能简图，输入各种电气符号，用天正命令比用 AutoCAD

命令方便、快捷、有效。但天正电气命令主要是针对电气图中标准电气简图、标准电气电路图开发的，不能穷尽所有的标准简图，难以绘制非标准简图，这是自动化与灵活性这一矛盾作用的必然结果，是专用软件难以克服的问题。AutoCAD 命令虽然自动化程度较低，但使用面广，许多时候需要将两者结合使用。

14.2 系统设置与操作管理

14.2.1 工程管理

选择“设置”|“工程管理”命令，打开“工程管理”对话框。工程管理工具是管理同属于一个工程下的图纸(图形文件)的工具，它将在同属于同一个工程的图纸集合在一起，给出一个树状的管理目录，便于查找和修改。启动命令后出现一个界面，如图 14-8 所示。

单击界面上方的下拉列表，可以打开工程管理菜单，菜单几个主要命令的用法如下。

- “新建工程”命令：为当前图形建立一个新的工程，弹出“另存为”对话框为工程命名和指定保存位置。
- “打开工程”命令：弹出“打开”对话框，打开已经存在的工程，进行编辑。
- “导入楼层表”命令或“导出楼层表”命令：该功能是取代就旧版本沿用多年的楼层表定义功能，在天正电气中，以楼层栏中的图标命令控制属于同一工程中的各个标准层平面图，允许不同的标准层存放于一个图形文件下。
- “最近工程”命令：打开最近使用过的工程。
- “保存工程”命令：保存现有工程。
- “工程设置”命令：对现有工程进行各程设置。
- 图纸栏：图纸栏将各系统图和平面图集合在一起，便于查找和编辑。如图 14-9 所示，在工程名称单击鼠标右键，可为工程添加图纸和子类别。若在“强电系统”等子类别上单击鼠标右键，可以将该子类别下的图纸移除或重命名，也可在这个子类别下添加图纸或再添加下一级子类别。

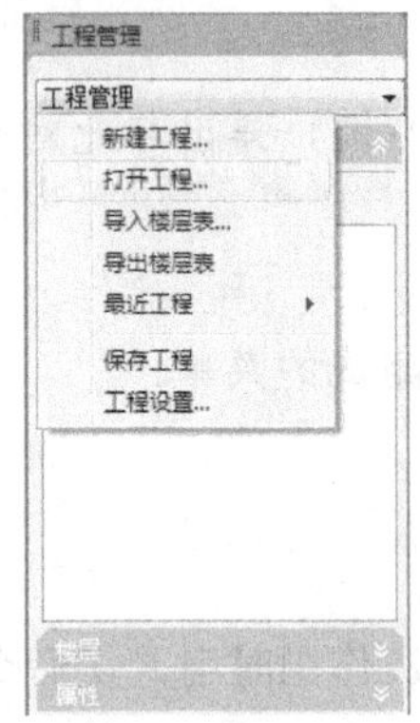

图 14-8　工程管理命令提示

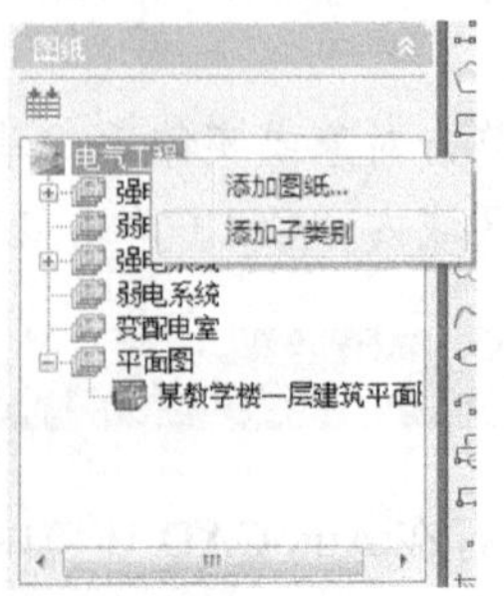

图 14-9　图纸栏编辑

14.2.2　初始设置

选择“设置”|“初始设置”命令，打开如图 14-10 所示的“选项”对话框，选择对话框中的“电气设定”标签，进入电气初始设置界面。

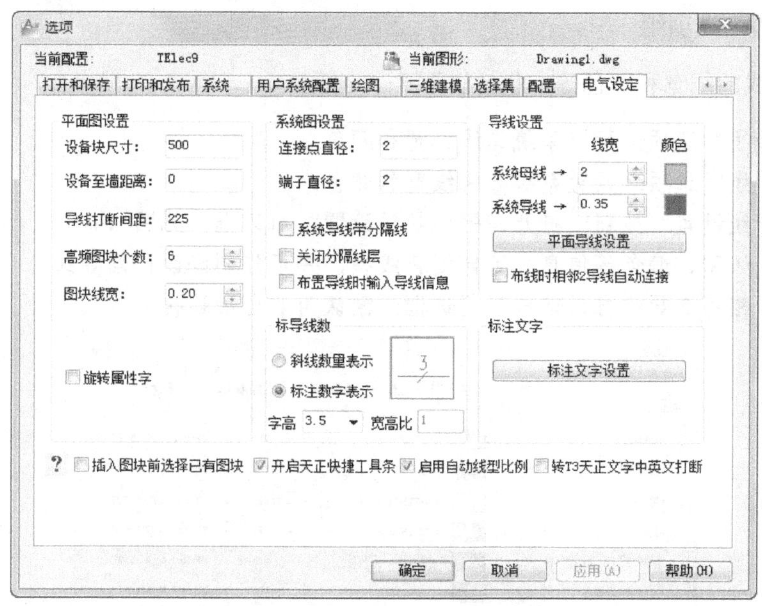

图 14-10　电气设定选项设置

天正电气与 AutoCAD 的运行环境结合成为一个整体，电气设定的内容配置在 AutoCAD 的选项的一个选项卡上。因此该“选项”对话框也可通过 AutoCAD 的菜单命令“工具”|“选项”|“电气设定”调出。

天正电气的“电气设定”用于设置绘图中图块尺寸、导线粗细、文字字形、字高和宽度比例等初始信息。

1. “平面图设置”选项组

设置平面设备的相关参数值，包括以下 5 项。

- “设备块尺寸”文本框：设定平面图中设备块插入图块的大小，这里是比例尺寸。
- “设备至墙距离”文本框：设定沿墙插入设备块离墙的距离。采用实际尺寸。
- “导线打断距离”文本框：在执行导线打断命令时，设备块和导线的打断距离。
- “高频图块个数”选项：设置设备库自动记忆用户常用的设备块的个数。
- “图块线宽”文本框：设置图块的图线宽度。
- “旋转属性字”复选框：设置属性字是否跟图块一起旋转。

2. “系统图设置”选项组

设置系统图的相关参数值，包括以下 5 项。

- “连接点直径”文本框：设定绘图时导线连接点的直径，实际尺寸。

- “端子直径”文本框：设定绘图时端子的直径，实际尺寸。
- “系统导线带分隔线”复选框：改变系统导线是否带分割线状态。
- “关闭分割线层”复选框：改变分隔线层开关状态。
- “布置导线时输入导线信息”复选框：改变在布置导线时是否直接输入导线信息的状态。

3.“导线设置”选项组

设置系统导线的线宽和颜色等，包括以下 4 个选项。

- “系统母线”选项：设置系统母线线宽和颜色。
- “系统导线”选项：设置系统导线线宽和颜色。
- “平面导线设置”按钮：打开“平面导线设置”对话框（见图 14-11），设定照明等线路的线宽、线型、颜色等信息。可自创新线型，并可强制修改已画导线。
- “布线时相邻 2 导线自动连接”复选框：默认为非自动连接。

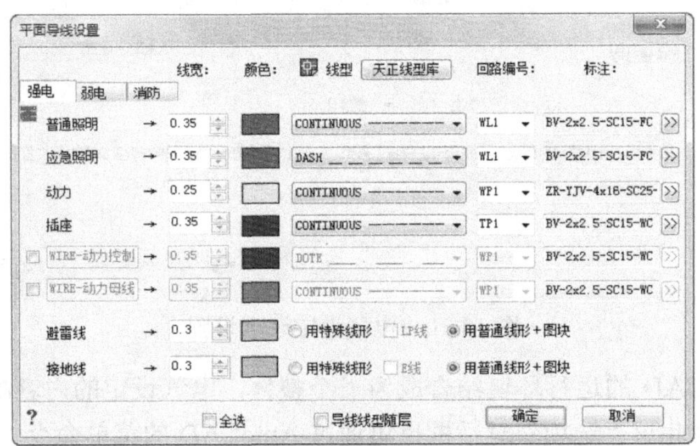

图 14-11 “平面导线设置”对话框

4. “标注文字”选项组

单击“标注文字设置”按钮，弹出如图 14-12 所示的“标注文字设置”对话框，可以对电气标注和文字线形的字体、字高和宽高比进行设置。

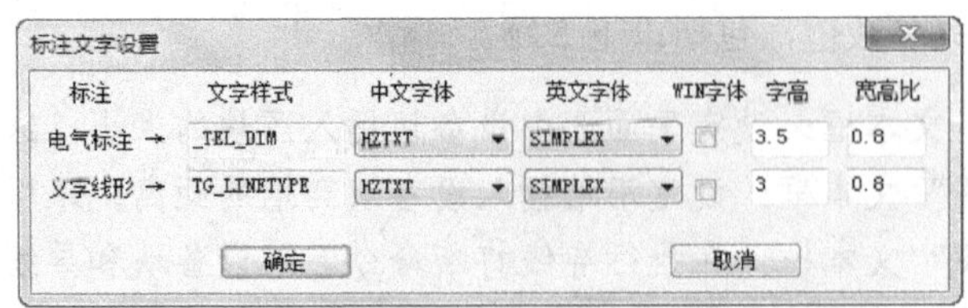

图 14-12 “标注文字设置”对话框

5. “标导线数”选项组

“标导线数”选项组：用来设定标定导线数是采用斜线标注还是数字标注，数字标注可更改标注数字的字高和宽度比。

14.2.3　定制工具栏

选择“设置”|“工具条”命令，打开“定制天正工具条”对话框，如图 14-13 所示。

该命令用来定制图 14-4 所示的天正电气“常用快捷功能”工具栏命令。除“常用快捷功能”工具栏中的前 5 个命令不能调整外，其余命令都可以通过图 14-13 中“加入”按钮、“删除”按钮添加或删除。用户可以通过图 14-13 所示的“定制天正工具条”对话框定制习惯用的命令。天正工具栏具有位置记忆功能，能将用户在画图中常用的天正命令加入“常用快捷功能”工具栏中。

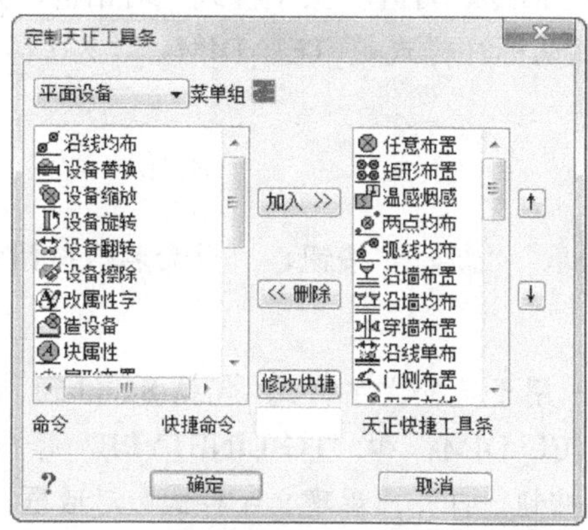

图 14-13　“定制天正工具条”对话框

用户通过该命令将自己惯用的命令加入“常用快捷功能”工具栏，在绘图中可以提高调用命令的速度，从而提高绘图速度。

14.2.4　设置当前比例

选择“设置”|“当前比例”命令，修改当前比例，命令行提示如下：

```
命令: T93_TPScale
当前比例<100>:（输入比例，如果比例是 1：1000，则输入 1000）
```

安装天正电气软件后，在绘图界面的左下角会显示当前比例，如图 14-14 所示。

也可以单击“比例”后面的小三角按钮，在弹出的比例选项中选择比例，如图 14-15 所示。

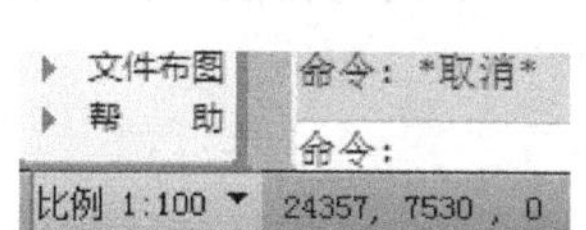

图 14-14　当前比例

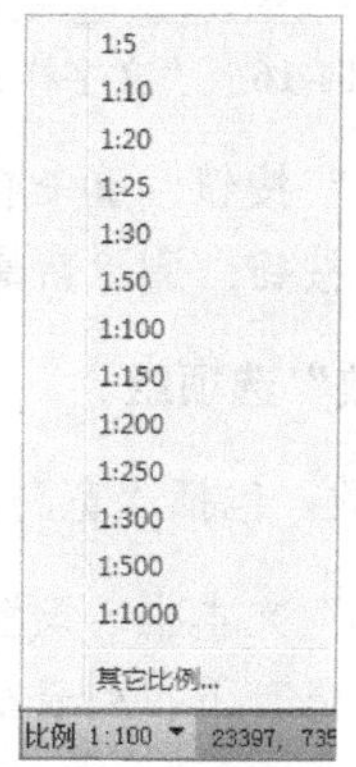

图 14-15　比例选项

在设定了当前比例之后，标注、文字的字高和多段线的宽度等都按新设置的比例绘制。需要说明的是，“当前比例”值改变后，图形的度量尺寸并没有改变。例如一张当前比例为1:100的图，将其当前比例改为1:50后，图形的长宽范围都保持不变，只是在进行尺寸标注时，标注、文字和多段线的字高、符号尺寸与标注线之间的相对间距缩小了一倍。

14.2.5 设置文字样式

选择“设置”|“文字样式”命令，打开“文字样式”对话框，如图14-16所示，用以更改和新建文字标注样式，天正电气默认标注样式是_TEL_DIM。“文字样式”对话框中主要选项的功能如下。

1.“样式名”选项组

包括“样式名”下拉列表框、“新建”按钮、“重命名”按钮和“删除”按钮，各自功能如下：

- “样式名”下拉列表框：用于选择文字样式，包括Standard、Abbotative、“_TCH_LABEl”、“_TCH_DIM”、“_TEL_DIM”和“TG-LINETYPE”等样式名。
- “新建”按钮：单击该按钮，打开“新建文字样式”对话框，如图14-17所示，可以在“样式名”文本框中输入新建的样式名。

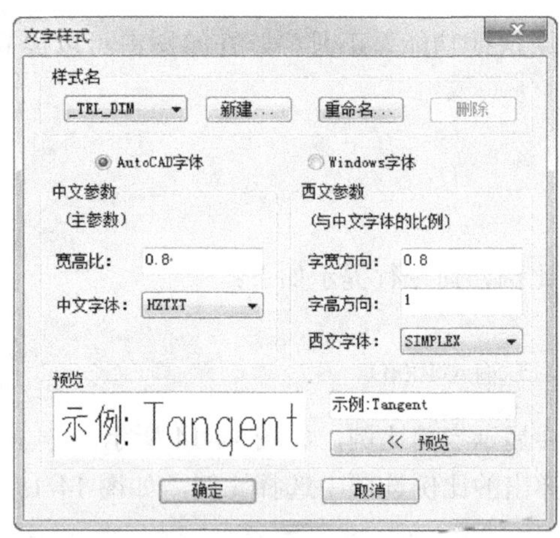

图14-16 “文字样式”对话框

图14-17 “新建文字样式”对话框

- “重命名”按钮：重命名新建的文字样式名。
- “删除”按钮：删除新建的文字样式。

2.“中文参数”选项组

设置中文参数，包括“宽高比”文本框和“中文字体”下拉列表框，各自功能如下。

- “宽高比”文本框：设置中文字体的宽高比。
- “中文字体”下拉列表框：选择中文字体样式。

3. “西文参数”选项组

设置西文参数，包括“字宽方向”文本框、“字高方向”文本框和“西文字体”下拉列表框，各自功能如下。

- “字宽方向”文本框：设置西文字体字宽比。
- “字高方向”文本框：设置西文字体字高比。
- “西文字体”下拉列表框：选择西文字体样式。

14.2.6　选择线型库

选择“设置”|“线型库”命令，打开“天正线型库”对话框，如图 14-18 所示。

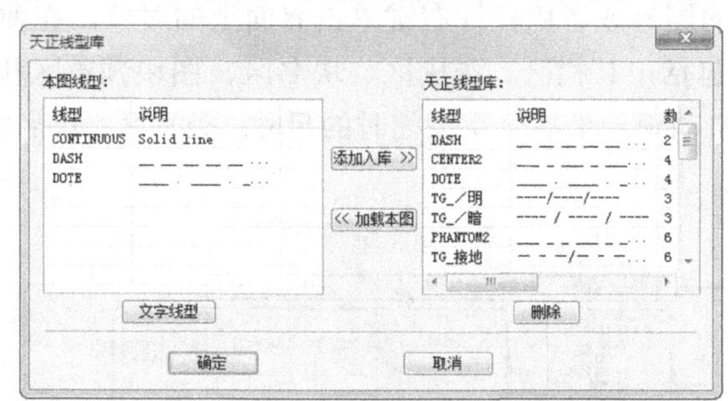

图 14-18　“天正线型库”对话框

“天正线型库”对话框中主要选项的功能如下。

- “本图线型”选项组：显示当前图形的 CAD 线型，可以通过打开 CAD 的“线型管理器”加载其他线型。
- “天正线型库”选项组：显示当前天正线型库中的线型样式。
- “添加入库”按钮添加入库 >>：单击该按钮，将当前图形中的线型添加到天正线型库中。
- “加载本图”按钮<< 加载本图：单击该按钮，将天正线型库中的线型添加到本图线型库。
- “删除”按钮删除：单击该按钮，删除在天正线型库中已经加载的线型。
- “文字线型”按钮文字线型：单击该按钮，调出如图 14-19 的“带文字线型管理器”对话框。

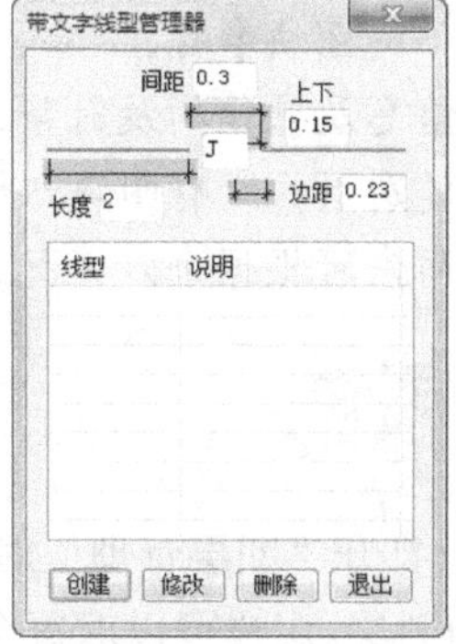

图 14-19　“带文字线型管理器”对话框

“带文字线型管理器”对话框中主要选项的功能如下。

- “文字设置”选项组：修改线上文字的样式，包括“字高”文本框和“字型”下拉列表框。“字高”文本框设置文字高度；“字型”下拉列表框选择字型。
- “创建”按钮：单击该按钮，创建已经设置好的带文字的线型。
- “修改”按钮：单击该按钮，修改已有的带文字线型。
- “删除”按钮：单击该按钮，删除已有的带文字线型。

14.2.7 图库管理

选择“设置”|“图库管理”命令，打开“天正图库管理系统”对话框，如图 14-20 所示。命令交互通过单击工具栏上的图标或者用鼠标右键单击界面上的对象，在弹出的快捷菜单进行。

图库管理系统的界面包括工具栏区、类别区、块名区、图块预览区和状态栏 5 个分区。对话框大小可随意调整，并能自动记录最后一次关闭时的尺寸，类别区、块名区和图块预览区的大小和相对位置也可以随意调整。

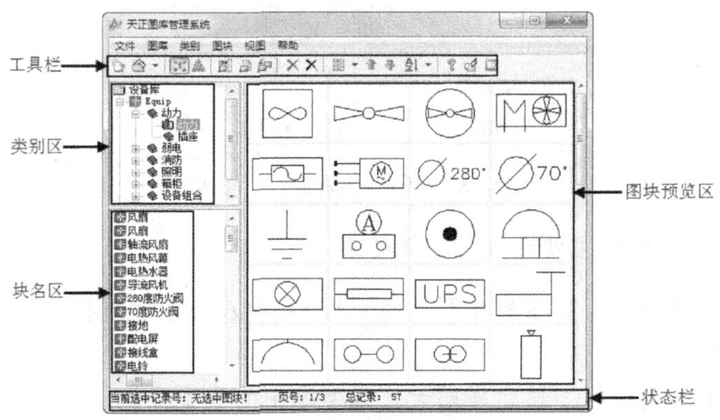

图 14-20 “天正图库管理系统”对话框

- 工具栏：提供了所有的图库管理命令图标。将光标移到这些按钮上时，则浮动显示命令中文提示。
- 类别区：显示当前库的类别树形目录，黑体部分即代表当前类别，可在需要的地方通过快捷菜单中的“新建类别”命令建立新类别。
- 块名区：显示当前库当前类别下的图块名称。
- 状态栏：显示当前图块的参考信息及操作的及时帮助提示。
- 图块预览区：显示当前库当前类别下的所有图块幻灯片。选中的图块用红色边框显示，并加亮显示名称区列表的该项，用户可根据个人情况选择图块布局。

14.2.8 图层管理

选择“设置”|“图层管理”命令，打开“图层管理”对话框，如图 14-21 所示。“图层管理”对话框中包括了天正电气中各种类别的图层。用户可以对每个图层的图层名、颜色和备注进行修改。

图 14-21　“图层管理”对话框

“图层管理”对话框中主要选项的功能如下。

- “图层标准”下拉列表框用于选择不同的已定制图层标准。
- “置为当前标准”按钮：将选定的图层标准置为当前。
- “新建标准”按钮：创建图层标准。
- “图层关键字”：系统内部默认图层信息，不可修改，用于提示图层所对应的内容。
- “图层名”、“颜色”、“线型”：定制修改图层名称、颜色和线型。
- “备注”：描述图层内容。
- “图层转换”按钮：转换已绘图纸的图层标准。
- “颜色恢复”按钮：恢复系统原始设定的图层颜色。

14.2.9　图层控制

选择“设置”|“图层控制”命令，打开“图层控制”控制菜单，如图 14-22 所示。“图层控制”菜单用来打开和关闭相应的图层、删除绘制错误的图层。

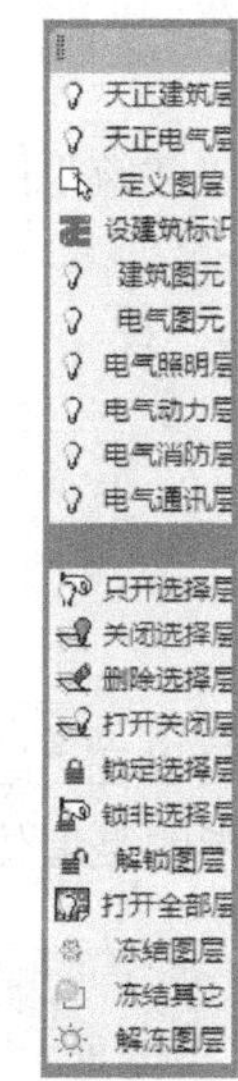

图 14-22　“图层控制”菜单

14.3　绘制建筑平面图

照明平面图等电气图纸需要在建筑平面图上进行绘制，因此必须首先学会绘制建筑平面图。本节主要介绍天正电气中的几个重要的绘制建筑平面图的命令，如绘制轴网、绘制墙体、门窗、双跑楼梯等。

14.3.1　绘制轴网

选择“建筑”|“绘制轴网”命令，打开“绘制轴网”对话框，如图 14-23 所示。

图 14-23 “绘制轴网”对话框

“绘制轴网”对话框中主要选项的功能如下。

- “直线轴网”选项卡：创建正交轴网、斜交轴网及单向轴网。
- “圆弧轴网”选项卡：创建一组由同心圆弧线和过圆心的辐射线组成、由圆心、半径、圆心角和进深等参数确定的弧线轴网。可以沿顺时针或逆时针方向来绘制，绘制时应注意定位点的选择。
- “轴间距”文本框和“个数”文本框：用户可以在此输入墙体轴线间距和轴线个数。
- “夹角”文本框：选择轴线的夹角，其中 90° 为竖直轴线，0° 为水平轴线。
- “上开”、“下开”、“左进”和“右进”单选按钮：在“直线轴网”选项卡下设置直线轴网的样式。在“弧线轴网”选项卡下是“圆心角”、“进深”、“逆时针”、“顺时针”等单选按钮。

14.3.2 绘制墙体

选择“建筑”|“绘制墙体”命令，打开“绘制墙体”对话框，如图 14-24 所示。

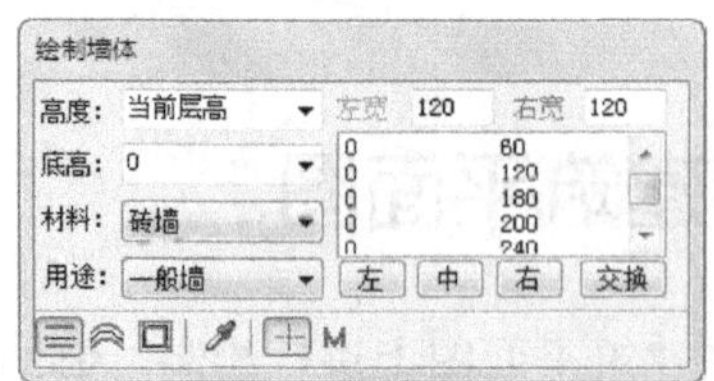

图 14-24 “绘制墙体”对话框

用户可以在“绘制墙体”对话框中设置墙体的宽度、高度、材料及用途，其中“左宽”和“右宽”分别指的是墙体与墙体轴线的左间距和右间距。

14.3.3 绘制门窗

选择“建筑”|“门窗”命令，打开“门窗参数”对话框，如图 14-25 所示。

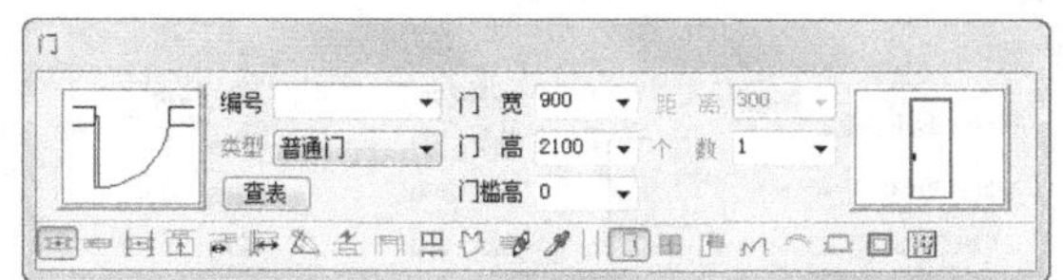

图 14-25　“门窗参数”对话框

“门窗参数”对话框中各按钮的功能如下。

- “自由插入，鼠标点取的墙段位置插入”按钮：单击该按钮将门窗插入到单击位置。
- “沿着直墙顺序插入”按钮：单击该按钮，选择墙体后，系统将沿着选择的直墙顺序插入门窗。
- “依据点取位置两侧的轴线进行等分插入”按钮：单击该按钮，选择轴线，系统将在轴线的中点插入门窗。
- “在点取的墙段上等分插入”按钮：单击该按钮，可以通过确定门窗的大致位置、开向和数目来等分插入门窗。
- “垛宽定距插入”按钮：单击该按钮，可以通过确定门窗的大致位置和开向来插入门窗。
- “轴线定距插入”按钮：单击该按钮，可以通过设置门窗与轴线的距离来插入门窗。
- “按角度插入弧墙上的门窗”按钮：单击该按钮，可以在弧墙上插入门窗。
- “智能插入”按钮：单击该按钮可以在墙段中按预先定义的规则自动按门窗在墙段中的合理位置插入门窗，可适用于直墙与弧墙。
- “插入上层门窗”按钮：单击该按钮可以在已经存在的门窗上再加一个宽度相同、高度不等的门窗，比如厂房或者大堂的墙体上经常会出现这样的情况。
- “在已有洞口插入多个门窗”按钮：单击该按钮可以在同一个墙体已有的门窗洞口内再插入其他样式的门窗，常用在防火门、密闭门、户门和车库门中。
- “充满整个墙段插入门窗”按钮：单击该按钮，可以插入一个布满整个墙段的门窗。
- “替换图中已经插入的门窗”按钮：单击该按钮，可以替换前面插入的门窗。
- “插门”按钮：单击该按钮，“门窗参数”对话框将呈现门的参数设置界面。
- “插窗”按钮：单击该按钮，“门窗参数”对话框将呈现窗的参数设置界面。
- “插门联窗”按钮：单击该按钮，“门窗参数”对话框将呈现门联窗的参数设置界面。
- “插字母门”按钮：单击该按钮，“门窗参数”对话框将呈现字母门的参数设置界面。
- “插弧窗”按钮：单击该按钮，“门窗参数”对话框将呈现弧窗的参数设置界面。
- “插凸窗”按钮：单击该按钮，“门窗参数”对话框将呈现凸窗的参数设置界面。
- “插矩形洞”按钮：单击该按钮，“门窗参数”对话框将呈现矩形洞的参数设置界面。

14.3.4　绘制标准柱

选择“建筑”|“标准柱”命令，打开“标准柱”对话框，如图 14-26 所示。用户可以在“标准柱”对话框中设置标准柱的类型和相关参数。

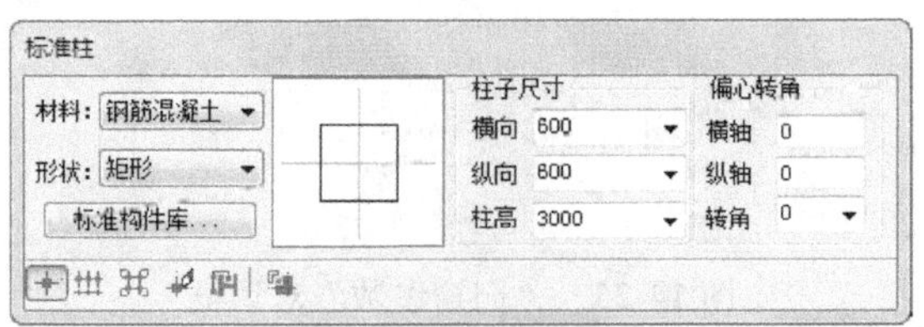

图 14-26 “标准柱”对话框

- “点选插入柱子”按钮：单击该按钮，在绘图区中选取插入点插入柱子。
- “沿一根轴线布置柱子”按钮：单击该按钮，在绘图区中选取的轴线上插入标准柱。
- “指定的矩形区域内的轴线交点插入柱子”按钮：单击该按钮，在选定的矩形区域内的轴线交点上插入标准柱。
- “替换图中已插入的柱子”按钮：单击该按钮，选取绘图区中需要替换的标准柱，将其替换为重新定义的标准柱。
- “选择 PLine 线创建异形柱”按钮：单击该按钮，可以选取绘图区中的某个闭合的多段线，将该多段线创建为柱子。
- “在图形中拾取柱子形状或已有柱子”按钮：单击该按钮，可以在绘图区选择某个已经创建的柱子形状创建下一个柱子。
- “材料”下拉列表框和“形状”下拉菜单：在下拉菜单中选择插入标准柱的材料和形状。
- “柱子尺寸”选项组：设置标准柱的参数
- “偏心转角”选项组：设置标准柱的偏心转角
- “标准构件库”按钮：选择“标准构件库”中的标准样式。

14.3.5 绘制转角柱

选择“建筑”|“角柱”命令，命令行提示如下：

```
命令: T93_TCornColu
请选取墙角或 [参考点(R)]<退出>:
```

墙角的参考点选择后，弹出“转角柱参数”对话框，如图 14-27 所示。用户可以在“转角柱参数”对话框中设置转角柱的类型和相关参数。

参照左面角柱预览框，设定转角柱的 A 点和 B 点的长度和宽度，在材料下拉列表中选择转角柱的材料种类。

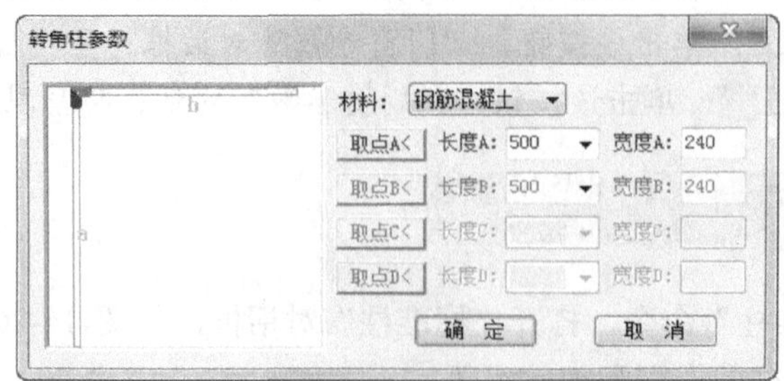

图 14-27 “转角柱参数”对话框

14.3.6　绘制双跑楼梯

选择“建筑”|“双跑楼梯”命令，打开“矩形双跑楼梯”对话框，如图 14-28 所示。用户可以在“矩形双跑楼梯”对话框中设置楼梯的类型和相关参数。

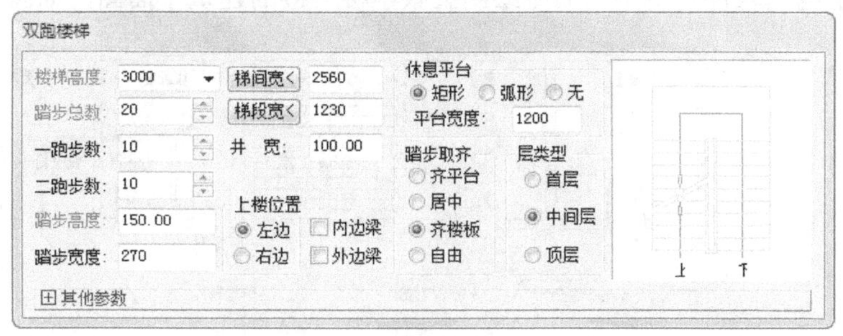

图 14-28　“矩形双跑楼梯”对话框

- 楼梯参数选项：设置楼梯最基本的参数，包括楼梯高度、踏步总数、踏步高度和踏步宽度、一跑步数、二跑步数、梯间宽和梯段宽以及井宽等。
- “休息平台”选项组：选择休息平台的形状，并设定宽度。
- “扶手边梁”选项组：设置扶手的尺寸大小，以及扶手的类型。
- “踏步取齐”设置：设定楼梯踏步的取齐方式。
- “上楼位置”设置：选择双跑楼梯的上楼一侧。
- “层类型”设置：选择楼梯所在楼层的位置。
- “作为坡道”选项：该选项设置楼梯的附加装置。

14.3.7　绘制直线楼梯、圆弧楼梯

选择“建筑”|“直线楼梯”命令和“建筑”|“圆弧楼梯”命令，分别绘制直线型楼梯和圆弧型楼梯。楼梯的参数设置与“双跑楼梯”参数设置大体相似。

14.3.8　绘制阳台、台阶、坡道、任意坡顶

这些命令分别执行绘制阳台、台阶、坡道、任意坡顶。读者可根据相关参数进行设置，这里不再详述。

14.3.9　搜索房间

选择“建筑”|“搜索房间”命令，打开“搜索房间”对话框，如图 14-29 所示。

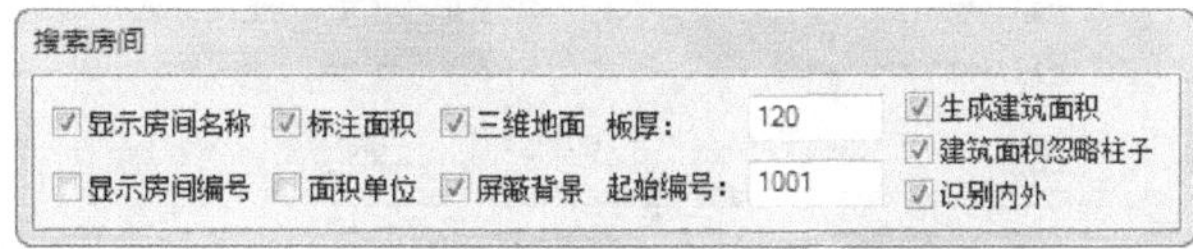

图 14-29　“搜索房间”对话框

“搜索房间”对话框设置搜索结果的显示项，设定房间的起始编号及建筑面积的计算方式。

14.3.10　绘制某教学楼一楼建筑平面图

下面使用天正电气软件建筑中的命令绘制某教学楼一楼的建筑平面图，如图 14-30 所示。

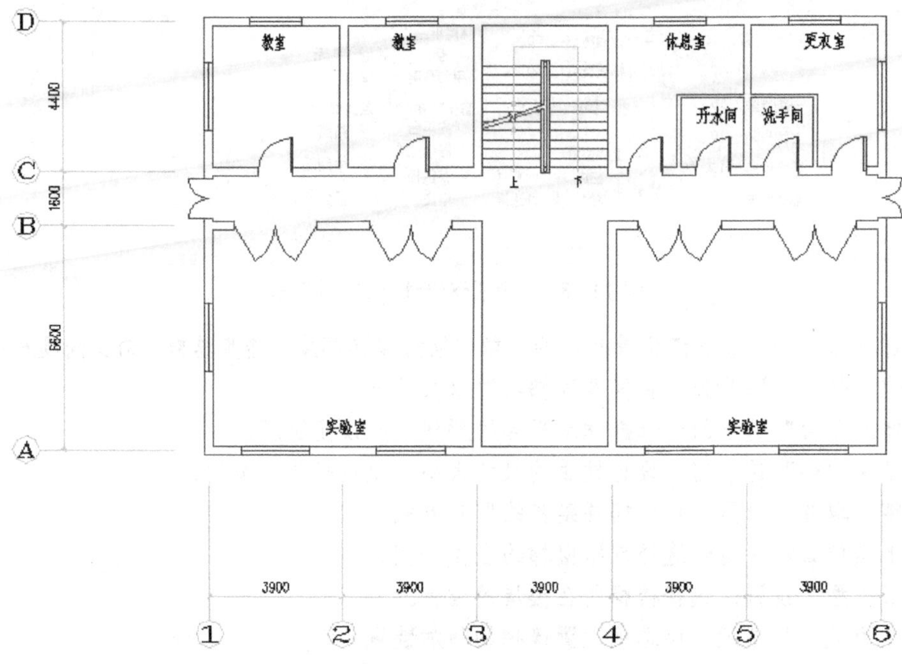

图 14-30　某教学楼一楼的建筑平面图

1. 绘制墙体

步骤 01　选择“建筑”|“绘制轴网”命令，打开“绘制轴网”对话框，在其中输入墙体竖直轴线和水平轴线，水平轴线的具体设置如图 14-31 所示。选取“下开”单选按钮，在“轴间距”文本框输入 3900，“个数”输入 5，完成竖直轴线的设置。

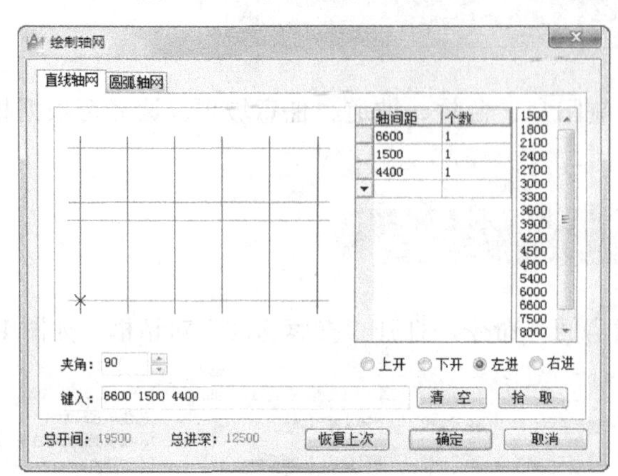

图 14-31　绘制轴网

步骤 02 绘制的墙体轴网如图 14-32 所示。

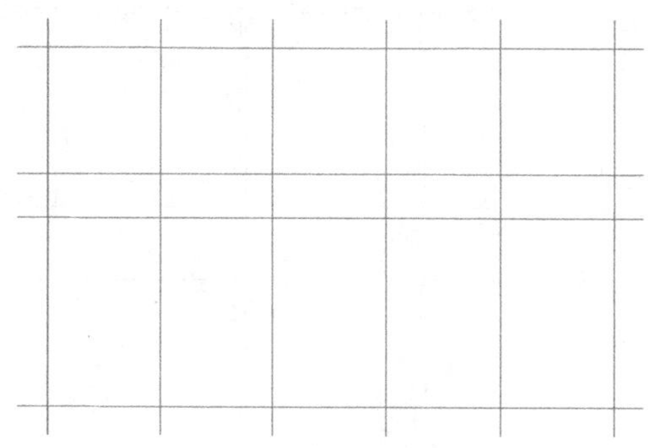

图 14-32 墙体轴网图

步骤 03 右键单击任意轴线，在弹出的快捷菜单中选择“轴线裁剪”的命令，如图 14-33 所示。修剪上面绘制的墙体轴网图，结果如图 14-34 所示。

图 14-33 选择“轴线裁剪”命令

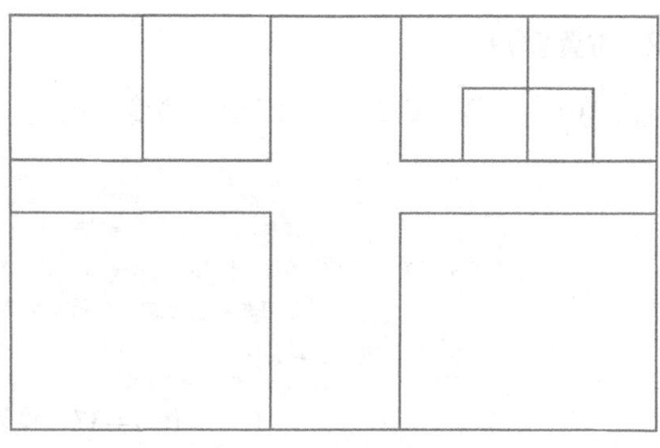

图 14-34 修剪墙体轴线图

步骤 04 选择“建筑”|“绘制墙体”命令，打开“绘制墙体”对话框，将墙体左宽和右宽都设置为 120，然后通过捕捉墙体上的点来绘制外部墙体，结果如图 14-35 所示。

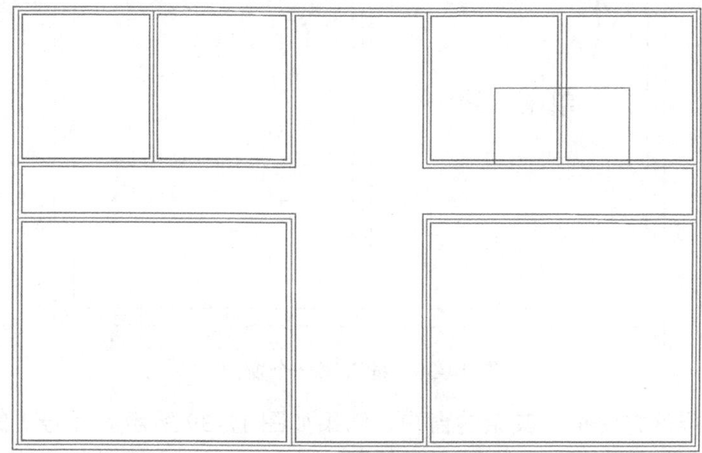

图 14-35 绘制墙体

步骤 05 还有剩下的 4 段墙体没有绘制，将左宽和右宽都设置为 60，然后通过捕捉墙体上的点来补上，最终结果如图 14-36 所示。

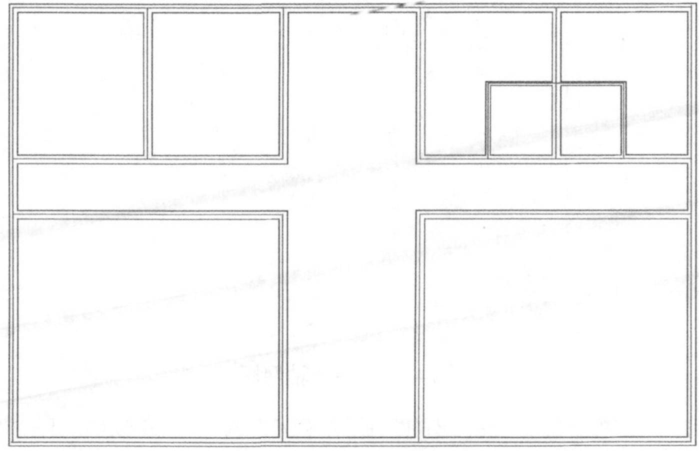

图 14-36　绘制墙体

2. 布置窗户

步骤 01　选择“建筑”|“门窗”命令，打开“门窗参数”对话框，设置参数如图 14-37 所示。

图 14-37　设置窗户参数

步骤 02　单击“依据位置两侧的轴线进行等分插入”按钮，插入窗户。以插入第一个窗户为例，插入过程如图 14-38 所示。

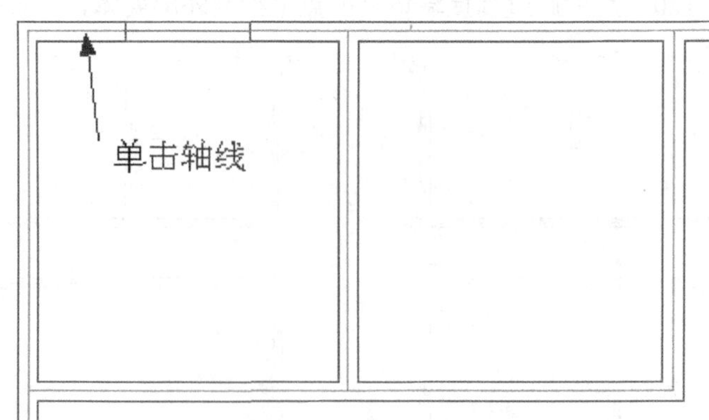

图 14-38　插入第一个窗户

步骤 03　用同样的方法插入其余的窗户，结果如图 12-39 所示。标号 1 的窗户窗宽设置如图 14-37 所示。标号 2 的窗户窗宽设置为 2000。在插入标号为 3 的窗户时，根据命令行提示，在第二行输入 2，如下所示，窗宽设置为 2000。插入窗户后，删掉标号标注：

```
点取门窗大致的位置和开向(Shift－左右开)<退出>:
指定参考轴线[S]/门窗个数(1~3)<1>:2
```

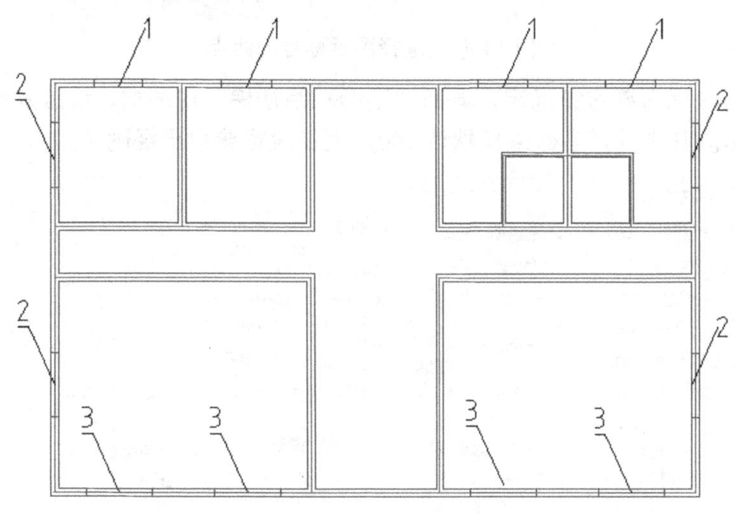

图 14-39　插入窗户

步骤 04　再选择“建筑”|“门窗”命令，打开“门窗参数”对话框，选择“插门”按钮。插入结果如图 14-40 所示。标号为 1 的门宽为 1000，门的类型是单扇平开门；标号为 2 的门宽为 1200，门的类型是双扇平开门；标号为 3 的门宽为 2400，门的类型是双扇平开门（半开）。

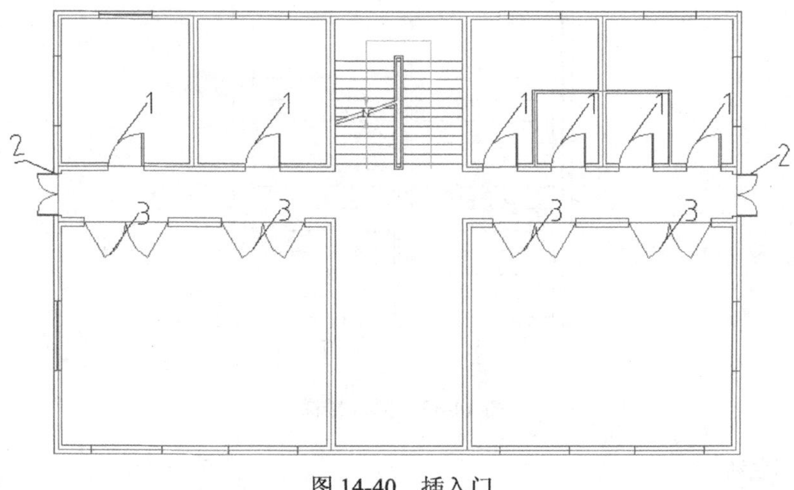

图 14-40　插入门

3. 插入楼梯

步骤 01　选择“建筑”|“双跑楼梯”命令，打开“矩形双跑楼梯”对话框，单击“楼梯参数”选项组中“梯间宽”按钮，返回图纸空间选择中间楼梯间的两点，如图 14-41 所示。

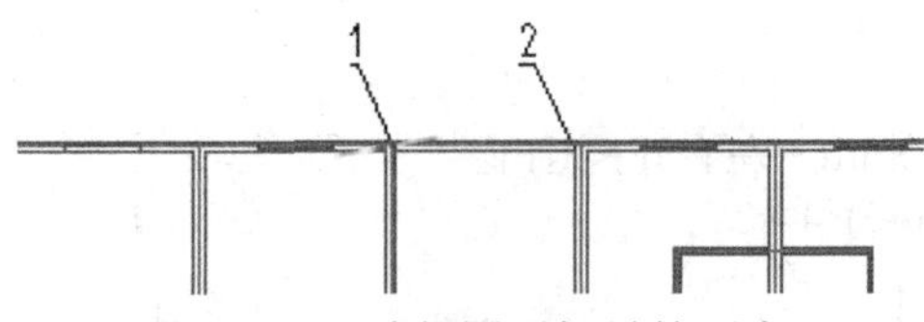

图 14-41　选择图示标号的两点

步骤 02　单击鼠标右键右键确定，返回“矩形双跑楼梯”对话框，设置其他参数如图 14-42 所示。其中井宽参数采用默认 100，则梯段宽参数已经确定。

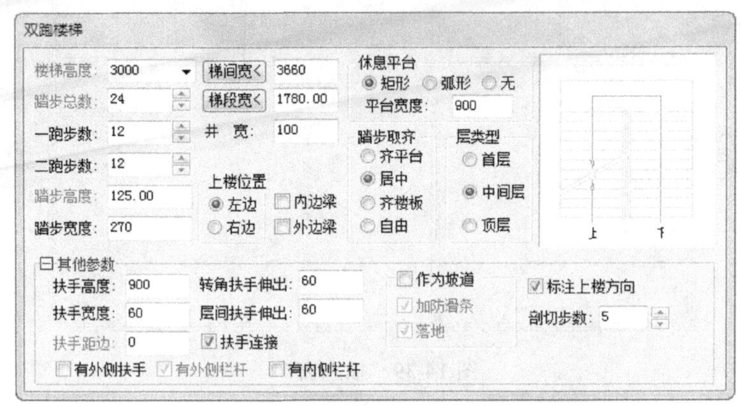

图 14-42　“矩形双跑楼梯”参数设置

步骤 03　单击“确定”按钮，插入楼梯，结果如图 14-43 所示。

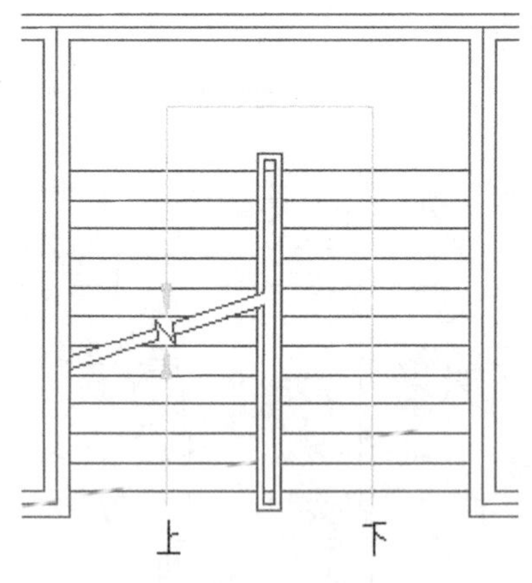

图 14-43　插入楼梯

4. 标注房间名称

步骤 01　选择“文字”|“文字样式”命令，打开“文字样式”对话框，新建一名称为“房间名称”的文字样式，具体设置如图 14-44 所示。

步骤 02　选择“文字”|“单行文字”命令，标注房间名称，具体设置如图 14-45 所示。

图 14-44　“文字样式”对话框

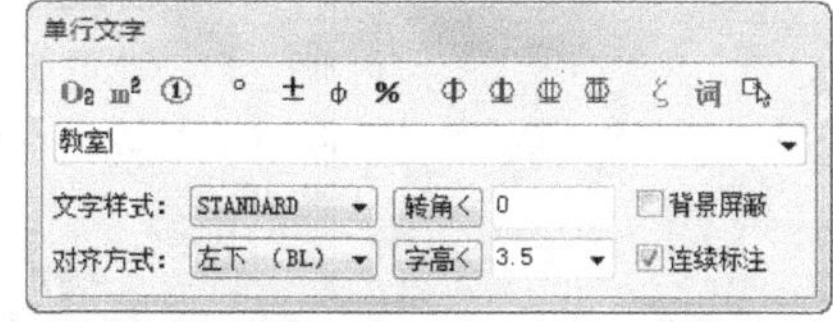

图 14-45　“单行文字”对话框

步骤 03　用同样的方法标注其他房间的名称，结果如图 14-46 所示。

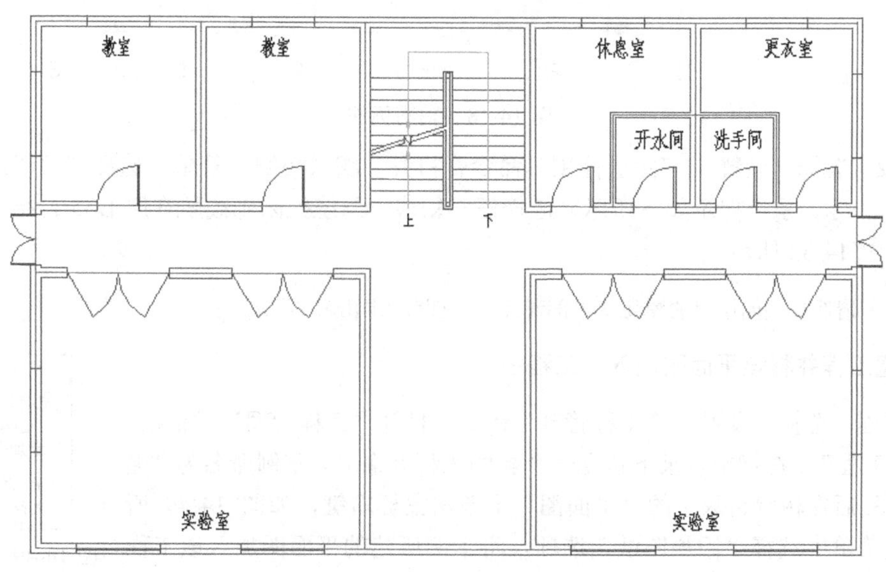

图 14-46　标注房间名称

5. 轴线标注

步骤 01　在任一轴线上单击鼠标右键，从弹出的快捷菜单中选择“两点轴标”，弹出如图 14-47 所示的“轴网标注”对话框，选择“单侧标注”标注横向轴线，“起始轴号”文本框输入 1，后面的标注加 1 递增；标注纵向轴线，“起始轴号”文本框输入 A，后面的标注按英文字母顺序递增。标注结果如图 14-48 所示。

图 14-47　“轴网标注”对话框

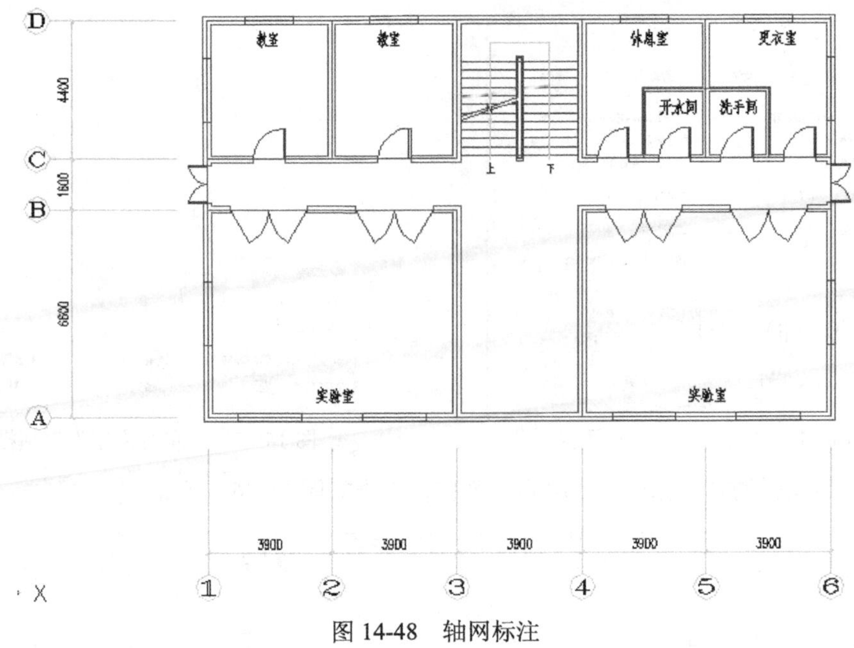

图 14-48　轴网标注

步骤 02　选择“设置”|“图层控制”命令，打开“图层控制”菜单，选择“关闭选择层”命令，系统提示如下所示，选择任一轴线，系统关闭轴线所在层 Dote，结果显示如图 14-32 所示：

请选择关闭层上的图元或外部参照上的图元<退出>:

6. 新建工程并将该平面图加入该工程中

新建工程。选择“设置”|“工程管理”命令，打开“工程管理”对话框，选择“新建工程”，在指定目录下建立一个新的工程并命名。本例命名为“电气工程”。然后在树状目录下的“平面图”上单击鼠标右键，如图 14-49 所示，在快捷菜单中选择“添加图纸”选项，将本例所建的平面图加入该工程中。该步骤也可在没有绘制平面图之前进行。

图 14-49　添加图纸

14.4　电气图块的平面布置与修改

布置设备是建筑电气设计中的重要步骤。天正电气的“平面布置”的各种命令可帮助用户将一些事先制作好的设备图块插入到建筑平面图中。

14.4.1　任意布置

选择“平面布置”|“任意布置”命令，打开“天正电气图块”对话框，如图 14-50 所示。将鼠标移到图块上方时会提示该图块设备的名称；单击对话框中所需要的图块就可将其选定。

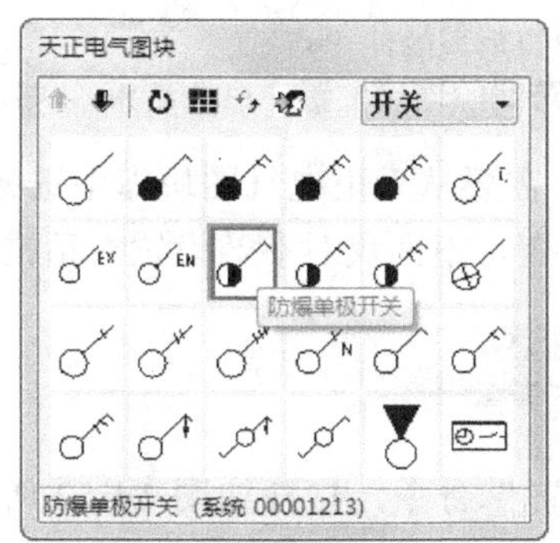

图 14-50　“天正电气图块”对话框

命令行提示如下：

命令: rybz
请指定设备的插入点 {转 90[A]/放大[E]/缩小[D]/左右翻转[F]
/连导线[W]/X 轴偏移[X]/Y 轴偏移[Y]}<退出>:

根据命令行提示，可对插入的图块进行编辑。用户只要输入与各种编辑操作对应的文字，不需按 Enter 键，系统即自动执行。

14.4.2　矩形布置

选择“平面布置”|”矩形布置”命令，命令行提示如下：

请选择已有设备块<从图库中选取>:（提示用户在绘图区中选取已经存在的要插入的设备块）

如果绘图区中没有用户要插入的设备块，则单击鼠标右键或按 Enter 键确认，打开图 14-50 所示的“天正电气图块”对话框，同时还打开如图 14-51 所示的“矩形布置”对话框。“矩形布置”对话框中需要设置的参数如下。

图 14-51　“两点均布”对话框

- “回路编号”按钮：该编号为以后系统生成提供查询数据。
- “布置”选项组：“行数”和“列数”编辑框用于确定用户拉出的矩形框中要布置的设备图块的行数和列数，“行距”和“列距”编辑框用于设置设备图块之间行距和列距。
- “行向角度”编辑框：用于输入设备图块的旋转角度。
- “接线方式”下拉列表框：用于选择设备之间的导线连接方式，简化了用户在绘制设备后再连接导线的工作。
- “需要接跨线”复选框：与接线方式相配合，设置是否在行或列之间跨线连接。

完成”矩形布置”对话框参数设置后，激活绘图区。命令行提示如下：

命令: jxbz
请输入起始点{选取行向线[S]}<退出>:（用户在屏幕上点取矩形框起始角点）

请输入终点：（用户在屏幕上点取矩形框的终止点）
请选取接跨线的列<不接>:（选取跨线的连接位置，命令结束，关闭矩形布置对话框）

提示：“平面布置”命令中，需要从天正电气图块库中选择图块时，均弹出两个对话框，一个用于图块选择，一个用于参数设置，下面仅对参数设置对话框进行介绍。

14.4.3 扇形布置

选择“平面布置”|“扇形布置”命令，打开如图 14-52 所示的“扇形布置”对话框。其参数设置与“矩形布置”不同，但有类似之处，其插入方式与“矩形布置”也不同。

完成“扇形布置”对话框参数设置后，激活绘图区。命令行提示如下：

命令: sxbz
请输入扇形大弧起始点<退出>:（提示用户选取外弧的起始点）
请输入扇形大弧终点<退出>:（在屏幕上点取外弧的终止点）
点取扇形大弧上一点<退出>:（点取扇形大弧上任意一点，确定扇形外弧）
点取扇形小弧上一点：（在屏幕上点取一点 以确定插入设备块的内弧的位置）

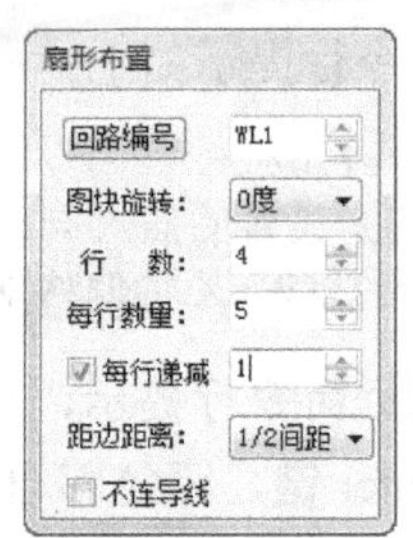

图 14-52 “扇形布置”对话框

14.4.4 两点均布

选择“平面布置”|“两点均布”命令，打开图 14-53 所示的“两点均布”对话框。其参数设置与”矩形布置”命令基本相同，其中“距边距离”是指插入设备块与相邻的起始点或终止点之间的距离，共有三个选项：“1/2 间距”、“0 间距”和“1/4 间距”，默认设置是“1/2 间距”。系统命令行提示如下：

命令: ldjb
请输入起始点<退出>:（点取图中要绘制设备的起始点，屏幕上出现设备的排列点具体位置及形状的预览。）
请输入终点：（确定直线到所要求的位置）

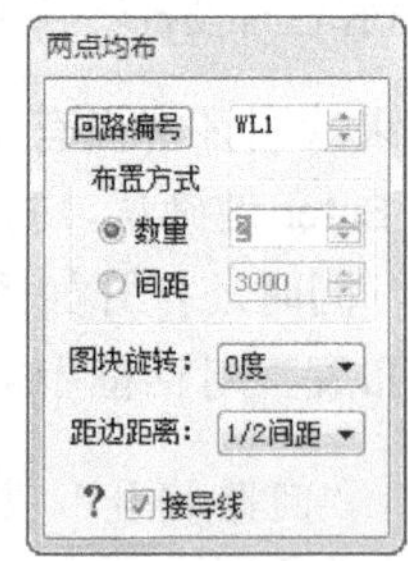

图 14-53 “两点均布”对话框

14.4.5 弧线均布

选择“平面布置”|“弧线均布”命令，打开如图 14-54 所示的“弧线均布”对话框。其参数设置与“两点均布”命令基本相同。系统命令行提示如下：

命令: hxbz
请输入起始点<退出>:（点取图中要插入设备的起始点，屏幕上出现设备的排列点具体位置及形状的预览。）
请输入终止点<退出>:（点取终止点）
点取弧上一点：（点取弧上一点，确定弧线）

图 14-54 “弧线均布”对话框

14.4.6　沿线单布

选择“平面布置”|“沿线单布”命令，打开“天正电气图块”对话框，命令行提示如下：

```
命令: yxdb
请拾取布置设备的墙线、直线、弧线(支持外部参照){门侧布置[A]}<退出>
```

点取要插入设备的墙线或直线、弧线，在点取的位置上就插入了设备块。若选择参数 A，则转成门侧布置命令下“选择墙线”的插入方式。

14.4.7　沿线均布

选择“平面布置”|“沿线均布”命令，打开“天正电气图块”对话框，命令行提示如下：

```
命令: yxjb
请拾取布置设备的墙线、直线、弧线(支持外部参照) <退出>（拾取框拾取一根线）
请给出欲布置的设备数量 {垂直该线段[R]}<2>
```

输入设备数量后，天正电气沿选中的线均匀布置指定数量的设备。如果用户想使插入的设备旋转 90°，则输入 R，再键入设备数量，就会发现插入设备已经旋转了 90°。所谓均匀布置是指两端设备到选中线端点的距离为两设备之间距离的一半。本命令对弧线也有效。

14.4.8　沿墙布置

选择“平面布置”|“沿墙布置”命令，打开“天正电气图块”对话框，命令行提示如下：

```
命令: yqbz
请拾取布置设备的墙线 <退出>:
```

单击要插入设备的墙线，则沿墙线的方向，在选取点插入设备。默认状态下，设备与墙体的距离是 0，可通过“选项”|“初始设置”命令，在弹出的“选项”对话框中修改。

14.4.9　沿墙均布

选择“平面布置”|“沿墙均布”命令，打开“天正电气图块”对话框，命令行提示如下：

```
命令: yqjb
请拾取布置设备的墙线 <退出>:（选取要插入设备块的墙体）
请给出欲布置的设备数量 <2>:（输入要插入设备的数量）
```

则沿墙体均布了要插入数量的设备块。该命令与“沿线均布”命令相似，只是在设备插入时不仅会自动根据墙线的方向来确定图块的插入方向，而且会沿着墙线等距均匀的插入设备。

14.4.10　穿墙布置

这个命令主要用于在一排房间的隔墙上对称配置插座。选择“平面布置”|“穿墙布置”命令，弹出如图 14-55 所示的“穿墙布置”对话框，可以设置在墙的一侧还是两侧布置设备，是否需要在

两个设备之间连接导线。

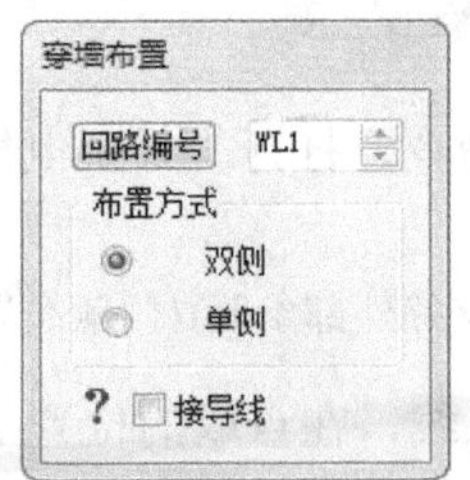

图 14-55 “穿墙布置”对话框

命令行提示如下：

```
命令: cqbz
请点取布设备直线的第一点<退出>:（点取第一点 P1）
请点取布设备直线的第二点<退出>:（点取第二点 P2，在 P1、P2 两点橡皮线与墙线的交点处沿墙插入选定的设备）
```

本命令对弧线墙同样有效。

14.4.11 门侧布置

选择“平面布置”|“门侧布置”命令，打开“天正电气图块”对话框，同时也打开如图 14-56 所示的“门侧布置”对话框。

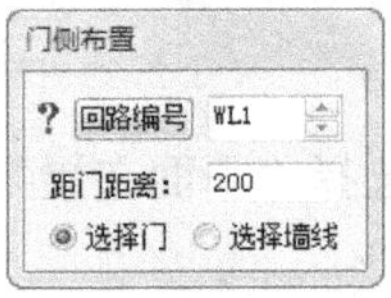

“门侧布置”对话框中需要设置的参数如下。

- “回路编号”按钮：设置回路编号的名称和编号数。
- “距门距离”文本框：设定设备距门的距离。
- “选择门”单选按钮和“选择墙线”单选按钮：设置门侧布置的插入方式，以门为基准插入或是以靠近门侧的墙线为基准插入。

图 14-56 “门侧布置”对话框

14.4.12 图块编辑命令

天正电气提供很多图块编辑命令，熟练使用这些命令可进一步提高制图的速度。这些命令既可以通过天正电气的屏幕菜单来调用，也可以在选中设备后，通过快捷菜单调用，使用哪种方法要根据使用者的习惯。

- “设备替换”命令 设备替换：用选定的设备块来替换已插入图中的设备图块。
- “快速替换”命令 快速替换：与“设备替换”命令类似，只是不需要切换到“天正电气图块”对话框中去操作，可以直接替换。对于替换绘图区已经存在的文字和设备比较适用。
- “设备缩放”命令 设备缩放：改变平面图中已插入设备图块的大小。
- “设备旋转”命令 设备旋转：将已插入平面图中的设备图块旋转至指定的方向，插入点不变。
- “设备翻转”命令 设备翻转：将平面图中的设备沿其 Y 轴方向作镜像翻转。
- “设备移动”命令 设备移动：移动平面图中的设备图块。

- “设备擦除”命令 设备擦除：擦除平面图中的设备块。
- “改属性字”命令 改属性字：修改平面图设备块中的属性文字。
- “移属性字”命令 移属性字：移动设备图块中的属性文字。

14.4.13　造设备

选择“平面布置”|“造设备”命令，用户可根据需要制作图块或对已有图块进行改造，并将改造好的图块加入到设备库中。命令行提示如下：

```
命令: zsb
请选择要做成图块的图元<退出>: （图中拾取要改造的图块）
```

之后，命令行提示：

```
请点选插入点 <中心点>: （选择图块的插入点）
```

这时，从图块中心点引出一条橡皮线，把鼠标移动到准备做插入点的位置，单击即可更改图块插入点。命令行接着提示：

```
请点取要作为接线点的点(图块外轮廓为圆的可不加接线点) <退出>:（需要的位置点取，插入一些接线点；如果所选图块的外形为圆则可不必添加接线点）
```

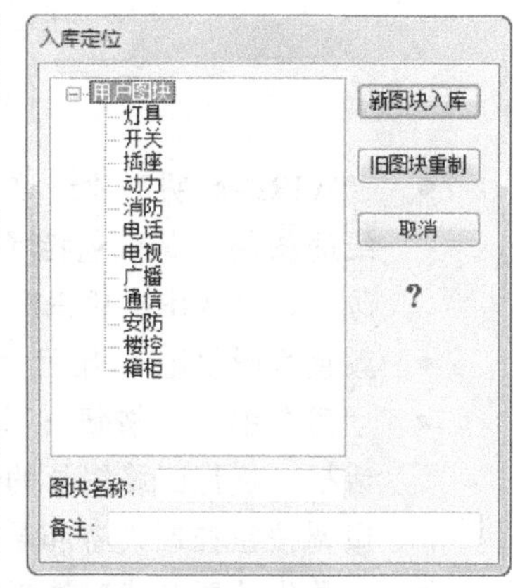

图 14-57　“入库定位”对话框

完成这些步骤后，系统弹出如图 14-57 所示的“入库定位”对话框，提示为新建设备块输入图块名称和选择归入的类别。

14.4.14　块属性

为制作设备或元件图块加入属性文字。与一般文字相比，块属性中的文字在图块插入时能始终保持水平位置，并且在图块插入后还可以用“改属性字”命令来修改该文字。不过用本命令插入的属性文字只能是英文的大写文字，属性文字插入图中，插入点是在文字的中心。执行“块属性”命令后，命令行提示如下：

```
命令: ksx
请输入要写入块中的属性文字 <退出>:（提示输入文字）
```

之后，命令行提示：

```
请点取插入属性文字的点(中心点) <退出>: （提示点取要插入的点）
```

之后，命令行提示：

```
字高 <200>:
```

14.5　导线的布置与编辑

导线是电气平面图很重要的一部分。天正电气的屏幕菜单下“导线”子菜单中提供很多有关导线的命令，概括起来可划分为两类：布导线和编辑导线。布导线主要有“平面布线”、“系统导线”、“任意导线”和“配电引出”等命令；编辑导线主要是更改所画导线的宽度、颜色、图层、回路编号和标注。

14.5.1 平面布线

选择“导线”|“平面布线”命令，打开“设置当前导线信息”对话框，如图 14-58 所示。

图 14-58 “设置当前导线信息”对话框

- “WIRE-照明”项：这里是“导线层选择”下拉列表框，通过该下拉列表框选择所绘制导线的图层。其中包括了“WIRE-照明”、“WIRE-应急”、“WIRE-动力”、“WIRE-消防”、“WIRE-通讯”几个导线层。
- 颜色编辑框■：显示“导线层选择”下拉列表框中选择的导线图层的颜色。
- “回路编号”按钮：该按钮有两个功能，单击“回路编号”按钮时弹出“回路编号”对话框，执行回路编号的增加、删除等操作；通过右侧的编辑框可以输入回路编号，或通过微调按钮控制设备和导线所在回路的编号。
- “导线放置方式”选择框：通过右侧向下箭头按钮选择导线放置方式，共有三种，“导线置上”、“导线置下”、“不断导线”。
- “自由连线”复选框：选择连线的方式，默认为选择。
- “导线设置”按钮：单击该按钮，弹出“平面导线设置”对话框，通过该对话框可调整导线图层线宽、颜色、线型和标注信息。

14.5.2 系统导线

选择“导线”|“系统导线”命令，打开“系统图-导线设置”对话框，如图 14-59 所示。

“系统导线”命令用以绘制系统图或原理图中的导线，并在导线上按固定的间距画短分格线。导线上的这些分格分格来作为插入元件的基准点。

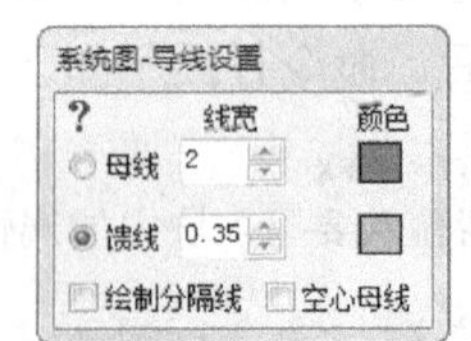

图 14-59 “系统图-导线设置”对话框

14.5.3 沿墙布线

选择“导线”|“沿墙布线”命令，出现如图 14-56 所示的“设置当前导线信息”对话框，导线层等信息可在“设置当前导线信息”对话框中设置。命令行提示如下：

```
命令: yqbx
请点取导线的起始点[输入参考点(R)]<退出>:（按照系统提示拾取起始点）
请拾取布置导线需要沿的直线、弧线 <退出>（拾取需要布置导线的路径）
是否为该对象?[是(Y)/否(N)]<Y>:（选择对象后，要求确认是否沿该对象布线）
```

```
请输入距线距离<0>（输入导线距离对象的距离）
请拾取下一段直线或弧线 <退出>（开始沿墙布线）
请拾取下一段直线或弧线 <退出>
```

14.5.4　任意导线

选择“导线”|“任意导线”命令，出现如图 14-56 所示的“设置当前导线信息”对话框，导线层等信息可在“设置当前导线信息”对话框中设置。命令行提示如下：

```
命令: rydx
请点取导线的起始点:(当前导线层->WIRE-照明;宽度->0.35;颜色->)或[点取图中曲线(P)/点取参考点(R)]<退出>:（系统提示选取起始点，并显示导线层信息）
直段下一点 {弧段[A]/回退[U]} <结束>:（系统不断重复该命令行，用户可输入 A 绘制弧线段、按 Enter 键或按鼠标右键退出画导线程序）
```

键入 A 绘制弧线段时，命令行提示如下：

```
弧段下一点 {直段[L]/回退[U]} <结束>:
在这个提示下点取下一点后，接着提示:
点取弧上一点 {输入半径[R]}:
```

绘制弧线导线的方式可以以三点定弧的方式，也可以输入曲线半径绘制。在命令行中键入 L，则改回画直线。

用该命令绘制导线时，与设备相交的导线则会自动打断，并且先显示细导线的预览，在确定绘制后，才把细导线加粗。

14.5.5　配电引出

选择“导线”|“配电引出”命令，命令行提示如下：

```
命令: pdyc
请选取配电箱<退出>:（选择配电箱）
```

选择配电箱图块后，弹出如图 14-59 所示的“箱盘出线”对话框。在对话框中可设置出线方式。表 14-2 给出了引出线的样式。插入引出线前，用户要设置引出线的分支数量、分支间距及起始编号等参数。

图 14-60　“箱盘出线”对话框

表 14-2　引出线样式

引出样式		预览
直连式	等长引出	
	非等长引出	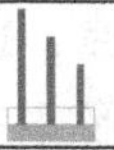
引出式		

14.5.6 引线的插入和编辑

天正电气提供了插入和编辑引线的命令。它们分别是“导线”子菜单下的“插入引线”、“引线翻转”和“箭头转向”等命令。

- “插入引线”命令：执行该命令时，弹出图 14-61 所示的“插入引线”对话框。该命令提供了 8 种引线方式。
- “引线翻转”命令：插入的引线图块做以 Y 轴为翻转轴的镜像翻转，效果如图 14-62 所示。
- “箭头转向”命令：改变用插入的引线图块箭头的指向，效果如图 14-63 所示。

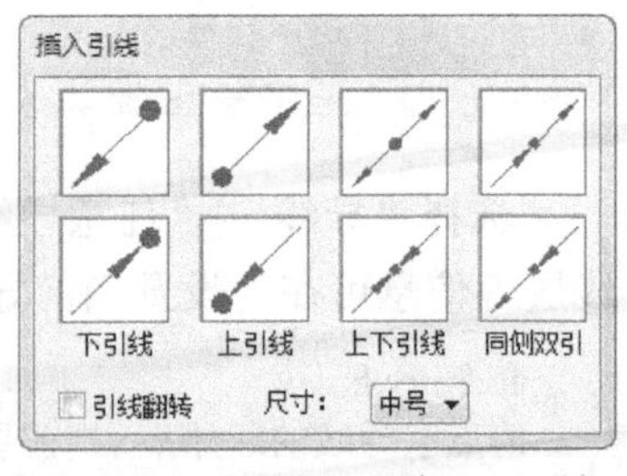

图 14-61 “插入引线”对话框

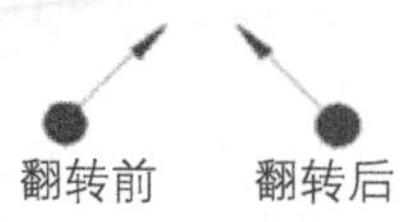

图 14-62 “引线翻转”命令效果

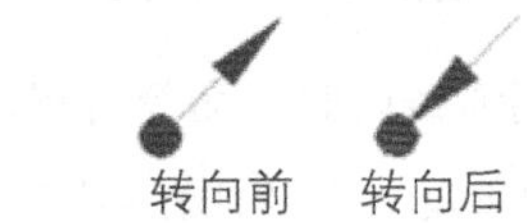

图 14-63 “箭头转向”命令效果

14.5.7 导线编辑命令

天正电气提供了各种编辑导线的命令，熟练使用这些命令，有助于提高绘图的速度。下面简单介绍这些命令的作用和用法。

- “编辑导线”命令：执行该命令后，弹出如图 14-64 所示的“编辑导线”对话框。用来改变导线层、线型、颜色、线宽、回路编号和导线标注信息。
- “导线置上”命令：将与被选中导线相交的导线或设备在相交处截断。
- “导线置下”命令：将被选中导线在与其他导线或设备相交处截断。
- “断直导线 ”命令：导线与设备相交，将直导线从与其相交的设备块处断开。
- “断导线”命令：在选择的两点位置将导线打断。

图 14-64 “编辑导线”对话框

- “导线连接”命令：将两根断开的导线在接口处连接。
- “导线圆角”命令：当导线之间需要再弧导线相连时，使用此命令可使两相交导线在相交处以圆弧连接，命令行将提示圆弧导线倒角大小。
- “导线打散”命令：将多线段导线打断成数个不相连的导线。
- “擦短斜线”命令：将接地线、通信线等特殊线型中的短斜线擦除，这些斜短线可能是擦除那些特殊线型粗导线时遗留下来的。
- “线型比例”命令：改变虚线层线条的线型，同时可改变特殊线型虚线的线型。

14.6　电气图的标注

电气图标注就是给图中的导线、设备标注型号、规格、数量等相关内容。天正电气 2013 的“标注统计”子菜单中提供有各种标注命令。这些命令能完成最基本的设备标注和导线标注，同时还将一些标注信息附加在被标注的图元上，供生成材料表时搜取使用。

14.6.1　标注灯具

选择“标注统计”|“标注灯具”命令，打开“灯具标注信息”对话框，如图 14-65 所示。

灯具的一般标注样式是：

$$“数量-b\frac{c\times d\times L}{e}f”。$$

其中，b 代表灯具型号；c 表示灯泡数，比如双管荧光灯，灯泡数为 2；d 表示灯泡功率；L 表示光源种类；f 表示安装方式，如，荧光灯采用链吊方式等。

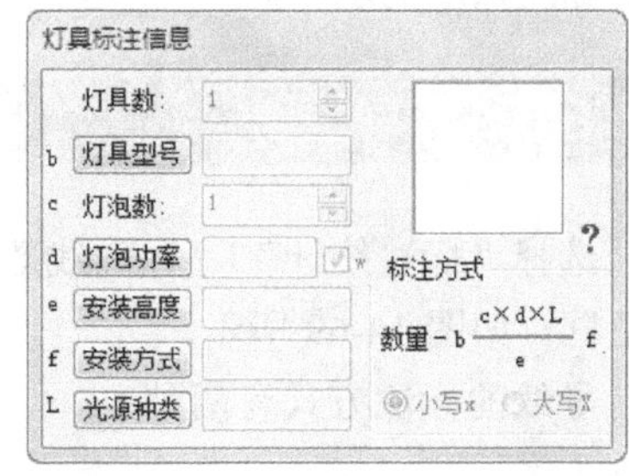

图 14-65　“灯具标注信息”对话框

该命令可与“标注统计”|“设备定义”命令交互使用。先使用“设备定义”命令定义平面图中相关设备的参数，再使用 “标注灯具”命令设置所选灯具的各项参数。“设备定义”命令还可以和下面介绍的“标注设备”、“标注开关”、“标注插座”等命令交互使用。

灯具标注信息的字体大小系统默认是 3.5，可使用“设置”|“初始设置”命令，在“标注文字”栏中通过“文字样式”的下拉列表选择“_TEL_DIM”图层，在编辑框中直接修改“字高”和“宽高比”。

14.6.2　标注设备

选择“标注统计”|“标注设备”命令，打开“用电设备标注信息”对话框，如图 14-66 所示。

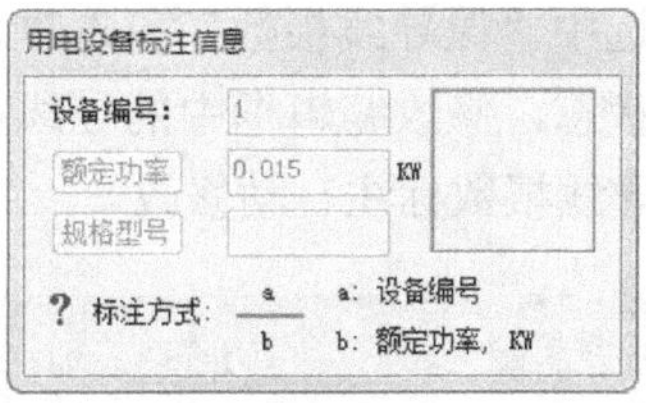

选择设备后，右面的预览框显示设备的形状。对话框中显示该种设备的各项参数，在此对话框中分别输入或修改“设备编号”、“额定功率”和“规格型号”等编辑框的参数（并不要求输入所有的参数）。

图 14-66　“用电设备标注信息”对话框

14.6.3　标注开关

选择“标注统计”|“标注开关”命令，打开“开关标注信息”对话框，如图 14-67 所示。

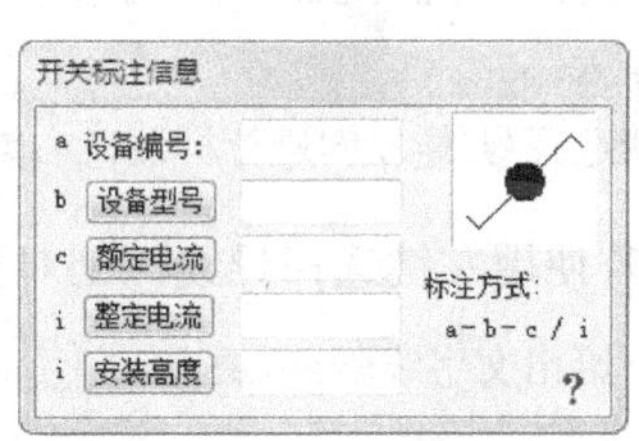

图 14-67　“开关标注信息”对话框

在该对话框中可以更改“设备编号”、“设备型号”、“额定电流”、“整定电流”、“安装高度”等信息。若已经使用“设备定义”命令定义过开关参数，则在“设备编号”等编辑框中显示定义的参数，在这里可重新修改这些参数。

14.6.4 标注插座

选择“标注统计”|“标注插座”命令，打开“插座标注信息”对话框，如图 14-68 所示。

“插座标注信息”对话框和“开关标注信息”对话框相类似，差别是要标注的参数不同，按照国标 GB4728 插座标准标注插座的功率。

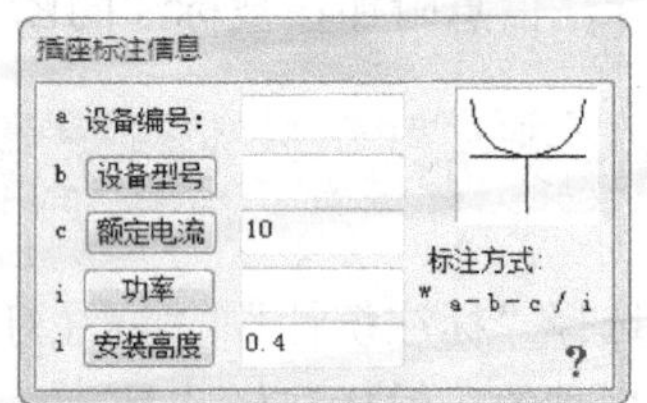

图 14-68 “插座标注信息”对话框

14.6.5 标导线数

选择“标注统计”|“标导线数”命令，打开“导线数”对话框，如图 14-69 所示。

导线的标注方式有两种：

- 在导线上标注斜线，以斜线的数量代表导线数；
- 在导线上标注一条斜线，在斜线上标注数字，表示导线数。

标注方式的更改可在“选项”对话框中进行。

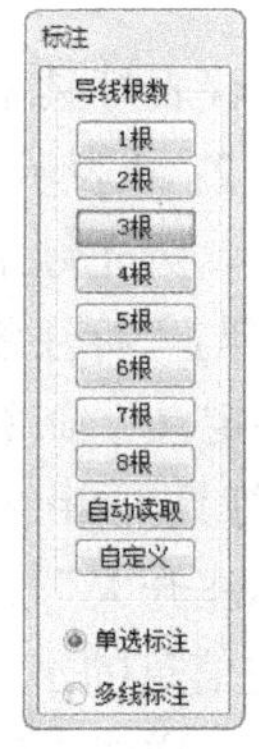

图 14-69 “导线数”对话框

14.6.6 改导线数

选择“标注统计”|“改导线数”命令，选择要修改的导线标注，打开“修改导线根数”对话框，如图 14-70 所示。

选中“改导线根数”复选框，后面的编辑框变成可编辑状态，修改编辑框中的导线根数，单击“确定”按钮，导线根数标注自动修改。

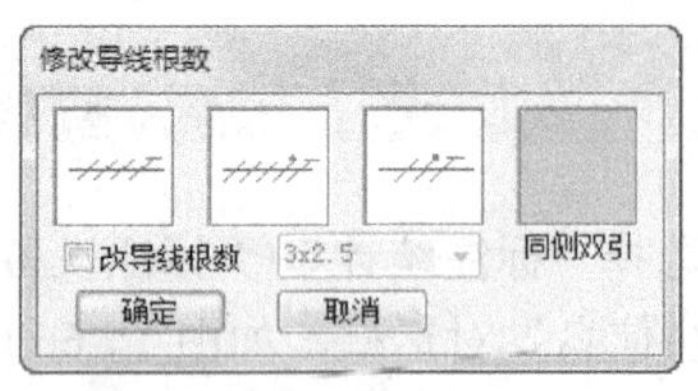

图 14-70 “修改导线根数”对话框

14.6.7 导线标注

选择“标注统计”|“导线标注”命令，系统提示：

```
命令: dxbz
请选择导线(左键进行标注，右键进行修改信息)<退出>
```

若使用左键选择导线，则对按照已经定义好的导线参数对导线进行标注，系统提示：

```
请给出文字线落点<退出>:
```

按系统提示完成标注。

若使用右键选择导线，则弹出图 14-71 所示的“导线标注”对话框。

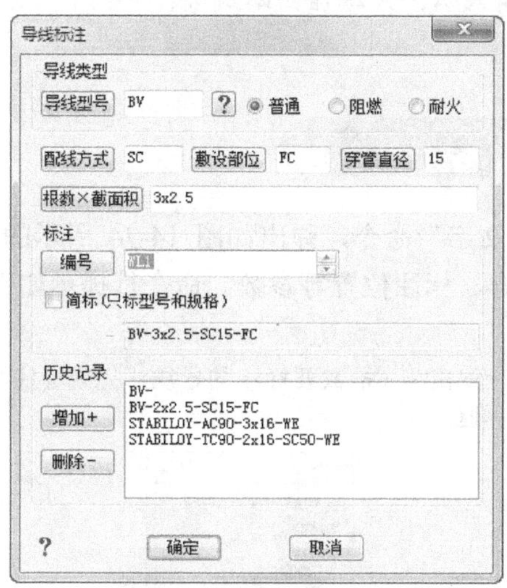

图 14-71　“导线标注”对话框

“导线标注”对话框列出了导线标注时所需要的参数，系统会根据已经定义的导线参数自动计算出来，也可以在编辑框中修改这些参数。

导线的标注一般为 a—(c×d+n+h)e—f，如 BLV—（3×6+1×2.5)K—WE，表示 4 根铝芯塑料绝缘导线，其中三根的横截面积为 6mm^2，另一根的横截面积为 2.5mm^2；敷设方式为瓷瓶配线，敷设部位为沿墙明敷。

14.6.8　多线标注

选择“标注统计”|“多线标注”命令，系统提示：

```
命令: ddxb
请点取标注线的第一点<退出>:
请拾取第二点<退出>:
```

拾取两点之后，在两点之间的导线都被选中。系统提示：

```
请选择文字的落点[简标(A)]:
```

选择任意一点则给出标注引出点，直接按 Enter 键则不引出，图 14-72 和图 14-73 分别是引出和不引出的标注样式。

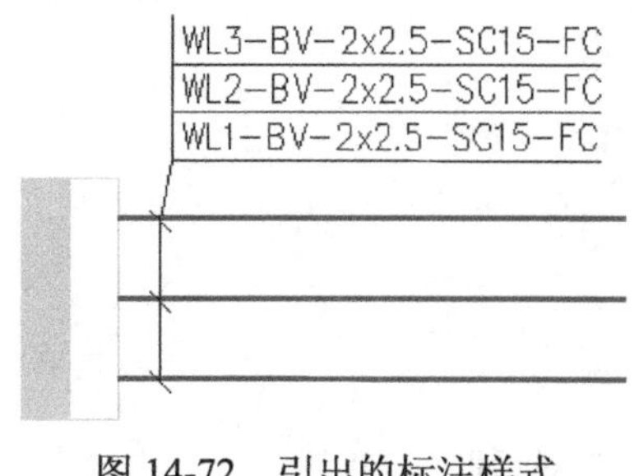

图 14-72　引出的标注样式

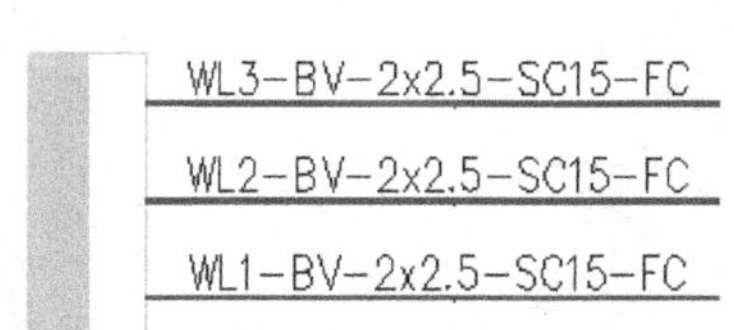

图 14-73　不引出的标注样式

注 意

也可按照系统提示输入A，只标注回路编号。

14.6.9 沿线文字

选择“标注统计”|“沿线文字”命令，弹出如图14-74所示的“沿线文字”对话框，在该对话框中可以设置沿线文字的内容、标注位置等参数。命令行提示如下：

命令: yxwz2
请拾取要标注的导线[回退(U)]<退出>:（拾取要标注的导线，完成标注）
请拾取要标注的导线[回退(U)]<退出>:

图14-74 “沿线文字”对话框

14.6.10 回路编号

选择“标注统计”|“回路编号”命令，弹出如图14-75所示的“回路编号”对话框，同时系统提示：

命令: hlbh
请选取要标注的导线 <退出>:（拾取需要标注的导线）
请给出文字线落点<退出>:（指定文字放置的位置）

图14-75 “回路编号”对话框

- “自由标注”按钮：在“回路编号”编辑框中的导线编号标注；
- “自动加一”按钮：在前面标注的基础上编号加一标注；
- “自动读取”按钮：自动读取导线的编号标注。

14.6.11　沿线箭头

选择“标注统计”|“沿线箭头”命令，系统提示：

```
命令: yxjt
请拾取要标箭头的导线 <退出>:（拾取导线，完成标注）
```

该命令用以沿导线插入箭头，表示电源引入或引出。

14.6.12　引出标注

选择“标注统计”|“引出标注”命令，弹出如图 14-76 所示的“引出标注”对话框，用户可以设置上下标注文字的内容、文字样式、箭头样式、相对于基线的位置等参数。命令行提示如下：

```
命令: ycbz
请给出标注第一点<退出>:（拾取引出标注的第一点）
输入引线位置或 [更改箭头型式(A)]<退出>:（确定引线位置）
点取文字基线位置<退出>:（拾取点确定文字基线的标志）
请给出标注第一点<退出>: *取消*
```

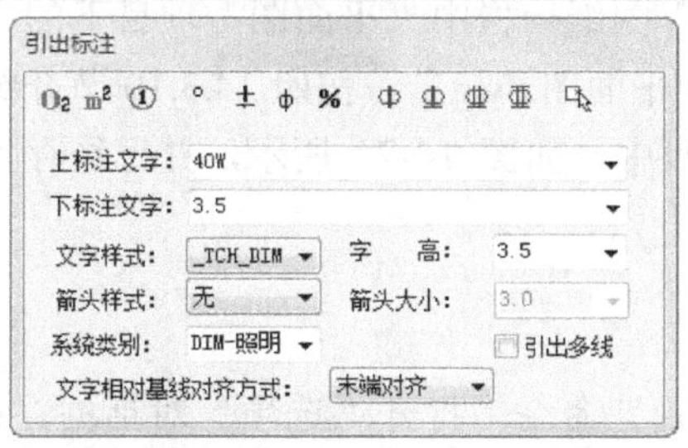

图 14-76　“引出标注”对话框

14.6.13　设备定义

选择“标注统计”|“设备定义”命令，打开“定义设备”对话框，如图 14-77 所示。

该对话框上方有“灯具参数”、“开关参数”、“插座参数”、“配电箱参数”、“用电设备”5 个标签，每个标签下都列出了相应设备的标注信息，用户可以单击上面的标签进行各类设备参数的更改。

该对话框可以对平面图中各种设备进行统计，并将统计结果显示在对话框上，同时用户可以对同种类型的设备进行信息参数的输入和修改，同时将标注数据附加在被标

图 14-77　“定义设备”对话框

注的设备上。

14.6.14 标注统计下的其他命令

- “消重设备”命令 消重设备：删除绘图者绘制重合的设备和导线，确保材料统计或系统生成正确完成。绘图者应养成在绘图完毕消除重合设备或导线的好习惯。
- “回路检查”命令 回路检查：对选定图纸范围内的回路进行检查。
- “拷贝信息”命令 拷贝信息：复制图中已有设备的信息至目标设备。
- “平面统计”命令 平面统计：统计平面图中的设备数据，用这些数据生成材料统计表，并绘入图中。
- “统计查询”命令 统计查询：通过查询材料统计表（电器元件表）在图纸中显示该元件。
- “合并统计”命令 合并统计：将“平面统计”命令绘制的多张材料统计表合并为一张统计表。

14.6.15 绘制某教学楼一楼照明平面图

14.3.10 节中已经绘制好了一张建筑平面图并保存在已命名为“电气工程”的工程下的“平面图”类别中。现在将在该图上继续绘制该楼层平面的照明平面图。

启动天正电气天正电气 2013，使用“设置”|“工程管理”命令，打开已经保存好的“电气工程.tpr”工程，并打开该工程下图纸一栏中“平面图”项目下的“教学楼一楼建筑平面图.dwg”，将其另存为“教学楼一楼照明平面图.dwg”。按照 14.3.10 节介绍的方法，将该图加入到“电气工程.tpr”下的“强电平面”项目中，如图 14-78 所示，并已经存为“强电平面”项目的平面图中绘制该楼层照明平面图。

1. 初始设置

选择“设置”|“初始设置”命令，打开“选项”对话框，在“电气设定”选项卡中进行设置。设置设备块初始尺寸为 180，高频图块个数为 3，标注样式选择“_TEL_DIM”图层，将字高设置为 3。在“导线设置”组中选择“平面导线设置”，将第一项“普通照明”线宽设置为 0.20。

图 14-78 在“强电平面”中加入建筑平面图

2. 插入电工室设备

电工室的设备包括一个配电箱和一个低压变压器。具体插入设备的步骤如下：

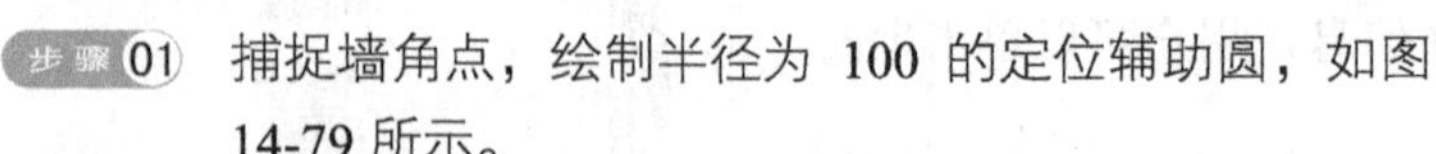

步骤 01 捕捉墙角点，绘制半径为 100 的定位辅助圆，如图 14-79 所示。

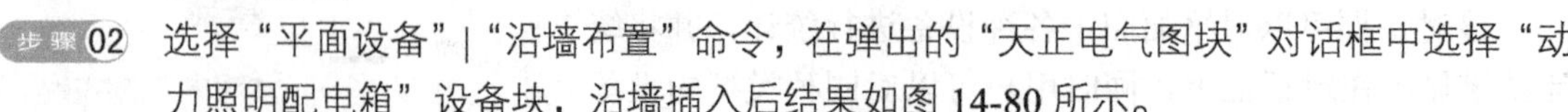

步骤 02 选择“平面设备”|“沿墙布置”命令，在弹出的“天正电气图块”对话框中选择“动力照明配电箱”设备块，沿墙插入后结果如图 14-80 所示。

步骤 03 选择“配电箱”图块，在该对象上单击鼠标右键，在弹出的菜单中选择“设备缩放”命令，完成对配电箱的放大操作。系统提示：

```
请选取要缩放的设备<缩放所有同名设备>:(选择配电箱)
请选取要缩放的设备<缩放所有同名设备>:(单击右键)
请输入缩放比例 <1>:2(输入 2)
```

步骤 04　在“配电箱”图块上单击鼠标右键，在弹出的菜单中选择“设备移动”命令。命令行提示如下：

```
点取位置或 [转 90 度(A)/左右翻(S)/上下翻(D)/对齐(F)/改转角(R)/改基点(T)]<退出>:
```

步骤 05　输入 T，系统提示：

```
输入插入点或 [参考点(R)]<退出>:
```

步骤 06　选择配电箱上边缘中点为基点。系统重新提示选取移动位置，选择圆与竖墙的交点，移动配电箱，移动结果如图 14-81 所示。删除绘制的定位辅助圆。

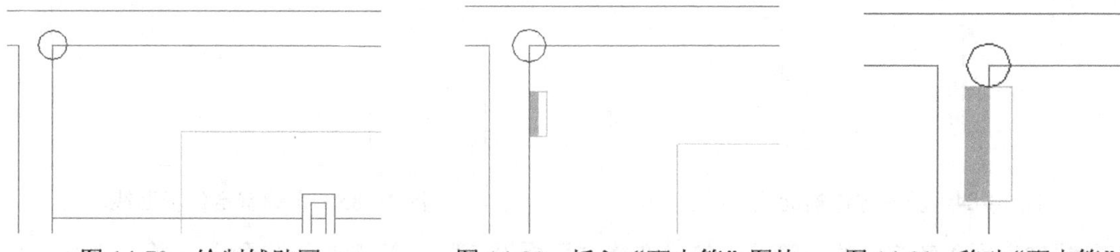

图 14-79　绘制辅助圆　　图 14-80　插入“配电箱”图块　　图 14-81　移动“配电箱”图块

步骤 07　绘制配电箱的引出线。单击鼠标右键选择配电箱，在弹出的菜单中选择“设备布置”，选择级联菜单中的“配电引出”；也可执行“导线”|“配电引出”命令。在弹出的对话框中不要修改参数，用鼠标左键选取合适的位置，指定导线引出的长度，如图 14-82 所示。

步骤 08　插入低压变压器。选择“平面设备”|“任意布置”命令，弹出“天正电气图块”对话框。在右上侧下拉列表框选择“动力”，在设备显示区选择“变压器”设备块。捕捉中间导线的端点与配电器下边缘的延长线交点作为插入点插入变压器，插入结果如图 14-83 所示。

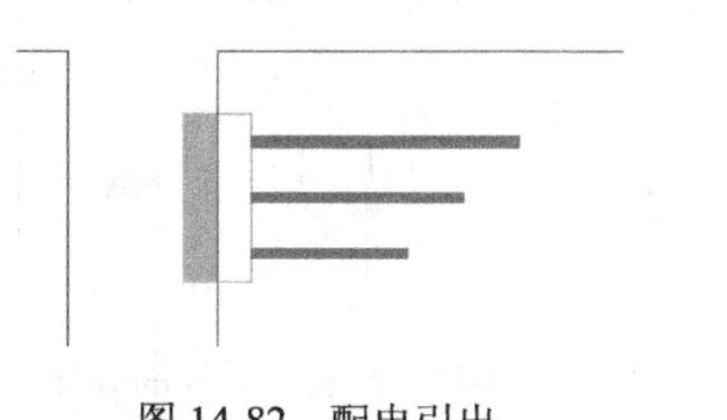

图 14-82　配电引出

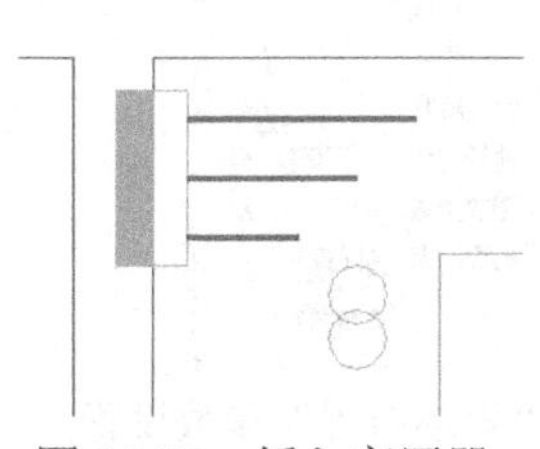

图 14-83　插入变压器

3. 插入双管荧光灯

教室和实验室的灯具一般都为双管荧光灯。插入荧光灯的具体步骤如下：

步骤01 绘制教室定位辅助线。单击“绘图”工具栏中的“直线”按钮，捕捉左边教室左窗户内边线的中点作为直线起点，捕捉右边内墙线的垂足为终点，绘制水平直线。单击“绘图”工具栏中的“点”，选择“定数等分”，等分数设置为 3，将教室辅助线三等分。在等分点上分别做竖直线段，单击“延伸”命令，将线段延伸到教室内部的上下边缘，再使用“定数等分”命令将刚绘制的两条辅助线等分成四等分。结果如图 14-84 所示。

步骤02 绘制实验室定位辅助线，结果如图 14-85 所示。辅助线分别以底面窗户内边线的中点定位。

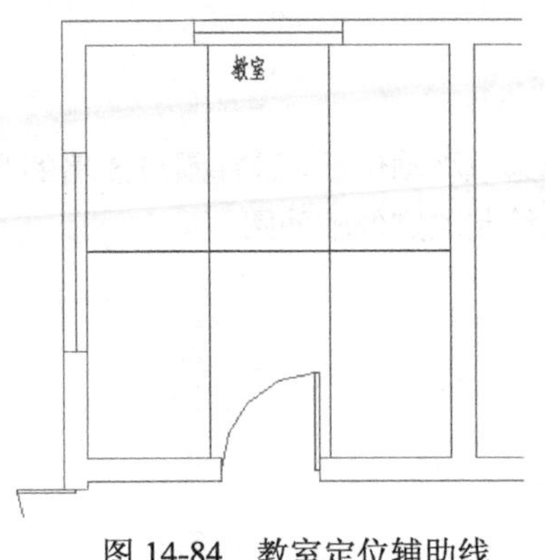

图 14-84 教室定位辅助线

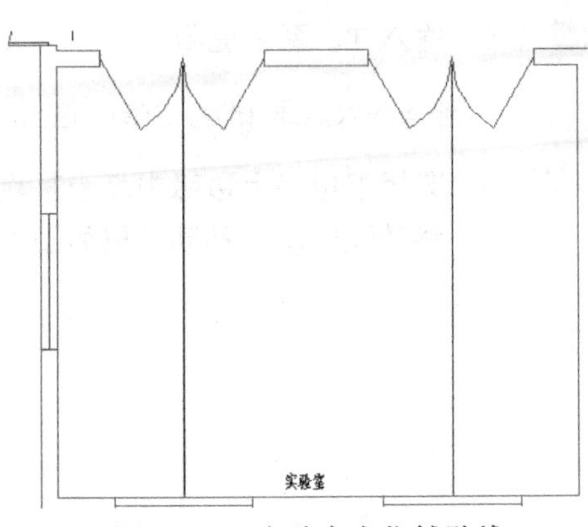

图 14-85 实验室定位辅助线

步骤03 插入教室内的双管荧光灯。选择“平面设备”|“矩形布置”命令，弹出“天正电气图块”对话框和“矩形布置”对话框。在“天正电气图块”对话框中选择“双管荧光灯”，在“矩形布置”对话框的参数设置如图 14-86 所示，在绘图区捕捉左边辅助线的四等分的最上点和右边辅助线的四等分的最下点，系统在绘图区显示插入效果，如图 14-87 所示。删掉定位辅助线，结果如图 14-88 所示。

图 14-86 “矩形布置”参数设置

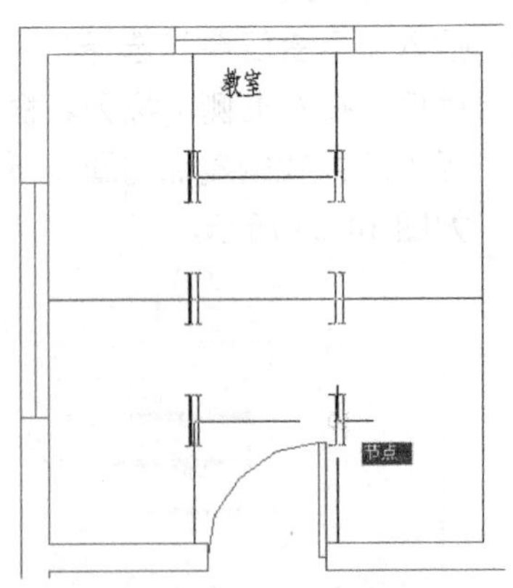

图 14-87 捕捉辅助线的等分点

步骤04 插入实验室内的双管荧光灯。插入方式和插入教室内的双管荧光灯相同，不同的是“矩形布置”的参数设置。将参数布置的“列数”修改为 3 列。删掉定位辅助线后，结果如图 14-89 所示。

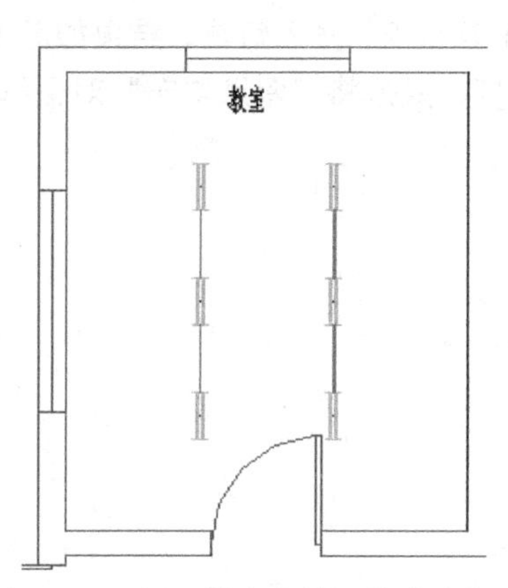

图 14-88　插入教室内的双管荧光灯

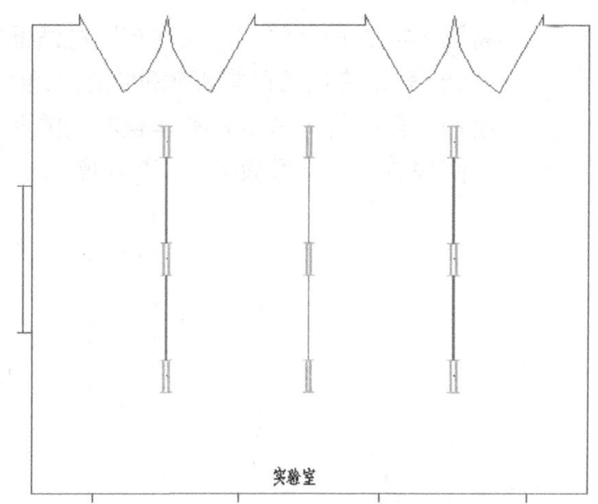

图 14-89　插入实验室内的双管荧光灯

4. 插入走廊内和教学楼外的聚光灯和泛光灯

走廊内有 5 只泛光灯，教学楼外有 2 只泛光灯和 4 只聚光灯。插入这些灯具的具体步骤如下：

步骤 01　绘制灯具定位辅助线。在教学楼左右两侧分别绘制距外墙 800mm 的线段，线段在走廊中线上。以线段的外端点为圆心绘制半径为 1200mm 的辅助圆。如图 14-90 所示是教学楼左侧用于插入灯具的定位辅助线。教学楼右侧的定位辅助线与图 14-90 对称布置。

步骤 02　插入"泛光灯"图块。选择"平面设备"|"两点均布"命令，弹出"天正电气图块"对话框和"两点均布"对话框。在"天正电气图块"对话框中选择"泛光灯"图块，"两点均布"对话框的参数设置如图 14-91 所示，在绘图区捕捉辅助线的最外端点进行插入操作，插入结果如图 14-92 所示。显然灯具太小，在后面可使用"设备缩放"命令将其放大。

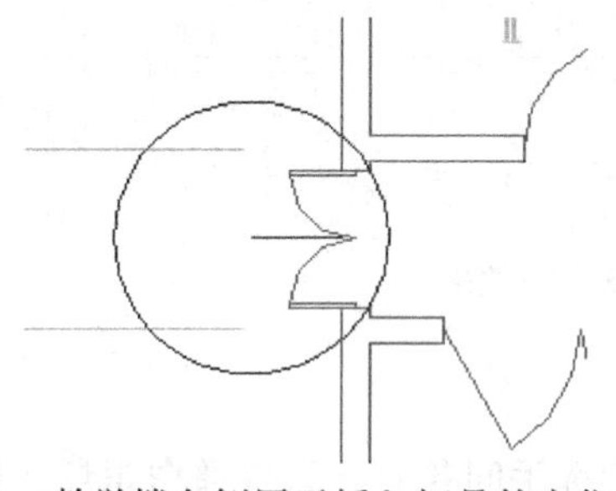

图 14-90　教学楼左侧用于插入灯具的定位辅助线

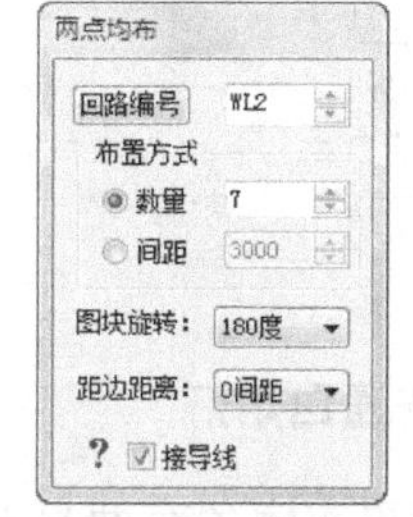

图 14-91　"两点均布"的参数设置

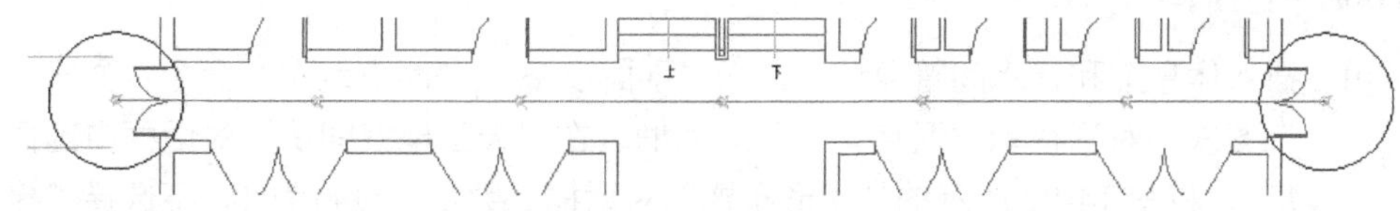

图 14-92　插入泛光灯

步骤 03　插入"聚光灯"图块。选择"平面设备"|"两点均布"命令，弹出"天正电气图块"对话框和"两点均布"对话框。在"天正电气图块"对话框中选择"聚光灯"图块，

将图 14-87 所示的“两点均布”对话框中的“数量”设置为 2，“图块旋转”设置为“90 度”。在绘图区捕捉辅助圆的上象限点和下象限点，插入灯具，结果如图 14-93 所示。用同样方法插入教学楼右侧的两只聚光灯，只是将“两点均布”对话框中的“图块旋转”参数设置为“270 度”。

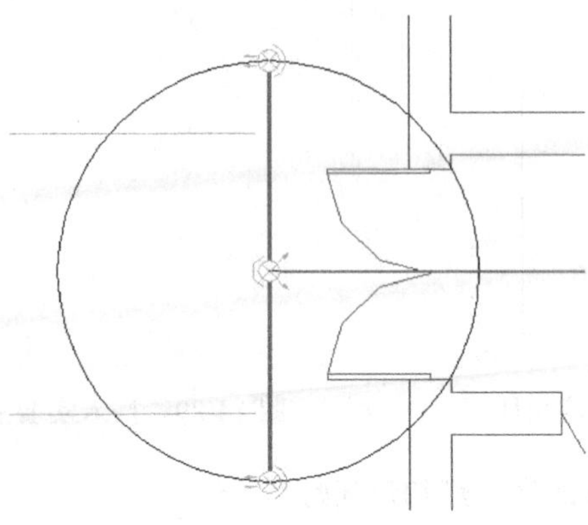

图 14-93 插入聚光灯

步骤 04 修改灯具比例和方向。选择最左端的泛光灯，在该对象单击鼠标右键，在弹出的菜单中选择“设备翻转”命令，将该灯的开口方向转向左边。选择刚插入的任意一个泛光灯，在该对象上单击鼠标右键，在弹出的菜单中选择“设备缩放”命令，系统提示：

```
请选取要缩放的设备<缩放所有同名设备>:按 Enter 键
请选取要缩放的样板设备<退出>:(选择刚插入的任意一个泛光灯)
请输入缩放比例 <1>:3(输入 3)
```

步骤 05 所有的泛光灯都被放大了 3 倍。对刚插入的聚光灯也执行同样的操作。删掉辅助线，最终结果图 14-94 所示。

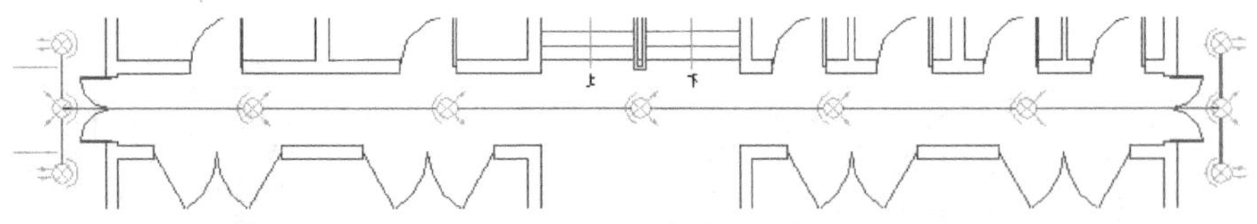

图 14-94 设备缩放后的效果

5. 插入普通白炽灯

休息室和更衣室各有两只普通白炽灯，开水间和洗手间各有一只普通白炽灯。插入这些灯具的具体步骤如下：

步骤 01 插入休息室和开水间普通灯。选择“平面设备”|“两点均布”命令，弹出“天正电气图块”对话框和“两点均布”对话框。在“天正电气图块”对话框中选择“普通灯”，将图 14-87 所示的“矩形布置”对话框“数量”设置为 1，不选择“接导线”复选框。捕捉休息室右墙中点（见图 14-95），选择左墙的垂足（见图 14-96），插入普通灯。

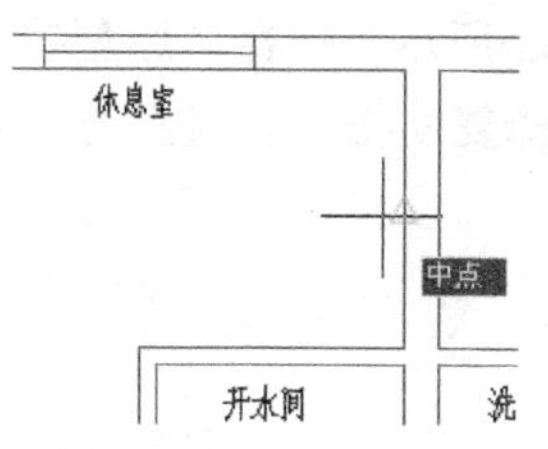

图 14-95　捕捉中点

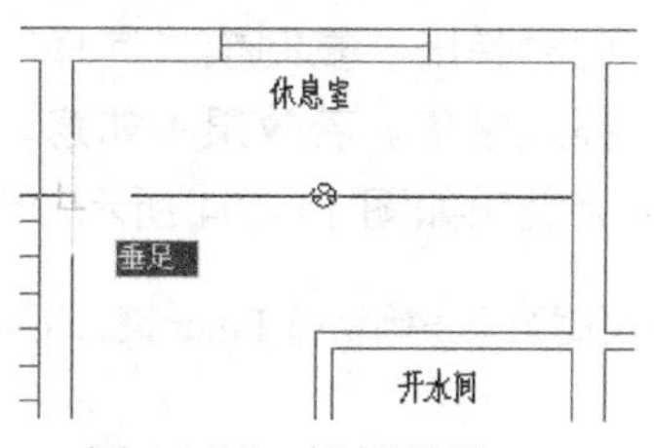

图 14-96　捕捉垂足

步骤 02 重复“两点均布”命令，在开水间中间插入普通灯。执行“设备缩放”命令将普通灯放大 3 倍，效果如图 14-97 所示。

步骤 03 插入更衣室和洗手间普通灯。选择休息室的普通灯，在该对象上单击鼠标右键，在弹出的菜单中选择“设备布置”级联菜单命令“房间复制”，如图 14-98 所示。此时系统提示：

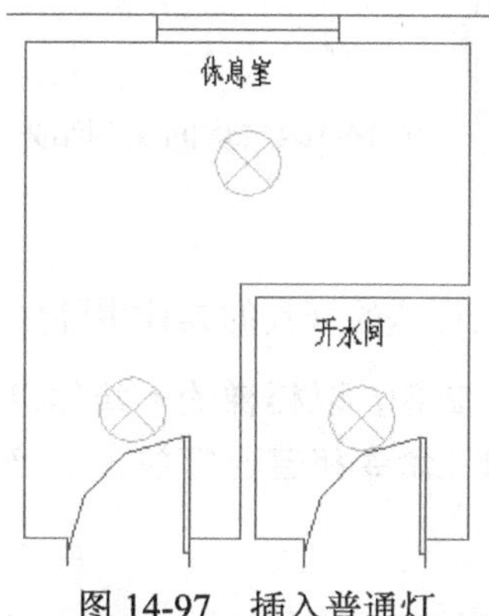

图 14-97　插入普通灯

图 14-98　选择“房间复制”命令

请输入样板房间起始点:<退出>:(选择图 14-99 所示休息间左上角的端点)
请输入样板房间终点:<退出>:(选择图 14-100 所示开水间右下角的端点)
请输入目标房间起始点:<退出>:(选择图 14-101 所示更衣室左上角的端点)
请输入目标房间终点:<退出>:(选择图 14-102 所示更衣室右下角的端点)

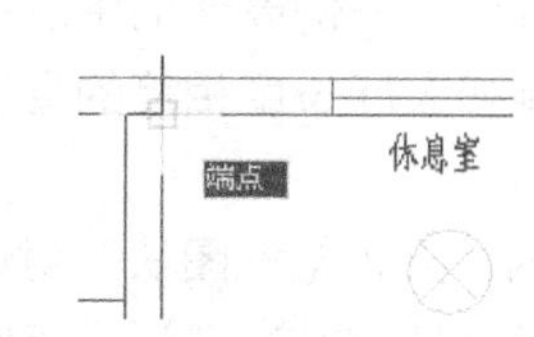

图 14-99　样板房间起始点

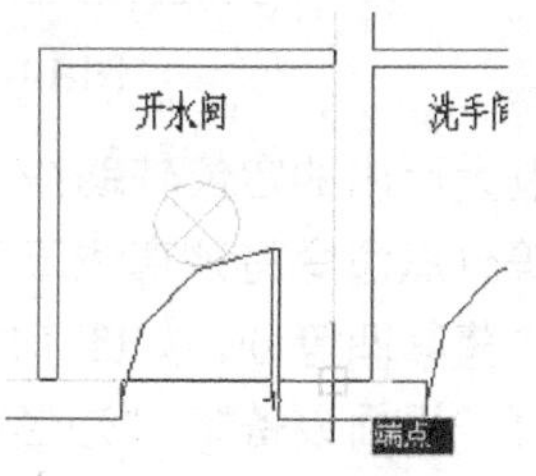

图 14-100　样板房间终点

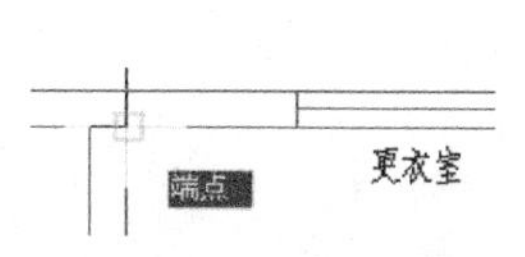

图 14-101　目标房间起始点

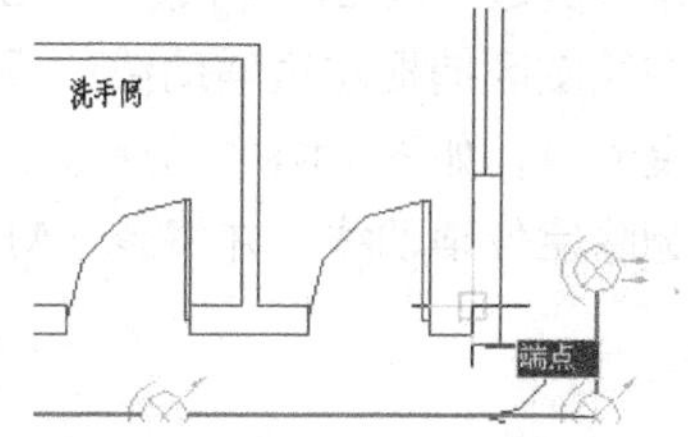

图 14-102　目标房间终点

步骤04 此时弹出“复制模式选择”对话框，如图 14-103 所示，选择“原型镜像”复制模式插入设备。若效果不如意，则键入 Y，重新选择复制格式，直至符合要求为止。复制结果如图 14-104 所示。此时系统提示：

复制结果正确请按 Enter 键，需要更改请键入 Y <确定>:

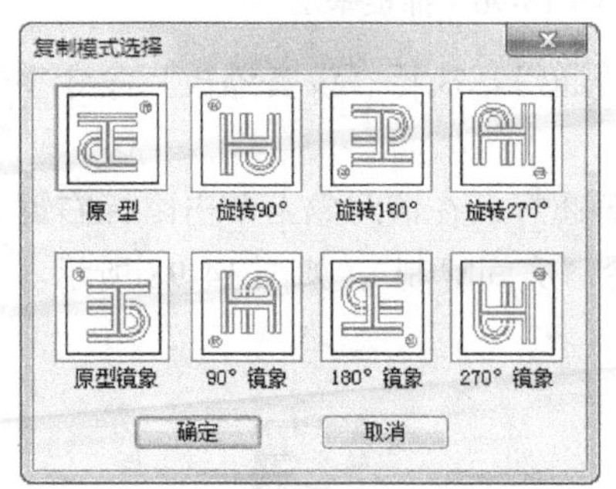

图 14-103 “复制模式选择”对话框

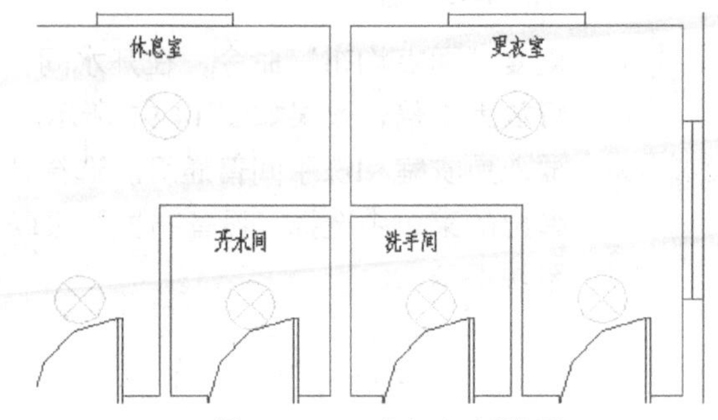

图 14-104 房间复制结果

6. 插入楼梯间和大厅的灯具

楼梯间布置 1 只普通灯，大厅布置 6 只投光灯。插入这些的灯具的具体步骤如下：

步骤01 在楼梯间插入普通灯。使用“两点均布”命令，以楼梯的上端休息平台的两侧中点为参考点插入普通灯。使用“设备缩放”命令将普通灯放大 3 倍，如图 14-105 所示。

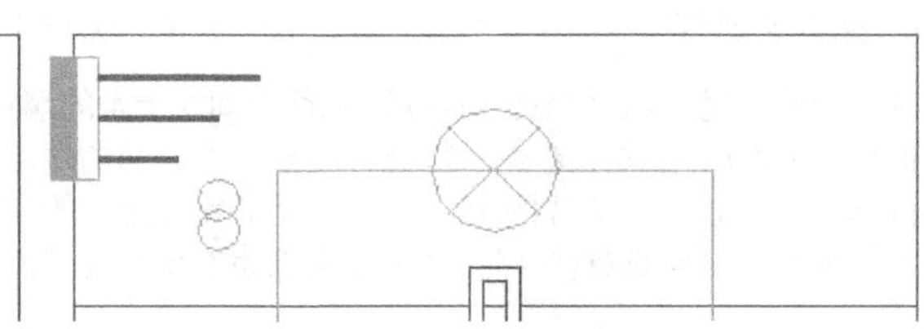
图 14-105 插入楼梯间普通灯

步骤02 绘制大厅内的定位辅助线。捕捉两实验室靠近大厅一侧墙壁的中点绘制直线，并使用等分点命令将该直线三等分。在等分点绘制和大厅长度相等的直线，使用等分点命令将其四等分，如图 14-106 所示。

步骤03 选择“平面设备”|“矩形布置”命令，弹出的“天正电气图块”对话框和“矩形布置”。在“天正电气图块”对话框中选择“聚光灯”图块；“矩形布置”对话框中设置“列数”为 2，“行数”为 3，“回路编号”为 WL2，“距边距离”设为“0 间距”。在绘图区捕捉左边辅助线的四等分的最上点和右边辅助线的四等分的最下点，插入聚光灯，如图 14-107 所示。

步骤04 删除定位辅助线，并将聚光灯放大 3 倍。

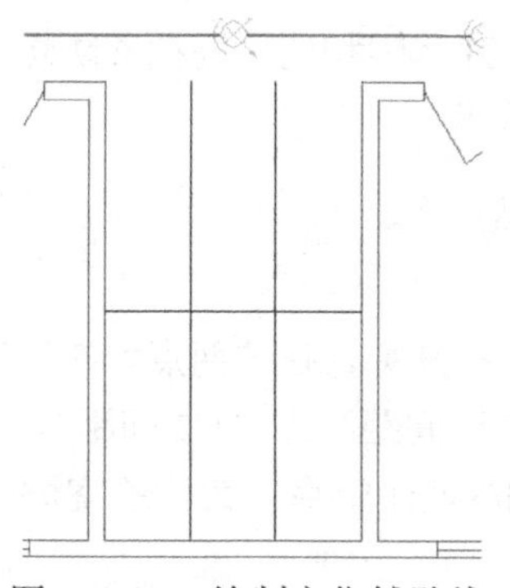
图 14-106　绘制定位辅助线

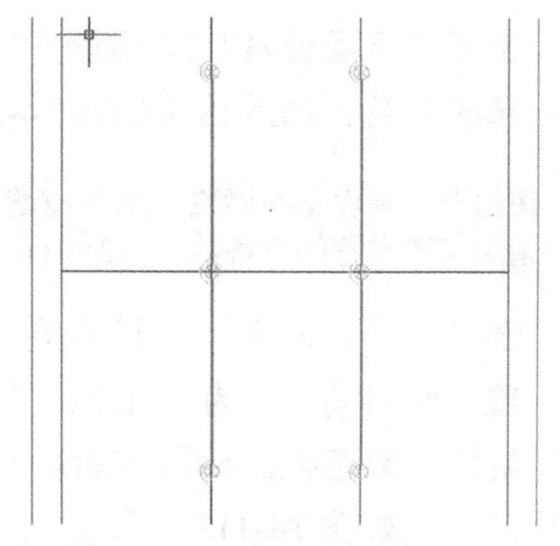
图 14-107　插入聚光灯

7. 插入开关

步骤 01 选择“平面设备”|“门侧布置”命令，弹出“天正电气图块”对话框和“门侧布置”对话框。选择普通开关，“门侧布置”对话框参数设置如图 14-108 所示。选择休息室、开水间、更衣室、洗手间的门，插入开关，如图 14-109 所示。

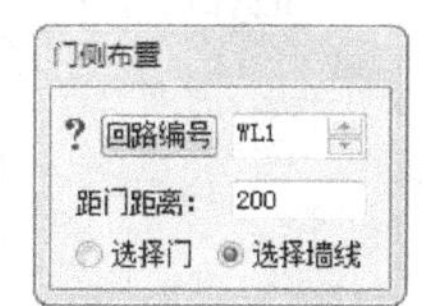

图 14-108　“门侧布置”对话框

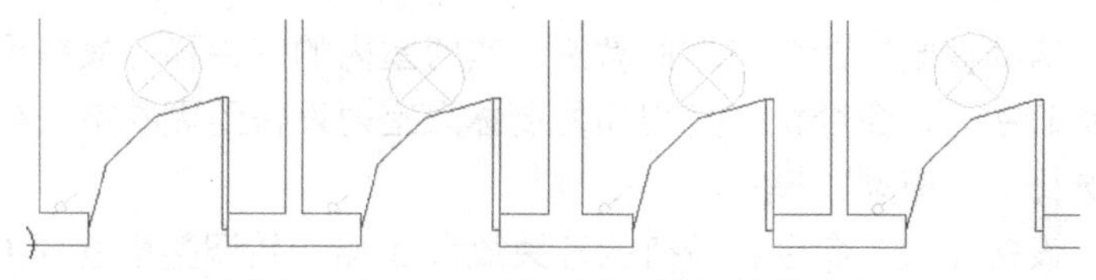
图 14-109　“门侧布置”插入普通开关

步骤 02 绘制定位辅助圆。以各墙角端点为圆心，以 200mm 长度为半径，绘制定位辅助圆，如图 14-110 所示。

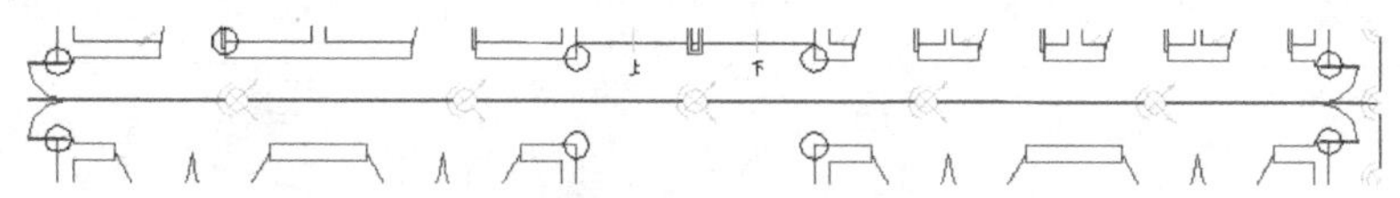
图 14-110　绘制定位辅助圆

步骤 03 选择“平面设备”|“任意布置”命令，在弹出的“天正电气图块”对话框选择相应的开关，使用辅助圆的各象限点或是与墙线的交点作为插入点插入灯具。如图 14-111 所示是在楼梯侧插入的单极双控拉线开关和大厅两旁的普通开关。插入的其他开关如图 14-112 所示。最后删除定位辅助圆。

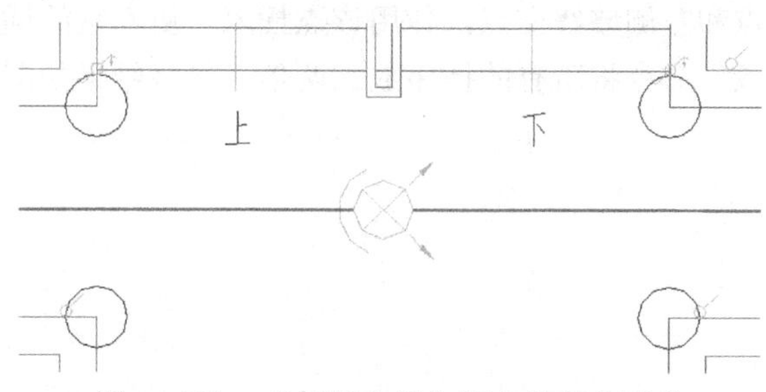

图 14-111　“任意布置”插入的部分开关

步骤 04 选择“平面设备”|“沿墙均布”命令，分别在开水间和洗手间插入防爆开关和暗装单极开关，插入结果如图 14-112 所示。系统提示：

```
请拾取布置设备的墙线 <退出>:(选择房间左墙内侧墙线)
请给出欲布置的设备数量 <2>:1(输入 1)
```

步骤 05 选择“平面设备”|“两点均布”命令，选择双控开关，在“两点均布”对话框中设置“回路编号”为 WL 2，“数量”设为 3，“距边间距”为“1/2 间距”，不选择“接导线”复选框。拾取实验室两门之间的墙内侧的两个端点，为实验室添加 3 个双控开关，如图 14-113 所示。

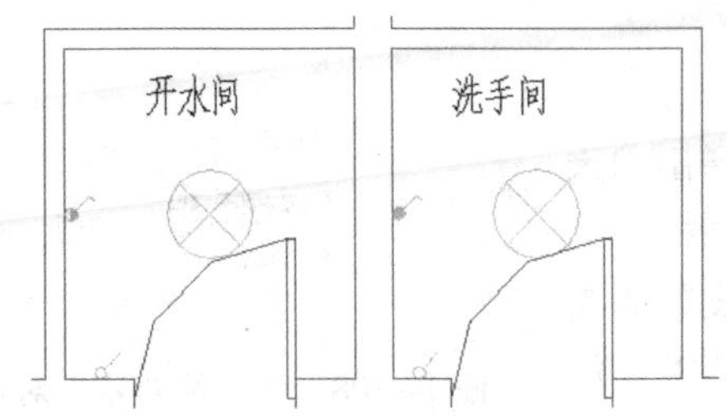

图 14-112　开水间和洗手间插入开关

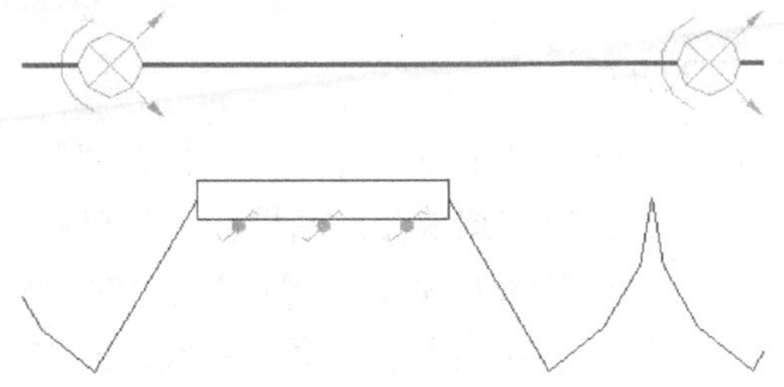

图 14-113　在实验室插入双控开关

步骤 06 使用“房间复制”命令将左面教室和实验室内的开关和灯具等设备复制到另一间教室和实验室内，命令执行过程如复制休息室内设备到更衣室一样，所不同的是复制模式选择为“原型”模式。

步骤 07 使用“设备缩放”命令将所有的开关放大 3 倍，并调整个别开关旋转角度，使其能更好地在图纸中显示出来，最终结果如图 14-114 所示。

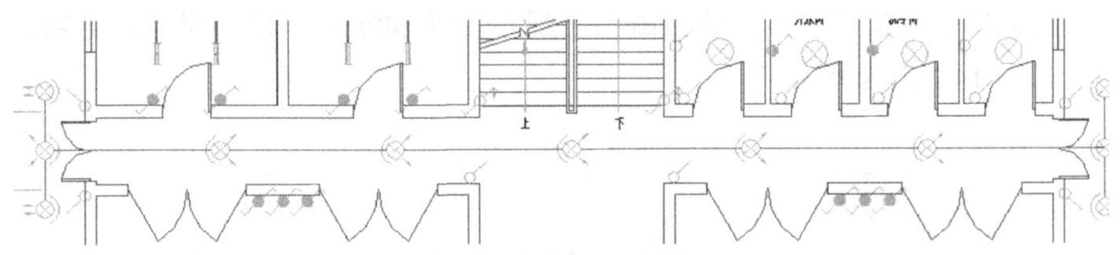

图 14-114　插入开关

8. 插入插座

使用“沿墙均布”命令在教室和实验室内布置带保护接点的插座。休息室的右侧墙上的插座同样使用“沿墙均布”命令布置，将要插入的设备数设为 1；休息室左侧的开关使用“任意布置”命令，捕捉右侧墙线的中点和左侧墙线交点，使用该点插入。更衣室的插座同样使用“沿墙均布”命令布置。使用“设备缩放”命令将所有的插座放大两倍，最终结果如图 14-115 所示。

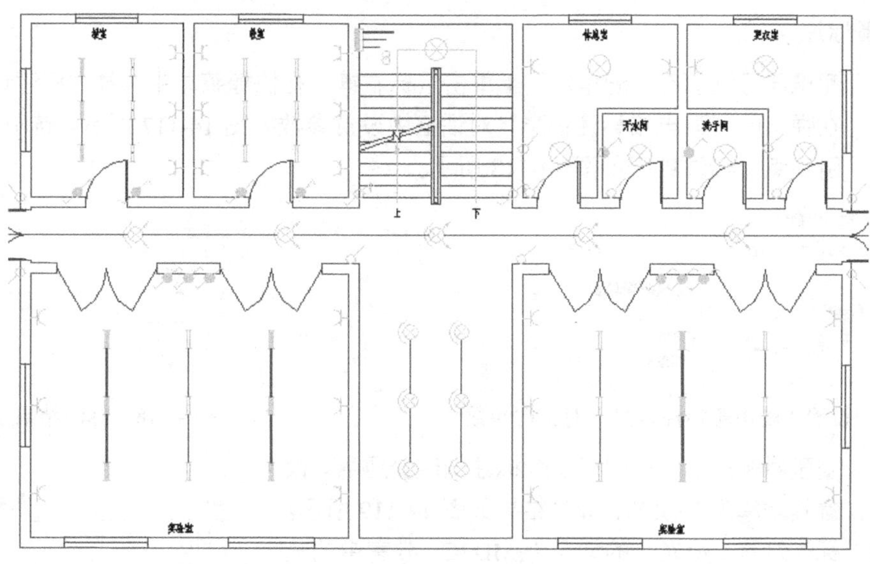

图 14-115　插入插座

9. 设备连接

从配电器引出三根线，分别为 WL1、WL2 和 WL3。其中 WL1 作为插座供电，WL2 作为照明供电，WL3 作为备用线。

步骤 01　连接插座。选择“导线”|“平面布线”命令，弹出“设置当前导线信息”对话框，设置“回路编号”为 WL1。从配电箱到插座最短的线，即为 WL1 线，开始连接插座，连接结果如图 14-116 所示。

步骤 02　连接开关和灯具。同样使用“平面布线”命令，将“回路编号”设置为 WL2，开始连接开关和灯具，连接结果如图 14-116 所示。

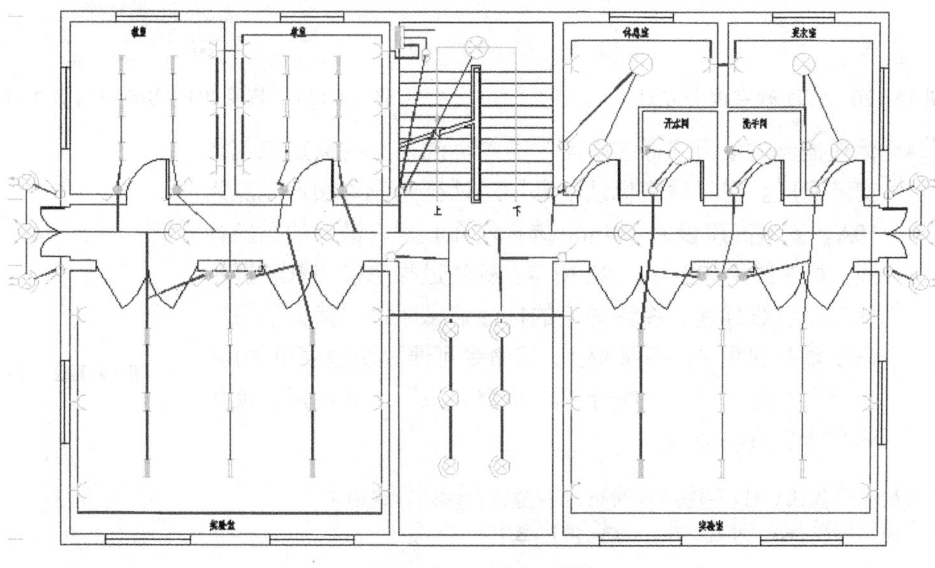

图 14-116　设备连接

10. 设备标注

步骤01 配电器标注。在“配电箱”上单击鼠标右键，在快捷菜单中选择“标注设备”选项，在弹出的“配电箱标注信息”对话框中设置参数如图14-117所示。选取合适的标注引出点，标注结果如图14-118所示。

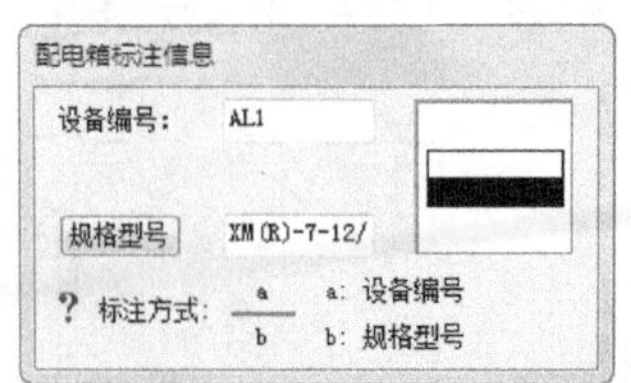

图14-117 设置“配电箱标注信息”对话框参数

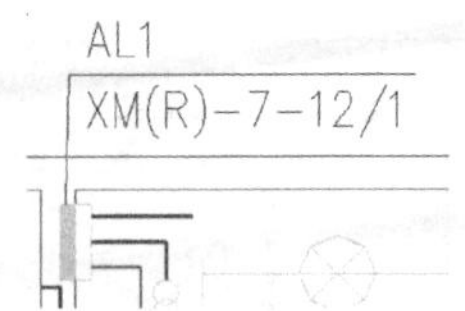

图14-118 标注结果

步骤02 变压器标注。使用同样命令标注低压变压器，设置其功率为180kW。标注结果如图14-119所示。

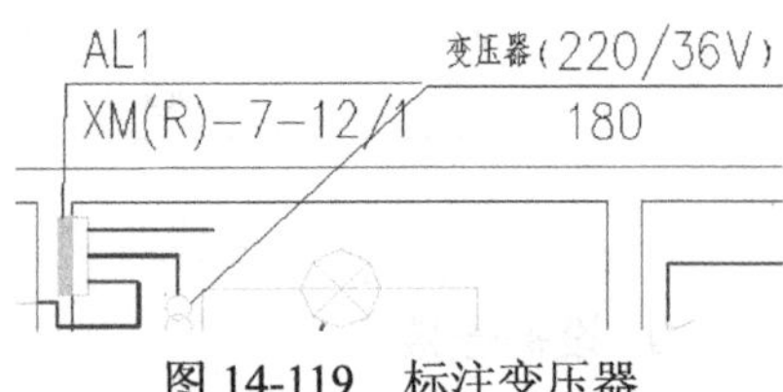

图14-119 标注变压器

步骤03 标注灯具。荧光灯的型号为MD2C，教室中的荧光灯功率为25W，实验室中荧光灯功率为40W，吊高皆为2.7m。使用同样的命令对教室和实验室进行标注，结果分别如图14-120和图14-121所示。其他灯具的标注参数参看图14-121的标注结果。

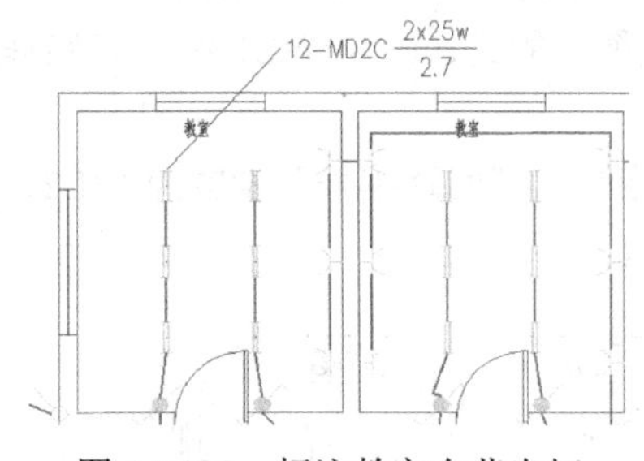

图14-120 标注教室内荧光灯

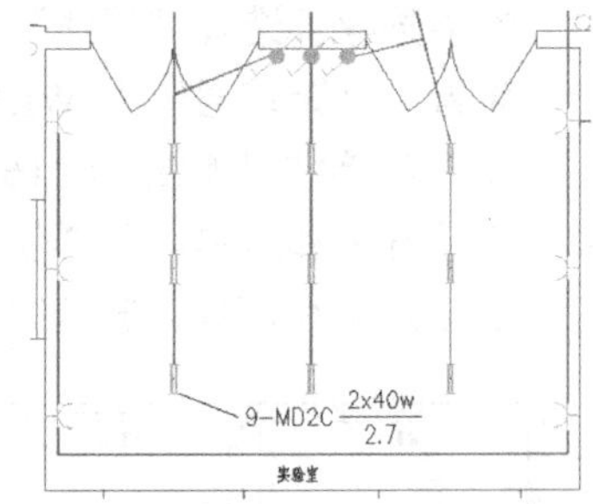

图14-121 标注单间实验室内荧光灯

步骤04 标注插座。使用“标注插座”命令标注插座的额定电流和安装高度。在“插座标注信息”对话框中设置额定电流为10A，安装高度设为0.4m。选择左面教室内最上的插座标注，标注结果如图14-122所示。标注过程中按照系统提示使用无引线标注。将该插座的标注信息通过“拷贝信息”命令复制到图中所有插座上。该命令可通过快捷菜单调用，也可通过选择“标注统计”|“信息拷贝”方式调用。使用该命令后系统提示：

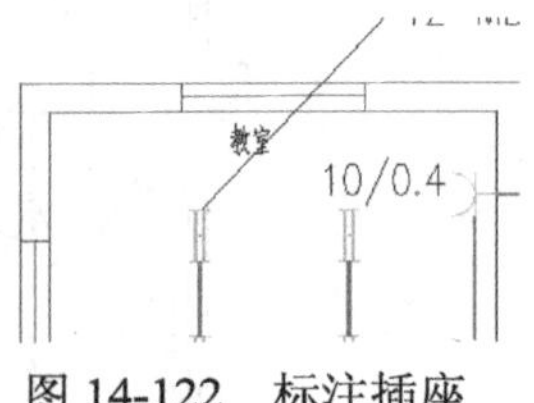

图14-122 标注插座

```
请选择拷贝源设备或导线(左键进行拷贝，右键进行编辑)<退出>
请选择拷贝目标设备或导线(右键进行编辑)<退出>
```

步骤05 选择已经标注的插座作为拷贝源，选中后，再选择相同类型的设备，向其复制信息。

步骤 06　编辑开关和导线的信息参数。调用“拷贝信息”的命令，使用右键单击要修改的设备，输入信息，使其作为拷贝源，向同类设备复制信息。开关的额定电流和整定电流设置为 5A，安装高度设为 1.4m。

步骤 07　用同样的命令对导线进行标注，将导线的参数设置为 BV 导线，敷设方式为 WC 暗敷在墙内，穿管直径设为 15mm，根数和截面积设为 2×2.5，根据配电箱引出设置回路编号。将信息拷贝到相应的导线上，最终效果如图 14-123 所示。

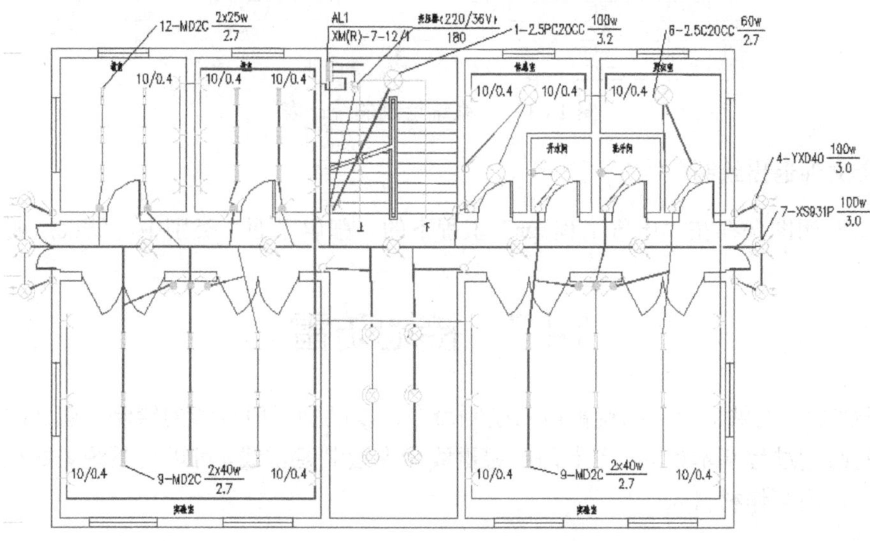

图 14-123　标注电气元件代号

11. 统计平面元件

使用“标注统计”|“平面统计”命令。系统提示选择范围，框选图中所有设备后单击鼠标右键确定，系统弹出如图 14-124 所示的“平面设备统计”对话框，在该对话框中可更改表格高度、文字高度、文字样式等。直接单击“确定”按钮，则弹出系统统计的表格，可在图幅中选取合适的插入点放置该统计表。统计结果如图 14-125 所示。

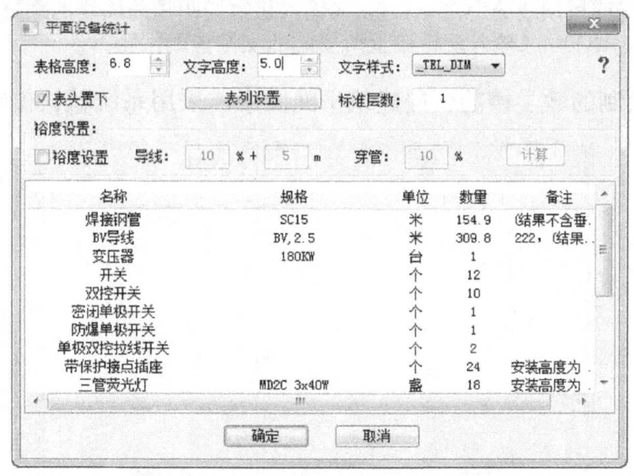

图 14-124　“平面设备统计”对话框

序号	图例	名称	规格	单位	数量	备注
16		焊接钢管	SC15	米	154.9	(结果不含垂直长度)
15		BV导线	2.5	米	309.8	222,(结果不含垂直长度)
14	8	变压器	180KW	台	1	
13		开关		个	12	
12		双控开关		个	10	
11		密闭单极开关		个	1	
10		防爆单极开关		个	1	
9		单极双控拉线开关		个	2	
8		带保护接点插座		个	24	安装高度为0.4 米
7		三管荧光灯	MD2C 3x40W	盏	18	安装高度为2.7 米
6		双管荧光灯	MD2C 2x25W	盏	12	安装高度为2.7 米
5	⊗	普通灯	2.5C20CC 60W	盏	7	安装高度为2.7 米
4		投光灯	TBB720 40W	盏	6	安装高度为3.5 米
3		聚光灯	YD40 100W	盏	4	安装高度为3.0 米
2		泛光灯	XS931P 100W	盏	7	安装高度为3.0 米
1		动力照明配电箱	XM(R)-7-12/1	台	1	

图 14-125 系统绘制的统计表

12. 保存文件退出绘图

将该楼层照明图保存在“电气工程.tpr”工程下的“强电平面”类别中，结束照明图的绘制。

14.7 接地防雷

天正电气 2013 提供了专门的避雷线的绘制命令，以区别一般导线的绘制。避雷线的绘制过程与一般导线的绘制过程基本相同。用专门的避雷线命令绘制避雷线，可以使系统更好地识别避雷线和一般导线，正确制作材料表。

14.7.1 自动避雷

选择“接地防雷”|“自动避雷”命令，系统提示：

命令: zdbl

请在要布避雷线的外墙线(封闭)外点一下{天正3建筑条件图[S]/天正7建筑条件图中心线[D]}:<退出>:（在所要布避雷线的外墙线外点击一下）

是否确认是建筑外包围线<Y>:（系统要求确认所显示的选择线是否是外墙线）

请输入避雷线到外墙线或屋顶线的距离 <120>:（输入避雷线距离外墙线的距离）

请输入支持卡的间距 <1000>:（输入避雷线上所安装的支持卡的间距）

图 14-126 是在已绘制的教学楼的一层建筑平面图中，采用系统默认值绘制的防雷图。

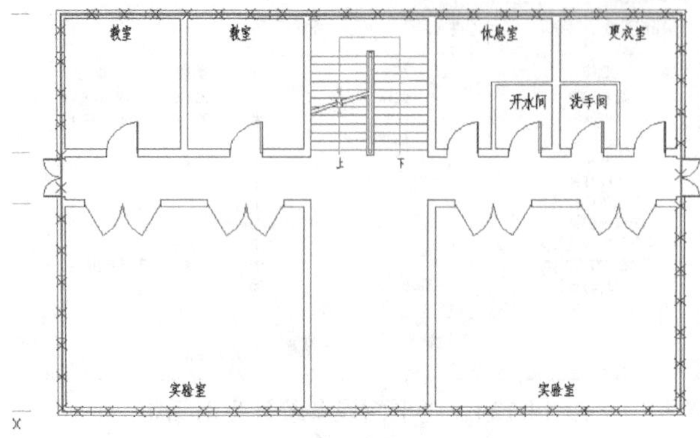

图 14-126 楼层防雷图

使用该命令的关键是，建筑平面图必须封闭。外墙线不封闭或情况比较复杂时，墙线的搜索可能会失败。

14.7.2　避雷线

“接地防雷”|“避雷线”命令用来手工绘制避雷线。因为执行“自动避雷”命令有可能搜索墙线失败，所以需要使用“避雷线”命令手工确定作为绘避雷线基准的外墙线的位置，从而绘出避雷线。

14.7.3　接地线

“接地防雷”|“接地线”命令在平面图中绘制接地线，本命令在接地线层上操作，使用方法与“任意布线”几乎完全相同，可以绘制任意形状的接地线。

14.7.4　插支持卡/删支持卡

“接地防雷”|“插支持卡”命令用于在避雷线中插入支持卡。“接地防雷”|“删支持卡”命令用于在避雷线中删除选定范围内的支持卡。

14.7.5　擦避雷线

“接地防雷”|“擦避雷线”命令用于删除已经创建的避雷线。

14.7.6　插接地级和删除地极

“接地防雷”|“插接地级”命令用于插接地极端子。“接地防雷”|“删除地极”命令用于删除图中的地极端子。

14.7.7　滚球避雷

“滚球避雷”命令展开后有如图 14-127 所示的子命令，通过这些子命令可以对建筑物的年雷击次数进行预测，可以插入、修改、删除和移动避雷针，可以绘制、修改、删除和移动避雷线，可以创建避雷针的防护表、剖切图等。

图 14-127　“滚球避雷”子命令

14.8　变配电室的绘制

变配电室的绘制与照明平面图的绘制步骤大体相似，都需要绘制建筑图、插入室内设备和尺寸标注三个部分。天正电气 2013 提供了专门的变配电室绘制命令来绘制变配电室，其建筑图绘制和尺寸标注基本可以用一般的照明平面图绘制命令完成。

14.8.1 绘制桥架

选择“变配电室”|“绘制桥架”命令，弹出如图 14-128 所示的“绘制桥架”对话框，用户可以设置桥架的水平和垂直对齐方式，可以对桥架的样式进行设计，对桥架进行计算。单击“设置”按钮，弹出如图 14-129 所示的“桥架样式设置”对话框，用户可以对桥架的拐角样式等各种参数进行设置。

图 14-128 “绘制桥架”对话框

图 14-129 “桥架样式设置”对话框

绘制桥架的参数设置完毕后，可以在绘图区绘制桥架，命令行提示如下：

```
命令: telcableadd
请选取第一点:（拾取桥架的第一点）
请选取下一点[回退(U)/弧形桥架(A)]:（拾取桥架的下一点，也可以输入 A，绘制弧形桥架）
```

14.8.2 绘电缆沟

选择“变配电室”|“绘电缆沟”命令，弹出如图 14-130 所示的“绘制电缆沟”对话框，用户可以设置电缆沟的外观形状、沟深、沟宽、线宽、倒角半径以及电缆沟的支架参数。

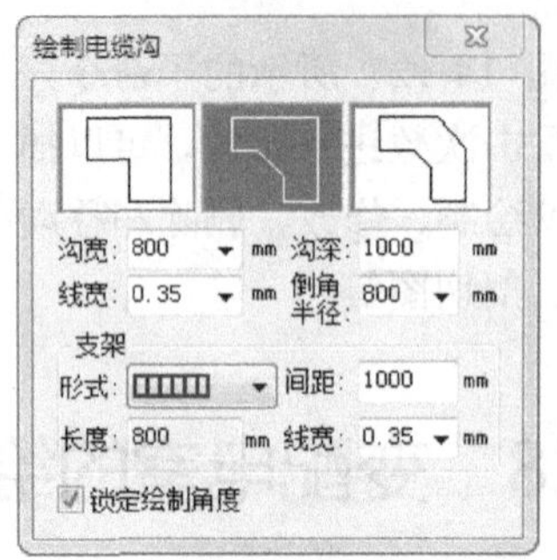

图 14-130 “绘制电缆沟”对话框

绘制电缆沟的参数设置完毕后，可以在绘图区绘制桥架，命令行提示如下：

```
命令: TEL_GOUGE
请选择电缆沟起点:（拾取或者输入电缆沟的起点坐标）
请选择下一点[回退(u)]:（拾取或者输入电缆沟的下一点坐标）
```

14.8.3　改电缆沟/连电缆沟

选择“变配电室”|“改电缆沟”命令，系统提示选择需要编辑的电缆沟，选择需要编辑的电缆沟，弹出如图 14-131 所示的“编辑电缆沟”对话框，用户可以对电缆沟的各种参数进行重新设置。选择“变配电室”|“连电缆沟”命令将几条电缆沟连接在一起。

图 14-131　“编辑电缆沟”对话框

14.8.4　变配电室下的其他命令

- “插变压器”命令 插变压器：执行该命令，弹出“变压器选型插入”对话框，用户可以对变压器的类型、尺寸和现实视图进行设置，从而在绘图区创建选完型的变压器。
- “插电气柜”命令 插电气柜：执行该命令，弹出“绘制电气柜平面”对话框，用户可以对电气柜的数量、尺寸、编号等进行设置，从而在绘图区根据设置的参数绘制电气柜。
- “标电气柜”命令 标电气柜：执行该命令，可以对电气柜进行重新编号。
- “删电气柜”命令 删电气柜：执行该命令，可以删除选中的电气柜。
- “增电气柜”命令 增电气柜：执行该命令，可以在原有电气柜的基础上增加电气柜。
- “改电气柜”命令 改电气柜：执行该命令，选中需要修改参数的电气柜，弹出“配电柜参数设置”对话框，用户可以对选中电气柜的参数进行设置。
- “剖面地沟”命令 剖面地沟：执行该命令，弹出“电缆沟剖面”对话框，可以对电缆沟的支架、沟体尺寸、盖板尺寸、桥架规格、基础尺寸等进行设置，从而根据设置的参数绘制电缆沟的剖面图。
- “生成剖面”命令 生成剖面：执行该命令，可以创建桥架、电缆沟等的剖面图。
- “国标图集”命令 国标图集：执行该命令，打开天正图库文件。
- “逐点标注”命令 逐点标注：类似于 AutoCAD 中的线性标注和连续标注的结合。

- “配电尺寸”命令 配电尺寸：执行该命令，可以标注电气柜的尺寸。
- “桥架填充”命令 桥架填充：执行该命令，可以给桥架填充图案。
- “卵石填充”命令 卵石填充：执行该命令，可以在矩形框内填充卵石。
- “层填图案”命令 层填图案：执行该命令，可以在选定层上封闭的曲线内填充各种图案。
- “删除填充”命令 删除填充：执行该命令，可以删除已经填充的图案。

14.9 强电系统的绘制

天正电气 2013 的“强电系统”子菜单提供了各种绘制强电系统的命令，可以用来绘制照明系统、动力系统、任意定制的配电箱系统图，以及绘制高、低压开关柜的系统图。

在“电气设定”对话框中可设置系统图中母线和普通导线的颜色、宽度，以及所连接元件的线宽。

14.9.1 系统生成

选择“强电系统”|“系统生成”命令，弹出“自动生成配电箱系统图”对话框，如图 14-132 所示。在这里可以配置任意系统图，绘制任何形式的配电箱系统图，并可完成三相平衡的电流计算。

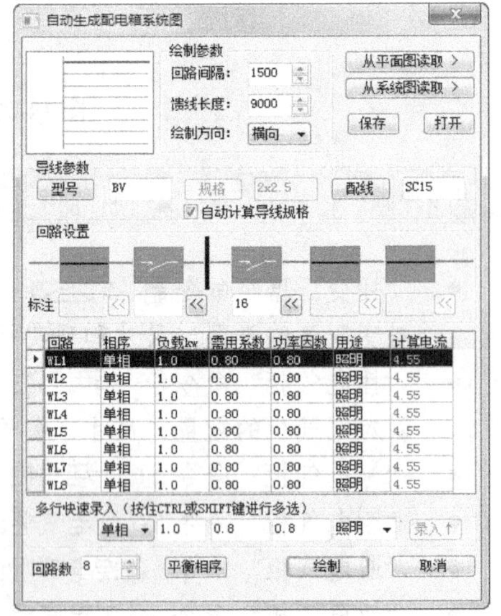

图 14-132 “自动生成配电箱系统图”对话框

“自动生成配电箱系统图”对话框选项的功能如下。

- 系统图预览：用户预览生成的系统图。
- “绘制参数”选项组：用于设置系统图回路的间隔距离、馈线的长度以及系统图放置的方向。
- “从平面图读取”和“从系统图读取”按钮：设置系统图信息拾取信方式。
- “保存”按钮和“打开”按钮：用于保存本次设置的配电箱系统图方案、打开以前保存的配置文件。
- “导线参数”选项组：定义或修改各回路的导线型号等信息。
- “回路设置”选项组：用于选择添加和删除元件或是增加标注。
- “回路数”文本框：系统定义的回路总数。
- “平衡相序”按钮：系统自动根据各回路负载指定回路相序，使各相序最接近平衡。

在下方的表格中显示回路、负载、需用系数、功率因数和用途等参数，可以对这些参数进行修改。

完成回路参数设定，单击“绘制”按钮，在绘图区选择合适的插入点，插入系统图。

14.9.2 照明系统

选择“强电系统”|“照明系统”命令，弹出“照明系统图”对话框，如图 14-133 所示。

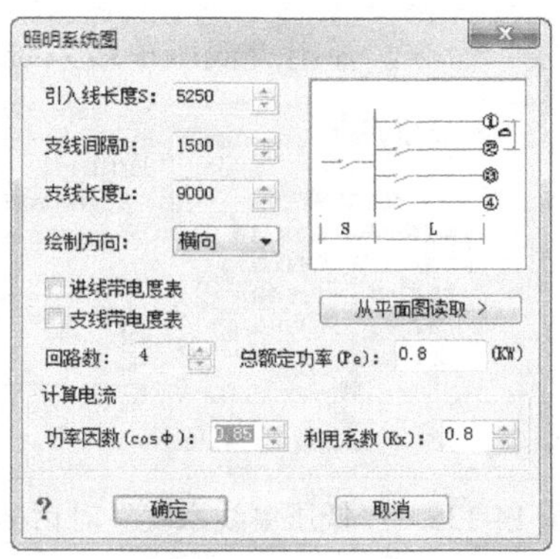

图 14-133　“照明系统图”对话框

“照明系统图”对话框选项的功能如下。

- “引入线长度 S”选项：设置照明系统图引入线长度。
- “支线间隔 D”、“支线长度 L”选项：设置支线间隔、长度等参数。
- “绘制方向”选项：设置绘制方向，在下拉列表框中可选择“横向绘制”选项和“纵向绘制”选项。
- “进线带电度表”选项、“支线带电度表”复选框：设置引入线和支线是否带电度表。
- “从平面图读取”按钮：单击该按钮，从照明平面图读取系统信息，自动绘制照明系统图。
- “回路数”文本框：设置照明系统图的回路数量。
- “总额定功率”文本框：设定照明的额定功率。
- “计算电流”选项组：设置功率因数和利用系数等信息。

14.9.3 动力系统

选择“强电系统”|“动力系统”命令，弹出“动力配电系统图”对话框，如图 14-134 所示。

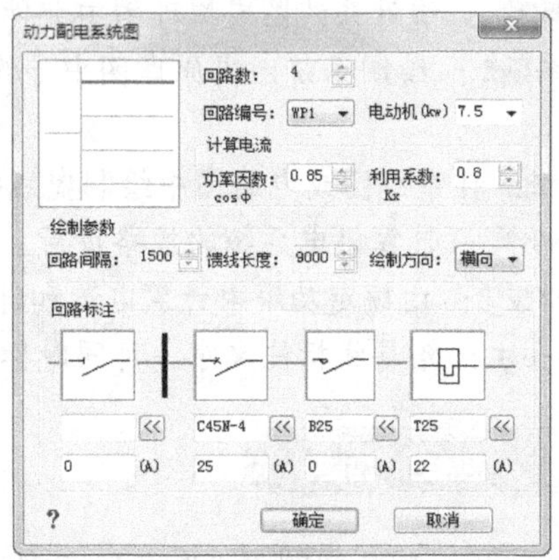

图 14-134　“动力配电系统图”对话框

对话框参数设置与“自动生成配电箱系统图”对话框、“照明系统图”对话框类似。

14.9.4 低压单线

选择“强电系统” | “低压单线”命令，弹出“低压单线系统”对话框，如图 14-135 所示。

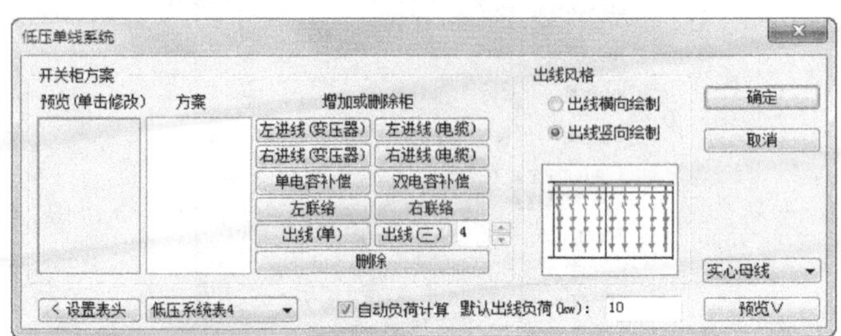

图 14-135 “低压单线系统”对话框

“低压单线系统”对话框选项的功能如下。

- “预览”演示框：显示所选列表中的相应开关柜的图形示意。
- “方案”列表框：列出低压单线系统图中包含的开关柜的名称及开关柜中的出线数，列表中的开关柜通过单击列表右侧的“增加或删除柜”选项组中的按钮来添加、删除和调整。
- “增加或删除柜”选项组：由众多的按钮命令组成，通过这些按钮编辑开关柜。
- “出线风格”选项组：选择出线横向绘制还是竖向绘制。
- “母线形式”下拉列表框 实心母线 ：在下拉列表中选取母线是空心还是实心。
- “设置表头”选项：可以从右侧下拉列表框选择已经设置好的表头，也可单击“设置表头”按钮自行定义表头的形式。

14.9.5 其他命令

- “插开关柜”命令 插开关柜：在系统图或原理图插入图库中的组件。
- “造开关柜”命令 造开关柜：自定义开关柜并将开关柜存入图块库中。
- “套用表格”命令 套用表格：在高低压系统图中绘制表格。
- “系统统计”命令 系统统计：统计系统图或原理图中元件。
- “系统导线”命令 系统导线：绘制系统图或原理图中导线，并在导线上按固定的间距画短分格线。
- “虚线框”命令 虚线框：在系统图或电路图中绘制虚线框。
- “负荷计算”命令 负荷计算：计算供电系统的线路负荷。
- “截面查询”命令 截面查询：由额定功率求计算电流和计算功率。
- “沿线标注”命令 沿线标注：沿导线标注文字，可同时标注多根导线。

14.9.6 绘制某教学楼一层照明系统图

14.6.14 节中已经绘制好该教学楼一层的照明平面图并保存在已经命名的“电气工程”的工程

下的“强电平面”子类别中，现在将在该图上继续绘制该楼层的照明系统图。

启动天正电气 2013，使用“设置”|“工程管理”命令，打开已经保存好的“电气工程.tpr”工程，并打开该工程下图纸一栏中“强电平面”子类别下的“某教学楼一楼照明平面图.dwg”，将其另存为“教学楼一楼照明系统图.dwg”，按照 14.3.10 节介绍的方法将该图加入到“电气工程.tpr”下的“强电平面”项目中，如图 14-136 所示。

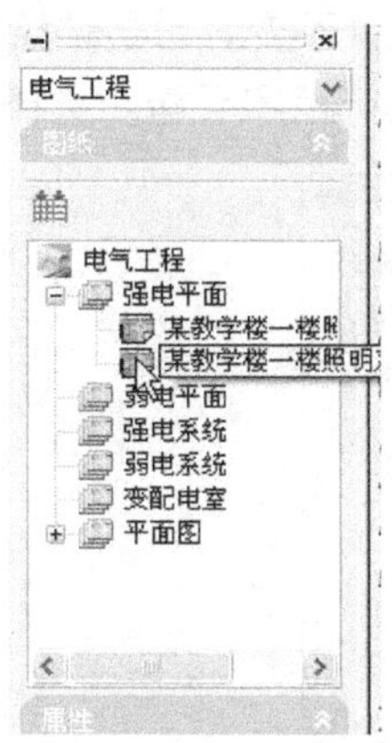

图 14-136　打开“某教学楼一楼照明平面图.dwg”

1. 初始设置

选择“设置”|“初始设置”命令，打开“选项”对话框，在“电气设定”选项卡中进行设置。设置系统母线和系统导线的线宽和颜色，本例采用默认设置。

2. 导线编辑

本命令一般在绘制照明平面图时使用，为确保正确地生成照明系统图，须再核对一遍导线信息。

选择“导线”|“编辑导线”命令，先选择作为插座供电的配电箱 WL1 引出线，选择所有的插座供电导线，按 Enter 键，弹出如图 14-137 所示的“编辑导线”对话框。确保回路编号和导线标注信息正确。若导线标注信息不正确，单击“导线标注”按钮，在弹出的“导线标注”对话框中设置正确的导线信息。

对配电箱 WL2 引出线为照明供电线路和备用引线 WL3 执行同样的命令步骤。

图 14-137　“编辑导线”对话框

3. 生成照明系统图

步骤 01　选择“强电系统”|“系统生成”命令，弹出如图 14-133 所示的“自动生成配电箱系统图”对话框。单击“从平面图读取”按钮，选取整个平面图，在本例中系统提示：“找到 153 个，总计 153 个”。系统提示的是照明平面图中的导线段数。系统命令行提示如下：

```
请选择平面图范围<退出>指定对角点:
```

步骤02 单击鼠标右键或按 Enter 键确认。系统返回到“自动生成配电箱系统图”对话框。对话框中参数设置发生变化，如图 14-138 所示。预览框显示两个导线，因为在表格中只有 WL1 和 WL2 两根配电引出线，WL3 作为备用线没有连接设备，因此系统统计不出 WL3 信息。

步骤03 更改“回路数”编辑框为 3，添加 WL3 引出线。在“回路设置”选项组中为进入线添加电度表。其余参数设置不变，单击“绘制”按钮。系统弹出如图 14-139 所示的提示框，系统提示没有进行相序平衡。选择“取消”放弃相序平衡。

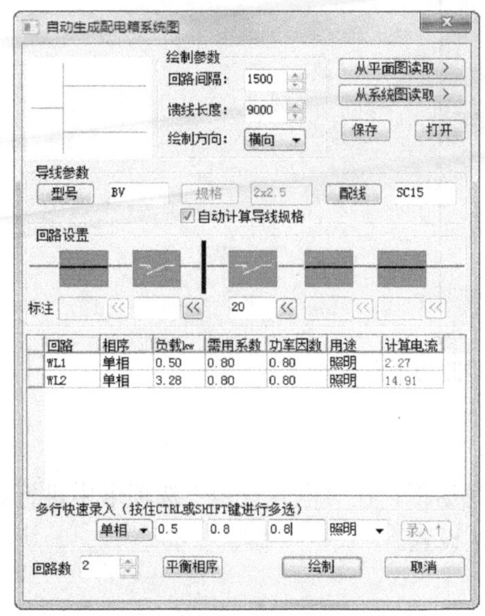

图 14-138　照明系统图参数设置

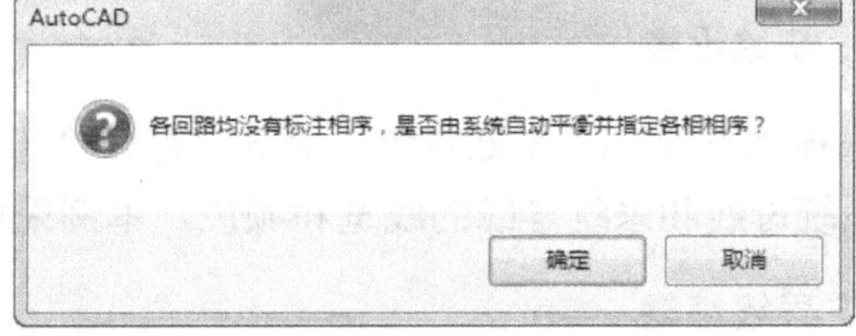

图 14-139　系统提示相序平衡

步骤04 命令行提示选择插入点，在绘图区合适位置选择插入自动生成的照明系统图，并在系统图下方插入计算表，如图 14-140 所示。

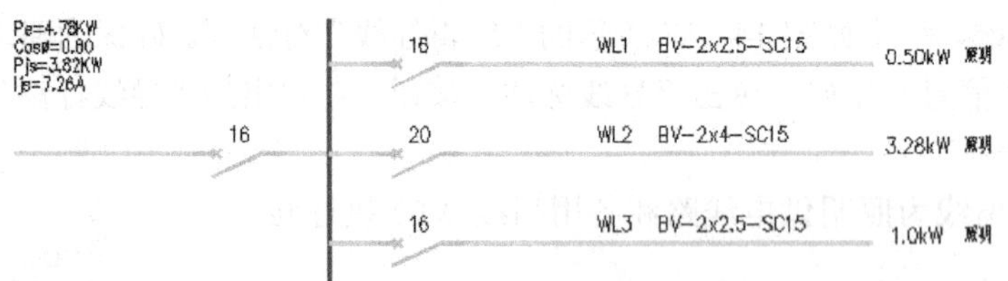

序号	回路编号	总功率	需用系数	功率因数	额定电压	设备相数	视在功率	有功功率	无功功率	计算电流
1	WL1	0.50	0.80	0.80	220	单相	0.50	0.40	0.30	2.27
2	WL2	3.28	0.80	0.80	220	单相	3.28	2.62	1.97	14.91
3	WL3	1.0	0.80	0.80	220	单相	1.00	0.80	0.60	4.55
总负荷：Pe=4.78KW			总功率因数：Cosø=0.80			计算功率：Pjs=3.82KW			计算电流：Ijs=7.26A	

图 14-140　系统图生成结果

4. 保存文件并退出绘图

清理绘图区中的照明平面图，将系统图拖到图幅的合理位置，保存系统图并退出绘制。

14.10　弱电系统的绘制

天正电气 2013 的“弱电系统”子菜单提供了天线绘制的命令、插入分支器等电视元件命令，下面详细介绍主要命令的使用。

14.10.1　有线电视

选择“弱电系统”|“有线电视”命令，弹出“电视天线设定”对话框，如图 14-142 所示。这个命令可以参数化绘制一个有线电视系统或者分系统。

“电视天线设定”对话框提供了绘制电视天线的分配类型选择等内容。下面就对话框中各项的作用和使用方法介绍如下。

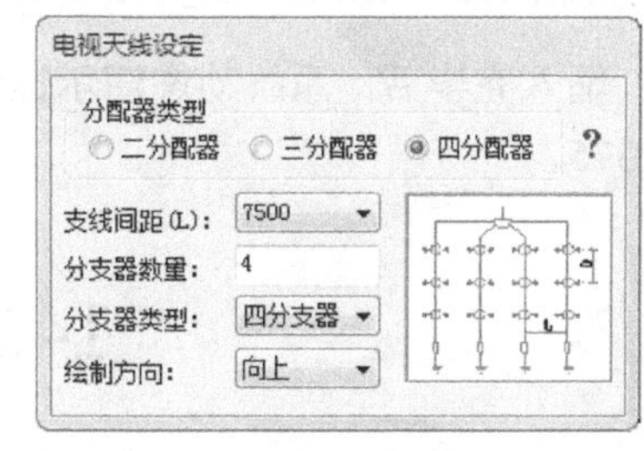

图 14-141　“电视天线设定”对话框

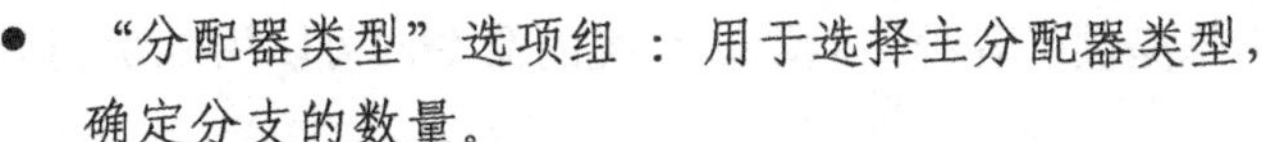

- “分配器类型”选项组：用于选择主分配器类型，确定分支的数量。
- “支线间距(L)”下拉框：系统提供了多种间距，可以根据需要进行选择。
- “分支器数量”编辑框：输入每条支路上分支器的数量。
- “分支器类型”下拉列表框：提供了一分支器、二分支器、三分支器及四分支器等分支器类型，用户可根据制图需要选择类型。
- “绘制方向”下拉列表框：选择分支器绘制的方向，可选择“向下”、“向上”、“向右”绘制。
- 系统预览框：用于显示要绘制系统的样式。

完成参数设置后，根据命令行提示在绘图区选择合适的插入点，插入绘制的系统图框架，可以再使用同位于“弱电系统”子菜单的“电视元件”和“分配引出”等命令详细绘制。

14.10.2　电视元件

选择“弱电系统”|“电视元件”命令，弹出“电视元件”对话框，如图 14-142 所示。这个命令可以在天线系统图中插入电视元件。

系统命令行提示如下：

```
命令: dsyj
请指定设备的插入点 {转 90[A]/放大[E]/缩小[D]左右翻转
[F]}<退出>:
```

根据命令行提示，可以选择相应命令按需要的方式插入电视元件。

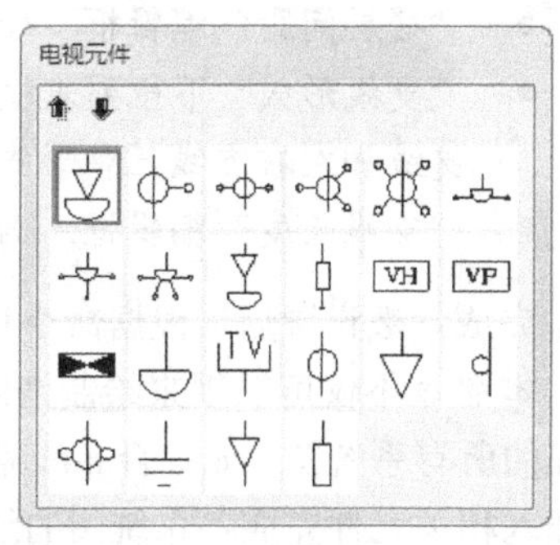

图 14-142　“电视元件”对话框

14.10.3 分配引出

选择“弱电系统”|“分配引出”命令。这个命令可以在分配器上引出数根接线。选择该命令后，命令行提示如下：

```
命令: fpyc
请选取分配器<退出>: （选择要绘制引出线的分配器）
请给出引出线的数量 <3>:
请输入出线间距 <等距>:（默认为弧线等分点引出）
```

输入完毕后，系统动态演示提示用户给出引出线的长度，默认（按 Enter 键或单击鼠标右键）为 375。

14.11 消防系统的绘制

天正电气 2013 的“消防系统”子菜单提供了各种绘制消防系统的命令，可以用来绘制消防系统的相关图纸。

14.11.1 消防干线

选择“消防系统”|“消防干线”命令，弹出如图 14-143 所示的“消防系统干线”对话框。设定对话框中相关参数后，自动生成消防系统图干线。

图 14-143 “消防系统干线”对话框

“消防系统干线”对话框定义了绘制消防系统干线的常用参数，详细介绍如下。

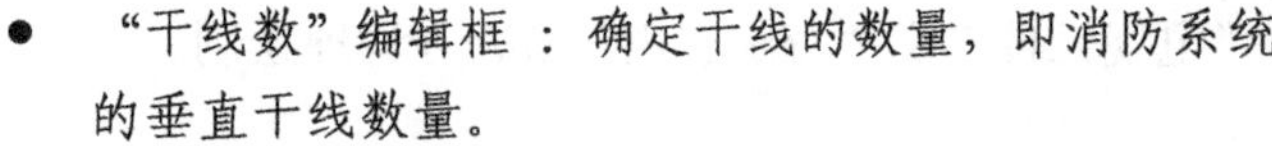

- “干线数”编辑框：确定干线的数量，即消防系统的垂直干线数量。
- “楼层数”编辑框：确定建筑楼层，即消防系统的水平支线数量。
- “干线间距”编辑框：确定每个干线之间的距离。
- “楼层间距”编辑框：确定每层之间的距离，也就是水平支线之间的间距。
- “支线形式”下拉列表框：用下拉列表的形式确定水平支线的引出方向，包括左支线、右支线和左右支线三种形式。
- “支线长度”编辑框：确定水平支线引出的长度。

完成参数设置后，根据命令行提示在绘图区选择合适的插入点，插入绘制的消防系统干线图。

本命令不仅可以用来绘制消防系统干线图，也可以绘制各种具有干线、支线及元件挂接形式特征的所有系统图，如综合布线系统、楼宇自动化系统等。绘制好干线图后，再利用插入设备等命令插入相关元件完成各系统图的绘制。

14.11.2　消防设备

选择“消防系统”|“消防设备”命令，弹出如图 14-144 所示的“消防设备”对话框。使用该命令在绘制好的消防系统干线上插入消防块。

本命令是在所绘制好的消防系统干线中插入消防设备，插入到图中的消防设备可以自动和导线连接，在插入时确定每层该种消防设备的数量。

- “单线插入”按钮：以干线上一点为基准，在垂直方向放置当前消防设备，并用分支导线与干线或其他设备相连接。
- “穿线插入”按钮：在干线或支线上沿导线方向打断导线插入设备；其插入样式如图 14-145 所示。
- “引线长度”编辑框、“字高”、“数量”编辑框：定义引线长度、设备数目的属性字的高度和设备数目的属性字的具体数值。

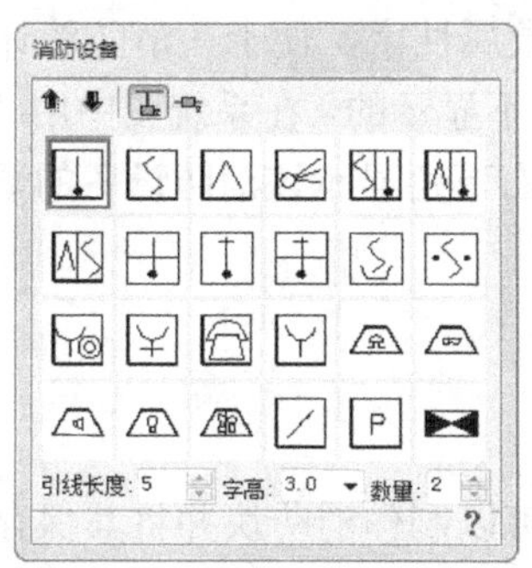

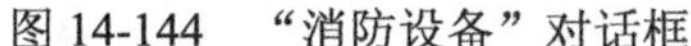

图 14-144　“消防设备”对话框

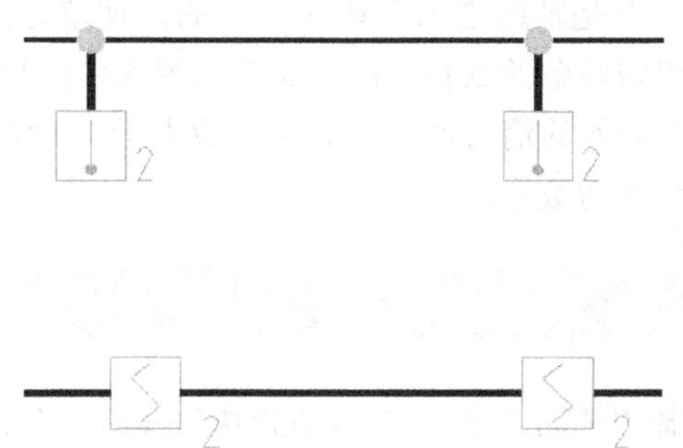

图 14-145　“单线插入”（上）和“穿线插入”（下）样式

14.11.3　温感烟感

选择“消防系统”|“温感烟感”命令，弹出如图 14-146 所示的“消防保护布置”对话框，可以设置烟雾感应装置或者温度感应装置等消防保护装置的参数。

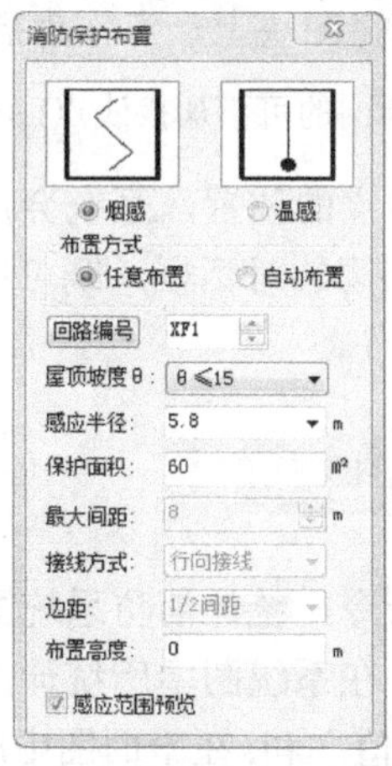

图 14-146　“消防保护布置”对话框

设置完参数后，命令行提示如下：

```
命令: wgyg
点取插入点[90 度旋转(A)]<退出>:R
点取插入点[90 度旋转(A)]<退出>:（拾取烟感或者温感的插入点）
```

14.11.4 消防数字

选择“消防系统”|“消防数字”命令。这个命令可以在造消防块时插入消防设备个数的属性字，辅助造消防块。选择该命令后，命令行提示如下：

```
命令: xfwz
请点取插入属性文字的点 (中心点) <退出> :
```

在要制作的消防块的右下角单击鼠标，这时会在要造消防设备的图元旁边显示消防数字 1，接着执行“弱电系统”子菜单下“造消防块”命令，就可以制作一个天正电气的消防设备。

本命令是辅助造消防块时使用的，使造好的消防块含有个数属性字，便于在消防统计时计算出每个消防设备的数目。在平面图布置的消防设备中消防数字是不显示的，在系统图中用“消防设备”命令插入的消防设备，如果个数大于 1，则会在消防设备的右下角显示该消防设备的数量，否则不显示消防数字。

14.11.5 造消防块

选择“消防系统”|“造消防块”命令。使用这个命令用户可以制作消防块并将其保存到天正的设备库中。选择该命令后，命令行提示如下：

```
命令: zxfk
请选择要做成图块的图元 <退出>:
```

在图中框选要做成图块的图元，选定后单击鼠标右键，命令行接着提示：

```
请点选插入点 <中心点>:
```

系统从中心点引出一条橡皮线，选择图块上一点作为插入点，单击即可。命令行接着提示：

```
请点取要作为接线点的点(图块外轮廓为圆的可不加接线点) <继续>:
```

选取一些接线点，以小叉显示接线点的位置，系统会反复出现上面命令行提示。选好接线点后弹出与“平面设备”|“造设备”时相同的对话框，既可以新图入库，也可以替换图库中原有的图块。图块入库后，完成消防设备的制作。

14.11.6 消防统计

选择“消防系统”|“消防统计”命令，统计消防系统图中的消防设备并生成材料表。

系统图和平面图的统计方式不同。在系统图中所统计的每种设备数量为所有该类设备总和，右下角表示消防设备数量的属性字的数值之和；在平面图中所统计的每种设备数量为平面图中该种消防设备在平面图中所插入的图块数量。统计结果在绘图区中以材料表的样式给出。

在菜单上单击该命令后，命令行提示如下：

```
命令: xftj
请选择统计范围 < 全部 >:（按 Enter 键或单击鼠标右键默认选择全部设备）
```

根据命令行提示框选要统计消防设备的范围或点鼠标右键选取全屏后，命令行接着提示：

```
点取位置 或 {参考点[R]}<退出>: （提示选取插入点）
```

选取插入点后，在该点位置插入统计材料表。

14.11.7　设备连接

选择“消防系统”|“设备连接”命令，用于将导线和设备连接，命令行提示如下：

```
命令: sblx
请拾取一根要连接设备的直导线<退出>:（选中一根直导线）
请选取要与导线相连的设备<退出>:找到 1 个
请选取要与导线相连的设备<退出>:找到 1 个，总计 2 个（选择需要连接到导线上的消防设备）
请选取要与导线相连的设备<退出>:（按 Enter 键，完成连接）
```

14.11.8　绘制某宾馆楼的共用天线系统图

使用“设置”|“工程管理”命令建立一命名为“某宾馆楼电气工程.tpr”的工程，在“图纸”项目组下的“弱电系统”的子类别中添加图纸并命名为“共用天线系统图”，如图 14-147 所示。

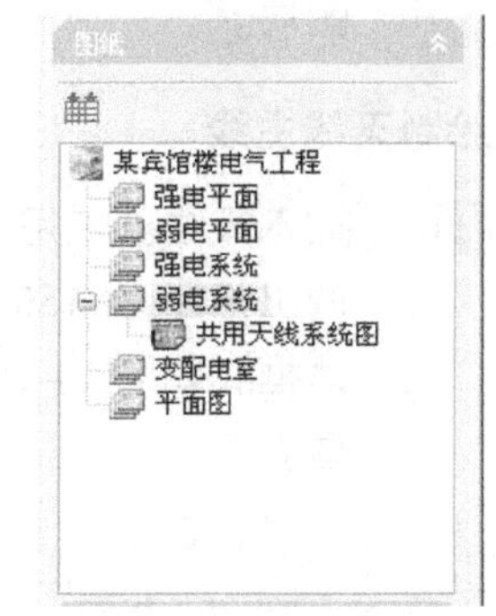

图 14-147　建立“共用天线系统图.dwg”

1. 初始设置

步骤 01　双击“共用天线系统图.dwg”打开图纸，选择“设置”|“初始设置”命令，打开“选项”对话框。将“平面图设置”项目组下的“设备块尺寸”设置为 800。若在绘图的过程中发现元件尺寸比例不适合，可重新调整或使用“设备缩放”命令改变元件的大小。其余选项采用默认设置。

步骤 02　选择“设置”|“当前比例”命令，设置当前图纸比例为 100。

2. 造设备块

在绘图区绘制 4000×1000 的矩形。绘制完成后，调用“平面设备”|“造设备”命令将其入库，定位至“电话”设备类别下面。具体过程如下：

步骤 01　在绘图区任意位置绘制 4000×1000 的矩形。

步骤 02　调用“平面设备”|“造设备”命令，命令行提示如下：

```
请选择要做成图块的图元 <退出>:
```

步骤03 在图中框选绘制的矩形，选定后单击鼠标右键，命令行接着提示：

请点选插入点 <中心点>:

步骤04 选择如图 14-148 所示的中点作为插入点，同时也将该点作为接线点。

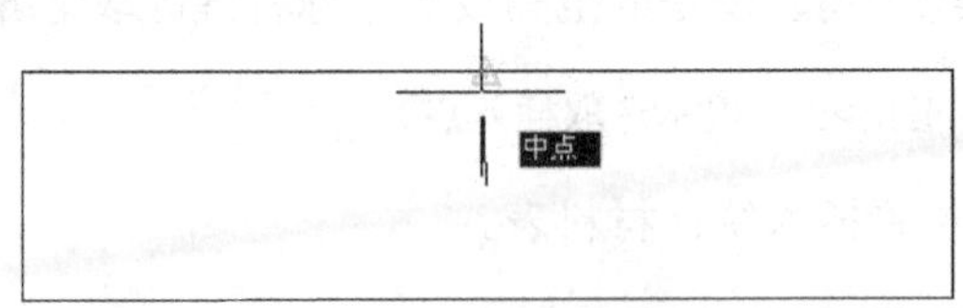

图 14-148 选取中点作为插入点

步骤05 选择中点作为插入点后，系统提示选择接线点，同样选择该点作为接线点。

请点取要作为接线点的点(图块外轮廓为圆的可不加接线点) <继续>:

步骤06 接着按 Enter 键或单击鼠标右键确认，弹出如图 14-149 所示的“入库定位”对话框，在“用户图块”下选择“电视”子类别，在“图块名称”输入框中输入设备块的名称“回流盒”，单击“新图块入库”按钮将制作好的图块入库。在后面的绘图过程中，可调用该图块。

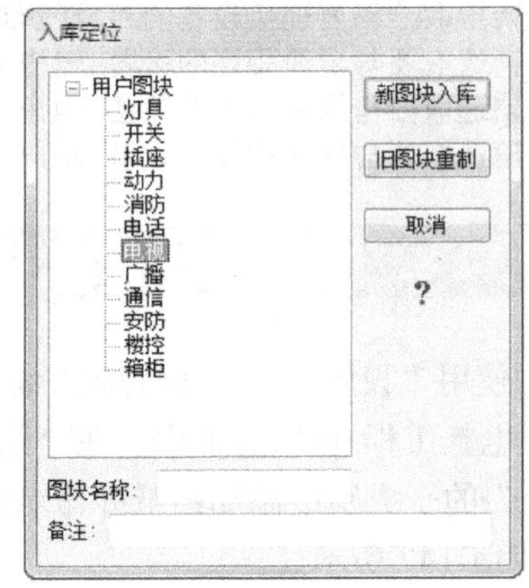

图 14-149 图块入库

3. 绘制天线主线

步骤01 插入天线。使用“平面设备”|“两点均布”调出如图 14-150 所示的“天正电气图块”对话框和如图 14-151 所示的“两点均布”对话框。

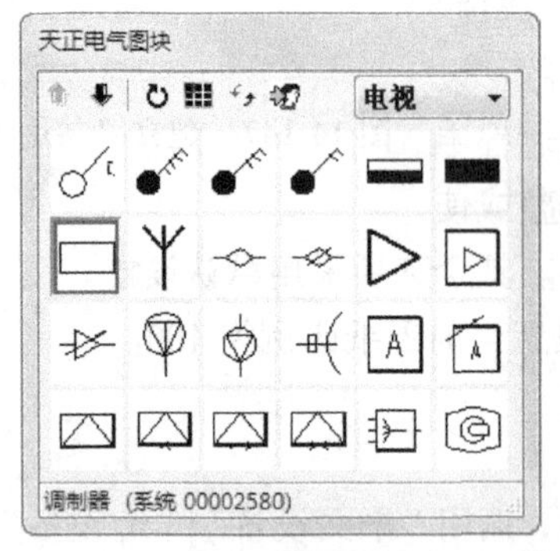

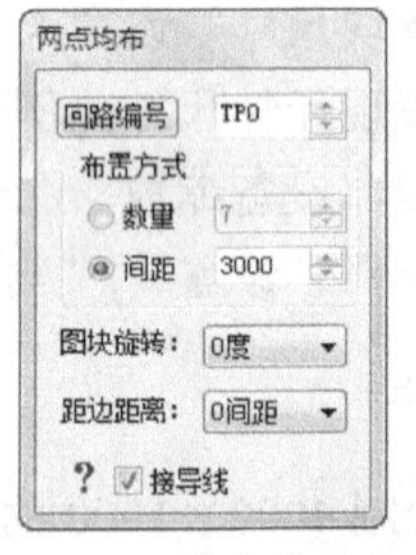

图 14-150 “天正电气图块”对话框　　图 14-151 “两点均布”对话框

步骤02 在“天正电气图块”对话框中选择要插入的“天线”图块。在“两点均布”对话框中将布置方式设为“间距”，“间距”值为 3000，“距边距离”设为“0 间距”。单击图上端的“回路编号”按钮，弹出如图 14-152 所示的“回路编号”对话框，在对话框下端的输入框输入 TP0，单击“确定”按钮返回“两点均布”对话框，将天线系统图的主干线信号输入的连接线路编号设置为 TP0。

步骤 03　在绘图区选择插入点，向右水平拉动鼠标，在拉动过程中，屏幕动态显示输入天线的个数，当天线个数为三个时，单击确定，插入天线，如图 14-153 所示。

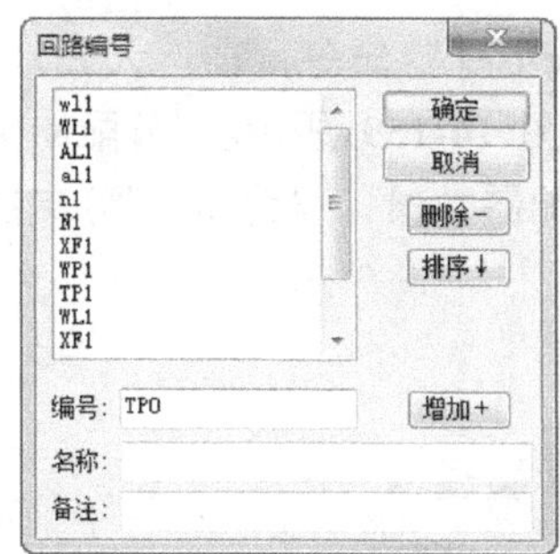

图 14-152　“回路编号”对话框

图 14-153　插入天线

步骤 04　插入回流盒。使用“平面设备”|“任意布置”命令将在步骤（3）绘制好的回流盒插入中间天线下 1500mm 处，如图 14-154 所示。可在中间天线的下端点绘制 1500mm 的辅助圆，以捕捉该圆的象限点的方式确定插入点。

步骤 05　使用“弱电系统”|“设备连线”命令将回流盒连接到导线上。调用“设备连线”命令后，绘制的结果如图 14-155 所示。命令行提示如下：

请拾取一根要连接设备的直导线<退出>:（选择任意一根导线）
请选取要与导线相连的设备<退出>:找到 1 个（选择回流盒，系统提示选择的设备个数）

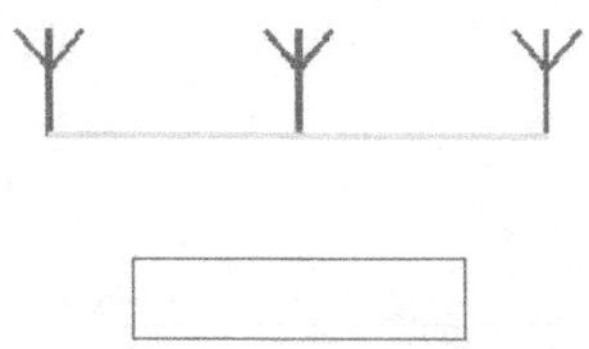

图 14-154　插入回流盒

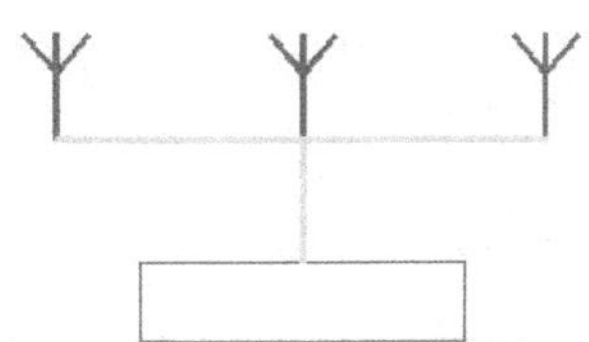

图 14-155　设备连线

步骤 06　插入干线分配放大器。使用“弱电系统”|“电视元件”命令将干线分配放大器连接到回流盒底线中点上，如图 14-156 所示。

步骤 07　使用“弱电系统”|“分配引出”命令从干线分配放大器引出 4 根引出线，如图 14-157 所示。

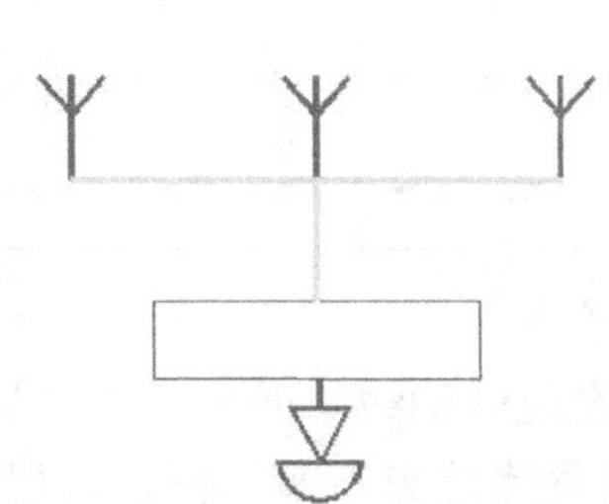

图 14-156　插入插入干线分配放大器

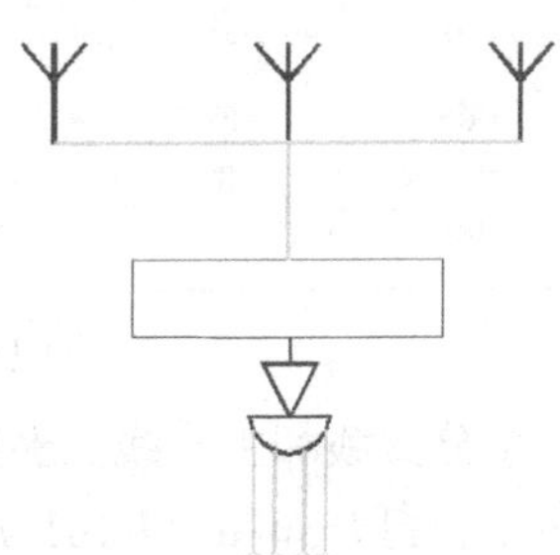

图 14-157　分配引出线

4. 绘制天线分支线

步骤01 绘制定位辅助线。在回流盒下面绘制长度为18000mm的直线，使用等分点命令将其3等分，绘图结果如图14-158所示。

步骤02 插入天线分支线。调用“弱电系统”|“有线电视”命令，插入天线分支线。在弹出的“电视天线设定”对话框中设置参数如图14-159所示。“分配器类型”选择为“四分配器”，“支线间距”设为3000，“分配器数量”设为6，“分支器类型”选择为“二分支器”，“绘制方向”选择向下。

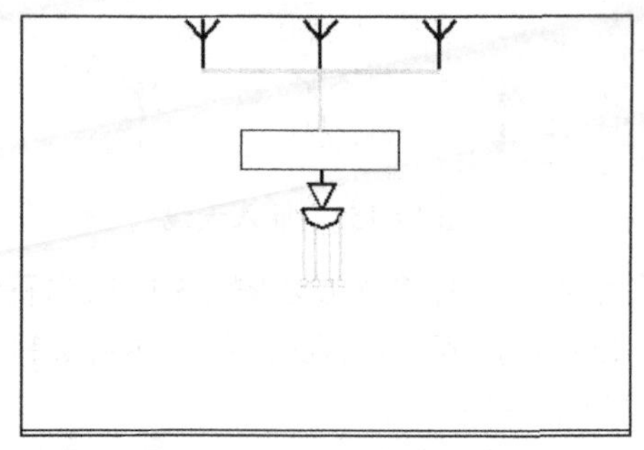

图14-158 绘制辅助线

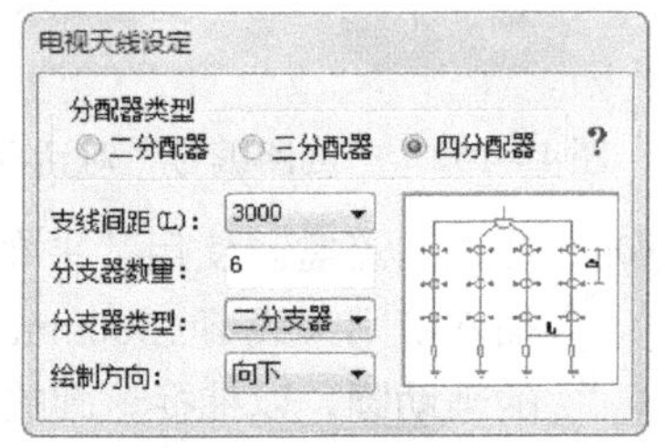

图14-159 “电视天线设定”对话框参数设置

步骤03 在绘图区捕捉定位辅助线的等分点，在等分点插入天线分支线，结果如图14-160所示。

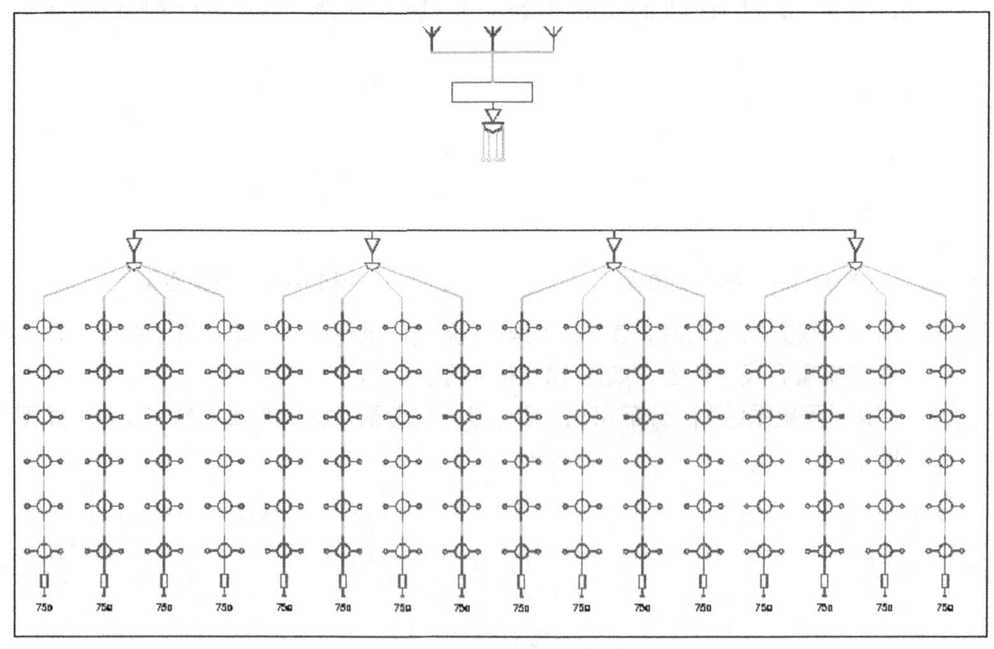

图14-160 插入天线分支线

步骤04 连接分支线和主干线。删掉步骤（3）做的定位辅助线。调用“导线”|“屏幕导线”命令，打开如图14-161所示的“设置当前导线信息”对话框。将导线图层设置为“WIRE-通讯”，“回路编号”设为TP1，将最左边的分支线和主干线连接，绘制结

果如图 14-162 所示。

图 14-161　“设置当前导线信息”的对话框

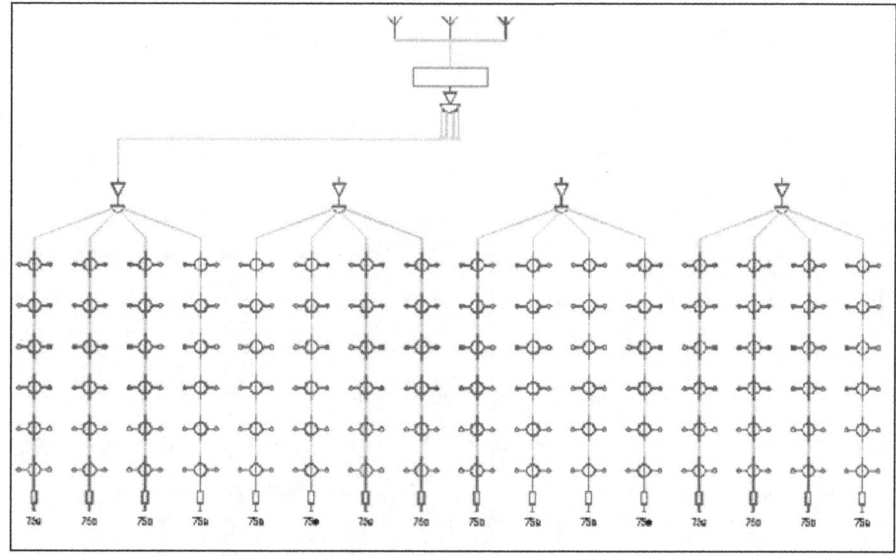

图 14-162　绘制连接线

步骤 05　依次将其余分支线和主线连接起来，回路编号依次向右增加，绘制结果如图 14-163 所示。

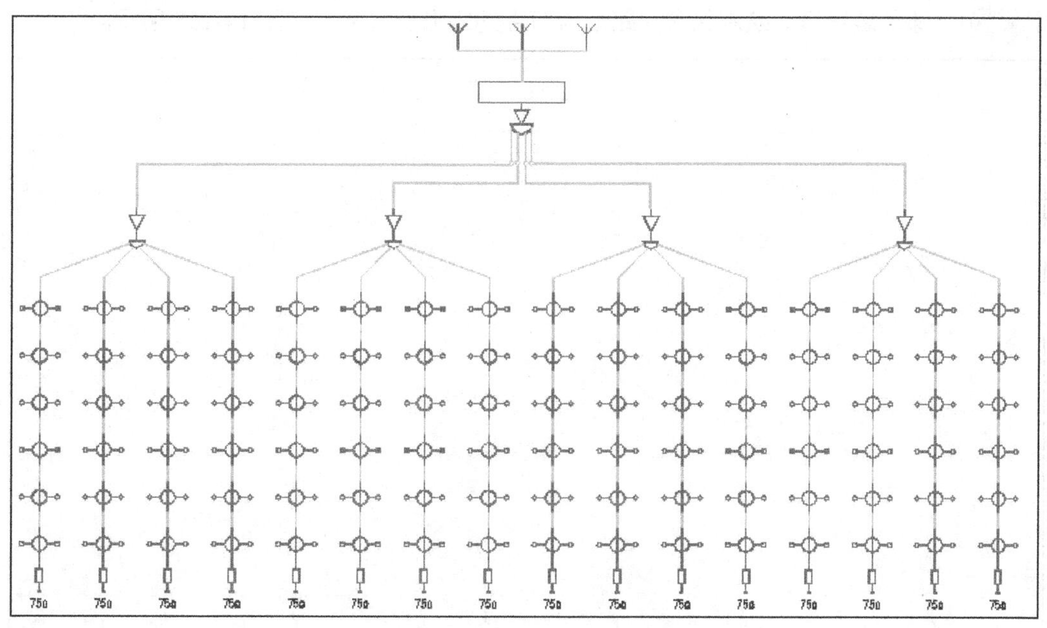

图 14-163　完成连接线绘制

步骤 06　调整分支器的个数。图 14-160 中每条分支线的为 6 只分支器，实际有的楼层没有接入分支器，因此，要删掉多余的分支器。分支器的删除可以通过快捷菜单命令进行。在选中设备后，单击鼠标右键，在弹出的快捷菜单中选择“元件擦除”命令，擦除选中的分支器，结果如图 14-164 所示。

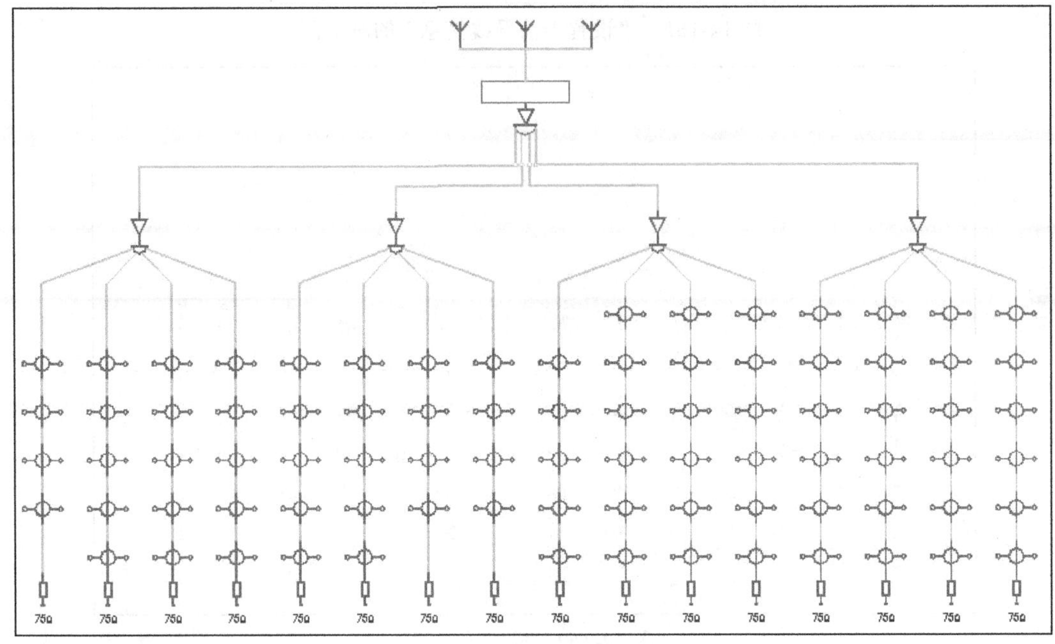

图 14-164　擦除多余分支线

5. 文字与标注

步骤 01　添加虚线框。绘制包含支路汇流节点的矩形虚线框，如图 14-165 所示。

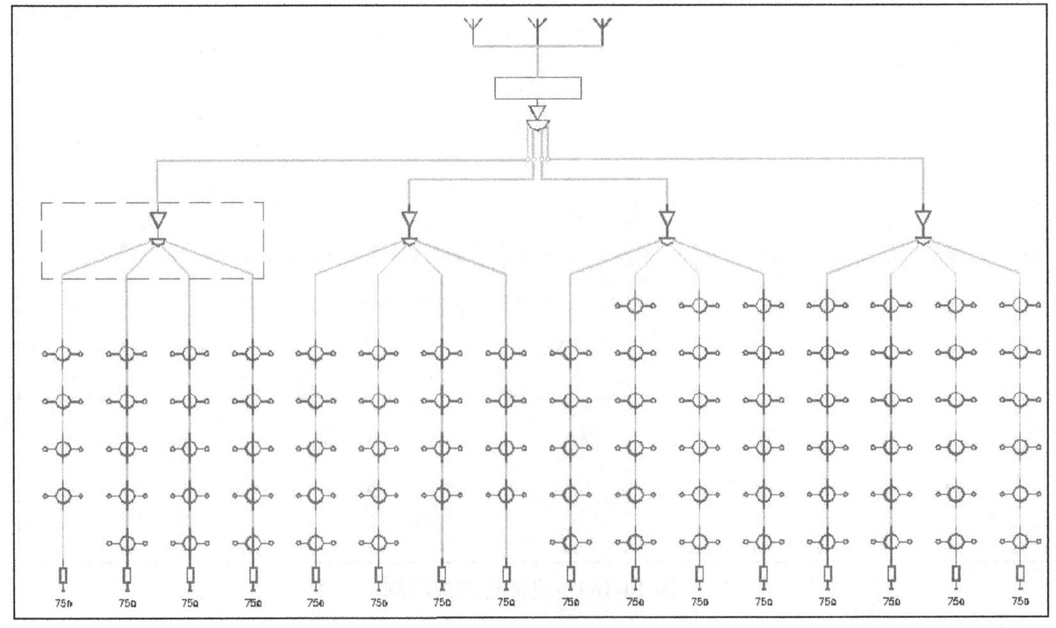

图 14-165　插入虚线框

步骤 02　复制虚线框至其他支路汇流节点，包括主干线汇流节点，如图 14-166 所示。

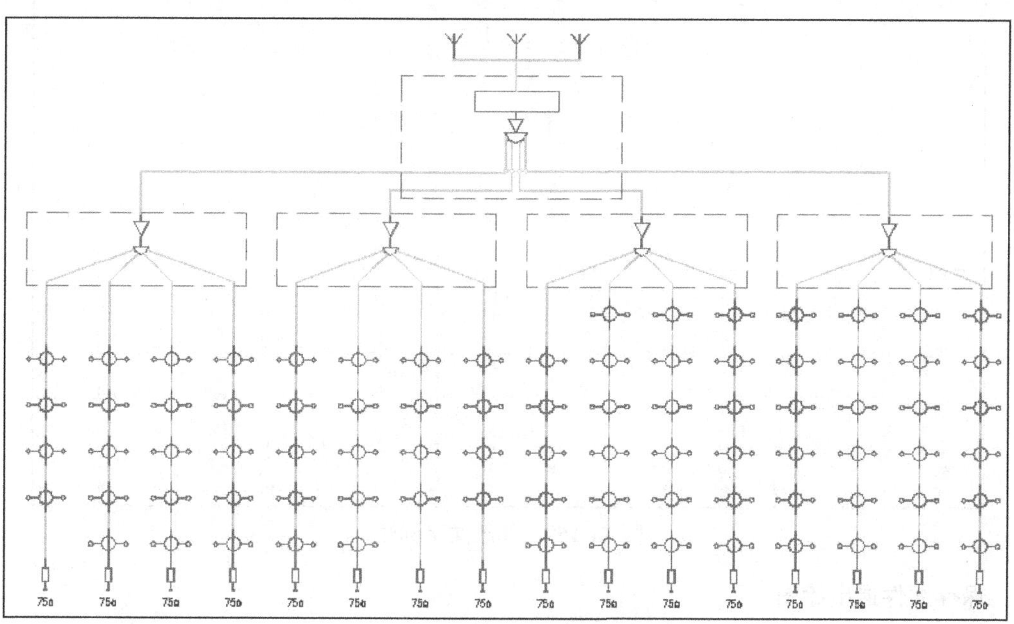

图 14-166　完成虚线框的插入

步骤 03　楼层标注。使用“尺寸”|“逐点标注”命令在系统图右边从下向上标注楼层，标注结果如图 14-167 所示。

步骤 04　选择标注的尺寸，单击鼠标右键，从弹出的快捷菜单中选择“更改文字”命令，或直接双击文字，在弹出的文字编辑框中更改文字，输入相应的楼层。最终效果如图 14-168 所示。

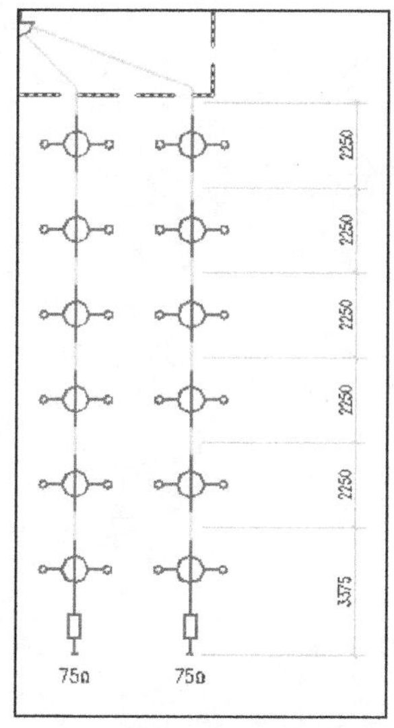

图 14-167　逐点标注楼层

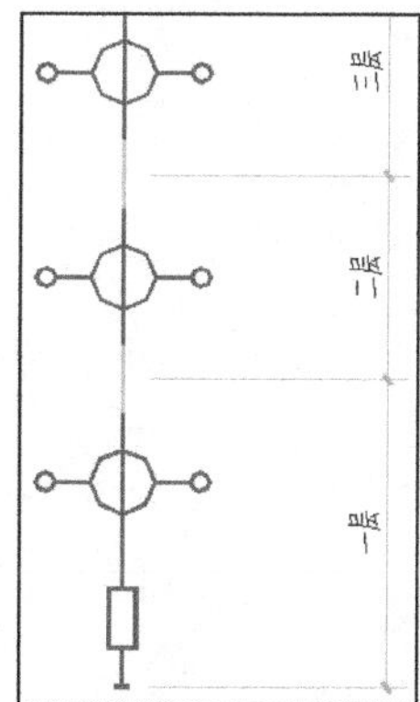

图 14-168　输入楼层

步骤 05　单击“视图”工具栏中的“俯视图”按钮，在绘图区中显示全部图形效果。如图 14-169 所示。

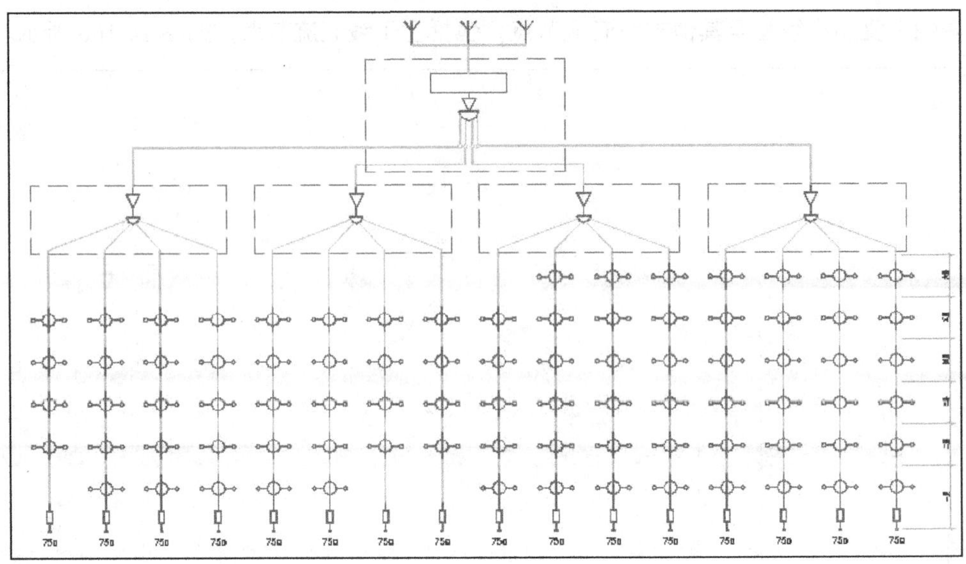

图 14-169　修改文字标注

6. 保存文件退出绘图

保存共用天线系统图并退出绘制。

附录　快捷命令的使用

使用快捷命令，可以提高绘图的效率，我们在这里给读者列出常见的 AutoCAD 命令的快捷命令，方便读者绘图时使用。

基本绘图命令

快捷命令	对应命令	菜单操作	功能
L	LINE	绘图→直线	绘制直线
XL	XLINE	绘图→构造线	绘制构造线
PL	PLINE	绘图→多段线	绘制多段线
POL	POLYGON	绘图→正多边形	绘制正三角形、正方形等正多边形
REC	RECTANGLE	绘图→矩形	绘制日常所说的长方形
A	ARC	绘图→圆弧	绘制圆弧，圆弧是圆的一部分
C	CIRCLE	绘图→圆	绘制圆
SPL	SPLINE	绘图→样条曲线	绘制样条曲线
EL	ELLIPSE	绘图→椭圆	绘制椭圆或椭圆弧
I	INSERT	插入→块	弹出“插入”对话框，插入块
B	BLOCK	绘图→块→创建	弹出“块定义”对话框，定义新的图块
PO	POINT	绘图→点→单点	创建多个点
H	BHATCH	绘图→图案填充	创建填充图案
GD	GRADIENT	绘图→渐变色	创建渐变色
REG	REGION	绘图→面域	创建面域
TB	TABLE	绘图→表格	创建表格
MT/T	MTEXT	绘图→文字→多行文字	创建多行文字
ME	MEASURE	绘图→点→定距等分	创建定距等分点
DIV	DIVIDE	绘图→点→定数等分	创建定数等分点

二维绘图编辑命令

快捷命令	对应命令	菜单操作	功能
E	ERASE	修改→删除	将图形对象从绘图区删除
CO/CP	COPY	修改→复制	可以从原对象以指定的角度和方向创建对象的副本
MI	MIRROR	修改→镜像	创建相对于某一对称轴的对象副本
O	OFFSET	修改→偏移	根据指定距离或通过点，创建一个与原有图形对象平行或具有同心结构的形体
AR	ARRAY	修改→阵列	按矩形或者环形有规律地复制对象
M	MOVE	修改→移动	将图形对象从一个位置按照一定的角度和距离移动到另外一个位置
RO	ROTATE	修改→旋转	绕指定基点旋转图形中的对象
SC	SCALE	修改→缩放	通过一定的方式在X、Y和Z方向按比例放大或缩小对象
S	STRETCH	修改→拉伸	以交叉窗口或交叉多边形选择拉伸对象，选择窗口外的部分不会有任何改变；选择窗口内的部分会随选择窗口的移动而移动，但也不会有形状的改变，只有与选择窗口相交的部分会被拉伸
TR	TRIM	修改→修剪	将选定的对象在指定边界一侧的部分剪切掉
EX	EXTEND	修改→延伸	将选定的对象延伸至指定的边界上
BR	BREAK	修改→打断	通过打断点将所选的对象分成两部分，或删除对象上的某一部分
J	JOIN	修改→合并	将几个对象合并为一个完整的对象，或者将一个开放的对象闭合
CHA	CHAMFER	修改→倒角	使用成角的直线连接两个对象
F	FILLET	修改→圆角	使用与对象相切并且具有指定半径的圆弧连接两个对象
X	EXPLODE	修改→分解	将合成对象分解为多个单一的组成对象
PE	PEDIT	修改→对象→多段线	对多段线进行编辑或者将其他图线转换成多段线
SU	SUBTRACT	修改→实体编辑→差集	差集
UNI	UNION	修改→实体编辑→并集	并集
IN	INTERSECT	修改→实体编辑→交集	交集

尺寸标注命令

快捷命令	对应命令	菜单操作	功能
D	DIMSTYLE	格式→标注样式	创建和修改尺寸标注样式
DLI	DIMLINEAR	标注→线性	创建线性尺寸标注
DAL	DIMALIGNED	标注→对齐	创建对齐尺寸标注
DAR	DIMARC	标注→弧长	创建弧长标注
DOR	DIMORDINATE	标注→坐标	创建坐标标注
DRA	DIMRADIUS	标注→半径	创建半径标注
DDI	DIMDIAMETER	标注→直径	创建直径标注
DJO	DIMJOGGED	标注→折弯	创建折弯半径标注
DJL	DIMJOGLINE	标注→折弯线性	创建折弯线性标注
DAN	DIMANGULAR	标注→角度	创建角度标注
DBA	DIMBASELINE	标注→基线	创建基线标注
DCO	DIMCONTINUE	标注→连续	创建连续标注
DCE	DIMCENTER	标注→圆心标记	创建圆心标记
TOL	TOLERANCE	标注→公差	创建形位公差
LE	QLEADER		创建引线或者引线标注
DED	DIMEDIT		对延伸线和标注文字进行编辑
MLS	MLEADERSTYLE	格式→多重引线样式	创建和修改多重引线样式
MLD	MLEADER	标注→多重引线	创建多重引线
MLC	MLEADERCOLLECT	修改→对象→多重引线→合并	合并多重引线
MLA	MLEADERALIGN	修改→对象→多重引线→对齐	对齐多重引线

文字相关命令

快捷命令	对应命令	菜单操作	功能
ST	STYLE	格式→文字样式	创建文字样式
DT	TEXT	绘图→文字→单行文字	创建单行文字
MT	MTEXT	绘图→文字→多行文字	创建多行文字
ED	DDEDIT	修改→对象→文字→编辑	编辑文字
SP	SPELL	工具→拼写检查	拼写检查
TS	TABLESTYLE	格式→表格样式	创建表格样式
TB	TABLE	绘图→表格	创建表格

其他

快捷命令	对应命令	菜单操作	功能
H	HATCH	绘图→图案填充	创建图案填充
GD	GRADIENT	绘图→渐变色	创建渐变色
HE	HATCHEDIT	修改→对象→图案填充	编辑图案填充
BO	BOUNDARY	绘图→边界	创建边界
REG	REGION	绘图→面域	创建面域
B	BLOCK	绘图→块→创建	创建块
W	WBLOCK	-	创建外部块
ATT	ATTDEF	绘图→块→定义属性	定义属性
I	INSERT	插入→块	插入块文件
BE	BEDIT	工具→块编辑器	在块编辑器中打开块定义
Z	ZOOM	视图→缩放	缩放视图
P	PAN	视图→平移→实时	平移视图
RA	REDRAWALL	视图→重画	刷新所有视口的显示
RE	REGEN	视图→重生成	从当前视口重生成整个图形
REA	REGENALL	视图→全部重生成	重生成图形并刷新所有视口
UN	UNITS	格式→单位	设置绘图单位
OP	OPTIONS	工具→选项	打开“选项”对话框
DS	DSETTINGS	工具→草图设置	打开“草图设置”对话框

特性相关命令

快捷命令	对应命令	菜单操作	功能
LA	LAYER	格式→图层	打开“图层特性管理器”，创建和管理图层
COL	COLOR	格式→颜色	设置新对象颜色
LT	LINETYPE	格式→线型	设置新对象线型
LW	LWEIGHT	格式→线宽	设置新对象线宽
LTS	LTSCALE	-	设置线型比例因子
REN	RENAME	格式→重命名	更改指定项目的名称
MA	MATCHPROP	修改→特性匹配	将选定对象的特性应用于其他对象
ADC/DC	ADCENTER	工具→选项板→设计中心	打开设计中心
MO	PROPERTIES	工具→选项板→特性	打开特性选项板
OS	OSNAP	-	设置对象捕捉模式
SN	SNAP	-	设置捕捉

（续表）

快捷命令	对应命令	菜单操作	功能
DS	DSETTINGS	-	设置极轴追踪
EXP	EXPORT	文件→输出	输出数据，以其他文件格式保存图形中的对象
IMP	IMPORT	文件→输入	将不同格式的文件输入当前图形中
PRINT	PLOT	文件→打印	创建打印
PU	PURGE	文件→图形实用工具→清理	删除图形中未使用的项目
PRE	PREVIEW	文件→打印预览	创建打印预览
TO	TOOLBAR	-	显示、隐藏和自定义工具栏
V	VIEW	视图→命名视图	命名视图
TP	TOOLPALETTES	工具→选项板→工具选项板	打开工具选项板窗口
MEA	MEASUREGEOM	工具→查询→距离	测量距离、半径、角度、面积、体积等
PTW	PUBLISHTOWEB	文件→网上发布	创建网上发布
AA	AREA	工具→查询→面积	测量面积
DI	DIST	-	测量两点之间的距离和角度
LI	LIST	工具→查询→列表	创建查询列表

视窗缩放

P	PAN 平移
Z＋空格＋空格	实时缩放
Z	局部放大
Z+P	返回上一视图
Z＋E	显示全图

常用 Ctrl 快捷键

【Ctrl】＋1	PROPERTIES 修改特性
【Ctrl】＋2	ADCENTER 打开设计中心
【Ctrl】＋3	TOOLPALETTES 打开工具选项板
【Ctrl】＋9	COMMANDLINEHIDE 控制命令行开关
【Ctrl】＋O	OPEN 打开文件
【Ctrl】＋N、M	NEW 新建文件
【Ctrl】＋P	PRINT 打印文件

【Ctrl】+S	Save 保存文件
【Ctrl】+Z	UNDO 放弃
【Ctrl】+A	全部旋转
【Ctrl】+X	CUTCLIP 剪切
【Ctrl】+C	COPYCLIP 复制
【Ctrl】+V	PASTECLIP 粘贴
【Ctrl】+B	SNAP 栅格捕捉
【Ctrl】+F	OSNAP 对象捕捉
【Ctrl】+G	GRID 栅格
【Ctrl】+L	ORTHO 正交
【Ctrl】+W	对象追踪
【Ctrl】+U	极轴

常用功能键

【F1】	HELP 帮助
【F2】	文本窗口
【F3】	OSNAP 对象捕捉
【F7】	GRIP 栅格
【F8】	ORTHO 正交